Office 2010 电脑办公

「多媒体光盘版•全新升级版」

WORD

OFFICE 2010

从入门到精通

恒盛杰资讯　编著

W P

POWERPOINT

E XCEL

科学出版社

内 容 简 介

Microsoft Office 套装软件是微软公司针对办公领域开发的专业软件，主要包括 Word、Excel 和 PowerPoint 三个组件。使用这一套装软件可以快速、轻松地创建外观精美的专业文档、数据分析与处理功能强大的电子表格和动态效果丰富的演示文稿，还可以管理电子邮件。基于上述特点，Office 被广泛应用于文秘办公、财务管理、市场营销、行政管理和协同办公等事务中。

本书针对办公所必须的应用需求，结合读者的学习习惯和思维模式，编排、整理了知识结构；又借鉴杂志的编排方式，设计了本书的图文结构。力求使全书的知识系统全面、实例丰富、步骤详尽、演示直观。确保读者学起来轻松，做起来有趣，在项目实践中不断提高自身水平，成为合格的 Office 办公人员。

全书分为 28 章。总论介绍了 Office 2010 套装软件的作用、安装以及共性操作方法。软件详解部分介绍了 Word 2010 软件的基本架构和操作，文字的编排，图形的绘制与修饰，图片的添加与处理，页面的美化，表格的制作，文档的保护与共享；Excel 2010 软件的基本架构和操作，数据处理，设置单元格格式，玩转条件格式，排序、筛选与分类汇总的使用方法，数据的抽象化表达——图表的制作，数据透视表与数据透视图，数据有效性的妙用，公式与函数的使用，常用数据分析函数的使用，宏与 VBA；PowerPoint 2010 软件的基本架构和操作，创建演示文稿、母版，让幻灯片更加生动的方法，幻灯片演示与共享的操作等。最后介绍了三大办公软件的打印输出方法。

本书配 1 张 CD 光盘，内容极其丰富，含书中所有实例所需的原始文件、最终效果，以及时长 290 分钟的 108 个重点操作实例的视频教学录像，具有较高的学习价值和使用价值。此外，还超值附赠了《一看即会——Excel 2007 公式、函数、图表与电子表格制作》一书的多媒体视频教程。读者花一本书的价钱可以学习两本书的知识，绝对物超所值。

本书适合Office软件初、中级读者及各公司办公人员学习使用，也可作为大、中专院校相关专业师生的教学用书，还可供社会相关培训机构作为培训教材使用。

图书在版编目（CIP）数据

Office 2010 电脑办公从入门到精通 / 恒盛杰资讯编著.—北京：科学出版社，2011.4

ISBN 978-7-03-030519-0

Ⅰ. ①O… Ⅱ. ①恒… Ⅲ. ①办公室－自动化－应用软件，Office 2010 Ⅳ. ①TP317.1

中国版本图书馆 CIP 数据核字（2011）第 039014 号

责任编辑：杨　倩　吴俊华 / 责任校对：杨慧芳

责任印刷：新世纪书局　　/ 封面设计：锋尚影艺

科学出版社 出版

北京东黄城根北街 16 号

邮政编码：100717

http://www.sciencep.com

中国科学出版集团新世纪书局策划

北京市鑫山源印刷有限公司印刷

中国科学出版集团新世纪书局发行　各地新华书店经销

*

2011 年 7 月 第 一 版　　开本：16 开

2011 年 7 月第一次印刷　　印张：27.75

印数：1—5 000　　字数：675 000

定价：49.80 元（含 1CD 价格）

（如有印装质量问题，我社负责调换）

前言

关于Office 2010办公软件和本书

Microsoft Office系列套装软件是微软公司针对办公领域开发的专业软件，主要包括Word 、Excel 和PowerPoint三个组件，当前的最新版本是2010。Office具有功能强大、易于操作、软件设计人性化、兼容性好等特点，使用这一套装软件可以快速、轻松地创建外观精美的专业文档、数据分析与处理功能强大的电子表格和动态效果丰富的演示文稿，还可以管理电子邮件。基于上述特点，Office被广泛应用于文秘办公、财务管理、市场营销、行政管理和协同办公等事务中。

当然，复杂而强大的功能虽然确保了Office的专业性，但也容易让初级用户产生一定的畏难心理：怎样才能又快又好地学会Office，抓住软件的关键技法，转变为有实用意义的技能呢？本书正是针对初、中级读者的这一需求编写的实例型教程书。全书从实用角度出发，分别对Office 套装软件中的Word 2010、Excel 2010和PowerPoint 2010进行了详细介绍。在介绍知识点时，采用阶梯式递进的方法，便于读者扎实根基、稳步前进。例如，在每章的知识点中，首先对软件的功能进行介绍，接下来以详尽的图解实例操作步骤的方式，对所介绍的知识点进行演练。在这一过程中读者能够更详细、更清楚地了解软件的功能以及应用方法。

多年来，笔者培训过大量的Office学员，了解初学读者的心理需求、进阶瓶颈，并研究出了一套行之有效的教学方法：主要特点是既有理论高度又有实战操作性，信息量大，背景知识丰富，针对行业性强；并不单纯以传授软件技法为目的，还力图改变读者的思维模式，提升读者自我解决问题的能力。

读者在学习的过程中应该认识到：无论是文本处理、表格统计还是演示文档设计都是创造性较强的活动，因其涉及面广，制作者往往需要学习、研究各个方面的技术和问题；应用水平的提高与操作时间成正比，需要长时间的经验积累和技术磨练；办公也是一项需要相互学习、相互交流的工作，在交流过程中不但可分享他人的成功经验，更会激发新的灵感、迸发创意火花，达到事半功倍的效果。

本书内容

本书针对办公所必须的应用需求，结合读者的学习习惯和思维模式，编排、整理了知识结构；又借鉴杂志的编排方式，设计了本书的图文结构。力求使全书的知识系统全面、实例丰富、步骤详尽、演示直观。确保读者学起来轻松，做起来有趣，在项目实践中不断提高自身水平，成为合格的Office办公人员。

书中精选了108个典型实例，覆盖了Office办公应用中的热点问题和关键技术，并根据实际所需，针对文档的输出和打印进行了专门的介绍。全书按总论、三大软件详解和输出等内容分部讲解，可以使读者在短时间内掌握更多有用的技术，快速提高办公应用水平。

全书分为28章。总论介绍了Office 2010套装软件的作用、安装以及共性操作方法。软件详解部分介绍了Word 2010软件的基本架构和操作，文字的编排，图形的绘制与修饰，图片的添加与处理，页面的美化，表格的制作，文档的保护与共享；Excel 2010软件的基本架构和操作，数据处理，设置单元格格式，玩转条件格式，排序、筛选与分类汇总的使用方法，数据的抽象化表达——图表的制作，数据透视表与数据透视图，数据有效性的妙用，公式与函数的使用，常用数据分析函数的使用，宏与VBA；PowerPoint 2010软件的基本架构和操作，创建演示文稿、母版，让幻灯片更加生动的方法，幻灯片演示与共享的操作等。最后介绍了三大办公软件的打印输出方法。

在内容安排上，全书采用了统一的编排方式，每章内容都通过Study环节明确研究方向，通过Work小节掌握技术要点，再通过Lesson进行实例操作，全部过程共3个层次，贯穿了技术要点。在Study中，以图文结合的方式给出了软件的功能说明及运行效果。在Work中给出了技术重点、难点和相关操作技巧，如相关工具的参数、对话框中的选项、设置不同选项时所产生的较大差异、数据的处理结果等，比以往同类书籍做了更深入的探讨。在Lesson中介绍了具体的实例制作过程和主要的实现步骤。

此外，本书中的Tip代表提示。在表述某个知识点时，用Tip来对该部分内容进行详细讲述，或将前面未提到的地方进行解释说明；在应用某个命令或者工具对文档进行操作时，Tip内容可能是从另外的角度或者使用其他方法对工具或者命令进行阐述。

本书特色

所有的章节设置、实例内容都以解决读者在办公应用中遇到的实际问题和制作过程中应该掌握的技术为核心，每个章节都有明确的主题，每章中的多个实例都有其实用价值，如有的可以解决工作中的难题，有的可以提高工作效率，有的可以提升作品的观赏性。

- 所选实例具有极强的扩展性，能够给读者以启发，进而举一反三，制作出非常实用的办公文档。
- 所选实例具有一定的代表性，并且都提供了实例文件和视频教程，方便读者观看、学习、参考和使用。

超值光盘

随书的1张CD光盘内容非常丰富，具有极高的学习价值和使用价值。

◎ 完整收录的原始文件、最终文件

书中所有实例的原始文件和最终文件全部收录在光盘中，方便读者查找学习。原始文件为书中所有Lesson小节在制作时以及各个Study环节做知识点讲解时用到的文件；最终文件为Lesson中操作完成后的最终效果文件。

◎ 交互式多媒体视频语音教程

对应书中章节安排，收录了书中108个Lesson的操作步骤的配音视频演示录像。

◎ 超值附赠《一看即会——Excel 2007公式、函数、图表与电子表格制作》的技法教程光盘

由于篇幅所限，Office办公应用的精华技法不能在书中一一列举，笔者为帮助读者真正实现从入门到精通的转变，精心挑选了笔者另一本超级畅销书《一看即会——Excel 2007公式、函数、图表与电子表格制作》的53个精华技法视频演示录像！教程内容既有对书中所介绍软件和功能的补充，也有对办公常见应用领域的介绍。通过这些具有拓展、提高作用的超值教程，可满足读者的额外学习需要，真正做到花一本书的钱学习两本书的内容！

◎ 其他

使用本书实例光盘前，请仔细阅读下页的“多媒体光盘使用说明”。

作者团队和读者服务

本书由恒盛杰资讯组织编写，如果读者在使用本书时遇到问题，可以通过电子邮件与我们取得联系，邮箱地址为：1149360507@qq.com，我们将通过邮件为读者解疑释惑。此外，读者也可加本书服务专用QQ：1149360507与我们联系。由于编者水平有限，疏漏之处在所难免，恳请广大读者批评指正。

编 者

2011年5月

多媒体光盘使用说明

多媒体教学光盘的内容

本书配套的多媒体教学光盘内容包括实例文件和视频教程，课程设置对应图书章节的组织结构。其中，实例文件为书中重要操作实例在制作时用到的文件，视频教程为108个实例操作步骤的配音视频演示录像，播放总时间长达290分钟。读者可以先阅读书再浏览光盘，也可以直接通过光盘学习Office 2010的使用方法。

光盘中还配有《一看即会——Excel 2007公式、函数、图表与电子表格制作》一书的视频教程，作为读者学习办公软件使用方法的补充，真正做到花一本书的价钱学习两本书的内容。

光盘使用方法

❶ 将本书的配套光盘放入光驱后会自动运行多媒体程序，并进入光盘的主界面，如图1所示。如果光盘没有自动运行，只需在“我的电脑”中双击光驱的盘符进入配套光盘，然后双击start.exe文件即可。

图1　光盘主界面

❷ 光盘主界面上方的导航菜单中包括“多媒体视频教学”、“实例文件”、“浏览光盘”和“使用说明”等项目。单击“多媒体视频教学”按钮，可显示“目录浏览区”和“视频播放区”，如图2所示。

图2　视频播放界面

❸ 单击“视频播放区”中控制条上的按钮可以控制视频的播放，如暂停、快进；双击播放画面可以全屏幕播放视频，如图3所示；再次双击全屏幕播放的视频可以回到如图2所示的播放模式。

图3　全屏播放效果

❹ 通过单击导航菜单（见图4）中不同的项目按钮，可浏览光盘中的其他内容。

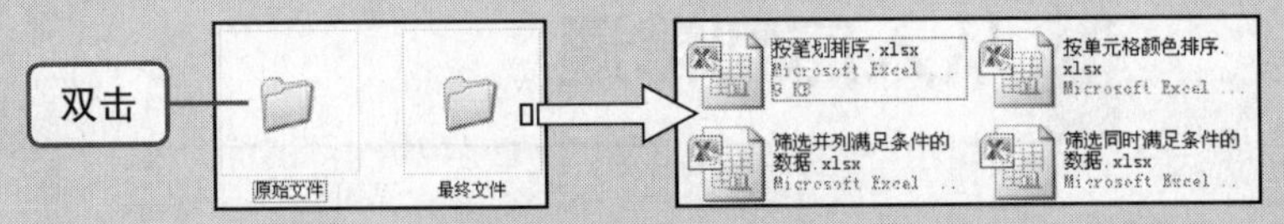

图4　导航菜单

❺ 单击“浏览光盘”按钮，进入光盘根目录，双击“实例文件>第14章”文件夹，可看到如图5所示的原始文件和最终文件，在Excel 2010软件中直接调用即可。查看附赠视频文件的方法与此处相同。

双击
原始文件
最终文件
按笔划排序.xlsx
按单元格颜色排序.xlsx
筛选并列满足条件的数据.xlsx
筛选同时满足条件的数据.xlsx

图5　直接浏览光盘中文件

❻ 单击“使用说明”按钮，可以查看使用光盘的设备要求及使用方法。

❼ 单击“征稿启事”按钮，有合作意向的作者可查询我社的联系方式，以便取得联系。

❽ 单击“好书推荐”按钮，可以浏览本社近期出版的畅销书目，如图6所示。

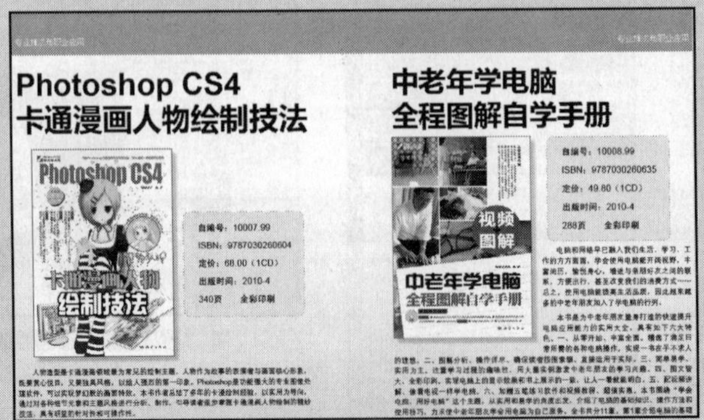

图6　好书推荐

目录

Chapter 10 从掌握组件的基本架构开始Excel 2010 ······153

Chapter 11 巧妙的数据处理 ······170

Chapter 13 玩转条件格式 ……213

Chapter 14 切实掌握排序、筛选与分类汇总的使用方法 ……232

Chapter 15 数据的抽象化表达——图表

Chapter 16 数据透视分析工具——数据透视表与数据透视图

Chapter 17 数据有效性的妙用 ······ 286

Chapter 18 从数据基础处理到高级运算——公式与函数的使用 ······ 300

Chapter 00

总论：认识Office 2010

本章重点知识

Study 01　Office 2010的优势

Study 02　Office 2010的安装与运行

本章视频路径

CD

Chapter 00 总论：认识 Office 2010

Microsoft Office 2010 是微软公司新推出的办公软件，包括 Word 2010、Excel 2010 和 PowerPoint 2010 三个主要办公组件。本书将对这 3 个组件的使用进行全面、系统的介绍。

Study 01

Office 2010的优势

- Work 1．充分表达创意、创造视觉效果图片和媒体设计功能
- Work 2．提高工作效率的简单易用的工具
- Work 3．清晰简单的可视化工具

Office 2010 中主要包括 Word 2010、Excel 2010 和 PowerPoint 2010 三个组件。本节简单介绍 Office 2010 的这 3 个组件。

Study 01 Office 2010的优势

Work 1 充分表达创意、创造视觉效果图片和媒体设计功能

Office 2010 的三大组件 Word、Excel、PowerPoint 分别用于制作文档、处理数据以及制作动态文稿。Word 中设置了丰富的文字编辑、图片处理功能，能帮助用户制作出专业、美观的文档；Excel 中设置了丰富的数据处理功能，可以让复杂的数据变得有条不紊；PowerPoint 中提供了丰富的动画处理、视频编辑以及多元的共享渠道，从而让用户制作出的文稿能与更多人一起分享。

① Word 2010 中多姿多彩的文本编辑效果

类别	产品名称	价格
水果罐头	杏	8.5
水果罐头	梨	8
肉罐头	午餐肉	13.6
肉罐头	豆豉鲮鱼	12
饮料	红茶	3.5
饮料	啤酒	5
奶制品	豆奶	6
奶制品	酸奶	3.5

② Excel 通过颜色对数据进行排序

③ PowerPoint 2010 中丰富的编辑功能

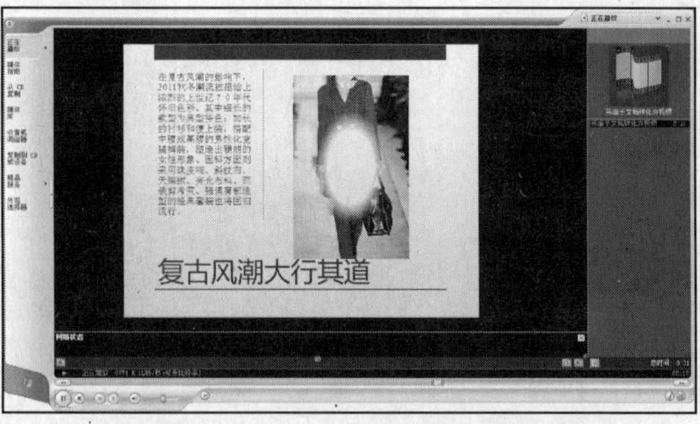

④ 使用 PowerPoint 制作视频文件

Study 01　Office 2010的优势

Work 2　提高工作效率的简单易用的工具

为了让操作者能通过简单的操作制作出专业的文件，Office 2010 中将很多实用功能都进行了简单化处理，例如“文本效果”功能。通过该功能可以为 Word 中的普通文本应用多彩的艺术字效果，并且文字的格式仍然处于普通状态。

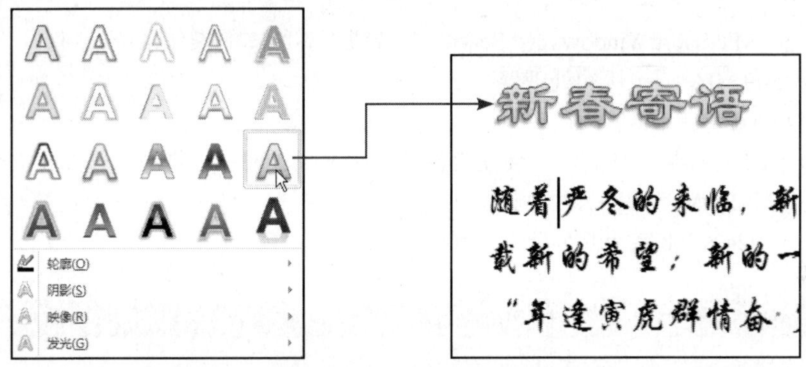

Study 01　Office 2010的优势

Work 3　清晰简单的可视化工具

Office 2010 中各组件的功能按钮都被放置于功能区中，从而使功能按钮更直观地面向用户。这样在使用相应的功能时，用户只要知道该功能在哪个选项卡下，直接切换到目标选项卡后，就可以很轻松地找到要使用的工具。即使是新手，也可以很轻松地掌握其使用方法。

① Word 组件的“开始”选项卡

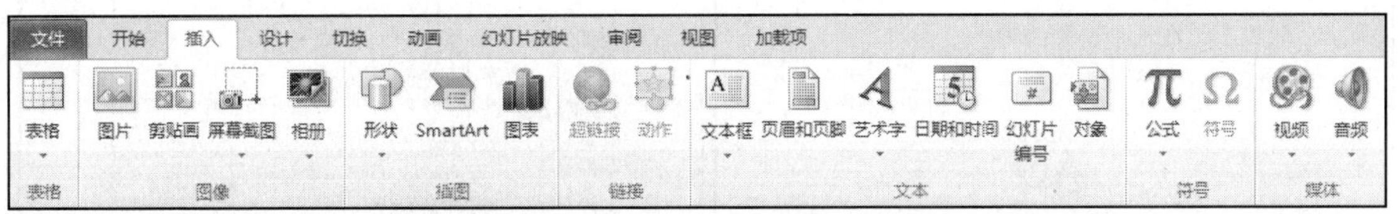

② PowerPoint 组件的“插入”选项卡

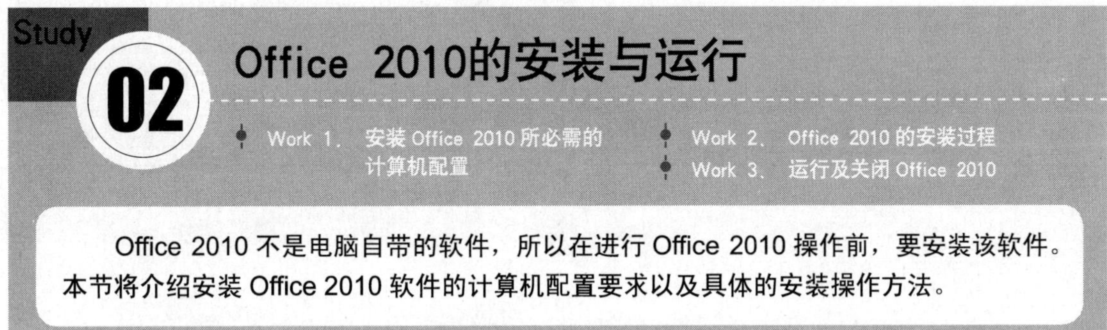

Study 02　Office 2010的安装与运行

- Work 1．安装 Office 2010 所必需的计算机配置
- Work 2．Office 2010 的安装过程
- Work 3．运行及关闭 Office 2010

Office 2010 不是电脑自带的软件，所以在进行 Office 2010 操作前，要安装该软件。本节将介绍安装 Office 2010 软件的计算机配置要求以及具体的安装操作方法。

Work 1 安装Office 2010所必需的计算机配置

Office 2010是办公软件，主要是对文字、图片以及数据进行处理操作。在安装Office 2010时，主要考虑计算机的CPU、内存、硬盘容量以及驱动器等信息。正常安装并使用Office 2010的电脑配置要求如下。

- 操作系统：Microsoft Windows XP Service Pack或更高版本的操作系统。
- 处理器：500 MHz或更快的处理器。
- 内存：512 MB或更大的内存。
- 硬盘：1.5 GB；如果在安装后从硬盘上删除原始下载软件包，将释放部分磁盘空间。
- 驱动器：CD-ROM或DVD驱动器。
- 显示器：1 024×768或更高分辨率的显示器。

Study 02 Office 2010的安装与运行

Work 2 Office 2010的安装过程

简单了解Office 2010软件后，在运行该软件前，需要先安装该软件。

Lesson 01 安装 Office 2010

Office 2010 · 电脑办公从入门到精通

STEP 01 将Office 2010的安装盘或安装文件夹与计算机连接后，打开该软件的安装程序，弹出Microsoft Office 2010对话框，显示“安装程序正在准备必要的文件，请稍候”的提示信息，稍等一会儿，会进入许可协议界面，勾选“我接受此协议的条款”复选框，单击“继续”按钮。

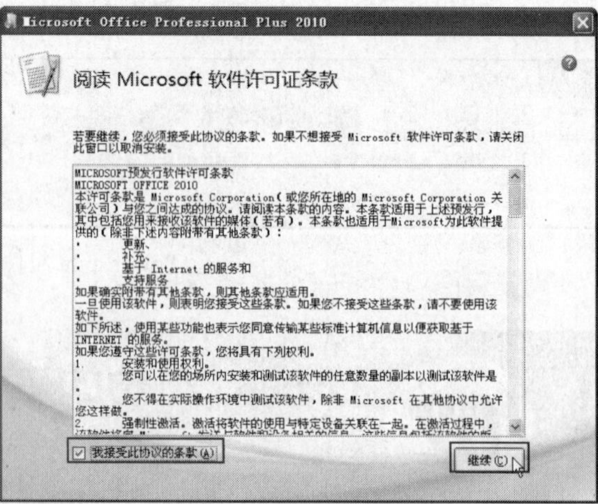

STEP 02 进入选择所需的安装界面，单击“自定义”按钮。进入升级早期版本界面，如果用户要保留计算机中的早期 Office 程序，则选中“保留所有早期版本”单选按钮。

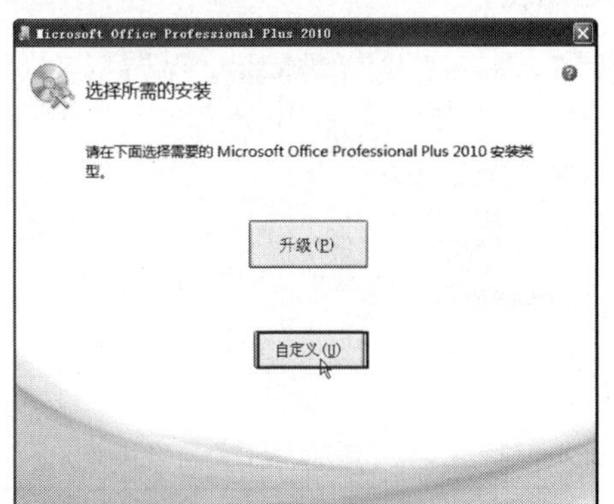

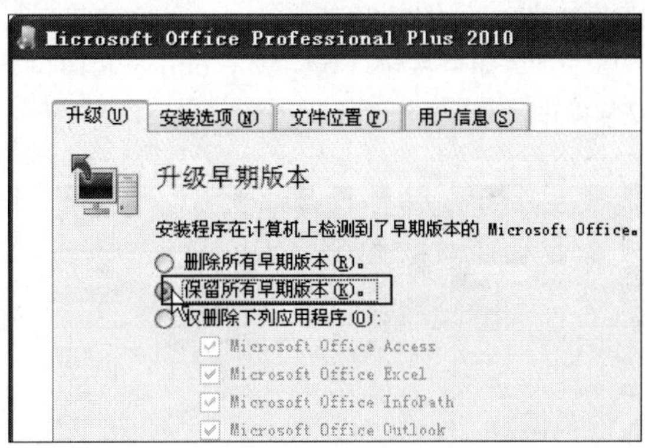

STEP 03 切换到“安装选项”选项卡，单击不需要安装的 Microsoft Office InfoPath 选项左侧的按钮，在展开的下拉列表中单击“不可用”选项，即可取消该组件的安装。使用同样的方法，将其他不需要安装的组件也设置为不可用状态。

STEP 04 设置完毕后，切换到“文件位置”选项卡，在“选择文件位置”文本框中可以看到程序默认的安装路径。需要更改时，单击“浏览”按钮。

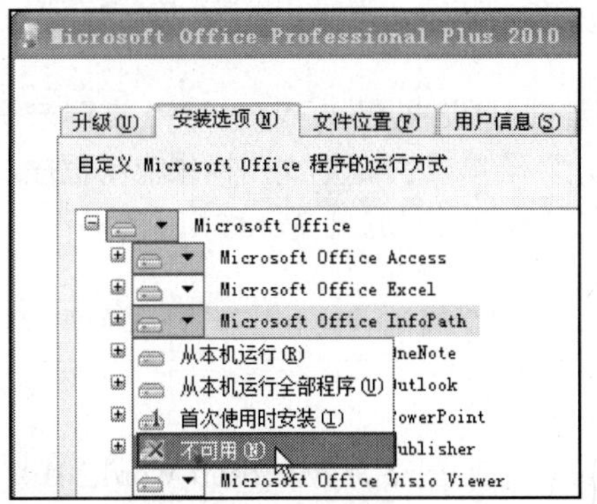

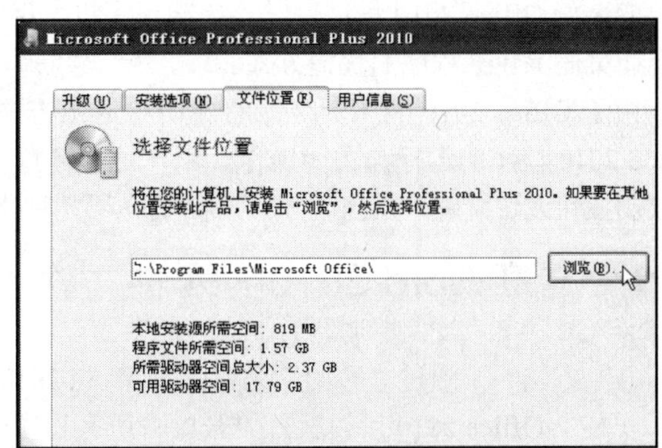

STEP 05 弹出“浏览文件夹”对话框，在“选择文件位置”列表框中单击要安装程序的磁盘以及文件夹，然后单击“确定”按钮。

STEP 06 切换到“用户信息”选项卡，在“键入您的信息”区域内输入用户信息，单击“立即安装”按钮。

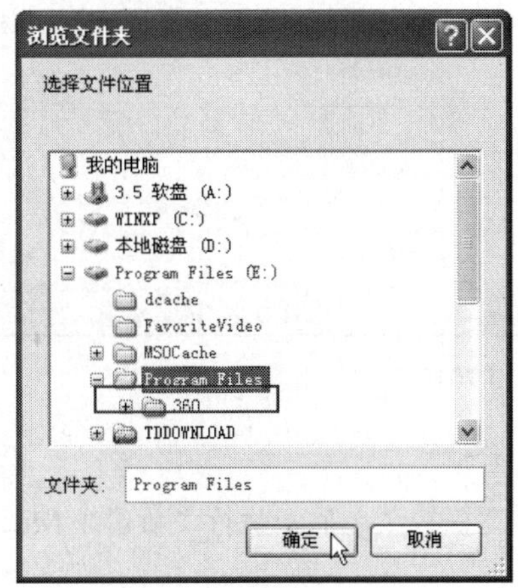

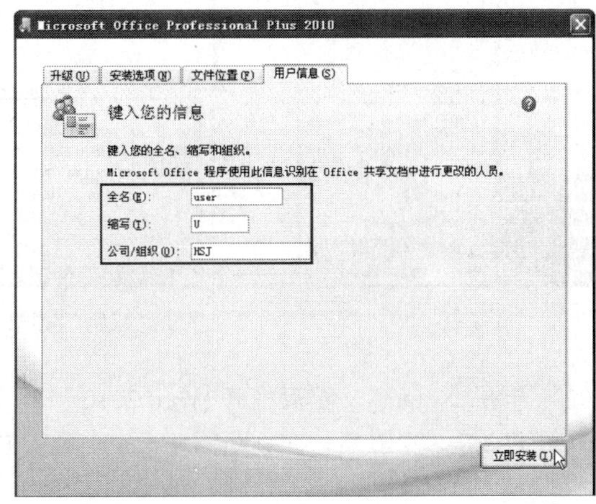

STEP 07 经过以上操作后，安装向导就会执行程序的安装操作，同时在向导界面中会显示出安装进度。程序安装完毕后，进入安装完成界面，单击“关闭”按钮，就完成了Office 2010的安装操作。

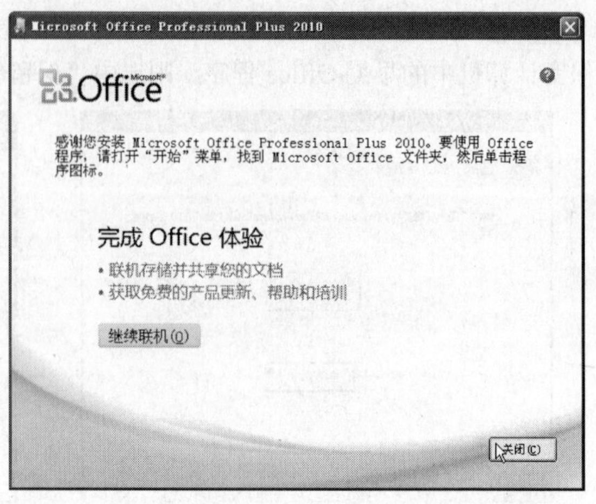

Study 02 Office 2010的安装与运行

Work 3 运行及关闭Office 2010

安装好Office 2010程序后，其启动程序将出现在系统的“开始”菜单中，同时，通常情况下还会在桌面上建立程序的快捷方式。

由于Office 2010中3个组件的启动与退出方法相似，因此这里仅以Word 2010为例来说明Office 2010程序的运行与关闭操作。用户可以通过“开始”菜单或快捷方式图标来启动程序，通过控制按钮或快捷键来退出程序。下面就介绍几种比较常用的启动和退出Word 2010的操作。

01 启动Word 2010的两种方法

（1）方法一：通过“开始”菜单打开Word 2010

安装了Office 2010后，执行“开始>所有程序>Microsoft Office >Microsoft Word 2010”命令，就可以打开一个Word 2010文档。

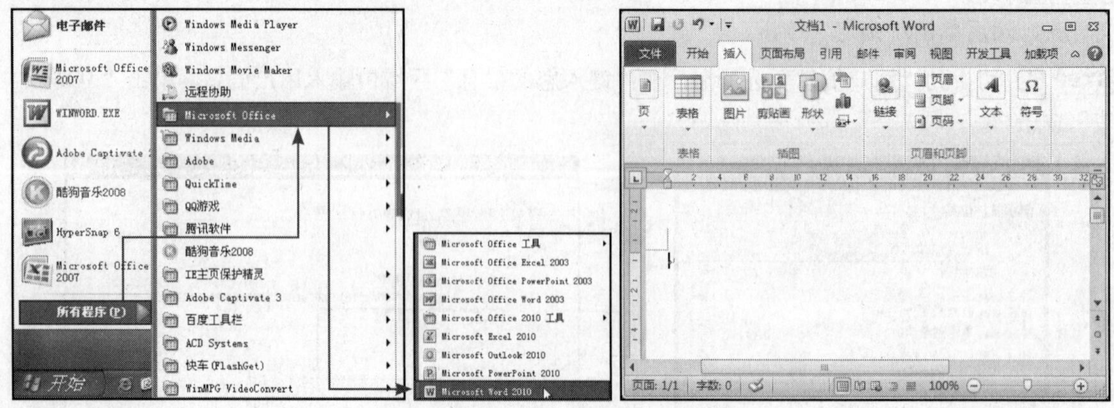

① 通过“开始”菜单启动Word 2010

（2）方法二：新建文档后打开Word 2010

安装了Office 2010后，在桌面的任意空白位置右击，弹出快捷菜单后，执行“新建>Microsoft

Office Word 文档”命令，返回桌面后，就可以看到新建的 Word 2010 文档。双击该文档图标，或者右击该文档，在弹出的快捷菜单中执行“打开”命令，都可以打开一个 Word 2010 文档。

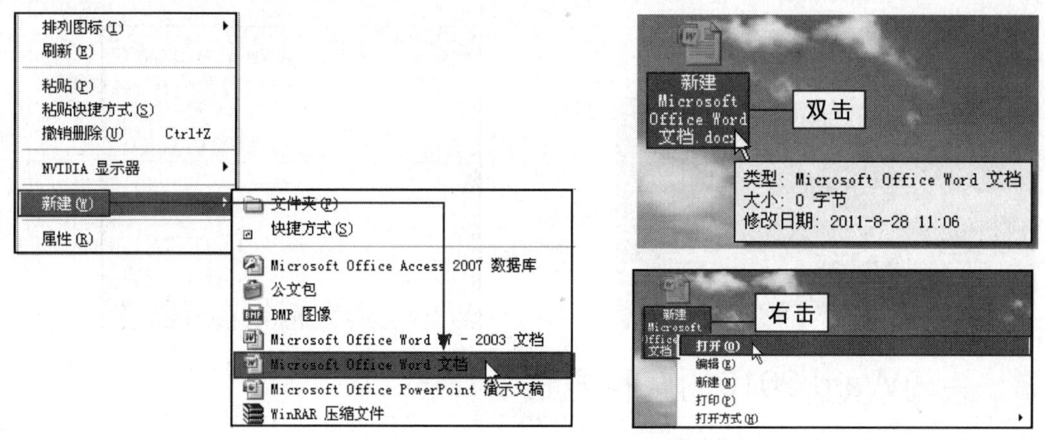

② 新建文档后打开 Word 2010

Lesson 02 新建桌面快捷方式并通过快捷方式打开文档

在通过桌面快捷方式启动 Word 2010 时，需要先在桌面上建立一个该程序的快捷方式，下面就来介绍建立桌面快捷方式以及通过快捷方式打开 Word 2010 的操作，如下图所示。

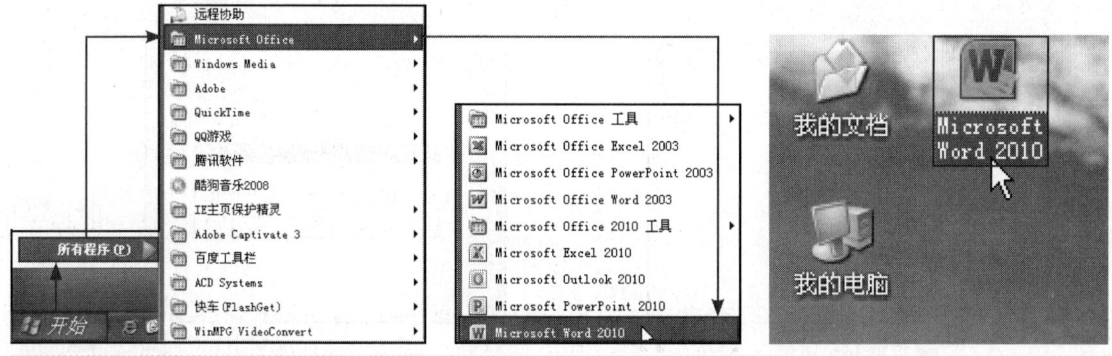

STEP 01 进入系统桌面后，执行“开始>所有程序> Microsoft Office”命令，弹出子菜单后，将鼠标指向 Microsoft Word 2010 选项，然后右击，在弹出的快捷菜单中将鼠标指向“发送到”选项，弹出子菜单后，执行“桌面快捷方式”命令。

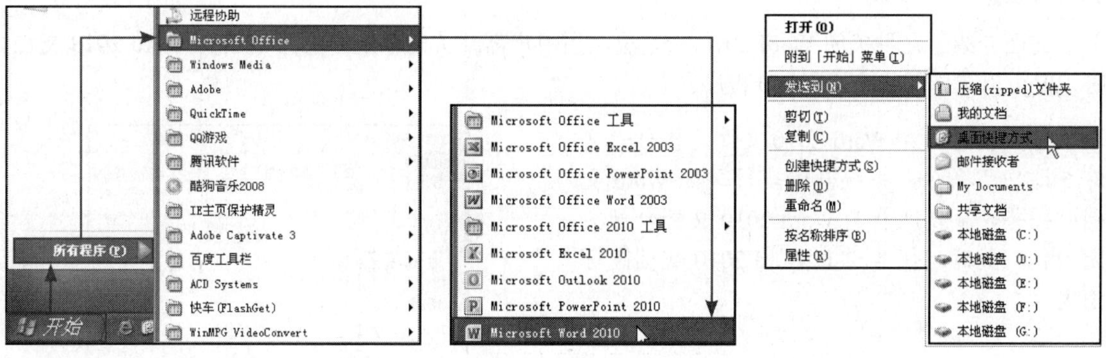

STEP 02 返回桌面后，就可以看到新建的 Microsoft Word 2010 的快捷方式图标，双击该图标，就可以打开一个 Word 2010 文档。

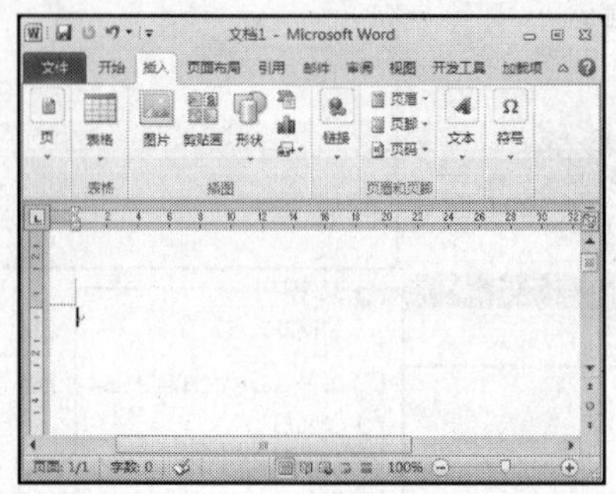

02 关闭Word 2010的两种方法

（1）方法一：通过控制按钮关闭

单击 Word 2010 窗口右上角的“关闭”按钮，如果用户没有对文档进行保存，则会弹出 Microsoft Word 提示框，提示用户是否对文档进行保存；如果用户已经保存了文档，则会直接关闭文档。

（2）方法二：通过快捷键关闭

在需要关闭的文档中按 Ctrl+W 快捷键，同样可以关闭文档，如果用户没有对文档进行保存，则会弹出 Microsoft Word 提示框，提示用户是否对文档进行保存；如果用户已经保存了文档，则会直接关闭文档。

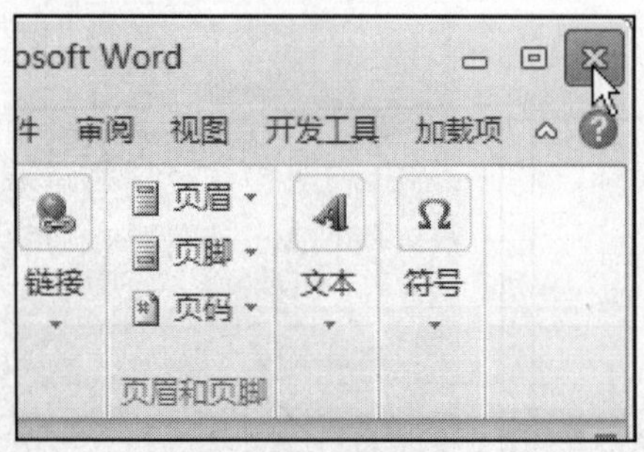

① 通过控制按钮关闭

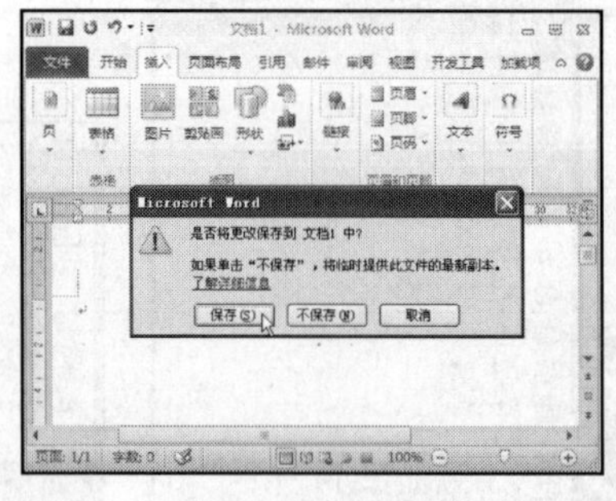

② 通过快捷键关闭

Lesson 03 退出 Word 2010 程序

Office 2010 · 电脑办公从入门到精通

前面介绍了几种关闭 Word 2010 的方法，当用户需要关闭系统中打开的所有 Word 2010 文档时，就可以选择退出 Word 2010 程序。

打开任意一个 Word 2010 文件，执行“文件 > 退出”命令，系统开始执行关闭 Word 文档的操作，直到所有的 Word 2010 文档全部关闭为止。此时，任务栏上 Word 2010 文档图标消失。

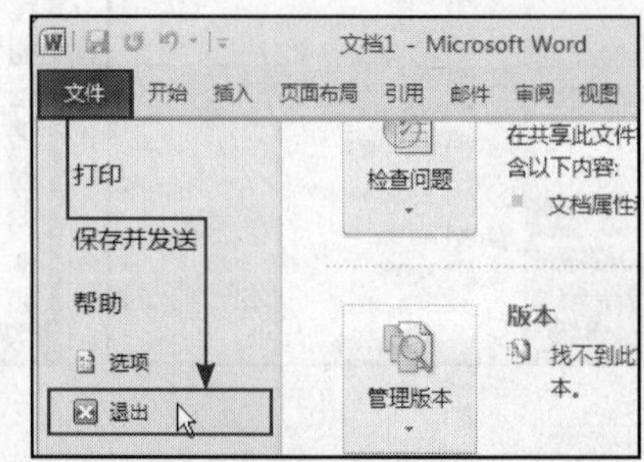

Chapter 01

从基础知识开始Word 2010

Office 2010电脑办公从入门到精通

本章重点知识

Study 01　Word 2010的优势

Study 02　符合个人习惯的用户界面设置

本章视频路径

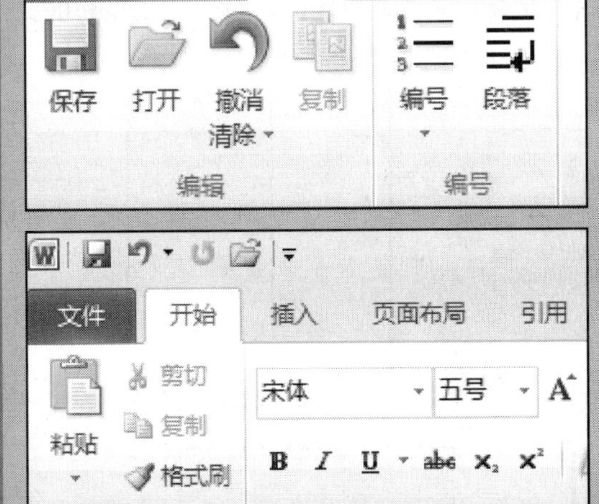

Chapter 01\Study 02\

- Lesson 01　将命令添加到快速访问工具栏中.swf
- Lesson 02　新建选项卡并添加相应命令.swf

Chapter 01 从基础知识开始 Word 2010

Word 2010 为 Office 2010 程序中的一个文本处理组件，在该组件中可完成对文本内容的编辑、排版、打印等操作。与老版本的 Word 相比，Word 2010 中新增加了很多实用的功能，让使用户的操作更加得心应手。

Study 01 Word 2010 的优势

- Work 1. 便捷的导航功能——导航窗格
- Work 2. 随时选取需要的图像——屏幕截图
- Work 3. 简单实用的抠图功能——删除背景
- Work 4. 超强立体感的文字——为文字添加特效
- Work 5. 快速打造特效图片——图片艺术效果
- Work 6. 用图形讲述故事——SmartArt 图形
- Work 7. 助你轻松写博客——新建博客文章

Word 2010 为了方便用户在长文档中查找内容、对图片进行编辑以及制作出更漂亮的文本效果，新增加了一些功能，成为 Word 2010 独有的优势。

Work 1 便捷的导航功能——导航窗格

Word 2010 的导航窗格集查找功能、文档结构图和缩略图于一身，主要应用于长篇文档中，通过自身功能准确为文档进行导航。

使用“查找”功能时，打开“导航”窗格后，在“搜索文档”文本框内输入要搜索的内容，在文档中就会将搜索到的内容进行突出显示；需要对搜索选项进行设置时，可单击搜索文本框右侧的下三角按钮，在展开的下拉列表中设置相关选项；需要查看文档的结构图时，单击“导航”窗格中的“浏览您的文档中的标题”按钮即可；需要查看文档缩略图时，单击“浏览您的文档中的页面”按钮即可。

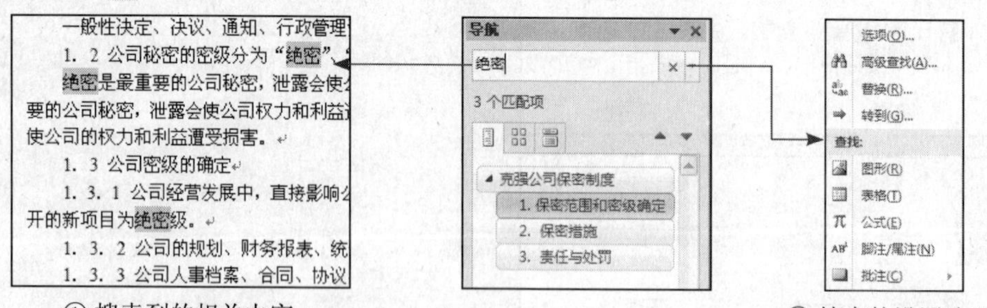

① 搜索到的相关内容　　② 搜索的设置选项

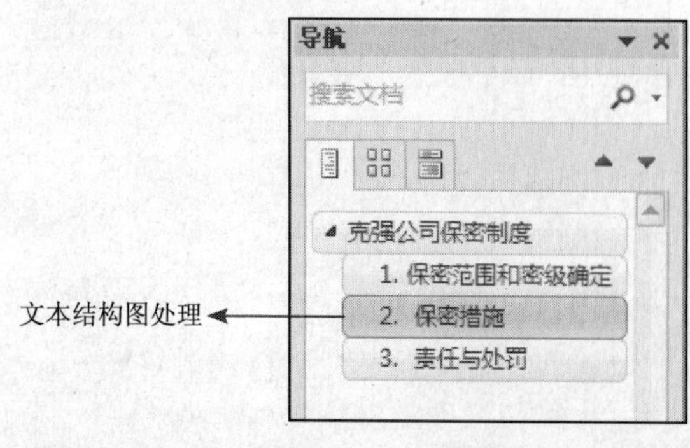

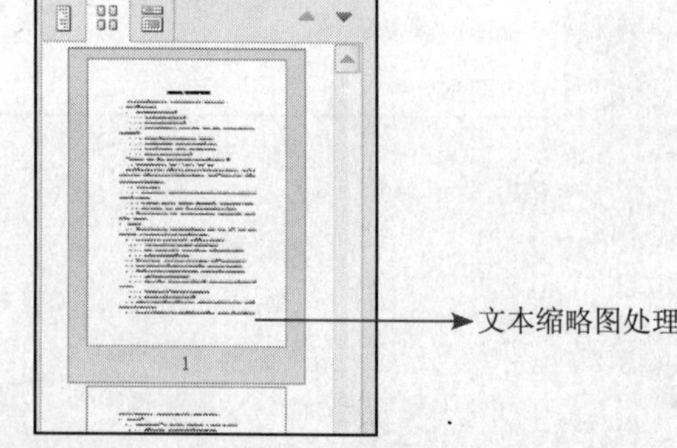

Study 01 Word 2010的优势

Work 2 随时选取需要的图像——屏幕截图

“屏幕截图”功能是一种获取图片的功能。使用该功能，可以将系统中所打开的任意一个程序以图片的形式截取下来保存到文档中。有两种截取的方式：截取可用视窗和屏幕剪辑功能。

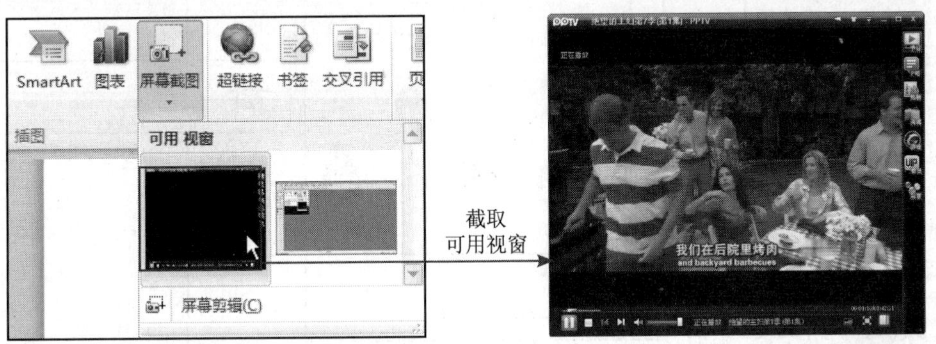

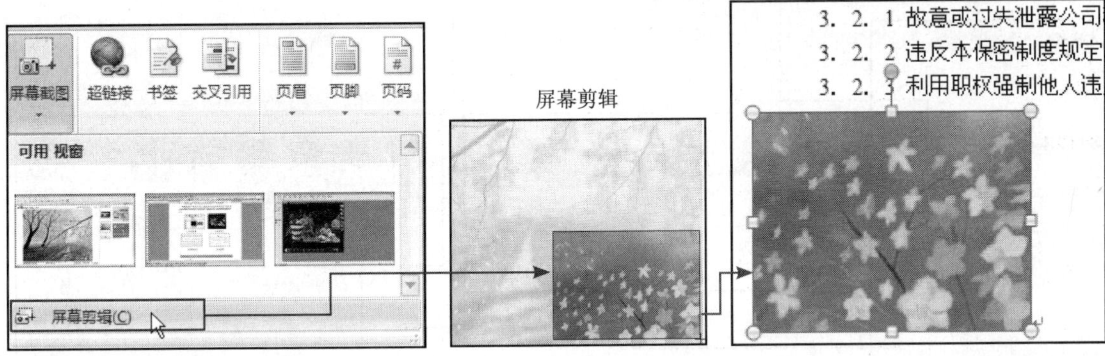

Study 01 Word 2010的优势

Work 3 简单实用的抠图功能——删除背景

“删除背景”功能可以将图片中杂乱的背景抠除，从而使图片画面更加整洁，也可以让图片与文字的配合更加天衣无缝。

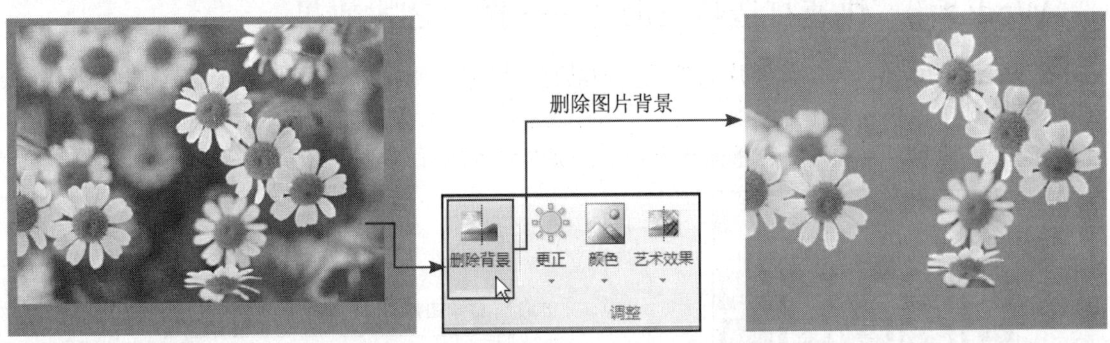

Study 01 Word 2010的优势

Work 4 超强立体感的文字——为文字添加特效

在 Word 2010 中增加了很多文字特效，通过为文本添加轮廓、阴影、映像、发光等特效，不仅可以增强文字的立体感，也可以增加文档画面的美感。

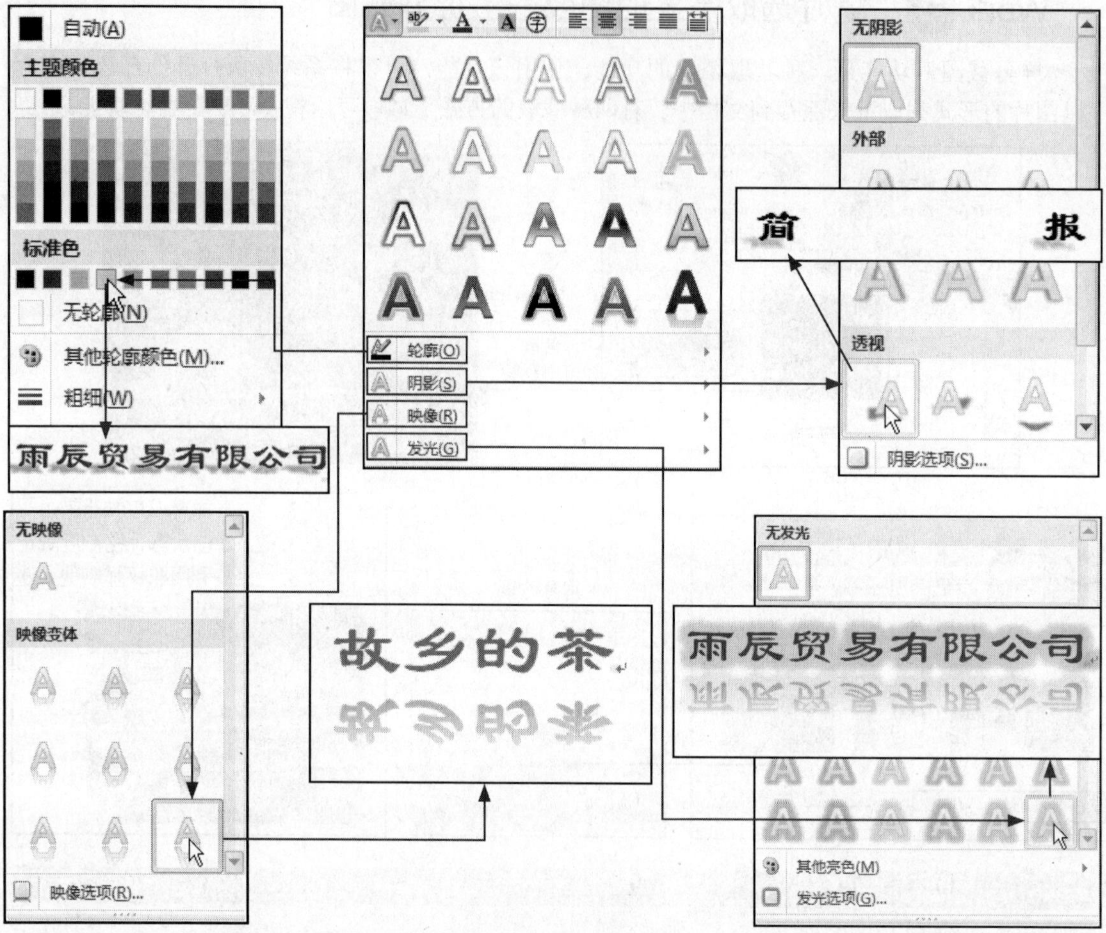

文字特效的使用

Study 01　Word 2010的优势

Work 5　快速打造特效图片——图片艺术效果

在 Word 2010 中，为了使图片的效果更加漂亮，增强了图片艺术效果功能。通过艺术效果的使用，用户就可以快速制作出美观、大方的图片效果。为图片设置艺术效果时，如果用户对 Word 预设的效果不满意，可通过“艺术效果选项”功能对效果进行自定义设置。

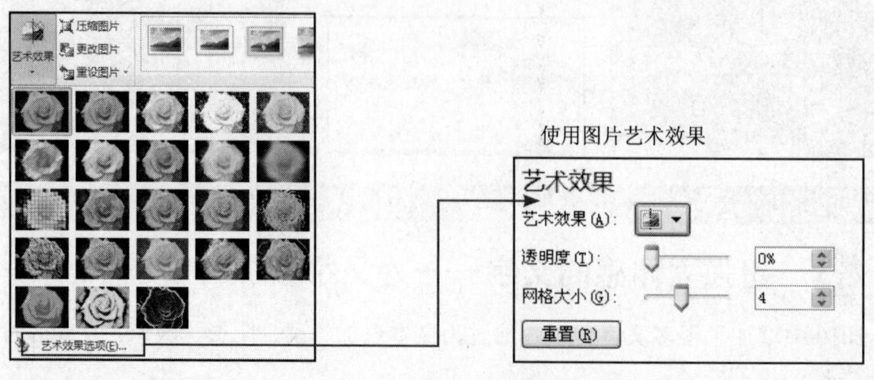

使用图片艺术效果

Study 01 Word 2010的优势

Work 6 用图形讲述故事——SmartArt图形

在 Word 2010 中，新增了一些 SmartArt 图形布局类型，其中多数为图片式布局类型。使用该布局时，可以使用照片或其他图像对图形要表达的含义进行诠释。制作时，只需在图片布局图表的 SmartArt 形状中插入图片即可。每个形状还具有一个标题，用户可以在其中添加说明性文本。

另外，Word 2010 中还增加了将图片直接转换为 SmartArt 图形的功能，如果用户的文档中已经包含图片，则可以通过在“图片工具-格式”选项卡中的功能按钮将图片快速转换为 SmartArt 图形。

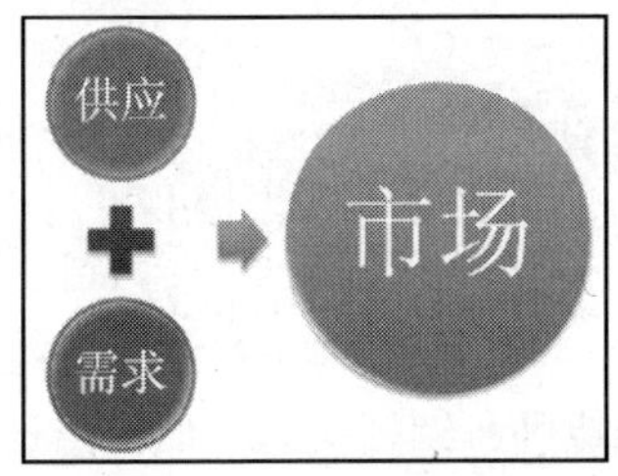

① 垂直公式布局的 SmartArt 图形

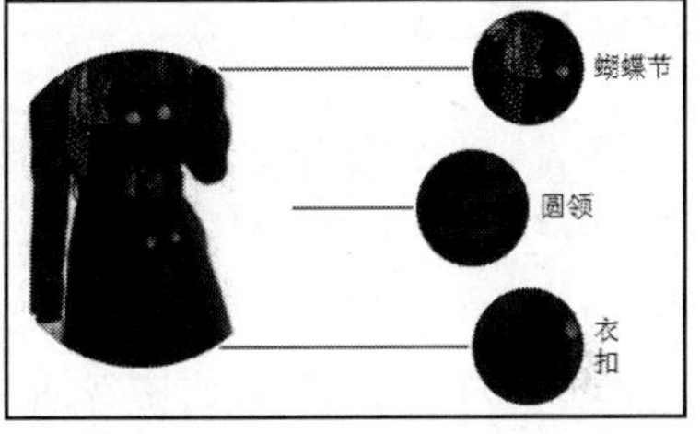

② 圆形图片标注布局的 SmartArt 图形

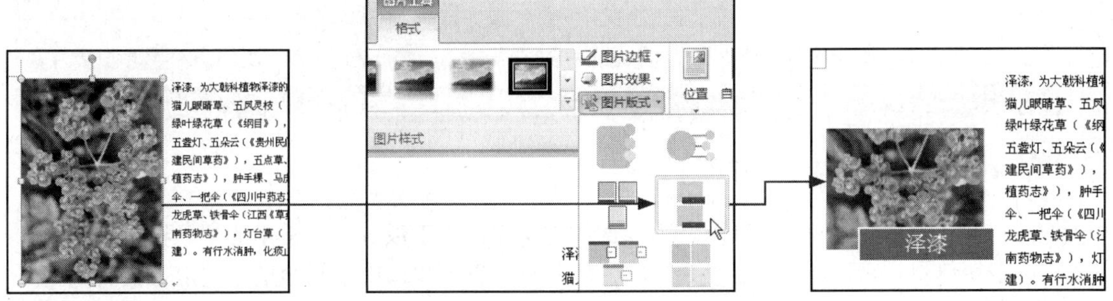

③ 将文档中的图片转换为 SmartArt 图形

Study 01 Word 2010的优势

Work 7 助你轻松写博客——新建博客文章

随着网络的普及，几乎每个网民都有自己的博客。在撰写博客时，为了保证博文的质量，可先在 Word 中编辑，最终定稿后再将其发送到网站中。为了方便用户撰写博文，Word 2010 提供了博客文章模板，每次撰写博文时，只要新建一个博客文章模板，然后根据需要编辑文章即可。如果用户是第一次使用博客文章，程序会提示用户新建一个博客账户，以方便下次编辑。

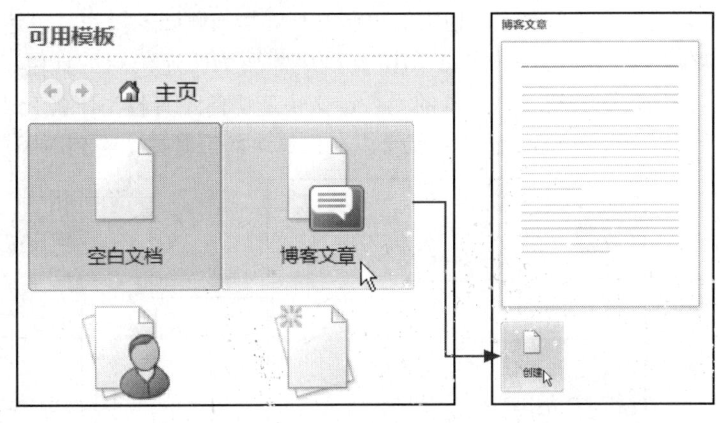

创建博客文章文档

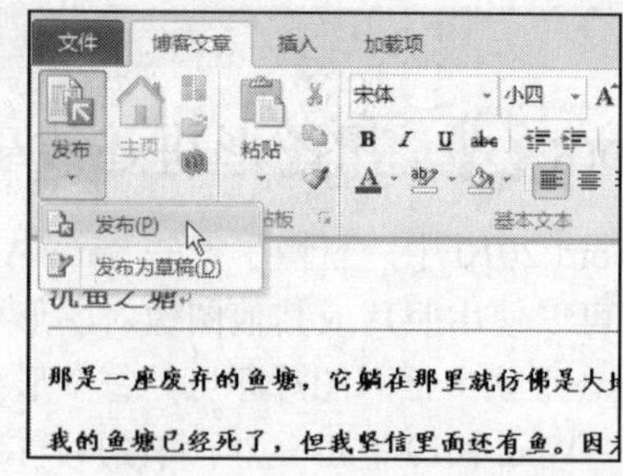

注册及发布博客

Study 02 符合个人习惯的用户界面设置

- Work 1. 快速访问工具栏
- Work 2. 自定义功能区

Word 2010 的工作界面中包括快速访问工具栏、功能区、编辑区等区域，用于对文档进行编辑、显示。如果 Word 2010 当前的设置与用户的个人习惯相冲突或经常使用的工具未显示在明显的区域中，用户可对 Word 的工作界面进行自定义设置，从而提高使用效率。

Work 1 快速访问工具栏

快速访问工具栏位于 Word 2010 工作界面的左上角，用于放置一些常用的工具按钮。由于常用的工具按钮使用频率较高，为了使用方便，因此将其置于界面中最显眼的位置上，从而提高用户的操作速度。

Lesson 01 将命令添加到快速访问工具栏中

Office 2010 · 电脑办公从入门到精通

在默认的情况下，快速访问工具栏中包括保存、撤销和恢复 3 个按钮，如果用户常用的按钮不止这 3 个，可对工具栏中的按钮进行添加或删除的操作，以达到方便操作的目的。

STEP 01 在打开的 Word 2010 文档中需要为快速访问工具栏添加工具时，单击快速访问工具栏右侧的快翻按钮，在展开的“自定义快速访问工具栏”下拉列表中，勾选要添加的工具名称，如“打开”选项，返回文档后就可以在快速访问工具栏中看到所添加的“打开”工具按钮。

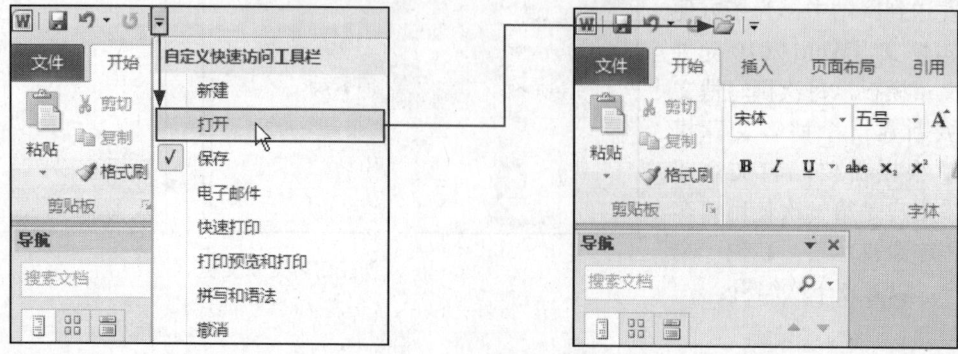

STEP 02 需要删除快速访问工具栏中的工具按钮时，同样单击快速访问工具栏右侧的快翻按钮，在展开的“自定义快速访问工具栏”下拉列表中，取消勾选要删除的工具所对应的选项，本例中以“撤销”为例，返回文档后，即可看到快速访问工具栏中该按钮已不存在。

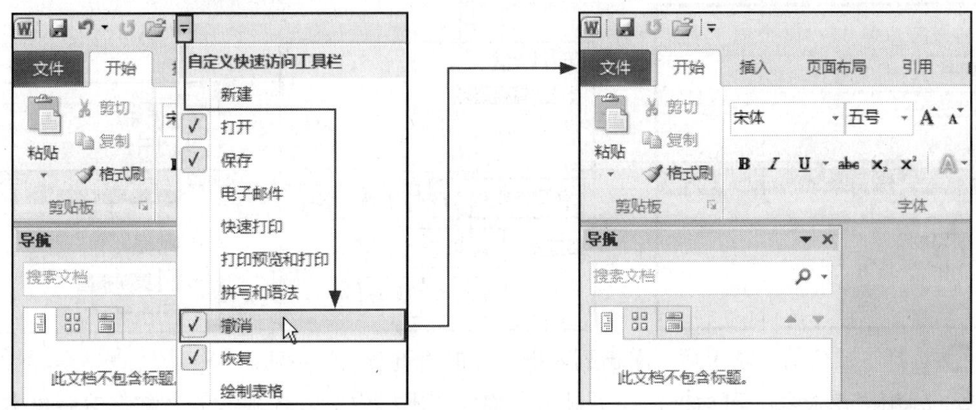

Study 02 符合个人习惯的用户界面设置

Work 2 自定义功能区

在 Word 2010 中，功能区用于放置 Word 编辑文档时所使用的全部功能按钮，包括开始、插入、页面布局等几个主选项卡，在编辑图片、图形、形状等内容时还会显示出相应的工具选项卡。使用时，用户可根据自身习惯，对功能按钮的位置进行更改或直接对选项卡进行删除 / 新建。

Lesson 02 新建选项卡并添加相应命令

Office 2010 · 电脑办公从入门到精通

对 Word 2010 的选项进行新建等操作时，需要通过“Word 选项”对话框进行设置，具体操作步骤如下。

STEP 01 打开一个 Word 2010 文档后，单击“文件”按钮，在弹出的面板中执行“选项”命令，就会弹出“Word 选项”对话框。

STEP 02 在弹出的“Word 选项”对话框中单击“自定义功能区”标签。

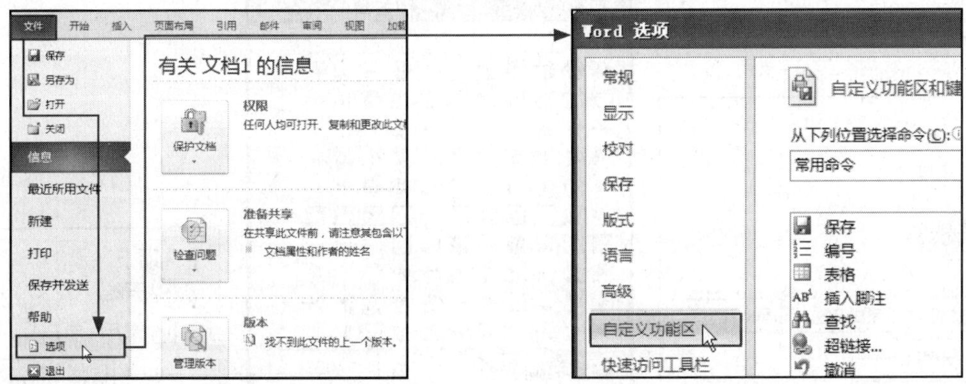

STEP 03 进入“自定义功能区”界面后，在“自定义功能区”区域下方的第一个下拉列表框中可以选择要设置的选项卡类型，确保该选项为“主选项卡”，然后在“主选项卡”列表框中选中要添加的选项卡位置，本例将选项卡添加在“开始”选项卡后，所以在该列表框中选中“开始”选项。

STEP 04 选择了选项卡的添加位置后，单击列表框下方的“新建选项卡”按钮，在列表框中“开始”选项下方即可看到新添加的选项卡并自动添加一个“新建组”，单击“新建选项卡（自定义）”选项。

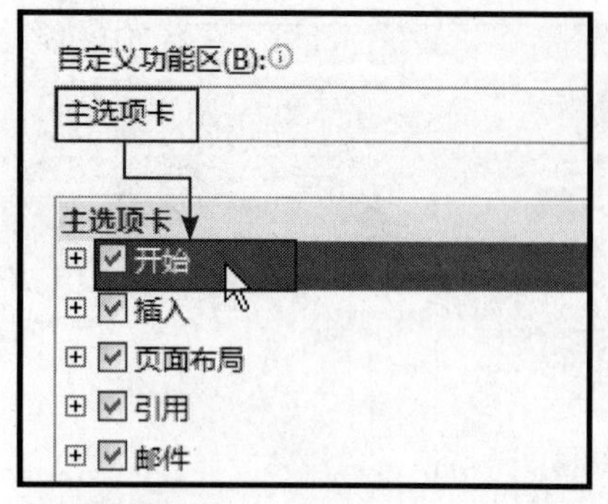

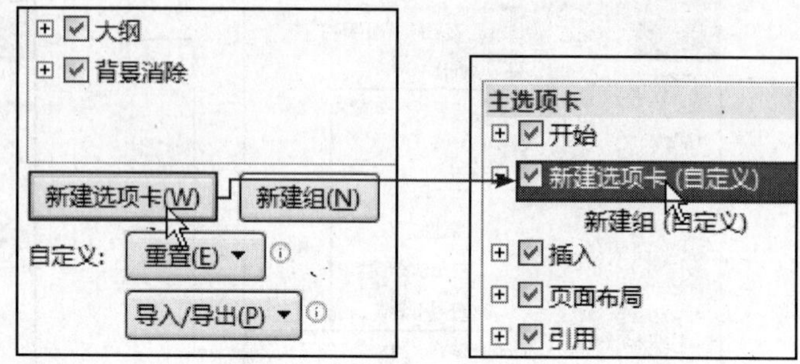

STEP 05 选择了新建的选项卡后，单击列表框下方的“重命名”按钮。

STEP 06 弹出“重命名”对话框，在“显示名称”文本框内输入选项卡的名称，然后单击“确定”按钮，在“主选项卡”列表框中即可看到新建的选项卡已应用新的命名，单击“新建组（自定义）”选项。

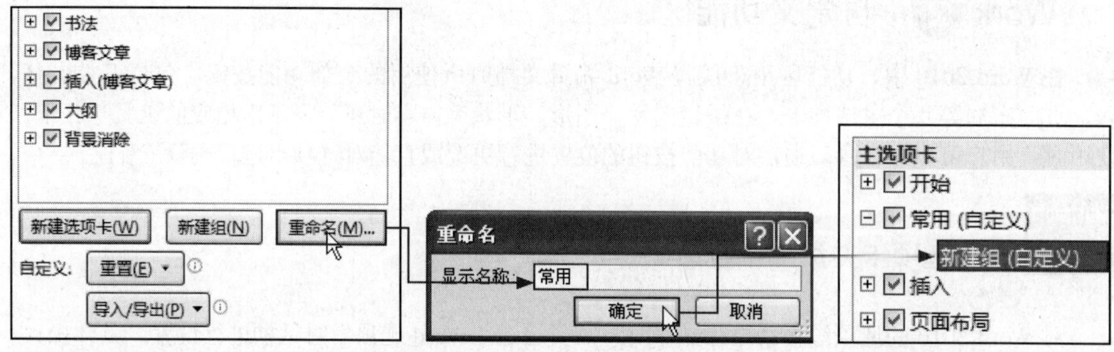

STEP 07 选择了“新建组（自定义）”选项后，单击列表框下方的“重命名”按钮。

STEP 08 弹出“重命名”对话框，在“显示名称”文本框内输入选项卡的名称，然后单击“确定”按钮，在“主选项卡”列表框中即可看到新建组已应用新的命名。

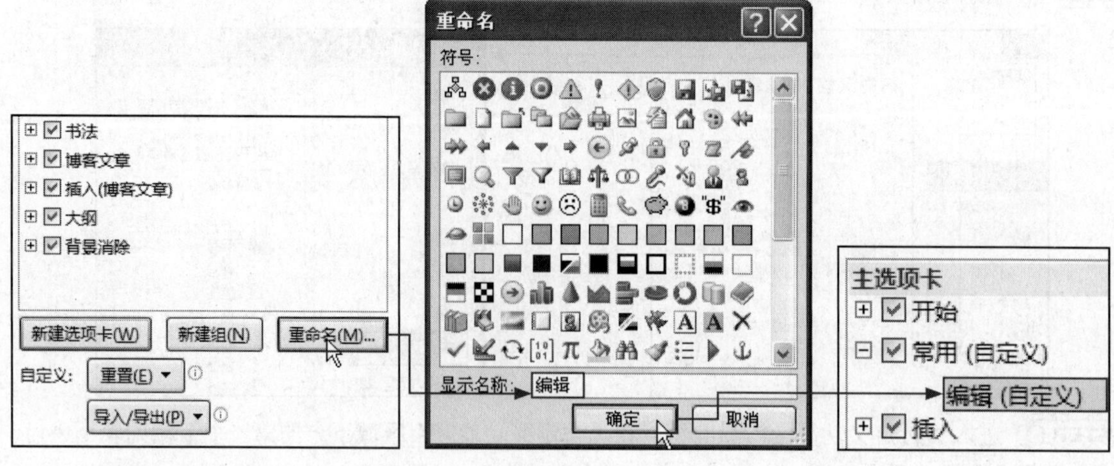

STEP 09 为新建组添加功能。在对话框左侧的“常用命令”列表框中选中要添加的工具“保存”，然后单击“添加”按钮，就完成了为新建组添加工具的操作。按照同样的方法，为新建的选项卡添加其他需要的命令。

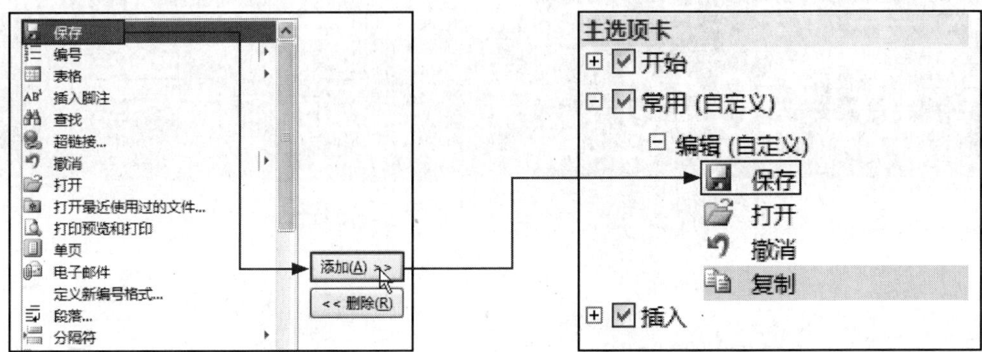

STEP 10 为当前工作组添加了需要的工具后，需要为选项卡新建第二个组时，只要单击“主选项卡”列表框下方的“新建组”按钮，然后参照STEP 05～STEP 09的操作，对新建的组进行重命名，并添加需要的工具，最后单击“确定”按钮即可。

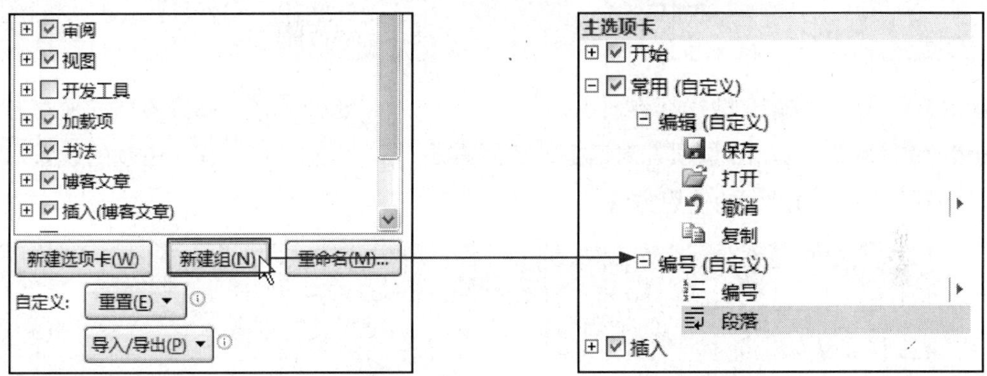

STEP 11 经过以上操作后，返回文档中，在功能区中即可看到新建的“常用”选项卡，切换到该选项卡下可以看到新建的组和添加到组中的工具。

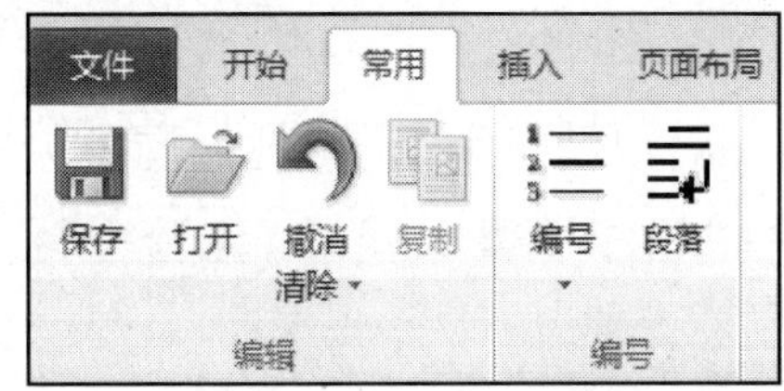

Tip 删除选项卡

需要删除 Word 界面中的选项卡时，只要在打开“Word 选项”对话框后，在“主选项卡”列表框中选中要删除的选项卡选项，然后单击列表框左侧的“删除”按钮，最后单击“确定”按钮，即可完成删除操作。

Chapter 02

从掌握组件的基本架构开始 Word 2010

Office 2010电脑办公从入门到精通

本章重点知识

Study 01　Word 2010 的操作界面

Study 02　掌握“Word 选项”对话框的使用方法

Study 03　掌握功能区的使用方法

Study 04　掌握窗格的使用方法

Study 05　程序主题的设置

本章视频路径

Chapter 01\Study 04\

- Lesson 01　“剪贴画”窗格的使用.swf

Chapter 02 从掌握组件的基本架构开始 Word 2010

基本架构是一个程序的骨髓。在使用一个程序前，如果对其基本架构有过充分的了解，那么使用该程序将会变得更得心应手。Word 2010 也是如此，本章就来介绍一下 Word 2010 的基本架构。

Study 01 Word 2010的操作界面

Word 2010 中的所有功能都显示在界面中，为了能够更好地使用，首先需要熟练掌握 Word 2010 界面中各区域的作用。Word 2010 的操作界面包括功能区、编辑区、状态栏等部分，每个部分都有其各自的作用（见表 2-1）。

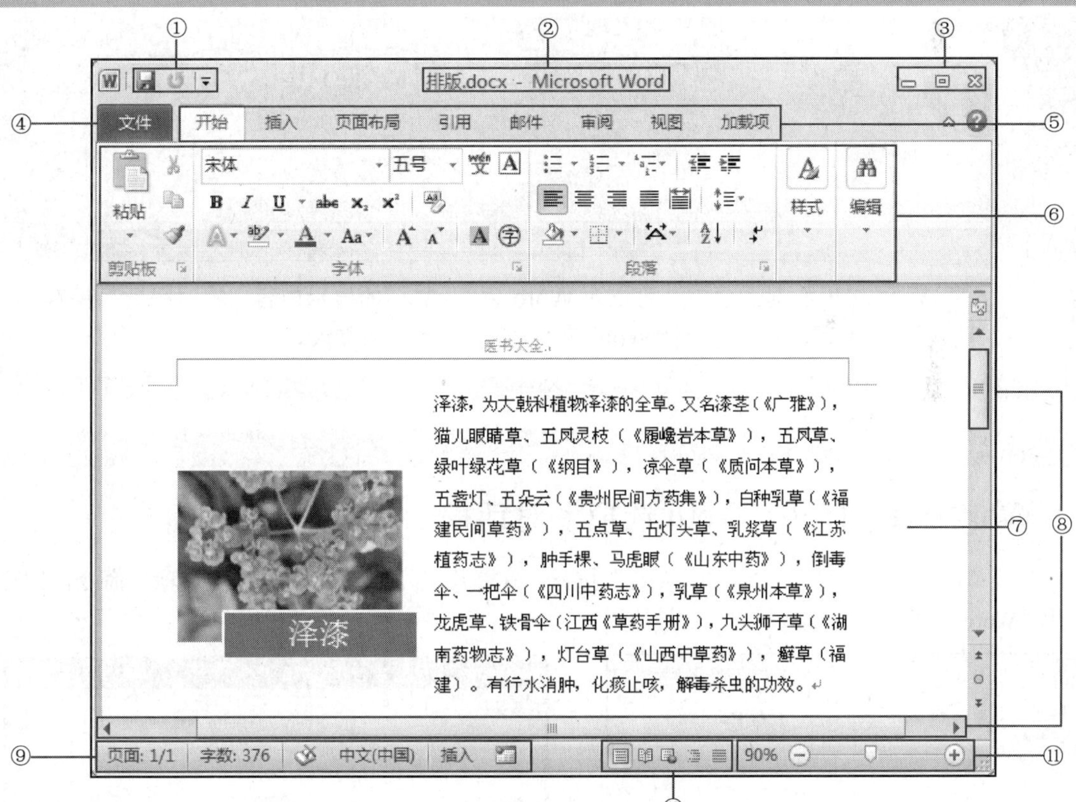

Word 2010 的操作界面

表 2-1 Word 2010 的操作界面功能表

编 号	功能按钮	作 用
①	快速访问工具栏	用于显示一些常用工具按钮，单击相应的工具按钮可以执行相应的操作，在默认状态下显示的是“保存”、“撤销”、“恢复”3 个工具按钮
②	标题栏	用于显示 Word 2010 的当前文档标题
③	窗口控制按钮	用于控制 Word 2010 的窗口状态，包括窗口的“最小化”按钮、“最大化”按钮以及“关闭”按钮
④	“文件”按钮	用于打开“文件”菜单，以文本文件为操作对象，可以进行文本的“新建”、“打开”、“保存”等操作

（续表）

编　号	功能按钮	作　用
⑤	功能标签	用于功能区的索引，单击相应标签就可以进入相应的功能区
⑥	功能区	将同类的功能汇总到一起，在功能区中还包括了很多组
⑦	编辑区	用于文档的显示和编辑操作
⑧	滚动条	拖动后可以向上或向下查看文档中显示不到的内容，有垂直滚动条和水平滚动条
⑨	状态栏	用于显示当前文档的状态，包括：当前页／共几页、整篇文档的字数、当前输入语言及输入状态等信息
⑩	视图按钮	用于转换文档的视图方式，每个按钮代表一种视图方式，单击任一按钮即可切换到相应的视图页面下
⑪	缩放比例显示区	用于显示或调整文档的页面视图比例，拖动中间的缩放滑块可以调整文档编辑区的显示比例

Study 02

掌握“Word 选项”对话框的使用方法

- Work 1. 打开“Word 选项”对话框
- Work 2. 在功能区显示“开发工具”选项卡
- Work 3. 设置自动保存文档时间
- Work 4. 隐藏／显示水平、垂直滚动条

在“Word 选项”对话框中，可以对 Word 2010 文档的显示内容、校对级别、保存方式等选项进行设置，从而可以让 Word 2010 更适合用户的需求。

Study 02　掌握“Word 选项”对话框的使用方法

Work 1　打开“Word 选项”对话框

打开 Word 2010 文档后，单击“文件”按钮，在弹出的下拉菜单中执行“选项”命令，即可打开“Word 选项”对话框。

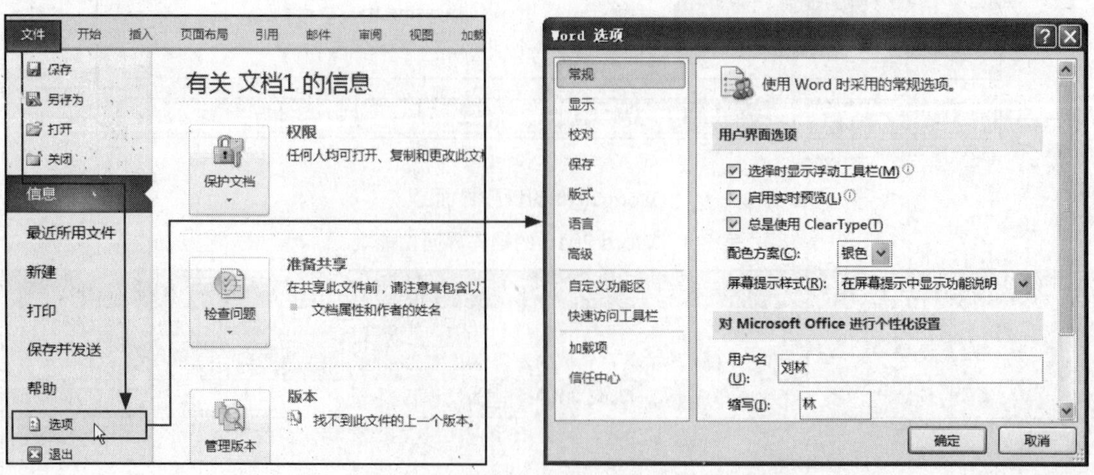

打开的“Word 选项”对话框

Work 2 在功能区显示“开发工具”选项卡

在 Word 2010 中，通过“开发工具”选项卡，可以启用宏、VBA、控件、XML 等工具。但是在默认的情况下，该选项卡并没有显示在功能区中。当用户需要使用时，可以通过“Word 选项”对话框将其显示出来。

需要添加“开发工具”选项卡时，打开“Word 选项”对话框后，单击对话框左侧的“自定义功能区”标签，对话框右侧显示出相关内容后，在“主选项卡”列表框中勾选“开发工具”复选框，最后单击“确定”按钮。返回文档中，就可以看到功能区中已显示出了“开发工具”选项卡。

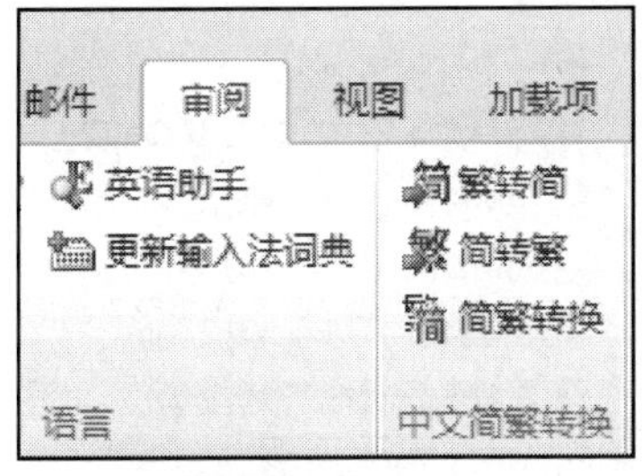

① 默认显示的选项卡

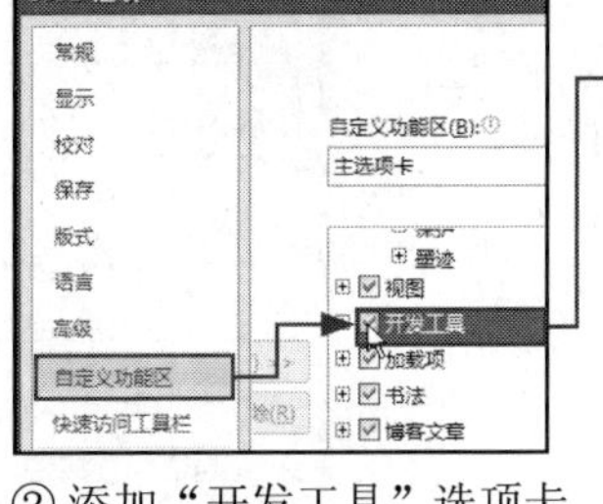

② 添加“开发工具”选项卡

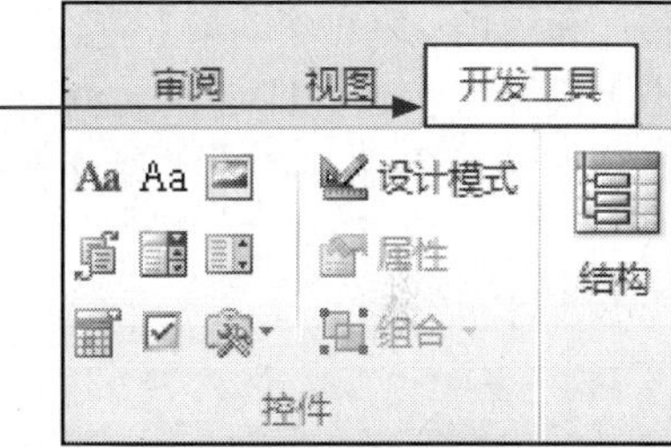

③ 添加选项卡效果

Tip 隐藏“开发工具”选项卡

需要隐藏“开发工具”选项卡时，只要参照前面显示的操作，打开“Word 选项”窗口后，在“自定义功能区”标签下取消勾选“开发工具”复选框，然后单击“确定”按钮即可。

Work 3 设置自动保存文档时间

为了使文档能够及时保存，以避免因突然断电等情况造成的文件丢失现象的发生，Word 2010 也设置了自动保存功能。在默认的情况下，Word 每 10 分钟自动保存一次，如果用户所编辑的文件十分重要，可缩短文件的保存时间。下面介绍 Word 文档自动保存时间的设置方法。

打开“Word 选项”对话框后，单击对话框左侧的“保存”标签，界面右侧显示出相应内容后，需要缩短自动保存时间时，单击“保存自动恢复信息时间间隔”数值框右侧的下调按钮，设置好需要的数值后，单击“确定”按钮，就完成了调整自动保存时间的操作。

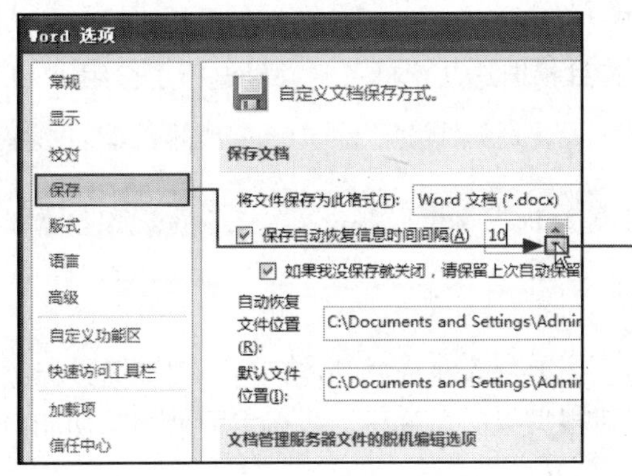

① 设置文档自动保存时间

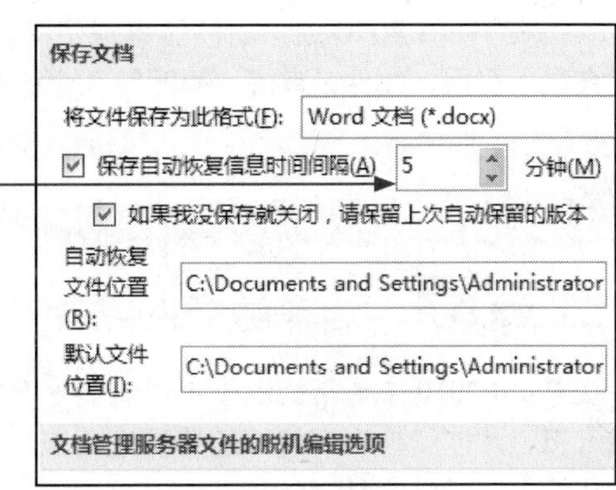

② 设置后效果

Work 4 隐藏/显示水平、垂直滚动条

滚动条用于显示文档界面中，由于窗口大小限制而无法显示出来的页面。在 Word 2010 中，滚动条是可以通过相应的设置来进行显示或隐藏的。设置时，可通过“Word 选项”对话框完成。

打开“Word 选项”对话框后，单击窗口左侧的“高级”标签，界面右侧显示出相应内容后，向下拖动垂直滚动条，显示出“显示”区域后，勾选“显示水平滚动条”和“显示垂直滚动条”复选框，然后单击“确定”按钮，即可在文档中显示水平滚动条和垂直滚动条。需要隐藏时，打开“Word 选项”对话框后，取消勾选相应的复选框即可。

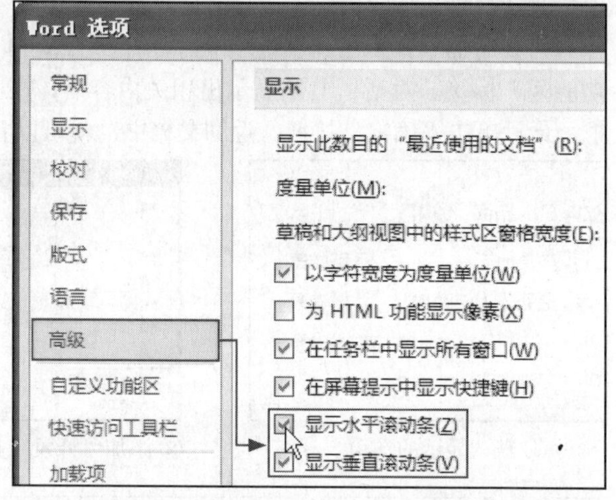

Tip 标尺的显示与隐藏

标尺可用于对文档页面边距进行控制，也可通过设置进行显示或隐藏。切换到“视图”选项卡，在“显示”组中可看到标尺、网格线、导航窗格 3 个复选框。勾选“标尺”复选框，即可在文档中显示标尺；隐藏时，取消该复选框的勾选即可。

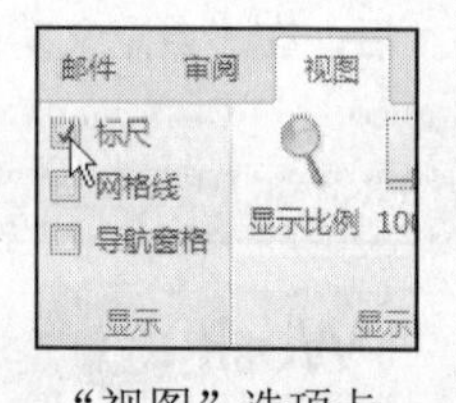

“视图”选项卡

Study 03 掌握功能区的使用方法

- Work 1、选择适当的功能
- Work 2、对话框的使用

在 Word 2010 中，功能区集成了 Word 2010 的功能命令，包括开始、插入、页面布局、引用、邮件、审阅、视图等几个标签，并且根据这几个标签对功能进行了分组。

Work 1 选择适当的功能

在 Word 2010 中通常情况下可以看到 6 个功能区。要进入相应的功能区时，需要通过标签名称的索引，才能切换到要使用的功能选项卡下，然后根据组的名称进一步确定要使用的功能，最后再从组中选择要使用的命令。

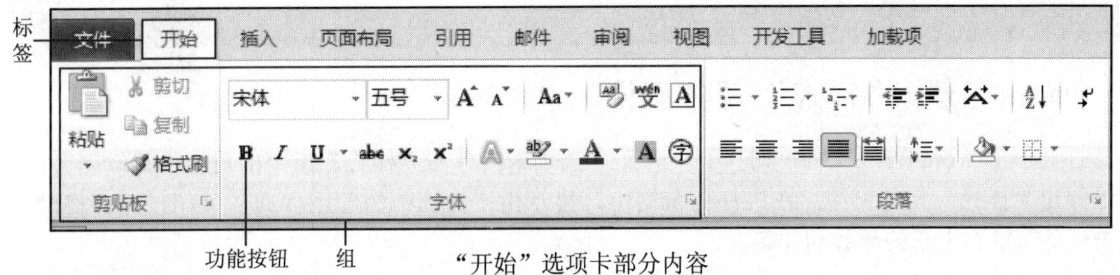

“开始”选项卡部分内容

Study 03　掌握功能区的使用方法

Work 2　对话框的使用

在 Word 2010 中对文本格式等内容进行设置时，除了通过选项卡中的工具进行设置外，还可以通过不同功能的“对话框”进行设置。对话框不但将组中的功能选项全部汇总到了一起，而且还设有一些功能组中没有的功能，常用的对话框包括“字体”对话框、“段落”对话框、“页面设置”对话框等。本节中以“字体”对话框为例介绍对话框的启用与使用操作。在打开的 Word 2010 文档中切换到“开始”选项卡，单击“字体”组右下角的对话框启动器，弹出“字体”对话框，在其中可对字体、字形、字号、删除线、隐藏等效果进行相应的设置。设置完成后，单击“确定”按钮即可完成操作。

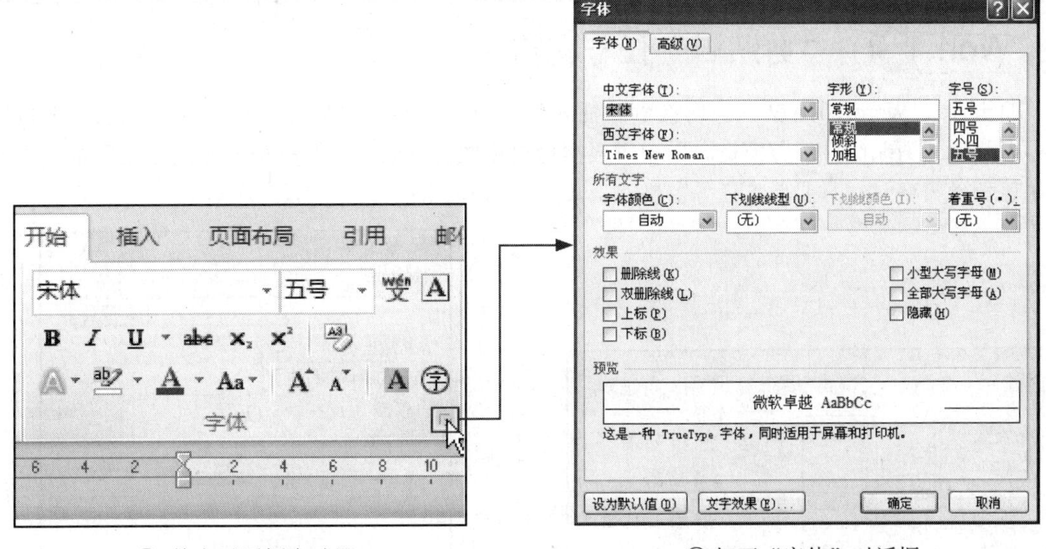

① 单击对话框启动器　　② 打开“字体”对话框

Study 04 掌握窗格的使用方法

- Work 1. “样式”任务窗格
- Work 2. “剪贴画”任务窗格

在 Word 2010 中，常用的窗格有“样式”任务窗格和“剪贴画”任务窗格两种，其他任务窗格的使用方法与“样式”和“剪贴画”的类似。本节以这两种任务窗格为例，介绍窗格的打开与关闭的方法。

Work 1 “样式”任务窗格

打开一个 Word 2010 文档，切换到“开始”选项卡，单击“样式”组中的对话框启动器，就可以弹出“样式”任务窗格。在该任务窗格中，显示出了文档中的应用样式；关闭任务窗格时，单击任务窗格右上角的✖按钮即可。

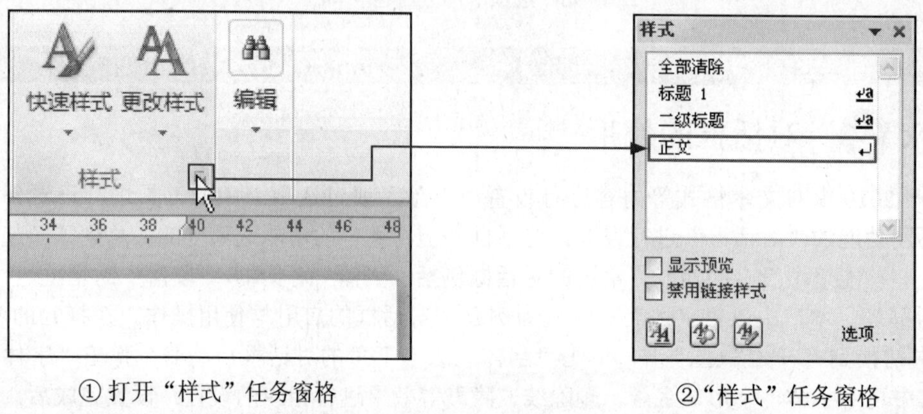

① 打开“样式”任务窗格　　②“样式”任务窗格

Study 04 掌握窗格的使用方法

Work 2 “剪贴画”任务窗格

打开一个 Word 2010 文档，切换到“插入”选项卡，单击“插图”组中的“剪贴画”按钮，就可以弹出“剪贴画”任务窗格。用户可根据窗格中的文字索引，进行剪贴画的搜索和插入操作。关闭该任务窗格时，只要单击任务窗格右上角的✖按钮即可。

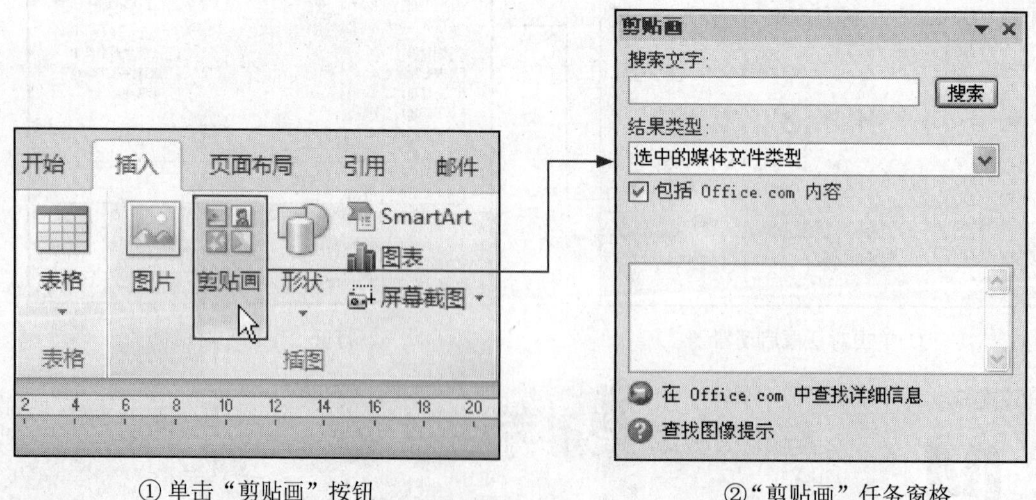

① 单击“剪贴画”按钮　　②“剪贴画”任务窗格

Lesson 01 “剪贴画”窗格的使用

Office 2010 · 电脑办公从入门到精通

Word 2010 中预置了很多生动、美观的剪贴画。要插入剪贴画时，打开“剪贴画”任务窗格后，还需要进行一系列的选择、搜索操作。

STEP 01 打开一个 Word 2010 文档后，切换到“插入”选项卡，单击“插图”组中的“剪贴画”按钮。

STEP 02 弹出“剪贴画”任务窗格后，单击“结果类型”框右侧的下三角按钮，在展开的下拉列表中默认会勾选所有复选框，这里取消勾选“照片”、“视频”以及“音频”复选框，保留对“插图”复选框的勾选，然后单击“搜索”按钮，程序开始对电脑中的插图进行搜索，在窗格下方的列表框中会显示出搜索的内容。

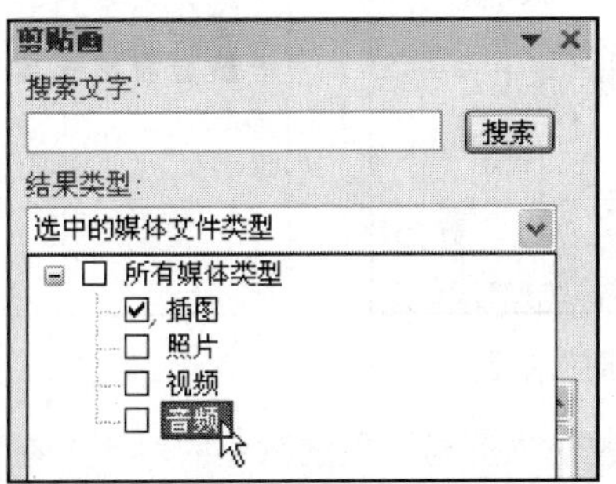

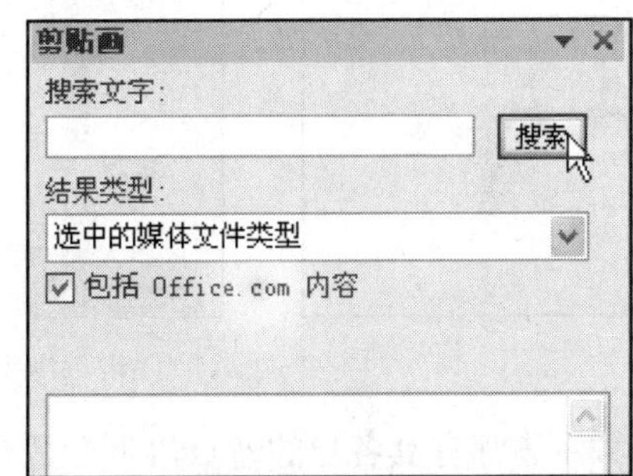

STEP 03 Word 搜索完毕后，向下拖动列表框右侧的滑块，查看列表框的当前界面中没有显示出来的选项，出现需要的剪贴画后，单击该剪贴画，在文档中就会插入该剪贴画。

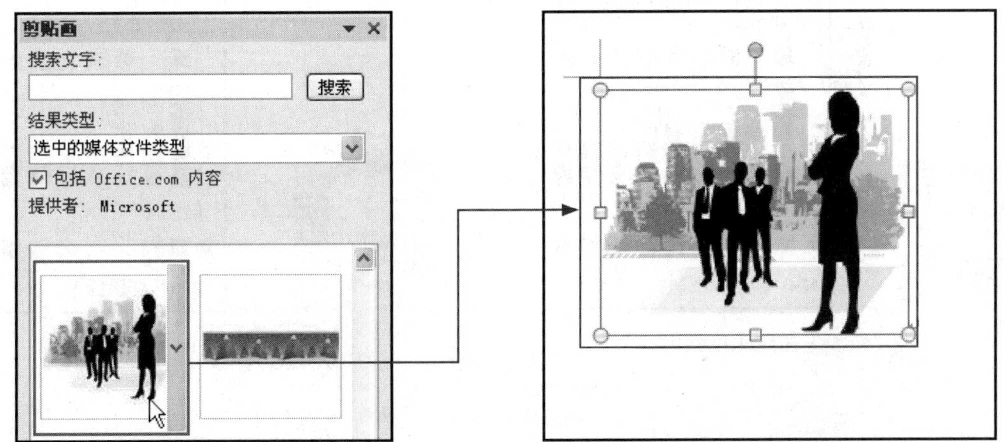

Study 05 程序主题的设置

当用户想让自己的文档别具一格时，可通过更改 Word 主题的方式达到预期效果。在 Word 2010 中，拥有 40 多种主题样式，在默认情况下使用的是 Office 样式，同时程序中的颜色、文字效果等内容也同样是 Office 主题形式的。更改了 Word 2010 的主题后，程序中的颜色、艺术字效果等内容也同样会随着改变。

更改主题时，打开一个 Word 2010，切换到“页面布局”选项卡，单击“主题”组中的“主题”按钮，在展开的主题样式库中选择要更改的主题样式，本例中选择“华丽”选项。更改主题后，打开“字体颜色”列表以及“文字效果”库就可以看到相应的变化。

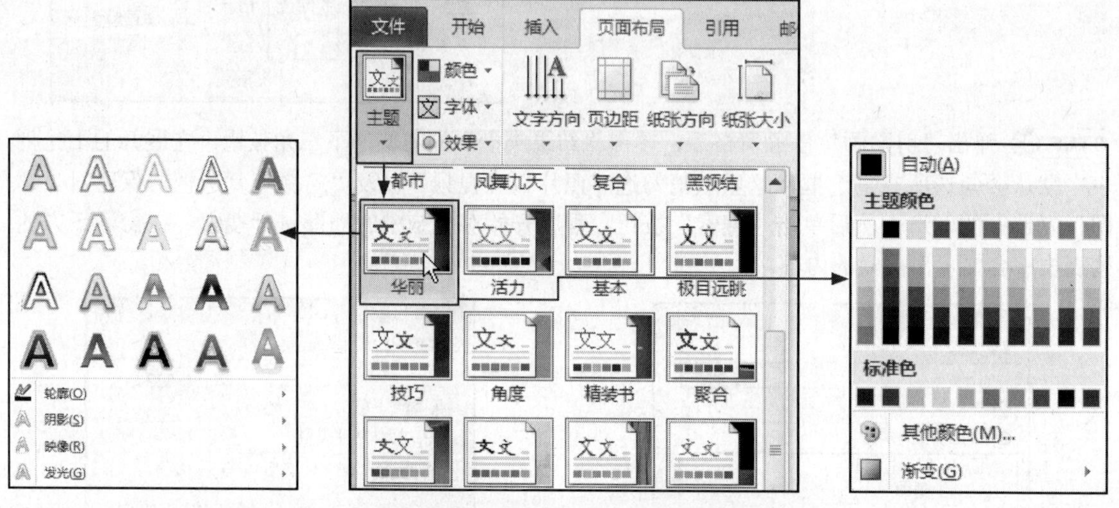

① 将程序主题更改为“华丽”主题

每种主题都有其各自的特点，下面是对“跋涉”主题与“沉稳”主题颜色的对比。在不同类型的文档中，用户可以为其选择适当的主题。

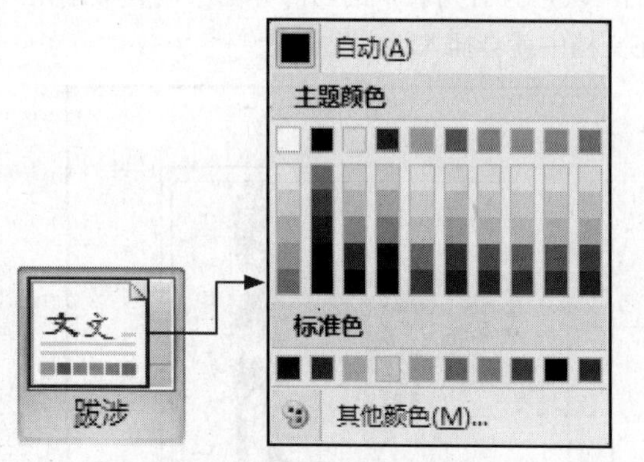

②“跋涉”主题颜色变化

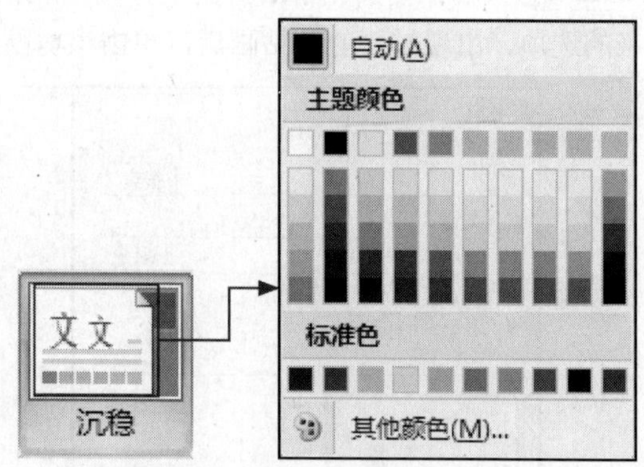

③“沉稳”主题颜色变化

Chapter 03

文字的编排

Office 2010 电脑办公从入门到精通

本章重点知识

- Study 01　文字的编辑
- Study 02　文字格式设置
- Study 03　段落格式设置
- Study 04　快速复制格式的“格式刷”
- Study 05　样式的选择与自定义
- Study 06　文字与格式的查找和替换

本章视频路径

CD

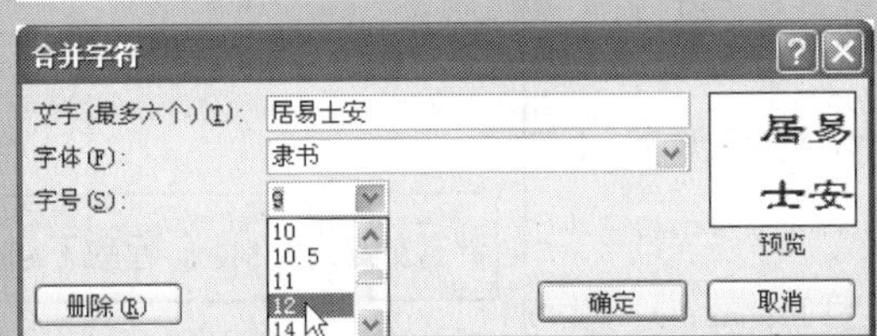

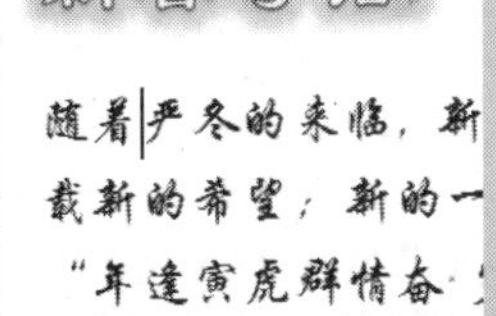

Chapter 03\Study 01\

- Lesson 01　粘贴无格式的Unicode文本.swf

Chapter 03\Study 02\

- Lesson 02　设置文档标题.swf
- Lesson 03　制作带发光、阴影效果的带圈字符标题.swf

Chapter 03\Study 03\

- Lesson 04　为段落添加自定义项目符号.swf
- Lesson 05　合并段落字符.swf

Chapter 03\Study 04\

- Lesson 06　格式刷的使用.swf

Chapter 03\Study 06\

- Lesson 07　查找文字并替换其格式.swf

Chapter 03 文字的编排

制作不同类型的文档时，对文字格式的要求会有不同。在 Word 2010 中，可以通过对文本的格式、样式、段落格式、排列方式等内容设置，让文档体现出不同的风格。通过本章的学习，用户可以看到文本格式的千变万化。

Study 01 文字的编辑

- Work 1. 轻松选定需要的文字
- Work 2. 文本的复制、剪切与粘贴
- Work 3. 选择性粘贴
- Work 4. 命令的撤销与恢复

在对文档中的文字进行编排时，需要先选中文本内容；要重复使用某些文本时，又会应用到复制或剪切功能。本节就来介绍文字的选中及文字的复制、剪切等操作。

Work 1 轻松选定需要的文字

在选择文字时，选中一个文字、一个词组、一行文字、一列文字、一段文字或者整篇文字的方法是不同的，下面就来介绍具体操作方法。

01 选中文字

将鼠标指针指向要选中文字的左侧，从左向右拖动鼠标，覆盖要选中的文字后，就完成了该文字的选中操作。

02 选中词组

选中词组时，无论是双字词组、三字词组还是四字词组，都可以将鼠标定位在词组的中间或两边，然后双击鼠标。

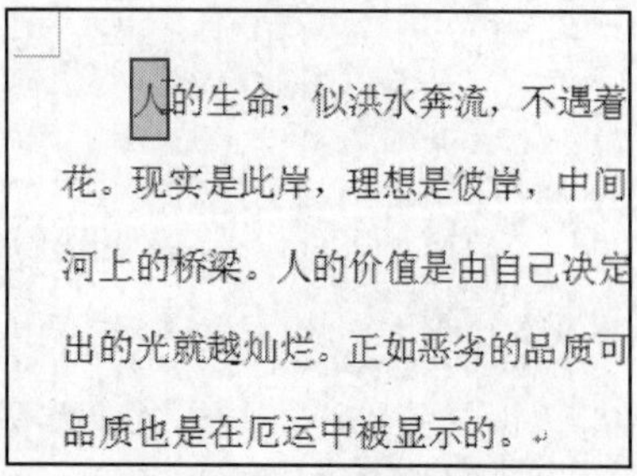

人的生命，似洪水奔流，不遇着
花。现实是此岸，理想是彼岸，中间
河上的桥梁。人的价值是由自己决定
出的光就越灿烂。正如恶劣的品质可
品质也是在厄运中被显示的。

① 选中单个文字

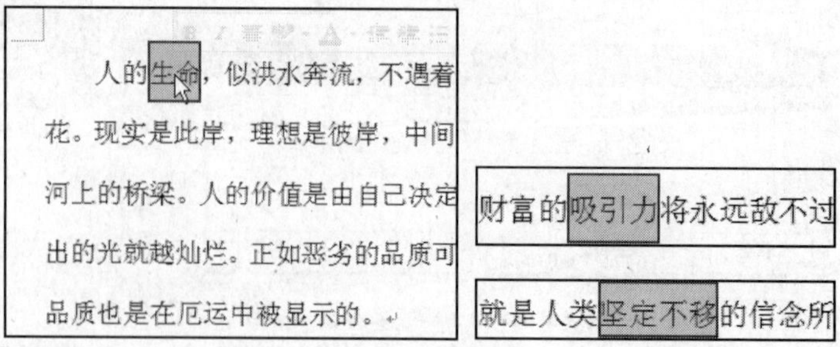

人的生命，似洪水奔流，不遇着
花。现实是此岸，理想是彼岸，中间
河上的桥梁。人的价值是由自己决定
出的光就越灿烂。正如恶劣的品质可
品质也是在厄运中被显示的。

财富的吸引力将永远敌不过

就是人类坚定不移的信念所

② 选中词组

03 选中一行文字

选中一行文字时，也可以采用选中单个文字的方法，拖动鼠标覆盖整行文字，但这种方法不是很便捷。

比较方便的方法：将鼠标指针指向该行的行首，当指针变成空心箭头形状时，单击鼠标即可选中该行文字。

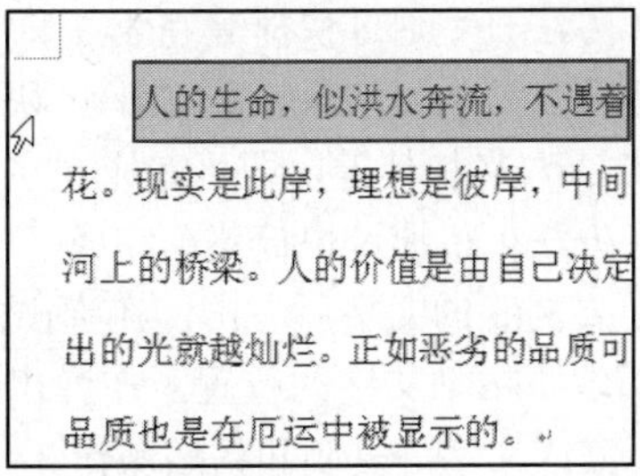

04 选中一列文字

选中一列文字时，首先按住 Alt 键，然后拖动鼠标，经过要选定的一列文字，就可以完成该列文字的选中。

注意：在进行操作时，要先按住 Alt 键，再选中文字。

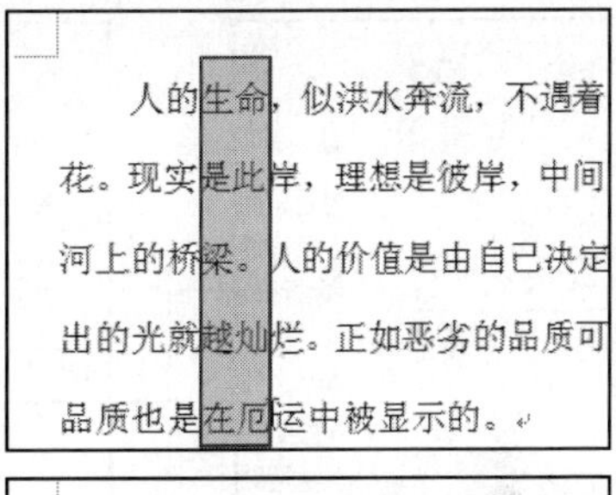

05 选中一段文字

选中一段文字可以用以下任意一种方法。

① 方法一：将鼠标指针指向该行的行首，当指针变成空心箭头形状时，双击鼠标，即可选中该段文字。

② 方法二：将鼠标指针指向要选中的段落内，三击鼠标，即可完成该段文字的选中操作。

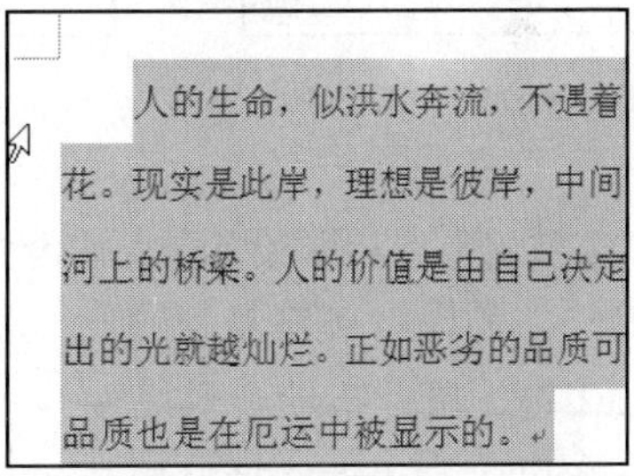

06 选中整篇文章

选中整篇文章可以用以下任意一种方法。

① 方法一：将鼠标指针指向该行的行首，当指针变成空心箭头形状时，三击鼠标即可选中整篇文档。

② 方法二：按 Ctrl+A 快捷键就可以选中整篇文档。

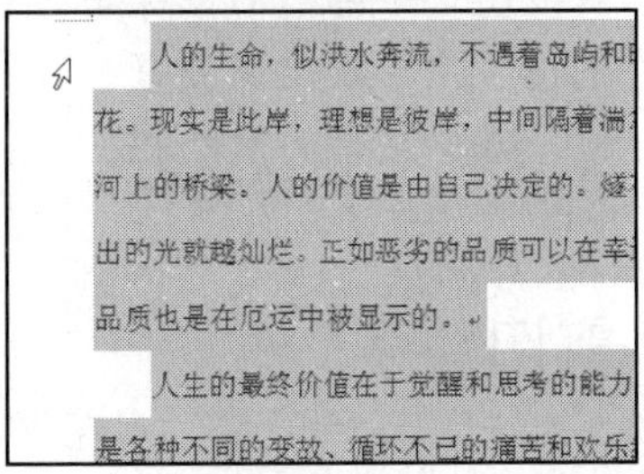

07 选中不连续文字

选中不连续的文字时，先按下 Ctrl 键，然后拖动鼠标，依次经过要选中的文字，就可以选中不连续的文字。

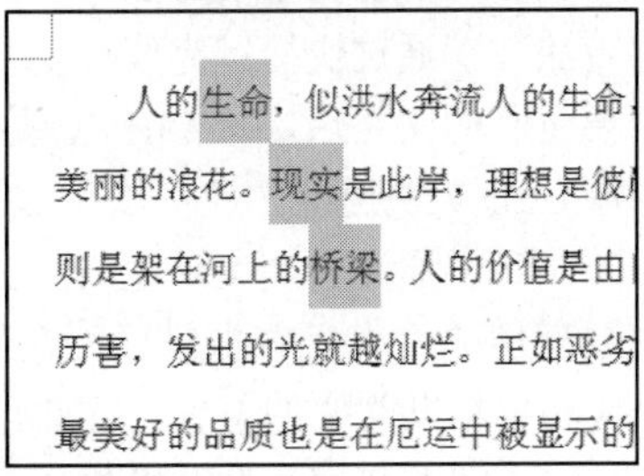

Work 2 文本的复制、剪切与粘贴

复制文字与剪切文字的区别在于，复制并粘贴文字后，在文字的原位置上该文字还存在。而剪切并粘贴文字后，在文字的原位置上该文字已经不存在了。

01 复制和粘贴文字

下面介绍 3 种复制和粘贴文字的方法。

（1）方法一：通过快捷键完成

选中要复制的文字后，按 Ctrl+C 快捷键，然后切换到当前文档或另一个文档要粘贴文字的位置上，按 Ctrl+V 快捷键，即可完成文字的复制和粘贴操作。

（2）方法二：通过快捷菜单完成

选中要复制的文字后右击，在弹出的快捷菜单中执行“复制”命令，然后右击当前文档或另一个文档中要粘贴文字的位置，在弹出的快捷菜单中单击“粘贴选项”区域内的“文字”按钮，同样可以完成文字的复制和粘贴操作。

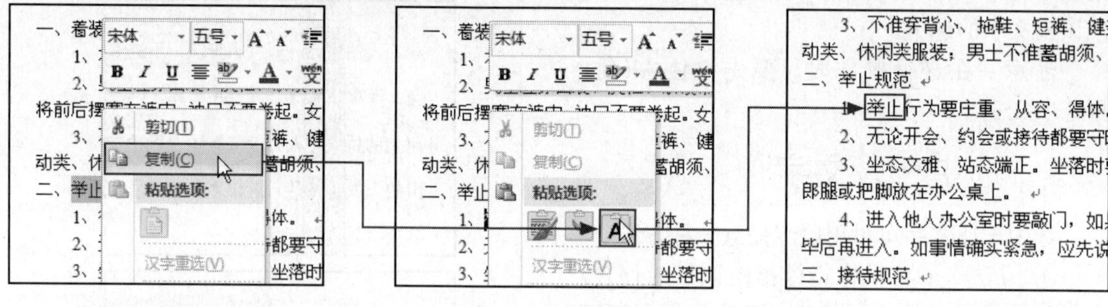

① 执行“复制”命令　　② 单击“文字”按钮　　③ 复制文字效果

（3）方法三：通过鼠标复制文档内文字

选中并将鼠标指向要复制的文本，按 Ctrl 键，鼠标指针会变成形状，继续按住 Ctrl 键拖动鼠标至粘贴文字的位置上，依次释放鼠标和按键，就完成了文字的复制和粘贴操作。

① 复制文字　　② 复制文字效果

02 剪切文字

下面介绍 3 种剪切文字的方法。

（1）方法一：通过快捷键完成

选中要复制的文字后，按 Ctrl+X 快捷键，然后切换到当前文档或另一个文档要粘贴文字的位置上，再按 Ctrl+V 快捷键，就可以完成文字的剪切和粘贴操作。

（2）方法二：通过快捷菜单完成

选中要剪切的文字后右击鼠标，在弹出的快捷菜单中执行“剪切”命令，然后右击当前文档或另一个文档要粘贴文字的位置，在弹出的快捷菜单中单击“粘贴选项”区域内的“文字”按钮，同样可以完成文字的剪切和粘贴操作。

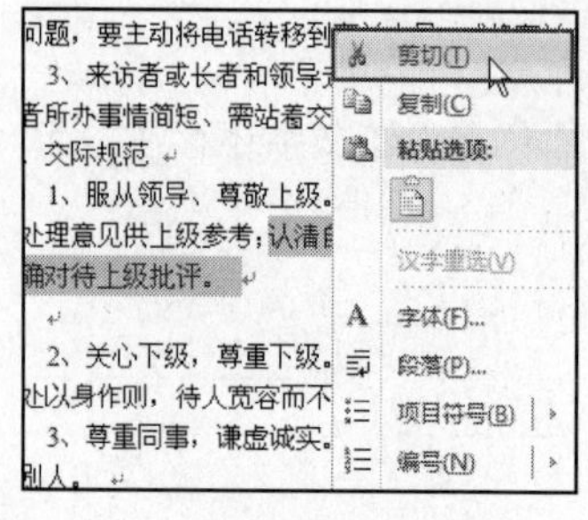

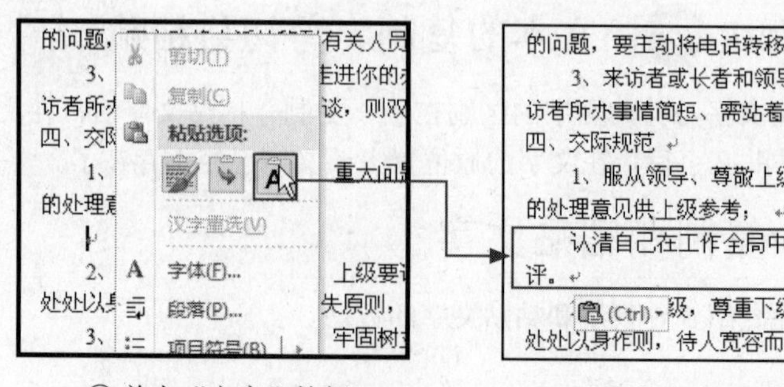

① 执行“剪切”命令　　② 单击“文字”按钮　　③ 剪切文字效果

（3）方法三：通过鼠标移动文档内文字

选中要移动的文字后，拖动鼠标，鼠标指针会变成形状，至文字要移动到的位置上，然后释放鼠标，就完成了文字的移动操作。

① 移动文字　　② 移动文字效果

Work 3　选择性粘贴

在 Word 中执行粘贴操作时，可根据需要将文本粘贴为对象或图片等内容。要达到以上效果时，可以进行选择性粘贴。在“选择性粘贴”对话框中可以看到粘贴的全部选项，下面认识一下每种选择性粘贴的作用，如表 3-1 所示。

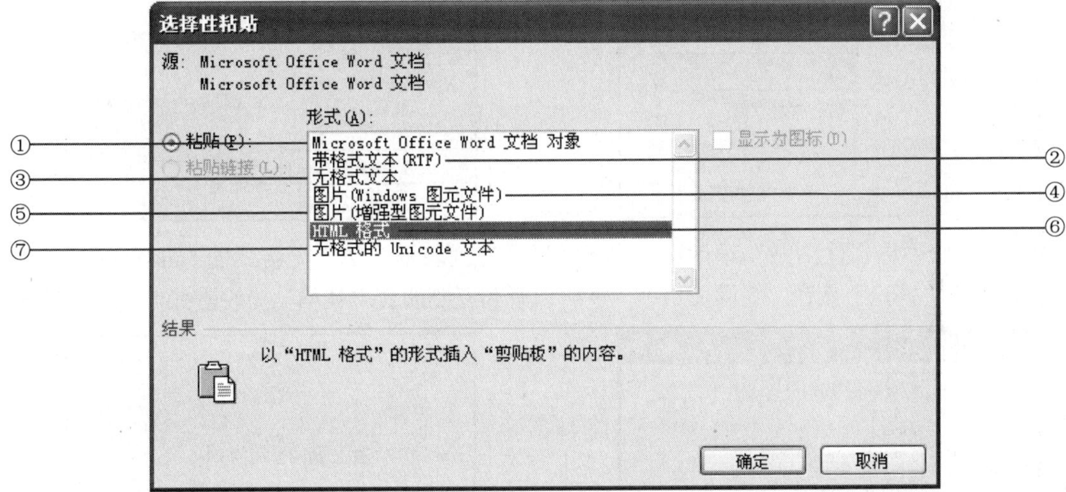

“选择性粘贴”对话框

表 3-1　选择性粘贴的作用

编　号	选　项	说　明
①	Microsoft Office Word 文档对象	包括图表、工作表、视频剪辑等内容，在插入这些内容时，需要选择该项进行粘贴
②	带格式文本 (RTF)	在复制文本时，选择该粘贴项后，将对文本内容及文本字体格式进行粘贴
③	无格式文本	以不带任何格式的文字形式插入剪贴板中的内容
④	图片 (Windows 图元文件)	以 16 位的 Windows 图元文件格式（可以同时包含矢量信息和位图信息）插入剪贴板中的内容
⑤	图片 (增强型图元文件)	以 32 位的图元文件格式插入剪贴板中的内容
⑥	HTML 格式	以网络的通用语言 HTML 的格式插入剪贴板中的内容
⑦	无格式的 Unicode 文本	以不带任何格式的文字形式插入剪贴板中的内容

Lesson 01

粘贴无格式的 Unicode 文本

在进行选择性粘贴时，通常是从其他程序中复制文本后，粘贴在 Word 2010 程序中。为了确保其格式的正确，需要选择相应的粘贴方式。下面以 Word 与 Word 之间的复制及粘贴“无格式的Unicode 文本”为例，介绍一下选择性粘贴的使用。

STEP 01 打开光盘 \ 实例文件 \ 第 3 章 \ 原始文件 \ 公司简介 .docx，选中要复制的文本后右击，在弹出的快捷菜单中执行“复制”命令。

STEP 02 打开一个 Word 2010 程序窗口，切换到“开始”选项卡，单击“剪贴板”组中的“粘贴”按钮，在展开的下拉列表中选择“选择性粘贴”选项（或者按 Shift+Ctrl+V 组合键）。

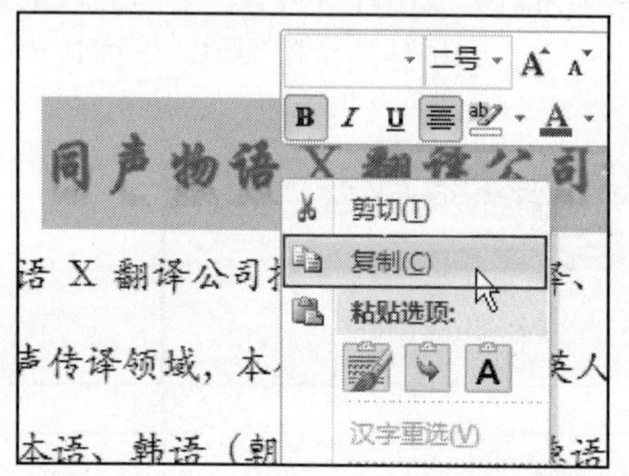

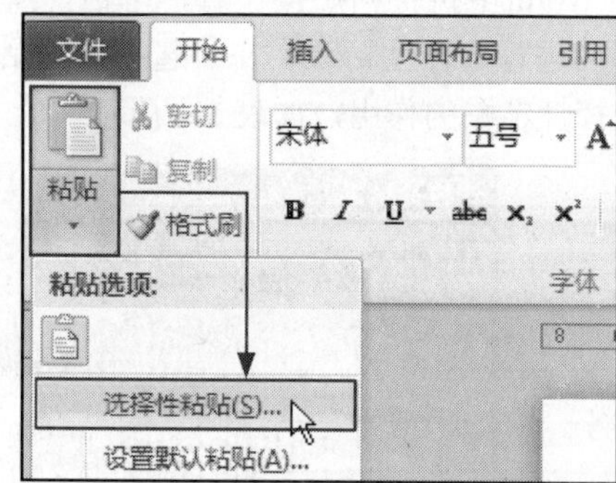

STEP 03 弹出“选择性粘贴”对话框，选择“形式”列表框内的“无格式的 Unicode 文本”选项，然后单击“确定”按钮。返回文档中，就可以看到复制的文本被粘贴为没有任何格式的效果。

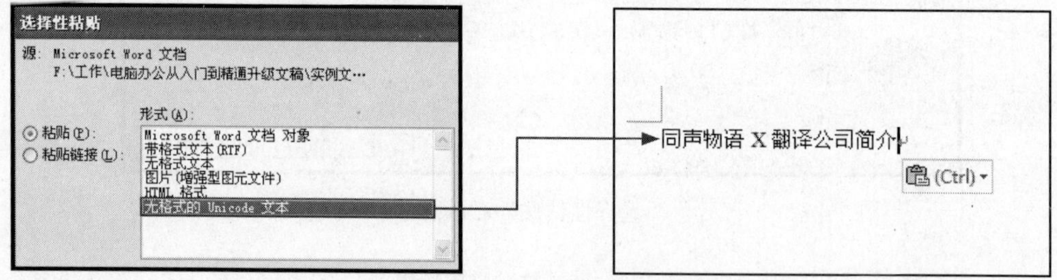

Study 01 文字的编辑

Work 4 命令的撤销与恢复

当用户在 Word 2010 程序中，对所选中的内容执行了某个命令或进行了某种设置后，想要撤销该操作或者需要恢复撤销操作时，可以通过快捷键或者“撤销”和“恢复”按钮完成操作。

01 “撤销”命令

对文本格式进行设置后，需要恢复为未设置时的效果时，只要单击快速访问工具栏中的“撤销”按钮，就可以撤销文本的复制操作；执行一次，撤销前一次操作；执行两次，则撤销前两次操作；依此类推。如果用户需要一次性撤销多个步骤时，可单击“撤销”按钮右侧的下三角按钮，在展开的下拉列表中选择要撤销的步数即可。

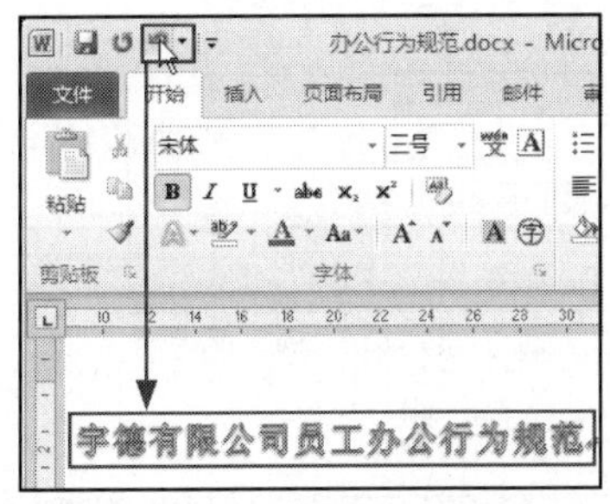
① 通过工具按钮撤销

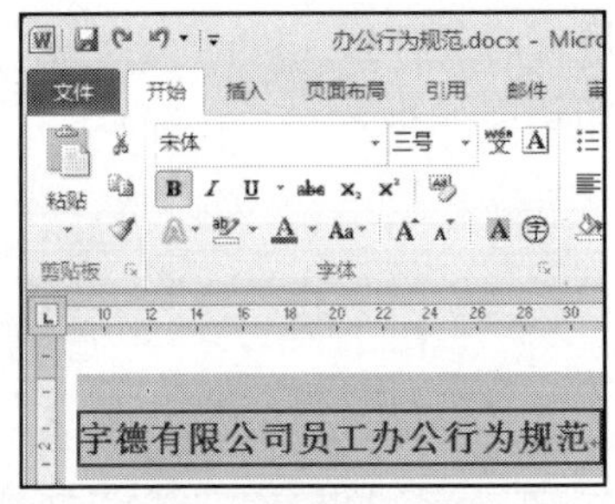
② 撤销操作后的效果

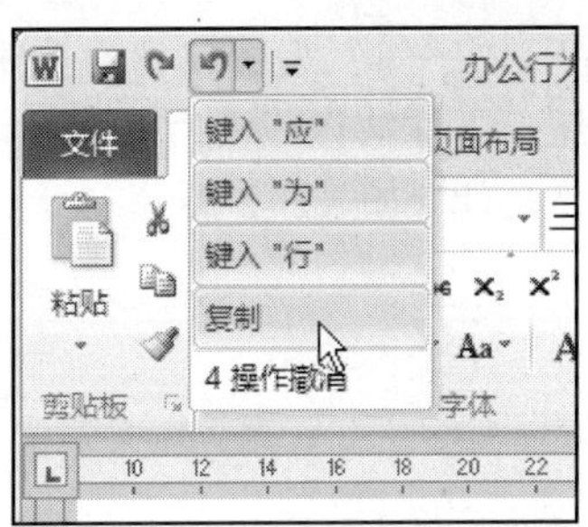

③ 一次性撤销多步操作

02 "恢复"命令

撤销了一些操作后，如果用户觉得还是撤销之前的效果比较合适，可直接单击快速访问工具栏中的"恢复"按钮，就可以恢复之前所撤销的操作；单击一次，恢复未撤销时效果；单击两次，则会显示为撤销后的效果。在未执行撤销的操作时，"恢复"按钮的功能是重复，例如：在文档中输入了"藏"字后，需要在其他位置也输入该汉字时，只要先定位好光标的位置，然后单击"恢复"按钮，即可在光标所在位置输入该字。

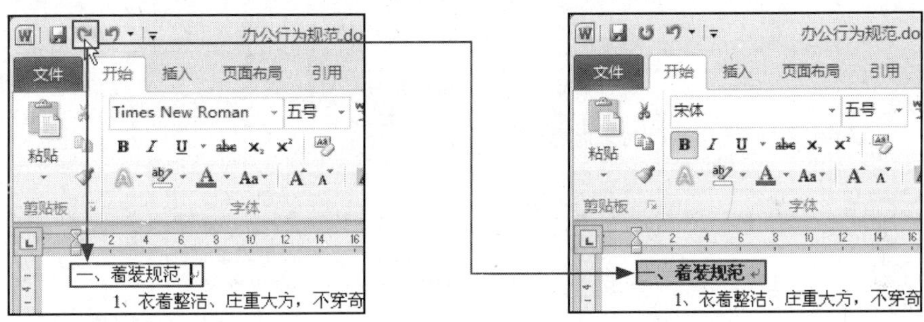
① 通过工具按钮恢复　　② 恢复撤销操作后的效果

Tip 通过快捷键恢复和撤销操作

在进行恢复和撤销文档中的操作时，也可以使用按键组合完成。撤销操作时，按 Ctrl+Z 组合键，即可撤销一次操作；执行两次，撤销两次；依此类推。恢复操作时，按 Ctrl+Y 组合键，即可恢复一次撤销的操作；执行两次，恢复两次；依此类推。

Study 02 文字格式设置

- Work 1. 字体设置
- Work 2. 设置字体大小
- Work 3. 字形设置
- Work 4. 文本效果设置
- Work 5. 文本颜色设置
- Work 6. 清除格式

文字格式包括字体、字号、颜色、效果等内容，要对以上内容进行设置时，可通过"开始"选项卡中用于设置字体格式的"字体"组来完成。

“字体”组中包括设置文字格式的各种按钮，下面认识一下“字体”组各按钮的分布以及功能，如表3-2所示。

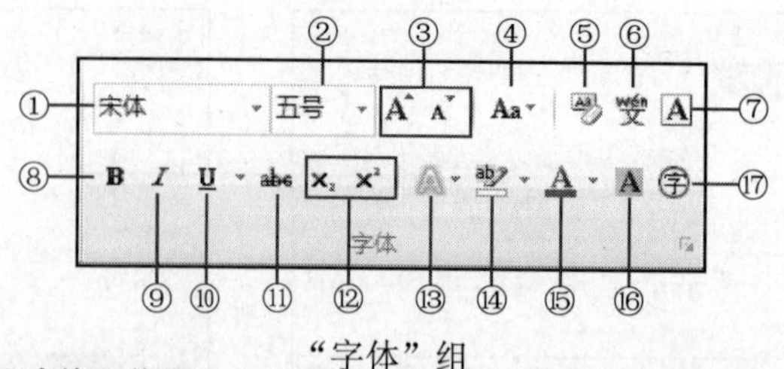

“字体”组

表3-2 “字体”组功能及作用

编 号	功能按钮	作 用
①	“字体”下拉列表框	用于设置文本字体，包括用户计算机系统中所安装的所有字体
②	“字号”下拉列表框	用于设置文本字号，改变文字大小
③	“增大、缩小”按钮	用于微调文本字号大小
④	“更改大小写”按钮	用于更改英文字母的大／小写状态
⑤	“清除格式”按钮	用于清除后期设置的文本格式
⑥	“拼音指南”按钮	用于对文本的拼音内容进行设置
⑦	“字符边框”按钮	用于为文本添加边框
⑧	“加粗”按钮	用于设置字体的加粗效果
⑨	“倾斜”按钮	用于设置字体的倾斜效果
⑩	“下画线”按钮	用于为文本添加不同类型的下画线
⑪	“删除线”按钮	用于标记文档中要删除的文字
⑫	“上／下标”按钮	用于将文字设置为上标或下标
⑬	“文本效果”按钮	用于设置文字的轮廓、阴影、映像及发光效果
⑭	“以不同颜色突出显示文本”按钮	为文本添加不同的颜色的底纹，以突出显示
⑮	“文字颜色”按钮	用于设置文字的不同颜色
⑯	“字符底纹”按钮	用于为文本添加灰色底纹
⑰	“带圈字符”按钮	可将文本设置为带圈字符

Study 02 文字格式设置

Work 1 字体设置

在“字体”列表框的下拉按钮中包括很多文字的字体格式，其中中文字体有20种。需要设置文本的字体时，选中文本，单击“字体”组中“字体”列表框右侧的下三角按钮，在弹出的字体列表中单击要使用的字体样式，就可以设置文字的字体。下面是几种常用的汉字字体的效果。

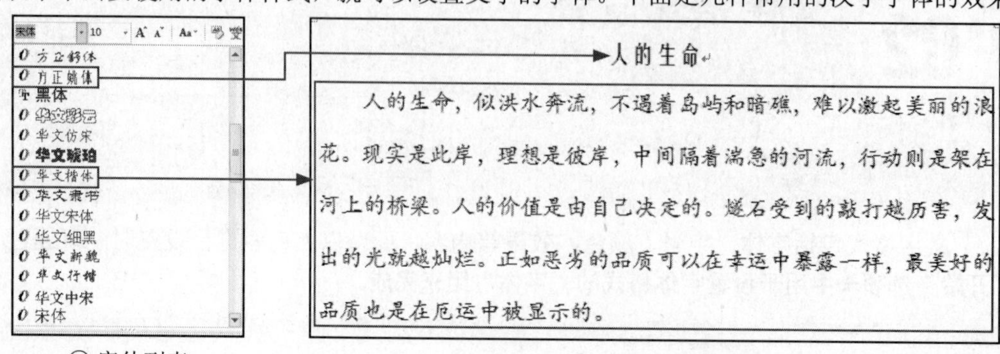

① 字体列表　② 设置字体效果

Work 2 设置文字大小

在设置字体大小时，可以通过“字号”列表框以及“放大”、“缩小”按钮来完成设置。两种方法有其各自的优点与缺点，用户可根据具体情况，选择适当的方法调整字体大小。下面就介绍这两种设置字体大小的操作方法。

01 通过“字号”列表框设置

当用户能够确定文字的字号时，可以通过“字号”列表框来设置，从而很快捷地完成设置字体大小的操作。字号的单位有两种，“号”与“磅”，号的数字越大，则文字越小；而磅的数字越大，则文字越大。

“字号”列表框的打开以及使用方法是一致的。“字号”列表框中包括从初号至八号的文字字号，打开“字号”列表框后，单击要设置的字号选项，就可以设置文字的字号。

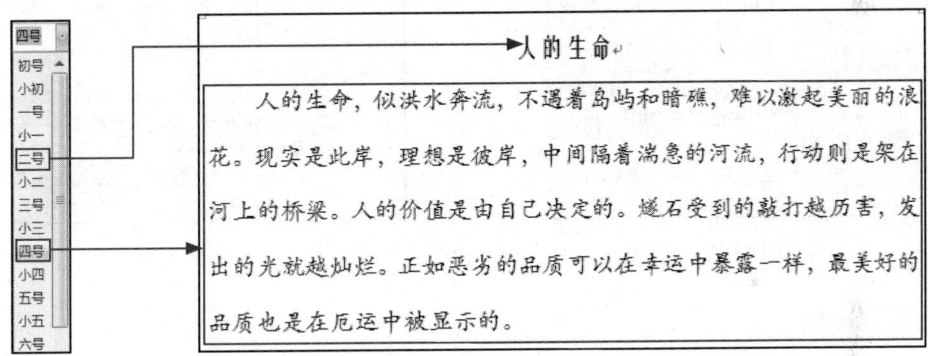

①“字号”列表框　　② 设置字号后的效果

02 通过“放大”、“缩小”按钮设置

当用户需要通过不断地更改字号来确定文字的字号大小时，通过“字号”列表框一个个地选择会非常麻烦，这时用户就可以使用“放大”和“缩小”按钮来逐级调整文字大小。

选中要缩小或放大的文字，然后切换到“开始”选项卡，单击“字体”组中的“缩小”按钮单击一次缩小一级字号，至合适的字号大小时，释放鼠标即可。

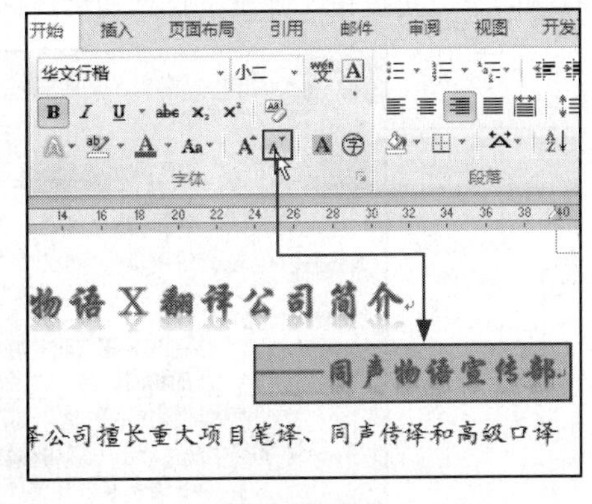

缩小字号

Work 3 字形设置

字形设置包括加粗、倾斜及下画线 3 种，在应对不同类型文档的需要时，用户可根据需要为其应用合适的字形设置。

01 加粗

加粗文字时，首先选中要设置的文字，切换到“开始”选项卡，然后单击“字体”组中的“加粗”按钮即可；当用户需要撤销文字加粗格式时，选中已加粗的文本，再次单击“加粗”按钮即可。

02 倾斜

倾斜文字时，首先选中要设置的文字，切换到“开始”选项卡，然后单击“字体”组中的“倾斜”按钮即可；当用户需要撤销倾斜格式时，选中已倾斜的文本，再次单击“倾斜”按钮即可。

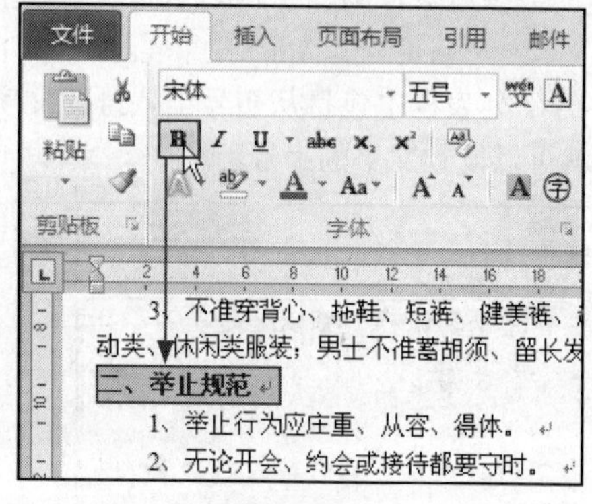

① 加粗文本

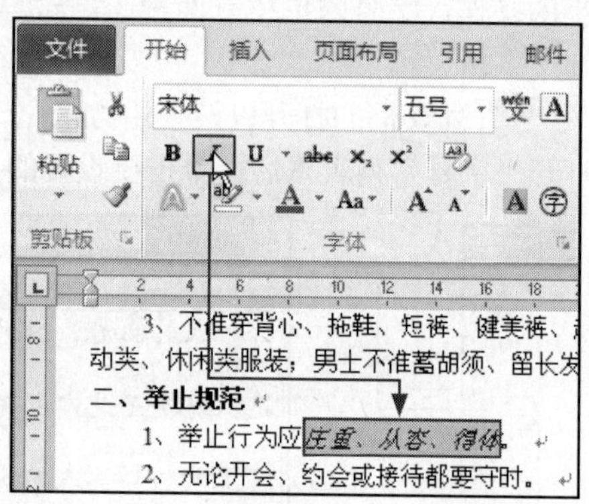

② 倾斜文本

03 下画线

对于一些重要的内容，为了吸引读者的注意力，可以为其添加下画线，用户可根据内容的需要，选择下画线的类型和颜色。

选中要添加下画线的文本，切换到“开始”选项卡下，单击“字体”组中的“下画线”按钮右侧的下三角按钮，弹出下拉列表后，选择“其他下画线”选项。

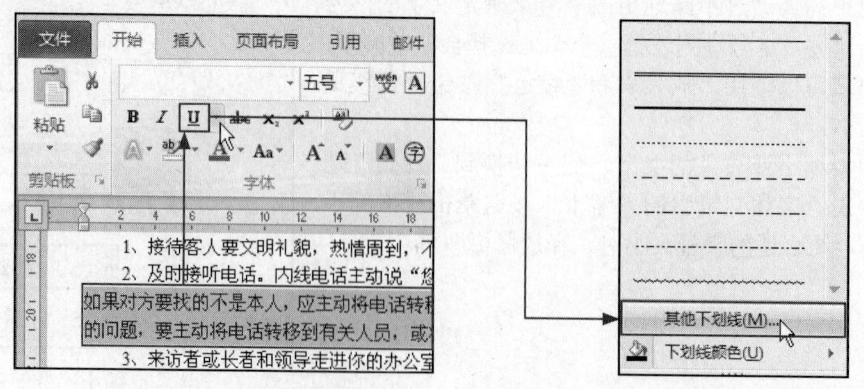

① 打开下画线列表　　② 选择“其他下画线”选项

弹出“字体”对话框后，在“字体”选项卡下单击“下画线线型”列表框右侧的下三角按钮，在展开的下拉列表中选择要使用的下画线类型，本例中使用“双波浪线”，然后单击“下画线颜色”列表框右侧的下三角按钮，在弹出的颜色列表中选择要使用的颜色，本例中选择“红色”，最后单击“确定”按钮，返回到文档中，就可以看到为文本添加了下画线后的效果。

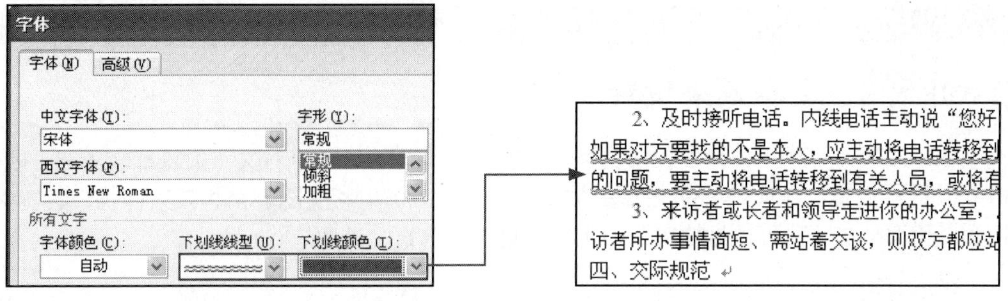

③ 设置下画线　　　　④ 添加下画线效果

Lesson 02 设置文档标题

Office 2010 · 电脑办公从入门到精通

通过以上内容的学习，可以掌握文本的字体、字形、字号等内容的设置操作。下面结合实例进行文档标题的设置，设置前和设置后的文档效果如下。

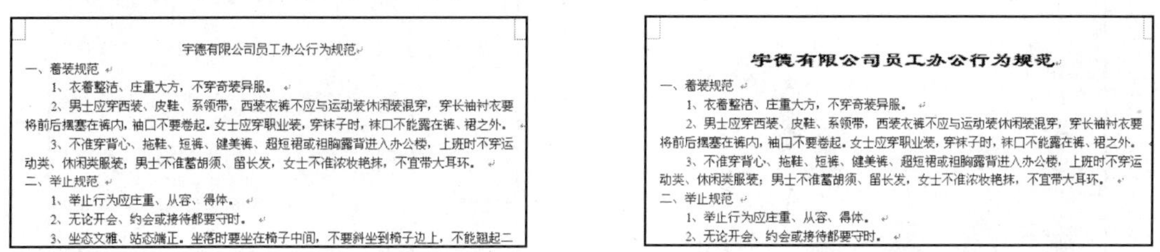

STEP 01 打开光盘\实例文件\第3章\原始文件\办公行为规范.docx，选中要设置的标题文本，切换到“开始”选项卡，单击“字体”组中的“字体”框右侧下三角按钮，在展开的面板中选择“隶书”选项。

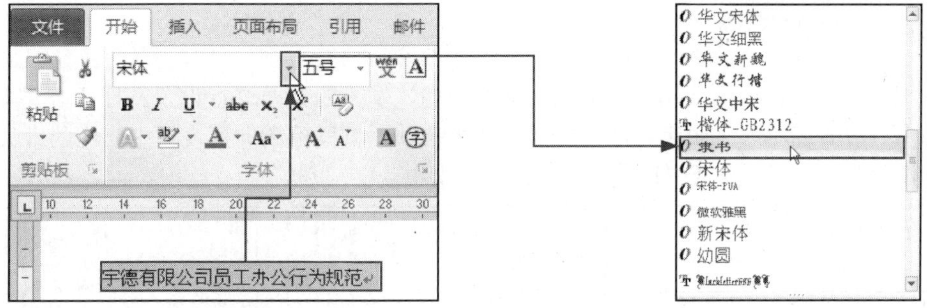

STEP 02 设置字体后，单击“字体”组中的“字号”下三角按钮，弹出下拉列表，选择“二号”选项，即可完成字号设置。

STEP 03 将字号设置完毕后，单击“字体”组中的“加粗”按钮，对标题进行加粗设置，即可完成本例中对标题的设置操作。

Work 4 文本效果设置

文本效果是 Word 2010 对文本外观设置的功能，通过该功能，可对文字的轮廓、填充、映像、发光等效果进行设置，从而使文字效果更加绚丽。Word 2010 中预设了一些效果样式，设置时可以直接套用预设样式，也可以对轮廓、映像等效果进行自定义设置。

01 套用预设文本效果

Word 2010 中预设了 20 种文本效果，使用预设样式时，只要选中目标文本后，单击“开始”选项卡下“字体”组中“文本效果”按钮右侧的下三角按钮，在展开的效果库中选择要使用的效果样式即可完成应用。

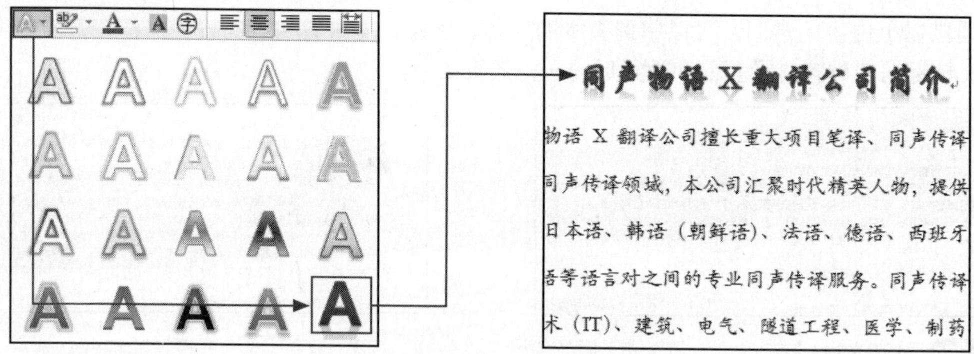

套用预设文本效果

02 自定义设置文本效果

自定义设置文本效果时，可分别从轮廓、阴影、映像、发光四方面进行设置。打开“文本效果”库后，在下方可看到轮廓、阴影、映像、发光 4 个选项，将鼠标指向列表框中相应的效果选项，就会展开相应的子列表，在其中选择要使用的选项即可。

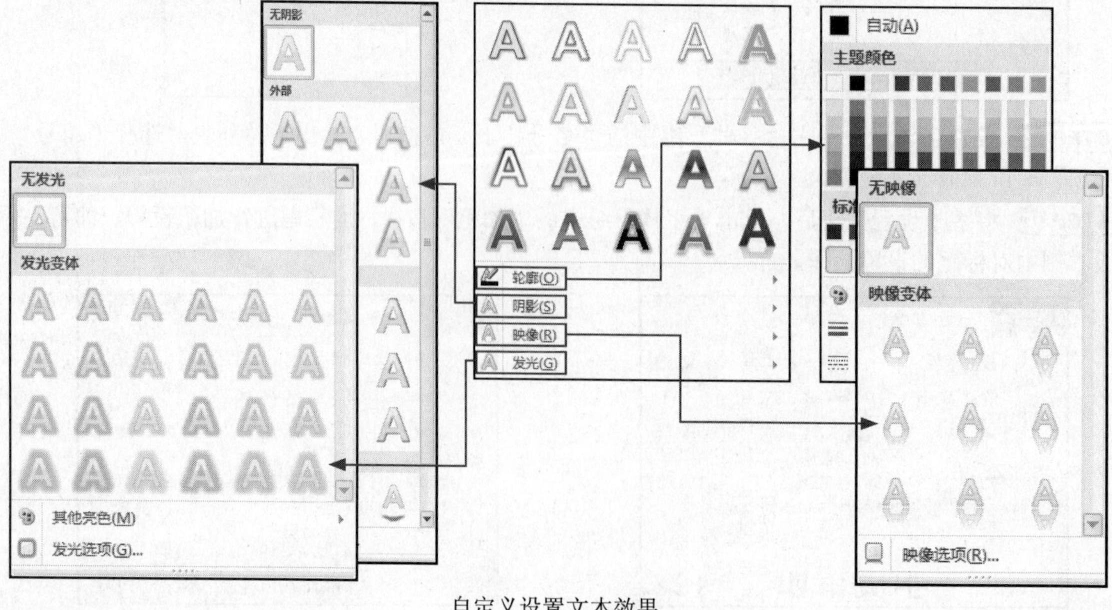

自定义设置文本效果

Work 5 文本颜色设置

为文本设置颜色时，可分别从底纹和字体颜色两方面着手，其中为底纹添加颜色的目的是突出显示；而设置字体颜色，则是为起到美化文档的作用。

01 突出显示文本

以不同颜色突出显示文本，即为文本添加背景颜色。在该颜色列表中包括 15 种颜色，设置时可根据文字、重要性等内容选择合适的颜色。添加时，只要单击“以不同颜色突出显示文本”按钮，在展开的颜色列表中选择相应的颜色选项，此时鼠标指针会变成形状，在文档中拖动鼠标经过要突出显示的文本，即可完成为文本添加底纹的操作。需要取消背景颜色时，单击“无颜色”选项。

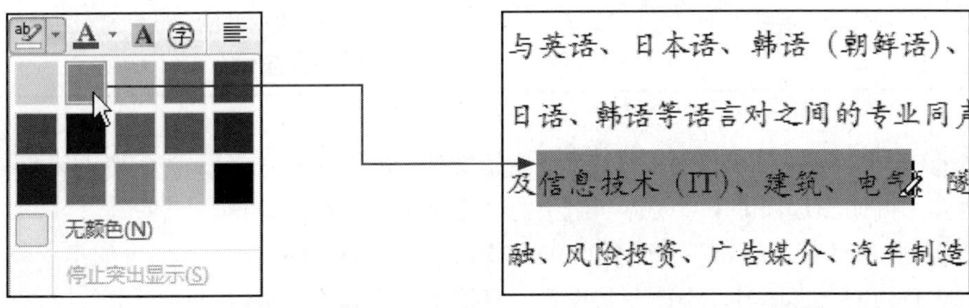

①“以不同颜色突出显示文本”下拉列表　　② 添加颜色效果

02 更改文字颜色

在 Word 2010 的“文字颜色”下拉列表中，包括 10 种主题颜色、10 种标准色，并且包括其他颜色中的标准颜色和渐变选项。为文本更改颜色时，只要在文档中选中目标文本，然后打开“字体”下拉列表，在其中选择要设置的颜色即可。

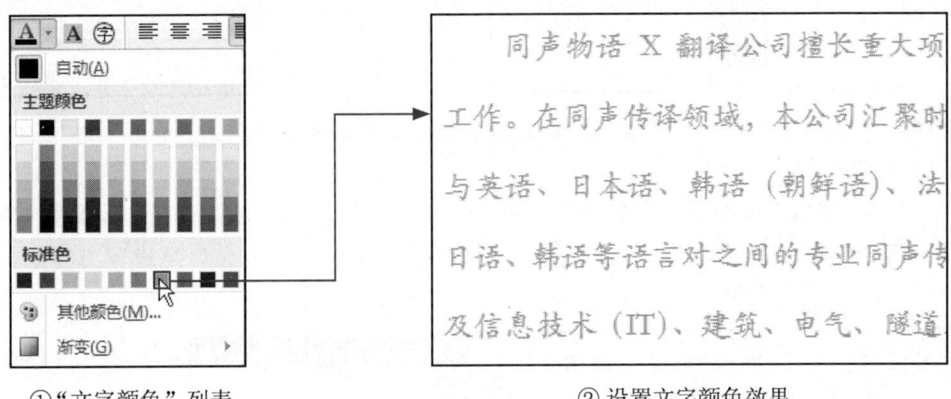

①“文字颜色”列表　　② 设置文字颜色效果

Tip 为文本设置渐变效果

需要为文本设置渐变效果时，只要在“字体颜色”列表中指向“渐变”选项，展开子列表后，单击要使用的渐变样式即可；如果用户需要进行更复杂的渐变设置时，可单击“其他渐变”选项，在弹出的“设置文本效果格式”对话框中对渐变效果进行设置。

Lesson 03 制作发光、阴影效果的带圈字符标题

通过以上内容的学习，可以对文本的效果、颜色等内容进行设置。由于篇幅有限，并未将所有格式的设置方法全部介绍，下面结合本节知识来设置带阴影效果的带圈字符效果。设置前和设置后的文档效果如下。

STEP 01 打开光盘\实例文件\第3章\原始文件\宣传画报.docx，选中要设置为带圈字符的文字，单击“开始”选项卡下“字体”组中的“带圈字符”按钮。

STEP 02 弹出“带圈字符”对话框，Word默认选择“样式”区域内的“缩小文字”选项，“圈号”列表框内的圆形圈号，不改变其设置，直接单击“确定”按钮。

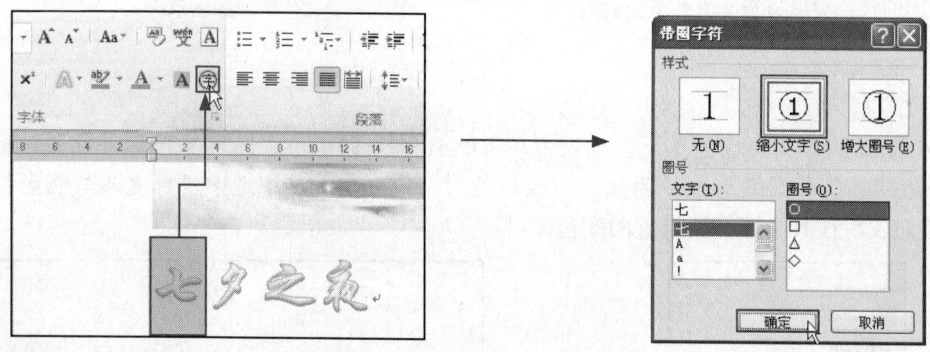

STEP 03 返回文档中，选中第二个要设置为带圈字符的文字，单击“开始”选项卡下“字体”组中的“带圈字符”按钮。

STEP 04 弹出“带圈字符”对话框，在“圈号”列表框内，单击选中菱形圈号，然后单击“确定”按钮。返回文档中参照STEP 03、STEP 04的操作，将“之”字设置为菱形带圈效果，将“夜”设置为圆形带圈效果。

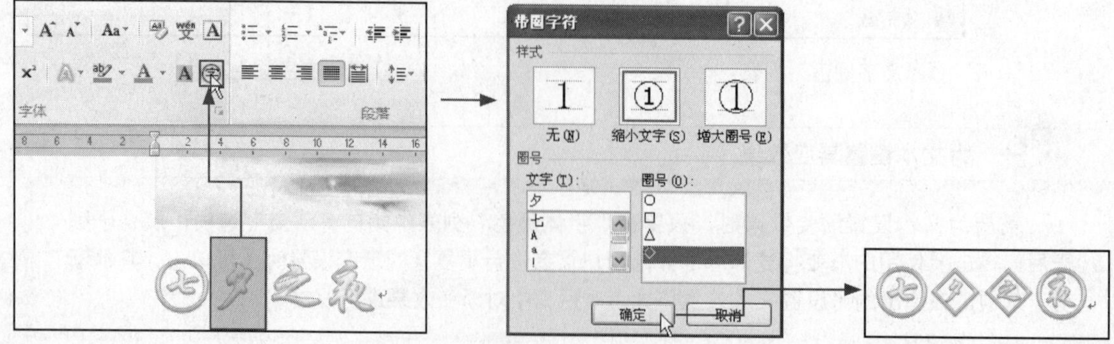

STEP 05 返回文档中，右击带圈字符“七”，在弹出的快捷菜单中执行“切换域代码”命令，将带圈字符转换为代码。

STEP 06 选中代码中的圈，单击“开始”选项卡，单击“字体”组中的“字体颜色”右侧的下三角按钮，在展开的颜色列表中单击“紫色”图标，然后右击该字符的代码，在弹出的快捷菜单中执行“切换域代码”命令，将其显示为带圈字符。

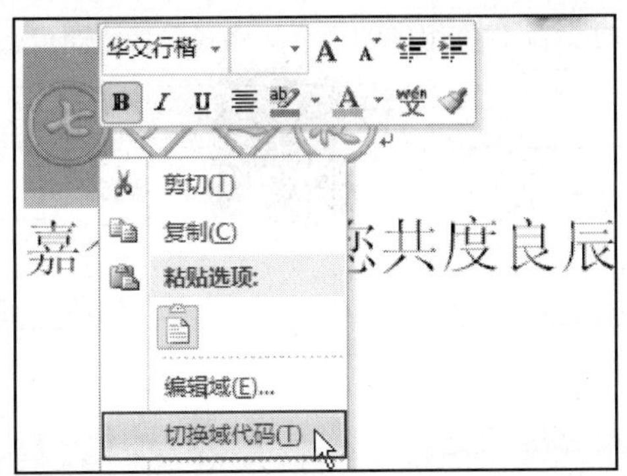

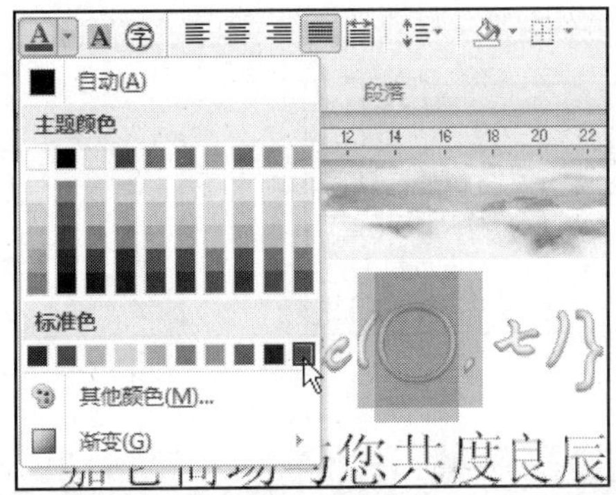

STEP 07 参照 STEP 05 与 STEP 06 的操作，将“夜”的圆圈也设置为紫色效果，然后选中带圈字符“七”，单击“字体”组中“文本效果”右侧的下三角按钮，在展开的效果库中单击“发光”选项，在展开的子列表中单击“紫色，18pt 发光，强调文字颜色 4”图标。按照同样的方法，将“夜”也设置为该发光效果，参照本步骤，将“夕”与“之”设置为“水绿色，18pt 发光，强调文字颜色 5”效果。

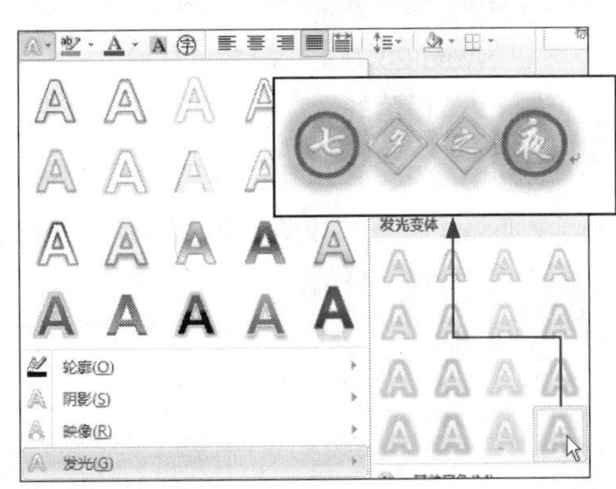

STEP 08 选中所有带圈字符，单击“字体”组中“文本效果”右侧下三角按钮，在展开的效果库中单击“阴影”选项，在展开的子列表中单击“透视”组中的“左上对角透视”选项，就完成了本例中对标题的设置操作。

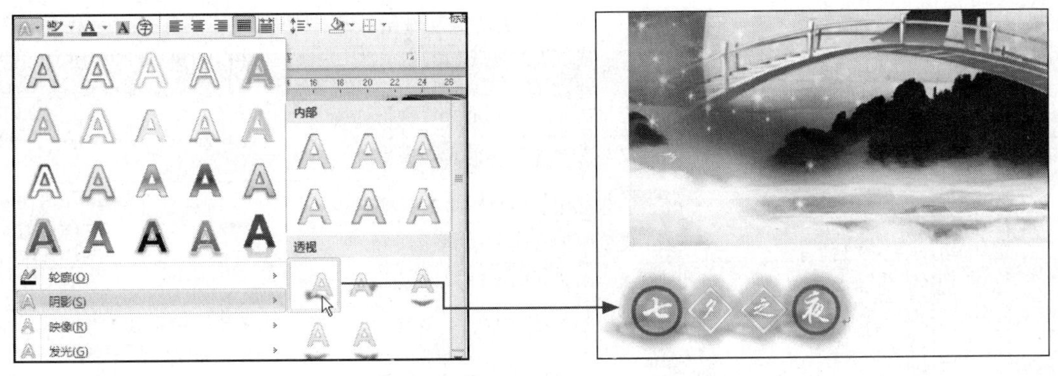

Work 6 清除格式

打开一个 Word 2010 文档，文本中的字体、字号等格式都有其默认的设置，当用户对文本进行了另外的文字格式设置后，需要快速恢复为默认的格式时，就可以使用“清除格式”按钮来完成操作。选中要恢复默认格式的文字，切换到“开始”选项卡，单击“字体”组中的“清除格式”按钮即可。

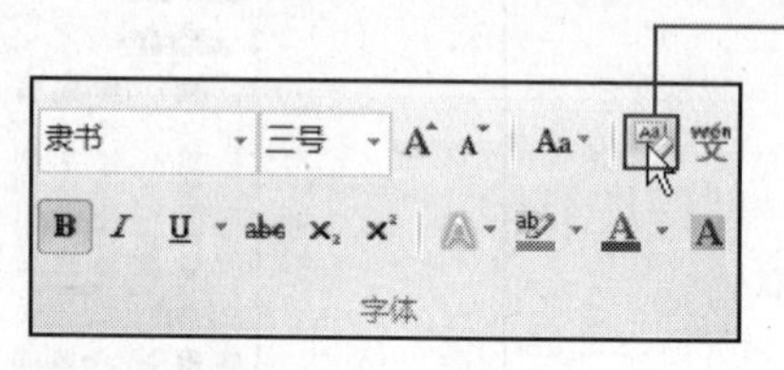

3. 责任与处罚
3. 1 出现下列情况之一者，
3. 1. 1 泄露公司秘密，
3. 1. 2 违反本制度规定
3. 1. 3 已泄露公司秘密
3. 2 出现下列情况之一的，

清除文字格式

Study 03 段落格式设置

- Work 1. 设置段落对齐方式
- Work 2. 添加项目符号、编号及多级列表
- Work 3. 设置段落缩进
- Work 4. 设置段落的中文版式
- Work 5. 段落的其他设置

Word 2010 的段落格式包括对齐方式、缩进、行距、编号、段落填充、边框等内容，在进行文本段落的设置时，可以通过“开始”选项卡中的“段落”组所提供的功能完成操作。

下面认识一下“段落”组及其作用，如表 3-3 所示。

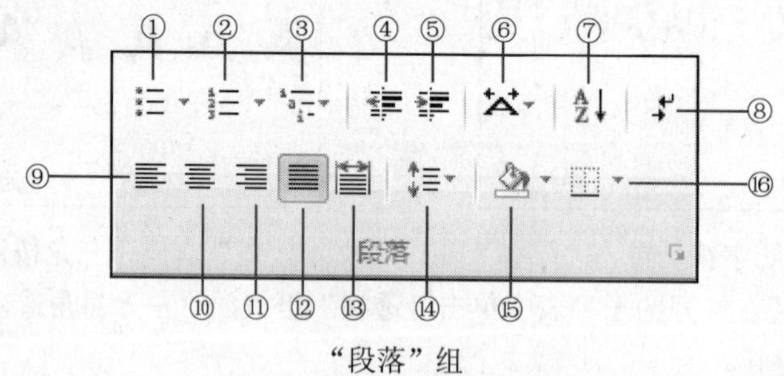

“段落”组

表 3-3 “段落”组功能及作用

编　号	功能按钮	作　用
①	项目符号	通过符号或图片对文本内容进行编号
②	编号	通过汉字数字或阿拉伯数字为文本进行编号
③	多级列表	对于不同级别的文本内容进行编号
④	减少缩进量	减少文档中相应段落的缩进量
⑤	增加缩进量	增加文档中相应段落的缩进量
⑥	中文版式	对文档的纵横混排、合并字符、双行合一、字符缩放等相关内容进行设置

（续表）

编　号	功 能 按 钮	作　用
⑦	排序	对文档进行升序或降序的排列
⑧	显示／隐藏编辑标记	用于显示或隐藏文档中的回车、空格等编辑标记
⑨	文本左对齐	用于设置段落的左对齐
⑩	居中	用于设置段落的居中对齐
⑪	文本右对齐	用于设置段落的右对齐
⑫	两端对齐	用于设置段落的两端对齐
⑬	分散对齐	用于设置段落的分散对齐
⑭	行距	调整段落内上行与下行间的距离
⑮	底纹	为段落添加不同颜色的底纹
⑯	下框线	为段落添加边框线

Study 03　段落格式设置

Work 1　设置段落对齐方式

段落的对齐方式包括文本左对齐、居中、文本右对齐、两端对齐以及分散对齐 5 种样式。在进行段落对齐方式的设置时，比较常用的方法有 3 种，下面依次介绍每种方法的操作步骤。

（1）方法一：通过快捷键设置

在设置段落的对齐方式时，将光标定位在目标段落后，按相应的快捷键即可完成设置。常用的快捷键有：Ctrl+E 为居中对齐、Ctrl+L 为左对齐、Ctrl+R 为右对齐。

（2）方法二：通过选项卡设置

打开目标文档，将光标定位在要设置对齐方式的段落内，切换到“开始”选项卡，单击“段落”组中的“居中”按钮，即可完成设置。

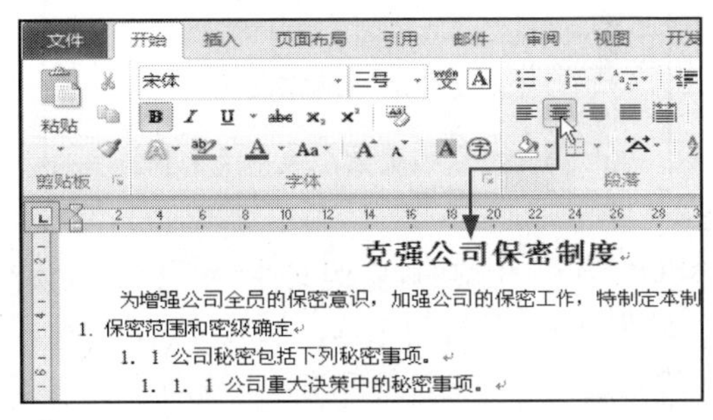

① 通过选项卡设置段落居中对齐

（3）方法三：通过对话框设置

打开目标文档，将光标定位在要设置对齐方式的段落内，切换到“开始”选项卡，单击“段落”组中的对话框启动器，弹出“段落”对话框。切换到“缩进和间距”选项卡，单击“对齐方式”框右侧的下三角按钮，在展开的下拉列表中选择要使用的对齐方式，本例中选择“左对齐”选项，然后单击“确定”按钮，即可完成段落对齐方式的设置。

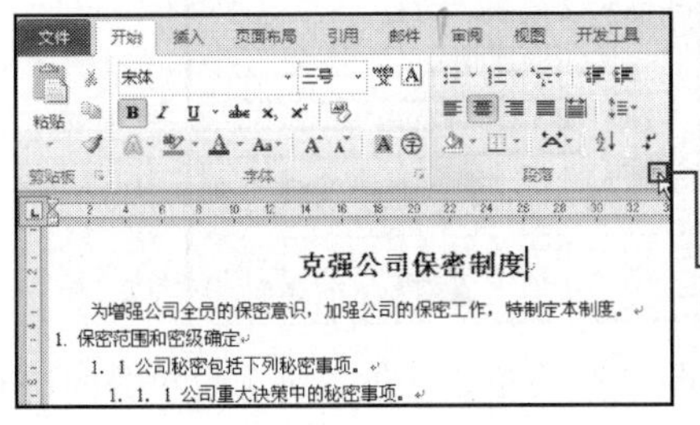

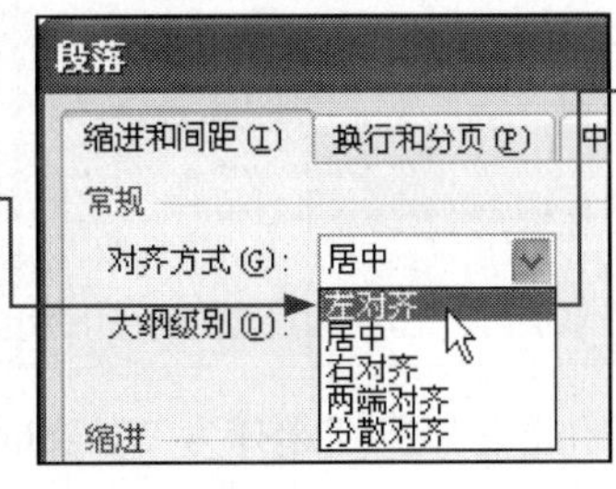

克强公司保密制度
为增强公司全员的保密意识，加强
1. 保密范围和密级确定
1. 1 公司秘密包括下列秘密事项。
1. 1. 1 公司重大决策中的秘密
1. 1. 2 公司正在决策中的秘密
1. 1. 3 公司内部掌握的客户、

② 通过对话框设置段落居中对齐

Work 2 添加项目符号、编号及多级列表

为段落设置符号或编号时，包括项目符号、编号以及多级列表 3 种类型，下面依次介绍每种类型编号的使用。

01 项目符号

项目符号是放在文本前的，可以起到强调效果的点或其他符号。项目符号可以是符号，也可以是图片，用户可以根据文档的需要，选择计算机系统中的相关内容进行设置。

Lesson 04 为段落添加自定义项目符号

Office 2010 · 电脑办公从入门到精通

在为段落添加项目符号时，打开“项目符号”下拉列表后，可以看到用户近期使用的项目符号，选择相应的符号即可完成应用。用户也可使用其他符号或图片作为项目符号，前后效果如下图所示。

甲类蔬菜↵
富含胡萝卜素、核黄素、维生素 C、钙
主要有小白菜、菠菜、芥菜、韭菜、雪里
乙类蔬菜↵
营养次于甲等，通常又分 3 种。↵
第一种含核黄素，包括所有新鲜豆类

❖ 甲类蔬菜↵
富含胡萝卜素、核黄素、维生素 C、钙
主要有小白菜、菠菜、芥菜、韭菜、雪里
❖ 乙类蔬菜↵
营养次于甲等，通常又分 3 种。↵
第一种含核黄素，包括所有新鲜豆类

STEP 01 打开光盘\实例文件\第 3 章\原始文件\蔬菜的营养.docx，按住 Ctrl 键不放，依次选中要添加项目符号的段落，单击“开始”选项卡下“段落”组中的“项目符号”按钮，弹出下拉列表，选择“定义新项目符号”选项。

STEP 02 弹出“定义新项目符号”对话框，单击“符号”按钮。

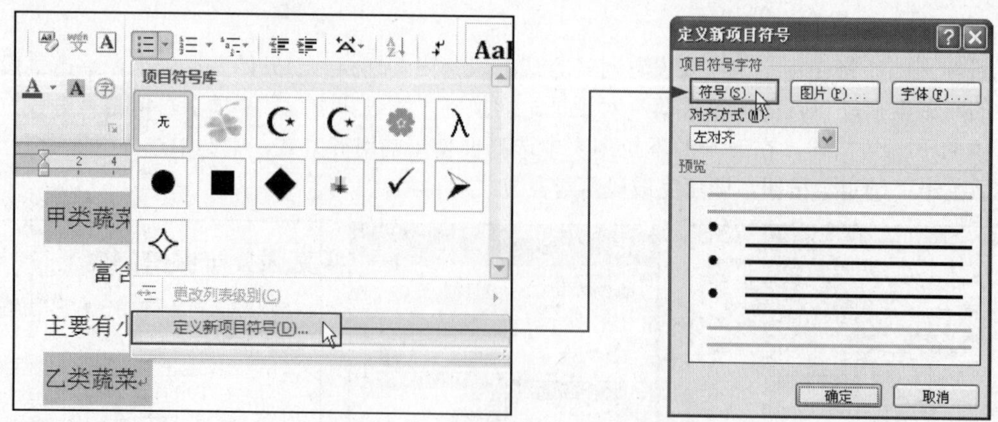

STEP 03 弹出“符号”对话框，将字体类别选择为 Wingdings，然后单击要设置为项目符号的符号，最后单击“确定”按钮。

STEP 04 返回“定义新项目符号”对话框，单击“字体”按钮。

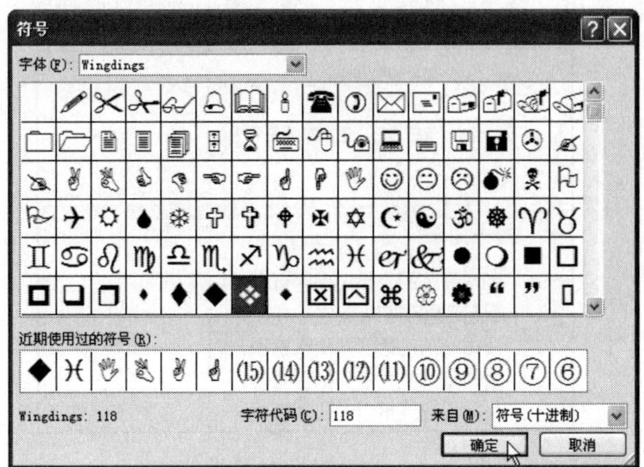

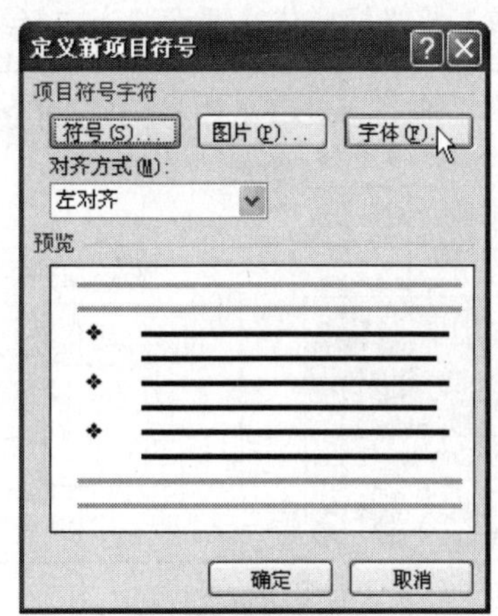

STEP 05 弹出“字体”对话框，在“字体”选项卡的“字号”列表框内单击“四号”选项，然后依次单击各对话框的“确定”按钮，即可完成项目符号的添加。

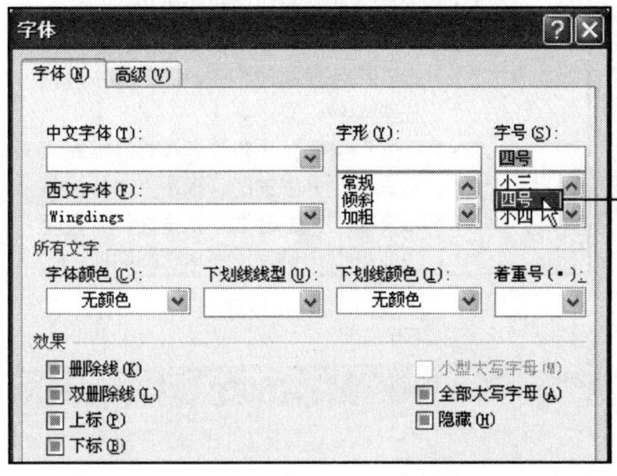

❖ 甲类蔬菜

富含胡萝卜素、核黄素、维生素 C、钙、

主要有小白菜、菠菜、芥菜、韭菜、雪里蕻

❖ 乙类蔬菜

营养次于甲等，通常又分 3 种。

第一种含核黄素，包括所有新鲜豆类和

第二种含胡萝素和维生素 C 较多，包

02 编号

为段落添加编号之后，可以使段落按照数字顺序进行排列，编号可以是汉字、字母，也可以是数字。设置编号时，用户可直接使用预设的编号样式。

打开目标文档，选中应用编号的段落，切换到“开始”选项卡，单击“段落”组中的“编号”按钮，弹出下拉列表后，选择相应的编号样式即可。

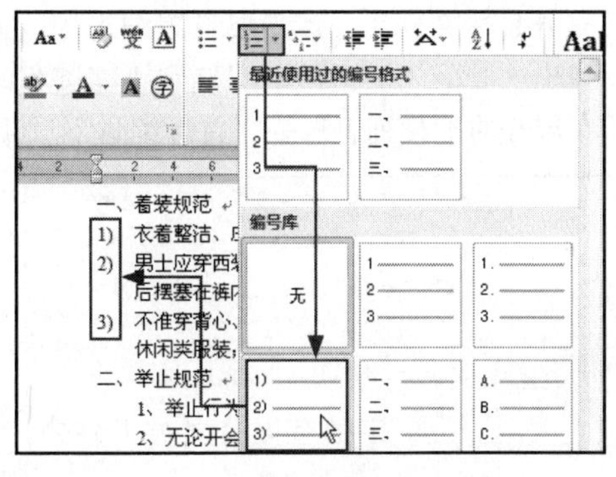

应用编号效果

03 多级列表

当文档内容的级别较多时，可以使用多级列表为其编号。应用了多级列表的设置后，所有内容会处于同一级别下，此时需要结合“增加缩进量”按钮对列表的级别进行设置。

打开目标文档后，选中要应用多级列表的段落，切换到“开始”选项卡，单击“段落”组中的“多级列表”按钮，弹出下拉列表，选择要使用的多级列表样式；返回文档中，段落即可应用编号设置。将光标定位在要设置为二级级别的段落内，单击“段落”组中的“增加缩进量”按钮。

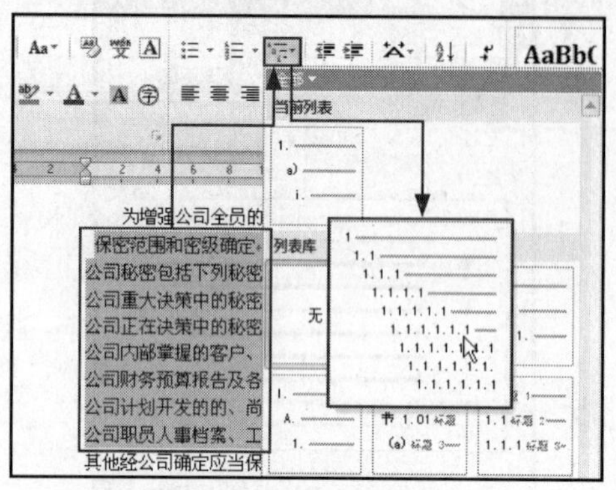

① 选择多级列表样式

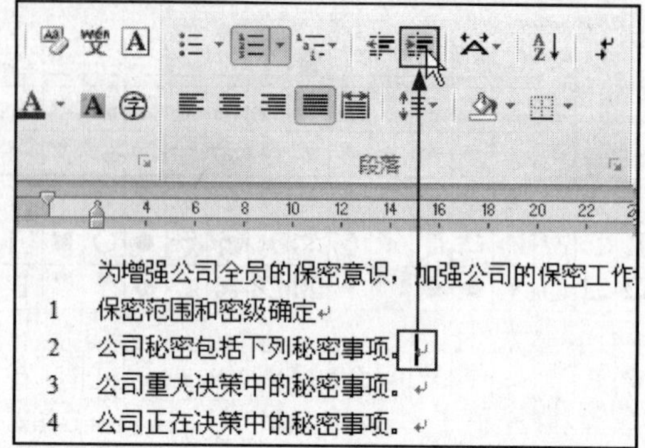

② 设置标题级别

单击一次“增加缩进量”按钮，标题级别会降低一级；单击两次，降低两级；依此类推。按照同样的方法，将文档中的其他段落也应用级别的设置，即可完成多级列表的应用。需要增加标题的级别时，单击“减少缩进量”按钮即可。

1 保密范围和密级确定
1.1 公司秘密包括下列秘密事项。
1.1.1 公司重大决策中的秘密事项。
1.1.2 公司正在决策中的秘密事项。
1.1.3 公司内部掌握的客户、意向客户资料
主要会议记录。
1.1.4 公司财务预算报告及各类财务报表、
1.1.5 公司计划开发的的、尚不宜对外公开
1.1.6 公司职员人事档案、工资性、劳务性
1.1.7 其他经公司确定应当保密的事项。

③ 应用多级列表效果

Study 03 段落格式设置

Work 3 设置段落缩进

在设置段落缩进时，有悬挂缩进和首行缩进两种。下面以段落的首行缩进为例，介绍段落首行缩进的设置。

打开目标文档后，选中要设置缩进的段落，单击“开始”选项卡下“段落”组的对话框启动器，弹出“段落”对话框。切换到“缩进和间距”选项卡，单击“特殊格式”框右侧的下三角按钮，在展开的下拉列表选择“首行缩进”选项。

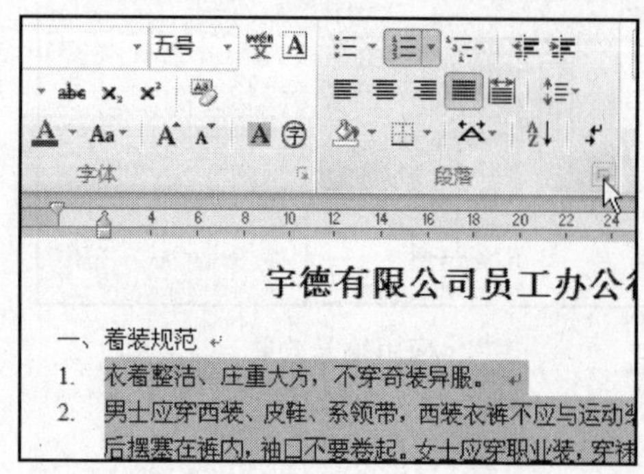

① 打开“段落”对话框

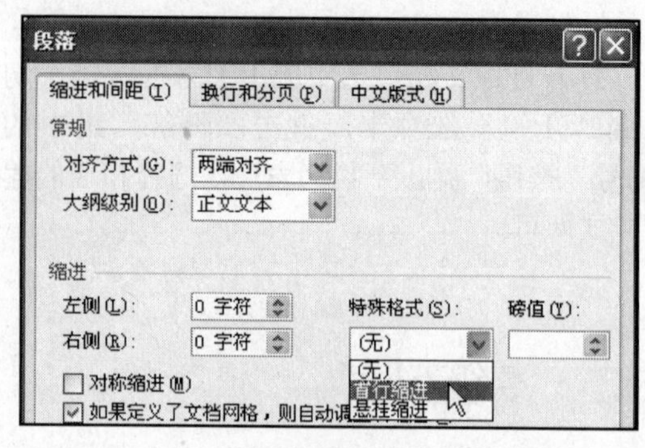

② 选择缩进方式

选择了“首行缩进”选项后，“磅值”数值框内自动生成“2字符”，单击“确定”按钮。如

果用户需要调整磅值，可单击“磅值”数值框中的上调按钮或下调按钮进行调整。返回文档中，就即可看到设置段落为首行缩进的效果。

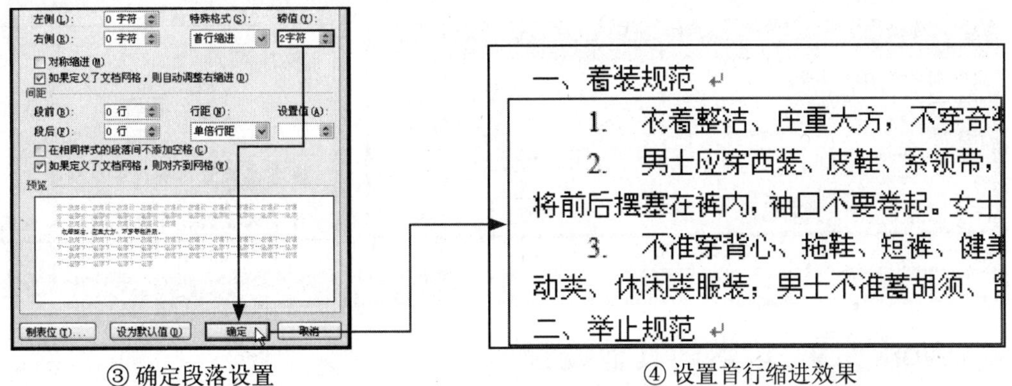

③ 确定段落设置　　　　④ 设置首行缩进效果

Study 03 段落格式设置

Work 4 设置段落的中文版式

中文版式包括纵横混排、合并字符、双行合一、调整宽度以及字符缩放 5 个工具，用户可根据文档的需要对段落进行设置。下面是进行部分相应设置后的效果。

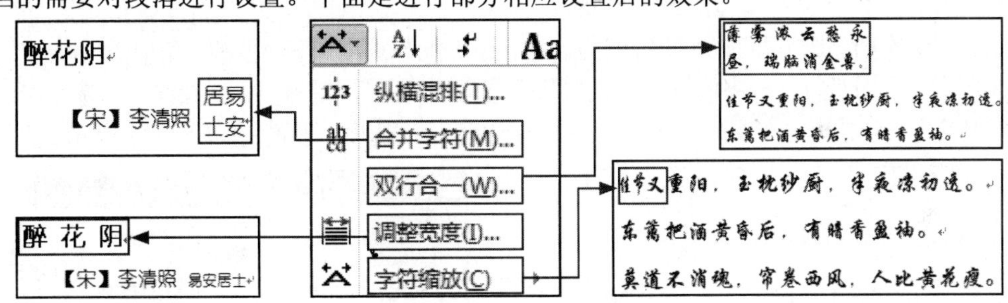

中文版式列表及应用效果

Lesson 05 合并段落字符

Office 2010 · 电脑办公从入门到精通

合并字符用于将一行内的若干字符合并为一个字符，可应用于制作印章方面。本实例将介绍合并段落字符的方法。

STEP 01 打开光盘 \ 实例文件 \ 第 3 章 \ 原始文件 \ 醉花阴 .docx，选中要合并的字符，单击“开始”选项卡下“段落”组中的“中文版式”按钮，在展开的下拉列表中，选择“合并字符”选项，弹出“合并字符”对话框，在“预览”区域内显示出设置后的效果，单击“字体”下三角按钮，在弹出的下拉列表中选择“隶书”选项。

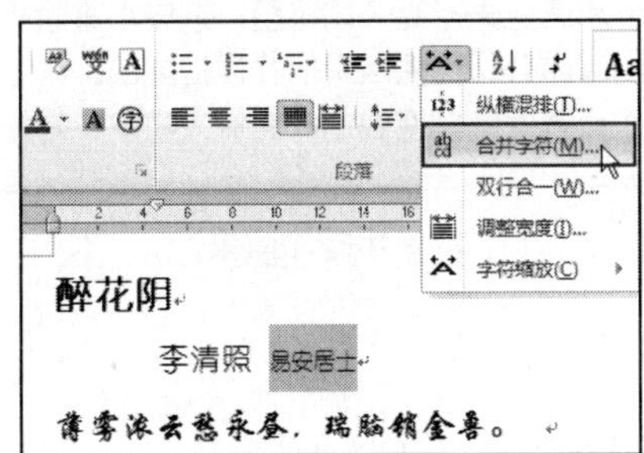

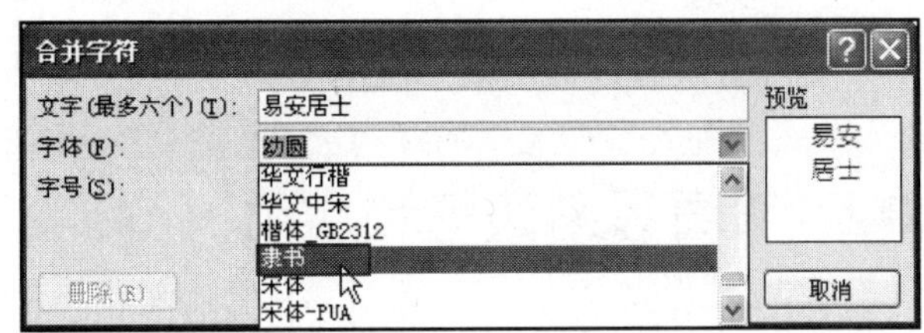

STEP 02 单击“字号”下三角按钮，在弹出的下拉列表中选择“12”选项。设置完毕后，单击“确定”按钮，就完成了合并字符的操作。

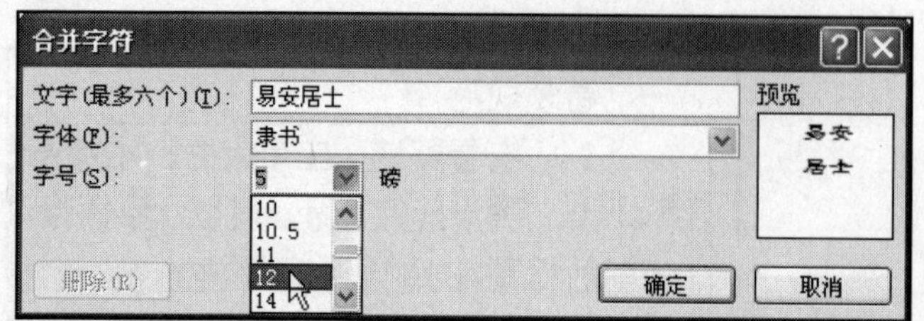

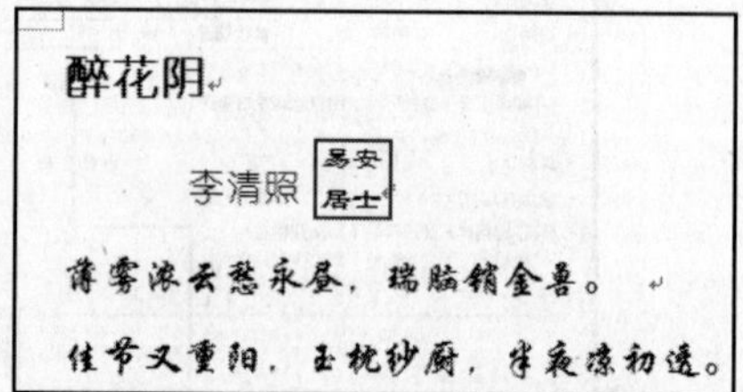

Study 03 段落格式设置

Work 5 段落的其他设置

在设置段落格式时，除了以上内容外，还可以进行排序、设置段落底纹、为段落添加边框等操作，下面介绍其各自的设置方法。

01 排序功能

在 Word 2010 中，进行排序的条件有笔画、数字、日期、拼音，用户可根据文档选择适当的排序条件进行排序。下面是具体的操作步骤。

①打开目标文档，选中要进行排序的段落，单击“开始”选项卡下“段落”组中的“排序”按钮，弹出“排序文字”对话框，程序的排序方式默认设置为“升序”，单击“主要关键字”选项组内“类型”框右侧的下三角按钮，在展开的下拉列表中选择“数字”选项。设置完毕后，单击“确定”按钮。

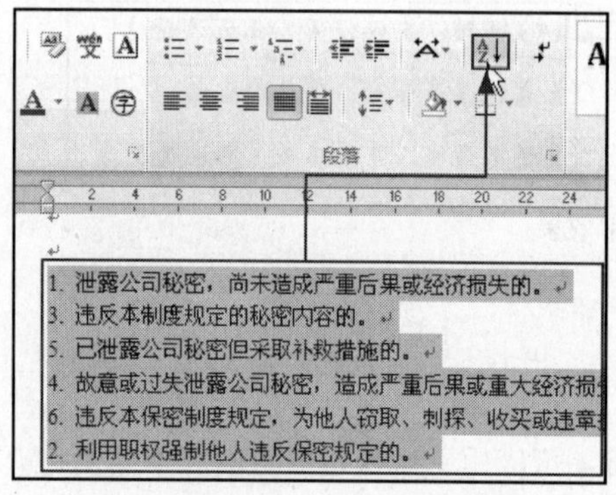

① 打开“排序文字”对话框

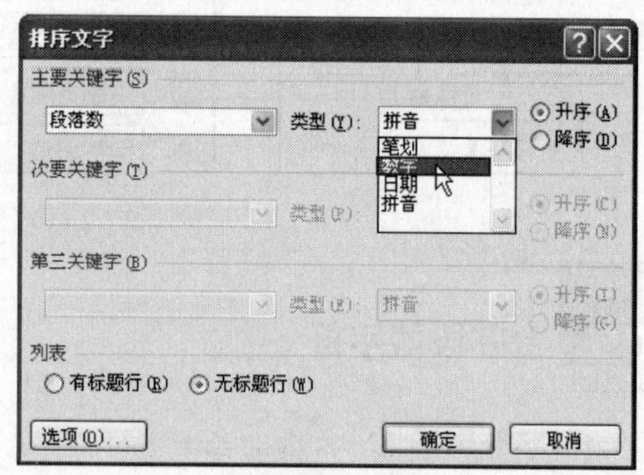

② 选择排序类型

②经过以上操作后，就完成了为文本设置以数字为关键字的升序排列操作。返回文档中，即可看到排序后的效果。

1. 泄露公司秘密，尚未造成严重后果或经济损
2. 利用职权强制他人违反保密规定的。
3. 违反本制度规定的秘密内容的。
4. 故意或过失泄露公司秘密，造成严重后果或
5. 已泄露公司秘密但采取补救措施的。
6. 违反本保密制度规定，为他人窃取、刺探、

③ 显示排序效果

02 设置段落边框和底纹

通过“边框和底纹”对话框设置段落的边框与底纹。下面介绍具体的方法操作。

（1）底纹设置

段落底纹的应用范围包括文字与段落两种。设置段落的底纹时，选中要设置底纹的段落或将光标定位在目标段落内，单击“开始”选项卡下“段落”组中的“边框”按钮，在展开的下拉列表中选择“边框和底纹”选项，弹出“边框和底纹”对话框。切换到“底纹”选项卡，单击“填充”框右侧的下三角按钮，在展开的颜色列表中选择要设置的颜色。

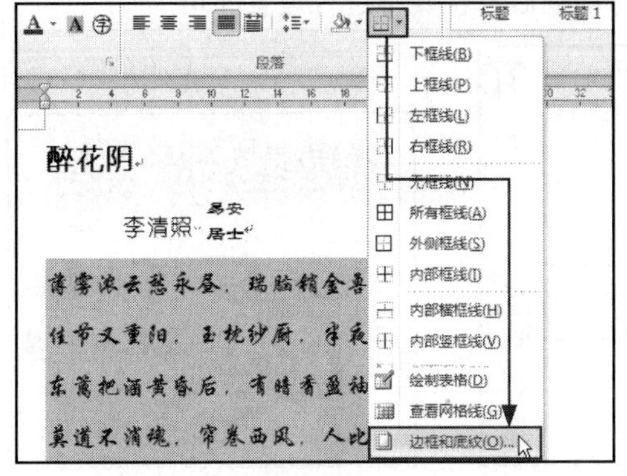

① 打开“边框和底纹”对话框

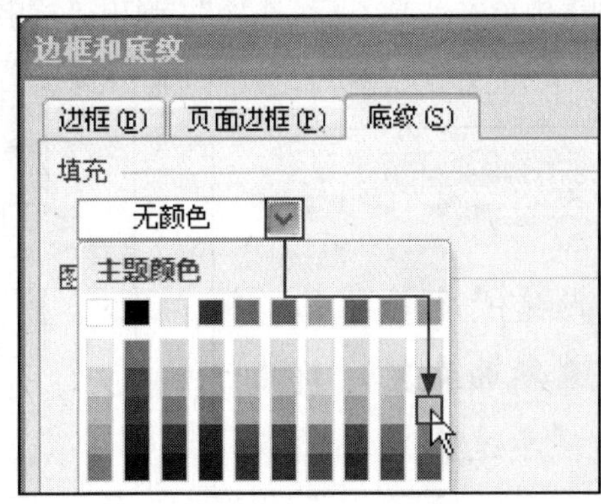

② 设置底纹颜色

单击“应用于”右侧的下三角按钮，在展开的下拉列表中选择“段落”选项，最后单击“确定”按钮，即可完成段落底纹的设置。返回文档中，可看到设置后的效果。

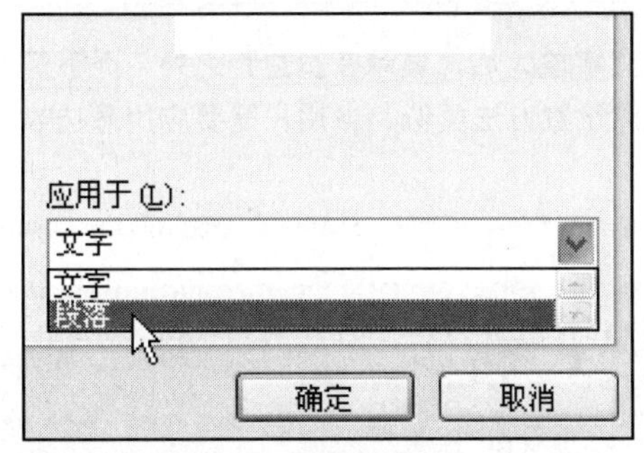

③ 选择应用范围

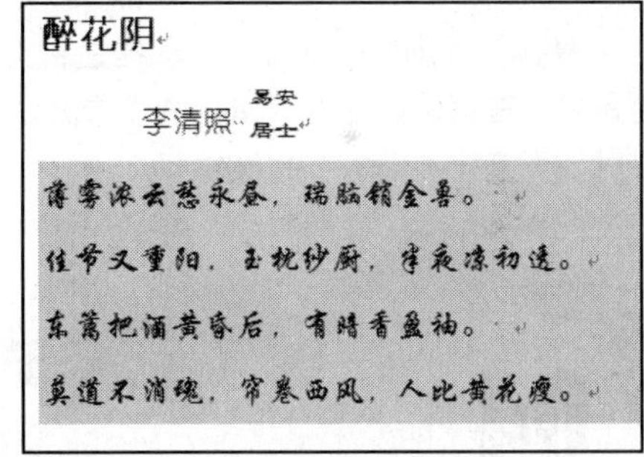

④ 设置底纹后的效果

（2）为段落添加边框

为段落添加边框时，除了使用“边框和底纹”对话框外，还可以直接在选项卡的“段落”功能组中进行设置。在“段落”组中单击“边框和底纹”右侧的下三角按钮，在展开的下拉列表中可以看到上框线、下框线、左框线、右框线、所有框线、外侧框线、内部框线、内部横框线等样式。用户可根据需要，为选中的段落选择相应的边框。需要取消边框时，打开“边框”下拉列表，选择“无框线”选项即可。

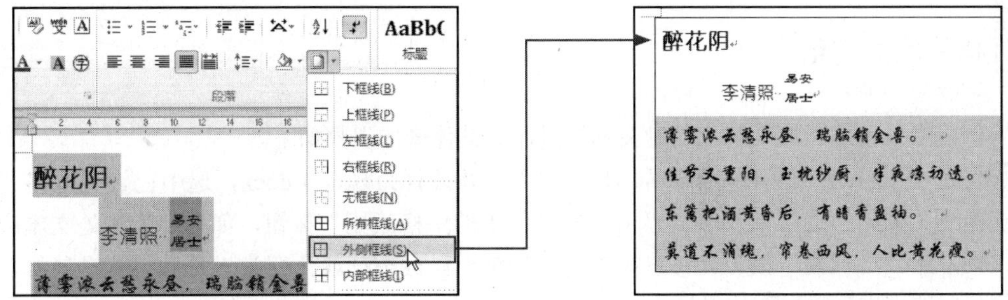

① 添加边框　　② 添加边框后的效果

03 杂志中常见的“首字下沉”

打开目标文档后，将光标定位在文档的第一个段落内，切换到“插入”选项卡，单击“文本”组中的“首字下沉”按钮，在展开的下拉列表中单击“下沉”选项，就可以完成首字下沉的设置操作。如果用户需要对下沉的字体、下沉的行数等参数进行设置时，只要在“首字下沉”下拉列表中单击“首字下沉选项”，弹出“首字下沉”对话框后，在其中进行设置即可。

① 定位光标位置

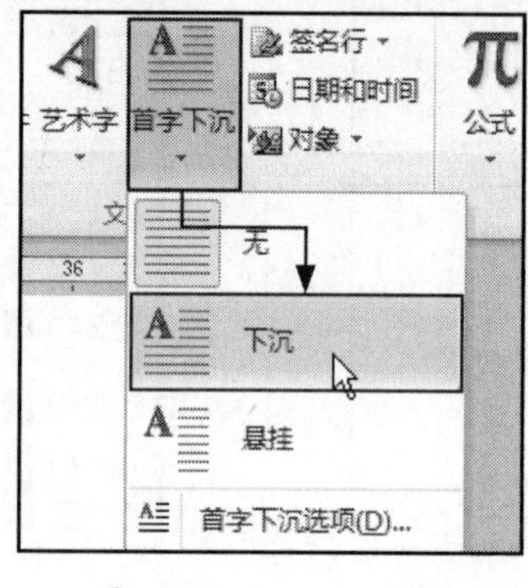

② 选择“下沉”选项

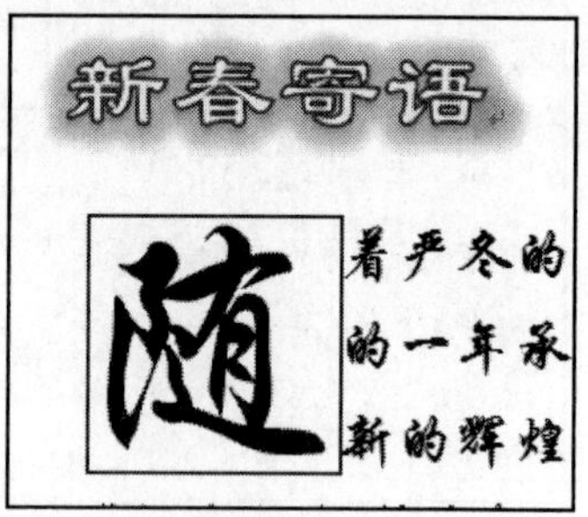

③“首字下沉”效果

Tip 使用悬挂效果

悬挂与下沉的区别在于，悬挂是将文档的第一个文字放大后，显示在页边距之外；而下沉则是显示在页边距之内。悬挂的设置方法与首字下沉的设置方法类似，当用户需要应用悬挂效果时，可直接参照本节的操作。

Study 04 快速复制格式的“格式刷”

当用户对一段文字应用了很多种格式后，需要对其他文本也应用相应的设置时，可以通过“格式刷”复制文本格式。

Lesson 06 格式刷的使用

Office 2010 · 电脑办公从入门到精通

本实例将通过使用“格式刷”复制文本格式，其具体操作步骤如下。

STEP 01 打开光盘\实例文件\第3章\原始文件\办公行为规范1.docx，选中已设置好格式的文本，切换到“开始”选项卡，单击“剪贴板”组中的“格式刷”按钮，如果要为多处文本应用该格式，则双击“格式刷”按钮。将鼠标指向文档中，鼠标指针就会变为形状，拖动鼠标，经过要应用格式的文本，然后释放鼠标。

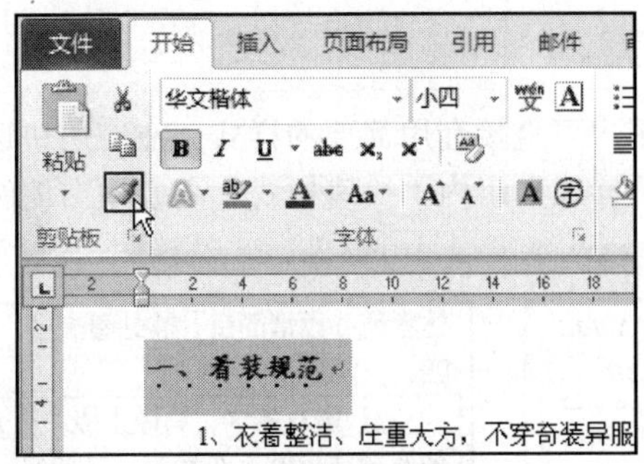

一、看装规范
1、衣着整洁、庄重大方，不穿奇装异
2、男士应穿西装、皮鞋、系领带，西
将前后摆塞在裤内，袖口不要卷起。女士应
3、不准穿背心、拖鞋、短裤、健美裤
动类、休闲类服装；男士不准蓄胡须、留长
二、举止规范
1、举止行为应庄重、从容、得体。
2、无论开会、约会或接待都要守时。

STEP 02 经过以上操作后，就可以完成复制文本格式的操作。需要对其他位置的文本也进行相应的设置时，按照同样的方法进行即可。

一、看装规范
1、衣着整洁、庄重大方，不穿奇装异服。
2、男士应穿西装、皮鞋、系领带，西装衣裤不应
将前后摆塞在裤内，袖口不要卷起。女士应穿职业装，
3、不准穿背心、拖鞋、短裤、健美裤、超短裙或
动类、休闲类服装；男士不准蓄胡须、留长发，女士
二、举止规范
1、举止行为应庄重、从容、得体。

Study 05 样式的选择与自定义

在 Word 2010 中，样式即多种格式的集合。其使用原理是将一段文字的文字格式、段落格式等内容的设置效果保存在样式库中，当用户需要再次对另一个段落进行相应的设置时，选择该样式就可以完成设置。

“样式”组位于“开始”选项卡下，在该选项组中包括快速样式列表、更改样式以及“样式”任务窗格 3 个部分。

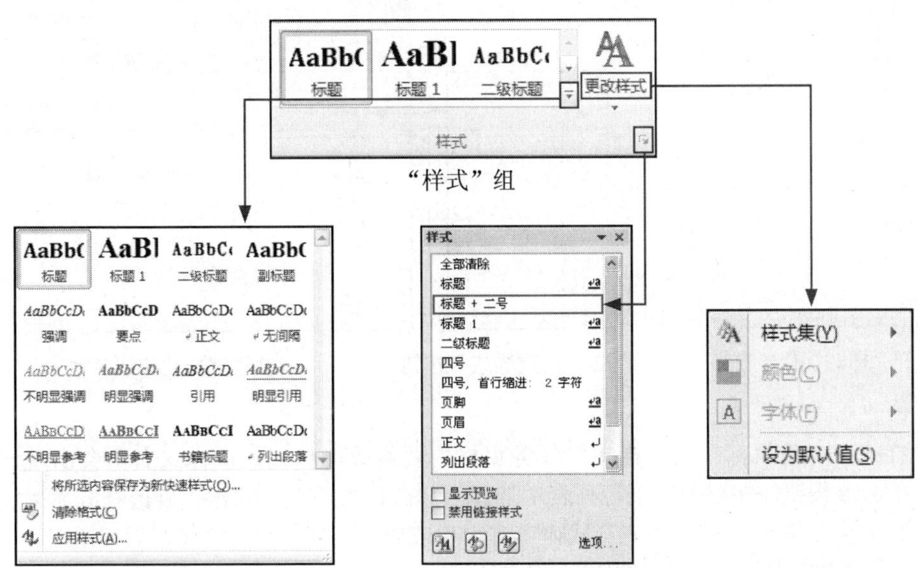

“样式”组

①“样式”库　②“样式”任务窗格　③“更改样式”列表

01 应用快速样式

快速样式是 Word 2010 程序中预设的一些样式，用户可直接套用需要的样式。在应用快速样式时，将光标定位在要应用样式的段落内，然后单击“样式”组内“快速样式”列表框右侧的快翻按钮，弹出下拉列表后，单击要应用的样式即可。

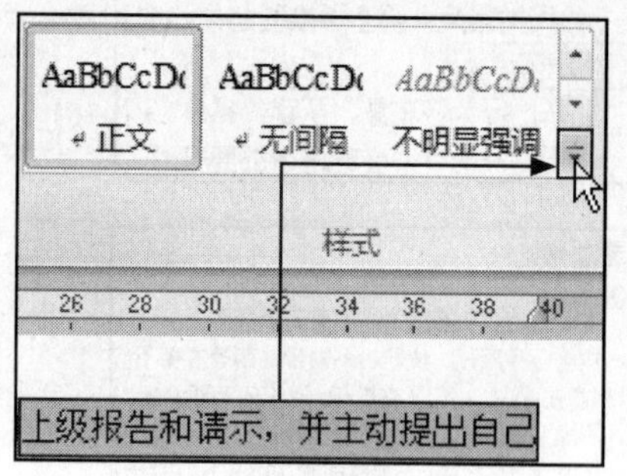

① 打开快速样式列表

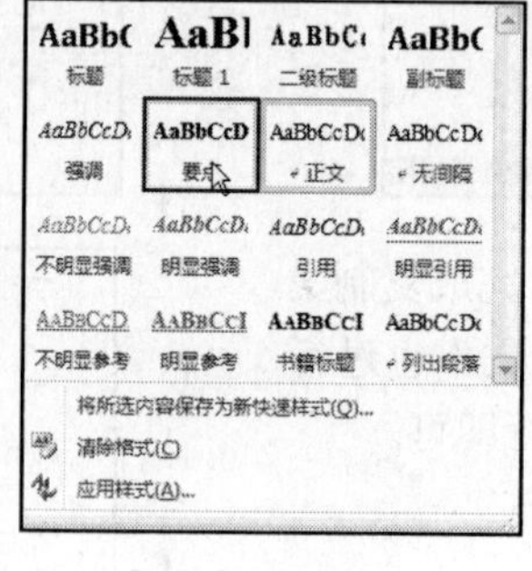

② 选择快速样式

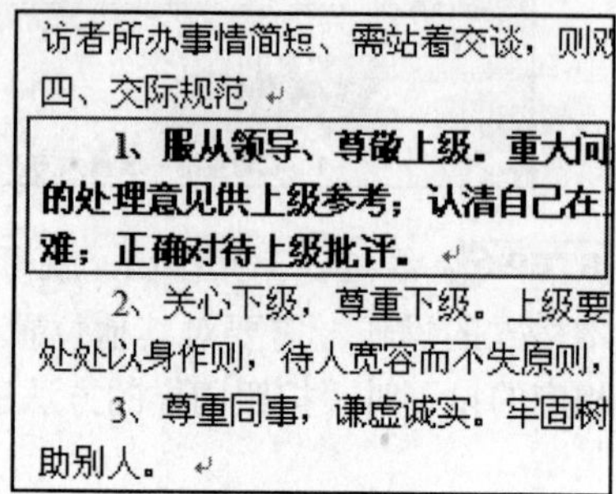

③ 应用快速样式后的效果

02 “样式”任务窗格

在“样式”任务窗格中，同样可以看到快速样式，并且也可以使用快速样式。但在该窗格中，还可以进行新建样式、修改样式、删除样式等操作。下面就来认识“样式”任务窗格。

（1）新建样式

单击“样式”组中的对话框启动器，弹出“样式”任务窗格。单击“新建样式”按钮，弹出“根据格式设置创建新样式”对话框后，在“属性”选项组内设置新建样式的名称、样式类型、样式基准等属性，在“格式”选项组内设置字体、字号、段落对齐方式等内容，单击“格式”按钮，在弹出的下拉列表中可以对字体、段落、制表位等内容进行详细设置。

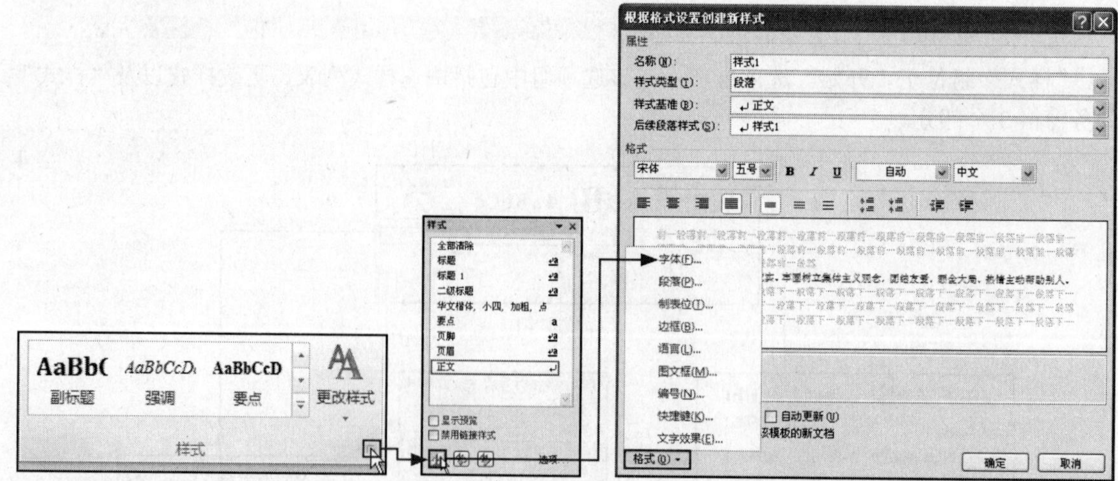

① 打开“样式”任务窗格　② 单击“新建样式”按钮　③ 设置新建样式参数

（2）修改样式

修改样式时，将鼠标指向“样式”任务窗格内要修改的样式，该样式右侧会出现一个下三角按钮，单击该按钮，在展开的下拉列表中选择“修改样式”项，弹出“修改样式”对话框。与“新建样式”一样，在该对话框中对样式内容进行相应的修改后，单击“确定”按钮即可。返回文档中，之前应用过该样式的文本都将进行相应的更改。

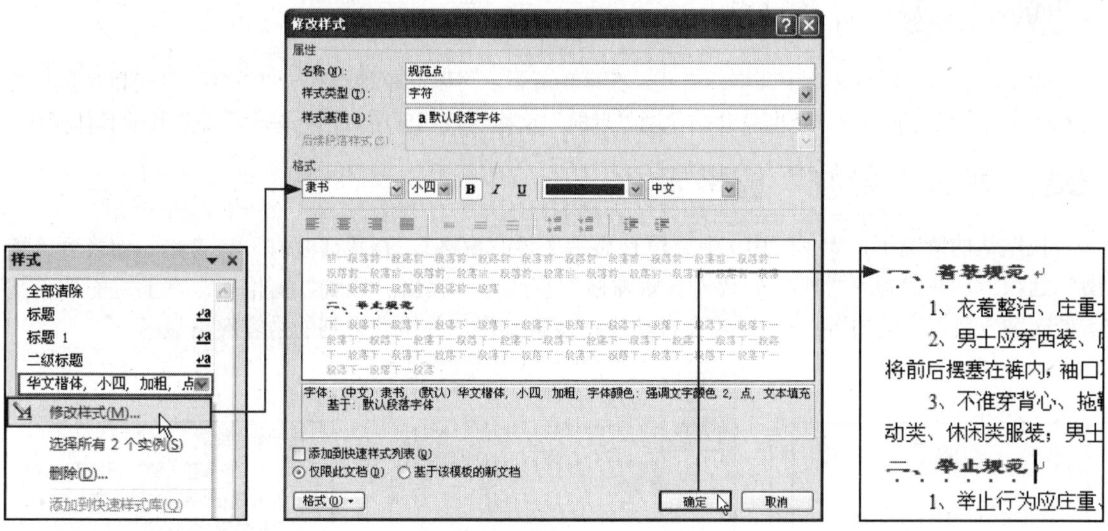

① 打开“样式”任务窗格　　② 修改样式　　③ 修改样式后的效果

（3）删除样式

删除样式时，将鼠标指向“样式”任务窗格内要删除的样式，单击该样式右侧出现的下三角按钮，在展开的下拉列表中选择“删除‘规范点’”选项，弹出 Microsoft Word 提示框，单击“是”按钮，即可完成删除样式的操作。

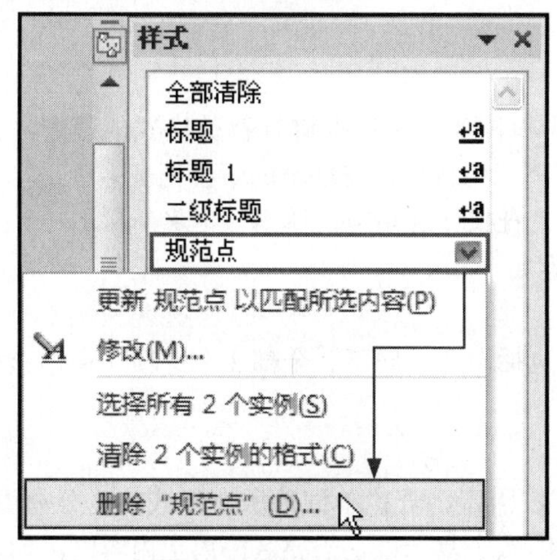

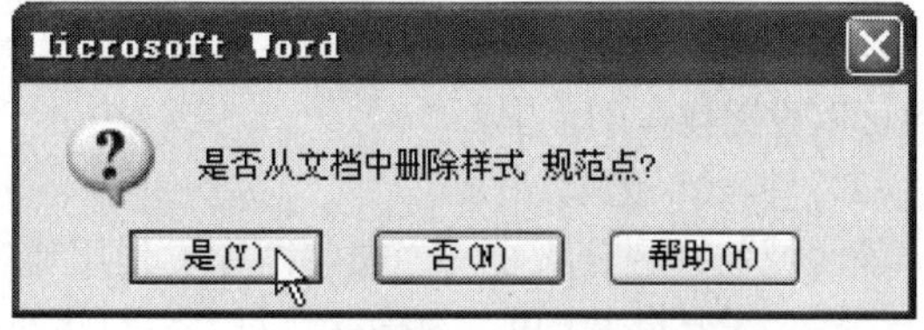

① 删除样式　　② 确认删除样式

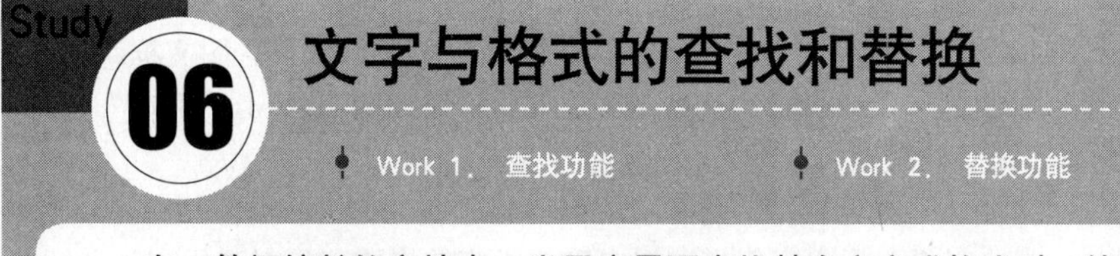

在一篇幅较长的文档中，当用户需要查找某个文字或格式时，使用人工查找的方式既耗费时间又容易出现纰漏，这时可以使用“查找和替换”功能来完成操作。

Work 1 查找功能

查找功能用于查找文档中文本或格式。在该功能下，可以简单地查找一些文字，还可以通过设置更多选项来查找其他内容。下面就介绍使用“导航”窗格查找和使用对话框进行高级查找的具体操作。

01 利用“导航”窗格查找

在默认的情况下，Word 2010中并没有显示“导航窗格”，查找前要打开该窗格。切换到“视图”选项卡，在“显示”组中勾选“导航窗格”复选框，弹出“导航”窗格后，在上方的搜索文本框内输入要搜索的内容，Word就会自动执行搜索操作，并将搜索到的内容突出显示。

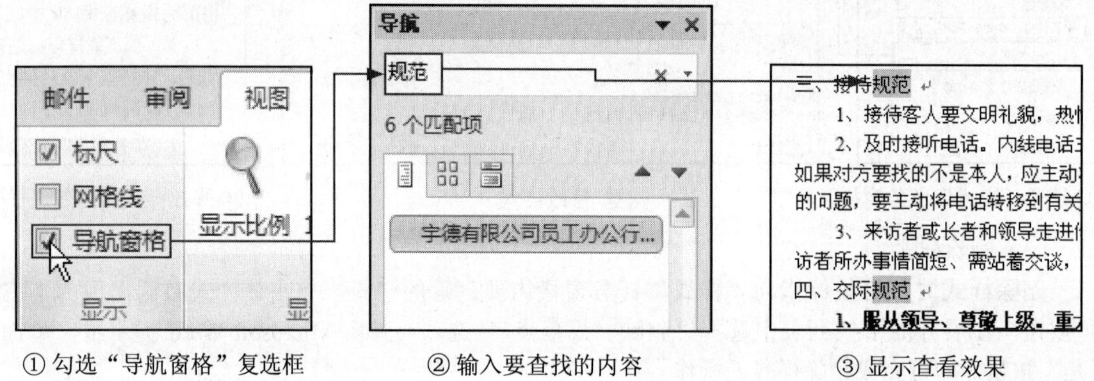

① 勾选“导航窗格”复选框　　② 输入要查找的内容　　③ 显示查看效果

02 利用对话框查找

当用户要进行更高级的查找时，需要通过“查找和替换”对话框进行特殊格式的设置。在“开始”选项卡下单击“编辑”组中“查找”框右侧的下三角按钮，在展开的下拉列表中单击“高级查找”选项，打开“查找和替换”对话框。切换到“查找”选项卡，单击“更多”按钮，在对话框的下方就会显示出搜索选项的相关内容，具体内容如下。

（1）“搜索”列表

单击“搜索”下三角按钮，弹出下拉列表，其中包括向上、向下、全部3个选项，通过该列表框可以设置搜索的范围。

（2）“搜索”选项

该区域包括区分大小写、全字匹配、使用通配符、同音、查找单词的所有形式、区分前缀、区分后缀、区分全/半角、忽略标点符号、忽略空格共10个复选框。需要区分以上内容时，勾选相应的复选框，然后进行查找即可。

（3）“格式”按钮

单击“格式”按钮，弹出下拉列表，其中包括字体、段落、制表位、语言、图文框、样式、突出显示7个选项，选择相应的选项，即会弹出相应的对话框，设置完毕后单击“确定”按钮。返回“查找与替换”对话框，进行查找即可。

（4）“特殊格式”按钮

在进行格式的查找时，需要在“查找内容”文本框内输入相应的格式代码（当用户不了解要查找的格式代码时，单击“特殊格式”按钮，弹出下拉列表，选择相应的选项，即可在“查找内容”文本框内显示出相应的代码），然后单击“查找”按钮，即可执行格式的查找操作。

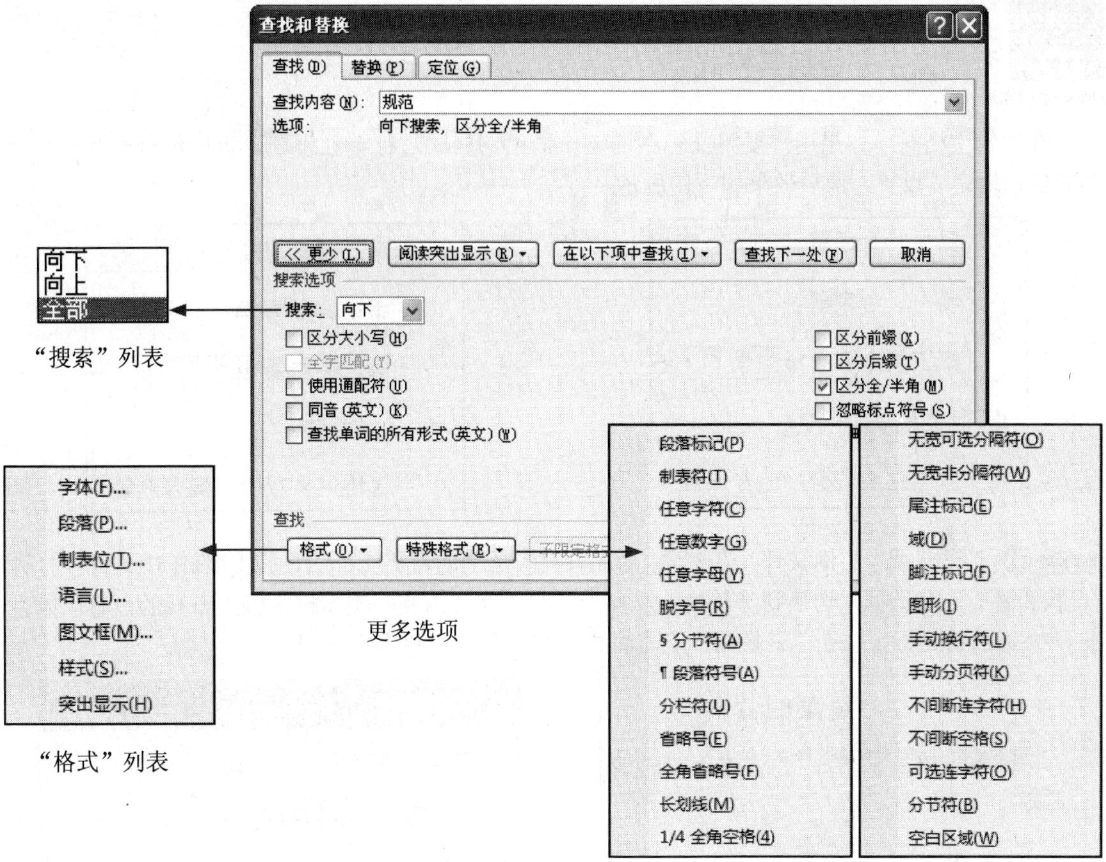

“搜索”列表

更多选项

“格式”列表

“特殊格式”列表

Study 06 文字与格式的查找和替换

Work 2 替换功能

替换功能可以将文档中查找到的内容替换为其他文字或另外一种格式，在“替换”选项卡中单击“更多”选项，可以打开更多选项，进行搜索范围、选项、格式及特殊格式的设置。下面介绍简单的替换操作。

打开目标文档后，在“开始”选项卡下单击“编辑”组中的“替换”按钮，或按Ctrl+H快捷键，打开“查找和替换”对话框。切换到“替换”选项卡，在“查找内容”、“替换为”文本框内分别输入相应的内容，然后单击“全部替换”按钮，即开始执行替换操作。替换完成后，弹出Microsoft Office Word提示框，提示用户替换的次数，单击“确定”按钮，程序将自动执行替换操作。

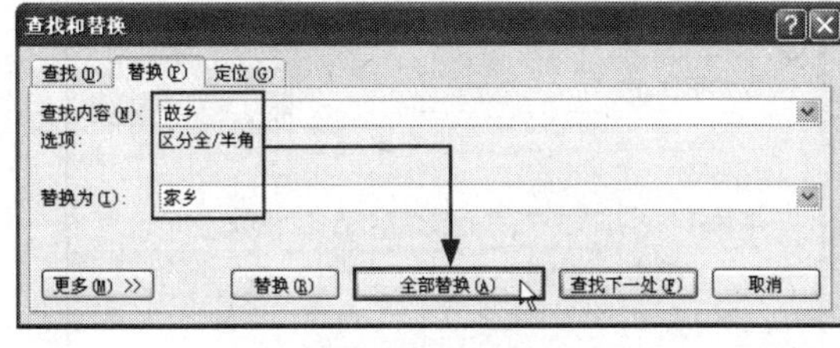

① 执行替换操作

② 确认替换次数

Lesson 07 查找文字并替换其格式

在编辑文档时，如果用户要将文档中的某个词组的格式进行单独设置，可以结合查找和替换功能快速地完成设置，前后效果如下图所示。

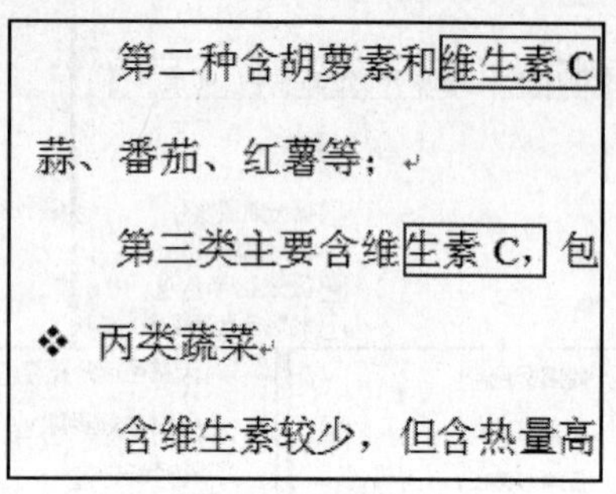

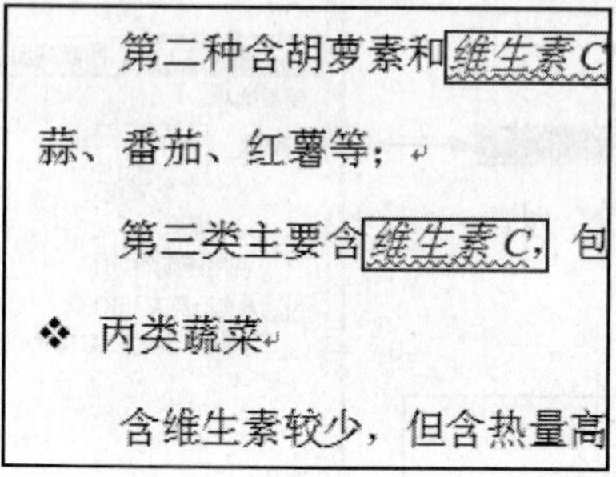

STEP 01 打开光盘\实例文件\第3章\原始文件\蔬菜的营养1.docx，按Ctrl+H快捷键，打开“查找和替换”对话框，切换到“替换”选项卡，在“查找内容”文本框内输入查找的内容“维生素C”，然后将光标定位在“替换为”文本框内，然后单击“更多”按钮。

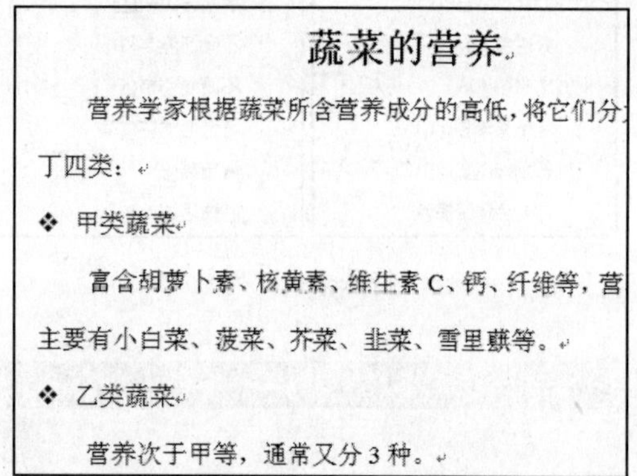

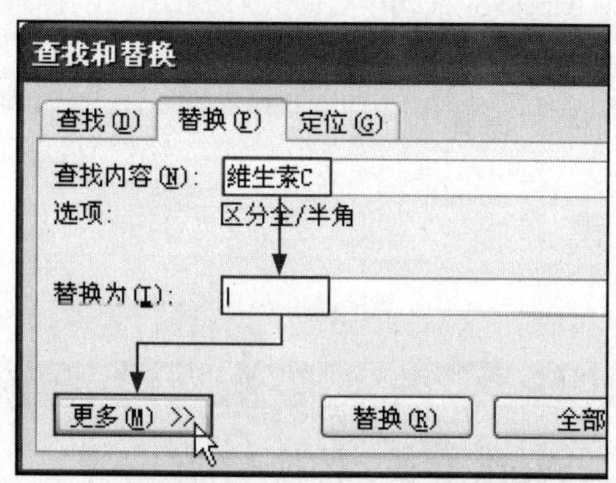

STEP 02“查找和替换”对话框中显示出更多内容后，单击“格式”按钮，在展开的下拉列表中单击“字体”选项。

STEP 03 弹出“替换字体”对话框后，切换到“字体”选项卡下，在“字形”列表框中单击“倾斜”选项。

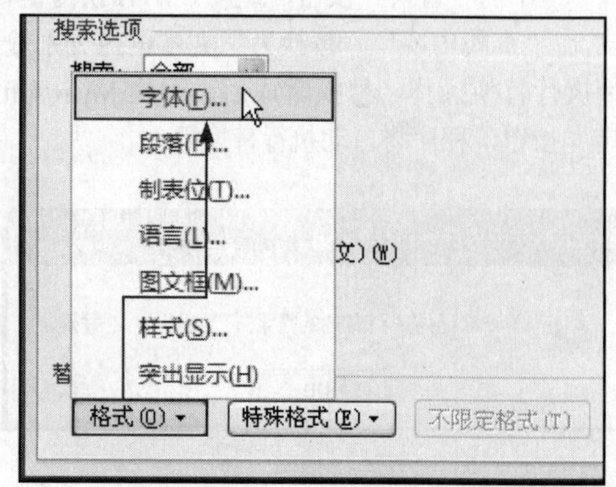

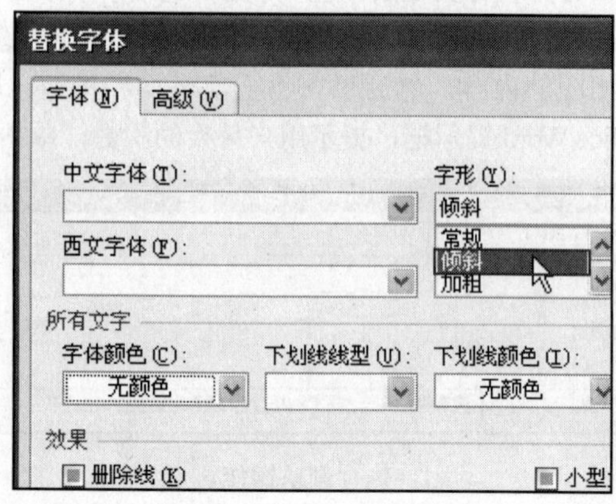

STEP 04 单击“所有文字”区域内“字体颜色”框右侧的下三角按钮，在展开的颜色列表中单击“标准色”组中的“深红”图标。

STEP 05 设置了替换的颜色后，单击“下画线线型”框右侧的下三角按钮，在展开的下拉列表中单击要使用的下画线类型，设置完毕后，单击“确定”按钮。

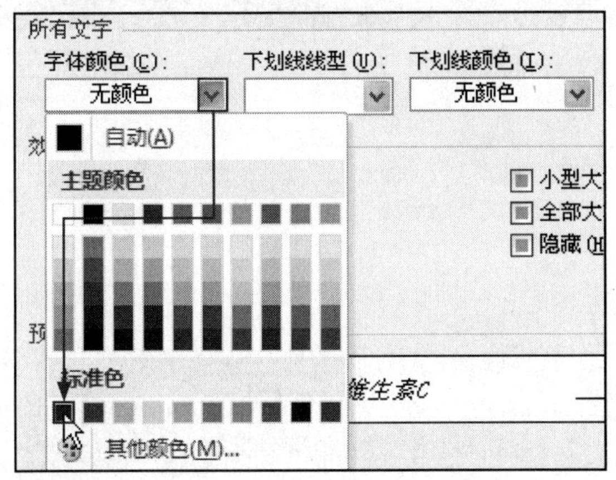

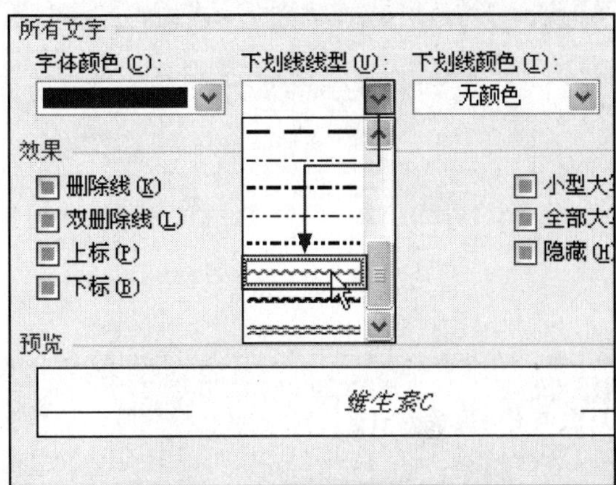

STEP 06 返回“查找和替换”文本框，单击“全部替换”按钮，程序开始对文档内容进行替换。替换完成后，弹出 Microsoft Word 提示框，提示用户已完成的替换数，单击“确定”按钮。

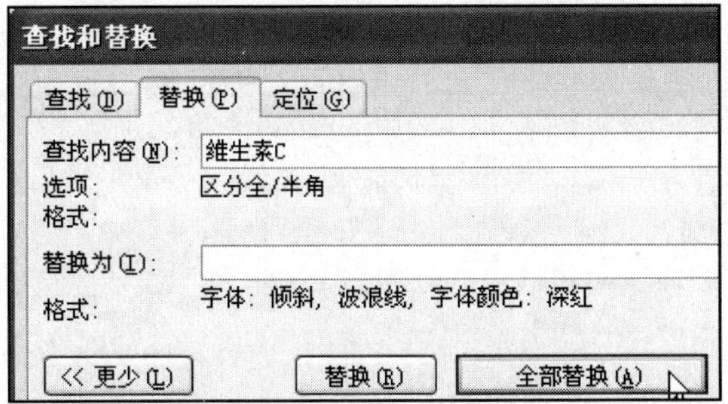

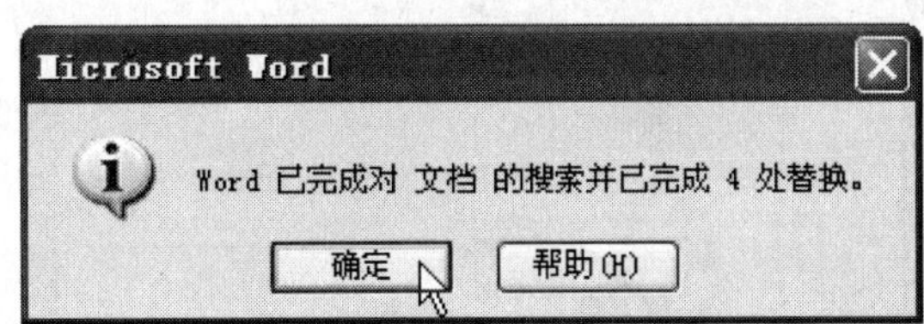

STEP 07 经过以上操作后，返回文档中，就可以看到通过“查找和替换”功能所完成的文本格式替换操作。

第二种含胡萝素和维生素C较多，包括胡萝卜、芹菜
蒜、番茄、红薯等；
第三类主要含维生素C，包括大白菜、包心菜、菜花
❖ 丙类蔬菜
含维生素较少，但含热量高。包括洋芋、山药、芋头
❖ 丁类蔬菜
含少量维生素C，营养价值较低。有冬瓜、竹笋、茄子

Tip 在“查找和替换”对话框中清除所设置格式

使用“查找和替换”功能，为“查找内容”或“替换为”文本框设置格式后又需要清除时，只要将光标定位在相应的文本框内，然后单击对话框下方的“不限制格式”按钮即可。

Chapter 04

图形的绘制与修饰

Office 2010 电脑办公从入门到精通

本章重点知识

Study 01　图形的绘制与简单编辑

Study 02　图形的修饰

本章视频路径

CD

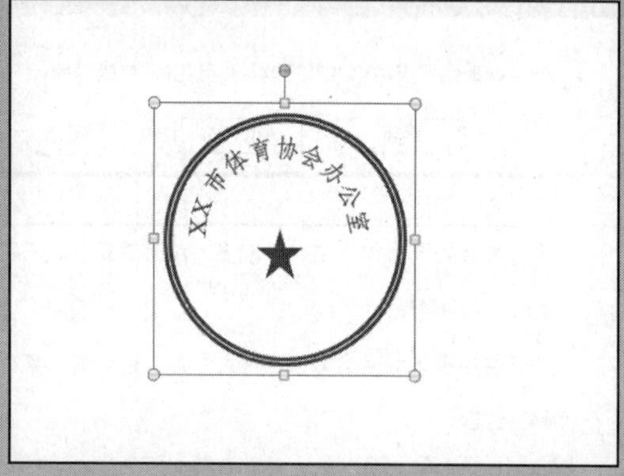

Chapter 04\Study 01\

- Lesson 01　绘制公章.swf
- Lesson 02　制作公司组织结构图.swf

Chapter 04\Study 02\

- Lesson 03　图形背景的设置.swf
- Lesson 04　设置文字的颜色填充和文本轮廓.swf
- Lesson 05　设置图片的右上对角透视阴影效果.swf

Chapter 04 图形的绘制与修饰

在 Word 程序中，有两种图形：一种是自选图形；另一种是 SmartArt 图形。自选图形主要用于绘制线条与图案、制作流程图等操作；而 SmartArt 图形则是一些专业的列表、流程、层次结构图的半成品选择了 SmartArt 图形样式后，再进行简单的编辑、设置就可以完成绘制。本章就来介绍这两种图形的使用。

图形的绘制与简单编辑

- Work 1. 自选图形
- Work 2. 绘制 SmartArt 图形
- Work 3. 为 SmartArt 图形添加形状
- Work 4. 在图形中添加文字

在自选图形中包括线条、基本形状、箭头总汇、流程图、标注、星与旗帜 6 个大类别，每个类别中又包括多种不同的形状；而 SmartArt 图形则包括列表、流程、循环、层次结构、关系、矩阵、棱锥 6 个类别的图形组合。在进行图形的编辑操作前，首先来认识一下图形的绘制操作。

Work 1 自选图形

自选图形包括六大类别，每个类别中又包括多种不同的形状。下面来认识几种常用图形绘制出的效果。

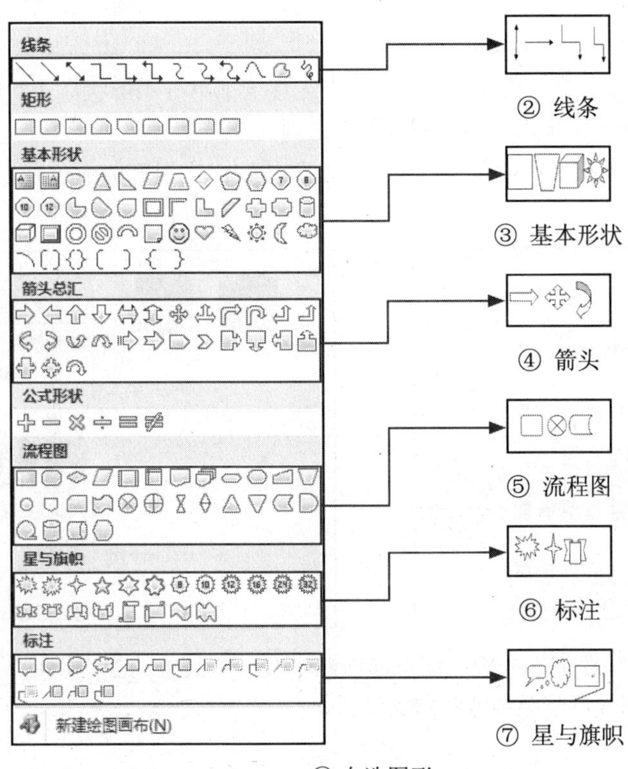

① 自选图形

Tip 在自选图形内输入文字

插入自选图形后，需要在其中输入文字时，只要右击该图形，在弹出的快捷菜单中执行“添加”文字命令，光标插入到图形内，直接输入文字即可。

Lesson 01 绘制公章

在使用自选图形时，多数情况下是将它们组合起来使用。下面就综合使用自选图形制作一个公章。

STEP 01 打开一个 Word 2010 文档后，切换到“插入”选项卡，单击“形状”按钮，在展开的下拉列表中，单击“基本形状”区域内的“同心圆”图标。

STEP 02 选择了要绘制的形状后，将鼠标指向文档中，指针就会变成十字形状，拖动鼠标，绘制一个高与长都为 5 厘米的同心圆至大小合适后，释放鼠标。

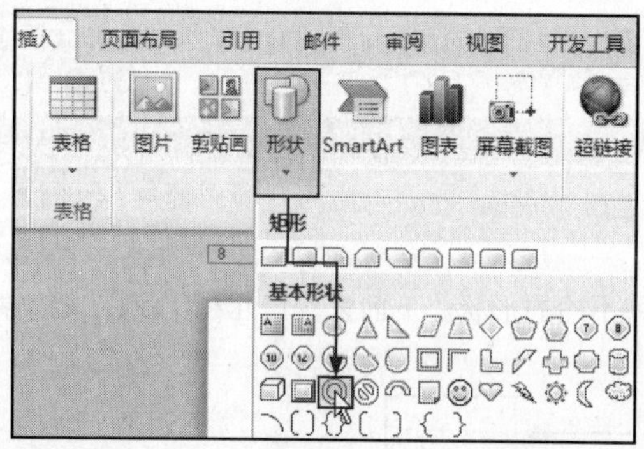

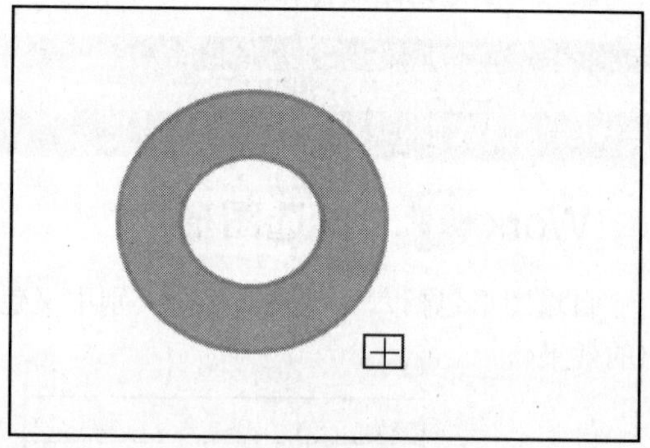

STEP 03 选中新绘制的图形，在“绘图工具 - 格式”选项卡下单击“形状样式”组中的“形状填充”按钮，在展开的颜色列表中单击“无填充颜色”选项。

STEP 04 设置了形状的填充效果后，单击“形状轮廓”按钮，在展开的颜色列表中单击“红色”图标。

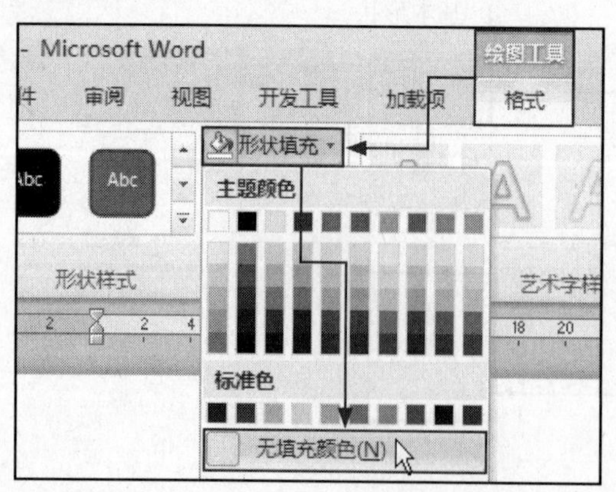

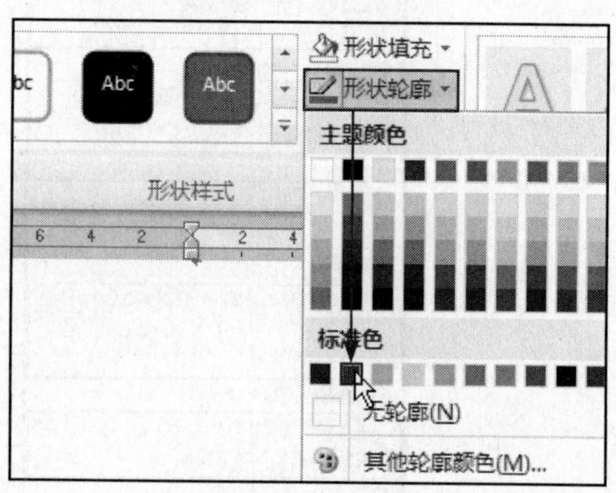

STEP 05 返回文档中，继续选中同心圆，图形的内圆中有一个黄色的控点，将鼠标指向该控点，向左拖动鼠标，将内圆的圈号调整至约 4.85 厘米大小。

STEP 06 切换到“插入”选项卡，单击“插图”组中的“形状”按钮，在展开的下拉列表中单击“基本形状”组中的“文本框”图标。

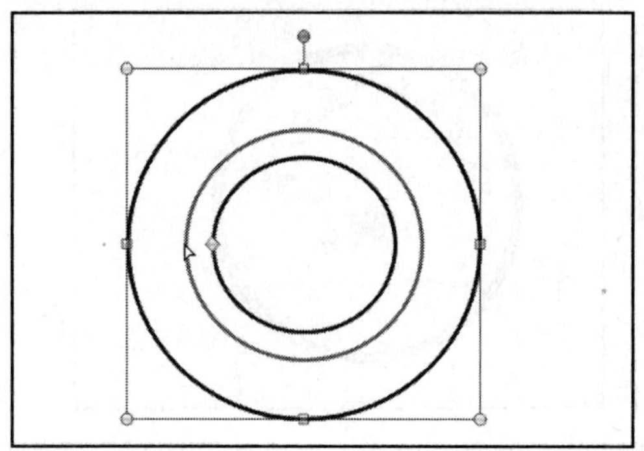

STEP 07 选择了“文本框”形状后，在文档中绘制一个长与高均为 4.76 厘米的文本框，然后输入公章需要的文字，再参照STEP 03与STEP 04的操作，将文本框的形状轮廓与形状填充全部设置为无填充，最后拖动鼠标，选中文本框内的文字内容。

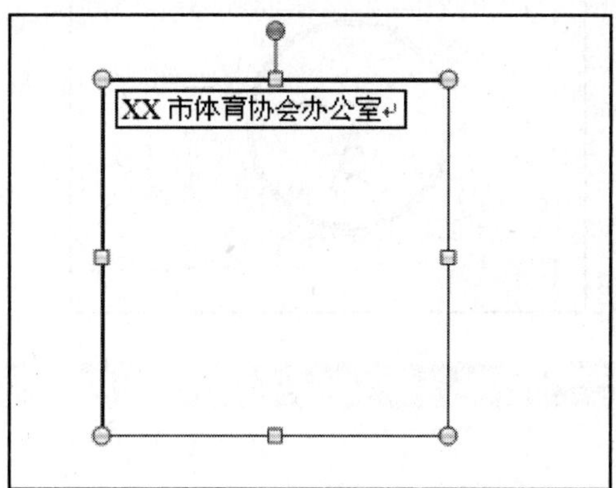

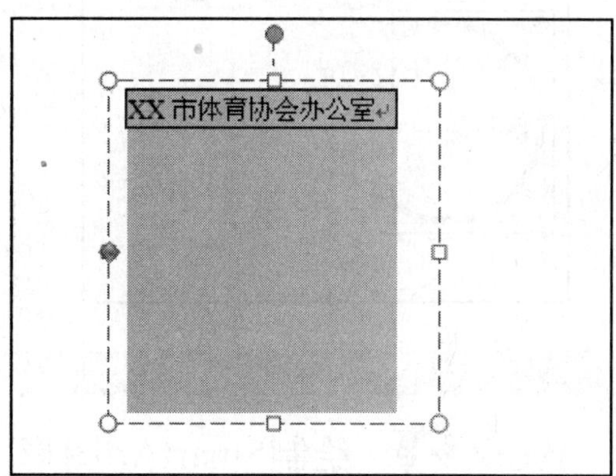

STEP 08 切换到“开始”选项卡，在“字体”组中将“字体”设置为“华文仿宋”，“字号”设置为“二号”，“字体颜色”设置为“红色”，最后单击“加粗”按钮。

STEP 09 切换到“绘图工具 - 格式”选项卡，单击“艺术字样式”组中的“文本效果”按钮，在展开的下拉列表中将鼠标指向“转换”选项，在展开的子列表中单击“跟随路径”组中的“上弯弧”选项。

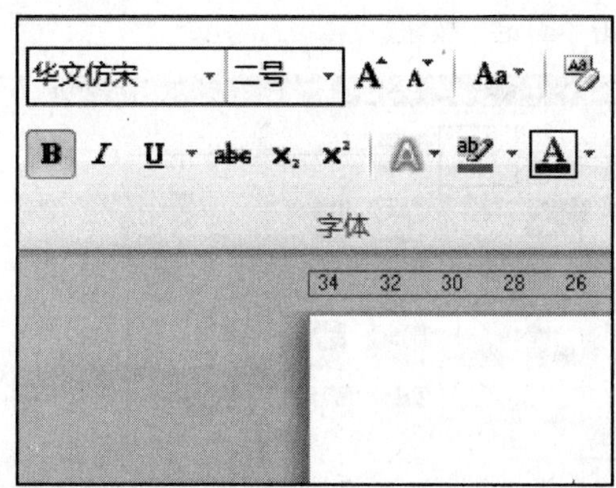

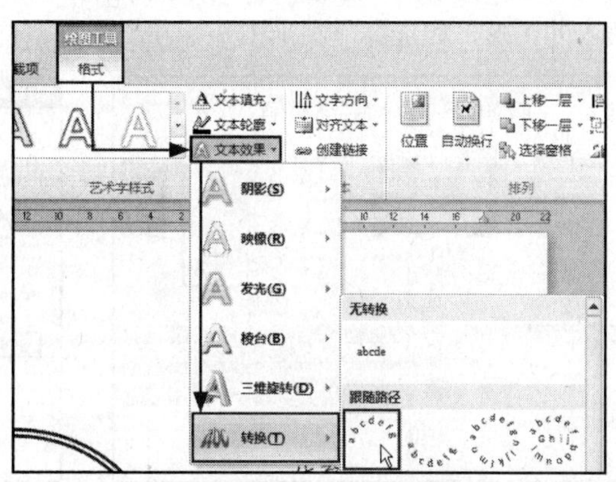

STEP 10 将文本框内的文字格式设置完毕后，选中文本框，然后将其移动动至同心圆内上方的合适位置。

STEP 11 将文本框移至合适位置后，参照**STEP 01**～**STEP 04**的操作，在同心圆下方1/3处绘制一个长与高均为0.77厘米的五角星形状，然后将五角形形状的轮廓颜色以及填充颜色都设置为红色。

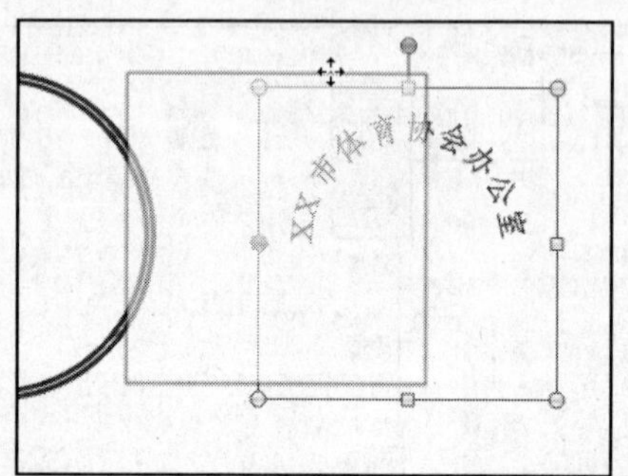

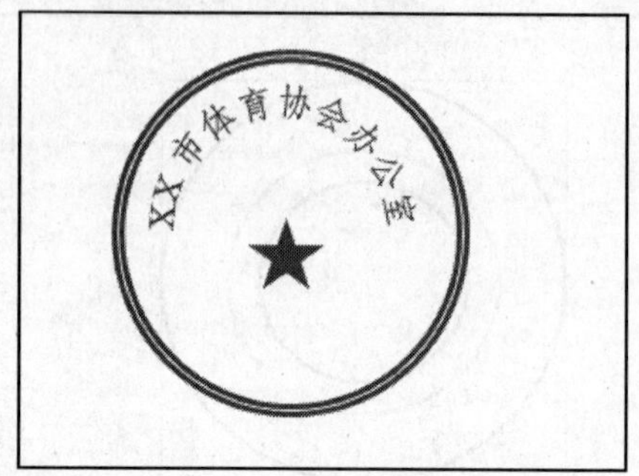

STEP 12 按住Ctrl键不放，依次选中文本框、同心圆以及五角星，然后右击选中的区域，在弹出的快捷菜单中执行“组合 > 组合”命令，经过以上操作后，就完成了公章的制作。

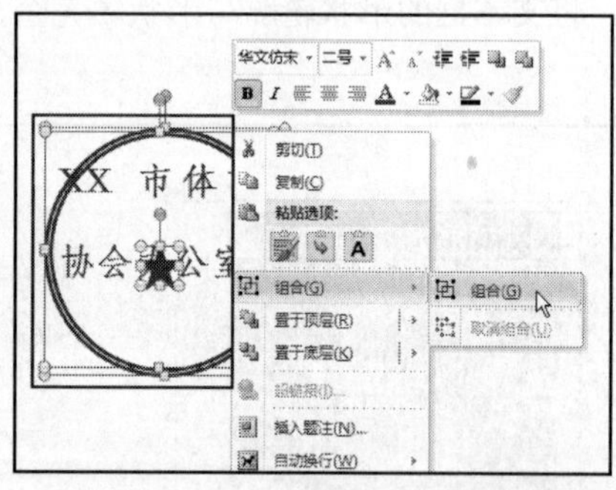

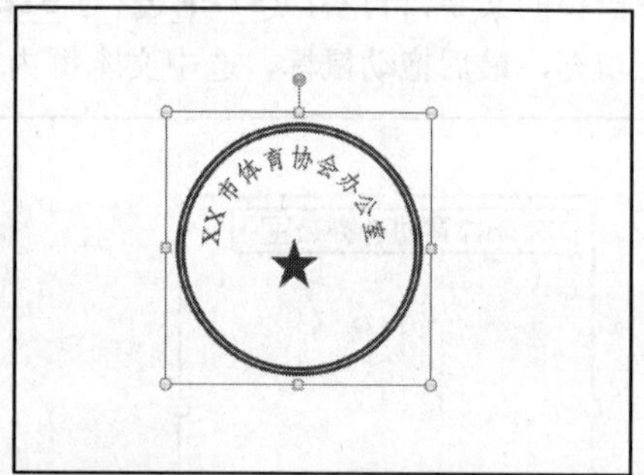

Study 01 图形的绘制与简单编辑

Work 2 绘制SmartArt图形

SmartArt在Word文档中是一个半成品，Word中预设了多种SmartArt图形样式，但是在使用时，还需要用户对图形的内容与效果进行编辑。

插入SmartArt图形时，首先打开Word 2010文档，切换到“插入”选项卡，单击“插图”组中的SmartArt按钮，弹出“选择SmartArt图形”对话框。在对话框左侧的类别列表框中选择要插入的SmartArt图形所在类别，本例中选择“图片”选项，对话框右侧显示出相应内容后，选中要插入的图形，如选择“圆形图片标注”图标，然后单击“确定”按钮。

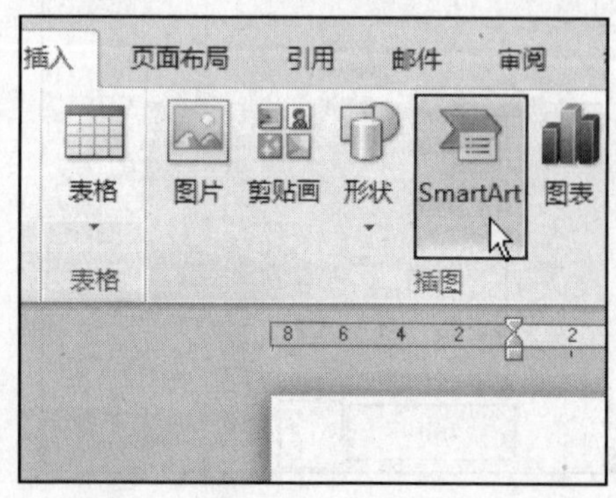

① 单击SmartArt按钮

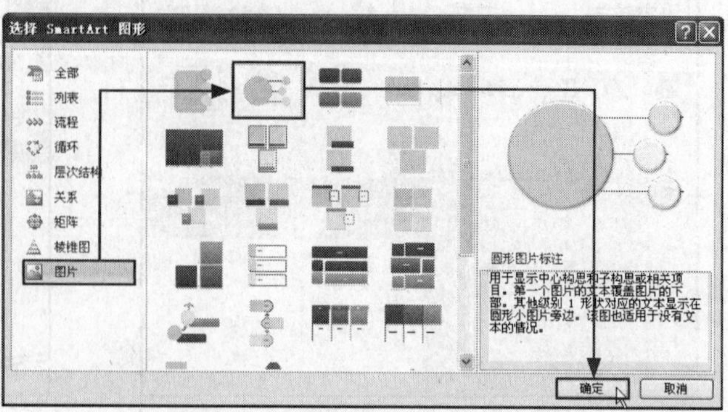

② 选择要插入的图形样式

经过以上操作后，返回到文档中，就可以看到所插入的 SmartArt 图形。单击图形中的图片按钮，会弹出“插入图片”对话框，在其中选择要插入的图片后，该图片就会插入到图形中；单击图形中的“文本”字样，会将光标定位在内，直接输入图形所需文字即可。

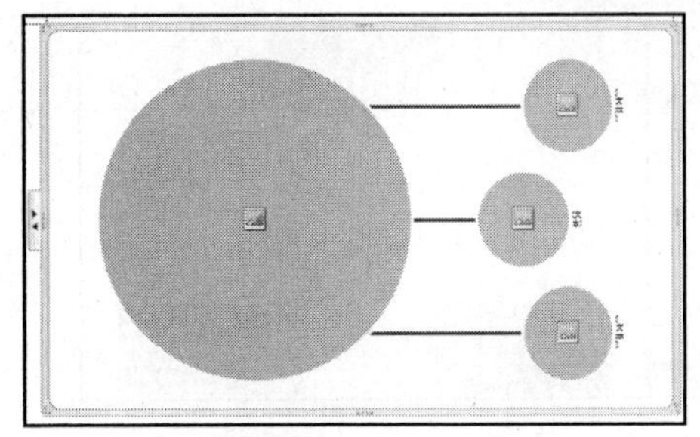

③ 所插入的 SmartArt 图形

在 Word 2010 中，有 8 个类别的 SmartArt 图形，分别为列表、流程、循环、层次结构、关系、矩阵、棱锥图、图片，每种图形都有其各自的使用范围。

01 列表式

列表式 SmartArt 图形主要有基本列表、图片重点列表、垂直项目符号列表、垂直框列表、水平项目符号列表、连续图片列表、梯形列表、目标图列表等 36 种图形，这种图形主要用于显示无序或分组的信息。

02 流程式

流程式 SmartArt 图形主要有步骤上移流程、递增循环流程、重点流程、交替流程、连续块状流程、基本时间线流程、子步骤流程等 44 种图形，这种图形用来显示任务、流程、工作流的进展或有序步骤。

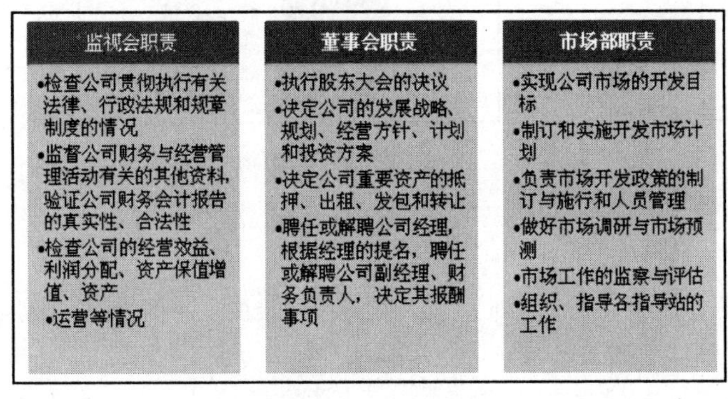

① 列表式 SmartArt 图形

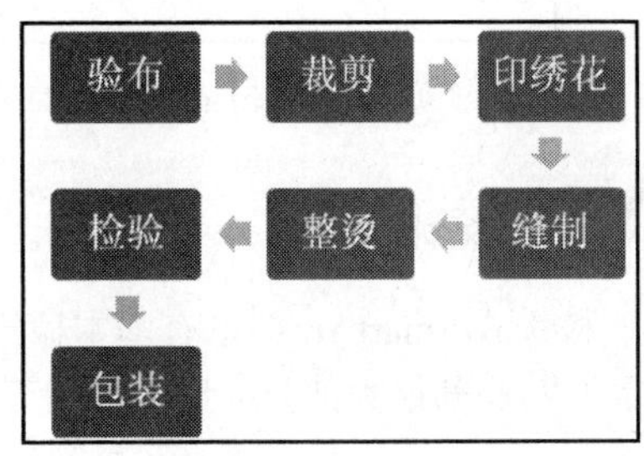

② 流程式 SmartArt 图形

03 循环式

循环式 SmartArt 图形主要有文本循环、块循环、不定向循环等 16 种图形，这种图形主要用来代表可在任何方向发生的阶段、任务或事件的连续序列。

04 层次结构式

层次结构式 SmartArt 图形主要有组织结构图、层次结构图、表层次结构、水平层次结构等 13 种图形，这种图形主要用来显示组织中的层次信息或隶属关系。

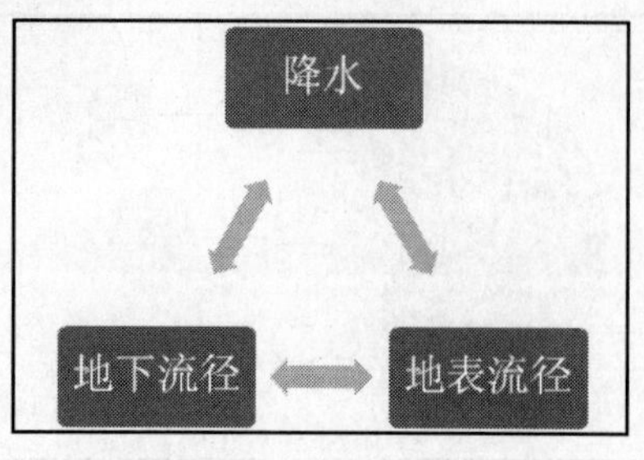

③ 循环式 SmartArt 图形

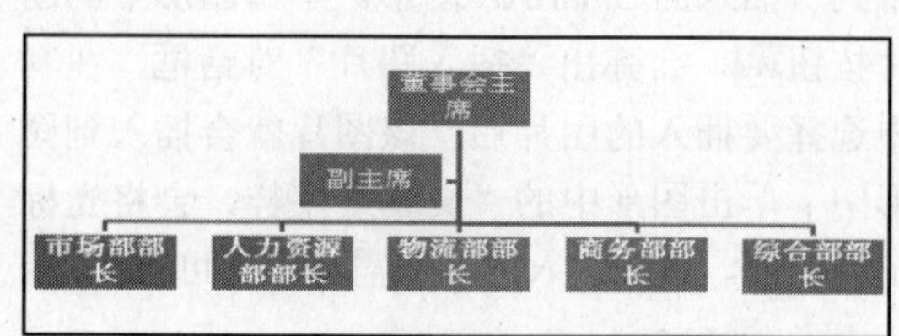

④ 层次结构式 SmartArt 图形

05 关系式

关系式 SmartArt 图形主要有平衡、循环关系、漏斗、齿轮、对立观点、带形箭头、平衡箭头、汇聚箭头、射线列表等 37 种图形，这种图形主要用来显示如何筛选信息或者如何将各部分合并成一个整体。

06 矩阵式

矩阵式 SmartArt 图形有基本矩阵、带标题的矩阵、网格矩阵以及循环矩阵 4 种图形，主要用来显示概念沿着两个轴的位置，强调各部分而不是整体。

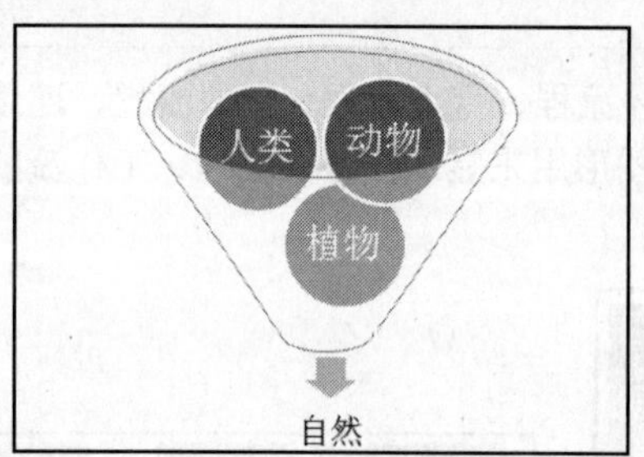

⑤ 关系式 SmartArt 图形

⑥ 矩阵式 SmartArt 图形

07 棱锥式

棱锥式 SmartArt 图形有基本棱锥图、倒棱锥图、棱锥型列表及分段棱锥图 4 种图形，主要用来显示与底部最大部分的比例、相互连接或层次关系。

08 图片式

图片式 SmartArt 图形中包括重音图片、圆形图片标注、标题图片块、升序图片重点流程、连续图片列表、垂直图片列表等 31 种图形样式，主要用于通过图片表现作者构思及整个图形要表达的意义。

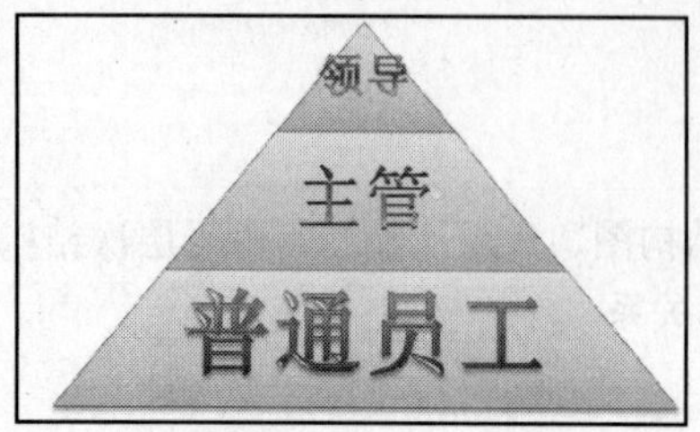

⑦ 棱锥式 SmartArt 图形

⑧ 图片式 SmartArt 图形

Study 01　图形的绘制与简单编辑

Work 3　为SmartArt图形添加形状

插入了 SmartArt 图形后，如果图形中的形状不够，可以在图形中需要的位置添加不同数量的形状。添加时，可在所选形状的前、后、左、右、上、下各个方位添加，但是根据图形的不同，添加的位置也会有所不同。下面就以“组织结构图”为例介绍添加形状的操作。

选中图形中要在后面添加形状的形状，单击“SmartArt 工具 - 格式”标签，切换到“格式”选项卡，单击“创建图形”组中的“添加形状”按钮，在展开的下拉列表中选择要添加形状的选项，就完成了在所选形状后面添加形状的操作。如下图所示是在图形中其余方位添加形状的效果。

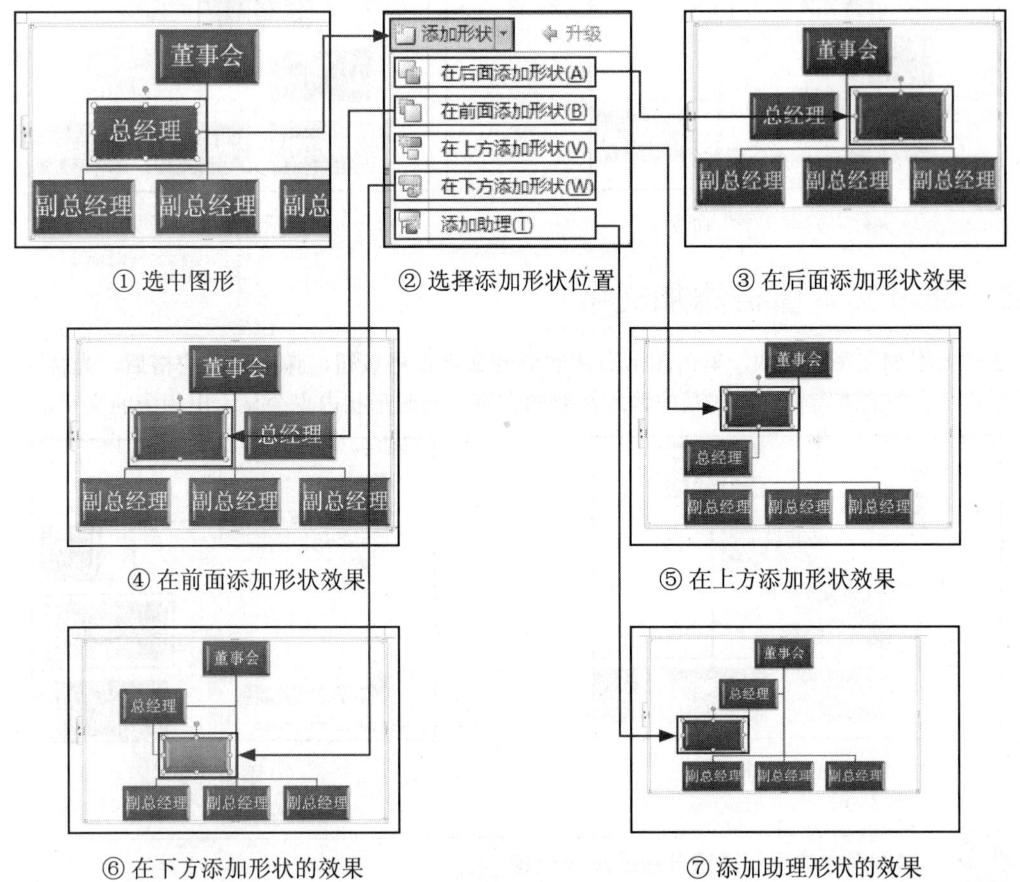

① 选中图形　② 选择添加形状位置　③ 在后面添加形状效果
④ 在前面添加形状效果　⑤ 在上方添加形状效果
⑥ 在下方添加形状的效果　⑦ 添加助理形状的效果

Tip　更改图形顺序

插入 SmartArt 图形后，更改图形内形状的顺序时，需要单击“SmartArt 工具 - 设计”标签，切换到“设计”选项卡，单击“创建图形”组中的“从右向左”按钮。

Study 01　图形的绘制与简单编辑

Work 4　在图形中添加文字

插入图形后，图形中原有的形状内都有“文本”字样，单击该形状，光标就会定位在其中，直接输入文字即可。但是对于后来添加的形状，输入文字时，就不能使用相同的方法了。下面介绍在新添加的图形中添加文字的操作。

01 通过快捷菜单添加文字

选中要添加文字的形状并右击，弹出快捷菜单后，选择“编辑文字”命令。返回到图表中，光标就定位在形状内，输入需要的文字，即可完成添加文字的操作。

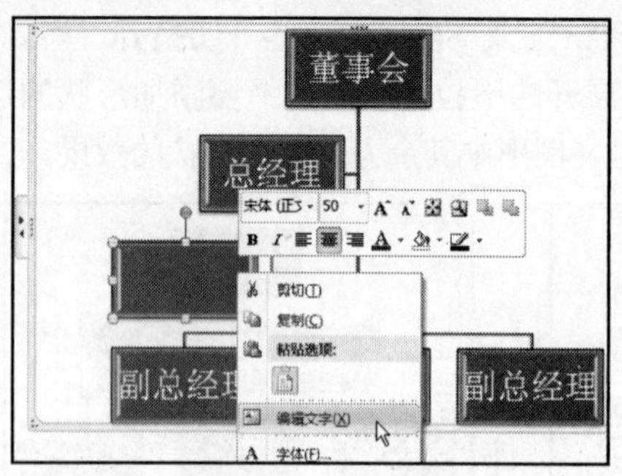

① 执行“编辑文字”命令

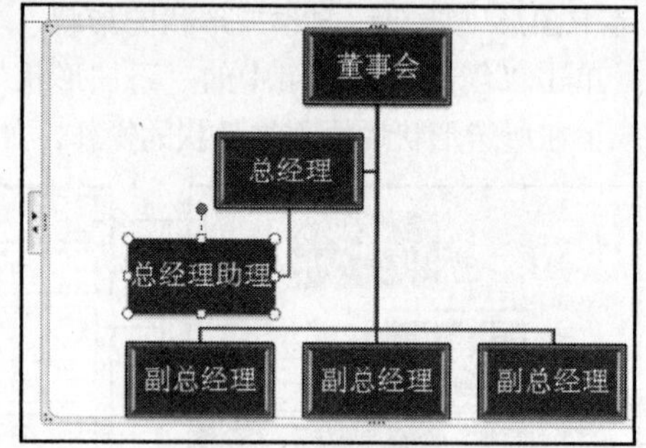

② 显示添加文字效果

02 通过文本窗格添加文字

选中要添加文字的形状，单击图形右侧的展开文本窗格按钮，弹出文本窗格后，光标定位在所选形状对应的文本窗格内，在其中输入需要的文字，同时形状内也会显示出相应的文字。

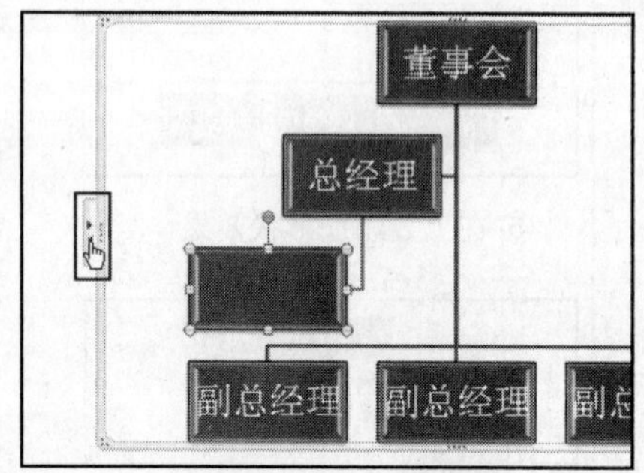

③ 打开文本窗格

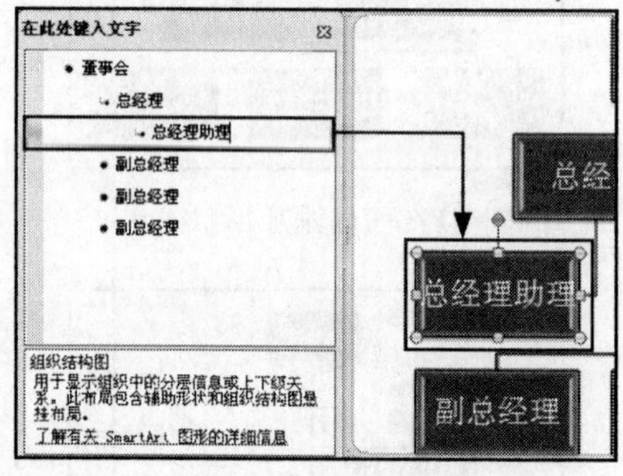

④ 添加文字

Tip 对图形中的形状进行升级或降级处理

插入 SmartArt 图形后，对于图形中形状的级别需要通过“SmartArt 工具”中的“设计”选项卡完成。设置时，将光标定位在要进行降级的形状内，单击“SmartArt 工具”中的“设计”标签，切换到“设计”选项卡，单击“创建图形”组中的“升级”或“降级”按钮即可。

升级和降级

Lesson 02 制作公司组织结构图

Office 2010 · 电脑办公从入门到精通

组织结构图是用来说明公司内的员工层次的表格，所以在制作该图形时，可以使用 SmartArt 图形中的层次结构图。下面将结合 SmartArt 图形的创建，制作一个公司组织结构图。

STEP 01 打开一个 Word 2010 文档后，切换到“插入”选项卡，单击“插图”组中的 SmartArt 按钮。

STEP 02 弹出“选择 SmartArt 图形”对话框，选择对话框左侧的“层次结构”选项，对话框右侧显示出相应的内容后，单击要插入的“圆形图片层次结构”图标，然后单击“确定”按钮。

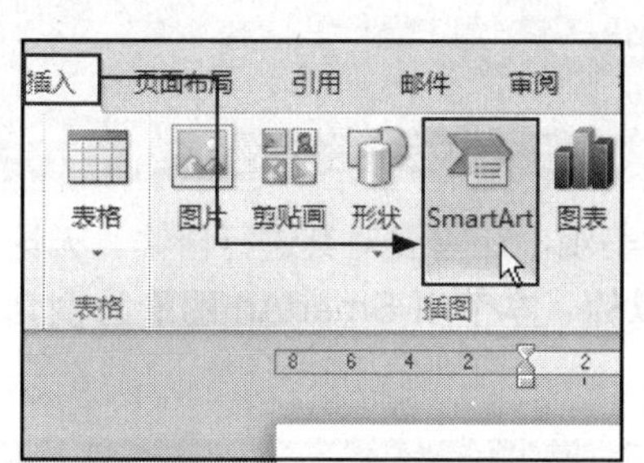

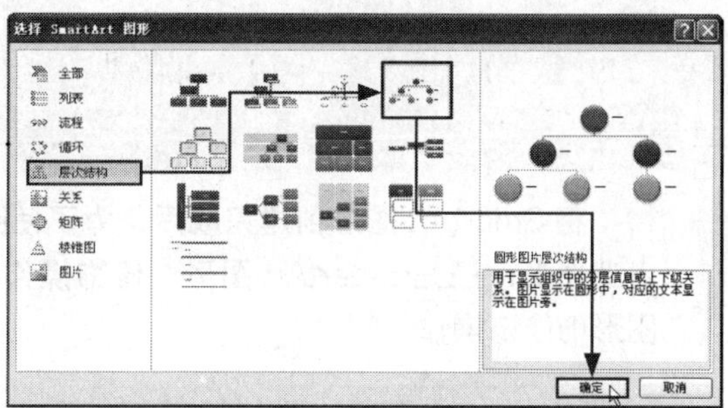

STEP 03 返回到文档中，就插入了相应的图形，单击图形中第一个形状内的图片按钮，弹出“插入图片”对话框，进入要插入的图片所在路径，选中目标图片，然后单击“确定”按钮。

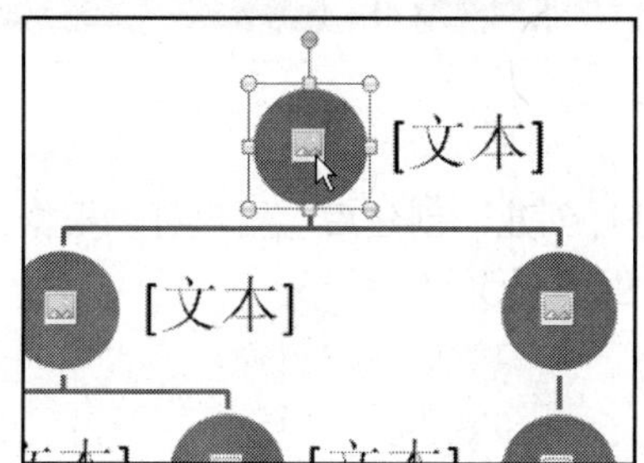

STEP 04 返回到文档中，就可以为 SmartArt 图形的形状插入图片，单击图形中最上方形状内的“文本”字样，将光标定位在内，然后输入需要的文本。按照同样的方法，为其他形状添加相应的图片以及文字内容。

STEP 05 切换到“SmartArt 工具 - 设计”选项卡，单击“创建图形”组中的“添加形状”按钮，在展开的下拉列表中单击“在后面添加形状”选项。

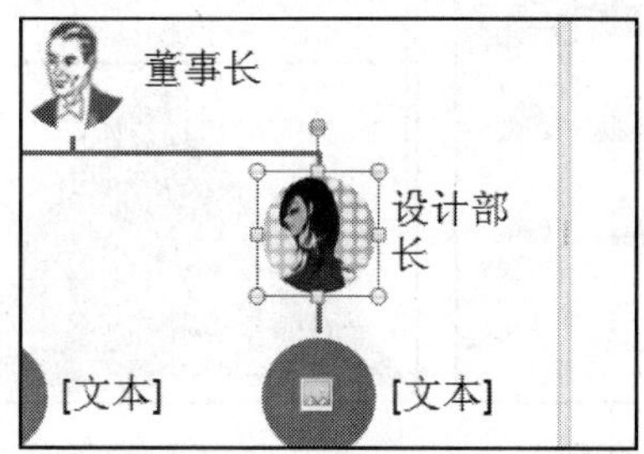

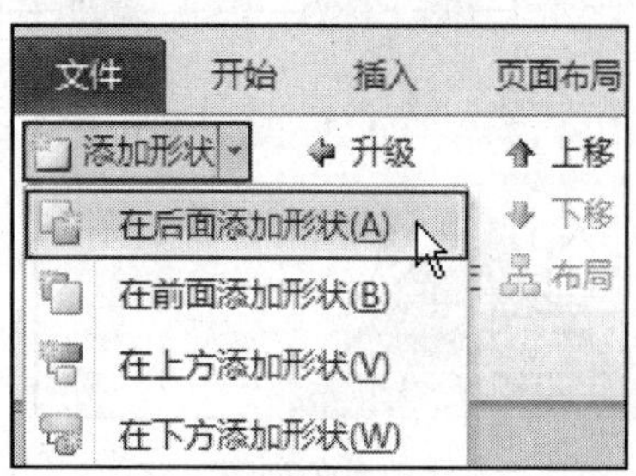

STEP 06 为图形插入了新形状后，参照本例前面的操作，为新形状插入图片并添加相应的文本内容，最后为图形中其他形状添加图片以及文本内容，就完成了公司组织结构图的制作。

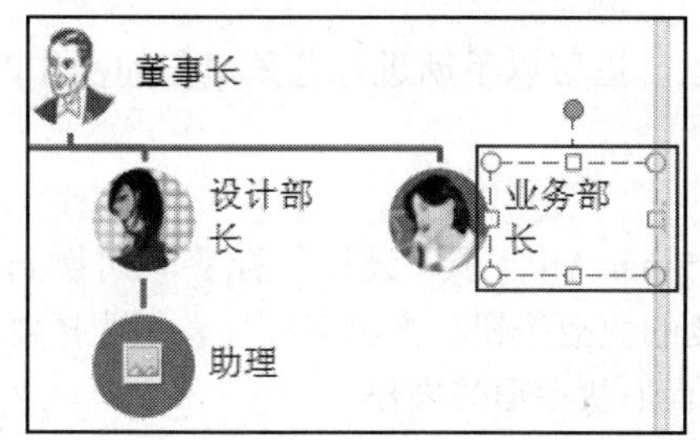

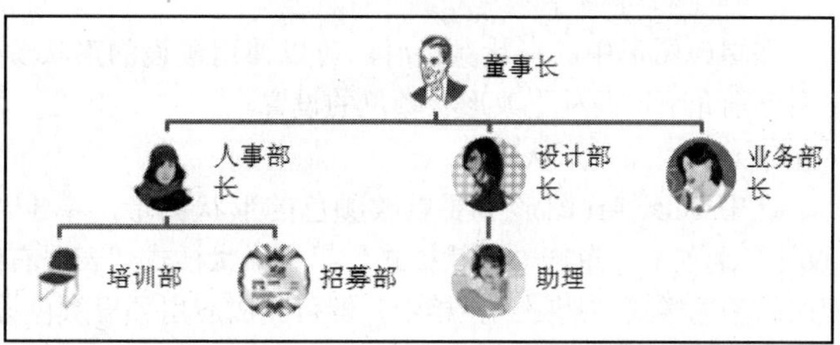

图形的修饰

- Work 1. 颜色的填充
- Work 2. 套用 SmartArt 形状样式
- Work 3. 设置形状内文字
- Work 4. 将 SmartArt 图形更改为图片布局
- Work 5. 阴影效果的使用
- Work 6. 三维旋转效果的使用

将 SmartArt 图形创建完成后，为了使图形更加美观，还需要对其进行修饰。无论是自选图形，还是 SmartArt 图形，修饰操作都是类似的。本节以 SmartArt 图形为例介绍图形的修饰操作。

图形修饰的内容包括颜色的填充、文字的设置、图形布局和形状的效果等方面。

Work 1 颜色的填充

执行了创建图形的命令后，程序会根据默认的设置进行创建。创建后，用户可以根据需要对图形的样式、颜色等内容进行更改。下面就来介绍图形颜色的更改。

01 更改主题颜色

选中创建的 SmartArt 图形，单击“SmartArt 工具”中的“设计”标签，切换到“设计”选项卡，单击“SmartArt 样式”组中的“更改颜色”按钮，弹出下拉列表后，选择要设置的颜色效果样式，然后返回到文档中，就可以完成图形主题颜色的设置。

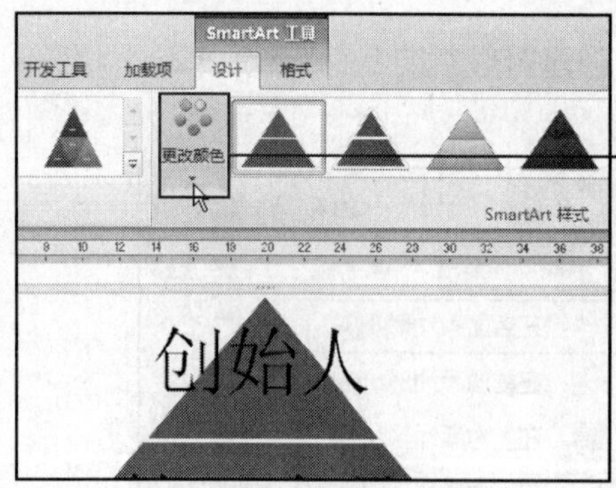

① 打开更改颜色列表

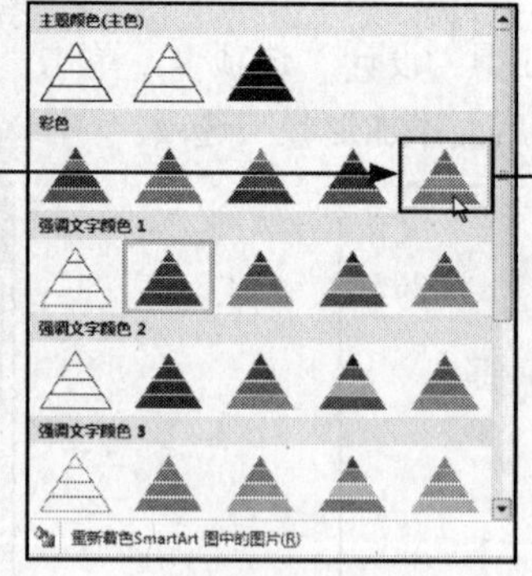

② 选择要更改的颜色

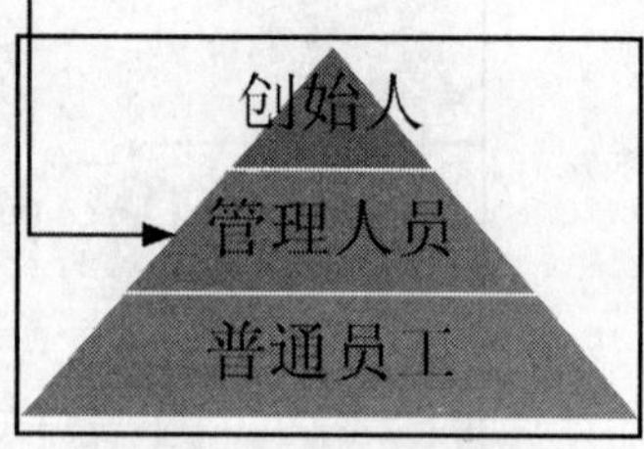

③ 更改颜色后的效果

02 更改形状颜色

在更改图形中的形状颜色时，可以使用预设的形状颜色，也可以手动进行背景填充的操作，下面分别介绍这两种更改形状颜色的设置。

（1）使用预设形状颜色

选中 SmartArt 图形中要更改颜色的形状图形，单击“SmartArt 工具 - 设计”标签，切换到“设计”选项卡，单击“形状样式”组中形状样式列表框右侧的快翻按钮，弹出下拉列表，选择要应用的颜色样式。返回到文档中，即可完成应用预设颜色设置形状图形的操作。

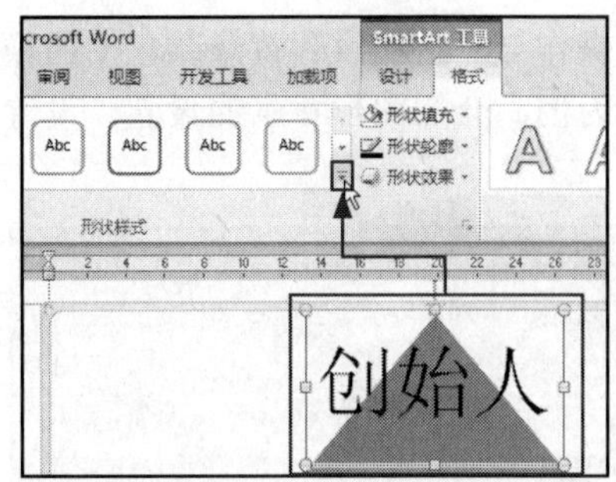

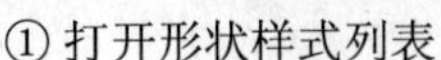
① 打开形状样式列表

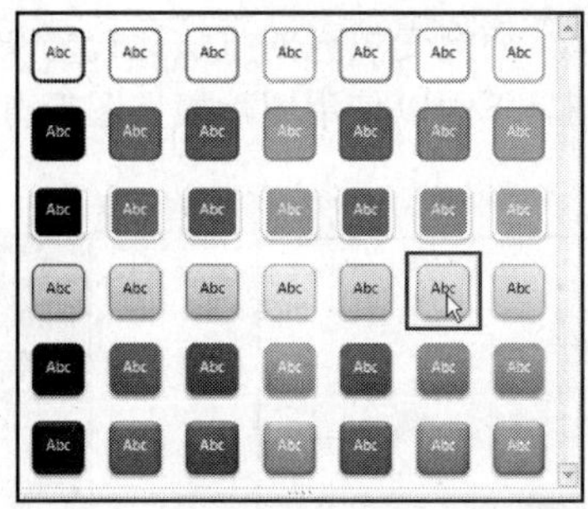

② 选择预设形状样式

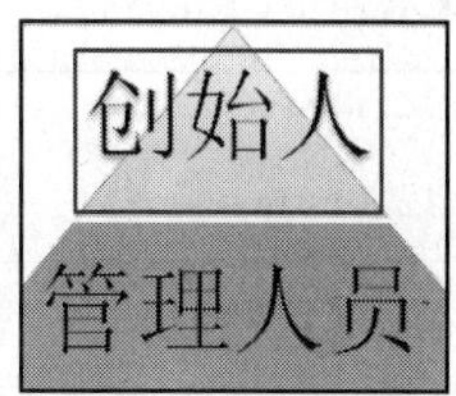

③ 应用样式后的效果

（2）手动设置背景颜色

右击要更改颜色的形状，在弹出的快捷菜单中执行“设置形状格式”命令，弹出“设置形状格式”对话框，选择左侧的“填充”选项，选中界面右侧的“渐变填充”单选按钮，然后单击“预设颜色”右侧的下三角按钮，在展开的颜色列表中选择要使用的填充颜色，本例中选择“碧海青天”选项。

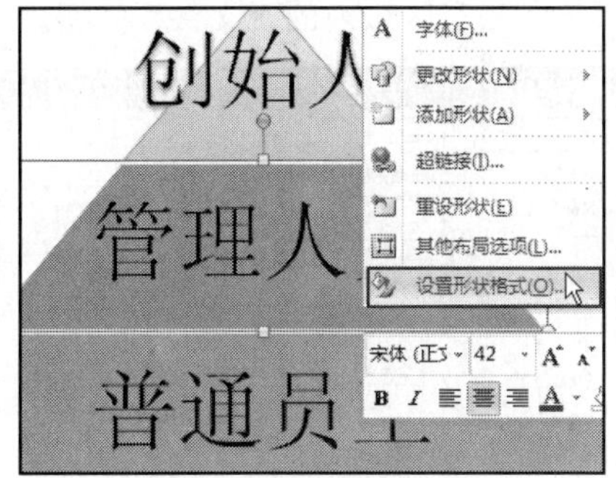

① 执行“设置形状格式”命令

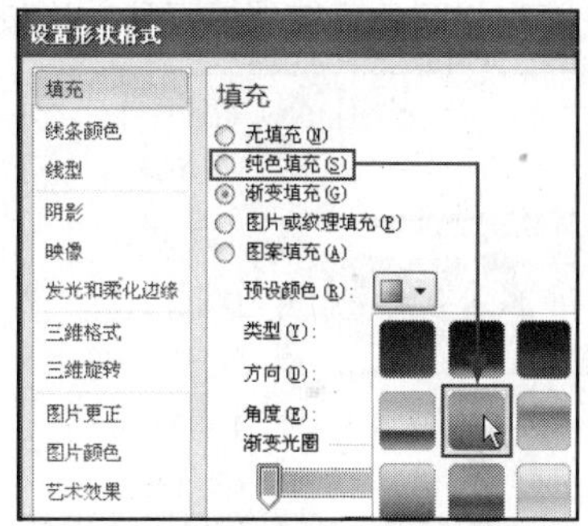

② 设置形状填充效果

选择了形状填充的颜色后，Word会默认应用上深下浅的填充方式，当用户需要更改渐变填充的方向时，可单击“方向”按钮，在展开的下拉列表中选择方向图标，如单击“线性向上”图标，最后关闭“设置形状格式”对话框，即可完成形状填充的设置。

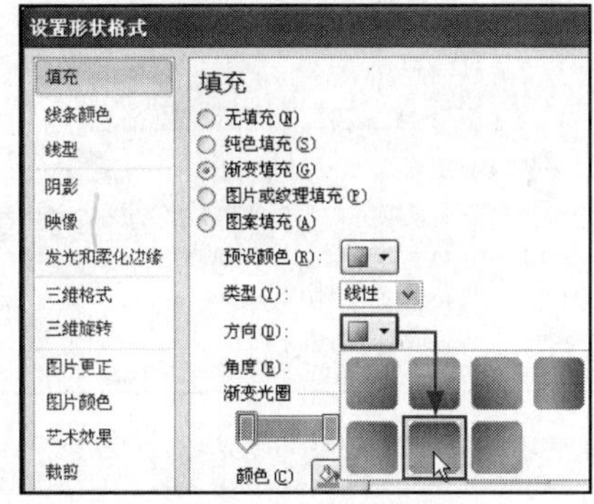

③ 设置形状无轮廓填充

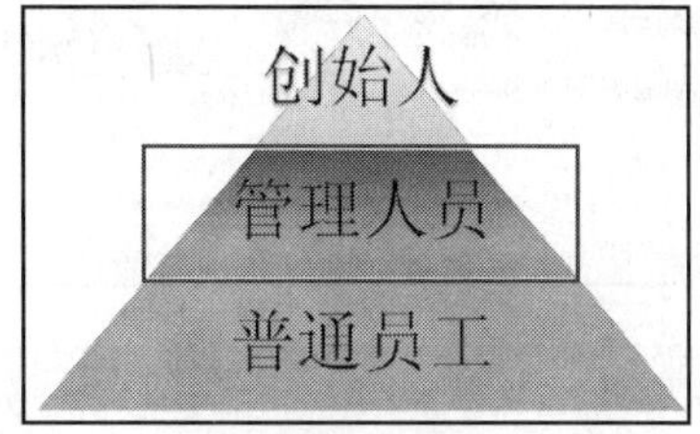

④ 更改形状背景颜色的效果

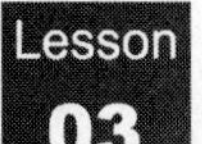

图形背景的设置

Office 2010 · 电脑办公从入门到精通

在进行图形背景的设置时，主要有纯色填充、渐变填充以及图片填充3种方式，其中纯色填充的操作与效果都比较简单，而渐变填充的方法比较复杂，操作与“手动设置背景颜色”的操作类似，本节中就不多做介绍。下面以使用图片填充图形背景为例，介绍图形背景的设置。设置后的效果如下图所示。

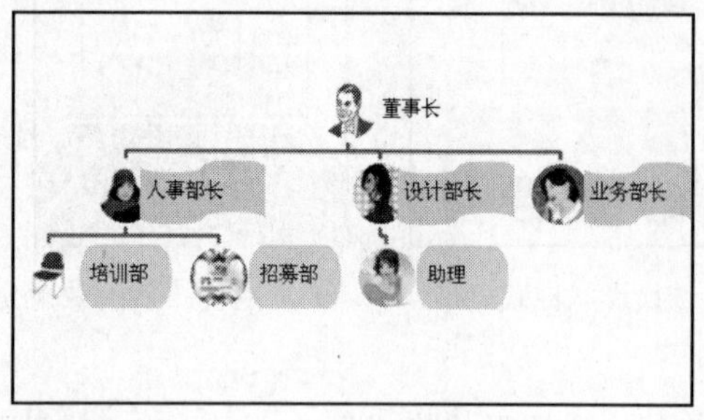

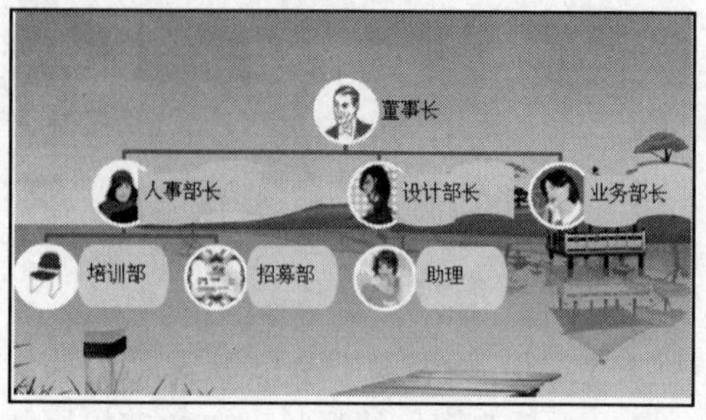

STEP 01 打开光盘\实例文件\第 4 章\原始文件\组织结构图 .docx，选中整个 SmartArt 图形，右击图形的背景区域，在弹出的快捷菜单中执行“设置对象格式”命令。

STEP 02 弹出“设置图片格式”对话框后，选择“填充”选项，对话框中显示出“填充”的相关内容后，选中“图片或纹理填充”单选按钮，然后单击“插入自”区域内的“文件”按钮。

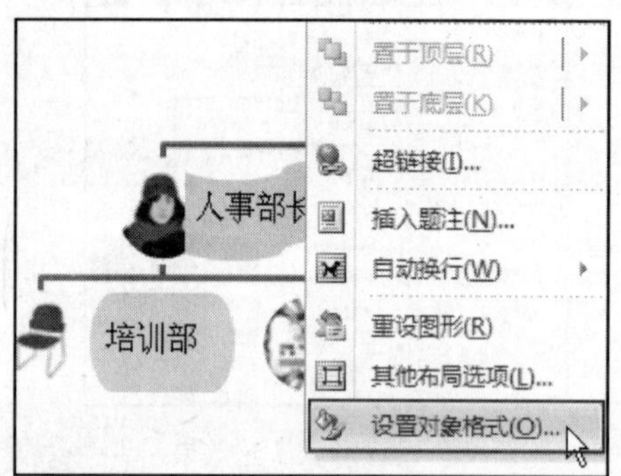

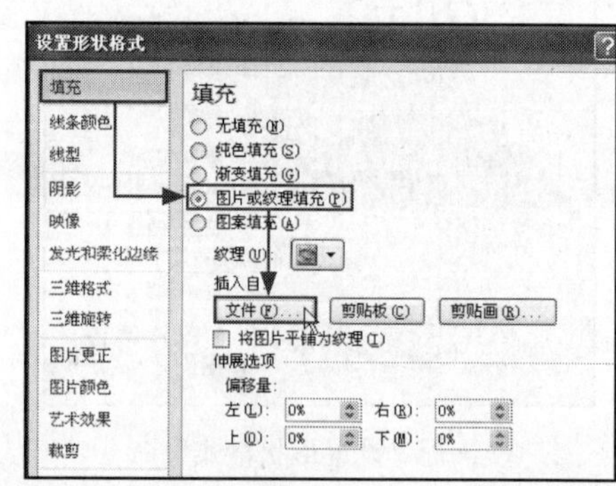

STEP 03 弹出“插入图片”对话框后，打开要使用的图片所在路径，选中该图片，然后单击“插入”按钮，就完成了用图片填充图形背景的操作。返回文档中，即可看到更改图形背景后的效果。

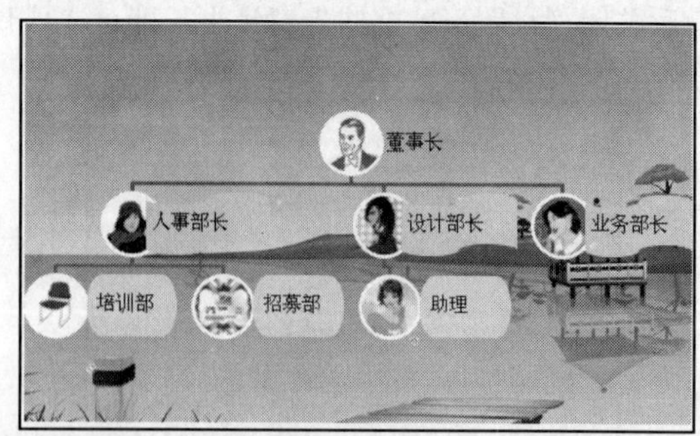

Study 02 图形的修饰

Work 2 套用SmartArt形状样式

SmartArt 形状样式是指整个 SmartArt 图形的阴影、映射、棱台等内容的设置的集合。在进行 SmartArt 形状样式的更改时，用户同样可以使用预设的样式。

选中整个 SmartArt 图形，单击“SmartArt 工具”中的“设计”标签，切换到“设计”选项卡，单击“SmartArt 样式”组中样式列表框右侧的快翻按钮，弹出下拉列表后，选择要应用的样式，就可以完成应用预设样式设置图形的操作。返回文档中，就可以看到设置后的效果。

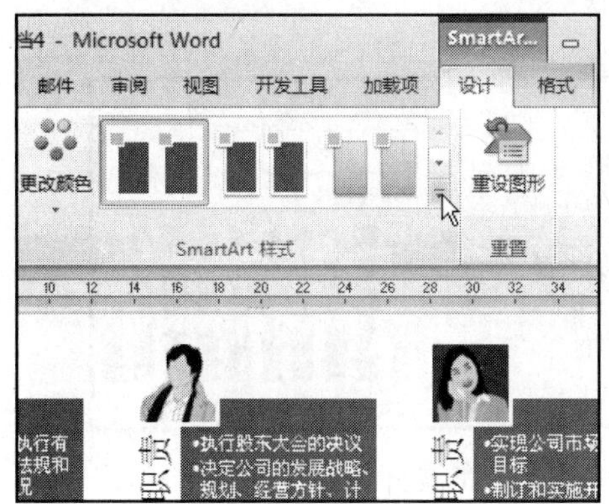
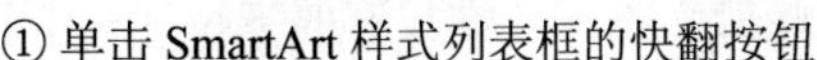

① 单击 SmartArt 样式列表框的快翻按钮

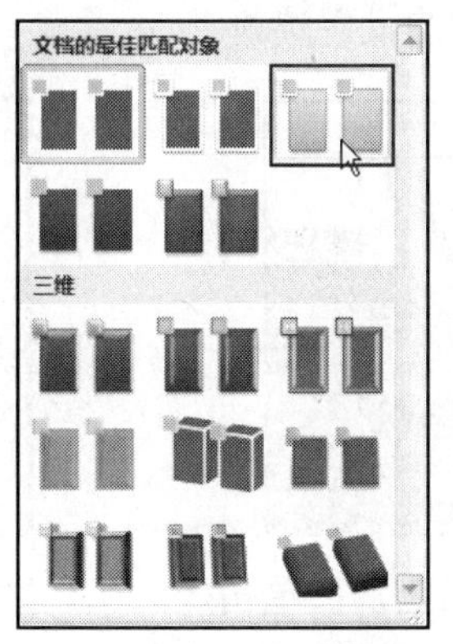

② 选择 SmartArt 图形样式

③ 设置样式后的效果

Study 02 图形的修饰

Work 3 设置形状内文字

设置形状内的文字时，可以通过“艺术字”的相应设置进行更改。下面就来介绍图形形状内文字的设置。

选中 SmartArt 图形，单击“SmartArt 工具”中的“格式”标签，切换到“格式”选项卡，单击“艺术字样式”组中艺术字样式列表框右侧的快翻按钮，在展开的样式库中选择要应用的艺术字样式，就可以完成设置文字样式的操作。返回文档中，就可以看到设置后的效果。

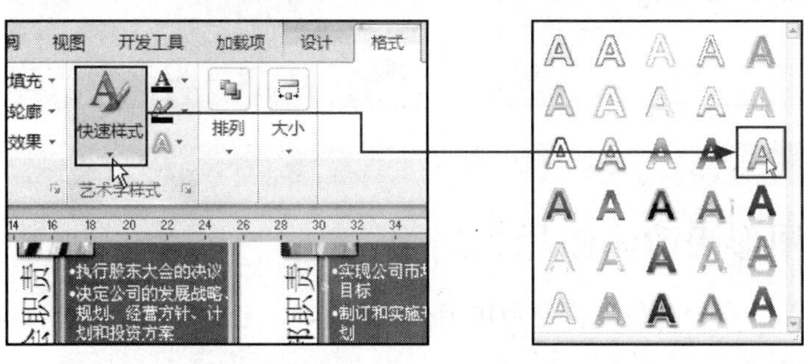

① 打开“艺术字样式”列表

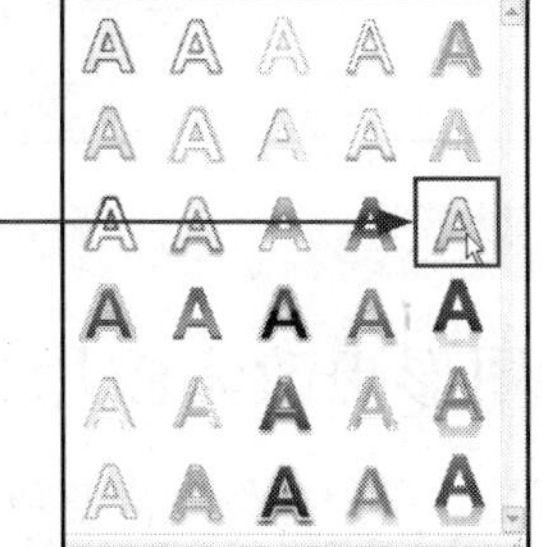

② 选择要应用的艺术字样式

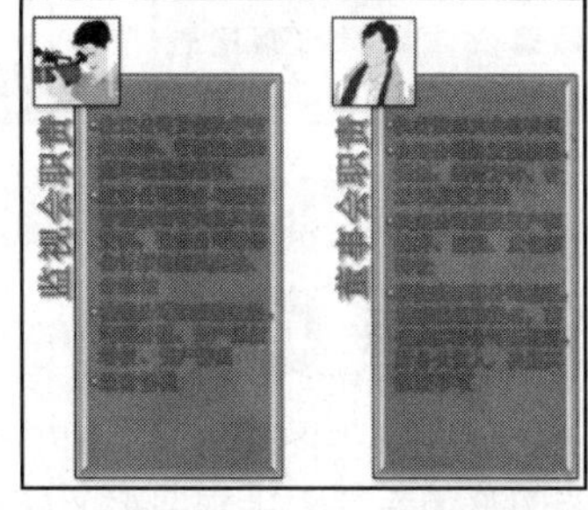

③ 文字设置后的效果

Tip 重设图形

对图形进行编辑后，如果对图形的效果不满意，可以选中 SmartArt 图形，单击“SmartArt 工具”中的“设计”标签，切换到“设计”选项卡，单击“重设”组中的“重设图形”按钮来进行重设。

Lesson 04 设置文字的颜色填充和文本轮廓

Office 2010 · 电脑办公从入门到精通

除了使用预设的艺术字样式外，还可以对文字进行自定义设置。下面就来介绍设置文字的颜色填充和文本轮廓的操作。

STEP 01 打开光盘\实例文件\第 4 章\原始文件\部门职责图 .docx，在 SmartArt 图形中选中要设置格式的文本。单击“SmartArt 工具 - 格式”选项卡下“艺术字样式”组中的“文本填充”按钮，在展开的颜色列表中单击“自动”选项。

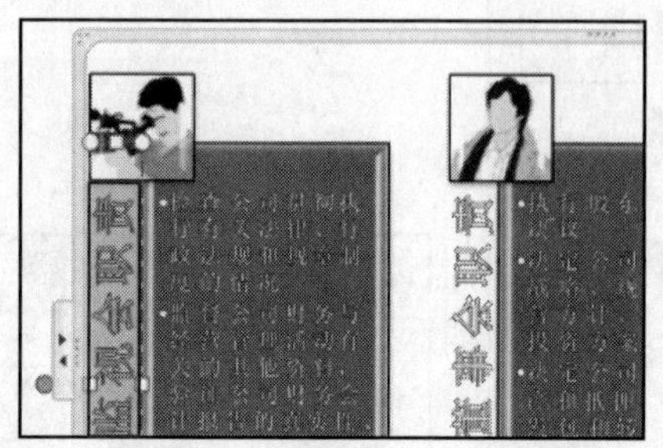

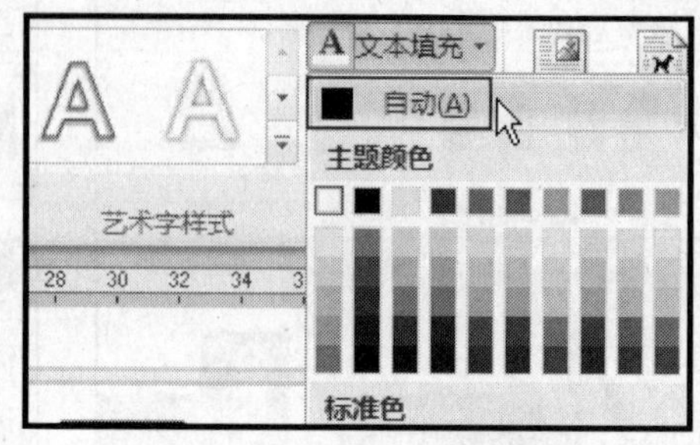

STEP 02 设置了文字的填充颜色后，单击“文本轮廓”按钮，在展开的下拉列表中单击“紫色”图标，需要对轮廓的粗细进行设置时，再次单击“文本轮廓”按钮，在展开的下拉列表中将鼠标指向“粗细”选项，在展开的子列表中单击“0.25 磅”选项。经过以上操作后，就完成了为 SmartArt 图形设置填充颜色的文本轮廓操作。

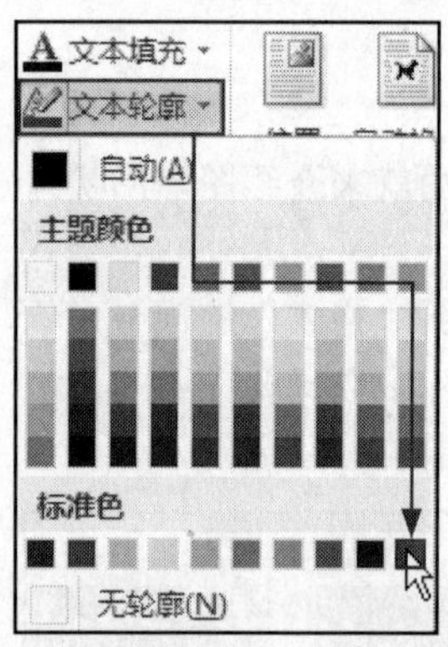

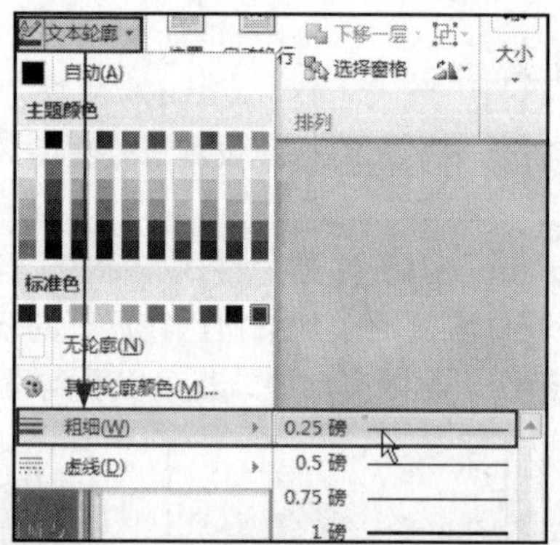

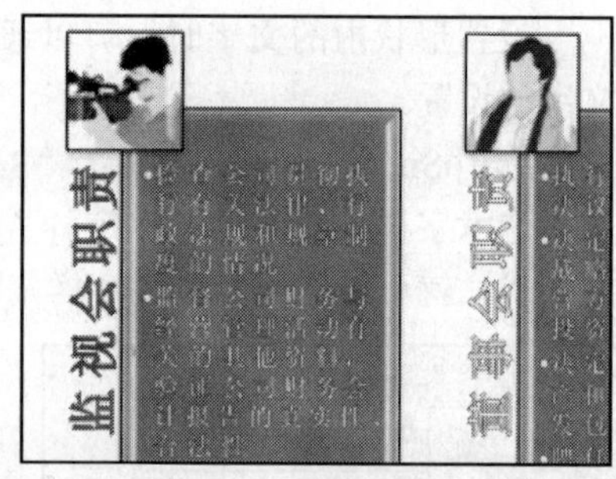

Study 02 图形的修饰

Work 4 将SmartArt图形更改为图片布局

创建一种图形并进行相应的设置后，用户却发现需要使用另外一种图形，这时就可以通过更改图形的布局来进行图形的转换。

选中要更改布局的图形，单击“SmartArt 工具”中的“设计”标签，切换到“设计”选项卡，单击“布局”组中的“更改布局”按钮，弹出下拉列表后，选择“其他布局”选项。

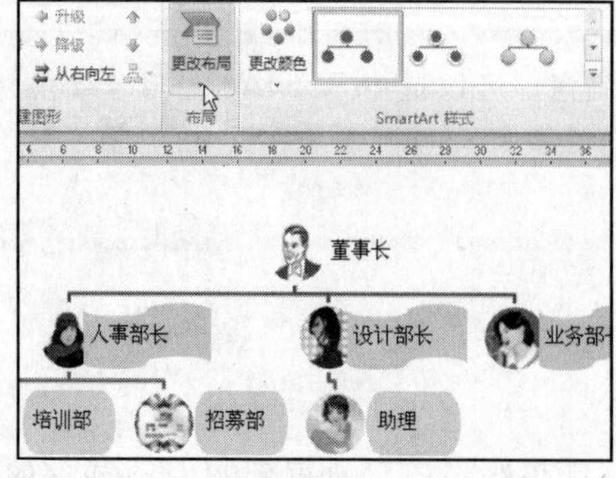

① 打开更改布局列表

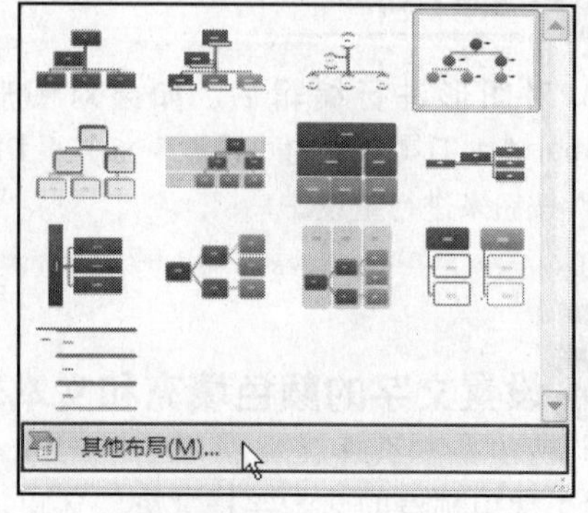

② 选择“其他布局”选项

弹出“选择 SmartArt 图形”对话框后，在对话框左侧选择“层次结构”选项，界面中显示出“层次结构”相关内容后，单击选中要更改的图形，然后单击“确定”按钮。返回到文档中，就完成了更改图形布局的操作。

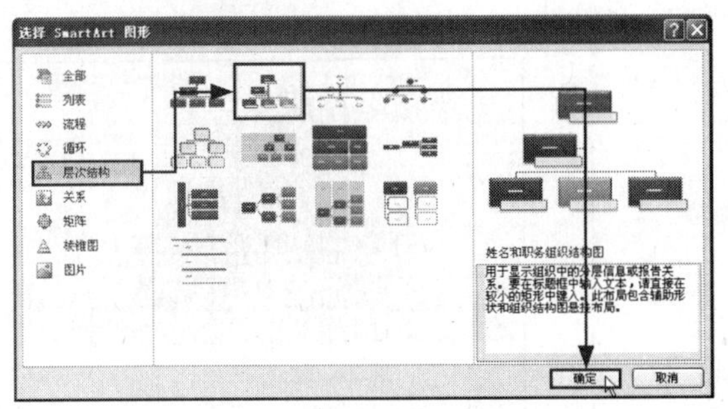

③ 选择要更改的布局

④ 更改布局后的效果

Study 02 图形的修饰

Work 5 阴影效果的使用

为图形设置阴影效果可以增加图形的立体效果。Word 2010 程序中预设了 3 个类型的阴影效果，分别为内部、外部以及透视阴影效果，每个类型下又有不同的阴影效果。下面是几种常见的阴影效果。

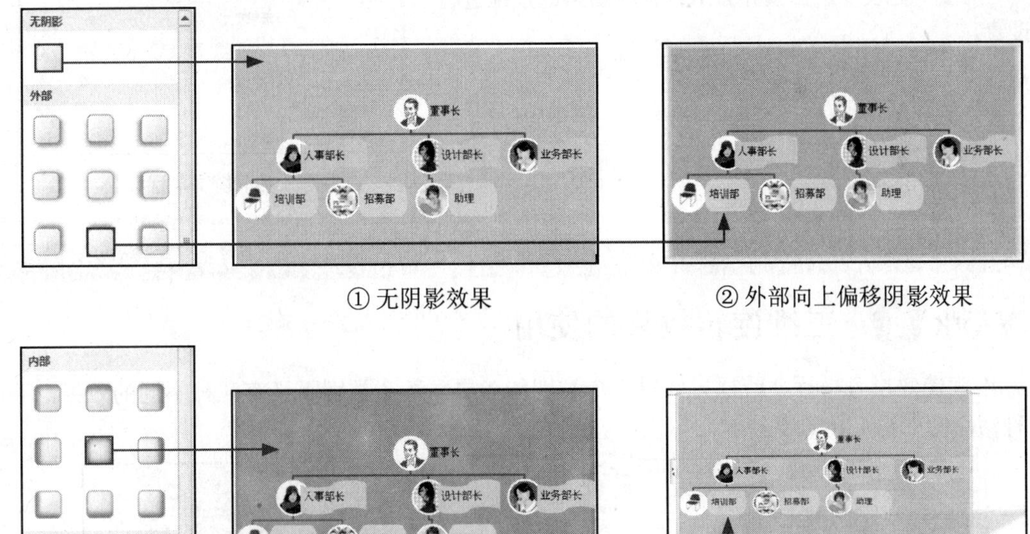

① 无阴影效果

② 外部向上偏移阴影效果

③ 内部居中阴影效果

④ 右上对角透视阴影效果

Lesson 05 设置图片的右上对角透视阴影效果

Office 2010 · 电脑办公从入门到精通

预设的图片阴影效果共有 23 种，用户可以根据图片内容选择合适的阴影效果。

STEP 01 打开光盘\实例文件\第 4 章\原始文件\层次结构图.docx，选中要设置阴影的 SmartArt 图形，单击“SmartArt 工具”中的“格式”标签，切换到“格式”选项卡，单击“形状样式”组中的“形状效果”按钮，在展开下拉列表后，将光标指向“阴影”选项，并在“阴影”库中单击“右上对角透视”样式。

STEP 02 经过以上操作后，返回文档中，就完成了为SmartArt图形添加阴影的操作。

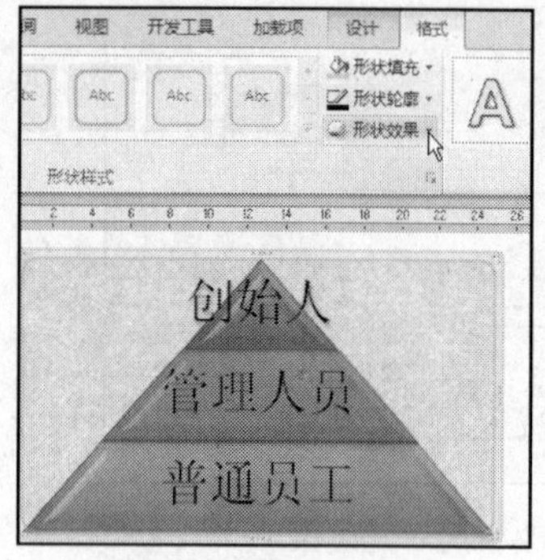

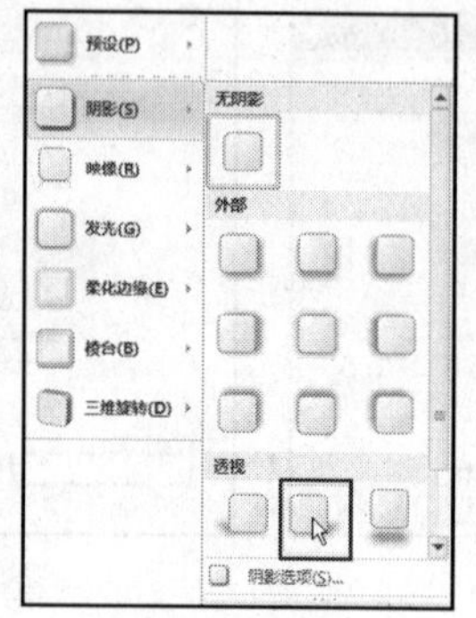

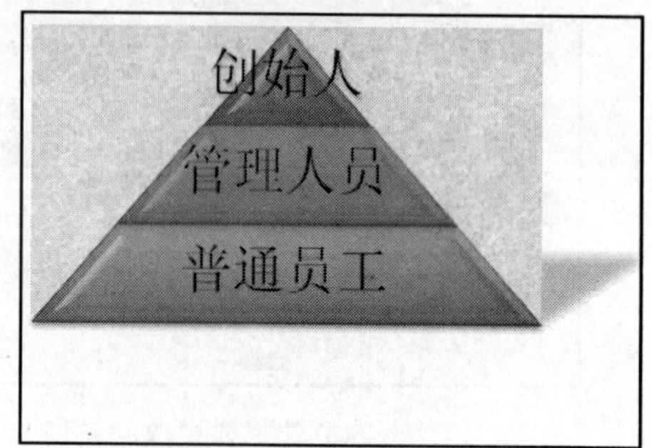

Tip 手动设置阴影效果

当用户不使用程序默认的阴影效果时，可以右击要设置的SmartArt图形，弹出快捷菜单后，选择“设置形状格式”命令，弹出“设置形状格式”对话框，切换到“阴影”选项卡，在该界面中可以对阴影的效果进行设置。

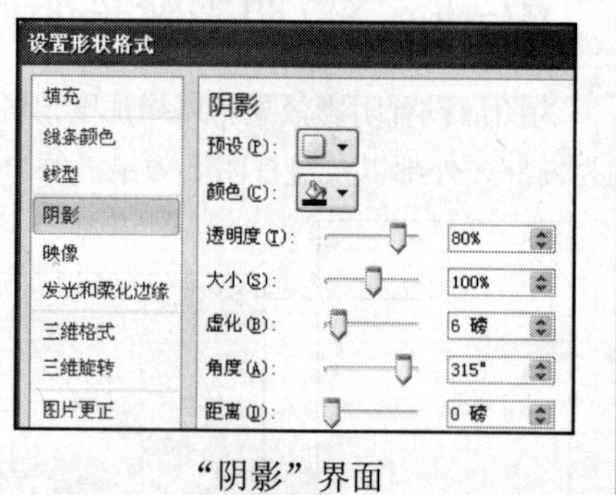

“阴影”界面

Study 02 图形的修饰

Work 6 三维旋转效果的使用

三维旋转效果有平行、透视、倾斜3个类别的效果，每个类别下又有几种不同的效果。下面是几种常用的三维旋转效果。

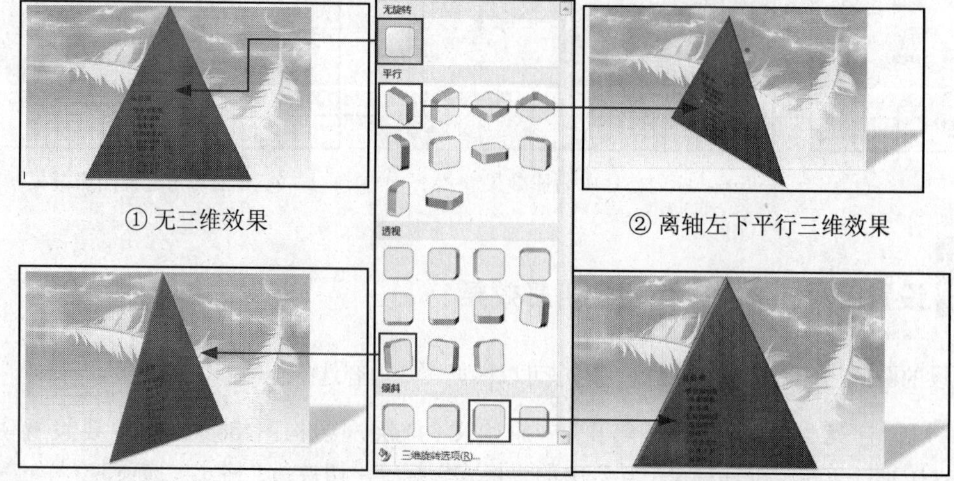

① 无三维效果

② 离轴左下平行三维效果

③ 右向对比透视三维效果

④ 倾斜左下三维效果

Chapter 05

图片的添加与处理

Office 2010 电脑办公从入门到精通

本章重点知识

Study 01　图片的添加

Study 02　调整图片的颜色

Study 03　图片的抠像

Study 04　调整图片的大小

Study 05　图片样式效果的设置

Study 06　设置图片排列方式与重设图片

本章视频路径

猗，美艳的莲花被修长的枝茎支承着，迎风摇
悦目又怜爱无比。那蜜蜂、蜻蜓一定比我更爱
一动也不动。
珠折射着水盈盈的梦幻；而叶盘上打着转儿的
思。
似乎不曾有我的存在。"换我心为你心，始知
的山林、池中鱼儿吧。

到次年初春
节，三门峡
会迎来她相
天鹅。 在三
、碧波荡漾
万只白天鹅
飘游、嬉水、
生息。这些圣洁的仙鸟，或飞、或游、或走、或卧、

Chapter 05\Study 02\

- Lesson 01　使用其他变体对图片进行着色.swf

Chapter 05\Study 03\

- Lesson 02　抠出图片中的主体.swf

Chapter 05\Study 04\

- Lesson 03　将图片裁剪为星形.swf

Chapter 05\Study 05\

- Lesson 04　为图片添加铅笔素描效果.swf
- Lesson 05　制作复合型蓝色6磅圆形线端虚线边框.swf
- Lesson 06　柔化图片边缘.swf

Chapter 05\Study 06\

- Lesson 07　重设图片.swf

Chapter 05 图片的添加与处理

在Word 2010中美化文档时，除了使用形状图形外，还可以通过图片达到目的。插入图片后，为了与文档内容互相衬托，可以在文档中对图片的亮度、对比度、图片效果、样式等内容进行编辑。本章将介绍文档中图片内容的编辑操作。

Study 01 图片的添加

- Work 1. 通过对话框插入图片
- Work 2. 通过屏幕截图插入图片

在Word 2010文档中添加图片时，用户可以将网络中下载的或是自己拍摄的照片直接插入到文档中，也可以直接截取程序画面。本节就来对这两种方法进行介绍。

Work 1 通过对话框插入图片

通过对话框插入图片是指将电脑中存在的图片插入到文档中。使用该方法时，图片没有格式的限制，可以插入emf、wmf、jpg、png、bmp、dib、rle、bmz、gif、gfa、emz、wmz、pcz、tif等多种格式的图片。

打开空白文档，将光标定位在要插入图片的位置上，切换到“插入”选项卡，单击“插图”组中的“图片”按钮，弹出“插入图片”对话框。进入目标图片所在的路径后，单击要插入的图片，然后单击“插入”按钮，即可完成图片的插入操作。

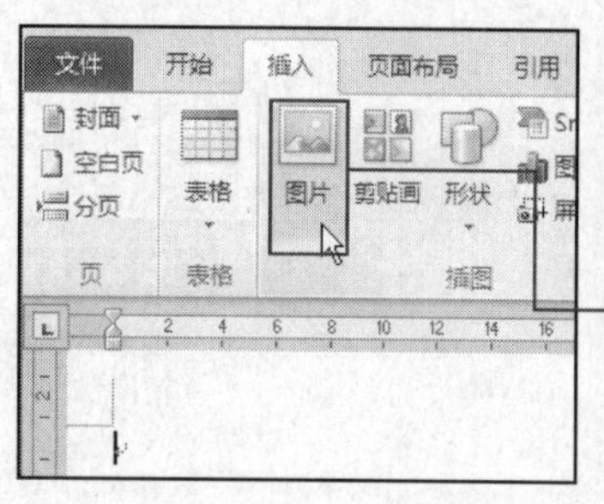

① 单击“图片”按钮

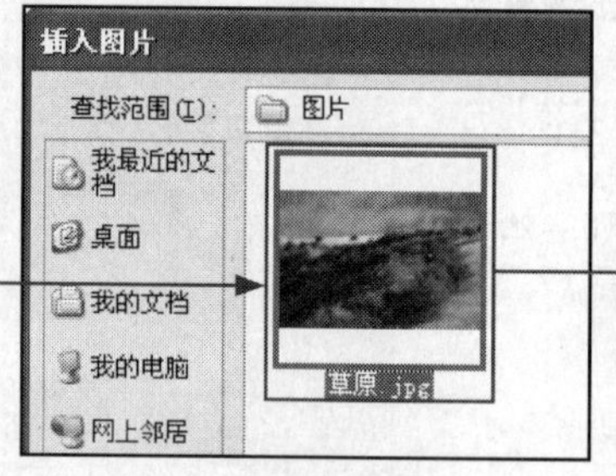

② 选择要插入的图片

③ 插入图片的效果

Work 2 通过屏幕截图插入图片

截取屏幕画面是Word 2010新增的功能，可以将系统当前所打开的程序画面截取到文档中。截取屏幕画面时，可以直接截取整个屏幕的画面，也可以自定义设置截取画面的大小。

01 截取整个程序窗口

在Word 2010文档中，将光标定位在要插入图片的位置上，切换到“插入”选项卡，单击“插图”组中的“屏幕截图”按钮，在展开的下拉列表中可以看到系统当前打开的所有程序窗口，单击要截取画面的程序图标，即可将该程序窗口截取为图片，并插入到文档中。

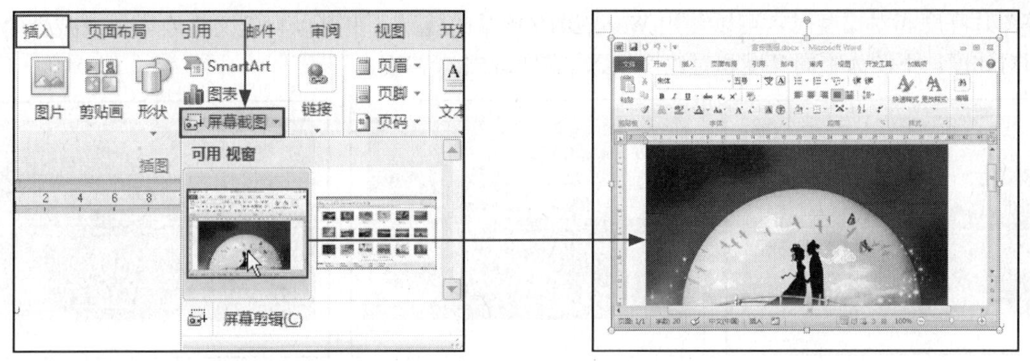

① 选择截取画面的程序　　　　② 显示截图效果

02　截取窗口中部分内容

在 Word 2010 文档中，将光标定位在要插入图片的位置上，切换到“插入”选项卡，单击“插图”组中的“屏幕截图”按钮，在展开的下拉列表中单击“屏幕剪辑”选项，然后迅速将鼠标移动到系统任务栏处，单击截取画面的程序图标，激活该程序。等待几秒，画面就会处于半透明状态，在要截图的位置处拖动鼠标，选中要截取的范围。选择完毕后，释放鼠标，就完成了截图的操作。可以看到，被剪辑的图片会自动插入到文档中光标所在的位置处。

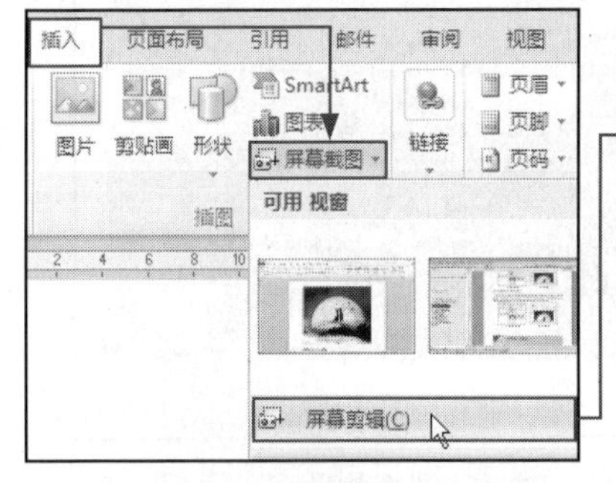

① 单击“屏幕剪辑”选项　　　　②选取剪辑范围　　　　③ 显示截图效果

Study 02 调整图片的颜色

- Work 1. 亮度与对比度
- Work 2. 重新着色

插入图片后，如果图片的亮度、对比度、颜色配置等参数与文档内容不协调时，可以适当地对其调整，以达到预期效果。

Work 1　亮度与对比度

图片的亮度是指图片在拍摄时光线的照射情况。对比度是图片中同一点最亮时（白色）与最暗时（黑色）的亮度比值，高的对比度意味着相对较高的亮度和呈现颜色的艳丽程度。在设置图片对比度时，正数的数值越大，图片的对比度越高；负数的数值越大，则图片的对比度越低。在调整图片亮度和对比度时，可以使用 Word 2010 预置的效果，也可以自定义需要增加或减少的亮度和对比度。下图为不同亮度和对比度状态下图片的比较情况。

① 图片默认效果

② 亮度和对比度分别为 +20% 的效果

③ 亮度和对比度为 -20% 的效果

01 使用预设亮度和对比度选项

选中要调整亮度的图片，单击“图片工具”中的“格式”标签，切换到该选项卡下，单击“调整”组中的“更正”按钮，在展开的下拉列表中“亮度和对比度”区域内可以看到 Word 预设的调整选项，单击要使用的调整选项，即可完成图片亮度和对比度的调整。

① 选择亮度和对比度调整样式

②显示调整效果

02 自定义设置亮度和对比度参数

自定义调整图片的亮度和对比度时，选中目标图片后，切换到“图片工具”中的“格式”选项卡，单击“调整”组中的“更正”按钮，在展开的下拉列表中选择“图片更正”选项，弹出“设置图片格式”对话框后，自动切换到“图片更正”界面下，在“亮度”数值框内输入要设置的数值，最后单击“关闭”按钮，即可完成自定义图片亮度和对比度的操作。

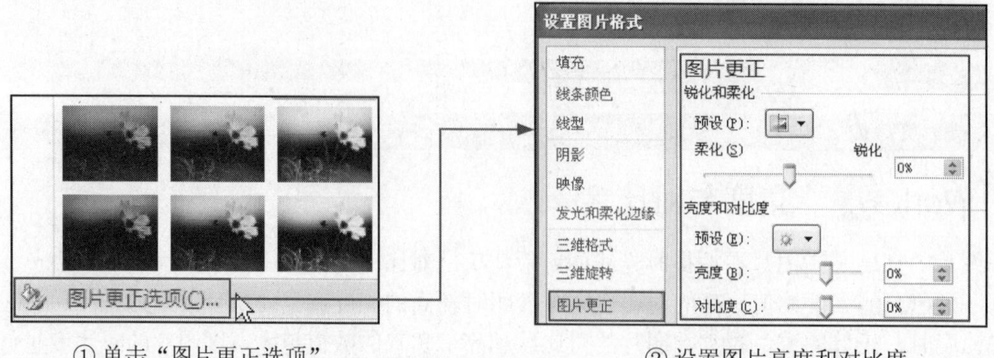

① 单击“图片更正选项”

② 设置图片亮度和对比度

Work 2 重新着色

插入了图片后，如果图片的颜色与文档内容的配合不是很默契，可以在 Word 2010 中对图片进行重新着色。Word 2010 中预设了黑白、红色，强调文字颜色 2，浅色、绿色，强调文字颜色 3，浅色等 20 种着色方案，为图片进行着色时，可直接套用这些样式。

① 图片默认效果

②红色，强调文字颜色 2 效果

③水绿色，强调文字颜色 5 效果

Lesson 01 使用其他变体对图片进行着色

在 Word 2010 中对图片进行着色时，除了使用预设的着色样式外，还可以使用其他变体完成着色。设置时，为了保证着色后的效果，需要通过饱和度和色度对图片进行调整。

STEP 01 打开光盘 \ 实例文件 \ 第 5 章 \ 原始文件 \ 旅游开发项目 .docx，选中目标图片，切换到“图片工具”中的“格式”选项卡下，单击“调整”组中的“颜色”按钮，在展开的下拉列表中将鼠标指向“其他变体”选项，在展开的颜色列表中单击“橙色，强调文字颜色 6，深色 25%”图标。

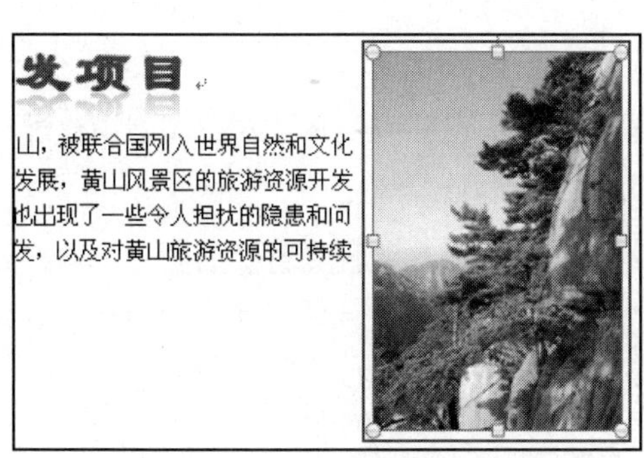

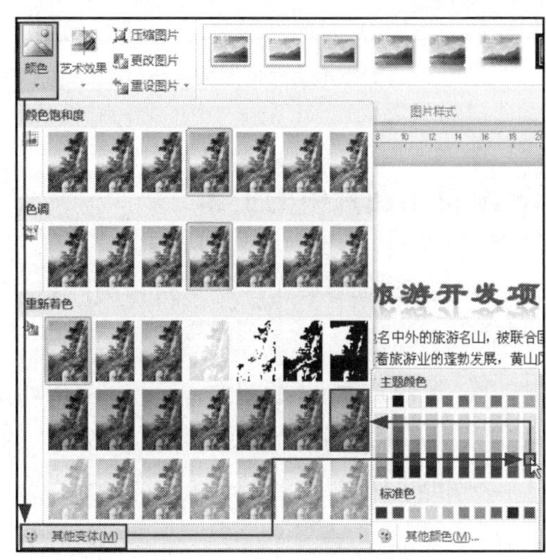

STEP 02 需要对图片的饱和度进行调整时，单击“颜色”按钮，在展开的下拉列表中选择合适的饱和度图标。经过以上操作后，就完成了使用其他变体对图片进行重新着色的操作。

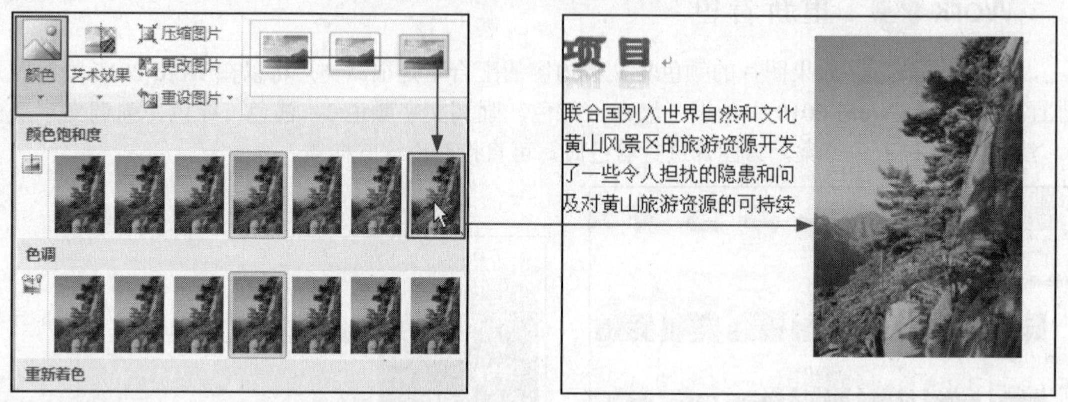

Study 03

图片的抠像

为图片抠像也就是对图片的背景进行删除。通过对图片背景的删除，可以让图片与文本内容互相映衬，从而使图片对文档的修饰更加自然。下面就来介绍为图片抠像的操作。

在Word 2010中为文档插入了图片后，在“图片工具-格式”选项卡下的“调整”组中可以看到“删除背景”按钮，单击该按钮。图片也会处于删除背景状态，同时进入“背景清除”选项卡，在“优化”组中可对删除的背景或是要保留的进行标记。在“关闭”组中可以决定是确认删除背景的操作还是放弃删除背景的操作。

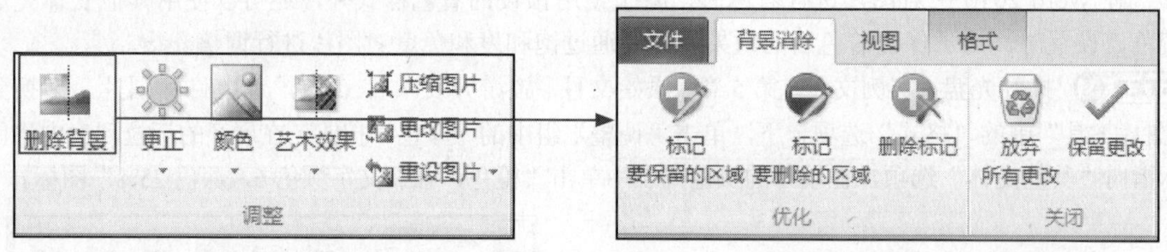

①“删除背景”按钮　　②“背景清除”选项卡

Lesson 02 抠出图片中的主体

Office 2010 · 电脑办公从入门到精通

为了让读者能够更全面地了解为图片删除背景的操作，下面以实例的形式对抠图的操作进行全面介绍。

STEP 01 打开光盘\实例文件\第5章\原始文件\散文.docx，选中要删除背景的图片，切换到“图片工具”中的“格式”选项卡下，单击“调整”组中的“删除背景”按钮，在文档中即可看到图片已被删除的部分背景。

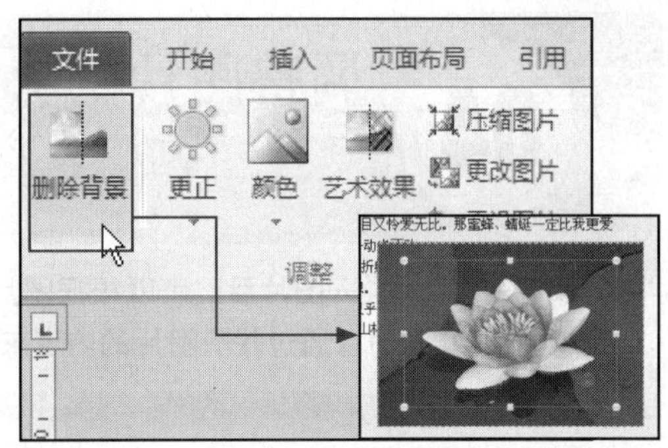

STEP 02 需要删除其他背景时，可通过标记删除区域的方法来完成。单击“背景消除”选项卡下“优化”组中的“标记要删除的区域”按钮，然后单击图片中要删除的背景区域，就会在该处留下一个标记，表示该区域将被删除。将所在要删除的位置都标记完毕后，图片中要删除的区域将会以粉色显示出来。

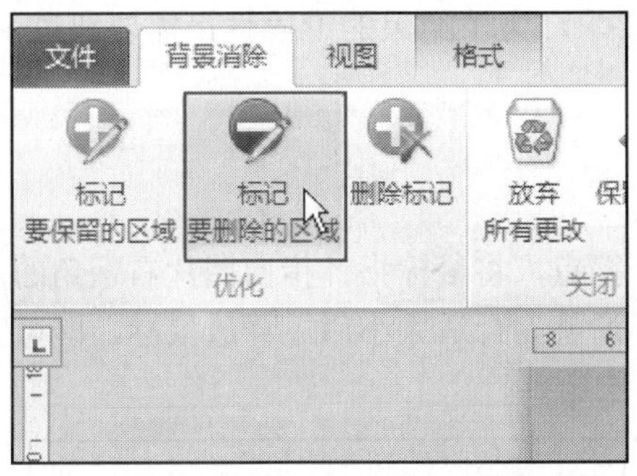

STEP 03 将要删除的区域标记完毕后，单击“背景消除”选项卡下“关闭”组中的“保留更改”按钮，即可完成图片背景的清除操作，同时发现文档中就会显示出删除背景后的效果。

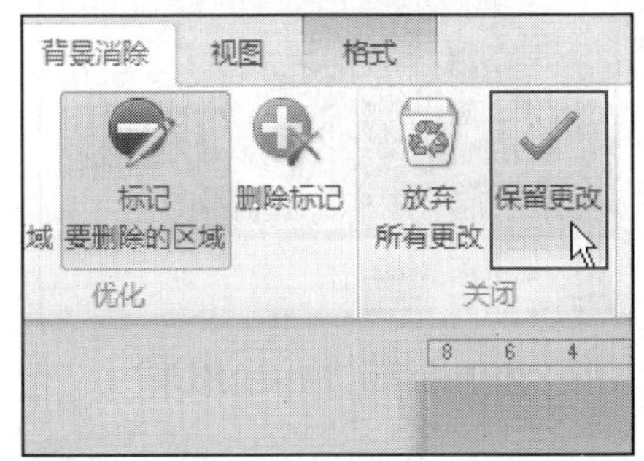

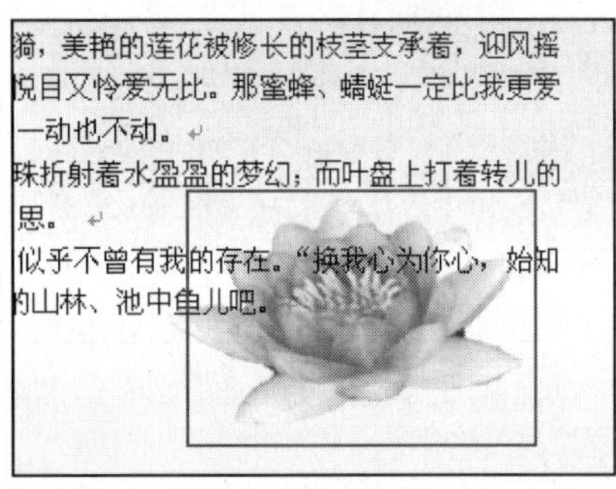

Tip 将抠像图片恢复为原来效果

对图片的背景进行删除后，需要恢复为未删除的效果时，只要再次单击“删除背景”按钮，然后单击“背景消除”选项卡下的“放弃所有更改”按钮即可实现。

Study

04 调整图片的大小

- Work 1. 图片高度与宽度的调整
- Work 2. 裁剪图片

在文档中插入图片后，可以根据图片的内容调整图片的大小。调整时，可以调整图片的宽高比，也可以通过裁剪图片的内容来调整大小。本节就来介绍调整图片大小的操作。

Work 1 图片高度与宽度的调整

调整图片的宽高比时，如果图片大小要求没有特定的限制（而是根据文本内容来调整），可以用手动调整的方式完成；如果对图片大小有特定的要求，为了结果的准确性，需要通过 Word 2010 程序中的“图片工具 - 格式”选项卡来完成操作。

01 手动调整图片大小

手动调整图片大小时，选中的图片四周会出现 8 个控点，将鼠标指针指向图片右下角的控点上，光标变成斜向的双向箭头形状时，向外拖动鼠标。调整到合适大小后，释放鼠标，即可完成调整图片大小的操作。

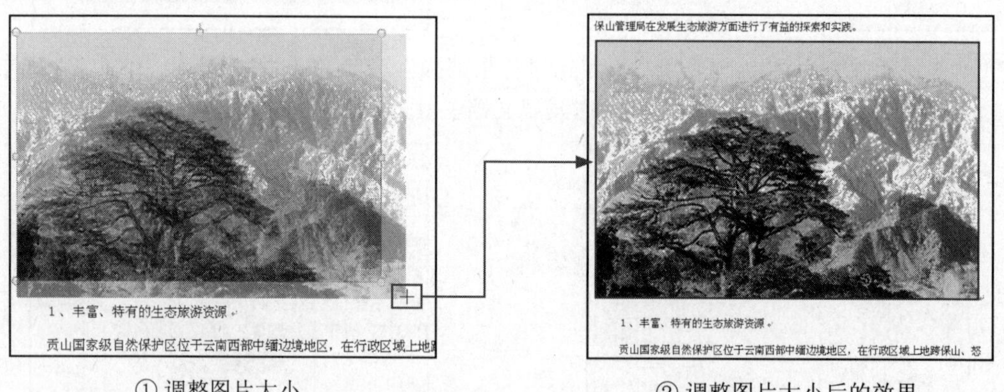

① 调整图片大小　　② 调整图片大小后的效果

02 通过选项卡调整图片大小

通过选项卡调整图片大小时，选中要设置的图片后，单击“图片工具”中的“格式”标签，切换到该选项卡，在“大小”组中的“宽度”数值框内输入图片调整后的宽度数值，然后单击文档中的任意位置即可。

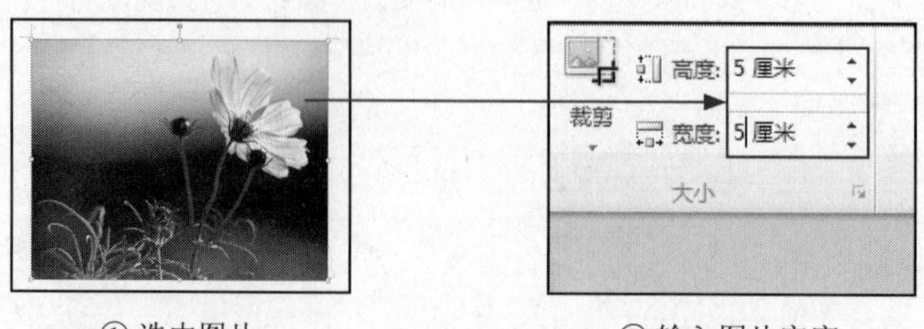

① 选中图片　　② 输入图片宽度

Work 2 裁剪图片

当用户所插入的图片中有多余的内容时，可以通过裁剪功能将这部分内容裁剪掉。在 Word 2010 中裁剪图片时，可以进行手动裁剪，也可以按照 Word 中预设的比例来裁剪。

01 手动裁剪

手动裁剪图片时，选中目标图片后，切换到“图片工具 - 格式”选项卡，单击“大小”组中的“裁剪”按钮，在展开的下拉列表中单击“裁剪”选项。进入裁剪状态后，在图片的四周可以看到 8 个黑色控点，将鼠标指针指向下方的控点，当指针变成┳形状时，向上拖动鼠标，鼠标经过的区域就会被裁剪掉；将鼠标指针指向图片右侧的控点，当指针变成裁剪形状时，向左拖动鼠标，同样可以将鼠标经过的区域裁剪掉。按照同样的方法，将图片上方及左侧的多余区域都裁剪完后，单击文档中任意空白位置，页面中就会显示出图片被裁剪后的效果。

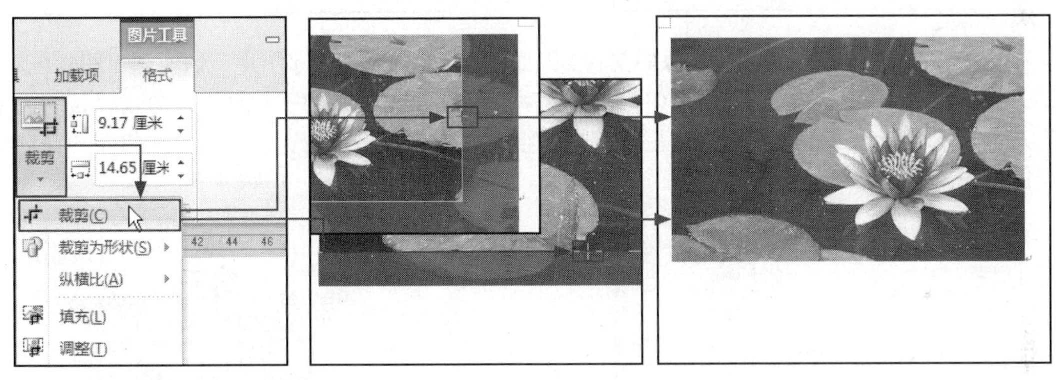

① 单击“裁剪”选项　② 裁剪图片　③ 显示裁剪效果

02 按照比例裁剪

按比例裁剪图片时，选中目标图片后，切换到“图片工具 - 格式”选项卡，单击“大小”组中的“裁剪”按钮，在展开的下拉列表中将鼠标指向“纵横比”选项，在展开的子列表中单击要裁剪的比例，本例中选择“4 ： 5”选项，此时就可以按照所选比例对图片进行裁剪；将鼠标指针指向图片，当指针变成十字双箭头形状✥时，拖动鼠标，可以设置图片中要保留的画面；调整至合适效果后，单击文档中任意空白位置，页面中就会显示出图片被裁剪后的效果。

① 选中裁剪比例　② 设置保留画面　③ 显示裁剪效果

Lesson 03 将图片裁剪为星形

Office 2010 · 电脑办公从入门到精通

在 Word 2010 中，为了图片的美观，还可以将图片裁剪为不同的形状。本例中以星形为例，介绍裁剪图片的操作方法，裁剪效果如下图所示。

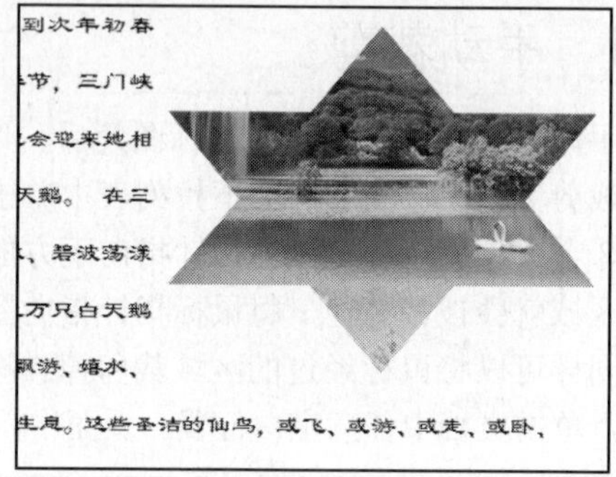

打开光盘\实例文件\第 5 章\原始文件\天鹅湖 .docx，选中目标图片，切换到“图片工具”中的“格式”选项卡，单击“大小”组中的“裁剪”按钮，在展开的下拉列表中单击“裁剪为形状”选项，在展开的形状库中单击“星与旗帜”组中的“六角星”图标，即可完成将图片裁剪为星形的操作。

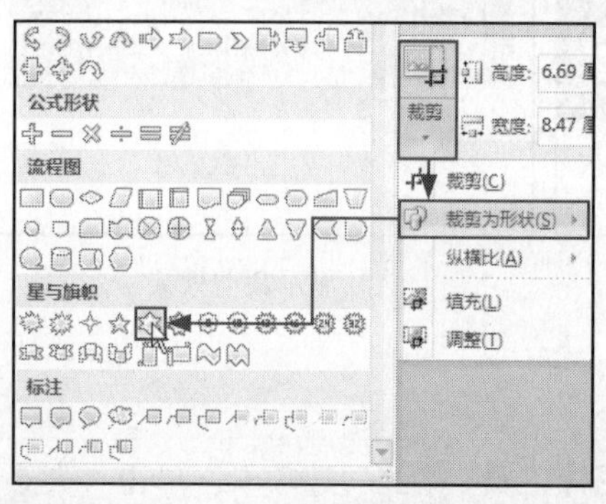

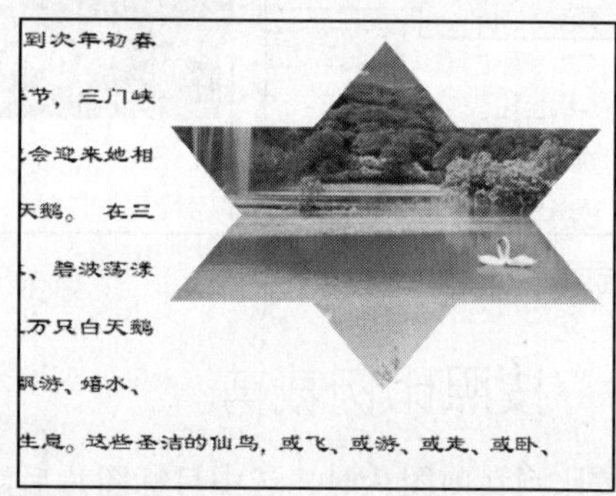

Study 05 图片样式效果的设置

- Work 1. 为图片添加艺术效果
- Work 2. 为图片添加边框
- Work 3. 添加效果
- Work 4. 套用图片样式

图片的外观主要由图片样式决定，在 Word 2010 中不但设置了图片样式功能，还添加了艺术效果功能，更加增强图片的真实感、美观度等效果。

Work 1 为图片添加艺术效果

在 Word 2010 中，图片的艺术效果包括铅笔灰度、铅笔素描、线条图、粉笔素描、画图刷、发光散射、虚化、浅色屏幕、水彩海绵及胶片颗粒等 18 种效果。

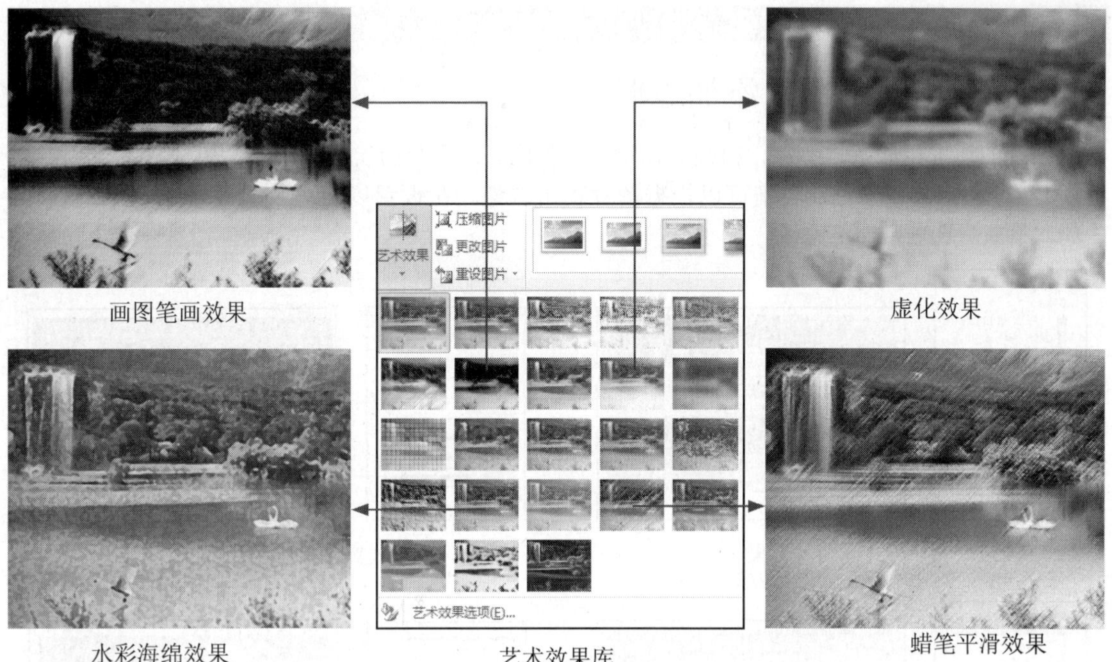

画图笔画效果　虚化效果　水彩海绵效果　艺术效果库　蜡笔平滑效果

Lesson 04 为图片添加铅笔素描效果

Office 2010 · 电脑办公从入门到精通

Word 2010 的艺术效果可以展现出图片的多种风格，本例中以铅笔素描效果为例，介绍艺术效果的应用，效果如下图所示。

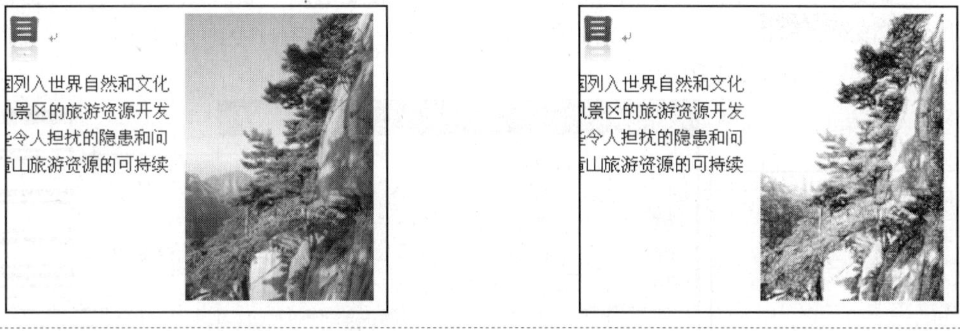

打开光盘 \ 实例文件 \ 第 5 章 \ 原始文件 \ 旅游开发项目 1.docx，选中要应用艺术效果的图片，切换到“图片工具”中的“格式”选项卡，单击“调整”组中的“艺术效果”按钮，在展开的效果库中单击“铅笔素描”效果，即可将图片的效果设置为铅笔素描效果。

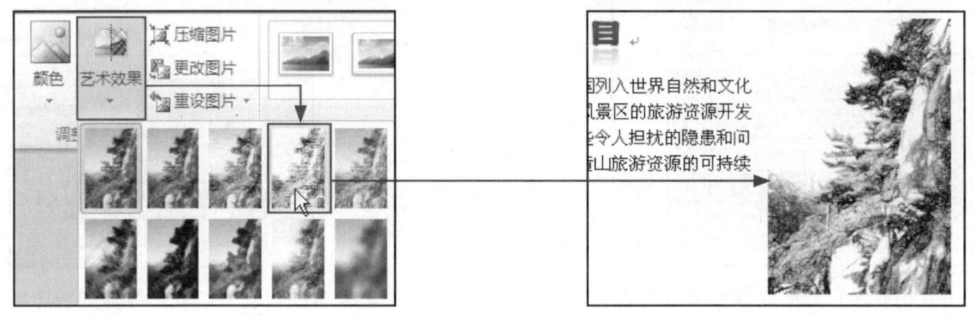

Work 2 为图片添加边框

图片的边框由线条、颜色、粗细等几个要素组成。线条分为实线和虚线、单线与复合线；颜色就是常用的RGB颜色；粗细可以根据图片自由调整。在设置以上内容时，通过“图片工具”中的“格式”选项卡即可完成。

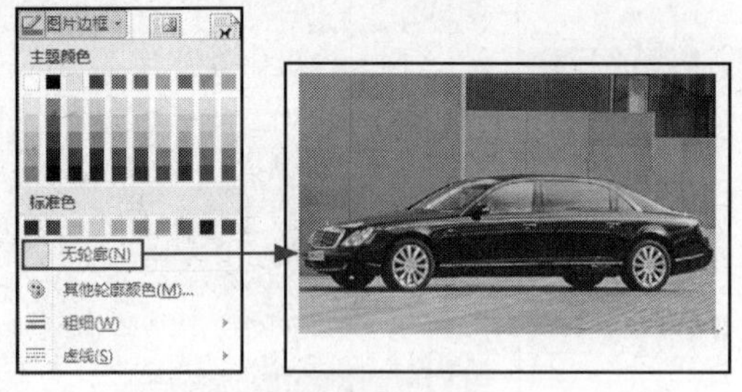

① 无边框图片效果

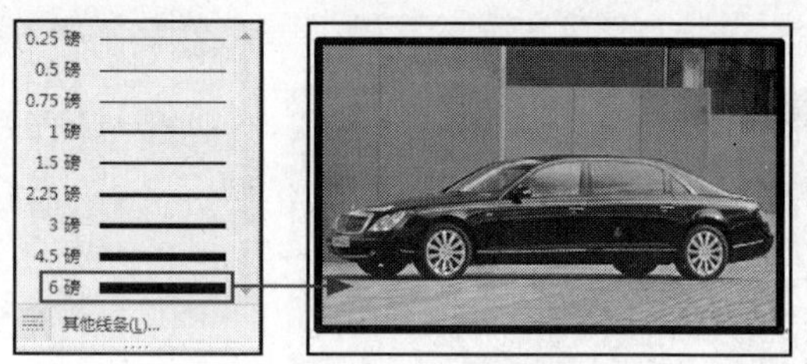

② 单线黑色6磅实线边框效果

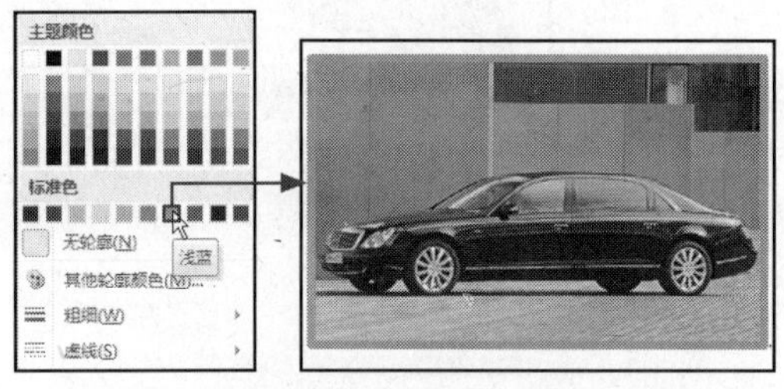

③ 单线浅蓝6磅实线边框效果

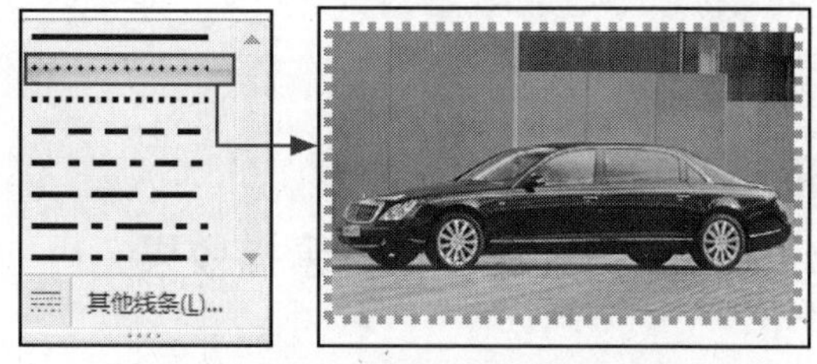

④ 单线蓝色6磅虚线边框效果

当用户需要设置边框的线端类型和连接类型时，就需要通过“设置图片格式”对话框来完成，当然通过该对话框也可以设置边框的颜色、粗细、类型等内容。下面先来认识“设置图片格式”对话框的作用，如表5-1所示。

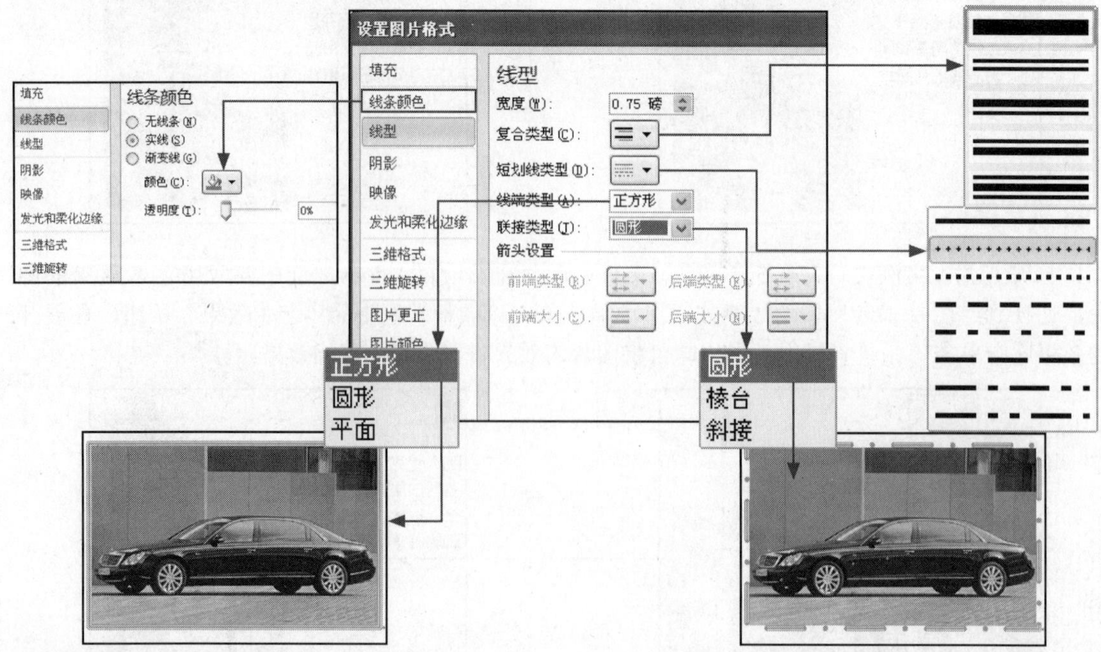

⑤ 复合型蓝色6磅正方形线端实线边框效果

⑥ 复合型蓝色6磅圆形线端虚线边框效果

表 5-1 “设置图片格式”对话框

名　称	作　用
线条颜色 线条颜色	用于设置边框颜色。单击该按钮，切换到“线条颜色”界面，即可进行边框颜色的设置
宽度 0.75 磅	用于调整边框宽度，单击“宽度”数值框右侧的上调按钮，可以加粗；单击下调按钮，可以减细边框
复合类型	用于设置边框线类型，包括 5 种样式
短划线类型	用于设置边框线类型，包括 8 种样式，主要为虚线类型
线端类型 平面	用于设置线端的样式，包括正方形、圆形、平面 3 种类型
联接类型 圆形	用于设置图片边框线的连接方式，包括圆形、棱台、斜接 3 种类型

Lesson 05 制作复合型蓝色 6 磅圆形线端虚线边框

Office 2010 · 电脑办公从入门到精通

在为图片添加边框时，可以选择不同的边框颜色、粗细以及不同的复合样式，如下图所示。

STEP 01 打开光盘\实例文件\第 5 章\原始文件\汽车发展史 .docx，选中要添加边框的图片，切换到“图片工具 - 格式”选项卡，单击“图片样式”组中的“图片边框”按钮，在展开的下拉列表中单击“标准色”区 . 域内的“浅蓝”颜色图标。

STEP 02 设置了边框颜色后，再次单击“图片边框”按钮，在展开的下拉列表中将鼠标指针指向“粗细”选项，在展开的子列表中选择“6 磅”选项。

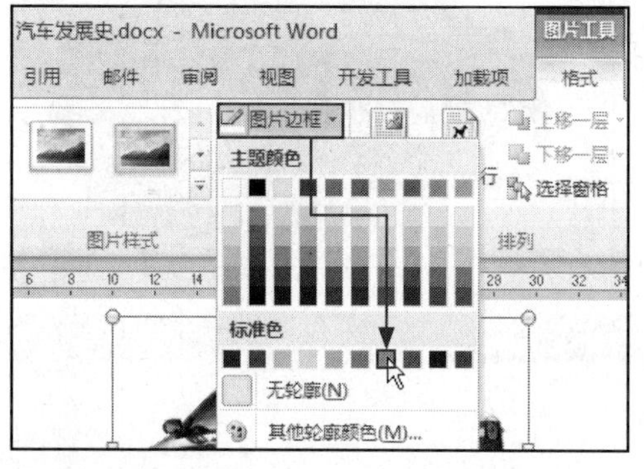

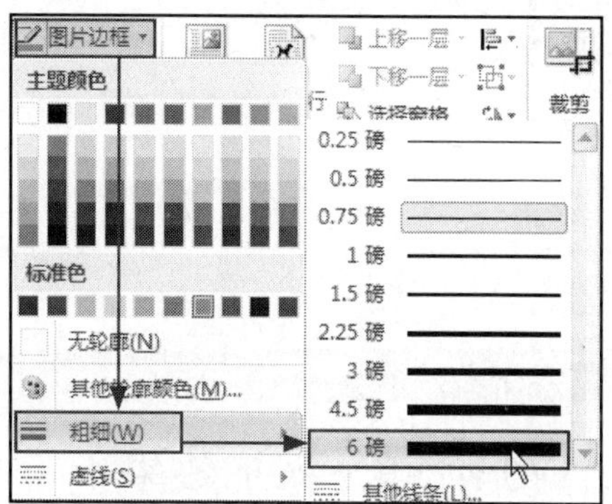

STEP 03 设置了边框粗细后，再次单击“图片边框”按钮，在展开的下拉列表中将鼠标指针指向“粗细”选项，在展开的子列表中单击“其他线条”选项。

STEP 04 弹出“设置图片格式”对话框，自动切换到“线型”界面，单击“复合类型”右侧的下三角按钮，在展开的下拉列表中选择“由细到粗”选项。

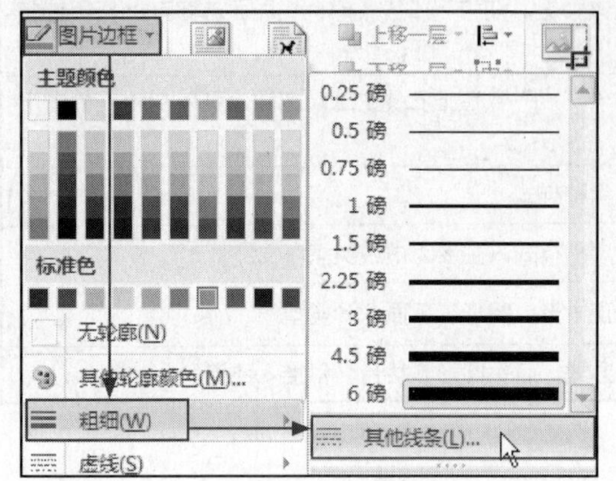

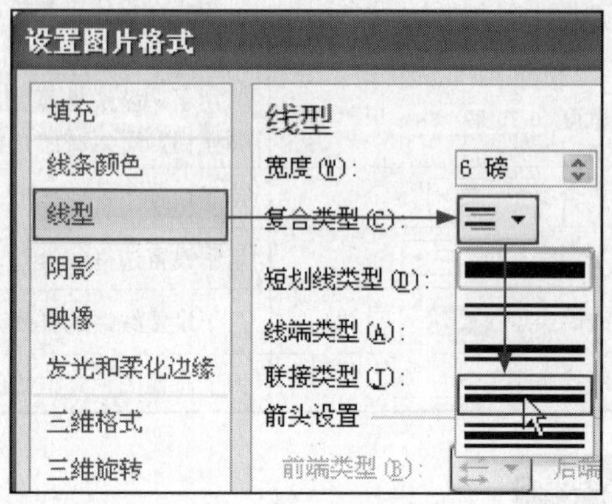

STEP 05 设置了边框的“复合类型”后，单击“短划线类型”按钮，在展开的下拉列表中选择“长划线-点”选项。

STEP 06 设置了“短划线类型”后，单击“线端类型”框右侧的下三角按钮，在展开的下拉列表中选择“圆形”选项。

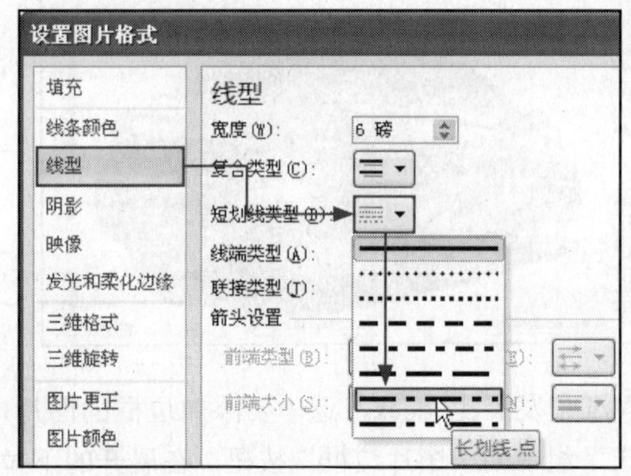

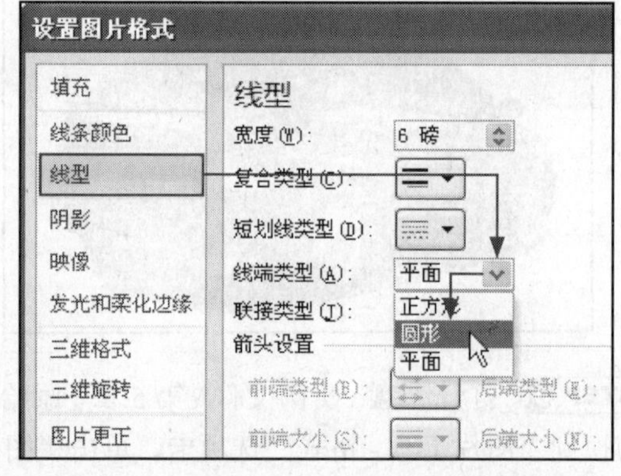

STEP 07 经过以上操作后，单击“设置图片格式”对话框中的“关闭”按钮，就完成了图片边框的设置操作。返回到文档中，即可看到设置后的效果。

Study 05 图片样式效果的设置

Work 3 添加效果

图片的效果包括预设、阴影、映像、发光、柔化边缘、棱台以及三维旋转7种，每种效果下又包括很多种预设的效果。当用户需要进行设置时，选中了图片后，切换到“图片工具”中的“格式”选项卡，单击“图片样式”组中的“图片效果”按钮，弹出“图片效果”库后，指针将鼠标指向要设置的效果，弹出子列表，单击相应效果即可完成操作，如下图和下页图所示是几种常用的效果。

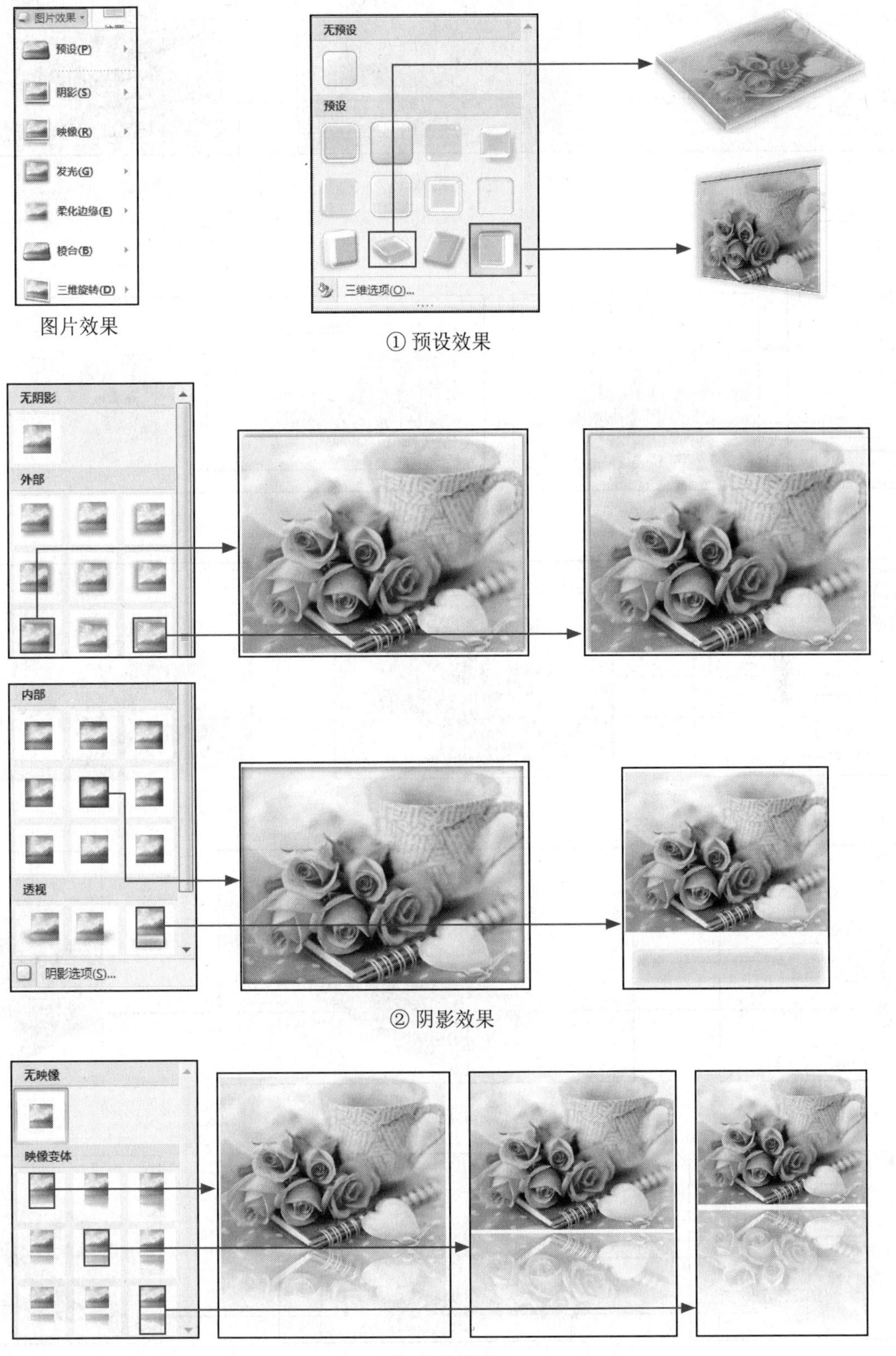

图片效果

① 预设效果

② 阴影效果

③ 映像效果

④ 发光效果

⑤ 柔化边缘效果

⑥ 棱台效果

⑦ 平行效果

⑧ 透视效果

Lesson 06

柔化图片边缘

Office 2010 · 电脑办公从入门到精通

柔化效果可以很好地实现图片与背景的过渡。本实例介绍柔化边缘的方法。

打开光盘\实例文件\第5章\原始文件\天鹅湖1.docx，选中要柔化边缘的图片，切换到“图片工具”中的“格式”选项卡，单击“图片样式”组中的“图片效果”按钮，在展开的下拉列表中将鼠标指针指向“柔化边缘”选项，在展开的“柔化边缘”库中单击“50磅”样式，就完成了柔化图片边缘的操作。返回文档中，即可看到设置后效果。

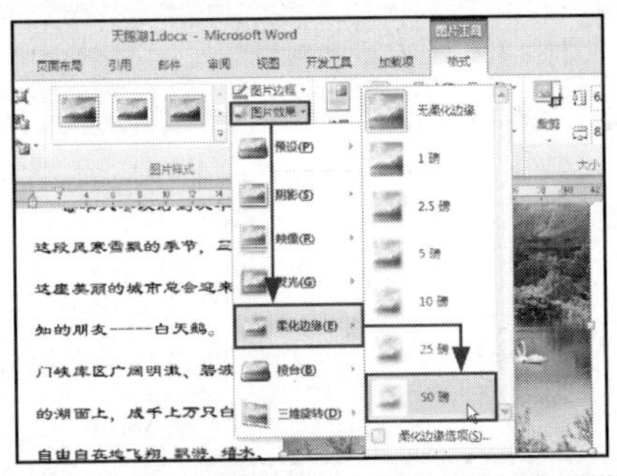

Study 05 图片样式效果的设置

Work 4 套用图片样式

在 Word 2010 的图片样式库中，共有28种可被直接套用的预设图片样式。套用时，选中要设置的图片，切换到“图片工具”中的“格式”选项卡，单击“图片样式”列表框中的快翻按钮，弹出下拉列表后，选中需要的样式即可。如下图所示是几种常用的图片样式。

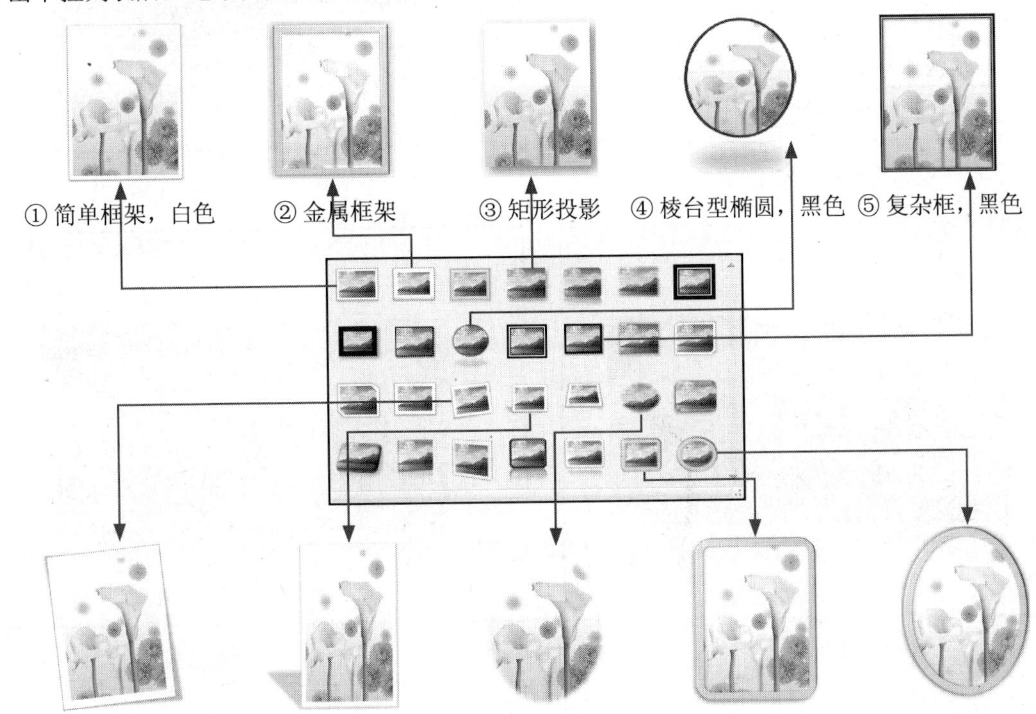

Study 06

设置图片排列方式与重设图片

- Work 1. 设置图片排列方式
- Work 2. 重设图片

设置了图片样式等内容后，为了与文档中内容互相衬托，可以设置图片的排列方式。如果对图片设置后的效果不满意，还可以将其进行重设以恢复成最初的效果，然后重新设置成满意的效果。

Work 1 设置图片排列方式

图片的排列方式是指图片在文档中与文字的排列方式，主要有嵌入型、四周型环绕、紧密型环绕、衬于文字下方、浮于文字上方、上下型环绕、穿越型环绕 7 种。如下图和下页图所示是常用的图片排列效果。

嵌入型(I)
四周型环绕(S)
紧密型环绕(T)
穿越型环绕(H)
上下型环绕(O)
衬于文字下方(D)
浮于文字上方(N)
编辑环绕顶点(E)
其他布局选项(L)...

① 图片排列方式列表

② 嵌入型排列效果

③ 四周型环绕效果

④ 紧密型环绕效果

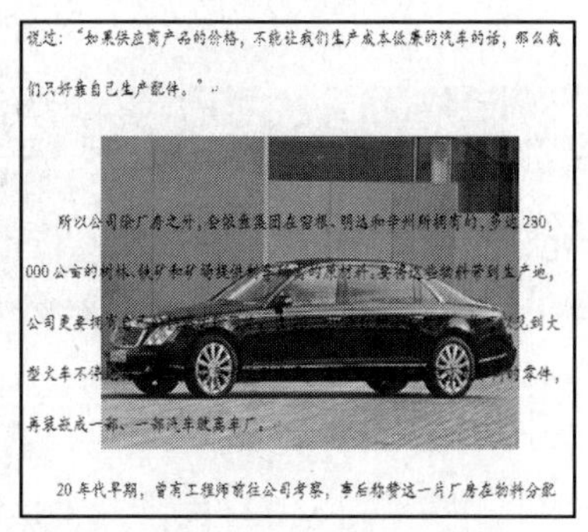
⑤ 衬于文字下方效果

⑥ 浮于文字上方效果

⑦ 上下型环绕效果

Study 06 设置图片排列方式与重设图片

Work 2 重设图片

设置了图片效果后，当用户对整体效果不满意时，可以将其重设以恢复为原来的效果，然后重新设置。

Lesson 07 重设图片

Office 2010 · 电脑办公从入门到精通

STEP 01 打开光盘 \ 实例文件 \ 第 5 章 \ 原始文件 \ 散文 1.docx，选中要重设的图片，切换到“图片工具”中的“格式”选项卡，单击“调整”组中的“重设图片”右侧下三角按钮，在展开的下拉列表中单击“重设图片”选项。

STEP 02 经过以上操作后，返回到文档中，就完成了重设图片的操作，将其恢复为图片原来的格式。

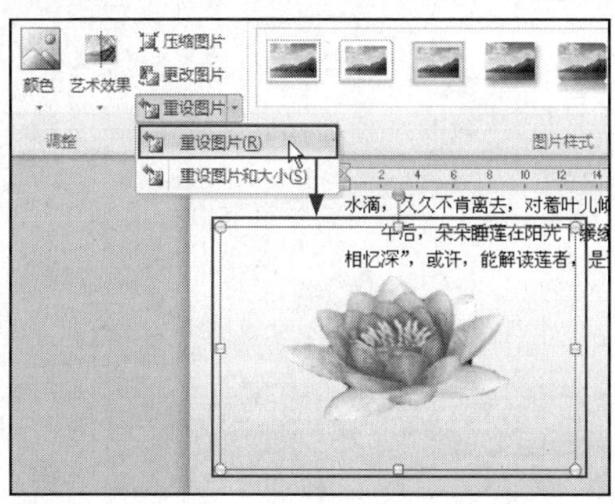

Chapter 06

页面的美化

Office 2010 电脑办公从入门到精通

本章重点知识

Study 01 利用边框和底纹修饰文档
Study 02 巧用分栏美化文档
Study 03 任意设置页面纵横方向
Study 04 信笺稿纸的制作
Study 05 使用页眉、页脚以及页码

本章视频路径

CD

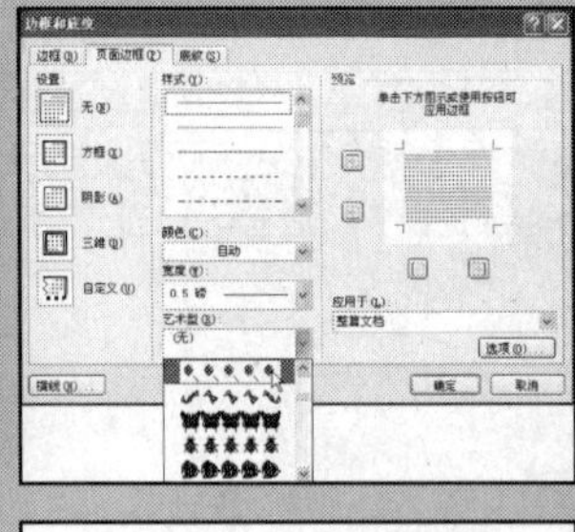

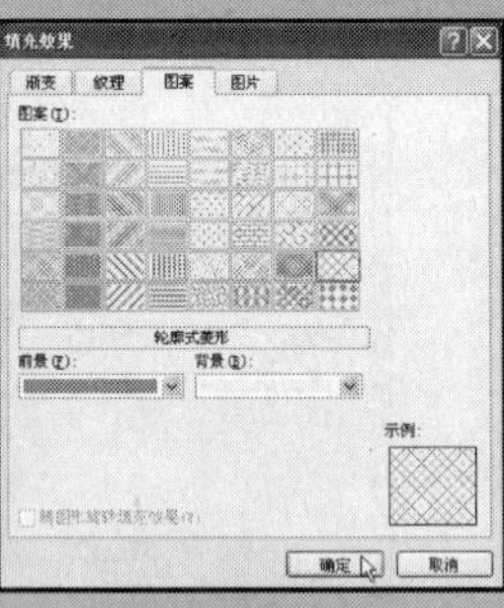

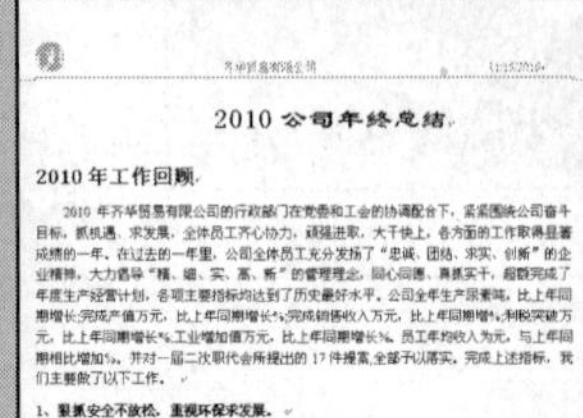

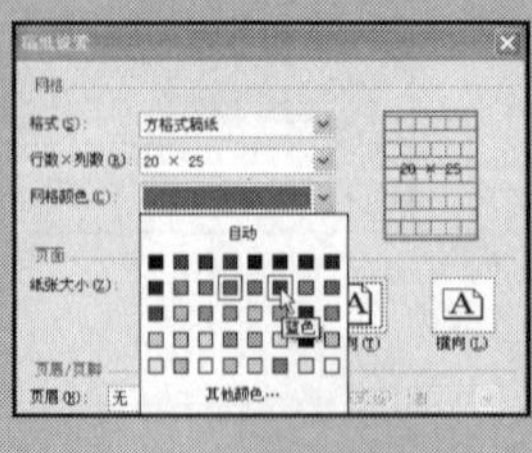

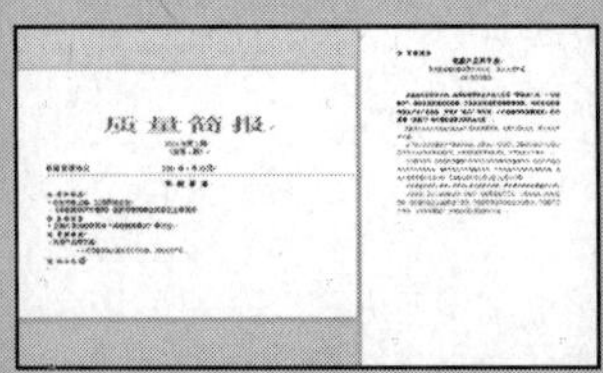

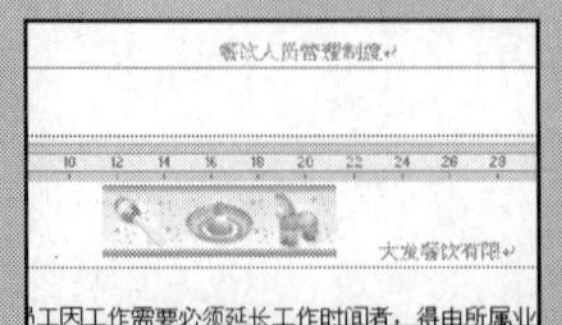

Chapter 06\Study 01\

- Lesson 01 插入艺术型边框.swf
- Lesson 02 设置图案底纹.swf

Chapter 06\Study 03\

- Lesson 03 设置混合纸张方向效果.swf

Chapter 06\Study 04\

- Lesson 04 制作方格式稿纸.swf

Chapter 06\Study 05\

- Lesson 05 自定义页眉.swf
- Lesson 06 设置页眉的样式奇偶页不同.swf
- Lesson 07 设置每页的页眉都不同.swf

Chapter 06 页面的美化

在 Word 中编辑文档时，对于页面的美化也是非常重要的，例如为页面添加边框、底纹、水印以及页面边距的规范等。本章将介绍页面的美化设置。

Study 01 利用边框和底纹修饰文档

- Work 1. 设置页面边框
- Work 2. 添加底纹颜色
- Work 3. 制作水印效果

为了美化文档，可以为文档添加一些艺术化的边框和底纹。设置边框后，既可以起到美化文档的作用，又可以规范文档。用户可以根据文档的需要，选择合适的边框样式和底纹。本节就来认识 Word 2010 中的边框和底纹的样式。

Study 01 利用边框和底纹修饰文档

Work 1 设置页面边框

在 Word 2010 中，页面边框有方框、阴影、三维和艺术型 4 种类型，每种边框用户都可以进行宽度、样式、颜色以及框线的选择。在设置文档的边框时，可以通过“边框和底纹”对话框来完成。

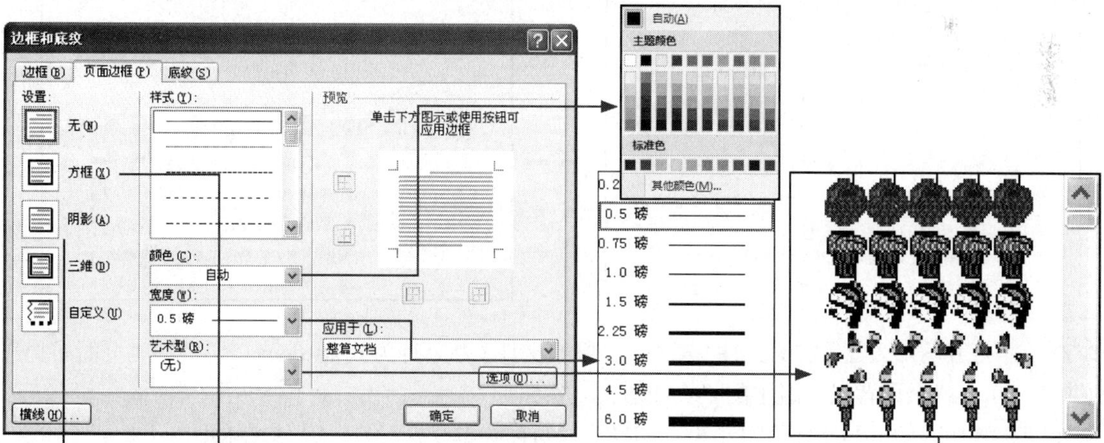

①“边框和底纹”对话框

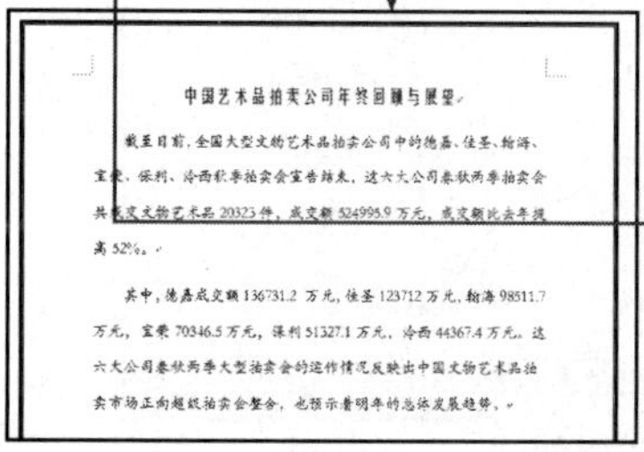

② 方框边框

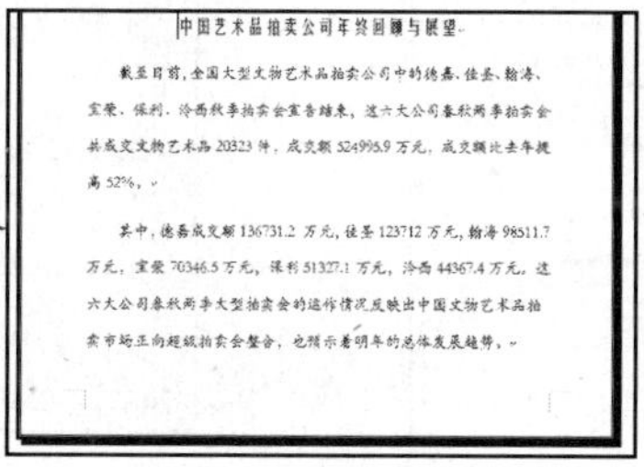

③ 阴影边框

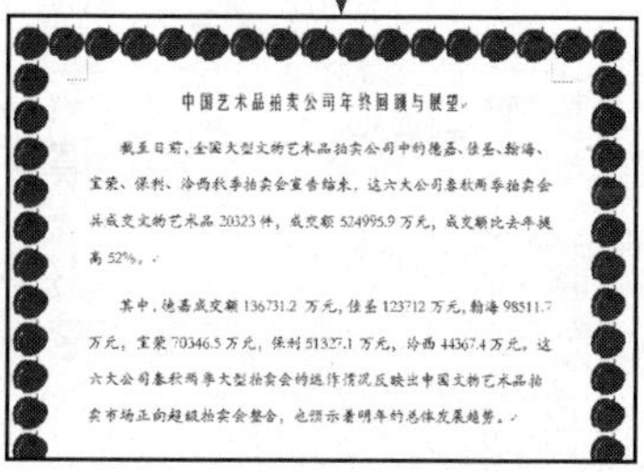

④ 艺术型边框

Tip 取消页面边框

取消页面边框时，打开“边框和底纹”对话框后，切换到“页面边框”选项卡，选择“设置”区域内的“无”选项，单击“确定”按钮，即可完成操作。

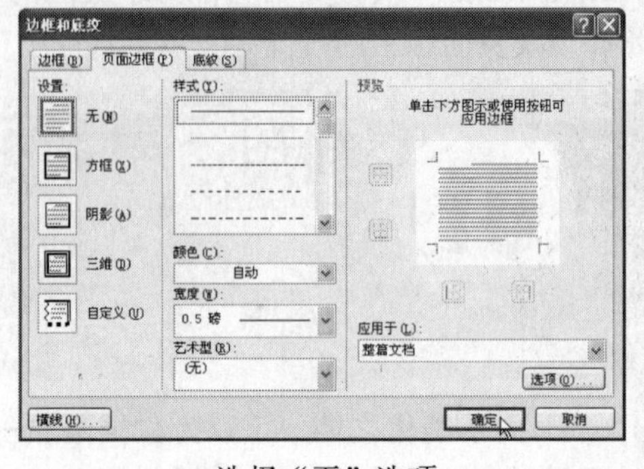

选择“无”选项

Lesson 01 插入艺术型边框

Office 2010 · 电脑办公从入门到精通

为文档插入艺术型边框时，可以对边框的艺术样式以及边框的粗细进行选择。在插入边框时，选择了边框的类型后，还可以对边框的颜色、宽度以及边框线的数量进行设置，如下图所示为插入艺术型边框前后的文档效果。

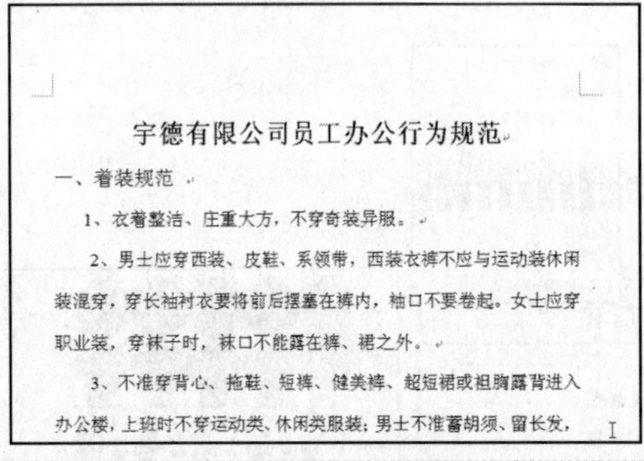

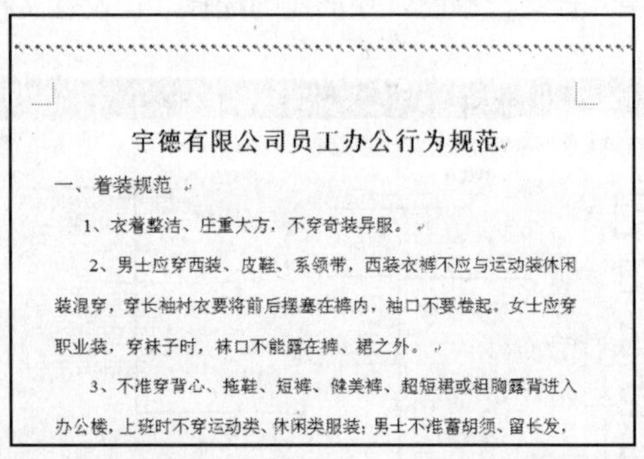

STEP 01 打开附书光盘\实例文件\第6章\原始文件\办公行为规范.docx，切换到“页面布局”选项卡，单击“页面背景”组中的“页面边框”按钮。

STEP 02 弹出“边框和底纹”对话框，切换到“页面边框”选项卡，从“艺术型”下拉列表中选中要设置的边框类型。

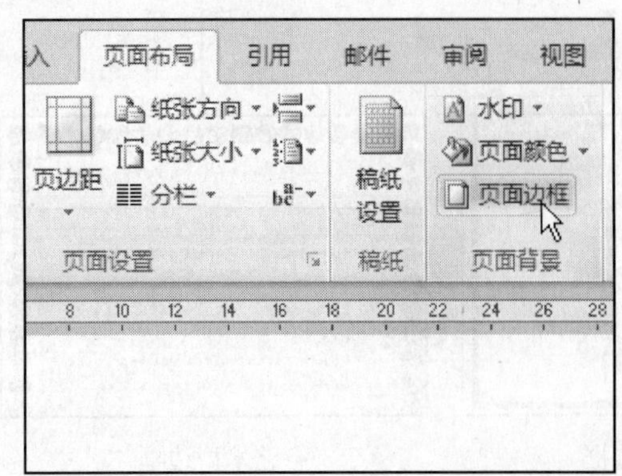

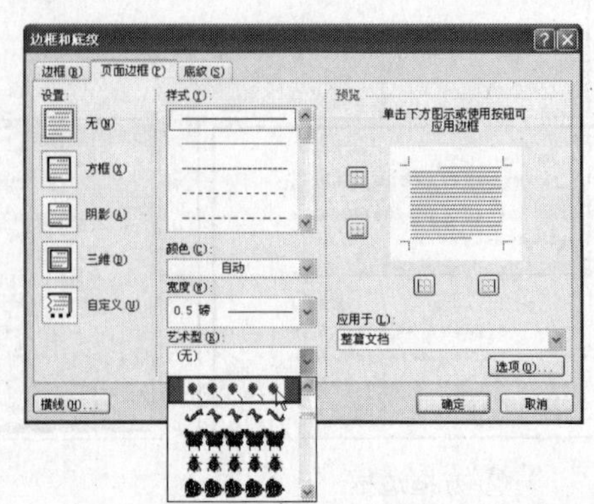

STEP 03 选择边框类型后，在“宽度”数值框内选中原有数值，输入要设置的边框宽度为“8磅”，然后取消“预览”区域下方的“左”和“右”两条边框线的选中。

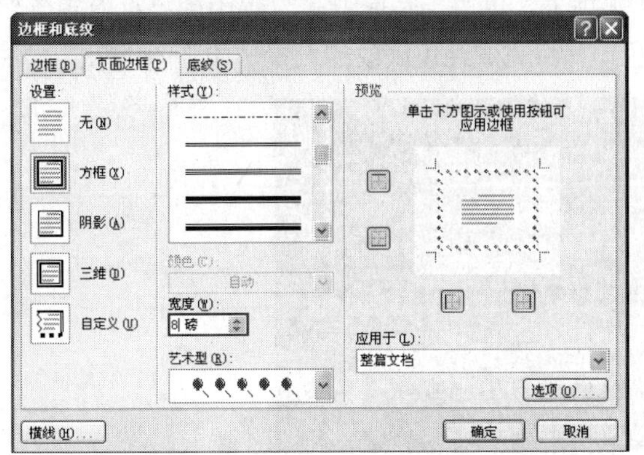

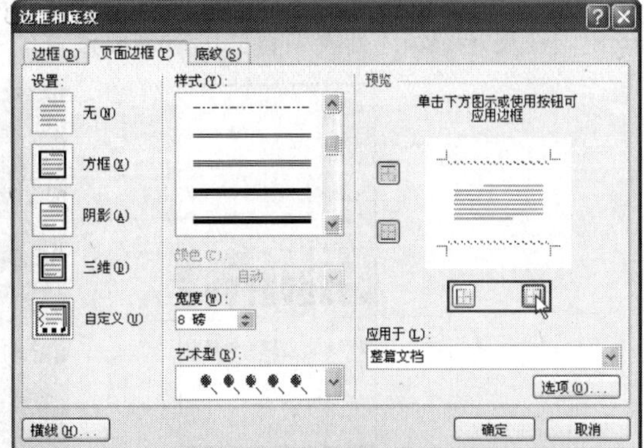

STEP 04 单击“应用于”右侧的下三角按钮，从弹出的下拉列表中选中边框要应用的范围。进行了以上内容的设置后，单击“确定”按钮，确认此次操作。

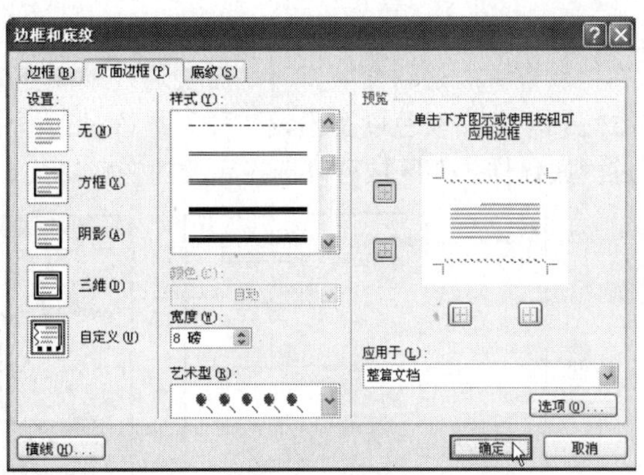

STEP 05 经过以上操作后，就可以看到设置后的效果，从而完成为文档添加边框的操作。

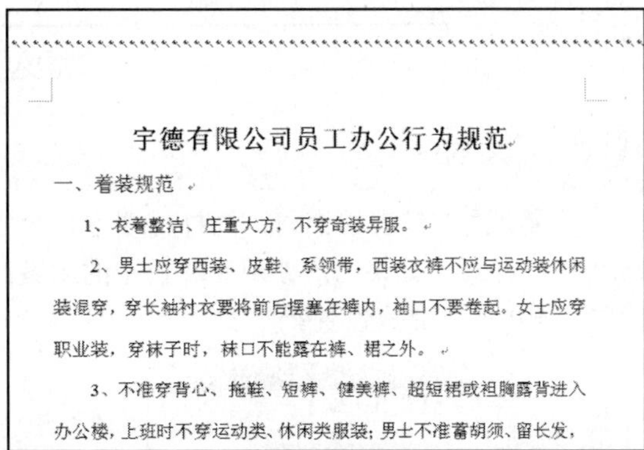
宇德有限公司员工办公行为规范

一、着装规范

1、衣着整洁、庄重大方，不穿奇装异服。

2、男士应穿西装、皮鞋、系领带，西装衣裤不应与运动装休闲装混穿，穿长袖衬衣要将前后摆塞在裤内，袖口不要卷起。女士应穿职业装，穿袜子时，袜口不能露在裤、裙之外。

3、不准穿背心、拖鞋、短裤、健美裤、超短裙或袒胸露背进入办公楼，上班时不穿运动类、休闲类服装；男士不准蓄胡须、留长发，

Study 01 利用边框和底纹修饰文档

Work 2 添加底纹颜色

文档底纹填充包括纯色填充、渐变填充、纹理填充、图案填充以及图片填充 5 种样式，下面依次介绍每种填充效果的设置操作。

01 纯色填充

设置页面的纯色底纹时，切换到“页面布局”选项卡，单击“页面背景”组中的“页面颜色”按钮，在展开的颜色列表中直接单击需要设置的颜色，即可完成纯色底纹的设置，如下图所示。

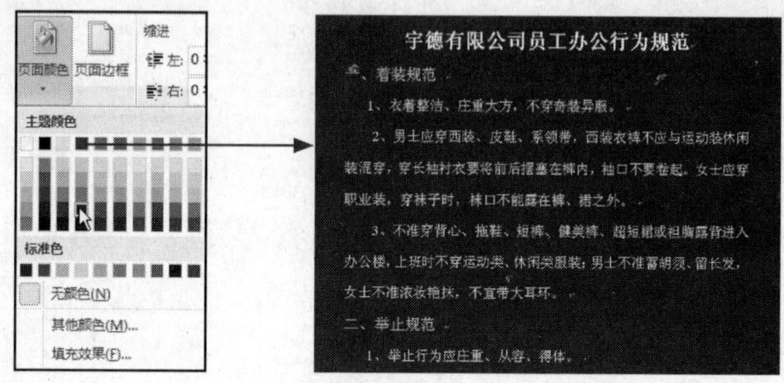

纯色填充设置

02 渐变填充

设置页面的渐变填充时，需要通过“填充效果”对话框来完成。在设置渐变填充时，颜色方案包括单色、双色以及预设3种。在该对话框中，通过“颜色”下拉列表可以设置填充颜色，通过“底纹样式”区域可以选择底纹的变形样式。

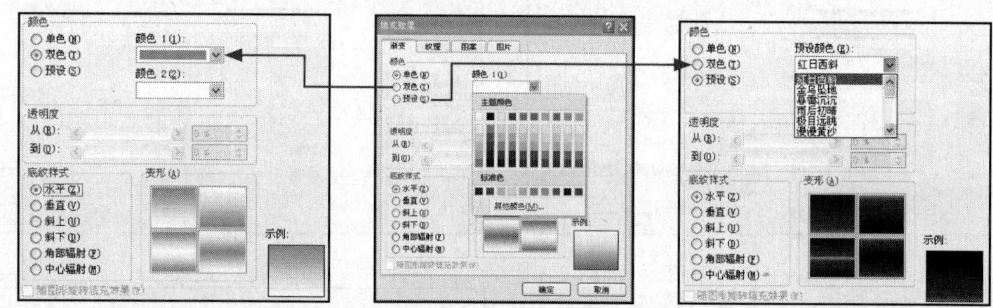

渐变填充设置

03 纹理填充

设置页面的纹理填充时，同样需要通过“填充效果”对话框来完成。在Word程序中预设了24种底纹样式，如果用户使用计算机中的图案时，单击“其他纹理”按钮，弹出“选择纹理”对话框，选中即可完成设置。

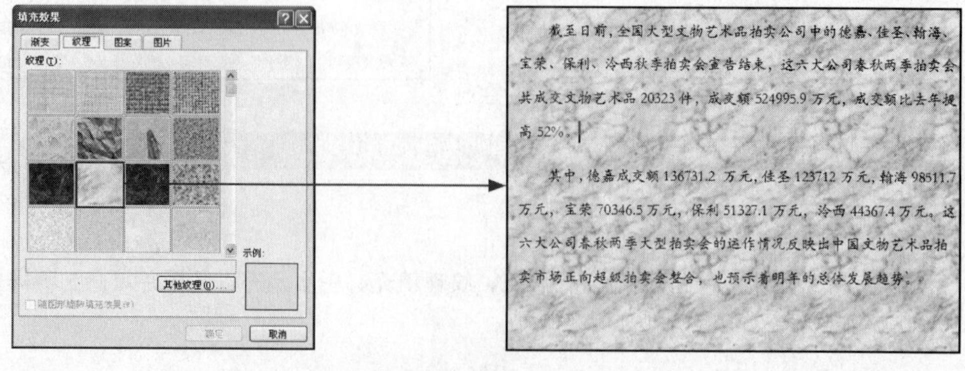

纹理填充设置

04 图案填充

设置页面的图案填充时，同样需要通过“填充效果”对话框来完成。在 Word 程序中预设了 48 种图案样式，用户也可以设置图案的前景和背景颜色，如下图所示。

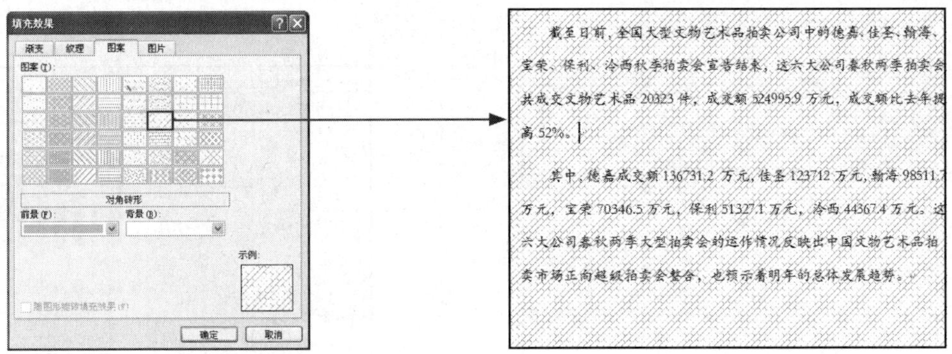

图案填充设置

05 图片填充

设置图片填充时，打开“填充效果”对话框后，切换到“图片”选项卡，单击“选择图片”按钮，弹出“选择图片”对话框。打开要使用的图片所在的路径，双击该图片或者选中该图片后，单击对话框右下角的“打开”按钮，返回“填充效果”对话框中单击“确定”按钮，即可完成图片填充的设置。

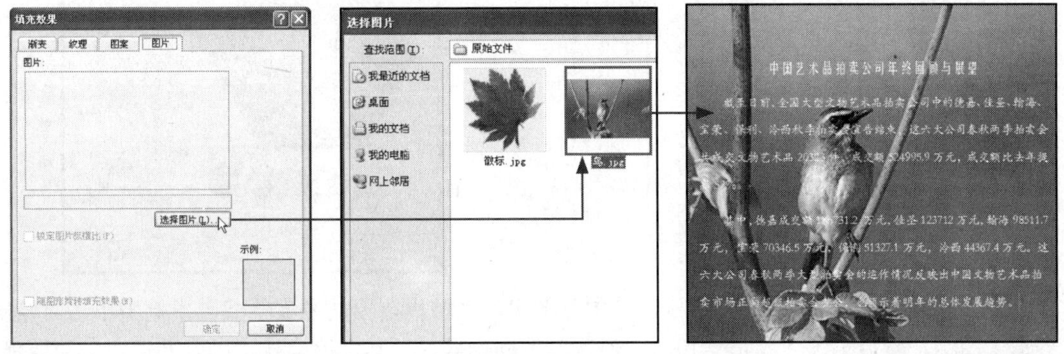

图片填充设置

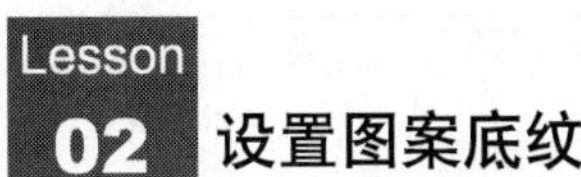

设置图案底纹

Office 2010 · 电脑办公从入门到精通

在设置文档的图案底纹时，可以对底纹的颜色、图案样式进行设置，如下图所示。

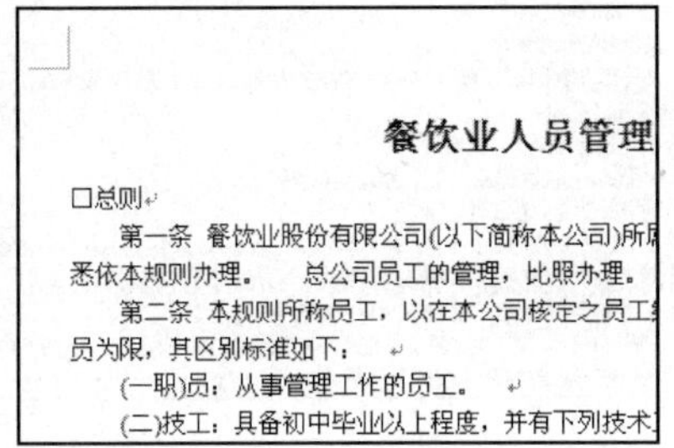

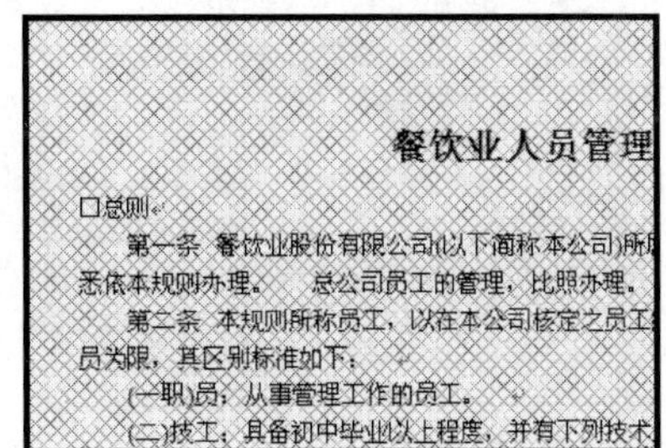

STEP 01 打开附书光盘 \ 实例文件 \ 第 6 章 \ 原始文件 \ 餐饮业人员管理制度 .docx，切换到“页面布局”选项卡，单击“页面背景”组中的“页面颜色”按钮，在展开的颜色列表中单击“标准色”区域内的“浅蓝”图标。

STEP 02 选择了填充颜色后，再次单击“页面颜色”按钮，在展开的颜色列表中单击“填充效果”选项。

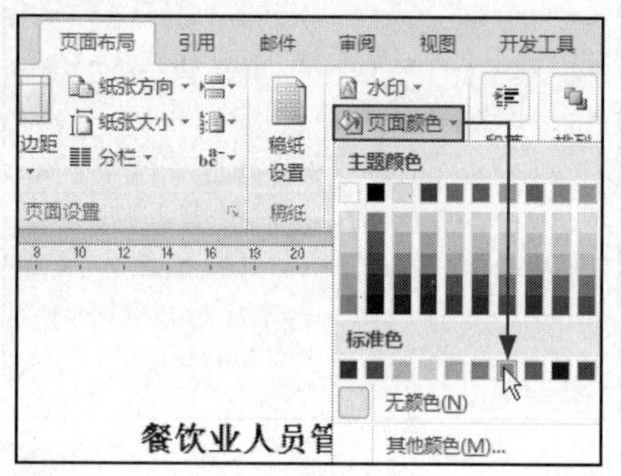

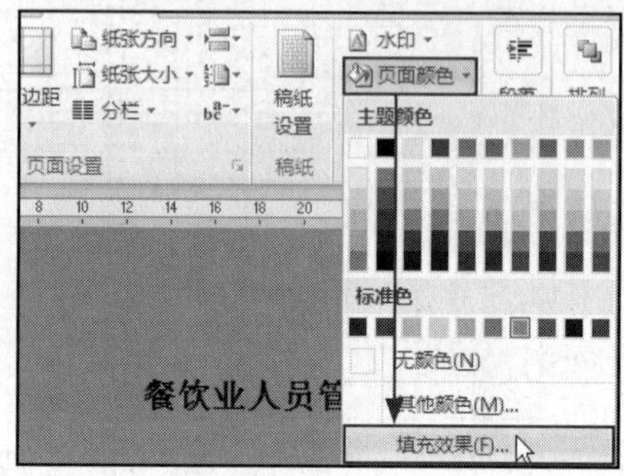

STEP 03 弹出“填充效果”对话框，切换到“图案”选项卡，单击“背景”框右侧的下三角按钮，在展开的下拉列表中选择“其他颜色”选项。弹出“颜色”对话框，切换到“标准”选项卡，在“颜色”区域内选择需要的颜色，单击“确定”按钮。

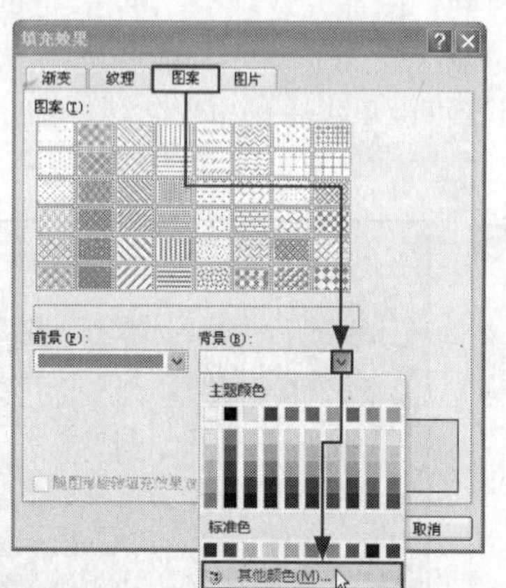

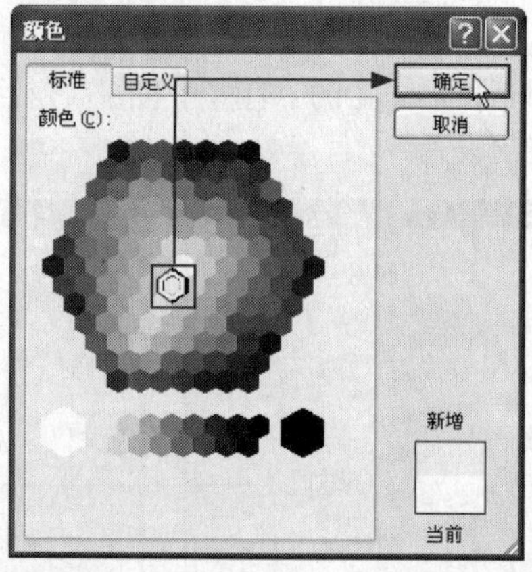

STEP 04 返回到“填充效果”对话框，选中“图案”区域内需要的图案样式，本例中单击“轮廓式菱形”图标，然后单击“确定”按钮。经过以上操作后，返回文档中就可以看到设置后的效果，从而完成为文档添加图案底纹的操作。

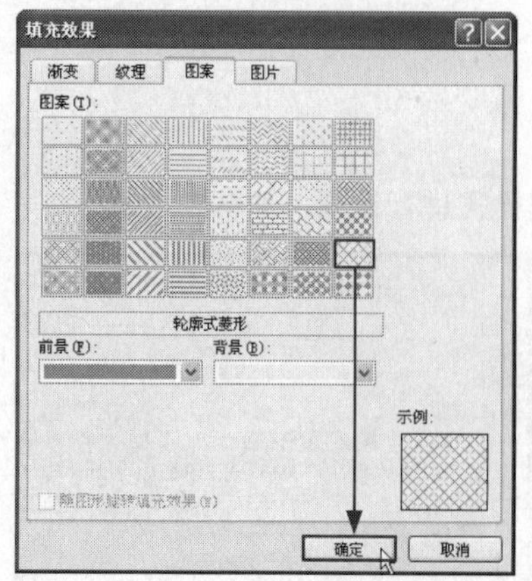

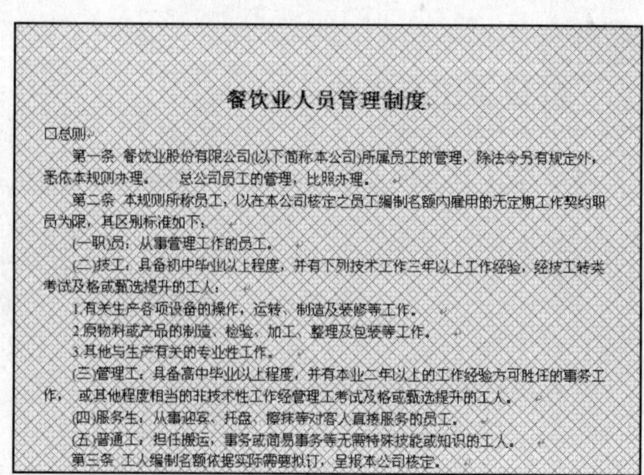
餐饮业人员管理制度

□总则

第一条 餐饮业股份有限公司(以下简称本公司)所属员工的管理，除法令另有规定外，悉依本规则办理。 总公司员工的管理，比照办理。

第二条 本规则所称员工，以在本公司核定之员工编制名额内雇用的无定期工作契约职员为限，其区别标准如下：

(一职)员：从事管理工作的员工。

(二)技工：具备初中毕业以上程度，并有下列技术工作三年以上工作经验，经技工转类考试及格或甄选提升的工人：

1.有关生产各项设备的操作，运转、制造及装修等工作。

2.原物料或产品的制造、检验、加工、整理及包装等工作。

3.其他与生产有关的专业性工作。

(三)管理工：具备高中毕业以上程度，并有本业二年以上的工作经验方可胜任的事务工作， 或其他程度相当的非技术性工作经管理工考试及格或甄选提升的工人。

(四)服务生：从事迎宾、托盘、擦抹等对客人直接服务的员工。

(五)普通工，担任搬运，事务或简易事务等无需特殊技能或知识的工人。

第三条 工人编制名额依据实际需要拟订，呈报本公司核定。

Work 3 制作水印效果

文档的水印包括预设水印和自定义水印两种，自定义水印又分为图片水印和文字水印。下面分别认识每种水印的效果以及水印的制作方法。

01 水印效果

Word 2010 中有 4 种预设的水印，用户也可以根据文档需要自定义水印。如下图所示为使用不同水印后的效果。

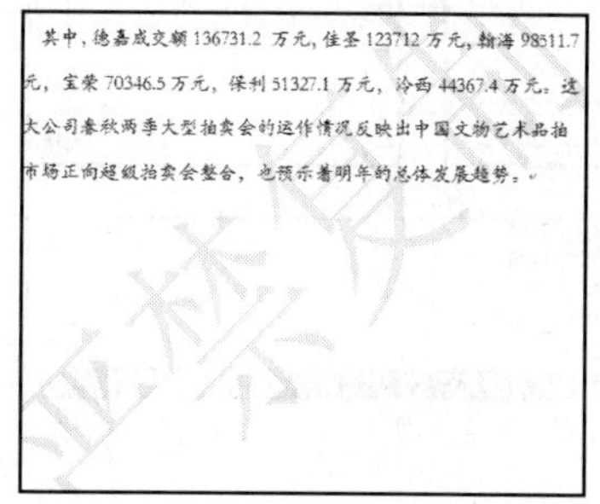

① 预设水印

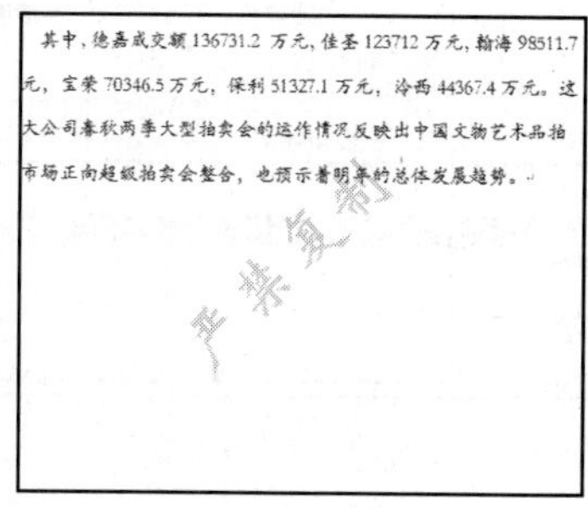

② 自定义文字水印

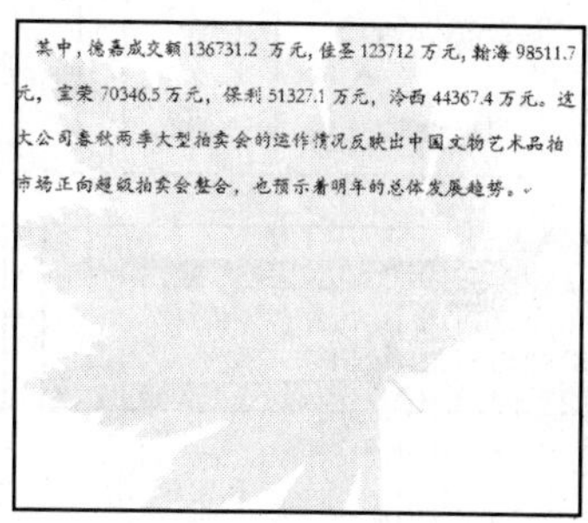

③ 自定义图片水印

02 水印效果的编辑

要制作水印时，切换到“页面设置”选项卡，单击“页面背景”组中的“水印”按钮，再选择“自定义水印”选项，即可在弹出的“水印”对话框中设置水印。

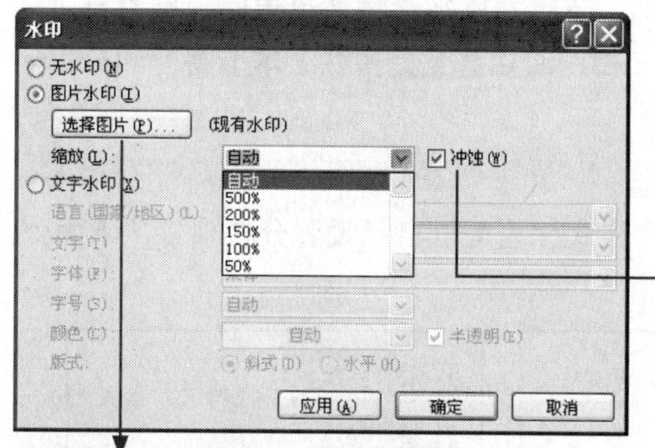

“水印”对话框中包括“图片水印”和“文字水印”两种，选中“图片水印”单选按钮，再单击“选择图片”按钮，可以打开“插入图片”对话框，从中选择需要的图片；单击“缩放”右侧的下三角按钮，打开下拉列表后，可以选择图片的缩放比例；勾选“冲蚀”复选框，可以将图片设置为冲蚀效果，取消勾选后，水印图片则是普通效果。

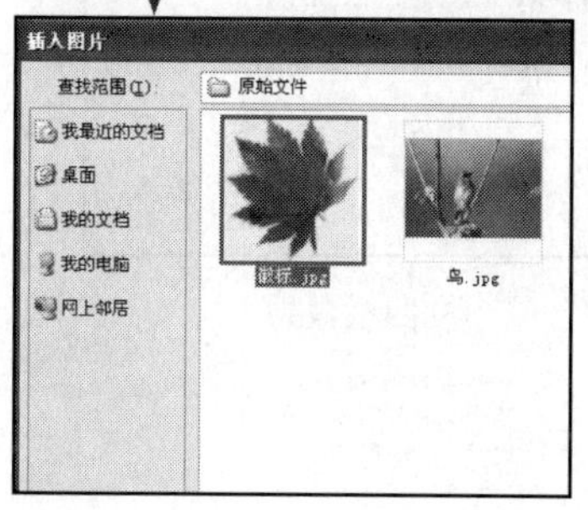

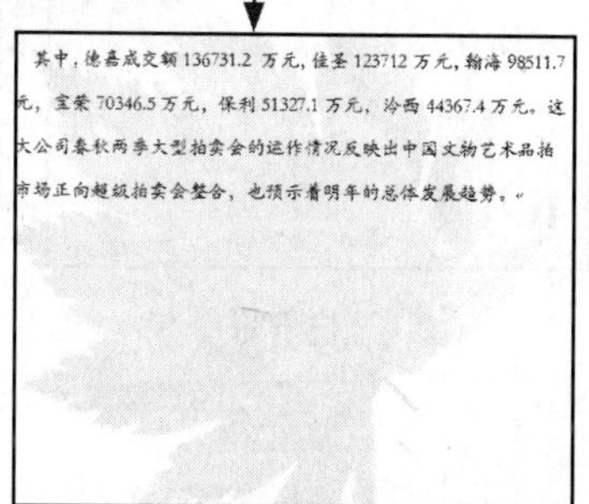

① 图片水印的设置

选中“文字水印”单选按钮，单击“语言”右侧的下三角按钮，打开下拉列表，选择文字语言；单击“文字”右侧的下三角按钮，可以选择需要的水印文字；在“字体”下拉列表中可以选择字体；在“字号”下拉列表中可以选择水印文字大小；在“颜色”下拉列表中可以设置字体颜色。

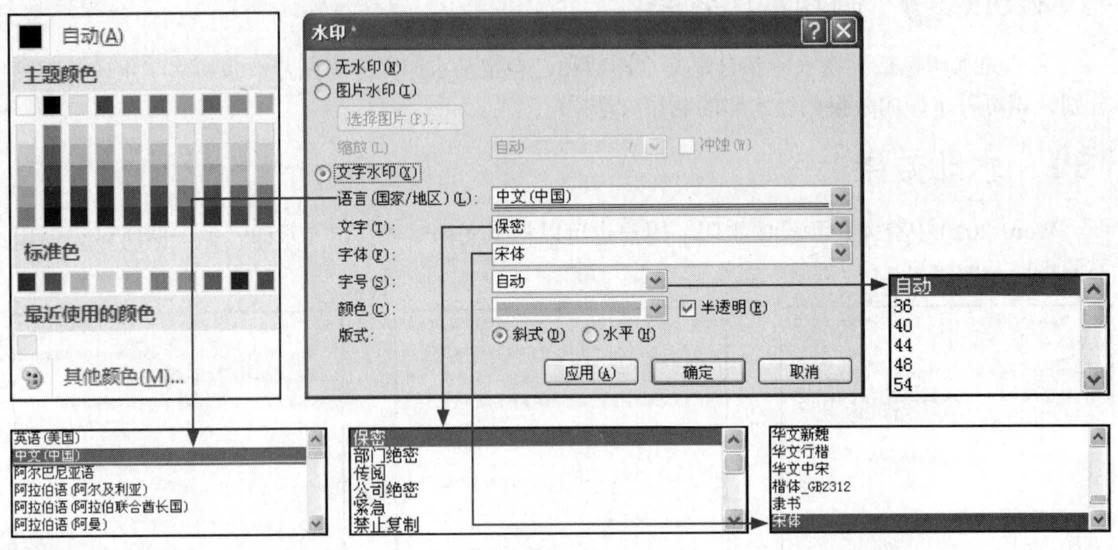

② 文字水印的设置

Study 02

巧用分栏美化文档

在默认情况下，打开的 Word 文档都是一栏的。不过在进行文档的设置时，用户可以根据需要对文档分栏，例如将文档分为两栏、三栏、四栏甚至更多栏。本节将介绍分栏的方法。

创建分栏时，用户可以使用 Word 程序预设的分栏样式，也可以自己设置分栏项目，下面依次介绍这两种创建分栏的操作。

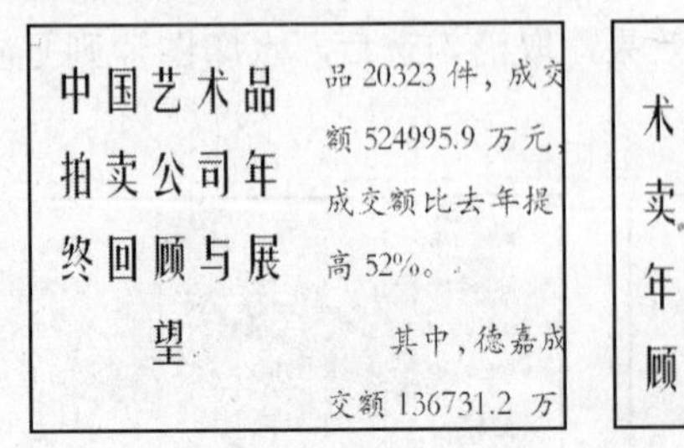

① 两栏效果

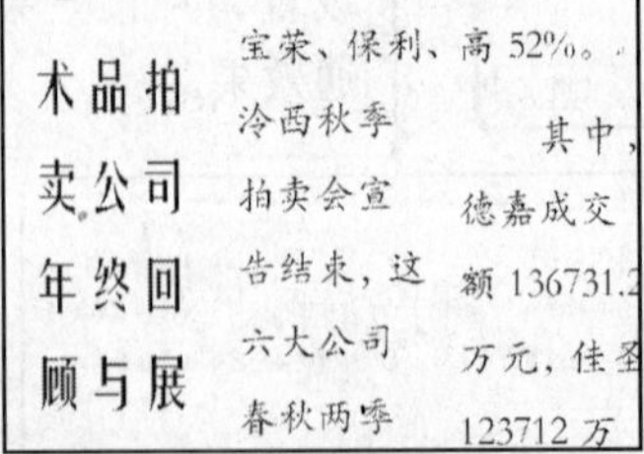

② 三栏效果

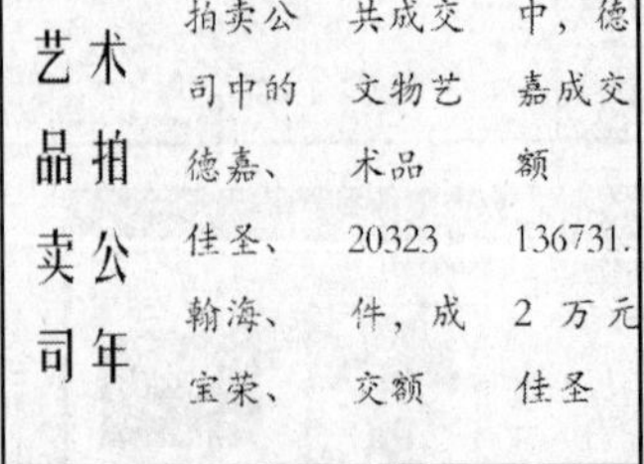

③ 四栏效果

01 使用预设样式

打开目标文档，切换到“页面布局”选项卡，单击“页面设置”组中的“分栏”按钮，弹出下拉列表后，选择要设置的栏数，如“两栏”，返回到文档中，就完成了将文档设置为两栏显示的操作，如下图所示。

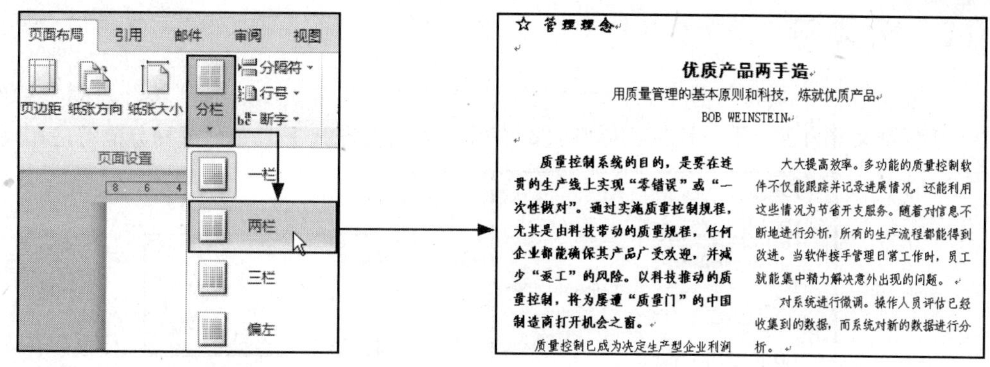

① 选择分栏数量　　② 显示分栏效果

02 自定义分栏

在进行自定义分栏操作时，需要通过“分栏”对话框来完成。打开目标文档，切换到“页面布局”选项卡，单击“页面设置”组中的“分栏”按钮，弹出下拉列表，选择“更多分栏”选项，就可以打开“分栏”对话框，该对话框内各选项的作用如表6-1所示。

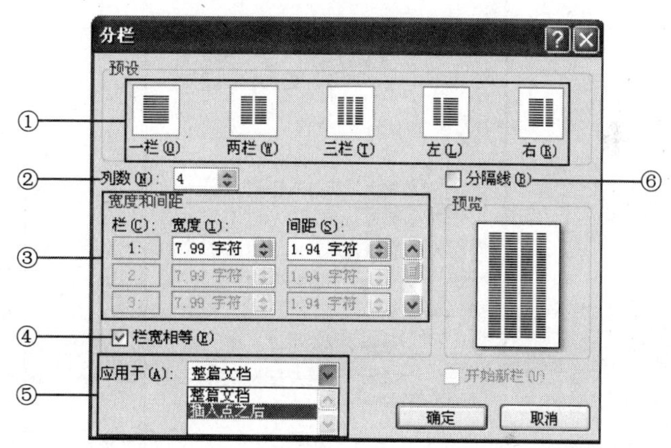

表6-1 “分栏”对话框中各选项的作用

编　号	名　称	作　用
①	“预设”区域	用于显示Word 程序中预设的分栏样式，设置时选中要使用的样式，然后单击“确定”按钮
②	“列数”数值框	用于设置分栏的栏数，设置时选中原有数值，直接输入需要的栏数即可
③	“宽度和间距”区域	用于设置每栏相隔宽度以及文本间距，设置方法与“列数”的相同
④	“栏宽相等”复选框	用于固定所设栏之间的宽度是否相等，勾选则为相等；取消勾选则需要用户自己动手设置每栏的宽度
⑤	“应用于”下拉列表	用于设置分栏操作应用的范围，有“整篇文档”和“插入点之后”两个选项
⑥	“分隔线”复选框	用户设置分栏之间的分隔线，勾选则使用分隔线；取消勾选则不使用分隔线

03 任意设置页面纵横方向

在设置文档的纸张方向时，有横向和纵向两种选择。本节将介绍如何实现文档页面方向的混排。

如果希望文档第一页是纵向的，第二页是横向排列的，那么需要通过应用分隔符和设置纸张方向来实现。

01 分隔符

分隔符包括分页符与分节符两个类型，分页符又分为分页符、分栏符、自动换行符3个类别，分节符又分为下一页、连续、偶数页、奇数页4个类别。下面介绍每种分隔符应用后的效果。

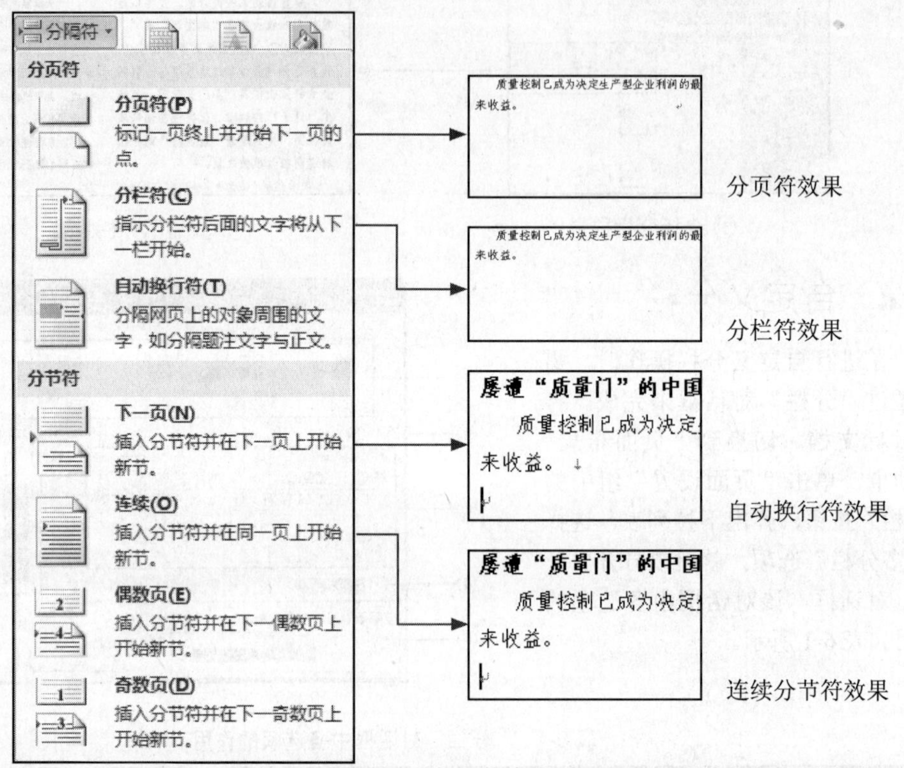

部分分隔符效果图

02 纸张方向

纸张的方向有横向和纵向两种。设置纸张方向时，切换到“页面布局”选项卡，单击“页面设置”组中的“纸张方向”按钮，弹出下拉列表后，选择相应选项，即可完成设置。下面介绍设置不同纸张方向后的效果。

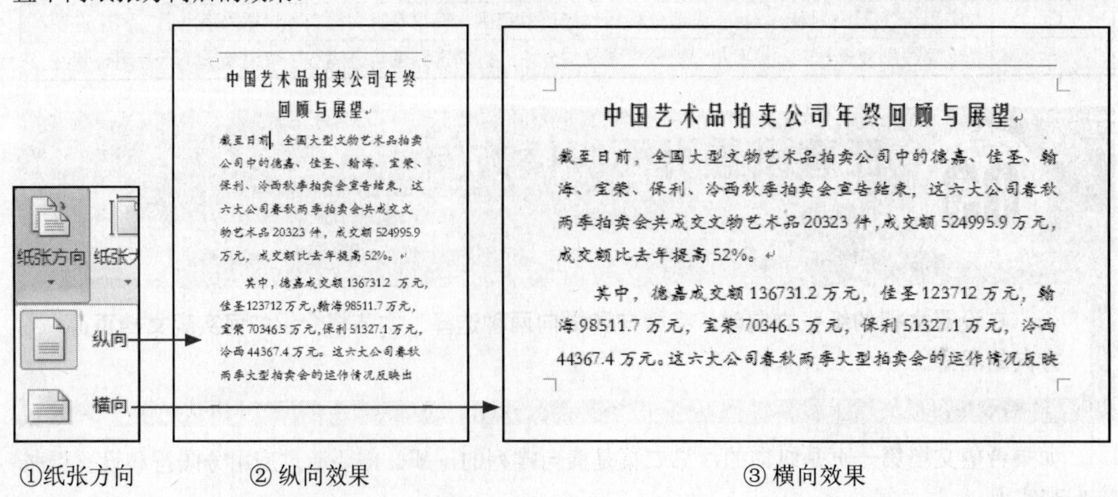

①纸张方向　② 纵向效果　③ 横向效果

Lesson 03 设置混合纸张方向效果

设置混合的纸张方向效果时，需要将分隔符与纸张方向两个功能结合起来设置。

STEP 01 打开附书光盘\实例文件\第6章\原始文件\简报.docx，将光标定位在要划分为第二页内容的位置处，切换到“页面布局”选项卡。单击“页面设置”组中的“分隔符”按钮，在展开的下拉列表中选择“分节符”组中的“下一页”选项。

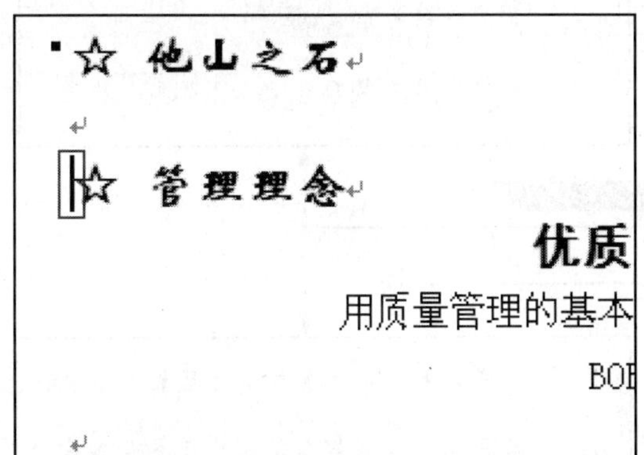

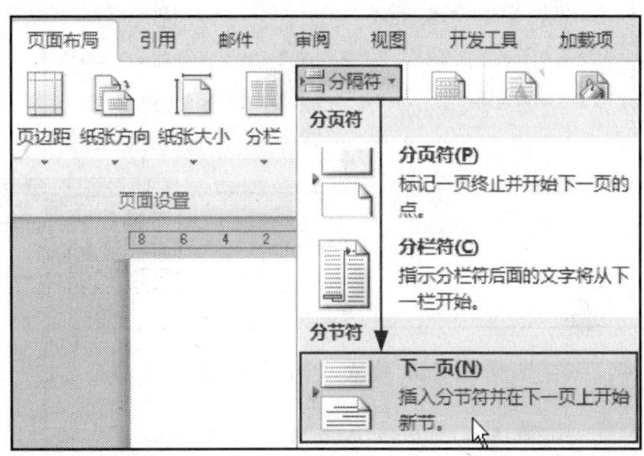

STEP 02 执行了添加下一页分节符的操作后，将光标定位在要更改页面方向的第一页界面中，单击“页面设置”组中的“纸张方向”按钮，在展开的下拉列表中选择“横向”选项。经过以上操作后，即可完成将文档中的纸张方向调整为纵向与横向混合的操作。

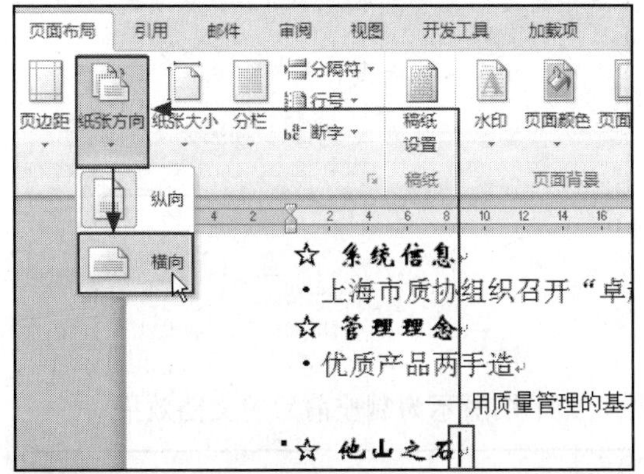

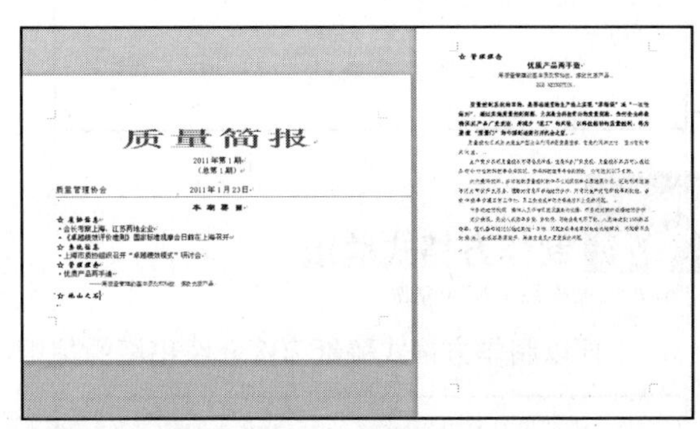

Study 04 信笺稿纸的制作

默认的 Word 文档背景是空白的，是看不到网格等内容的，当用户需要使用其他稿纸时，可以进行选择。稿纸的格式包括非稿纸文档（默认文档）、方格式稿纸、行线式稿纸和外框式稿纸 4 种，本节将介绍这几种稿纸的效果。

用户可以通过“稿纸设置”对话框的“格式”下拉列表选择稿纸格式。

中国艺术品拍卖公司年终回顾与展望

截至日前，全国大型文物艺术品拍卖公司中的德嘉、佳圣、翰海、宝荣、保利、泠西秋季拍卖会宣告结束，这六大公司春秋两季拍卖会共成交文物艺术品20323件，成交额524995.9万元，成交额比去年提高52%。

其中，德嘉成交额136731.2万元，佳圣123712万元，翰海98511.7万元，宝荣70346.5万元，保利51327.1万元，泠西44367.4万元。这六大公司春秋两季大型拍卖会的运作情况反映出中国文物艺术品拍卖市场正向超级拍卖会整合，也预示着明年的总体发展趋势。

中国艺术品拍卖公司年终回顾与展望

截至日前，全国大型文物艺术品拍卖公司中的德嘉、佳圣、翰海、宝荣、保利、泠西秋季拍卖会宣告结束，这六大公司春秋两季拍卖会共成交文物艺术品20323件，成交额524995.9万元，成交额比去年提高52%。

其中，德嘉成交额136731.2万元，佳圣

中国艺术品拍卖公司年终回顾与展望

截至日前，全国大型文物艺术品拍卖公司中的德嘉、佳圣、翰海、宝荣、保利、泠西秋季拍卖会宣告结束，这六大公司春秋两季拍卖会共成交文物艺术品20323件，成交额524995.9万元，成交额比去年提高52%。

其中，德嘉成交额136731.2万元，佳圣

中国艺术品拍卖公司年终回顾与展望

截至日前，全国大型文物艺术品拍卖公司中的德嘉、佳圣、翰海、宝荣、保利、泠西秋季拍卖会宣告结束，这六大公司春秋两季拍卖会共成交文物艺术品20323件，成交额524995.9万元，成交额比去年提高52%。

其中，德嘉成交额136731.2万元，佳圣

Lesson 04 制作方格式稿纸

Office 2010 · 电脑办公从入门到精通

下面以制作方格式稿纸为例介绍稿纸的使用操作，如下图所示为制作前后的文档效果。

又见睡莲

——引自网络

有多久没去看莲了？

那优雅的睡莲，仿佛就绽放在眼前。不由忆起席慕蓉的《莲的心事》——我/是一朵盛开的夏莲/多希望/你能看见现在的我。……现在/正是/最美丽的时刻/重门却已深锁/在芬芳的笑靥之後/谁人知道/我/莲的心事。

那丰姿绰绝的睡莲，是否一如当年单纯而安静地盛开吗？她们可曾记得涉水轻掬莲瓣、留连忘返欲解读她们的我？

从幽梦、带着莲香的梦中醒来，感叹时光交错，思念蚀我心怀，无计可消除。于是择一个风和日丽的晴朗天，怀着看睡莲的渴望之情，我们前往植物园看莲去。

走进与雁山热闹非凡的集市仅一条马路之隔的植物园，顿觉清凉宁静。这里游人稀少，处处可闻鸟语花香，醉人心怀。

漫步在绿意盎然、草木芳香的园林里，不时感受到转角一隅、小桥塘边的睡莲带来意外的惊喜。白的、红的、紫的、粉的花朵，在阳光下娇艳地盛开。

植物园里共有五处景点开放着睡莲，而我最喜欢在那株高大葱郁的橄榄树下驻留，坐在池塘边的石凳上看莲。眼前的池塘大约十来米长，三四米宽，在这小小的水域里婷婷倩立着

又见睡莲

——引自网络

有多久没去看莲了？

那优雅的睡莲，仿佛就绽放在眼前。不由忆起席慕蓉的《莲的心事》——我/是一朵盛开的夏莲/多希望/你能看见现在的我。……现在/正是/最美丽的时刻/重门却已深锁/在芬芳的笑靥之後/谁人知道/我/莲的心事。

那丰姿绰绝的睡莲，是否一如当年单纯而安静地盛开吗？她们可曾记得涉水轻掬莲瓣、留连忘返欲解读她们的

STEP 01 打开附书光盘\实例文件\第6章\原始文件\散文.docx，切换到“页面布局”选项卡，单击“稿纸”组中的“稿纸设置”按钮。

STEP 02 弹出“稿纸设置”对话框，单击“格式”框右侧的下三角按钮，在展开的下拉列表中选择“方格式稿纸”选项，如下图所示。

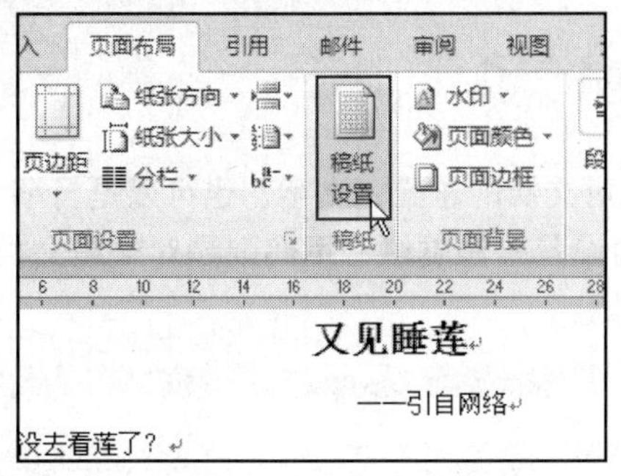

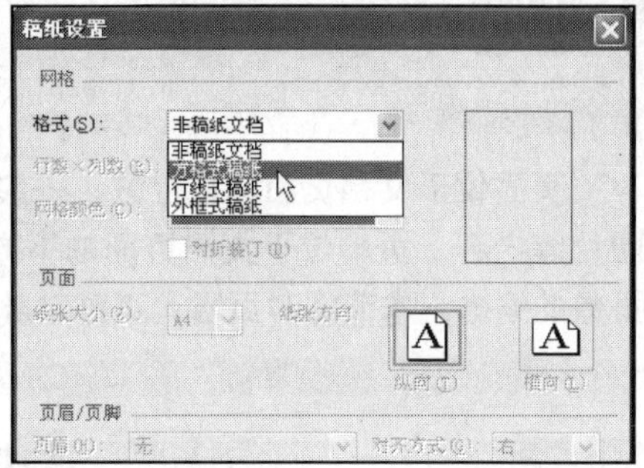

STEP 03 设置了格式后，单击“行数 × 列数”框右侧的下三角按钮，在展开的下拉列表中选择“20×25”选项。然后单击“网格颜色”框右侧的下三角按钮，在展开的颜色列表中选择“蓝色”选项。

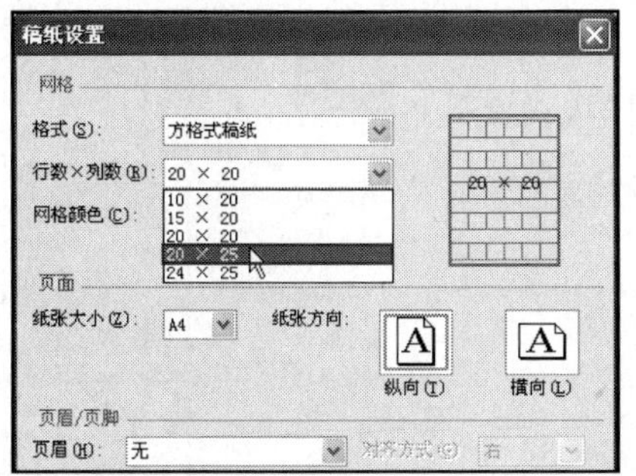

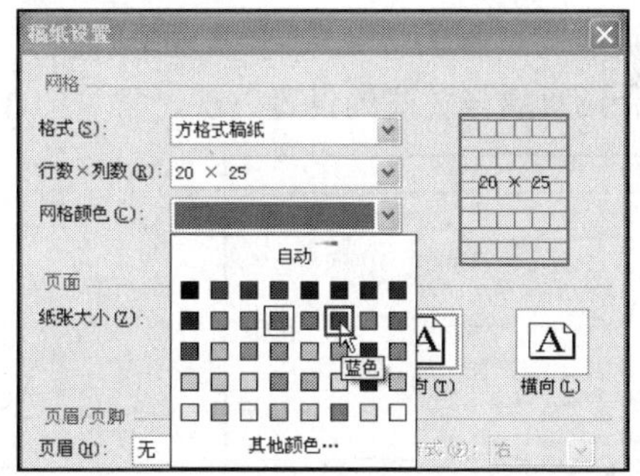

STEP 04 将网格选项设置完毕后，单击“稿纸设置”对话框中的“确认”按钮。返回到文档中，可以看到文档应用了“方格式稿纸”的效果。

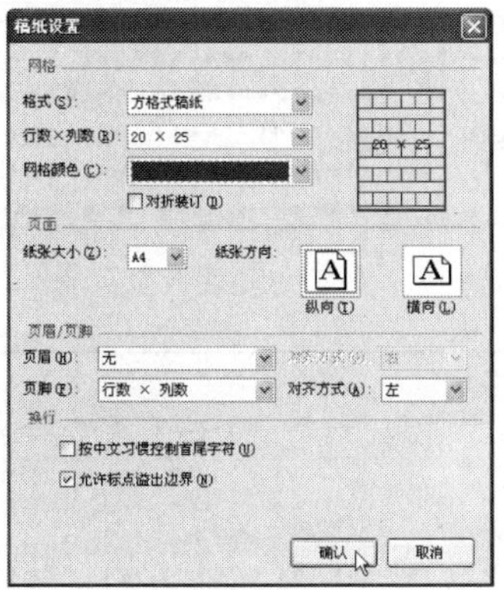

又见睡莲

——引自网络

有多久没去看莲了？

那优雅的睡莲，仿佛就绽放在眼前。不由忆起席慕蓉的《莲的心事》——我/是一朵盛开的夏莲/多希望/你能看见现在的我。……现在/正是/最美丽的时刻/重门却已深锁/在芬芳的笑靥之後/谁人知道/我/莲的心事。

那丰姿绰约的睡莲，是否一如当年单纯而安静地盛开吗？她们可曾记得涉水轻掬莲瓣、留连忘返欲解读她们的

Tip 取消稿纸样式

需要取消稿纸样式时，可打开“稿纸设置”对话框，单击“格式”右侧的下三角按钮，弹出下拉列表后，选择“非稿纸文档”选项，单击“确定”按钮即可完成操作。

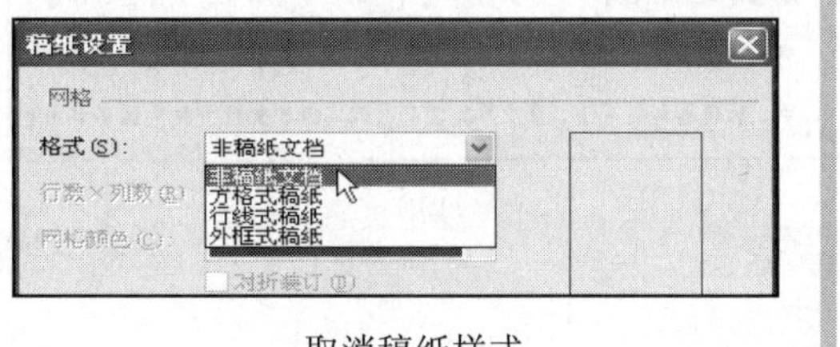

取消稿纸样式

05 使用页眉、页脚以及页码

Work 1．页眉与页脚　　Work 2．页码

页眉位于文档页面的最上方，一般是用于放置对文档的总结性文字，也可以是日期、图片等内容；页脚位于文档页面的下方，与页眉的设置方法类似；页码则是对整篇文档页数的编排。本节将对页眉、页脚以及页码进行介绍。

Study 05　使用页眉、页脚以及页码

Work 1 页眉与页脚

页眉与页脚的样式中有 Word 预设的，用户也可以自己动手进行设置。本节就以自定义页眉为例介绍页眉与页脚的设置方法，常见的几种预设页眉样式效果如下。

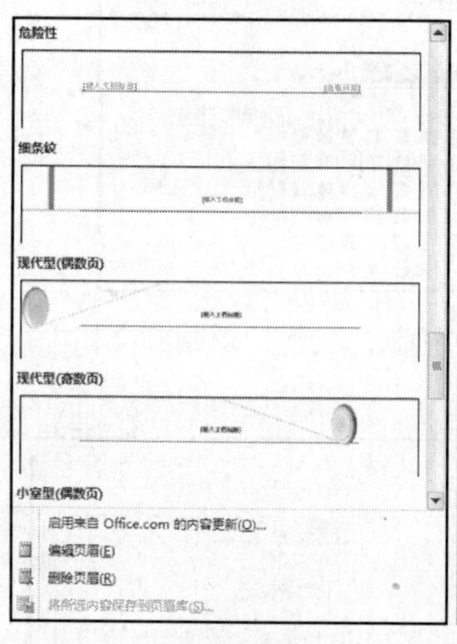

① 页眉列表

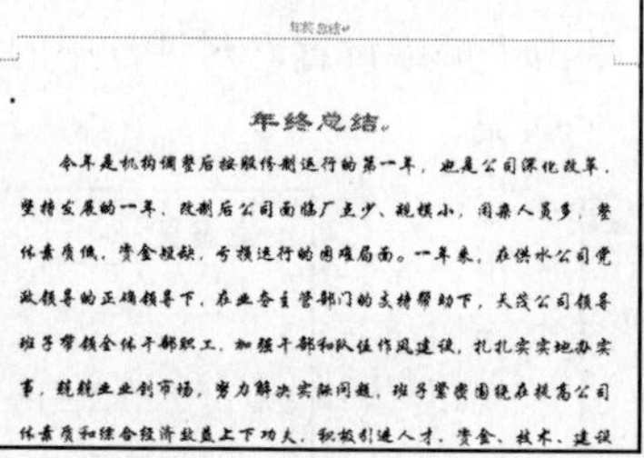

② 空白型页眉

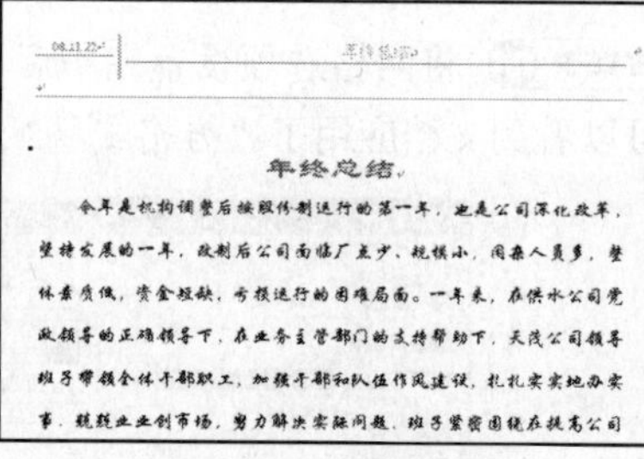

③ 连线型页眉

④飞越型页眉

⑤ 条纹型页眉

Lesson 05 自定义页眉

在设置页眉时，除了使用预设的页眉样式，还可以自己手动设置。如下图所示为自定义页眉前后的文档效果。

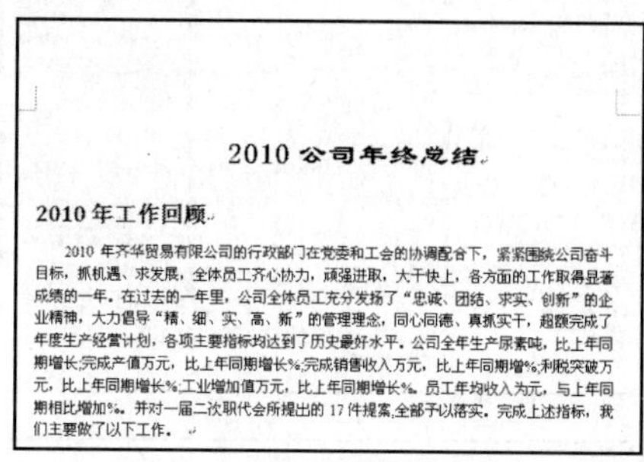

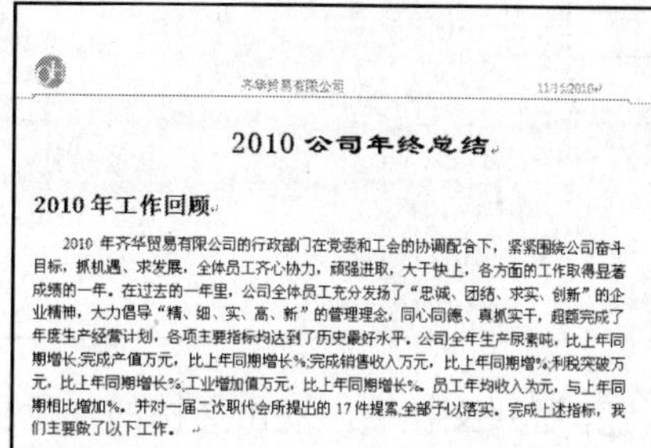

STEP 01 打开附书光盘 \ 实例文件 \ 第 6 章 \ 原始文件 \ 年终总结 .docx 后，切换到“插入”选项卡，单击“页眉和页脚”组中的“页眉”按钮，在展开的下拉列表中选择“编辑页眉”选项。返回到文档中，将光标定位在页眉的编辑区内，输入需要的页眉内容。

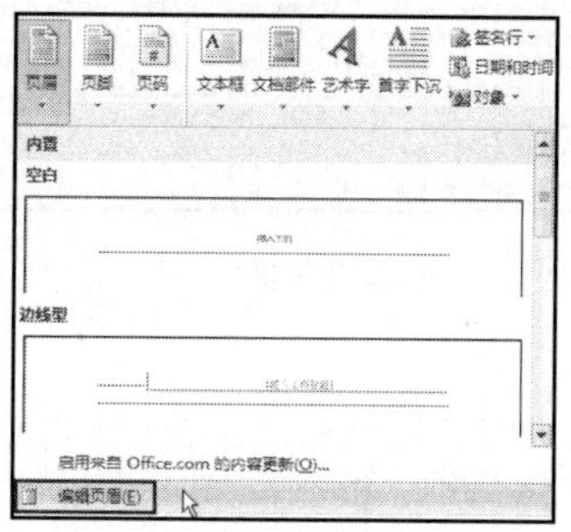

STEP 02 将光标定位在页眉前方，然后单击“页眉和页脚工具”选项卡下“插入”组中的“图片”按钮，弹出“插入图片”对话框，进入目标文件所在路径，单击目标图片，然后单击“插入”按钮。

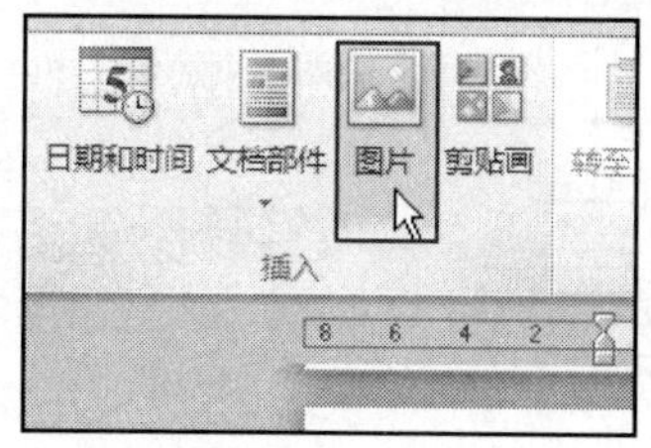

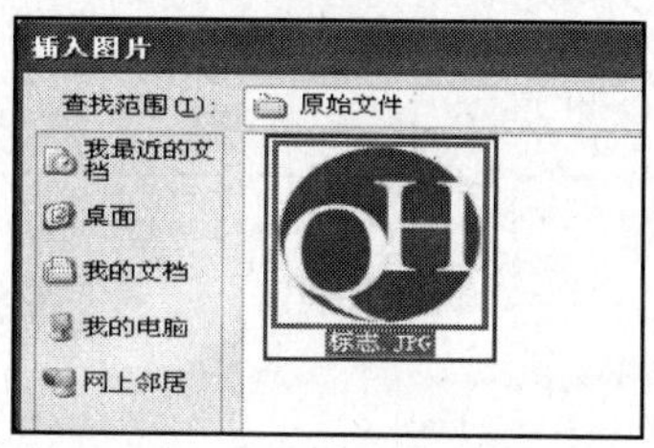

STEP 03 将图片插入到页眉中后，将其调整到合适大小，并放置到页眉左侧，距离文本 11 个字符左右，然后将光标定位在页眉中文本的右侧，向后输入大约 11 个字符的空格。

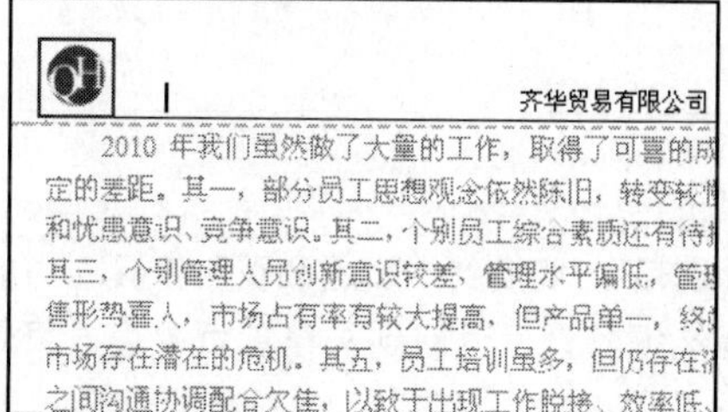

STEP 04 单击“插入”组中的“日期和时间”按钮。

STEP 05 弹出“日期和时间”对话框，在“可用格式”列表框中选中第一个日期选项，然后单击“确定”按钮。

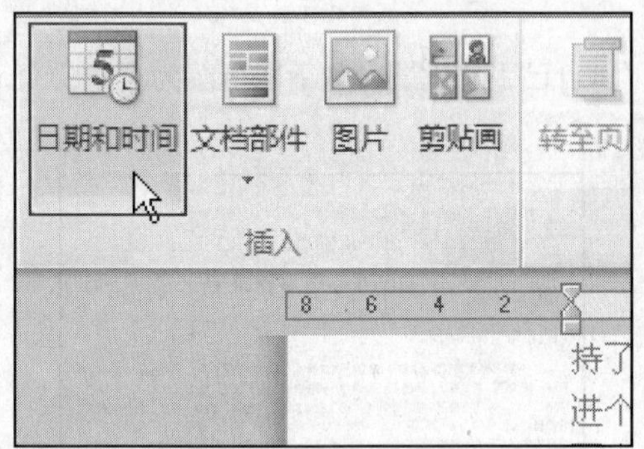

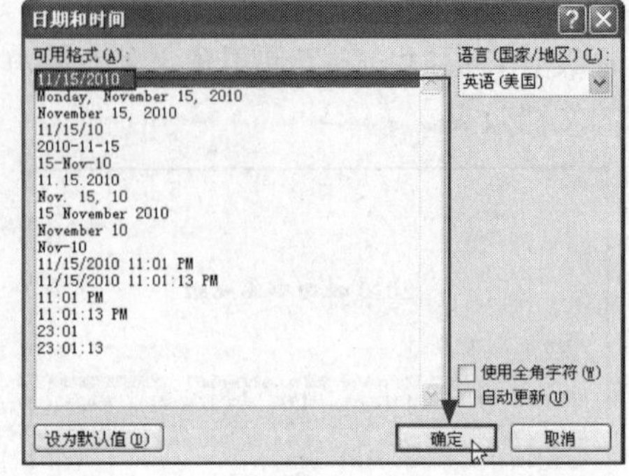

STEP 06 返回文档中，双击文档的任意位置，将文档切换到页面编辑状态下，就完成了页眉的自定义设置。

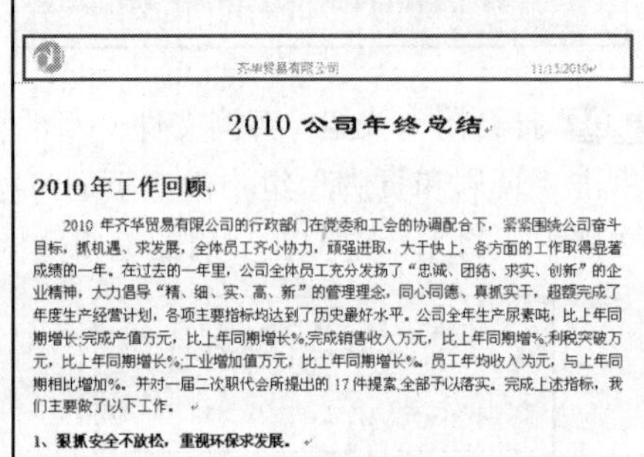
齐华贸易有限公司 11/15/2010

2010 公司年终总结

2010 年工作回顾

2010 年齐华贸易有限公司的行政部门在党委和工会的协调配合下，紧紧围绕公司奋斗目标，抓机遇、求发展，全体员工齐心协力，顽强进取，大干快上，各方面的工作取得显著成绩的一年。在过去的一年里，公司全体员工充分发扬了“忠诚、团结、求实、创新”的企业精神，大力倡导“精、细、实、高、新”的管理理念，同心同德、真抓实干，超额完成了年度生产经营计划，各项主要指标均达到了历史最好水平。公司全年生产尿素吨，比上年同期增长;完成产值万元，比上年同期增长%;完成销售收入万元，比上年同期增%;利税突破万元，比上年同期增长%;工业增加值万元，比上年同期增长%。员工年均收入为元，与上年同期相比增加%。并对一届二次职代会所提出的 17 件提案,全部予以落实。完成上述指标，我们主要做了以下工作。

1、狠抓安全不放松，重视环保求发展。

Lesson 06 设置页眉的样式奇偶页不同

Office 2010 · 电脑办公从入门到精通

在编辑页眉时，还可以将奇数页和偶数页的页眉设置为不同的样式。

STEP 01 打开附书光盘\实例文件\第 6 章\原始文件\年终总结 1.docx，双击页眉区域，进入页眉编辑状态下。切换到“页眉和页脚工具 - 设计”选项卡，勾选“选项”组中的“奇偶页不同”复选框。

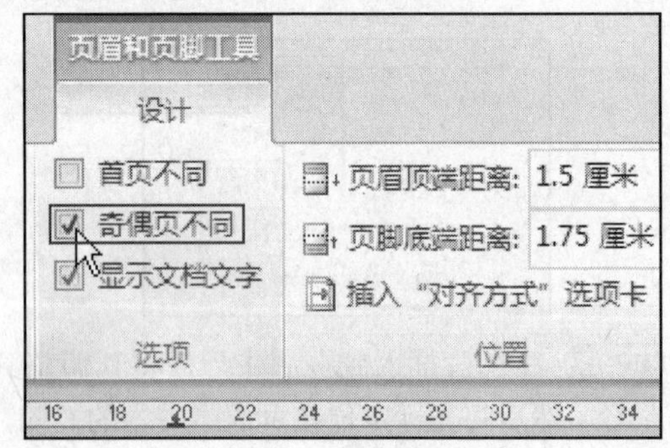

Tip 设置页眉的首页不同

打开目标文档后，双击页眉区域，进入页眉编辑状态下，切换到“页眉和页脚工具”中的“设计”选项卡，勾选“选项”组中的“首页不同”复选框，然后返回到文档首页中输入页眉内容，再切换到页面编辑状态下即可制作出首页不同的页眉。

STEP 02 将光标定位在偶数页的页眉区域内，直接输入新的页眉内容，然后双击编辑区内任意位置，切换到文档编辑状态下，就完成了奇偶页不同的页眉制作。

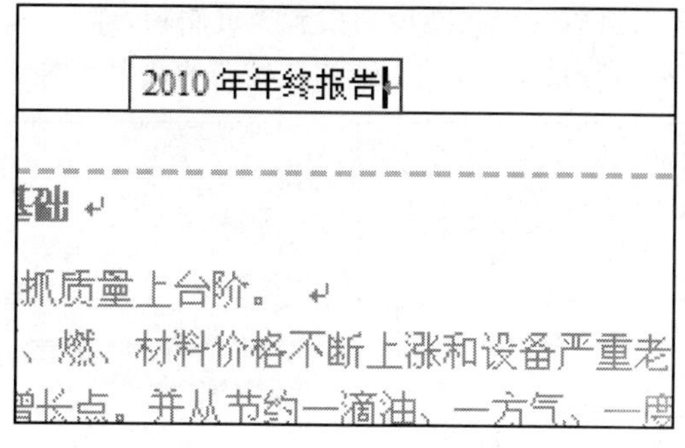

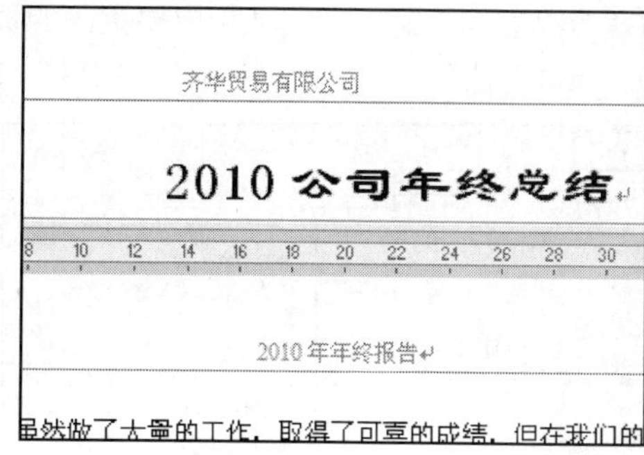

Tip 拆分窗口

在 Word 2010 中需要拆分窗口时，打开文档后按 Shift+Ctrl+S 快捷键，鼠标指针就会变成一条灰色的线以及形状，移动鼠标至要拆分窗口的目标位置后，单击鼠标，即可完成拆分窗口的操作；取消窗口的拆分时，再次按 Shift+Ctrl+S 快捷键即可。

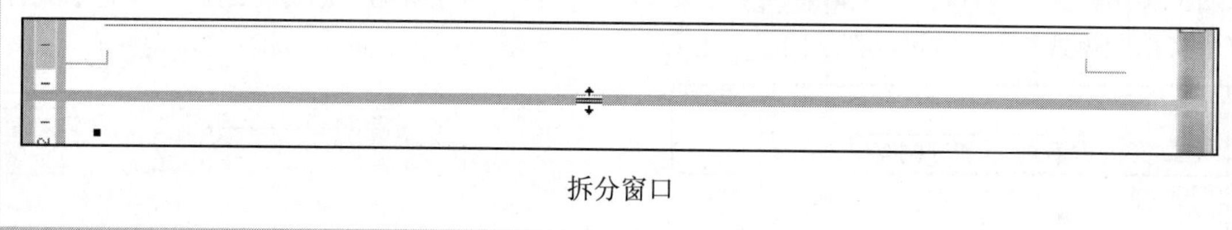

拆分窗口

Lesson 07 设置每页的页眉都不同

Office 2010 · 电脑办公从入门到精通

在页眉设置时，如果文档的页数不多，而页眉的内容又比较丰富，可以分别为每页设置不同的页眉。此种情况下，就需要分隔符的帮助了。

STEP 01 打开附书光盘\实例文件\第 6 章\原始文件\餐饮业人员管理制度 1.docx，切换到“插入”选项卡，单击“页眉和页脚”组中的“页眉”按钮，在展开的下拉列表中单击“瓷砖型”选项。插入页眉后，根据文档内容，对页眉内容进行编辑。

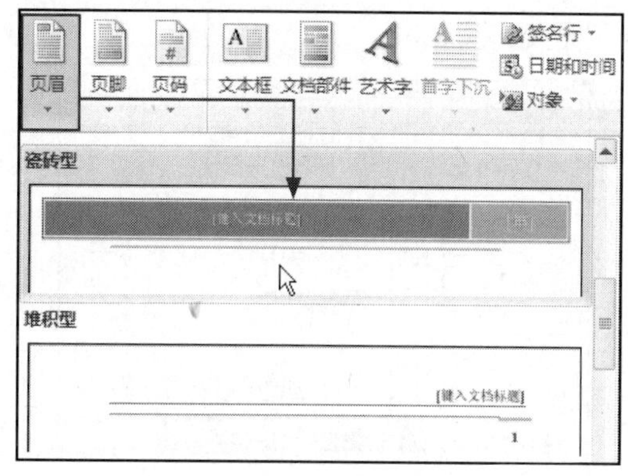

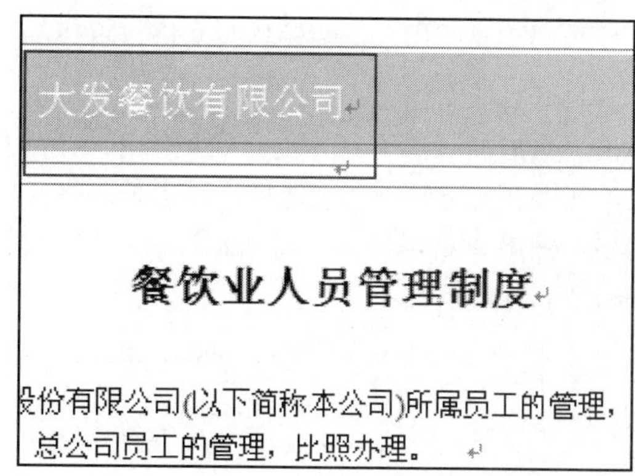

STEP 02 将光标定位在要更改页眉的上一页末尾处，切换到“页面布局”选项卡，单击“页面设置”组中的“分隔符”下三角按钮，在展开的下拉列表中单击“分节符”区域内的“下一页”选项。执行了分节符命令后，双击文档中要更改的页眉，进入页眉编辑状态后切换到“页眉和页脚工具”中的“设计”选项卡，单击“导航”组中的“链接到前一条页眉”按钮，取消该按钮的选中状态。

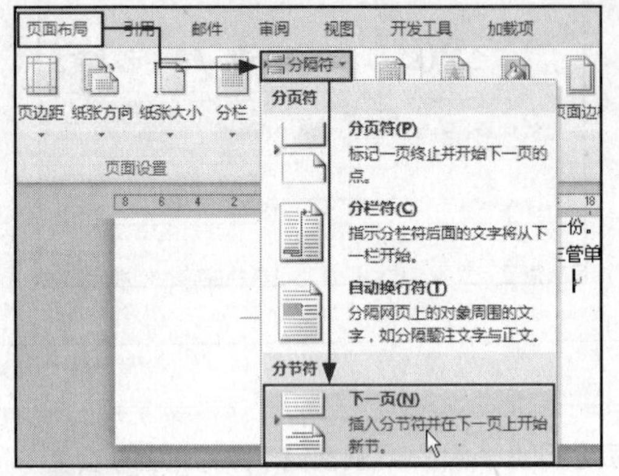

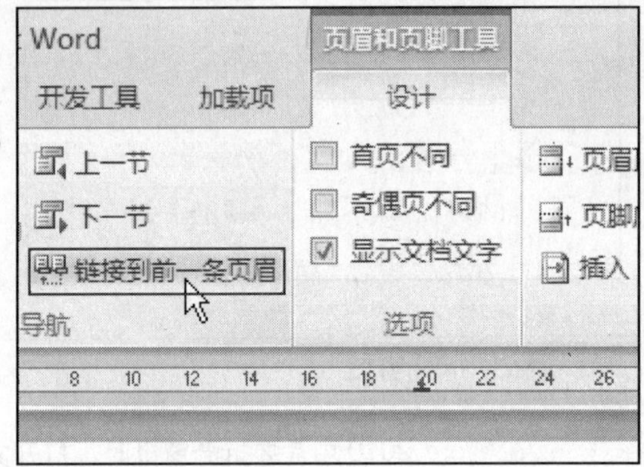

STEP 03 取消了页眉的链接后，将当前页中原有页眉全部删除，输入新的内容，就可以完成该页页眉的编辑。参照STEP 02至STEP 03的操作，对文档中其他页的页眉进行适当的设置。此时，整个文档所有页的页眉就可以都不同了。

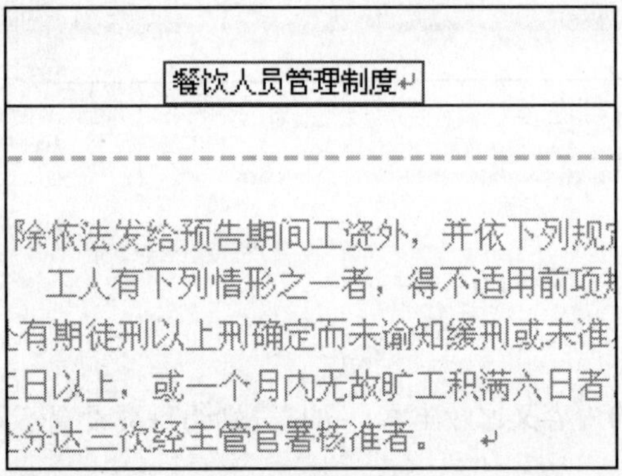

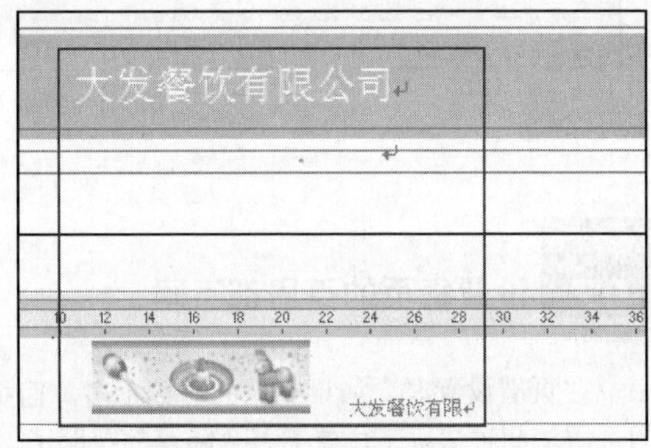

Study 05 使用页眉、页脚以及页码

Work 2 页码

页码主要应用于篇幅较长的文档，页码的主要作用是统计页数。

打开目标文档后，切换到“插入”选项卡，单击“页眉和页脚”组中的“页码”下三角按钮，在展开的下拉列表中选择“设置页码格式”选项，弹出“页码格式”对话框，就可以对页码的格式进行设置。

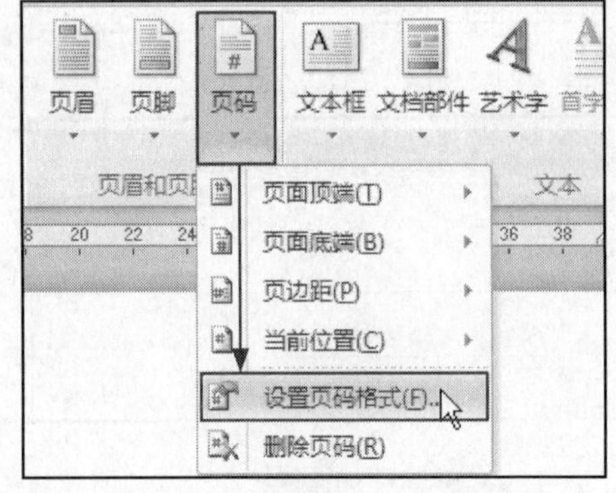

单击“设置页码格式”选项

Tip 使用预设的页码样式

打开“页码”下拉列表后，可以看到“页面顶端”、“页面底端”以及“页边距”等选项，将鼠标指针指向其中一个选项，都能弹出子列表。子列表内就是程序预设的页码样式，单击选择相应样式，即可完成页码的插入。

在“页码格式”对话框中，可以看到“编号格式”、“包含章节号”、“页码编号”等内容。单击“编号格式”下三角按钮，弹出下拉列表后，可以看到有多种不同的页码编号格式，选择相应选项，即可确定编辑格式；勾选“包含章节号”复选框后，就可以选择章节起始样式以及使用分隔符的相关内容；在“页码编号”区域内包括“续前节”和“起始页码”两个单选按钮，用户可根据文档需要进行设置。设置完毕后，单击“确定”按钮即可。

“页码格式”对话框

Tip 删除页眉、页脚或页码

需要删除页眉、页脚或页码等内容时，打开目标文档，切换到“插入”选项卡，单击“页眉和页脚”组中的“页眉”按钮，弹出下拉列表后，选择“删除页眉”选项，即可取消所插入的页眉。但是页眉中的横线有时会依然存在，此时还需要用户进入页眉编辑状态下，然后切换到“开始”选项卡，单击“样式”组中的对话框启动器，打开“样式”任务窗格后，选择“全部清除”样式选项。返回页面编辑状态下，关闭“样式”任务窗格即可。

Chapter 07

表格的制作

Office 2010 电脑办公从入门到精通

本章重点知识

Study 01 表格的创建

Study 02 编辑表格

Study 03 表格格式设置

Study 04 在表格中进行运算

本章视频路径

出差申请单

出差人		职别	
代理人		职别	
差期	年__月__日至__年__月__日		
出差地点			
出发时间		暂支旅费	元
出差事由			

发货日期	货物名称	购货单位	件数	金额（元）
2011年1月1日	D款卫衣（灰）	陈女士	12	750
2011年1月3日	C款风衣（白）	王女士	5	600
2011年1月7日	D款卫衣（橙）	陈女士	5	312.5
2011年1月15日	长款红昵外套	赵小姐	5	375
2011年1月17日	兔毛毛衣（红）	刘先生	10	750
2011年1月20日	C款夹克（男）	赵老板	10	800
2011年1月21日	C款夹克（男）	陈女士	5	400
2011年1月25日	C款毛衣（男）	赵老板	10	450
2011年1月27日	F款牛仔裤	陈女士	5	150
2011年1月28日	C款风衣（白）	王女士	5	600
2011年1月29日	长款红昵外套	赵小姐	3	225
合计				¥5,412.50
2011年2月1日				

Chapter 07\Study 01\

- Lesson 01 插入快速表格.swf

Chapter 07\Study 02\

- Lesson 02 固定表格列宽.swf

Chapter 07\Study 03\

- Lesson 03 擦除边框.swf
- Lesson 04 为表格添加底纹.swf
- Lesson 05 修改表格样式.swf

Chapter 07\Study 04\

- Lesson 06 在表格中进行平均值的运算.swf

Chapter 07 表格的制作

表格由若干单元格组成，通过表格可以将复杂的数据分门别类地显示出来，从而使数据以清晰的面目展现在读者面前。本章将介绍 Word 2010 程序中表格的插入、编辑等操作。

Study 01 表格的创建

- Work 1. 插入表格
- Work 2. 绘制表格
- Work 3. 将文本转换成表格

创建表格时，可以通过多种方法完成，如插入自动表格、绘制表格、将文本直接转换为表格等。本章将介绍这 3 种插入表格的方法。

Work 1 插入表格

插入自动表格时，可以通过虚拟表格来完成插入，也可以通过“插入表格”对话框来完成操作。

01 通过虚拟表格插入

打开目标文档后，切换到“插入”选项卡，单击“表格”组中的“表格”按钮，在展开的下拉列表中将鼠标指针指向虚拟表格区域内，要插入的表格有几行几列，鼠标就经过几行几列，然后单击鼠标，即可完成插入表格的操作。

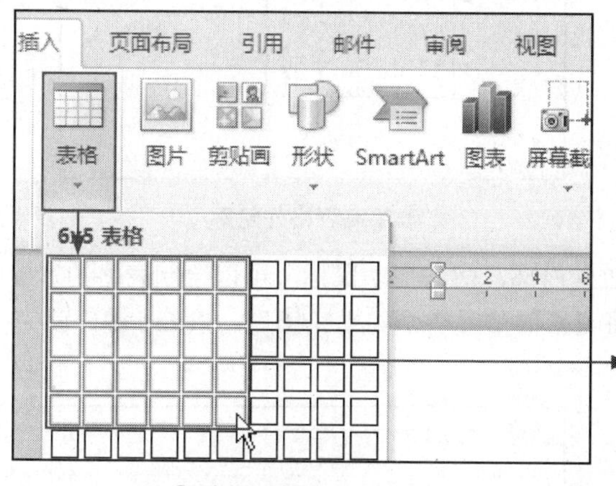

① 选择要插入的表格

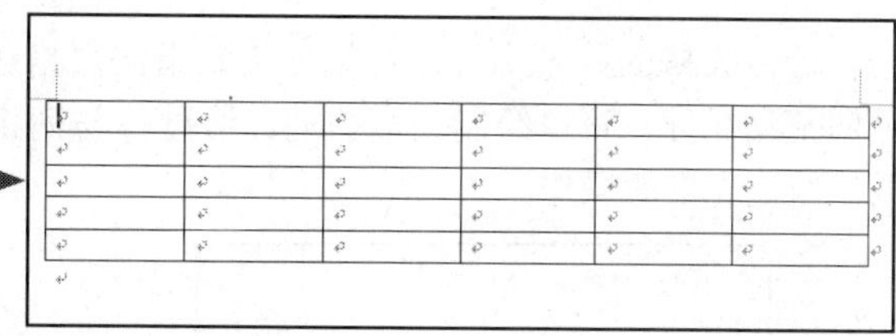

② 显示插入表格的效果

02 通过“插入表格”对话框插入

打开目标文档后，切换到“插入”选项卡，单击“表格”组中的“表格”按钮，在展开的下拉列表中单击“插入表格”选项，弹出“插入表格”对话框，在“列数”和“行数”数值框内输入需要的数值，选中“固定列宽”单选按钮，单击“确定”按钮，即可完成插入表格的操作，效果如下图所示。

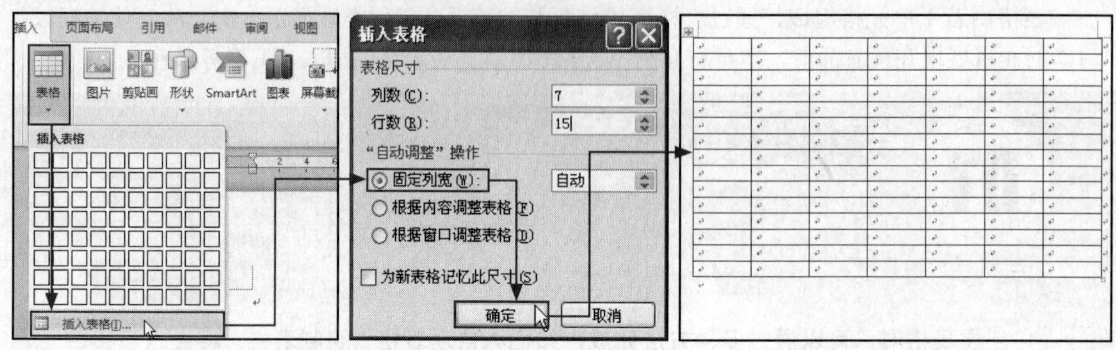

③ 单击“插入表格”选项　　④ 设置所插入的表格　　⑤ 显示插入表格的效果

Work 2　绘制表格

手动绘制表格可以灵活地掌握所插入表格的行或列的情况。

打开目标文档后，切换到“插入”选项卡，单击“表格”组中的“表格”按钮，在展开的下拉列表中执行“绘制表格”命令。执行了以上操作后，将鼠标指针指向编辑区域，当指针变成铅笔形状时，拖动鼠标，绘制表格的外轮廓至合适大小后释放鼠标。

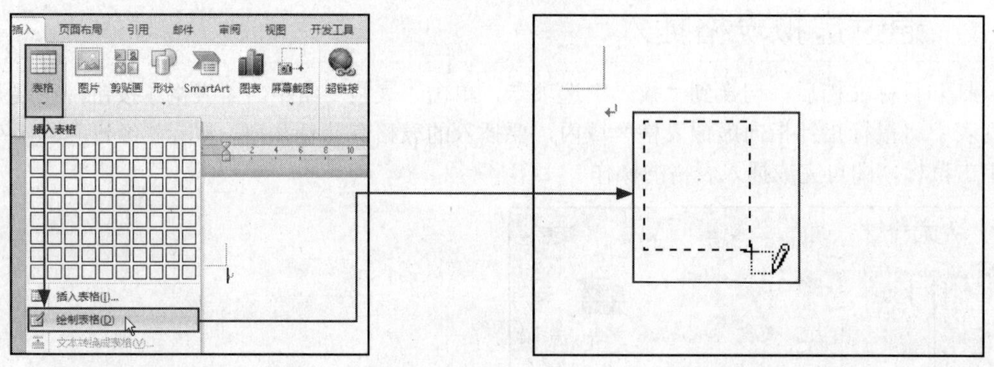

① 执行“绘制表格”命令　　② 绘制表格外轮廓

绘制表格的外轮廓后，将鼠标指针指向表格边框内部，横向拖动鼠标，可以绘制表格的行；纵向拖动鼠标，可以绘制表格的列。通过行与列将表格的单元格都勾勒完毕后，按Esc键，就完成了绘制表格的操作。

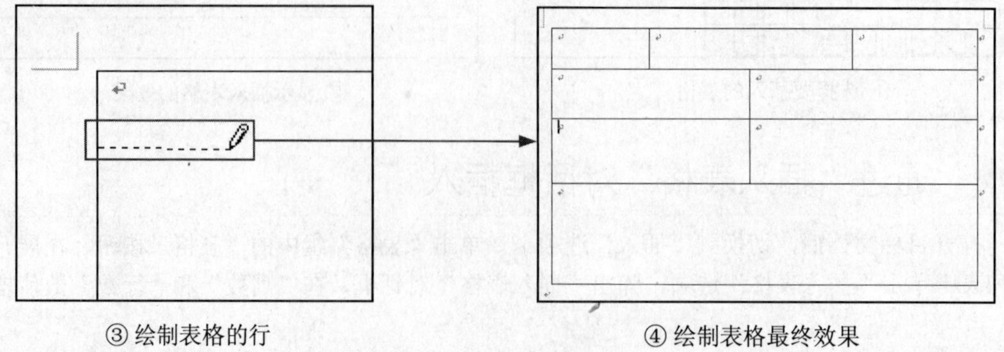

③ 绘制表格的行　　④ 绘制表格最终效果

Work 3 将文本转换成表格

在文档中输入了文本内容后，如果用户发现需要将文本以表格的形式表现时，可以直接在Word 2010中将文本内容转换为表格。

打开目标文档后，选中要转换为表格的内容，切换到“插入”选项卡，单击“表格”组中的“表格”按钮，在展开的下拉列表中单击“文本转换成表格”选项。

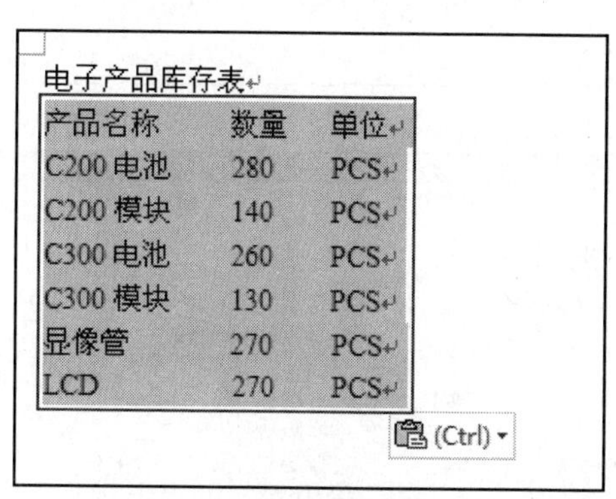

① 选中要生成表格的文本

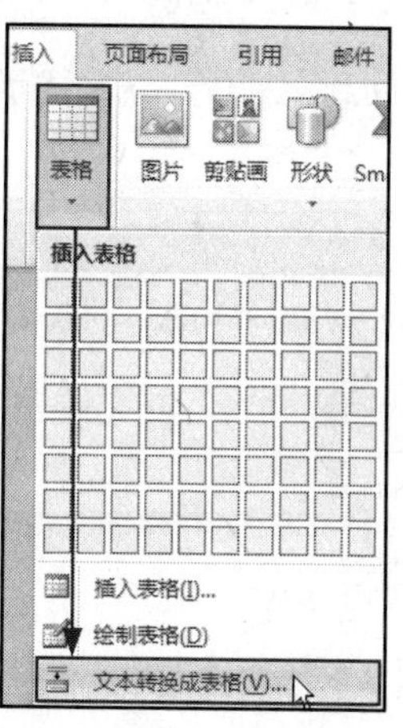

② 选择“文本转换成表格”选项

弹出“将文字转换成表格”对话框后，在“列数”数值框内将自动显示要生成的表格列数，在“文字分隔位置”区域内选中“空格”单选按钮，然后单击“确定”按钮。返回到文档中，就可以看到文本生成表格后的效果。

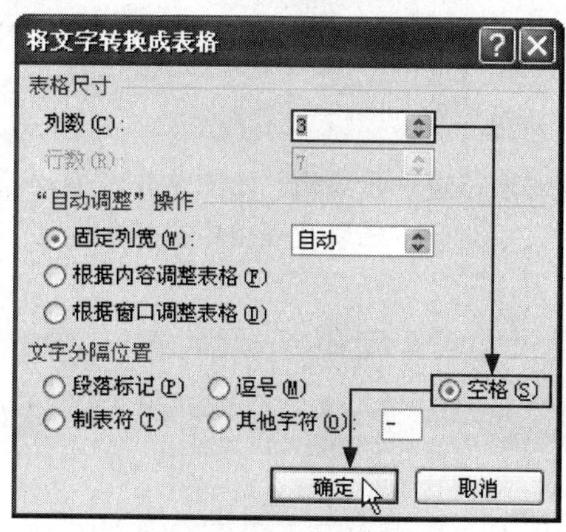

③ 设置生成表格的参数

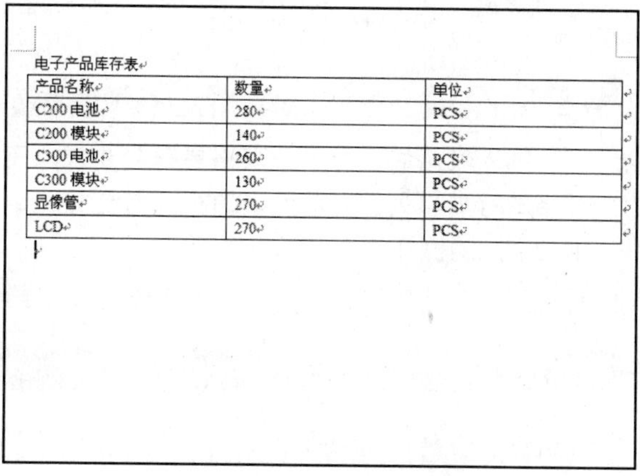

电子产品库存表

产品名称	数量	单位
C200电池	280	PCS
C200模块	140	PCS
C300电池	260	PCS
C300模块	130	PCS
显像管	270	PCS
LCD	270	PCS

④ 生成表格后的效果

Tip 文字分隔位置的作用

在生成表格时，最重要的一步就是选择文字分隔位置，这决定了文本生成表格后的内容。当文本中的内容是一个段落表示一个单元格的内容时，则在“文字分隔位置”区域内选中“段落标记”单选按钮；如果文本中的内容是一个逗号表示一个单元格的内容时，则在“文字分隔位置”区域内选中“逗号”单选按钮，依此类推。

Lesson 01 插入快速表格

Office 2010 · 电脑办公从入门到精通

插入表格后，除了添加文字内容外，为了使表格更加美观，还需要对表格的边框、底纹等格式进行设置。如果用户需要插入的表格中已设置好了以上内容时，就可以选择插入快速表格。

STEP 01 打开目标文档后，切换到“插入”选项卡，单击“表格”组中的“表格”按钮，在展开的下拉列表中将鼠标指针指向“快速表格”选项，在展开的子列表中选择要使用的快速样式。

STEP 02 返回到文档中，就完成了快速表格的插入，用户直接输入表格的内容后就可以完成表格的制作。

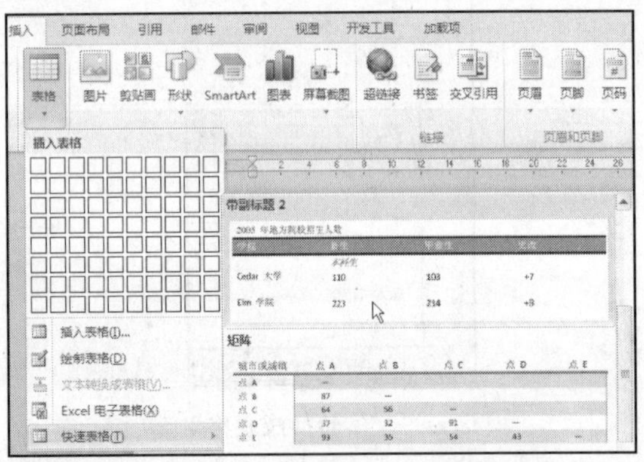

2005 年地方院校招生人数

学院	新生	毕业生	更改
	本科生		
Cedar 大学	110	103	+7
Elm 学院	223	214	+9
Maple 高等专科院校	197	120	+77
Pine 学院	134	121	+13
Oak 研究所	202	210	-8
	研究生		
Cedar 大学	24	20	+4
Elm 学院	43	53	-10
Maple 高等专科院校	3	11	-8

Study 02 编辑表格

- Work 1. 调整表格的行高与列宽
- Work 2. 合并 / 拆分单元格
- Work 3. 设置单元格内文字对齐方式
- Work 4. 添加与删除行或列

插入表格后，为了使表格更符合要求，还需要对表格进一步编辑。本节将介绍调整表格的行高与列宽、单元格的拆分与合并、单元格文字对齐方式以及表格中行或列的添加与删除的操作。

Study 02 编辑表格

Work 1 调整表格的行高与列宽

在 Word 2010 中，调整表格的行高与列宽时，可以通过鼠标调整，也可以通过选项卡中的组来完成，还可以通过“表格属性”对话框来完成。下面就介绍这 3 种调整表格行高、列宽的操作。

01 通过鼠标调整

将鼠标指针指向要调整列宽的表格边线处，当鼠标指针变成+||+时，向右拖动鼠标至目标位置后，释放鼠标，即可完成调整表格列宽的操作。按照类似的操作，可对表格的其他列宽及行高进行调整。

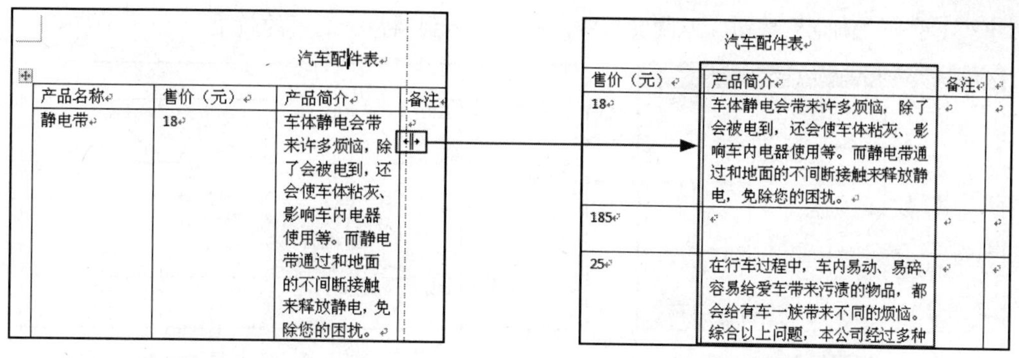

① 调整表格列宽　　② 显示调整列宽效果

02　通过选项卡调整

打开目标文档，将光标定位在要调整行高的单元格内，切换到“表格工具 - 布局”选项卡，在“单元格大小”组中的“高度”数值框内输入要设置的数值，然后单击文档中的任意位置，即可完成调整单元格行高的操作。

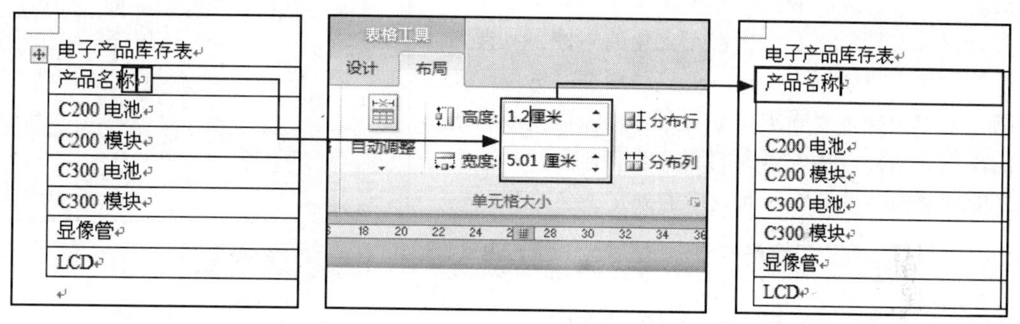

① 选中要调整的单元格　　② 设置单元格高和宽　　③ 调整行高后的效果

03　通过“表格属性”对话框调整

打开目标文档，将鼠标指针指向要调整的表格，右击表格左上角的按钮，在弹出的快捷菜单中执行“表格属性”命令，打开“表格属性”对话框，切换到“行”选项卡，勾选“尺寸”选项组中的“指定高度”复选框。

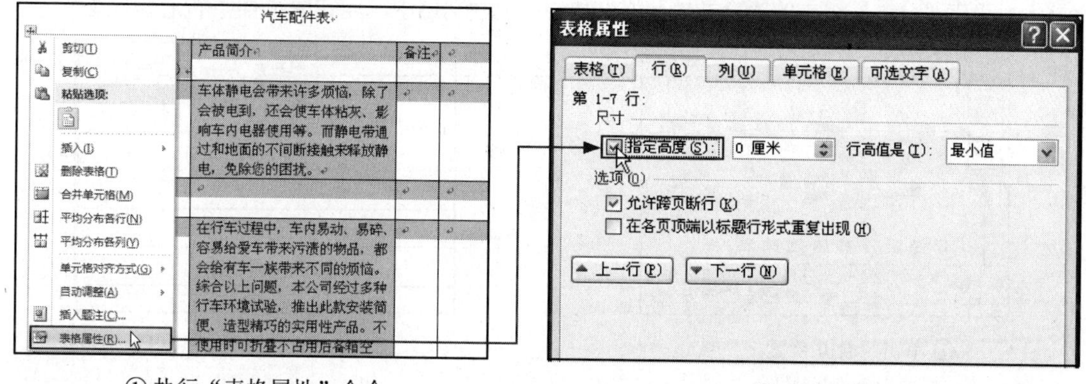

① 执行“表格属性”命令　　② 指定行高

勾选“指定高度”复选框后，“指定高度”数值框以及“行高值是”下拉列表框处于可编辑状态，在“指定高度”数值框中输入表格中行要设置的高度，将“行高值是”下拉列表框设置为

“最小值”，单击“确定”按钮。返回文档中，就可以看到调整行高后的效果。

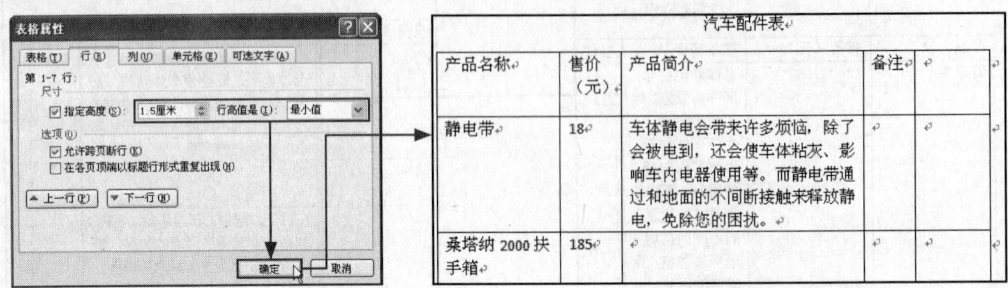

③ 设置行高值　　④ 调整行高后的效果

Lesson 02 固定表格列宽

Office 2010 · 电脑办公从入门到精通

当用户在表格中插入一些图片等内容时，表格的列宽会根据内容的大小而有所改变。如果用户需要固定表格的列宽时，可以按以下步骤完成操作。

打开目标文档后，右击表格左上角的按钮，在弹出的快捷菜单中将鼠标指针指向“自动调整”选项，在弹出的子菜单中执行“固定列宽”命令，即可完成固定列宽的操作。这样，插入再大的图片或其他文件，都会随表格的列宽而自动调整，而表格的列宽不会改变。

Study 02 编辑表格

Work 2 合并/拆分单元格

合并 / 拆分单元格是两个完全相反的操作，合并单元格是将几个单元格合并为一个，而拆分单元格是将一个单元格拆分为几个。

01 合并单元格

在合并单元格时，首先将要合并的几个单元格全部选中，然后切换到“表格工具”中的“布局”选项卡，单击“合并”组中的“合并单元格”按钮。返回文档中，就完成了合并单元格的操作。

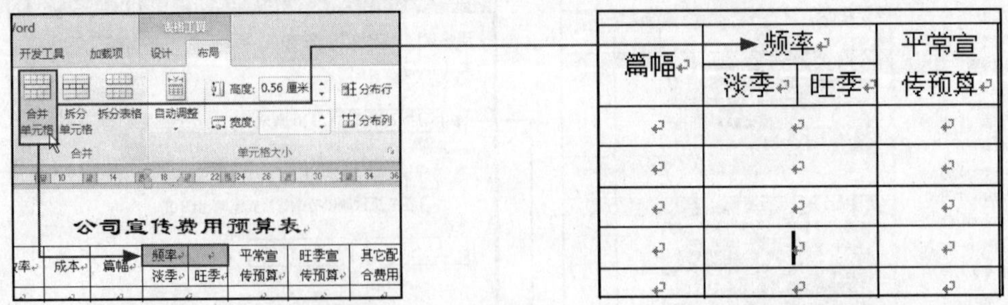

① 单击“合并单元格”按钮　　② 合并单元格后的效果

02 拆分单元格

打开目标文档后，选中要拆分的单元格，切换到“表格工具”中的“布局”选项卡，单击“合并”

组中的“拆分单元格”按钮，弹出“拆分单元格”对话框后，在“列数”和“行数”数值框内输入要拆分的单元格数量，然后单击“确定”按钮。返回到文档中，显示设置前后的效果如下图所示。

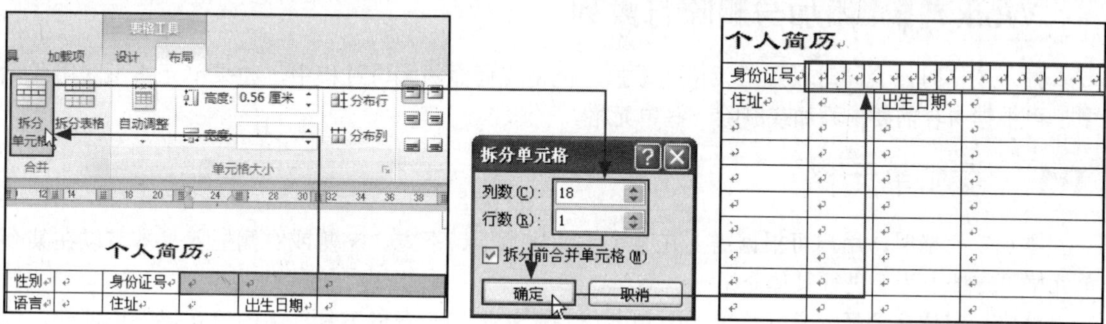

① 单击“拆分单元格”按钮　② 设置单元格的拆分数　③ 拆分单元格后的效果

Study 02 编辑表格

Work 3 设置单元格内文字对齐方式

单元格内文字的对齐方式包括靠上两端对齐、靠上居中对齐、靠上右对齐、中部两端对齐、水平居中、中部右对齐、靠下两端对齐、靠下居中对齐、靠下右对齐9种方式。下面以水平居中为例，介绍其具体设置方法。

打开目标文档，将鼠标指针指向要调整对齐方式的一列单元格的列首位置，当鼠标指针变成⬇形状时，单击鼠标，选中该列单元格，切换到“表格工具”中的“布局”选项卡，单击“对齐方式”组中的“水平居中”按钮。返回到文档中，就可以看到设置了对齐方式后的单元格效果。

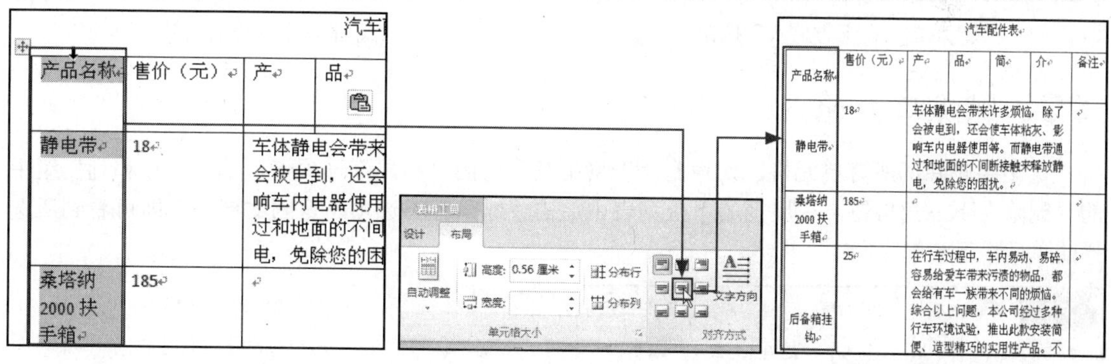

① 选中单元格　② 设置单元格对齐方式　③ 设置对齐方式后的效果

Tip 设置单元格内文字的方向

单元格内文字的方向，在默认的情况下都是横向的。为了适应表格的内容，用户可以将单元格内的文字设置为纵向。打开目标文档后，将光标定位在要设置文字方向的单元格内，单击“表格工具”中的“布局”标签，切换到“布局”选项卡，单击“对齐方式”组中的“文字方向”按钮，即可将单元格内的文字方向更改为纵向效果。

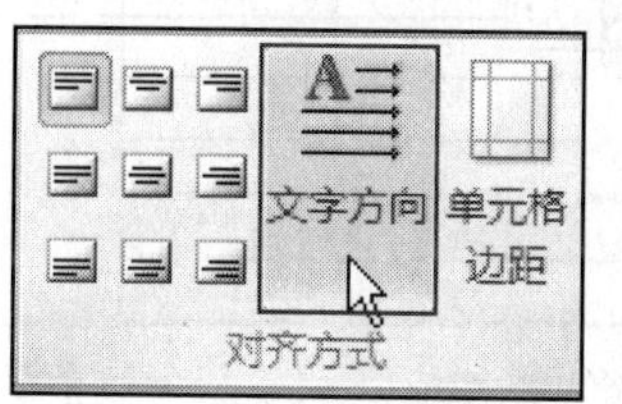

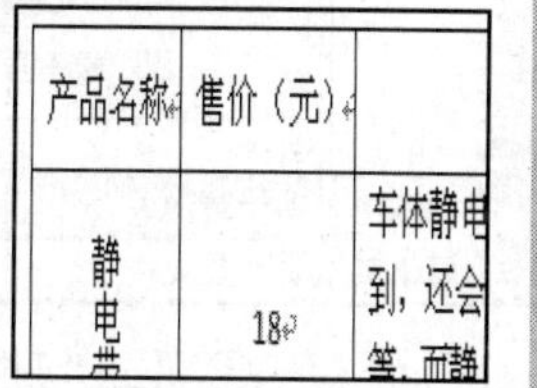

设置单元格内文字方向

Work 4 添加与删除行或列

插入表格时，会同时设置单元格的数量，但是在后面的编辑过程中，如果单元格不够用或太多，可根据内容需要，添加或删除一些单元格。

01 添加单元格

添加单元格时，用户可根据需要在某个单元格上下、下方、左侧或右侧插入。本节以在某个单元格下方插入为例进行具体介绍。

将光标定位在要插入单元格的上方单元格中，切换到“表格工具”中的“布局”选项卡，单击“行和列”组中的“在下方插入”按钮。返回到文档中，就可以看到所插入的一行单元格。

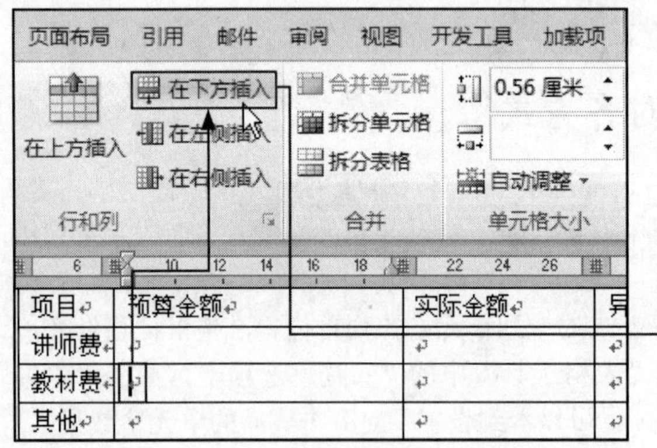

课程名称			课程
项目	举办日期		训练时数
计划			
实际			
训练费用	项目	预算金额	实际
	讲师费		
	教材费		
	其他		
	合计		

① 单击“在下方插入”按钮　　② 插入单元格后的效果

02 删除单元格

选中要删除的所有单元格，切换到“表格工具”中的“布局”选项卡，单击“行和列”组中的“删除”下三角按钮，在展开的下拉列表中单击“删除行”选项。返回文档中，即可看到所选择的单元格已被删除。

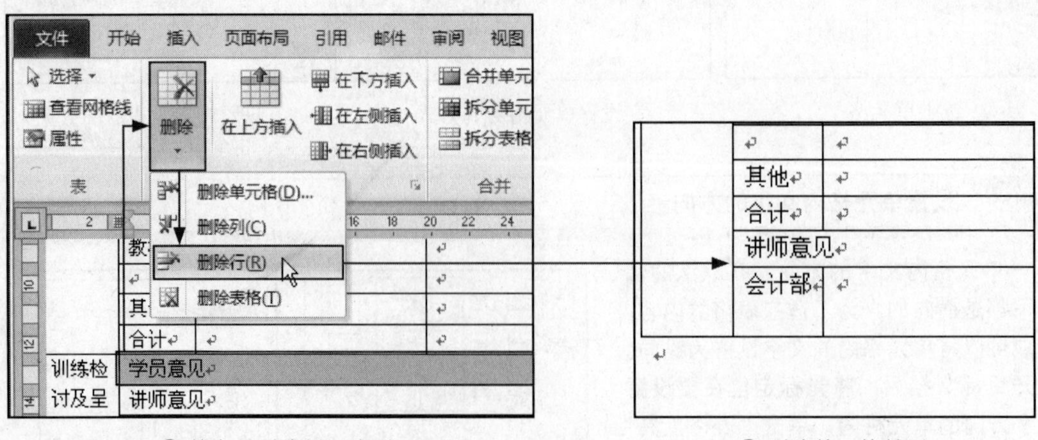

① 单击“删除行”选项　　② 删除单元格效果

Study 03 表格格式设置

- Work 1. 设置表格边框
- Work 2. 添加表格底纹
- Work 3. 表格的预设样式

表格的格式主要包括表格边框和底纹，通过格式的设置，可以使表格更为美观，更吸引读者的眼球。本节就来介绍表格边框、底纹的设置以及应用预设格式的操作。

Work 1 设置表格边框

表格的边框是指表格四周以及中间，用来间隔单元格的线。边框可以是一条实线，也可以是一条虚线，还可以是复合型的线条，同时边框可以是显示的，也可以是隐藏的。下面就介绍设置表格边框的操作。

选中要设置边框的表格后，单击“表格工具”中的“设计”标签，切换到“设计”选项卡，单击“表样式”组中的“边框”按钮，弹出下拉列表后，选择“边框和底纹”选项，打开“边框和底纹”对话框，在该对话框中就可以对表格的边框进行设置。下面认识该对话框各区域的作用，如表 7-1 所示。

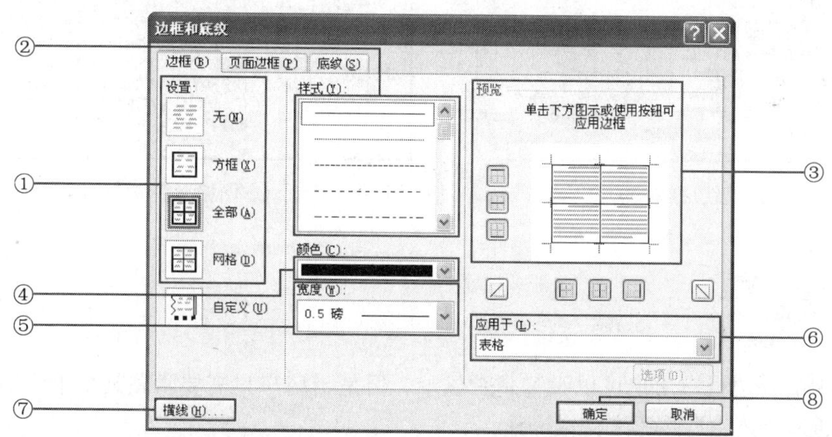

“边框和底纹”对话框

表 7-1 “边框和底纹”对话框内各区域的作用

编号	名　称	作　用
①	“设置”区域	用于选择边框的区域，包括无边框、方框、全部、网格和自定义 5 个选项
②	“样式”列表框	用于选择边框的样式，包括单实线、虚线、复合型框线等多种类型
③	“预览”区域	用于预览设置边框后的效果，同时通过“预览”区域周围的边框选项，也可以自定义添加或取消边框的设置
④	“颜色”下拉列表框	用于设置边框的颜色，颜色样式采用 RGB 颜色
⑤	“宽度”下拉列表框	用于固定所设栏之间的宽度是否相等，勾选则为相等；不勾选则需要用户自已动手设置每栏的宽度
⑥	“应用于”下拉列表框	用于选择此次设置所应用的范围，包括文字、段落、单元格以及表格 4 个选项
⑦	“横线”按钮	用于在表格中添加横线。单击该按钮，打开“横线”对话框，选择了要添加的横线后，单击“确定”按钮，返回文档中，即会在单元格内添加一条横线
⑧	“确定”按钮	用于确定在“边框和底纹”对话框中的设置。设置完毕后，需要单击该按钮确认，操作才会生效

下面来认识几种应用了不同边框样式的表格效果。

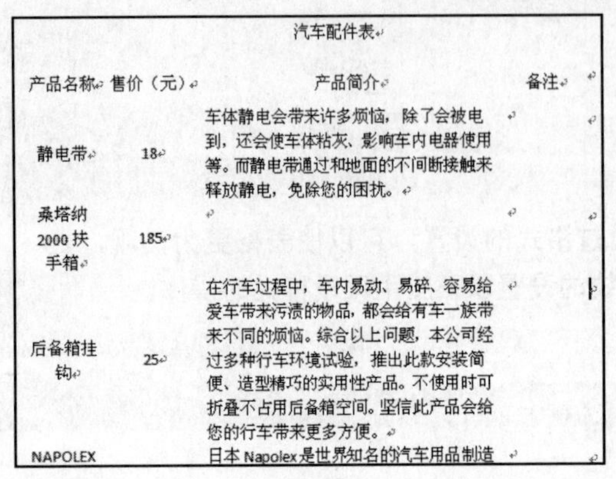

汽车配件表

产品名称	售价（元）	产品简介	备注
静电带	18	车体静电会带来许多烦恼，除了会被电到，还会使车体粘灰、影响车内电器使用等。而静电带通过和地面的不间断接触来释放静电，免除您的困扰。	
桑塔纳2000扶手箱	185		
后备箱挂钩	25	在行车过程中，车内易动、易碎、容易给爱车带来污渍的物品，都会给有车一族带来不同的烦恼。综合以上问题，本公司经过多种行车环境试验，推出此款安装简便、造型精巧的实用性产品。不使用时可折叠不占用后备箱空间。坚信此产品会给您的行车带来更多方便。	
NAPOLEX		日本Napolex是世界知名的汽车用品制造	

① 无边框效果

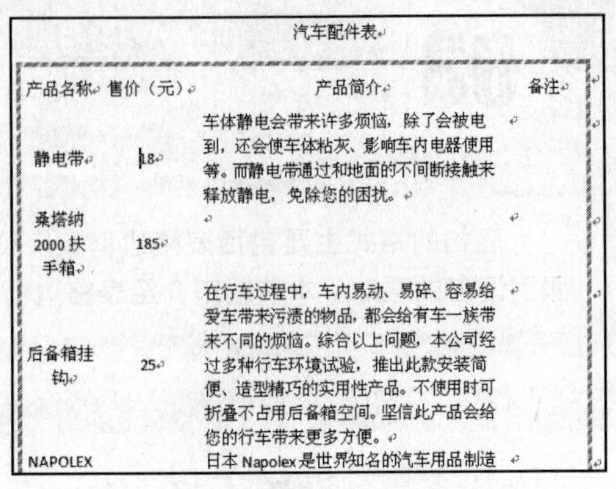

汽车配件表

产品名称	售价（元）	产品简介	备注
静电带	18	车体静电会带来许多烦恼，除了会被电到，还会使车体粘灰、影响车内电器使用等。而静电带通过和地面的不间断接触来释放静电，免除您的困扰。	
桑塔纳2000扶手箱	185		
后备箱挂钩	25	在行车过程中，车内易动、易碎、容易给爱车带来污渍的物品，都会给有车一族带来不同的烦恼。综合以上问题，本公司经过多种行车环境试验，推出此款安装简便、造型精巧的实用性产品。不使用时可折叠不占用后备箱空间。坚信此产品会给您的行车带来更多方便。	
NAPOLEX		日本Napolex是世界知名的汽车用品制造	

② 方框绿色边框效果

汽车配件表

产品名称	售价（元）	产品简介	备注
静电带	18	车体静电会带来许多烦恼，除了会被电到，还会使车体粘灰、影响车内电器使用等。而静电带通过和地面的不间断接触来释放静电，免除您的困扰。	
桑塔纳2000扶手箱	185		
后备箱挂钩	25	在行车过程中，车内易动、易碎、容易给爱车带来污渍的物品，都会给有车一族带来不同的烦恼。综合以上问题，本公司经过多种行车环境试验，推出此款安装简便、造型精巧的实用性产品。不使用时可折叠不占用后备箱空间。坚信此产品会给您的行车带来更多方便。	

③ 紫色全部边框效果

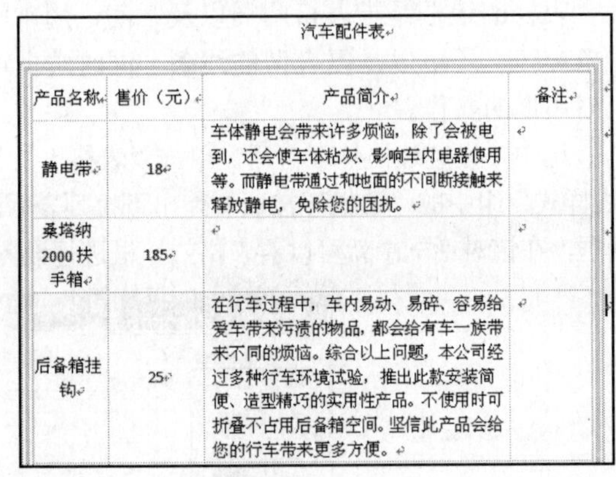

汽车配件表

产品名称	售价（元）	产品简介	备注
静电带	18	车体静电会带来许多烦恼，除了会被电到，还会使车体粘灰、影响车内电器使用等。而静电带通过和地面的不间断接触来释放静电，免除您的困扰。	
桑塔纳2000扶手箱	185		
后备箱挂钩	25	在行车过程中，车内易动、易碎、容易给爱车带来污渍的物品，都会给有车一族带来不同的烦恼。综合以上问题，本公司经过多种行车环境试验，推出此款安装简便、造型精巧的实用性产品。不使用时可折叠不占用后备箱空间。坚信此产品会给您的行车带来更多方便。	

④ 网格蓝色边框效果

Lesson 03 擦除边框

Office 2010 · 电脑办公从入门到精通

对于表格中的外边框，用户可以设置是否显示。但是当用户只需要隐藏某个单元格的某条边框线时，可以通过“擦除”按钮来完成操作。

STEP 01 打开附书光盘\实例文件\第7章\原始文件\出差申请单.docx，切换到“表格工具-设计”选项卡，单击“绘图边框”组中的“擦除”按钮。

STEP 02 将鼠标指针指向表格，当鼠标指针变成橡皮擦样式时，拖动鼠标经过要擦除的边线至目标位置后，释放鼠标，即可完成擦除表格边框的操作。

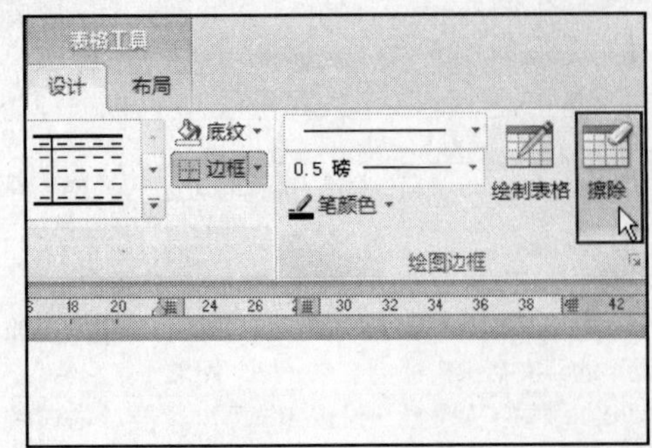

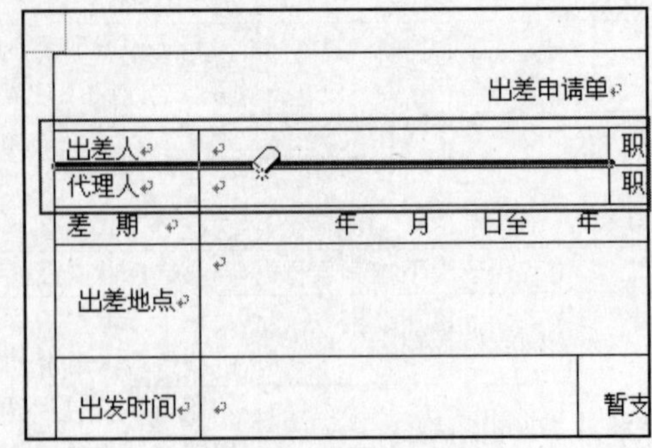

STEP 03 经过以上操作后，就可以将边框线擦除。参照**STEP 02** 的操作，将表格中其余需要擦除的边框也进行擦除。需要结束擦除的操作时，再次单击“绘图边框”组中的“擦除”按钮即可。

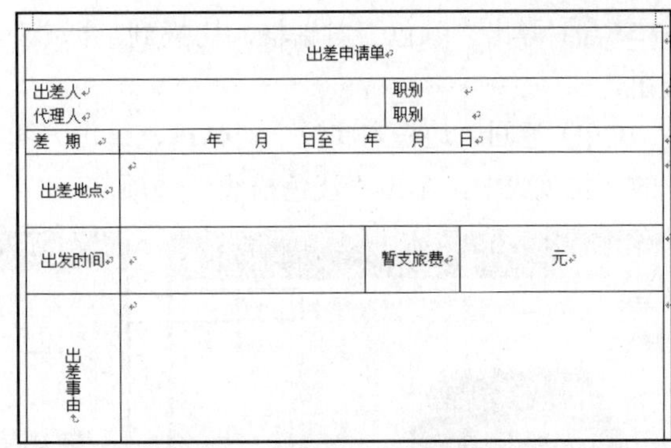

Study 03 表格格式设置

Work 2 添加表格底纹

表格的底纹可以设置为不同的颜色，也可以在颜色上添加一些样式，其设置方法与设置边框类似。

Lesson 04 为表格添加底纹

Office 2010 · 电脑办公从入门到精通

为表格添加底纹时，可以为其添加不同的颜色，也可以在添加了颜色后再应用一些图案样式，如下图所示。

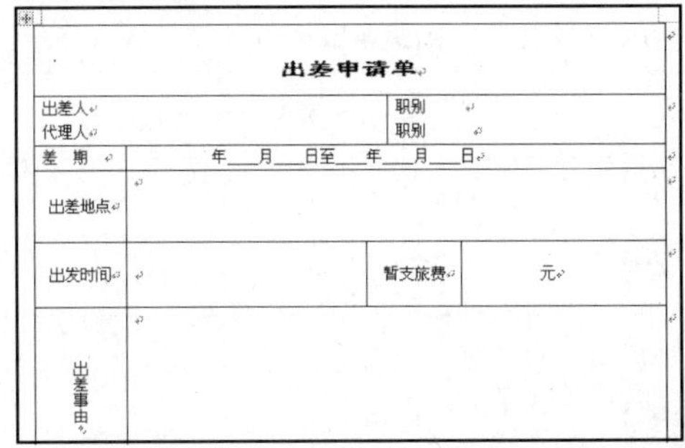

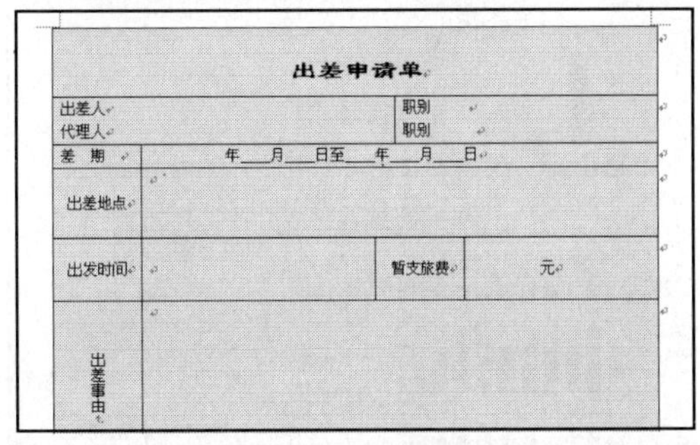

STEP 01 打开附书光盘\实例文件\第 7 章\原始文件\出差申请单 1.docx，切换到“表格工具 - 设计”选项卡，单击“表格样式”组中的“边框”右侧的下三角按钮，在展开的下拉列表中单击“边框和底纹”选项，弹出“边框和底纹”对话框。切换到“底纹”选项卡，单击“填充”右侧的下三角按钮，在展开的颜色列表中选择“其他颜色”选项。

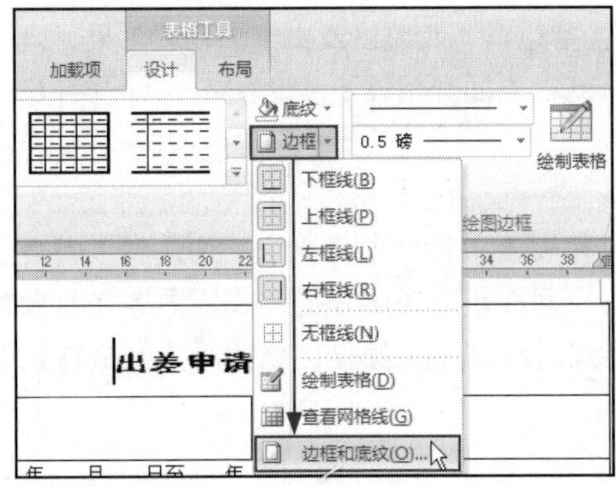

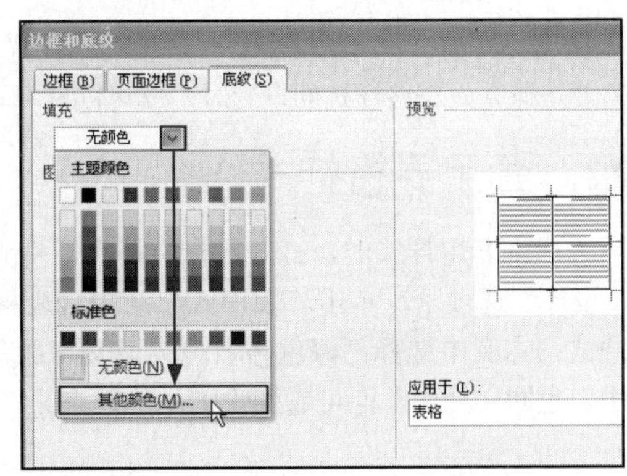

STEP 02 弹出“颜色”对话框，切换到“标准”选项卡，单击要设置的颜色，然后单击“确定”按钮。

STEP 03 返回“边框和底纹”对话框，单击“图案”选项组内“样式”右侧的下三角按钮，在展开的下拉列表中，单击“浅色横线”选项。

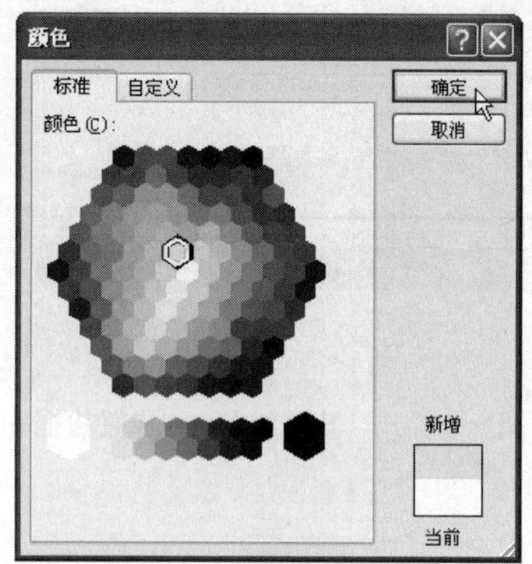

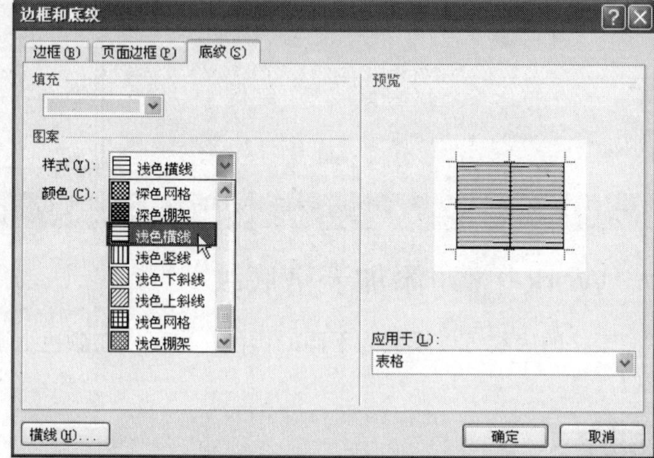

STEP 04 选择了图案样式后，单击“图案”选项组内“颜色”右侧的下三角按钮，在展开的颜色列表中单击“黄色”图标，最后单击“确定”按钮。经过以上操作后，就完成了表格底纹的设置。返回文档中，即可看到设置后的效果。

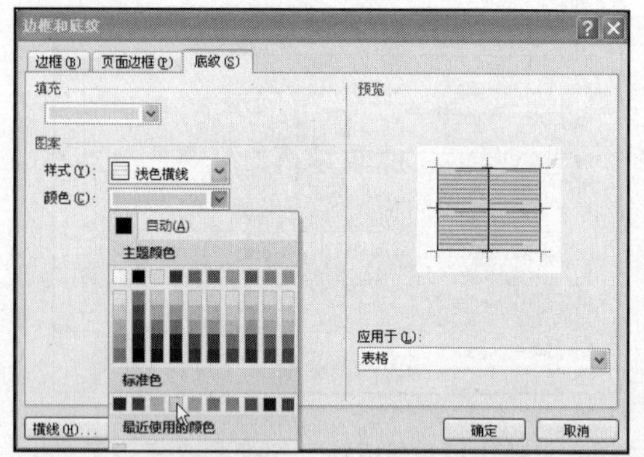

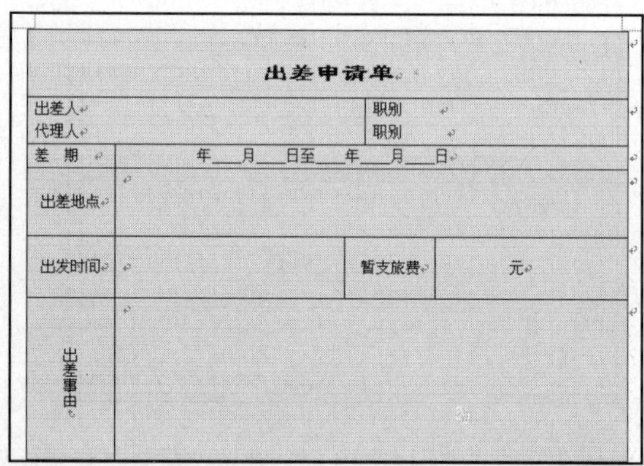

Study 03 表格格式设置

Work 3 表格的预设样式

在Word 2010中，预设了一百多种表格样式，其中包括边框、底纹以及文字的设置效果。当用户需要快速完成表格样式的设置时，就可以选择预设的样式。下面介绍关于预设表格样式的操作。

01 套用表格样式

为表格套用样式时，打开目标文档后，将光标定位在表格中任意单元格内，切换到“表格工具-设计”选项卡，单击“表样式”组中列表框右侧的快翻按钮，在展开的样式库中选择要设置的样式，本例中选择“深色列表－强调文字颜色2”样式。经过以上操作，就完成了表格样式的套用。返回文档中，即可看到设置后的效果。

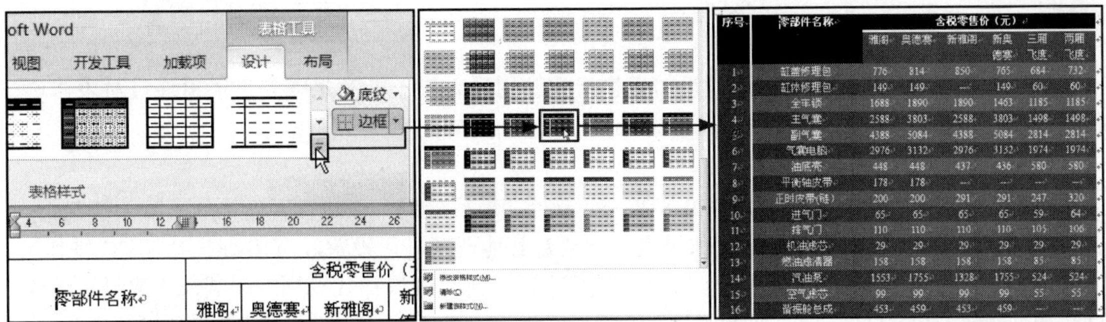

序号	零部件名称	含税零售价（元）					
		雅阁	奥德赛	新雅阁	新奥德赛	三厢飞度	两厢飞度
1	缸盖修理包	776	814	850	765	684	732
2	缸体修理包	149	149	—	149	60	60
3	全车锁	1688	1890	1890	1463	1185	1185
4	主气囊	2588	3803	2588	3803	1498	1498
5	副气囊	4388	5084	4388	5084	2814	2814
6	气囊电脑	2976	3132	2976	3132	1974	1974
7	油底壳	448	448	437	436	580	580
8	平衡轴皮带	178	178	—	—	—	—
9	正时皮带(链)	200	200	291	291	247	320
10	进气门	65	65	65	65	59	64
11	排气门	110	110	110	110	105	106
12	机油滤芯	29	29	29	29	29	29
13	燃油滤清器	158	158	158	158	85	85
14	汽油泵	1553	1755	1328	1755	524	524
15	空气滤芯	99	99	99	99	55	55
16	减振器总成	453	459	453	459	—	—

① 打开表样式列表　　② 选择表格样式　　③ 套用表样式后的效果

下面是几种套用不同格式的表格效果。

汽车配件表

产品名称	售价（元）	产品简介	备注
静电带	18	车体静电会带来许多烦恼，除了会被电到，还会使车体粘灰、影响车内电器使用等。而静电带通过和地面的不间断接触来释放静电，免除您的困扰。	
桑塔纳2000扶手箱	185		
后备箱挂钩	25	在行车过程中，车内易动、易碎、容易给爱车带来污渍的物品，都会给有车一族带来不同的烦恼。综合以上问题，本公司经过多种行车环境试验，推出此款安装简便、造型精巧的实用性产品。不使用时可	

④ 浅色底纹 - 强调文字颜色 2 的效果

汽车配件表

产品名称	售价（元）	产品简介	备注
静电带	18	车体静电会带来许多烦恼，除了会被电到，还会使车体粘灰、影响车内电器使用等。而静电带通过和地面的不间断接触来释放静电，免除您的困扰。	
桑塔纳2000扶手箱	185		
后备箱挂钩	25	在行车过程中，车内易动、易碎、容易给爱车带来污渍的物品，都会给有车一族带来不同的烦恼。综合以上问题，本公司经过多种行车环境试验，推出此款安装简便、造型精巧的实用性产品。不使用时可	

⑤ 浅色网格 - 强调文字颜色 2 的效果

汽车配件表

产品名称	售价（元）	产品简介	备注
静电带	18	车体静电会带来许多烦恼，除了会被电到，还会使车体粘灰、影响车内电器使用等。而静电带通过和地面的不间断接触来释放静电，免除您的困扰。	
桑塔纳2000扶手箱	185		
后备箱挂钩	25	在行车过程中，车内易动、易碎、容易给爱车带来污渍的物品，都会给有车一族带来不同的烦恼。综合以上问题，本公司经过多种行车环境试验，推出此款安装简便、造型精巧的实用性产品。不使用时可折叠不占用后备箱空间。坚信此产品会给您的行车带来更多方便。	
NAPOLEX	44	日本 Napolex 是世界知名的汽车用品制造	

⑥ 中等深浅底纹 1 - 强调文字颜色 2 的效果

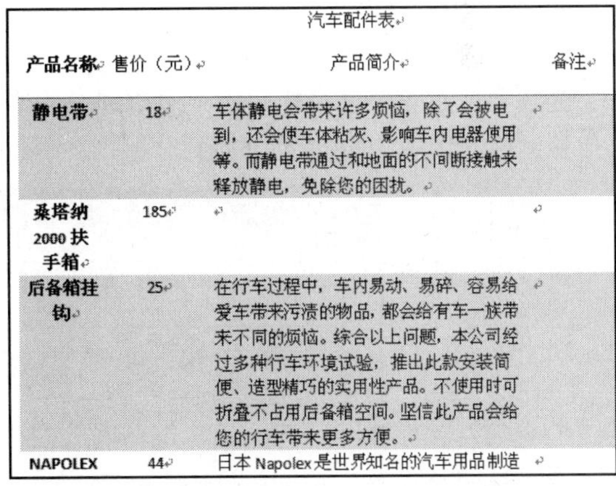

汽车配件表

产品名称	售价（元）	产品简介	备注
静电带	18	车体静电会带来许多烦恼，除了会被电到，还会使车体粘灰、影响车内电器使用等。而静电带通过和地面的不间断接触来释放静电，免除您的困扰。	
桑塔纳2000扶手箱	185		
后备箱挂钩	25	在行车过程中，车内易动、易碎、容易给爱车带来污渍的物品，都会给有车一族带来不同的烦恼。综合以上问题，本公司经过多种行车环境试验，推出此款安装简便、造型精巧的实用性产品。不使用时可折叠不占用后备箱空间。坚信此产品会给您的行车带来更多方便。	
NAPOLEX	44	日本 Napolex 是世界知名的汽车用品制造	

⑦ 中等深浅列表 1 - 强调文字颜色 2 的效果

Tip 取消套用的样式

当用户套用了表格样式后需要取消时，则将光标定位在表格中，单击“表格工具”中的“设计”标签，切换到“设计”选项卡，单击“表样式”组中列表框右侧的快翻按钮，在展开的下拉列表中选择“普通表格”样式即可。

02 修改预设的表格样式

在使用表格样式时，如果觉得预设的表格样式套用后效果不能满足需要，还可通过对表格选项的显示或隐藏，或者对表格样式的修改来制作出更适合的格式。

（1）添加表格选项

预设的表格样式中包括标题行、第一列、汇总行、最后一列、镶边行、镶边列。默认情况下，只显示标题行、第一列以及镶边行，如果用户需要对其他选项进行设置，可按如下步骤完成操作：打开目标文档后，切换到“表格工具 - 设计”选项卡，勾选“表格样式选项”区域内需要显示的复选框，然后打开“表样式”库，在展开的样式库中即可看到添加了表格样式选项后的效果。

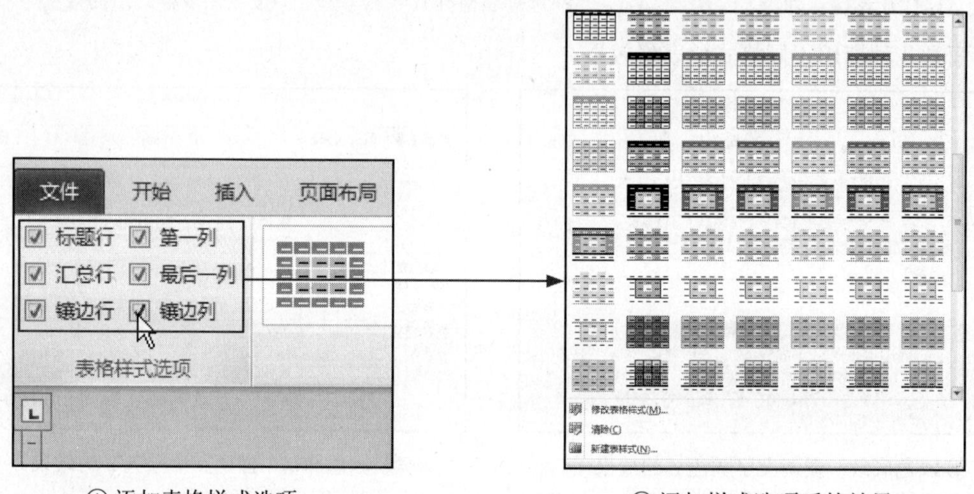

① 添加表格样式选项　　② 添加样式选项后的效果

（2）修改表格样式

当需要修改整个表格样式时，可以通过“修改样式”对话框来完成操作。下面来认识该对话框内各区域的作用，如表 7-2 所示。

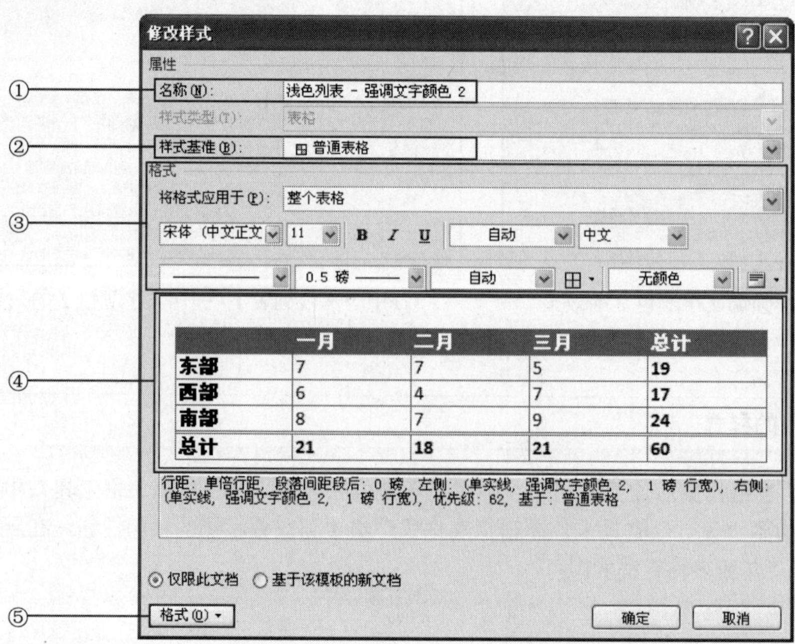

“修改样式”对话框

表 7-2 “修改样式”对话框内各区域作用

编　号	名　称	作　用
①	“名称”文本框	用于设置当前表格样式的名称，编辑时直接输入文字即可完成设置
②	“样式基准”下拉列表框	用于选择表格样式的基准表格，选择时单击下三角按钮，弹出下拉列表后，选择需要的基准样式即可
③	“格式”区域	用于设置格式在表格中的应用范围、表格字体、字号、颜色、表格边框线、边框粗细、文字对齐方式等内容
④	“预览”区域	用于预览修改格式后的表格效果。在“预览”区域的下方详细说明了该表格样式的行距、段落情况以及优先级别等内容
⑤	“格式”按钮	单击该按钮，可以打开“格式”下拉列表。列表内包括表格属性、边框和底纹、字体、段落、制表位等 6 个选项，在进行某选项的设置时，选择该选项即可

Lesson 05 修改表格样式

Office 2010 · 电脑办公从入门到精通

当用户应用了 Word 2010 程序中预设的表格样式后，如果表格的套用样式并不能满足需要，还可以根据需要进行修改，如下图所示。

序号	零部件名称	含税零售价（元）					
		雅阁	奥德赛	新雅阁	新奥德赛	三厢飞度	两厢飞度
1	缸盖修理包	776	814	850	765	684	732
2	缸体修理包	149	149	---	149	60	60
3	全车锁	1688	1890	1890	1463	1185	1185
4	主气囊	2588	3803	2588	3803	1498	1498
5	副气囊	4388	5084	4388	5084	2814	2814
6	气囊电脑	2976	3132	2976	3132	1974	1974
7	油底壳	448	448	437	436	580	580
8	平衡轴皮带	178	178	---	---	---	---
9	正时皮带(链)	200	200	291	291	247	320
10	进气门	65	65	65	65	59	64
11	排气门	110	110	110	110	105	106
12	机油滤芯	29	29	29	29	29	29
13	燃油滤清器	158	158	158	158	85	85
14	汽油泵	1553	1755	1328	1755	524	524

序号	零部件名称	含税零售价（元）					
		雅阁	奥德赛	新雅阁	新奥德赛	三厢飞度	两厢飞度
1	缸盖修理包	776	814	850	765	684	732
2	缸体修理包	149	149	---	149	60	60
3	全车锁	1688	1890	1890	1463	1185	1185
4	主气囊	2588	3803	2588	3803	1498	1498
5	副气囊	4388	5084	4388	5084	2814	2814
6	气囊电脑	2976	3132	2976	3132	1974	1974
7	油底壳	448	448	437	436	580	580
8	平衡轴皮带	178	178	---	---	---	---
9	正时皮带(链)	200	200	291	291	247	320
10	进气门	65	65	65	65	59	64
11	排气门	110	110	110	110	105	106
12	机油滤芯	29	29	29	29	29	29
13	燃油滤清器	158	158	158	158	85	85
14	汽油泵	1553	1755	1328	1755	524	524

STEP 01 打开附书光盘 \ 实例文件 \ 第 7 章 \ 原始文件 \ 汽车配件表 1.docx 文档，切换到“表格工具”中的“设计”选项卡，单击“表样式”组中列表框右侧的快翻按钮，在展开的“表样式”库中单击“修改表格样式”选项。

STEP 02 弹出“修改样式”对话框，Word 默认将“将格式应用于”设置为“整个表格”，不对其进行更改，单击“格式”选项组中“对齐方式”的下三角按钮，在展开的下拉列表中单击“水平居中”选项。

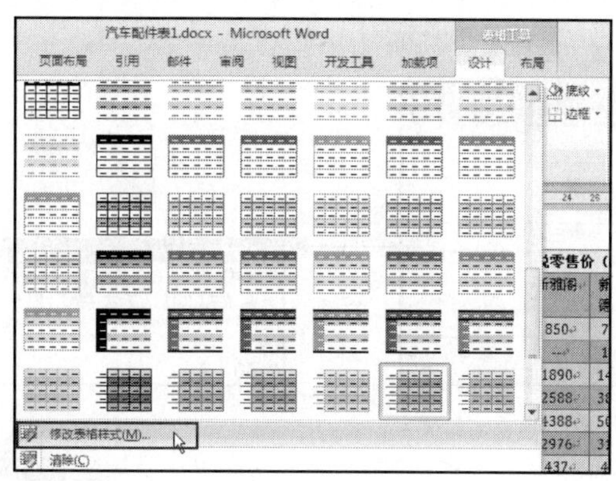

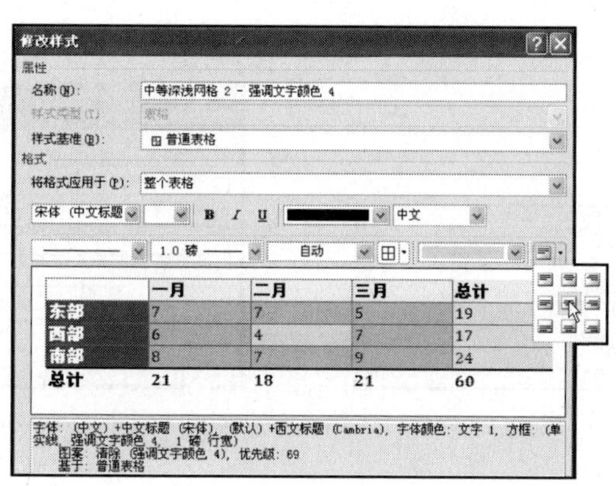

STEP 03 单击“将格式应用于”框右侧的下三角按钮，在展开的下拉列表中单击“首列”选项，然后单击“格式”区域内“填充颜色”右侧的下三角按钮，在展开的颜色列表中单击“紫色，强调文字颜色 4，深色 25%”图标。

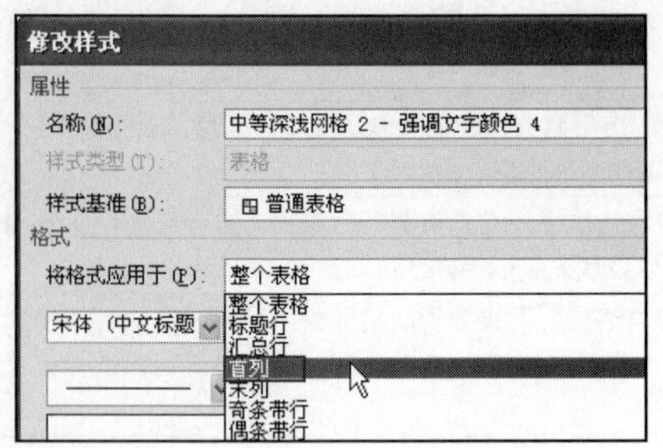

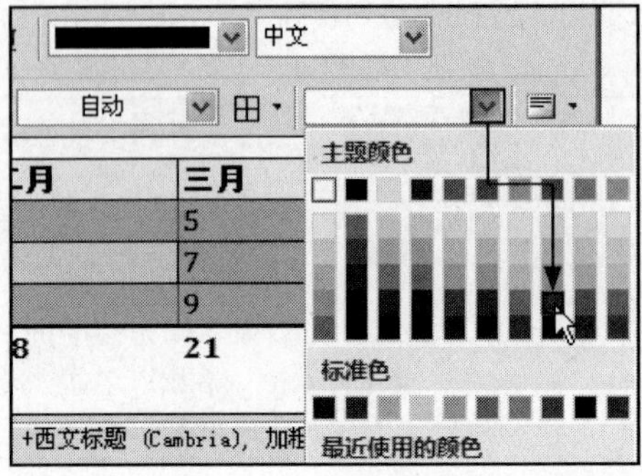

STEP 04 设置了表格首列的填充颜色后，单击“字体颜色”右侧的下三角按钮，在展开的颜色列表中单击“白色，背景 1”图标，最后单击“确定”按钮，就完成了本例中对表格样式的更改。返回文档中，即可看到更改后的效果。

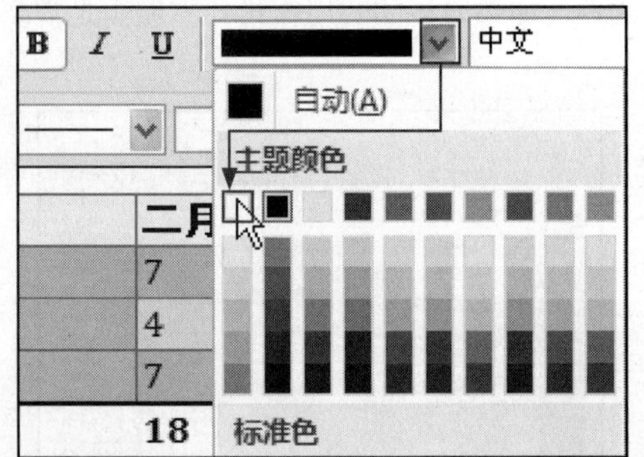

序号	零部件名称	含税零售价（元）					
		雅阁	奥德赛	新雅阁	新奥德赛	三厢飞度	两厢飞度
1	缸盖修理包	776	814	850	765	684	732
2	缸体修理包	149	149	—	149	60	60
3	全车锁	1688	1890	1890	1463	1185	1185
4	主气囊	2588	3803	2588	3803	1498	1498
5	副气囊	4388	5084	4388	5084	2814	2814
6	气囊电脑	2976	3132	2976	3132	1974	1974
7	油底壳	448	448	437	436	580	580
8	平衡轴皮带	178	178	—	—	—	—
9	正时皮带(链)	200	200	291	291	247	320
10	进气门	65	65	65	65	59	64
11	排气门	110	110	110	110	105	106
12	机油滤芯	29	29	29	29	29	29
13	燃油滤清器	158	158	158	158	85	85
14	汽油泵	1553	1755	1328	1755	524	524
15	空气滤芯	99	99	99	99	55	55

Study 04

在表格中进行运算

在 Word 2010 中使用表格时，可借助 SUM、ABS、AND、AVERAGE、COUNT 等多种函数进行运算，在进行函数的运算时。主要通过“公式”对话框来完成。

下面首先来认识“公式”对话框内各区域的作用，如表 7-3 所示。

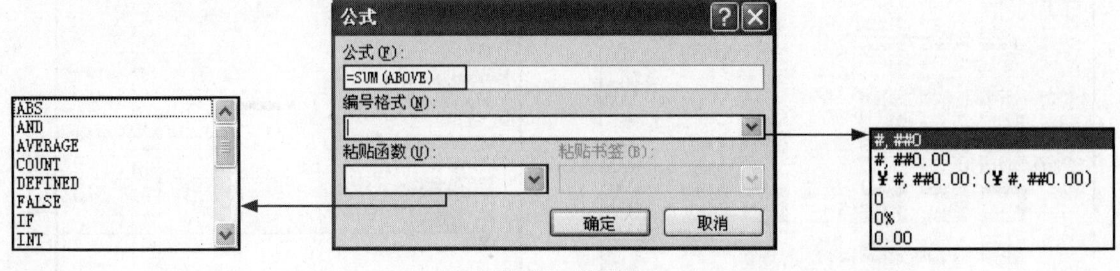

“公式”对话框

表 7-3 “公式”对话框内各区域作用表

编号	名称	作用
①	公式	用于显示当前所用公式，(ABOVE）为公式引用数据的位置
②	编号格式列表框	单击下三角按钮，将弹出下拉列表，可以选择数据的运算结果所应用的格式
③	粘贴函数列表框	单击下三角按钮，将弹出下拉列表，在该列表框内可选择要使用的函数类型

Lesson 06 在表格中进行平均值的运算

在 Word 2010 程序中，可以进行多种函数的运算。下面以平均值的运算为例进行介绍。

STEP 01 打开附书光盘实例文件\第 7 章\原始文件\发货登记表.docx，将光标放置到表格中存放结果的单元格内，切换到“表格工具”中的“布局”选项卡，单击“数据”组中的“公式”按钮。

STEP 02 弹出“公式”对话框，在“公式”文本框内输入“=”，然后单击“粘贴函数”右侧的下三角按钮，在展开的下拉列表中单击要使用的函数，本例中选择 SUM 选项。

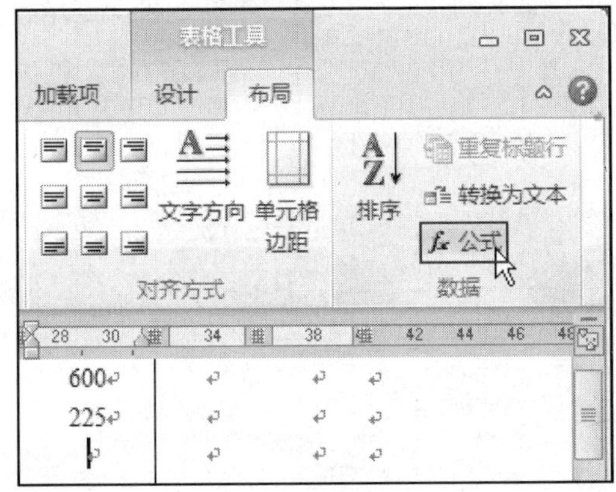

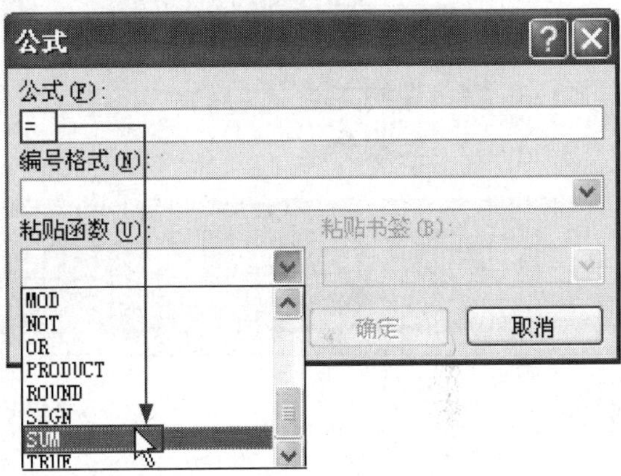

STEP 03 选择了 SUM 函数后，在“公式”文本框中会出现“= SUM()”字样，由于计算所引用的数据位于光标所在单元格上方，因此在括号内输入 ABOVE，然后单击“编号格式”右侧的下三角按钮，在展开的下拉列表中单击“￥#,##0.00;(￥#,##0.00)”选项，单击“确定”按钮。经过以上操作后，就完成了在表格中进行求和运算的操作。返回文档中，可以看到运算后的结果。

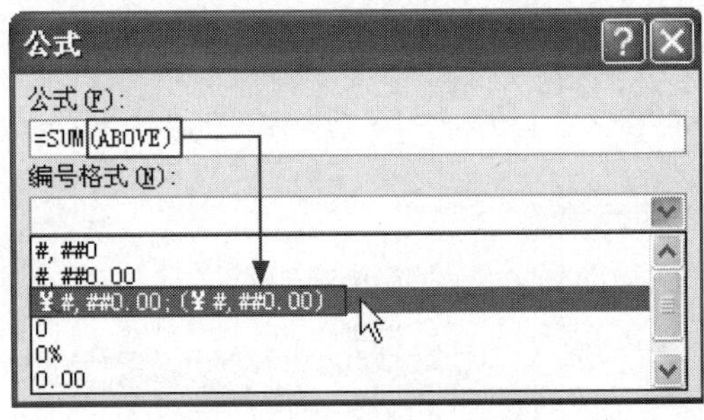

发货日期	货物名称	购货单位	件数	金额（元）
2011 年 1 月 1 日	D 款卫衣（灰）	陈女士	12	750
2011 年 1 月 3 日	C 款风衣（白）	王女士	5	600
2011 年 1 月 7 日	D 款卫衣（橙）	陈女士	5	312.5
2011 年 1 月 15 日	长款红昵外套	赵小姐	5	375
2011 年 1 月 17 日	兔毛毛衣（红）	刘先生	10	750
2011 年 1 月 20 日	C 款夹克（男）	赵老板	10	800
2011 年 1 月 21 日	C 款夹克（男）	陈女士	5	400
2011 年 1 月 25 日	C 款毛衣（男）	赵老板	10	450
2011 年 1 月 27 日	F 款牛仔裤	陈女士	5	150
2011 年 1 月 28 日	C 款风衣（白）	王女士	5	600
2011 年 1 月 29 日	长款红昵外套	赵小姐	3	225
合计				￥5,412.50
2011 年 2 月 1				

Chapter 08

文档的保护与共享

Office 2010 电 脑 办 公 从 入 门 到 精 通

本章重点知识

Study 01　保护文档

Study 02　共享文档

本章视频路径

CD

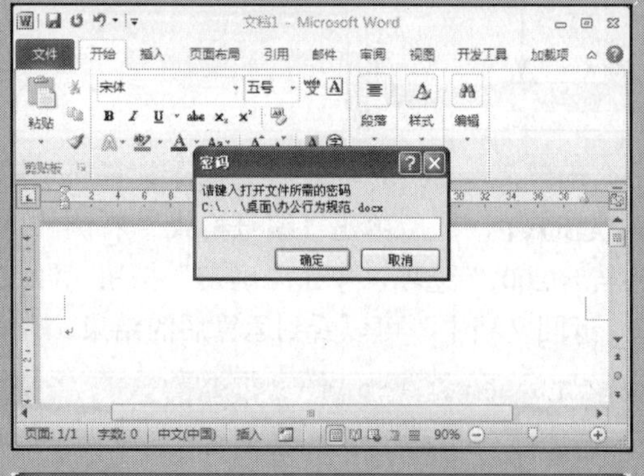

Chapter 08\Study 01\

- Lesson 01　加密保密性文件.swf

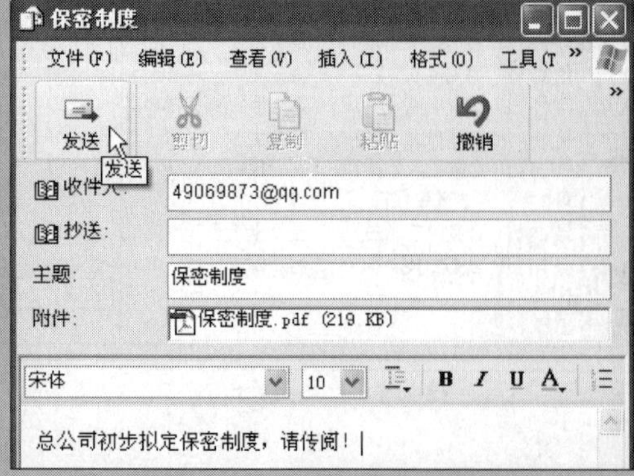

Chapter 08\Study 02\

- Lesson 02　创建Outlook邮箱.swf
- Lesson 03　将文档以PDF文件发送.swf

Chapter 08 文档的保护与共享

在编辑重要的文档时，为了保护文档的安全，可在 Word 中对文档进行保护。而如果用户所制作好的文档需要与其他同事一起观看时，可以通过共享功能完成。本章就来介绍 Word 2010 文档的保护与共享操作。

Study 01 保护文档

- Work 1．限制编辑
- Work 2．用密码进行加密

在 Word 2010 中保护文档时，如果用户想让文档不会随便被别人编辑，可启用限制编辑功能。如果用户需要对文档内容进行保护时，可通过密码将文档保护起来。

Study 01 保护文档

Work 1 限制编辑

限制编辑功能是指在阅读文档时，对文档的格式编辑或者编辑的类型进行限制。应用该功能后，文档的阅读者将只能阅读而不能编辑。

打开目标文档后，单击“文件”按钮，在弹出的下拉菜单中默认显示“信息”界面，单击该界面中的“保护文档”按钮，在展开的下拉列表中单击“限制编辑”选项，Word 2010 就会返回文档编辑界面，并在窗口右侧显示出“限制格式编辑”窗格，勾选“限制对选定的样式设置格式”与“仅允许在文档中进行此类型的编辑”复选框，不改变 Word 其他的默认设置。设置完毕后，单击“是，启动强制保护”按钮。

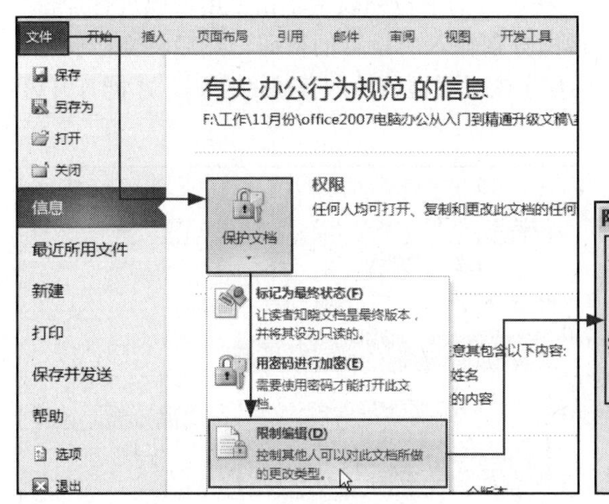

① 单击“限制编辑”选项

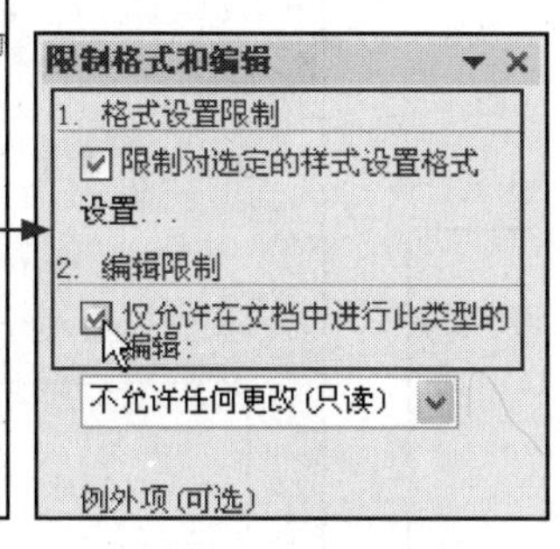

② 选择限制编辑的选项

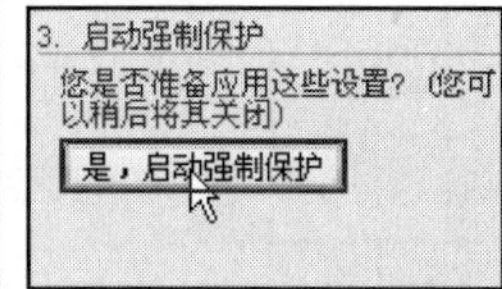

③ 单击“是，启动强制保护”按钮

弹出“启动强制保护”对话框，在“新密码”与“确认密码”文本框中分别输入所设置的密码，然后单击“确定”按钮。经过以上操作后，“限制格式和编辑”窗格中就会显示出文档受保护字样，同时，该文档将不允许用户进行编辑，如下页图所示。

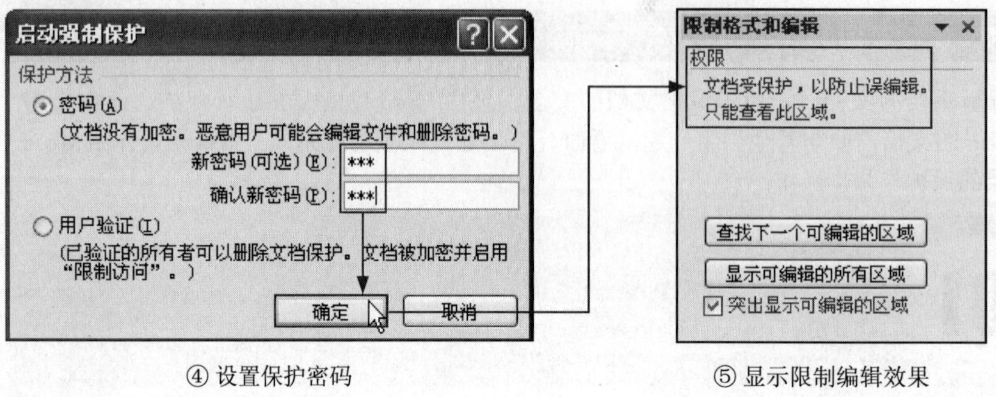

④ 设置保护密码　　⑤ 显示限制编辑效果

Tip 取消限制格式

为文档设置了格式限制和编辑后需要取消时，可打开“限制格式和编辑”窗格，然后单击窗口下方的“停止保护”按钮，在弹出的“取消保护文档”对话框中输入所设置的密码，然后单击“确定”按钮，即可将文档的限制功能取消。

Study 01 保护文档

Work 2 用密码进行加密

当用户所编辑的文档属于机密性文件时，为了防止其他用户随便查看，可使用密码将其保护起来。这样，只有知道密码的人，才可以打开文档进行查看或编辑。

使用密码保护文档时，打开目标文档后，单击“文件”按钮，在弹出的下拉菜单中默认显示“信息”界面，单击该界面中的“保护文档”按钮，在展开的下拉列表中单击“用密码进行加密”选项，在弹出的“加密文档”与“确认密码”对话框分别输入所设置的密码，然后将文档保存。关闭后重新打开时，就会弹出“密码”对话框，只有在该对话框内输入正确的密码，才能打开该文档。

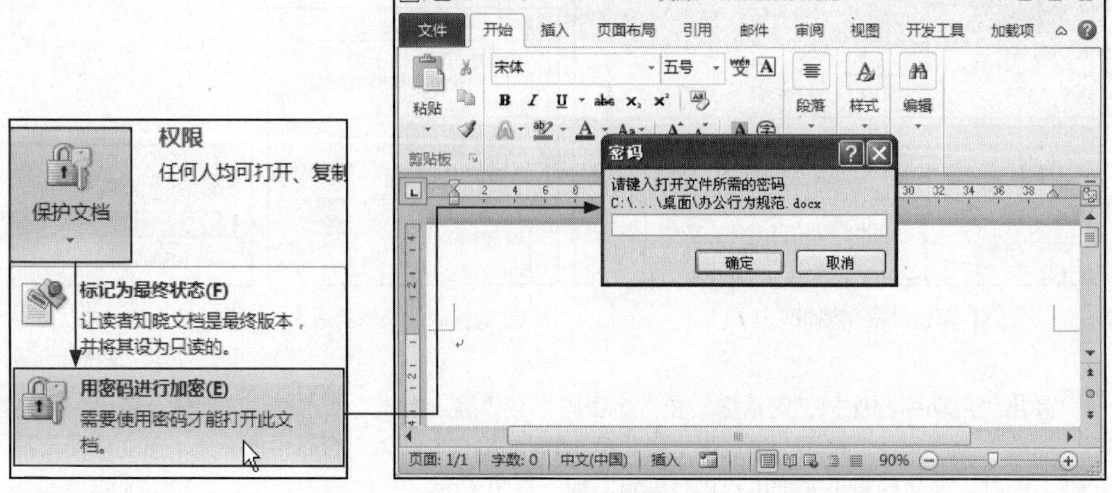

① 单击“用密码进行加密”选项　　② 显示使用密码保护效果

Lesson 01 加密保密性文件

Office 2010 · 电脑办公从入门到精通

加密文档功能主要用于保护一些机密性的文件。本节将通过实例来介绍 Word 中加密文档的具体操作。

STEP 01 打开附书光盘 \ 实例文件 \ 第 8 章 \ 原始文件 \ 办公行为规范 .docx，单击“文件”按钮，在弹出的下拉菜单中默认显示“信息”界面，单击该界面中的“保护文档”按钮，在展开的下拉列表中单击“用密码进行加密”选项。

STEP 02 弹出“加密文档”对话框，在“密码”文本框内输入要设置的密码，然后单击“确定”按钮。

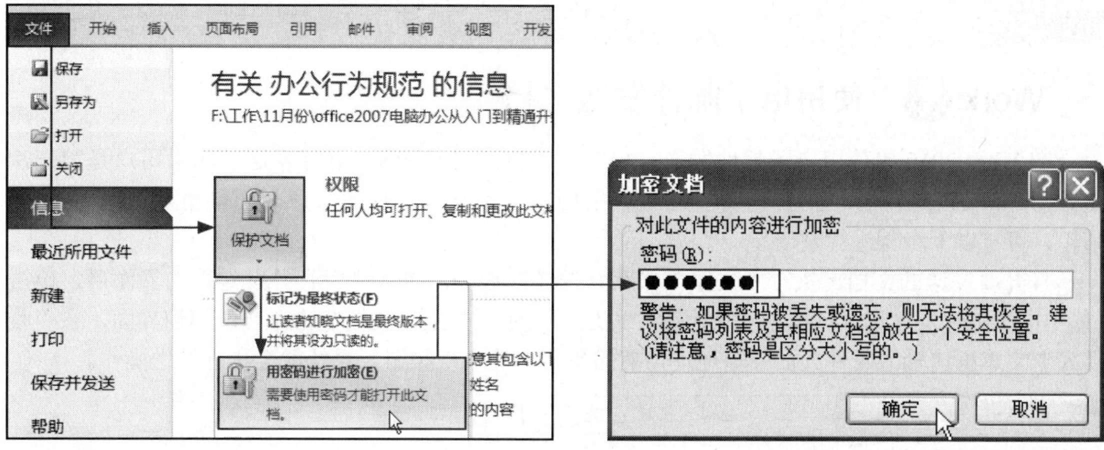

STEP 03 弹出“确认密码”对话框，在“重新输入密码”文本框内重新输入所设置的密码后，单击“确定”按钮，就完成了为文档添加密码保护的操作。将文档保存并关闭后，重新打开时，就会弹出“密码”对话框，只有在该对话框内输入正确的密码，才能打开该文档。

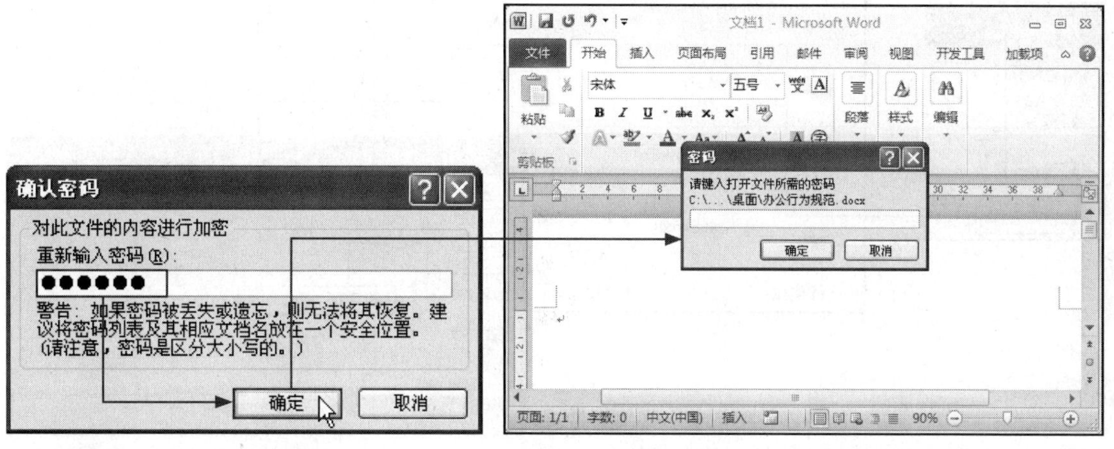

Tip 取消文档密码保护

对文档进行了密码保护后需要取消保护时，只要单击“文件”按钮，在弹出的下拉菜单中会默认显示出“信息”界面，单击该界面中的“保护文档”按钮，在展开的下拉列表中单击“用密码进行加密”选项，弹出“加密文档”对话框，将“密码”文本框中所设置的密码删除，然后单击“确定”按钮，即可取消文档的加密。

Study 02

共享文档

- Work 1. 使用电子邮件发送文档
- Work 2. 将文档发布为博客文章

当用户要与其他用户一起分享所编辑的文档时，在 Word 2010 中可通过发送邮件、将文档发布到 Web，或是将文档发布为博客的方式完成。本节中以发送邮件及将文档发布为博客为例，介绍共享文档的操作。

Work 1 使用电子邮件发送文档

在 Word 2010 中使用电子邮件发送文档时，是指通过 Outlook 进行发送。如果用户是第一次使用 Outlook 发送邮件，则首先需要在电脑中创建一个电子邮件的账户；如果用户已有 Outlook 邮箱，可按以下步骤进行发送。

打开要发送的文档，执行“文件 > 保存并发送”命令，进入“保存并发送”的界面后，单击“使用电子邮件发送”区域内的“作为附件发送”按钮，弹出以文档名称命名的邮箱界面，在“收件人”文本框内输入收件人的邮箱地址，然后单击“发送”按钮，系统就会执行发送操作。

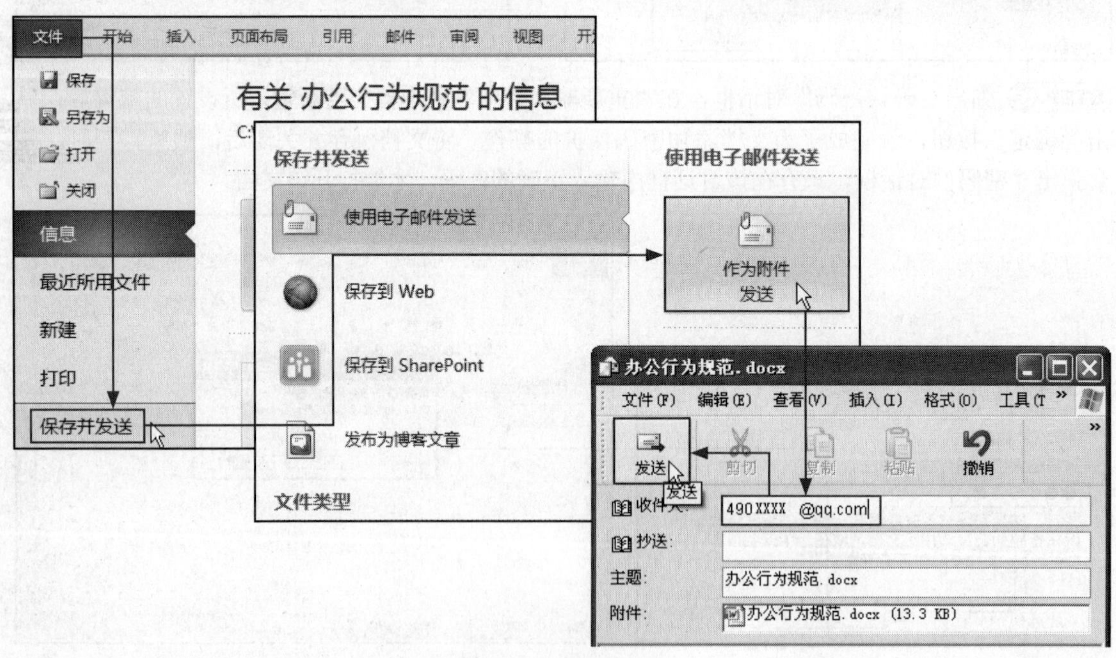

将文档作为附件发送

Lesson 02 创建 Outlook 邮箱

Office 2010 · 电脑办公从入门到精通

如果用户还没有 Outlook 邮箱，可按以下步骤在电脑中进行创建。

STEP 01 进入系统桌面后，单击任务栏左下角的“开始”按钮，在弹出的下拉菜单中执行“控制面板”命令。弹出“控制面板”窗口后，双击“邮件”图标，将会弹出“邮件”对话框，单击“添加”按钮。

STEP 02 弹出“新建配置文件”对话框，在“配置文件名称”文本框中输入创建的文件名称，然后单击“确定”按钮，弹出“添加新账户”对话框。在“电子邮件账户”组中输入姓名、电子邮件地址、密码信息，然后单击“下一步”按钮。

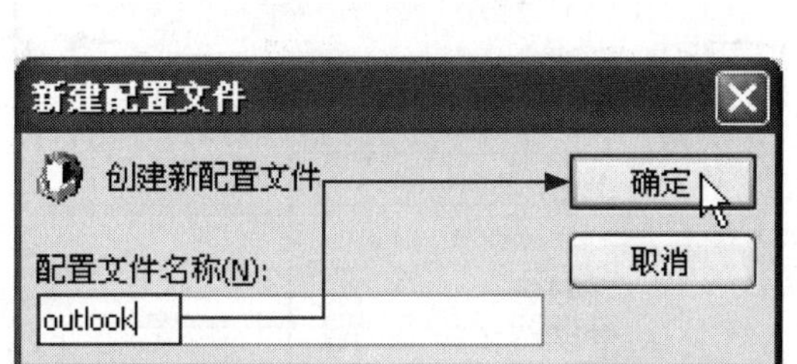

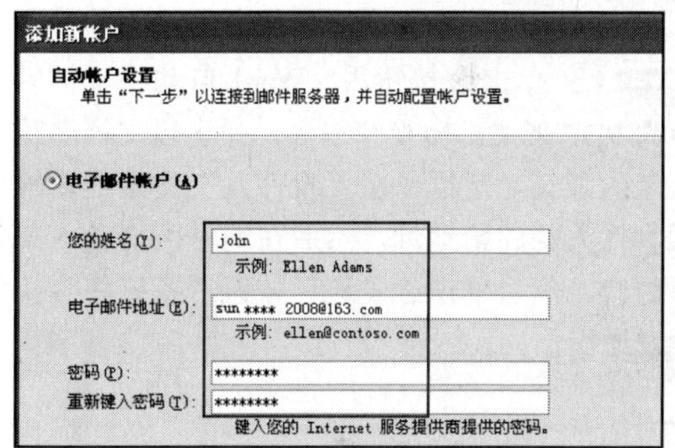

STEP 03 输入了邮箱信息后，系统将电脑的网络与邮箱的服务器进行配置。配置完毕后，进入“祝贺您”界面，单击“完成”按钮，即可完成账户的添加。返回“邮件”对话框，单击“确定”按钮，就完成了邮件的配置操作。

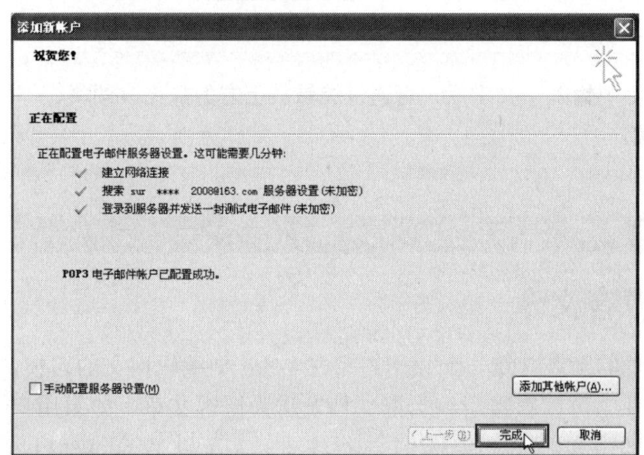

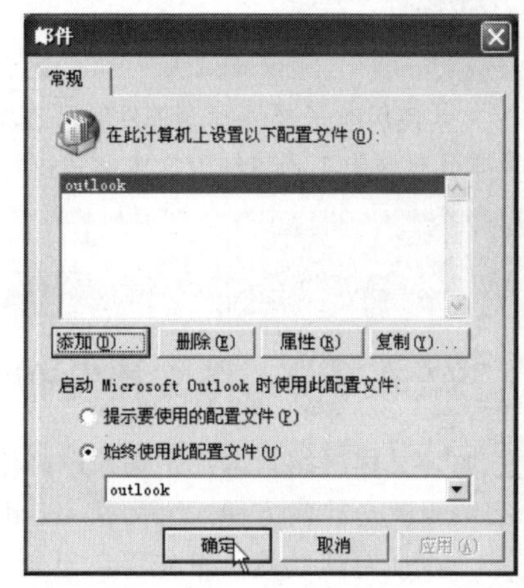

Lesson 03 将文档以 PDF 文件发送

Office 2010 · 电脑办公从入门到精通

使用邮件发送 Word 2010 文档时，除了使用附件发送外，还可以以 PDF、XPS、Internet 传真 3 种形式进行发送，本例就来介绍以 PDF 文件发送邮件的操作。

STEP 01 打开要发送的文档后，单击“文件”按钮，在弹出的下拉菜单中执行“保存并发送”命令，进入“保存并发送”的界面后，单击“使用电子邮件发送”区域内的“以PDF形式发送”按钮。

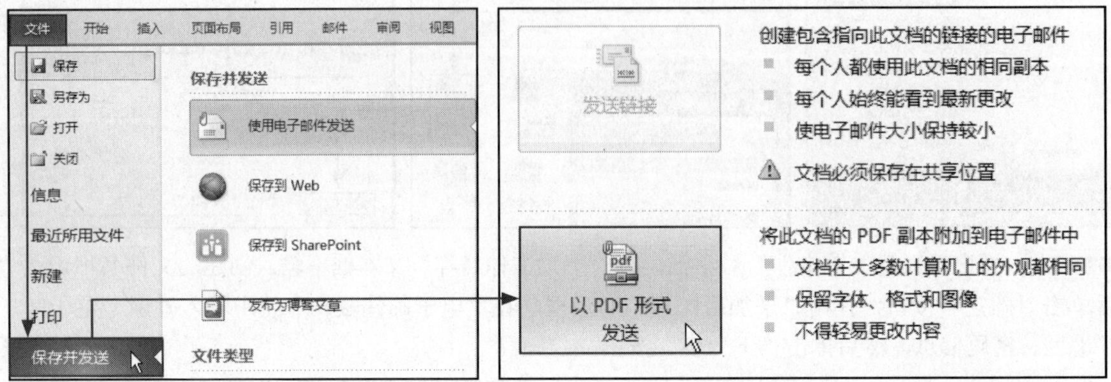

STEP 02 单击该按钮后，Word 自动将文档转换为PDF形式，转换完毕后，弹出以文档名称命名的邮箱对话框，在“收件人”文本框内输入收件人的邮箱地址，然后在编辑区内输入邮件内容，然后单击“发送”按钮，系统将会执行发送操作。

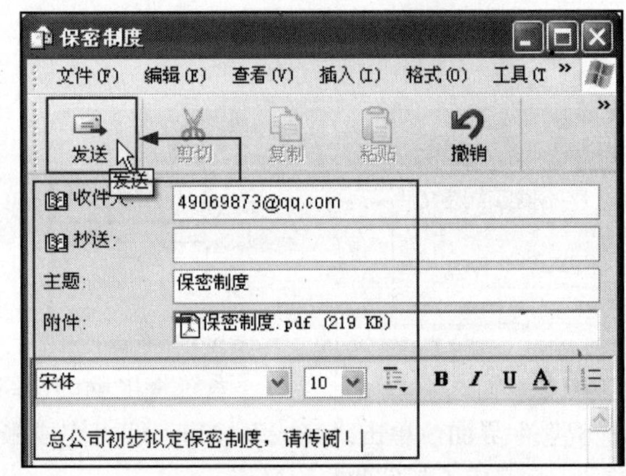

Tip 设置邮件的文本格式

使用电子邮件发送邮件时，在编辑栏中输入了文字后，可通过编辑栏上方的加粗、倾斜、字体颜色等工具按钮对文本格式进行设置。

Study 02 共享文档

Work 2 将文档发布为博客文章

博客又称网络日志，是指在网络中发表的个人文章。如果用户有在Word中编辑博文的习惯，那么编辑就会非常方便，因为在Word 2010中可以直接将编辑好文档发送为博客文章。如果用户是第一次使用该功能，首先将自己所拥有的博客账户在Word中进行注册。本节以Windows Live Spaces的博客账户为例，介绍注册账户的操作。

01 在Web网中开通博客账户

由于在Word 2010中发布博客，会使用到机密字，而机密字是Windows Live Spaces博客中打开电子邮件发布时所用到的关键字，因此在注册了账户后还需要对打开电子邮件发布所用的关键字进行设置。

登录 http://spaces.live.com 网站，单击“注册”区域内的“注册”按钮，进入注册界面后，在 Windows Live ID 文本框内输入所创建的账户地址，网站会自动检查该地址是否可用。如不可用，在该文本框下方就会显示出可用的地址，用户可单击进行选择，然后输入创建密码以及备用的电子邮箱地址等信息。

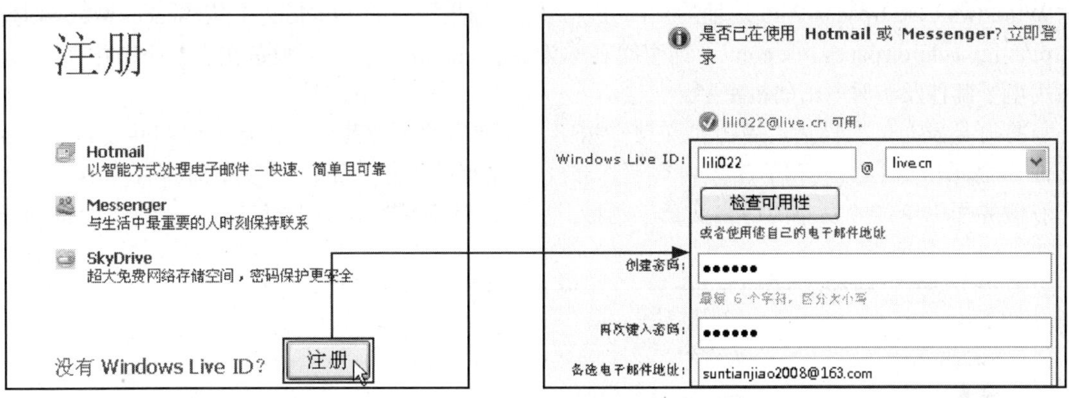

① 单击“注册”按钮　　② 输入注册信息

输入了账户的相关信息后，在界面下方选择用户所在省、性别等信息，然后输入邮编、出生日期以及网页中提供的验证码，最后单击“我接受”按钮，网站就会根据用户所输入的信息，为用户创建一个空间。进入空间界面后，单击界面右上角用户姓名右侧的下三角按钮，在展开的下拉列表中单击“选项”选项。

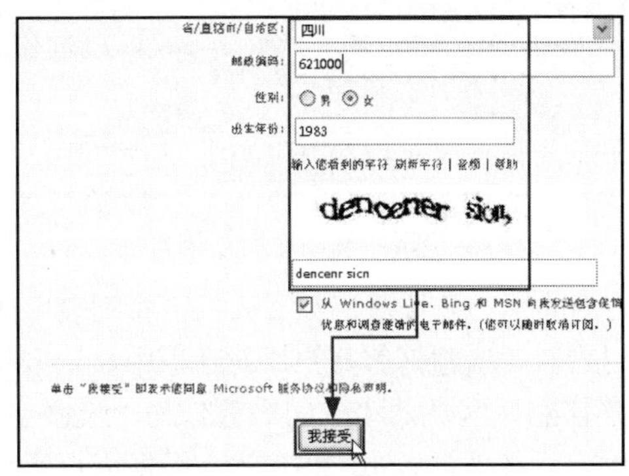

③ 输入用户信息　　④ 单击“选项”选项

界面中显示出“选项”的相关内容后，勾选“启用电子邮件发布”复选框，然后在“第 1 步”输入“发件人”电子邮件地址区域内输入备用的电子邮箱地址，然后在“第 2 步：输入机密字”文本框内输入启用电子邮件发布所用的机密字，最后单击“保存”按钮，就完成了机密字的设置。

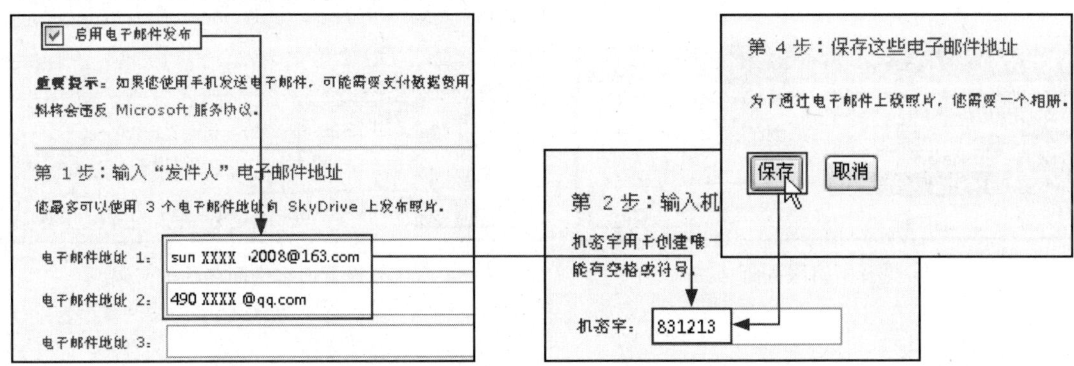

⑤ 设置开启电子邮件发布机密字

02 在文档中发送博客文档

在Web网站中拥有了博客账户后，就可以在Word 2010中输入博文并直接发布到网站中。由于本例中以Windows Live Spaces为例，所以在注册账户时需要输入空间名称与机密字，空间名称为Windows Live Spaces Web地址的一部分。例如，如果用户的Windows Live Spaces Web地址为http://stigpanduro.spaces.live.com/，则空间名称为stigpanduro。机密字则是在上一小节中所设置的启用电子邮件发布时所用的机密字。

打开要发布的文档后，单击“文件”按钮，在弹出的下拉菜单中执行“保存并发布”命令，界面中显示出保存并发布的相关内容后，单击“保存并发送”下的“发布为博客文章”选项，在右侧界面中单击“发布为博客文章”图标，弹出“注册博客账户”对话框，单击“立即注册”按钮。

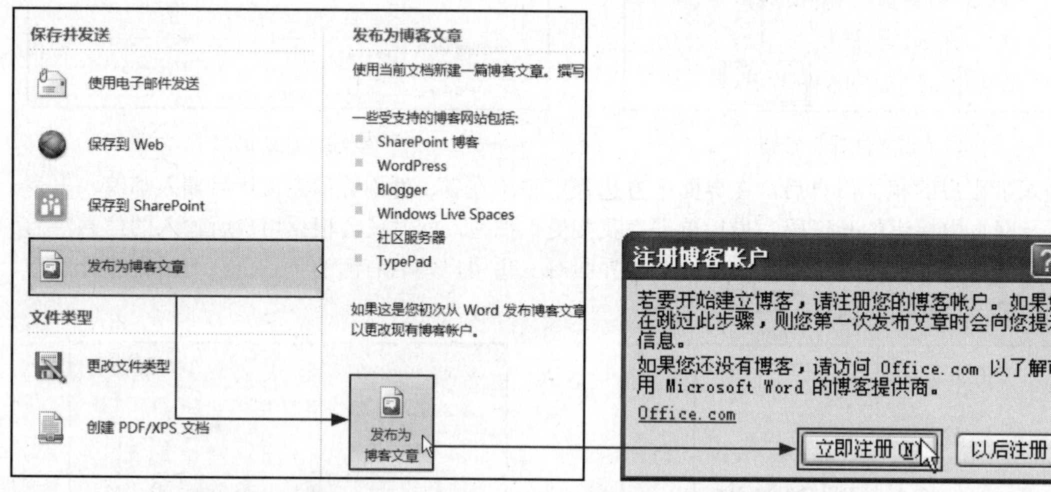

① 单击“发布为博客文章”选项　　② 单击“立即注册”按钮

弹出“新建博客账户”对话框，单击“博客”框右侧的下三角按钮，在展开的下拉列表中选择所使用的博客提供商。选择完毕后，单击“下一步”按钮，“新建博客账户”对话框中显示出所选择的博客提供商的相关信息，在“第2步：输入账户信息”区域的“空间名称”与“机密字”文本框内输入要建立的账户名称与密码，然后单击“确定”按钮，Word 2010就会根据用户所设置的信息，为用户建立相应的博客账户。

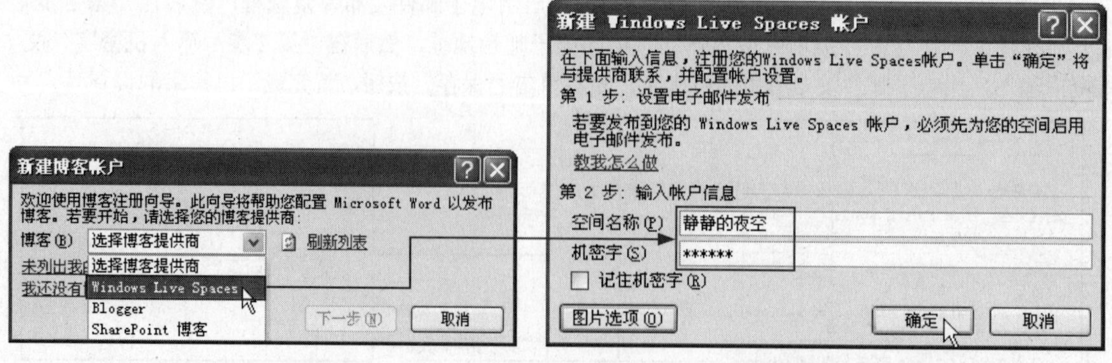

③ 选择网络服务商　　④ 设置博客空间名称与密码

Chapter 09

从基础知识开始Excel 2010

Office 2010 电脑办公从入门到精通

本章重点知识

Study 01　Excel的概念

Study 02　Excel 2010 提供的最新功能

本章视频路径

订购金额总计	地区			
日期	广州	深圳	珠海	总计
7月	16702.7	32862.16	17366.43	66931.29
总计	16702.7	32862.16	17366.43	66931.29

金店季度销售统计表表				
日期	黄金饰品	钻饰品	铂金饰品	摆件
1月	153795.48	54783.5	66741.45	5791
2月	2794683.54	67415.9	96543.24	6784
3月	157642.88	35474.4	27951.54	9737
迷你图				

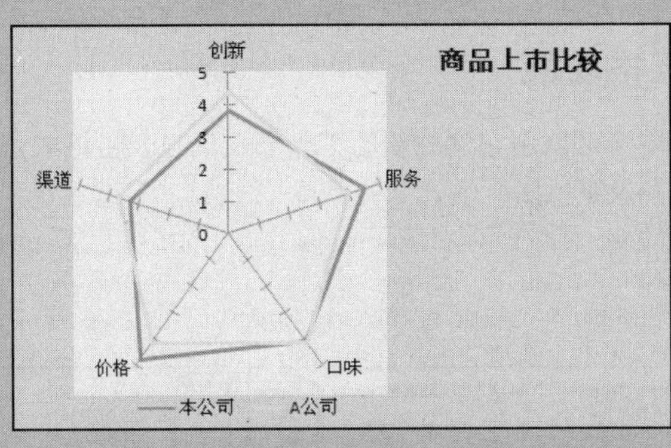

年度	季度	产品	销售人员	区域	销售单位	销售额
2007	1	椰汁	张洋	东部	202	￥5,656
2007	1	椰汁	李雪梅	西部	368	￥10,304
2007	1	椰汁	王易夫	北部	689	￥19,292
2007	2	花生奶	张洋	东部	126	￥3,150
2007	2	花生奶	张洋	西部	109	￥2,725
2007	2	椰汁	王易夫	南部	233	￥6,524
2007	3	豆奶	李雪梅	西部	286	￥5,720
2007	3	花生奶	张洋	东部	101	￥2,525
2007	3	豆奶	王易夫	北部	632	￥12,640
2007	4	椰汁	王易夫	东部	210	￥5,880
2007	4	豆奶	李雪梅	北部	800	￥16,000
2007	4	花生奶	李雪梅	南部	650	￥16,250
2008	1	花生奶	张洋	东部	588	￥14,700
2008	1	椰汁	张洋	北部	863	￥24,164

Chapter 09 从基础知识开始 Excel 2010

在本章中读者需要了解 Excel 2010 的基础知识，包括三大主要功能：电子表格、数据分析以及统计图表。在很多方面 Excel 具有与 Word 相同的功能，如新版的 Excel 2010 同样也具有面向结果的可视化界面、丰富的样式和屏幕截图等功能，这些就不再赘述了。

Study 01 Excel 的概念

- Work 1. 提供专业的电子表格功能
- Work 2. 提供专业的数据分析功能
- Work 3. 提供专业的图表制作功能
- Work 4. Excel 的广泛应用领域

Excel 是由美国微软公司开发出来的目前 Windows 环境下非常受欢迎的表格及数据处理软件，本节将介绍 Excel 的基础知识。

概括起来，Excel 具有下面三大功能，如表 9-1 所示。

表 9-1 Excel 的功能

功　能	作　用
电子表格	具有工作表的建立、数据记录的编辑（包括修改、复制、删除）、运算处理（如公式、函数的运算）、工作表管理（如工作表的保存、打印）等功能
数据分析	通过建立数据清单，可对某关键字段进行排序，筛选出符合条件的记录及对数据进行趋势分析等
统计图表	依照工作表的给定数据，绘制出各种统计图表，如直线图、折线图、饼图等

Work 1 提供专业的电子表格功能

Excel 是一款专业的电子表格处理组件，用户可以用它建立新的工作表、调整表格格式、编辑数据、进行数据运算。其具体功能展示如下图及下页图所示。

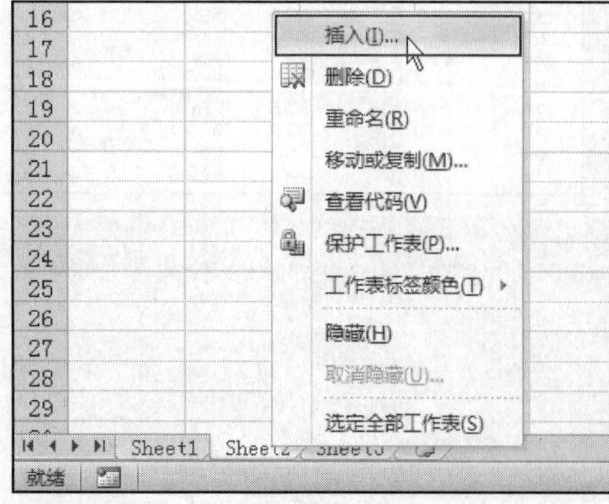

① 新建工作表

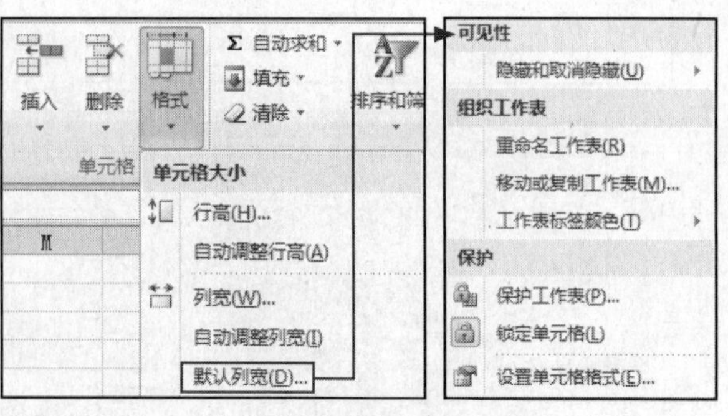

② 设置单元格格式

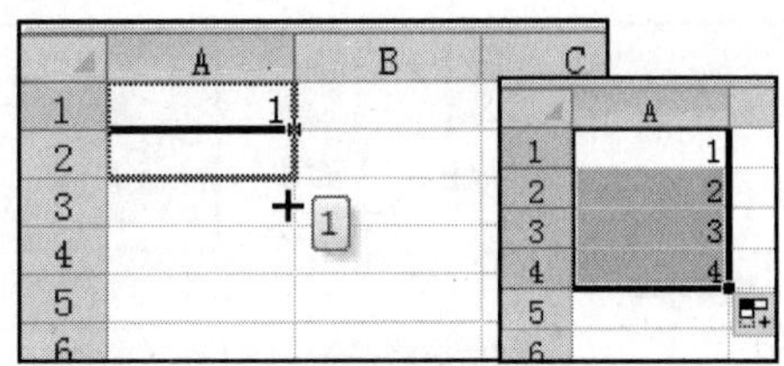

③ 复制填充

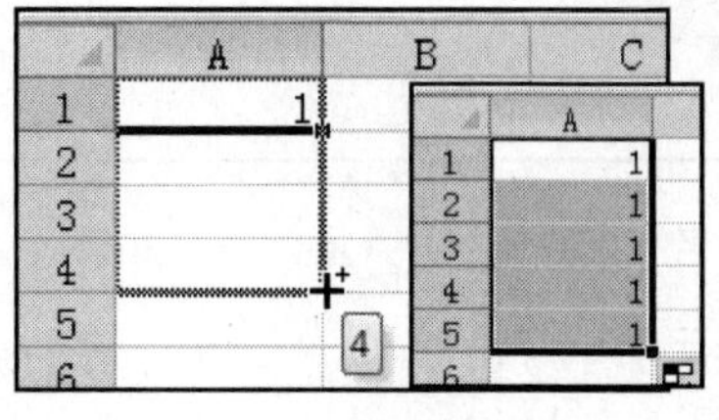

④ 序列填充

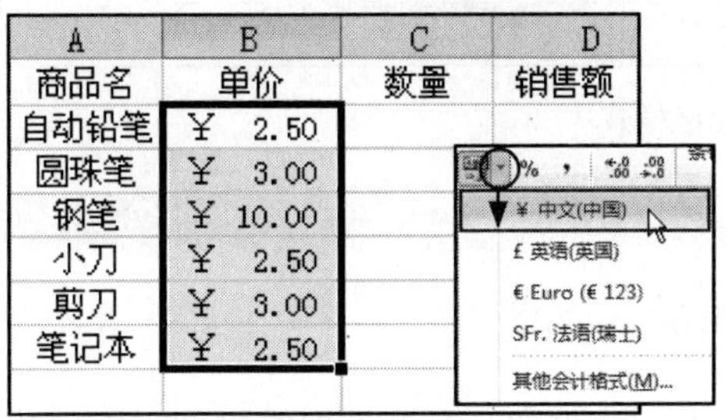

⑤ 使用会计专用格式

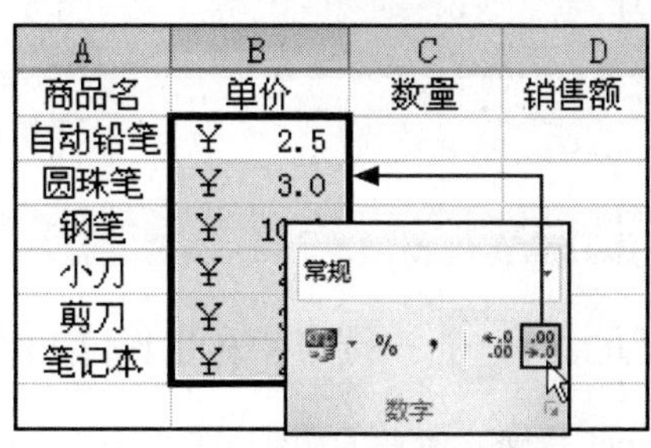

⑥ 减少小数位数

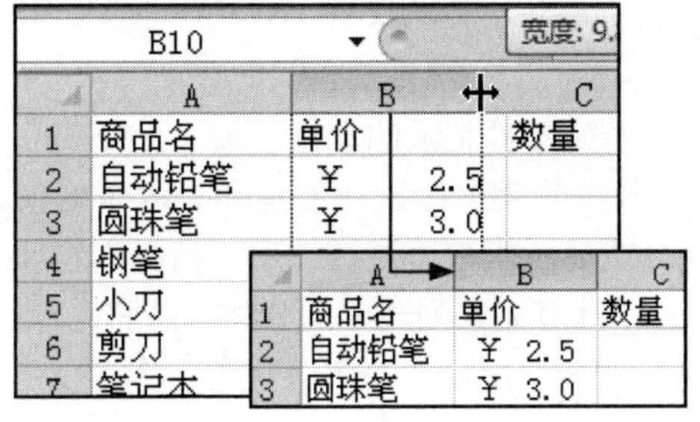

⑦ 调整列宽

⑧ 隐藏网格线

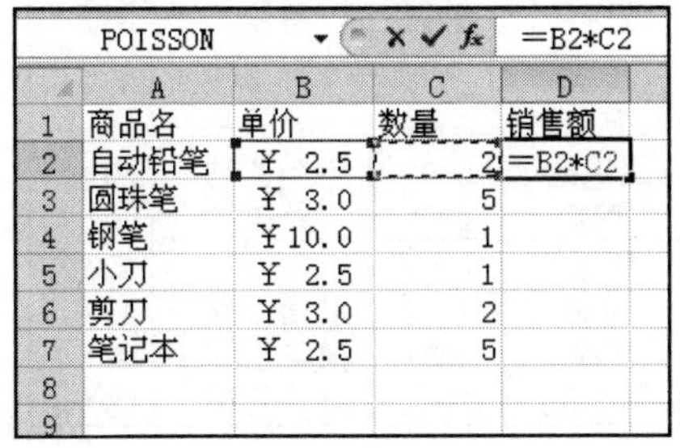

⑨ 输入公式

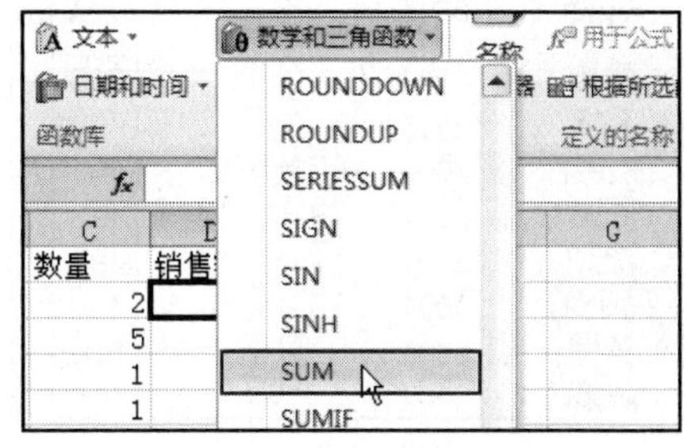

⑩ 使用函数

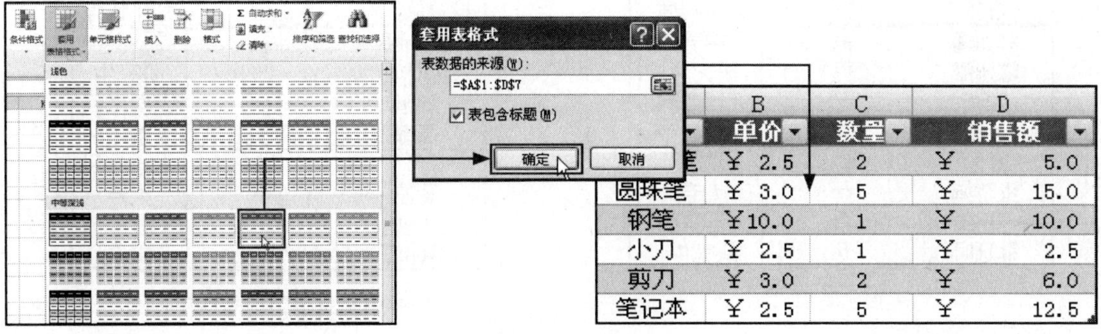

⑪ 快速套用表格格式

A	B	C	D
商品名	单价	数量	销售额
自动铅笔	￥ 2.5	2	￥ 5.0
圆珠笔	￥ 3.0	5	￥ 15.0
钢笔	￥10.0	1	￥ 10.0
小刀	￥ 2.5	1	￥ 2.5
剪刀	￥ 3.0	2	￥ 6.0
笔记本	￥ 2.5	5	￥ 12.5

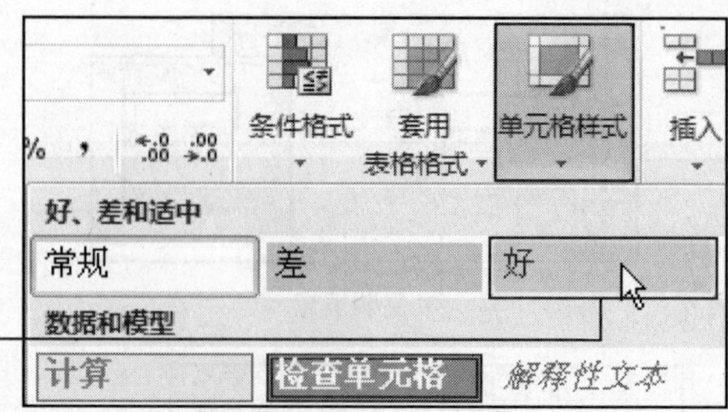

⑫ 快速套用单元格样式

Study 01 Excel的概念

Work 2 提供专业的数据分析功能

Excel 是一款专业的数据分析组件，通过它可以进行数据的分析与处理等操作，例如数据的排序、筛选、分类汇总等。

- 用于排序，Excel能快速完成简单的数据排序，将一串数字按从大到小或从小到大，或其他排序要求排列出来。
- 用于筛选，Excel能从数据清单中查找和分析具备特定条件记录的数据子集。
- 用于分类汇总，Excel可以对数据清单的各个字段按分类逐级进行如求和、求平均值、求最大值、求最小值等汇总计算，并将计算结果分级显示出来。通过使用“数据”选项卡的“分级显示”组中的“分类汇总”功能，可以自动计算列的列表中的分类汇总和总计。
- 用于数据透视表，Excel可以迅速重新定位数据以便帮助用户回答多个问题。将字段拖动到要显示的位置，即可更快地找到所需的答案。

姓名	年级	系别	入学成绩
曹末	2001	外语	518
孙旭	2001	外语	498
胡艳艳	2001	市场营销	501
周琳	2001	通信工程	493
沈杰	2001	通信工程	480
冯小阳	2001	市场营销	460
黄勇	2001	外语	520
陈鹏	2001	外语	497

① 原始数据

姓名	年级	系别	入学成绩
黄勇	2001	外语	520
曹末	2001	外语	518
胡艳艳	2001	市场营销	501
孙旭	2001	外语	498
陈鹏	2001	外语	497
周琳	2001	通信工程	493
沈杰	2001	通信工程	480
冯小阳	2001	市场营销	460

② 按入学成绩降序排列

姓名	性别	文化程度
林如海	男	中专
陈州鹏	男	研究生
刘燕	女	大学本科
黄波	男	大专
高静	女	大学本科
张晓姗	女	大专
高杉	男	大学本科
林叮叮	女	研究生

③ 原始数据

姓名	性别	文化程度
陈州鹏	男	研究生
林叮叮	女	研究生
刘燕	女	大学本科
高静	女	大学本科
高杉	男	大学本科
黄波	男	大专
张晓姗	女	大专
林如海	男	中专

④ 自定义按学历高低排列

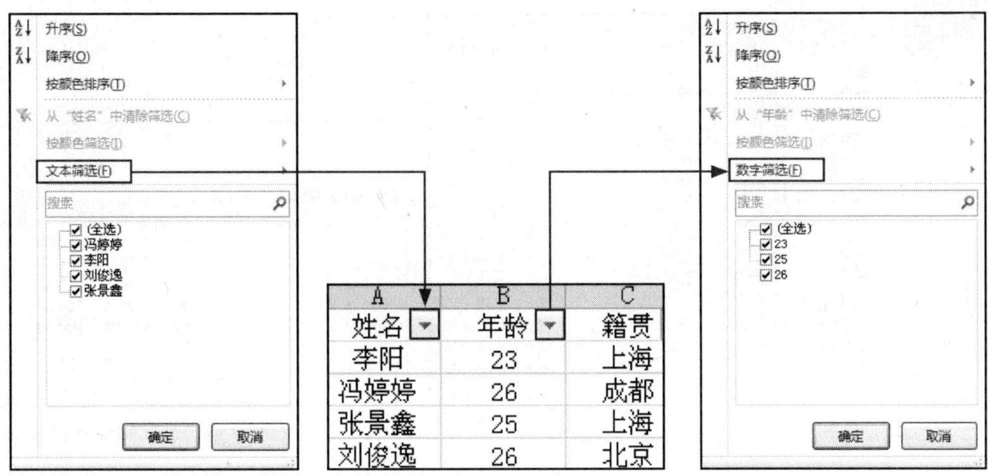

A	B	C
姓名	年龄	籍贯
李阳	23	上海
冯婷婷	26	成都
张景鑫	25	上海
刘俊逸	26	北京

⑤“筛选”按钮

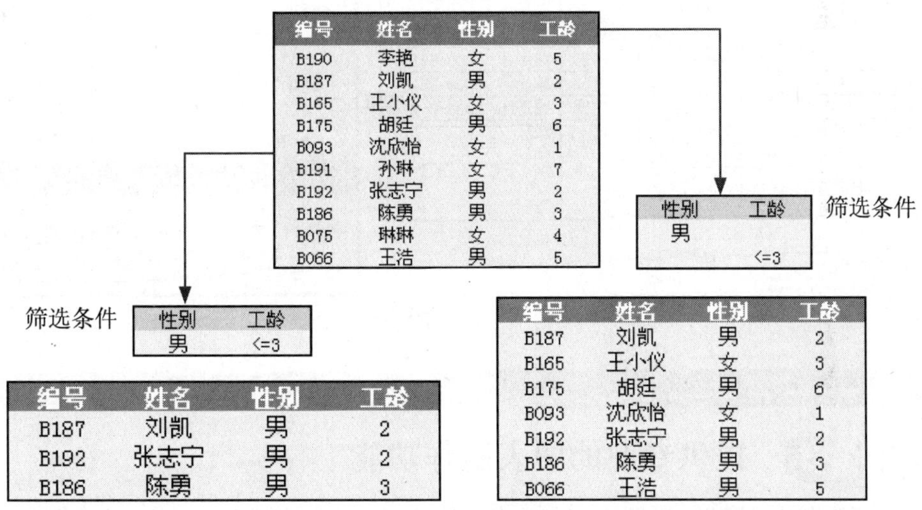

编号	姓名	性别	工龄
B190	李艳	女	5
B187	刘凯	男	2
B165	王小仪	女	3
B175	胡廷	男	6
B093	沈欣怡	女	1
B191	孙琳	女	7
B192	张志宁	男	2
B186	陈勇	男	3
B075	琳琳	女	4
B066	王浩	男	5

筛选条件

性别	工龄
男	
	<=3

筛选条件

性别	工龄
男	<=3

编号	姓名	性别	工龄
B187	刘凯	男	2
B192	张志宁	男	2
B186	陈勇	男	3

⑥ 筛选性别为男且工龄小于等于 3 的员工

编号	姓名	性别	工龄
B187	刘凯	男	2
B165	王小仪	女	3
B175	胡廷	男	6
B093	沈欣怡	女	1
B192	张志宁	男	2
B186	陈勇	男	3
B066	王浩	男	5

⑦ 筛选性别为男或工龄小于等于 3 的员工

	A	B	C	D	E
1	姓名	性别	系别	职称	篇数
2	陈彤	男	化学	副教授	23
3	孙福海	男	化学	副教授	25
4	李静	女	化学	教授	46
5			化学 汇总		94
6	钟梨	女	数学	讲师	10
7	王浩	男	数学	讲师	11
8	刘娜	女	数学	教授	30
9	刘雪	女	数学	教授	36
10	卢欢	女	数学	教授	21
11	李扬	男	数学	教授	31
12			数学 汇总		139
13	钟家科	男	物理	副教授	20
14	刘波	男	物理	副教授	18
15	李力韩	男	物理	讲师	15
16	夏飞露	女	物理	讲师	12
17	陈琳	女	物理	讲师	18
18			物理 汇总		83
19			总计		316
20					

⑧ 按系别分类汇总教师论文的发表篇数

	A	B	C	D	E
1	姓名	性别	系别	职称	篇数
2	陈彤	男	化学	副教授	23
3	孙福海	男	化学	副教授	25
4				副教授 汇总	48
5	李静	女	化学	教授	46
6				教授 汇总	46
7			化学 汇总		94
8	钟梨	女	数学	讲师	10
9	王浩	男	数学	讲师	11
10				讲师 汇总	21
11	刘娜	女	数学	教授	30
12	刘雪	女	数学	教授	36
13	卢欢	女	数学	教授	21
14	李扬	男	数学	教授	31
15				教授 汇总	118
16			数学 汇总		139
17	钟家科	男	物理	副教授	20
18	刘波	男	物理	副教授	18
19				副教授 汇总	38
20	李力韩	男	物理	讲师	15
21	夏飞露	女	物理	讲师	12
22	陈琳	女	物理	讲师	18
23				讲师 汇总	45
24			物理 汇总		83
25			总计		316

⑨ 系列嵌套职称分类汇总教师论文的发表篇数

A	B	C	D	E	F	G
年度	季度	产品	销售人员	区域	销售单位	销售额
2007	1	椰汁	张洋	东部	202	￥5,656
2007	1	椰汁	李雪梅	西部	368	￥10,304
2007	1	椰汁	王易夫	北部	689	￥19,292
2007	2	花生奶	张洋	东部	126	￥3,150
2007	2	花生奶	张洋	西部	109	￥2,725
2007	2	椰汁	王易夫	南部	233	￥6,524
2007	3	豆奶	李雪梅	西部	286	￥5,720
2007	3	花生奶	张洋	东部	101	￥2,525
2007	3	豆奶	王易夫	北部	632	￥12,640
2007	4	椰汁	王易夫	东部	210	￥5,880
2007	4	豆奶	李雪梅	北部	800	￥16,000
2007	4	花生奶	李雪梅	南部	650	￥16,250
2008	1	花生奶	张洋	东部	588	￥14,700
2008	1	椰汁	张洋	北部	863	￥24,164
2008	1	豆奶	王易夫	西部	452	￥9,040

⑩ 选择字段“产品”、“区域”和“销售额”

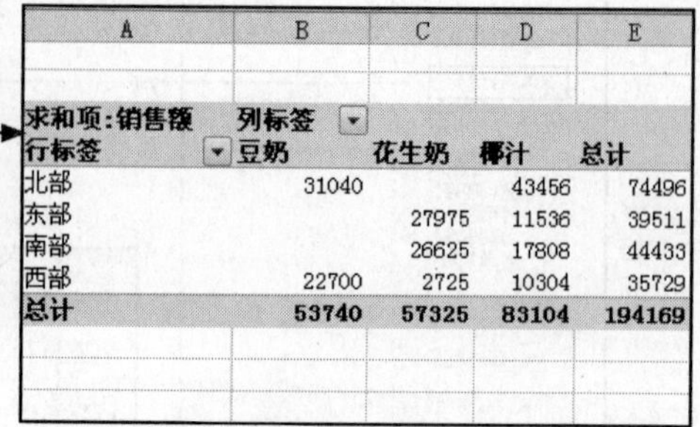

求和项:销售额	列标签			
行标签	豆奶	花生奶	椰汁	总计
北部	31040		43456	74496
东部		27975	11536	39511
南部		26625	17808	44433
西部	22700	2725	10304	35729
总计	53740	57325	83104	194169

⑪ 使用数据透视表分析不同区域的销售情况

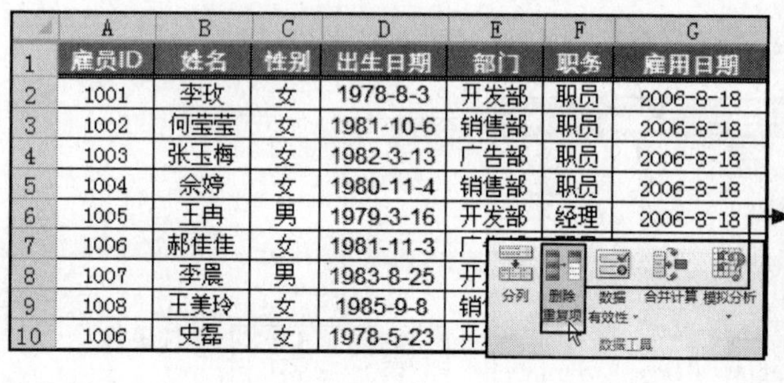

	A	B	C	D	E	F	G
1	雇员ID	姓名	性别	出生日期	部门	职务	雇用日期
2	1001	李玫	女	1978-8-3	开发部	职员	2006-8-18
3	1002	何莹莹	女	1981-10-6	销售部	职员	2006-8-18
4	1003	张玉梅	女	1982-3-13	广告部	职员	2006-8-18
5	1004	余婷	女	1980-11-4	销售部	职员	2006-8-18
6	1005	王冉	男	1979-3-16	开发部	经理	2006-8-18
7	1006	郝佳佳	女	1981-11-3	广		
8	1007	李晨	男	1983-8-25	开		
9	1008	王美玲	女	1985-9-8	销		
10	1006	史磊	女	1978-5-23	开		

⑫ 删除重复项

Study 01 Excel的概念

Work 3 提供专业的图表制作功能

Excel 是一款专业的图表制作组件，它能制作非常专业的商用图表。使用 Excel 专业的图表工具，用户只需按几下鼠标即可使数据跃然纸上，成为具有专业外观的图表。

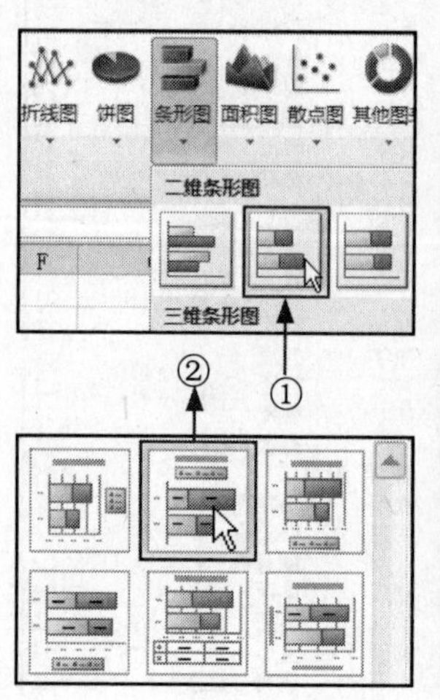

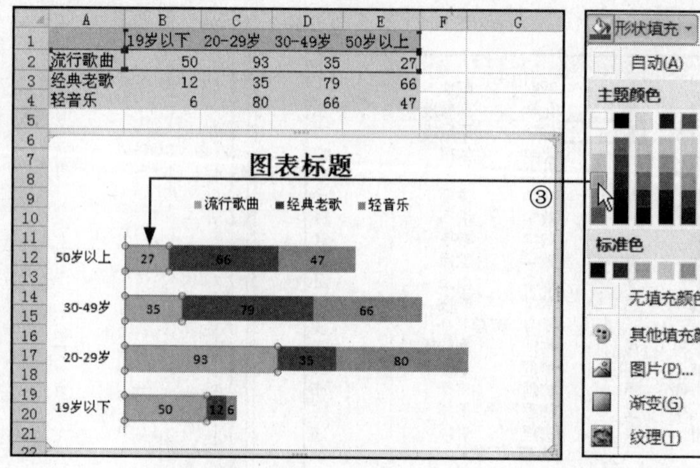

专业的图表制作软件

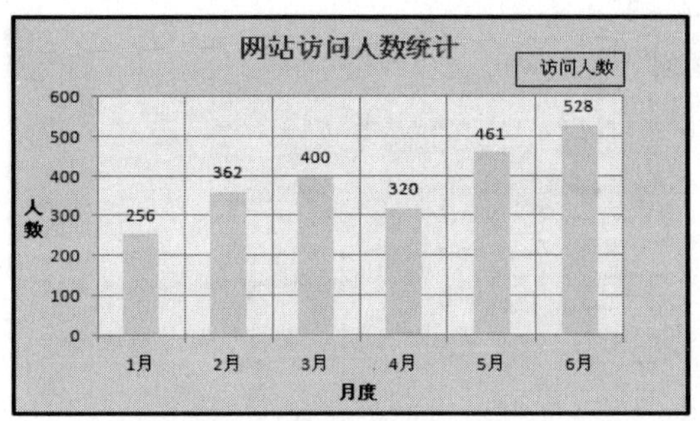

① 簇状柱形图

活动	人数
旅游	230
购物	500
美食	460
上网	300
唱歌	350
登山	290
看电影	400
其它	210

② 簇状条形图

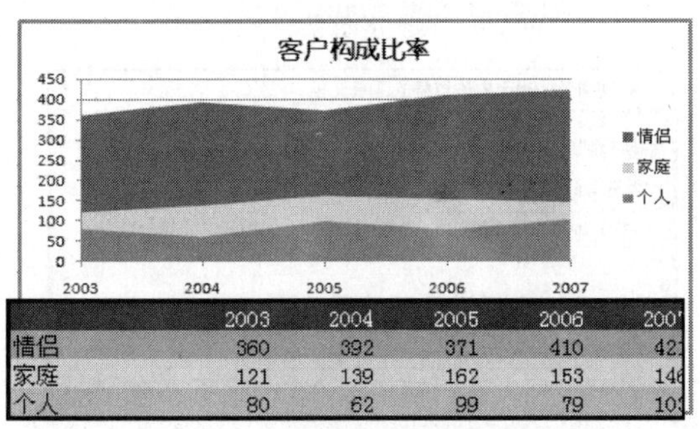

	2003	2004	2005	2006	200
情侣	360	392	371	410	42
家庭	121	139	162	153	14
个人	80	62	99	79	10

③ 面积图

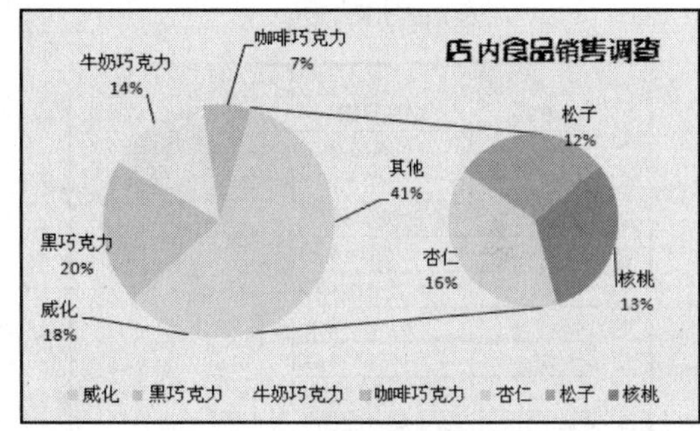

④ 复合饼图

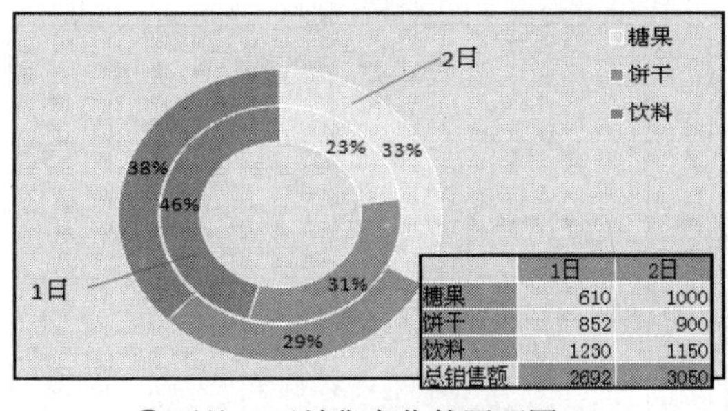

	1日	2日
糖果	610	1000
饼干	852	900
饮料	1230	1150
总销售额	2692	3050

⑤ 对比 2 天销售变化的圆环图

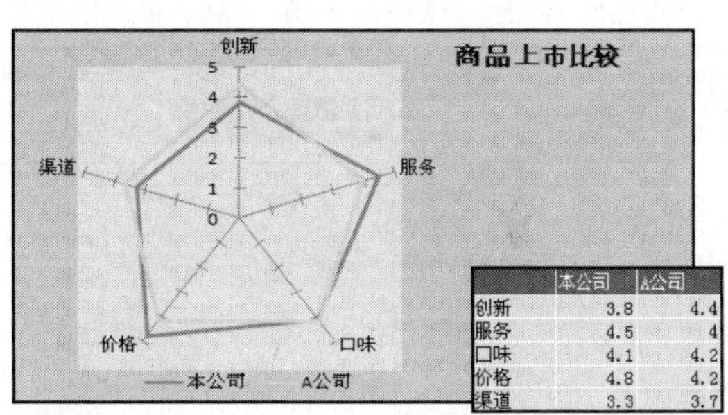

	本公司	A公司
创新	3.8	4.4
服务	4.5	4
口味	4.1	4.2
价格	4.8	4.2
渠道	3.3	3.7

⑥ 雷达图

Study 01　Excel的概念

Work 4　Excel 的广泛应用领域

Excel 由于具有表格管理、数据分析以及图表制作等多项功能，因而有着广泛的应用领域。在数学方面，它可用于常规的计算，还可编辑公式创建九九乘法表；在办公方面，可使用 Excel 的数据有效性制作考勤表、人力资源部可快速使用 Excel 生成员工工资条；在财务方面，使用函数统计还贷方案、制作催款单和入库单等。

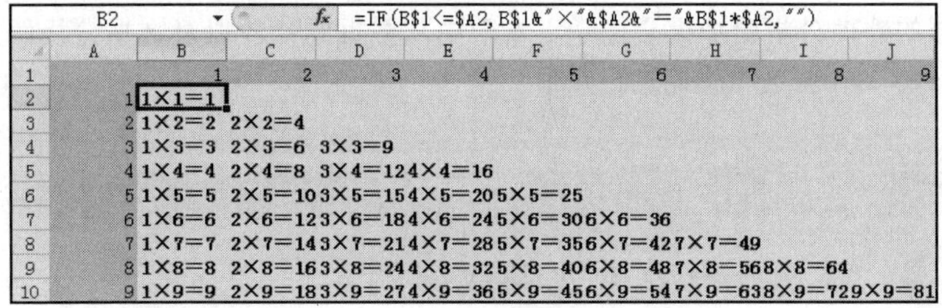

	A	B	C	D	E	F	G	H	I	J
1		1	2	3	4	5	6	7	8	9
2	1	1×1=1								
3	2	1×2=2	2×2=4							
4	3	1×3=3	2×3=6	3×3=9						
5	4	1×4=4	2×4=8	3×4=12	4×4=16					
6	5	1×5=5	2×5=10	3×5=15	4×5=20	5×5=25				
7	6	1×6=6	2×6=12	3×6=18	4×6=24	5×6=30	6×6=36			
8	7	1×7=7	2×7=14	3×7=21	4×7=28	5×7=35	6×7=42	7×7=49		
9	8	1×8=8	2×8=16	3×8=24	4×8=32	5×8=40	6×8=48	7×8=56	8×8=64	
10	9	1×9=9	2×9=18	3×9=27	4×9=36	5×9=45	6×9=54	7×9=63	8×9=72	9×9=81

① 九九乘法表

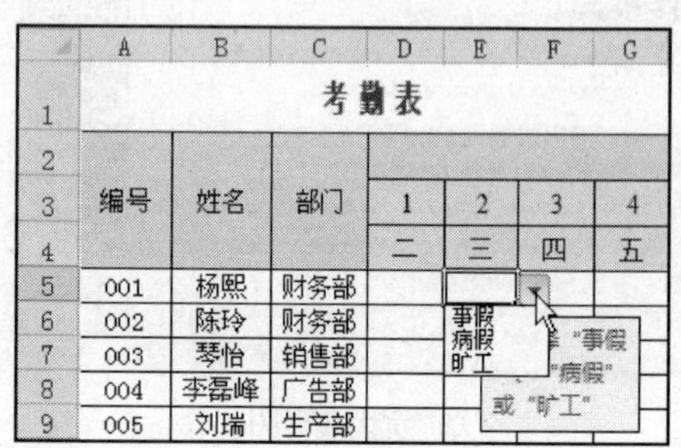

考勤表						
编号	姓名	部门	1	2	3	4
			二	三	四	五
001	杨熙	财务部				
002	陈玲	财务部				
003	琴怡	销售部				
004	李磊峰	广告部				
005	刘瑞	生产部				

② 自动考勤表

=IF(MOD(ROW()+2,3)=0,"",IF(MOD(ROW()+2,3)=1,实发工资

工资条								
月份	编号	姓名	部门	基本工资	岗位工资	工龄工资	住房补贴	伙食补
11月	001	杨熙	财务部	2200	800	300	555	
月份	编号	姓名	部门	基本工资	岗位工资	工龄工资	住房补贴	伙食补
11月	002	陈玲	财务部	1600	600	300	555	

③ 工资条

姓名	出生日期
王聪	1976-3-29
马俊	1977-6-8
周明明	1985-11-25
赵磊	1983-4-21
付强	1976-10-8
何小莉	1982-2-16
张静翘	1981-4-26
李杨	1982-10-29
杨曦	1975-11-20

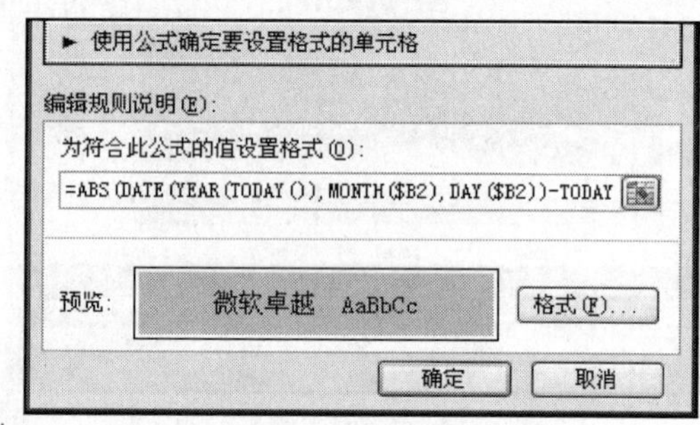

④ 生日提醒

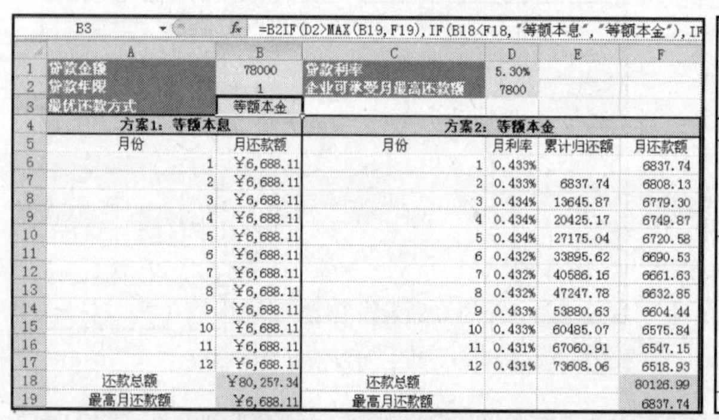

=B2IF(D2>MAX(B19,F19),IF(B18<F18,"等额本息","等额本金"),IF

A	B	C	D	E	F
贷款金额	78000	贷款利率	5.30%		
贷款年限	1	企业可承受月最高还款额	7800		
最优还款方式	等额本金				
方案1：等额本息		方案2：等额本金			
月份	月还款额	月份	月利率	累计归还额	月还款额
1	¥6,688.11	1	0.433%		6837.74
2	¥6,688.11	2	0.433%	6837.74	6808.13
3	¥6,688.11	3	0.434%	13645.87	6779.30
4	¥6,688.11	4	0.434%	20425.17	6749.87
5	¥6,688.11	5	0.434%	27175.04	6720.58
6	¥6,688.11	6	0.432%	33895.62	6690.53
7	¥6,688.11	7	0.432%	40586.16	6661.63
8	¥6,688.11	8	0.432%	47247.78	6632.85
9	¥6,688.11	9	0.433%	53880.63	6604.44
10	¥6,688.11	10	0.433%	60485.07	6575.84
11	¥6,688.11	11	0.431%	67060.91	6547.15
12	¥6,688.11	12	0.431%	73608.06	6518.93
还款总额	¥80,257.34	还款总额			80126.99
最高月还款额	¥6,688.11	最高月还款额			6837.74

⑤ 最优还贷方案

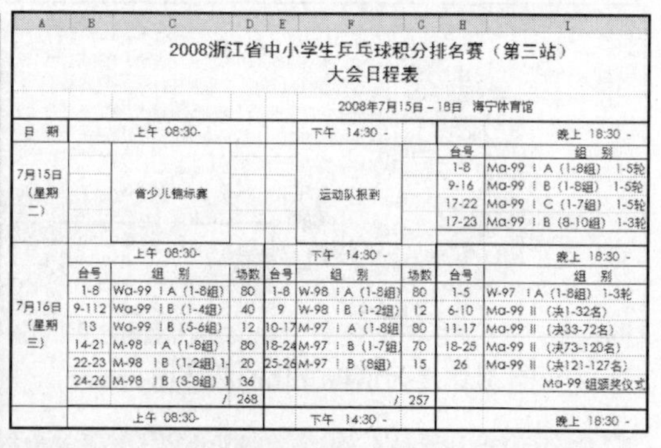

2008浙江省中小学生乒乓球积分排名赛（第三站）
大会日程表

2008年7月15日－18日 海宁体育馆

日期	上午 08:30-			下午 14:30 -			晚上 18:30 -	
7月15日（星期二）	省少儿锦标赛			运动队报到			台号	组别
							1-8	Ma-99 Ⅰ A（1-8组） 1-5轮
							9-16	Ma-99 Ⅰ B（1-8组） 1-5轮
							17-22	Ma-99 Ⅰ C（1-7组） 1-5轮
							17-23	Ma-99 Ⅰ B（8-10组） 1-3轮
7月16日（星期三）	上午 08:30-			下午 14:30 -			晚上 18:30 -	
	台号	组别	场数	台号	组别	场数	台号	组别
	1-8	Wa-99 Ⅰ A（1-8组）	80	1-8	W-98 Ⅰ A（1-8组）	80	1-5	W-97 Ⅰ A（1-8组） 1-3轮
	9-112	Wa-99 Ⅰ B（1-4组）	40	9	W-98 Ⅰ B（1-2组）	12	6-10	Ma-99 Ⅱ（决1-32名）
	13	Wa-99 Ⅰ B（5-6组）	12	10-17	M-97 Ⅰ A（1-8组	80	11-17	Ma-99 Ⅱ（决33-72名）
	14-21	M-98 Ⅰ A（1-8组）	80	18-24	M-97 Ⅰ B（1-7组）	70	18-25	Ma-99 Ⅱ（决73-120名）
	22-23	M-98 Ⅰ B（1-2组）1-	20	25-26	M-97 Ⅰ B（8组）	15	26	Ma-99 Ⅱ（决121-127名）
	24-26	M-98 Ⅰ B（3-8组）	36					Ma-99 组颁奖仪式
		/	268		/	257		
	上午 08:30-			下午 14:30 -			晚上 18:30 -	

⑥ 日程表

Study 02 Excel 2010提供的最新功能

Work 1. 快速、有效地比较数据列表　Work 2. 从桌面获得强大的分析功能

为了方便用户对数据进行分析，Excel 2010 中新增了迷你图、切片器等分析工具，从而使数据的处理分析更加得心应手。本节中从数据的比较以及数据分析两方面入手，对 Excel 2010 的一些新增功能进行介绍。

Work 1 快速、有效地比较数据列表

在 Excel 2010 中编辑数值时，可通过很多功能对数据进行设置，例如为了让数值更容易被读

者接受，可使用迷你图；为了让数据透视表中的数据筛选更便捷，可使用切片器；为了让数据间的对比更鲜明，可使用条件格式等，本章中就来对以上内容进行介绍。

01 迷你图

迷你图是 Excel 2010 中加入的一种全新的图表制作工具，以单元格为绘图区域，便捷地绘制出简明的数据小图表，方便地把数据以小图的形式呈现在读者面前，是存在于单元格中的小图表。迷你图包括折线图、柱形图、盈亏 3 种类型，下面以柱形迷你图为例展示迷你图的样式。

在表格中选中要放置迷你图的单元格后，切换到“插入”选项卡，单击“迷你图”组中要插入的迷你图类型，弹出“创建迷你图”对话框后，选中创建迷你图所引用的数据区域，然后单击“确定”按钮，即可完成迷你图的创建。

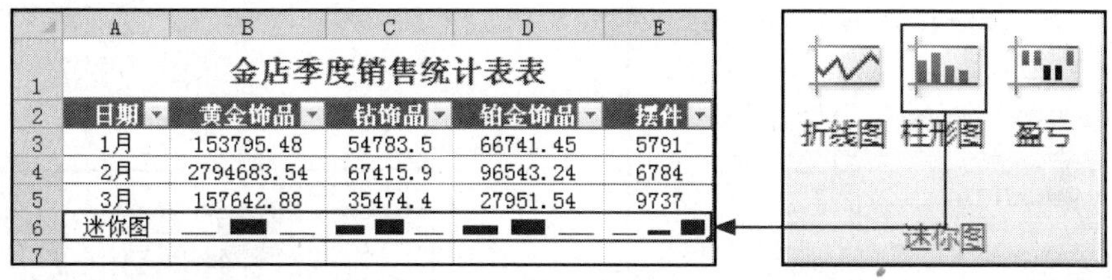

金店季度销售统计表表

日期	黄金饰品	钻饰品	铂金饰品	摆件
1月	153795.48	54783.5	66741.45	5791
2月	2794683.54	67415.9	96543.24	6784
3月	157642.88	35474.4	27951.54	9737
迷你图				

柱形迷你图

02 切片器

切片器是 Excel 2010 新增的非常实用的数据处理工具，它是将数据透视表中的每个字段单独创建为一个选取器，然后在不同的选取器中对字段进行筛选，能够完成与数据透视表字段中的筛选按钮相同的功能，但是切片器使用起来更加方便、灵活。另外，创建的切片器可以应用到多个数据透视表中，或在当前数据透视表中使用其他数据透视表中创建的切片器。

创建数据透视表后，切换到“数据透视表工具 - 选项”选项卡，单击“排序和筛选”组中的“插入切片器”按钮，在展开的下拉列表中单击“插入切片器”选项，弹出“插入切片器”对话框，勾选要创建的切片器，然后单击“确定”按钮，即可完成切片器的创建。在切片器中单击要显示的选项，数据透视表中就会显示出相应的内容。

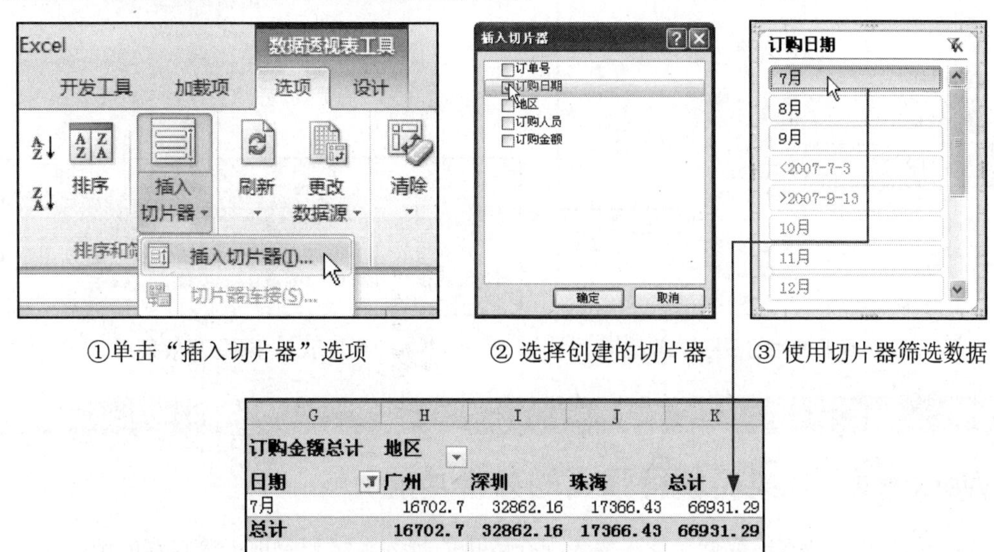

①单击“插入切片器”选项　② 选择创建的切片器　③ 使用切片器筛选数据

订购金额总计	地区			
日期	广州	深圳	珠海	总计
7月	16702.7	32862.16	17366.43	66931.29
总计	16702.7	32862.16	17366.43	66931.29

④ 使用切片器筛选效果

03 更多选择的条件格式

Excel 2010在Excel 2007的基础上新增加了更多的条件格式样式，例如数据条中新增加了渐变填充效果，图标集库中不但将每种样式进行分类，还增加了一些好看的图标，从而使条件格式的样式更加丰富，也使应用数据条件后的数据更加有条理。

使用条件格式时，选中目标单元格区域，单击“开始”选项卡下的“条件格式”按钮，在展开的下拉列表中选择条件格式的类型，若是单击“数据条”选项，在展开的子列表中单击要使用的数据条样式，则表格中所选择的单元格区域就会应用数据条格式。数据条越长，代表值越大，反之则越小。

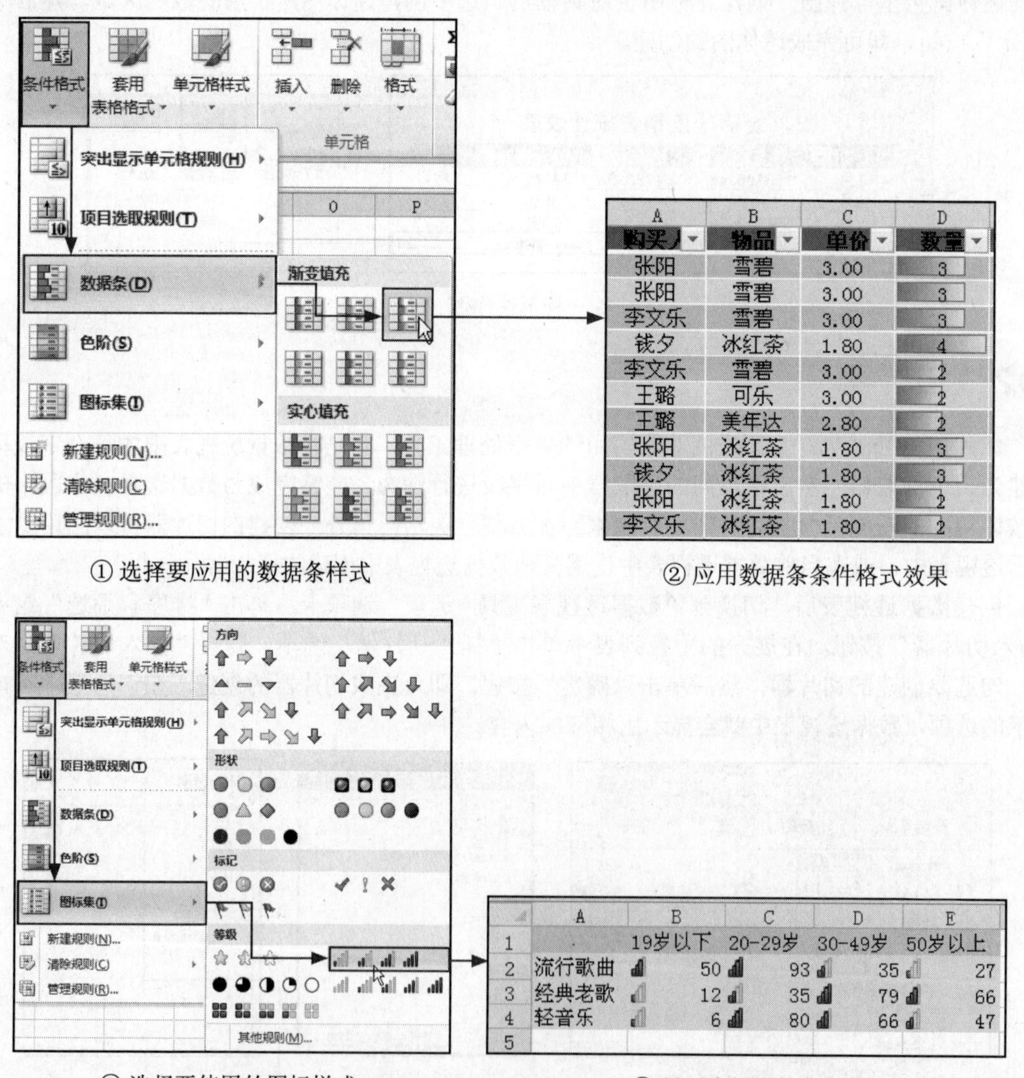

① 选择要应用的数据条样式　② 应用数据条条件格式效果

③ 选择要使用的图标样式　④ 显示应用图标集效果

Study 02 Excel 2010提供的最新功能

Work 2 从桌面获得强大的分析功能

Excel 2010中强大的数据功能主要表现在改进的规划求解加载项、更丰富的函数库、筛选器以及筛选和排序功能等方面。本节中以上几点为例，介绍Excel 2010分析功能的强大之处。

01 改进的规划求解加载项

Excel 2010 包含新版规划求解加载项，用户可以使用此新版加载项在模拟分析中找到最佳解决方案。规划求解具有改进的用户界面、新增的基于遗传算法的先进规划求解（可处理具有任何 Excel 函数的模型）、新增的全局优化选项、更好的线性编程和非线性优化方法，以及新增的线性和可行性报表。

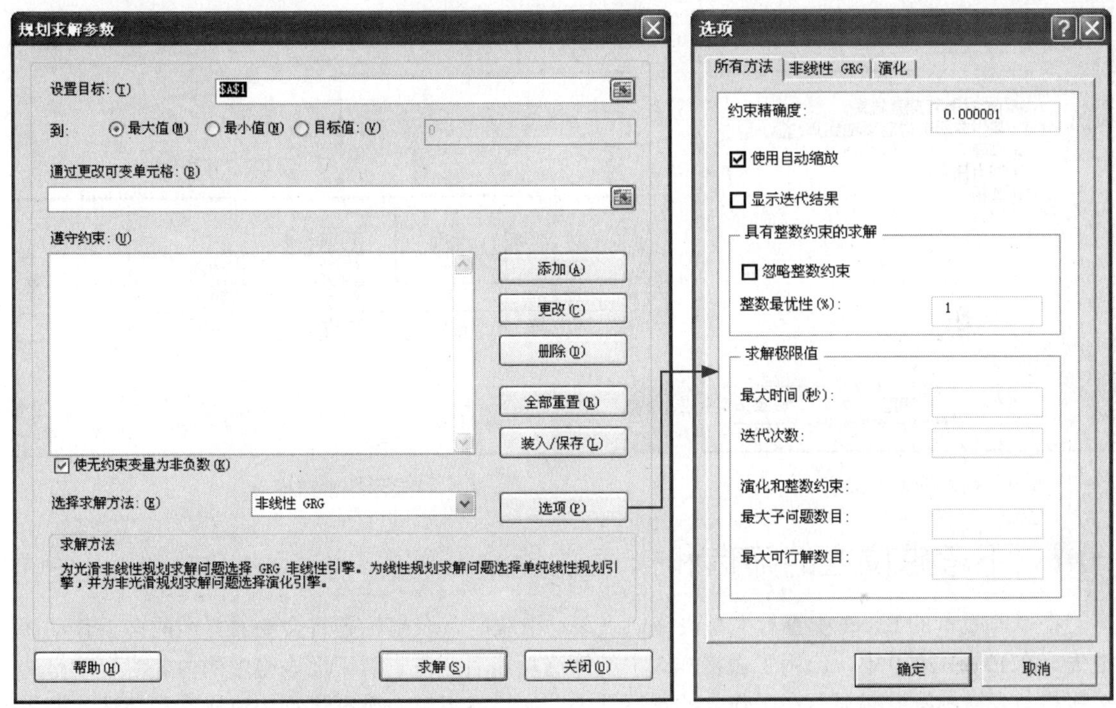

①“规划求解参数”对话框　　②“选项”对话框

02 更加准确的函数

为了提高计算的准确性，Excel 2010 中优化了大量函数。另外，对某些统计函数进行了重命名，例如将原来的 BETA 函数根据其用途不同更名为 BETA.DIST（返回 Beta 累积分布函数）与 BETA.INV（返回指定 Beta 分布的累积分布函数的反函数），更名使它们与科学界的函数定义和 Excel 中的其他函数名称更加一致。新的函数名称还更准确地说明了其功能。尽管这些名称发生了更改，在 Excel 早期版本中创建的工作簿将继续有效，这是因为原始函数仍存在于“兼容性”类别中。Excel 2010 中新增了 AGGREGATE 函数，用于计算列表或数据库中最大值、若干个最大值、计算中值的。

03 新增的搜索筛选器

在 Excel 2010 中筛选数据时，打开搜索筛选器后，可以看到新增加了搜索框，它能帮助用户在大型表格中快速找到所需的内容。例如，若要在备有多个项目的目录中查找特定产品或某个数值，只要在搜索框中输入搜索词，此时相关项目会立即显示在列表中。

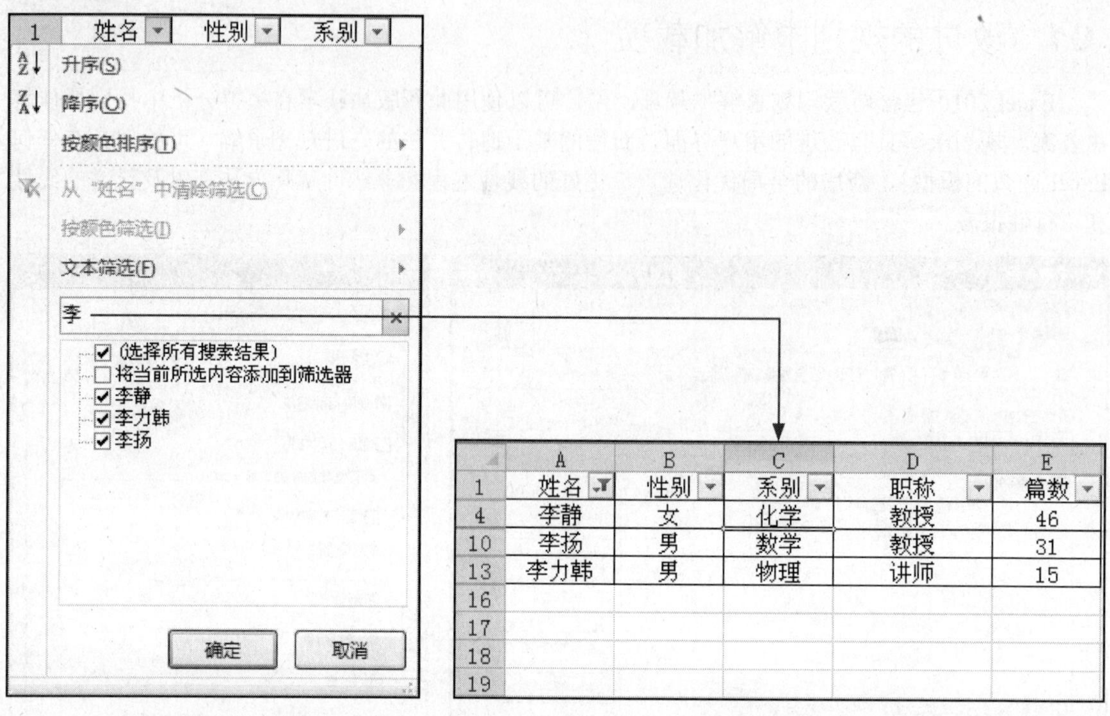

① 输入搜索关键字　　② 显示搜索结果

04 不考虑位置的筛选和排序功能

在以前版本的Excel中查看大型表格向下滚动滑块时，表格标题将会随着界面的向下移动而消失。在Excel 2010中，应用了表格样式中的筛选功能后，在查看下面表格中的内容时自动筛选按钮将与表格标题一起显示在工作表的行标题中，这样就可以对数据进行快速排序和筛选，而不必一直向上回滚到表格顶部。

	A	B	C
1	雇员ID	姓名	性别
2	1001	李玫	女
3	1002	何莹莹	女
4	1003	张玉梅	女
5	1004	余婷	女
6	1005	王冉	男
7	1006	郝佳佳	女
8	1007	李晨	男
9	1008	王美玲	女

① 正常显示效果

	雇员ID	姓名	性别
7	1006	郝佳佳	女
8	1007	李晨	男
9	1008	王美玲	女
10	1014	何霄	女
11	1015	冯小路	男
12	1016	张哲	男
13	1017	刘凯	女
14	1018	李扬	男
15			

② 向下滚动页面效果

Chapter 10

从掌握组件的基本架构开始 Excel 2010

Office 2010 电脑办公从入门到精通

本章重点知识

- Study 01　Excel 2010的操作界面
- Study 02　掌握“Excel选项”对话框的使用方法
- Study 03　掌握名称的使用方法
- Study 04　掌握编辑栏的使用方法
- Study 05　掌握工作表标签的使用方法
- Study 06　掌握工作簿窗口的使用方法

本章视频路径

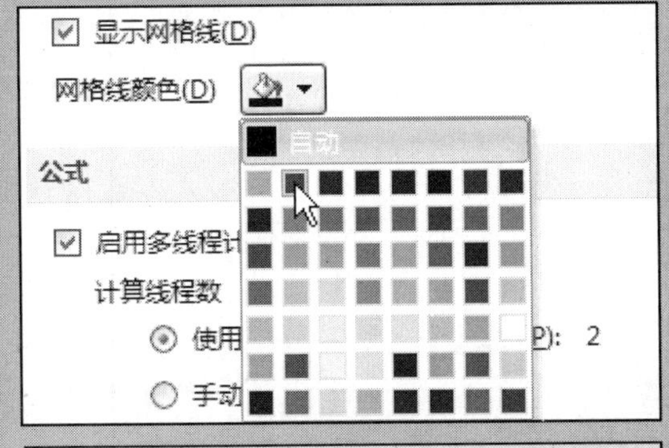

	A	B	C	D	E
1	姓名	性别	系别	职称	篇数
8	刘雪	女	数学	教授	36
9	卢欢	女	数学	教授	21
10	李扬	男	数学	教授	31
11	钟家科	男	物理	副教授	20
12	刘波	男	物理	副教授	18
13	李力韩	男	物理	讲师	15
14	夏飞露	女	物理	讲师	12
15	陈琳	女	物理	讲师	18

Chapter 10\Study 02\

- Lesson 01　自定义网格线颜色.swf

Chapter 10\Study 05\

- Lesson 02　将选定工作表复制到其他工作簿.swf

Chapter 10\Study 06\

- Lesson 03　冻结表头查阅表格内容.swf

Chapter 10 从掌握组件的基本架构开始 Excel 2010

在本章中读者需要了解 Excel 2010 的基本架构，Excel 2010 将功能按钮分布于各个选项卡的功能组中，使得用户可以更加方便、快捷地进行数据的统计分析。

Study 01 Excel 2010的操作界面

一目了然是 Excel 2010 操作界面最大的特点，它直接将之前版本的菜单工具栏替换为直接面向用户的可视化界面，且颜色更加柔和。

下面介绍 Excel 2010 操作界面的布局，如表 10-1 所示。

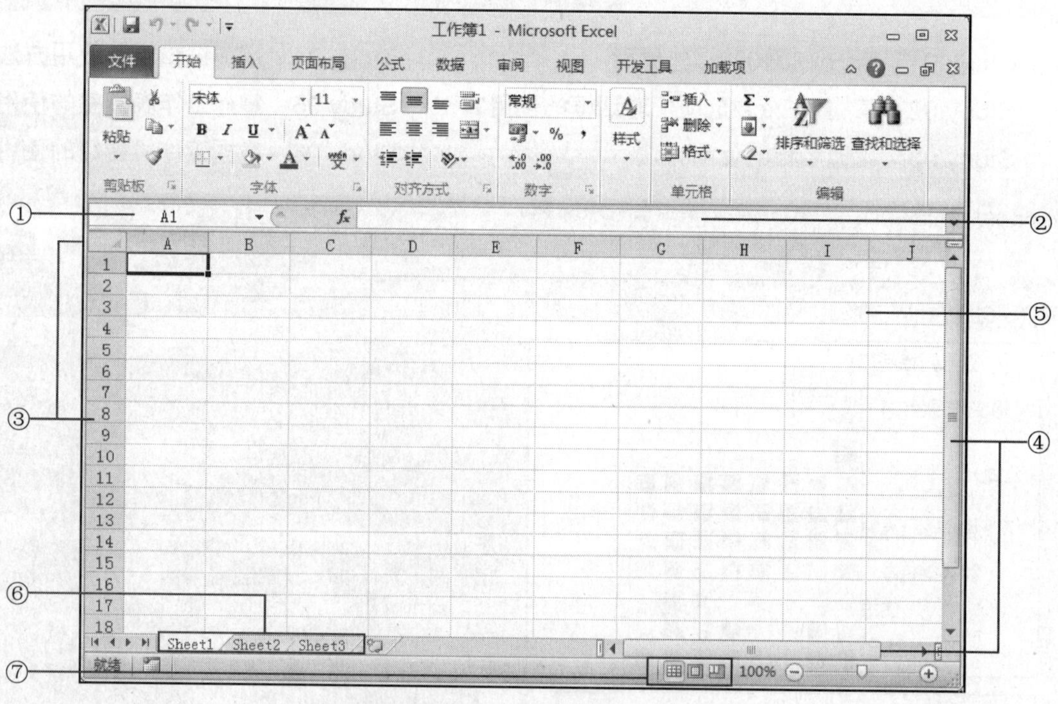

Excel 2010 操作界面

表 10-1　Excel 2010 操作界面布局与作用

编　号	名　称	作　用
①	名称框	显示当前选中的单元格或单元格区域的名称／引用
②	编辑栏	可在编辑栏中输入数据；向单元格内输入数据后数据也将显示在编辑栏中
③	行号／列标	用于定位单元格，单击即可选中整行或整列
④	滚动条	拖动后可向上或向下查看显示不出的内容，分为垂直滚动条和水平滚动条
⑤	工作区	数据处理区域，对 Excel 中数据的操作在工作区进行
⑥	工作表标签	标识工作表，处于活动状态的工作表显示为背景色
⑦	视图按钮	单击切换至某一视图，Excel 提供的视图有普通视图、页面布局视图、分页预览视图

Study 02 掌握“Excel 选项”对话框的使用方法

Work 1. 新建工作簿时默认参数设置　Work 2. 网格线的设置

由于 Excel 2010 的版本更换为可视化界面，界面的选项卡中显示了一些常用的工具按钮，选项设置等操作就被放置于“Excel 选项”对话框中，所以在对 Excel 2010 的功能进行设置时离不开“Excel 选项”对话框。下面就来介绍它的使用。

“Excel 选项”对话框是一个很实用的设置对话框。打开目标工作簿后，单击“文件”按钮，在打开的面板中执行“选项”命令，即可打开“Excel 选项”对话框。

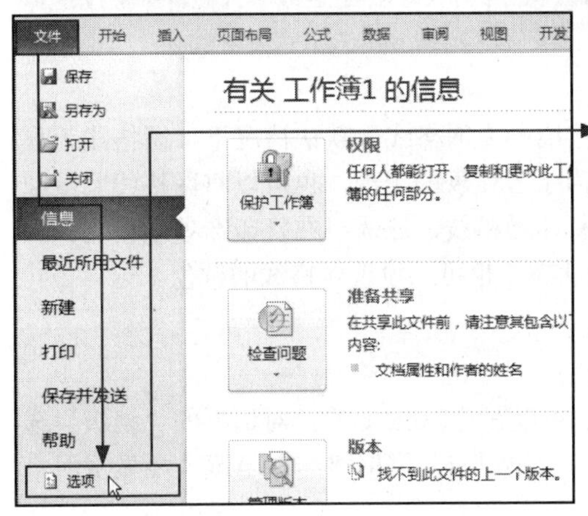

① 单击“文件”按钮

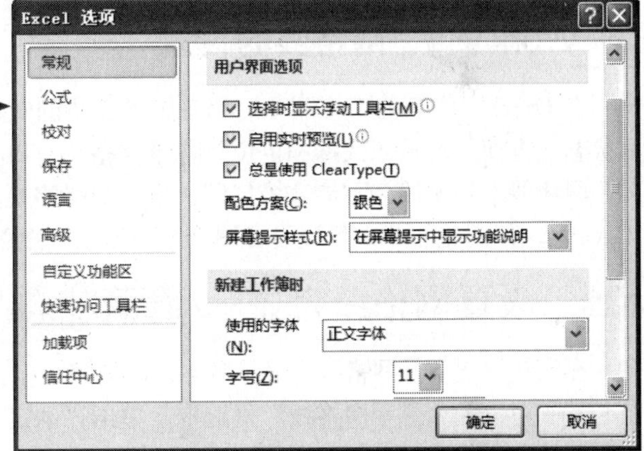

② 打开“Excel 选项”对话框

Work 1 新建工作簿时默认参数设置

新建的 Excel 工作簿在默认情况下使用的字体为正文字体，字号为 11 号，默认视图为普通视图，包含 3 个工作表。用户可以在“Excel 选项”对话框中更改新建工作簿时的默认参数设置，使其更符合自己的需求。如果经常需要使用多张工作表，那么每次都要增加新工作表的操作，就会显得很麻烦。这时不妨试试更改新建工作簿时包含的工作表数，可以一次性提高工作效率。

在“Excel 选项”对话框的“常规”选项卡下的“新建工作簿时”选项组中，修改默认的“包含的工作表数”数值框中数字 3 为数字 6，然后单击“确定”按钮退出设置。

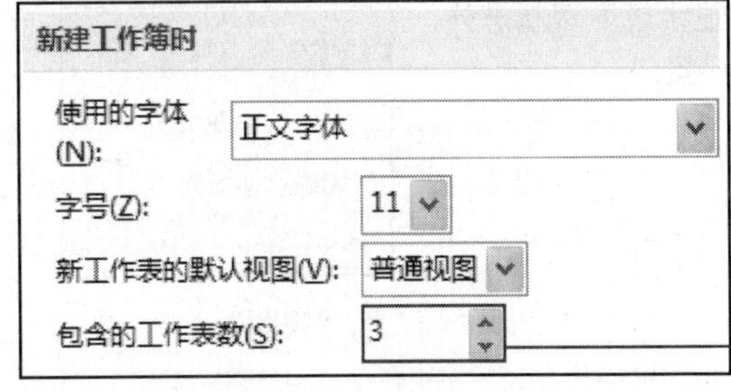

① 默认包含的工作表数

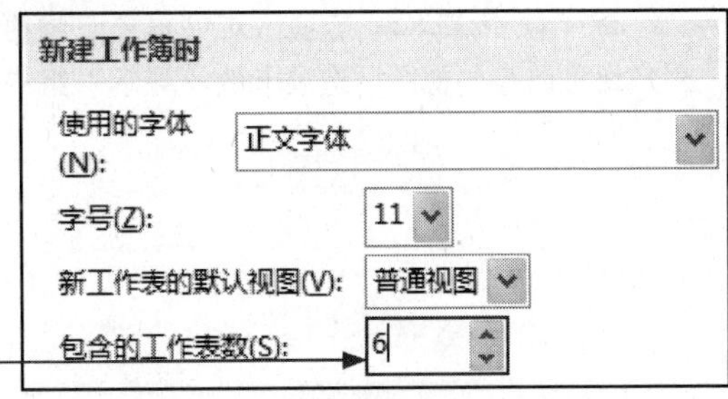

② 修改设置

重新启动 Excel 2010 程序时，工作簿中包含的工作表数量变成最新设置了。

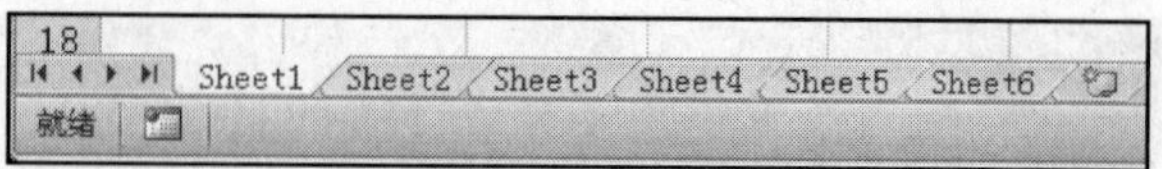

③ 重新启动 Excel 2010 后工作簿中包含的工作表数

Tip 新建工作簿时包含的工作表数没有更新的原因

在“Excel 选项”对话框中更改了新建工作簿包含的工作表数后，如果不退出已有的 Excel 程序，直接新建另一个 Excel 工作簿，会发现新建的工作簿中包含的工作表数并未改变。只有退出了所有 Excel 程序，重新启动 Excel 程序后工作表数才会更新。

Study 02 掌握“Excel 选项”对话框的使用方法

Work 2 网格线的设置

在 Excel 工作表的工作区中，那些纵横交错的灰色线条为网格线。默认情况下，网格线为显示状态，方便用户输入数据和定位目标单元格。有时为了工作表的美观，也可以将网格线隐藏起来。网格线不是实线，不能直接打印出来。如果需要打印网格线，还需要在打印选项中设置。在“Excel 选项”对话框中，可以设置网格线的显示 / 隐藏状态，也可以设置网格线的颜色。

01 设置网格线为显示/隐藏状态

在默认设置下，网格线为显示状态。要取消显示，可以在“Excel 选项”对话框的“高级”选项卡下取消勾选“显示网格线”复选框，单击“确定”按钮退出，网格线即被隐藏。要显示网格线，只需逆向操作即可。

① 默认显示网格线

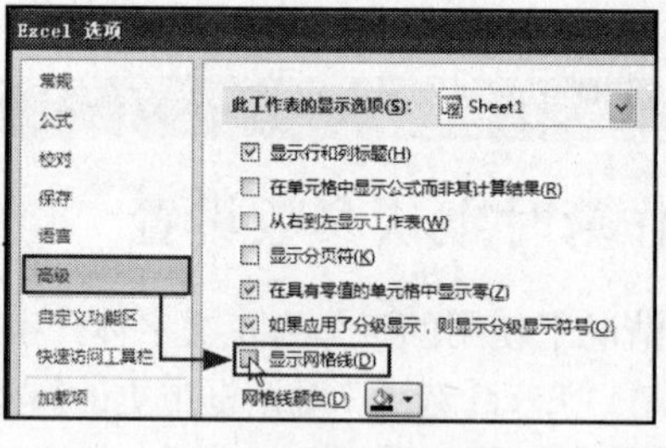

② 取消显示网格线

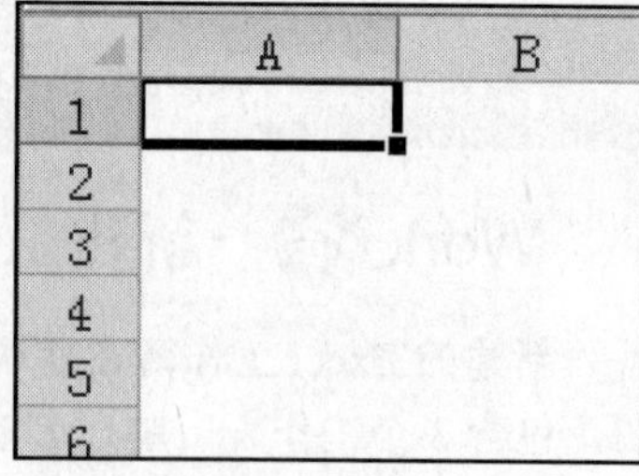

③ 隐藏网格线

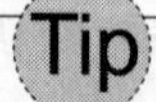

显示 / 隐藏网格线的另一种方法

除了使用“Excel 选项”对话框更改网格线的显示或隐藏状态外，用户还可以在“视图”选项卡的“显示”组中更改设置。

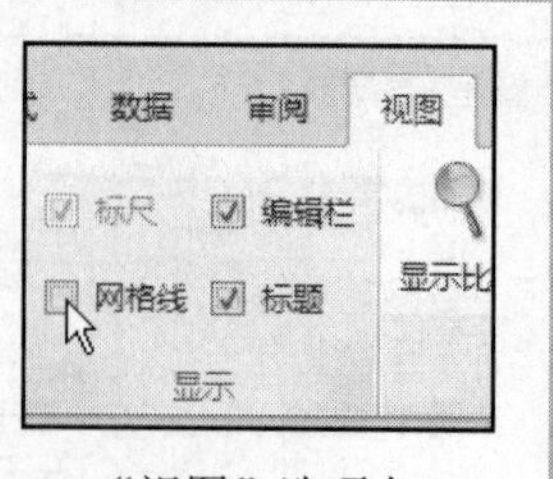

“视图”选项卡

02 设置网格线颜色

默认的网格线颜色为灰色，用户也可以在“Excel选项”对话框的“网格线颜色”调色板中选择颜色。

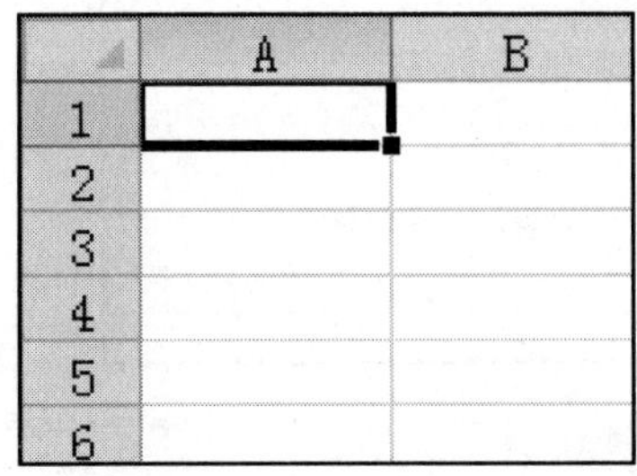
① 默认网格线颜色

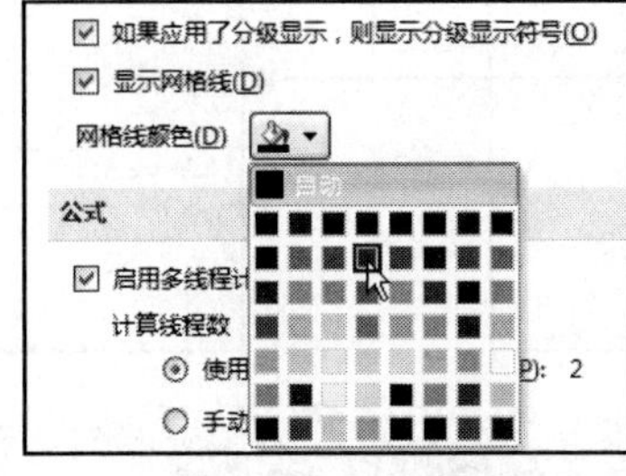
② 在调色板中选择颜色

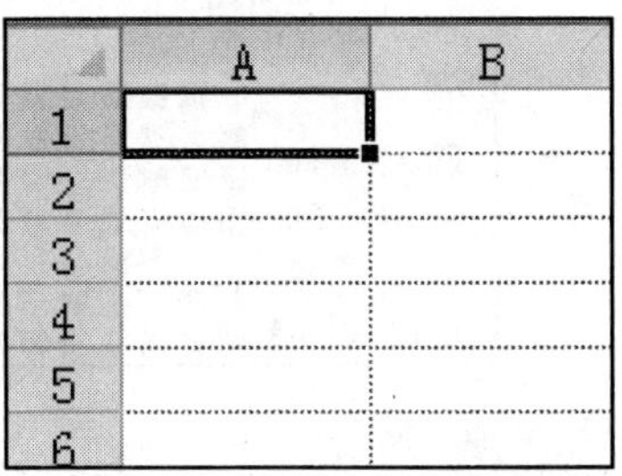
③ 应用颜色

Lesson 01 自定义网格线颜色

Office 2010 · 电脑办公从入门到精通

在“网格线颜色”调色板中提供的颜色是有限的，那么有办法自己设置颜色吗？是否能使用Office提供的“颜色”对话框设置颜色呢？答案是肯定的。下面介绍自定义网格线颜色的方法。

STEP 01 单击“文件”按钮，在打开的面板中执行“选项”命令，弹出“Excel选项”对话框后，切换到“保存”选项卡，单击“保留工作簿的外观”选项组中的“颜色”按钮。

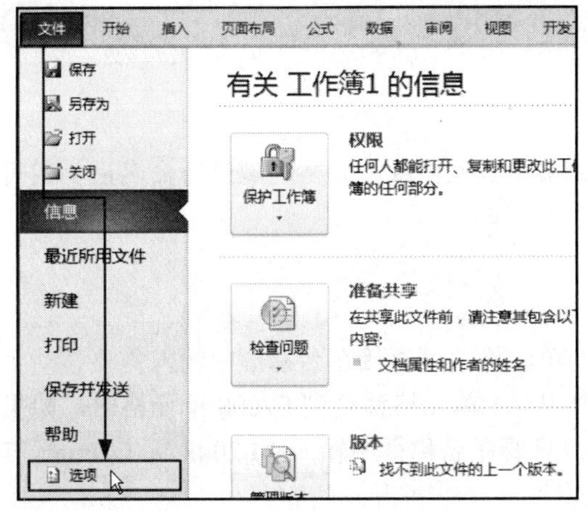

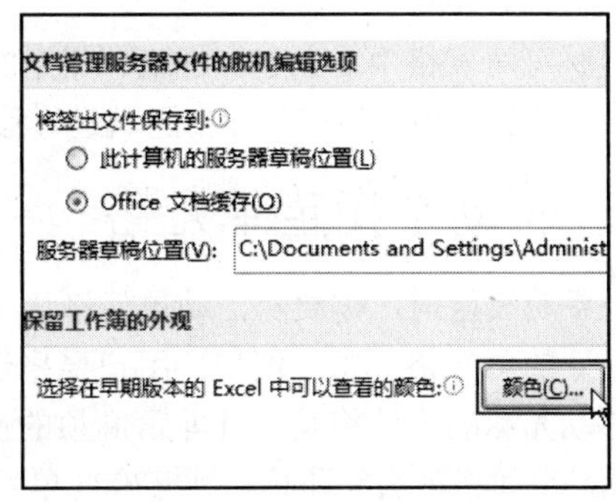

STEP 02 在弹出的“颜色”对话框中可以看到网格线颜色的调色板，默认选中第一个颜色，单击“修改”按钮，弹出另一个“颜色”对话框。在“标准”选项卡下选择一款网格线颜色，然后单击“确定”按钮，可以看到调色板中第一个颜色已经更改。

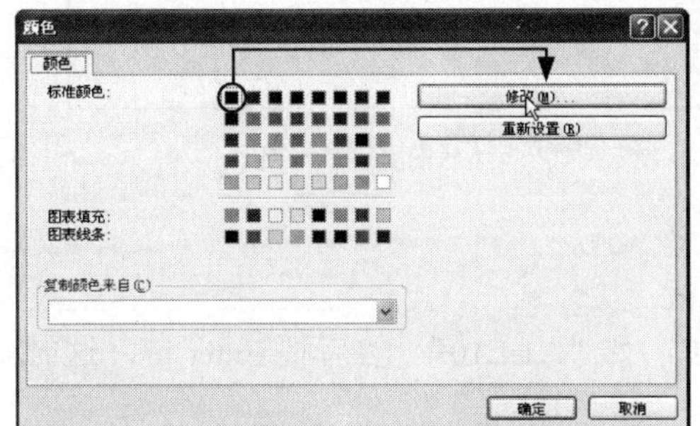

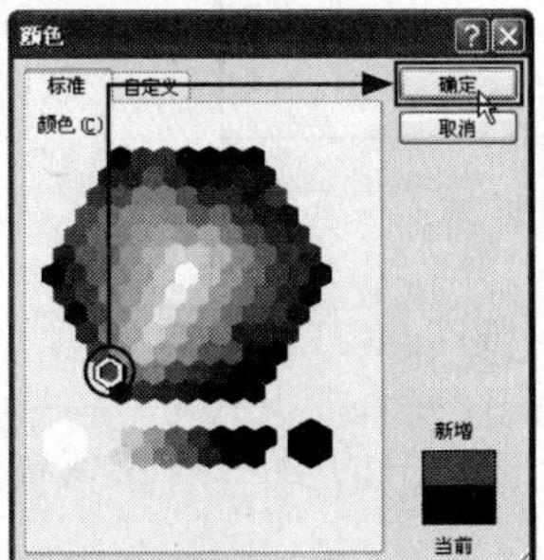

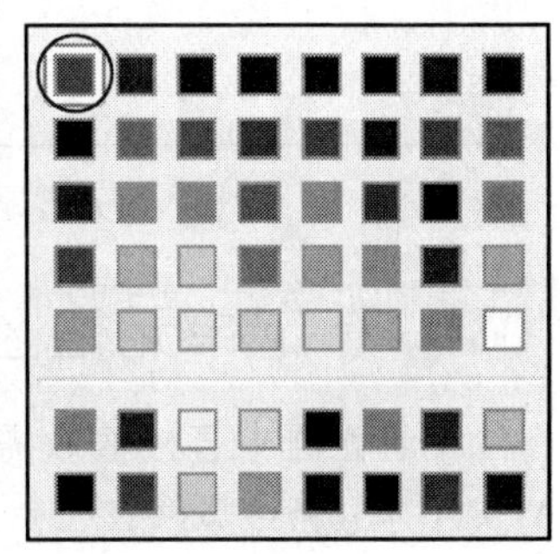

STEP 03 切换到“高级”选项卡，单击“网格线颜色”的下三角按钮，在展开的调色板中选择第一个已经修改的颜色。返回到工作表中，可以看到工作表中网格线应用了选择的颜色。

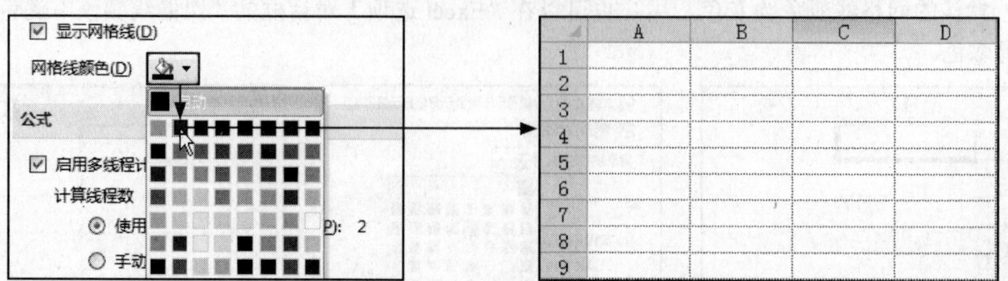

Study

03 掌握名称的使用方法

- Work 1. 名称的作用
- Work 2. 名称的定义
- Work 3. 名称的使用

在 Excel 中名称是一个有意义的简略表示法。在默认的情况下，每个单元格都根据行标题与列标题自动应用了名称，例如 A 列第 1 个单元的名称就是 A1。为了便于单元格记忆，也可以重新对单元格或单元格区域进行命名，本节中就来介绍名称的定义与使用。

Work 1 名称的作用

名称可对表格中对象起到标记、指定的作用。为某个单元格或单元格区域进行命名后，就可以很方便地对该单元格或单元格区域进行移动、选定等操作。

01 移动至指定单元格

在编辑表格时，需要将活动单元格移动到指定的单元格，可直接在名称框中输入需要移动至相应位置的单元格标志。例如，用户要将活动单元格从 A1 单元格移动到 E2008 单元格时，如果使用移动光标的方法将是一件非常麻烦的操作，但是只要在名称框中输入“E2008”，按 Enter 键后，活动单元格就会立即移动到 E2008 单元格中。

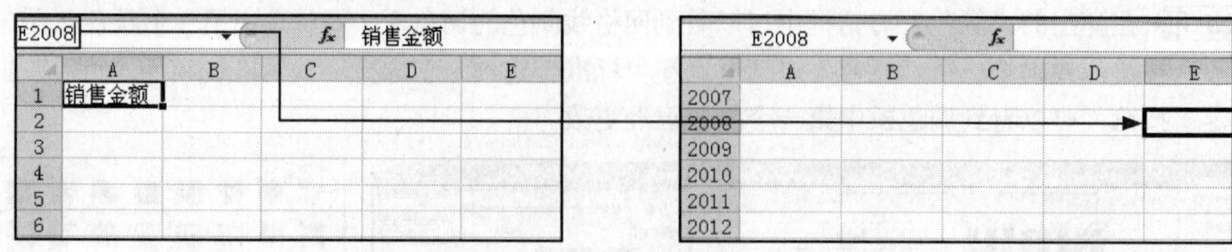

① 输入单元格地址　　② 定位到指定单元格

02 选定单元格区域

在名称框中直接输入需要选中的单元格区域标志，如“A1:E10”，然后按 Enter 键，这时 A1:E10 单元格区域就被选中了。

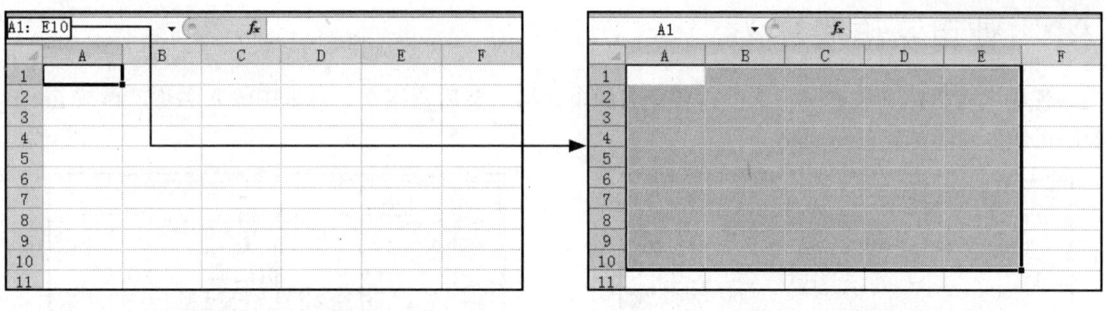

① 输入单元格区域标志　　② 选中单元格区域

Tip 使用名称框选定工作表中不相邻的单元格或单元格区域

如果需要选中工作表中不相邻的单元格或单元格区域，只要在名称框中使用逗号将各个单元格分隔开即可。例如，在名称框中输入“A3,C1:E9,X:X”，按 Enter 键后，即可将 A3 单元格、C1:E9 单元格区域以及 X 列同时选中。

Study 03 掌握名称的使用方法

Work 2 名称的定义

名称是单元格或者单元格区域的别名，它是代表单元格、单元格区域、公式或常量的单词和字符串，如用名称“基本工资”来引用单元格区域 Sheet1!C2:C12，目的是便于理解和使用。在 Excel 2010 中，为了便于单元格的引用或记忆，可以用名称来命名单元格或者单元格区域，用这些名称进行导航和代替公式中的单元格地址，使工作表更容易理解和更新。

在创建比较复杂的工作簿时，命名有非常大的优势：使用名称表明单元格的内容，比使用单元格地址更清楚明了；在公式或者函数中使用名称代替单元格或者单元格区域的地址，如公式“=AVERAGE(基本工资)”，比公式“=AVERAGE (Sheet1!C3:C12)”要更容易记忆和书写；名称可以用于所有的工作表；在工作表中复制公式时，使用名称和使用单元格引用的效果相同。

01 使用对话框定义

使用对话框定义名称时，首先选中需要定义名称的单元格，如选中 C1 单元格，然后切换到“公式”选项卡下，单击“定义的名称”组中“定义名称”右侧的下三角按钮，在展开的下拉列表中选择“定义名称”选项，弹出“新建名称”对话框后，在“名称”文本框中输入新的名称 rate，然后单击“确定”按钮，即可将代表折扣率的 C1 单元格定义名称为 rate。

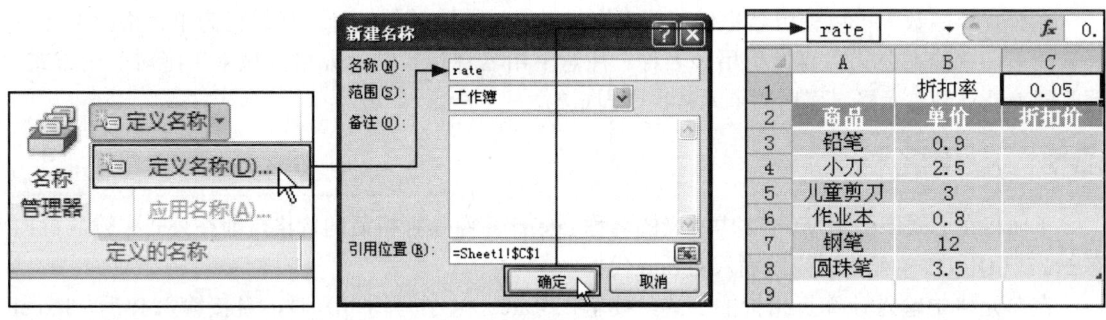

① 选择“定义名称”选项　　② 定义名称　　③ 定义名称后的效果

02 使用名称框定义

使用名称框定义名称时，选中需要命名的单元格，然后直接在名称框中输入名称，再按 Enter 键即可快速命名选定的单元格。

单价 | fx 0.

	A	B	C
1		折扣率	0.05
2	商品	单价	折扣价
3	铅笔	0.9	
4	小刀	2.5	
5	儿童剪刀	3	
6	作业本	0.8	
7	钢笔	12	
8	圆珠笔	3.5	

① 在名称框中输入名称

单价 | fx 0.

	A	B	C
1		折扣率	0.05
2	商品	单价	折扣价
3	铅笔	0.9	
4	小刀	2.5	
5	儿童剪刀	3	
6	作业本	0.8	
7	钢笔	12	
8	圆珠笔	3.5	

② 对单元格进行命名后的效果

03 根据所选内容创建名称

根据所选内容创建名称时，选中要创建名称的整个表格，切换到“公式”选项卡，单击“定义的名称”组中的“根据所选内容创建”按钮，弹出“以选定区域创建名称”对话框后，通常勾选“首行”或“最左列”复选框，将行字段或第一列字段定义为名称，然后单击“确定”按钮，即可完成名称的定义。单击名称框右侧的下三角按钮，在展开的下拉列表中可看到所创建的名称，单击要使用的名称，表格中即可将该名称所对应的单元格选中。

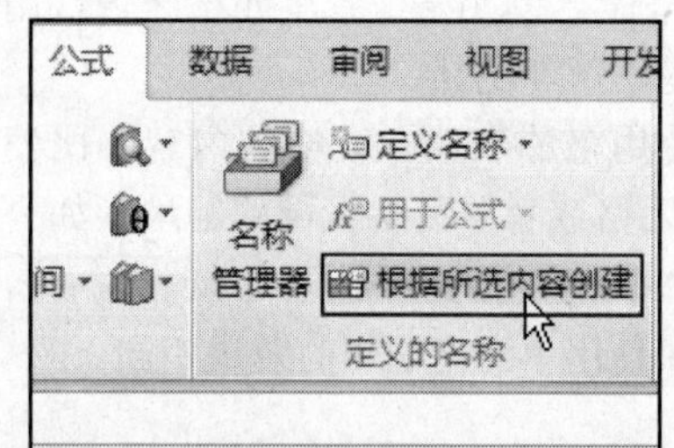

① 单击“根据所选内容创建”按钮

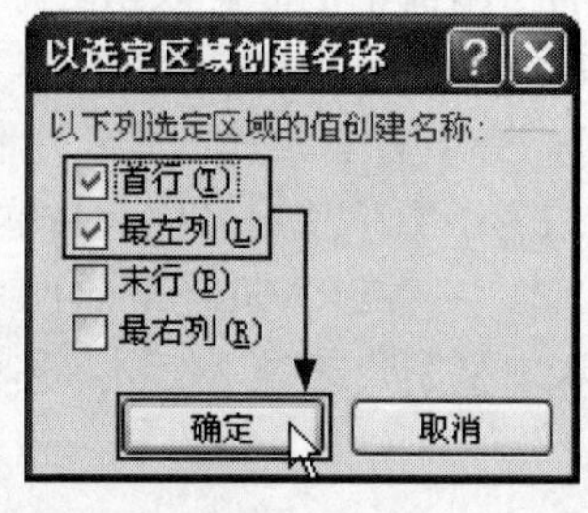

② 选择创建名称的区域值

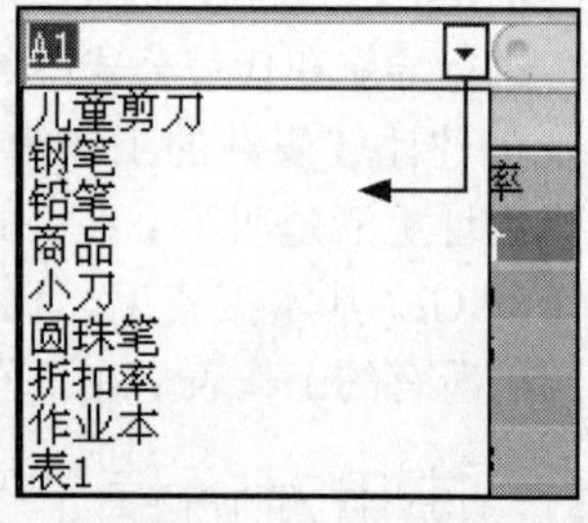

③ 查看创建的名称

Study 03 掌握名称的使用方法

Work 3 名称的使用

在公式和函数中可以使用名称代替单元格或者单元格区域的地址。如果已为单元格或单元格区域命名，就能在公式中直接引用该名称。注意：用名称指定的单元格区域采用绝对引用方式，因此即使是复制单元格，引用的单元格也是固定的。

01 应用名称

下面将在公式中引用 Work 2 中定义的名称 rate 计算商品打折后的价格，即在公式中输入折扣率 5% 或引用 C1 单元格时，以输入的 rate 代替。

在单元格中输入计算折扣价的公式，要输入 Rate（大小写均可）时，直接输入 R 后，Excel

2010会自动弹出与该字母相关的函数及单元格名称列表，单击Rate选项，然后输入完整公式，最后按Enter键，就完成了名称的应用。

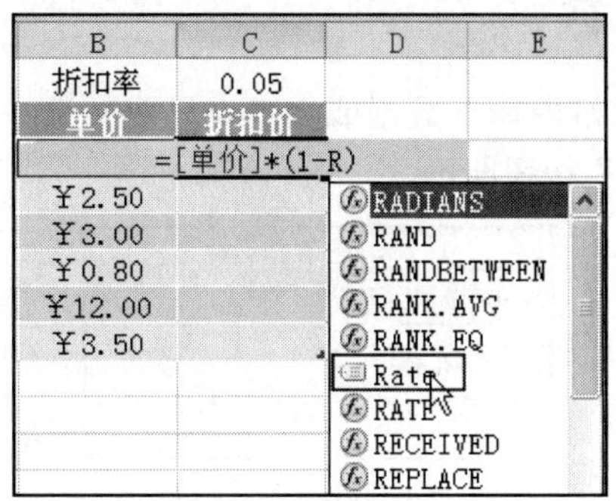

① 在公式中使用名称

C4 =[单价]*(1-Rate)

	A	B	C	D	E
1		折扣率	0.05		
2	商品	单价	折扣价		
3	铅笔	¥0.90	0.855		
4	小刀	¥2.50	2.375		
5	儿童剪刀	¥3.00	2.85		
6	作业本	¥0.80	0.76		
7	钢笔	¥12.00	11.4		
8	圆珠笔	¥3.50	3.325		
9					
10					

② 应用名称后的效果

Tip 名称与内置函数一样时，从下拉列表中选择名称的方法

当用户定义的名称与Excel中的内置函数相同时，引用名称后，会出现一个下拉列表。注意，名称前的符号为▤，单击即可使用该名称。

02 用于公式

引用名称时，在公式中输入了名称的第一个字母后，切换到“公式”选项卡，在“定义的名称”组中单击“用于公式”按钮，在展开的下拉列表中单击要引用的名，也可完成名称的引用。

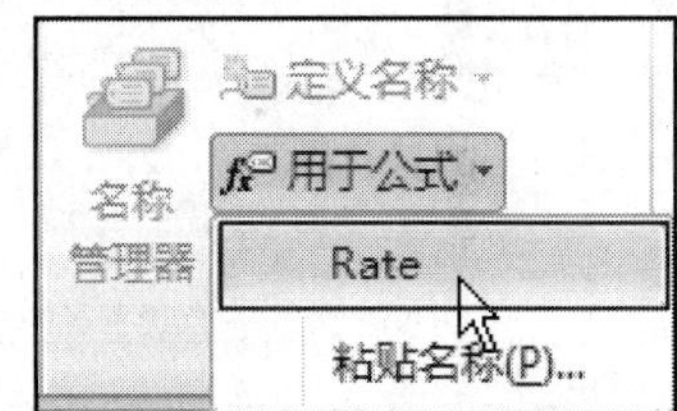

Study 04 掌握编辑栏的使用方法

- Work 1. 显示／隐藏编辑栏
- Work 2. 在编辑栏中编辑单元格内容

编辑栏是Excel中用于在单元格中输入内容的区域，它位于功能区的下方、名称框的右侧，是一个长方形的方框。本节介绍编辑栏的使用方法。

Study 04 掌握编辑栏的使用方法

Work 1 显示/隐藏编辑栏

编辑栏可以设置为显示或隐藏状态，默认情况下它是显示在工作表中的，用户也可以设置将其隐藏。

在“视图”选项卡下，取消勾选“显示”组中的“编辑栏”复选框，则编辑栏被隐藏；相反，如果勾选此复选框，则编辑栏又显示出来。

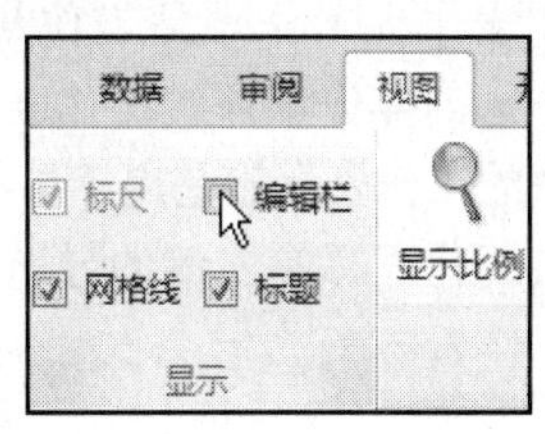

“显示”组

Work 2 在编辑栏中编辑单元格内容

编辑栏的主要作用就是编辑单元格内容。要往单元格内输入数据或文本，只要先选中单元格，在编辑栏中直接输入，然后按Enter键或单击“输入”按钮即可。

例如，选中A1单元格，在编辑栏内输入文本“姓名”，输入完成后，单击“输入”按钮或按Enter键，即可在A1单元格中输入“姓名”。输入时，单元格内将与编辑栏中同步显示输入的内容。

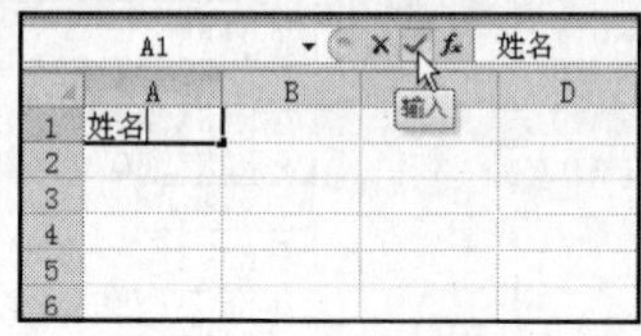
在编辑栏中输入内容

Tip 编辑栏中各按钮的作用

Excel 2010的编辑栏中有3个按钮，分别是“取消”✕、“输入”✓、“插入函数”f_x，在单元格中输入了文本后，单击“取消”按钮，可将输入的内容删除；选中目标单元格后，单击“插入函数”按钮，可自动输入“=”并弹出“插入函数”对话框，用户再选择要使用的函数。

Study 05 掌握工作表标签的使用方法

- Work 1. 工作表与工作表标签
- Work 2. 设置工作表标签颜色
- Work 3. 新建、重命名、移动、复制——工作表的常规处理
- Work 4. 快速定位工作表
- Work 5. 隐藏／取消隐藏工作表

在Excel中，工作表标签是用来标明工作表的，单击任意工作表标签，就切换到相应的工作表中，如单击工作表标签Sheet2，就切换到第2张工作表。本节介绍工作表标签在操作工作簿与工作表时的使用方法。

Work 1 工作表与工作表标签

① 工作表标签

打开Excel工作簿，默认情况下，有3张工作表：Sheet1、Sheet2、Sheet3，且Sheet1反白显示，表示当前位置在Sheet1所在的工作表中，即第1张工作表中。工作表是工作簿的组成元素，对Excel工作簿的操作都通过工作表进行；而位于工作簿左下角的工作表标签是用于导航定位到相应工作表的，右击工作表标签左侧的导航按钮还可快速定位到相应工作表。

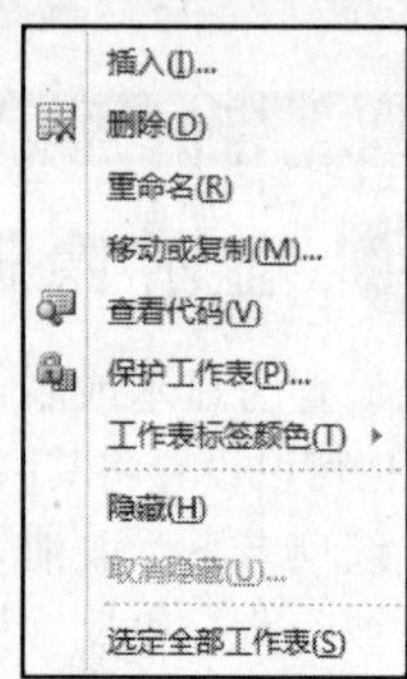

② 右击工作表标签时的快捷菜单

Study 05 掌握工作表标签的使用方法

Work 2 设置工作表标签颜色

为工作表标签设置颜色可以突出显示重要的工作表，工作表数量越多，越能显出这一功能的好处。

右击工作表标签，在弹出的快捷菜单中指向“工作表标签颜色”选项，在弹出的子菜单中就可以为工作表标签选择颜色。

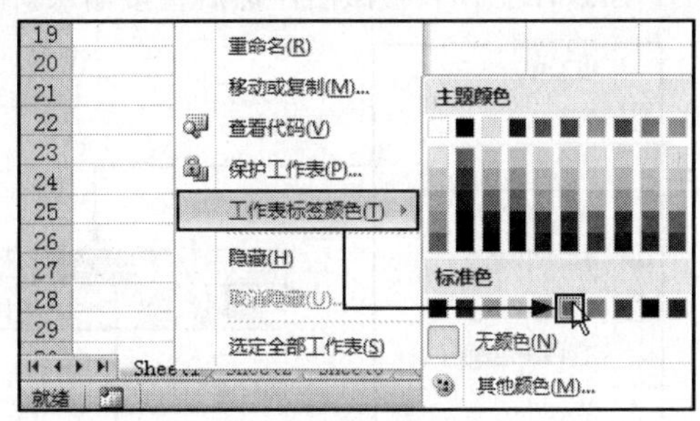

设置工作表标签颜色

Study 05 掌握工作表标签的使用方法

Work 3 新建、重命名、移动、复制——工作表的常规处理

工作表的常规处理包括新建、重命名、移动、复制工作表，这些是对工作表的基础操作，用户必须掌握。

01 新建工作表

新建工作表的操作可通过工作表标签进行，右击工作表标签，在弹出的快捷菜单中执行“插入”命令，在弹出的“插入”对话框中选择“工作表”选项，单击“确定”按钮后，即可插入新工作表。

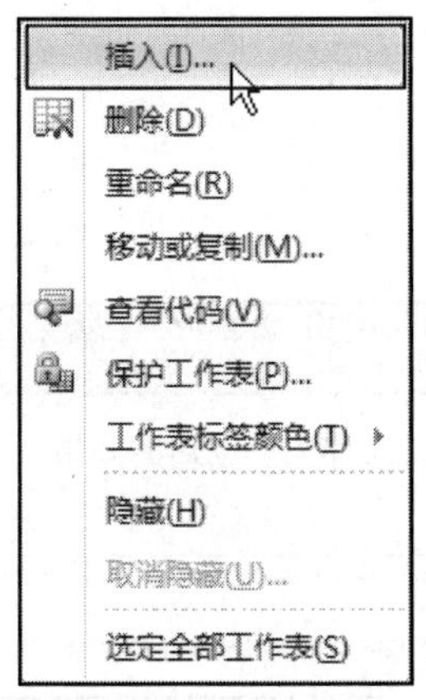

① 执行“插入”命令

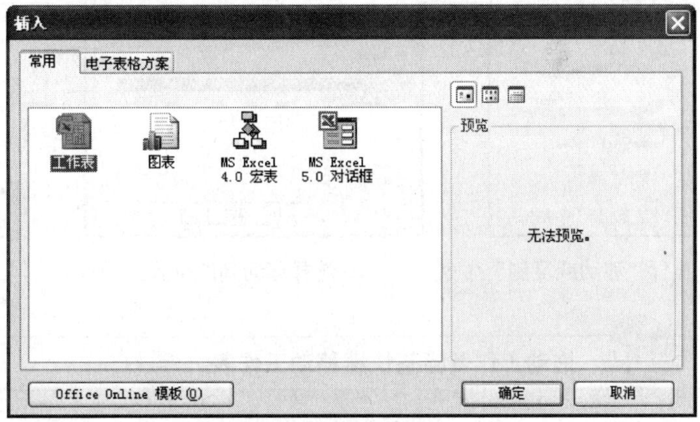

② 插入工作表

Tip 使用“插入工作表”按钮插入工作表

单击工作表标签右侧的“插入工作表”按钮，可快速插入工作表。

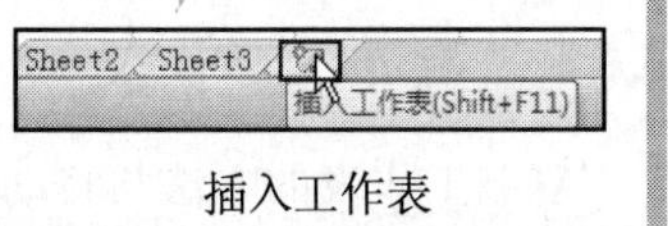

插入工作表

02 重命名工作表

重命名工作表的操作也可以通过工作表标签进行。右击工作表标签，在弹出的快捷菜单中

执行“重命名”命令，可激活当前工作表。例如，右击工作表标签 Sheet1，执行“重命名”命令后，Sheet1 工作表被激活，然后直接输入新的工作表名称，按 Enter 键。

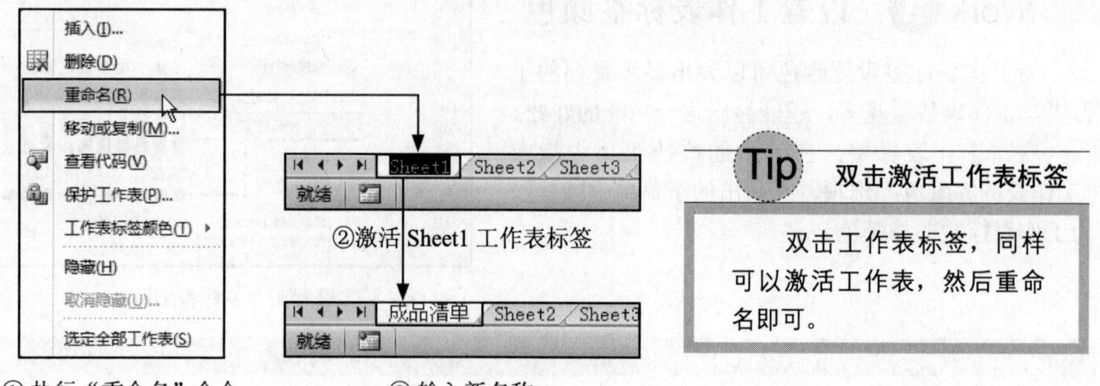

①执行“重命名”命令

②激活 Sheet1 工作表标签

③输入新名称

Tip 双击激活工作表标签

双击工作表标签，同样可以激活工作表，然后重命名即可。

03 移动工作表

要移动工作表，可以右击该工作表标签，然后在弹出的快捷菜单中执行“移动或复制”命令，接着在“移动或复制工作表”对话框中选择移动到的目标位置，再选择要移动到的具体位置，本例中选择移动至 Sheet3 之前。

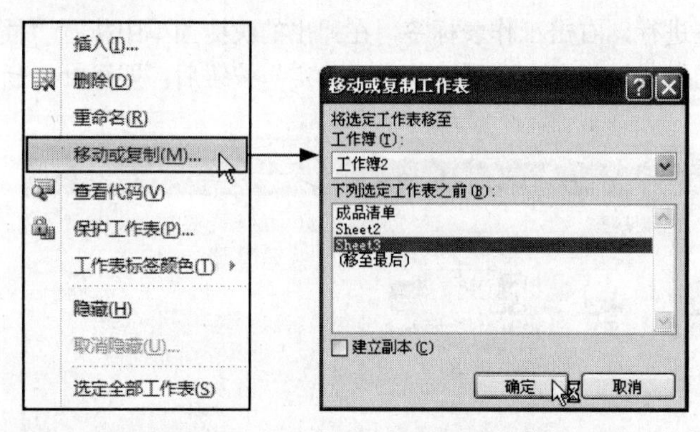

①执行“移动或复制”命令

②选择移动到的位置

③ 工作表移动后的效果

Tip 拖动工作表标签快速移动工作表

要移动工作表，还可按住需要移动的工作表标签，然后拖动鼠标移动。注意，移动时，在移动位置的上方会显示黑色倒三角表示将要移动到的位置。

快速移动工作表

04 复制工作表

复制工作表的方法与移动的方法类似，但必须勾选“移动或复制工作表”对话框中的“建立副本”复选框，确定后就可以创建工作表的副本。

若要快速复制工作表，可选中需要复制的工作表标签，同时按住 Ctrl 键，再拖动复制。复制工作表时，会出现一个“+”。

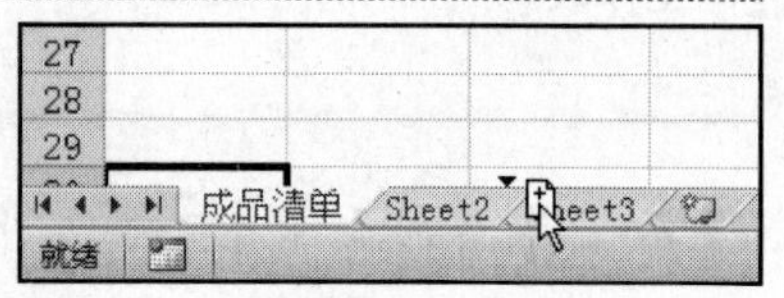

复制工作表

Lesson 02 将选定工作表复制到其他工作簿

除了可在同一工作簿复制工作表外，还可将工作表复制到其他工作簿或新建的工作簿中。

STEP 01 打开光盘\实例文件\第10章\原始文件\将选定工作表复制到其他工作簿.xlsx，选中需要复制到其他工作簿的工作表，如按住Ctrl键，然后依次单击工作表标签Sheet1与Sheet3，选中两张工作表后右击，在弹出的快捷菜单中执行“移动或复制”命令，如下图所示。

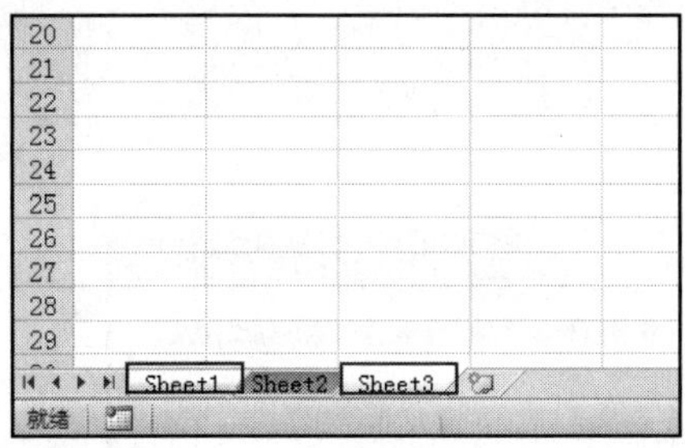

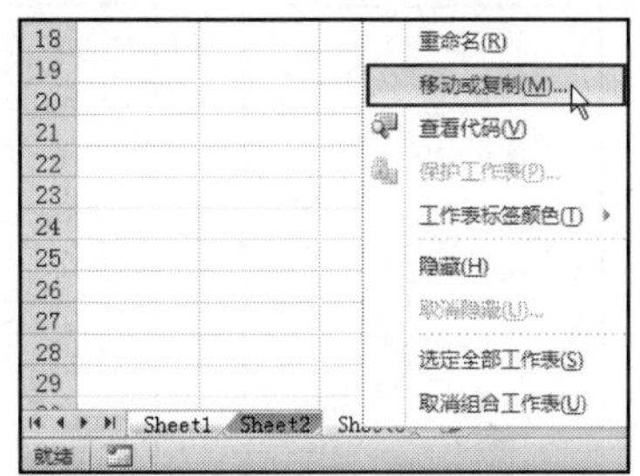

STEP 02 在弹出的“移动或复制工作表”对话框中单击“将选定工作表移至工作簿”右侧的下三角按钮，在展开的下拉列表中选择“新工作簿”选项，然后勾选“建立副本”复选框，最后单击“确定”按钮。

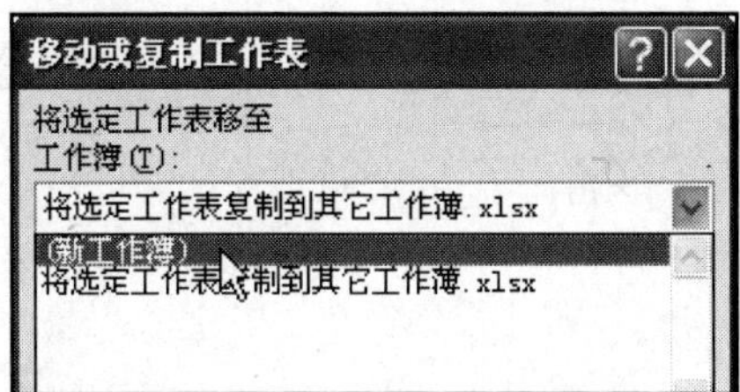

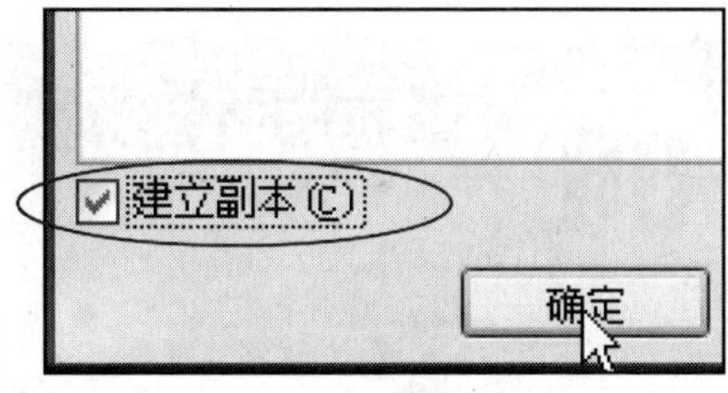

STEP 03 经过以上操作，系统会新建一个名称为“工作簿3-Microsoft Excel”的空白工作簿，同时，工作表Sheet1与Sheet3复制到该工作簿中。

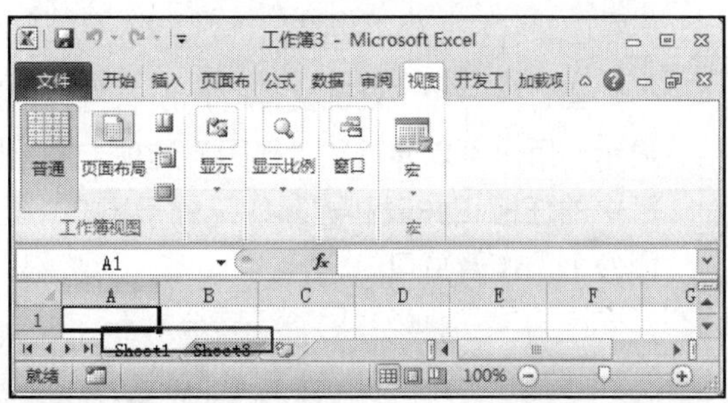

Study 05 掌握工作表标签的使用方法

Work 4 快速定位工作表

一个工作簿中的工作表数量过多时不便于查找，就需要用到工作表导航。工作表导航能帮助用户一览当前工作簿中的所有工作表，从而可以通过选择，快速定位到指定工作表。

如果工作簿中的工作表数量过多，用左右移动的方法找到需要的工作表很麻烦，这时可以右击工作表导航按钮，然后从弹出的快捷菜单中选择需要定位到的工作表标签名，就可快速切换到相应的工作表。

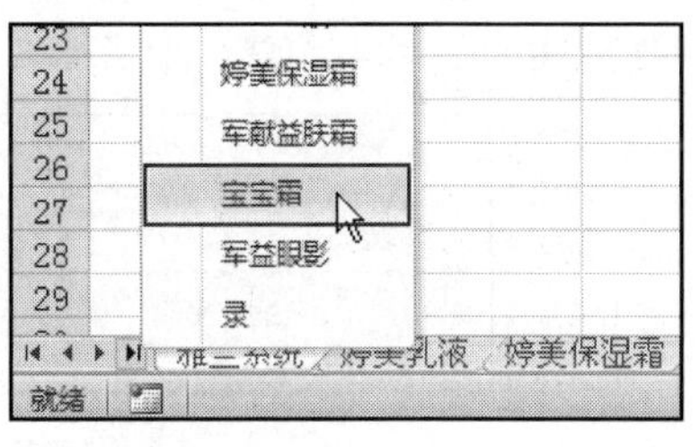

通过导航快速定位工作表

Work 5　隐藏/取消隐藏工作表

如何使重要的工作表不可见呢？下面介绍隐藏与取消隐藏工作表的操作方法。

通过右击工作表标签，在快捷菜单中选择“隐藏”命令，用户可以将工作簿中重要的工作表隐藏起来。要取消隐藏工作表，只需右击任意工作表标签，然后在弹出的快捷菜单中执行“取消隐藏”命令，在弹出的“取消隐藏”对话框中选择要取消隐藏的工作表即可。

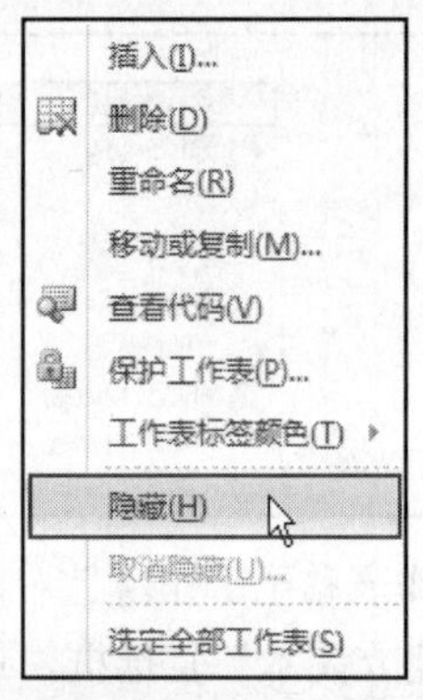

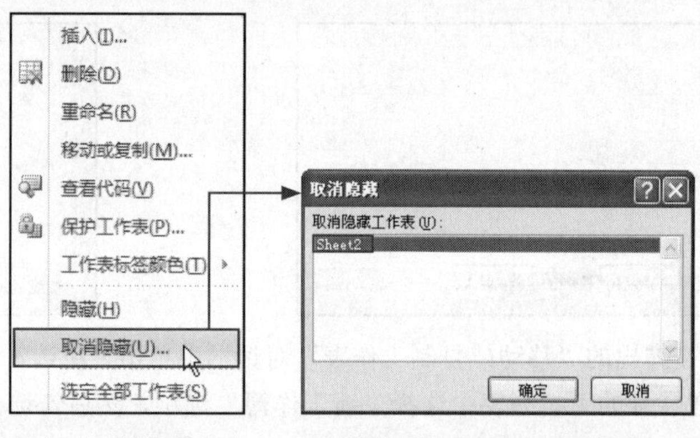

① 隐藏工作表　② 执行“取消隐藏”命令　③ 取消隐藏 Sheet2 工作表

掌握工作簿窗口的使用方法

- Work 1. 新建窗口
- Work 2. 重排窗口
- Work 3. 切换窗口
- Work 4. 拆分窗口
- Work 5. 冻结窗格

当打开一个 Excel 文件时，所有打开的工作表都在 Excel 窗口中的一个工作簿窗口中显示。用户可以通过在“视图”选项卡的“窗口”组中单击“新建窗口”按钮，为工作簿中的任何工作表创建新的工作簿窗口；也可以逐一单击窗口右上角的“关闭”按钮关闭各个工作簿窗口。

Work 1　新建窗口

启动 Excel 2010 程序，打开一个新工作簿，在“视图”选项卡下单击“窗口”组中的“新建窗口”按钮，即可新建一个名称为“工作簿 1:2-Microsoft Excel”的窗口，如下图所示。

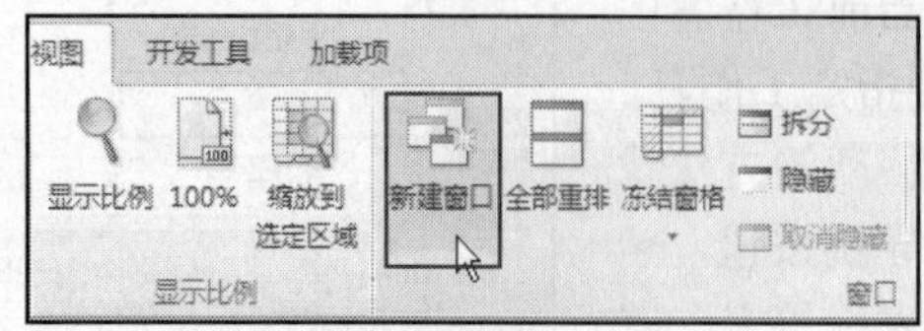

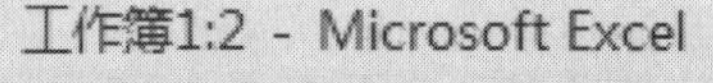

① 新建窗口　② 新建的工作簿 1:2 窗口

Study 06 掌握工作簿窗口的使用方法

Work 2 重排窗口

如果用户希望在同一工作簿窗口中并排显示多个窗口的内容，可以使用“重排窗口”功能。在“窗口”组中单击“全部重排”按钮，在弹出的“重排窗口”对话框中选择窗口排列方式，然后单击“确定”按钮，窗口即可按选择方式排列。

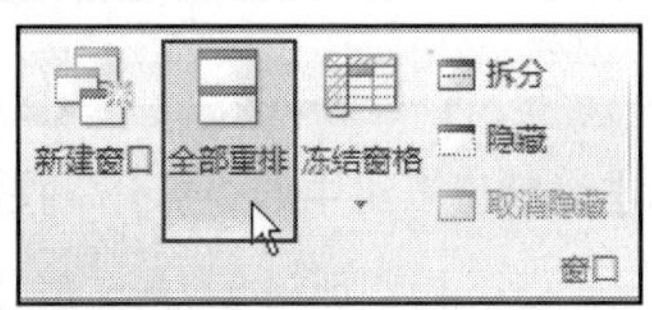

① 单击“全部重排”按钮

② 选择排列方式

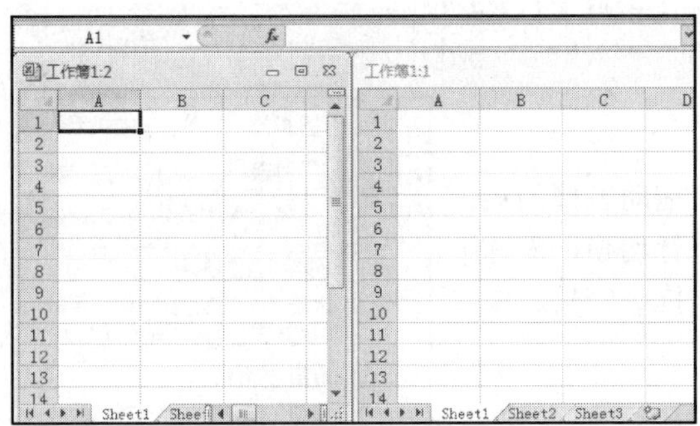

③ 平铺窗口 / 垂直并排窗口

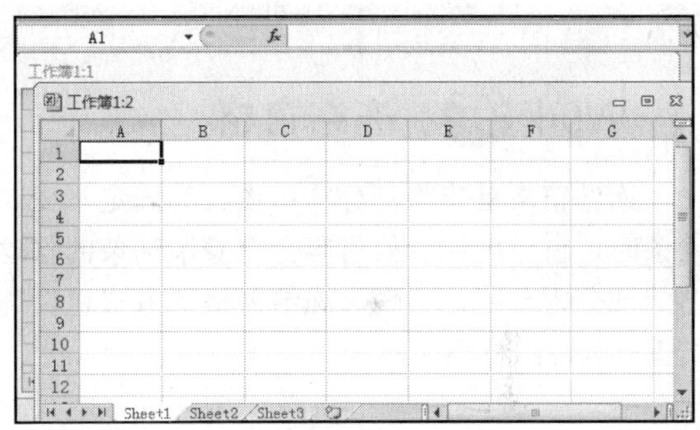

④层叠窗口

Study 06 掌握工作簿窗口的使用方法

Work 3 切换窗口

通过单击任务栏中的工作簿标题名称按钮可以切换窗口，不过比较麻烦。要快速切换窗口，可以使用“视图”选项卡下“窗口”组中的“切换窗口”功能。

在“视图”选项卡下单击“切换窗口”按钮，在展开的下拉列表中可以选择要打开的窗口名称，这样就可以直接切换到相应的窗口。

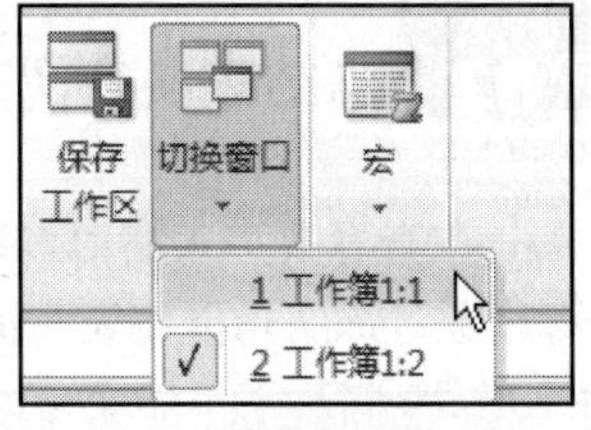

切换窗口

Study 06 掌握工作簿窗口的使用方法

Work 4 拆分窗口

当需要比较同一Excel工作表中不同区域的数据时，可以通过拆分窗口来实现。定位需要拆分的点，如选中工作表中的D6单元格，然后单击“拆分”按钮，即可将当前整个窗口拆分为4个区域，接着就可以在每一个窗口中分别浏览同一工作表中不同区域的数据。

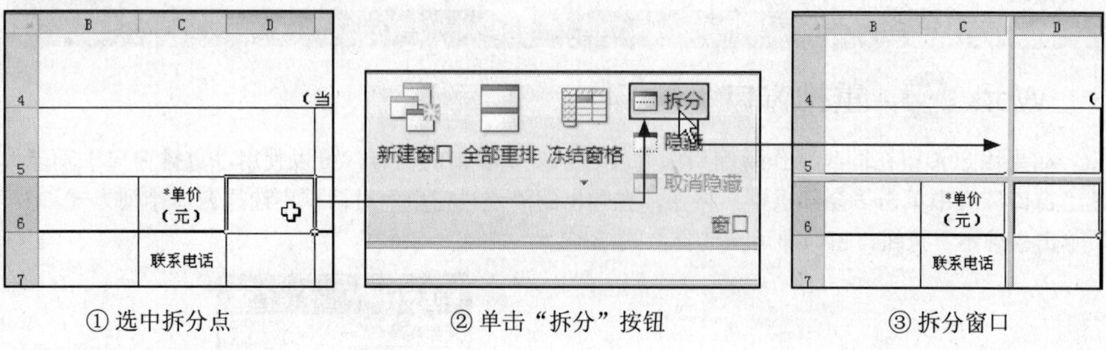

① 选中拆分点　　② 单击“拆分”按钮　　③ 拆分窗口

Tip 取消窗口拆分

将窗口拆分后，需要取消拆分效果时，再次单击“窗口”组中的“拆分”按钮，即可取消窗口的拆分效果。

Study 06 掌握工作簿窗口的使用方法

Work 5 冻结窗格

冻结窗格是指将部分窗口设置为固定不变。在拖动表格的滚动条时，窗口所显示的内容会随着滚动条的移动进行切换，而冻结的部分则会固定不变。冻结窗格的方式包括冻结拆分窗格、冻结首行和冻结首列3种。

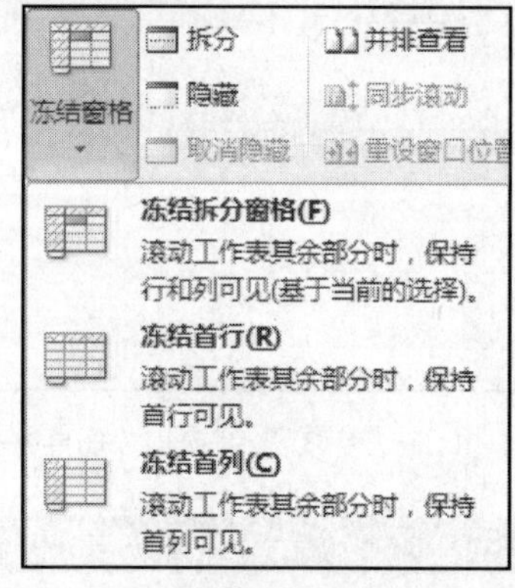

冻结窗口选项

Lesson 03 冻结表头查阅表格内容

Office 2010 · 电脑办公从入门到精通

在查看大型表格时，表头起着导航的作用，由于界面的移动，表头就会显示不出来。此时，可以通过冻结功能将表头冻结起来，这样在查看表格下面的内容时，表头依然会显示在界面中。

	A	B	C	D	E
1	姓名	性别	系别	职称	篇数
2	陈彤	男	化学	副教授	23
3	孙福海	男	化学	副教授	25
4	李静	女	化学	教授	46
5	钟梨	女	数学	讲师	10
6	王浩	男	数学	讲师	11
7	刘娜	女	数学	教授	30
8	刘雪	女	数学	教授	36
9	卢欢	女	数学	教授	21

	A	B	C	D	E
1	姓名	性别	系别	职称	篇数
8	刘雪	女	数学	教授	36
9	卢欢	女	数学	教授	21
10	李扬	男	数学	教授	31
11	钟家科	男	物理	副教授	20
12	刘波	男	物理	副教授	18
13	李力韩	男	物理	讲师	15
14	夏飞露	女	物理	讲师	12
15	陈琳	女	物理	讲师	18

STEP 01 打开光盘\实例文件\第10章\原始文件\冻结窗格.xlsx。切换到“视图”选项卡，单击“窗口”组中的“冻结窗格”按钮，在展开的下拉列表中单击“冻结首行”选项。

	A	B	C	D	E
1	姓名	性别	系别	职称	篇数
2	陈彤	男	化学	副教授	23
3	孙福海	男	化学	副教授	25
4	李静	女	化学	教授	46
5	钟梨	女	数学	讲师	10
6	王浩	男	数学	讲师	11
7	刘娜	女	数学	教授	30
8	刘雪	女	数学	教授	36
9	卢欢	女	数学	教授	21
10	李扬	男	数学	教授	31
11	钟家科	男	物理	副教授	20
12	刘波	男	物理	副教授	18
13	李力韩	男	物理	讲师	15
14	夏飞露	女	物理	讲师	12

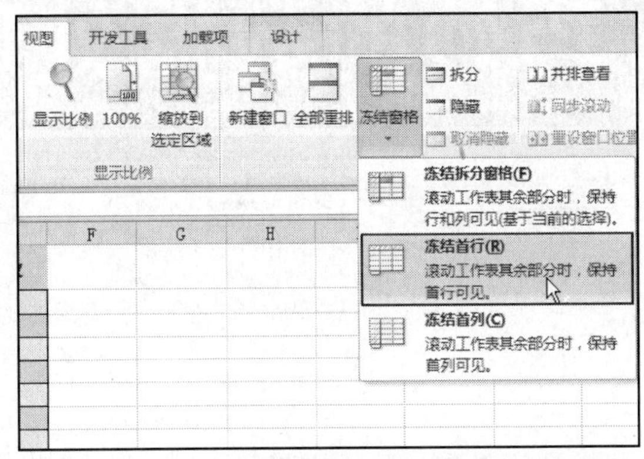

STEP 02 经过以上操作后，就可以将表格中的首行冻结。向下查看表格的其他内容时，首行的内容将一直处于固定不变的状态。

	A	B	C	D	E
1	姓名	性别	系别	职称	篇数
8	刘雪	女	数学	教授	36
9	卢欢	女	数学	教授	21
10	李扬	男	数学	教授	31
11	钟家科	男	物理	副教授	20
12	刘波	男	物理	副教授	18
13	李力韩	男	物理	讲师	15
14	夏飞露	女	物理	讲师	12
15	陈琳	女	物理	讲师	18
16					

Tip 取消冻结窗格效果

将窗格冻结后需要取消时，只要再次单击“冻结窗格”按钮，在展开的下拉列表中可以看到“取消冻结窗格”选项，单击该选项，即可将冻结的窗口恢复为正常效果。

Chapter 11

巧妙的数据处理

Office 2010 电 脑 办 公 从 入 门 到 精 通

本章重点知识

Study 01 数据录入的基本方法

Study 02 填充的威力

Study 03 神奇的选择性粘贴

Study 04 数据的快速定位

本章视频路径

	A	B
1	姓名	学号
2	张静	200101001
3	胡婷婷	200101002
4	刘凯	200101003
5	陈峰	200101004
6	赵睿	200101005
7	李志明	200101006
8	李菁菁	200101007
9	周瑞林	200101008
10	叶莎	200101009
11	刘莉扬	2001010010

	A	B	C	D
1	年份	2004	2005	2006
2	销售量（吨）	124	120	125
3				
4				
5	年份	销售量（吨）		
6	2004	124		
7	2005	120		
8	2006	125		
9	2007	137		
10	2008	110		
11	2009	129		
12	2010	150		

Chapter 11\Study 01

- Lesson 01 输入以0开头的数字.swf

Chapter 11\Study 02

- Lesson 02 填充学号.swf
- Lesson 03 使用成组工作表制作时间表.swf
- Lesson 04 自定义年级填充.swf

Chapter 11\Study 03

- Lesson 05 将公式结果转换为数值.swf
- Lesson 06 数据的行列转置.swf

Chapter 11\Study 04

- Lesson 07 定位条件的使用.swf

Chapter 11 巧妙的数据处理

在本章中读者需要了解 Excel 2010 中数据的处理方法，包括数据的录入、填充，选择性粘贴的使用以及如何快速定位到指定单元格。在 Excel 2010 中，选择性粘贴是一项十分有用的功能，它能帮助用户快速完成格式、样式或仅是数值的复制。方便的序列填充功能又能大大简化用户录入规则数据的操作。

Study 01 数据录入的基本方法

- Work 1. 数值
- Work 2. 文本
- Work 3. 分数
- Work 4. 百分比
- Work 5. 日期
- Work 6. 时间

要使用 Excel 进行数据的分析和处理，第一步要做的事情就是录入数据。数据的类型包括数值、文本、分数、百分比、日期、时间等。本节分别介绍这些类型的数据录入方法。

Work 1 数值

定义数值数据包含小数、负数以及含千位分隔符的数值。使用键盘输入数值后，接下来就需要对数值的格式进行设置。

01 输入小数

输入小数可以先选中单元格或将光标置于编辑栏，然后按数字键区的数字键以及“小数点”键，输入小数。小数输入完成后，用户可以使用“开始”选项卡下“数字”组中的“增加小数位数”按钮以及“减少小数位数”按钮保留小数的位数；或使用“设置单元格格式”对话框中“数字”选项卡下“数值”分类中的“小数位数”文本框设置小数位数。

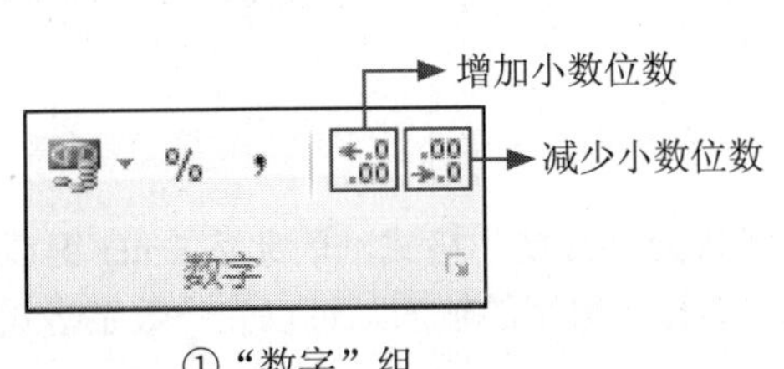

①“数字”组

数字
分类(C):
数值
示例
0.88
小数位数(D): 2

②“数字”选项卡中的“数值”分类

02 输入负数

输入负数可以在键盘中直接按数字键区的“负号”键输入负号，然后输入数值，也可以用括号“()”方式输入负数。如输入“(20)”，然后按 Enter 键，即可输入负数-20。如下图所示。

	A	B	C
1	(20)		
2			
3			
4			
5			
6			

① 输入带 ( ) 的数字

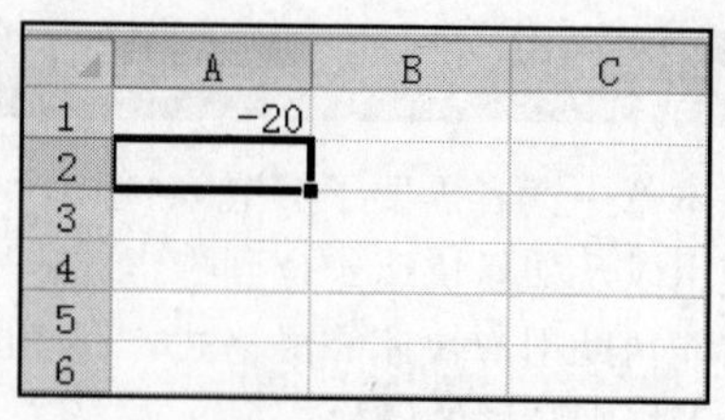

② 完成负数录入

Tip 负数的几种格式

在“设置单元格格式”对话框的“数字”选项卡下的“数值”分类中，可以设置负数的几种格式。下图是以负数“－20”的格式为例。

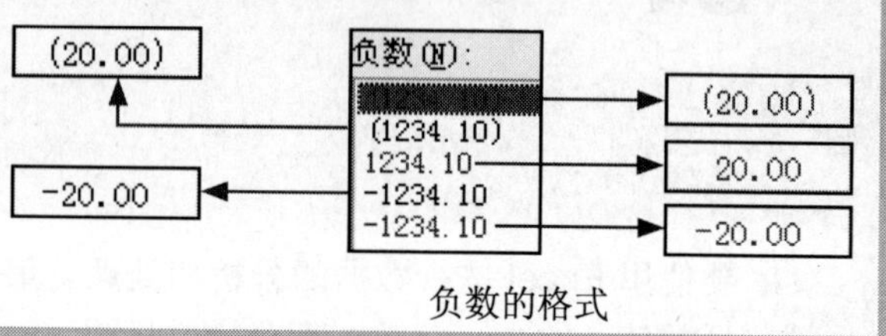

负数的格式

03 输入含千位分隔符的数值

在输入数值时，如何为它添加千位分隔符呢？可以通过使用“数字”组的“千位分隔样式”按钮，为数值添加千位分隔符；也可以在“数值”分类中勾选“使用千位分隔符”复选框为数字添加分隔符。

选中需要使用千位分隔符的数字所在的单元格，在“数值”分类中勾选“使用千位分隔符”复选框，即可将数字应用千位分隔符样式。

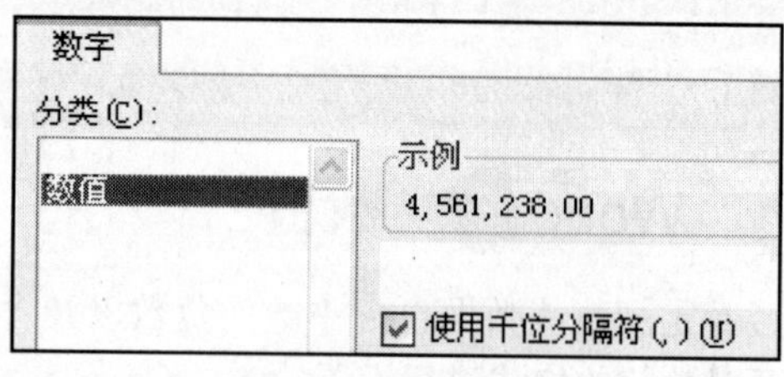

使用千位分隔符

Study 01 数据录入的基本方法

Work 2 文本

只要用户熟悉输入法，就能在单元格内输入文本，因此，输入文本的操作很简单，与使用的软件无关。

Lesson 01 输入以 0 开头的数字

Office 2010 · 电脑办公从入门到精通

在单元格中直接输入“01”这类的数字时，默认为“常规”格式，因此按 Enter 键后，单元格内只显示 1，不能达到输入 01 的效果。要实现以 0 打头数字的输入，可以先将数字格式设置为“文本”格式，然后输入。

STEP 01 选中需要输入文本类型数字的单元格，如 A1 单元格，然后在“开始”选项卡下单击“数字”组中的对话框启动器按钮。

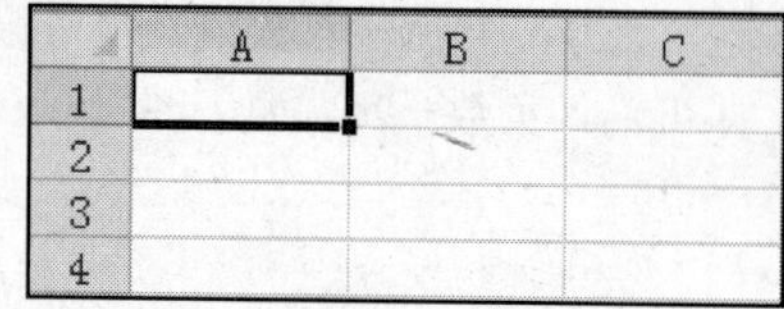

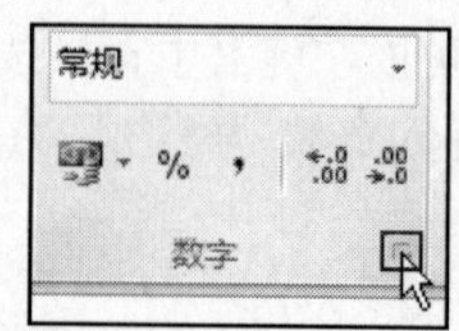

STEP 02 在“数字”选项卡下选择“分类”列表框中的“文本”选项，单击“确定”按钮后，单元格转换为文本格式。

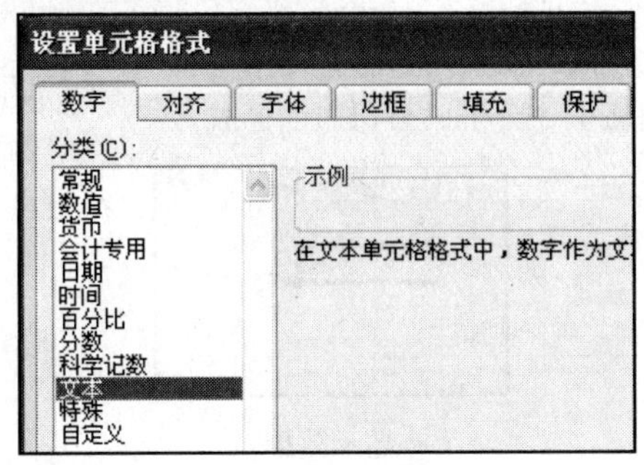

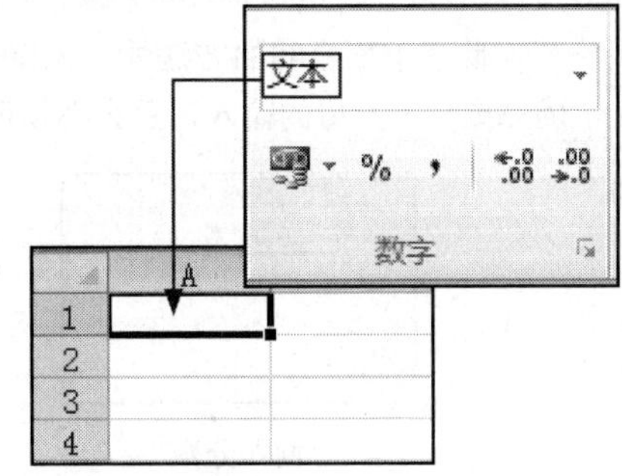

STEP 03 在A1单元格中输入“01”，按Enter键后，即输入了以文本形式存储的数字01。

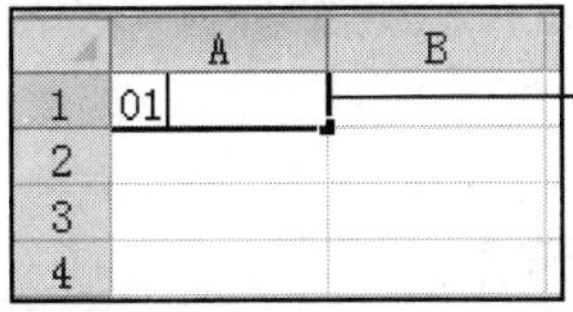

Tip 以文本形式存储的数字

输入以0开头的数字后，单元格中的数字以文本形式存储，同时，该单元格左上角有一个绿色的小三角，选中该单元格，会出现一个提示按钮，单击该按钮，将展开一个下拉列表，用户可以选择“忽略错误”选项，将左上角的绿色三角去掉。在下拉列表中用户可以选择对该单元格的处理方式，选择“转换为数字”选项则去掉开头的0；选择“忽略错误”选项，则确认输入。

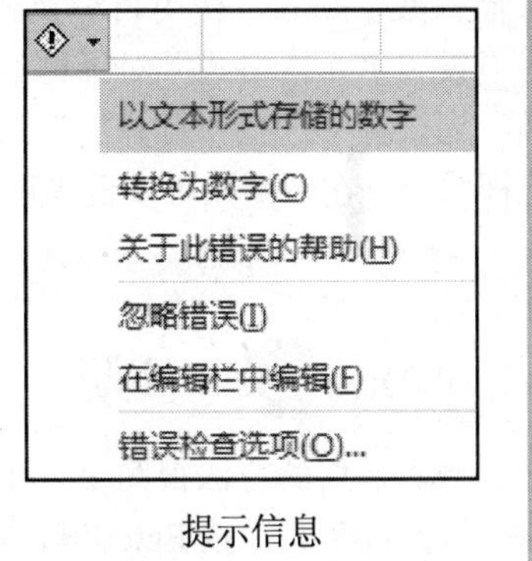

提示信息

Work 3 分数

输入分数，需要先将单元格格式转换为分数格式，然后再输入分数。选中需要输入分数的单元格，在“数字”选项卡的“分数”分类组中选择分数的类型，确定后在单元格内输入分数即可。

在“分数”分类的“类型”列表框中有多种分数类型可供选择，用户在输入分数前需要先选择输入的分数类型。

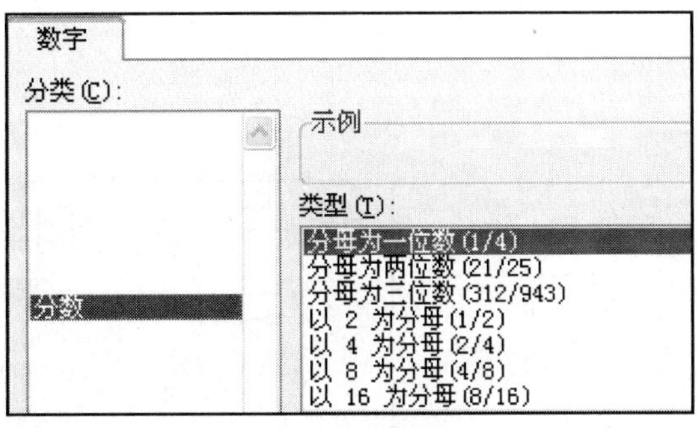

选择分数类型

Tip 使用“0”＋空格＋“分子 / 分母”形式输入分数

除了上面介绍的方法外，还有一种方法可以输入分数。如果用户希望使用“/”符号能正确完成分子分母的输入，那么必须使用形如“0”＋空格＋“分子 / 分母”的形式。

	A	B
1	0 6/7	
2		
3		
4		
5		

输入分数

	A	B
1	6/7	
2		
3		
4		
5		

显示效果

Study 01 数据录入的基本方法

Work 4 百分比

输入百分比可以采用数字＋百分号的形式输入。输入数字后，直接在键盘中按 Shift+% 键，从而完成百分比的输入。如果输入数字后要将数字转换为百分比格式，可以使用“数字”组中的“百分比样式”按钮%，如输入数字 0.52，使用百分比样式后，即变为了 52%。在“设置单元格格式”对话框的“数字”选项卡的“分类”列表框中选择“百分比”选项，除了可以设置百分比样式外，在右侧还可以设置百分比保留的小数位数。

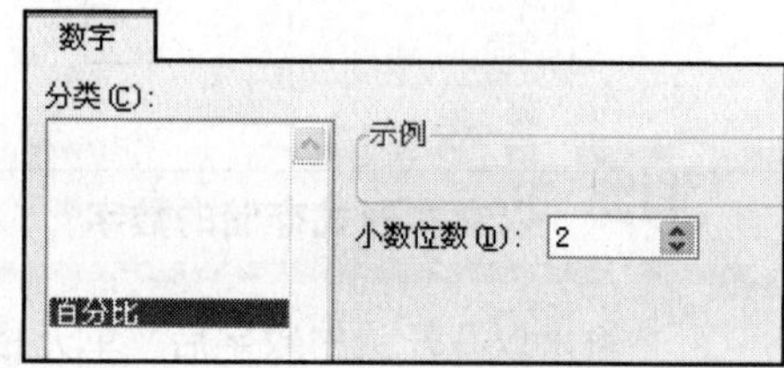

设置百分比小数位数

Study 01 数据录入的基本方法

Work 5 日期

输入日期的方法很简单，用“/”符号就行。例如输入 2011 年 8 月 8 日，只需要在单元格中输入“2011/8/8”，按 Enter 键，就能生成日期，格式为“2011-8-8”。这种格式的日期为短日期，和长日期对应，“2011 年 8 月 8 日”这种日期格式为长日期。要调整日期的长短，可以单击“数字”组中的“数字格式”下三角按钮，然后在展开的下拉列表中选择“长日期”选项。

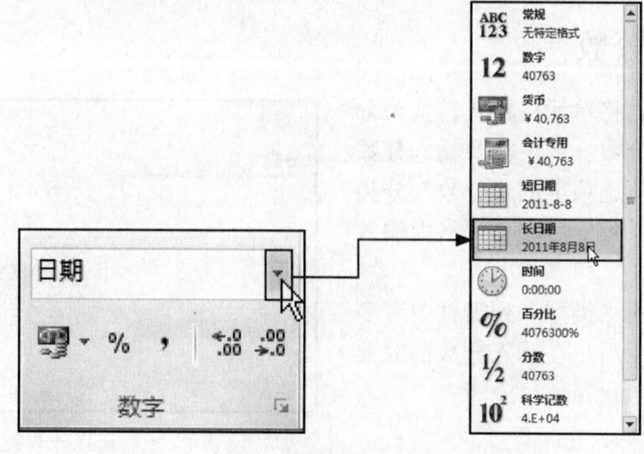

选择“长日期”选项

Tip 日期的几种格式

在“设置单元格格式”对话框的“数字”选项卡下选择“日期”选项，在右侧“类型”列表框中可以设置日期的类型。

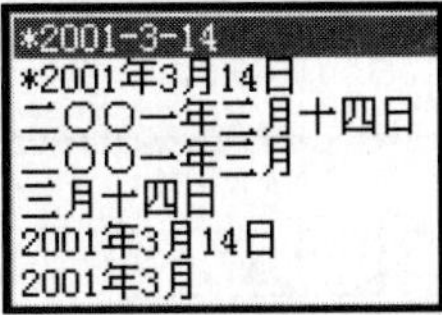

3月14日
星期三
三
2001-3-14
2001-3-14 1:30 PM
2001-3-14 13:30
01-3-14

3-14
3-14-01
03-14-01
14-Mar
14-Mar-01
14-Mar-01
Mar-01

March-01
M
M-01

日期的格式

Study 01 数据录入的基本方法

Work 6 时间

输入时间即在输入数字表示时、分、秒时，中间用冒号“:”作为间隔。时间也有多种格式，在“设置单元格格式”对话框的“数字”选项卡下选择“时间”选项，在右侧“类型”列表框中可以设置时间的类型。

Tip 用 AM 与 PM 表示时间

AM 和 PM 是国际上区分上午和下午时间的标志，AM 表示上午，是“ante meridiem”的英文缩写；PM 表示下午，是“post meridiem”的英文缩写。

*13:30:55
13:30
1:30 PM
13:30:55
1:30:55 PM
13时30分
13时30分55秒

下午1时30分
下午1时30分55秒
十三时三十分
下午一时三十分

时间的类型

Study 02 填充的威力

- Work 1. 巧用填充柄与双击填充
- Work 2. 使用“填充”按钮填充
- Work 3. 自定义序列填充

Excel 具有快速填充数据的功能。所谓快速填充，就是当用户输入等差序列、等比序列或输入自然数 1、2、3 时，拖动或双击填充柄就能快速实现数据按特定顺序排列。当需要输入序号、学号这类有规律的数字时，使用填充显得异常方便。

Study 02 填充的威力

Work 1 巧用填充柄与双击填充

在工作表中选中任意单元格，可以看到单元格右下角有一个小正方形■，将光标置于■处，此时光标指针变为✚形，这就是本节要介绍的填充柄。使用填充柄可以实现数据的快速填充，既可以通过拖动填充柄，也可以通过双击填充柄填充。

01 拖动填充柄填充数字

在A1单元格中输入“1”，选中单元格，按住鼠标左键向下拖动右下角填充柄至A4单元格，释放鼠标完成填充。

① 拖动填充柄直接填充

② 填充的效果

Tip 关于“自动填充选项”的使用

使用填充柄填充数字后，最后一个被填充单元格的右下角会出现一个“自动填充选项”按钮，单击该按钮，会弹出一个菜单，用户可以在菜单中选择填充数字的方法。如果是复制单元格，则选中“复制单元格”单选按钮；如果是类似1、2、3的序列填充，则选中“填充序列”单选按钮，也可以选择是否带格式填充。

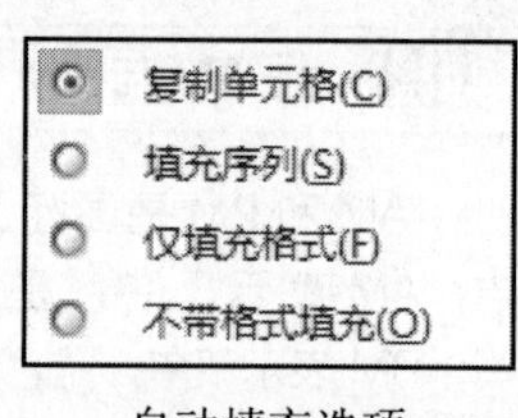

自动填充选项

Lesson 02 填充学号

Office 2010 · 电脑办公从入门到精通

现在学校编排学号的一般方法是按照级、专业代码加上数字编号。如果依次输入这么一长串冗长的数字，耗时耗力；现在有了自动填充功能，编排学号就显得得心应手了。假设为2001级，专业代码为0100，后面从1开始编号，该如何操作？

STEP 01 打开光盘\实例文件\第11章\原始文件\填充学号.xlsx工作簿。在D2单元格中输入数字“1”，然后将光标置于该单元格右下角，按住Ctrl键填充柄向下填充至D11单元格（注意此时是按序列填充），释放鼠标后，D3到D11单元格自动填充上2到10的数字。

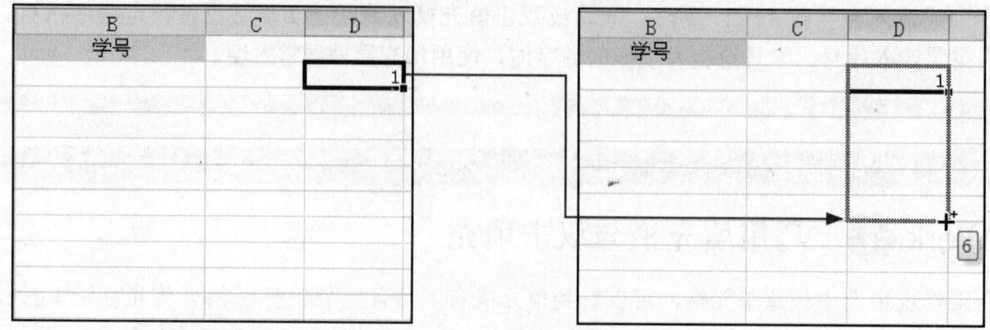

STEP 02 在 B2 单元格输入"=20010100&"并在 & 后引用 D2 单元格，表示连接这两串数字，按 Enter 键后，生成第 1 名学生的学号 200101001。

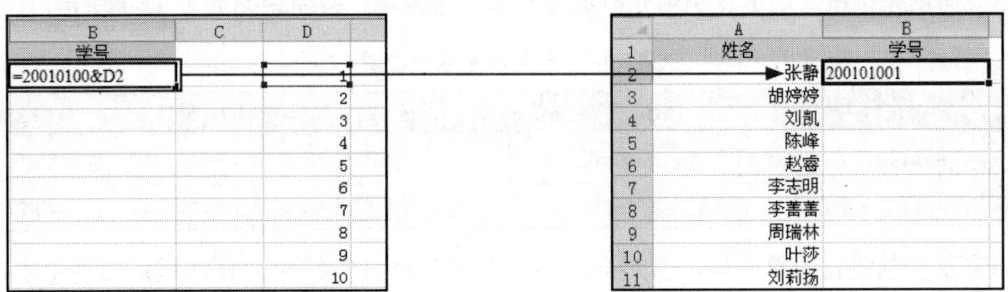

STEP 03 选中 B2 单元格，直接拖动该单元格右下角填充柄填充数字，编排其他学生的学号。

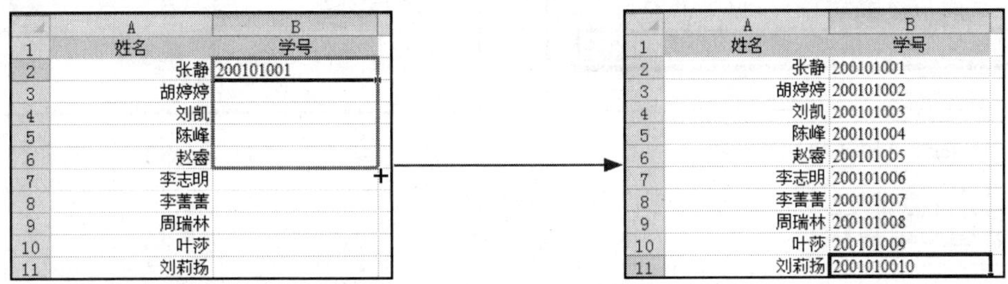

02 双击填充柄填充数字

双击填充即双击填充柄填充，这种方法适用于对等列的填充。要采用这种方法，必须保证要填充的列任一边有数据，那么双击该列第 1 个单元格右下角的填充柄，将会自动填充到与相邻列相同的位置处，如下图所示。

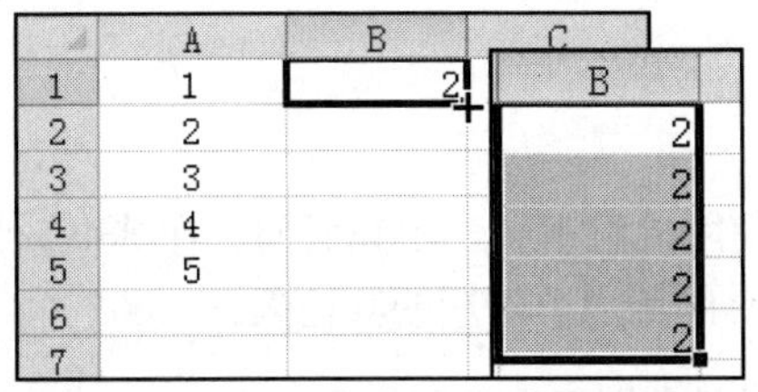

① 选择一个数字时的双击填充效果

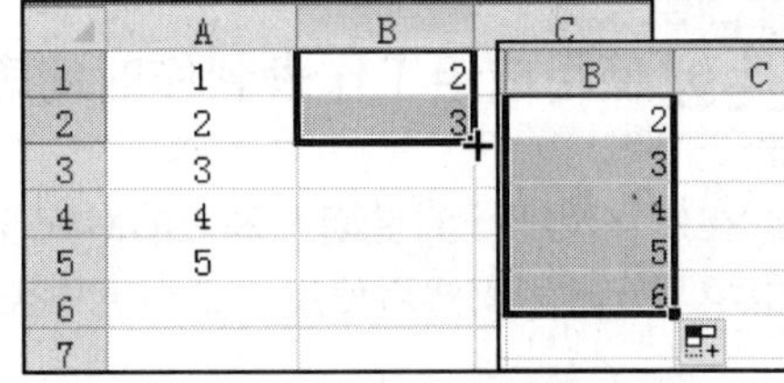

② 选择两个数字时的双击填充效果

Study 02 填充的威力

Work 2 使用"填充"按钮填充

除了使用填充柄填充数字外，还可以在"开始"选项卡的"编辑"组中单击"填充"按钮，使用"填充"下拉列表中的上下，左右方向填充或使用"序列"对话框填充。

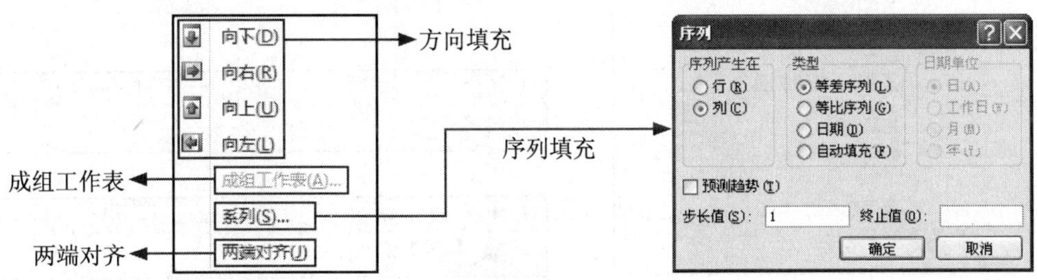

"填充"下拉列表

01 方向填充

使用方向填充按钮，用于复制填充所选择的单元格区域，按钮说明如表 11-1 所示。

表 11-1 方向填充按钮说明

名　称	作　用	名　称	作　用
向下	选择单元格向下填充数字和格式	向上	选择单元格向上填充数字和格式
向右	选择单元格向右填充数字和格式	向左	选择单元格向左填充数字和格式

选择需要复制填充的单元格，然后向上下、左右任意方向扩充选择区域，接着单击“填充”按钮，在展开的下拉列表中选择扩充的方向，即能完成相应内容和格式的填充。

	A	B	C
1	0		
2			

① 选择 A1:C1 单元格区域

	A	B	C
1	0	0	0
2			

② 使用“向右”填充的效果

02 成组工作表

如果需要将一张工作表中的内容或格式填充到其他工作表的相同位置处，可以使用成组工作表填充功能。选择需要在同一位置填充相同内容或格式的多张工作表，在其中需要复制的工作表中选中单元格或单元格区域，然后执行“填充＜成组工作表”命令，在“填充成组工作表”对话框中选择填充类型，如内容、格式或全部，单击“确定”按钮后，即可改变同组所有表格该位置的内容或数据格式。

Lesson 03 使用成组工作表制作时间表

Office 2010 · 电脑办公从入门到精通

在制作星期一到星期五每天的时间安排时，可以使用成组工作表填充时间。在其中一张工作表中填写好时间，然后使用“成组工作表”，就能将该时间应用于每周的其他天。

STEP 01 打开光盘 \ 实例文件 \ 第 11 章 \ 原始文件 \ 填充成组工作表制作时间表 .xlsx 工作簿。右击工作表标签 Sheet1，在弹出的快捷菜单中执行“重命名”命令，激活工作表标签后，将该工作表重命名为“星期一”，然后重复该操作，将 Sheet2 与 Sheet3 工作表分别重命名为“星期二”与“星期三”，如下图所示。

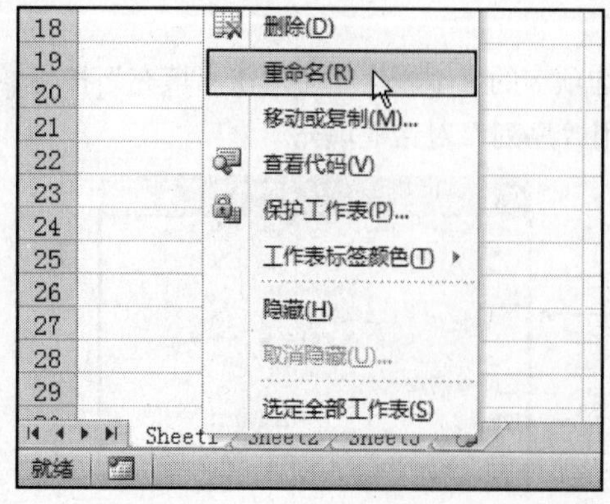

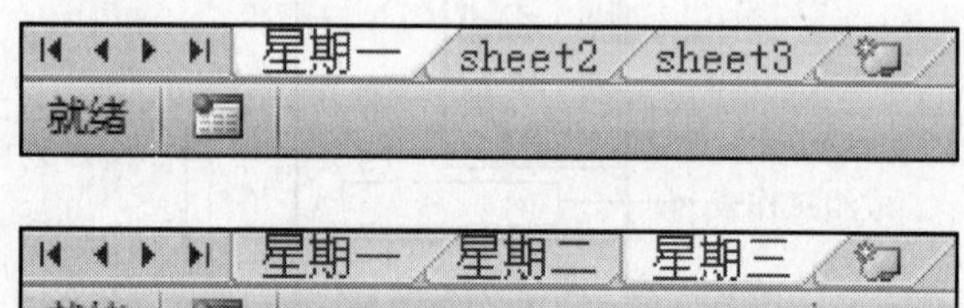

STEP 02 单击“插入工作表”按钮，新建一个工作表Sheet4，也将该工作表重命名，然后再插入两个工作表，将这两个工作表分别命名为“星期四”与“星期五”。

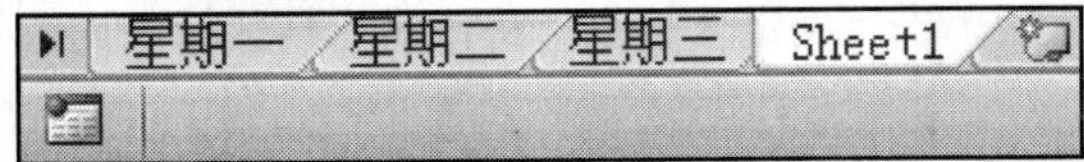

STEP 03 工作表创建完成后，在其中一张工作表（这里选择“星期一”）中输入需要显示的时间，输入完毕后，选中时间区域，效果如下图所示。

	A	B	C
1	上午		
2	8：00-8：45		
3	9：00-9：45		
4	10：00-10：45		
5	11：00-11：45		
6			
7	下午		
8	1：30-3：00		
9	3：15-5：00		

星期一 星期二 星期三 星期四

	A	B	C
1	上午		
2	8：00-8：45		
3	9：00-9：45		
4	10：00-10：45		
5	11：00-11：45		
6			
7	下午		
8	1：30-3：00		
9	3：15-5：00		
10			

STEP 04 单击“字体”组中的“加粗”按钮，接着单击“填充颜色”下三角按钮，在展开的下拉列表中选择“橙色，强调文字颜色6，淡色80%”选项，完成时间格式的设置。

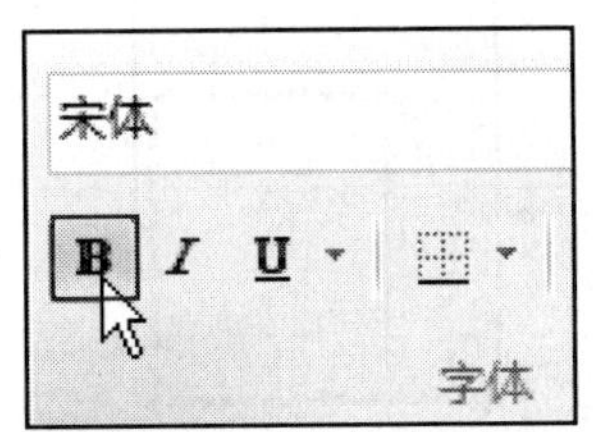

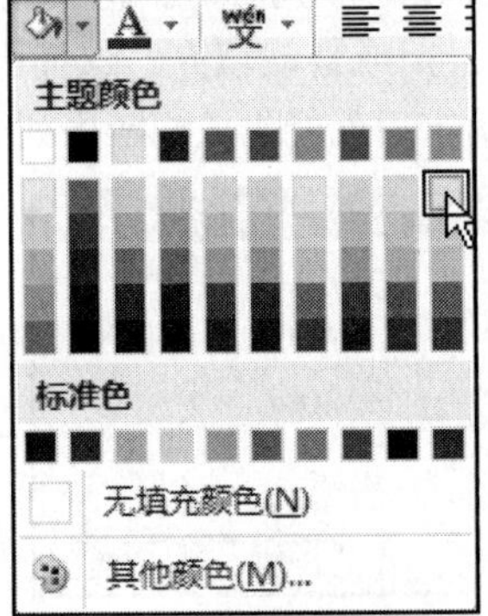

	A	B
1	**上午**	
2	**8：00-8：45**	
3	**9：00-9：45**	
4	**10：00-10：45**	
5	**11：00-11：45**	
6		
7	**下午**	
8	**1：30-3：00**	
9	**3：15-5：00**	

STEP 05 右击工作表标签“星期一”，在弹出的快捷菜单中执行“选定全部工作表”命令，将工作簿中星期一到星期五所有工作表选定。

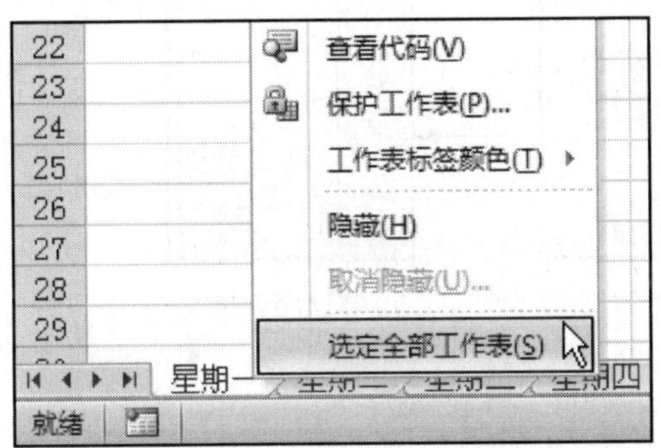

星期一 星期二 星期三 星期四 星期五

STEP 06 在“星期一”工作表中选中刚才输入时间并设置格式的单元格区域，单击“填充”按钮，在展开的下拉列表中选择“成组工作表”选项，在弹出的对话框中选中“全部”单选按钮，然后单击“确定”按钮，将该单元格区域的内容和格式全部应用于该组其他工作表。

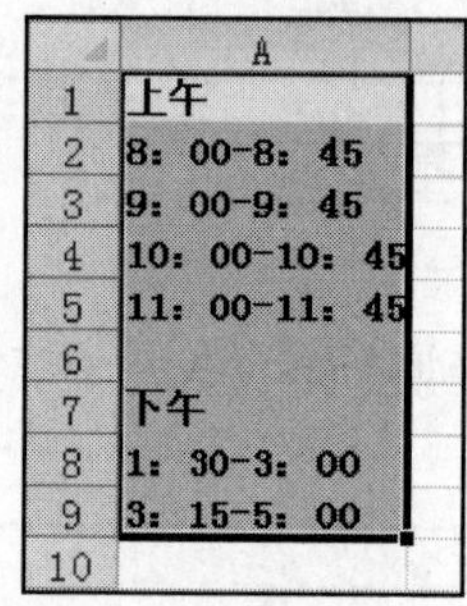

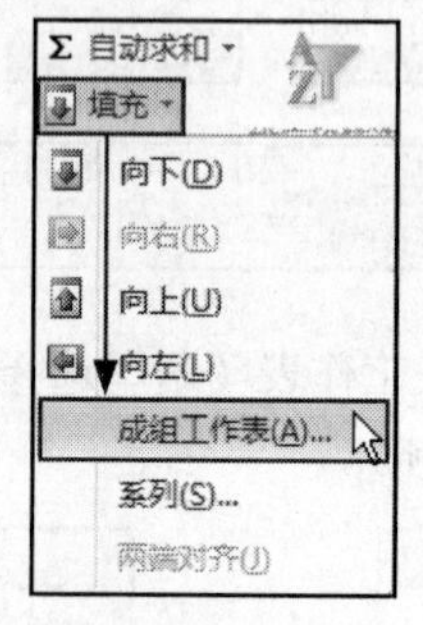

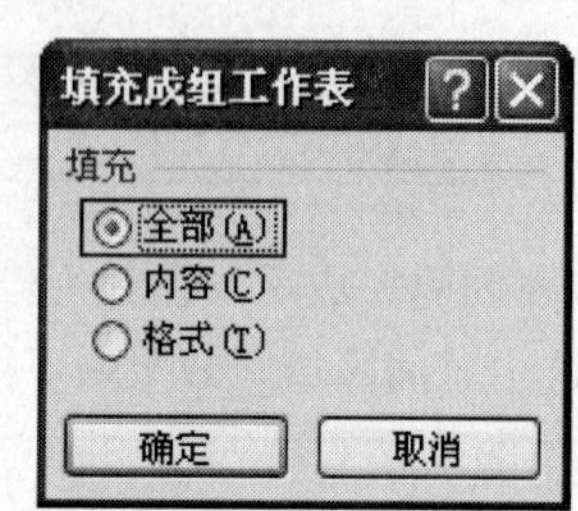

STEP 07 切换到该组中其他工作表，如单击工作表标签“星期三”，切换到该工作表，可以看到在“星期三”工作表的相同位置处也应用了输入的内容与格式。

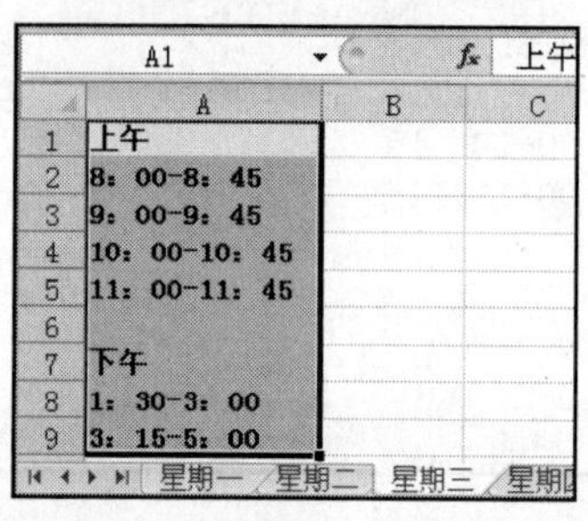

03 填充系列

填充系列即序列填充，输入序列的起始值，然后选中需要应用序列的单元格区域，在“填充”下拉列表中选择“系列”选项，会弹出“序列”对话框，在“序列”对话框中用户可以选择序列的类型，如等差序列、等比序列、日期或自动填充。选择序列后，需要设置序列的步长值，即等差序列的公差、等比序列的公比；确定后就能生成相应序列了。

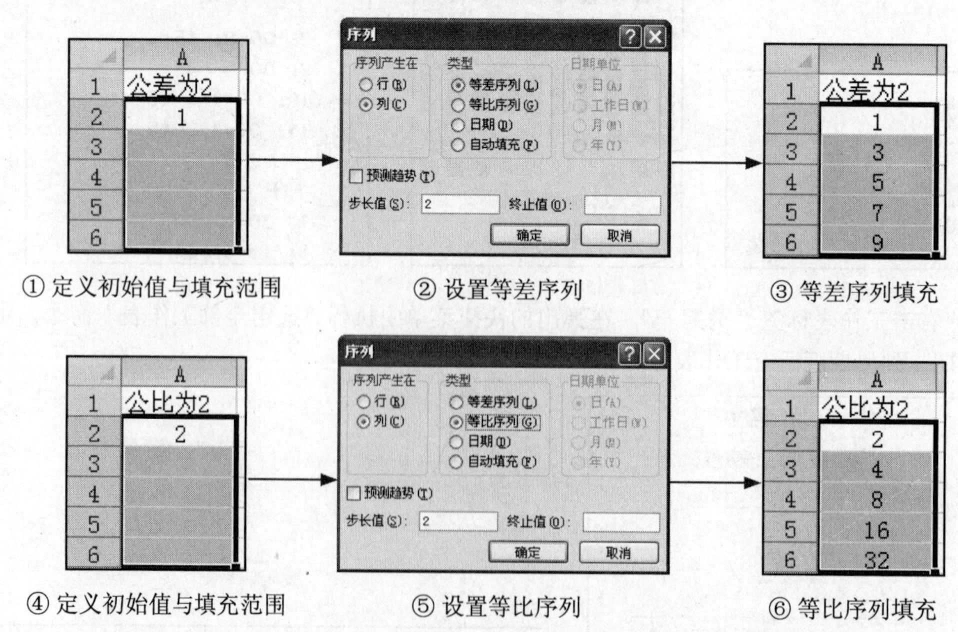

① 定义初始值与填充范围　② 设置等差序列　③ 等差序列填充

④ 定义初始值与填充范围　⑤ 设置等比序列　⑥ 等比序列填充

04 两端对齐

“两端对齐”填充是相对于单元格的列宽而言的。如在A1:A4单元格内输入abc，而A列最多可以容纳两个abc，使用两端对齐填充后，A3、A4两个单元格的abc就自动移动到A1和A2

两个单元格内显示；如果 A 列可以直接容纳 4 个 abc，则 4 个单元格的 abc 就会全部移动到 A1 单元格显示，这就是两端对齐。

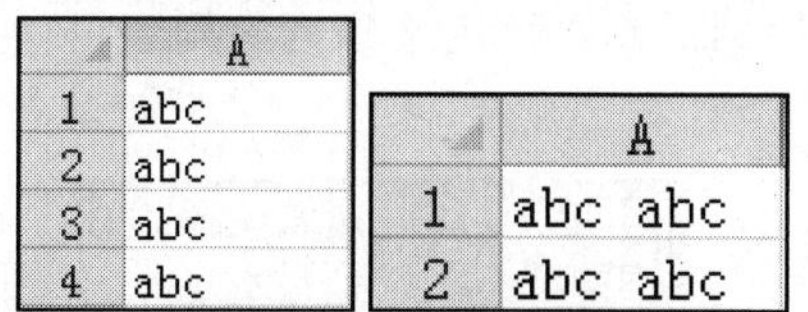

① 列宽较窄的两端对齐填充

② 列宽较宽的两端对齐填充

Study 02 填充的威力

Work 3 自定义序列填充

除了使用 Excel 内置的序列外，用户还可以将经常使用的序列添加到系统中，方便以后快速调用。自定义序列的方法有两种：从工作表中导入或在“自定义序列”对话框中输入。

单击“文件”按钮 文件 ，在弹出的下拉菜单中单击“选项”，弹出“Excel 选项”对话框后，在“高级”选项卡下“常规”区域内单击“编辑自定义列表按钮”，在“自定义序列”对话框中可以自定义新的序列。在“自定义序列”列表框中还可以查看 Excel 内置的序列。

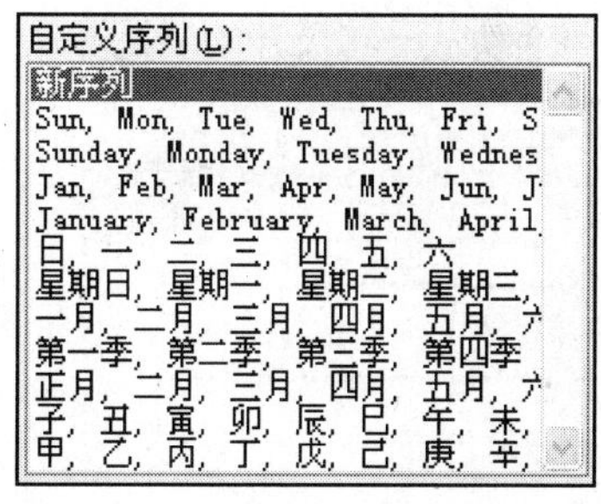

自定义序列

Lesson 04 自定义年级填充

Office 2010 · 电脑办公从入门到精通

自定义序列填充应用于快速输入自己设置的有规律数据，如单位部门设置：销售部、财务部、生产部，将这些做成自定义列表，以后在录入数据时只需输入第 1 个数字，拖动填充柄就能实现整个部门的填充，方便快捷。本例定义一组从一年级到六年级的序列。

STEP 01 打开光盘 \ 实例文件 \ 第 11 章 \ 原始文件 \ 自定义年级填充 .xlsx 工作簿。单击“文件”按钮，在弹出的下拉菜单中单击“Excel 选项”按钮，弹出“Excel 选项”对话框，切换到“高级”选项卡，在“常规”选项组中单击“编辑自定义列表”按钮。

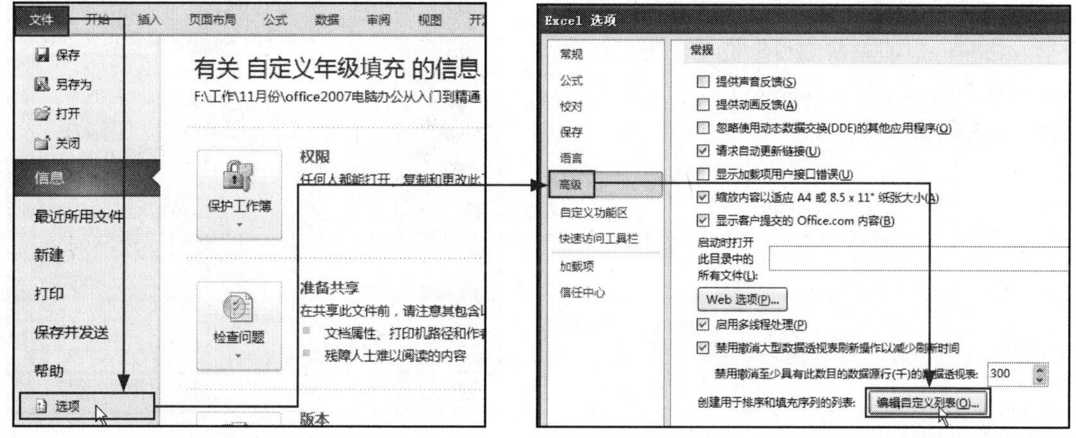

STEP 02 弹出“自定义序列”对话框，在“输入序列”列表框中依次输入序列内容：一年级、二年级……六年级，注意，输入“一年级”后，要按Enter键，另起一行输入“二年级”，依此类推。输入完毕后，单击“添加”按钮，将新的序列添加到左侧“自定义序列”列表框中，单击“确定”按钮退出，效果如下图所示。

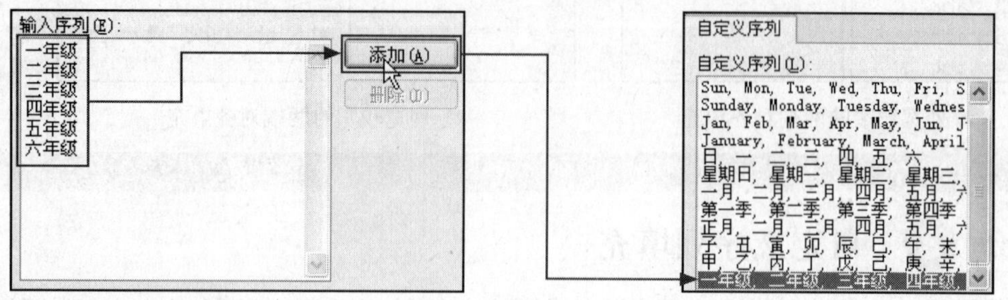

STEP 03 返回工作表中，在A3单元格输入文本“一年级”，然后将光标置于该单元格右下角，拖动填充柄向下填充到A8单元格，释放鼠标，则自动完成年级序列的填充。如果继续向下拖动鼠标，还将继续从一年级开始填充。

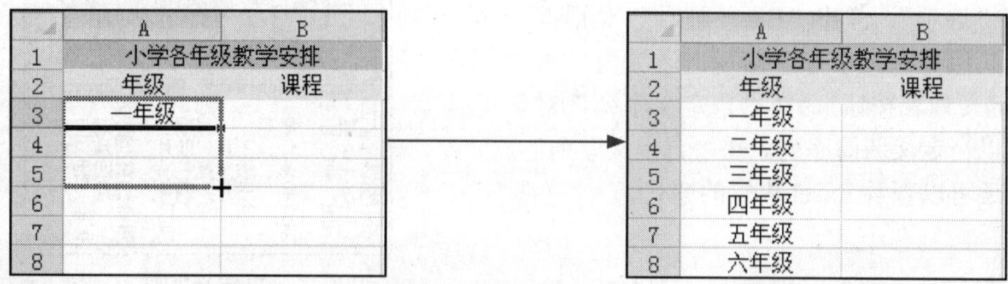

Study 03

神奇的选择性粘贴

选择性粘贴能帮助用户快速完成格式、样式或数值的复制。本节将介绍该功能的作用。

复制工作表中的特定单元格后，通常通过“选择性粘贴”对话框中的选项，用户不仅可以将单元格中的数值粘贴到目标位置，还可以粘贴单元格的其他格式，如粘贴公式、粘贴数据有效性、粘贴批注等。

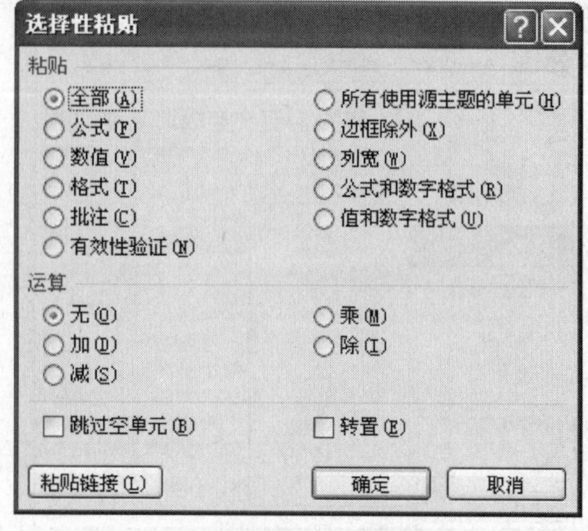

“选择性粘贴”对话框

01 粘贴

若要粘贴静态数据，可以在“粘贴”选项组中选择，如表 11-2 所示。

表 11-2 “粘贴”选项组中各按钮的作用

名　称	作　用
全部	粘贴所有内容与格式
公式	复制原单元格中的公式到目标单元格
数值	将原单元格中的数值复制并粘贴到目标单元格
格式	仅复制并粘贴原单元格的格式
批注	仅复制并粘贴原单元格的批注
有效性验证	复制并粘贴原单元格的数据有效性
所有使用源主题的单元	使用应用于源数据的主题粘贴所有单元格中的内容和格式
边框除外	粘贴除单元格边框以外的所有内容和格式
列宽	将原单元格的列宽应用于目标单元格
公式和数字格式	仅粘贴选中单元格的公式和数字格式
值和数字格式	仅粘贴选中单元格的值和数字格式

02 运算

若要将复制区域（复制区域是指将数据粘贴到其他位置时复制的单元格。复制单元格后，复制区域周围将出现一个闪动的边框，表明该区域已被复制）的内容与粘贴区域的内容进行算术结合，则需要在“运算”选项组下指定要应用到复制数据的数学运算，如表 11-3 所示。

表 11-3 “运算”选项组中各按钮的作用

名　称	作　用
无	粘贴并复制区域的内容，而不进行数学运算
加	将复制区域中的值与粘贴区域中的值相加
减	将粘贴区域中的值减去复制区域中的值
乘	将粘贴区域中的值乘以复制区域中的值
除	将粘贴区域中的值除以复制区域中的值

“选择性粘贴”对话框中其他按钮的作用如表 11-4 所示。

表 11-4 其他按钮的作用

名　称	作　用
跳过空单元	若要避免在复制区域中出现空单元格时替换粘贴区域中的值，需勾选“跳过空单元”复选框
转置	若要将复制数据的列更改为行或将复制数据的行更改为列，可勾选“转置”复选框
粘贴链接	如果要将粘贴的数据链接到原始数据，单击“粘贴链接”按钮。当粘贴指向复制数据的链接时，Excel 会在新位置中输入对复制的单元格或单元格区域的绝对引用

Lesson 05 将公式结果转换为数值

当将工作簿给他人传阅时，出于保密的考虑，可以通过“选择性粘贴”快速将公式结果转换为固定的数字格式，如下图所示。

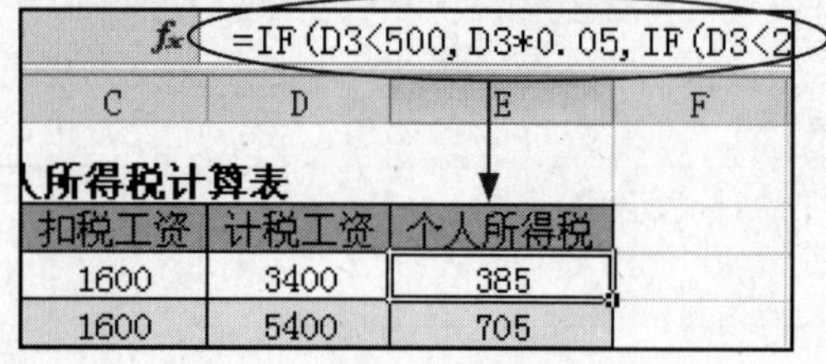

STEP 01 打开光盘\实例文件\第11章\原始文件\将个人所得税计算结果转换为数值.xlsx工作簿。选中E3:E6单元格区域，单击“剪贴板”组中的“复制”按钮，选中的区域迅速以虚线框表示。

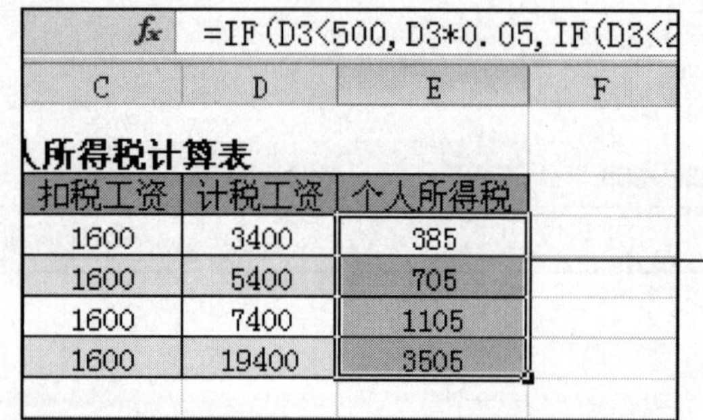
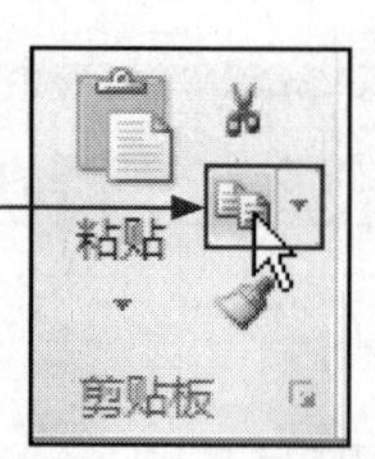

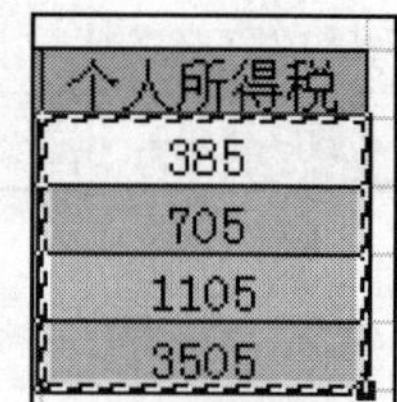

STEP 02 再次选中E3:E6单元格区域，然后单击“粘贴”下三角按钮，在展开的下拉列表中选择“选择性粘贴”选项，弹出“选择性粘贴”对话框，选中“值和数字格式”单选按钮，再单击“确定”按钮。

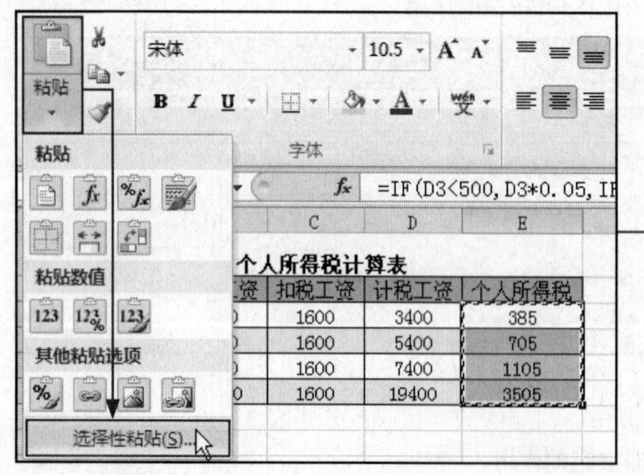

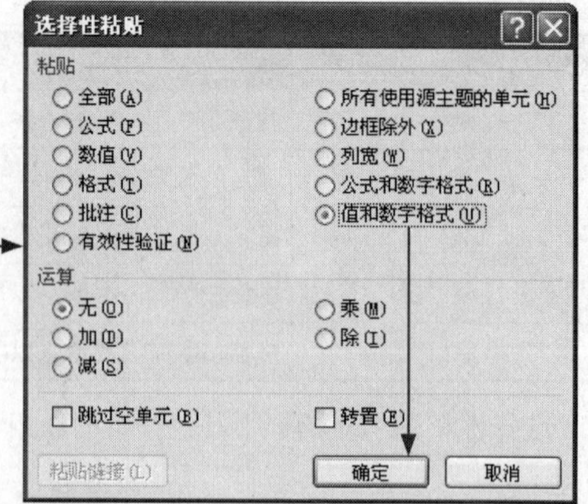

STEP 03 返回工作表中，可以看到该区域的公式已经转换为固定的数字格式。

人所得税计算表		
扣税工资	计税工资	个人所得税
1600	3400	385
1600	5400	705
1600	7400	1105
1600	19400	3505

Lesson 06 数据的行列转置

有时，当用户建立好一个表格后，会发现其行、列的结构不是很合理。要将行和列转置过来，就可以使用本例介绍的方法来完成。如下图所示为数据行和列转置前后的效果。

	A	B	C	D	E	F	G	H
1	年份	2004	2005	2006	2007	2008	2009	2010
2	销售量（吨）	124	120	125	137	110	129	150
3								
4								
5								
6								
7								
8								
9								
10								
11								
12								

	A	B	C	D	E	F	G
1	年份	2004	2005	2006	2007	2008	20
2	销售量（吨）	124	120	125	137	110	1
3							
4							
5	年份	销售量（吨）					
6	2004	124					
7	2005	120					
8	2006	125					
9	2007	137					
10	2008	110					
11	2009	129					
12	2010	150					

STEP 01 打开光盘\实例文件\第 11 章\原始文件\转换行列 .xlsx 工作簿。选中 A1:I2 单元格区域，单击“剪贴板”组中的“复制”按钮，然后选中 A5 单元格。注意，复制与粘贴区域不能重叠。

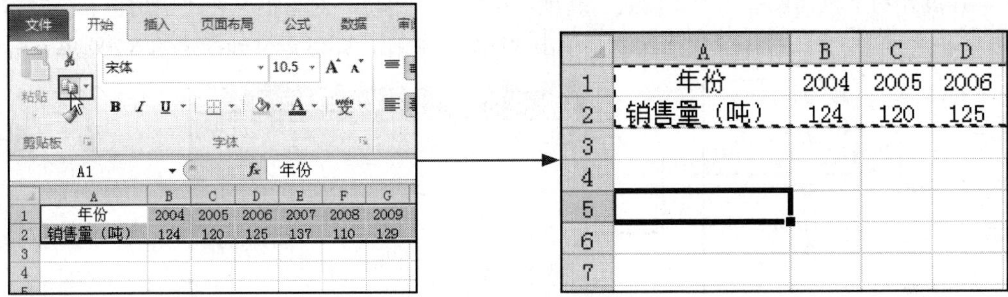

STEP 02 单击“粘贴”下三角按钮，在展开的下拉列表中选择“选择性粘贴”选项，弹出“选择性粘贴”对话框，勾选“转置”复选框，再单击“确定”按钮。

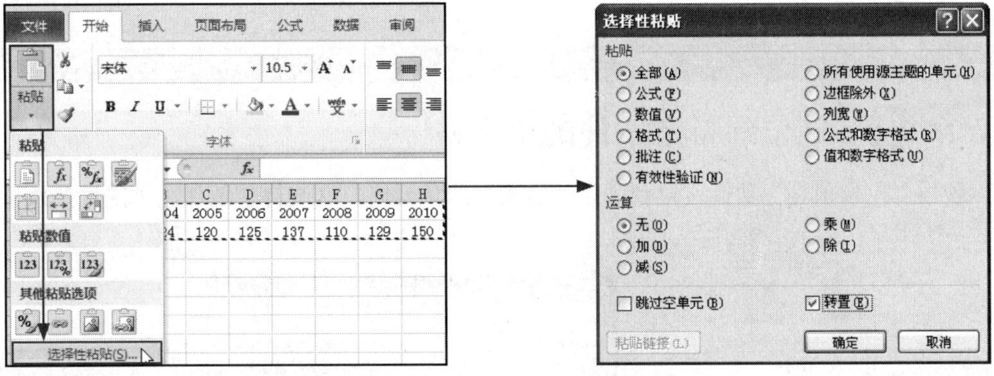

STEP 03 返回工作表中，可以看到原数据区域的行与列已经交换位置，显示在以 A5 单元格为左上角的区域中，将 B 列单元格调整到适合内容的宽度，就完成了本例的制作。

	A	B	C	D
1	年份	2004	2005	2006
2	销售量（吨）	124	120	125
3				
4				
5	年份	销售量（吨）		
6	2004	124		
7	2005	120		
8	2006	125		
9	2007	137		
10	2008	110		
11	2009	129		
12	2010	150		

Study 04 数据的快速定位

Work 1. 转到指定单元格　　Work 2. 定位到特定条件的单元格

定位是一种直接根据单元格的地址或名称，不用鼠标进行连续查找以确定当前活动单元格或单元格区域的一种操作。在 Excel 2010 中，用户可以使用“定位”与“定位条件”对话框快速定位到指定单元格或包含特定格式的单元格。

Work 1 转到指定单元格

在第 10 章介绍名称时提到了使用名称框可以快速定位到指定单元格，本节则介绍另一种快速转到指定单元格的方法：通过“定位”对话框。在 Excel 工作表中，单击“查找和选择”下三角按钮，在展开的下拉列表中选择“转到”选项，可弹出“定位”对话框；在“引用位置”文本框中输入引用的单元格位置，如输入“X200”，单击“确定”按钮，即可定位到指定的 X200 单元格中。

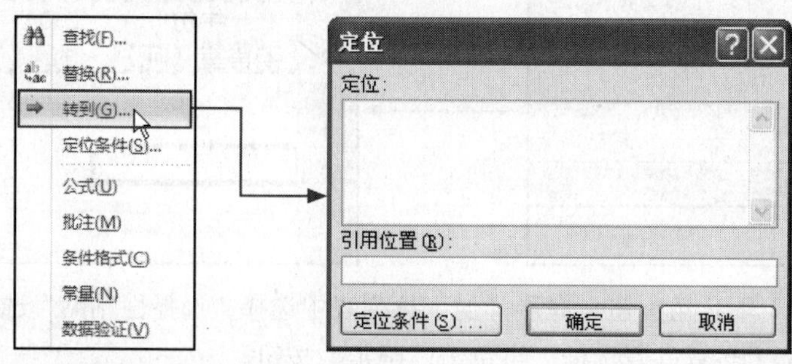

① 选择“转到”选项　　② “定位”对话框

Work 2 定位到特定条件的单元格

可以使用“定位条件”功能定位到满足特定条件的单元格，这些特定条件在“定位条件”对话框中显示了出来，如下图所示。

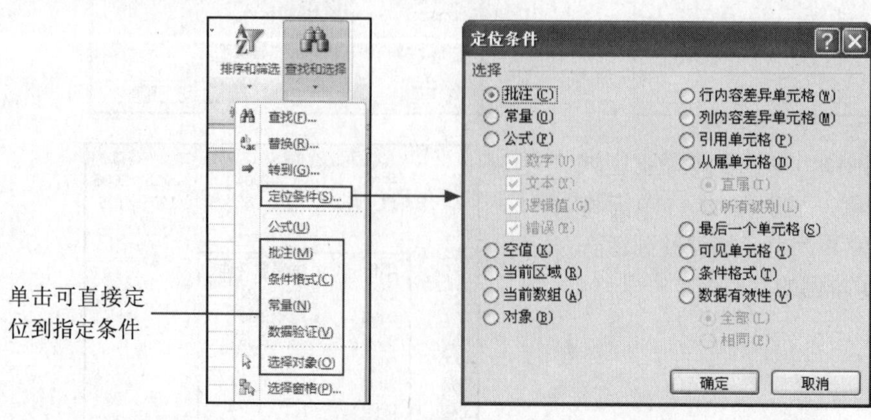

① 使用定位条件功能　　② 打开“定位条件”对话框

“定位条件”对话框中的每个选择按钮的作用如表 11-5 所示。

表 11-5 “定位条件”对话框中各按钮的作用

名　称	作　用
批注	选中含有批注的所有单元格
常量	选中其中的数值不是以等号打头的所有单元格
公式	依据以下 4 个复选框的选择，选中包含公式的所有单元格
数字	选中含有数字的单元格
文本	选中含有文字的单元格
逻辑值	选中含有生成逻辑值“真”和“假”的公式的单元格
错误	选中含有产生错误值的公式的单元格
空值	选中全部空白单元格
当前区域	选中活动单元格周围的矩形单元格区域，选中的区域由空白行与空白列的任意组合所界定
当前数组	如果有的话，选中活动单元格所属的整个数组
对象	选中包含按钮和文本框的所有图形对象
行内容差异单元格	在每一行里，选中其内容与比较单元格不同的那些单元格。对每一行来说，比较单元格位于活动单元格所在的同一行
列内容差异单元格	在每一列里，选中那些单元格，其内容与比较单元格不同。对每一列来说，比较单元格位于活动单元格所在的同一列
引用单元格	选中活动单元格中公式所引用的那些单元格
从属单元格	选中其公式引用了活动单元格的那些单元格
直属	只选中其公式直接引用了活动单元格的那些单元格
所有级别	选中其公式直接或间接地引用了活动单元格的那些单元格。在一个复杂的工作表中，选定从属于某个特殊单元格的整个单元格区域时，此条件有用
最后一个单元格	在工作表或宏表中，选中包含数据或格式的最后一个单元格
可见单元格	在一个工作表上选中一些可见单元格，使得所做的改变只影响可见单元格，而不影响诸如分级显示隐藏的行或列
条件格式	选中所有使用条件格式的单元格
数据有效性	仅查找应用了数据有效性规则的单元格
全部	可查找所有应用了数据有效性的单元格
相同	可查找数据有效性与当前选择的单元格相同的单元格

Lesson 07 定位条件的使用

Office 2010 · 电脑办公从入门到精通

在使用 Excel 2010 时，可能会要将一些单元格设置相同的格式或向一些空白单元格写入相同的内容。本例将介绍如何使用定位条件实现上述功能，如下图所示。

a		a	a
a	a	a	
	a		a
a	a		
a		a	a
	a		
a	a	a	a
		a	
a	a		
a	a	a	

a	b	a	a
a	a	a	b
b	a	b	a
a	a	b	b
a	b	a	a
b	a	b	b
a	a	a	a
b	b	a	b
a	a	b	b
a	a	a	b

STEP 01 打开光盘\实例文件\第 11 章\原始文件\定位条件的使用 .xlsx 工作簿。选取 B2:E11 单元格区域，单击“编辑”组中的“查找和选择”下三角按钮，在展开的下拉列表中选择“定位条件”选项。

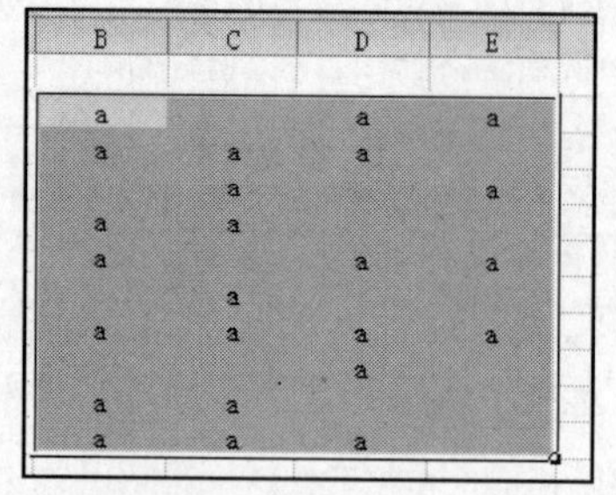

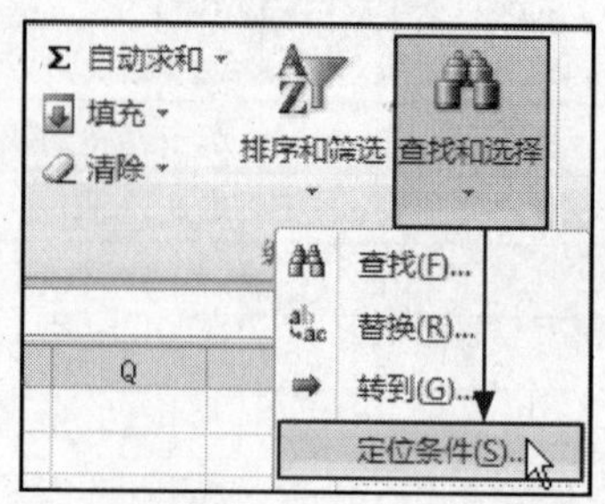

STEP 02 打开“定位条件”对话框，选中“常量”单选按钮，然后单击“确定”按钮。返回工作表中，可以看到所选中的单元格区域中含有常量的所有单元格被选中。

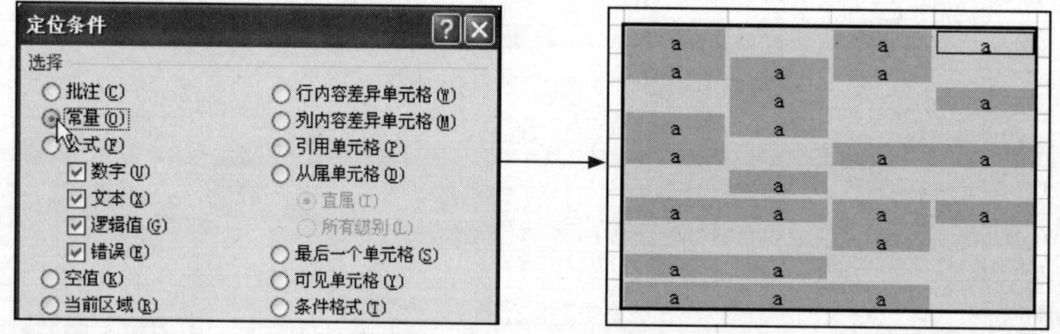

STEP 03 此时就可以对所有包含常量的单元格统一设置格式了。单击“字体”组中的“加粗”按钮，再单击“字体颜色”下三角按钮，在展开的下拉列表中选择“浅蓝”选项，则常量 a 将加粗且浅蓝显示，如下图所示。

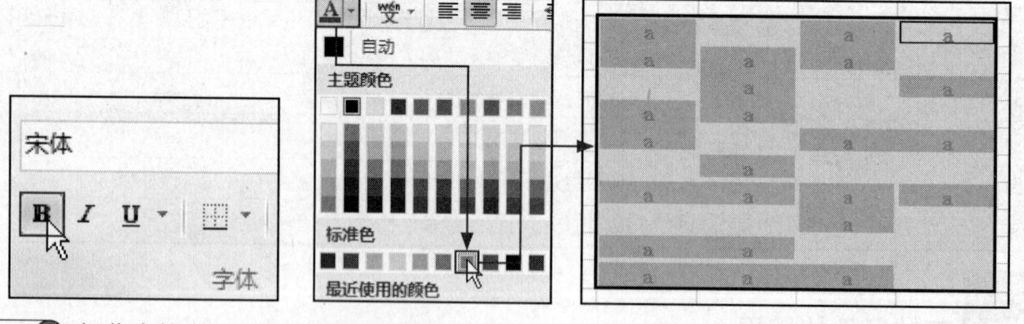

STEP 04 操作完毕后，再次选中 B2:E11 单元格区域，然后单击“查找和选择”下三角按钮，在展开的下拉列表中选择“定位条件”选项。

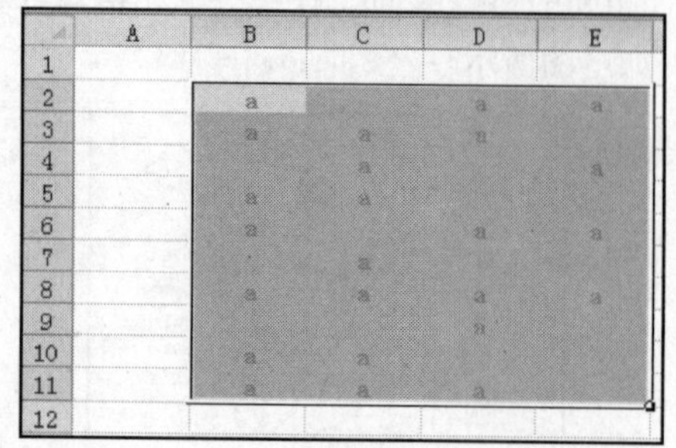

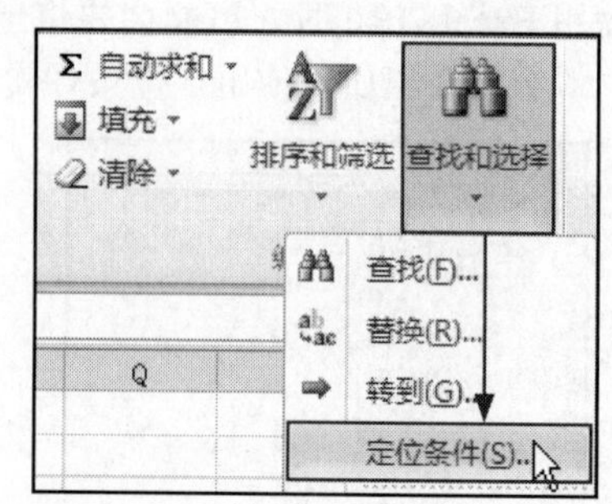

STEP 05 弹出“定位条件”对话框，这次选中“空值”单选按钮，然后单击“确定”按钮，将B2:E11单元格区域中的所有空白单元格选中。

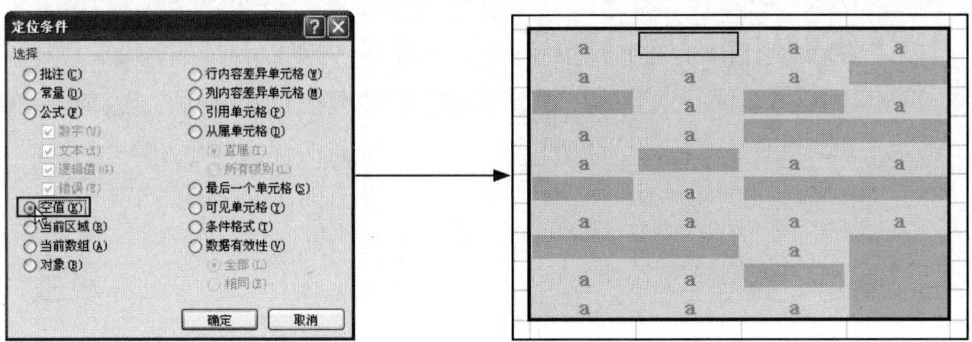

STEP 06 使用键盘直接输入字母b，然后按Ctrl+Enter快捷键，则所有空白单元格都会输入刚才的字符b。

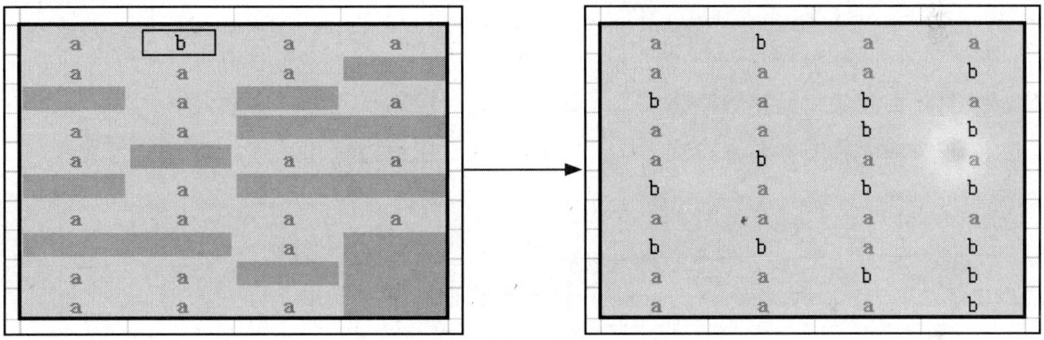

读书笔记

Chapter 12

随心所欲的设置单元格格式

Office 2010 电脑办公从入门到精通

本章重点知识

Study 01 自定义单元格数字格式

Study 02 单元格文本对齐方式

Study 03 控制单元格内文本大小

Study 04 应用边框和底纹

本章视频路径

CD

Sklye饮料公司销售表					
业务员	月份	产品	单价	数量	销售额
杨 欣	9	沁心柠檬茶	20	5	100
谢 菲	9	沁心冰爽茶	15	3	45
冯国刚	9	开心茶点	12	2	24
刘心怡	9	玫瑰奶茶	25	3	75
李梨爽	9	爱尔兰咖啡	30	3	90
钱 睿	9	开心茶点	12	1	12

A	B	C	D	E	F	G	H	I	J	K
项目		10.28	10.29			10.30			10.31	
		星期二	星期三			星期四			星期五	
		晚上	上午	下午	晚上	上午	下午	晚上	上午	晚上
篮 球	男			☆	☆		☆	☆	☆	
	女			☆	☆		☆	☆		
田 径			☆	☆		☆	☆		★	★
毽球花毽			☆	☆	☆	☆	☆	☆		
乒乓球		开幕式	☆	☆		☆	☆			
摔跤			☆		☆	☆		☆		
钓 鱼			☆	☆		☆	☆			
中国象棋			☆	☆		☆	☆		☆	闭幕式
武 术			☆	☆	☆					
舞龙舞狮			☆	☆	☆	☆	☆	☆		
龙 舟			☆	☆						

Chapter 12\Study 01\

- Lesson 01 使用@自动添加文本.swf
- Lesson 02 在自定义格式中使用颜色与条件格式.swf

Chapter 12\Study 02\

- Lesson 03 设置产品销售表文本对齐方式.swf

Chapter 12\Study 03\

- Lesson 04 单元格内的文字灵活换行.swf
- Lesson 05 合并单元格时同时保留所有数值.swf

Chapter 12\Study 04\

- Lesson 06 为日程表添加边框样式.swf
- Lesson 07 斜线表头的制作.swf

Chapter 12 随心所欲的设置单元格格式

在本章中读者需要了解 Excel 2010 的格式设置功能，包括自定义单元格数据格式、应用单元格文本对齐方式、控制单元格内文本大小以及边框和底纹的设置方法。因为 Excel 是专业的电子表格软件，所以在录入数据后就需要对表格中的数字设置格式，并控制数字或文本在单元格内的大小。

Study 01 自定义单元格数字格式

除了第 11 章介绍的 Excel 中预设的内置数字格式（千位分隔符负数的显示格式）外，Excel 还提供自定义单元格数字格式的功能，如强调显示某些重要数据或信息、设置显示条件等，本节介绍如何使用自定义格式功能来完成这些设置。

Excel 的自定义格式使用的通用模型包括：正数格式、负数格式、零格式、文本格式。在这个通用模型中，包含 3 个数字段和一个文本段。大于零的数据使用正数格式；小于零的数据使用负数格式；等于零的数据使用零格式；输入单元格的正文使用文本格式。另外，还可以通过使用条件测试、添加描述文本和使用颜色来扩展自定义格式通用模型的应用。

Excel 2010 提供的内置数字格式所用的符号、含义及举例，如表 12-1 所示。

表 12-1 内置数字格式所用的符号、含义与举例

符　号	含　义	举　例
G/ 通用格式	以常规的数字显示，相当于“分类”列表框中的“常规”选项	代码：G/ 通用格式， 10 显示为 10；10.1 显示为 10.1
#	数字占位符。只显示有意义的零而不显示无意义的零。小数点后数字如大于 # 的数量，则按 # 的位数四舍五入	代码：###.##， 12.1 显示为 12.10；12.1263 显示为 12.13
0	数字占位符。如果单元格的内容大于占位符，则显示实际数字；如果小于占位符的数量，则用 0 补足	代码：00.000， 100.14 显示为 100.140；1.1 显示为 01.100
*	重复下一次字符，直到填充满列宽	代码：@*-，ABC 显示为 ABC-------------------
@	文本占位符，如果只使用单个 @，作用是引用原始文本；@ 符号的位置决定了 Excel 输入的数字数据相对于添加文本的位置；如果使用多个 @，则可以重复文本	代码：；；；“集团”@“部”，财务 显示为集团财务部 代码：；；；@@@，财务 显示为财务财务财务
\	显示下一个字符	代码：\人民币 #,##0,,\百万，输入 1234567890 显示为人民币 1,235 百万
?	数字占位符。在小数点两边为无意义的零添加空格，以便当按固定宽度时，小数点可对齐	分别设置单元格格式为“??.??”和“???.???”，对齐结果：输入 12.1212，显示 12.12　12.121
,	千位分隔符	代码：#,###，12000 显示为 12,000

（续表）

符 号	含 义	举 例
!	显示 "。由于引号是代码常用的符号。要想显示出来，需在引号前加入！	代 码：#!"，10 显 示 为 10"； 代 码：#!"!"，10 显示为 10"
颜色	用指定的颜色显示字符。有 8 种可选颜色：红色、黑色、黄色、绿色、白色、蓝色、青色和洋红[颜色 n]：调用调色板中的颜色，n 是 0 ～ 56 之间的整数	代码：[青色];[红色];[黄色];[蓝色]，显示结果：正数为青色，负数为红色，零显示黄色，文本则显示为蓝色
条件	可以对单元格内容判断之后再设置格式。条件格式化只限于使用 3 个条件，其中两个条件是明确的。条件要放到方括号中，必须进行简单的比较	代 码：[＞ 0]" 正 数 "；[=0]" 零 "；[<0] " 负数 "，显示结果：单元格数值大于零显示正数，等于 0 显示零，小于零显示负数
时间和日期代码	YYYY 或 YY，按四位（1900 ～ 9999）或两位（00 ～ 99）显示年；MM 或 M：以两位（01 ～ 12）或一位（1 ～ 12）表示月；DD 或 D 以两位（01 ～ 31）或一位（1 ～ 31）来表示天	代码：YYYY-MM-DD，输入 2005 年 1 月 10 日，显示为 2005-01-10 代码：YY-M-D，显示为 05-1-10

Lesson 01 使用 @ 自动添加文本

Office 2010 · 电脑办公从入门到精通

要在输入数字数据之后自动添加文本，需要使用自定义格式：" 文本内容 " @；要在输入数字数据之前自动添加文本，则使用自定义格式：@ " 文本内容 "。@ 符号的位置决定了 Excel 输入的数字数据相对于添加文本的位置。

STEP 01 打开光盘\实例文件\第 12 章\原始文件\自动添加文本 .xlsx 工作簿。选中 A2 单元格，单击“数字”组中的对话框启动器按钮，在“数字”选项卡下的“分类”列表框中选择“自定义”选项，选择任意一个已有的格式，在“类型”文本框中输入“" 初二（2）班 "@”，设置完毕后，单击“确定”按钮。注意：自定义格式不能直接创建，需通过修改 Excel 内置的格式来创建。

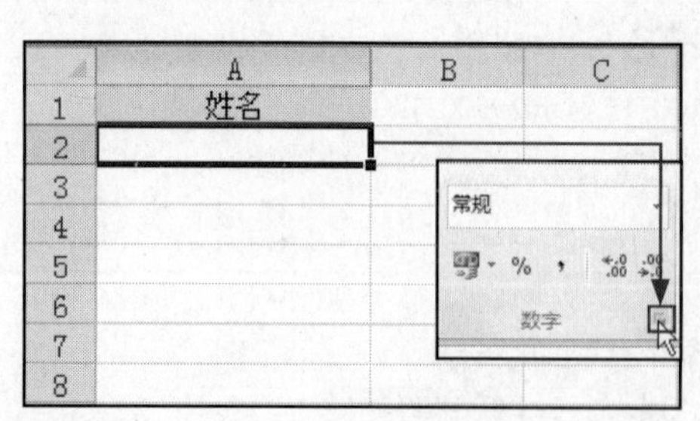

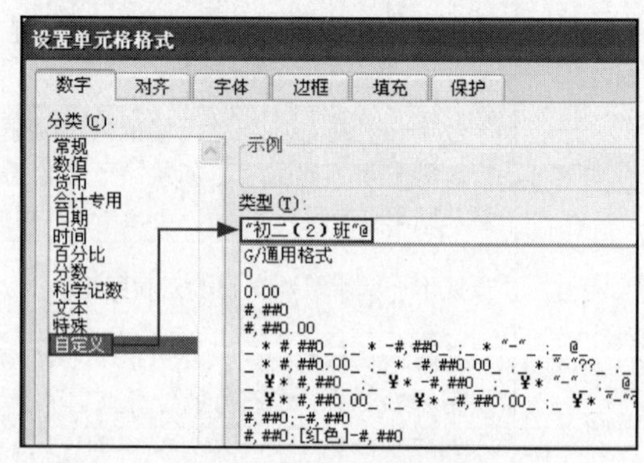

STEP 02 在有自定义格式的单元格中输入文本“周强”，然后按 Enter 键，则该单元格自动在输入文本之前添加“初二（2）班”。

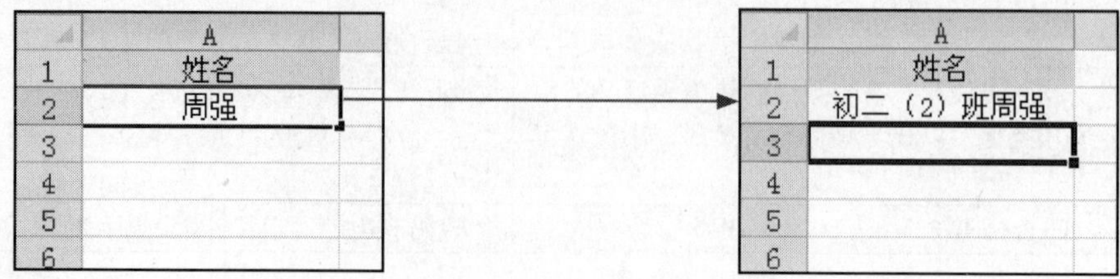

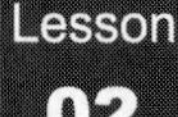

在自定义格式中使用颜色与条件格式

要在自定义格式的某个段中设置颜色，只需在该段中增加用方括号括住的颜色名或颜色编号。Excel 识别的颜色名称：[黑色]、[红色]、[白色]、[蓝色]、[绿色]、[青色] 和 [洋红]。Excel 也识别按 [颜色 n] 指定的颜色，其中 n 是 1~56 之间的数字，代表 56 种颜色。创建条件格式可以使用 6 种逻辑符号：>（大于）、> =（大于等于）、<（小于）、<=（小于等于）、=（等于）、< >（不等于）。接下来在一张学生成绩表中，用自定义数字格式的形式以红色显示小于 60 分的成绩，以黄色显示等于 60 分的成绩。

STEP 01 打开光盘 \ 实例文件 \ 第 12 章 \ 原始文件 \ 在自定义格式中使用颜色与条件格式 .xlsx。选中单元格区域 B2:B9，然后在“开始”选项卡下单击“数字”组中的对话框启动器。

	A	B
1	姓名	成绩
2	周强	95
3	李磊	66
4	叶佳	52
5	周贝贝	78
6	杨阳	98
7	曹林飞	83
8	刘心怡	60
9	张果灵	59
10		
11		

STEP 02 在“数字”选项卡下选择“分类”列表框中的“自定义”选项，在“类型”文本框中输入“[红色][<60] ; [黄色][=60] ; [黑色]”，接着单击“确定”按钮，则学生成绩按照设置的自定义格式以红色显示小于 60 分的成绩，以黄色显示等于 60 分的成绩，其余的成绩以黑色表示。

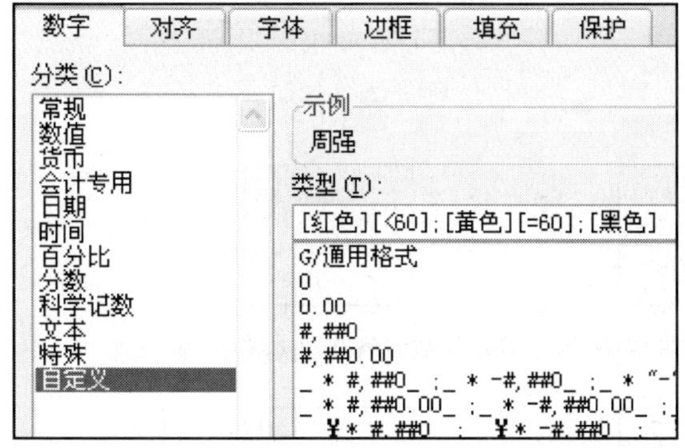

	A	B
1	姓名	成绩
2	周强	95
3	李磊	66
4	叶佳	52
5	周贝贝	78
6	杨阳	98
7	曹林飞	83
8	刘心怡	60
9	张果灵	59

Tip 隐藏单元格中数值

另外，还可以运用自定义格式来达到隐藏输入数据的目的，格式“;;;”则隐藏所有的输入值。自定义格式只改变数据的显示外观，并不改变数据的值，也就是说不影响数据的计算。灵活运用好自定义格式功能，将会给实际工作带来很大的方便。

Tip 删除自定义数字格式

在“类型”列表框中选择一种内置数字格式时，Excel 将创建该数字格式的可自定义副本。“类型”列表框中的原始数字格式是不能更改或删除的，用户只能更改或删除自定义的数字格式。

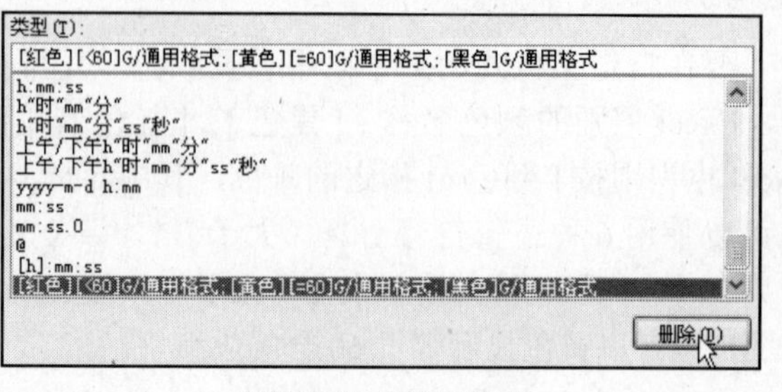

删除自定义数字格式

Study 02 单元格文本对齐方式

- Work 1、对齐按钮的使用
- Work 2、“文本对齐方式”选项组的使用

为了使工作表中文本的显示更加美观，用户可以设置单元格文本的对齐方式。本节将介绍如何通过功能区中的对齐按钮和“文本对齐方式”选项组中的选项两种方式来对齐文本。

Work 1 对齐按钮的使用

用户可以使用“对齐方式”组中的对齐按钮设置单元格内文本的对齐方式。在“对齐方式”组中，可以选择的文本对齐方式包括顶端对齐、垂直居中、底端对齐、文本左对齐、居中、文本右对齐。

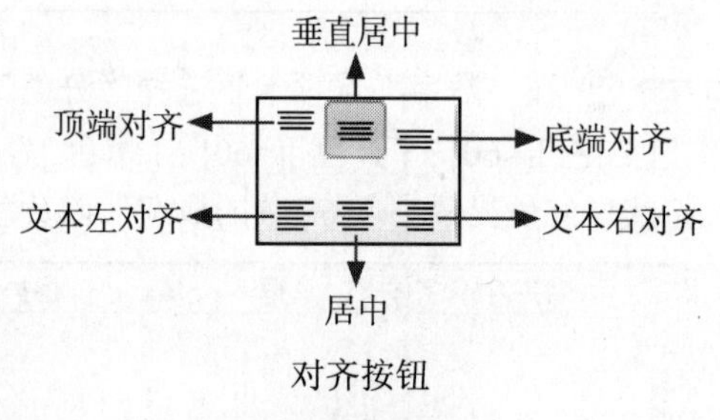

对齐按钮

打开任意一个 Excel 工作簿，默认情况下文本的对齐方式为垂直居中，输入的文本左对齐显示。

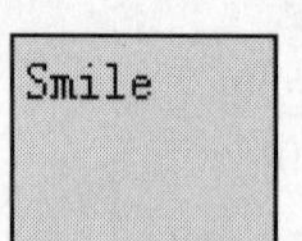

① 顶端对齐 + 文本左对齐

Smile

② 顶端对齐 + 居中

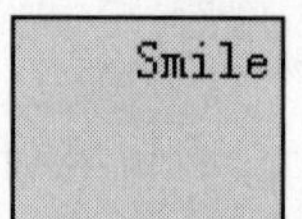

③ 顶端对齐 + 文本右对齐

Smile

④ 垂直居中 + 文本左对齐

Smile

⑤ 垂直居中 + 居中

Smile

⑥ 垂直居中 + 文本右对齐

Smile

⑦ 底端对齐 + 文本左对齐

Smile

⑧ 底端对齐 + 居中

Smile

⑨ 底端对齐 + 文本右对齐

Study 02 单元格文本对齐方式

Work 2 "文本对齐方式"选项组的使用

除了使用"对齐方式"组的对齐按钮设置文本对齐方式外，在"设置单元格格式"对话框的"对齐"选项卡下也可以设置文本对齐方式。这里的对齐方式包括水平对齐和垂直对齐两种。

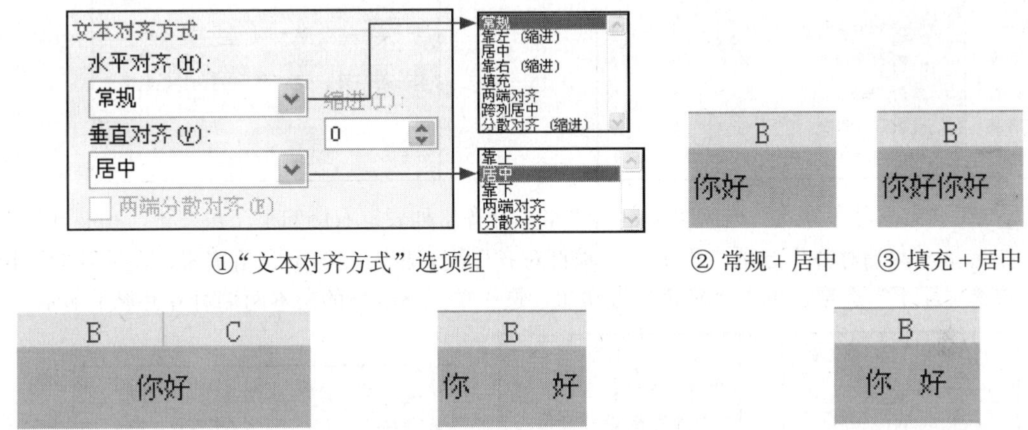

①"文本对齐方式"选项组　② 常规+居中　③ 填充+居中

④ 跨列居中+居中　⑤ 分散对齐（缩进）+居中/分散对齐　⑥ 分散对齐+居中+两端分散对齐

Lesson 03 设置产品销售表文本对齐方式

Office 2010 · 电脑办公从入门到精通

为了使工作表中的文本显示更加美观和富有层次性，在输入文本后，可以设置文本的水平和垂直对齐方式。本例将介绍文本对齐方式的使用，如下图所示为对齐前后的文档效果。

Sklye饮料公司销售表					
业务员	月份	产品	单价	数量	销售额
杨欣	9	沁心柠檬茶	20	5	100
谢菲	9	沁心冰爽茶	15	3	45
冯国刚	9	开心茶点	12	2	24
刘心怡	9	玫瑰奶茶	25	3	75
李梨爽	9	爱尔兰咖啡	30	3	90
钱睿	9	开心茶点	12	1	12

Sklye饮料公司销售表					
业务员	月份	产品	单价	数量	销售额
杨 欣	9	沁心柠檬茶	20	5	100
谢 菲	9	沁心冰爽茶	15	3	45
冯 国 刚	9	开心茶点	12	2	24
刘 心 怡	9	玫瑰奶茶	25	3	75
李 梨 爽	9	爱尔兰咖啡	30	3	90
钱 睿	9	开心茶点	12	1	12

STEP 01 打开光盘\实例文件\第12章\原始文件\产品销售表文本对齐方式的设置.xlsx工作簿。选中A1单元格，然后单击"对齐方式"组中的"居中"按钮，将文本居中显示，如下图所示。

A	B	C	D	E	F
Sklye饮料公司销售表					
业务员	月份	产品	单价	数量	销售额
杨欣	9	沁心柠檬茶	20	5	100
谢菲	9	沁心冰爽茶	15	3	45
冯国刚	9	开心茶点	12	2	24
刘心怡	9	玫瑰奶茶	25	3	75
李梨爽	9	爱尔兰咖啡	30	3	90
钱睿	9	开心茶点	12	1	12

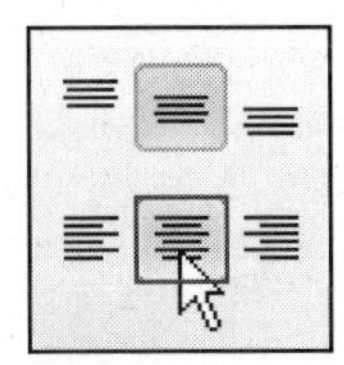

Sklye饮料公司销售表					
业务员	月份	产品	单价	数量	销售额
杨欣	9	沁心柠檬茶	20	5	100
谢菲	9	沁心冰爽茶	15	3	45
冯国刚	9	开心茶点	12	2	24
刘心怡	9	玫瑰奶茶	25	3	75
李梨爽	9	爱尔兰咖啡	30	3	90
钱睿	9	开心茶点	12	1	12

STEP 02 按住 Ctrl 键的同时选中 A2:F2 与 B3:F8 单元格区域，单击“对齐方式”组中的对话框启动器。

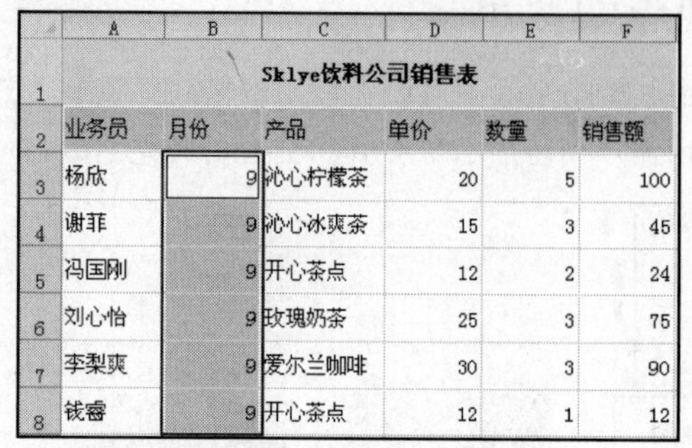

	A	B	C	D	E	F
1	Sklye饮料公司销售表					
2	业务员	月份	产品	单价	数量	销售额
3	杨欣	9	沁心柠檬茶	20	5	100
4	谢菲	9	沁心冰爽茶	15	3	45
5	冯国刚	9	开心茶点	12	2	24
6	刘心怡	9	玫瑰奶茶	25	3	75
7	李梨爽	9	爱尔兰咖啡	30	3	90
8	钱睿	9	开心茶点	12	1	12

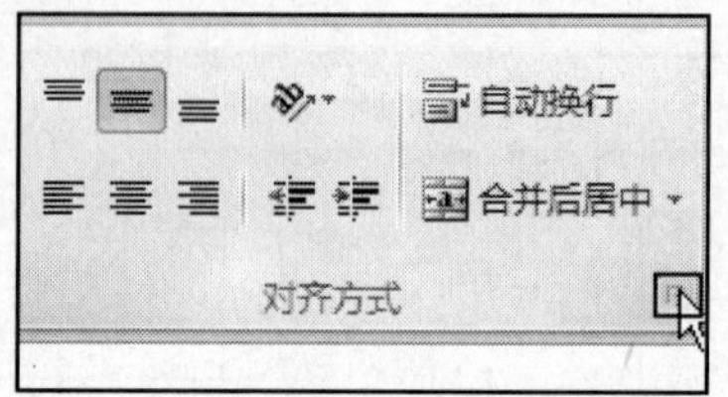

STEP 03 在“文本对齐方式”选项组中单击“水平对齐”列表框右侧的下三角按钮，在展开的下拉列表中选择“两端对齐”选项。再单击“垂直对齐”列表框右侧的下三角按钮，在展开的下拉列表中选择“靠下”选项，单击“确定”按钮后，选中单元格区域的文本两端对齐并靠下显示。

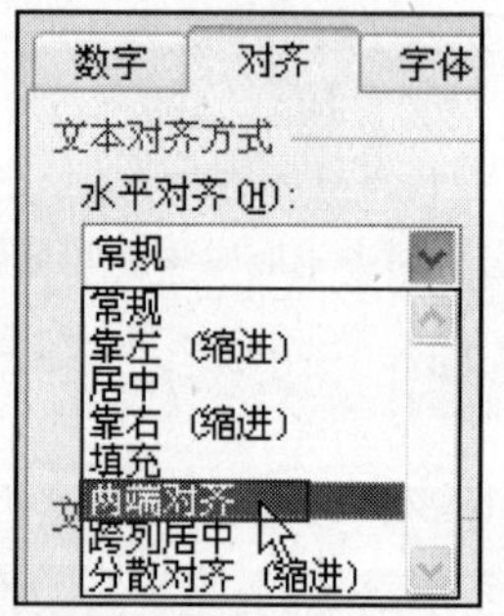

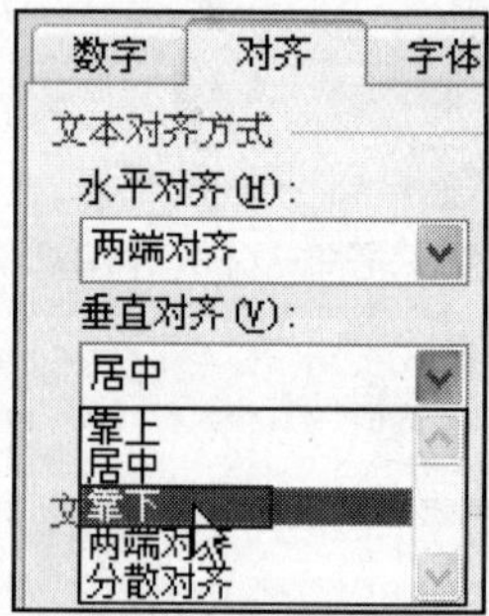

2	业务员	月份	产品	单价
3	杨欣	9	沁心柠檬茶	20
4	谢菲	9	沁心冰爽茶	15
5	冯国刚	9	开心茶点	12
6	刘心怡	9	玫瑰奶茶	25
7	李梨爽	9	爱尔兰咖啡	30
8	钱睿	9	开心茶点	12

STEP 04 选中单元格区域 A3:A8，然后再次单击“对齐方式”组中的对话框启动器。

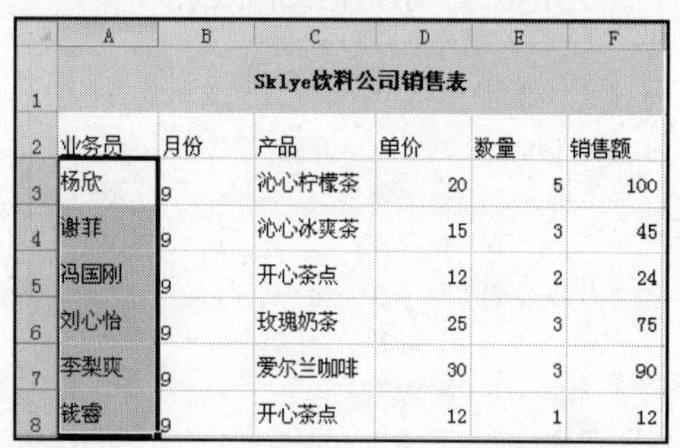

	A	B	C	D	E	F
1	Sklye饮料公司销售表					
2	业务员	月份	产品	单价	数量	销售额
3	杨欣	9	沁心柠檬茶	20	5	100
4	谢菲	9	沁心冰爽茶	15	3	45
5	冯国刚	9	开心茶点	12	2	24
6	刘心怡	9	玫瑰奶茶	25	3	75
7	李梨爽	9	爱尔兰咖啡	30	3	90
8	钱睿	9	开心茶点	12	1	12

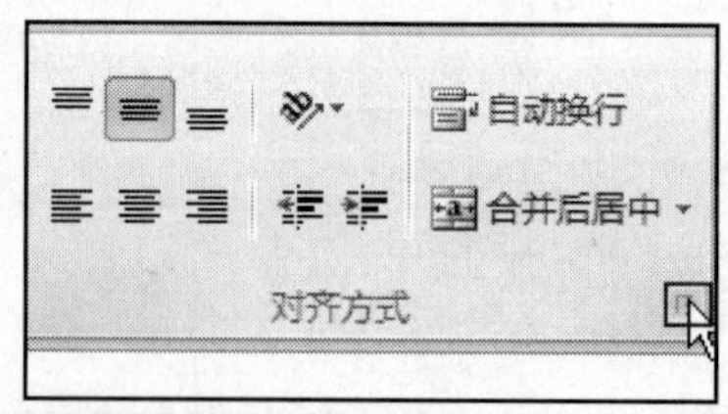

STEP 05 在“文本对齐方式”选项组中单击“水平对齐”列表框右侧的下三角按钮，在展开的下拉列表中选择“分散对齐（缩进）”选项，接着勾选“两端分散对齐”复选框，最后单击“确定”按钮。

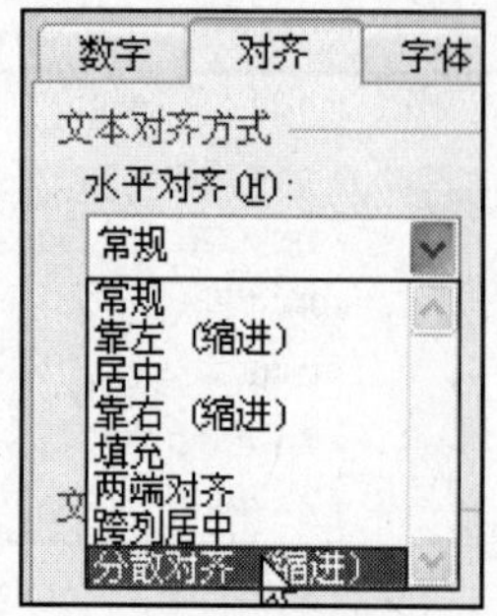

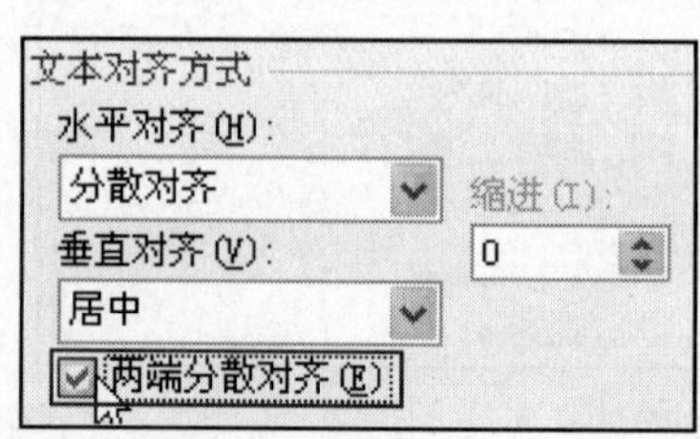

STEP 06 返回工作表中，可以看到业务员姓名已经应用了两端分散对齐的格式。

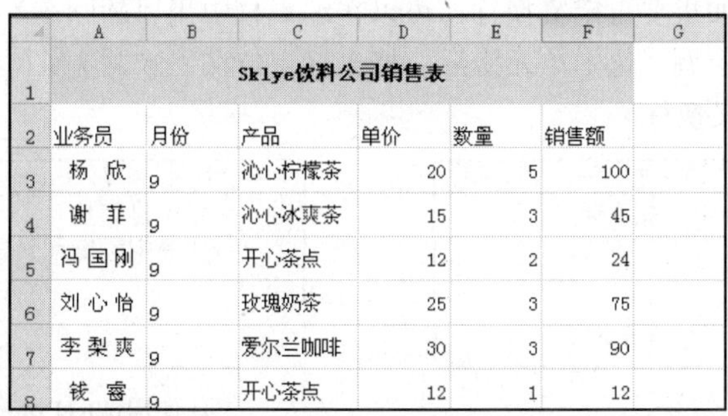

	A	B	C	D	E	F	G
1	Sklye饮料公司销售表						
2	业务员	月份	产品	单价	数量	销售额	
3	杨 欣	9	沁心柠檬茶	20	5	100	
4	谢 菲	9	沁心冰爽茶	15	3	45	
5	冯国刚	9	开心茶点	12	2	24	
6	刘心怡	9	玫瑰奶茶	25	3	75	
7	李梨爽	9	爱尔兰咖啡	30	3	90	
8	钱 睿	9	开心茶点	12	1	12	

Study 03 控制单元格内文本大小

- Work 1. 方便的自动换行功能
- Work 2. 缩小字体填充的使用方法
- Work 3. 单元格的合并

如果在单元格中输入了很多字符，Excel会因为单元格的宽度不够而不在工作表上显示多出的部分。如果长文本单元格的右侧是空单元格，Excel会继续显示文本的其他内容，直到全部内容都被显示，或者遇到一个非空单元格而不再显示。本节将介绍使单元格中的内容不因为其他非空单元格的阻挡而完全显示的方法——控制单元格内文本大小。

在“设置单元格格式”对话框中“对齐”选项卡的“文本控制”选项组中，可以设置控制文本显示的3种方式：自动换行、缩小字体填充和合并单元格。

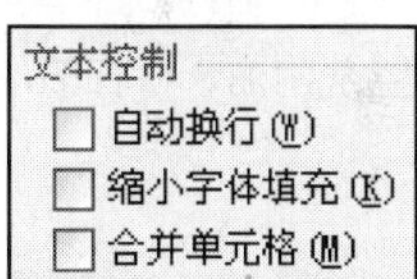

“文本控制”选项组

Work 1 方便的自动换行功能

很多时候用户因受到工作表布局的限制而无法加宽长文本单元格到足够的宽度，但又希望能够完整显示所有文本内容，那么可使用“自动换行”功能解决此类问题。

选中长文本单元格，打开“设置单元格格式”对话框，在“对齐”选项卡中勾选“文本控制”选项组中的“自动换行”复选框，然后单击“确定”按钮。此时，Excel会增加单元格高度，让长文本在单元格中自动换行，以便完整显示。

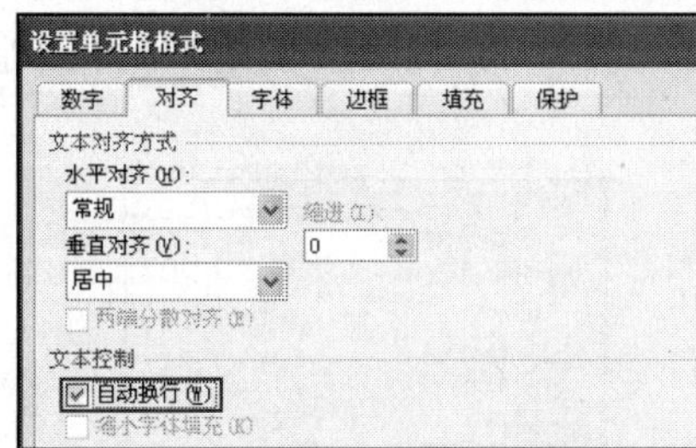

① 勾选“自动换行”复选框

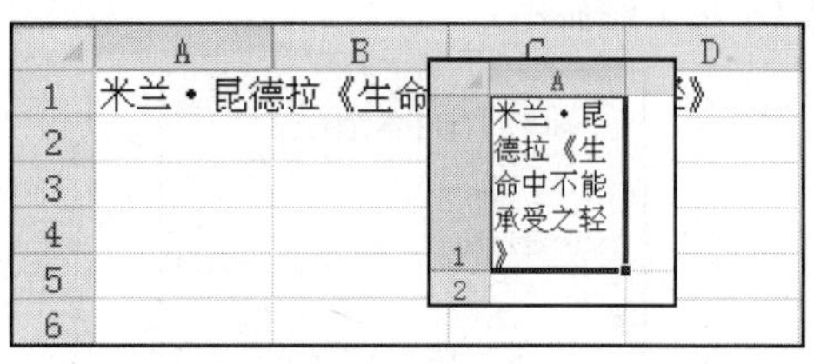

② 原文本与自动换行效果

自动换行能够满足用户在显示方面的基本要求，但做得不够好，因为它不允许用户按照自己希望的方式进行换行。如果要自定义换行，可以在编辑栏中用“软回车”强制单元格中的内容按指定的方式换行。沿用上例，选中单元格后，把光标定位在“米兰·昆德拉”之后并按 Alt+Enter 组合键，就能实现自定义换行。

	A	B	C	D
1	米兰·昆德拉《生命中不能承受之轻》			
2				
3				
4				
5				

③ 插入光标

	A	B	C	D
1	米兰·昆德拉			
2	《生命中不能承受之轻》			
3				
4				
5				

④ 使用 Alt+Enter 组合键强制换行

Tip 隐藏单元格中数值

除了使用“文本控制”选项组中的自动换行功能外，用户还可通过直接单击“开始”选项卡中“对齐方式”组中的“自动换行”按钮实现长文本单元格的自动换行。

Lesson 04 单元格内的文字灵活换行

Office 2010 · 电脑办公从入门到精通

本例介绍单元格内灵活换行的方法，如下图所示为换行前后的文档效果。

	A	B	C	D	E
1	希望是附丽于存在的，有存在，便有希望，便是光明。				
2					
3					
4					

	A
1	希望是附丽于存在的， 有存在， 便有希望， 便是光明。

STEP 01 打开光盘\实例文件\第 12 章\原始文件\单元格内的文字灵活换行 .xlsx 工作簿。双击 A1 单元格，使 A1 单元格处于可编辑状态，将光标插入点置于“存在的，”之后，按 Alt+Enter 组合键，强制从当前位置另起一行。

	A	B	C	D
1	希望是附丽于存在的，有存在，便有希望			
2				
3				
4				
5				

	A	B	C
1	希望是附丽于存在的，		
2	有存在，便有希望，便是光明。		
3			
4			
5			
6			
7			

STEP 02 从当前位置自动换行后，继续重复上面的操作，在其他逗号后换行；换行完毕后，单击工作表中任意位置完成编辑。可以看到，目前虽然完成了自动换行，但是换行的效果由于列宽的原因还是不能显示。

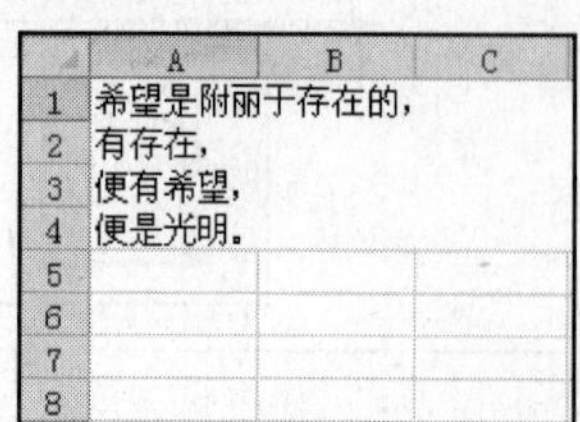

	A	B	C
1	希望是附丽于存在的，		
2	有存在，		
3	便有希望，		
4	便是光明。		
5			
6			
7			
8			

	A	B	C
1	希望是附 丽于存在 的， 有存在， 便有希 望， 便是光明 。		

STEP 03 将光标置于列标 A、B 的中间，待指针变为十字形箭头后，按下鼠标左键，向右拖动，可以看到 A 列的列宽随之增加，调整列宽为 20。

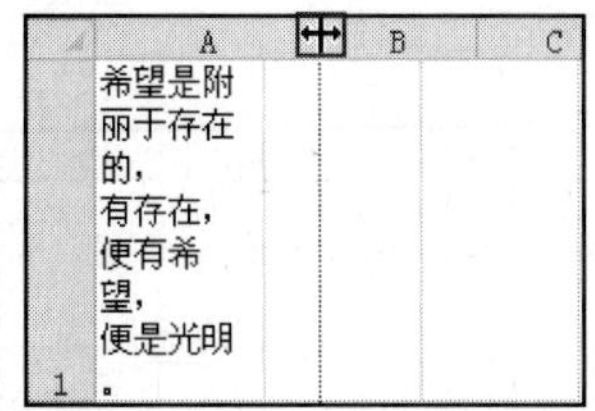

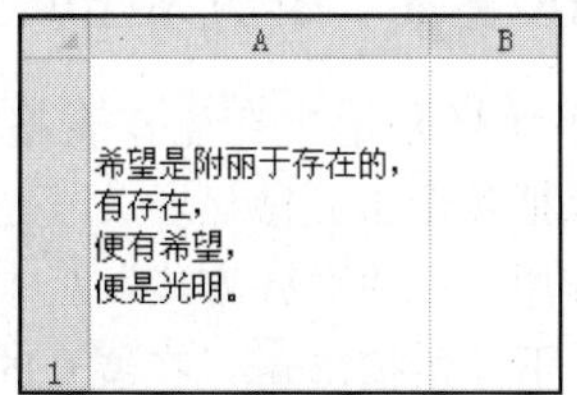

STEP 04 默认情况下，Excel 没有提供设置行间距的功能。如果用户希望在多行显示时设置行间距，可单击“对齐方式”组中的对话框启动器，在“文本对齐方式”选项组中单击“垂直对齐”列表框右侧的下拉按钮，在展开的下三角列表中选择“两端对齐”选项，再单击“确定”按钮，则 A1 单元格可调整为多行的行间距。

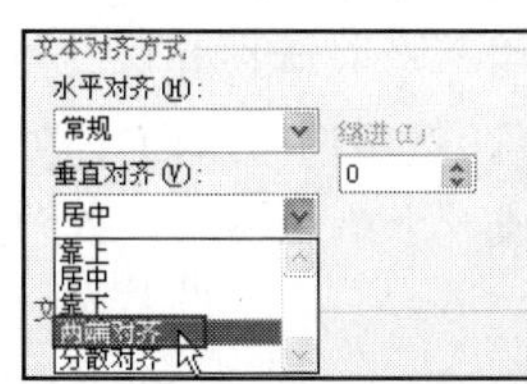

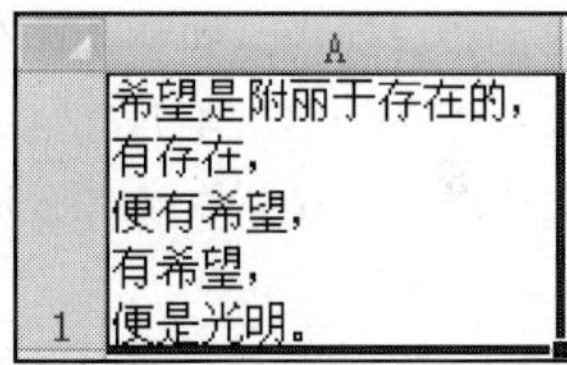

STEP 05 将光标置于行号 1、2 的中间，待指针变为十字形箭头后，按下鼠标左键向下拖动，将行高调整为 90.75。释放鼠标后，可以看到多行设置行间距的显示效果。

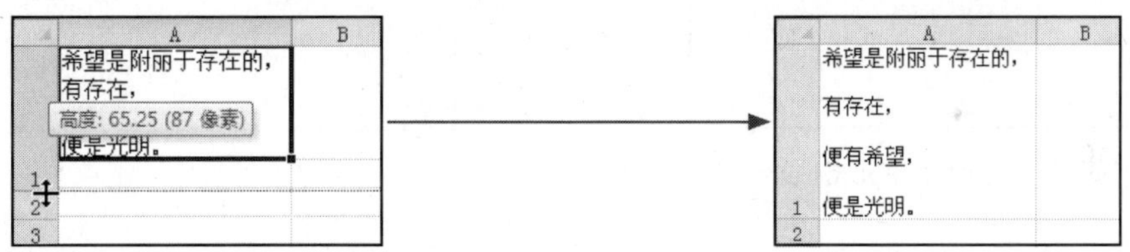

Study 03 控制单元格内文本大小

Work 2 缩小字体填充的使用方法

对于长文本单元格的完整显示，除了可以使用自动换行功能将单元格的行高增加以完全显示单元格内容外，还可以使用缩小字体填充的方法。

选中长文本单元格，打开“设置单元格格式”对话框，在“对齐”选项卡中勾选“文本控制”选项组中的“缩小字体填充”复选框，然后单击“确定”按钮。此时，Excel 会缩小单元格中字体大小显示。注意，由于缩小字体填充的方法只会使字体缩小而不管是否能看清，因此如果单元格中文本过多，则不适合采用这种方法。

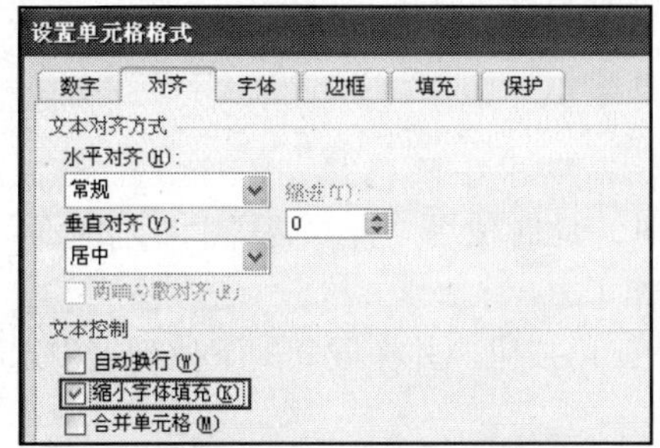

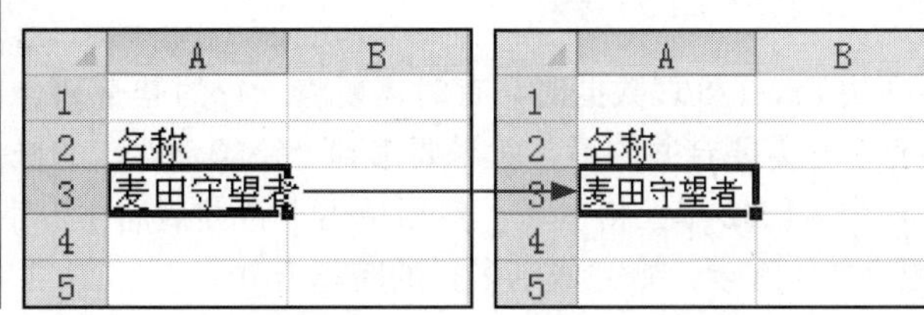

① 勾选“缩小字体填充”复选框　② 原文本显示方式　③ 缩小字体填充的效果

Work 3 单元格的合并

合并单元格是用户在制作表格时常用的命令，它可以把多个单元格显示成一个单元格，起到美化的作用。在“对齐方式”组中，单击“合并后居中”下三角按钮，在展开的下拉列表中可以设置关于单元格合并的 4 个选项：合并后居中、跨越合并、合并单元格和取消单元格合并。

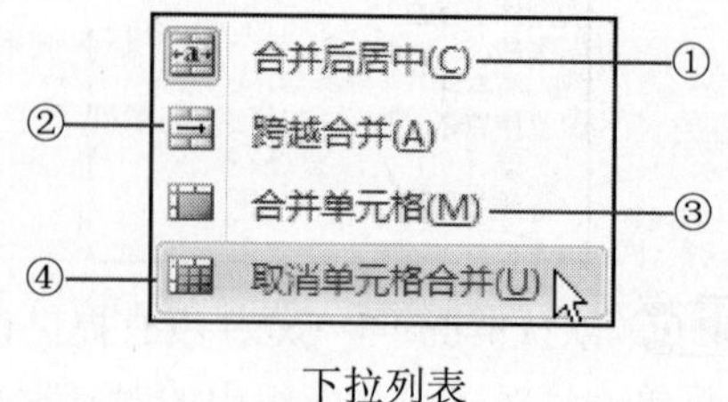

下拉列表

01 合并后居中

所谓合并后居中，即将选中的多个单元格合并后，原单元格内的文本居中显示。如在 A1 单元格内输入“联华书店 1 月销售表”，然后选中 A1:C1 单元格区域，选择“合并后居中>合并后居中”选项后，A1:C1 单元格显示成一个单元格，且 A1 单元格中的内容居中显示在 A1:C1 单元格之间。

	A	B	C
1	联华书店1月销售表		
2			
3			
4			
5			
6			

① 选中 A1:C1 单元格区域

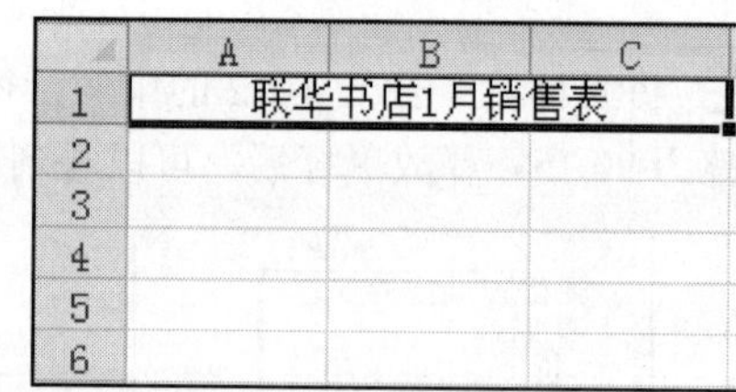

② 合并后居中显示

Tip 合并单元格后保留最左上角的数据

如果选中单元格区域包含多重文本或数值，则使用合并功能后会弹出警告框，提示用户“选定区域包含重数值。合并到一个单元格后只能保留最左上角的数据”，单击“确定”按钮执行操作。

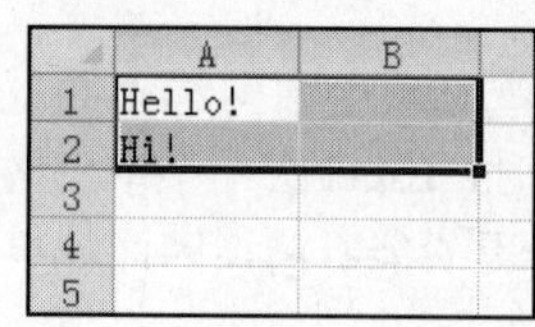

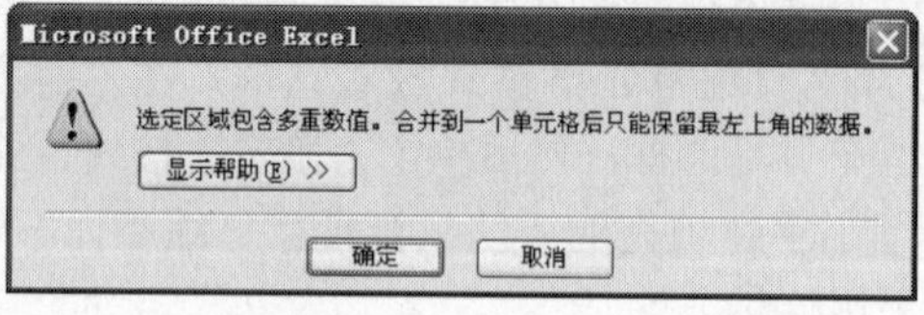

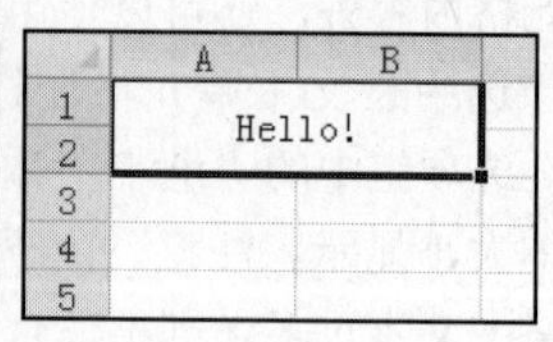

合并包含多重文本或数值的单元格区域

02 跨越合并

在用 Excel 处理数据时，有时需要将一行的若干列合并，此时使用“合并后居中”功能即可。但若有多行需要合并的话，就需要用到“跨越合并”的操作了。

选中 A1:D2 单元格区域，然后单击“合并后居中”下三角按钮，并在展开的下拉列表中选择“跨越合并”选项，则完成了多行的跨越合并。

① 选中 A1:D2 单元格区域　　② 跨越合并显示

03 合并单元格

合并单元格与合并后居中唯一的不同是，合并单元格仅完成单元格合并，单元格内文本的位置不发生改变。

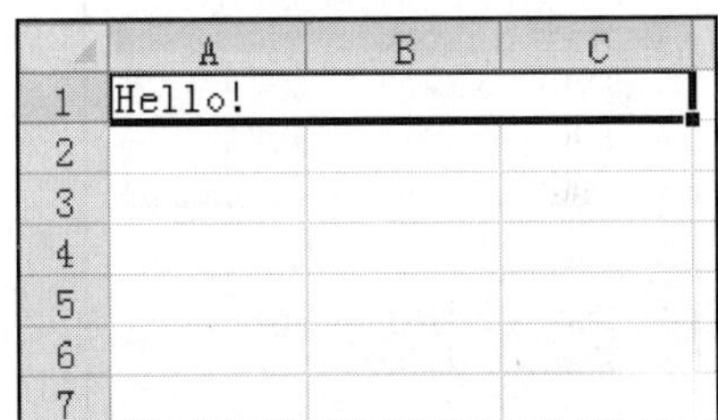

① 选中 A1:C1 单元格区域　　② 合并单元格显示

04 取消单元格合并

取消单元格合并又叫拆分单元格，拆分单元格的方法：选中需要拆分的单元格，然后单击“合并后居中”下三角按钮，在展开的下拉列表中选择“取消单元格合并”选项，则合并后的单元格自动拆分为多个单元格。

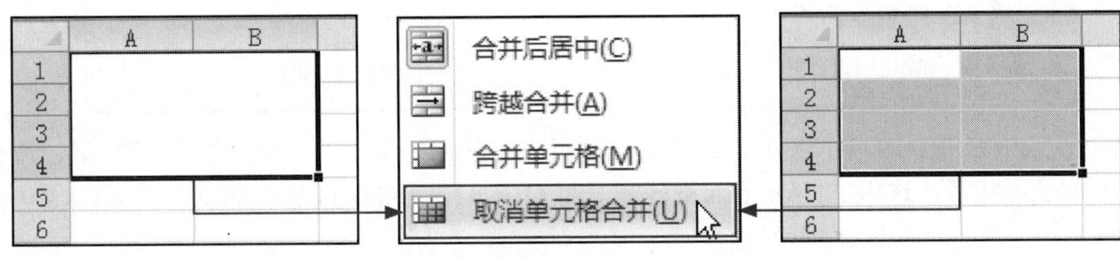

① 选中合并的单元格　　② 选择“取消单元格合并”选项　　③ 取消合并单元格后的效果

Lesson 05 合并单元格的同时保留所有数值

通常情况下，如果把几个含有数据的单元格进行合并，Excel 会提示“选定区域包含多重数值。合并到一个单元格后只能保留最左上角的数据”。这在很多时候会让用户觉得为难，合并会丢失数据，影响数据的计算，而不合并则无法兼顾到美观性。本例介绍的方法可以突破 Excel 的这种局限，在合并单元格的同时保留所有数值，如下图所示。

	A	B	C
1	四川	成都	
2	四川	绵阳	
3	四川	德阳	
4	四川	广元	
5	湖南	长沙	
6	湖南	衡阳	
7	湖南	邵阳	
8	湖南	郴州	
9			

	A	B	C
1		成都	
2	四川	绵阳	
3		德阳	
4		广元	
5		长沙	
6	湖南	衡阳	
7		邵阳	
8		郴州	
9			

STEP 01 打开光盘\实例文件\第12章\原始文件\合并单元格时同时保留所有数值.xlsx工作簿。选中C1:C4单元格区域，单击“合并后居中”下三角按钮，在下拉列表中选择“合并后居中”选项。

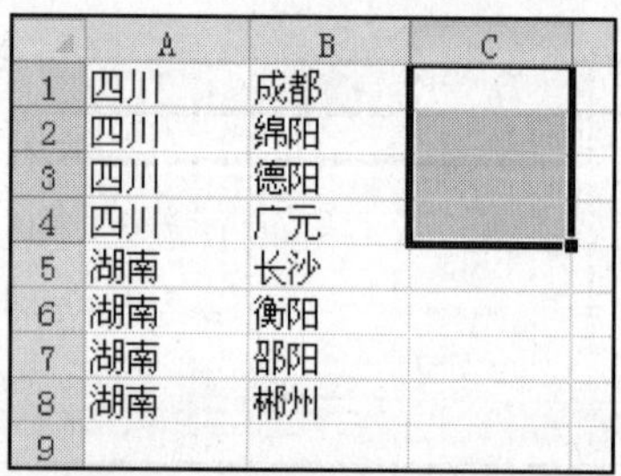

	A	B	C
1	四川	成都	
2	四川	绵阳	
3	四川	德阳	
4	四川	广元	
5	湖南	长沙	
6	湖南	衡阳	
7	湖南	邵阳	
8	湖南	郴州	
9			

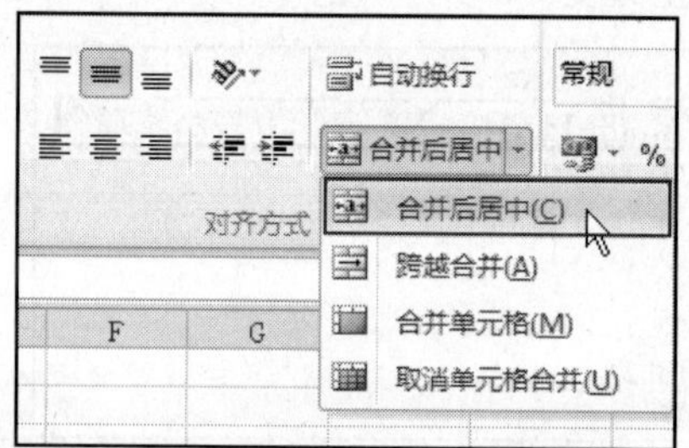

STEP 02 经过操作，C1:C4单元格区域合并为一个单元格。重复STEP 01，将C5:C8单元格区域合并。

	A	B	C
1	四川	成都	
2	四川	绵阳	
3	四川	德阳	
4	四川	广元	
5	湖南	长沙	
6	湖南	衡阳	
7	湖南	邵阳	
8	湖南	郴州	
9			

	A	B	C
1	四川	成都	
2	四川	绵阳	
3	四川	德阳	
4	四川	广元	
5	湖南	长沙	
6	湖南	衡阳	
7	湖南	邵阳	
8	湖南	郴州	
9			

STEP 03 选中合并后的C1:C8单元格区域，单击“剪贴板”组中的“格式刷”按钮，待光标变为刷子形状后，选中A1:A8单元格区域，将C1:C8单元格区域的格式复制到A1:A8单元格区域。

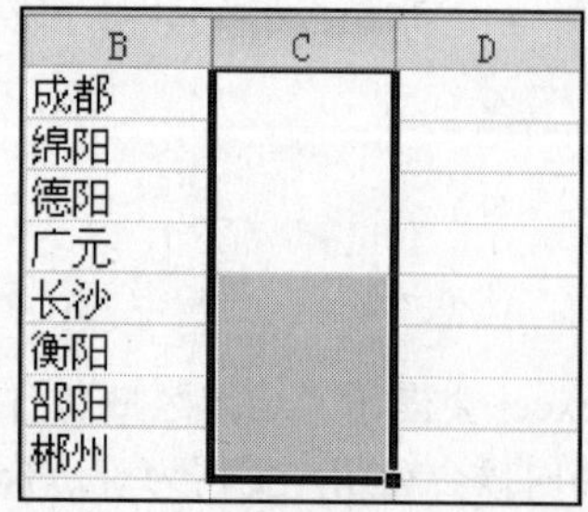

B	C	D
成都		
绵阳		
德阳		
广元		
长沙		
衡阳		
邵阳		
郴州		

	A	B	C
1	四川	成都	
2	四川	绵阳	
3	四川	德阳	
4	四川	广元	
5	湖南	长沙	
6	湖南	衡阳	
7	湖南	邵阳	
8	湖南	郴州	
9			

STEP 04 经过以上操作，A1:A8单元格区域中相同的文本即完成了合并，且合并单元格的同时保留了所有数值。为了验证一下被合并的单元格是否还保留了原来的数据，可以在D列中使用公式进行计算，在D1中输入公式“=A1”，按Enter键后向下复制公式，可以看到之前所有的文本都得以保留。

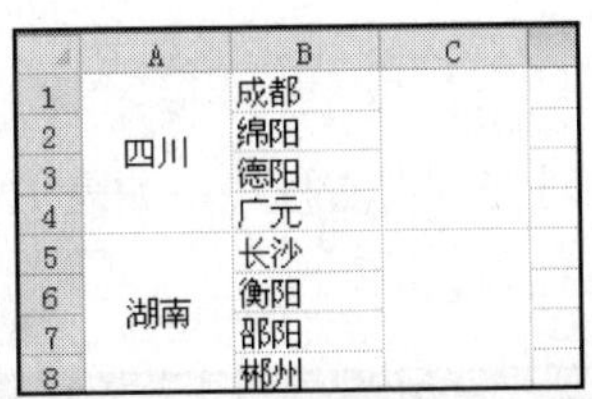

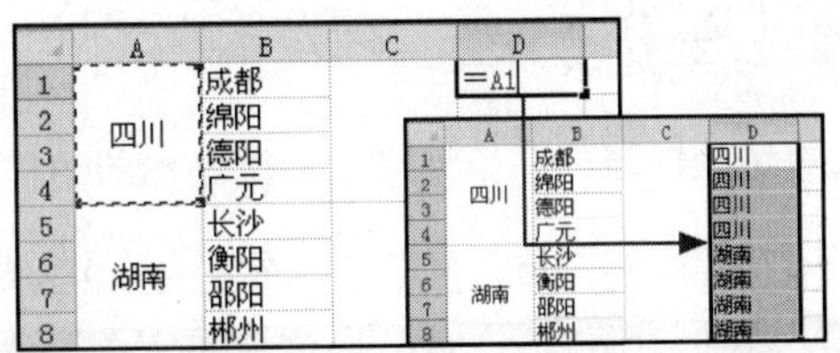

Study 04 应用边框和底纹

- Work 1. 边框的使用方法
- Work 2. 单元格背景色的填充方法
- Work 3. 套用表格或单元格样式填充底纹

在 Excel 中，为单元格添加边框和底纹能起到美化单元格的作用。除此之外，用户还可以套用 Excel 2010 自带的表格和单元格样式库中的样式来美化单元格。

Work 1 边框的使用方法

需要为表格添加边框时，可以使用“开始”选项卡下“字体”组中的边框样式进行设置。单击“字体”组中的“边框”下三角按钮，在展开的下拉列表中选择相应的边框样式，就能对当前所选单元格应用边框。

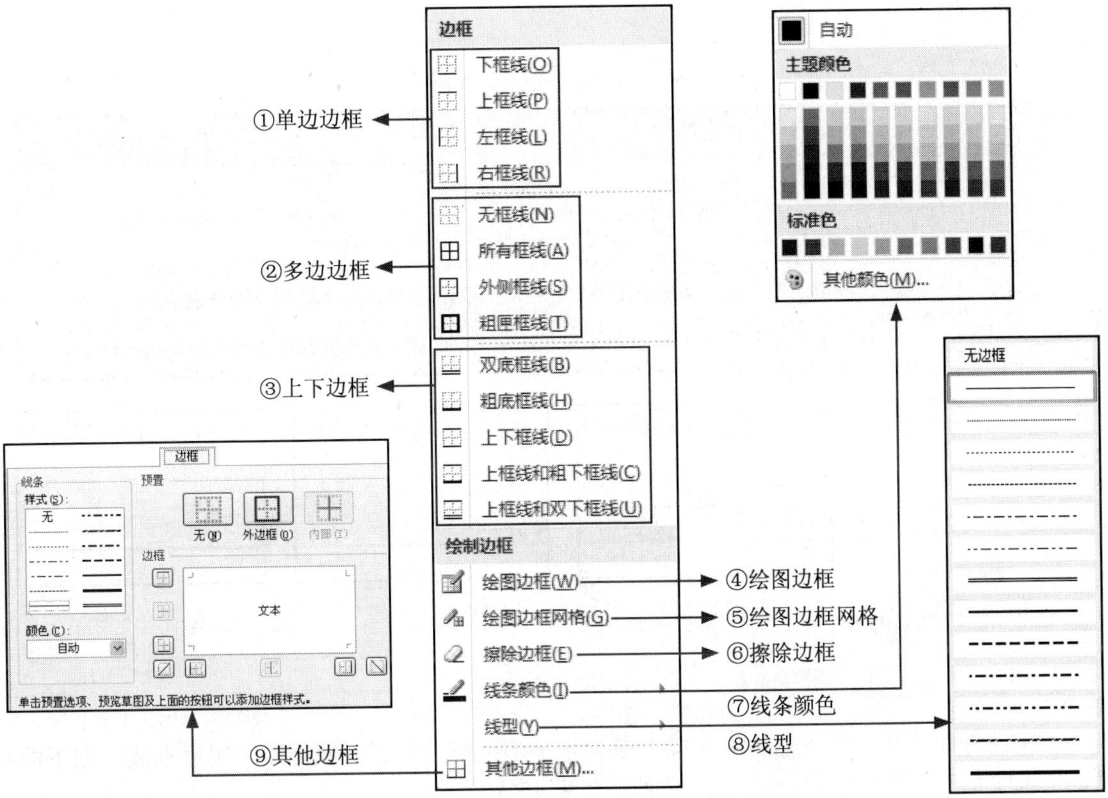

①单边边框
②多边边框
③上下边框
④绘图边框
⑤绘图边框网格
⑥擦除边框
⑦线条颜色
⑧线型
⑨其他边框

边框样式

01 单边边框

单边边框即只在单元格的一侧添加的边框。单边边框包括上下\左右框线，如表 12-2 所示。

表 12-2 单边边框的说明

编 号	按 钮	说 明
①	下框线	在单元格或单元格区域下方添加直线
②	上框线	在单元格或单元格区域上方添加直线
③	左框线	在单元格或单元格区域左方添加直线
④	右框线	在单元格或单元格区域右方添加直线

① 下框线

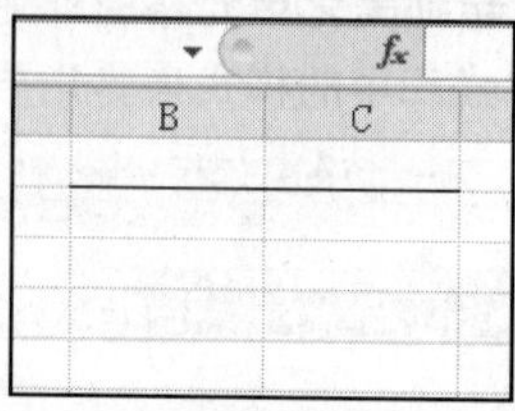

② 上框线

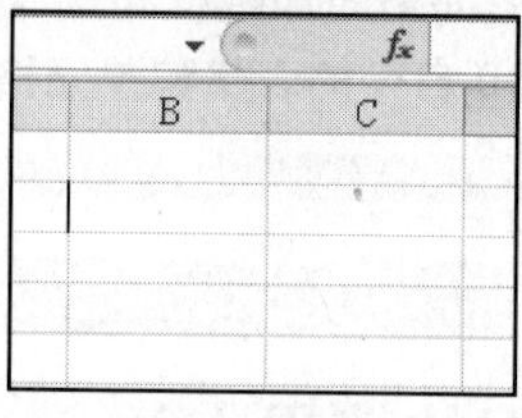

③ 左框线

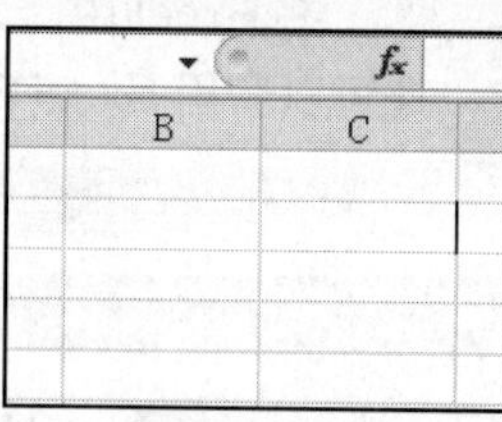

④ 右框线

02 多边边框

多边边框即为整个单元格内外侧添加的边框。定义多边边框包括无框线、所有框线、外侧框线以及粗匣框线，如表 12-3 所示。

表 12-3 多边边框的说明

编 号	按 钮	说 明
①	无框线	清除或删除单元格边框
②	所有框线	为选定单元格或单元格区域内外侧均添加直线
③	外侧框线	只为选定单元格或单元格区域的外侧添加直线框线
④	粗匣框线	为选定单元格或单元格区域的外侧添加特定的加粗直线边框

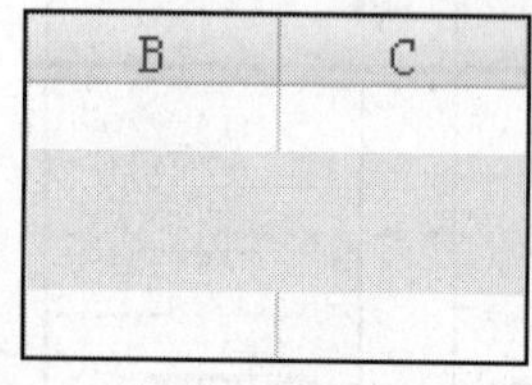

① 无框线

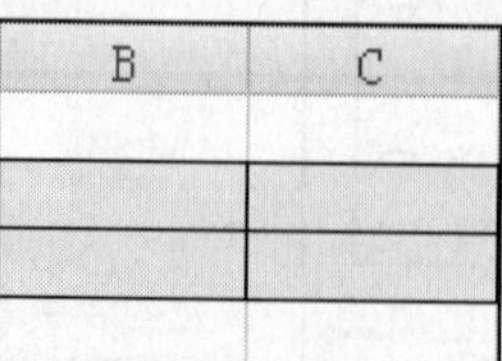

② 所有框线

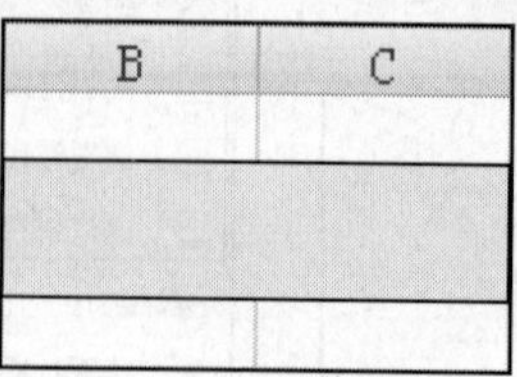

③ 外侧框线

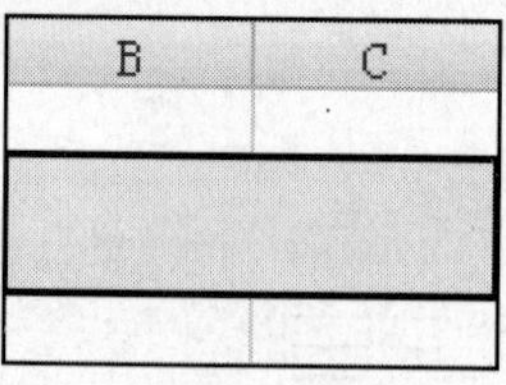

④ 粗匣框线

03 上下边框

上下边框即为单元格上侧、下侧或上下侧添加的边框，包括双底框线、粗底框线、上下框线、上框线和粗下框线与上框线和双下框线，如表 12-4 所示。

表 12-4　上下边框的说明

编　号	按　钮	说　明
①	双底框线	为单元格或单元格区域的底部添加两条直线
②	粗底框线	加粗单元格或单元格区域的底部
③	上下框线	为单元格或单元格区域的顶部和底部各添加一条直线
④	上框线和粗下框线	为单元格或单元格区域顶部添加一条细线，底部添加一条粗线
⑤	上框线和双下框线	为单元格或单元格区域顶部添加一条细线，底部添加两条细线

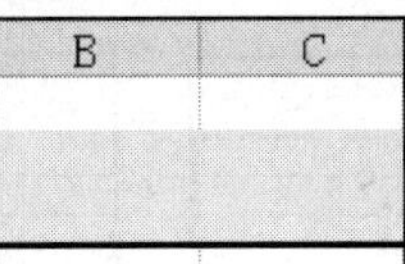

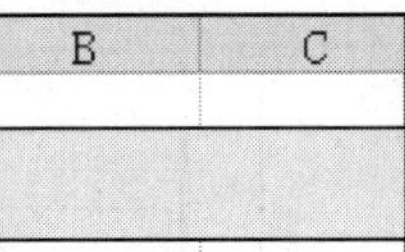

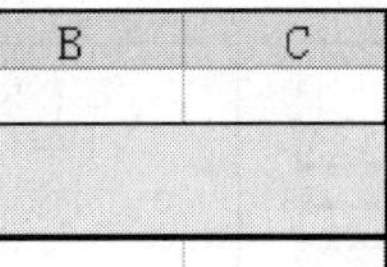

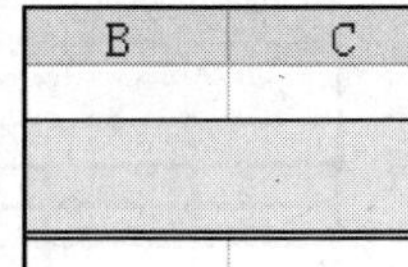

① 双底框线　② 粗底框线　③ 上下框线　④ 上框线和粗下框线　⑤ 上框线和双下框线

04　绘图边框

绘图边框是一种快速为单元格或单元格区域绘制外侧边框的工具。如果是以整个单元格或单元格区域为中心，那么使用绘图边框功能可快速地绘制外边框；而如果只在单元格的一侧绘制，则使用绘图边框还能轻松地绘制直线。

在“边框”下拉列表中单击“绘图边框”按钮，光标变为形，此时在需要开始绘制直线或边框的区域按住鼠标左键拖动绘制，绘制完成后释放鼠标，双击鼠标可退出绘制状态。

① 绘制边框　② 绘制外边框

05　绘图边框网格

绘图边框网格与绘图边框相比，名称上多了一个网格，绘制时不同的区域也在网格上。使用绘制边框网格工具拖动绘制单元格区域时，不仅绘制单元格区域的外边框，而且它完成的是整个网格，即所有框线的绘制。

单击“绘图边框网格”按钮，光标变为形，此时按住鼠标左键，在单元格区域上拖动，则经过的单元格区域绘制上了所有框线。

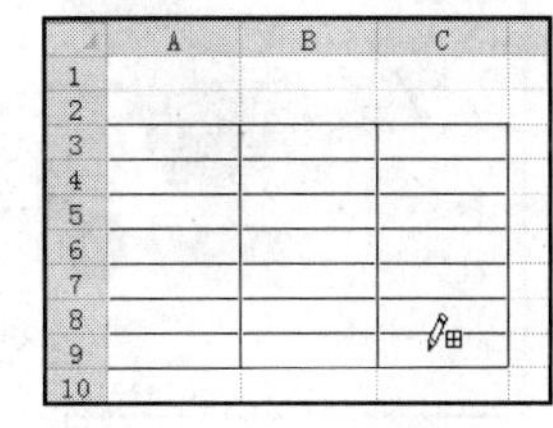

绘制边框网格

Tip “绘图边框”模式与“绘图边框网格”模式之间的切换

按住 Ctrl 键可以在“绘图边框”模式和“绘图边框网格”模式之间临时切换，还可以在“擦除边框”和“擦除边框网格”之间切换。

06 擦除边框

单击“擦除边框”按钮，可以擦除边框线条。默认条件下，单击“擦除边框”按钮，擦除的是边框网格，如果只擦除边框，则按住 Ctrl 键擦除。

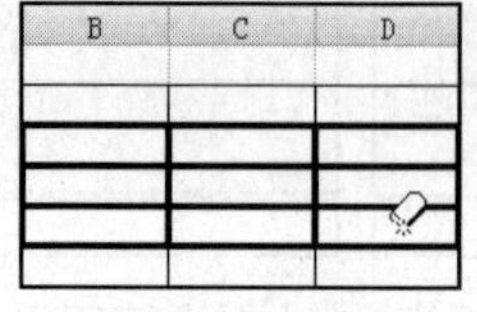

① 擦除边框网格

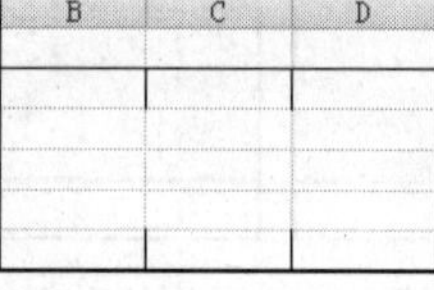

② 擦除边框网格效果

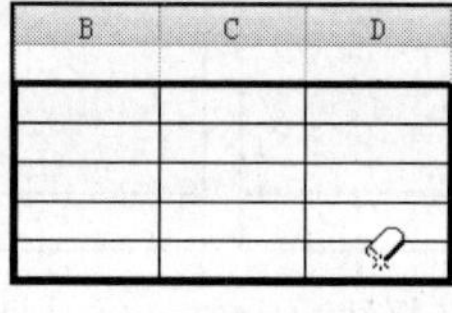

③ 擦除边框

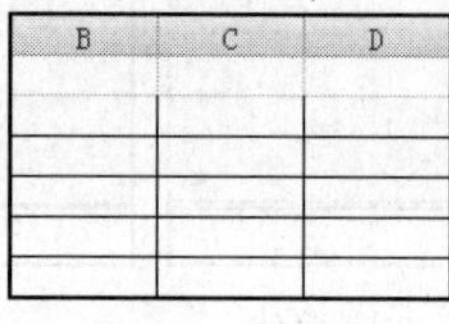

④ 擦除边框效果

07 线条颜色

边框线条的默认颜色为黑色，若要应用其他的边框线条颜色，可以单击“线条颜色”按钮，然后在下拉列表中选择一种颜色。

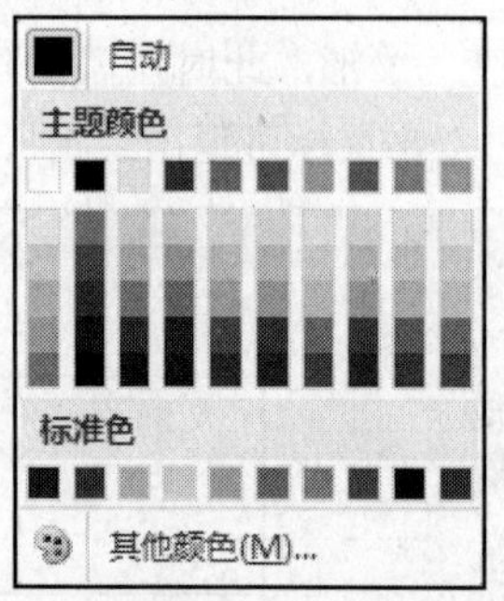

①“线条颜色”下拉列表

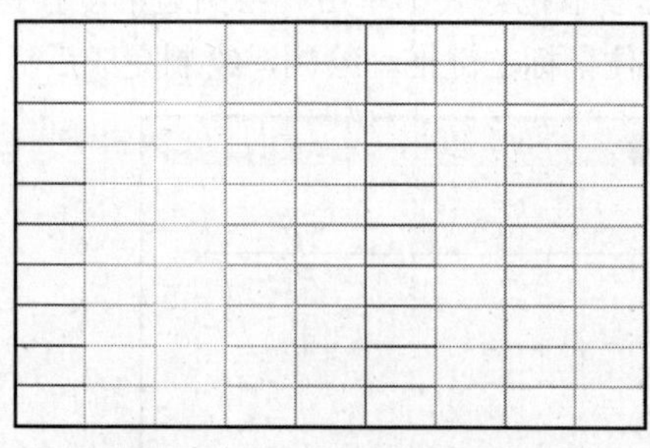

② 使用下拉列表的线条颜色

还可以选择“其他颜色”选项，然后在弹出的“颜色”对话框中选择线条颜色。“标准”选项卡下给出了标准的配色方案，“自定义”选项卡为用户提供了更精细的配色模式。

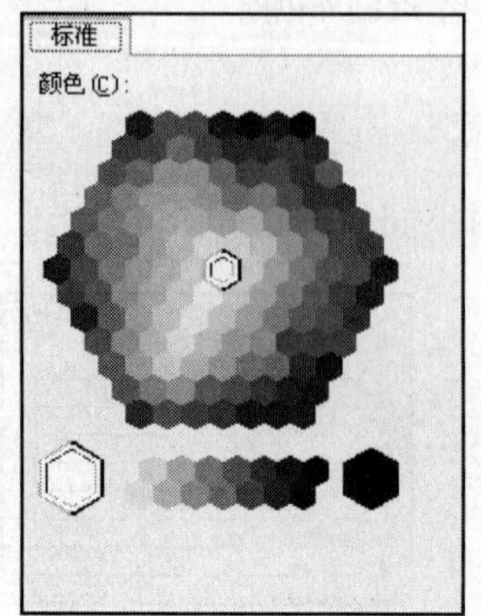

③“标准”选项卡

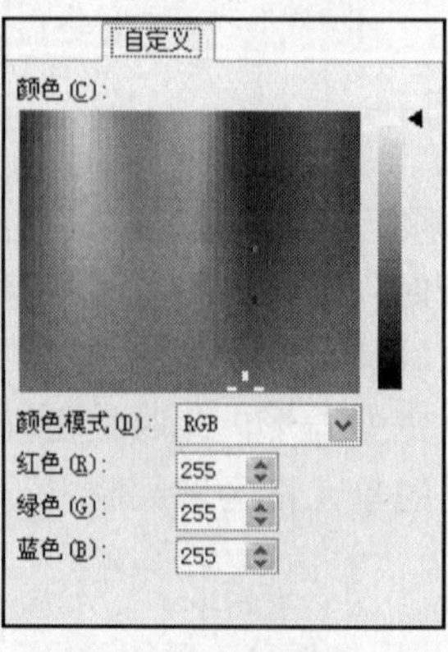

④“自定义”选项卡

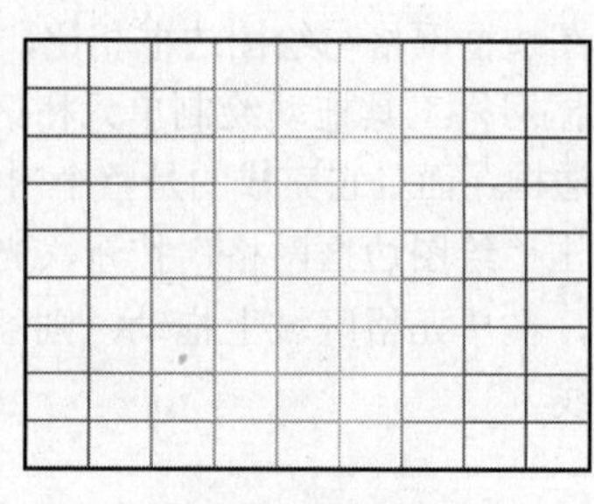

⑤ 其他线条颜色

08 线型

在边框下拉列表中选择“线型”选项，在展开的子列表中可以选择边框线条的类型。Excel支持以下线条边框：连续线和双线线型，实线、菱形线和虚线，圆点线、方点线和短划线，细线条、中等粗细线条和粗线条。

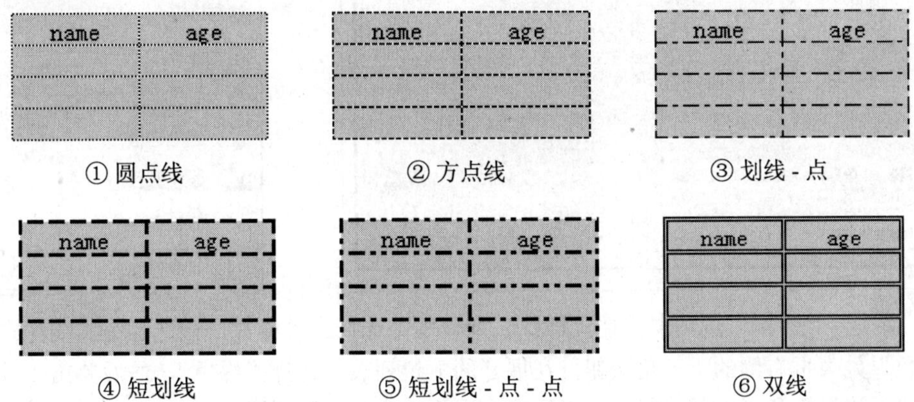

① 圆点线　② 方点线　③ 划线 - 点

④ 短划线　⑤ 短划线 - 点 - 点　⑥ 双线

09 其他边框

在“边框”下拉列表中选择“其他边框”选项，会切换到“设置单元格格式”对话框的“边框”选项卡，在该选项卡下可以定义其他的边框样式。

在“线条”选项组中可以选择线条的样式；单击“颜色”列表框右侧的下三角按钮，可以设置线条的颜色；“预置”选项组用于快速设置内外框线；“边框”选项组中有上、下、左、右框线按钮，还有斜线按钮，用于快速制作斜线表头。

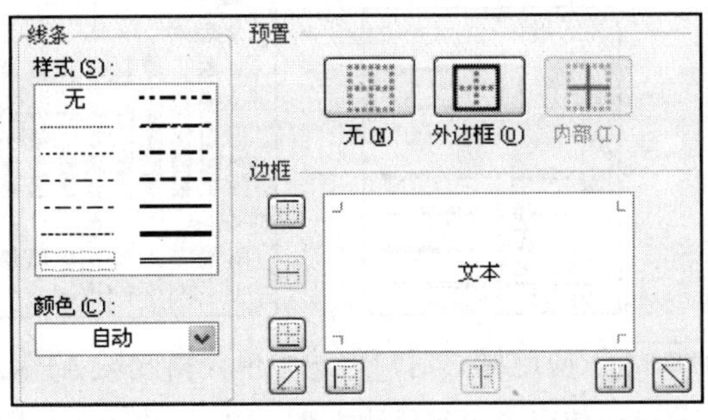

“边框”选项卡

Lesson 06 为日程表添加边框样式

Office 2010 · 电脑办公从入门到精通

为使工作表中的单元格内容更加突出，分类更加明确，通常在制作一个表格后需要给这个表格添加边框，一来便于区分，二来使表格更加美观。如下图所示为添加边框前后的效果。

A	B	C	D	E	F	G	H	I	J	K
项目		10.28	10.29			10.30			10.31	
		星期二	星期三			星期四			星期五	
		晚上	上午	下午	晚上	上午	下午	晚上	上午	晚上
篮球	男	开幕式		☆	☆		☆	☆	☆	
	女			☆	☆		☆	☆		
田径			☆	☆		☆	☆		★	★
毽球花毽			☆	☆	☆	☆	☆	☆		闭幕式
乒乓球			☆	☆		☆	☆			
摔跤			☆		☆	☆		☆		
钓鱼			☆	☆		☆	☆			
中国象棋			☆	☆		☆	☆		☆	
武术			☆	☆	☆					
舞龙舞狮			☆	☆	☆	☆	☆	☆		
龙舟			☆	☆						

A	B	C	D	E	F	G	H	I	J	K
项目		10.28	10.29			10.30			10.31	
		星期二	星期三			星期四			星期五	
		晚上	上午	下午	晚上	上午	下午	晚上	上午	晚上
篮球	男	开幕式		☆	☆		☆	☆	☆	
	女			☆	☆		☆	☆		
田径			☆	☆		☆	☆		★	★
毽球花毽			☆	☆	☆	☆	☆	☆		闭幕式
乒乓球			☆	☆		☆	☆			
摔跤			☆		☆	☆		☆		
钓鱼			☆	☆		☆	☆			
中国象棋			☆	☆		☆	☆		☆	
武术			☆	☆	☆					
舞龙舞狮			☆	☆	☆	☆	☆	☆		
龙舟			☆	☆						

STEP 01 打开光盘\实例文件\第12章\原始文件\为表格添加边框.xlsx工作簿。选中单元格区域A1:K14，单击“字体”组中的“边框”下三角按钮，在展开的下拉列表中选择“其他边框”选项。

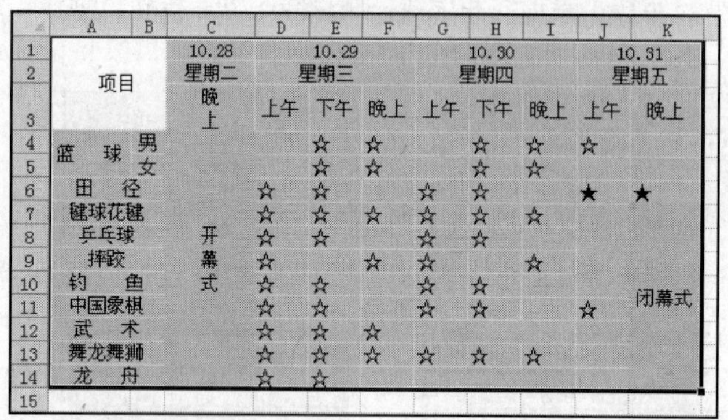

	A	B	C	D	E	F	G	H	I	J	K
1	项目		10.28	10.29			10.30			10.31	
2			星期二	星期三			星期四			星期五	
3			晚上	上午	下午	晚上	上午	下午	晚上	上午	晚上
4	篮球	男			☆	☆		☆	☆	☆	
5		女			☆	☆		☆	☆		
6	田径			☆	☆		☆	☆		★	★
7	毽球花毽			☆	☆	☆	☆	☆	☆		
8	乒乓球		开	☆	☆		☆	☆			
9	摔跤		幕	☆		☆	☆		☆		
10	钓鱼		式	☆	☆		☆	☆			
11	中国象棋			☆	☆		☆	☆		☆	闭幕式
12	武术			☆	☆	☆					
13	舞龙舞狮			☆	☆	☆	☆	☆	☆		
14	龙舟			☆	☆						
15											

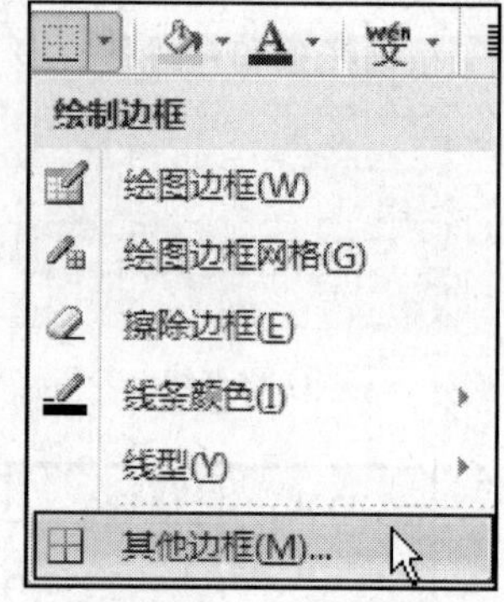

STEP 02 切换到“边框”选项卡，在“样式”列表框中选择一种样式，如选择细实线样式，然后单击“颜色”列表框右侧的下三角按钮，在展开的下拉列表中选择“绿色”，最后单击“预置”选项组中的“外边框”和“内部”图标，将设置应用于整个单元格区域。

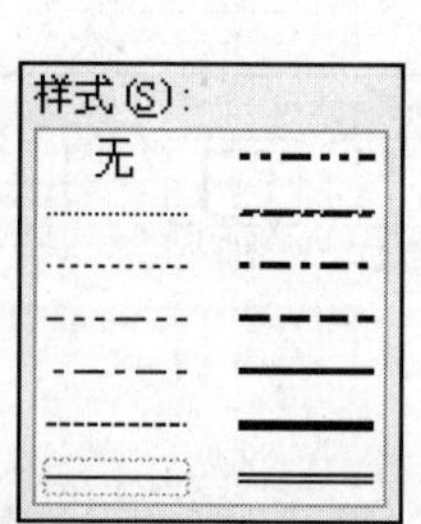

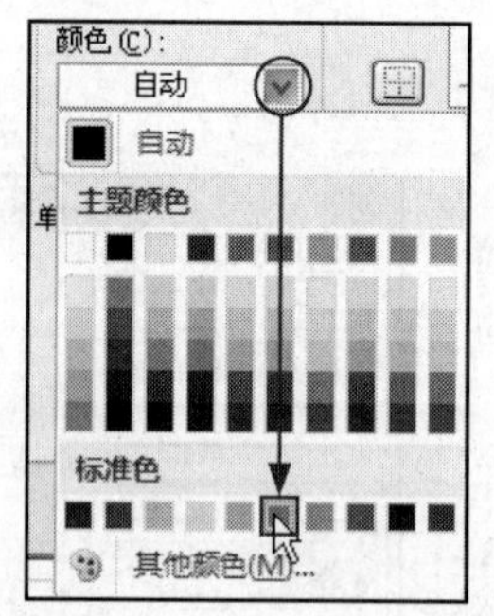

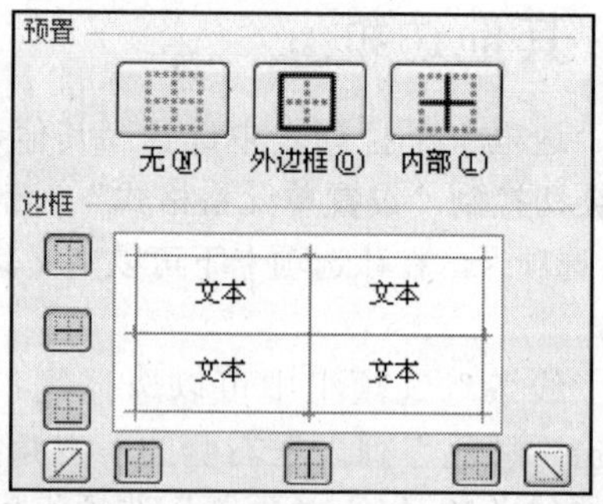

STEP 03 应用样式后，再选中单元格区域A1:K3，然后单击“字体”组中的“边框”按钮。因为之前已经使用了“其他边框”，所以直接单击按钮即可。

	A	B	C	D	E	F	G	H	I	J	K
1	项目		10.28	10.29			10.30			10.31	
2			星期二	星期三			星期四			星期五	
3			晚上	上午	下午	晚上	上午	下午	晚上	上午	晚上
4	篮球	男			☆	☆		☆	☆	☆	
5		女			☆	☆		☆	☆		

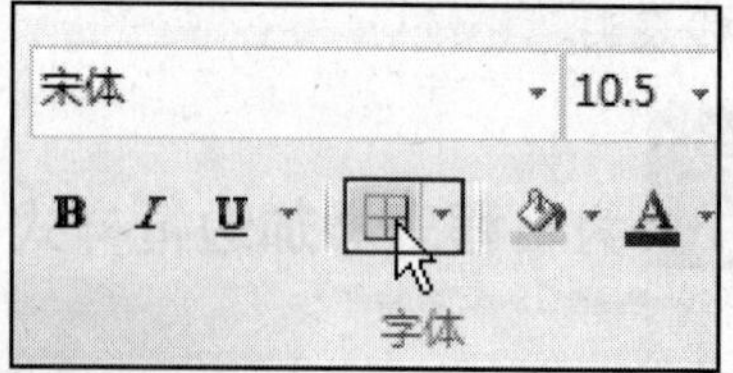

STEP 04 在“样式”列表框中选择一种线条样式，这次选择粗实线，接着单击“颜色”下三角按钮，在展开的下拉列表中选择“蓝色，文字2，淡色40%”，最后单击“边框”选项组中的“下框线”按钮，设置完毕后，单击“确定”按钮。

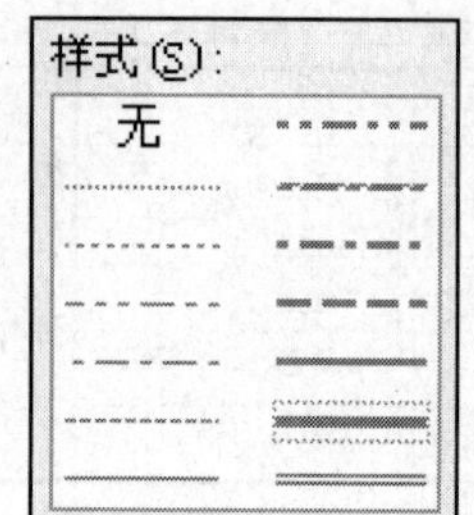

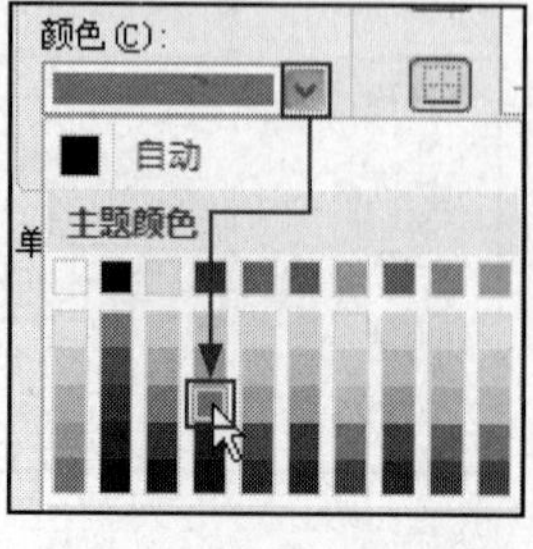

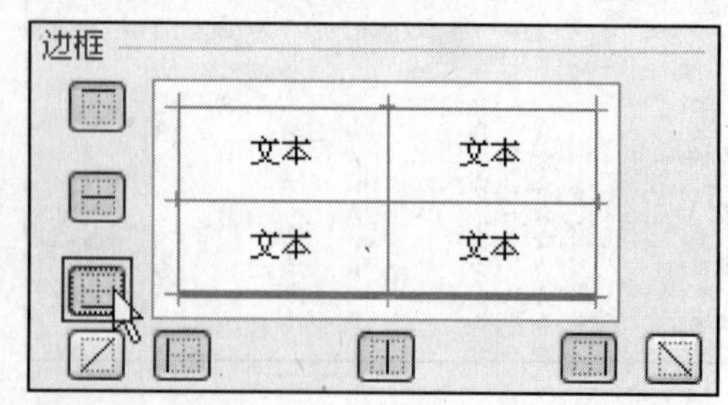

STEP 05 表格标题行边框设置完毕后，接着设置一组线条来分隔星期。单击“边框”下三角按钮，在展开的下拉列表中选择“线型”选项，在子列表中选择“双线”线型；然后再次单击“边框”下三角按钮，在展开的下拉列表中选择“线条颜色”选项，在子列表中选择“其他颜色”选项。

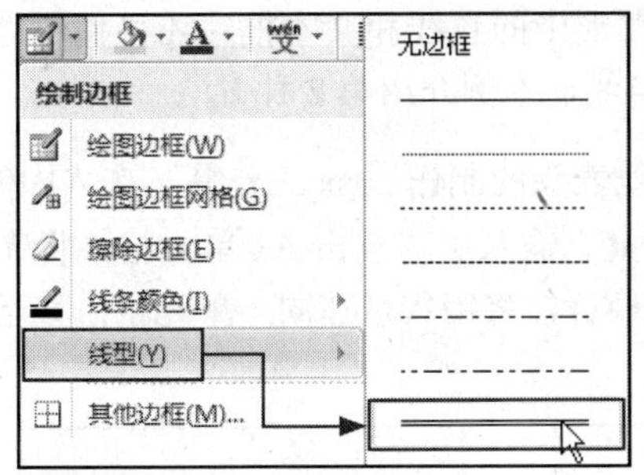

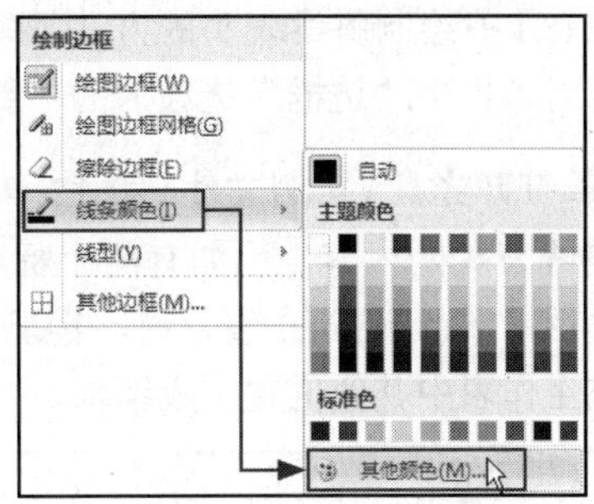

STEP 06 弹出“颜色”对话框，在“标准”选项卡下选择“橙色”，然后单击“确定”按钮。线条类型和颜色设置完毕后，在表格B列的右侧拖动绘制边框，然后在C、F、I列右侧拖动绘制边框。绘制完成后，按Esc键退出绘制状态。

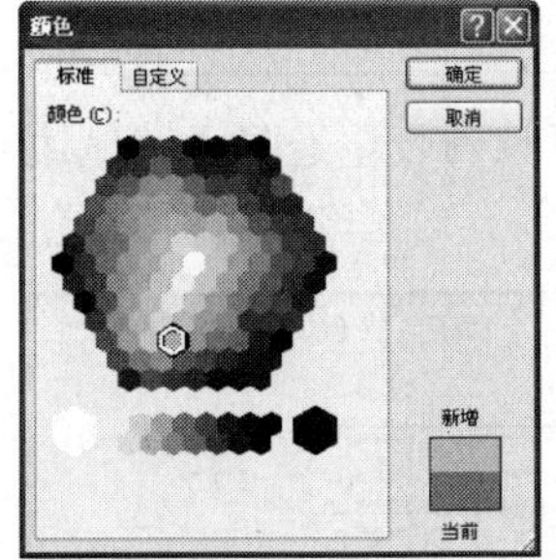

	A	B	C	D	E	F	G	H
1	项目		10.28	10.29			10.30	
2			星期二	星期三			星期四	
3			晚上	上午	下午	晚上	上午	下午
4	篮球	男	开幕式		☆	☆		☆
5		女			☆	☆		☆
6	田径			☆	☆		☆	☆
7	毽球花毽			☆	☆	☆	☆	☆
8	乒乓球			☆	☆		☆	☆
9	摔跤			☆		☆	☆	
10	钓鱼			☆	☆		☆	☆
11	中国象棋			☆	☆		☆	☆
12	武术			☆	☆	☆		
13	舞龙舞狮			☆	☆	☆	☆	☆
14	龙舟			☆	☆			

	A	B	C	D	E	F	G	H
1	项目		10.28	10.29			10.30	
2			星期二	星期三			星期四	
3			晚上	上午	下午	晚上	上午	下午
4	篮球	男	开幕式		☆	☆		☆
5		女			☆	☆		☆
6	田径			☆	☆		☆	☆
7	毽球花毽			☆	☆	☆	☆	☆
8	乒乓球			☆	☆		☆	☆
9	摔跤			☆		☆	☆	
10	钓鱼			☆	☆		☆	☆
11	中国象棋			☆	☆		☆	☆
12	武术			☆	☆	☆		
13	舞龙舞狮			☆	☆	☆	☆	☆
14	龙舟			☆	☆			

STEP 07 为整个表格添加外框线。选中整个表格区域，单击“边框”下三角按钮，在展开的下拉列表中选择“线条颜色”选项，在展开的子列表中选择“红色”，接着单击“边框”下三角按钮，在展开的下拉列表中选择“粗匣框线”选项。

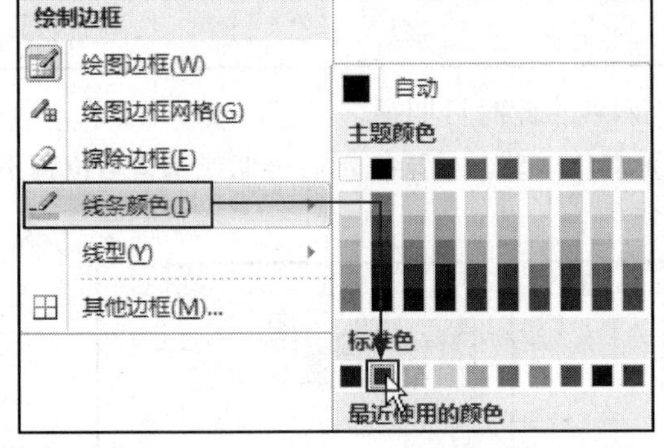

边框
下框线(O)
上框线(P)
左框线(L)
右框线(R)
无框线(N)
所有框线(A)
外侧框线(S)
粗匣框线(T)
对齐方式

STEP 08 经过以上操作，可应用添加的红色粗匣框线。

	A	B	C	D	E	F	G	H	I	J	K
1	项目		10.28	10.29			10.30			10.31	
2			星期二	星期三			星期四			星期五	
3			晚上	上午	下午	晚上	上午	下午	晚上	上午	晚上
4	篮球	男	开幕式		☆	☆		☆	☆	☆	
5		女			☆	☆		☆	☆		
6	田径			☆	☆		☆	☆		★	★
7	毽球花毽			☆	☆	☆	☆	☆	☆		闭幕式
8	乒乓球			☆	☆		☆	☆			
9	摔跤			☆		☆	☆		☆		
10	钓鱼			☆	☆		☆	☆			
11	中国象棋			☆	☆		☆	☆		☆	
12	武术			☆	☆	☆					
13	舞龙舞狮			☆	☆	☆	☆	☆	☆		
14	龙舟			☆	☆						
15											
16											

Lesson 07 斜线表头的制作

在 Excel 中绘制斜线表头的方法很多，如使用自选图形中的直线和文本框，还可使用“单元格格式”对话框中“边框”选项卡的“斜线”按钮设置斜线，本例介绍第 2 种方法。

STEP 01 打开光盘 \ 实例文件 \ 第 12 章 \ 原始文件 \ 斜线表头的制作 .xlsx 工作簿。在 A1 单元格内输入斜线表头的内容，比如有两个标题：日期和销售量。输入后，双击 A1 单元格，将光标置于日期之后，按 Alt+Enter 组合键，实现从当前位置强制换行，将销售量在同一单元格内移至下一行，单击工作表中其他位置完成编辑。

STEP 02 选中 A1 单元格，然后单击“边框”下三角按钮，在展开的下拉列表中选择“其他边框”选项，在“边框”选项卡下单击“斜线”按钮。

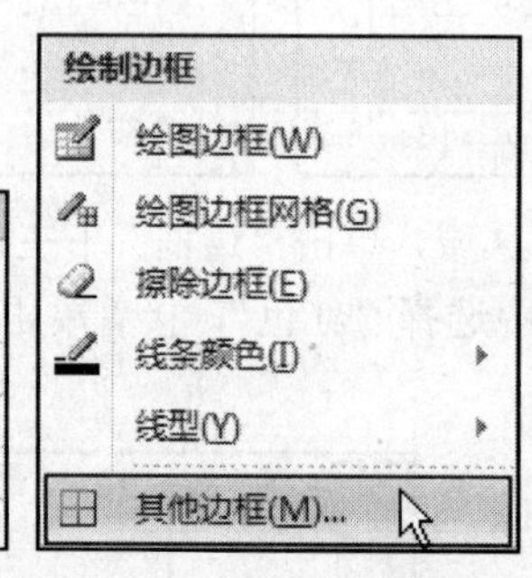

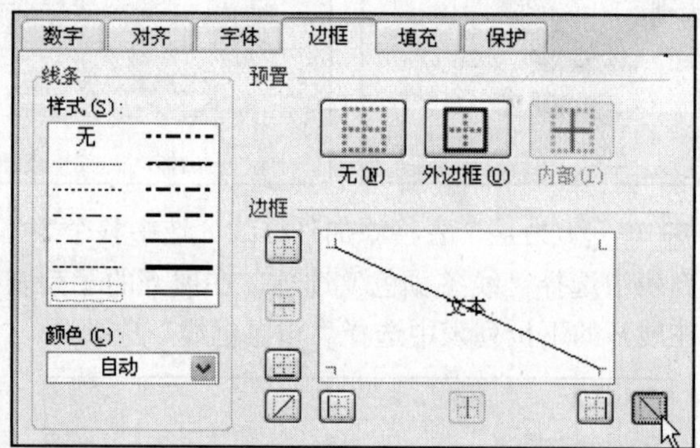

STEP 03 单击“确定”按钮后，即可在表头中插入斜线。此时日期顶格显示，双击 A1 单元格，将光标置于日期之前，然后按空格键，将日期的位置右移一些。如果编辑后日期或销售量位置不合适，还可调整列宽，从而得到需要的斜线表头。

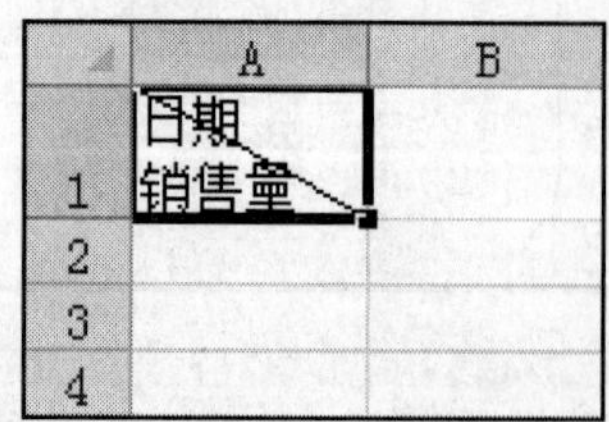

Work 2 单元格背景色的填充方法

为单元格设置背景色的工具有两个：一个是使用“字体”组中的“填充颜色”下三角按钮；另一个是使用“设置单元格格式”对话框的“填充”选项卡。

单击“字体”组中的“填充颜色”下三角按钮，在展开的下拉列表中可以为单元格选择填充色，进而为单元格设置背景。

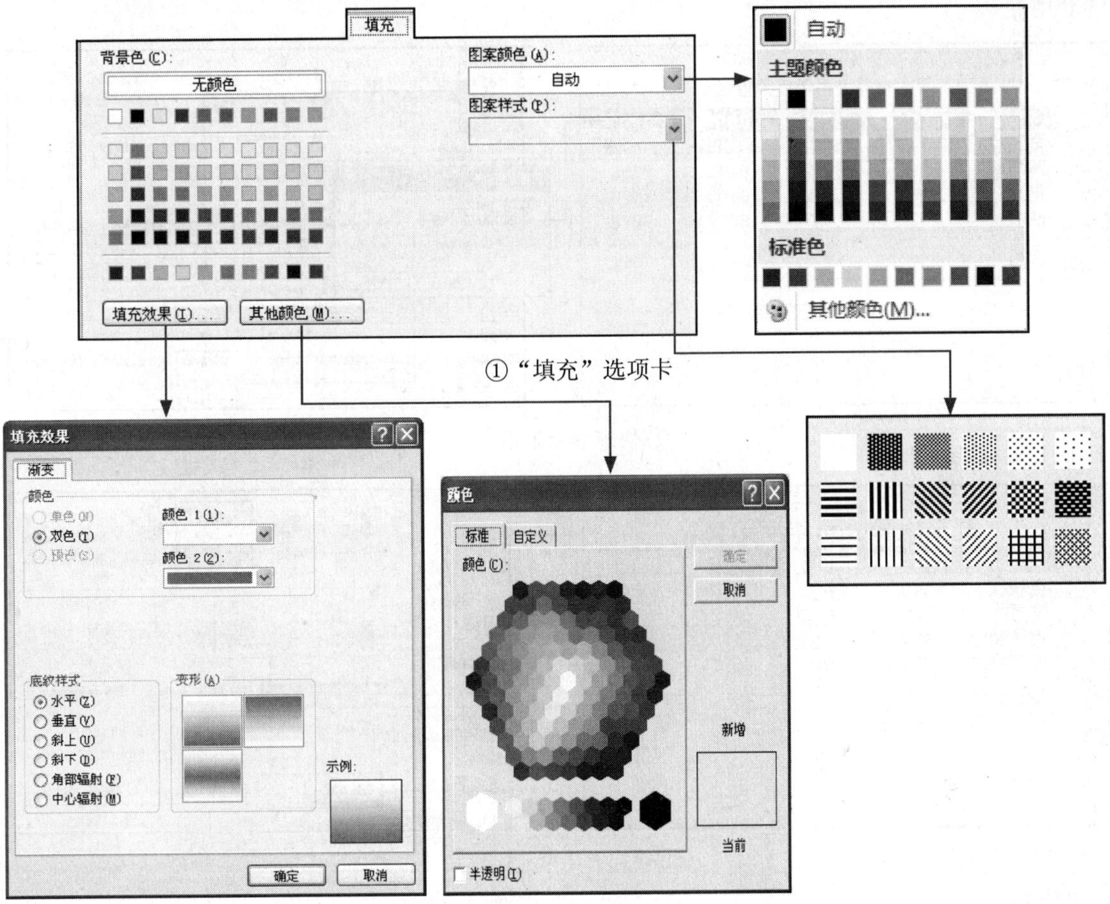

①“填充”选项卡

在“填充”选项卡下，用户还可以设置单元格背景色的渐变填充效果或为单元格添加图案样式的底纹。

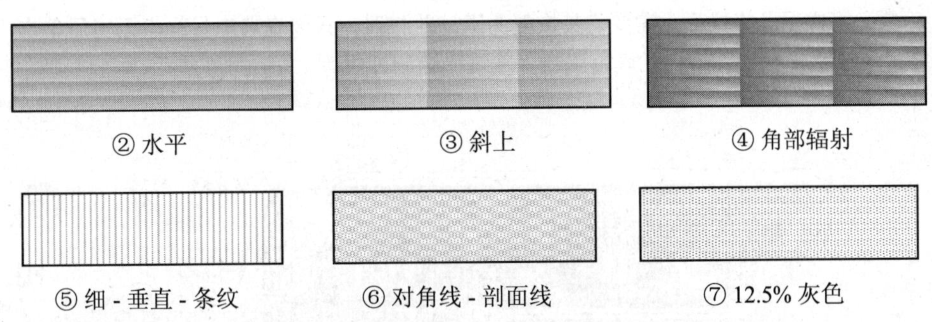

② 水平

③ 斜上

④ 角部辐射

⑤ 细 - 垂直 - 条纹

⑥ 对角线 - 剖面线

⑦ 12.5% 灰色

Study 04 应用边框和底纹

Work 3 套用表格或单元格样式填充底纹

在 Excel 2010 中设置表格或单元格的样式时，可以直接套用表格样式或单元格样式填充底纹来快速完成设置。下面以表格样式的应用为例介绍具体操作方法。打开目标工作表后，单击“开始”选项卡下“样式”组中的“套用表格样式”按钮，在展开的样式库中选择要使用的表格样式，弹出“套用表格式”对话框，将光标定位在“表数据的来源”文本框内，然后在工作表中拖动鼠标选中表格区域，然后勾选“表包含标题”复选框，最后单击“确定”按钮，就完成了表格样式的套用。

	A	B	C	D	E
1	夏夕电器公司年度销售表				
2	产品	2007年	2008年	2009年	2010年
3	电视机	7345	5464	11655	10545
4	冷气机	5322	3422	6442	7753
5	电冰箱	5000	6000	6400	4000
6	洗衣机	2234	1657	8687	7878
7					
8					
9					
10					
11					
12					
13					

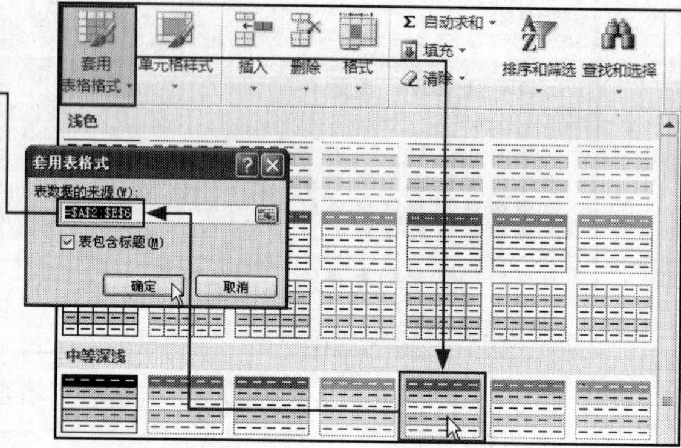

① 快速套用表格样式

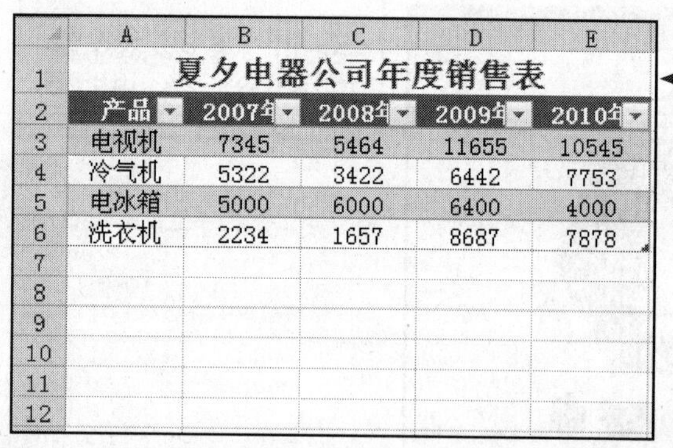

	A	B	C	D	E
1	夏夕电器公司年度销售表				
2	产品	2007年	2008年	2009年	2010年
3	电视机	7345	5464	11655	10545
4	冷气机	5322	3422	6442	7753
5	电冰箱	5000	6000	6400	4000
6	洗衣机	2234	1657	8687	7878
7					
8					
9					
10					
11					
12					

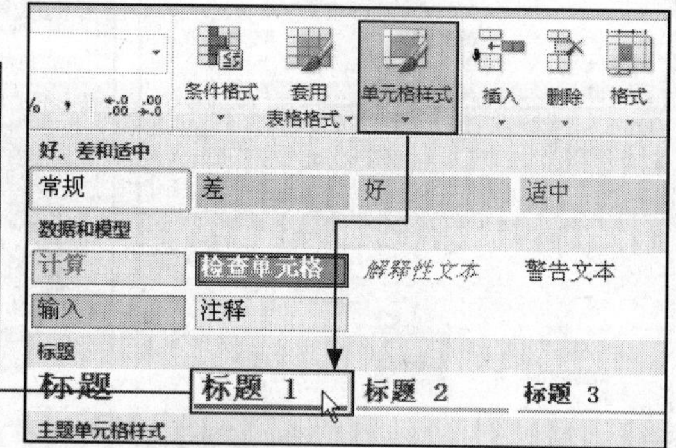

② 快速套用单元格样式

Tip 清除应用的单元格格式

为单元格应用了格式后，需要将其恢复为默认效果时，只要在选中目标单元格后单击“单元格样式”按钮，在展开的样式库中单击“常规”选项即可。

Chapter 13

玩转条件格式

Office 2010 电脑办公从入门到精通

本章重点知识

Study 01　条件格式的使用原则

Study 02　Excel 2010中更强大的条件格式功能

Study 03　各种条件格式的使用方式

Study 04　条件格式的管理

本章视频路径

CD

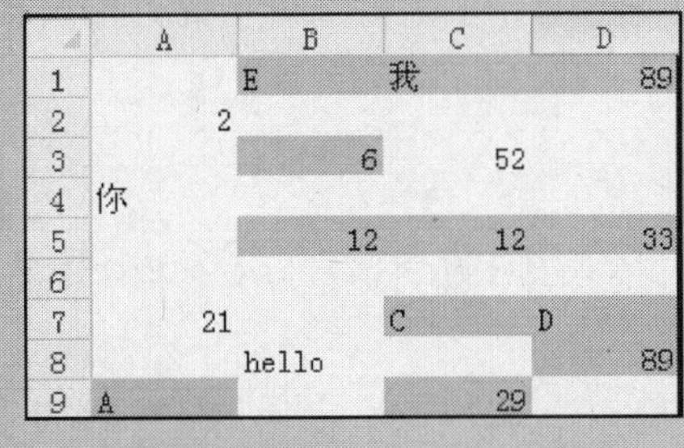

	A	B	C	D
1		E	我	89
2	2			
3		6	52	
4	你			
5		12	12	33
6				
7	21		C	D
8		hello		89
9	A		29	

Chapter 13\Study 01\

- Lesson 01　跨工作表使用条件格式.swf

姓名	报到
李嘉丽	○
杨欣	○
孙小乔	
李丽	○
胡文峰	○
张强	○
周林宜	
刘磊	○

Chapter 13\Study 03\

- Lesson 02　使包含内容的单元格高亮显示.swf
- Lesson 03　用图标只标示出较高数据.swf

Chapter 13 玩转条件格式

在本章中读者需要了解 Excel 2010 条件格式的使用，包括条件格式的两项规则——突出显示单元格、项目选取规则，以及增强的条件格式——数据条、色阶、图标集的使用。使用条件格式可以帮助用户更加直观地查看和分析数据。

Study 01 条件格式的使用原则

在 Excel 中，条件格式就是为满足一定条件的数据标记特殊格式。使用条件格式可以更加直观地查看和分析数据、发现关键问题。本节将介绍条件格式的使用原则。

在分析数据时，经常会问一些问题，例如：在过去 5 年的利润汇总中，有哪些异常情况？这个月谁的销售额超过￥50 000？哪些产品的年收入增长幅度大于 10%？在大一新生中，谁的成绩最好，谁的成绩最差？

条件格式有助于解答以上问题，因为采用这种格式易于达到以下效果：突出显示所关注的单元格或单元格区域；强调异常值；使用数据条、色阶和图标集来直观地显示数据。

条件格式基于条件更改单元格区域的外观。如果条件为 True，则基于该条件设置单元格区域的格式；如果条件为 False，则不基于该条件设置单元格区域的格式。

在 Excel 中，不是任何时候、任何地方都可以应用条件格式的，即使用条件格式也有一定的限制条件，接下来介绍使用条件格式时的注意事项。

01 不可直接多表使用条件格式

在 Excel 中，不可直接跨工作表使用条件格式。不过也有例外，如可通过定义名称实现跨工作表的使用。

Lesson 01 跨工作表使用条件格式

Office 2010 · 电脑办公从入门到精通

在 Excel 中，用户可通过定义名称的方法突破条件格式不能跨越工作表使用的限制。接下来介绍如何将定义名称与跨工作表使用条件格式联系起来。关于名称的定义请参见第 10 章；公式与函数的使用请参见第 18 章。

STEP 01 打开光盘\实例文件\第 13 章\原始文件\跨表标记重复值 .xlsx 工作簿。在表 1 中选中 A1:C10 单元格区域。

	A	B	C	D
1		11		
2	A			
3		B	E	
4				
5		我	11	
6		6		
7	C			
8			29	
9	33			
10			D	
11				

STEP 02 切换到“公式”选项卡，选择“定义名称＞定义名称”选项，弹出“新建名称”对话框，在“名称”文本框中输入名称“重 1”，然后单击“确定”按钮，则选中单元格区域定义了名称“重 1”。

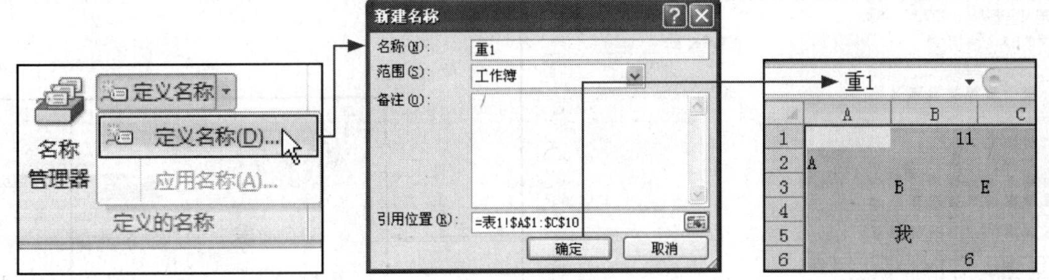

STEP 03 单击工作表标签“表 2”，切换到第 2 张工作表，选中单元格区域 A1:D10，然后在名称框中输入“重 2”，按 Enter 键，即可完成第 2 个单元格区域名称的定义。

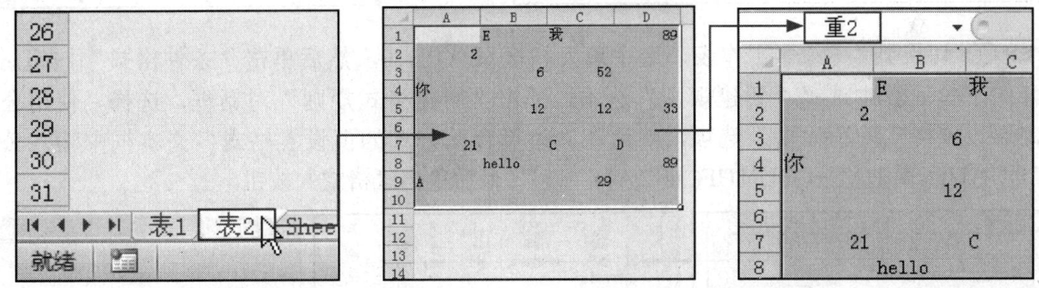

STEP 04 返回表 1 工作表，选中单元格区域 A1:C10，接着单击“条件格式”下三角按钮，在展开的下拉列表中选择“新建规则”选项。

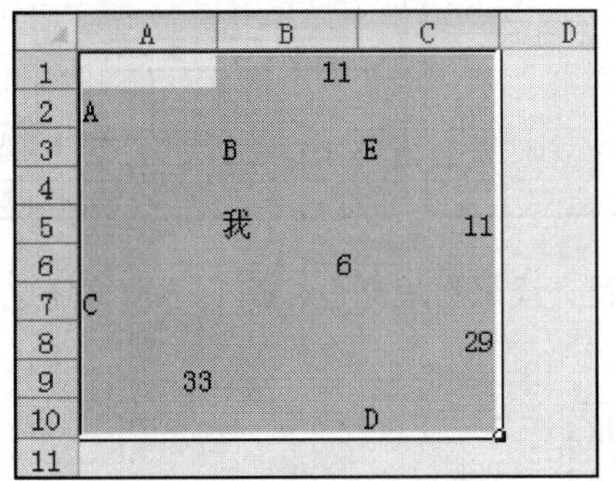
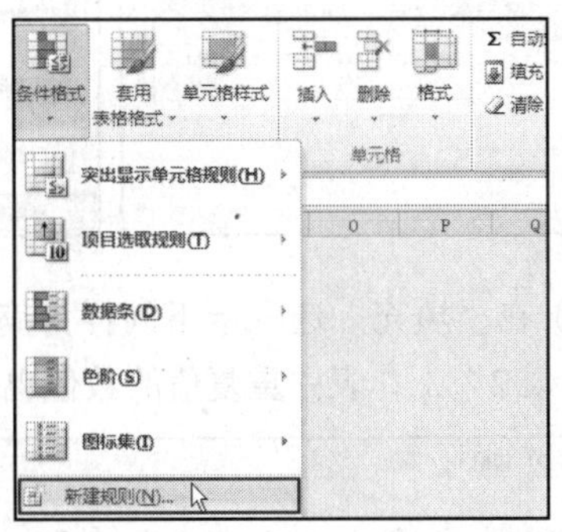

STEP 05 弹出“新建格式规则”对话框，在“选择规则类型”列表框中选择“使用公式确定要设置格式的单元格”选项，然后在“为符合此公式的值设置格式”文本框中输入公式“=COUNTIF(重 1,A1)+COUNTIF(重 2,A1) ＞ 1”。这步操作表示如果名称区域“重 1”与“重 2”中数据出现的次数大于 1，则为单元格标记特殊格式，然后单击“格式”按钮。

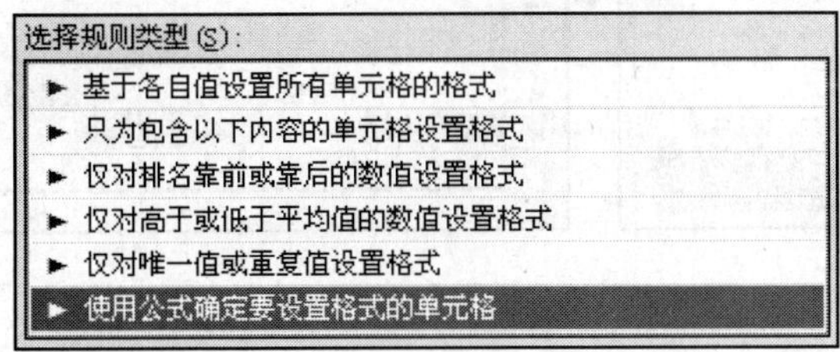

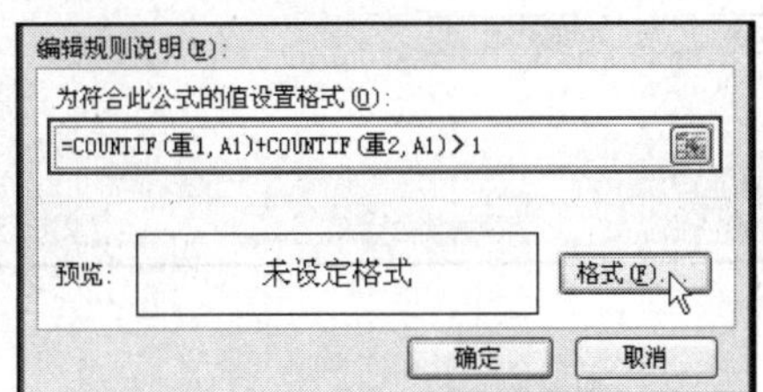

STEP 06 弹出“设置单元格格式”对话框，切换到“填充”选项卡，在“背景色”列表框中选择一款背景填充色，如选择“浅绿”选项，然后依次单击各对话框的“确定”按钮，则“表1”中重复值的数值以浅绿色突出标记显示。

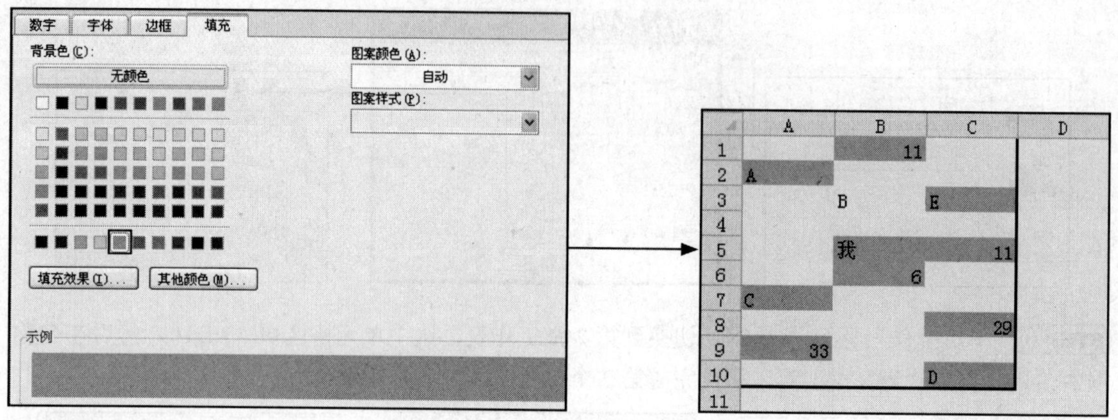

STEP 07 切换到“表2”工作表，选中单元格区域A1:D10，然后单击“条件格式”按钮，在展开的下拉列表中选择“新建规则”选项，弹出“新建格式规则”对话框，选择“使用公式确定要设置格式的单元格”选项，然后在“为符合此公式的值设置格式”文本框中输入公式“=COUNTIF(重1,A1)+COUNTIF(重2,A1)>1”，最后单击“格式”按钮。

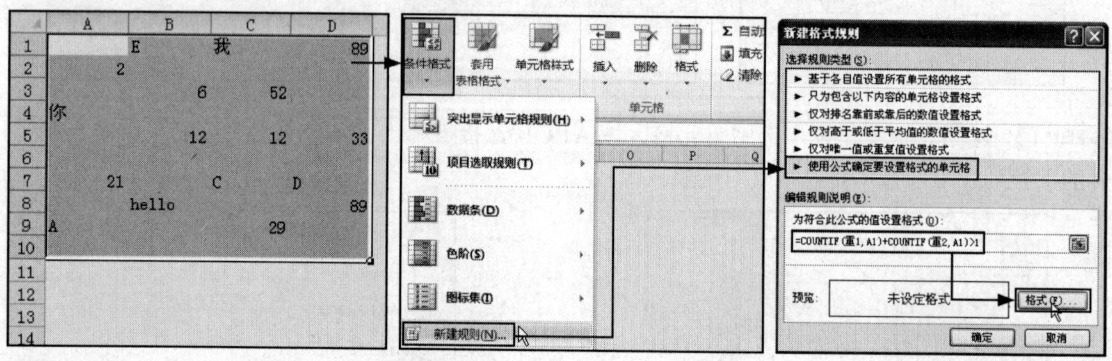

STEP 08 在“填充”选项卡下同样为满足公式的值设置“浅绿”填充色，然后单击“确定”按钮，则“表2”工作表中重复值的数值也突出显示。

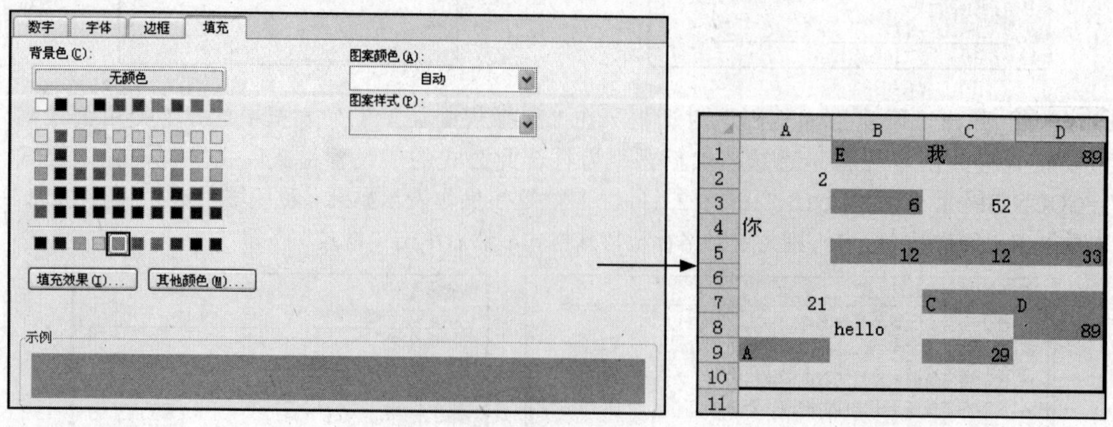

02 按Delete键无法清除条件格式

条件格式设置后，使用 Delete 键是无法清除的。要清除条件格式，可以使用“条件格式”下拉列表中的“清除规则”选项，或单击“编辑”组中的“清除”下三角按钮，然后在展开的下拉列表中选择“清除格式”选项清除。

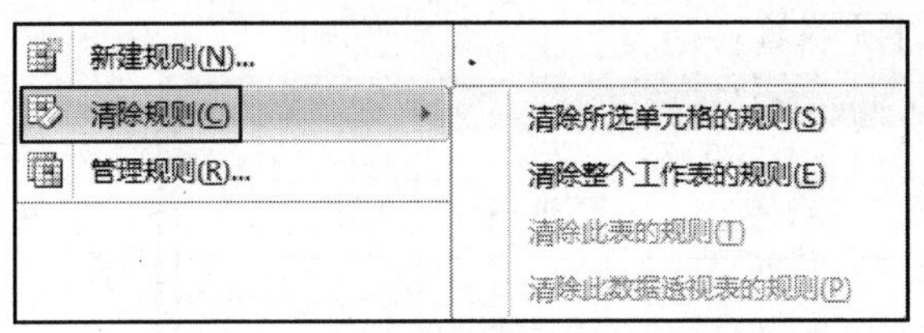

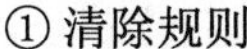
① 清除规则

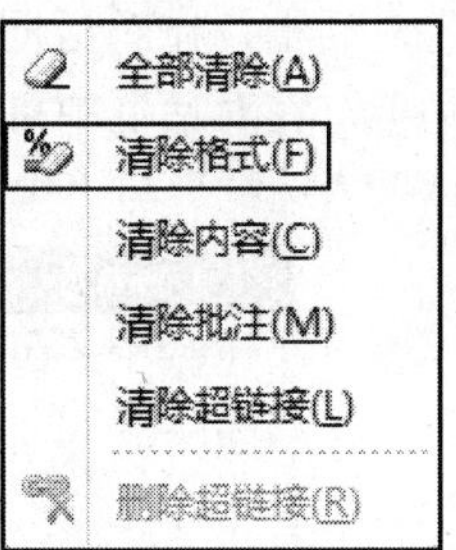

② 清除格式

03 无法应用“从单元格选择格式”功能查找条件格式

在 Excel 2010 中，用户可以使用如色阶、图标集和数据条这些新颖的条件格式功能，不过这些条件格式在使用查找与替换功能时，不能从单元格中选择格式。

通常情况下，单击“编辑”组中的“查找和选择”下三角按钮，在展开的下拉列表中选择“查找”或“替换”选项时，会弹出“查找和替换”对话框。单击“选项”按钮，显示出全部内容后，单击“查找内容”文本框右侧的“格式”下三角按钮（注意：单击“格式”右侧的下三角按钮），将展开一个下拉列表，在其中选择“从单元格选择格式”选项，光标会变为吸管形状，此时单击设置有格式的单元格，该格式会被吸管吸取到“预览”光标框中显示。但是，如果是类似数据条、色阶这样的条件格式，从单元格选择格式就不起作用了。

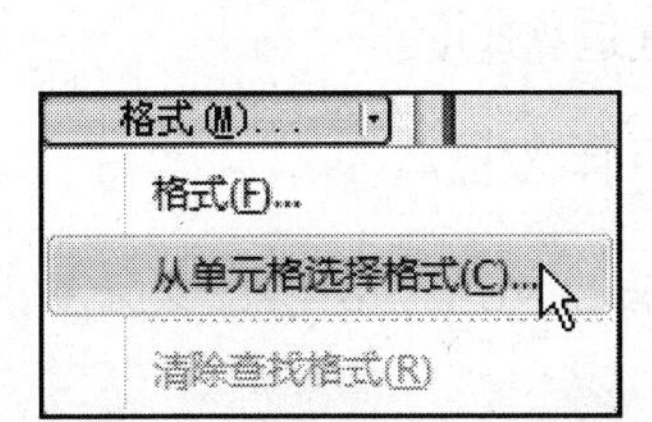

① 选择“从单元格选择格式”选项

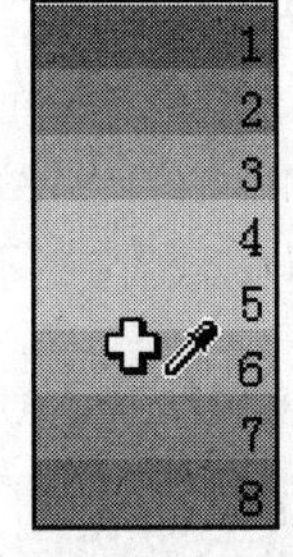

② 吸取格式

预览*

③ 显示吸取的效果

04 条件格式中多单元格区域公式写法与普通公式不同

条件格式中多单元格区域公式写法与普通公式写法有所不同，很多时候需要两个运算符，如求最大值不能用“=max($A$1:$A$15)”，而是用“=A1=max($A$1:$A$15)”。

05 多单元格条件设置时只需引用左上角的单元格

当对多单元格进行条件设置时，不管选中多大区域，只需要引用左上角的单元格即可，如前例“=A1=max($A$1:$A$15)”，而不是“=A1:A15=max($A$1:$A$15)”。

06 用条件格式不能填充图形或文字

用条件格式可以改变符合要求区域的字体下画线、字体色、背景色、填充色，但不能填充图形或文字。

单击“条件格式”下三角按钮，在展开的下拉列表中选择“新建规则”选项，弹出“新建格式规则”对话框，在对话框中选择规则类型，然后单击“格式”按钮，就会弹出“设置单元格格式”对话框，在对话框中可以自定义对满足条件的值设置格式。但是可选择的格式仅能在“数字”、“字体”、“边框”与“填充”选项卡下设置。

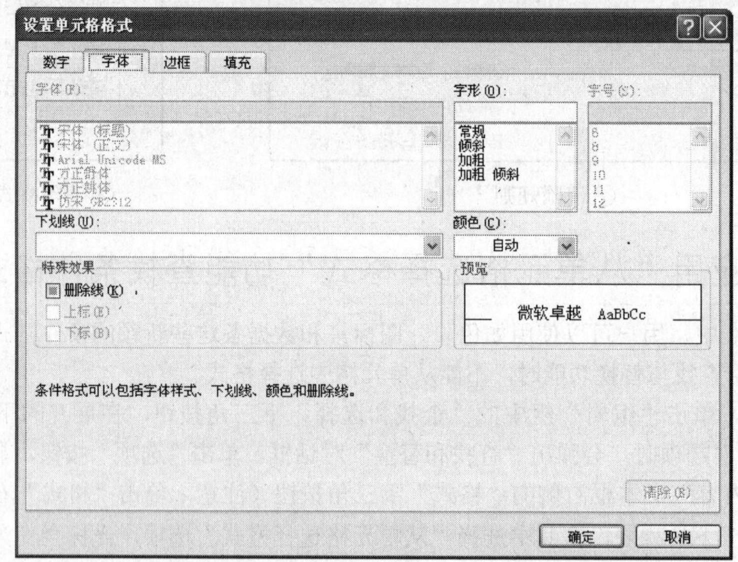

在“设置单元格格式”对话框中设置条件格式

07 条件格式不可设置太多

条件格式不可设置太多，否则文件迅速增大，且降低运算速度。

08 能用条件格式实现的尽量不要使用VBA

条件格式能实现的效果VBA均可实现，但尽量用条件格式。VBA不尽如人意之处在于“不可逆”。

Excel 2010中更强大的条件格式功能

条件格式是基于一系列数值而产生作用的，它能高亮显示某个数值，从而使其变得更加醒目。本节将简单介绍Excel 2010中强大的条件格式功能。

Excel 2010除沿用了以前版本的Excel中的条件格式样式外，又新增加了很多新颖的样式，例如渐变数据条、等级图标集等。条件格式可以使用户以一种更易理解的方式可视化地分析数据。根据数值区域里单元格的位置，用户可以分配不同的颜色、特定的图标或不同长度阴影的数据条。同时也提供了不同类型的通用规则，使其更容易创建条件格式。这些规则为“突出显示单元格规则”和“项目选取规则”。

在“开始”选项卡下单击“样式”组中的“条件格式”下三角按钮，在展开的下拉列表中选择条件格式的规则或数据条、色阶等功能，如下图所示。

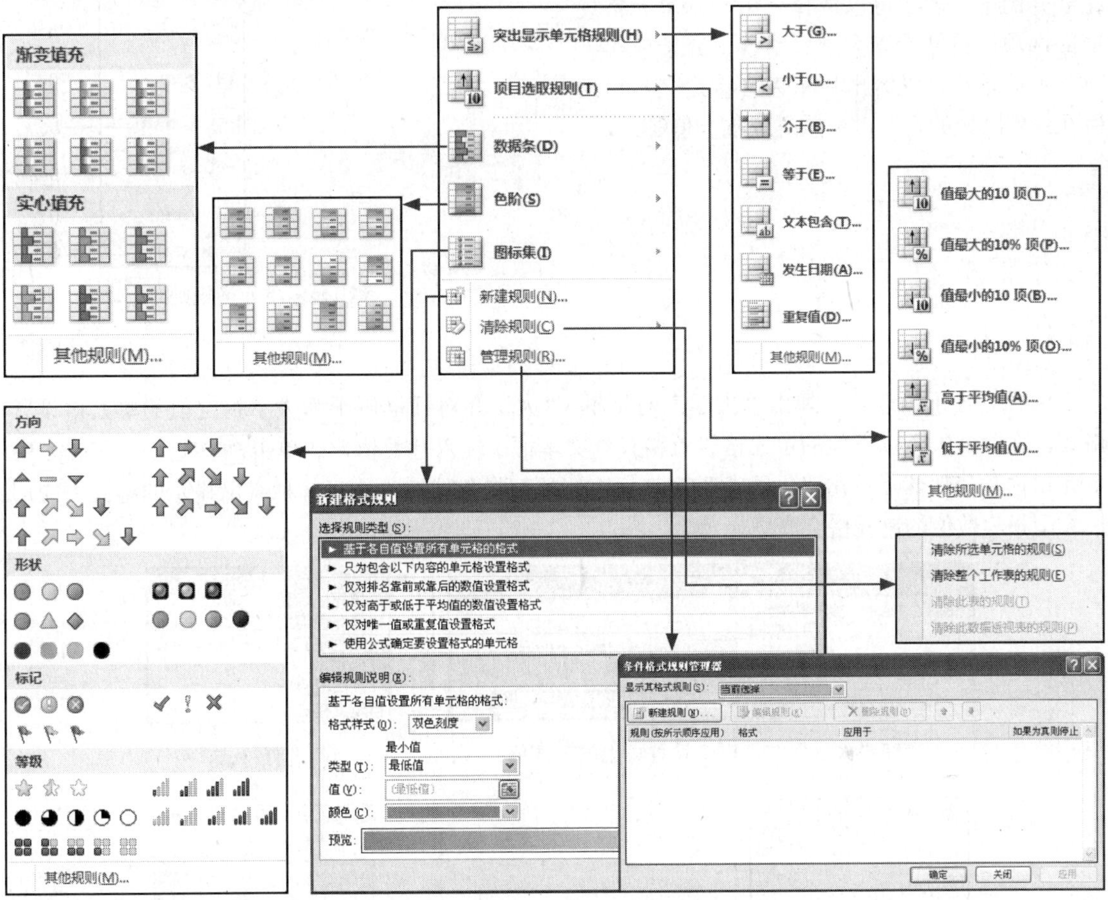

条件格式的设置与管理

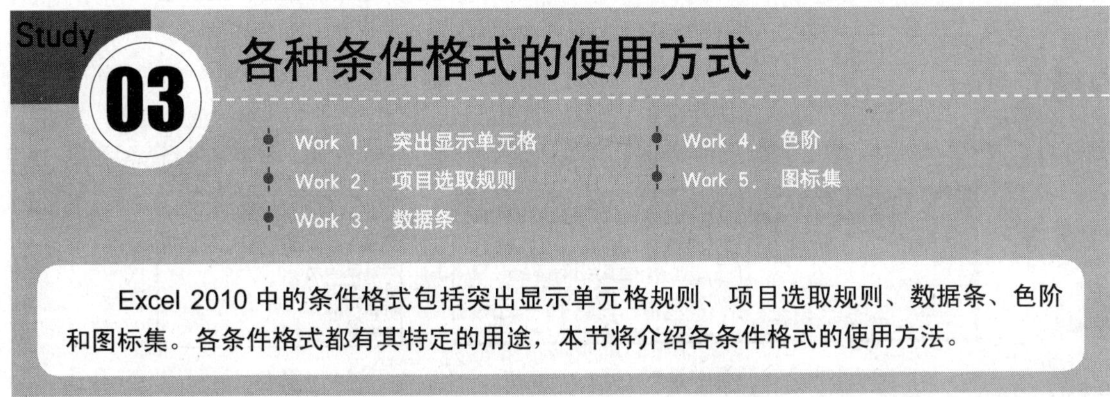

Study 03 各种条件格式的使用方式

Work 1 突出显示单元格

使用“突出显示单元格规则”，可以从规则区域选择高亮显示的指定数据，包括识别大于、小于或等于设置值的数值，或者指明发生在给定区域的日期。

单击“条件格式”下三角按钮，在展开的下拉列表中选择“突出显示单元格规则”选项，在展开的子列表中可以选择突出显示单元格规则的选项，包括设置大于、小于、介于或等于设置值的数值，或突出显示包含特定文本、发生在给定区域的日期以及重复或唯一值等。

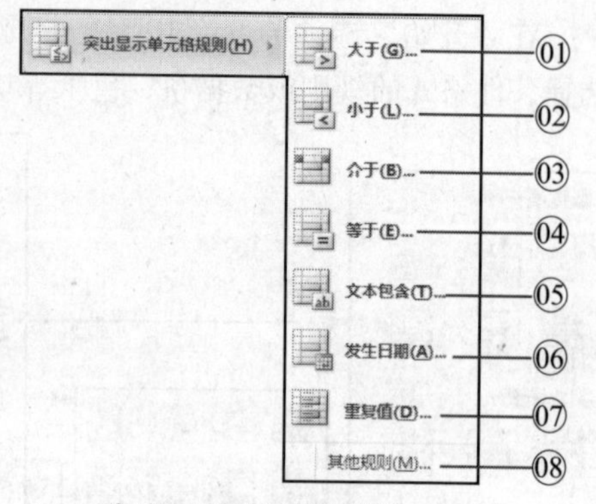

突出显示单元格规则

01 大于

选择“大于”选项，弹出“大于”对话框。“大于”对话框用于为大于指定值的单元格设置格式，在“为大于以下值的单元格设置格式”文本框中输入基数值，或单击按钮引用工作表中单元格内数值，然后单击“设置为”列表框右侧的下三角按钮，选择一种突出显示的格式，应用后大于指定数值的单元格会高亮显示。

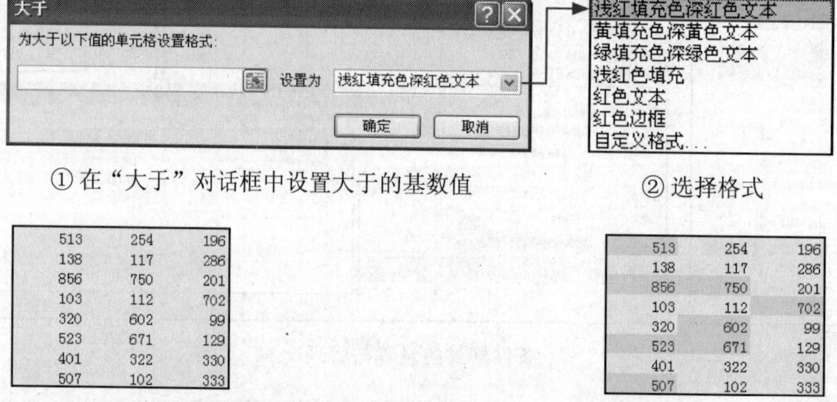

① 在“大于”对话框中设置大于的基数值

② 选择格式

513	254	196
138	117	286
856	750	201
103	112	702
320	602	99
523	671	129
401	322	330
507	102	333

513	254	196
138	117	286
856	750	201
103	112	702
320	602	99
523	671	129
401	322	330
507	102	333

③ 为大于480的单元格设置浅红填充色深红色文本

02 小于

与“大于”对话框使用方法相同，“小于”对话框用于为小于指定值的单元格设置格式。

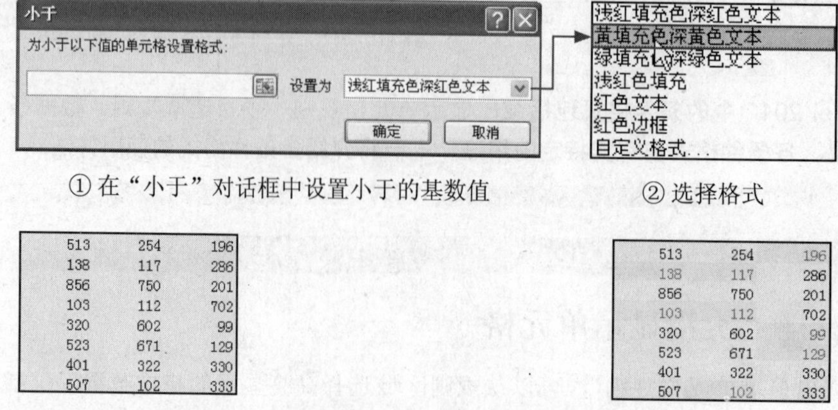

① 在“小于”对话框中设置小于的基数值

② 选择格式

513	254	196
138	117	286
856	750	201
103	112	702
320	602	99
523	671	129
401	322	330
507	102	333

513	254	196
138	117	286
856	750	201
103	112	702
320	602	99
523	671	129
401	322	330
507	102	333

③ 为小于200的单元格设置黄填充色深黄色文本

03 介于

“介于”对话框用于为介于一定数值区间内的单元格设置格式。

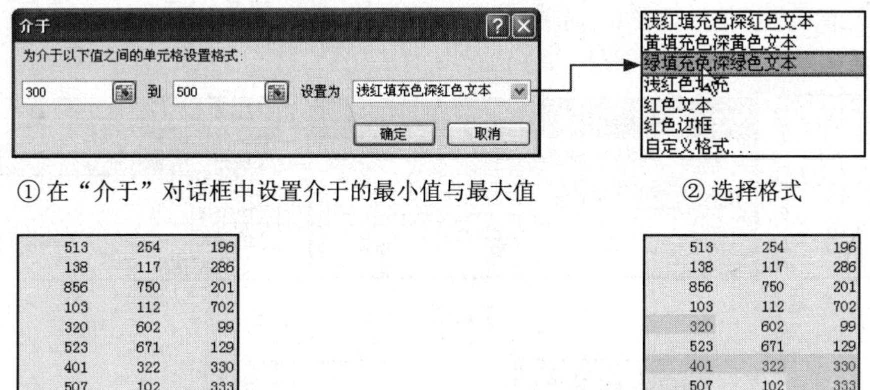

① 在“介于”对话框中设置介于的最小值与最大值　② 选择格式

③ 为300~500的单元格设置绿填充色深绿色文本

04 等于

“等于”对话框用于为等于指定值的单元格设置格式。

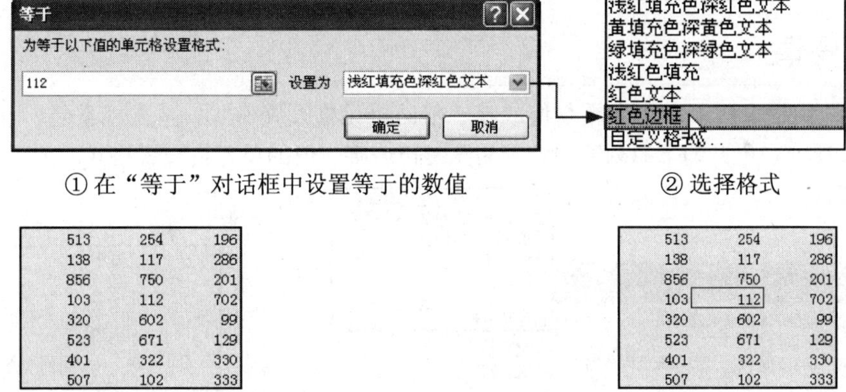

① 在“等于”对话框中设置等于的数值　② 选择格式

③ 为等于112的单元格设置红色边框

05 文本包含

“文本中包含”对话框用于为包含指定文本的单元格设置格式。

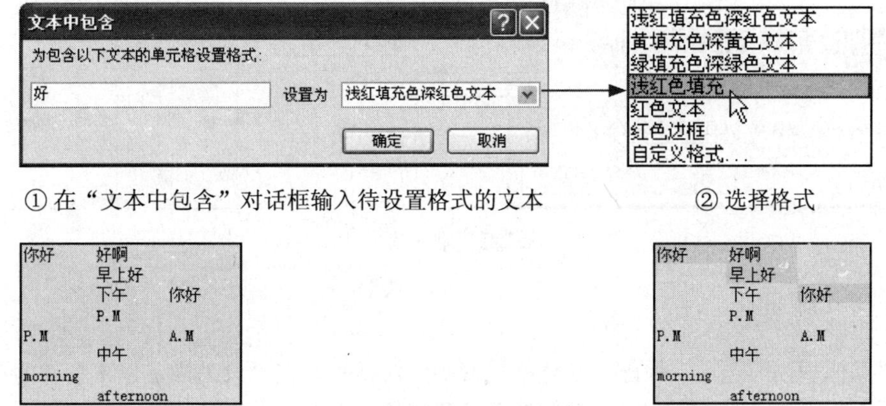

① 在“文本中包含”对话框输入待设置格式的文本　② 选择格式

③ 为包含文本“好”的单元格设置浅红色填充

06 发生日期

"发生日期"对话框用于为包含指定日期或给定区域的日期所在的单元格设置格式。日期的选择有限定，单击"日期"列表框右侧的下三角按钮，在展开的下拉列表中可以选择日期范围，如今天、最近7天、上个月等。

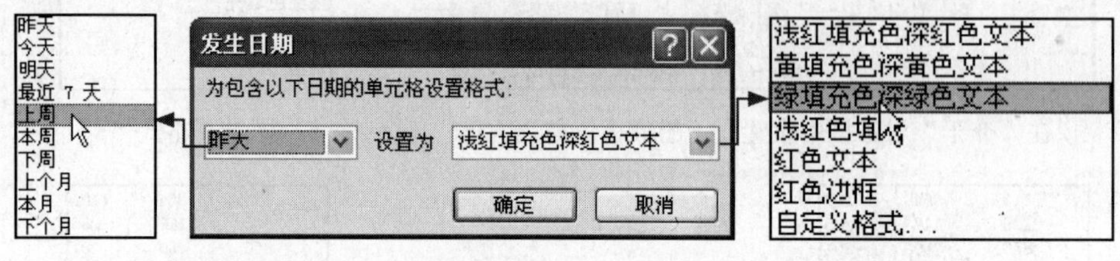

①"发生日期"对话框

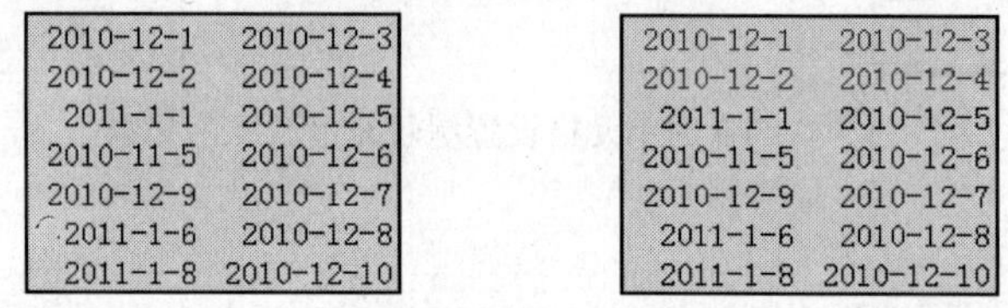

② 为发生日期在"上周"的单元格设置绿填充色深绿色文本

07 重复值

"重复值"对话框用于对包含重复值或唯一值的单元格设置格式。单击"重复"值列表框右侧的下三角按钮，在展开的下拉列表中选择为重复值或唯一值的单元格设置格式，如下图所示。

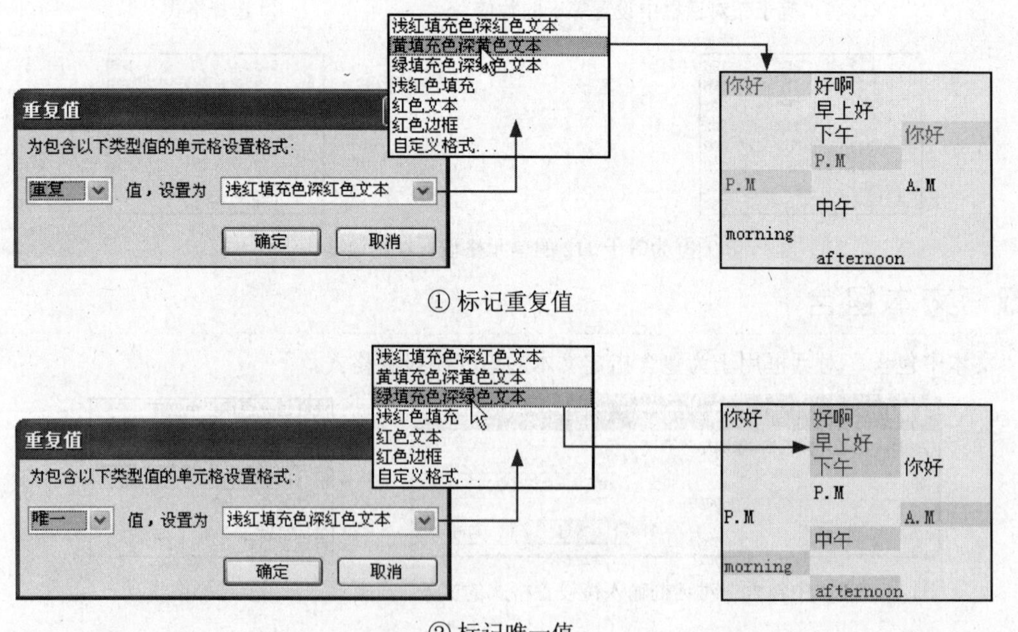

① 标记重复值

② 标记唯一值

08 其他规则

选择"其他规则"选项，弹出"新建格式规则"对话框，在"只为满足以下条件的单元格设置格式"下单击"单元格值"列表框右侧的下三角按钮，在展开的下拉列表中选择指定条件，可以设置的条件有单元格值、特定文本、发生日期、空值、无空值、错误、无错误；可以设置的范围有介于、未介于、等于、不等于、大于、小于、大于或等于、小于或等于。单击“格式”按钮，还可以自定义满足条件的单元格格式。

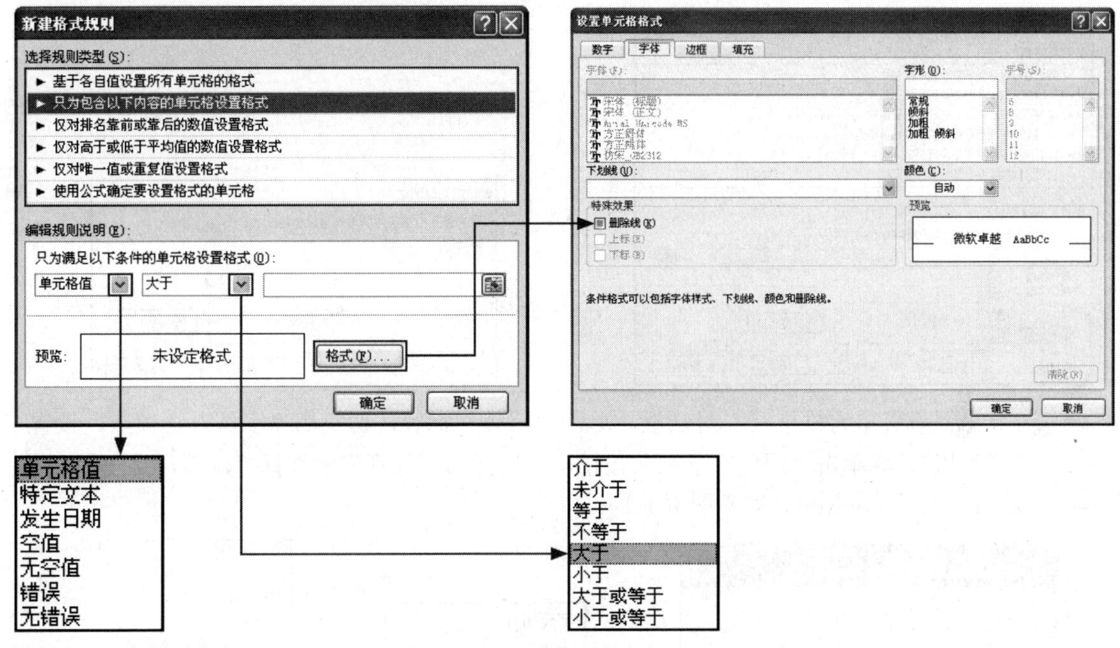

定义其他突出显示单元格规则

Lesson 02 使包含内容的单元格高亮显示

Office 2010 · 电脑办公从入门到精通

Excel 条件格式中的“突出显示单元格规则”能使满足一定条件的单元格以特定格式突出显示。在自定义规则中，用户可以定义一定数值区域的空值或非空值高亮显示，如右图所示为使单元格中非空单元格高亮显示前后的对比效果。

姓名	报到
李嘉丽	○
杨欣	○
孙小乔	
李丽	○
胡文峰	○
张强	○
周林宜	
刘磊	○

姓名	报到
李嘉丽	○
杨欣	○
孙小乔	
李丽	○
胡文峰	○
张强	○
周林宜	
刘磊	○

STEP 01 打开光盘\实例文件\第 13 章\原始文件\标记非空值.xlsx 工作簿。选中单元格区域 A2:B9，单击“条件格式”下三角按钮，在展开的下拉列表中选择“突出显示单元格规则>其他规则”选项。

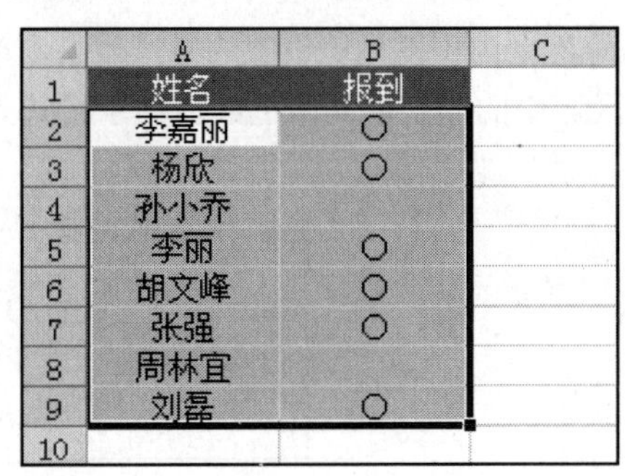

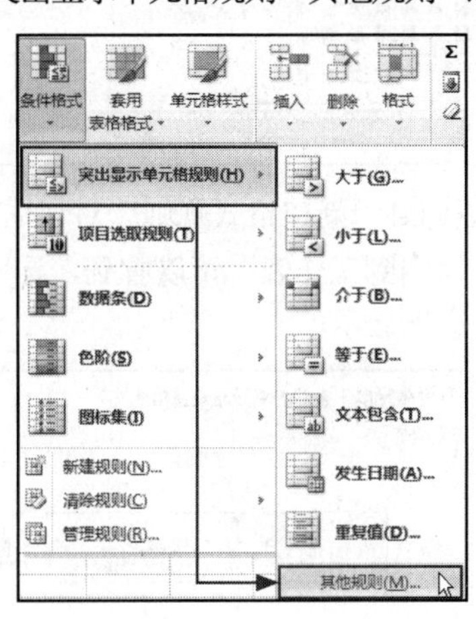

STEP 02 弹出“新建格式规则”对话框，默认选择的规则类型为“只为包含以下内容的单元格设置格式”，在“编辑规则说明”列表框内单击“单元格值”列表框右侧的下三角按钮，在展开的下拉列表中选择“无空值”选项，再单击“格式”按钮。

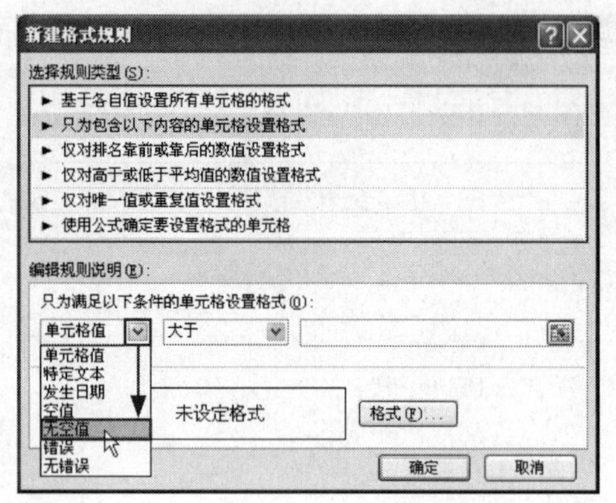
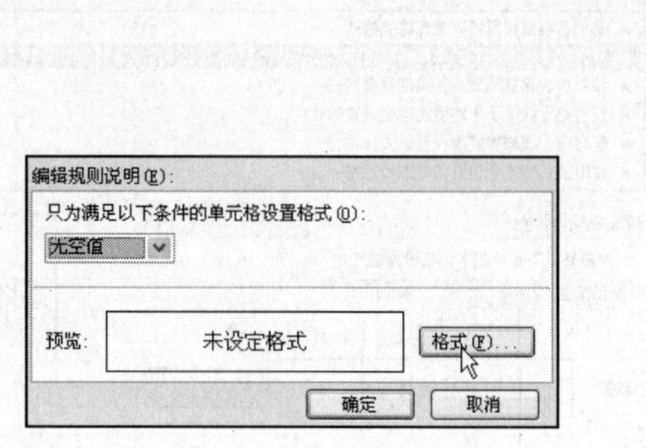

STEP 03 弹出“设置单元格格式”对话框，单击“字体”标签，切换到“字体”选项卡，设置“字形”为“加粗”，并单击“颜色”下三角按钮，在展开的下拉列表中选择“深蓝，文字 2，淡色 40%”选项，设置字体颜色，如下图所示。

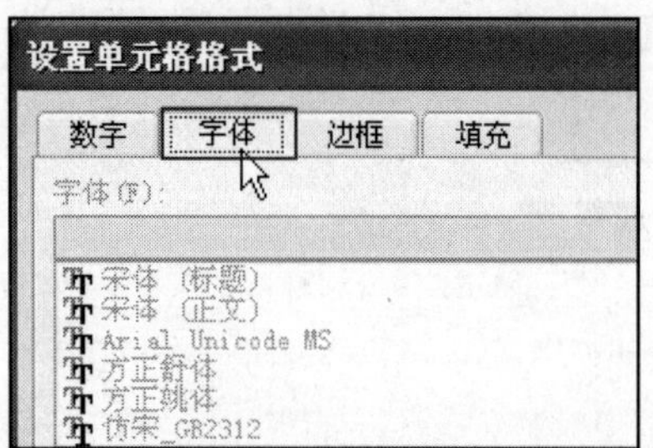
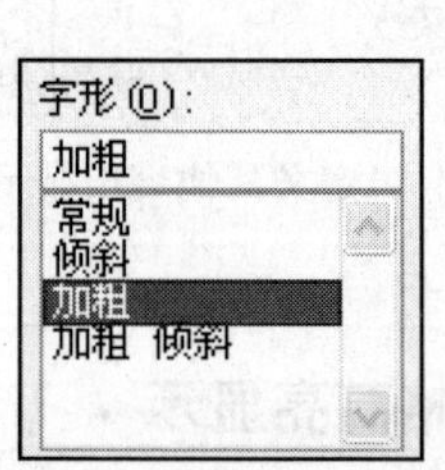
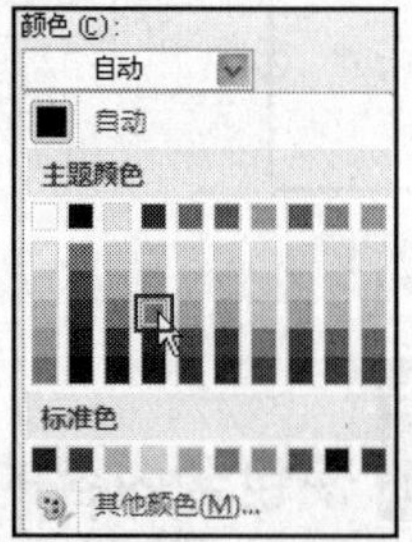

STEP 04 切换到“填充”选项卡，单击“其他颜色”按钮，弹出“颜色”对话框，在“标准”选项卡下选择一种填充颜色，然后单击“确定”按钮。

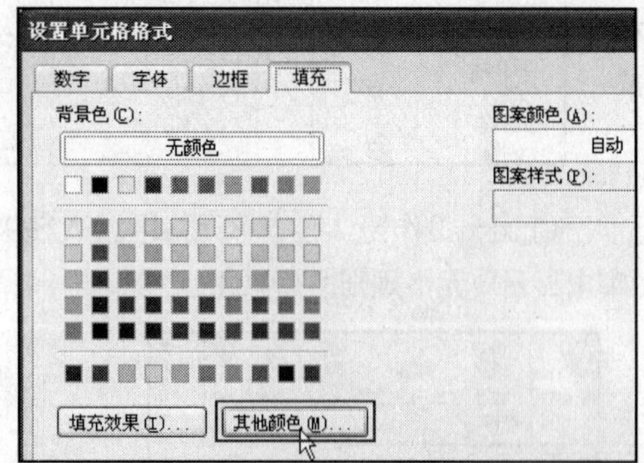
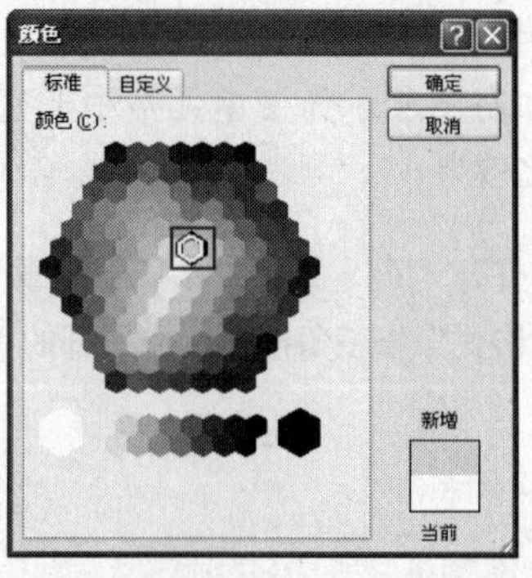

STEP 05 返回到“新建格式规则”对话框，在“预览”框内可以预览设置的格式效果，单击“确定”按钮，返回到工作表。可以看到，选中单元格区域中的非空单元格已经应用了格式效果，使单元格高亮突出显示。

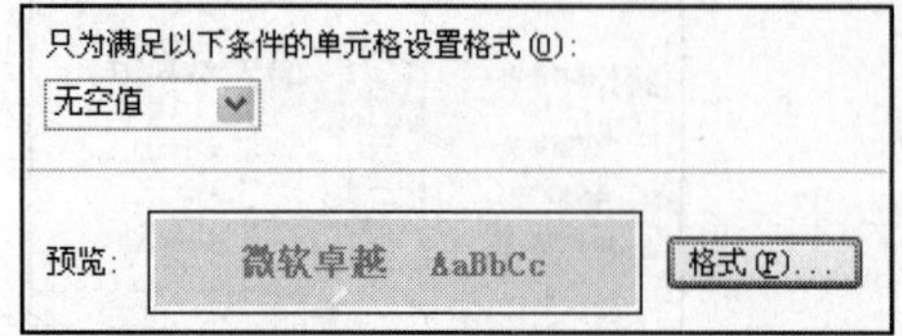
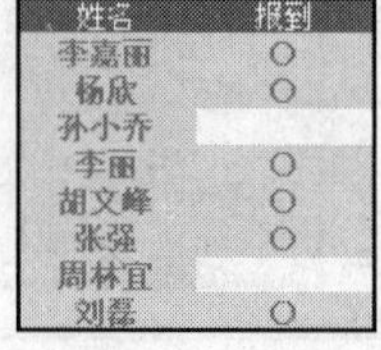

Work 2 项目选取规则

“项目选取规则”允许用户识别项目中最大或最小的百分数或数字所指定的项，或者指定大于或小于平均值的单元格。

“项目选取规则”包括选取值最大的 10 项、值最大的 10% 项、值最小的 10 项、值最小的 10% 项、高于平均值与低于平均值。

项目选取规则

01 值最大的10项

选择“值最大的 10 项”选项，弹出“10 个最大的项”对话框。“10 个最大的项”对话框用于为值最大的 *n* 个单元格设置格式（*n*=1，2，3，…），单击文本框右侧的数字调节按钮可定义值最大的 *n* 项，单击右侧“设置为”下三角按钮，在展开的下拉列表中可以为最大的 *n* 个值设置格式。

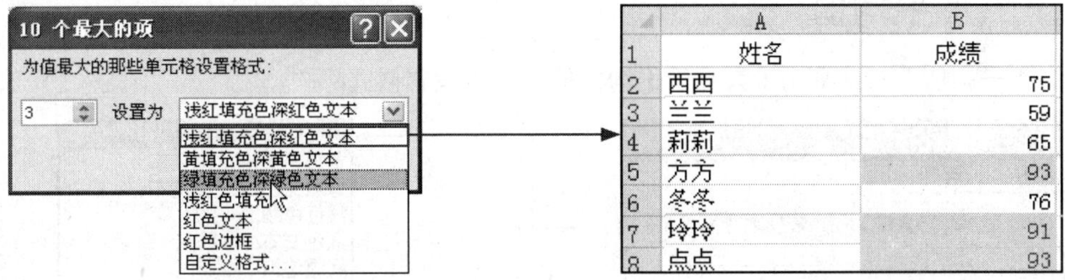

① 将最大的前 3 个单元格设置为绿填充色深绿色文本　　② 为成绩为前 3 名的单元格填充指定颜色

02 值最大的10%项

选择“值最大的 10% 项”选项，在弹出的对话框中可以为值最大的 *n*% 项设置格式（*n*=1，2，3，…）。单击“设置为”下拉按钮，在展开的下拉列表中可以选择突出显示的格式，如浅红填充色深红色文本。

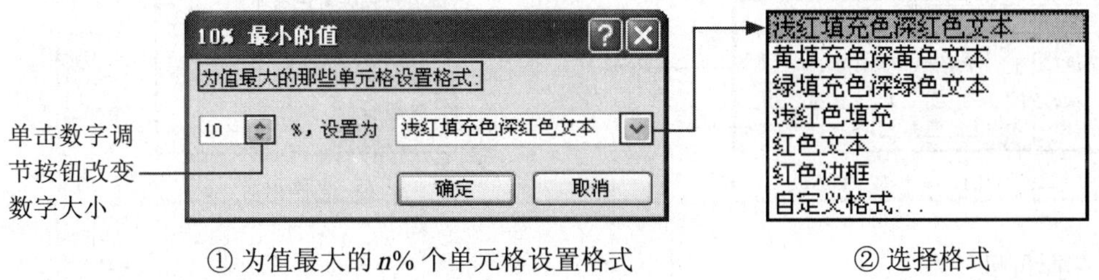

① 为值最大的 *n*% 个单元格设置格式　　② 选择格式

03 值最小的10项

“10个最小的项”对话框用于为值最小的n个单元格设置格式（n=1，2，3，…）。

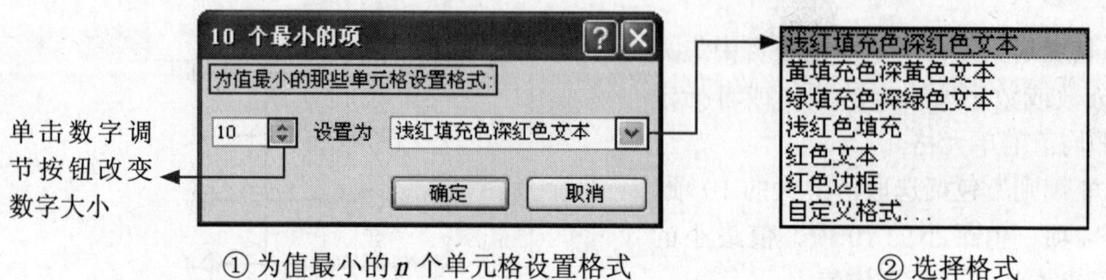

① 为值最小的n个单元格设置格式　　② 选择格式

04 值最小的10%项

“10%最小的值”对话框用于为值最小的n%个单元格设置格式（n=1，2，3，…），如下图所示。

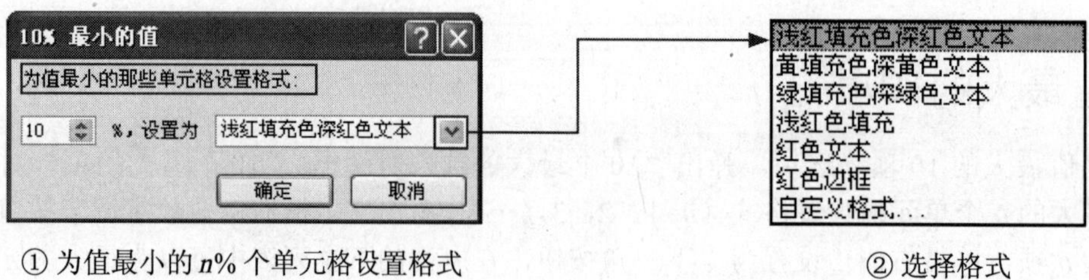

① 为值最小的n%个单元格设置格式　　② 选择格式

05 高于平均值

“高于平均值”对话框用于为高于平均值的单元格设置格式。

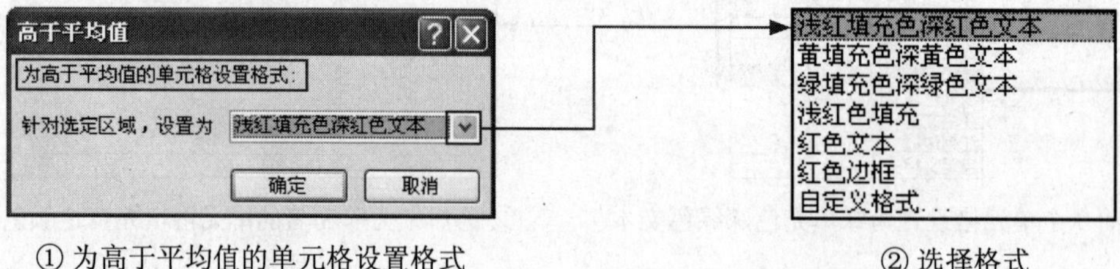

① 为高于平均值的单元格设置格式　　② 选择格式

06 低于平均值

“低于平均值”对话框用于为低于平均值的单元格设置格式。

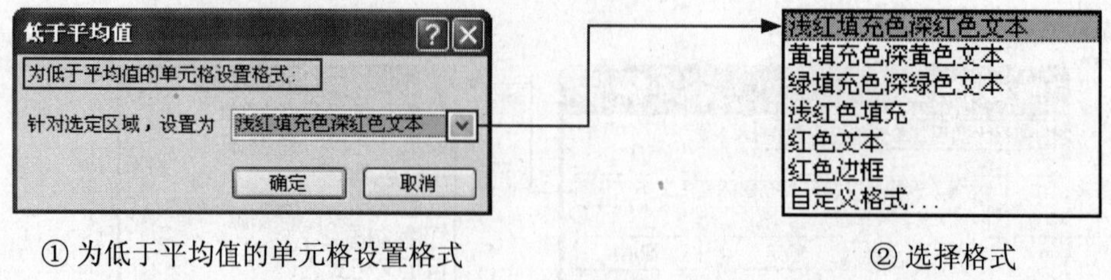

① 为低于平均值的单元格设置格式　　② 选择格式

07 其他规则

选择“其他规则”选项，弹出“新建格式规则”对话框，在“为以下排名内的值设置格式”

下单击“排名”下三角按钮，在展开的下拉列表中可以选择为排名多少之前或多少之后的值设置格式，右侧文本框中用于指定名次。若勾选“所选范围的百分比”复选框，则转换为选取项目前后 n% 的数值。

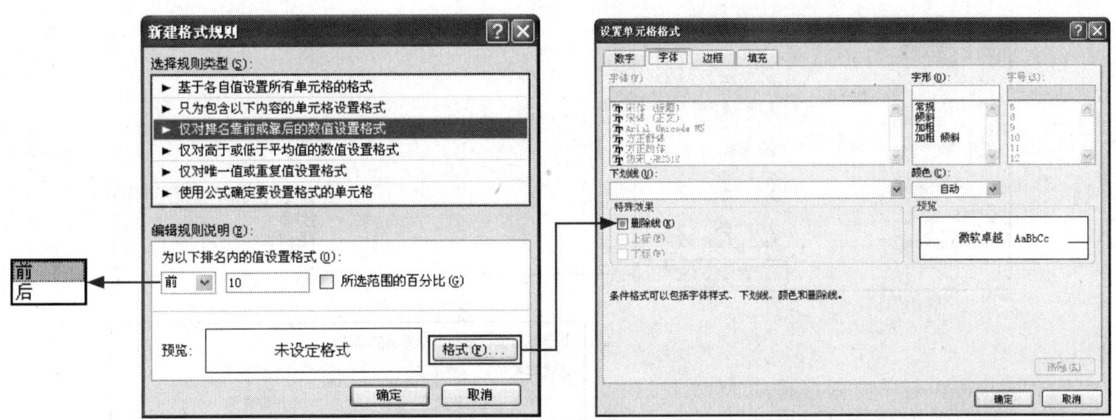

定义其他项目选取规则

Study 03 各种条件格式的使用方式

Work 3 数据条

在介绍了两种条件格式的规则后，接下来介绍 Excel 2010 增强的条件格式功能：数据条、色阶与图标集。这些功能最大的特点就是使用颜色为用户带来直观的视觉显示效果。

在文档中有效使用颜色可以显著提高文档的吸引力和可读性。在 Excel 报表中合理使用颜色和图标有助于使用户将注意力集中在关键信息上，并直观地理解结果。

数据条可帮助查看某个单元格相对于其他单元格的值。数据条的长度代表单元格中数值的大小。数据条越长，表示值越高；数据条越短，表示值越低。在观察大量数据并比较数值的大小时，数据条尤其有用。

单击“条件格式”下三角按钮，在展开的下拉列表中选择“数据条”选项，并在展开的子列表中选择相应的数据条样式，即可为数据应用数据条。Excel 默认分别用最长和最短的颜色条来标注最大和最小的数字。

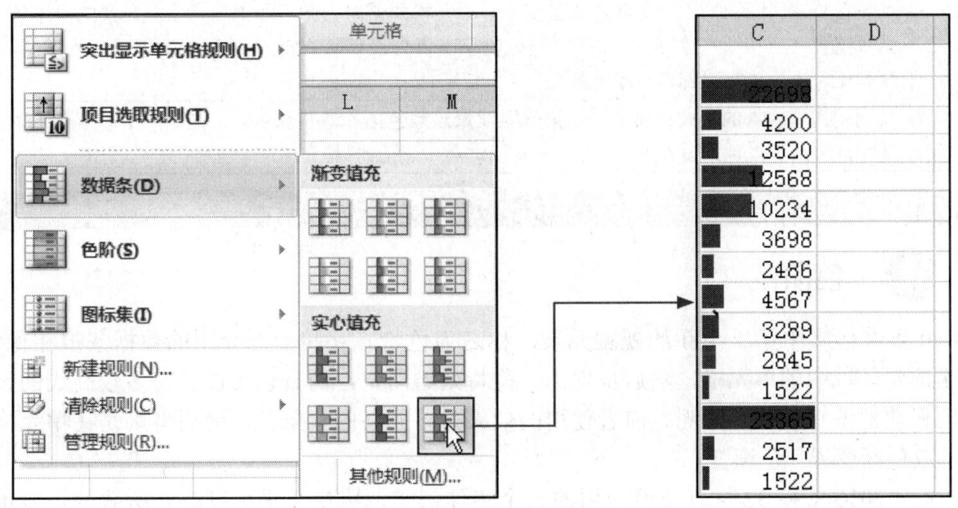

① 使用自带的浅蓝色数据条

当然，许多时候不希望像上面这样表示最高值或最低值，或者希望应用其他的数据条颜色，那么可以选择子列表中的“其他规则”选项，在“新建格式规则”对话框中自行设置颜色条长短与数据之间的关系以及数据条颜色。

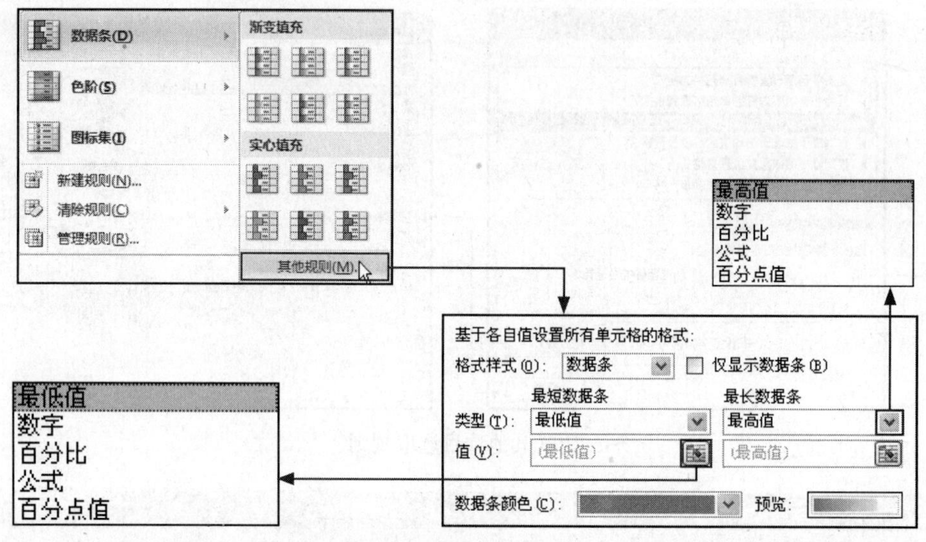

② 数据条编辑规则

关于数据条类型中的“最低/最高值”、“数字”、“百分比”、“百分点值”和“公式”的解释，如表13-1所示。

表13-1 数据条类型

选　项	说　明
最低／最高值	Excel 评估数据区域中所有单元格的值，把最短的颜色条对应给最小的数据，把最长的颜色条对应给最大的数据
数字	用户可以手工指定最短颜色条和最长颜色条对应的数字（不一定是数据区域里面的数字），Excel 会简单地根据比例来计算并绘出颜色条
百分比	手工指定最短颜色条和最长颜色条对应的百分比
百分点值	“百分点”不同于“百分比”，这是一个不确定的数据。也就是说，“百分点”根据设置的值，把数据区域中的单元格进行排序，然后决定相应的序数。在一个由10个单元格组成的数据区域中，“百分点”40将意味着第4个单元格的值。因此，如果用户为颜色条的最小值选项选择“百分点”并且输入40，那么位于“百分点”40的这个单元格的值成为标准值，任何比它小的值将得到最短颜色条
公式	利用用户输入的公式计算一个结果来匹配最短颜色条和最长颜色条。这是一个非常有用的条件选项，可以用来设置其他不适用于以上4种选择的情况

Study 03　各种条件格式的使用方式

色阶

Excel 2010条件格式中第二个新的视觉元素，称之为色阶。它和上面介绍的数据条很相像，都是用来对比选定区域中的单元格，然后呈现出一些特效给用户，而且也可以做许多较高级的设置。那么色阶和数据条有什么区别呢？前者使用的效果是单元格的背景色，而后者则是在单元格区域里面显示双色渐变或三色渐变。

色阶是Excel 2010支持32位真彩色应用的一个绝佳例子，用户几乎可以随心所欲地定制单元格的背景色。Excel 2010允许双色渐变颜色和三色渐变颜色。

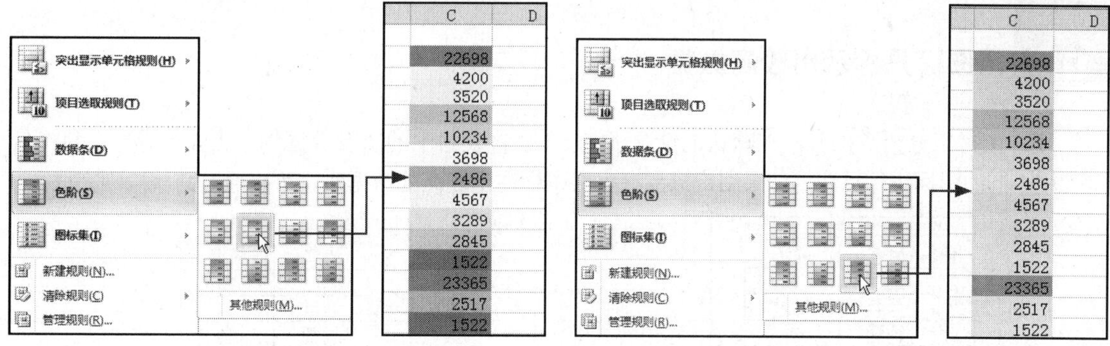

① 应用三色色阶　　② 应用两色色阶

在色阶的颜色表示中，红色是值最小的，绿色是值最大的，黄色则是中间的。这些颜色向用户提供了易于理解的信息。当运用色阶时，Excel 2010 默认按照区域中的最大值、最小值和中间值来决定颜色的分配方式，正如数据条那样，还可以设置用于决定分配颜色的数值和需要分配的颜色，可以在“最低值”、“最高值”、“数字”、“百分比”、“百分点值”和“公式”这几个选项中任意选择一种。

选择“其他规则”选项，弹出“新建格式规则”对话框，可以在该对话框中设置双色色阶与三色色阶的格式。

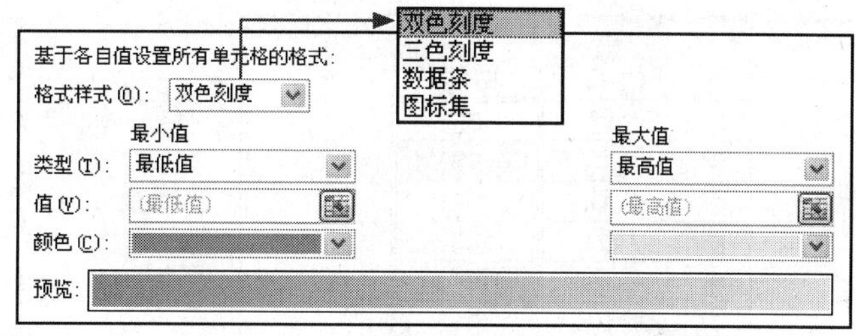

色阶编辑规则

Study 03　各种条件格式的使用方式

Work 5　图标集

使用图标集可以对数据进行注释，并可以按阈值将数据分为 3~5 个类别。每个图标代表一个值的范围。例如，在三向箭头图标集中，绿色的上箭头代表较高值，黄色的横向箭头代表中间值，红色的下箭头代表较低值。

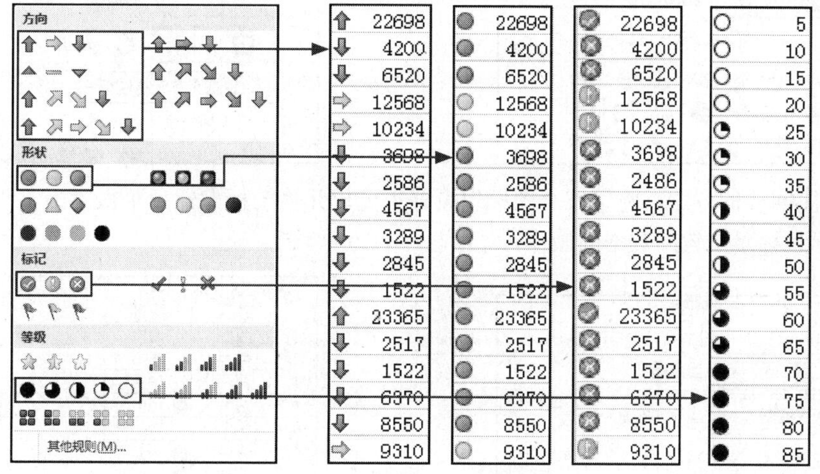

① 图标集　　② 数据应用图标集

Lesson 03 用图标只标示出较高数据

使用图标集分析数据时，在默认的情况下 Excel 会将表格中的所有数据划分为 3 个等级，每个等级使用不同的图标进行标注，如果用户只要在表格中标注出较高的数据时，可以通过其他规则完成。

	A	B
1	姓名	成绩
2	西西	75
3	兰兰	59
4	莉莉	65
5	方方	93
6	冬冬	76
7	玲玲	91
8	点点	93
9		

	A	B
1	姓名	成绩
2	西西	75
3	兰兰	59
4	莉莉	65
5	方方	● 93
6	冬冬	76
7	玲玲	● 91
8	点点	● 93
9		

STEP 01 打开光盘\实例文件\第 13 章\原始文件\用图标只标示出较高数据 .xlsx。选中单元格区域 B2:B8，单击“条件格式”下三角按钮，在展开的下拉列表中选择“图标集>其他规则”选项。

	A	B	C
1	姓名	成绩	
2	西西	75	
3	兰兰	59	
4	莉莉	65	
5	方方	93	
6	冬冬	76	
7	玲玲	91	
8	点点	93	
9			

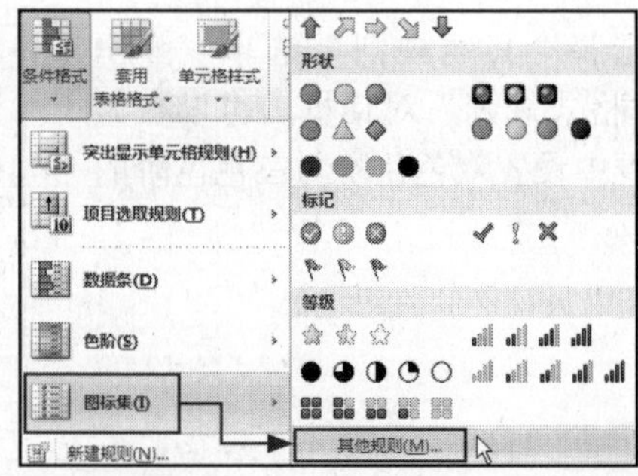

STEP 02 弹出“新建格式规则”对话框，默认选择的规则类型为“基于各自值设置所有单元格的格式”，在“根据以下规则显示各个图标”区域内单击第一个图标的下三角按钮，在展开的下拉列表中单击“红色交通”图标。然后单击第二个图标的下三角按钮，在展开的下拉列表中单击“无单元格图标”选项。

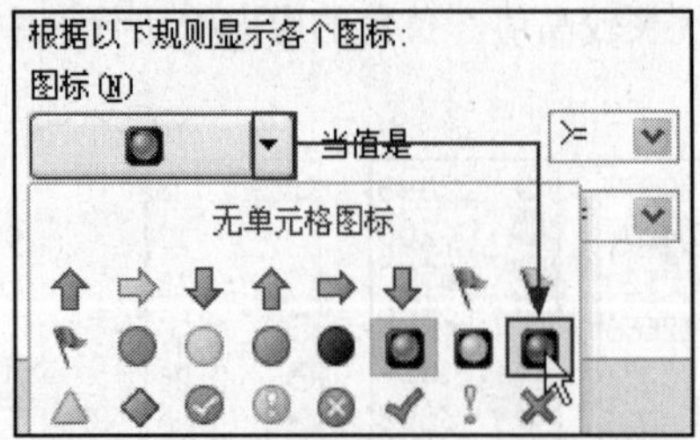

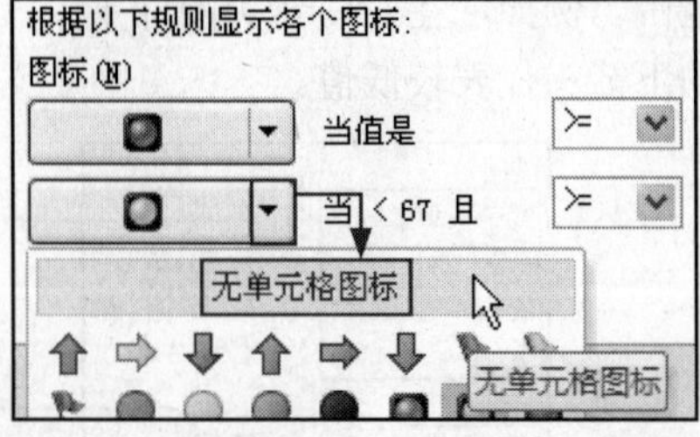

STEP 03 按照同样的方法，将第三个图标也设置为无单元格图标，然后单击“确定”按钮，就完成了使用图标只标示出较高数据的操作。

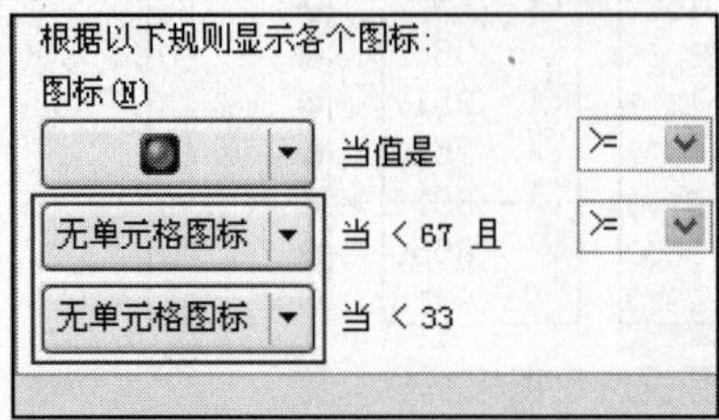

	A	B	C	D
1	姓名	成绩		
2	西西	75		
3	兰兰	59		
4	莉莉	65		
5	方方	● 93		
6	冬冬	76		
7	玲玲	● 91		
8	点点	● 93		
9				

条件格式的管理

条件格式的管理可以在“条件格式规则管理器”中进行。在“条件格式规则管理器”中，可以进行条件格式的创建、编辑与删除工作，也可以改变多个条件格式之间的优先级。

为了帮助追踪这些条件格式规则，Excel 2010 提供了“条件格式规则管理器”，可以创建、编辑、删除规则以及控制规则的优先级。

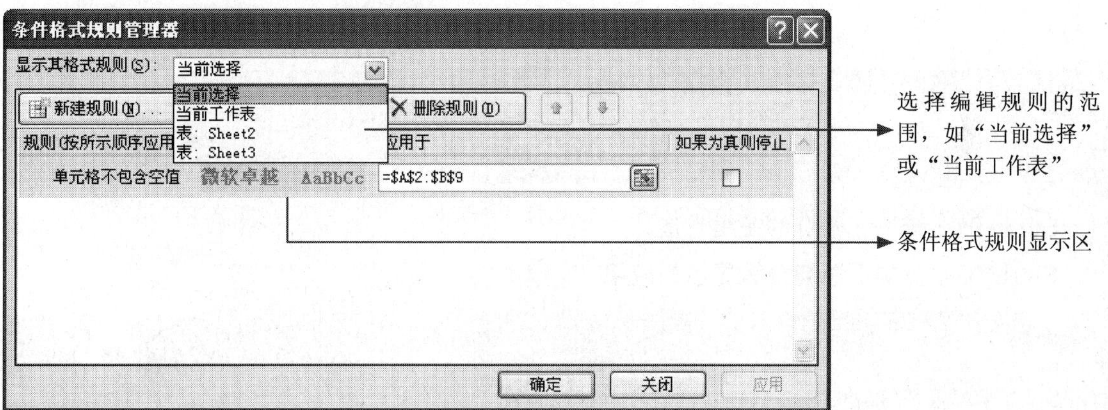

条件格式规则管理器

Tip 多个条件格式规则评估为真时将发生的情况

对于一个单元格区域，可以有多个评估为真的条件格式规则。这些规则可能冲突，也可能不冲突。不同情况举例如表 13-2 所示。

表 13-2　不同情况举例说明

发生情况	举　　例
① 规则不冲突	例如，如果一个规则将单元格格式设置为字体加粗，而另一个规则将同一个单元格的格式设置为红色，则该单元格格式设置为字体加粗且为红色。因为这两种格式间没有冲突，所以两个规则都得到应用
② 规则冲突	例如，一个规则将单元格字体颜色设置为红色，而另一个规则将单元格字体颜色设置为绿色。因为这两个规则冲突，所以只应用一个规则，应用优先级较高的规则

Chapter 14

切实掌握排序、筛选与分类汇总的使用方法

Office 2010 电脑办公从入门到精通

本章重点知识

Study 01 排序和筛选的使用方法

Study 02 分类汇总与分级显示的应用

本章视频路径

姓名	性别	文化程度
陈州鹏	男	研究生
林叮叮	女	研究生
刘燕	女	大学本科
高静	女	大学本科
高杉	男	大学本科
黄波	男	大专
张晓姗	女	大专
林如海	男	中专

类别	产品名称	价格
水果罐头	杏	8.5
水果罐头	梨	8
肉罐头	午餐肉	13.6
肉罐头	豆豉鲮鱼	12
饮料	红茶	3.5
饮料	啤酒	5
奶制品	豆奶	6
奶制品	酸奶	3.5

Chapter 14\Study 01\

- Lesson 01 按笔画排序.swf
- Lesson 02 按照指定的顺序排序.swf
- Lesson 03 添加多关键字排序.swf
- Lesson 04 按单元格颜色排序.swf
- Lesson 05 使用搜索筛选器筛选.swf
- Lesson 06 筛选同时满足多个条件的数据.swf
- Lesson 07 筛选并列满足多个条件的数据.swf

Chapter 14 切实掌握排序、筛选与分类汇总的使用方法

在本章中读者需要了解 Excel 2010 排序、筛选和分类汇总的知识。对 Excel 数据进行排序是数据分析不可缺少的组成部分，例如，将名称列表按笔画排序，按从高到低的顺序编制产品存货水平列表，按颜色或图标进行排序。对数据进行排序有助于快速直观地显示数据并更好地理解数据，有助于组织并查找所需数据；Excel 的筛选功能可以帮助用户快速显示出所需的记录；分类汇总功能可以对数据清单的各个字段按分类逐级进行如求和、求均值、求最大值和最小值等汇总计算。

Study 01 排序和筛选的使用方法

- Work 1. 排序
- Work 2. 筛选

对于统计人员来说，常常需要将一张数据清单中的数据加以整理、排序，挑选出满足条件的有效数据来分析，从而获得有用的信息，Excel 提供的排序、筛选功能可以达到这样的目的。本节将介绍排序和筛选的使用方法。

要调用 Excel 的排序和筛选功能可以通过两种方法：一种为使用“数据”选项卡的“排序和筛选”组；另一种方法为使用快捷菜单中的“排序”和“筛选”命令。

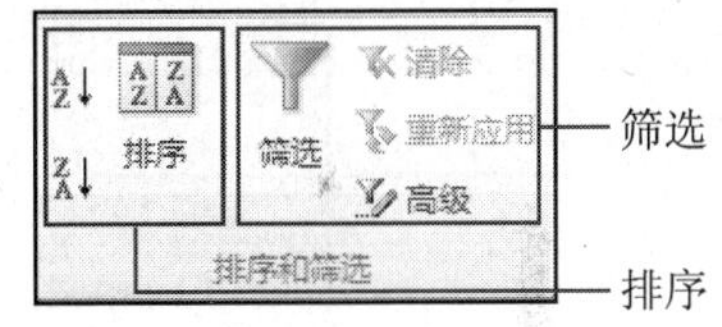

①“排序和筛选”组

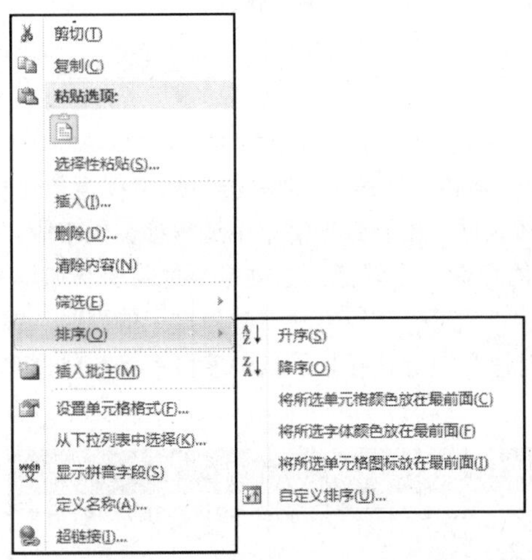

② 快捷菜单中的“排序”功能

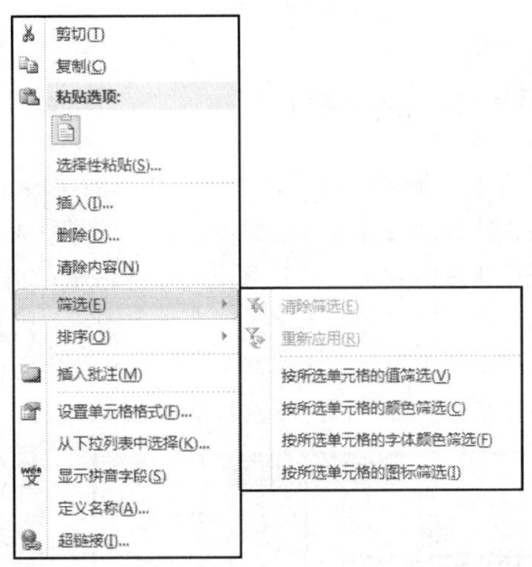

③ 快捷菜单中的“筛选”功能

Work 1 排序

数据的排序是把一列或多列无序的数据变成有序的数据，这样能够更加方便地管理数据。在

进行数据排序时，可以按照默认排序顺序，也可以按照单列或多列排序顺序和自定义排序顺序来排序。排序时，Excel将利用指定的排序顺序重新排列行、列以及各单元格。

使用“排序和筛选”组中的“排序”功能以及快捷菜单中的“排序”命令都可以设置数据的排序。

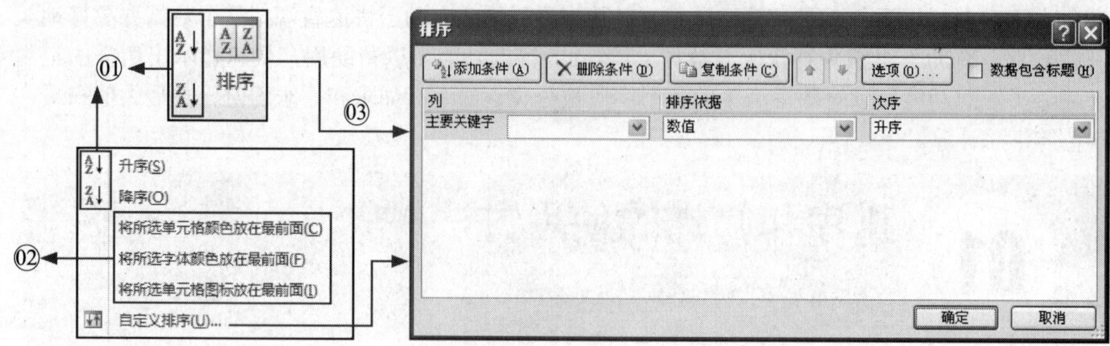

“排序”对话框

01 简单的升降排序

简单的升降排序即根据数据表中某一字段数据的大小重新排列表中记录的顺序。将记录（无序数据）按字段值从小到大排列称为升序排序，从大到小排列称为降序排序。

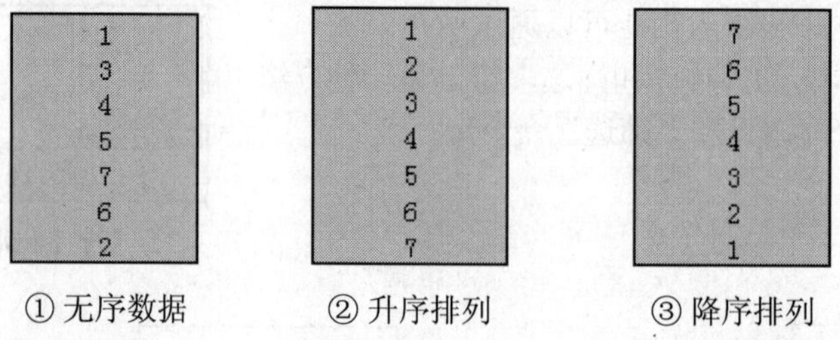

① 无序数据　② 升序排列　③ 降序排列

Tip 给出排序依据

在数据清单中任意选中需要排序的字段（如“葡萄”字段），则单击该列中任意单元格，然后进行升序或降序排列即可。如果是选中单元格区域，由于数据清单中还包括其他字段，因此进行排序时会弹出“排序提醒”对话框，提示用户选定区域旁的数据是否也需要参加排序。此时，若选择“扩展选定区域”单选按钮，则在按“葡萄”字段升序或降序排列的同时，重新排列表中所有记录；如果选中“以当前选定区域排序”单选按钮，则其他字段不参与排序，数据清单容易打乱，因此不推荐使用后者。

	苹果	葡萄	香蕉
2008-10-11	125	200	100
2008-10-12	153	188	120
2008-10-13	136	192	99
2008-10-14	133	205	90
2008-10-15	158	220	110
2008-10-16	119	169	116
2008-10-17	120	201	106
2008-10-18	130	186	117

对字段排序

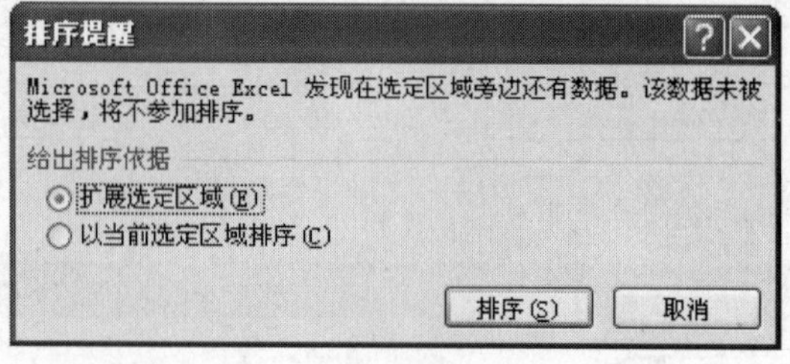

排序提醒

02 快捷菜单中的排序依据

使用 Excel 2010，无论是手动还是按条件设置的单元格格式，都可以按格式（包括单元格颜色和字体颜色）对数据进行排序（或筛选）。不仅如此，用户还可以按 Excel 2010 新增的条件格式创建的图标集来进行排序（或筛选）。

右击设置有单元格颜色、字体颜色或图标样式的单元格，在弹出的快捷菜单中指向“排序”选项，在弹出的子菜单中可以设置将与所选单元格的颜色、字体颜色或图标样式相同的单元格放在数据清单的顶部。

- 将所选单元格颜色放在最前面：快速将与当前单元格中含有相同颜色的单元格置于顶部。
- 将所选字体颜色放在最前面：快速将与当前单元格中含有相同字体颜色的单元格置于顶部。
- 将所选单元格图标放在最前面：快速将与当前单元格中含有相同图标的单元格置于顶部。

例如，右击含紫色字体的任意单元格，如“香蕉船”，在弹出的快捷菜单中执行“排序＞将所选字体颜色放在最前面”命令，则与“香蕉船”所含字体颜色相同的所有单元格依次排列在该列的顶端，剩余单元格的排列位置不变。

产品名称	产品名称
朱古力茶	香蕉船
冰柠檬	奶茶
香蕉船	朱古力茶
咖啡	冰柠檬
蛋奶沙冰	咖啡
草莓冰	蛋奶沙冰
奶茶	草莓冰
橙汁	橙汁

① 将紫色字体放在最前面

价格	价格
12	12
6	12
5	6
6	5
10	6
12	10
8	8
8	8

② 将红色单元格放在最前面

订购数量	订购数量
⇩ 20	⇨ 26
⇨ 26	⇨ 28
⇧ 40	⇨ 30
⇩ 20	⇩ 20
⇨ 28	⇧ 40
⇩ 22	⇩ 20
⇩ 15	⇩ 22
⇨ 30	⇩ 15

③ 将包含黄色箭头图标的单元格放在最前面

03 “排序”对话框

在“排序和筛选”组中单击“排序”按钮，或在快捷菜单中执行“排序＞自定义排序”命令，会弹出“排序”对话框。当用户需要对数据清单中的数据设置超过 2 个以上的排序条件，或需要应用单元格颜色、字体颜色、单元格图标和字母笔画排序时，需要用到“排序”对话框。在介绍“排序”对话框的使用前，首先了解“排序”对话框中各按钮选项的功能，如表 14-1 所示。

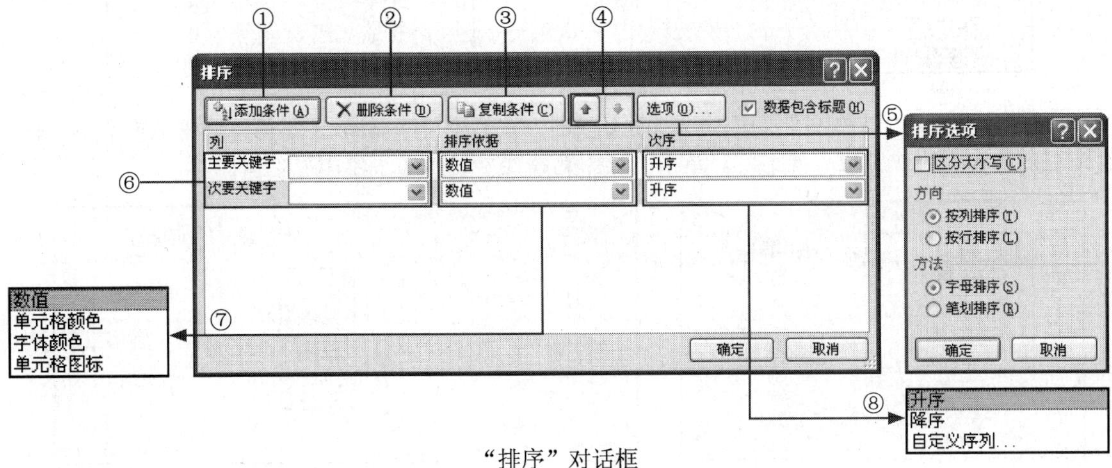

“排序”对话框

表 14-1 “排序”对话框中各功能的介绍

编号	按钮与选项	功能
①	添加条件 添加条件(A)	用于添加关键字条件。在排序时，首先按主要关键字进行排序，再依次按次要关键字排序
②	删除条件 删除条件(D)	用于删除关键字。在列表框中选择需要删除的关键字，然后单击“删除条件”按钮即可删除
③	复制条件 复制条件(C)	快速创建一个相同的排序条件，关键字、排序依据和排序次序均相同
④	关键字上 / 下移按钮	“上移”和“下移”按钮用于控制关键字的优先级，越靠上的关键字优先级越高，即首选排序条件
⑤	选项 选项(O)...	单击“选项”按钮，弹出“排序选项”对话框，在对话框中可以设置按字母、笔画、方向及区分大小写排序
⑥	关键字	排序的字段名称
⑦	排序依据	包括按数值、单元格颜色、字体颜色、单元格图标排序
⑧	次序	排序次序，分为升序排列、降序排列和自定义序列排列

Lesson 01 按笔画排序

Office 2010 · 电脑办公从入门到精通

在默认情况下，Excel 对中文字是按照字母方式进行排序的。以中文姓名为例，字母顺序即按姓的拼音首字母在 26 个英文字母中出现的顺序进行排列，如果姓名相同，则依次计算姓名的第二、第三个字。然而，中国人也有其他的使用习惯，即按照笔画的顺序排列姓名。这种排序的规则是：按姓字的笔画数多少排列，同笔画数内的姓字按起笔顺序排列（横、竖、撇、捺、折），笔画数和笔形都相同的字，按字形结构排列，先左右，再上下，最后整体字。如果姓字相同，则依次看姓名的第二、三个字，规则同姓字。在 Excel 中，已经考虑到了使用笔画排序这种需求。不过，Excel 中的按笔画排序并没有完全按照前文所提到的习惯来作为规则。对于相同笔画数的汉字，Excel 按照其内码顺序进行排列。如下图所示为按笔画排序前后的文档效果。

姓名	年龄
张静	26
杨欣	24
孙琳	29
冯小冉	27
薛凯	24
张志强	26
李磊	28

姓名	年龄
冯小冉	27
孙琳	29
张志强	26
张静	26
李磊	28
杨欣	24
薛凯	24

STEP 01 打开光盘 \ 实例文件 \ 第 14 章 \ 原始文件 \ 按笔画排序 .xlsx 工作簿。选中数据清单中任意单元格，切换到“数据”选项卡，单击“排序和筛选”组中的“排序”按钮。

	A	B
1	姓名	年龄
2	张静	26
3	杨欣	24
4	孙琳	29
5	冯小冉	27
6	薛凯	24
7	张志强	26
8	李磊	28

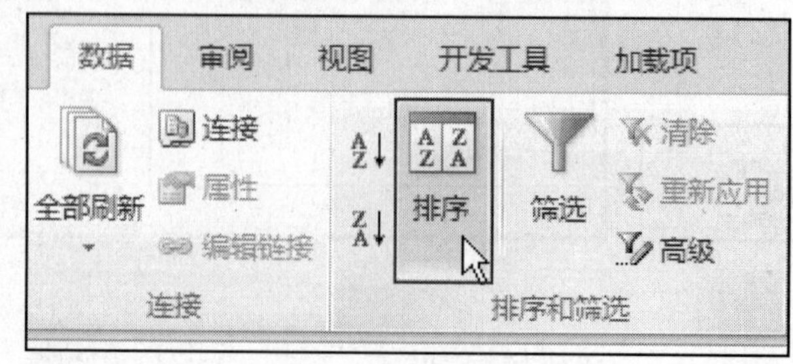

STEP 02 弹出“排序”对话框，单击“列”下“主要关键字”列表框右侧的下三角按钮，在展开的下拉列表中选择“姓名”选项，设置主要关键字为“姓名”；再单击“次序”列表框右侧的下三角按钮，在展开的下拉列表中选择“升序”选项，设置排序方式为升序。

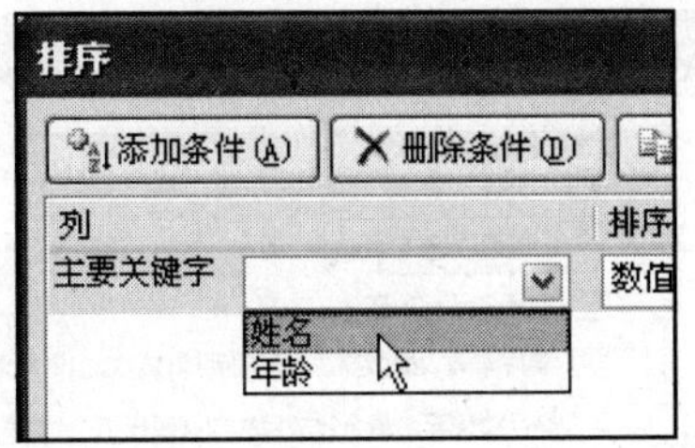

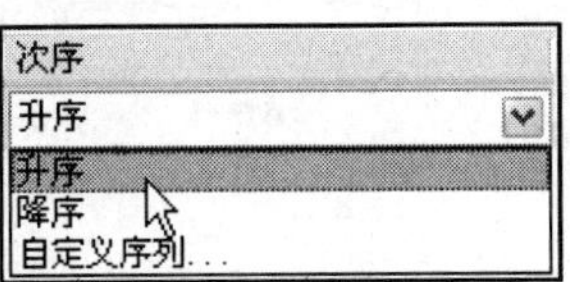

STEP 03 单击“排序”对话框中的“选项”按钮，在弹出的“排序选项”对话框中选中“方法”选项组中的“笔画排序”单选按钮，再单击“确定”按钮。

STEP 04 关闭“排序”对话框后，可以看到姓名字段按笔画排序的结果。

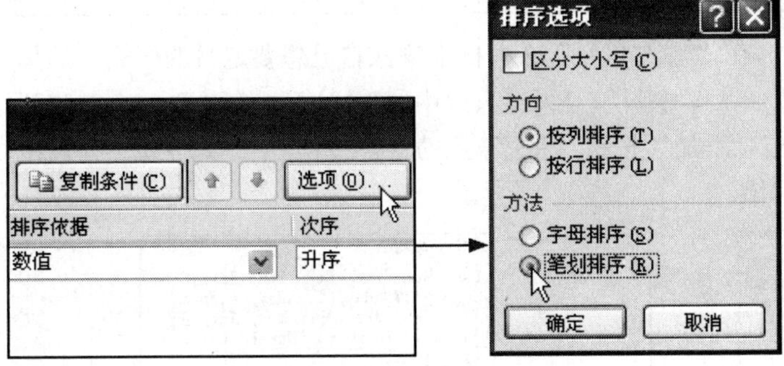

	A	B
1	姓名	年龄
2	冯小冉	27
3	孙琳	29
4	张志强	26
5	张静	26
6	李磊	28
7	杨欣	24
8	薛凯	24

Lesson 02 按照指定的顺序排序

当把表格的数据按数字或字母顺序进行排序时，Excel 的排序功能能够很好地工作，但是如果用户希望把某些数据按照自己的想法来排序，在默认情况下 Excel 是无法完成任务的。本例中 C 列是所有职员的文化程度，现在需要按文化程度的高低来排序整张表格。

如果用户以 C 列为标准进行排序，无论是升序排列还是降序排列，都无法得到令人满意的结果。如果直接按升序降序排列，Excel 实际上是按照首个字的字母顺序来排序的。那么，如何才能让 Excel 按照用户所希望的方式来排序呢？首先，用户需要告诉 Excel 文化程度高低的顺序，方法是创建一个自定义序列。在本例中，用户需要创建一个有关文化程度高低的序列，然后在排序中应用此自定义序列排序。如下图所示为自定义排序前后的文档效果。

姓名	性别	文化程度
林如海	男	中专
陈州鹏	男	研究生
刘燕	女	大学本科
黄波	男	大专
高静	女	大学本科
张晓姗	女	大专
高杉	男	大学本科
林叮叮	女	研究生

姓名	性别	文化程度
陈州鹏	男	研究生
林叮叮	女	研究生
刘燕	女	大学本科
高静	女	大学本科
高杉	男	大学本科
黄波	男	大专
张晓姗	女	大专
林如海	男	中专

STEP 01 打开光盘\实例文件\第 14 章\原始文件\按指定顺序排序.xlsx 工作簿。单击“文件”按钮，在弹出的下拉菜单中单击“选项”，弹出“Excel 选项”对话框，在“高级”选项卡下“常规”区域内单击“编辑自定义列表”按钮。

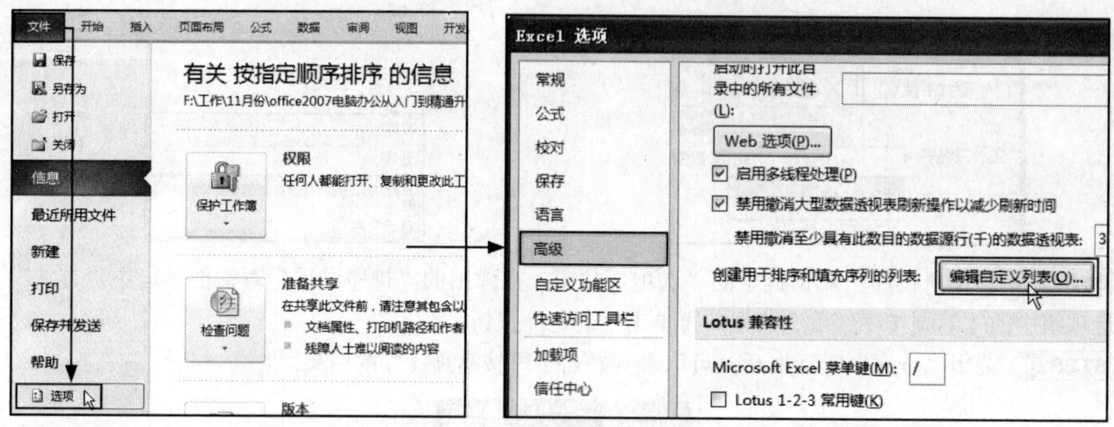

STEP 02 弹出“自定义序列”对话框，在“输入序列”文本框中输入自己想要定义的序列，这里按文化程度的高低依次输入“研究生”、“大学本科”、“大专”、“中专”。注意，每输入一个名称要换行再输入下一个，输入完成后，单击“添加”按钮，将序列添加到左侧“自定义序列”列表框中。编辑完成后，单击“确定”按钮退出。

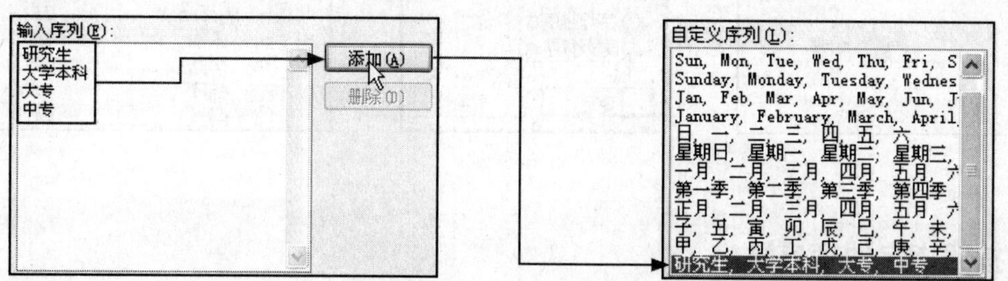

STEP 03 返回到工作表中，选中数据清单中的任意单元格，如 A2，切换到“数据”选项卡，单击“排序和筛选”组中的“排序”按钮。

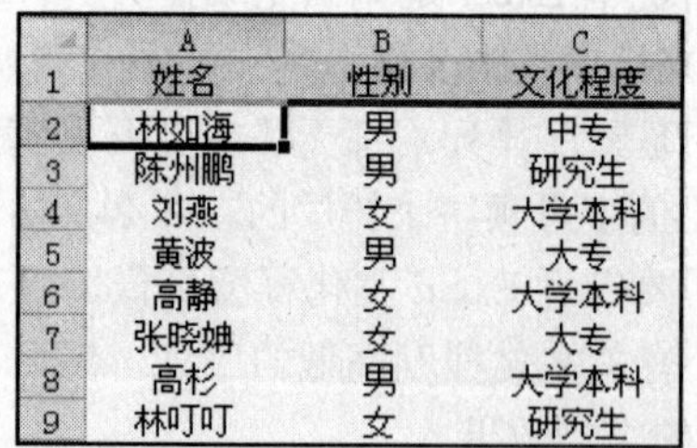

	A	B	C
1	姓名	性别	文化程度
2	林如海	男	中专
3	陈州鹏	男	研究生
4	刘燕	女	大学本科
5	黄波	男	大专
6	高静	女	大学本科
7	张晓婰	女	大专
8	高杉	男	大学本科
9	林叮叮	女	研究生

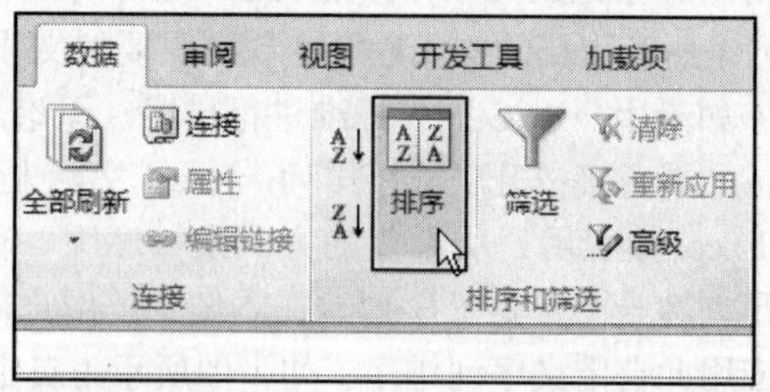

STEP 04 弹出“排序”对话框，单击“主要关键字”列表框右侧的下三角按钮，在展开的下拉列表中选择“文化程度”选项，设置“主要关键字”为“文化程度”；再单击“次序”列表框右侧的下三角按钮，在展开的下拉列表中选择“自定义序列”选项。

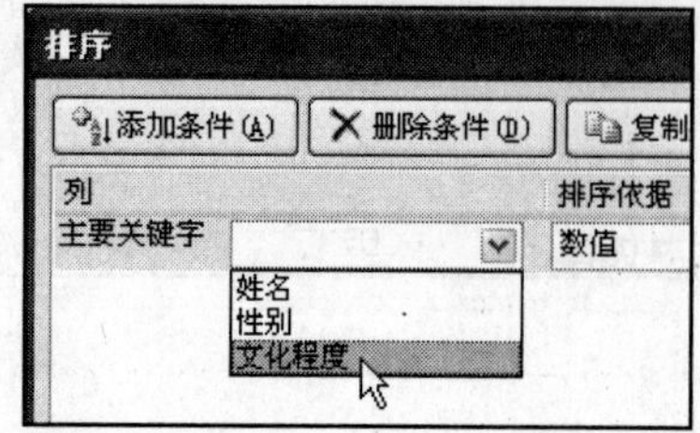

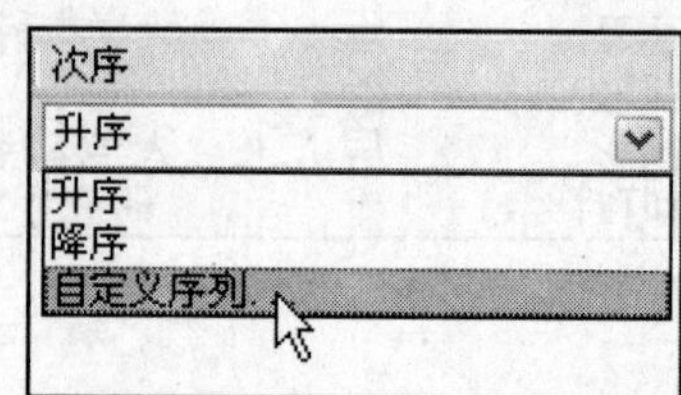

STEP 05 弹出“自定义序列”对话框，在“自定义序列”列表框内选择刚才添加的文化程度高低自定义序列，然后单击“确定”按钮，将“次序”选定为文化程度高低，单击“确定”按钮退出“排序”对话框。

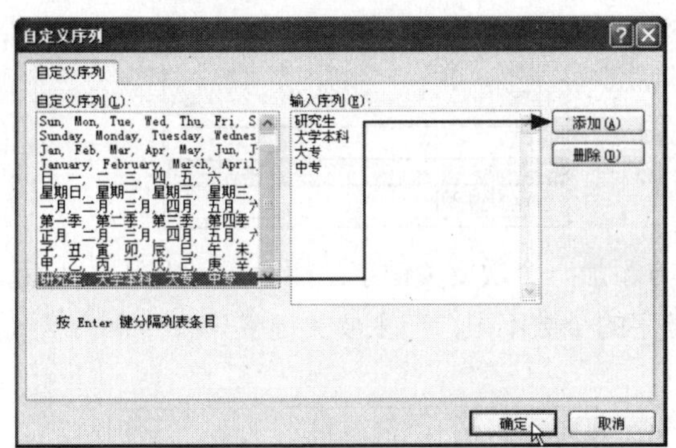

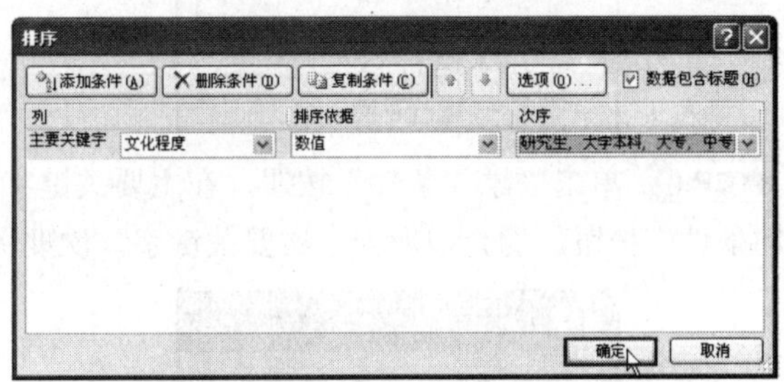

STEP 06 返回工作表中，可以看到整张表格已经按照用户自己定义的文化程度高低进行排序。

	A	B	C
1	姓名	性别	文化程度
2	陈州鹏	男	研究生
3	林叮叮	女	研究生
4	刘燕	女	大学本科
5	高静	女	大学本科
6	高杉	男	大学本科
7	黄波	男	大专
8	张晓婻	女	大专
9	林如海	男	中专

Lesson 03 添加多关键字排序

Office 2010 · 电脑办公从入门到精通

按照一种要求排序整张表格的操作很简单，但是有时用户想要定义的排序条件可能不只一个，这时就需要在 Excel 排序中定义多关键字了。本例要求对数据清单中的记录按照年级排序，年级相同的再按照入学成绩的高低进行降序排列，如下图所示。

姓名	年级	系别	入学成绩
周琳	2000	通信工程	493
冯小阳	2000	市场营销	460
陈鹏	1999	外语	497
黄勇	1999	外语	520
沈杰	2000	通信工程	480
曹末	2001	外语	518
孙旭	2001	外语	498
胡艳艳	2000	市场营销	501

姓名	年级	系别	入学成绩
曹末	2001	外语	518
孙旭	2001	外语	498
胡艳艳	2000	市场营销	501
周琳	2000	通信工程	493
沈杰	2000	通信工程	480
冯小阳	2000	市场营销	460
黄勇	1999	外语	520
陈鹏	1999	外语	497

STEP 01 打开光盘 \ 实例文件 \ 第 14 章 \ 原始文件 \ 多条件排序 .xlsx 工作簿。选中数据清单中任意单元格，如 A2，切换到“数据”选项卡，单击“排序和筛选”组中的“排序”按钮。

	A	B	C	D
1	姓名	年级	系别	入学成绩
2	周琳	2000	通信工程	493
3	冯小阳	2000	市场营销	460
4	陈鹏	1999	外语	497
5	黄勇	1999	外语	520
6	沈杰	2000	通信工程	480
7	曹末	2001	外语	518
8	孙旭	2001	外语	498
9	胡艳艳	2000	市场营销	501

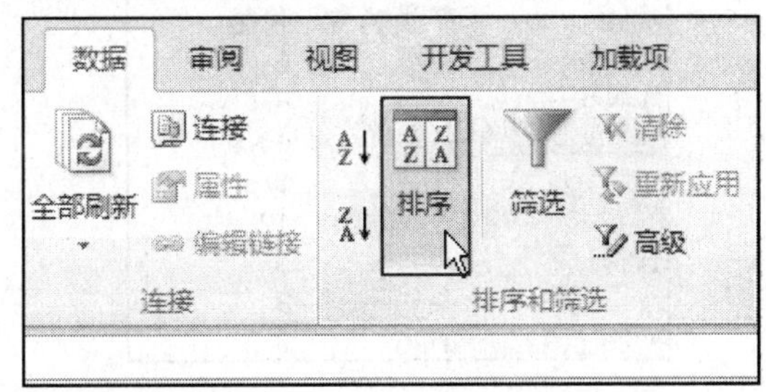

STEP 02 弹出“排序”对话框，单击“主要关键字”列表框右侧的下三角按钮，在展开的下拉列表中选择“年级”，设置“主要关键字”为“年级”；然后单击“次序”列表框右侧的下三角按钮，在展开的下拉列表中选择“降序”选项，设置按降序排列。

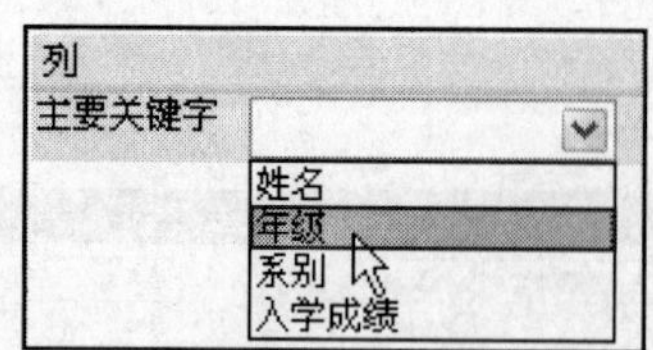

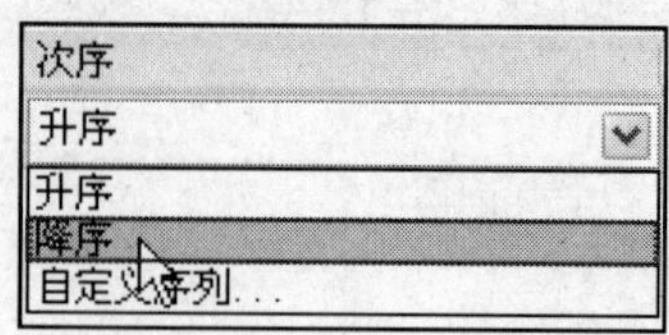

STEP 03 单击“添加条件”按钮，在主要关键字下方添加一个次要关键字。注意，每次单击“添加条件”按钮，均会增加一个次要关键字，次要关键字的个数不限，但主要关键字只有一个。

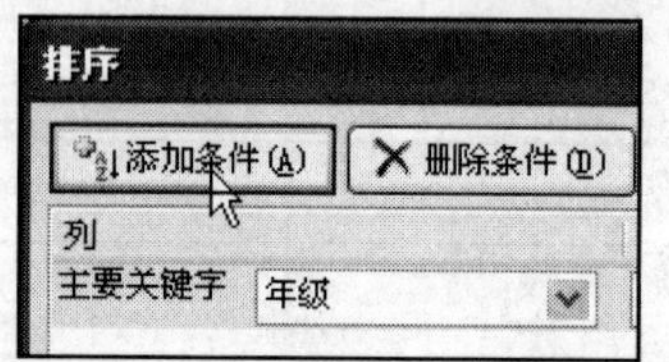

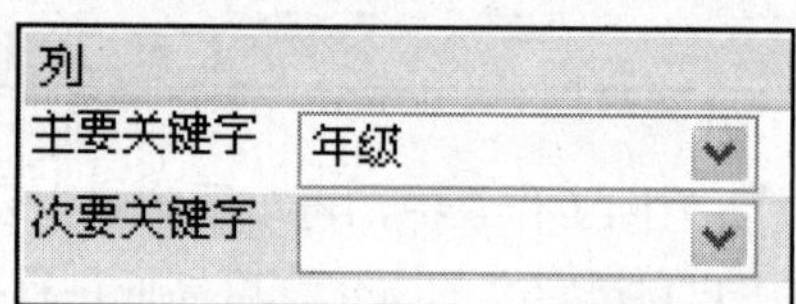

STEP 04 单击“次要关键字”列表框右侧的下三角按钮，在展开的下拉列表中选择“入学成绩”选项，设置“次要关键字”为“入学成绩”；然后单击“次序”列表框右侧的下三角按钮，在展开的下拉列表中选择“降序”选项，设置按降序排列。

STEP 05 返回到工作表中，可以看到原表格记录按照“年级”排序，并按照“入学成绩”由高到低排序的最终结果。

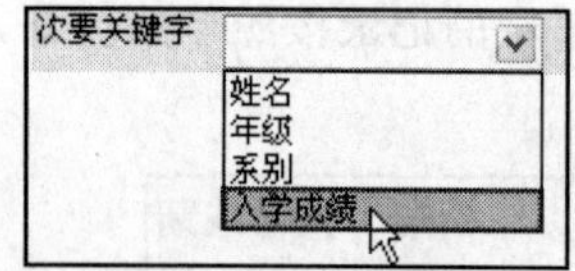

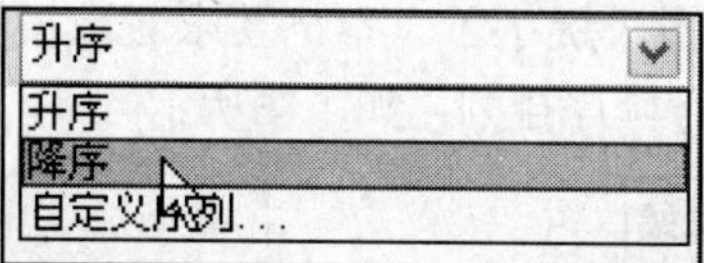

姓名	年级	系别	入学成绩
曹末	2001	外语	518
孙旭	2001	外语	498
胡艳艳	2000	市场营销	501
周琳	2000	通信工程	493
沈杰	2000	通信工程	480
冯小阳	2000	市场营销	460
黄勇	1999	外语	520
陈鹏	1999	外语	497

Lesson 04 按单元格颜色排序

Office 2010 · 电脑办公从入门到精通

在 Excel 2010 中，除了可以按数值、字母、笔画排序外，还提供有按颜色、按图标排序的功能。注意，无论是按单元格颜色、字体颜色或图标排序都没有预设的顺序，用户必须为每一个排序操作定义所要的顺序，即用户在进行按色彩排序时将指定色彩放在顶端，然后依次添加条件，并自定义色彩排序顺序。如下图所示为按单元格颜色排序前后的文档效果。

类别	产品名称	价格
奶制品	豆奶	6
水果罐头	杏	8.5
肉罐头	午餐肉	13.6
饮料	红茶	3.5
肉罐头	豆豉鲮鱼	12
饮料	啤酒	5
水果罐头	梨	8
奶制品	酸奶	3.5

类别	产品名称	价格
水果罐头	杏	8.5
水果罐头	梨	8
肉罐头	午餐肉	13.6
肉罐头	豆豉鲮鱼	12
饮料	红茶	3.5
饮料	啤酒	5
奶制品	豆奶	6
奶制品	酸奶	3.5

STEP 01 打开光盘\实例文件\第 14 章\原始文件\按单元格颜色排序 .xlsx 工作簿。选中数据清单中的任意单元格，如 A8，切换到“数据”选项卡，单击“排序和筛选”组中的“排序”按钮，如下图所示。

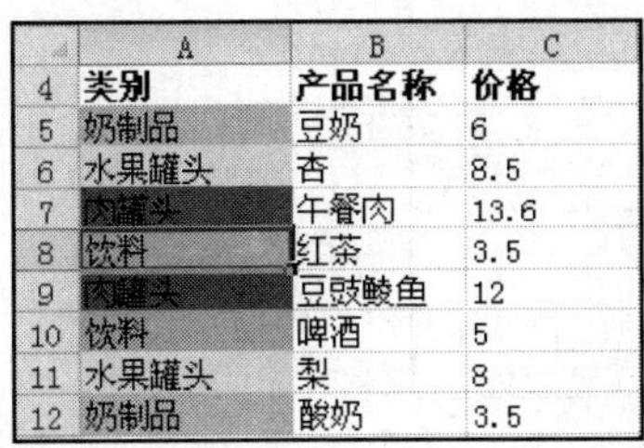

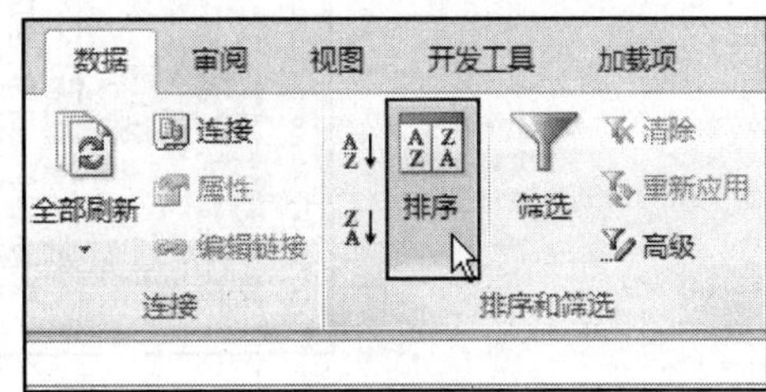

STEP 02 弹出“排序”对话框，单击“主要关键字”列表框右侧的下三角按钮，在展开的下拉列表中选择“类别”选项，设置“主要关键字”为“类别”；然后单击“排序依据”下“数值”列表框右侧的下三角按钮，在展开的下拉列表中选择“单元格颜色”选项，设置按单元格颜色排序。

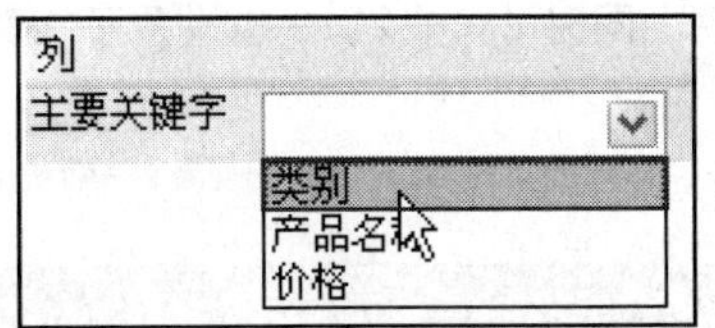

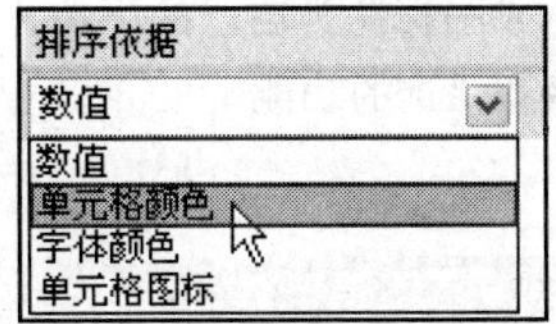

STEP 03 单击“次序”下的“颜色”下三角按钮，在展开的下拉列表中选择置于顶层的颜色，如选择“黄色”，然后选择放置顺序为“在顶端”选项。第 1 层颜色添加完毕后，单击“添加条件”按钮。

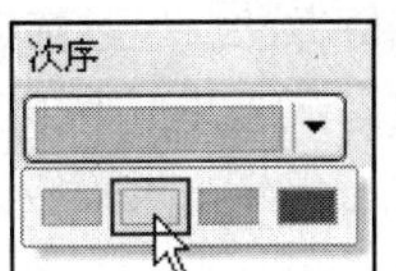

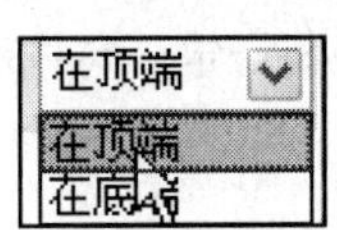

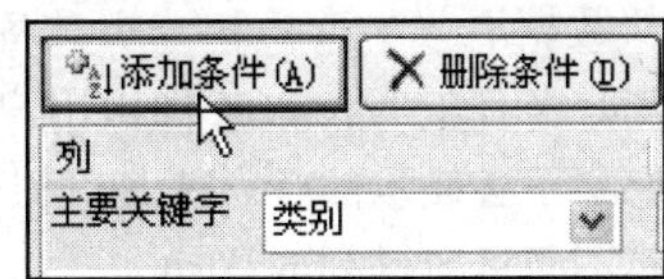

STEP 04 设置第二层的颜色。单击“次要关键字”列表框右侧的下三角按钮，仍然设置关键字为“类别”，然后单击“排序依据”下“数值”列表框右侧的下三角按钮，在展开的下拉列表中选择“单元格颜色”选项。

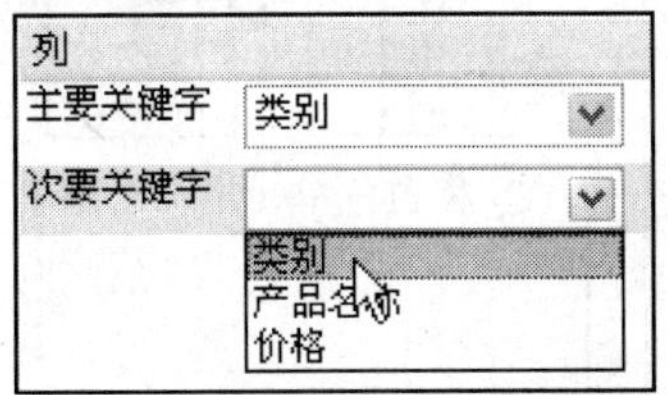

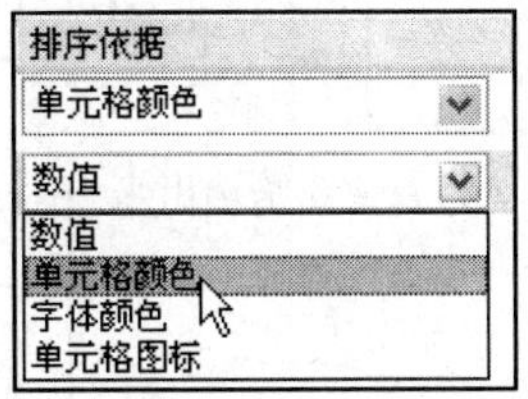

STEP 05 在“颜色”下拉列表中选择第 2 层的颜色为“蓝色”，并设置放置顺序为“在顶端”选项，添加完毕后，重复上面的操作，再添加第 3 层与第 4 层的颜色，最终设置单元格颜色从上到下的排列顺序为黄、蓝、绿、橙。设置完毕后，单击“确定”按钮退出。

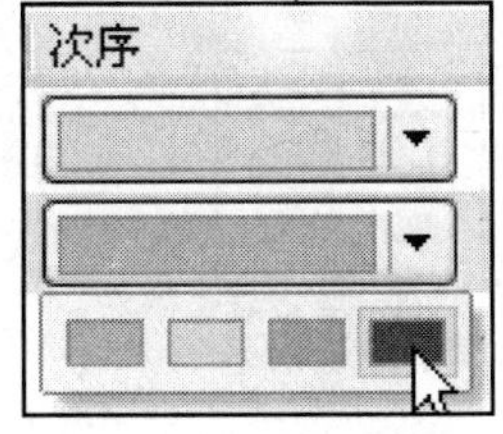

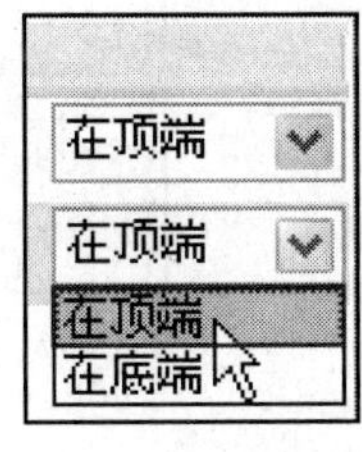

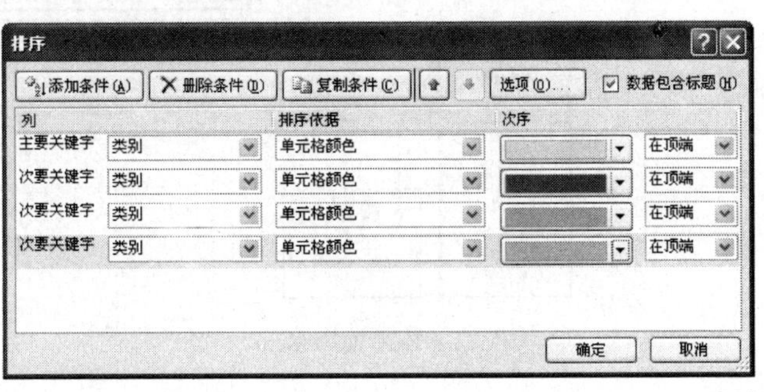

STEP 06 返回到工作表中，可以看到整张表格已经按照自定义的单元格颜色进行排序。

	A	B	C	D
4	类别	产品名称	价格	
5	水果罐头	杏	8.5	
6	水果罐头	梨	8	
7	肉罐头	午餐肉	13.6	
8	肉罐头	豆豉鲮鱼	12	
9	饮料	红茶	3.5	
10	饮料	啤酒	5	
11	奶制品	豆奶	6	
12	奶制品	酸奶	3.5	
13				

Tip Excel 2010 的新功能——按颜色进行排序和筛选

按颜色对数据进行排序和筛选是 Excel 2010 中一项令人惊喜的新功能。使用单元格颜色、字体颜色或图标能为自己的 Excel 2010 报表增添一抹亮色。同时 Excel 2010 也设置了按颜色进行排序和筛选的功能。

Study 01 排序和筛选的使用方法

Work 2 筛选

筛选是从数据清单中查找和分析具备特定条件记录数据子集的快捷方法。经过筛选的数据清单中只显示满足条件的行，该条件由用户针对某列指定。与排序不同，筛选并不重排工作表。筛选只是暂时隐藏不必显示的行。Excel 筛选行时，可以对工作表子集进行编辑、设置格式、制作图表和打印，而不必重新排列或移动。

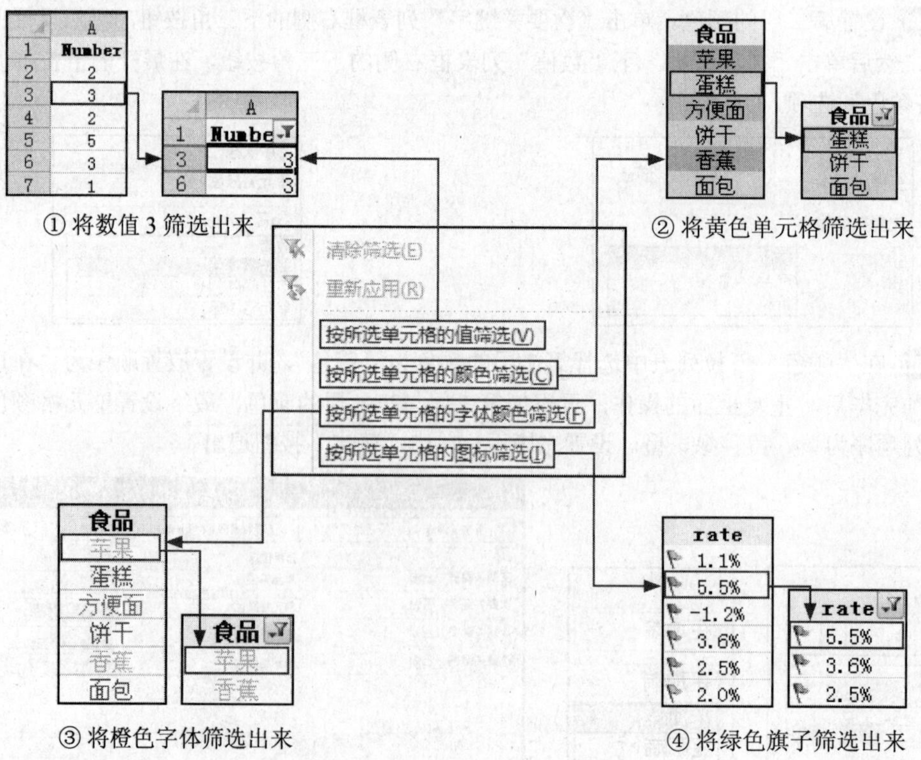

在 Excel 2010 中，提供了“自动筛选”和“高级筛选”命令来筛选数据。一般情况下，“自动筛选”就能够满足大部分的需要。不过，当需要利用复杂的条件来筛选数据清单时，就必须使用“高级筛选”。

Excel 2010 提供了快速按所选单元格的值、单元格颜色、字体颜色以及图标筛选的功能。右击数据清单中带有需要筛选相同值或颜色的单元格，在弹出的快捷菜单中选择相应的选项就能快速将满足条件的行筛选出来。

在“数据”选项卡下的“排序和筛选”组中，还可以进行更加详细和高级的筛选。

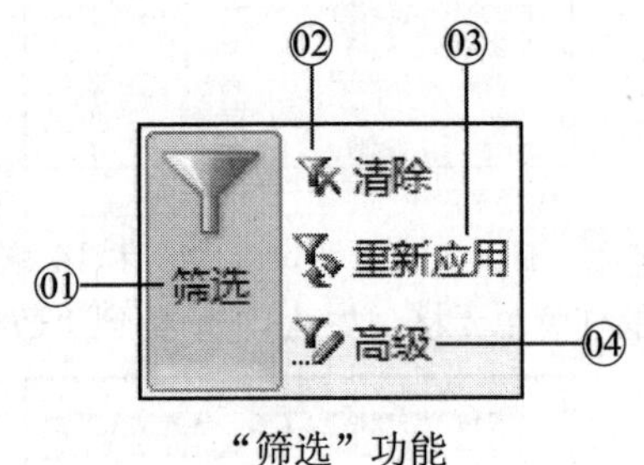

“筛选”功能

01 “筛选”按钮

选中数据清单中的任意单元格，然后单击“筛选”按钮，在数据表格第一行的字段右侧出现下三角按钮，此时即启动了筛选功能。单击按钮，在展开的下拉列表中可以选择筛选的项目。

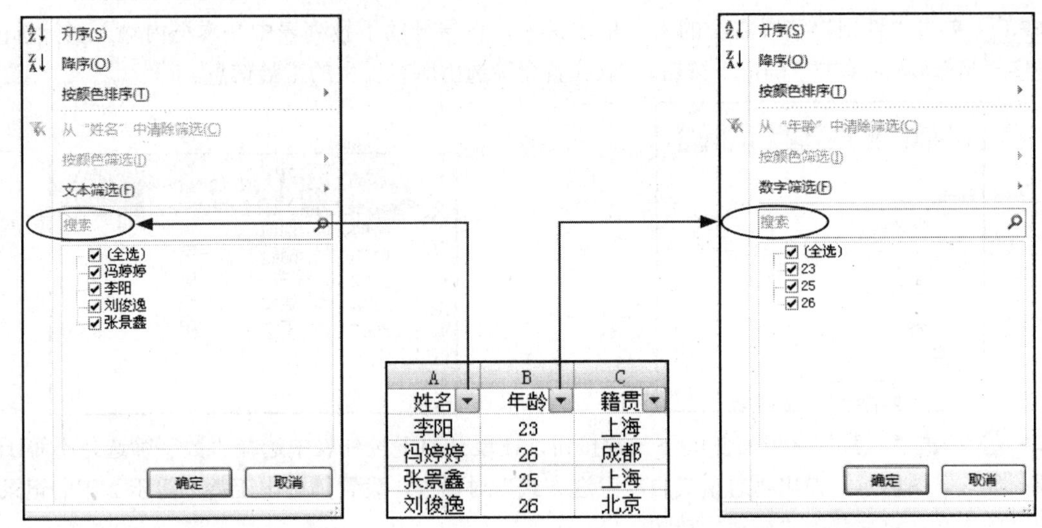

“筛选”按钮

如果单击“籍贯”字段右侧的下三角按钮，在展开的下拉列表中只勾选“上海”复选框，单击“确定”按钮后，可将籍贯为“上海”的记录筛选出来，其余行则暂时被隐藏。进行筛选后，被筛选的字段右侧的按钮变为筛选按钮。

	A	B	C
1	姓名	年龄	籍贯
2	李阳	23	上海
4	张景鑫	25	上海
6			
7			
8			

筛选籍贯为“上海”的所有记录

Lesson 05 使用搜索筛选器筛选

筛选器的主要功能为筛选，对表格启用了筛选功能后，表格的各个表头中就会出现下三角按钮，单击该按钮即可打开筛选器，筛选器中所包括的筛选功能会根据表格内容而不同。本节中就以筛选出性别为男，且工龄不等于 2 年的所有记录为例，介绍筛选器的使用，如下页图所示。

编号	姓名	性别	工龄
B190	李艳	女	5
B187	刘凯	男	2
B165	王小仪	女	3
B175	胡廷	男	6
B093	沈欣怡	女	1
B191	孙琳	女	7
B192	张志宁	男	2
B186	陈勇	男	3
B075	琳琳	女	4

编号	姓名	性别	工龄
B175	胡廷	男	6
B186	陈勇	男	3
B066	王浩	男	5

STEP 01 打开光盘\实例文件\第 14 章\原始文件\使用搜索筛选器筛选 .xlsx 工作簿。选中数据清单中的任意单元格，如 A3，切换到“数据”选项卡，单击“排序和筛选”组中的“筛选”按钮。

	A	B	C	D
1	编号	姓名	性别	工龄
2	B190	李艳	女	5
3	B187	刘凯	男	2
4	B165	王小仪	女	3
5	B175	胡廷	男	6
6	B093	沈欣怡	女	1
7	B191	孙琳	女	7
8	B192	张志宁	男	2
9	B186	陈勇	男	3
10	B075	琳琳	女	4

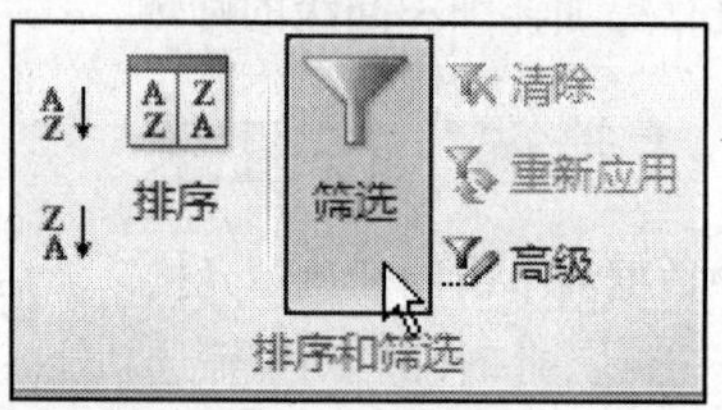

STEP 02 单击“性别”字段右侧的下三角按钮，在展开的下拉列表中文本框内输入要筛选的关键字“男”，然后单击“确定”按钮，Excel 就会筛选出所有男生的工龄信息。

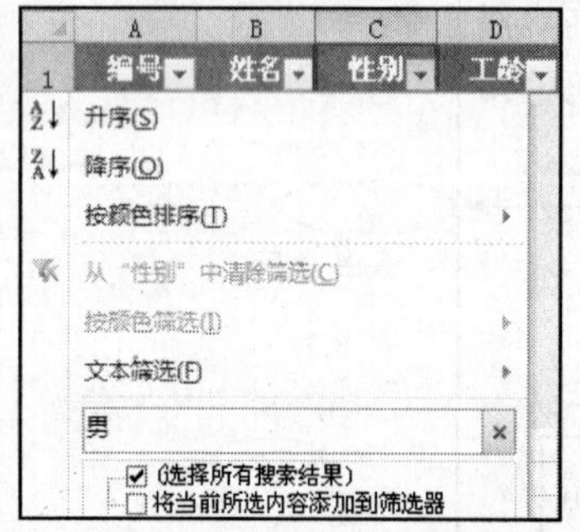

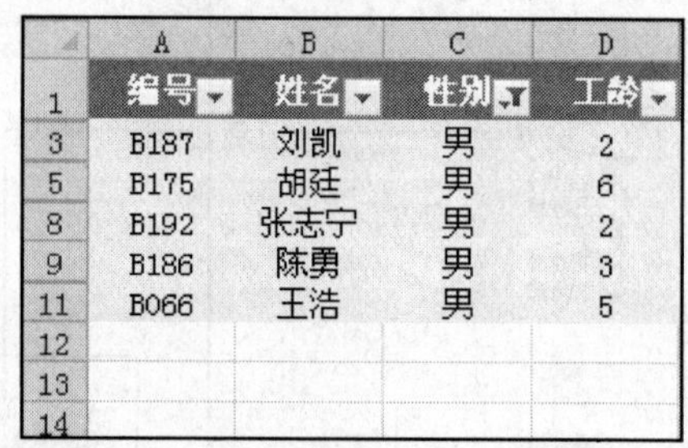

STEP 03 单击“工龄”字段右侧的下三角按钮，在展开的下拉列表中选择“数字筛选>不等于”选项，如左下图所示，弹出“自定义自动筛选方式”对话框，设置筛选出工龄不等于 2 年的记录，如中下图所示，然后单击“确定”按钮。

STEP 04 返回到工作表中，即显示出自动筛选的最终结果，如右下图所示。

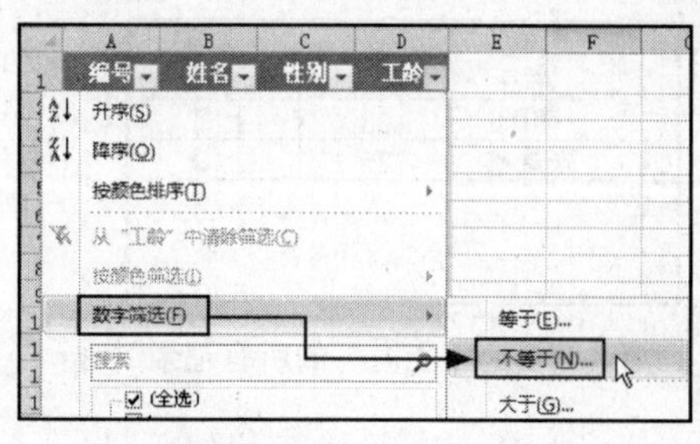

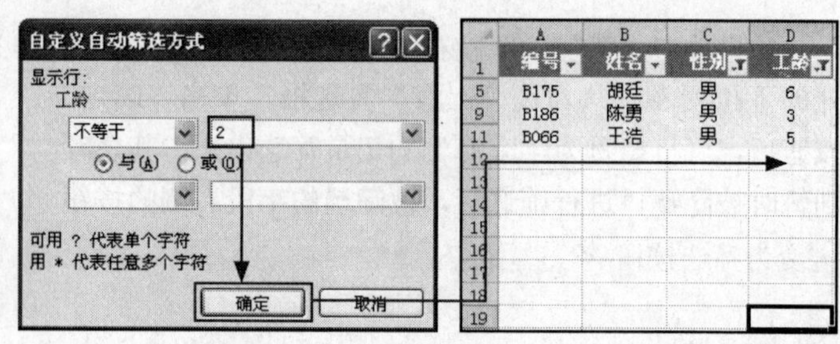

02 清除

“清除”按钮用于清除当前数据范围内的筛选和排序状态。如果有多个筛选状态，则一并清除。

单击“籍贯”字段右侧的“筛选”按钮，在展开的下拉列表中选择“从‘籍贯’中清除筛选”选项，可清除当前字段的筛选。

	A	B	C
1	姓名	年龄	籍贯
2	李阳	23	上海
4	张景鑫	25	上海
6			
7			

① 带有筛选状态的数据区域

	A	B	C
1	姓名	年龄	籍贯
2	李阳	23	上海
3	冯婷婷	26	成都
4	张景鑫	25	上海
5	刘俊逸	26	北京

② 使用“清除”按钮清除筛选状态后的效果

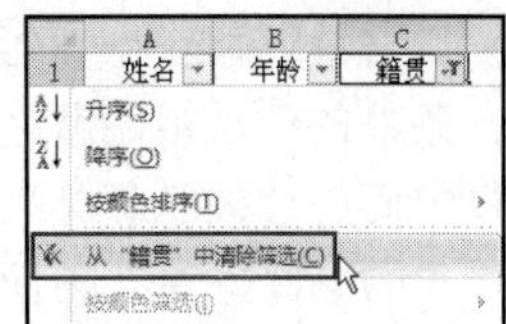

③ 从列表中清除筛选

03 重新应用

“重新应用”按钮用于在当前范围内重新应用筛选器进行排列。如果不单击“重新应用”按钮，则不会对列中的新数据或修改后的数据进行筛选等。

如在下面的实例中添加新的记录，对于新添加的内容同样需要执行相同的筛选操作时，可单击“重新应用”按钮，则新添加的数据也会参与筛选。

	A	B	C
1	姓名	年龄	籍贯
2	李阳	23	上海
4	张景鑫	25	上海
6	王璐	27	上海
7	刘海	33	北京

① 添加新的数据

	A	B	C
1	姓名	年龄	籍贯
2	李阳	23	上海
4	张景鑫	25	上海
6	王璐	27	上海
8			

② 单击“重新应用”按钮后重新筛选效果

04 高级

“高级”按钮用于进行稍微复杂一些的筛选。如指定复杂条件，限制查询结果集中要包括的记录。单击“高级”按钮，弹出“高级筛选”对话框，该对话框中各选项的主要功能如表14-2所示。

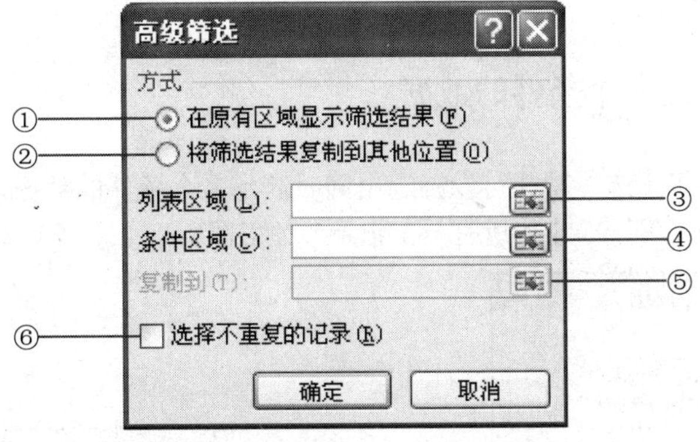

“高级筛选”对话框

表 14-2 “高级筛选”对话框中各选项的功能

编 号	选 项	功 能
①	在原有区域显示筛选结果	选中该单选按钮，设置列表区域与条件区域后，单击“确定”按钮，则在原区域显示筛选结果
②	将筛选结果复制到其他位置	用于将筛选结果复制到其他位置以与原有区域做对比
③	列表区域	用于输入或引用待筛选的原数据区域
④	条件区域	用于输入或引用设置的多项条件的区域
⑤	复制到	用于指定复制到的单元格，通常情况下，只引用复制到的对比区域中最左上角的单元格
⑥	选择不重复的记录	排除重复记录时需要勾选此复选框

“高级筛选”一般用于条件较复杂的筛选操作，其筛选的结果可显示在原数据表格中，不符合条件的记录被隐藏起来；也可以在新的位置显示筛选结果，不符合条件的记录同时保留在数据表中而不会被隐藏起来，这样就更加便于进行数据的对比。使用高级筛选功能重要的是条件区域格式的书写方法，条件区域的格式为：第一行为字段名行，以下各行为相应的条件值，其中同一行条件的关系为“与”，不同行条件的关系为“或”。

条件区域中符号的写法就是平时用的等于或不等关系。不等于的书写方法如表 14-3 所示；如果是等于关系，则直接写值，不需加符号。另外要注意的是，这些符号必须是英文半角符号，也就是说最好在英文状态下输入，不可以是全角，否则 Excel 2010 无法识别出它们。

表 14-3　条件区域中的不等于关系符号写法

关　系	符　号	关　系	符　号
大于	>	小于等于	<=
小于	<	不等于	< >
大于等于	> =		

Tip　“自动筛选”与“高级筛选”的比较

“自动筛选”一般用于条件简单的筛选操作，符合条件的记录显示在原来的数据表格中，操作起来比较简单，初学者对“自动筛选”也比较熟悉。若要筛选的多个条件之间是“或”的关系，或需要将筛选的结果在新的位置显示出来，那只有用“高级筛选”来实现。一般情况下，“自动筛选”能完成的操作用“高级筛选”完全可以实现，但有的操作则不宜用“高级筛选”，这样反而会使问题更加复杂化了，如筛选最大或最小的前几项记录。

Lesson 06 筛选同时满足多个条件的数据

Office 2010 · 电脑办公从入门到精通

使用 Excel 的“高级筛选”功能可以筛选出同时满足多个条件的数据，如本例中要求筛选出性别为男，同时工龄小于等于 3 年的所有员工记录，如下图所示。

编号	姓名	性别	工龄
B190	李艳	女	5
B187	刘凯	男	2
B165	王小仪	女	3
B175	胡廷	男	6
B093	沈欣怡	女	1
B191	孙琳	女	7
B192	张志宁	男	2
B186	陈勇	男	3
B075	琳琳	女	4

性别	工龄
男	<=3

编号	姓名	性别	工龄
B187	刘凯	男	2
B192	张志宁	男	2
B186	陈勇	男	3

STEP 01 打开光盘 \ 实例文件 \ 第 14 章 \ 原始文件 \ 筛选同时满足多个条件的数据 .xlsx 工作簿。选定数据清单中任意单元格，如 A2，切换到“数据”选项卡，单击“排序和筛选”组中的“高级”按钮。

	A	B	C	D
1	编号	姓名	性别	工龄
2	B190	李艳	女	5
3	B187	刘凯	男	2
4	B165	王小仪	女	3
5	B175	胡廷	男	6
6	B093	沈欣怡	女	1
7	B191	孙琳	女	7
8	B192	张志宁	男	2
9	B186	陈勇	男	3
10	B075	琳琳	女	4

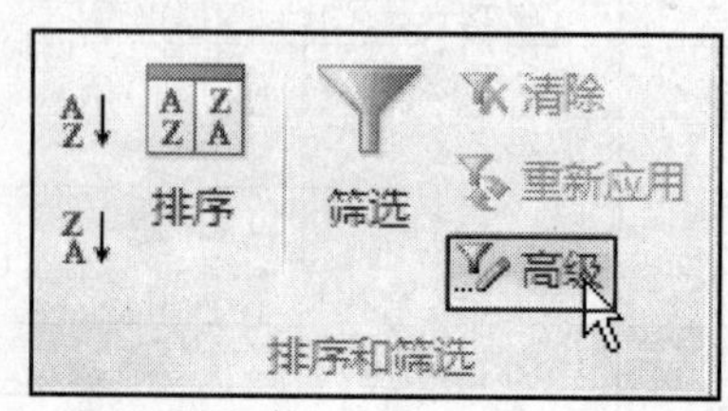

STEP 02 弹出“高级筛选”对话框，单击“列表区域”文本框，然后直接引用工作表中的单元格区域 A1:D11，添加列表区域的范围。

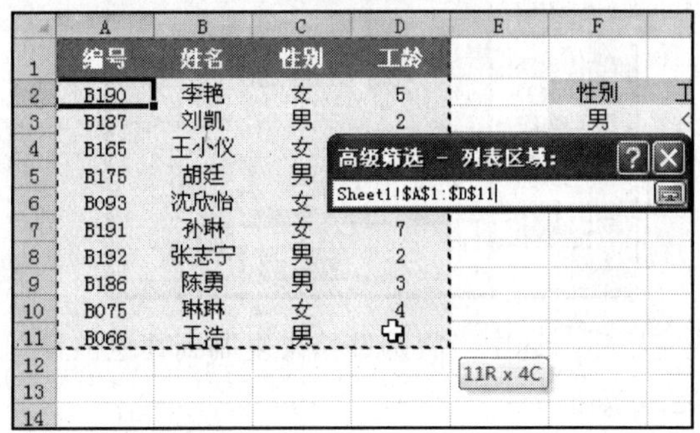

STEP 03 设置条件区域，同样引用工作表中的单元格区域 F2:G3，添加条件区域。添加完毕后，选中“将筛选结果复制到其他位置”单选按钮，然后单击“复制到”文本框，并引用工作表中的 F5 单元格，单击“确定”按钮，如左下和中下图所示。

STEP 04 经过以上操作，筛选结果显示在以 F5 单元格为左上角的区域，如右下图所示。

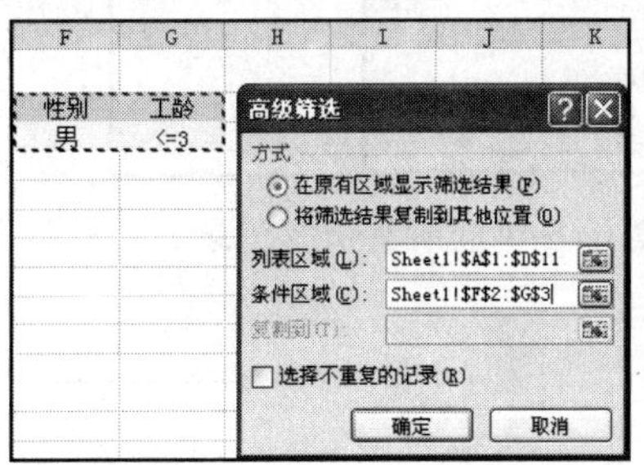

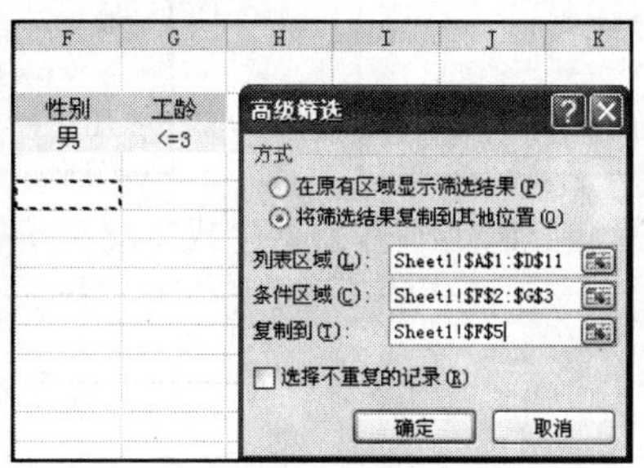

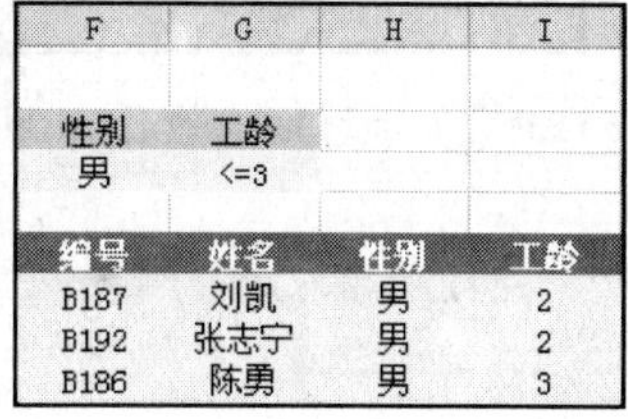

编号	姓名	性别	工龄
B187	刘凯	男	2
B192	张志宁	男	2
B186	陈勇	男	3

Lesson 07 筛选并列满足多个条件的数据

Office 2010 · 电脑办公从入门到精通

使用 Excel 的“高级筛选”功能还可以筛选出并列满足多个条件的数据，即只要满足其中一个条件的数据都将被筛选出来。本例中要求筛选出性别为男，或者工龄小于等于 3 年的所有员工记录，如下图所示。

编号	姓名	性别	工龄
B190	李艳	女	5
B187	刘凯	男	2
B165	王小仪	女	3
B175	胡廷	男	6
B093	沈欣怡	女	1
B191	孙琳	女	7
B192	张志宁	男	2
B186	陈勇	男	3
B075	琳琳	女	4
B066	王浩	男	5

性别	工龄
男	
	<=3

编号	姓名	性别	工龄
B187	刘凯	男	2
B165	王小仪	女	3
B175	胡廷	男	6
B093	沈欣怡	女	1
B192	张志宁	男	2
B186	陈勇	男	3
B066	王浩	男	5

STEP 01 打开光盘 \ 实例文件 \ 第 14 章 \ 原始文件 \ 筛选并列满足多个条件的数据 .xlsx 工作簿。选中数据清单中的任意单元格，如 A2，切换到“数据”选项卡，单击“排序和筛选”组中的“高级”按钮，弹出“高级筛选”对话框，定义列表区域的范围为单元格区域 A1:D11。

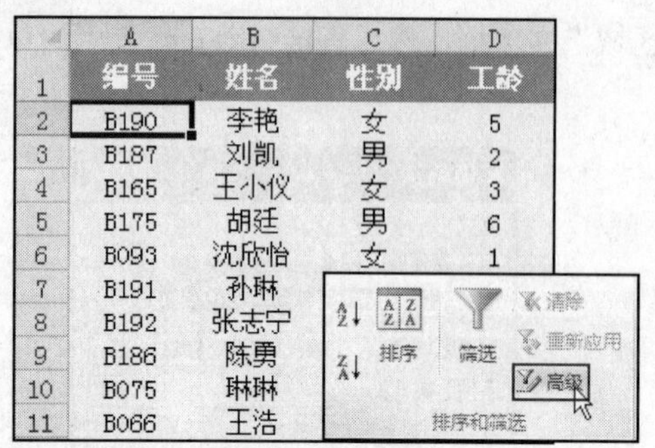

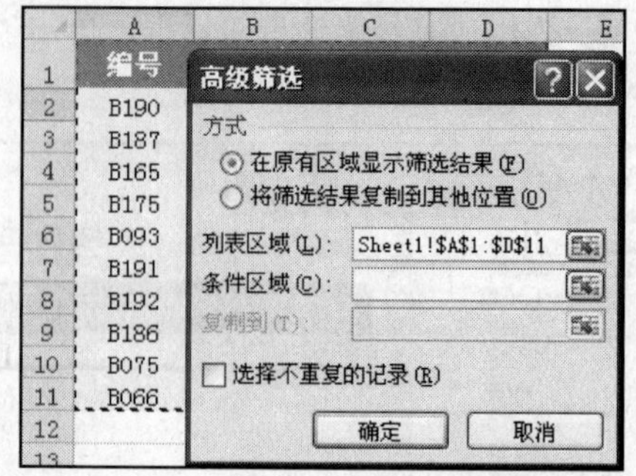

STEP 02 引用单元格区域 F2:G4 为条件区域，设置完毕后，选中“将筛选结果复制到其他位置”单选按钮，定义“复制到”为单元格 F6，单击“确定”按钮。

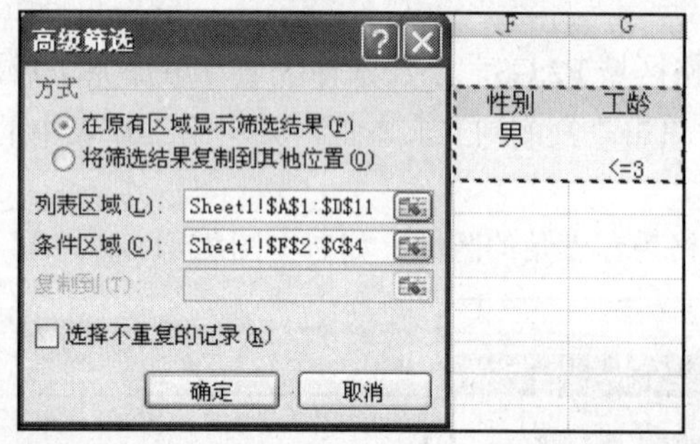

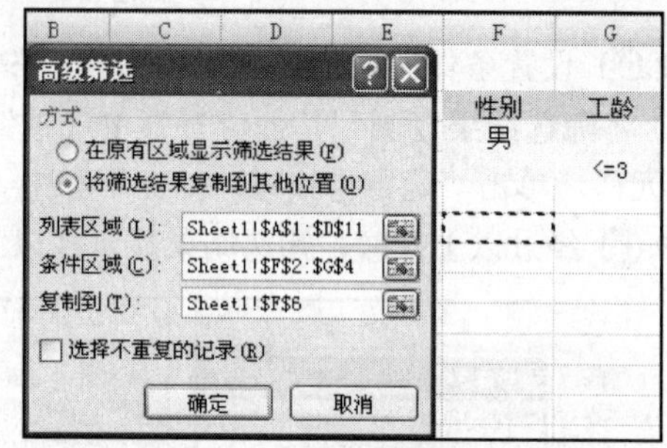

STEP 03 经过以上操作，即筛选出满足条件为男生或工龄小于等于 3 年的所有员工记录。

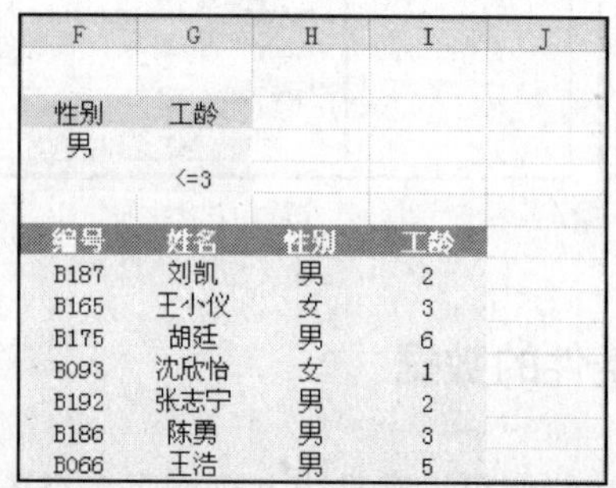

Study

02 分类汇总与分级显示的应用

- Work 1. 分类汇总
- Work 2. 分级显示

“分类汇总”是利用汇总函数计算得到的。分类汇总可以为每列显示多个汇总函数类型。“分类汇总”命令还会分级显示列表，以便用户可以显示和隐藏每个分类汇总的明细行。本节将介绍分类汇总和分级显示的方法。

汇总函数是一种计算类型，用于在数据透视表或合并计算表中合并源数据，或在列表和数据库中插入自动分类汇总。汇总函数的例子包括 SUM、COUNT 和 AVERAGE。分级显示是指工作表中数据，其中对明细数据行或列进行了分组，以便能够创建汇总报表。分级显示可汇总整个工作表或其中的一部分。

在“数据”选项卡的“分级显示”组中可以创建数据的分类汇总，使数据分级显示出来。

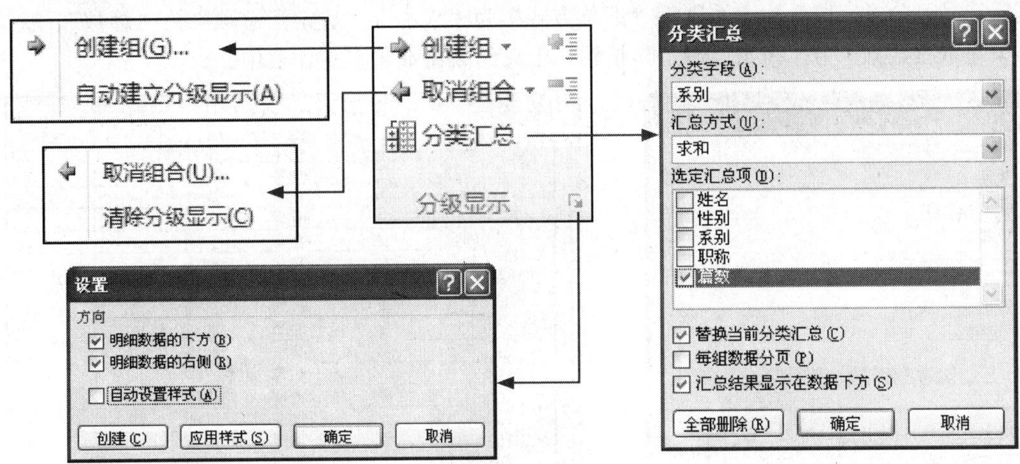

“数据”选项卡的“分级显示”组

Study 02 分类汇总与分级显示的应用

Work 1 分类汇总

分类汇总可以对数据清单的各个字段按分类逐级进行，如求和、求均值、求最大值、求最小值等汇总计算，并将计算结果分级显示出来。通过使用“数据”选项卡的“分级显示”组中的“分类汇总”功能，可以自动计算列的列表中的分类汇总和总计。

在进行分类汇总之前，必须先对数据清单进行排序，使属于同一类的记录集中在一起。排序之后，就可以按特定字段对数据清单进行分类汇总。

在 Excel 中，分类汇总包括“简单分类汇总”和“嵌套分类汇总”。简单分类汇总指插入一个分类汇总级别；嵌套分类汇总是指在插入一层分类汇总的级别上，再插入一层或多层分类汇总级别。

01 插入一个分类汇总级别

例如，在一位教师发表论文篇数的工作表中，按系别统计每个系教师发表论文的总篇数。首先需要对分类字段“系别”进行排序，再插入分类汇总。

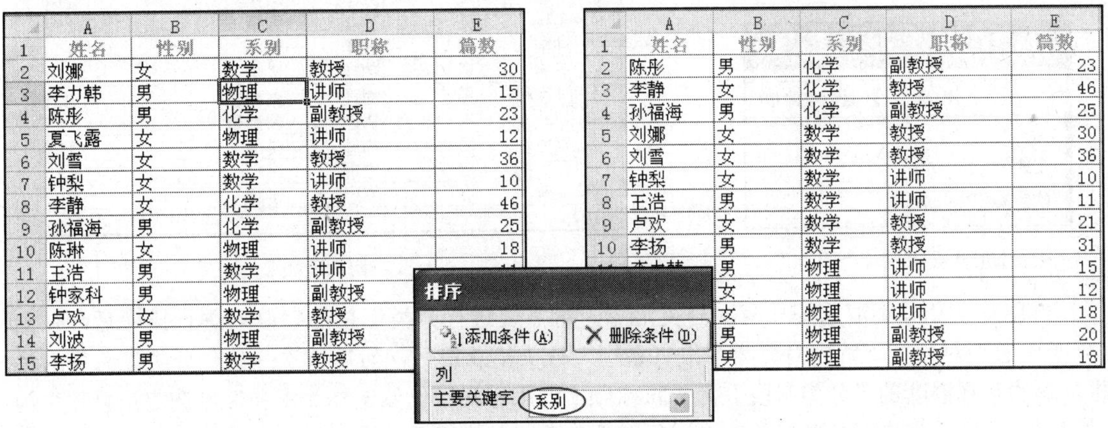

	A	B	C	D	E
1	姓名	性别	系别	职称	篇数
2	刘娜	女	数学	教授	30
3	李力韩	男	物理	讲师	15
4	陈彤	男	化学	副教授	23
5	夏飞露	女	物理	讲师	12
6	刘雪	女	数学	教授	36
7	钟梨	女	数学	讲师	10
8	李静	女	化学	教授	46
9	孙福海	男	化学	副教授	25
10	陈琳	女	物理	讲师	18
11	王浩	男	数学	讲师	
12	钟家科	男	物理	副教授	
13	卢欢	女	数学	教授	
14	刘波	男	物理	副教授	
15	李扬	男	数学	教授	

排序

添加条件(A)　删除条件(D)

列

主要关键字 系别

	A	B	C	D	E
1	姓名	性别	系别	职称	篇数
2	陈彤	男	化学	副教授	23
3	李静	女	化学	教授	46
4	孙福海	男	化学	副教授	25
5	刘娜	女	数学	教授	30
6	刘雪	女	数学	教授	36
7	钟梨	女	数学	讲师	10
8	王浩	男	数学	讲师	11
9	卢欢	女	数学	教授	21
10	李扬	男	数学	教授	31
		男	物理	讲师	15
		女	物理	讲师	12
		女	物理	讲师	18
		男	物理	副教授	20
		男	物理	副教授	18

① 对分类字段进行排序

排序后，选中数据清单中的任意单元格，然后单击“分类汇总”按钮，弹出“分类汇总”对话框，选择“分类字段”为“系别”；“汇总方式”为“求和”；“选定汇总项”为“篇数”，默认汇总结果显示在数据下方，单击“确定”按钮，汇总结果将显示在工作表中。

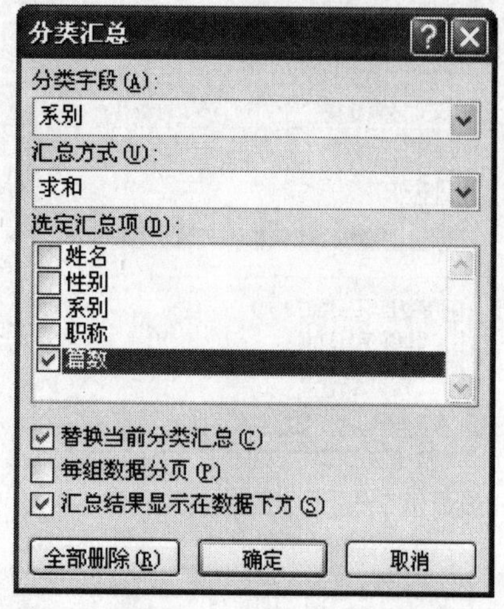

② 在“分类汇总”对话框设置分类汇总项

	A	B	C	D	E
1	姓名	性别	系别	职称	篇数
2	陈彤	男	化学	副教授	23
3	李静	女	化学	教授	46
4	孙福海	男	化学	副教授	25
5			化学 汇总		94
6	刘娜	女	数学	教授	30
7	刘雪	女	数学	教授	36
8	钟梨	女	数学	讲师	10
9	王浩	男	数学	讲师	11
10	卢欢	女	数学	教授	21
11	李扬	男	数学	教授	31
12			数学 汇总		139
13	李力韩	男	物理	讲师	15
14	夏飞露	女	物理	讲师	12
15	陈琳	女	物理	讲师	18
16	钟家科	男	物理	副教授	20
17	刘波	男	物理	副教授	18
18			物理 汇总		83
19			总计		316
20					

③ 显示按系别汇总论文篇数的结果

02 插入嵌套分类汇总

除了可以插入一个分类汇总级别外，用户还可以在相应的外部组中为内部嵌套组再插入分类汇总。插入嵌套分类汇总之前，确保按所有需要进行分类汇总的列对列表进行排序，这样需要进行分类汇总的行才会组织到一起。例如，在按系别分类汇总教师论文发表篇数的前提下，再按教师职称汇总论文发表情况，则排序情况有所改变：主要关键字仍为“系别”，必须再添加一个次要关键字“职称”，如下图所示。

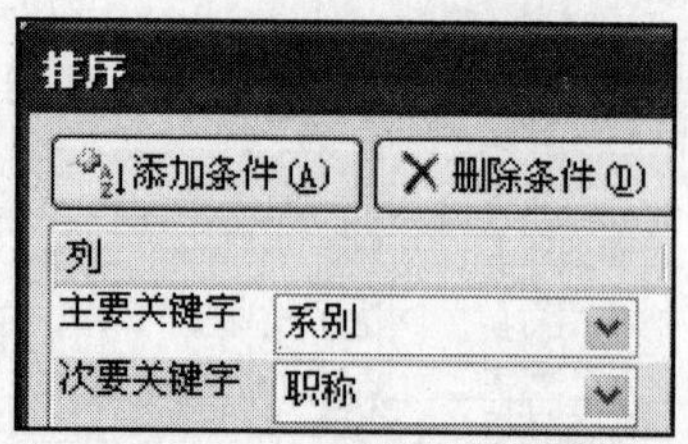

① 添加次要关键字“职称”

	A	B	C	D	E
1	姓名	性别	系别	职称	篇数
2	李静	女	化学	教授	46
3	陈彤	男	化学	副教授	23
4	孙福海	男	化学	副教授	25
5	刘娜	女	数学	教授	30
6	刘雪	女	数学	教授	36
7	卢欢	女	数学	教授	21
8	李扬	男	数学	教授	31
9	钟梨	女	数学	讲师	10
10	王浩	男	数学	讲师	11
11	钟家科	男	物理	副教授	20
12	刘波	男	物理	副教授	18
13	李力韩	男	物理	讲师	15
14	夏飞露	女	物理	讲师	12
15	陈琳	女	物理	讲师	18
16					

② 排序的效果

再创建嵌套分类汇总——两次分类汇总。对需要进行分类汇总的字段均进行排序后，弹出“分类汇总”对话框，首先对分类字段“系别”分类汇总篇数，然后再次弹出“分类汇总”对话框，这次选择嵌套的“分类字段”为“职称”；“汇总方式”仍然选择“求和”；“选定汇总项”为“篇数”（注意：在嵌套分类汇总时，必须取消勾选“替换当前分类汇总”复选框）。单击“确定”按钮后，就可以得到嵌套分类汇总的结果。

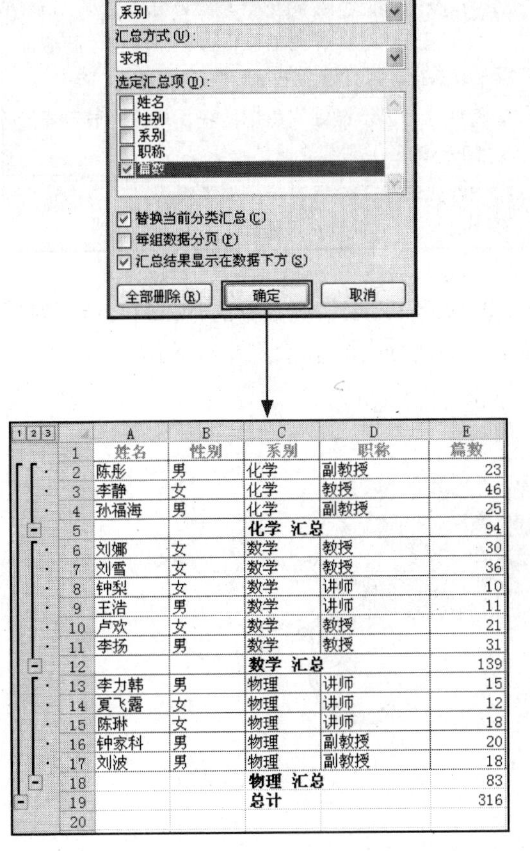

	A	B	C	D	E
1	姓名	性别	系别	职称	篇数
2	陈彤	男	化学	副教授	23
3	李静	女	化学	教授	46
4	孙福海	男	化学	副教授	25
5			化学 汇总		94
6	刘娜	女	数学	教授	30
7	刘雪	女	数学	教授	36
8	钟梨	女	数学	讲师	10
9	王浩	男	数学	讲师	11
10	卢欢	女	数学	教授	21
11	李扬	男	数学	教授	31
12			数学 汇总		139
13	李力韩	男	物理	讲师	15
14	夏飞露	女	物理	讲师	12
15	陈琳	女	物理	讲师	18
16	钟家科	男	物理	副教授	20
17	刘波	男	物理	副教授	18
18			物理 汇总		83
19			总计		316
20					

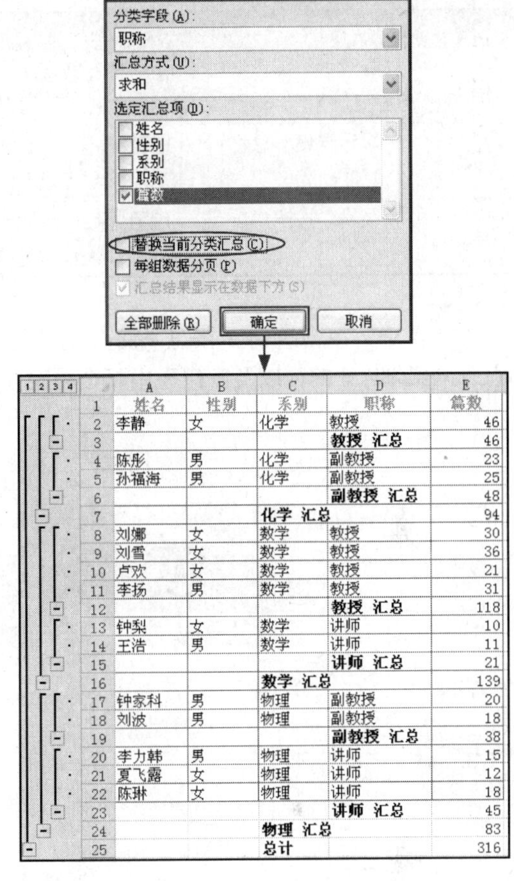

	A	B	C	D	E
1	姓名	性别	系别	职称	篇数
2	李静	女	化学	教授	46
3				教授 汇总	46
4	陈彤	男	化学	副教授	23
5	孙福海	男	化学	副教授	25
6				副教授 汇总	48
7			化学 汇总		94
8	刘娜	女	数学	教授	30
9	刘雪	女	数学	教授	36
10	卢欢	女	数学	教授	21
11	李扬	男	数学	教授	31
12				教授 汇总	118
13	钟梨	女	数学	讲师	10
14	王浩	男	数学	讲师	11
15				讲师 汇总	21
16			数学 汇总		139
17	钟家科	男	物理	副教授	20
18	刘波	男	物理	副教授	18
19				副教授 汇总	38
20	李力韩	男	物理	讲师	15
21	夏飞露	女	物理	讲师	12
22	陈琳	女	物理	讲师	18
23				讲师 汇总	45
24			物理 汇总		83
25			总计		316

③ 嵌套分类汇总

Tip 删除分类汇总

用户若对分类汇总结果不满意，想回到汇总前的数据清单，只要再次单击“分级显示”组中的“分类汇总”按钮，在弹出的“分类汇总”对话框中单击“全部删除”按钮，即可恢复到汇总前的情况。

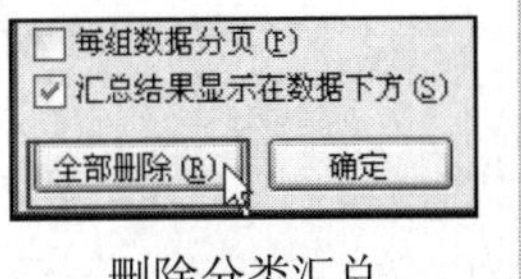

删除分类汇总

Study 02 分类汇总与分级显示的应用

Work 2 分级显示

向工作表添加分类汇总时，Excel还会基于用于计算分类汇总的行定义组。分组将根据用户创建分类汇总的条件构成工作表的分级显示。工作表左边的分级显示区域包含用于显示或隐藏行组的控件。

分级显示的控件有3种，如表14-4所示。

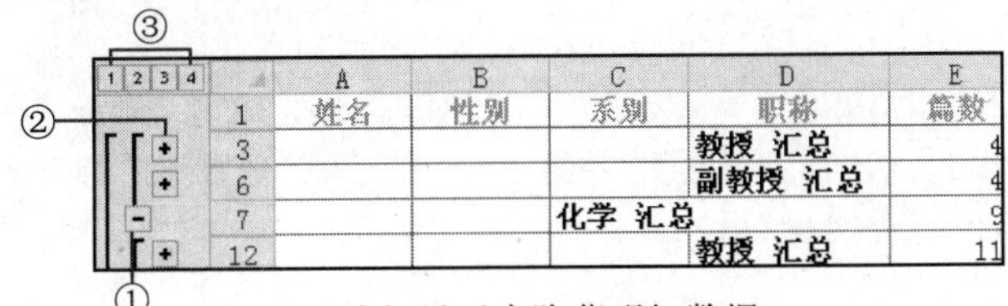

	A	B	C	D	E
1	姓名	性别	系别	职称	篇数
3				教授 汇总	4
6				副教授 汇总	4
7			化学 汇总		9
12				教授 汇总	11

分级显示中隐藏明细数据

表 14-4 分级显示的控件

序　号	控件按钮	功　能
①	"隐藏详细信息"按钮	组中的行可见时，组的旁边将显示"隐藏详细信息"按钮。单击"隐藏详细信息"按钮，可隐藏各级明细数据，只显示汇总行或列
②	"显示详细信息"按钮	隐藏了行组后，组旁按钮将变成"显示详细信息"按钮。单击"显示详细信息"按钮可显示汇总行或列展开的各级明细数据
③	"级别"按钮 1 2 3 4	编号的每一个"级别"按钮都代表了工作组中的一种组织级别。单击一个"级别"按钮，将会隐藏所有低于该按钮的详细信息

在上图中，单击级别 2 按钮 2 将会隐藏包含每位教师论文发表情况数据的行，但会留下级别为总计（级别 1）的行以及工作表中每个系论文发表总篇数的分类汇总（级别 2）的所有行。

Chapter 15

数据的抽象化表达——图表

本章重点知识

Study 01 图表的概念

Study 02 表现不同效果的图表

Study 03 图表的创建与美化

Study 04 用精巧迷你图表现数据

本章视频路径

Chapter 15\Study 03\

- Lesson 01 制作专业化图表.swf

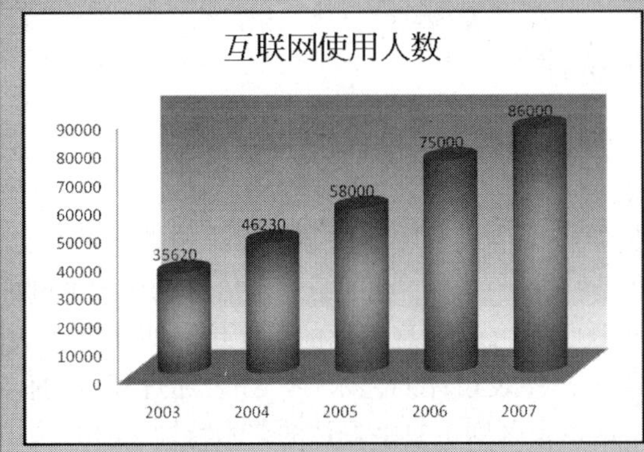

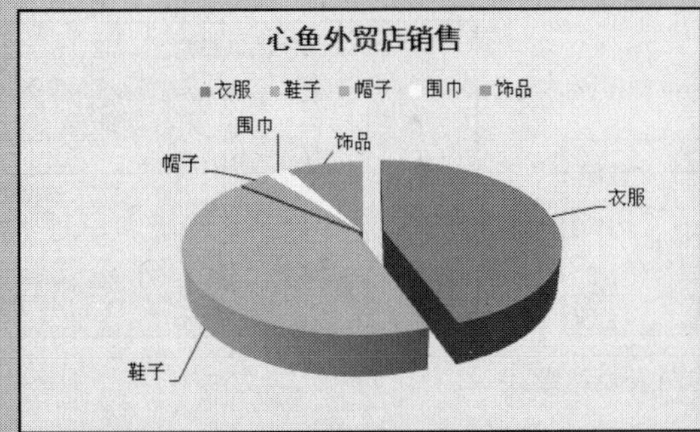

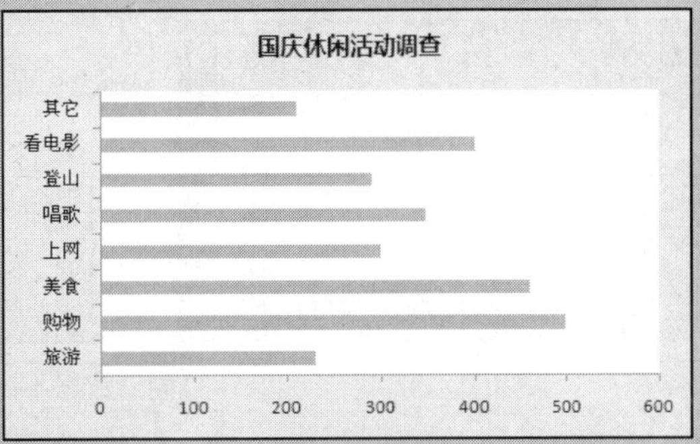

Chapter 15 数据的抽象化表达——图表

在本章中读者需要了解 Excel 2010 的图表知识，包括图表的基本类型、各种图表的适用范围，以及图表的创建与美化知识。图表（Chart）是一种很好地将数据直观、形象表现出来的工具。企业内外部的统计信息错综复杂、千变万化，为了展示它们及其内在的关系，需要对这些信息的属性进行抽象化分析研究，这时就会用到图表。

Study 01 图表的概念

- Work 1. 图表——数据的抽象描述
- Work 2. 图表的基本结构

在 Excel 中使用图表，是指将工作表中的数据用图形形象化的表示出来，如将各地区销售量用柱形图显示出来；将调查人群的年龄用饼图表达出来等。图表可以使数据更加有趣、吸引人，且更加易于阅读和评价，以便更有效地分析和比较数据。

世界是丰富多彩的，几乎所有的知识都来自于视觉。人们也许无法记住一连串的数字，以及它们之间的关系和趋势，但是可以很轻松地记住一幅图画或者一个曲线。因此，使用图表会使 Excel 编制的工作表更易于理解和交流。

Work 1 图表——数据的抽象描述

图表是可直观展示统计信息属性（时间性、数量性等），且对知识挖掘和信息直观生动感受起关键作用的图形结构，它是数据的抽象表达形式。

图表有着自身的表达特性，尤其对时间、空间等概念的表达和一些抽象思维的表达具有文字和声音无法取代的传达效果。归纳起来，图表表达的特性有如下 3 点：第一是信息表达的准确性，对所示事物的内容、性质或数量的表达应该准确无误；第二是信息表达的可读性，即在图表认识中应该通俗易懂，尤其是用于大众传达的图表；第三是图表设计的艺术性，图表通过视觉的传递来完成，必须考虑到人们的欣赏习惯和审美情趣，这也是区别于文字表达的艺术特性。

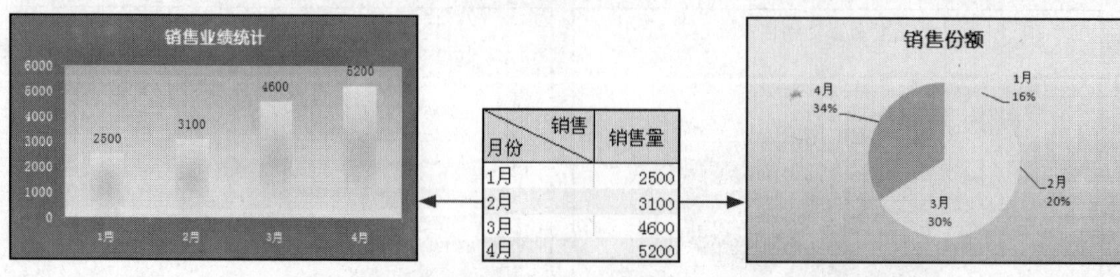

销售 / 月份	销售量
1月	2500
2月	3100
3月	4600
4月	5200

同一数据不同的图表表达形式

Work 2 图表的基本结构

当基于工作表选定区域建立图表时，Excel 使用来自工作表的值，并将其当做数据点在图表上显示。数据点用条形、线条、柱形、切片、点及其他形状表示，这些形状称做数据标示。

不同类型的图表可能具有不同的构成要素，如折线图一般要有坐标轴，而饼图一般没有。归纳起来，图表的基本构成要素有标题、刻度、图例和主体等，如表 15-1 所示。

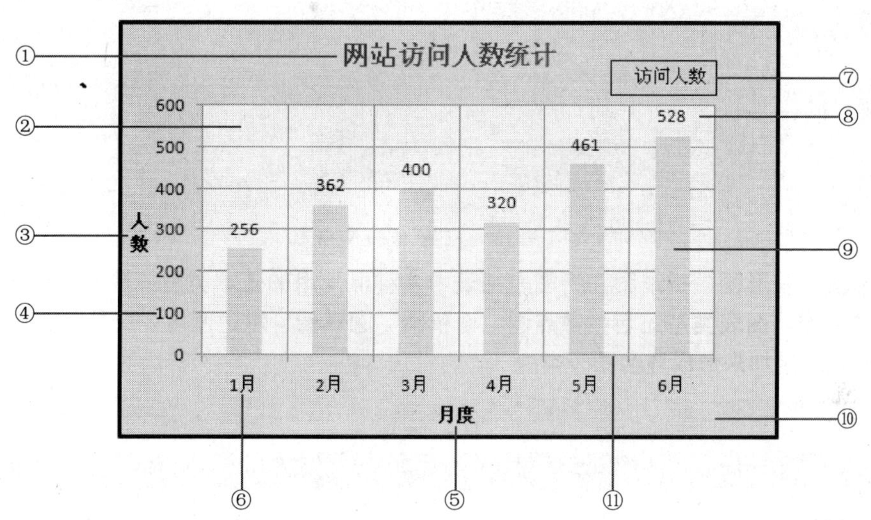

统计图表的基本结构

表 15-1　统计图表中各元素的名称与作用

编　号	名　称	作　用
①	图表标题	图表标题是说明性的文本，可以自动与坐标轴对齐或在图表顶部居中
②	主要网格线	从任何水平轴和垂直轴延伸出的水平和垂直网格线。在三维图表中，还可以显示竖网格线，可以为主要和次要刻度单位显示网格线，并且它们与坐标轴上显示的主要和次要刻度线对齐
③	纵坐标轴标题	描述垂直坐标轴的说明性文本，可以设置横向或纵向显示
④	纵坐标轴	界定图表绘图区的线条，作为度量的参照框架。纵坐标轴即 y 轴，通常为垂直坐标轴并包含数据
⑤	横坐标轴标题	描述横坐标轴的说明性文本
⑥	横坐标轴	界定图表绘图区的线条，作为度量的参照框架。横轴即 X 轴，通常为水平轴并包含分类
⑦	图例	图例是一个方框，用于标识为图表中的数据系列或分类指定的图案（或颜色）
⑧	数据标签	为数据标记提供附加信息的标签，数据标签代表源于数据表单元格的单个数据点或值
⑨	数据系列	在图表中绘制的相关数据点，这些数据源自数据表的行或列。图表中的每个数据系列具有唯一的颜色或图案，并且在图表的图例中表示；可以在图表中绘制一个或多个数据系列；饼图只有一个数据系列
⑩	图表区	整个图表及其全部元素
⑪	绘图区	在二维图表中，是指通过轴来界定的区域，包括所有数据系列。在三维图表中，同样是通过轴来界定的区域，包括所有数据系列、分类名、刻度线标志和坐标轴标题

Study

02 表现不同效果的图表

条形图、柱形图、折线图和饼图是图表中 4 种最常用的基本类型。按照 Excel 对图表类型的分类，图表类型还包括散点图、面积图、圆环图、雷达图等。此外，可以通过图表间的相互叠加来形成复合图表类型。

Work 1 表现时间上数量变化的柱形图

柱形图用于显示一段时间内的数据变化或显示各项之间的比较情况。在柱形图中，通常沿水平轴组织类别，沿垂直轴组织数值。由于它简单易用，因此柱形图是最受欢迎的图表形式。

在解读一张图表的时候，视线总是从左到右移动，因此组织数据时为确定时间的变化及数量的增减，数据也是逐渐增大。柱形图通常用在左右相互比较的时间序列或数量序列上。

在“插入”选项卡的“图表”组中，可以插入柱形图，且每种表达形式都在二维坐标轴及三维图形中表现出来，如下图所示。

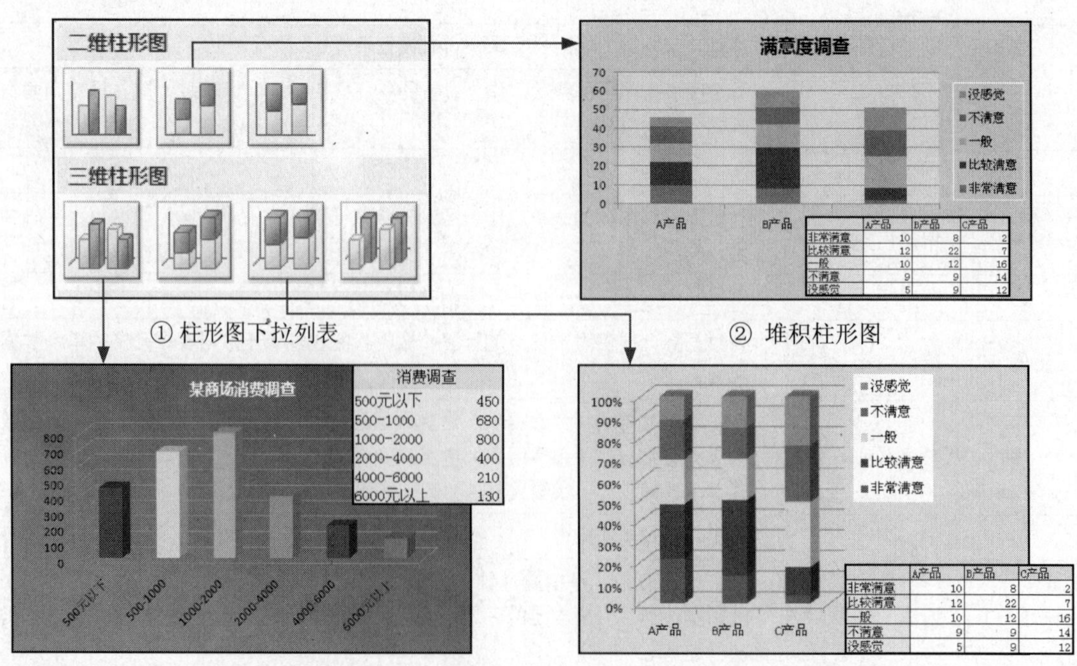

① 柱形图下拉列表　② 堆积柱形图

③ 簇状柱形图　④ 百分比堆积柱形图

柱形图具有的 3 种主要表现形式如表 15-2 所示。

表 15-2　柱形图的形式

名　称	说　明
簇状柱形图	表现出数量上的变化趋势，多半为多类别的比较。如果类别轴的顺序不重要或不用于显示项目计数，可使用该图
堆积柱形图	将数量上的变化趋势以堆积（类别轴上每个数值占总数值的大小）的方式相比较
百分比堆积柱形图	将数量上的变化趋势换算成总类别的百分比后相比较。使用该图，可强调每个数据系列的比例

Study 02　表现不同效果的图表

Work 2　与时间变化无关的数量使用条形图

条形图在形状上似乎只是将柱形图横放而已，那么为什么使用条形图而不使用柱形图呢？原因有两点：一是要从上到下表现出各项目的纵向排列比较，条形图是最适合的图表；二是若遇到超长的项目名，柱形图下方的空间写不下或者显得很拥挤，此时就需要用到条形图。条形图用于显示各个项目之间的比较情况。它和柱形图一样，也有 3 种不同的形式，如表 15-3 所示。

表 15-3　条形图的形式

名　称	说　明
簇状条形图	要将数量的大小由上而下（或相反）排列时，或者图表上的数值表示持续时间，或文本很长，则使用该图
堆积条形图	将数量上的变化趋势以堆积（类别轴上每个数值占总数值的大小）的方式相比较
百分比堆积条形图	将数量上的变化趋势换算成总类别的百分比后相比较。要表现年代的变迁、地区间的差别、项目间的比较时，则使用该图

在“插入”选项卡的“图表”组中，可以插入条形图，如下图所示。

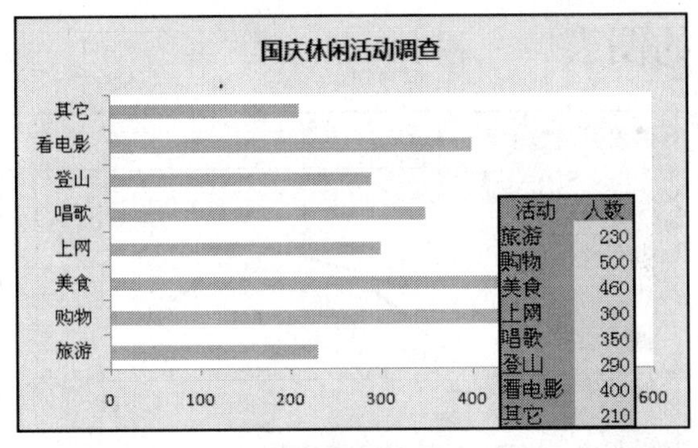

① 簇状条形图

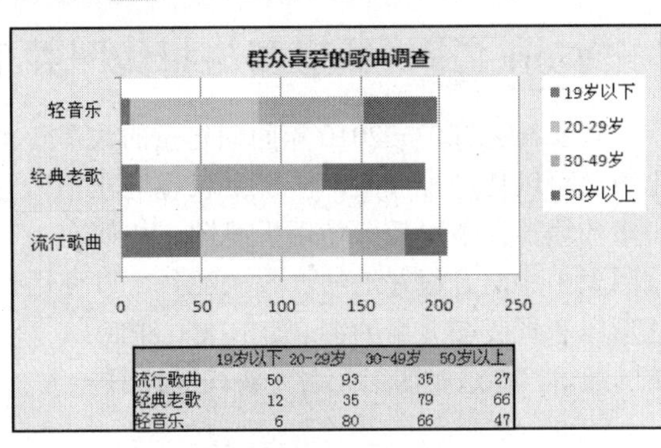

② 堆积条形图

Study 02　表现不同效果的图表

Work 3　描述曲线起伏及变化趋势的折线图

相对于柱形图和条形图表现数量的对比变化，折线图更能够强调数值间落差的对比，或者说变化趋势。利用变化角度来确认数据的增长缩减比例情况是折线图最大的特征。

折线图可以显示随时间而变化的连续数据，因此非常适合显示在相等时间间隔下数据的趋势。在折线图中，类别数据沿水平轴均匀分布，所有数据值沿垂直轴均匀分布。

折线图与柱形图、条形图一样，也分为折线图、堆积折线图、百分比堆积折线图 3 种不同的形式，如表 15-4 所示。

表 15-4　折线图的形式

名　称	说　明
折线图	显示随时间（日期、年）或有序类别变化的趋势线。如果有许多数据点且顺序很重要，则使用该图；如果仅有几个数据点，则使用带数据标记的折线图
堆积折线图	显示每个数值所占大小随时间或有序类别变化的趋势线
百分比堆积折线图	显示每个数值所在百分比随着时间或有序类别变化的趋势线

在“插入”选项卡的“图表”组中，可以插入折线图。

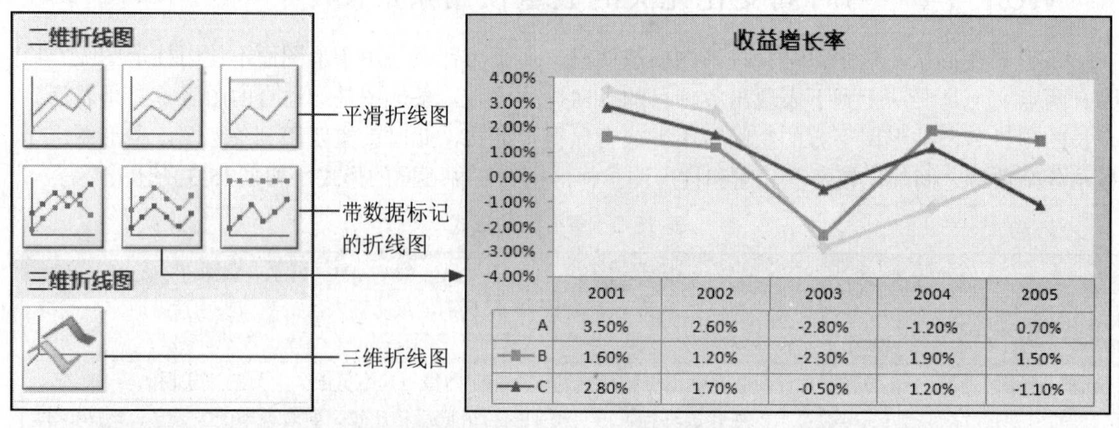

① 折线图下拉列表　　② 带数据标记的折线图

Study 02　表现不同效果的图表

Work 4　柱形图与折线图并用的图表

若要表现 2003—2010 年间销售量的数量变化情况可以使用柱形图，但是要表现这几年销售量的增长率情况最好使用折线图。如何在一张图表中将两者很好地结合起来呢？可以使用柱形图和折线图并用的图表。在 Excel 2010 之前的版本，将这类图形命名为双轴线柱图。

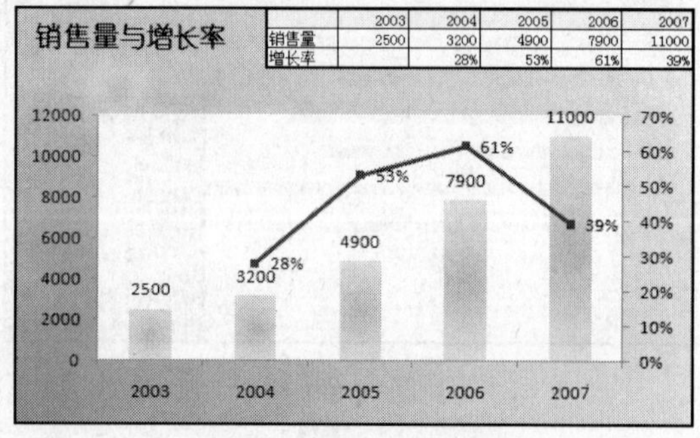

柱形图与折线图并用的图表

Study 02　表现不同效果的图表

Work 5　面积形式的折线图——面积图

面积图在形状上有些类似折线图加上色彩。通过色彩的表示，在展现时间推移变化的同时，也可以看出数量上的差异。也就是说，面积图不但和柱形图保持有相关性，也可同时强调变化趋势的作用，可以说是一种混合性的表现方式，在数据资料的相互比较上具有相当大的优势。

面积图强调数量随时间而变化的程度，也可用于引起人们对总值趋势的注意。例如，表示随时间而变化的利润数据可以绘制在面积图中以强调总利润。

面积图也分为面积图、堆积面积图、百分比堆积面积图 3 种不同的形式。

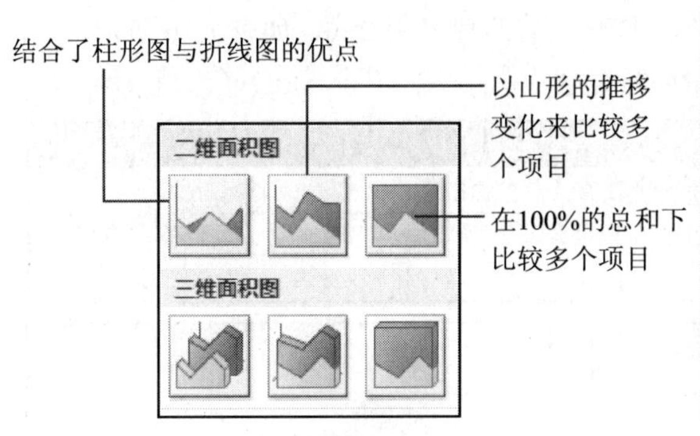

① 面积图类型

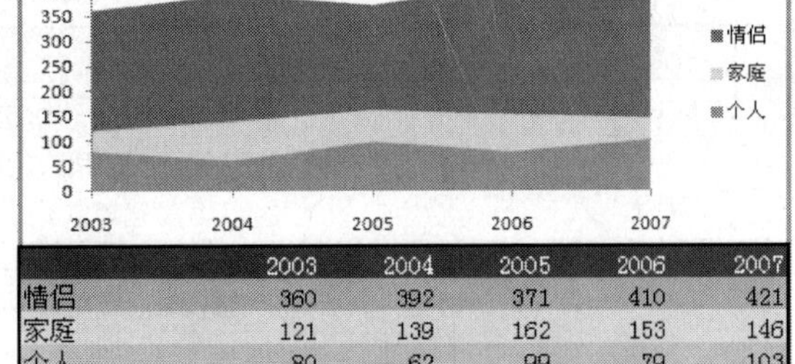

	2003	2004	2005	2006	2007
情侣	360	392	371	410	421
家庭	121	139	162	153	146
个人	80	62	99	79	103

② 面积图

Study 02　表现不同效果的图表

Work 6　描述各项目所占百分比的饼图

所谓饼图，就是将数据先换算成百分比，再以 360° 的圆形来表示，是比例形式的图表。饼图可用来比较数据系列中单个项在总项目中所占的比例，所以在计算市场份额时十分好用。

饼图有 4 种表现形式，如表 15-5 所示。

表 15-5　饼图的形式

名　称	说　明
饼图	显示每个数据系列中单个数值占总值的大小。如果各个数值可以相加或仅有一个数据系列且所有数值均为正值，则可使用该图
分离型饼图	显示每个数值占总数值的大小，同时强调单个数值，分离型饼图还可使用饼图，然后分离单个数值创建
复合饼图	从主饼图提取部分数值，并将其组合到另一个饼图中，即复合饼图。使用该图可提高小百分比的可读性，或者强调一组数值
复合条饼图	从主饼图提取部分数值，并将其组合到一个堆积条形图中。使用该图可提高小百分比的可读性，或者强调一组数值

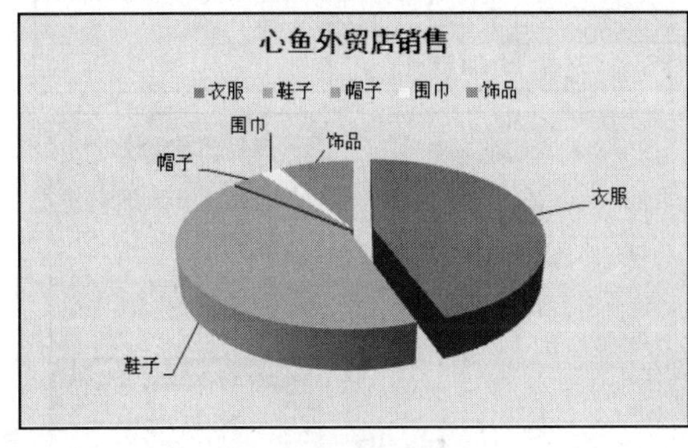

① 分离型饼图

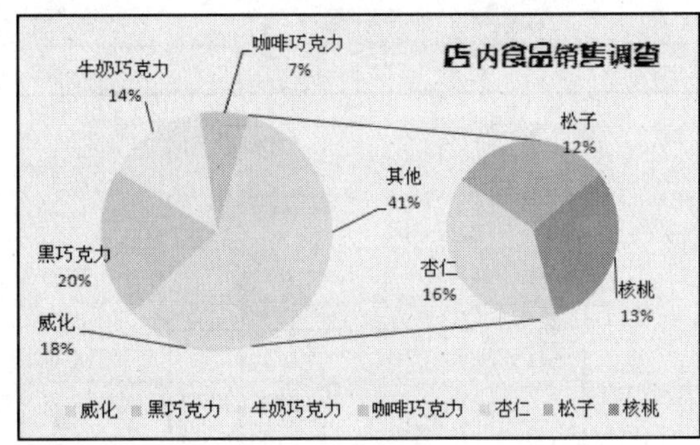

② 复合饼图

Work 7 描述明细项目的圆环图

与饼图相比，圆环图在中央空出了一个圆形的空间。与饼图不同的是，圆环图显示各个部分与整体之间的关系，但是它可以包含多个数据系列。圆环图有两种表现形式，如表 15-6 所示。

表 15-6 圆环图的形式

编号	名　称	说　明
①	圆环图	类似于饼图，可显示每个数值占总数值的大小
②	分离型圆环图	类似于分离型饼图，可以强调单独的数值，同时显示每个数值占总数值的大小，但可包含多个数据系列

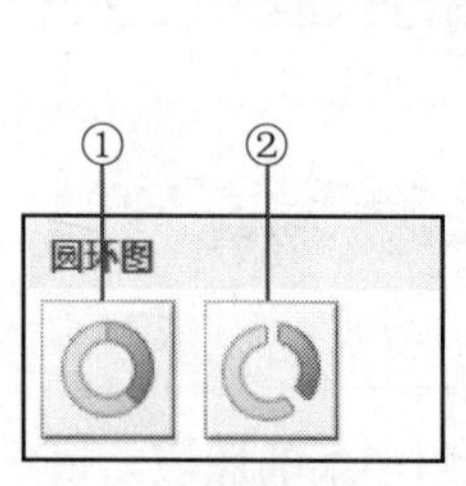

① 圆环图

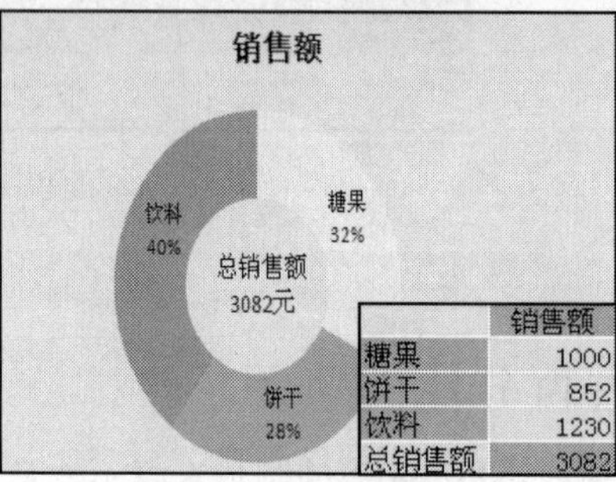

② 在中央输入总销售额的圆环图

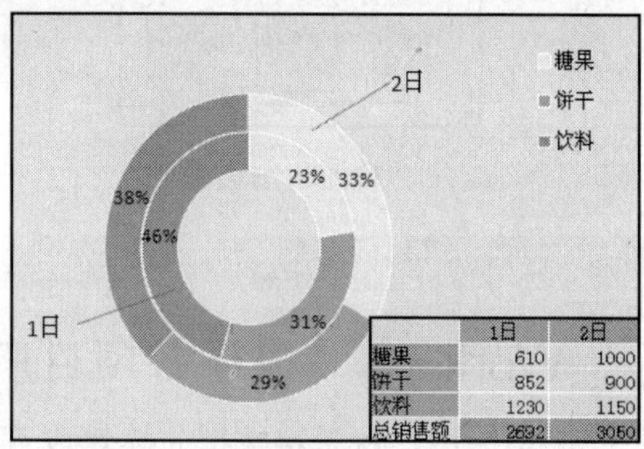

③ 对比 2 天销售变化的圆环图

Work 8 着重倾向与权数分析的雷达图

如同雷达的形状，将多个数据以同心圆的方式排列称为雷达图。例如，游戏中个人的体力、能力、技术、经验值等表现，若以雷达图表示，瞬间就可以呈现此人的战斗力状况。在商业上，雷达图也被广泛应用于竞争对手的比较上。借由雷达图，可对数值无法表现的倾向分析提供良好的支持，为了能在短时间内把握数据相互间的平衡关系，也可以使用雷达图。雷达图的 3 种形式如表 15-7 所示。

表 15-7 雷达图的形式

编号	名　称	说　明
①	雷达图	显示相对于中心点的数值
②	带数据标记的雷达图	以数据标记的形式显示相对于中心点的数值
③	填充雷达图	如不能比较类别，且仅有一个系列，使用该图

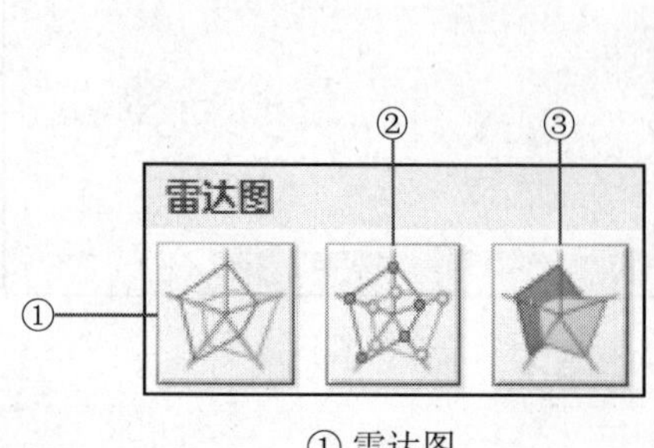

① 雷达图

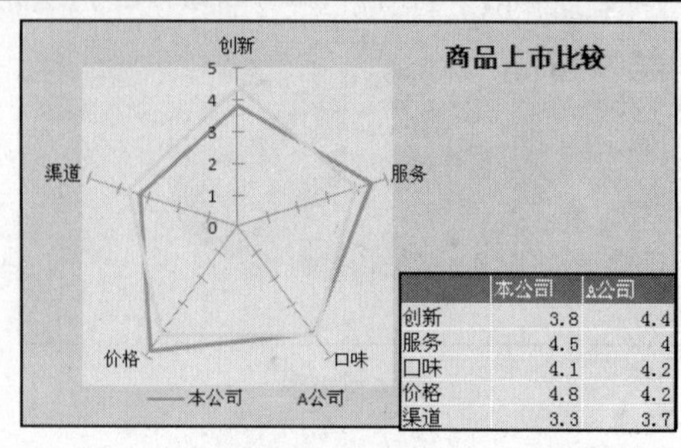

② 雷达图示例

Study 02 表现不同效果的图表

Work 9 用点表示分布的XY散点图

若数据资料各自有两个基准，想要分析它们之间的相互关联性，可以使用 XY 散点图。在 Excel 中，XY 散点图有 5 种表现形式，如下图和表 15-8 所示。

表 15-8 XY 散点图形式

编 号	名 称	说 明
①	仅带数据标记的散点图	用于比较成对的数值。如果数值不以 X 轴为顺序或者表示独立的度量，则可使用该图
②	带平滑线和数据标记的散点图	有多个以 X 轴为顺序的数据点，并且这些数据表示函数，则可使用该图
③	带平滑线的散点图	有许多以 X 轴为顺序的数据点，并且这些数据表示函数
④	带直线和数据标记的散点图	有多个以 X 轴为顺序的数据点，并且这些数据表示独立的数值，则使用该图
⑤	带直线的散点图	有许多以 X 轴为顺序的数据点，并且这些数据表示独立的样本

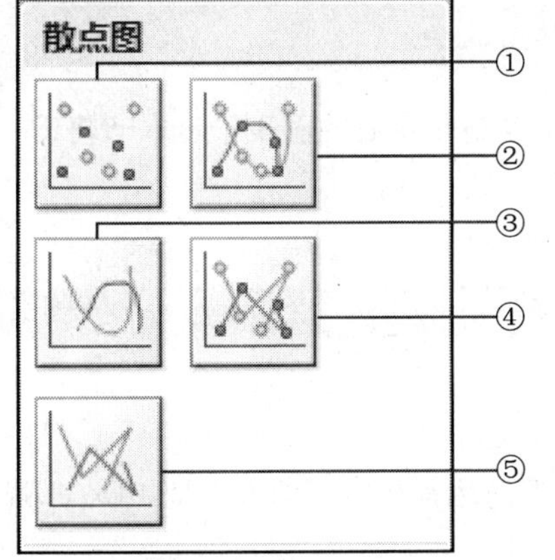

① 散点图形式

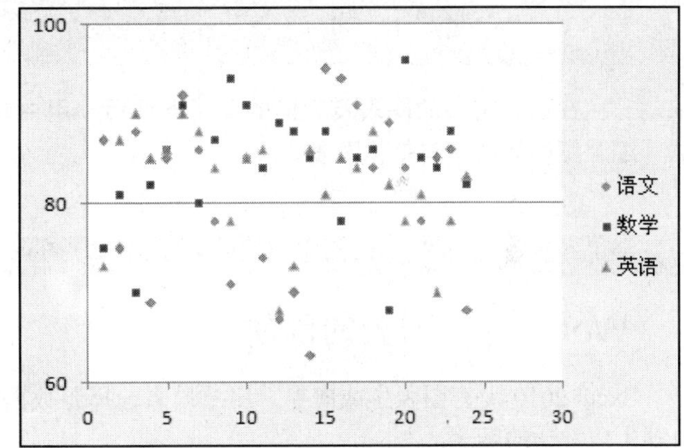

② 仅带数据标记的散点图

Study 02 表现不同效果的图表

Work 10 由大小泡泡组成的气泡图

排列在工作表的列中的数据（第一列中列出 X 值，在相邻列中列出相应的 Y 值和气泡大小的值）可以绘制在气泡图中。气泡图与 XY 散点图类似，但是它们对成组的 3 个数值而非两个数值进行比较。第 3 个数值确定气泡数据点的大小；可以选择气泡图或者三维气泡图子类型。

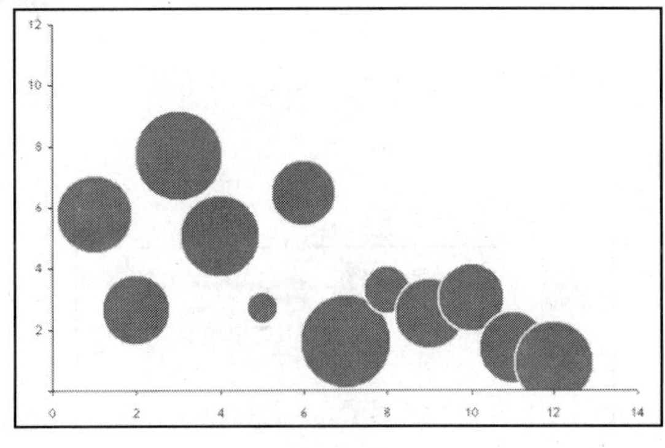

气泡图

Work 11 精致、形象的迷你图

迷你图是Excel 2010的新增功能，以单元格为绘图区域，绘制出简约的数据小图表，由于迷你图太小，在迷你图中无法显示数据内容，所以迷你图与表格是不能分离的。

迷你图包括折线图、柱形图、盈亏3种类型，其中折线图用于返回数据的变化情况，柱形图用于表示数据间的对比情况，盈亏则可以将业绩的盈亏情况形象地表现出来。

	A	B	C	D	E	F
1	成钢木材厂2010年1季度盈余表					
2	日期	木材	加工	成品床	成品八仙桌	图示
3	1月	￥15,768.11	(￥157.10)	￥1,671.00	￥13,570.00	
4	2月	(￥157,357.47)	￥574.68	￥47,168.00	￥415,780.00	
5	3月	￥257,176.60	(￥751.66)	￥412,547.50	￥4,136.70	

盈亏迷你图

Study 03 图表的创建与美化

- Work 1. 图表的创建
- Work 2. 让图表变得更专业

在认识常用的图表及它们的使用条件后，用户就可以制作专业的图表了。本节将详细介绍如何创建与美化图表。

Work 1 图表的创建

Excel 2010没有图表生成向导，用户只需选择源数据，然后选择相应的图表类型，Excel就会自动生成默认的图表。

在“插入”选项卡的“图表”组中有各种图表类型，如柱形图、折线图、饼图等，单击这些图标下方的下三角按钮可选择具体的类型。单击“图表”组中的对话框启动器，弹出“插入图表”对话框，其中也可以选择各种类型的图表。该对话框还提供模板功能，用户可以使用“管理模板”按钮或将创建设置了格式的图表设置为默认图表。

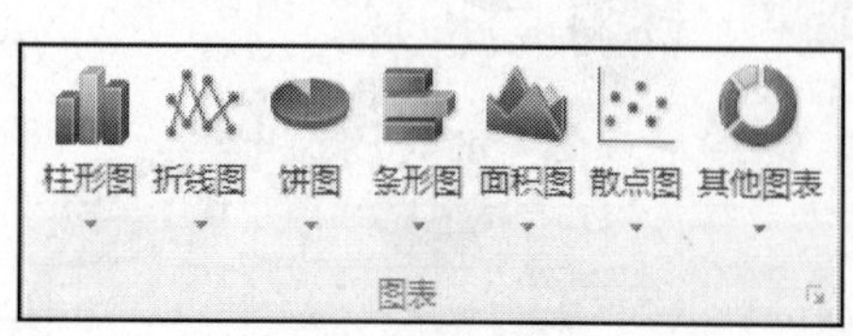

①“图表”组

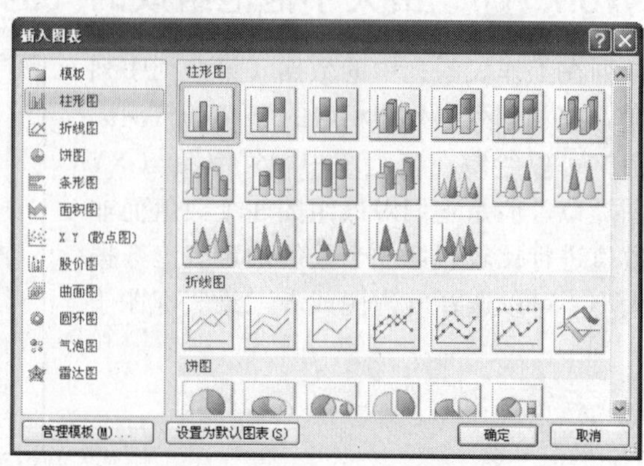

②“插入图表”对话框

Study 03 图表的创建与美化

Work 2 让图表变得更专业

使用Excel直接插入的图表都拥有相同的版式，且颜色十分单调，如何使图表制作得更加专业和个性化呢？可以利用“图表工具”上下文选项卡。单击“图表工具”上下文选项卡下的任意标签，如单击“设计”标签，可切换到“设计”选项卡。

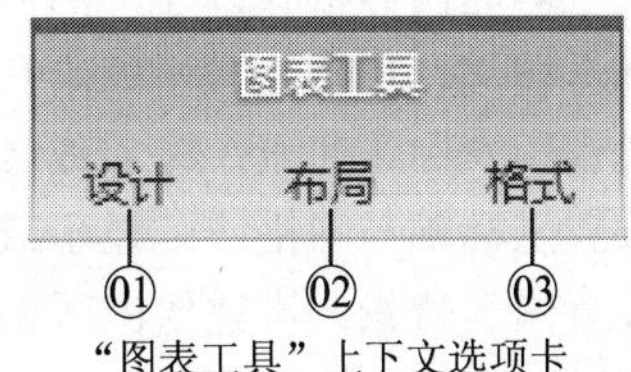

“图表工具”上下文选项卡

01 “设计”选项卡

在“设计”选项卡下可以做如下操作。

- 更改图表类型：重新选择合适的图表。
- 另存为模板：将设计好的图表保存为模板，方便以后调用。
- 切换行/列：将图表的X轴数据和Y轴数据对调。
- 选择数据：在“选择数据源”对话框可以编辑、修改系列与分类轴标签。
- 设置图表布局：快速套用几种内置的布局样式。
- 更改图表样式：为图表应用内置样式。
- 移动图表：在本工作簿中移动图表或将图表移动到其他工作簿。

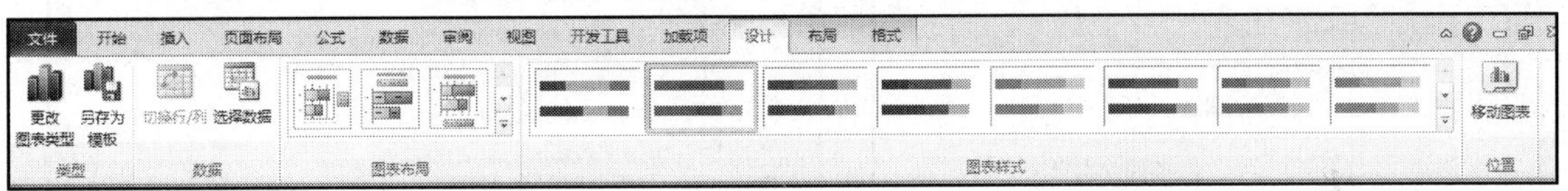

“设计”选项卡

如右侧图所示为使用Excel图表功能直接插入的条形图，下面来看使用“图表布局”组能将这张图表变成什么样？

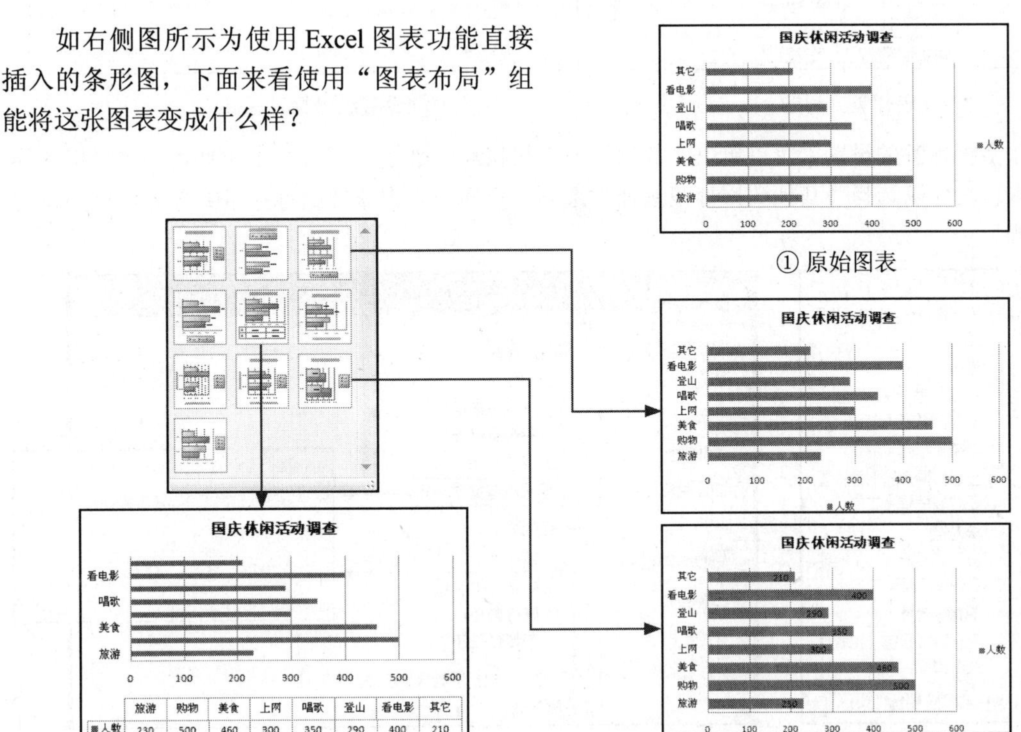

② 应用多种布局样式的效果图

02 “布局”选项卡

在“布局”选项卡下可以做如下操作。

- 设置所选内容格式：在“当前所选内容”组中快速定位图表元素，并设置所选内容格式。
- 插入图片、形状、文本框：在图表中直接插入图片、形状样式或文本框等图形工具。
- 编辑图表标签元素：添加或修改图表标题、坐标轴标题、图例、数据标签、数据表。
- 设置坐标轴与网格线：显示或隐藏主要横坐标轴与主要纵坐标轴；显示或隐藏网格线。
- 设置图表背景：设置绘图区格式，为三维图表设置背景墙、基底或旋转格式。
- 图表分析：添加趋势线、误差线等分析图表。

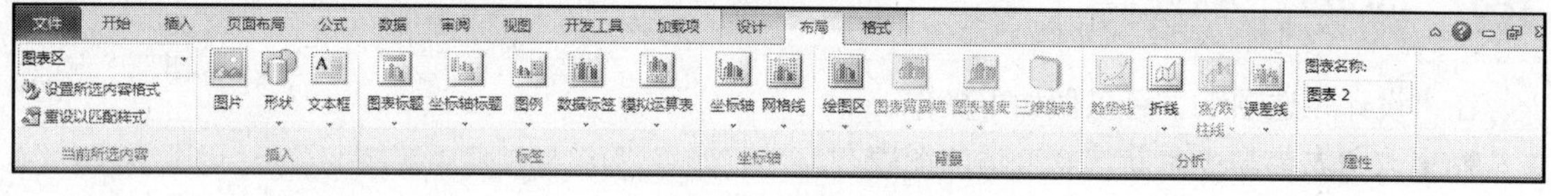

“布局”选项卡

例如，设置主要纵坐标轴标题，选择“坐标轴标题＞主要纵坐标轴标题＞竖排标题”选项，然后输入标题说明文本。

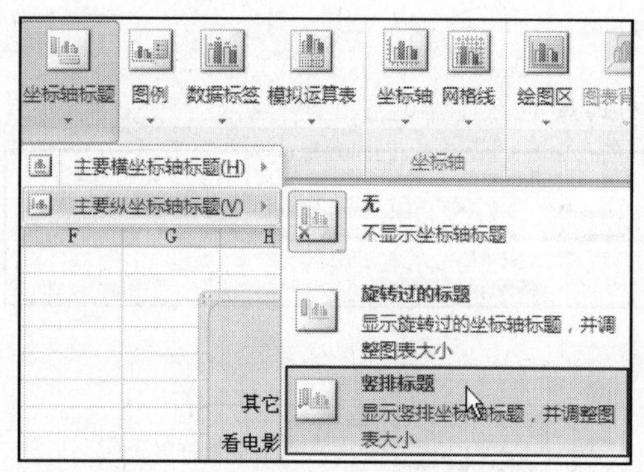

① 选择竖排标题

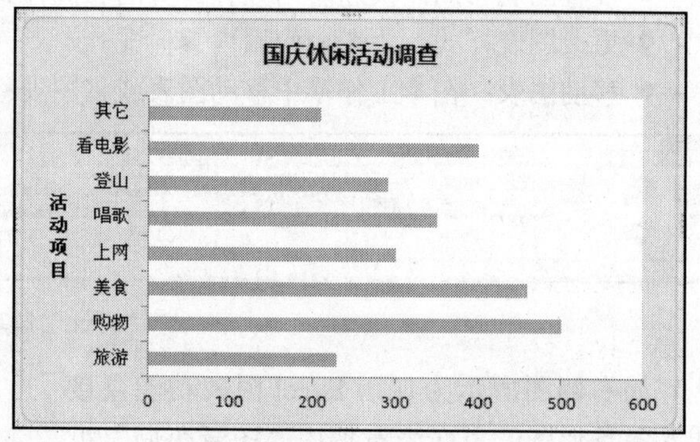

② 设置纵坐标轴标题

对于数据标签的设置，可以单击“数据标签”按钮，然后在展开的下拉列表中选择标签的添加位置，也可以选择“其他数据标签选项”选项，然后在“设置数据标签格式”对话框中设置标签格式。

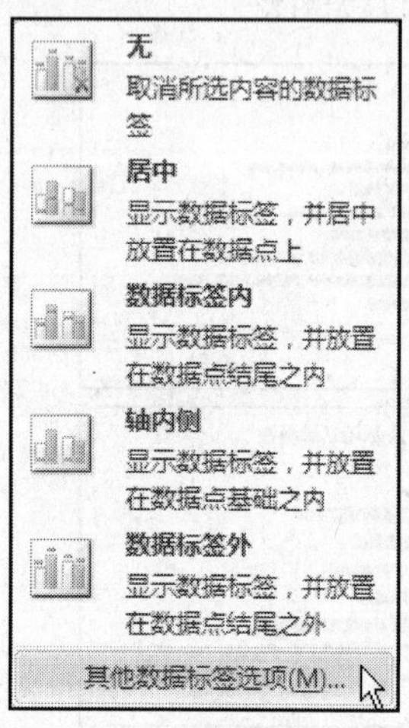

③ 选择“其他数据标签选项”

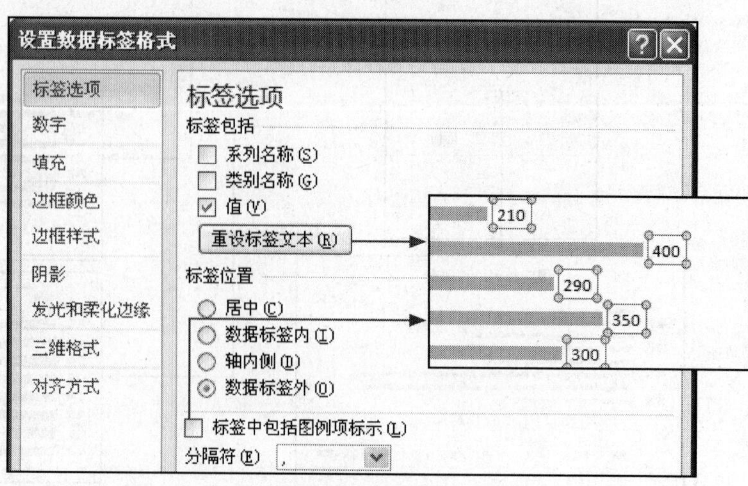

④ 设置数据标签格式

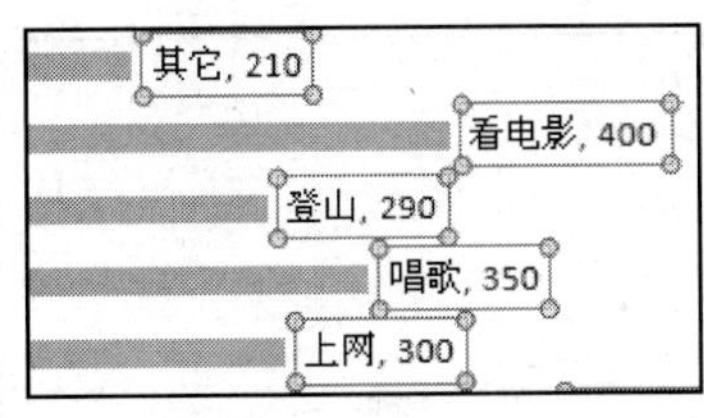

⑤ 选择“类别名称”　　⑥ 标签位置为“居中”

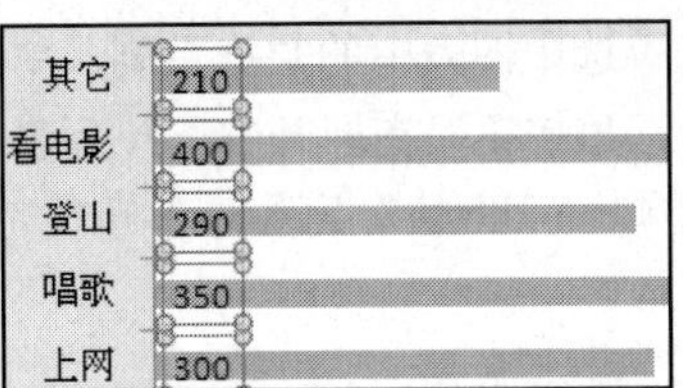

⑦ 标签位置为“轴内侧”

03 “格式”选项卡

在“格式”选项卡下可以做如下操作。

- 设置所选内容格式：在“当前所选内容”组中快速定位图表元素，并设置所选内容格式。
- 编辑形状样式：套用快速样式，设置形状填充、形状轮廓以及形状效果。
- 插入艺术字：快速套用艺术字样式，设置艺术字颜色、外边框或艺术效果。
- 排列图表：排列图表元素对齐方式等。
- 设置图表大小：设置图表的高度与宽度、裁剪图表。

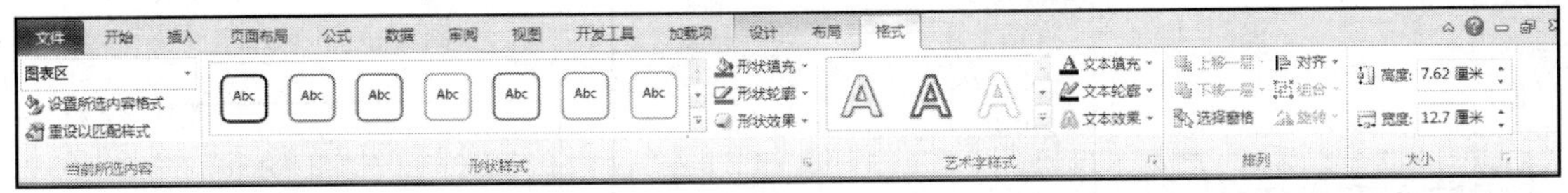

“格式”选项卡

单击“形状样式”组中的快翻按钮，在展开的样式库中可以为图表区套用形状快速样式。

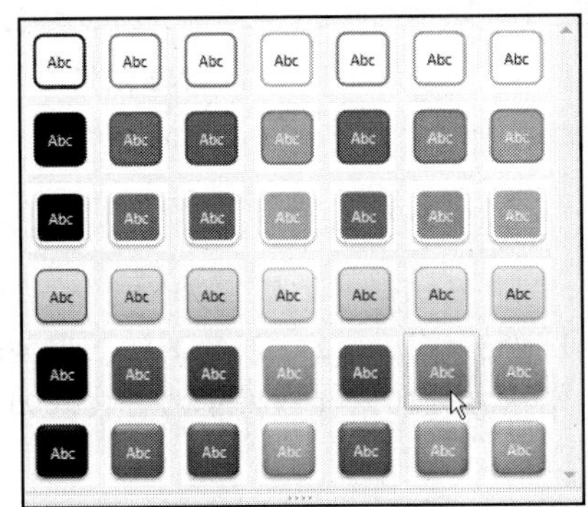

① 套用形状快速样式

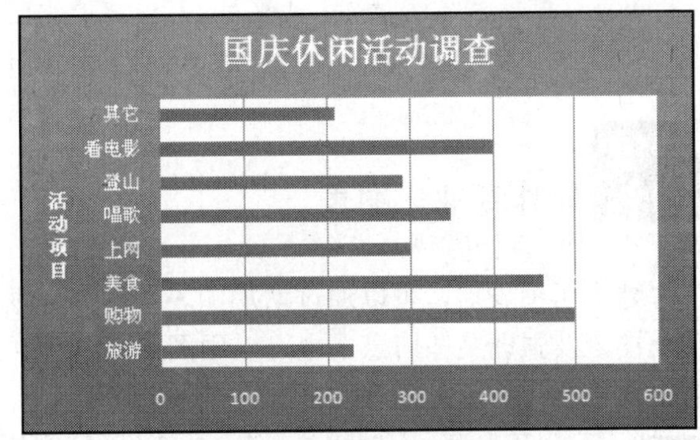

② 套用形状快速样式结果

选中图表中的数据系列，单击“形状填充”下三角按钮，在展开的下拉列表中选择“渐变”选项，然后选择渐变颜色，如右图所示。

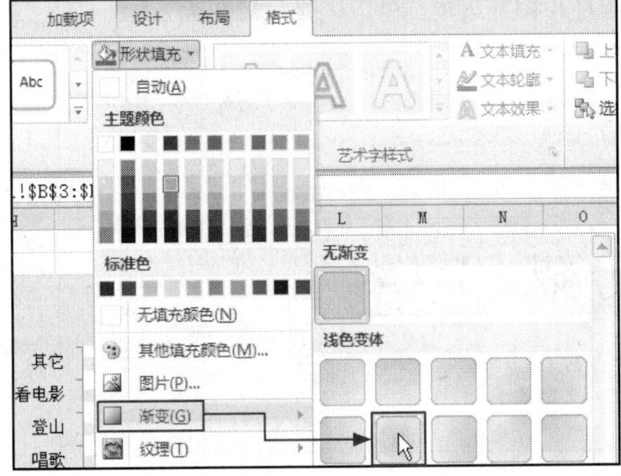

③ 更改数据系列填充

选中图表中的数据系列，单击“形状效果”下三角按钮，在展开的下拉列表中选择“发光”选项，可以为数据系列选择发光样式，如右图所示。

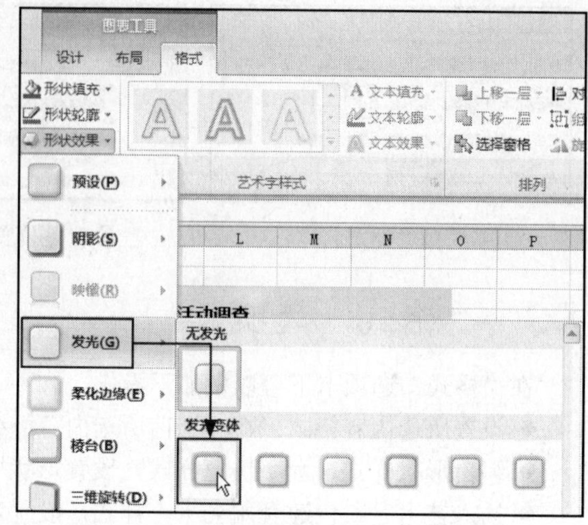

④ 更改形状效果

在“艺术字”样式组中可以将普通字体变为艺术字体，并设置艺术字格式。

⑤ 原始标题

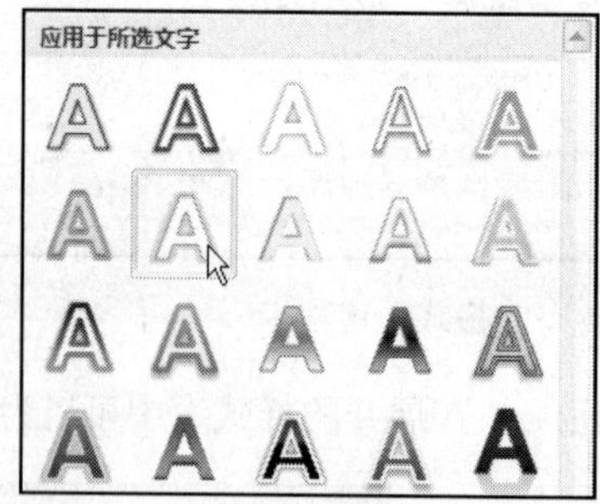

⑥ 选择艺术字样式

⑦ 应用艺术字效果

Lesson 01 制作专业化图表

Office 2010 · 电脑办公从入门到精通

建立了图表后，可以通过增加图表项，如数据标签，图例、标题、文字、趋势线、误差线来美化图表及强调某些信息；也可以用图案、颜色、对齐、字体及其他格式属性来设置这些图表项的格式。下面制作一款圆柱图。

STEP 01 打开光盘\实例文件\第 15 章\原始文件\制作专业的图表 .xlsx 工作簿。选中单元格区域 A2:F3，切换到“插入”选项卡，单击“柱形图”下三角按钮，在展开的下拉列表中选择“三维柱形图”选项，生成一张柱形图表。

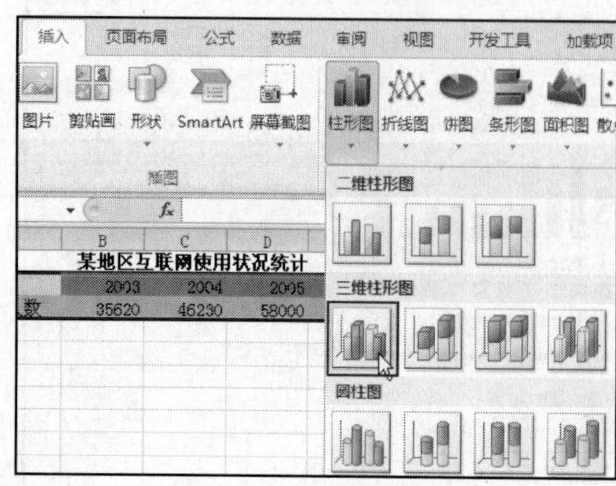

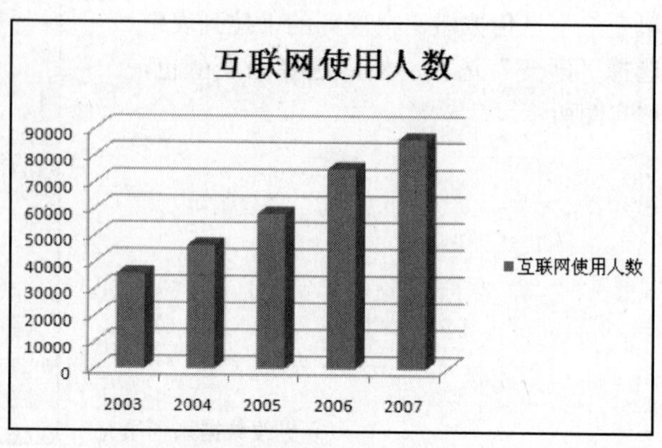

STEP 02 在“图表工具 - 设计”选项卡中单击“快速布局”按钮，在展开的样式库中选择“布局样式 4”，为图表套用快速布局。

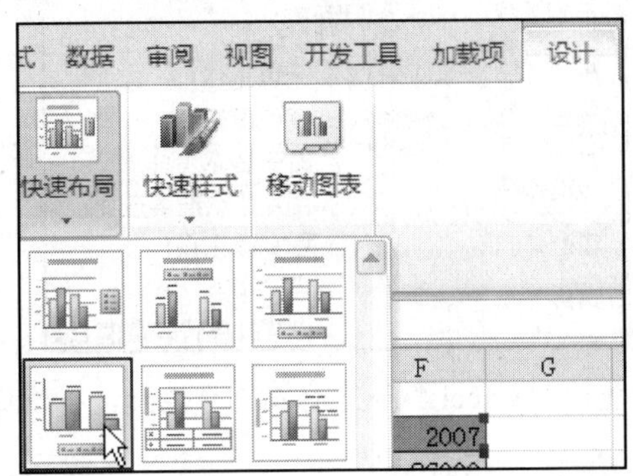

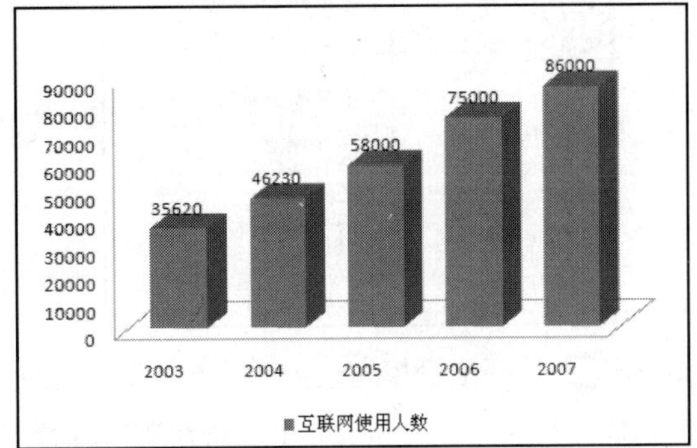

STEP 03 切换到“图表工具 - 布局”选项卡，单击“图表标题”按钮，在展开的下拉列表中选择“图表上方”选项，然后在图表上方插入标题并编辑标题的内容。

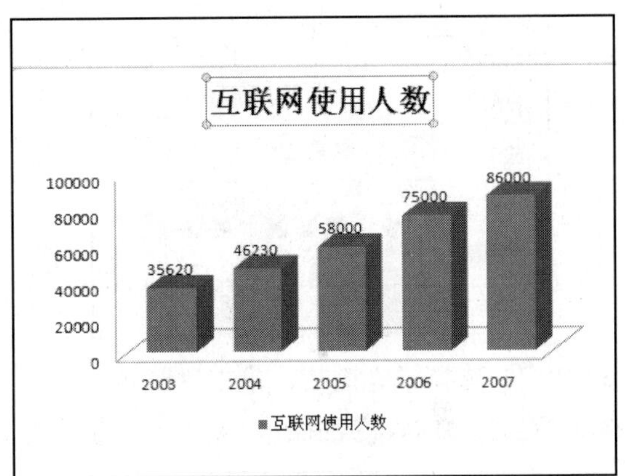

STEP 04 单击“图表工具 - 布局”选项卡中的“图例”按钮，在展开的下拉列表中选择“无”选项，隐藏图例。

STEP 05 选中图表中的系列，切换到“图表工具 - 格式”选项卡，单击“形状样式”组中的对话框启动器，弹出“设置数据系列格式”对话框，切换到“形状”选项卡，选中“圆柱图”单选按钮。

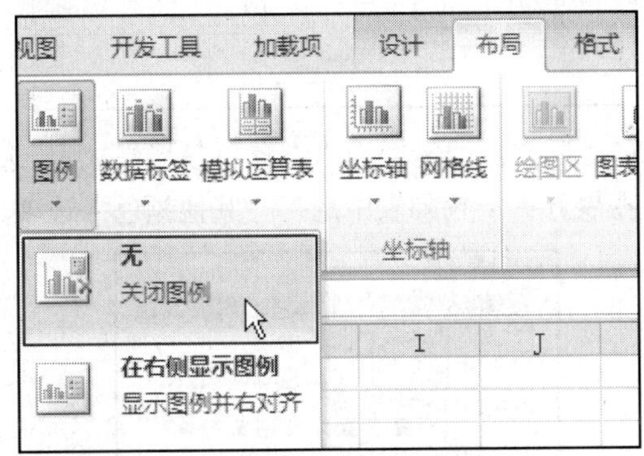

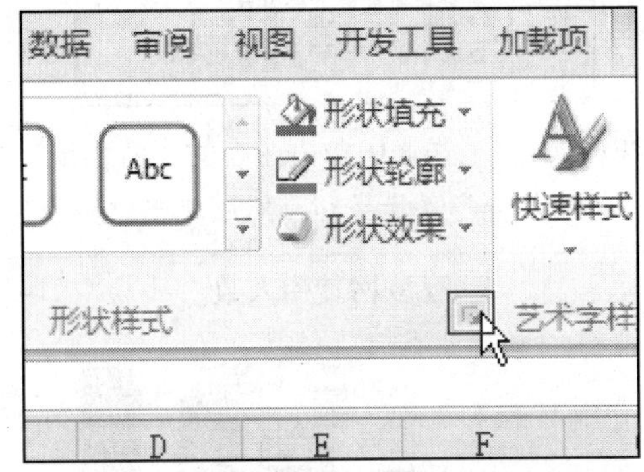

STEP 06 弹出“设置数据系列格式”对话框，切换到“形状”选项卡，选中“柱体形状”区域内“圆柱图”单选按钮。

STEP 07 切换到“填充”选项卡，选中“渐变填充”单选按钮。

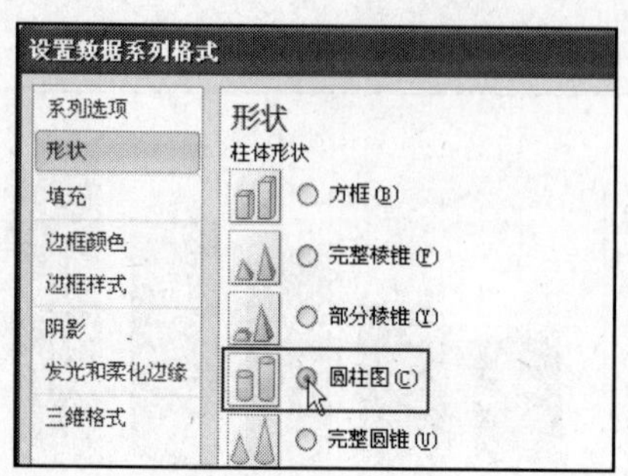

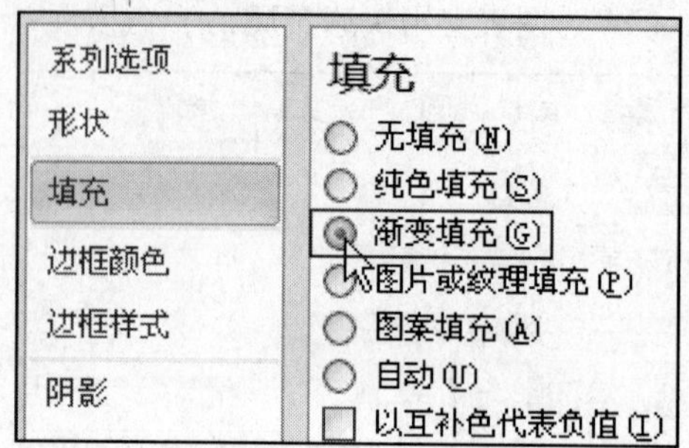

STEP 08 选择渐变填充选项后，在“渐变光圈”的颜色块中 Excel 默认选择第 1 个光圈，不改变其设置，直接单击“颜色”下三角按钮，选择“深蓝，文字 2”选项。

STEP 09 设置了第 1 个渐变光圈的颜色后，单击“渐变光圈”颜色块中的第 2 个光圈滑块。

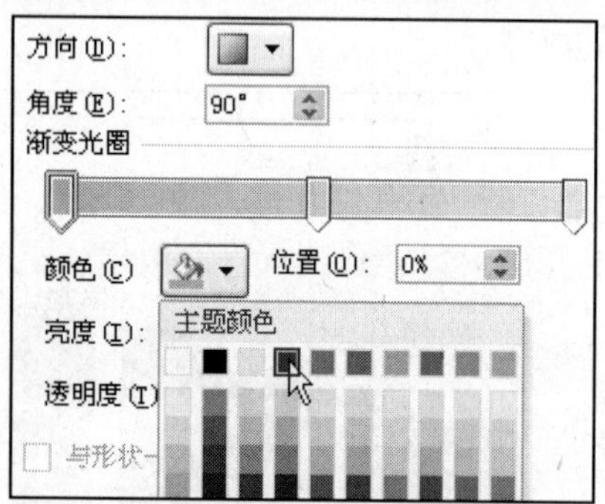

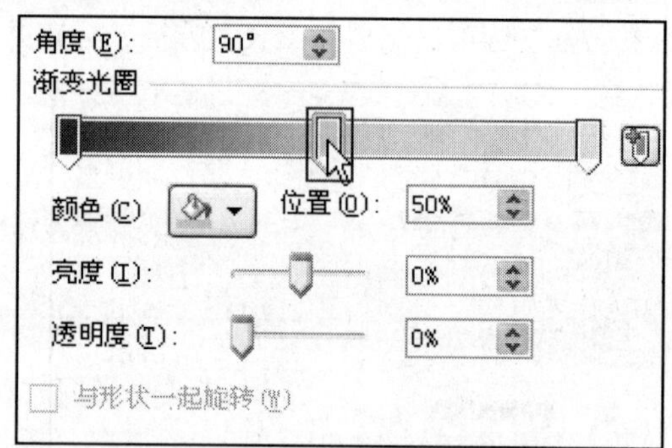

STEP 10 选择了光圈后，单击“颜色”按钮，在展开的颜色列表中单击“绿色”图标。参照 **STEP 09** 与 **STEP 10** 的操作，将渐变光圈的第 3 个光圈也设置为“深蓝，文字 2”颜色。

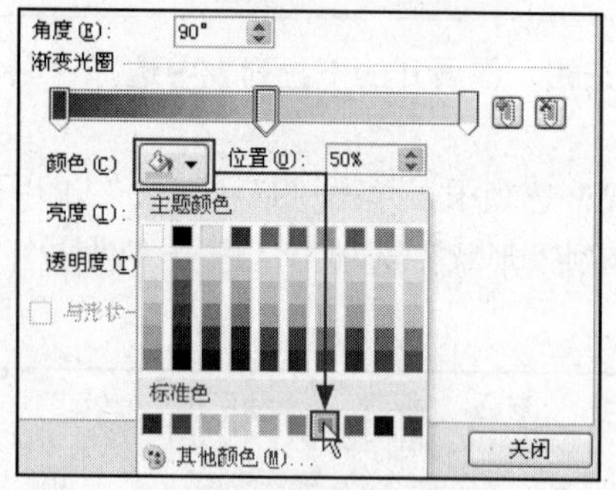

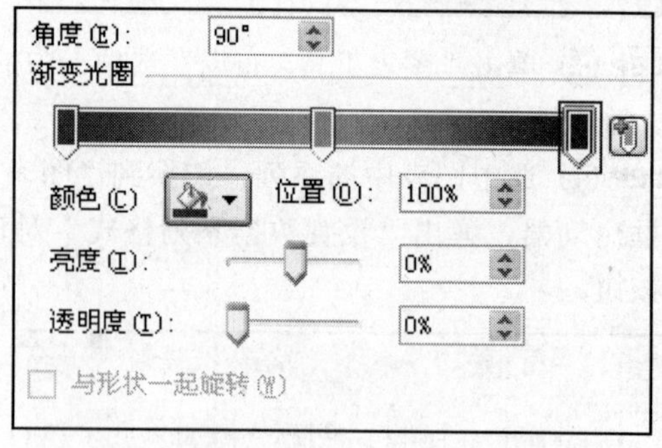

STEP 11 在工作表中单击图表的“背面墙”区域，对话框会自动转换为“设置背景墙格式”，选中“渐变填充”单选按钮，然后单击“颜色”按钮，在展开的下拉列表中选择“其他颜色”选项。

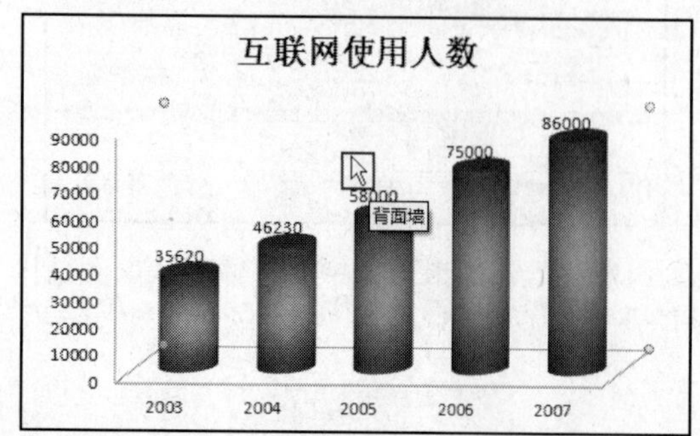

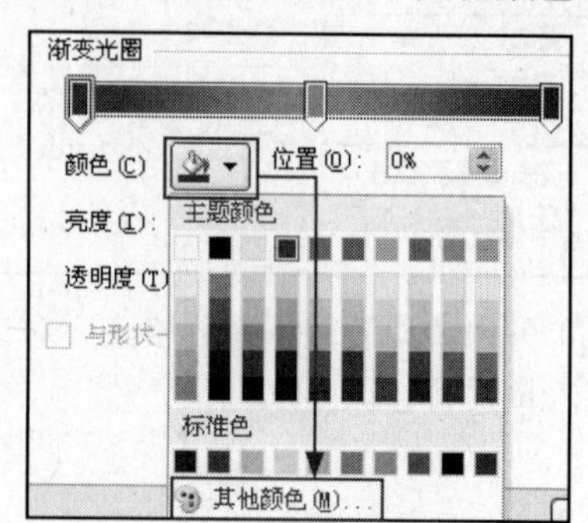

STEP 12 在弹出的“颜色”对话框中选择光圈 1 的颜色，然后单击“确定”按钮。返回“设置背景墙格式”对话框，将第 2 个光圈的颜色设置为“浅绿”，第 3 个光圈的颜色设置为“白色”，最后关闭该对话框。

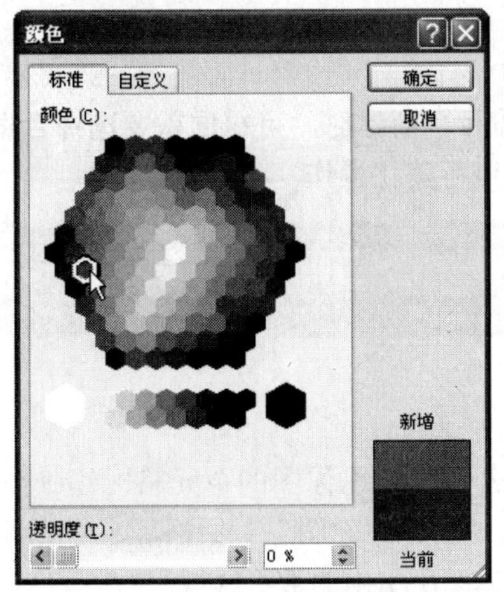

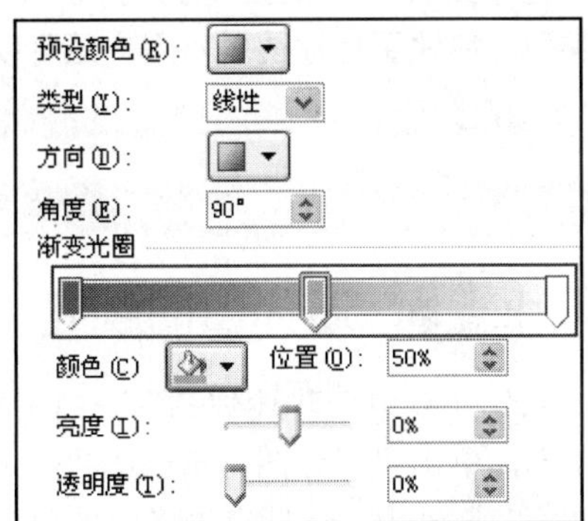

STEP 13 返回工作表中，切换到“表格工具 - 布局”选项卡，单击“背景”组中的“图表基底”按钮，在展开的下拉列表中单击“其他基底选项”。弹出“设置基底格式”对话框，切换到“填充”选项卡，选中“纯色填充”单选按钮，然后单击“颜色”按钮，在展开的颜色列表中单击“绿色”图标。

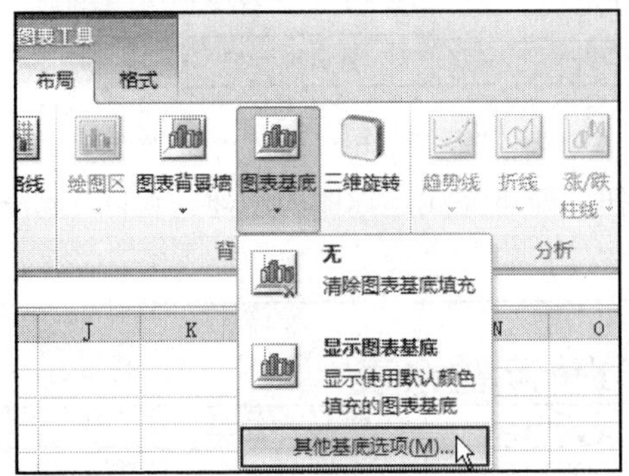

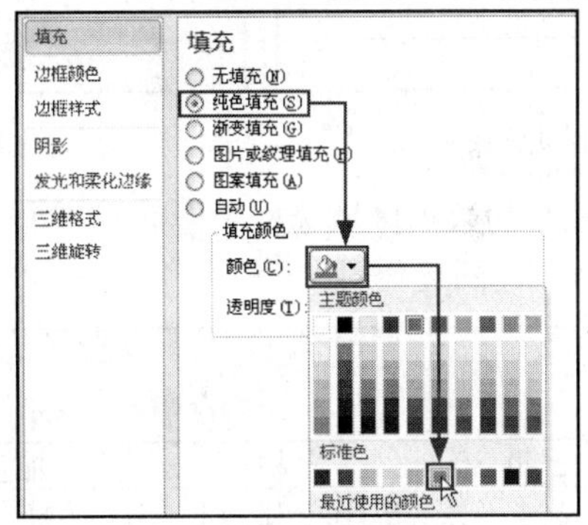

STEP 14 将基底格式设置完毕后，关闭“设置基底格式”对话框，就完成了本例的制作。

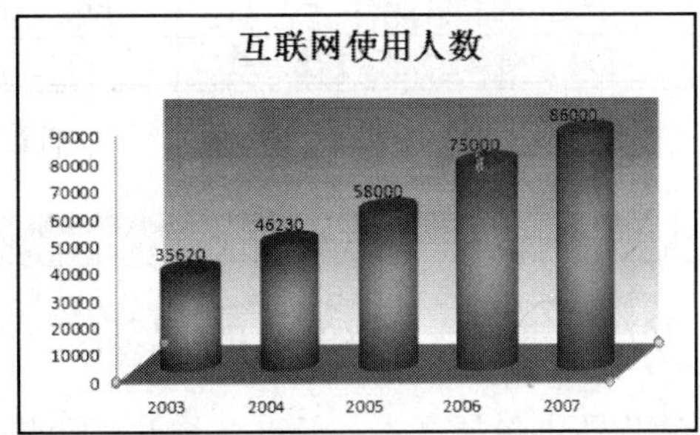

Tip 重设图表

将图表的格式设置完毕后，如果用户对设置后的效果不满意，可将图表重置，使其恢复为默认效果。重置时，右击图表中要重置的区域，在弹出的快捷菜单中执行“重设以匹配样式”命令，即可完成操作。

Study

04 用精巧迷你图表现数据

◆ Work 1. 迷你图的创建　　◆ Work 2. 特殊点的显示

迷你图有 3 种类型，分别是折线图、柱形图和盈亏。创建时，可根据需要选择合适的类型。创建了迷你图后，用户还可以根据需要对其进行美化操作。

Study 04 用精巧迷你图表现数据

Work 1 迷你图的创建

在 Excel 2010 中创建迷你图时，打开目标表格后，选中放置迷你图的单元格，切换到“插入”选项卡，单击“迷你图”组中的“盈亏”按钮，弹出“创建迷你图”对话框后，将光标定位在“数据范围”框内，然后在表格中拖动鼠标选中创建迷你图所引用的数据区域。

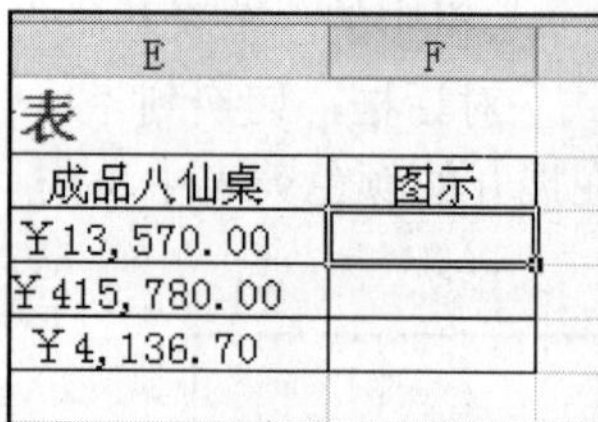

① 选择迷你图存放位置

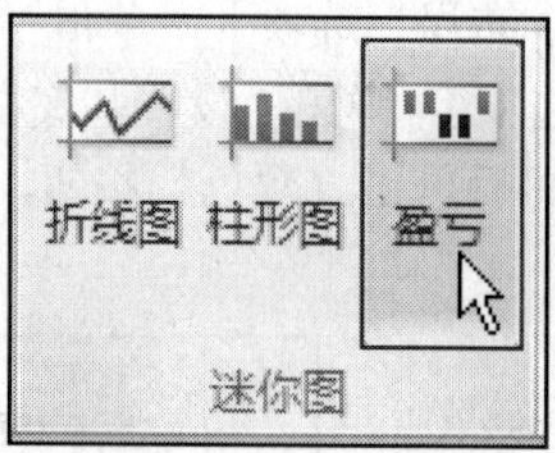

② 选择迷你图类型

③ 选择迷你图引用的数据源

将引用的数据区域选择完毕后，单击“确定”按钮，即可完成迷你图的创建。返回工作表，即可看到创建的迷你图。

	A	B	C	D	E	F
1	成钢木材厂2010年1季度盈余表					
2	日期	木材	加工	成品床	成品八仙桌	图示
3	1月	¥15,768.11	(¥157.10)	¥1,671.00	¥13,570.00	
4	2月	(¥157,357.47)	¥574.68	¥47,168.00	¥415,780.00	
5	3月	¥257,176.60	(¥751.66)	¥412,547.50	¥4,136.70	

④ 插入的迷你图效果

Study 04 用精巧迷你图表现数据

Work 2 特殊点的显示

迷你图中包括高点、低点、首点、尾点、负点和标记 6 种特殊点。在默认的情况下，这些特殊点不会全部显示在迷你图中，但是可以通过设置显示出来，并可以对这些点的显示效果进行设置。

显示特殊点时，选中目标迷你图，切换到“迷你图工具 - 设计”选项卡，在“显示”组中勾选要显示的点，本例中勾选“高点”、“低点”复选框，迷你图中就会将相应的点显示出来。

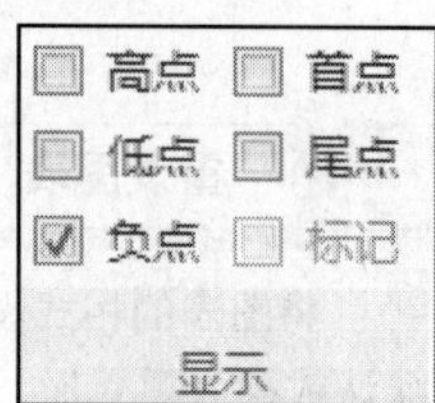

迷你图的特殊点

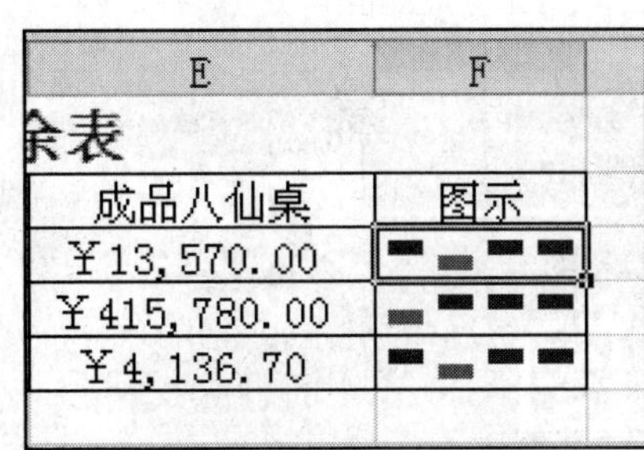

① 迷你图默认效果

② 显示特殊点

③ 显示特殊点效果

需要更改特殊点的效果时，可在选中目标迷你图后，切换到“迷你图工具 - 设计”选项卡，单击“样式”组中的“标记颜色”按钮，在展开的下拉列表中单击要更改的特殊点，本例中选择“高点”，在展开的颜色列表中单击“绿色”图标，就完成了特殊点的更改。按照同样的方法，将其他特殊的颜色也进行更改后，在表格的迷你图中即可看到设置后的效果。

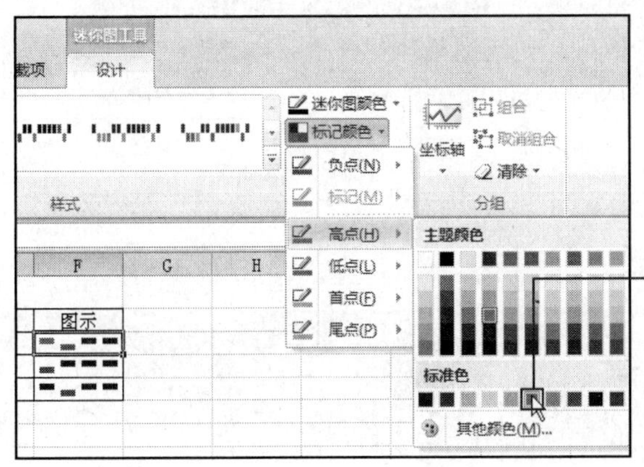

① 更改高点颜色

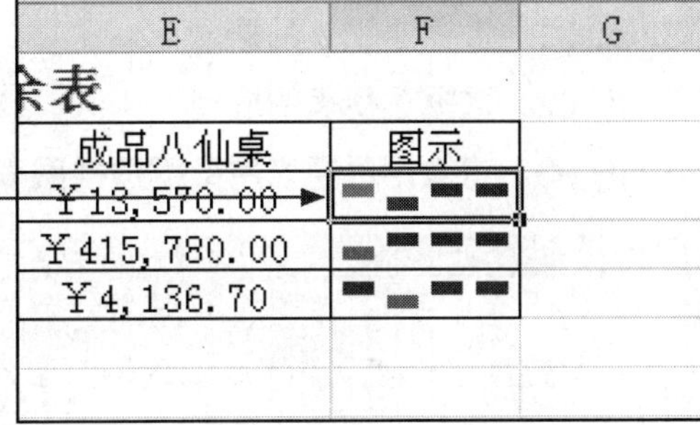

② 显示更改特殊点效果

Tip 套用迷你图样式

在 Excel 2010 中，预设了一些迷你图样式。在设置迷你图时，可直接套用预设样式，这些样式会随着特殊点的显示以及更改进行相应的变化。

Chapter 16

数据透视分析工具——数据透视表与数据透视图

Office 2010 电脑办公从入门到精通

本章重点知识

Study 01　数据透视表的概念

Study 02　数据透视表的应用

Study 03　将数据透视表用数据透视图表现

本章视频路径

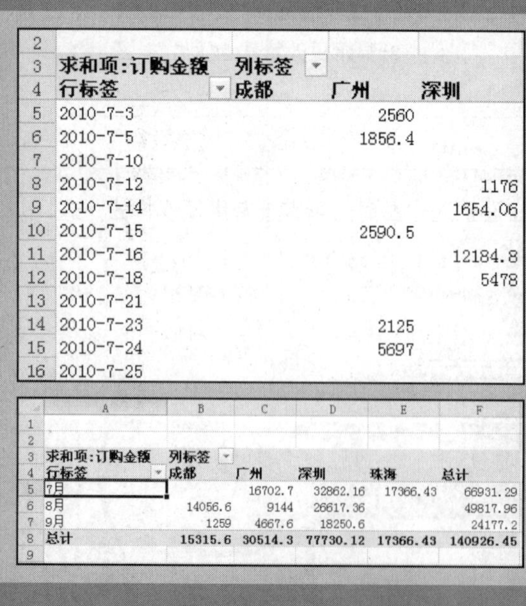

求和项:订购金额	列标签		
行标签	成都	广州	深圳
2010-7-3		2560	
2010-7-5		1856.4	
2010-7-10			
2010-7-12			1176
2010-7-14			1654.06
2010-7-15		2590.5	
2010-7-16			12184.8
2010-7-18			5478
2010-7-21			
2010-7-23		2125	
2010-7-24		5697	
2010-7-25			

求和项:订购金额	列标签				
行标签	成都	广州	深圳	珠海	总计
7月		16702.7	32862.16	17366.43	66931.29
8月	14056.6	9144	26617.36		49817.96
9月	1259	4667.6	18250.6		24177.2
总计	15315.6	30514.3	77730.12	17366.43	140926.45

Chapter 16\Study 02\

- Lesson 01　对字段分组.swf

求和项:销售额	列标签			
行标签	豆奶	花生奶	椰汁	总计
北部	41.67%	0.00%	58.33%	100.00%
东部	0.00%	70.80%	29.20%	100.00%
南部	0.00%	59.92%	40.08%	100.00%
西部	63.53%	7.63%	28.84%	100.00%
总计	27.68%	29.52%	42.80%	100.00%

Chapter 16 数据透视分析工具——数据透视表与数据透视图

在本章中读者需要了解 Excel 2010 数据透视表图表的知识，包括其创建与使用。阅读一个包含庞大数据的工作表中的数据很不方便，然而在 Excel 中用户却可以根据需要将工作表生成能够显示分类概要的数据透视表。数据透视表在数据重组和数据分析方面功能十分强大，它不仅能快速改变表格的行列布局，而且能迅速汇总大量数据，还能自动创建分组进行汇总统计。

Study 01 数据透视表的概念

- Work 1. 数据透视表的定义与术语
- Work 2. 源数据的准备

假设用户编辑了一个大的数据列表，且需要从这些数据中提取一些有意义的信息，并完成一定的数据分析统计，就可以创建自动提取、组织和汇总数据的交互报表——数据透视表，然后使用此报表分析数据、进行比较。

Work 1 数据透视表的定义与术语

数据透视表是一种对大量数据快速汇总和建立交叉列表的交互式表格。它通过对源数据表的行、列进行重新排列而提供多角度的数据信息。

选择数据源是创建数据透视表的第一步。数据源是用于创建数据透视表或数据透视图的数据清单或表。源数据可以来自 Excel 数据清单、外部数据库、多维数据集，或者另一张数据透视表。

	A	B	C	D	E	F	G
1	年度	季度	产品	销售人员	区域	销售单位	销售额
2	2009	1	椰汁	张洋	东部	202	￥5,656
3	2009	1	椰汁	李雪梅	西部	368	￥10,304
4	2009	1	椰汁	王易夫	北部	689	￥19,292
5	2009	2	花生奶	张洋	东部	126	￥3,150
6	2009	2	花生奶	张洋	西部	109	￥2,725
7	2009	2	椰汁	王易夫	南部	233	￥6,524
8	2009	3	豆奶	李雪梅	西部	286	￥5,720
9	2009	3	花生奶	张洋	东部	101	￥2,525
10	2009	3	豆奶	王易夫	北部	632	￥12,640
11	2009	4	椰汁	王易夫	东部	210	￥5,880
12	2009	4	豆奶	李雪梅	北部	800	￥16,000
13	2009	4	花生奶	李雪梅	南部	650	￥16,250
14	2010	1	花生奶	张洋	东部	588	￥14,700
15	2010	1	椰汁	张洋	北部	863	￥24,164
16	2010	1	豆奶	王易夫	西部	452	￥9,040
17	2010	1	椰汁	李雪梅	南部	403	￥11,284
18	2010	2	豆奶	王易夫	西部	397	￥7,940

① 源数据

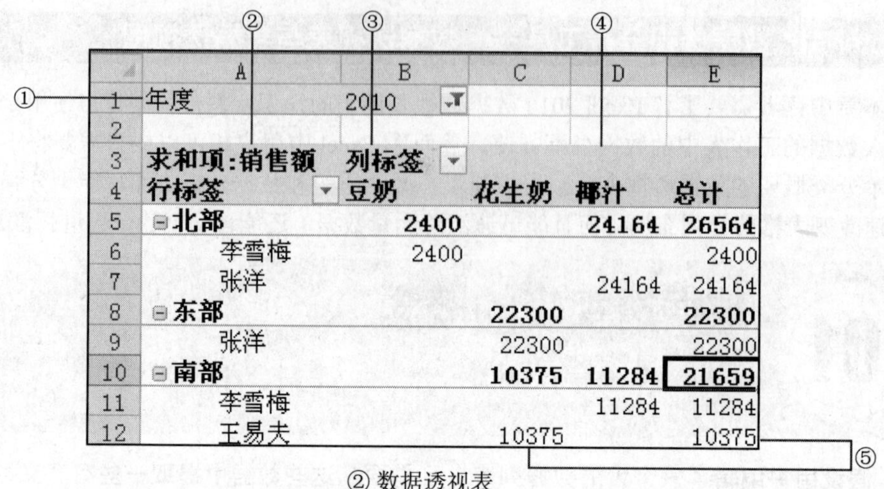

② 数据透视表

Excel 使用了特定的术语来标识数据透视表的各部分。如果尚不熟悉这些术语，可参考表 16-1 中的说明。

表 16-1 数据透视表各部分名称

编号	名称	说明
①	页面字段	用于数据透视表中的页面（或筛选）。例如，工作表中的“年度”是一个页面字段，可以使用“年度”字段仅显示 2010 年或 2009 年的汇总数据
②	数据字段	此字段来自源数据，其中包含要汇总的值。例如，“销售额求和”是一个数据字段。对于数据字段，可以选择多种数据汇总方式（例如，求总和、平均值或计数）。数据字段一般用于汇总数字，但也可汇总文本。可以对某字段中特定文本项（如“是”或“否”）出现的次数进行计数
③	列字段	用于数据透视表中的列。例如，“产品类别”是一个列字段
④	项目	行、列或页面字段的子类别。例如，“产品类别”字段包含了下列项目：豆奶、花生奶、椰汁。“销售人员”字段包含了这些项目：李雪梅、王易夫和张洋
⑤	数据区域	数据透视表中包含汇总数据的单元格。例如，单元格 C5 中的值汇总了 2010 年李雪梅在北部地区的豆奶销售额。也可以说，该单元格是源数据中包含李雪梅、豆奶、北部和 2010 等项目的各行的销售额汇总

可以看到，上面准备了一张大的数据列表，现在可以从这张列表中提取一些有用的信息，从而轻松解决以下问题：按区域划分，每种产品的总销售额是多少？哪些产品销量最好？业绩最好的销售人员是谁？

Study 01 数据透视表的概念

Work 2 源数据的准备

在编辑数据透视表前，最好确保数据组织良好并且已准备就绪。要轻松准备 Excel 数据，应重点考虑以下操作。

- 确保列表组织良好：列表一定要清晰，例如，确保列表的第一行包含列标签，因为 Excel 要在报表中将此数据作为字段名。还要确保每一列都包含类似项目，例如，一列中包含文本而另一列中包含数字值。
- 删除任何自动的分类汇总：在创建数据透视表前，请务必删除不必要的分类汇总，因为数据透视表能够计算分类汇总和总计。

- 命名区域：如果计划稍后添加其他数据，请确保为源数据中输入的单元格区域指定名称。这样，无论在何时向数据区域添加数据，都可以更新数据透视表，将新数据包括在内，而不必指定新区域引用。

Study 02 数据透视表的应用

- Work 1. 数据透视表的创建
- Work 2. 添加字段
- Work 3. 添加计算字段
- Work 4. 设置值字段汇总与显示方式
- Work 5. 对字段分组
- Work 6. 显示所需详细信息
- Work 7. 设计数据透视表样式

准备好数据后，就可以使用插入数据透视表向导轻松创建数据透视表。本节介绍数据透视表的创建、字段的添加与设置及其他一些数据透视表的常用功能。

Work 1 数据透视表的创建

要创建数据透视表，可以使用 Excel 2010 的插入数据透视表向导。该向导可帮助用户指定要使用的数据及创建数据透视表框架，然后使用“数据透视表字段列表”窗格在该框架内添加字段排列数据。

打开要创建数据透视表的工作簿，如果报表要基于 Excel 列表或数据清单，单击列表中的任意一个单元格，然后切换到“插入”选项卡，选择“表”组中的“数据透视表>数据透视表”选项。

第一步操作完成后，会弹出“创建数据透视表”对话框，在对话框中默认已添加了整个列表或数据清单区域，在下方“选择放置数据透视表的位置”选项组中可以选择数据透视表的创建位置，如选中“新工作表”单选按钮，然后单击“确定”按钮，就可生成数据透视表的初步框架。

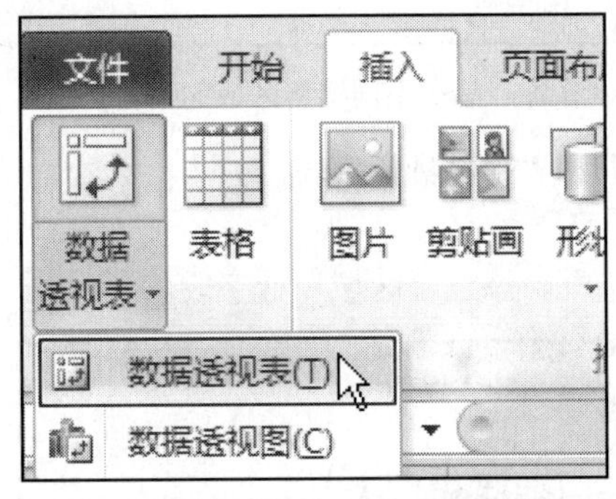

① 启动数据透视表向导

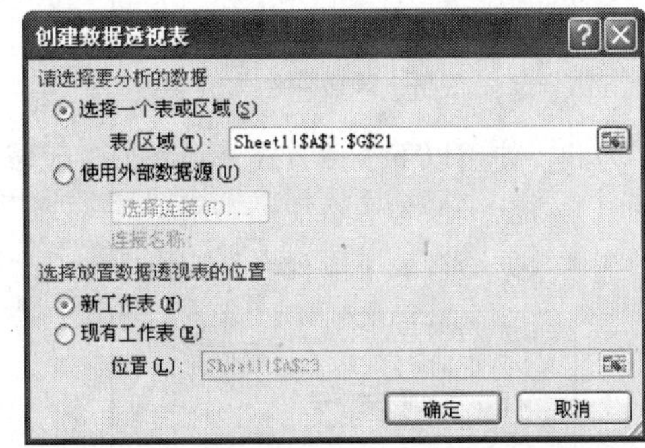

② 选择数据源

经过向导，即可生成数据透视表的基本框架，同时显示“数据透视表字段列表”窗格，在窗格中可以拖动字段到下方行和列标签区域，从而实现添加字段。

生成报表框架的同时也生成“数据透视表工具”上下文选项卡。

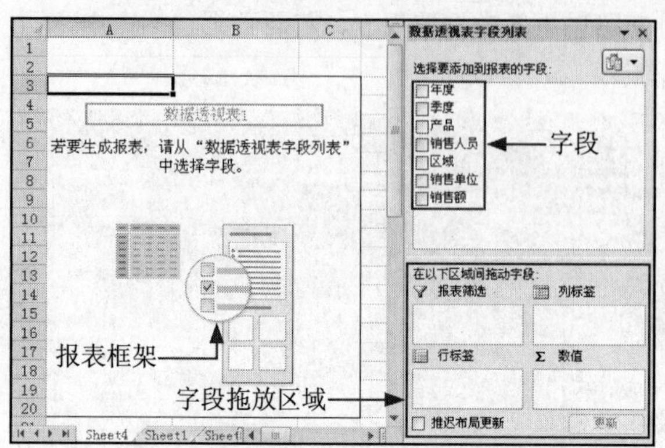

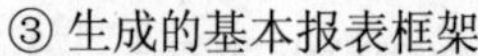

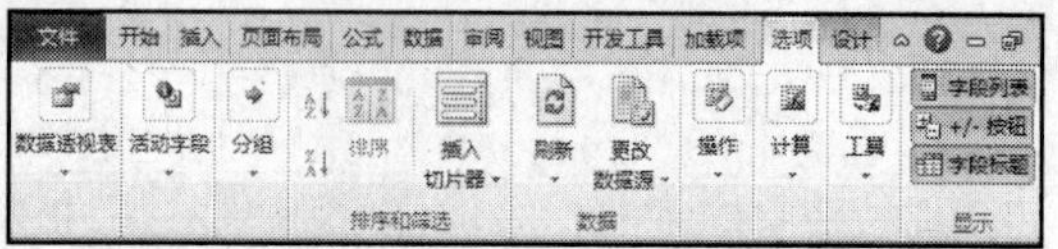

③ 生成的基本报表框架　　　④“数据透视表工具”上下文选项卡

Study 02 数据透视表的应用

Work 2 添加字段

字段是存储在数据透视表中的一类数据，字段分为行字段和列字段。创建数据透视表框架后，向数据透视表中添加字段以组织排列报表。添加字段的方法有 3 种：勾选添加、右键添加以及拖动添加。

通过添加字段，可以将数据透视表设置成如下布局，从而显示出各产品在不同销售地区的销售情况。

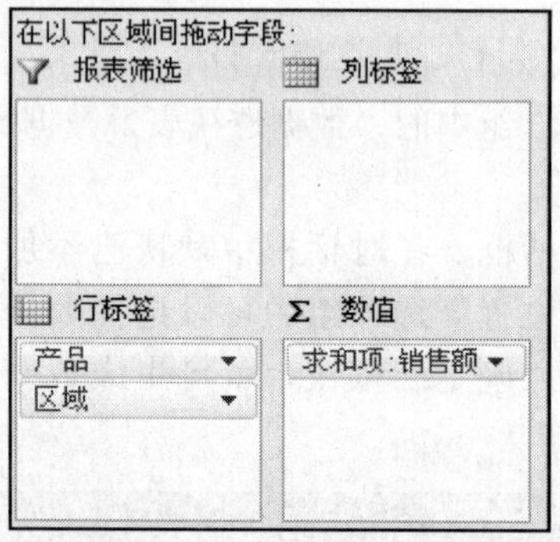

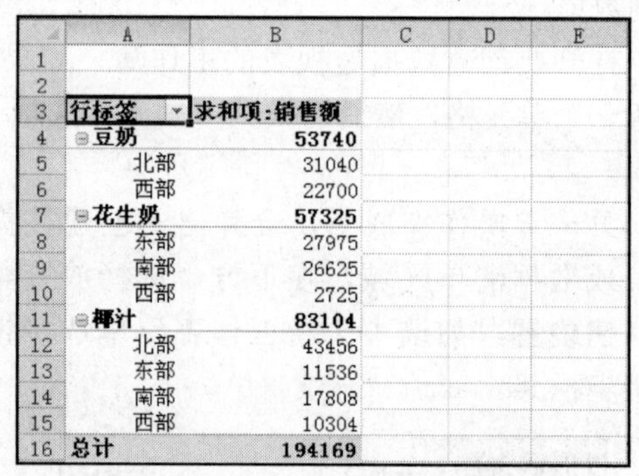

	A	B
1		
2		
3	行标签	求和项:销售额
4	⊟豆奶	53740
5	北部	31040
6	西部	22700
7	⊟花生奶	57325
8	东部	27975
9	南部	26625
10	西部	2725
11	⊟椰汁	83104
12	北部	43456
13	东部	11536
14	南部	17808
15	西部	10304
16	总计	194169

① 选择产品、区域和销售额字段　　　② 各产品在不同销售区域的销售情况

为此，使用以下 3 种方式分别添加“区域”、“产品”和“销售额”字段。

（1）方法一：勾选添加

在“数据透视表字段列表”窗格中勾选“区域”复选框，添加“区域”行字段。

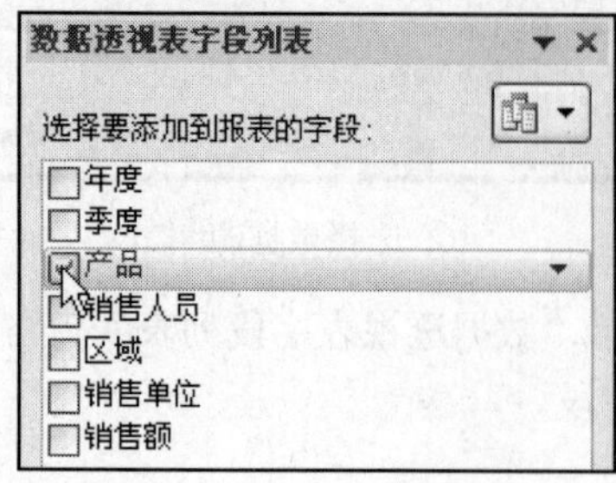

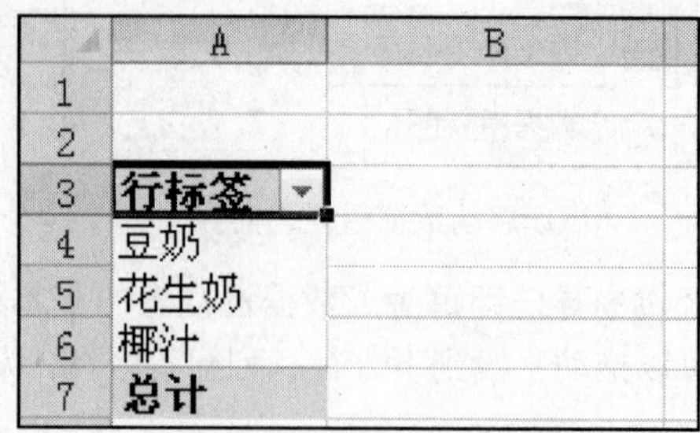

	A	B
1		
2		
3	行标签	
4	豆奶	
5	花生奶	
6	椰汁	
7	总计	

③ 添加“区域”行字段　　　④ 添加“区域”行字段效果

（2）方法二：右键添加

右击“产品”字段，在弹出的快捷菜单中执行“添加到列标签”命令，将“产品”字段添加到列标签区域。

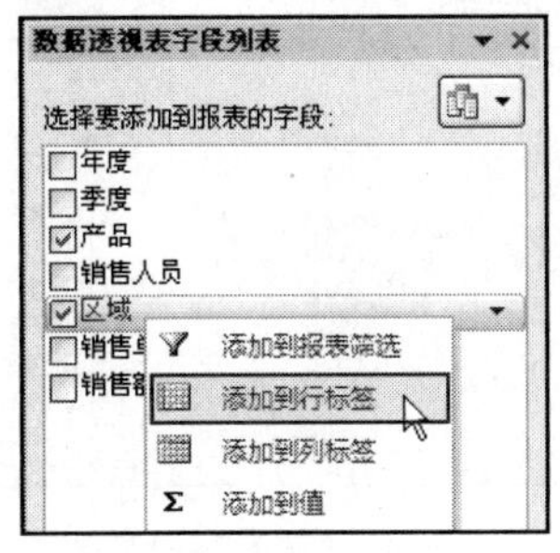

⑤ 添加“产品”列字段

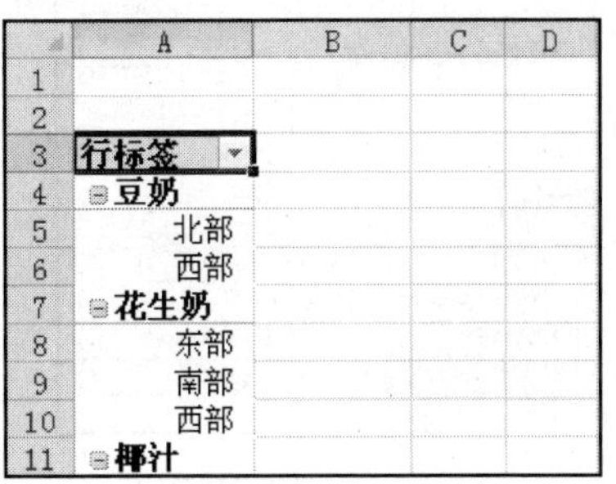

⑥ 添加“产品”列字段效果

（3）方法三：拖动添加

选中要添加的字段“销售额”，按下鼠标左键，将其拖动到窗格下方的“数值”区域。

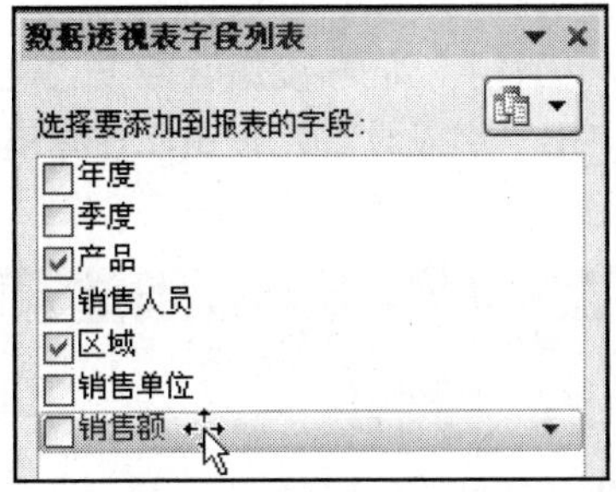

⑦ 添加“销售额”字段

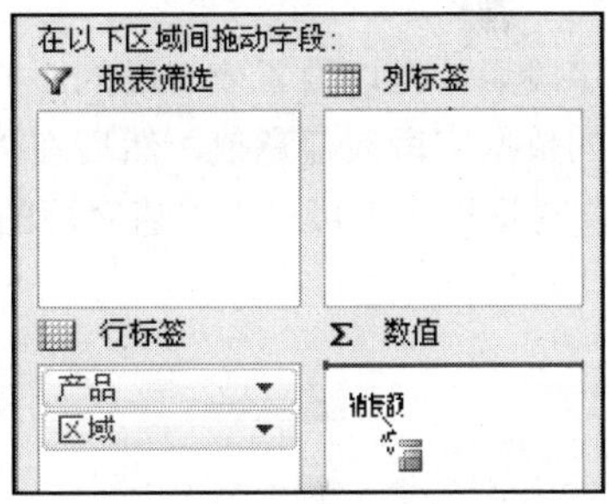

⑧ 拖动到“数值”区域

Study 02 数据透视表的应用

Work 3 添加计算字段

在数据透视表中，计算字段就是“数据透视表字段列表”窗格中“选择要添加到报表中字段”列表框中的内容。创建数据透视表时，Excel 根据表格中的行、列项，自动建立了计算字段。在编辑数据透视表时，用户可根据需要添加相应的计算字段。

切换到“数据透视表工具 - 选项”选项卡，单击“计算”组中的“域、项目和集”下三角按钮，在展开的下拉列表中单击“计算字段”选项，弹出“插入计算字段”对话框后，在“名称”文本框内输入添加的计算字段名称，在“公式”框中输入字段所使用的公式，然后单击“添加”按钮，最后单击“确定”按钮。

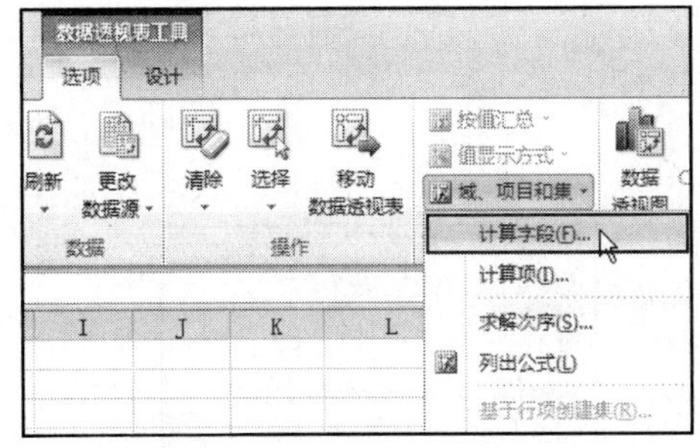

① 单击“计算字段”选项

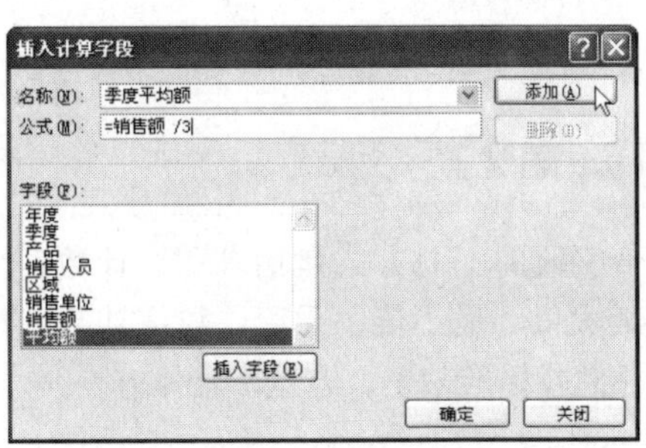

② 编辑计算字段

将计算字段添加完毕后，返回工作表中，在“数据透视表字段列表”窗格内即可看到所添加的字段，勾选该字段所对应的复选框，数据透视表中即可看到相应内容。

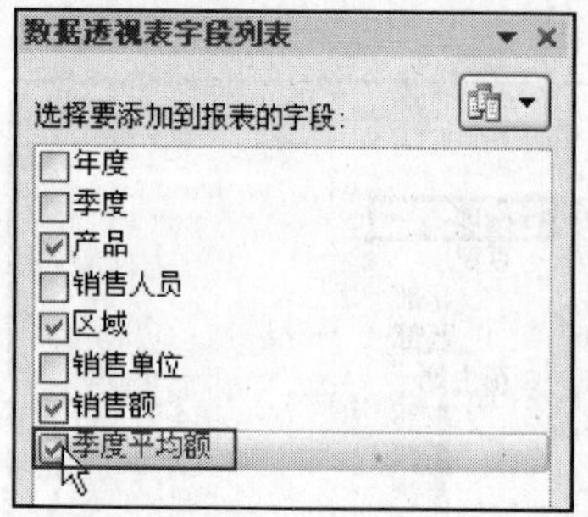

③ 勾选新添加的字段

	行标签	求和项:销售额	求和项:季度平均额
2			
3	行标签	求和项:销售额	求和项:季度平均额
4	⊟豆奶	53740	¥17,913
5	北部	31040	¥10,347
6	西部	22700	¥7,567
7	⊟花生奶	57325	¥19,108
8	东部	27975	¥9,325
9	南部	26625	¥8,875
10	西部	2725	¥908
11	⊟椰汁	83104	¥27,701
12	北部	43456	¥14,485
13	东部	11536	¥3,845
14	南部	17808	¥5,936
15	西部	10304	¥3,435
16	总计	194169	¥64,723

④ 显示新添加的字段效果

Study 02 数据透视表的应用

Work 4 设置值字段汇总与显示方式

添加字段后，可以设置值字段的不同汇总与显示方式，从而从不同角度组合数据。选中数据透视表中的数据字段或任意值，然后在“活动字段”组中单击“字段设置”按钮，在弹出的“值字段设置”对话框中就可以设置值字段的汇总与显示方式了。

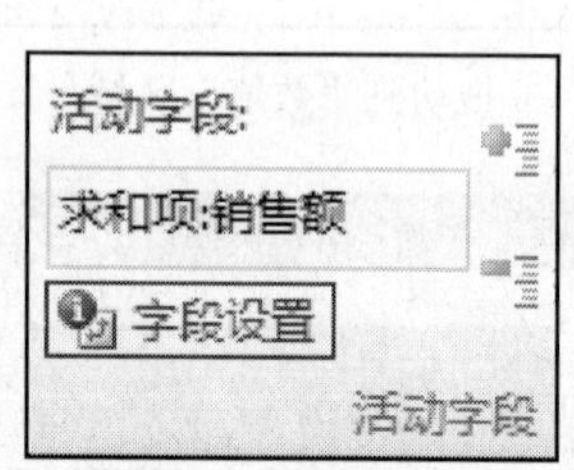

① 单击“字段设置”按钮

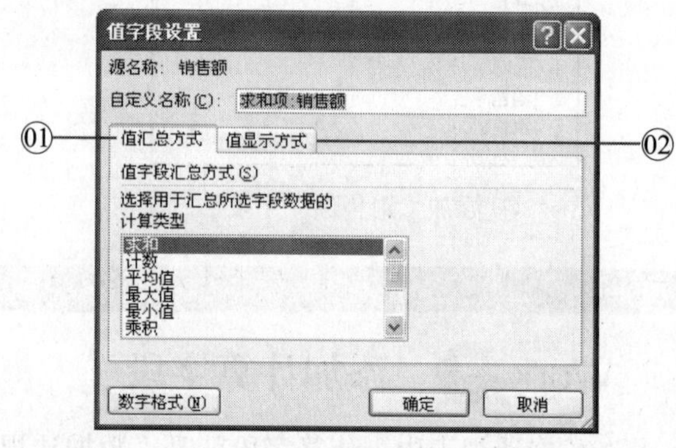

②“值字段设置”对话框

Tip 打开“值字段设置”对话框的另一种方式

右击数据字段或数值，在弹出的快捷菜单中执行“值字段设置”命令，同样可以弹出“值字段设置”对话框。

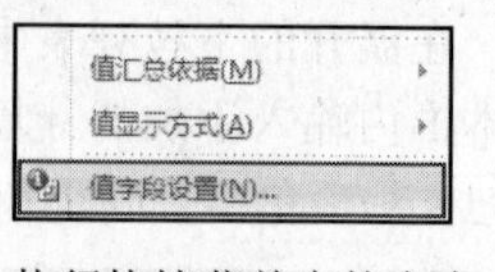

执行快捷菜单中的命令

01 值汇总方式

值字段的汇总方式包括求和、计数、平均值、最大值、最小值、乘积、数值计数、标准偏差、总体标准偏差、方差、总体方差。

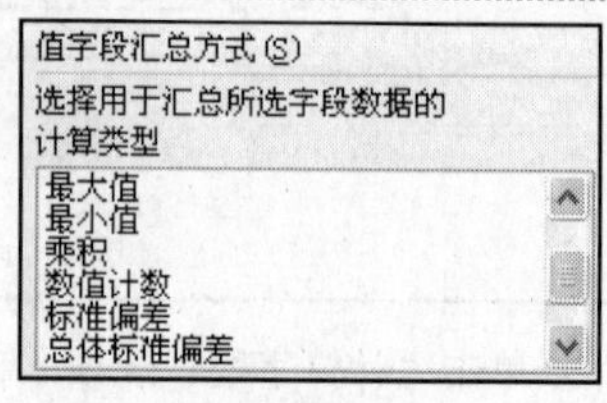

值字段汇总方式

如果值字段汇总方式选择“平均值”，则可以显示产品在不同地区每季度的平均销售额。

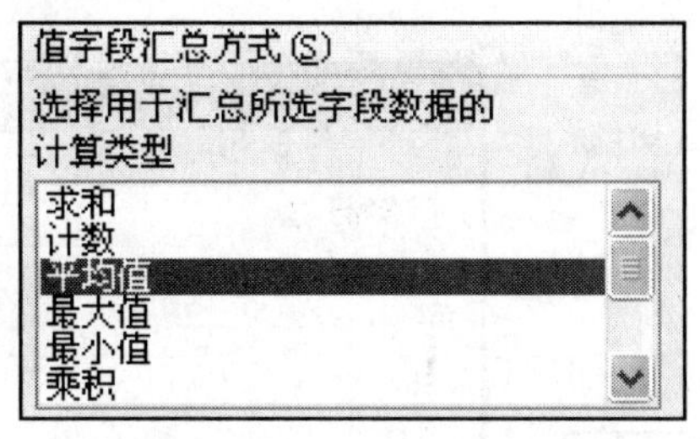

① 选择值字段按“平均值”汇总

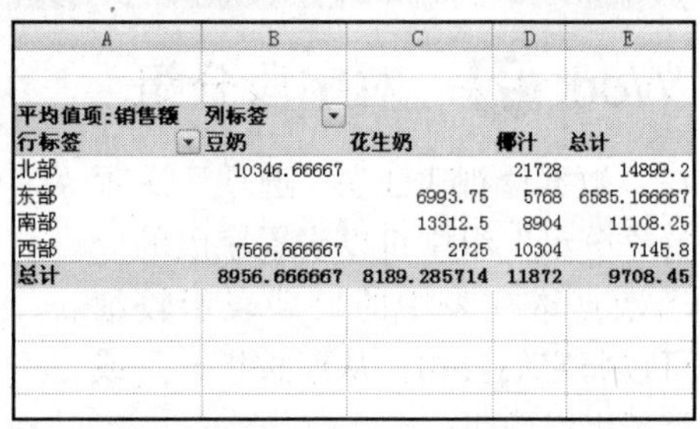

平均值项:销售额	列标签			
行标签	豆奶	花生奶	椰汁	总计
北部	10346.66667		21728	14899.2
东部		6993.75	5768	6585.166667
南部		13312.5	8904	11108.25
西部	7566.666667	2725	10304	7145.8
总计	8956.666667	8189.285714	11872	9708.45

② 显示产品在不同地区每季度的平均销售额

用户还可以用另一种方式快速设置数值的汇总，右击任意数值，在弹出的快捷菜单中执行“值汇总依据”命令，在子菜单中可以选择汇总类型，如平均值等。

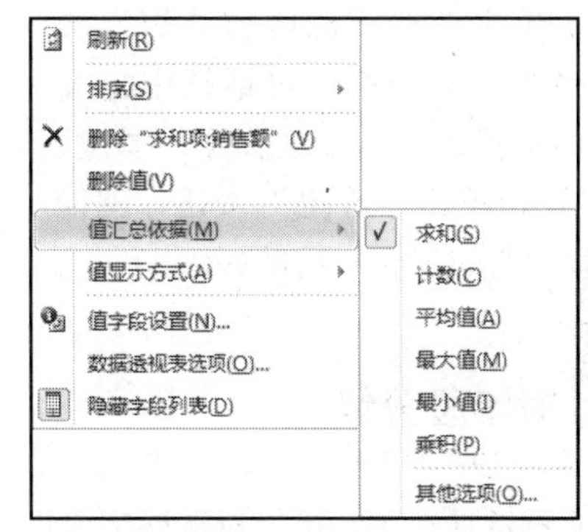

③ 使用快捷菜单快速设置汇总计算类型

02 值显示方式

值的显示方式包括普通、差异、百分比、差异百分比、按某一字段汇总、占同行数据总和的百分比、占同列数据总和的百分比、占总和的百分比、指数。

值显示方式

如果分别设置值的显示方式为占同行数据总和的百分比和占同列数据总和的百分比，则前者显示出各区域不同产品所占份额情况（如北部地区豆奶销售额占41.67%，椰汁占58.33%，花生奶未在该区域销售）；后者显示出各产品在东/西/南/北4个区域的销售百分比（如椰汁北部的销售业绩最好，占52.29%，其次为南部，占21.43%，东部和西部分别占13.88%和12.40%的市场份额）。

求和项:销售额	列标签			
行标签	豆奶	花生奶	椰汁	总计
北部	41.67%	0.00%	58.33%	100.00%
东部	0.00%	70.80%	29.20%	100.00%
南部	0.00%	59.92%	40.08%	100.00%
西部	63.53%	7.63%	28.84%	100.00%
总计	27.68%	29.52%	42.80%	100.00%

① 各区域不同产品类别所占份额情况

求和项:销售额	列标签			
行标签	豆奶	花生奶	椰汁	总计
北部	57.76%	0.00%	52.29%	38.37%
东部	0.00%	48.80%	13.88%	20.35%
南部	0.00%	46.45%	21.43%	22.88%
西部	42.24%	4.75%	12.40%	18.40%
总计	100.00%	100.00%	100.00%	100.00%

② 各产品在东/西/南/北4个区域的销售百分比

Work 5 对字段分组

在“数据透视表工具-选项”选项卡下的“分组”组中可以设置字段的分组，当数据透视表中的日期表示较细时，可以将它们分组，从而按年、月或季度重新组织日期。

在数据透视表中选择“日期”字段，然后单击“将所选内容分组”按钮，在弹出的“分组”对话框中定义日期起始位置以及步长（如年、季度、月、日等），单击“确定”按钮，就能将日期以定义的步长分组显示。

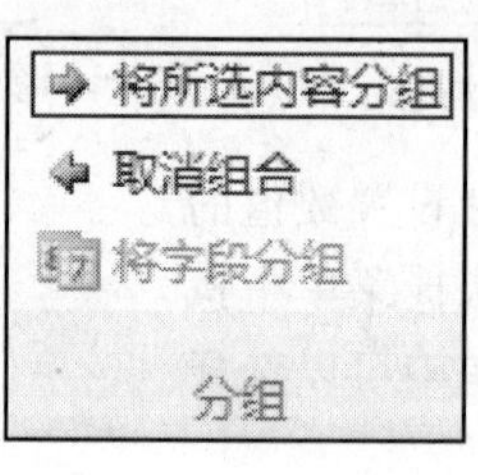

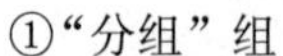
①“分组”组

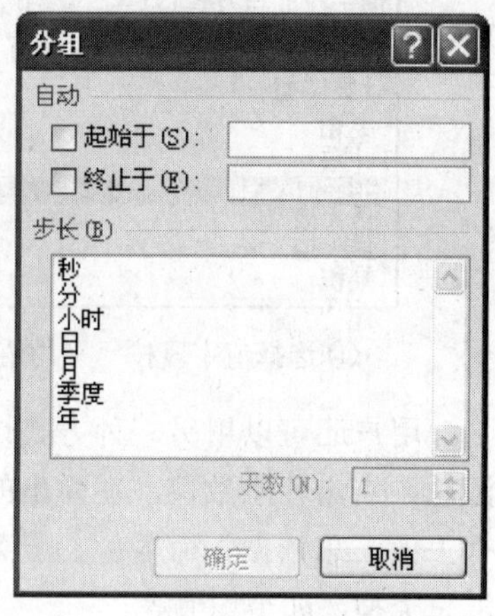

②“分组”对话框

Lesson 01 对字段分组

Office 2010 · 电脑办公从入门到精通

在数据透视表中，可以对日期字段进行分组，从而组合显示一定时间的数据情况。本例中通过对订购日期按月分组，可以将日信息汇总到月统计7、8、9月的订单情况。

STEP 01 打开光盘\实例文件\第16章\原始文件\创建分组.xlsx工作簿。选中数据清单中的任意单元格，切换到“插入”选项卡，选择“数据透视表>数据透视表”选项，弹出“创建数据透视表”对话框，选中“现有工作表”单选按钮，选中位置为G1单元格，然后单击“确定”按钮。

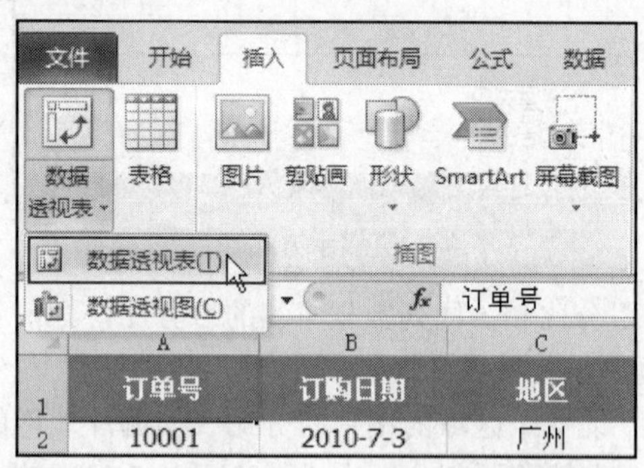

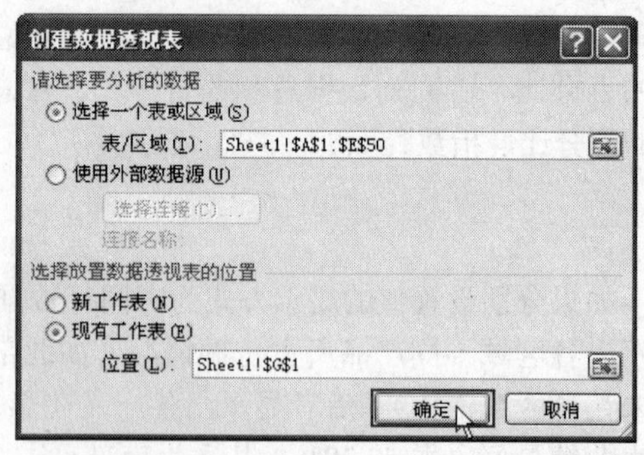

STEP 02 在当前工作表G1单元格的位置即生成了数据透视表报表框架，在“数据透视表字段列表”窗格中勾选“订购日期”复选框，添加“订购日期”字段。

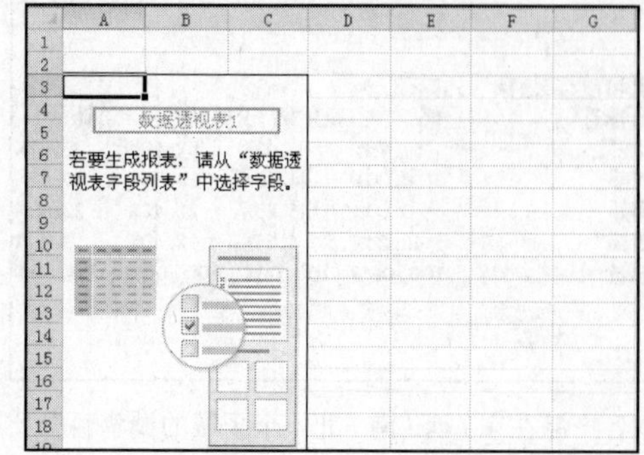

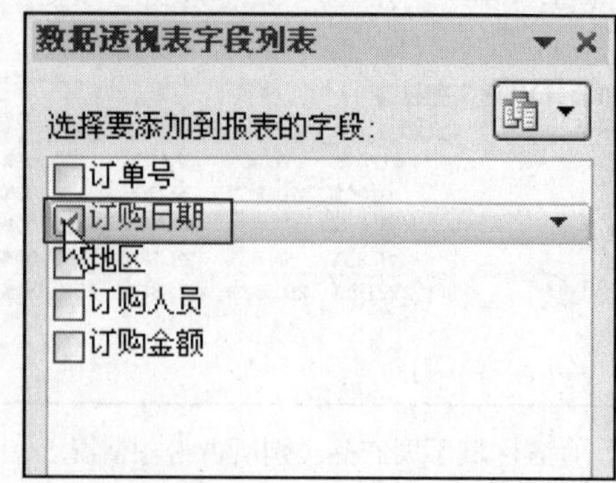

STEP 03 右击“地区”字段，在弹出的快捷菜单中执行“添加到列标签”命令，然后右击“订购金额”字段，在弹出的快捷菜单中执行“添加到值”命令。

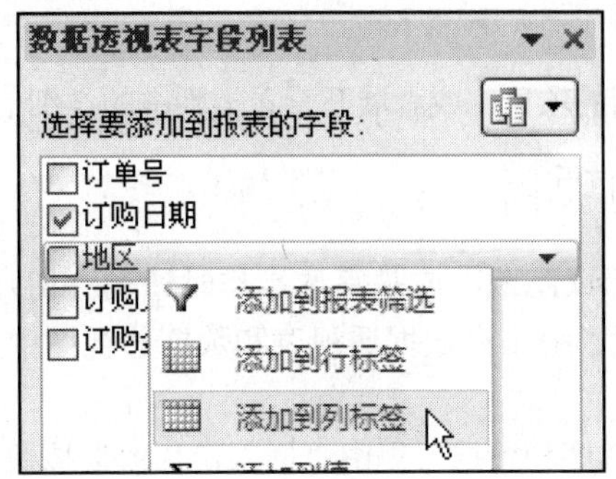

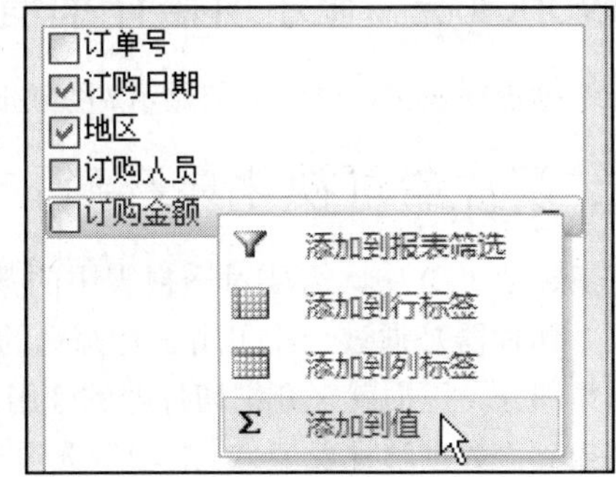

STEP 04 添加字段后，就生成了具有一定布局的数据透视表。

2						
3	求和项:订购金额	列标签				
4	行标签	成都	广州	深圳	珠海	总计
5	2010-7-3		2560			2560
6	2010-7-5		1856.4			1856.4
7	2010-7-10				4563	4563
8	2010-7-12			1176		1176
9	2010-7-14			1654.06		1654.06
10	2010-7-15		2590.5			2590.5
11	2010-7-16			12184.8		12184.8
12	2010-7-18			5478		5478
13	2010-7-21				1119.9	1119.9
14	2010-7-23		2125		1614.88	3739.88
15	2010-7-24		5697			5697
16	2010-7-25				8564	8564

STEP 05 创建好数据透视表后，右击数据透视表中的日期值单元格，在弹出的快捷菜单中执行“创建组”命令，弹出“分组”对话框。软件自动为用户创建了日期的开始与停止日，可以修改，在“步长”列表框中选择“月”选项，然后单击“确定”按钮。

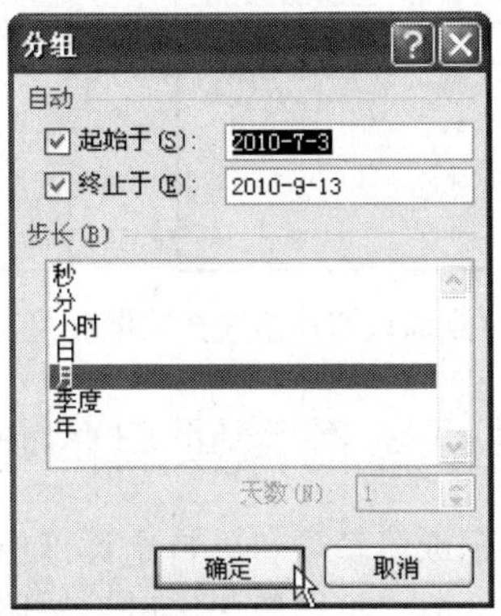

STEP 06 经过分组操作，订购日期按月分组显示。注意，分组并不是删除原来的日期数据，只是改变了显示方式。

	A	B	C	D	E	F
1						
2						
3	求和项:订购金额	列标签				
4	行标签	成都	广州	深圳	珠海	总计
5	7月		16702.7	32862.16	17366.43	66931.29
6	8月	14056.6	9144	26617.36		49817.96
7	9月	1259	4667.6	18250.6		24177.2
8	**总计**	**15315.6**	**30514.3**	**77730.12**	**17366.43**	**140926.45**
9						

Work 6 显示所需详细信息

在数据透视表中，可以局部显示/隐藏报表中行或列的项目，或者展开查看类别中的详细信息。

01 切片器可视化显/隐行或列中的项目

在 Excel 2010 中，需要对透视表中的数据进行显示或隐藏，或是筛选操作时通过“切片器”来完成。切片器是通过一次单击进行筛选的控件，它可以缩小在数据透视表和数据透视图中显示的数据集部分。下面就来介绍切片器的使用。

切换到“数据透视表工具 - 选项”选项卡，单击“排序和筛选”组中“插入切片器”按钮，在展开的下拉列表中单击“插入切片器”选项，弹出“插入切片器”对话框，勾选要插入的切片器所对应的复选框，本例中勾选“产品”与“区域”复选框，然后单击“确定”按钮，此时数据透视表中就会显示出“产品”与“区域”两个切片器，单击“区域”切片器中的“北部”选项，单击“产品”切片器中的“豆奶”选项，数据透视表中就会只显示出北部地区“豆奶”的销售情况。

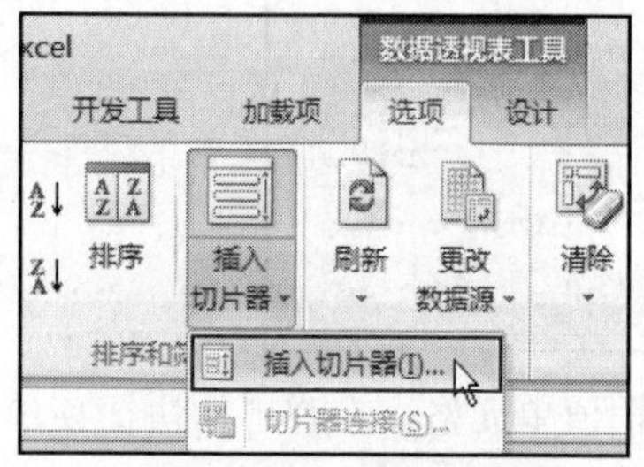

① 单击“插入切片器”选项

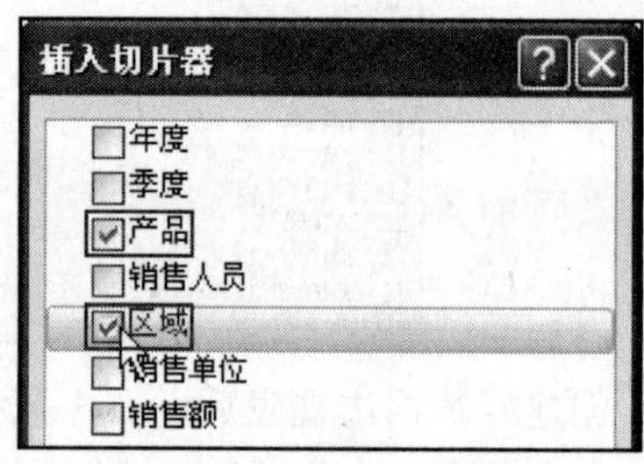

② 选择要插入的切片器

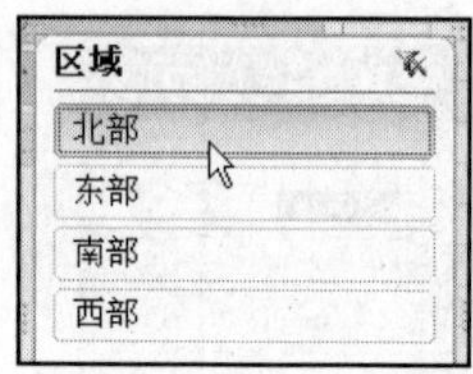

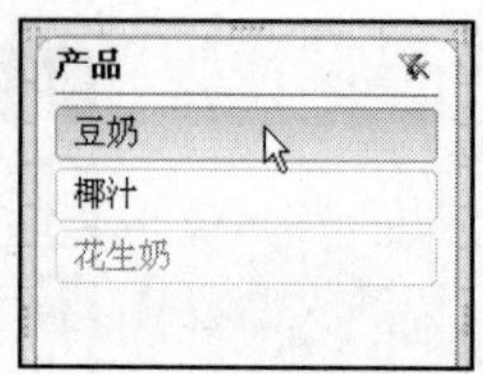

③ 通过切片器选择数据透视表要显示的内容

	A	B	C
1	年度	2010	
2			
3	求和项:销售额	列标签	
4	行标签	豆奶	总计
5	⊟北部	2400	2400
6	李雪梅	2400	2400
7	总计	2400	2400
8			

④ 显示切片效果

02 显示或隐藏项目的特定详细信息

若要显示或隐藏项目的特定详细信息，可选择相应字段，然后单击“活动字段”组中的“展开整个字段”或“折叠整个字段”按钮。例如，对“产品”字段中的“椰子”项，通过展开明细项目可查看每年销售额的信息。

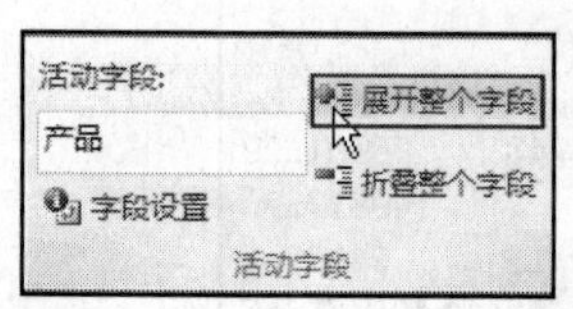

① 单击“展开整个字段”按钮

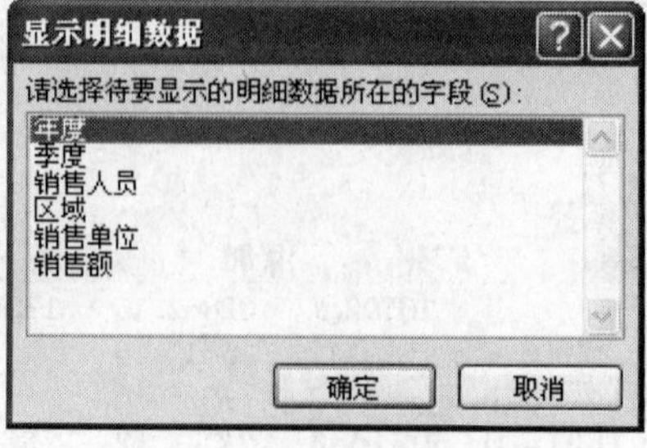

② 选择要显示的明细数据

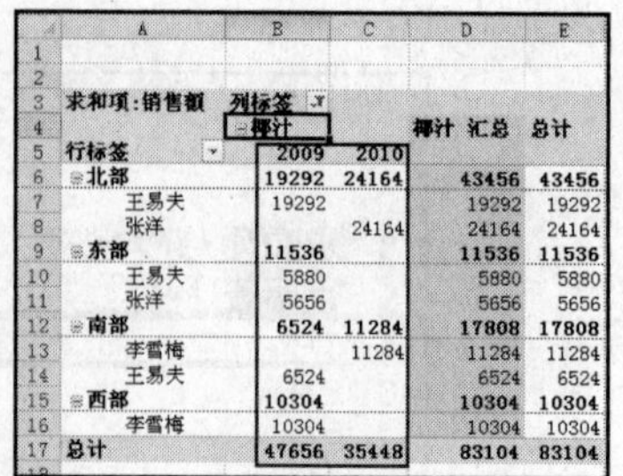

	A	B	C	D	E
1					
2					
3	求和项:销售额	列标签			
4		⊟椰汁		椰汁 汇总	总计
5	行标签	2009	2010		
6	⊟北部	19292	24164	43456	43456
7	王易夫	19292		19292	19292
8	张洋		24164	24164	24164
9	⊟东部	11536		11536	11536
10	王易夫	5880		5880	5880
11	张洋	5656		5656	5656
12	⊟南部	6524	11284	17808	17808
13	李雪梅		11284	11284	11284
14	王易夫	6524		6524	6524
15	⊟西部	10304		10304	10304
16	李雪梅	10304		10304	10304
17	总计	47656	35448	83104	83104

③ 展开字段

Tip 展开字段与展开整个字段

展开或隐藏字段的方法除了使用“活动字段”组外，还可以选择快捷菜单中的命令。其中，选择项包括“展开”与“展开整个字段”两种，“展开”即展开当前字段，“展开整个字段”会将所有同类的字段一并展开。

03 显示特定数据单元格的基础源数据

要显示特定数据单元格的基础源数据，只需双击单元格即可。例如，双击北部地区的“豆奶”分类汇总，可以查看用于计算该单元格的源数据记录。

求和项:销售额		产品	
	销售人员	豆奶	花生奶
北部	李雪梅	18400	
	王易夫	12640	
	张洋		
北部 汇总		31040	
东部	王易夫		
	张洋		27975
东部 汇总			27975
南部	李雪梅		16250

① 双击北部地区的“豆奶”分类汇总

年度	季度	产品	销售人员	区域
2010	2	豆奶	李雪梅	北部
2009	4	豆奶	李雪梅	北部
2009	3	豆奶	王易夫	北部

② 查看用于计算北部地区“豆奶”总销售额的源数据记录

Study 02 数据透视表的应用

Work 7 设计数据透视表样式

“数据透视表工具 - 样式”选项卡主要用于设计透视表的样式。Excel 2010 内置了多种数据透视表样式，用户可以选择这些样式直接美化表格。

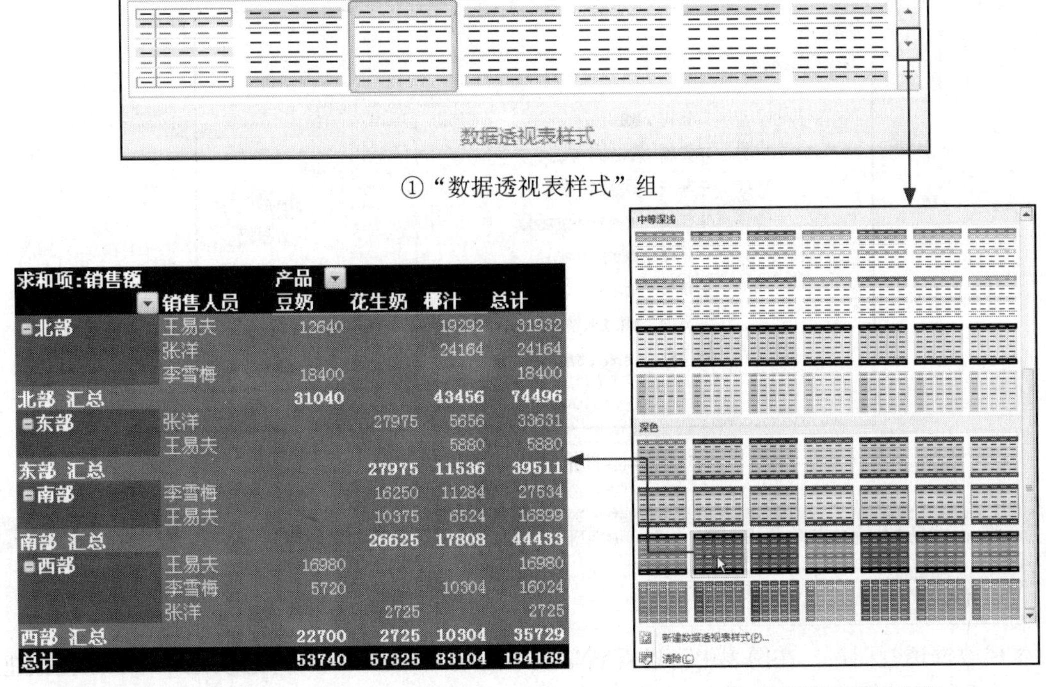

求和项:销售额		产品			
	销售人员	豆奶	花生奶	椰汁	总计
北部	王易夫	12640		19292	31932
	张洋			24164	24164
	李雪梅	18400			18400
北部 汇总		31040		43456	74496
东部	张洋		27975	5656	33631
	王易夫			5880	5880
东部 汇总			27975	11536	39511
南部	李雪梅		16250	11284	27534
	王易夫		10375	6524	16899
南部 汇总			26625	17808	44433
西部	王易夫	16980			16980
	李雪梅	5720		10304	16024
	张洋		2725		2725
西部 汇总		22700	2725	10304	35729
总计		53740	57325	83104	194169

① “数据透视表样式”组

② 数据透视表样式库

③ 套用深色样式

Study 03 将数据透视表用数据透视图表现

- Work 1. 数据透视图的创建
- Work 2. 动态显示图表

数据透视图是提供交互式数据分析的图表，与数据透视表类似。使用数据透视图可以更改数据的视图，查看不同级别的明细数据，或通过拖动字段和显示/隐藏字段中的项来重新组织图表的布局。通常情况下，在数据透视表创建完成后，就可以根据现有报表创建数据透视图了。

Work 1 数据透视图的创建

创建数据透视图可直接在“数据透视表工具-选项”选项卡下进行。单击“工具”组中的“数据透视图”按钮，在弹出的对话框中选择透视图的类型，单击“确定”按钮后，即可直接生成数据透视图。同时，因为不同于一般图表，还会显示“数据透视图筛选”窗格。

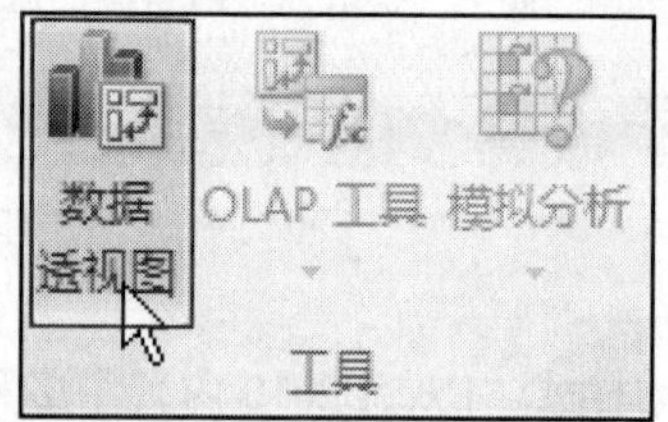

① 单击“数据透视图”按钮

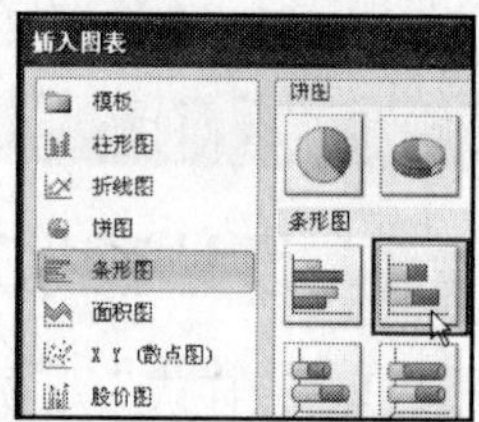

② 选择透视图类型

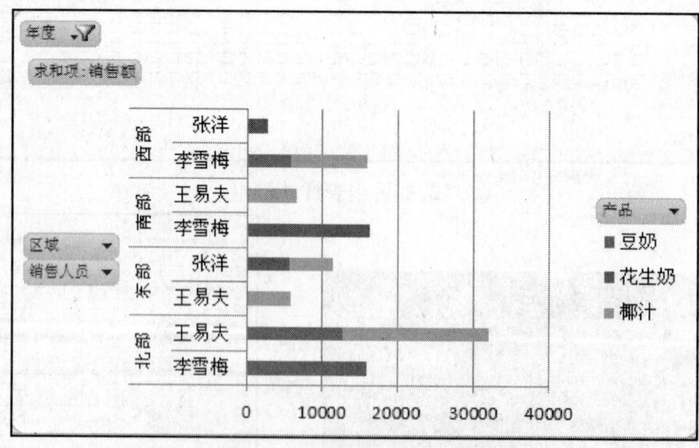

③ 根据已有报表生成数据透视图

Work 2 动态显示图表

生成数据透视图后，在图表中可以看到年度、区域、销售人员等筛选按钮，有了这些按钮，数据透视图就形成了一个动态图表。例如，单击分类字段中的“区域”下三角按钮，在展开的下拉列表中取消勾选“全选”复选框，再勾选“南部”复选框，单击“确定”按钮后，即可用数据透视图的形式显示出西部地区各销售人员的销售情况。按照类似的操作，可分别对年度、产品、销售人员的内容进行筛选。

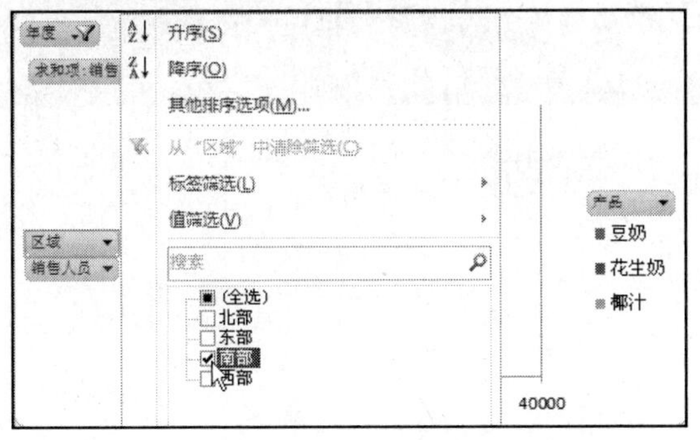

① 设置区域为南部

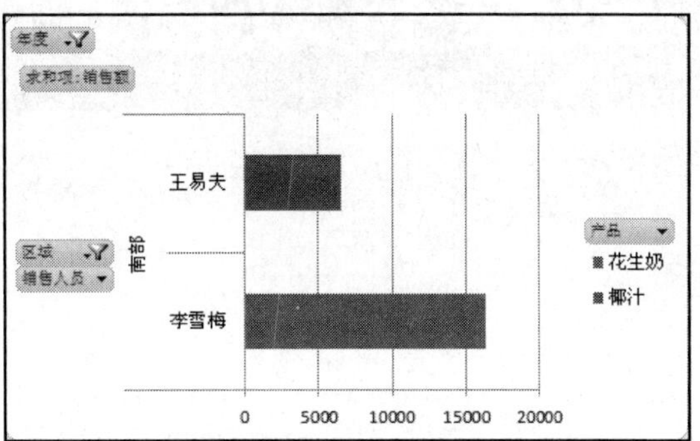

② 显示南部地区各销售人员的销售情况

除了使用数据透视表中的筛选按钮外，需要对图表内容进行筛选时，还可以使用字段列表，通过添加/删除字段改变数据透视图的布局。在“数据透视图工具-分析”选项卡下单击“字段列表”按钮，显示“数据透视表字段列表”，如取消勾选“区域”复选框，则透视图也相应地发生改变。

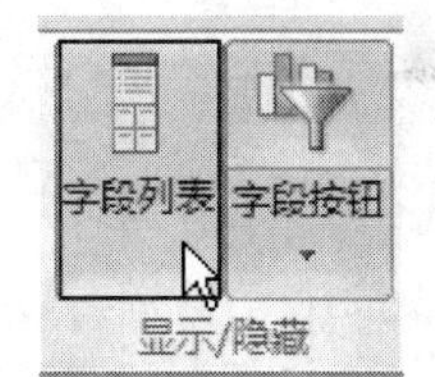

① 单击“字段列表”按钮

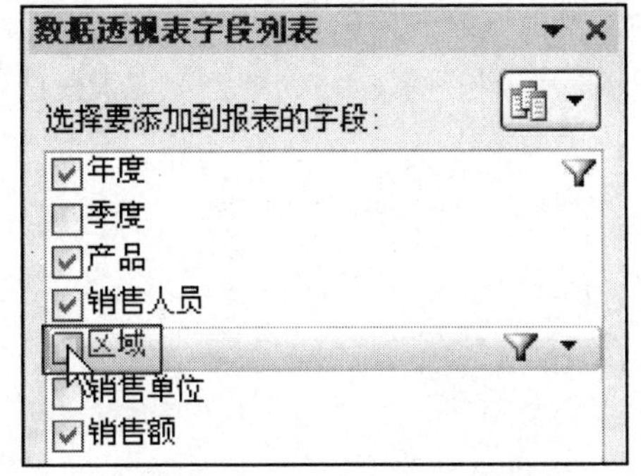

② 取消勾选“区域”复选框

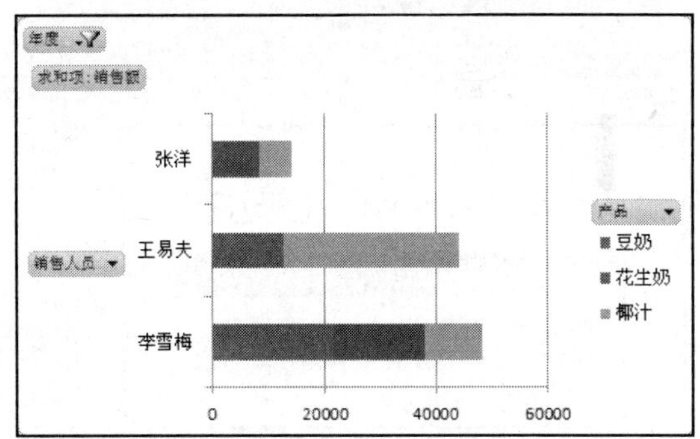

③ 取消“区域”字段后的数据透视图效果

Chapter 17

数据有效性的妙用

本章重点知识

Study 01　数据有效性的概念

Study 02　数据有效性功能的完全剖析

本章视频路径

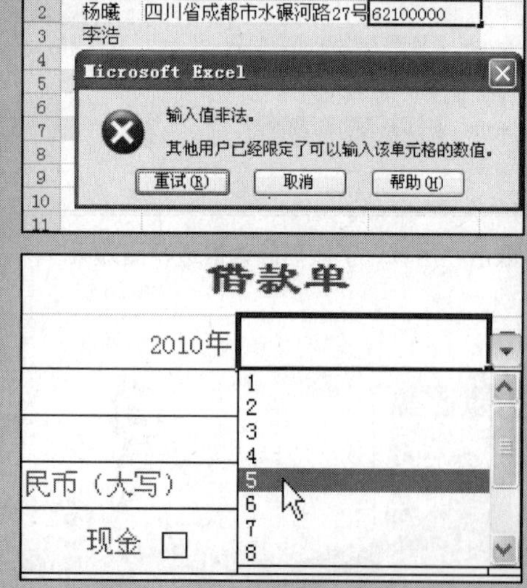

Chapter 17\Study 02\

- Lesson 01　保证6位数字的邮政编码.swf
- Lesson 02　限制用户输入一定百分比.swf
- Lesson 03　创建下拉列表.swf
- Lesson 04　限制日期的输入范围.swf
- Lesson 05　限制重复值.swf
- Lesson 06　输入法模式的使用.swf
- Lesson 07　圈释无效数据.swf

Chapter 17 数据有效性的妙用

在本章中读者需要了解 Excel 2010 数据有效性的使用，包括数据有效性的定义、验证数据类型以及如何设置数据有效性等。数据有效性验证允许用户定义要在单元格中输入的数据类型。例如，仅在一列中输入 1 ～ 10 的数字，这时可以在这一列中设置数据有效性验证，以避免自己误输入无效数据或输入结束后进行有效性检查。

Study

数据有效性的概念

数据有效性是一种 Excel 功能，用于定义可以在单元格中输入或应该在单元格中输入哪些数据。本节将带领读者初步认识数据有效性。

用户可以配置数据有效性以防止输入无效数据。当设置数据有效性后，在单元格中输入无效数据就会发出警告，还可以定义警告的具体信息，以帮助用户更正错误。

可以定义工作簿中某一位置或某一系列位置最大允许输入的值。例如，用户在 C6 单元格中输入了 12 000，该值超出了广告投入指定的最大限制，因此弹出错误警告。

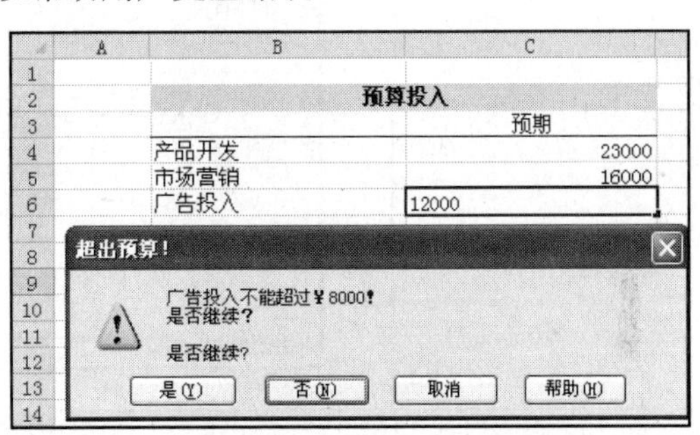

输入无效数据时显示警告

Study

数据有效性功能的完全剖析

- Work 1. 在“数据有效性”对话框中配置数据有效性
- Work 2. 检查工作表中无效内容

本节将介绍数据有效性功能。要使用数据有效性功能，需要在 Excel 工作簿中“数据”选项卡的“数据工具”组中设置。

在“数据”选项卡的“数据工具”组中单击“数据有效性”下三角按钮，会看到 Excel 中数据有效性包含的功能。在其中选择“数据有效性”选项，弹出“数据有效性”对话框，可以进行数据有效性条件、消息、出错警告的创建；“圈释无效数据”选择项用于输入数据后的数据有效性检查。

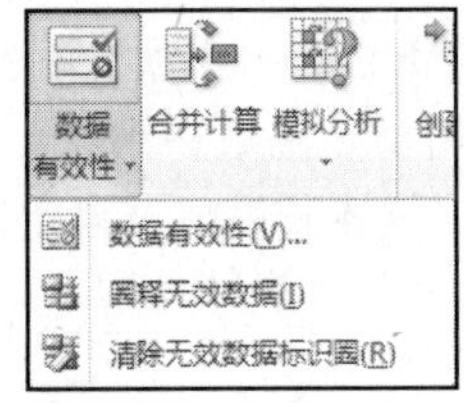

数据有效性列表

Work 1 在“数据有效性”对话框中配置数据有效性

使用数据有效性可以控制用户输入到单元格的数据或值的类型。例如，希望将数据输入限制在某个日期范围、使用列表限制选择或者确保只输入正整数。用户可以在“数据有效性”对话框中定义数据的有效性。

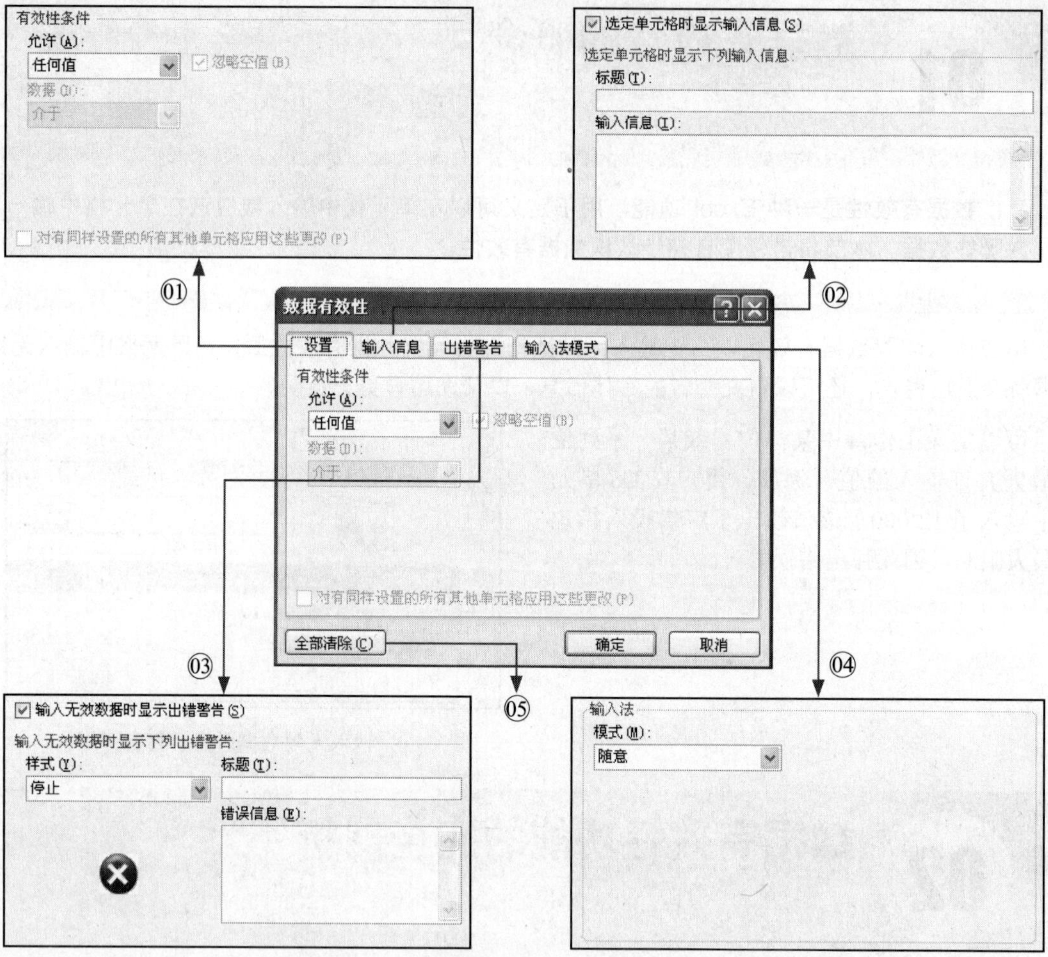

“数据有效性”对话框

01 设置数据有效性条件

在“数据有效性”对话框的“设置”选项卡下可以设置数据的有效性条件。

Excel 可以为单元格指定的有效数据类型有任何值、整数、小数、序列、列表、日期和时间、文本长度以及自定义。如表 17-1 所示。

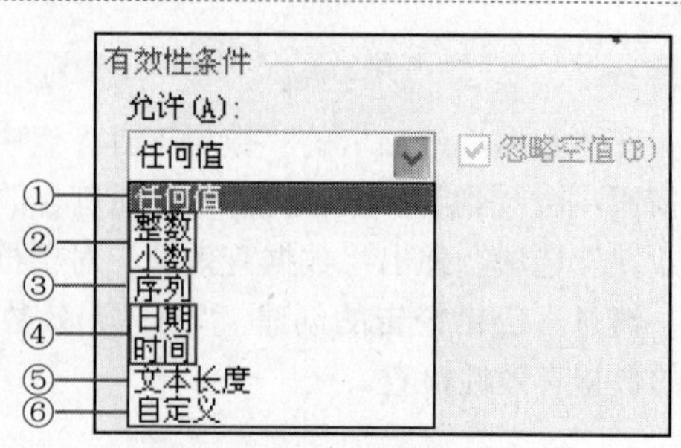

可以定义的有效数据类型

表 17-1　数据有效性条件

编　号	允许条件	使用说明
①	任何值	没有任何数值的输入限制
②	数值	所指定单元格中的内容必须是整数或小数。可以设置最小值或最大值，将某个数值或范围排除在外，还可以使用公式计算数值是否有效
③	序列	为单元格创建一个选项列表，只允许在单元格中输入这些值。用户单击单元格时，将显示一个下三角按钮，从而使用户可以轻松地在列表中进行选择
④	日期和时间	可以设置最小值或最大值，将某些日期或时间排除在外，还可以使用公式计算日期或时间是否有效
⑤	文本长度	限制单元格中可以输入的字符个数，或者要求至少输入的字符个数
⑥	自定义	使用公式限制单元格输入的数值

要设置数据有效性条件，只需单击“有效性条件”选项组下“允许”列表框右侧的下三角按钮，然后在展开的下拉列表中选择需要定义的数据有效性类型，接着设置允许的数值、范围或定义公式，然后单击“确定”按钮。

Lesson 01 保证 6 位数字的邮政编码

用户可以定义整数类型的数据有效性，即设置输入的数据只能是符合一定条件的整数，可以设置整数的上限与下限，如本例中要求只能输入 6 位数字的邮政编码。

STEP 01 打开光盘 \ 实例文件 \ 第 17 章 \ 原始文件 \ 保证 6 位数字的邮政编码 .xlsx 工作簿。选中单元格区域 C2:C7，切换到“数据”选项卡，单击“数据工具”组中的“数据有效性”下三角按钮，在展开的下拉列表中选择“数据有效性”选项。

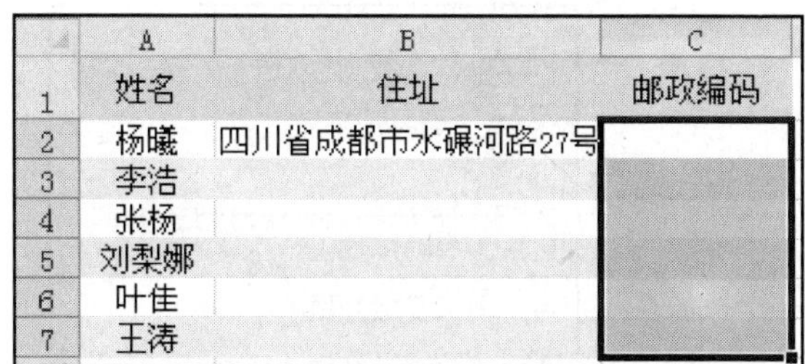

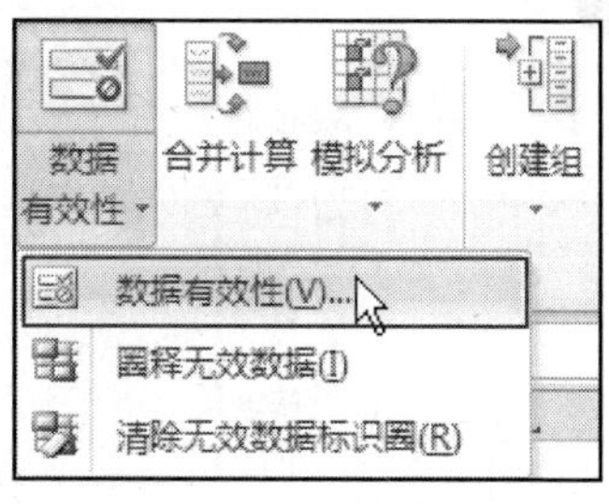

STEP 02 弹出“数据有效性”对话框，切换到“设置”选项卡，单击“允许”下三角按钮，在展开的下拉列表中选择“整数”选项，然后单击“数据”下三角按钮，在下拉列表中选择“等于”选项。

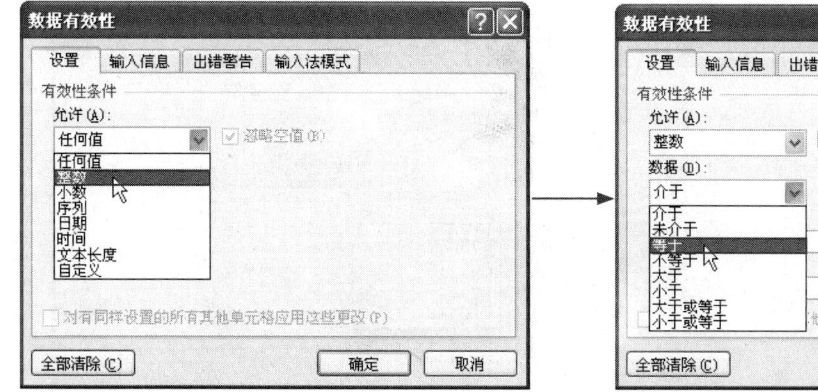

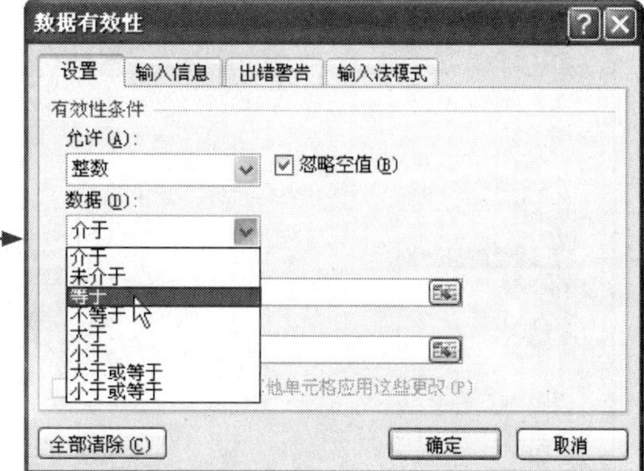

STEP 03 在“数值”文本框中输入“6”，然后单击“确定”按钮。返回到工作表后，在定义数据有效性的单元格区域中任意输入邮编，如果输入的数字位数不满足等于6位整数的条件，会显示出错警告。

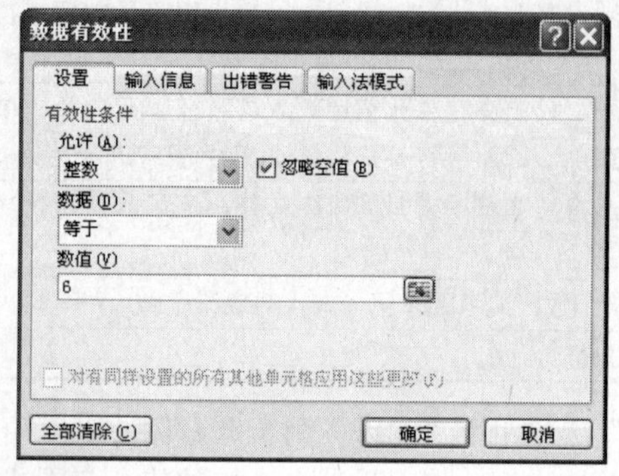

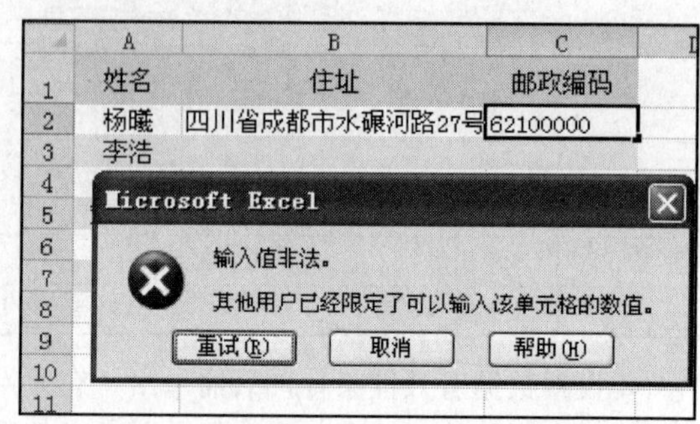

Lesson 02 限制用户输入一定百分比

Office 2010 · 电脑办公从入门到精通

要限制用户输入一定百分比，也可以通过设置数据有效性实现。可指定有效数据类型为小数，用“.”表示，例如20%表示为（.2）。本例为一个娱乐休闲活动调查，要求计算每个调查项目的人数在项目总人数中所占的百分比，因此每个项目的人数比例不会超过100%。

STEP 01 打开光盘\实例文件\第17章\原始文件\限制用户输入一定百分比.xlsx工作簿。选中单元格区域B2:B8，切换到“数据”选项卡，单击“数据工具”组中的“数据有效性”下三角按钮，在展开的下拉列表中选择“数据有效性”选项。

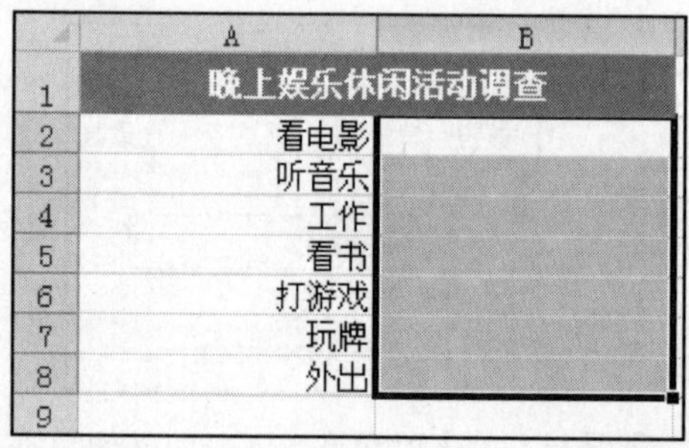

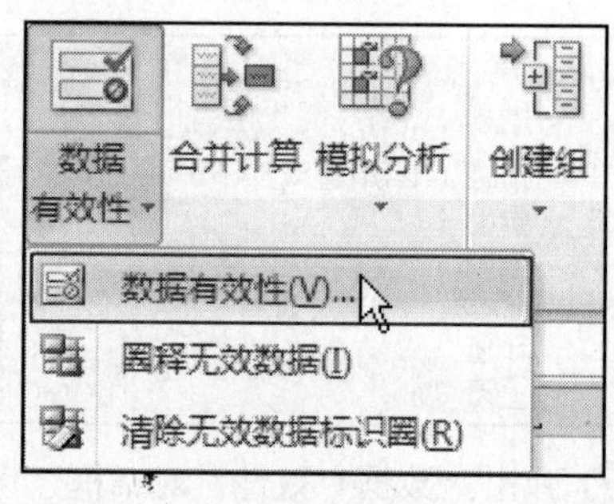

STEP 02 弹出“数据有效性”对话框，切换到“设置”选项卡，单击“允许”下三角按钮，在展开的下拉列表中选择“小数”选项，然后单击“数据”下三角按钮，在下拉列表中选择“小于或等于”选项。

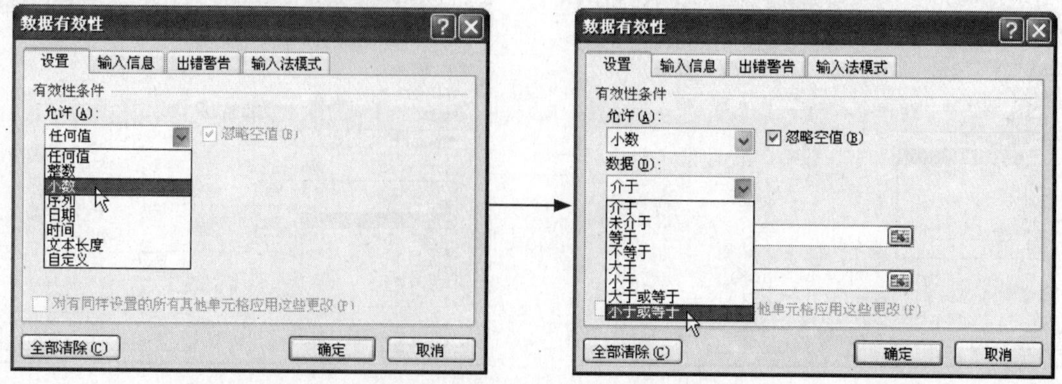

STEP 03 在“最大值”文本框中输入上限值“1”，然后单击“确定”按钮。返回到工作表后，输入活动调查结果，当输入的百分比值大于100%（即1）时，将显示出错警告，如下图所示。

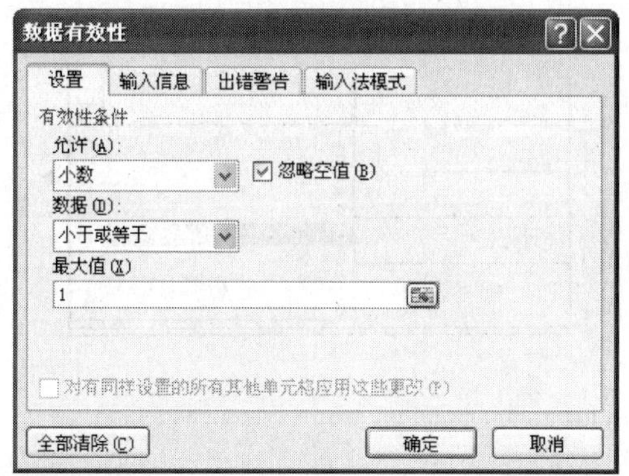

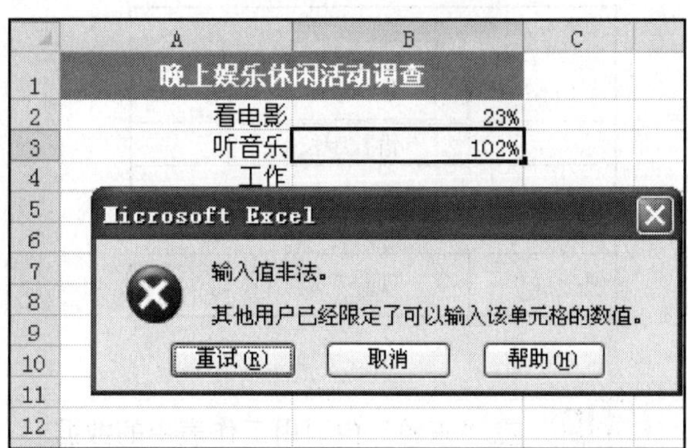

Lesson 03 创建下拉列表

Office 2010 · 电脑办公从入门到精通

若要使数据输入更容易或将输入限制到定义的某些项，则可以创建一个由有效条目构成的下拉列表。创建单元格的下拉列表时，它将在该单元格上显示一个下三角按钮。若要在该单元格中输入信息，可单击下三角按钮，然后选择所需的条目。

STEP 01 打开光盘\实例文件\第17章\原始文件\创建下拉列表.xlsx工作簿。选中C2单元格，单击“数据工具”组中的“数据有效性”下三角按钮，在展开的下拉列表中选择“数据有效性”选项。

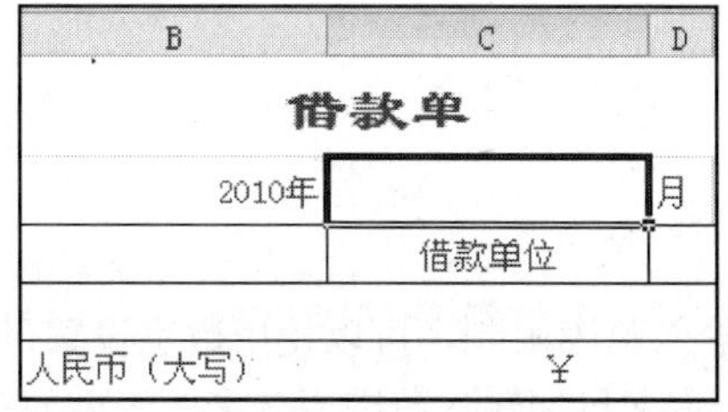

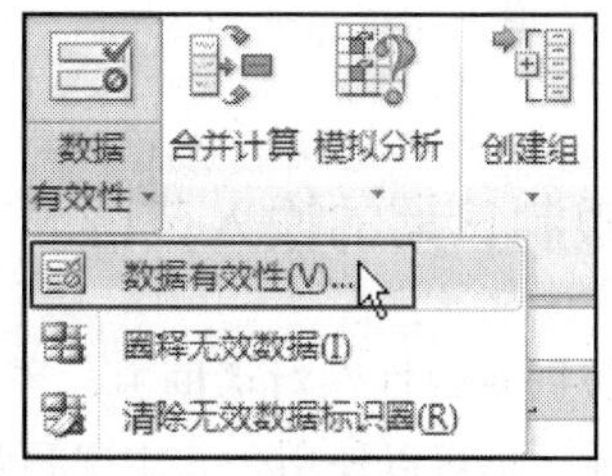

STEP 02 弹出“数据有效性”对话框，切换到“设置”选项卡，单击“允许”列表框右侧的下三角按钮，在展开的下拉列表中选择“序列”选项，勾选“提供下拉箭头”复选框，在“来源”文本框中输入“1,2,3,4,5,6,7,8,9,10,11,12”，注意，数字间必须使用半角符号。输入完毕后，单击“确定”按钮。

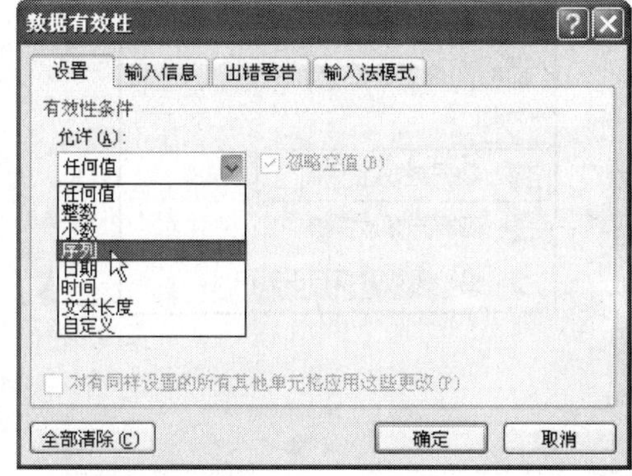

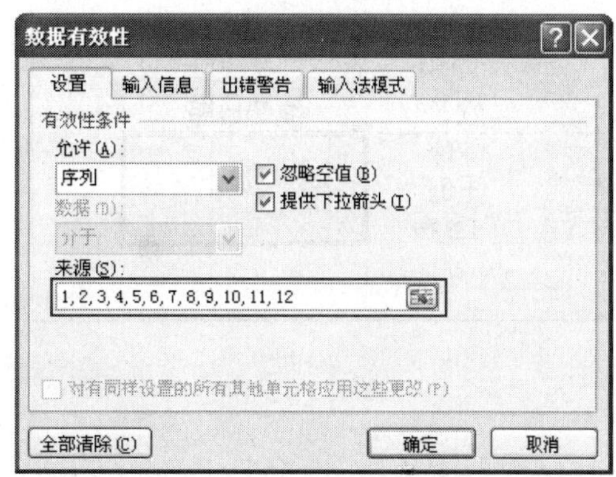

STEP 03 返回工作表中，可以看到创建下拉列表的单元格右侧出现一个下三角按钮，单击该下三角按钮，在展开的下拉列表中直接选择需要的条目就可将数据输入。

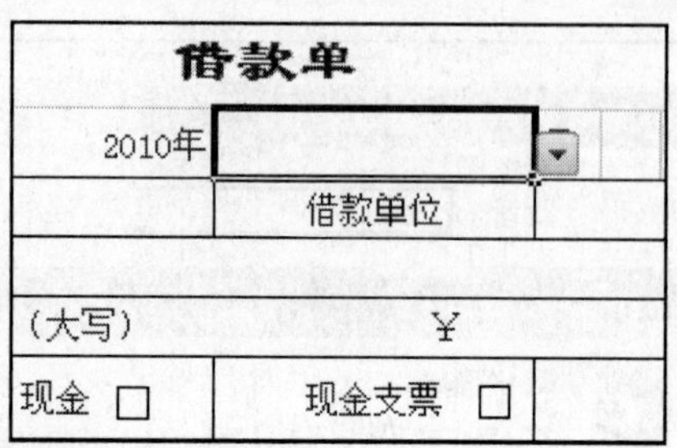

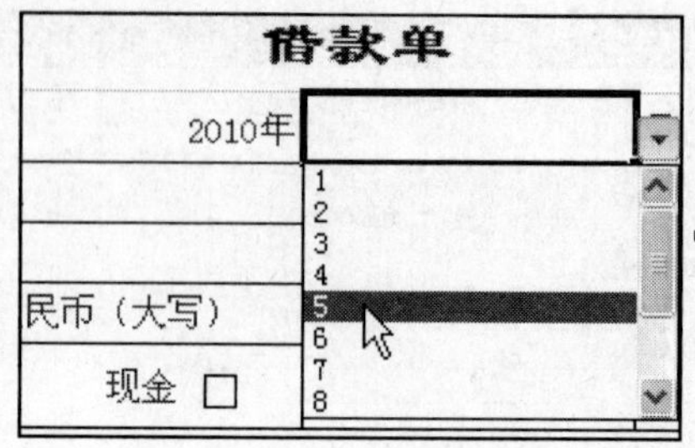

Tip 在“来源”中引用工作表中的数据

在创建下拉列表时，用户除了可以在“来源”文本框中直接输入条目的预定项，还可以单击右侧的按钮，在工作表中引用已有的数据区域。

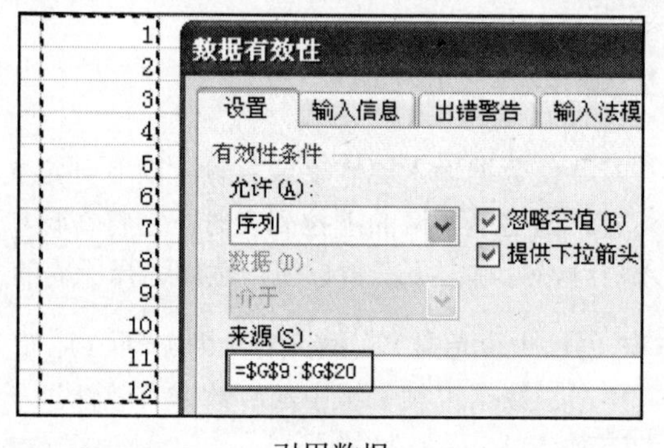

引用数据

Lesson 04 限制日期的输入范围

Office 2010 · 电脑办公从入门到精通

在“数据有效性”对话框中，用户可以定义日期的输入范围限制，可以使用数字设置日期的上限与下限，也可以使用公式定义日期范围。下面为一个定义日期输入范围为未来2天内的实例。

STEP 01 打开光盘\实例文件\第17章\原始文件\限制日期的输入范围.xlsx工作簿。选中单元格区域B3:B5，单击“数据工具”组中的“数据有效性”下三角按钮，在展开的下拉列表中选择“数据有效性”选项。

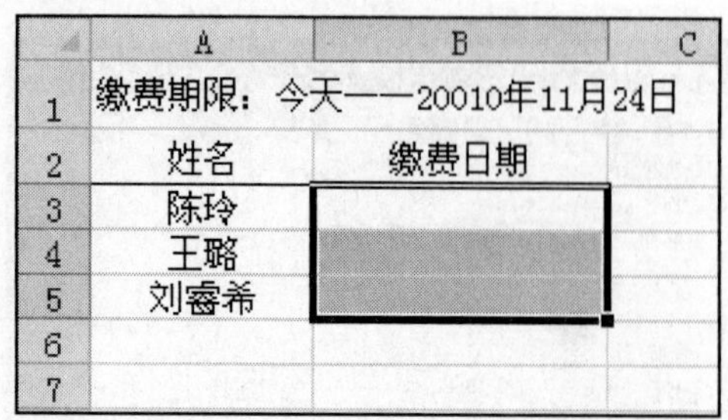

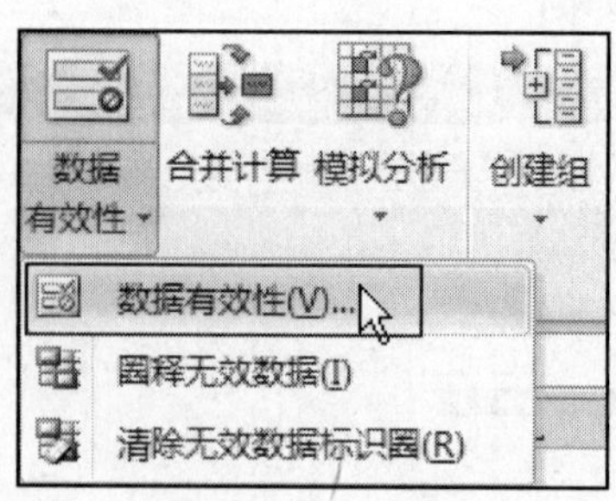

STEP 02 弹出“数据有效性”对话框，切换到“设置”选项卡，单击“允许”下三角按钮，在展开的下拉列表中选择“日期”选项，设置日期的数据范围为“介于”，然后分别输入开始日期“=today()”与结束日期“=today()+2”，设置完毕后，单击“确定”按钮。

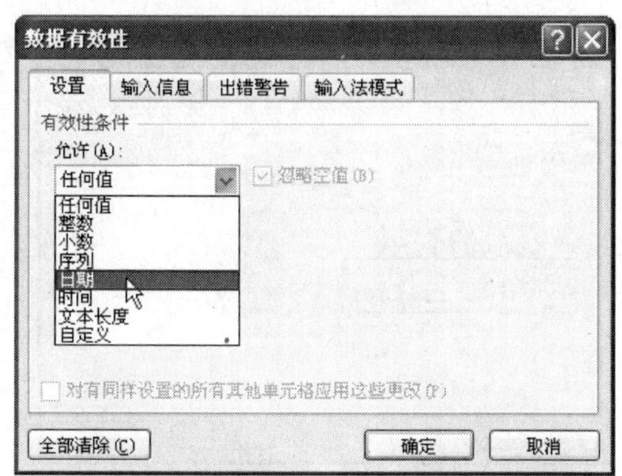

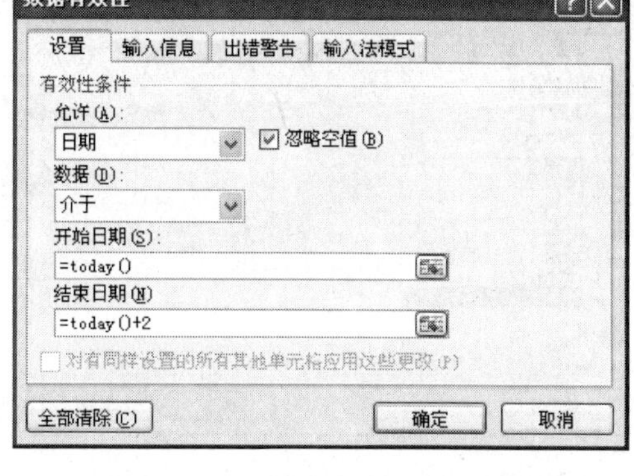

STEP 03 返回工作表中，在“缴费日期”列中分别输入每个人的缴费日期，当输入的日期范围不在有效数据范围中时，将显示出错警告。

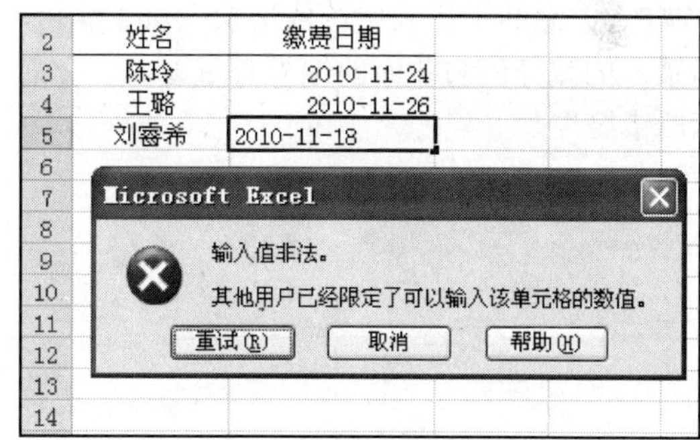

Lesson 05 限制重复值

Office 2010 · 电脑办公从入门到精通

在日常生活中，很多东西都拥有唯一性的标识，如身份证号码、学生的学号、发票的号码等。但在输入时难免会出错致使输入的数据相同，而又难以发现，这时利用“数据有效性”来提示可以防止重复输入相同的值。假设某单位有一批员工，需要为这些员工编号，在编号前为了避免使用相同的号码，可以使用数据有效性来排除重复值。

STEP 01 打开光盘\实例文件\第 17 章\原始文件\限制重复值 .xlsx 工作簿。选中单元格区域 B3:B6，单击“数据工具”组中的“数据有效性”下三角按钮，在展开的下拉列表中选择“数据有效性”选项。

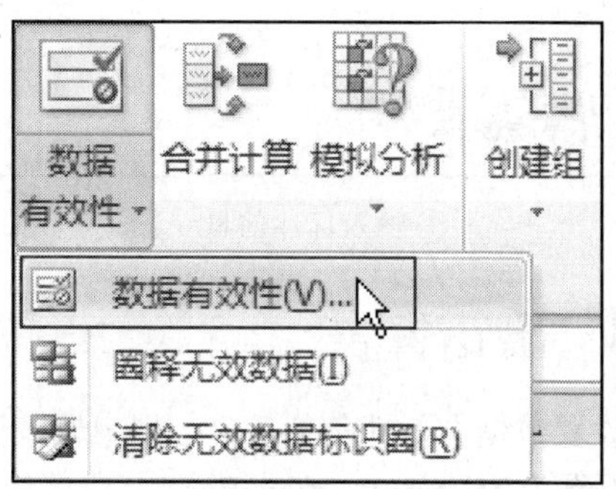

STEP 02 弹出“数据有效性”对话框，切换到“设置”选项卡，单击“允许”列表框右侧的下三角按钮，在展开的下拉列表中选择“自定义”选项，在“公式”文本框中定义公式“=COUNTIF($B$3: $B$6,B3)<=1”，设置完毕后，单击“确定”按钮。

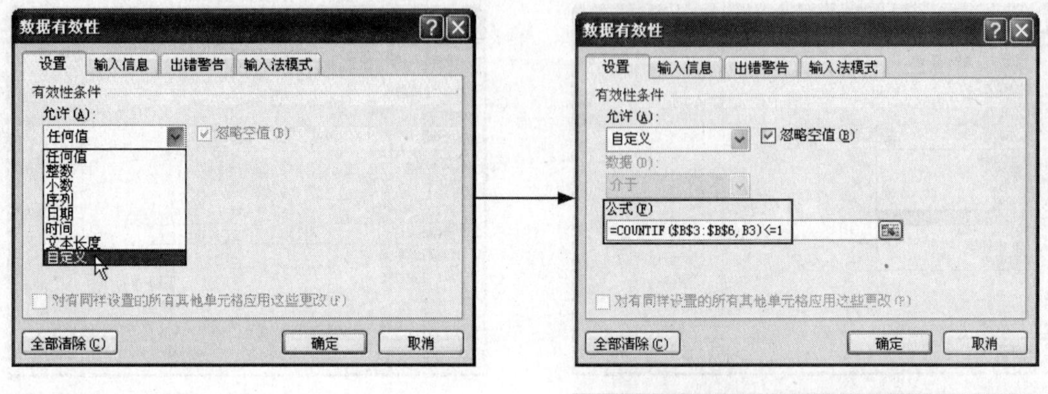

STEP 03 返回工作表中，依次录入员工编号，当录入的编号值与前面的编号有重复时，会显示出错警告。

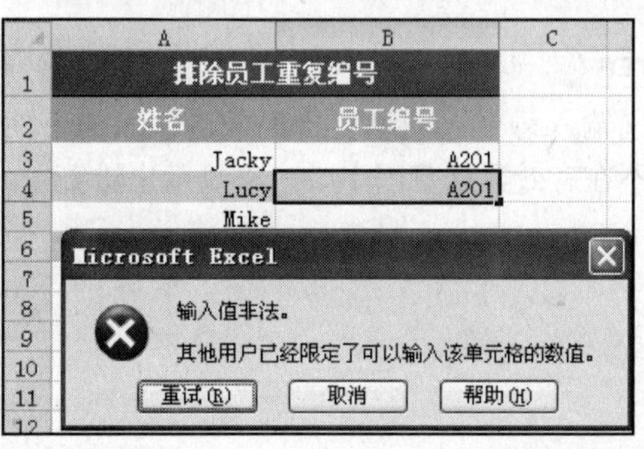

02 数据有效性消息的使用

在制作Excel表格时，为了让数据录入人员对录入数据的情况更明了，往往需要给某些单元格添加标注说明或提示注意事项，使用Excel的批注功能可以实现这一点。除此之外，还有一个十分方便的工具，那就是数据有效性中的信息提示。

选中需要设置标注的单元格，选择“数据”选项卡下的“数据有效性>数据有效性”选项，在弹出的“数据有效性”对话框中单击“输入信息”标签，在“输入信息”选项卡中勾选“选定单元格时显示输入信息”复选框，然后在下方的“标题”文本框和“输入信息”文本框中输入内容，单击“确定”按钮完成设置。以后无论是用鼠标还是键盘选中该单元格时，都会显示输入的提示信息。

☑选定单元格时显示输入信息(S)
选定单元格时显示下列输入信息：
标题(T)：
家庭电话
输入信息(I)：
输入时别忘了输入当地的区号
格式：区号+电话号码

① 输入标注信息

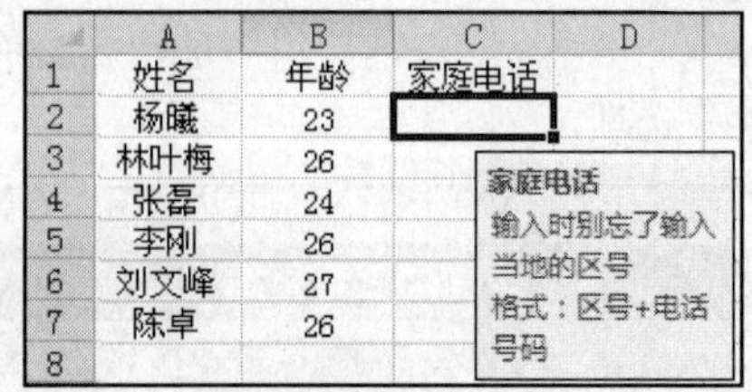

② 选中单元格时显示标注

03 出错警告

设置数据有效性条件后，当用户输入无效数据时，会显示出错警告。默认的出错警告样式为✖；标题为Microsoft Office Excel；错误信息为“输入值非法。其他用户已经限定了可以输入该单元格的数值”。用户也可根据数据自定义在出错警告消息中显示的标题与文本。

如果没有自定义出错警告的样式、标题或错误信息，在输入无效数据时，将看到默认的消息。

默认的出错警告消息

要设置出错警告，首先需选中要设置出错警告的单元格或单元格区域，然后打开“数据有效性”对话框，切换到“出错警告”选项卡，在“样式”下拉列表框中选择输入无效数据时显示的出错警告样式，再输入标题与错误信息即可。

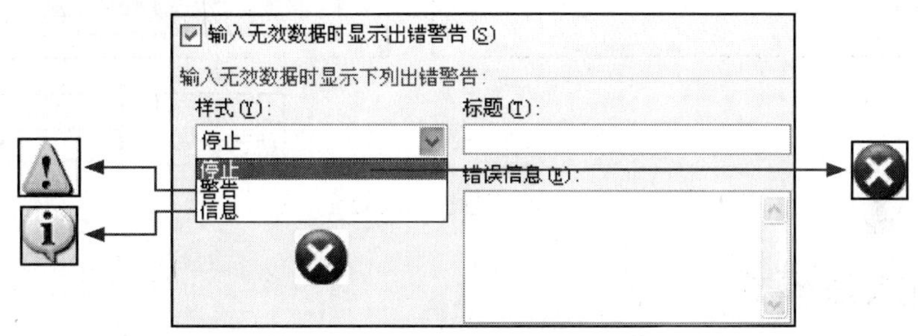

“出错警告”选项卡

注意：如果选择不同的出错警告样式，软件对键入无效数据的处理操作也会不同。出错警告样式说明如表 17-2 所示。

表 17-2　出错警告样式

样式名称	作　用
停止	阻止用户在单元格中输入无效数据。“停止”警告消息具有两个选项：“重试”和“取消”
警告	在用户输入无效数据时向其发出警告，但不会禁止用户输入无效数据。在出现“警告”消息时，可以单击“是”按钮接受无效输入、单击“否”按钮编辑无效输入，或单击“取消”按钮取消删除无效输入
信息	通知用户输入了无效数据，但不会阻止用户输入无效数据。这种类型的出错警告最为灵活。在出现“信息”警告消息时，可单击“确定”按钮接受无效值，或单击“取消”按钮拒绝无效值

为下拉列表设置出错警告样式，设置输入无效数据时的出错警告为“警告”，则在 B1 单元格中输入下拉列表中没有的条目时，将显示出错警告，单击“是”按钮、“否”按钮以及“取消”按钮的处理情况如下图所示。

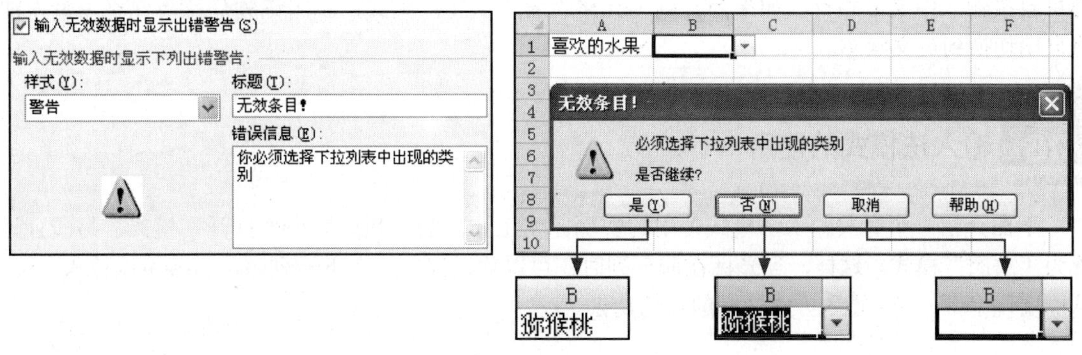

① 警告样式及处理

为下拉列表设置出错警告样式，设置输入无效数据时的出错警告为"信息"，则在B1单元格中输入下拉列表中没有的条目时，将显示出错警告，单击"确定"按钮、"取消"按钮的处理情况如下图所示。

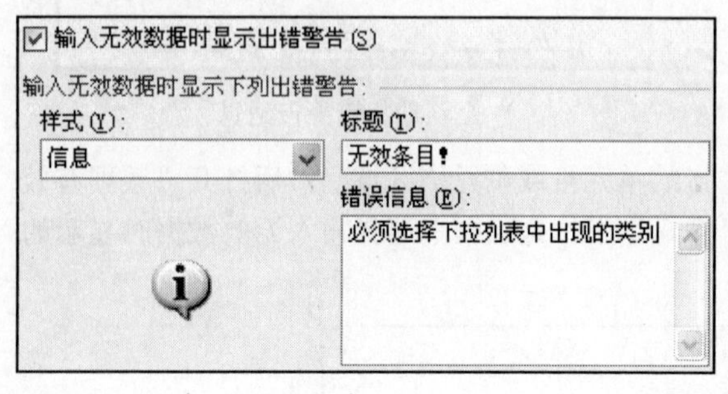

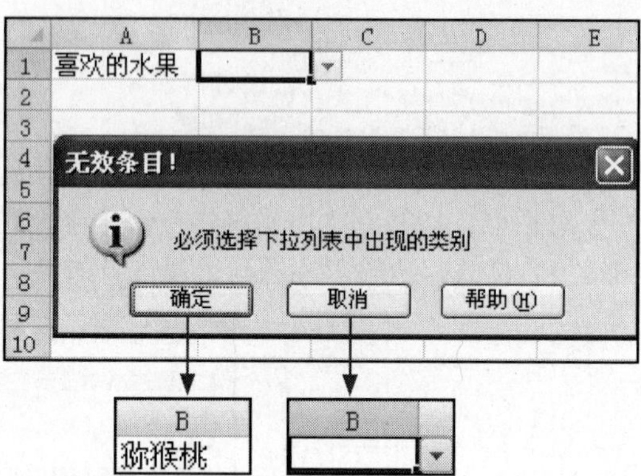

② 信息样式及处理

04 输入法模式

Excel 数据有效性中的输入法模式用于自动实现中 / 英文输入法的转换。

在一张工作表中，往往是既有英文，又有汉字，这样在输入时就需要在中 / 英文之间反复切换输入法，非常麻烦。如果输入的内容很有规律性，比如这一列全是单词，下一列全是汉语解释，不妨使用数据有效性中的输入法模式实现输入法之间的自动切换。

在"数据有效性"对话框中单击"输入法模式"标签，切换到"输入法模式"选项卡，在"模式"下拉列表中有3个选项：随意、打开和关闭（英文模式）。

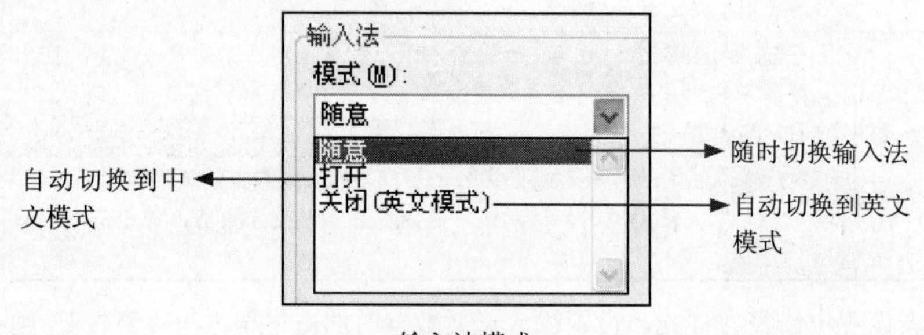

输入法模式

默认设置为"随意"模式；当为一列单元格设置"打开"模式后，单击该列的任意单元格，都可直接输入中文；相反，如果为一列单元格设置"关闭"模式，单击该列任意单元格，输入法将自动切换到英文状态。

Lesson 06 输入法模式的使用

Office 2010 · 电脑办公从入门到精通

下面介绍一个有关输入法模式使用的实例。将工作表的一列设置为"打开"模式，另一列设置为"关闭"模式。这样，当光标在前一列时，可以输入汉字；在下一列时，直接可以输入英文，从而实现了中 / 英文输入方式之间的自动切换。

STEP 01 打开光盘\实例文件\第17章\原始文件\输入法模式的使用.xlsx工作簿。选中A列，切换到“数据”选项卡，单击“数据工具”组中的“数据有效性”下三角按钮，在展开的下拉列表中选择“数据有效性”选项。

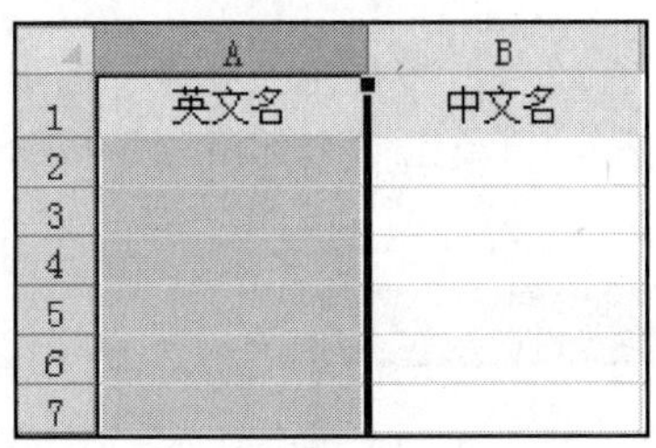

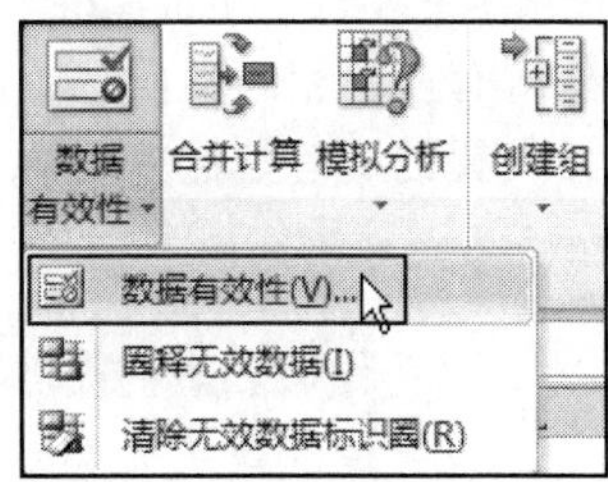

STEP 02 弹出“数据有效性”对话框，切换到“输入法模式”选项卡，单击“模式”下三角按钮，在展开的下拉列表中选择“关闭（英文模式）”选项，再单击“确定”按钮。返回到工作表后，选中B列，如下图所示。

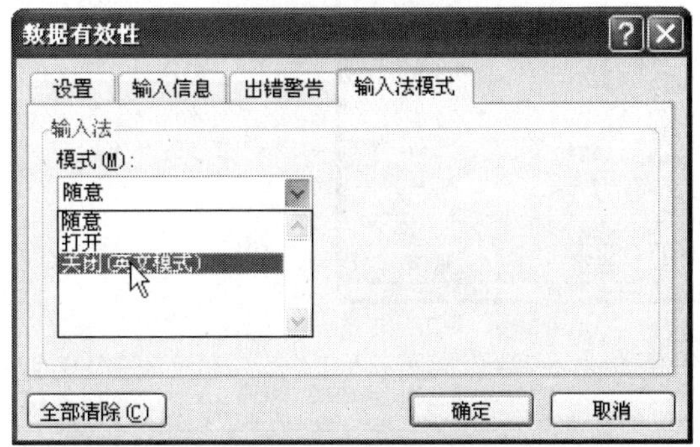

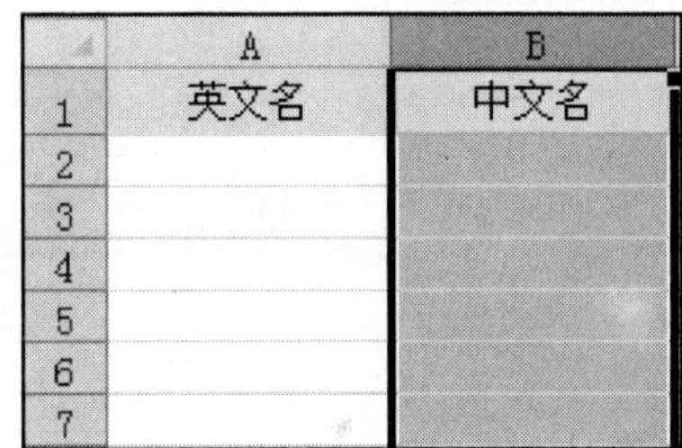

STEP 03 单击“数据有效性”下三角按钮，在展开的下拉列表中选择“数据有效性”选项，弹出“数据有效性”对话框，切换到“输入法模式”选项卡，单击“模式”列表框右侧的下三角按钮，这次在展开的下拉列表中选择“打开”选项，再单击“确定”按钮。

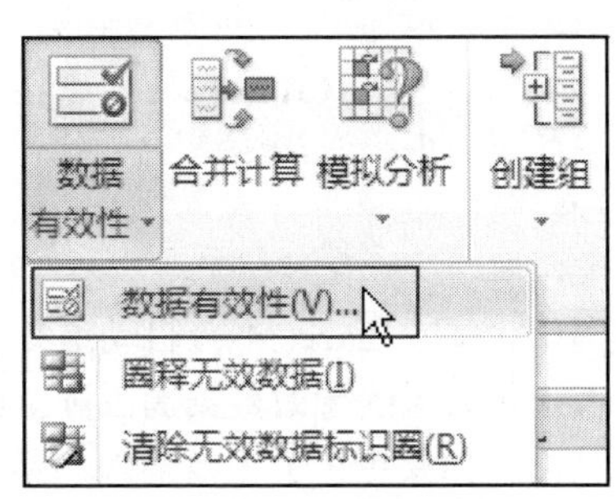

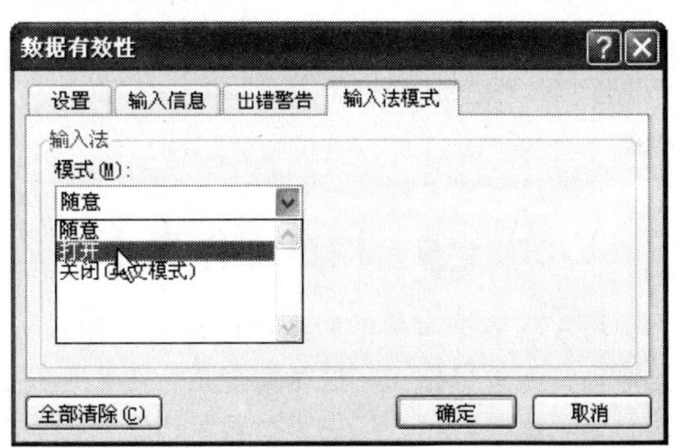

STEP 04 返回到工作表，在B2单元格中输入“李莉”。注意，此时选中B2单元格后，输入法直接变为英文输入状态，再选中A2单元格时，输入法又自动切换到中文输入状态，输入“Lily”。

	A	B
1	英文名	中文名
2		李莉
3		
4		
5		
6		

	A	B
1	英文名	中文名
2	Lily	李莉
3		
4		
5		
6		

05 全部清除

要快速删除单元格的数据有效性，可选中相应的单元格，然后打开“数据有效性”对话框，在“设置”选项卡上单击“全部清除”按钮。

若要删除所有应用相同数据有效性的单元格中的数据有效性，需要在“设置”选项卡上勾选“对有同样设置的所有其他单元格应用这些更改”复选框，再单击“全部清除”按钮，如下图所示。

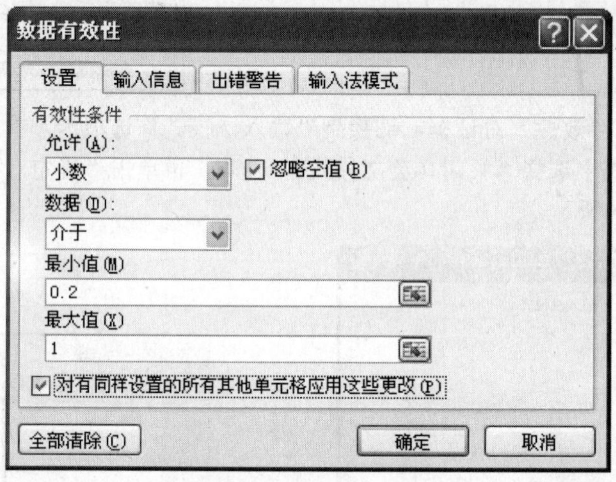

清除或更改数据有效性

Tip 更改具有相同数据有效性的单元格

如果更改了单元格的有效性设置，则可以将这些更改自动应用于具有相同设置的所有其他单元格。为此，可打开“数据有效性”对话框，然后在“设置”选项卡上勾选“对有同样设置的所有其他单元格应用这些更改”复选框。

Study 02 数据有效性功能的完全剖析

Work 2 检查工作表中无效内容

可以将数据有效性应用到已在其中输入数据的单元格中。但是，Excel 不会自动通知现有单元格包含无效数据。在这种情况下，可以通过指示 Excel 在工作表上的无效数据周围画上圆圈来突出显示这些数据。标识无效数据后，可以再次隐藏这些圆圈。如果更正了无效输入，圆圈便会自动消失。要实现圈释无效数据的功能，用户可以选择“数据有效性”下拉列表中的“圈释无效数据”选项。

Lesson 07 圈释无效数据

Office 2010 · 电脑办公从入门到精通

对已存在内容的单元格区域应用数据有效性后，Excel 不会自动标识出无效数据，用户必须从“数据有效性”下拉列表中选择“圈释无效数据”的功能，才能使工作表中不符合条件的数据画上红色圆圈。

STEP 01 打开光盘\实例文件\第 17 章\原始文件\圈释无效数据 .xlsx 工作簿。选中单元格区域 A2:A6，切换到“数据”选项卡，单击“数据有效性”下三角按钮，在展开的下拉列表中选择“数据有效性”选项，如下图所示。

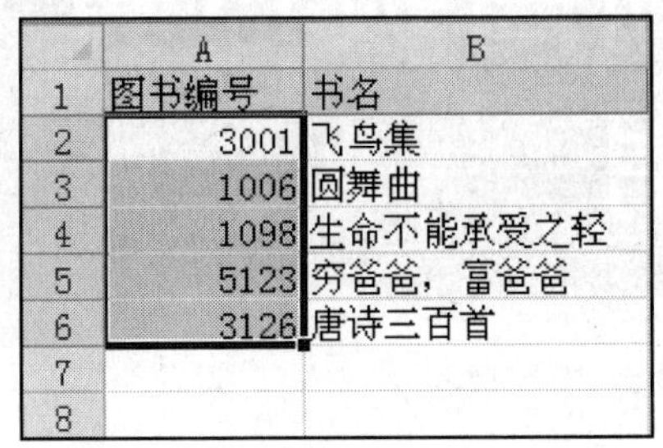

	A	B
1	图书编号	书名
2	3001	飞鸟集
3	1006	圆舞曲
4	1098	生命不能承受之轻
5	5123	穷爸爸，富爸爸
6	3126	唐诗三百首
7		
8		

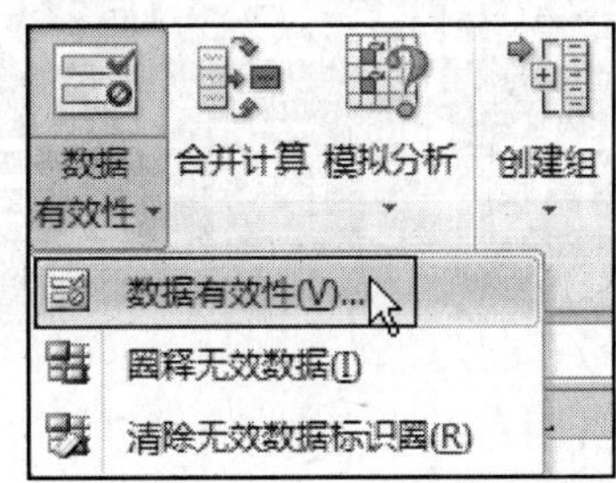

STEP 02 弹出“数据有效性”对话框，在“设置”选项卡下单击“允许”列表框右侧的下三角按钮，在展开的下拉列表中选择“整数”选项；然后设置允许的整数数值的范围“大于”最小值“2000”，设置完毕后，单击“确定”按钮。返回工作表中，再单击“数据有效性”下三角按钮，并在展开的下拉列表中选择“圈释无效数据”选项。

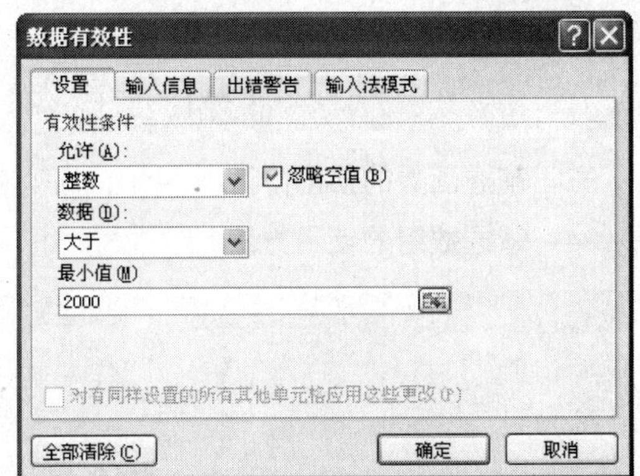

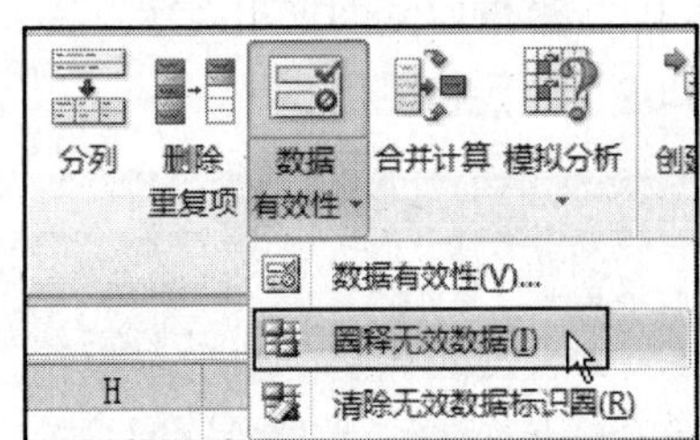

STEP 03 图书编号区域不符合有效性条件的记录以红色圆圈的形式圈释出来。

	A	B	C
1	图书编号	书名	
2	3001	飞鸟集	
3	1006	圆舞曲	
4	1098	生命不能承受之轻	
5	5123	穷爸爸，富爸爸	
6	3126	唐诗三百首	
7			

Chapter 18

从数据基础处理到高级运算——公式与函数的使用

Office 2010 电脑办公从入门到精通

本章重点知识

Study 01 掌握公式的使用方法

Study 02 单元格引用

Study 03 掌握函数的使用方法

Study 04 掌握数组的使用方法

本章视频路径

CD

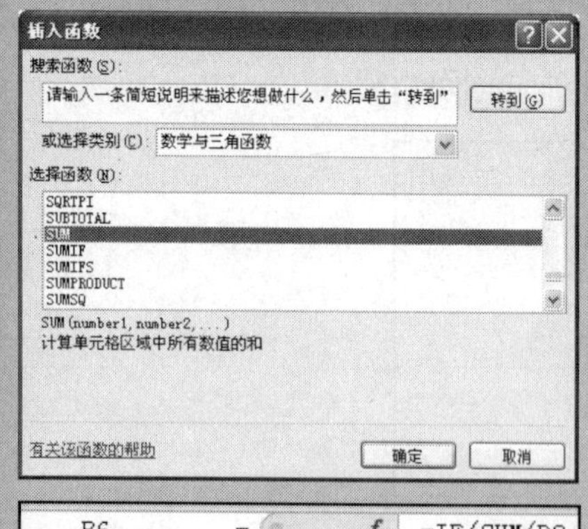

Chapter 18\Study 02\

- Lesson 01 绝对引用不变单元格.swf
- Lesson 02 引用其他工作簿中的单元格.swf

Chapter 18\Study 03\

- Lesson 03 从“插入函数”对话框插入函数.swf
- Lesson 04 使用SUM与IF的嵌套.swf

Chapter 18\Study 04\

- Lesson 05 数组常量的使用.swf

Chapter 18 从数据基础处理到高级运算——公式与函数的使用

在本章中读者需要了解 Excel 2010 公式与函数的知识，包括公式、函数的定义、单元格引用、公式函数的输入方法以及数组的使用。公式与函数在 Excel 中占有十分重要的地位，要实现在表格中进行运算的功能必须掌握公式与函数的使用。关于公式与函数的知识，本书共分两章进行讲解：公式与函数使用基础以及常用数据分析函数的使用。本章主要介绍公式与函数基础知识。

Study 01 掌握公式的使用方法

- Work 1. 公式的概念
- Work 2. 公式中的运算符与运算顺序
- Work 3. 公式的应用

工作表中需要计算结果时，使用公式是最好的选择。本节将介绍 Excel 公式的使用方法。

Work 1 公式的概念

公式是对工作表中的数值执行计算的式子。在 Excel 中，公式是以等号开头，由数值或文本、函数、运算符、单元格引用以及括号组成的式子，并将计算结果显示在相应的单元格中。公式的组成元素如表 18-1 所示。

表 18-1 公式的组成元素

公 式 元 素	说 明
数值或文本	数值和文本是两种数据类型
函数	包括 Excel 内置的函数，如 SUM 或 IF，也可以是用户自定义的函数
运算符	在公式中可以使用的运算符有算术运算符、比较运算符、字符连接运算符等
单元格引用	可以是引用单个单元格，也可以引用某个单元格区域
括号	即“(”和“)”符号，被用来控制公式中各表达式被处理的优先权

公式可以进行简单的计算，如加、减、乘、除；也可以完成很复杂的计算，如财务、统计等；还可以用公式进行比较或操作文本和字符串。

Work 2 公式中的运算符与运算顺序

下面介绍公式中的运算符和公式的运算顺序。

01 运算符

在 Excel 中，运算符可分为 4 类：算术运算符、比较运算符、文本运算符以及引用运算符，如表 18-2 所示。使用算术运算符可以完成基本的数学运算，如加、减、乘、除等；比较运算符用来比较两个数值，并产生逻辑值 TRUE 和 FALSE；文本运算符可以将一个或多个文本组合为一个长文本，如 class 和 mate 组合的结果是 classmate；引用运算符可以将单元格区域合并计算。

表 18-2 公式中的运算符号

运 算 符	公式中的符号	含 义
算术运算符	+	加法
	−	减法
	×	乘法
	/	除法
	%	百分比
	^	乘方
比较运算符	=	左右相等
	>	左边大于右边
	>=	左边大于或等于右边
	<	左边小于右边
	<=	左边小于或等于右边
	<>	左右不相等
文本运算符	&	多个文本字符串，组合成一个文本显示
引用运算符	,	引用不相邻的多个单元格区域
	:	引用相邻的多个单元格区域
	（空格）	引用选中的多个单元格的交叉区域

02 运算顺序

当公式中既有加、减，又有乘、除或者乘方时，Excel 是怎样确定运算的先后顺序呢？这就需要理解运算符的运算顺序，也就是运算符的优先级，如表 18-3 所示。对于同一级的运算，按照从等号开始从左到右进行运算；对于不同级的运算符，则按照运算符的优先级进行运算。

表 18-3 公式中运算符的优先级

优 先 级	运 算 符	优 先 级	运 算 符
1	:	7	^
2	,	8	* 或 /
3	空格	9	＋或－
4	()	10	&
5	−	11	=；<；>；>=；<=；<>
6	%		

Study 01 掌握公式的使用方法

Work 3 公式的应用

公式的应用在 Excel 中占有十分重要的地位，下面具体讲解创建、修改和复制公式的方法。

01 创建公式

在 Excel 中，可以利用公式进行各种运算。建立公式的步骤：①选中要输入公式的单元格；②在单元格内先输入“=”；③输入计算表达式；④按 Enter 键确认完成公式的输入。

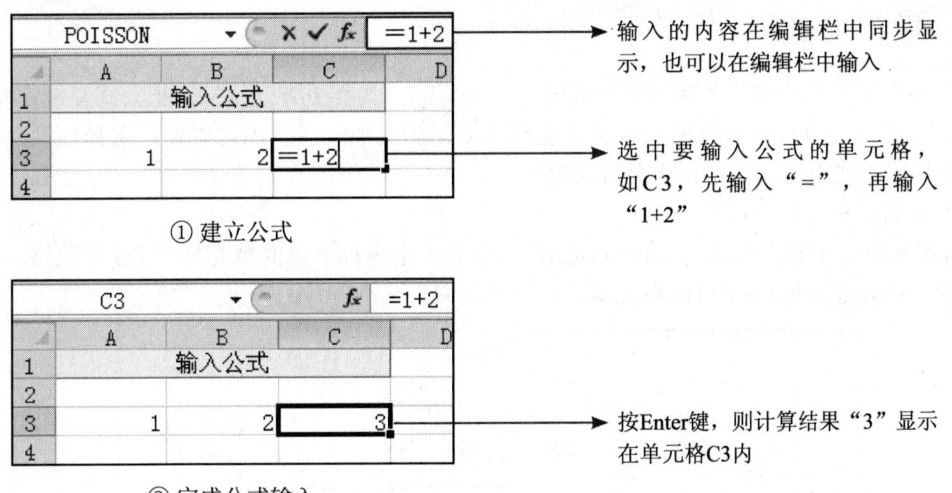

① 建立公式

② 完成公式输入

Tip 在公式输入中引用单元格

在公式中除了可以直接输入数字，还可以引用单元格。引用单元格后，修改单元格中的数据，不需要修改公式。

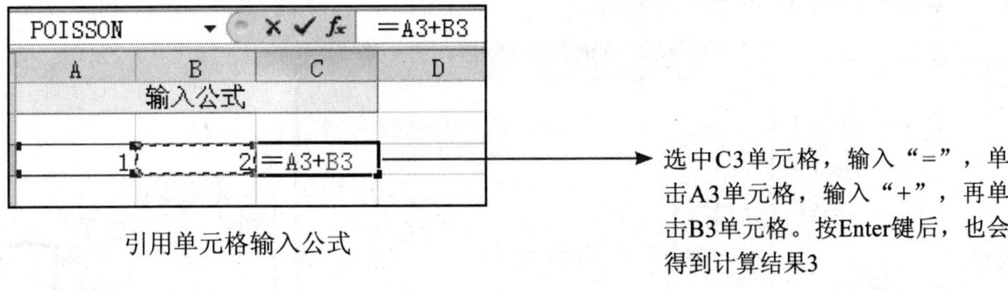

引用单元格输入公式

02 修改公式

修改输入完成的公式时，先选中输入公式的单元格，然后在编辑栏内直接编辑公式，如下图所示。

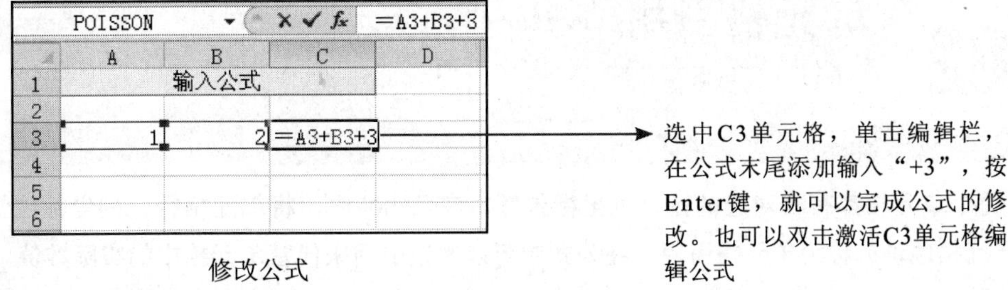

修改公式

Tip 使用 F2 键编辑公式

选中已输入公式的单元格，然后按 F2 键，公式呈可编辑状态，在单元格内直接修改即可。此时，单元格内光标闪烁，使用左右方向键把光标移动到需要修改的地方。

03 复制公式

当需要在多个单元格输入相同的公式时，使用复制公式会更方便快捷。把公式复制在相邻单元格中，使用自动填充较为方便；如果是复制并粘贴到其他区域，则可以使用选择性粘贴公式。复制公式后，公式中引用的单元格会自动改变。

（1）自动填充复制公式

在D3单元格中输入公式“=B3* (1-C3)”，拖动单元格右下角的填充柄到D5单元格，则D3单元格的公式被复制到D4和D5单元格。

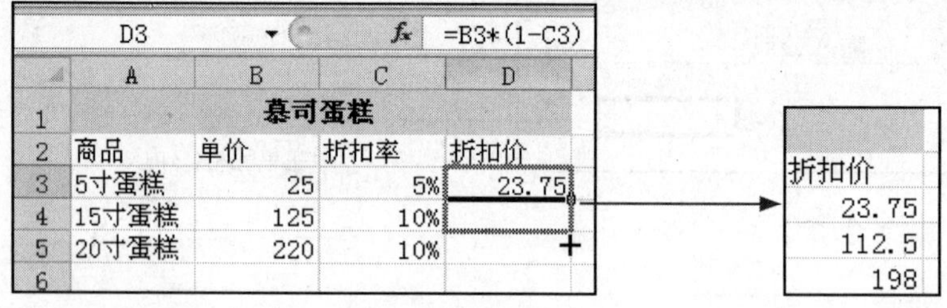

自动填充公式

（2）选择性粘贴复制公式

选中包含公式的单元格区域D3:D5，单击“复制”按钮，选中应用公式的单元格，如D9，弹出“选择性粘贴”对话框，选中“公式”单选按钮，再单击“确定”按钮，即可将D3:D5单元格区域的公式复制到D9:D11单元格区域内。

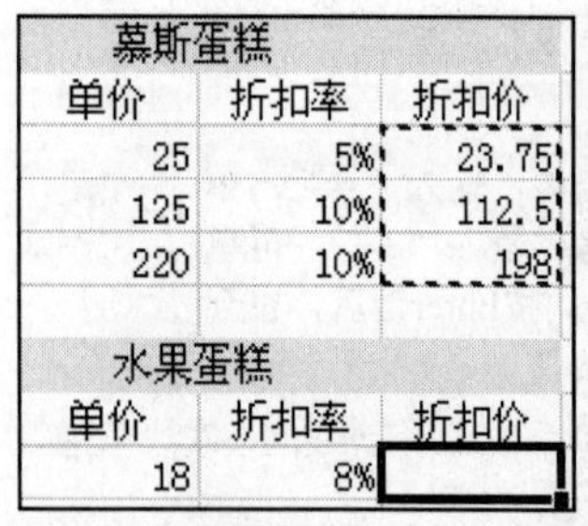

① 复制公式

选择性粘贴

粘贴

- ○ 全部(A)
- ⊙ 公式(F)
- ○ 数值(V)
- ○ 格式(T)
- ○ 批注(C)
- ○ 有效性验证(N)
- ○ 所有使用源主题的单元(H)
- ○ 边框除外(X)
- ○ 列宽(W)
- ○ 公式和数字格式(R)
- ○ 值和数字格式(U)

运算

- ⊙ 无(O)
- ○ 加(D)
- ○ 乘(M)
- ○ 除(I)

② 选择性粘贴公式

水果蛋糕		
单价	折扣率	折扣价
18	8%	16.56
100	12%	88
180	12%	158.4

③ 粘贴公式到其他单元格区域

Study 02

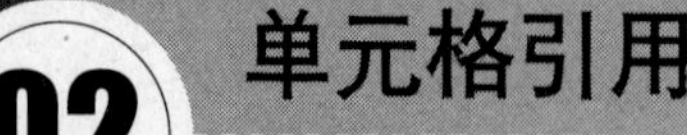

单元格引用

- Work 1. 三种单元格引用方式
- Work 2. 引用同一工作簿中的单元格
- Work 3. 引用其他工作簿中的单元格

每个单元格都有其对应的行、列坐标位置。在Excel中，将单元格行、列坐标位置（即单元格地址）称为单元格引用。在公式中可以通过引用来代替单元格中的实际数值。

用户可以在公式中引用同一工作簿中任何一个工作表中任何单元格或单元格区域的数据，也可以引用其他工作簿中的任何单元格数据。

引用单元格数据以后，公式的运算值将随着被引用的单元格数据变化而变化。当被引用单元格数据更改时，公式的运算值也将自动修改。

Study 02 单元格引用

Work 1 三种单元格引用方式

为了满足用户的需要，Excel 提供了 3 种不同的引用类型：相对引用、绝对引用和混合引用。

01 相对引用

相对引用和绝对引用不同，它的格式没有添加“$”。例如 A1、F2 等，直接用单元格或单元格区域名。使用相对引用后，软件会记住建立公式的单元格和被引用的单元格的相对位置关系；在复制这个公式时，新的公式单元格和被引用的单元格将仍然保持这样的相对位置。

简而言之，就是公式中单元格的引用随着行或列的不同而自动调整。

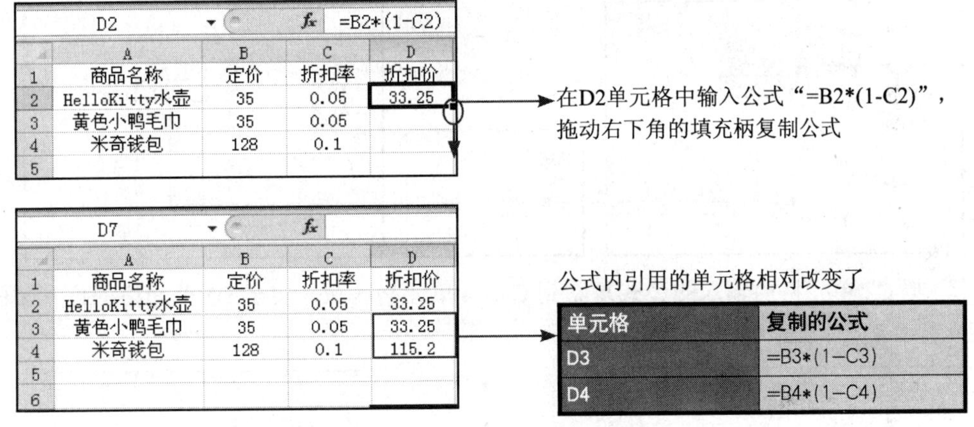

相对引用

02 绝对引用

绝对引用是指引用固定位置的单元格，即不管将该公式粘贴到什么位置，公式中所引用的还是原来单元格中的数据。要达到这一目的，可以通过“冻结”单元格地址来实现，也就是分别在行号和列号前添加一个“$”，如 $A$2、$D$6 等。

Lesson 01 绝对引用不变单元格

Office 2010 · 电脑办公从入门到精通

绝对引用较多用于统计每个明细类别在总类别中所占的比例中。下面为一个计算各品牌所占市场份额的实例。

STEP 01 打开光盘\实例文件\第 18 章\原始文件\绝对引用 .xlsx 工作簿。选中 B5 单元格，输入公式“=B2+B3+B4”，然后按 Enter 键，计算出 3 个品牌的总销售量。

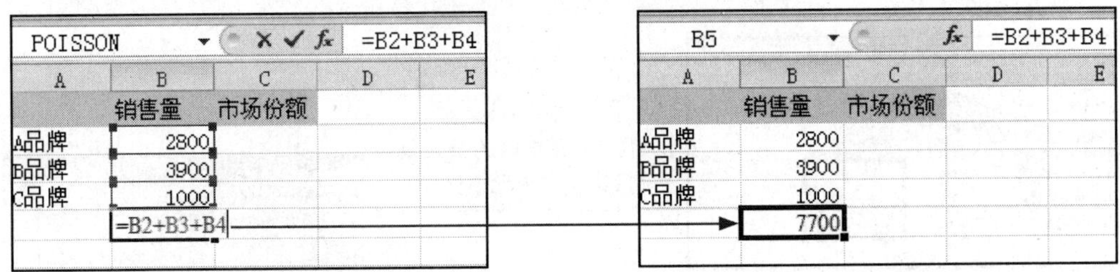

STEP 02 在C2单元格中输入计算A品牌销售份额的公式“=B2/B5”，然后将光标移到B5单元格，按F4键，B5单元格转换成$B$5绝对引用形式。

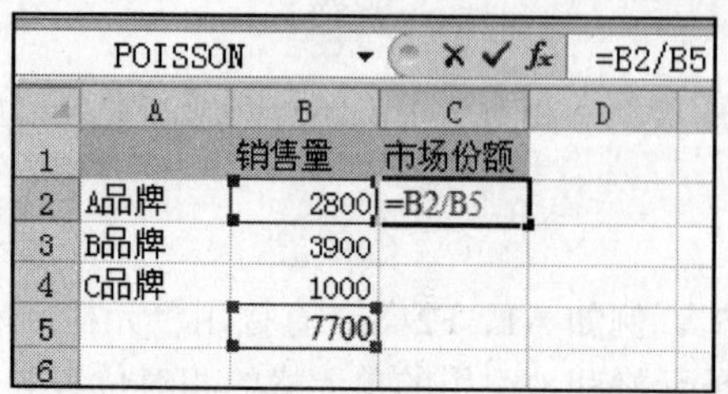

STEP 03 按Enter键，计算出A品牌的销售份额，单击“数字”组中的“百分比样式”按钮%，使C2单元格以百分比样式显示。

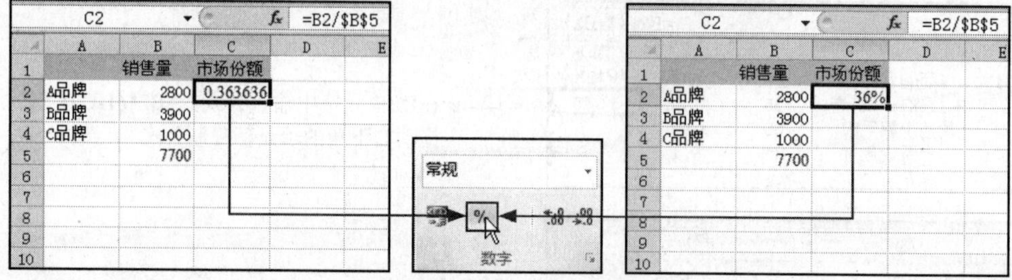

STEP 04 把C2单元格内输入的公式复制到C3:C4单元格区域，由于B5单元格的位置被固定，因此能求得B、C品牌正确的销售份额。

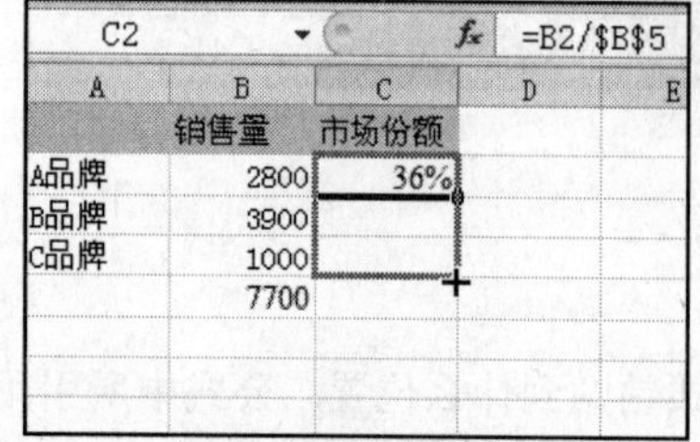

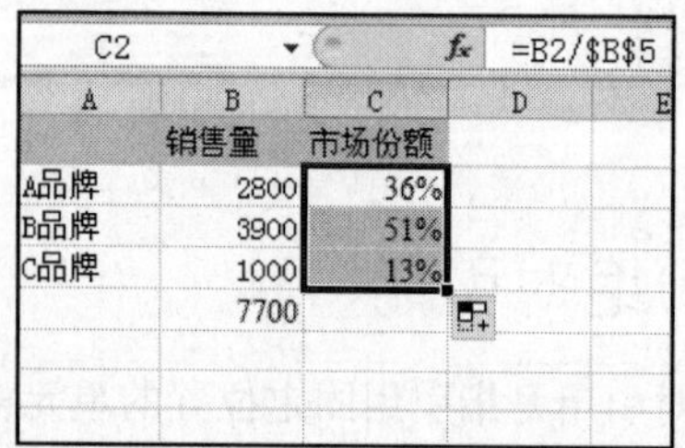

03 混合引用

混合引用是一种介于相对引用与绝对引用之间的引用，即引用单元格的行和列之中一个相对，一个绝对，如$A1、B$2；行相对、列绝对引用，如$A1；行绝对、列相对引用，如B$2。

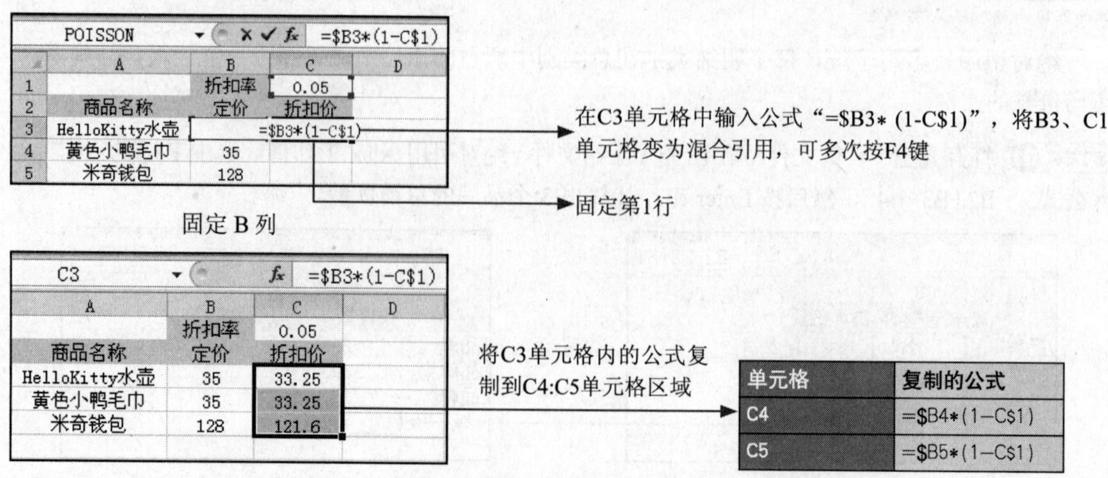

单元格	复制的公式
C4	=$B4*(1-C$1)
C5	=$B5*(1-C$1)

混合引用

Study 02 单元格引用

Work 2 引用同一工作簿中的单元格

在当前工作表中可以引用同一工作簿中其他工作表单元格或单元格区域的内容。引用时，在引用的单元格前需要添加“工作表标签！”

例如，当前工作表是Sheet1，如果要在当前工作表中引用Sheet3工作表中C9单元格的内容，需要使用的公式为“=Sheet3！ C9”。

有两种方法可以实现这种操作：一种是直接输入；另一种是用鼠标选择要引用的单元格。在Sheet1中选中任意单元格，输入“=”，单击Sheet3工作表标签；在Sheet3中选择C9单元格，然后按Enter键。

Study 02 单元格引用

Work 3 引用其他工作簿中的单元格

在当前工作表中也可以引用其他工作簿中的单元格或者单元格区域的数据/公式。如引用某工作簿第1张工作表中C1单元格的值，公式为=[a.xls]Sheet1!C1。

Lesson 02 引用其他工作簿中的单元格

Office 2010 · 电脑办公从入门到精通

本实例将介绍引用另一张工作表中某单元格数值的方法。

STEP 01 打开光盘\实例文件\第18章\原始文件\引用其他工作簿中的数据.xlsx工作簿。在B1单元格中输入公式“=[a.xls]Sheet1!C1”，按Enter键，弹出“更新值:a.xls”对话框，选择引用的工作簿名称，如“混合引用”，然后单击“确定”按钮。

STEP 02 返回到工作表中，B1单元格即将“混合引用”工作簿、Sheet1工作表、C1单元格的值引用过来。

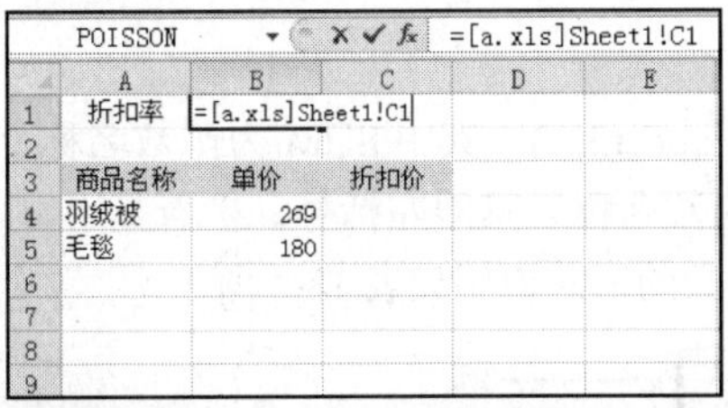

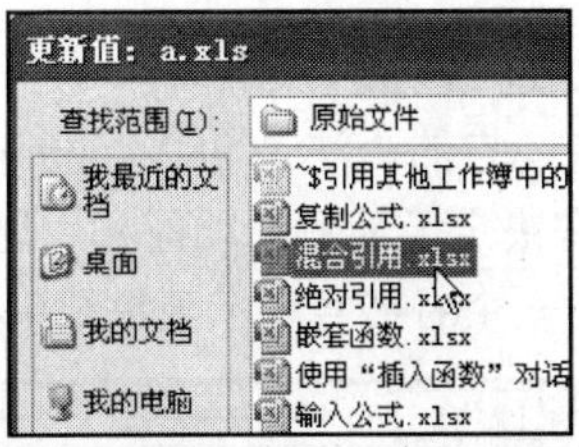

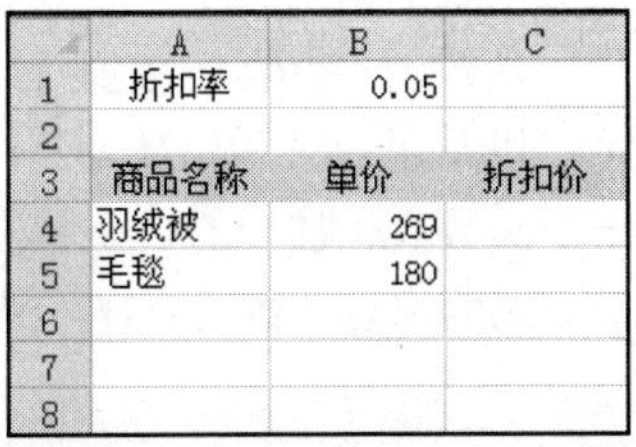

Study 03 掌握函数的使用方法

- Work 1、函数的概念
- Work 2、函数的语法
- Work 3、函数的分类
- Work 4、函数的输入
- Work 5、嵌套函数的概念
- Work 6、函数输出结果中的常见错误信息
- Work 7、公式审核

函数处理数据的方式与公式相同，函数通过引用参数接收数据，返回结果。多数情况下，函数返回的是计算的结果，也可以返回文本、引用、逻辑值、数组或工作表的信息等。本节将介绍函数的使用方法。

Excel用预置的工作表函数进行数字、文本、逻辑的运算或查找工作表的信息。与直接使用公式进行计算相比，函数的计算结果更快，使用范围更广。

Study 03 掌握函数的使用方法

Work 1 函数的概念

Excel函数是预先定义，执行计算、分析等处理数据任务的特殊公式。函数通过参数接收数据，输入的参数放在函数名后，并且用括号括起来，各函数使用特定类型的参数，如数值、文本、引用或逻辑值。

Study 03 掌握函数的使用方法

Work 2 函数的语法

Excel函数的语法以函数的名称开始，后面接左括号以及逗号隔开的参数和右括号。函数的名称说明了函数要执行的运算；函数名后用圆括号括起来的是参数，参数说明了函数使用的单元格或数值，参数可以是数字、文本、逻辑值、数组、错误值以及单元格或单元格区域的引用等。给定的参数必须能产生有效的值。

Excel函数的参数也可以是常量、公式或其他函数。当函数的参数表中又包括另外的函数时，就称为函数的嵌套。不同的函数所需要的参数个数不同，有的函数不需要参数，有的则需要1个或多个，Excel最多允许30个参数。

没有参数的函数称为无参函数，无参函数的形式为：

函数名()

无参函数名后的圆括号是必需的。

注意，在Excel中输入函数时，要用圆括号将参数括上，左括号标记参数的开始，且紧接在函数名后。如果在函数名与左括号之间插入了一个空格或其他字符，Excel会显示出错信息：#NAME？。如果参数要以公式的形式出现，则在函数名前输入等号。

函数的语法为：

函数名(参数1, 参数2, 参数3,…)

以常用的求和函数SUM为例，它的语法是SUM(number1,number2,...)。其中SUM为函数名称，一个函数只有唯一的一个名称，它决定了函数的功能和用途。函数名称后紧跟左括号，接着是用逗号分隔的称为参数的内容，最后用一个右括号表示函数结束。函数的语法说明如表18-4所示。

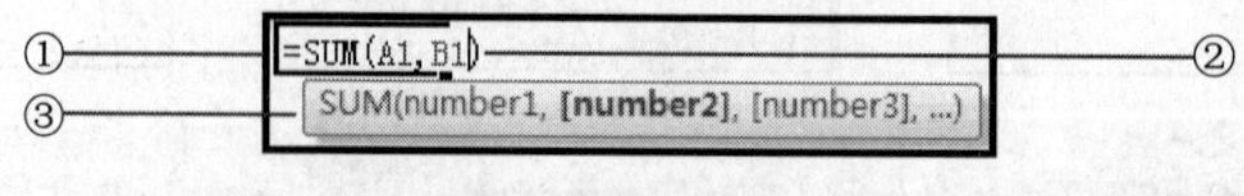

SUM函数的语法

表18-4 函数的语法构成

编 号	名 称	说 明
①	函数名称	如果要查看可用函数的列表，可单击一个单元格并按 Shift+F3 组合键，如SUM
②	参数	参数可以是数字、文本、逻辑值、数值、错误值（如 #N/A）或单元格引用，也可以是常量、公式或其他函数，如此处的B1
③	参数工具提示	在键入函数时，会出现一个带有语法和参数的工具提示。工具提示只在使用内置函数时出现

Study 03 掌握函数的使用方法

Work 3 函数的分类

Excel 提供了大量的函数，这些函数按功能可分为 11 类，如表 18-5 所示。分别是日期与时间函数、财务函数、逻辑函数、查询和引用函数、数学和三角函数、数据库函数、信息函数、统计函数、工程函数、文本函数以及用户自定义函数。

表 18-5 函数的分类

函数类别	功能	具体函数
日期与时间	可以在公式中分析与处理日期值和时间值	DATE、TIME、TODAY、NOW、EOMONTH、EDATE 等
财务	进行财务计算，如确定贷款的支付额、投资的未来值以及债券或股票的价值	PMT、IPMT、PPMT、FV、PV、RATE、DB 等
逻辑	进行真假值判断，或进行复合检验	IF、AND、OR、TRUE、FALSE 等
查询和引用	当需要查找特定值或某一单元格的引用时，可使用查询和引用工作表函数	VLOOKUP、HLOOKUP、INDIRECT、ADDRESS、ROW 等
数学和三角	处理简单的计算，如对数字取整、计算单元格区域中的数值总和或复杂计算	SUM、ROUND、ROUNDUP、PRODUCT、INT、SIGN、ABS 等
数据库	当需要分析数据清单中的数值是否符合特定条件时，可以使用数据库函数	DSUM、DAVERAGE、DMAX、DMIN、DSTDEV 等
信息	用于确定存储在单元格中数据的类型	ISERROR、ISBLANK、INFO 等
统计	用于对数据区域进行统计分析	AVERAGE、RANK、MEDIAN、MODE、VAR、STDEV 等
工程	用于工程分析。大多可分为 3 种类型：对复数进行处理的函数，在不同数字系统间进行数值转换的函数，在不同度量系统中进行数值转换的函数	BIN2DEC、COMPLEX、IMREAL、IMAGINARY、BESSELJ、CONVERT 等
文本	通过文本函数，可以在公式中处理文本串	ASC、UPPER、LOWER、LEFT、RIGHT、MID、LEN 等
用户自定义	如果内置函数无法满足复杂计算的需要，就需要创建用户自定义函数	在 Visual Basic 中定义

Study 03 掌握函数的使用方法

Work 4 函数的输入

输入函数比输入公式稍显复杂，用户可以在单元格中直接输入函数的名称、参数，这是最快的方法。如果不能确定函数的拼写以及函数的参数，则可使用“插入函数”对话框插入函数。

01 直接输入函数

在 Excel 单元格或编辑栏中输入函数名，Excel 会根据用户输入的名称开头大写字母自动识别出可能应用的函数，双击可调用需要的函数，之后会出现该函数带有语法和参数的工具提示。

调用求平均值的 AVERAGE 函数后，输入参数，或选择求平均值的范围（此处为 B2:B5 单元格区域），再按 Enter 键求出平均值。

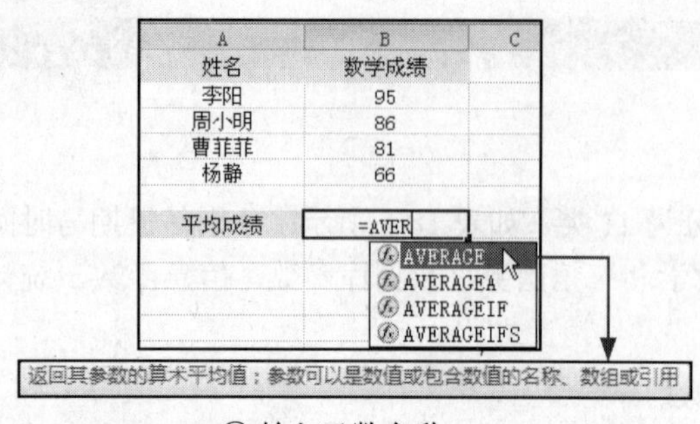

① 输入函数名称

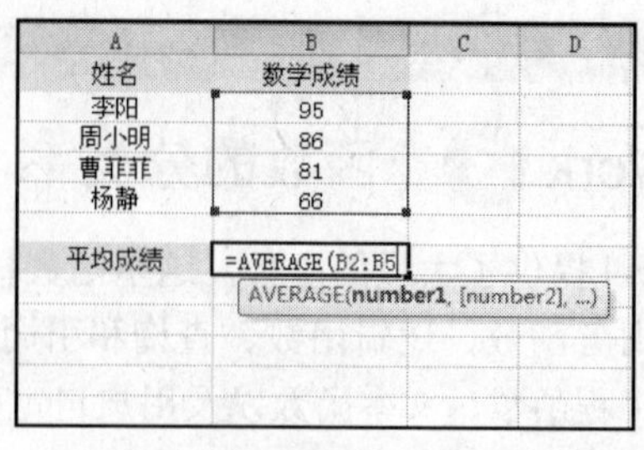

② 选择求平均值的范围

Tip 输入错误时的注意事项

直接输入函数时，注意函数名的拼写不要错误和漏掉符号。有多个参数时，在各参数间输入“,”。函数名称不区分大小写，但确定后会自动识别为大写。输入完毕后，按Enter键，结尾会自动输入“)”。

02 使用“插入函数”对话框

在“公式”选项卡的“函数库”组中单击“插入函数”按钮，或单击编辑栏左侧的“插入函数”按钮 f_x，均可弹出“插入函数”对话框。

Lesson 03 从“插入函数”对话框插入函数

Office 2010 · 电脑办公从入门到精通

本实例介绍使用“插入函数”对话框输入函数。

STEP 01 打开光盘\实例文件\第18章\原始文件\使用“插入函数”对话框.xlsx工作簿。选中B8单元格，切换到“公式”选项卡，单击“函数库”组中的“插入函数”按钮。

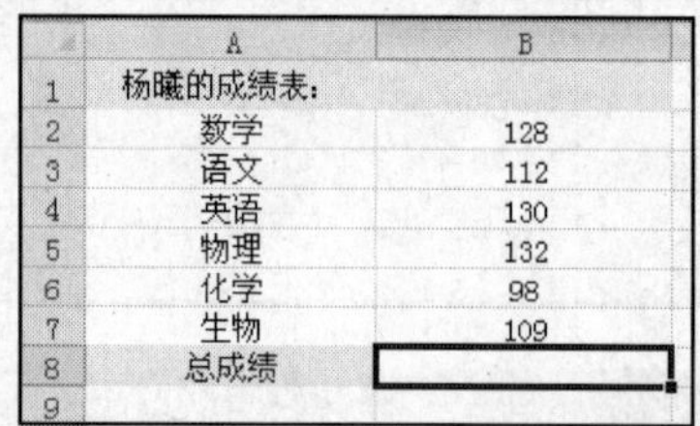

STEP 02 弹出“插入函数”对话框，单击“或选择类别”列表框右侧的下三角按钮，在展开的下拉列表中选择“数学与三角函数”选项，在“选择函数”列表框中选择SUM选项，单击“确定”按钮，如下图所示。

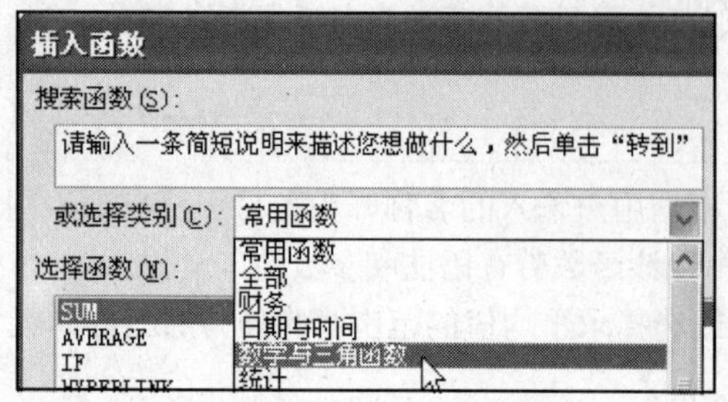

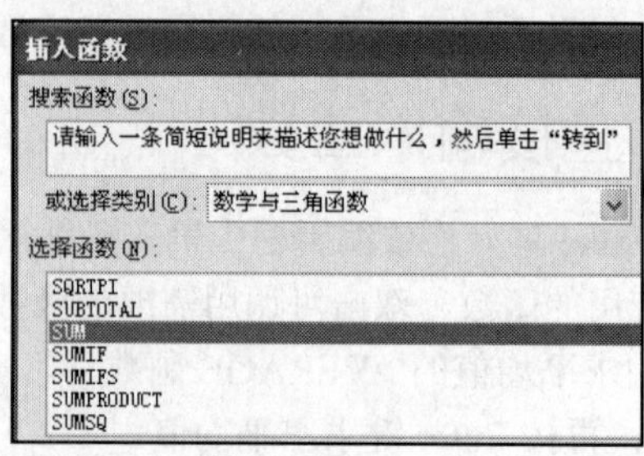

STEP 03 设置 SUM 函数的参数 Number1 为“B2:B7”，然后单击“确定”按钮，即可使用 SUM 函数计算出求和的结果。

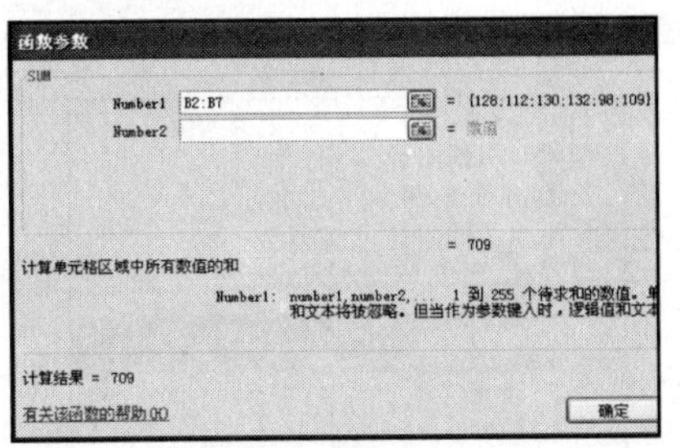

	A	B	C
	杨曦的成绩表:		
	数学	128	
	语文	112	
	英语	130	
	物理	132	
	化学	98	
	生物	109	
	总成绩	709	

B8 =SUM(B2:B7)

Study 03 掌握函数的使用方法

Work 5 嵌套函数的概念

在一个函数中调用另一个函数，就称为函数的嵌套。

（1）嵌套函数的格式

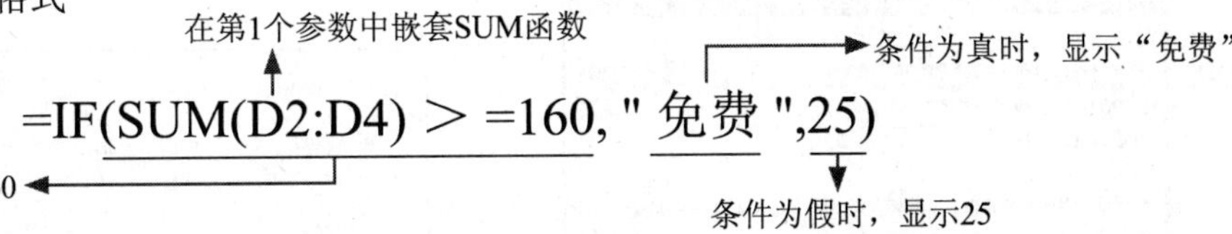

（2）函数嵌套使用时需注意的问题

有效的返回值	当嵌套函数作为参数使用时，它返回的数值类型必须与参数使用的数值类型相同。例如，如果参数需要一个 TRUE 或 FALSE 值时，那么该位置的嵌套函数也必须返回一个 TRUE 或 FALSE 值，否则，Excel 将显示 #VALUE! 错误值
嵌套层数的限制	公式中最多可以包含 7 层嵌套函数。在形如 a(b(c(d()))) 的函数调用中，如果 a、b、c、d 都是函数名，则函数 b 称为第二层函数，c 称为第三层函数，依此类推

Lesson 04 使用 SUM 与 IF 的嵌套

Office 2010 · 电脑办公从入门到精通

本实例介绍嵌套函数的使用，以 SUM 和 IF 函数的嵌套为例，在根据条件判断 IF 函数的第 1 个参数中嵌套 SUM 函数，求商品的邮递费，若商品总价值超过 160 元，则免费。

STEP 01 打开光盘 \ 实例文件 \ 第 18 章 \ 原始文件 \ 嵌套函数 .xlsx 工作簿。选中 B6 单元格，单击“插入函数”按钮。

STEP 02 弹出“插入函数”对话框，单击“或选择类别”列表框右侧的下三角按钮，在展开的下拉列表中选择“逻辑”选项，选择逻辑函数 IF 选项，然后单击“确定”按钮。

B6 插入函数

	A	B	C
1	商品名称	定价	
2	HelloKitty水壶	35	0.05
3	黄色小鸭毛巾	35	0.05
4	米奇钱包	128	0.1
5			
6	邮递费		
7			

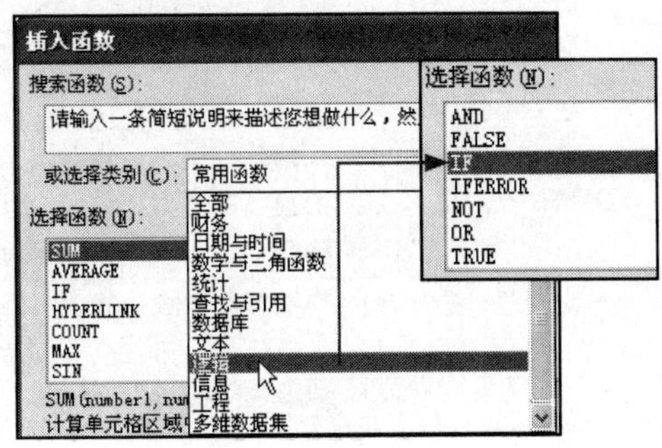

STEP 03 弹出IF函数的“函数参数”对话框，并选择Logical_test栏，单击名称框右侧的下三角按钮▾，在展开的下拉列表中选择SUM选项。弹出SUM函数的“函数参数”对话框，指定参数Number1的范围为“D2:D4”，编辑完成后，单击公式内的IF选项。

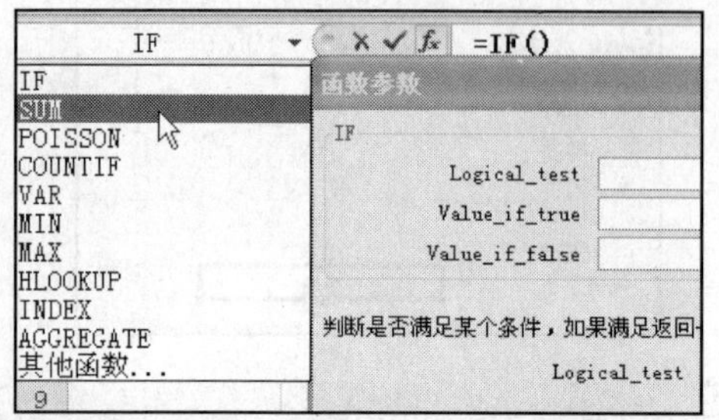

STEP 04 返回IF函数的“函数参数”对话框，在Logical_test文本框中输入“>=160”；在Value_if_ture文本框中输入“免费”；在Value_if_false文本框中输入“25”，然后单击“确定”按钮，就会根据条件判断出应付的邮递费。

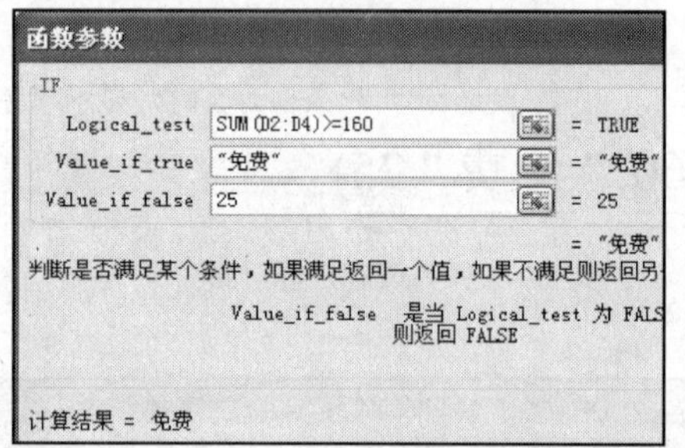

Work 6 函数输出结果中的常见错误信息

如果输入的公式不符合格式或要求，就无法在Excel工作表的单元格中显示出运算结果，该单元格中会显示错误信息，如#######、#NIV/0!、#N/A、#NAME?、#VALUE!、#REF、#NUM!、#NULL!。了解这些错误信息的含义可以帮助用户修改单元格中的公式或值，如表18-6所示。

表18-6 函数结果中常见错误信息

错误值	含义
#######	单元格所含的数字、日期等值比单元格宽就会产生 ##### 错误，可以拖动列标之间的边界来修改列宽，使单元格中的所有数据显示出来
#NIV/0!	① 输入的公式中包含明显的除数为零（0），如 =4/0 ② 公式中的除数使用了指向空单元格（若运算对象是空白单元格，Excel将此空值解释为零值）或包含零值单元格的单元格引用，都会产生这种错误
#N/A	① 内部函数或自定义工作表函数中缺少一个或多个参数 ② 在数组公式中，所用参数的行数或列数与包含数组公式的区域的行数或列数不一致
#NAME?	① 在公式中输入文本时没有使用双引号，Excel将其解释为名称，但这些名字没有定义 ② 函数名的拼写错误 ③ 删除了公式中使用的名称
#VALUE!	① 在需要数字或逻辑值时输入了文本，Excel不能将文本转换为正确的数据类型 ② 把单元格引用、公式或函数作为数组常量输入
#REF!	删除了公式中引用的单元格或将要移动的单元格粘贴到了由其他公式引用的单元格中

（续表）

错误值	含义
#NUM!	① 由公式产生的数字太大或太小，Excel 不能表示 ② 或在需要数字参数的函数中使用了非数字参数
#NULL!	在公式的两个区域中加入了空格求交叉区域，但实际上这两个区域无重叠

Study 03 掌握函数的使用方法

Work 7 公式审核

Excel 提供了公式审核功能，使用户可以跟踪选定范围中的公式引用或者从属单元格，也可以追踪错误。要使用公式审核功能，需要采取的步骤是：先选中要审核公式所在的单元格，然后切换到“公式”选项卡，最后应用“公式审核”组中的相应功能。在“公式审核”组中包含了审核公式功能的全部选项，如表 18-7 所示。

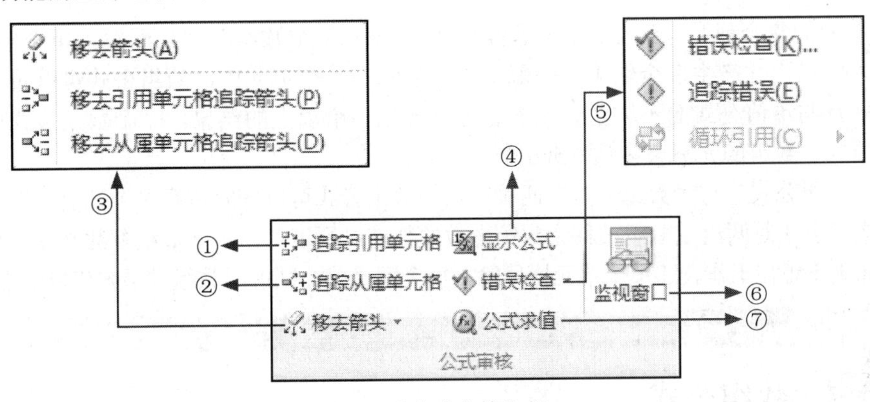

“公式审核”组

表 18-7 “公式审核”组中各按钮的功能

编号	按钮	功能
①	追踪引用单元格	“追踪引用单元格”可以用蓝色箭头等标出公式引用的所有单元格，追踪结束后可以单击“移去引用单元格追踪箭头”按钮将标记去掉。引用单元格是被其他单元格中的公式引用的单元格
②	追踪从属单元格	如果想显示某单元格被哪些单元格的公式引用，则可以选择“追踪从属单元格”命令，从属单元格包含引用其他单元格的公式
③	移去箭头	要取消上述所有追踪箭头，可以选择“移去箭头”功能
④	显示公式	“显示公式”命令能显示工作表中所有单元格的公式
⑤	错误检查	“错误检查”与语法检查程序类似，它用特定的规则检查公式中存在的问题，可以查找并发现常见错误。当单元格显示错误值时，使用“追踪错误”功能可以追踪出产生错误的单元格
⑥	监视窗口	当单元格在工作表上不可见时，可以在“监视窗口”工具栏中监视这些单元格及其公式。使用“监视窗口”，可以方便地在大型工作表中检查、审核或确认公式计算及其结果。通过使用“监视窗口”，无须反复滚动或定位到工作表的不同部分
⑦	公式求值	“公式求值”可以打开一个对话框，用逐步执行方式查看公式计算顺序和结果，能够清楚地了解复杂公式的计算过程

掌握数组的使用方法

- Work 1. 数组的概念
- Work 2. 数组公式
- Work 3. 数组常量

数组是一种计算工具，可用来建立对两组或更多组值进行操作的公式，这些值称为数组参数。数组公式返回的结果既可以是单个也可以是多个。数组区域是共享同一数组公式的单元格区域。数组公式是小空间内进行大量计算的强有力方法，它可以替代很多重复的公式。

Study 04 掌握数组的使用方法

Work 1 数组的概念

数组就是单元的集合或是一组处理的值集合。可以输入一个数组公式，即输入单个的公式，它执行多个输入的操作并产生多个结果——每个结果显示在一个单元中。数组公式可以看成是有多重数值的公式。与单值公式的不同之处在于它可以产生一个以上的结果。一个数组公式可以占用一个或多个单元。数组的元素可多达 6 500 个。

数组分为“数组公式”与“数组常量”两种。其中数组公式可以同时进行多个计算并返回一种或多种结果。数组公式对两组或多组被称为数组参数的数值进行运算，每个数组参数必须有相同数量的行和列。如果不想在工作表的单个单元格里输入每个常量值，则可用数组常量来代替引用。

Study 04 掌握数组的使用方法

Work 2 数组公式

数组公式通过用一个数组公式代替多个公式的方式来简化运算。例如，下面用一组商品的价格和数量计算出了商品的总价格，没有采取单独计算每种商品价格再加总的方法。

SUM =SUM(B2:B4*C2:C4)

	A	B	C	D	E	F
1	商品	单价	数量			
2	钢笔	9	1			
3	铅笔	1	5			
4	笔记本	2.5	3			
5						
6	总价格	=SUM(B2:B4*C2:C4)				
7						

将公式“=SUM(B2:B4*C2:C4)”作为一个数组公式输入，该公式就会将每个商品的“单价”和“数量”相乘，然后将计算结果相加

输入公式“=SUM(B2:B4*C2:C4)”后，按Ctrl+Shift+Enter组合键，生成数组公式

数组公式的使用

输入数组公式时应注意的问题

应先选择用来保存计算结果的单元格或单元格区域。如果公式将产生多个计算结果，则必须选择一个与完成计算时所用单元格区域大小和形状都相同的单元格区域。

数组公式输入完成后，按 Ctrl+Shift+Enter 组合键，这时在公式编辑栏中可以看见公式的两边加上了 {}，表示该公式是一个数组公式。注意，数组公式中的“{}”是由 Excel 自动加上去的，如果人工输入 {}，Excel 将把此输入视为一个文本。

要编辑或清除数组，需要选择输入相同公式的所有单元格，再编辑或清除，数组公式中包含的单个单元格不能进行单独更改。修改数组公式后，需要重新按 Ctrl+Shift+Enter 组合键。

Work 3 数组常量

在普通公式中，可输入包含数值的单元格引用，或数值本身，其中该数值与单元格引用被称为常量。同样，在数组公式中也可输入数组引用，或包含在单元格中的数值数组，其中该数值数组和数组引用被称为数组常量。数组公式可以按与非数组公式相同的方式使用常量，但是必须按特定格式输入数组常量。

数组常量可包含数字、文本、逻辑值（如 TRUE、FALSE 或错误值 #N/A），也可包含不同类型的数值，如 {1,3,4; TRUE, FALSE, TRUE}。数组常量中的数字可以使用整数、小数或科学记数格式。文本必须包含在半角状态的双引号内，例如“Tuesday”。

在使用常量数组时，用户必须将常量用“{”和“}”括起来，并用逗号（,）和分号（;）作为数值之间的间隔符。用逗号（,）分离不同列的值，用分号（;）分离不同行的值。

Lesson 05 数组常量的使用

Office 2010 · 电脑办公从入门到精通

本例定义在 VLOOKUP 函数中指定第 2 个参数为数组常量，此时，用数组常量指定表格，则不需要制作引用的工作表。

STEP 01 打开光盘 \ 实例文件 \ 第 18 章 \ 原始文件 \ 数组常量 .xlsx 工作簿。选中 C5 单元格，单击“插入函数”按钮。

STEP 02 弹出“插入函数”对话框，在“或选择类别”下拉列表中选择“查找与引用”选项，在“选择函数”列表框中选择 VLOOKUP 选项，然后单击“确定”按钮。

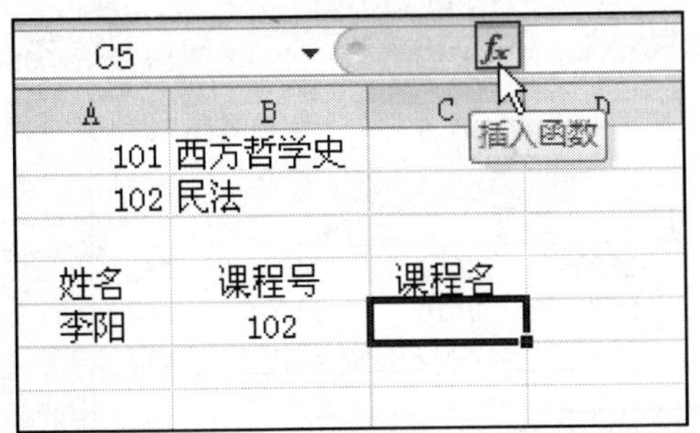

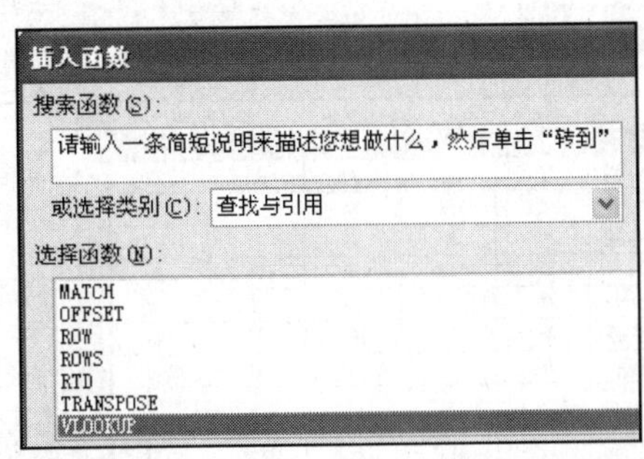

STEP 03 弹出 VLOOKUP 的“函数参数”对话框，指定各参数的值。其中，指定 Table_array 的值为数组常量。单击“确定”按钮后，即可显示函数的计算结果。关于 VLOOKUP 函数的使用请参考第 19 章。

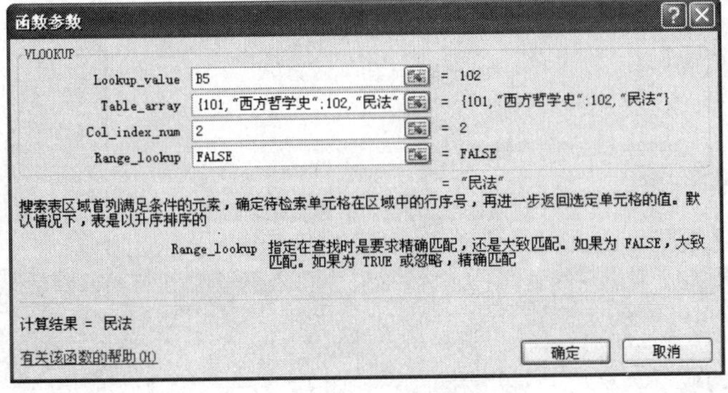

Chapter 19

常用数据分析函数的使用

Office 2010 电脑办公从入门到精通

本章重点知识

- Study 01 逻辑函数的使用
- Study 02 数学与三角函数的使用
- Study 03 统计函数的使用
- Study 04 查找与引用函数的使用
- Study 05 财务函数的使用

本章视频路径

	A	B	C	D	E	F
1	姓名	性别	语文	英语	数学	总分
2	王小明	男	100	82	96	278
3	张冉	女	52	56	63	171
4	李心敏	女	85	98	46	229
5	孙慧	女	78	56	86	220
6	汪洋	男	88	98	80	266
7	冯董婷	女	99	100	90	289
8	王磊	男	85	70	91	246
9						
10						
11			语文	英语	数学	总分
12		男生总分	273	250	267	790
13		女生总分				

IF =SUM(B2:E4)

	A	B	C	D	E
1		一月	二月	三月	合计
2	肉类	2589	2660	2450	7699
3	奶制品	3020	3510	3470	10000
4	豆制品	2010	2000	2200	6210
5					
6	总计	=SUM(B2:E4)			

	A	B	C	D	E	F
1	班级	座号	姓名	成绩		
2	201	6	林宇	99		
3	205	18	许冠钧	98		
4	203	27	吴心语	93		
5	201	21	李钧	92		
6	202	29	陈涵	90		
7	202	33	王婷	89		
8	203	34	黄恺翊	88		
9	201	39	苏湘琳	88		
10	202	26	张睿良	86		
11	204	11	杨捷	85		
12						
13	班级	人数				
14	202	3				

	A	B	C
1	运动员编号	跳远成绩	备注
2	A1021	2.33	
3	A1022	2.49	
4	A1023	2.15	
5	A1024	2.18	
6	A1025	2.45	
7	A1026	2.37	
8	A1027	缺席	
9	A1028	2.41	
10	COUNT	7	=COUNT(B2:B9)求参赛人数
11	COUNTA	8	=COUNTA(B2:B9)报名人数

Chapter 19 常用数据分析函数的使用

在本章中读者需要了解 Excel 2010 的数据分析函数的使用方法，这些函数包括逻辑函数、数学与三角函数中的条件函数 IF、AND、OR、NOT、TRUE、FALSE、条件求和函数 SUMIF；数量求和函数 COUNTIF；查找与引用函数 VLOOKUP、MATCH，以及 IPMT 函数。

Study 01 逻辑函数的使用

- Work 1. 条件函数 IF
- Work 2. AND、OR、NOT 函数
- Work 3. TRUE、FALSE 函数

用来判断真假值或者进行复合检验的 Excel 函数，称为逻辑函数。Excel 提供了 6 种逻辑函数，分别为 AND、OR、NOT、IF、TRUE 、FALSE 函数。

在“公式”选项卡下的“函数库”组中，可以选择应用相应的逻辑函数。

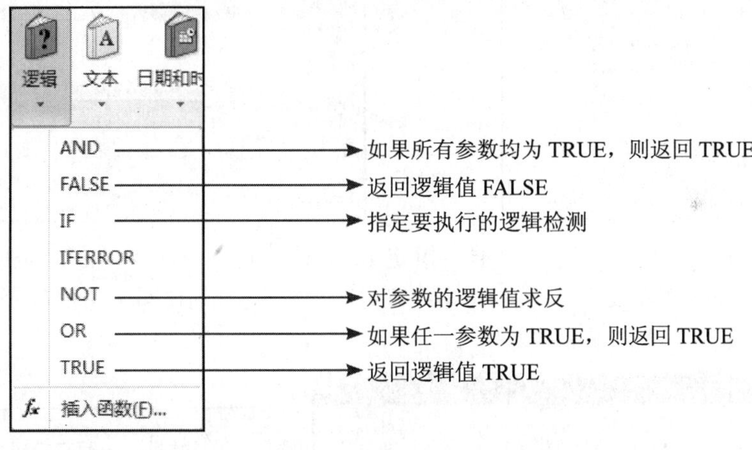

逻辑函数

Work 1 条件函数IF

IF 函数用于执行真假值判断后，根据逻辑测试的真假值返回不同的结果，因此 IF 函数也称为条件函数。用户可以使用 IF 函数对数值和公式进行条件检测。

IF 函数的语法为：

IF(Logical_test,Value_if_true,Value_if_false)

- Logical_test：表示计算结果为 TRUE 或 FALSE 的任意值/表达式，可使用任何比较运算符。
- Value_if_true：显示在Logical_test 为 TRUE 时返回的值，Value_if_true 也可以是其他公式。
- Value_if_false：Logical_test 为 FALSE 时返回的值，Value_if_false 也可以是其他公式。

简言之，如果第 1 个参数 Logical_test 返回的结果为真，则执行第 2 个参数 Value_if_true 的结果，否则执行第 3 个参数 Value_if_false 的结果。

IF 函数可以嵌套 7 层，用 Value_if_false 及 Value_if_true 参数可以构造复杂的检测条件。

除此之外，Excel 还提供了可根据某一条件来分析数据的其他函数。例如，如果要根据单元格区域中的某一文本串或数字求和，则可使用 SUMIF 函数，参见本章 Study 02；如果要计算单元格区域中某个文本串或数字出现的次数，则可使用 COUNTIF 函数，请参见本章 Study 03。

Lesson 01 IF 函数的使用

Office 2010 · 电脑办公从入门到精通

使用 IF 函数判断学生成绩，如果成绩在 60 分以上（包括 60 分）则显示及格，否则显示不及格。

STEP 01 打开光盘 \ 实例文件 \ 第 19 章 \ 原始文件 \IF.xlsx 工作簿。选中 C2 单元格，单击编辑栏左侧的“插入函数”按钮，弹出“插入函数”对话框，在“或选择类别”下拉列表框中选择“逻辑”选项，在“选择函数”列表框中选择 IF 选项，然后单击“确定”按钮。

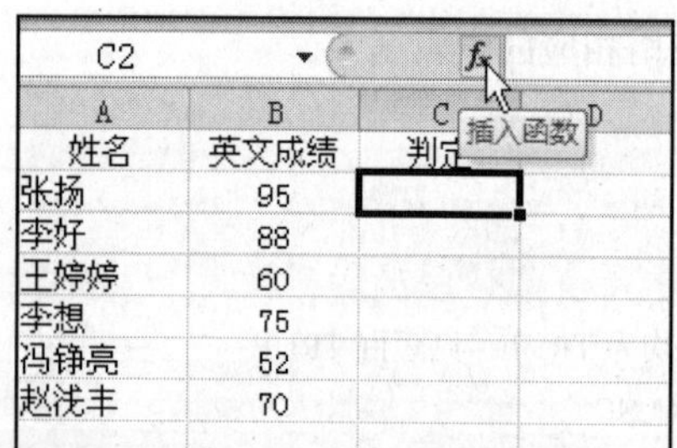

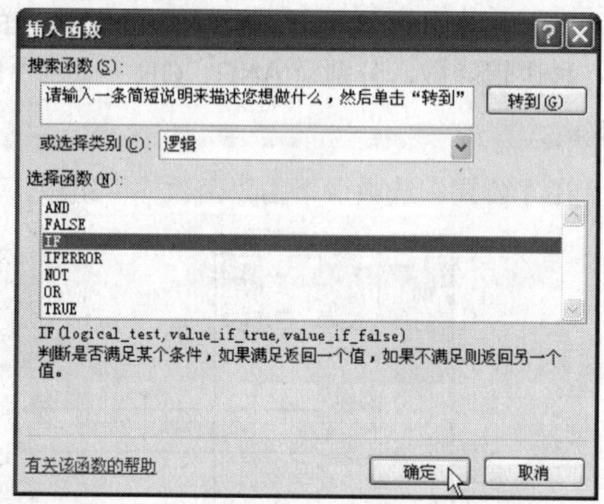

STEP 02 弹出 IF 的“函数参数”对话框，指定 Logical_test 为“B2 > =60”；Value_if_true 为“及格”；Value_if_false 为“不及格”，然后单击“确定”按钮。由于 B2 单元格的值为 95，大于等于 60，因此 C2 单元格返回判断结果“及格”。

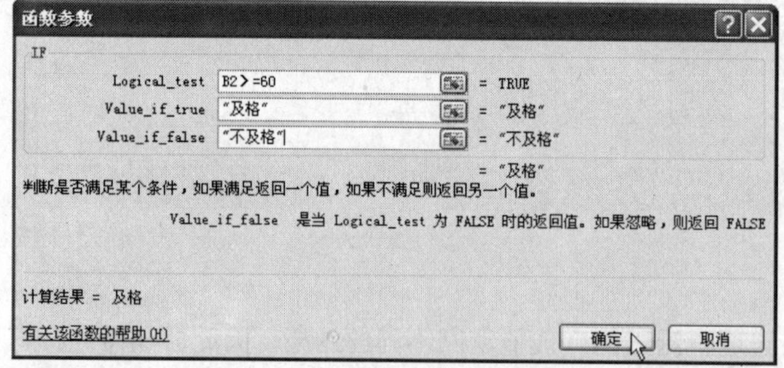

	A	B	C
1	姓名	英文成绩	判定
2	张扬	95	及格
3	李好	88	
4	王婷婷	60	
5	李想	75	
6	冯铮亮	52	
7	赵浅丰	70	
8			
9			

STEP 03 将光标置于 C2 单元格右下角的填充柄处，双击鼠标，然后拖动鼠标垂直填充公式，则根据 IF 条件判断出所有同学的英文成绩。

	A	B	C
1	姓名	英文成绩	判定
2	张扬	95	及格
3	李好	88	
4	王婷婷	60	
5	李想	75	
6	冯铮亮	52	
7	赵浅丰	70	
8			
9			

	A	B	C
1	姓名	英文成绩	判定
2	张扬	95	及格
3	李好	88	及格
4	王婷婷	60	及格
5	李想	75	及格
6	冯铮亮	52	不及格
7	赵浅丰	70	及格
8			
9			

Study 01　逻辑函数的使用

Work 2　AND、OR、NOT函数

AND、OR、NOT 这 3 个函数都用来返回参数逻辑值，如表 19-1 所示。

表 19-1　函数说明

函　数	说　明
AND	参数全部满足某一条件时，返回结果为 TRUE，否则为 FALSE
OR	在参数组中，任何一个参数逻辑值为 TRUE，则返回 TRUE
NOT	NOT 函数用于对参数值求反。当要确保一个值不等于某一特定值时，可以使用 NOT 函数。即当参数值为 TRUE 时，NOT 函数返回的结果恰与之相反，结果为 FALSE

	A	B	C
1	23		
2	函数	公式	结果
3	AND	=AND(A1>10,A1<20)	FALSE
4	OR	=OR(A1>10,A1<20)	TRUE
5	NOT	=NOT(A1>10)	FALSE

由于A1等于23大于10，但是不小于20，只有一个条件为真，则返回FALSE

满足其中一个条件，因此返回TRUE

23确实大于10，使用NOT函数返回FALSE

AND/OR/NOT 函数对比

Tip　OR 与 AND 函数的区别

OR 与 AND 函数的区别在于，AND 函数要求所有函数逻辑值均为真，结果才为真；而 OR 函数仅需其中任何一个为真即可为真。

Study 01　逻辑函数的使用

Work 3　TRUE、FALSE函数

TRUE、FALSE 函数用来返回参数的逻辑值，由于可以直接在单元格或公式中键入值 TRUE 或 FALSE，因此这两个函数通常不使用，如表 19-2 所示。

表 19-2　函数说明

函　数	语　法	说　明
TRUE	TRUE( )	返回逻辑值 TRUE
FALSE	FALSE( )	返回逻辑值 FALSE

Study 02　数学与三角函数的使用

- Work 1．求和函数 SUM
- Work 2．条件求和函数 SUMIF

数学和三角函数包括日常生活中常用的求和函数、对小数处理的函数以及正弦、余弦函数、指数对数函数等。本节将介绍两种最常使用的函数：SUM 函数与 SUMIF 函数。

Work 1 求和函数SUM

SUM 函数是 Excel 中使用最多的函数，利用它进行求和运算可以忽略存有文本、空格等数据的单元格，语法简单，使用方便。但是实际上，Excel 所提供的求和函数不仅仅只有 SUM 一种，还包括 SUBTOTAL、SUMIF、SUMPRODUCT、SUMSQ、SUMX2MY2、SUMX2PY2、SUMXMY2 几种函数。

SUM 函数的语法为：

SUM(number1,number2,...)

SUM 函数可用于对行或列的快速求和以及区域的求和，如表 19-3 所示。

表 19-3 SUM 函数的功能说明

功　能	说　明
对行求和	选中存放结果的单元格，然后输入公式 = "SUM(B2,C2,D2)"，按 Enter 键，即可对一行中 3 个单元格的值求总和
对列求和	选中存放结果的单元格，然后输入公式 = "SUM(B2,B3,B4)"，按 Enter 键，即可对一列中 3 个单元格的值求总和
区域求和	选中存放结果的 B6 单元格，输入公式 "=SUM()"，用鼠标单击括号 "()" 中间，然后选中需要求和的单元格区域，如 B2:D4，则求得该单元格区域中所有值的总和

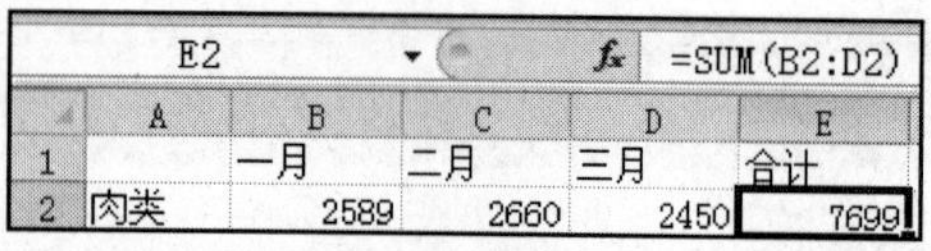

E2 =SUM(B2:D2)

	A	B	C	D	E
1		一月	二月	三月	合计
2	肉类	2589	2660	2450	7699

① 对行求和

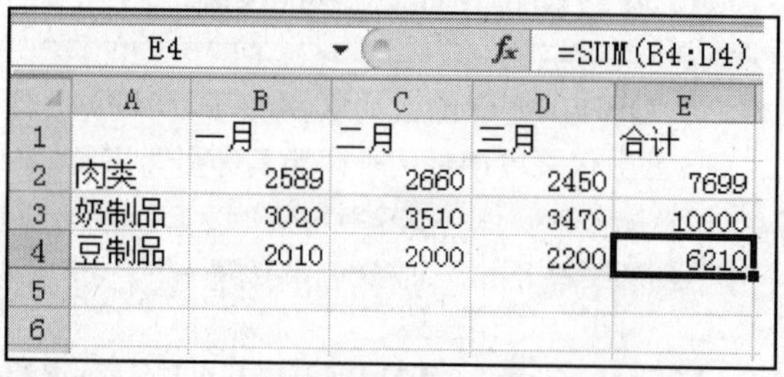

E4 =SUM(B4:D4)

	A	B	C	D	E
1		一月	二月	三月	合计
2	肉类	2589	2660	2450	7699
3	奶制品	3020	3510	3470	10000
4	豆制品	2010	2000	2200	6210
5					
6					

② 对列求和

区域求和常用于对一张工作表中的所有数据求总计。此时可以让光标停留在存放结果的单元格中，然后在编辑栏中输入公式 "=SUM()"，用鼠标在括号中间单击，最后拖动需要求和的所有单元格。若这些单元格是不连续的，可以按住 Ctrl 键选择。

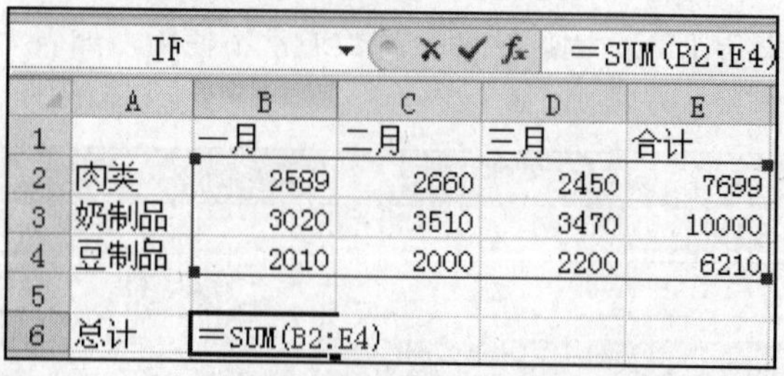

IF =SUM(B2:E4)

	A	B	C	D	E
1		一月	二月	三月	合计
2	肉类	2589	2660	2450	7699
3	奶制品	3020	3510	3470	10000
4	豆制品	2010	2000	2200	6210
5					
6	总计	=SUM(B2:E4)			

③ 区域求和

注意：SUM 函数中的参数，即被求和的单元格或单元格区域不能超过 30 个，否则 Excel 就会提示参数过多。参数表中的数字、逻辑值及数字的文本表达式可以参与计算，其中逻辑值被转换为 1、文本被转换为数字。如果参数为数组或引用，则只有其中的数字将被计算，数组或引用中的空白单元格、逻辑值、文本或错误值将被忽略。

Tip “自动求和”功能

在 Excel 中，对单元格行、列以及区域的求和还可以应用另一种方便的工具，即“自动求和”按钮，它的功能等同于 SUM 函数。使用“自动求和”按钮，当明细行和小计行同时存在表中时，只计算小计行的和，然后汇总。

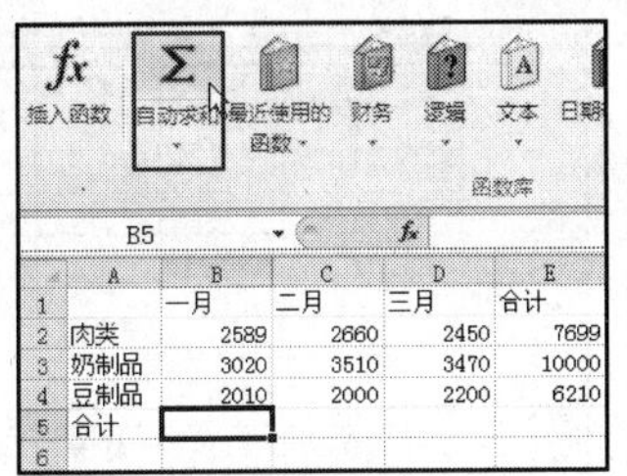

	A	B	C	D	E
1		一月	二月	三月	合计
2	肉类	2589	2660	2450	7699
3	奶制品	3020	3510	3470	10000
4	豆制品	2010	2000	2200	6210
5	合计				
6					

自动求和

B5 =SUM(B2:B4)

A	B	C	D	E
	一月	二月	三月	合计
肉类	2589	2660	2450	7699
奶制品	3020	3510	3470	10000
豆制品	2010	2000	2200	6210
合计	7619	8170	8120	23909

求和结果

Study 02 数学与三角函数的使用

Work 2 条件求和函数SUMIF

SUMIF 是最常用的条件求和函数。SUMIF 函数是按给定条件对指定单元格进行求和，其语法格式为：

SUMIF(Range,Criteria,Sum_range)

- Range：要根据条件进行计算的单元格区域，每个区域中的单元格都必须是数字和名称、数组和包含数字的引用，空值和文本值将被忽略。
- Criteria：指对Range指定的区域实行什么条件，其形式可以为数字、表达式或文本。
- Sum_range：要进行相加的实际单元格，如果省略Sum_range参数，则当区域中的单元格符合条件时，它们既按条件计算，也执行相加。

注意：Sum_range 与 Range 的大小和形状可以不同，相加的实际单元格从 Sum_range 中左上角的单元格作为起始单元格，然后包括与 Range 大小和形状相对应的单元格。

Lesson 02 SUMIF 函数的使用

Office 2010 · 电脑办公从入门到精通

使用 SUMIF 函数汇总男生的语文、英语、数学以及总成绩。

STEP 01 打开光盘\实例文件\第 19 章\原始文件\SUMIF.xlsx 工作簿。选中 C12 单元格，单击“插入函数”按钮，弹出“插入函数”对话框，在“或选择类别”下拉列表框中选择“数学与三角函数”选项，在“选择函数”列表框中选择 SUMIF 选项，如下图所示，然后单击“确定”按钮。

C12 插入函数

	A	B	C	D
7	冯董婷	女	99	100
8	王磊	男	85	70
9				
10				
11			语文	英语
12		男生总分		
13		女生总分		
14				
15				

插入函数
搜索函数(S)：
请输入一条简短说明来描述您想做什么，然后单击“转到”
或选择类别(C)：数学与三角函数
选择函数(N)：
SQRTPI
SUBTOTAL
SUM
SUMIF
SUMIFS
SUMPRODUCT
SUMSQ

STEP 02 弹出 SUMIF 的“函数参数”对话框，指定 Range 的值为“$B$2:$B$8”，选中 B2:B8 单元格区域后，按 F4 键变为绝对引用；指定 Criteria 为“"男"”；指定 Sum_range 为“C2:C8”，然后单击“确定”按钮，返回男生的语文成绩汇总值 273。向右拖动填充柄，即可计算男生其他科目的汇总成绩。

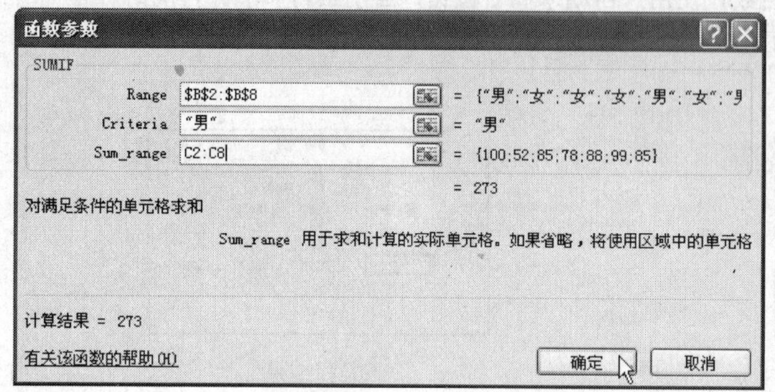

	A	B	C	D	E	F
1	姓名	性别	语文	英语	数学	总分
2	王小明	男	100	82	96	278
3	张冉	女	52	56	63	171
4	李心敏	女	85	98	46	229
5	孙慧	女	78	56	86	220
6	汪洋	男	88	98	80	266
7	冯董婷	女	99	100	90	289
8	王磊	男	85	70	91	246
9						
10						
11			语文	英语	数学	总分
12		男生总分	273	250	267	790
13		女生总分				

Study

03 统计函数的使用

- Work 1. 统计个数的函数 COUNT
- Work 2. 数量求和函数 COUNTIF

Excel 的统计函数用于对数据区域进行统计分析。例如，统计函数可以用来统计样本的方差、标准偏差、概率分布以及协方差、相关回归等。统计函数提供了很多属于统计学范畴的函数，这些函数相对较专业，比较适合统计工作人员使用。但也有些函数是日常生活中比较常用的函数，比如求平均值的 AVERAGE 函数、统计个数的 COUNT 函数等。在本节中，主要介绍一些常见和相对简单的统计函数。

Work 1 统计个数的函数COUNT

COUNT 函数用于统计单元格的个数，因而当需要统计学生人数、员工人数、工作表中出现的记录数时就会用到 COUNT。

COUNT 函数的语法形式为：

COUNT(Value1,Value2,…)

其中，Value1，Value2，…为包含或引用各种类型数据的参数（1～30 个），但只有数字类型的数据才被计数。函数 COUNT 在计数时，将把数字、空值、逻辑值、日期或以文本代表的数计算进去；但是错误值或其他无法转化成数字的文本则被忽略。

如果参数是一个数组或引用，那么只统计数组或引用中的数字，数组中或引用的空单元格、逻辑值、文本或错误值都将忽略。如果要统计逻辑值、文本或错误值，应当使用函数 COUNTA。

现举例说明 COUNT 函数的用途，示例中也用到了 COUNTA 函数，试比较两个函数的不同之处。

在 B10 单元格中输入公式“=COUNT(B2:B9)”，能求得运动员参赛的人数；要求整场比赛的报名人数，则需要用 COUNTA 函数。COUNTA 函数能将逻辑值、文本或错误值也统计进去，而 COUNT 函数则忽略这些值，因为本例中 8 个报名选手中有 1 个选手缺席，所以使用 COUNT 函数的运算结果为 7。

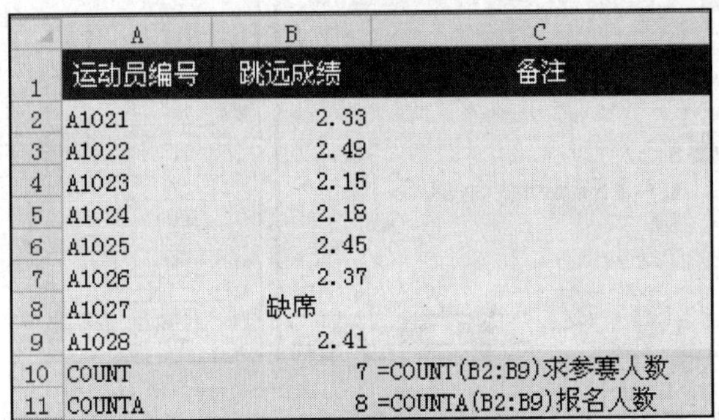

	A	B	C
1	运动员编号	跳远成绩	备注
2	A1021	2.33	
3	A1022	2.49	
4	A1023	2.15	
5	A1024	2.18	
6	A1025	2.45	
7	A1026	2.37	
8	A1027	缺席	
9	A1028	2.41	
10	COUNT	7	=COUNT(B2:B9)求参赛人数
11	COUNTA	8	=COUNTA(B2:B9)报名人数

COUNT 函数与 COUNTA 函数

Study 03 统计函数的使用

Work 2 数量求和函数COUNTIF

COUNTIF 函数是计算区域中满足给定条件的单元格个数的函数。

COUNTIF 函数的语法格式为：

COUNTIF(Range,Criteria)

- Range：为需要计算其中满足条件的单元格数目的单元格区域。
- Criteria：为确定哪些单元格将被计算在内的条件，其形式可以为数字、表达式或文本。在单元格或编辑栏中直接指定检索条件时，条件需加双引号。

Lesson 03 COUNTIF 函数的使用

Office 2010 · 电脑办公从入门到精通

COUNTIF 函数是统计满足一定条件单元格个数的函数。本实例将使用 COUNTIF 函数统计 202 班年级排名前 10 位的学生个数。

STEP 01 打开光盘\实例文件\第 19 章\原始文件\COUNTIF.xlsx 工作簿。选中 B14 单元格，单击“插入函数”按钮，弹出“插入函数”对话框，在“或选择类别”下拉列表中选择“统计”选项，在“选择函数”列表框中选择 COUNTIF 选项，然后单击“确定”按钮。

B14 插入函数

	A	B	C	D
7	202	33	王婷	
8	203	34	黄恺翊	88
9	201	39	苏湘琳	88
10	202	26	张睿良	86
11	204	11	杨捷	85
12				
13	班级	人数		
14	202			
15				

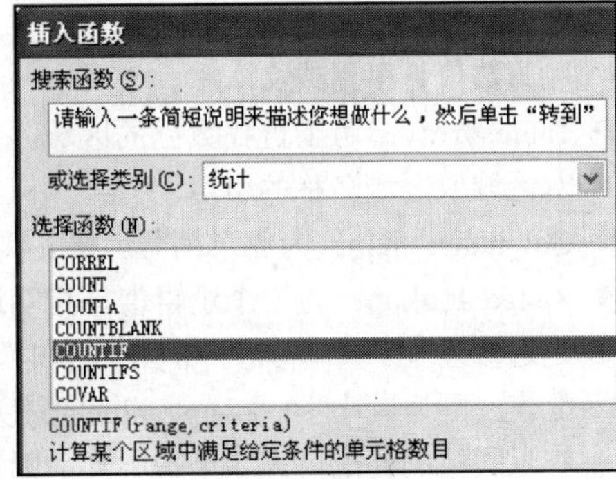

STEP 02 弹出COUNTIF的“函数参数”对话框，指定Range的范围为“A2:A11”；指定Criteria为“A14”，然后单击“确定”按钮，则统计出202班排在年级前10名的同学有3个。

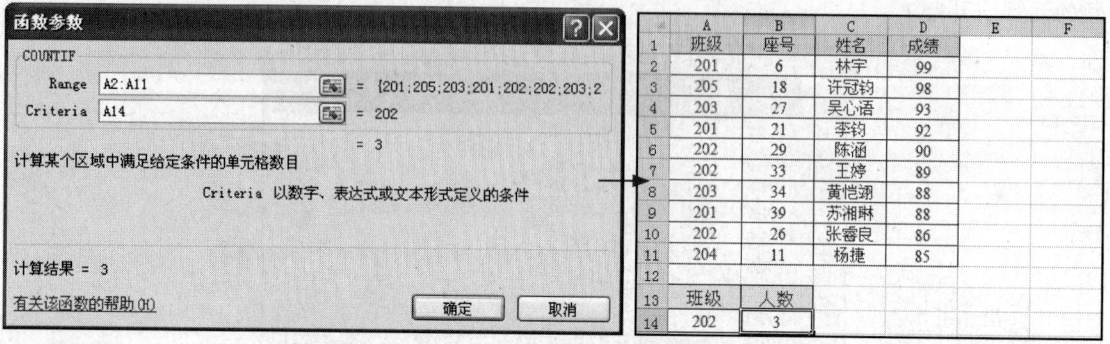

	A	B	C	D	E	F
1	班级	座号	姓名	成绩		
2	201	6	林宇	99		
3	205	18	许冠钧	98		
4	203	27	吴心语	93		
5	201	21	李钧	92		
6	202	29	陈涵	90		
7	202	33	王婷	89		
8	203	34	黄恺翊	88		
9	201	39	苏湘琳	88		
10	202	26	张睿良	86		
11	204	11	杨捷	85		
12						
13	班级	人数				
14	202	3				

Study

查找与引用函数的使用

- Work 1. VLOOKUP 函数
- Work 2. MATCH 函数

查找与引用函数可以用来在数据清单或表格中查找特定数值，或者查找某一单元格的引用。本节将介绍在数据分析中最常用的几组查找与引用函数。

Excel一共提供了ADDRESS、AREAS、CHOOSE、COLUMN、COLUMNS、HLOOKUP、HYPERLINK、INDEX、INDIRECT、LOOKUP、MATCH、OFFSET、ROW、ROWS、TRANSPOSE、VLOOKUP共16个查找与引用函数。

Work 1 VLOOKUP函数

VLOOKUP函数用于在表格或数值数组的首列查找指定的数值，并由此返回表格或数组当前行中指定列处的数值。

当比较值位于数据表的首行，并且要查找下面给定行中的数据时，使用HLOOKUP函数；当比较值位于要进行数据查找的左边一列时，使用VLOOKUP函数。

VLOOKUP函数的语法格式为：

VLOOKUP(Lookup_value,Table_array,Col_index_num,Range_lookup)

- Lookup_value：表示要查找的值，它必须位于自定义查找区域的最左列。Lookup_value可以为数值、引用或文本串。
- Table_array：用于查找数据的区域，上面的查找值必须位于这个区域的最左列，可以实现对区域或区域名称的引用。
- Col_index_num：为相对列号。最左列为1，其右边一列为2，依此类推。
- Range_lookup：为一个逻辑值，指明函数VLOOKUP、HLOOKUP查找时是精确匹配，还是近似匹配。如果其为TRUE或省略，则返回近似匹配值，也就是说，如果找不到精确匹配值，则返回小于Lookup_value的最大数值；如果Range_value为FALSE，VLOOKUP函数将返回精确匹配值。如果找不到，则返回错误值#N/A。

Lesson 04 VLOOKUP 函数的使用

本实例介绍 VLOOKUP 函数的使用方法。

STEP 01 打开光盘\实例文件\第 19 章\原始文件\VLOOKUP.xlsx 工作簿。选中 B7 单元格，单击“插入函数”按钮，弹出“插入函数”对话框，在“或选择类别”下拉列表框中选择“查找与引用”选项，在“选择函数”列表框中选择 VLOOKUP 选项，然后单击“确定”按钮。

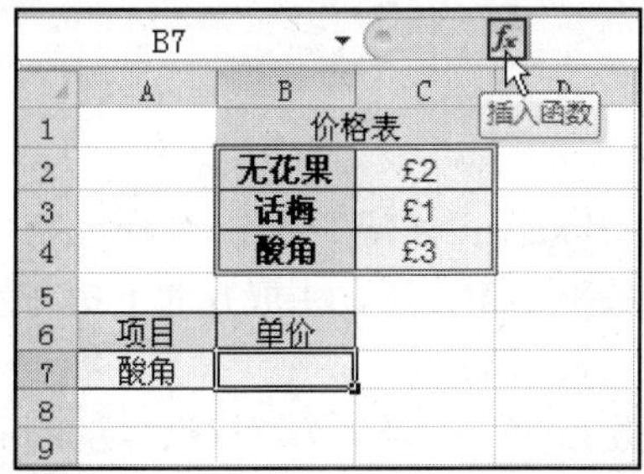

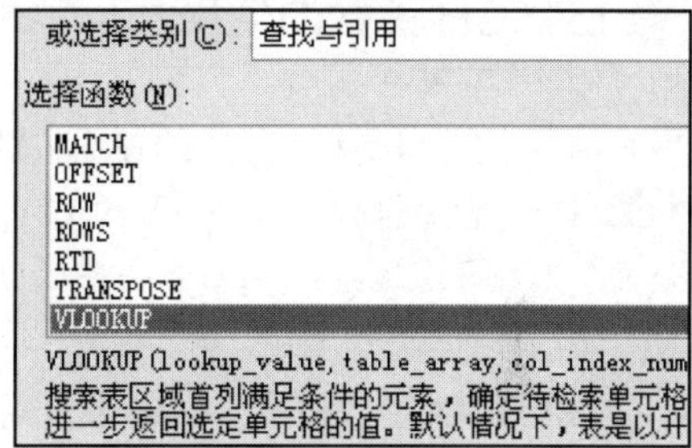

STEP 02 弹出 VLOOKUP 的“函数参数”对话框，指定参数 Lookup_value 为“A7”、Table_array 为“B2:C4”、Col_index_num 为“2”、Range_lookup 为 FALSE，然后单击“确定”按钮。

STEP 03 返回到工作表中，即查询出“酸角”所在行第 2 列中的值，即单价。

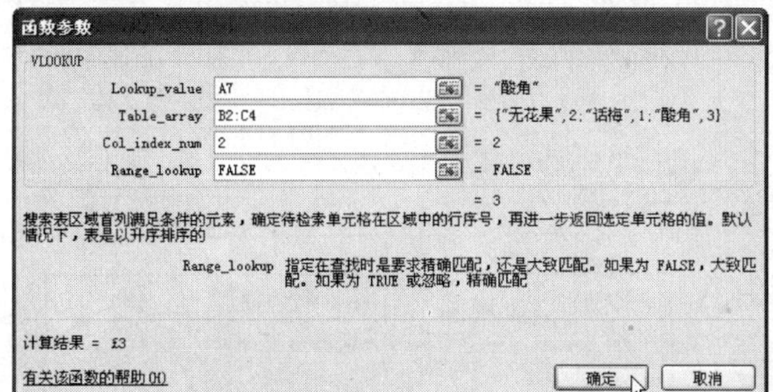

	A	B	C	D
1		价格表		
2		无花果	£2	
3		话梅	£1	
4		酸角	£3	
5				
6	项目	单价		
7	酸角	£3		
8				
9				

Study 04 查找与引用函数的使用

Work 2 MATCH函数

MATCH 函数的功能是返回在指定方式下与指定数值匹配的数组中元素的相应位置。如果需要找出匹配元素的位置而不是匹配元素本身，则应该使用 MATCH 函数。

MATCH 函数的语法格式为：

MATCH(Lookup_value,Lookup_array,Match_type)

- Lookup_value：为需要在数据表中查找的数值，可以是数值（数字、文本或逻辑值），还可以对数字、文本或逻辑值的单元格引用。
- Lookup_array：为可能包含所要查找数值的连续单元格区域，可以是数组或数组引用。
- Match_type：为数字-1、0或1，它指明Excel如何在Lookup_array中查找Lookup_value。

Match-type 参数的取值与相应查找方式如表 19-4 所示。

表 19-4 Match_type 参数的取值与相应查找方式

Match_type 的值	查 找 方 式
–1	Lookup_array 必须按降序排列，MATCH 函数查找大于或等于 Lookup_value 的最小数值
0	Lookup_array 可以按任何顺序排列，MATCH 函数查找等于 Lookup_value 的第一个数值
1	Lookup_array 必须按升序排列，MATCH 函数查找小于或等于 Lookup_value 的最大数值

Lesson 05 MATCH 函数的使用

Office 2010 · 电脑办公从入门到精通

本实例将介绍 MATCH 函数的使用方法。

STEP 01 打开光盘 \ 实例文件 \ 第 19 章 \ 原始文件 \MATCH.xlsx 工作簿。选中 C7 单元格，切换到“公式”选项卡，单击“函数库”组中“查找与引用”的下三角按钮，在展开的下拉列表中单击 MATCH 选项。

STEP 02 弹出 MATCH 的“函数参数”对话框，指定参数 Lookup_value 为“56”、Lookup_array 为“A1:A4”、Match_type 为“0”，然后单击“确定”按钮。

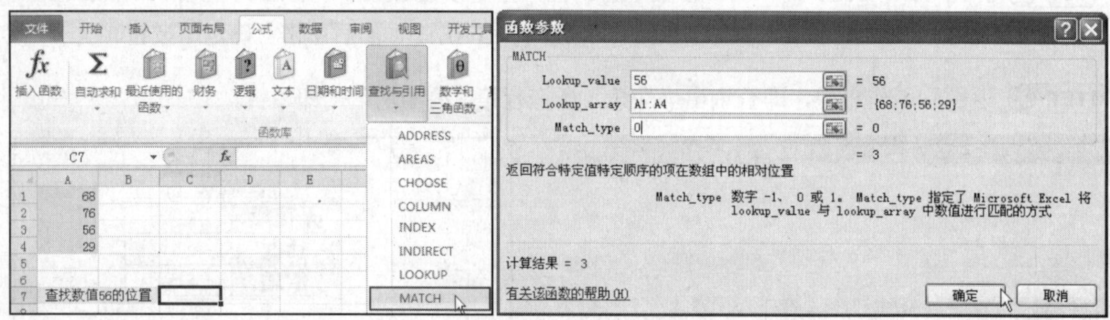

STEP 03 经过以上操作后，就完成了 MATCH 函数的使用。返回到工作表中，可以看到计算得出的查找数值为 56 的位置有 3 处。

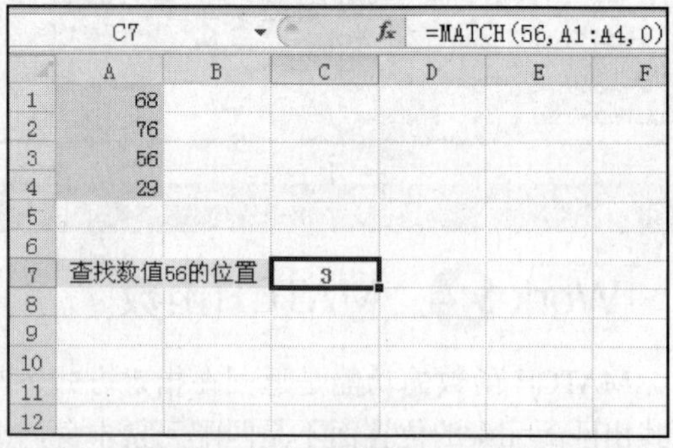

Study 05 财务函数的使用

Work 1. PMT 函数　　Work 2. IPMT 函数

财务函数用于进行一般的财务计算，包括 50 多种函数，用于进行确定贷款的支付额、投资的未来值或净现值，以及债券或息票的价值等类型的运算。

Study 05 财务函数的使用

Work 1 PMT函数

PMT 函数也称年金函数，通过固定利率及等额分期付款方式，计算贷款的每期付款额。

PMT 函数的语法格式为：

PMT(rate, nper, pv, [fv], [type])

- rate：必需项，为贷款利率
- nper：必需项，为总投资期或总贷款期。
- pv：必需项，为现值，或一系列未来付款的当前值的累积和，也称为本金。
- fv：可选项，为未来值，或在最后一次付款后希望得到的现金余额。如果省略Fv，则假设其值为零，也就是一笔贷款的未来值为零。
- type：可选项，数字0或1，用以指定各期的付款时间是在期初还是期末。1代表期初，不输入或输入0代表期末。

Study 05 财务函数的使用

Work 2 IPMT函数

IPMT 函数通过固定利率及等额分期付款方式计算给定期数内对投资的利息偿还额。

IPMT 函数的语法格式为：

IPMT(rate, per, nper, pv, [fv], [type])

- rate：必需项，为各期利率。
- nper：必需项，用于计算其利息数额的期数，取值范围必须在 1 ～ nper 。
- pv：必需项，为总投资期，即该项投资的付款期总数。
- fv：可选项，为未来值，或在最后一次付款后希望得到的现金余额。如果省略 fv，则假设其值为零（例如，一笔贷款的未来值即为零）。
- type：可选项，数字 0 或 1，用以指定各期的付款时间是在期初还是期末。如果省略 type，则假设其值为零。

Lesson 06 计算贷款月还款额与还款利息

Office 2010 · 电脑办公从入门到精通

下面使用 PMT 与 IPMT 分别来介绍贷款的月还款额以及还款利息。

STEP 01 打开光盘 \ 实例文件 \ 第 19 章 \ 原始文件 \ 计算贷款月还款本金与还款利息 .xlsx 工作簿。选中 B5 单元格，切换到“公式”选项卡，单击“函数库”组中“财务”的下三角按钮，在展开的下拉列表中单击 PMT 选项。

STEP 02 弹出 PMT 的“函数参数”对话框，将光标定位在 Rate 文本框内，选中表格中利率所对应的单元格 B2，然后输入“/12”，表示一年内每个月的平均利率。

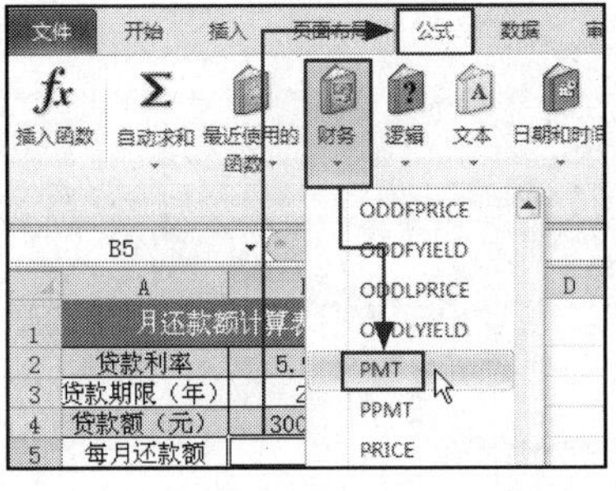

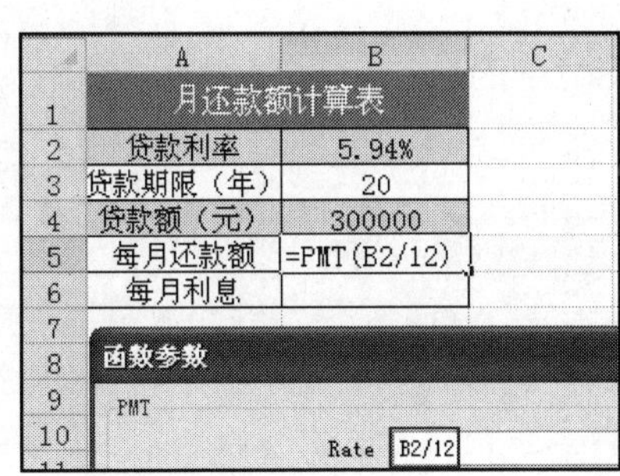

STEP 03 设置了利率参数后，将 nper 参数设置为 B3*12，表示 240 个月的贷款期；将 Pv 参数设置为 B4，即总贷款额为 300000 元；在 Type 参数框内输入“1”，最后单击“确定”按钮，即可完成 PMT 函数的计算。

STEP 04 返回到工作表中，选中 B6 单元格，单击“函数库”组中“财务”的下三角按钮，在展开的下拉列表中单击 IPMT 选项。

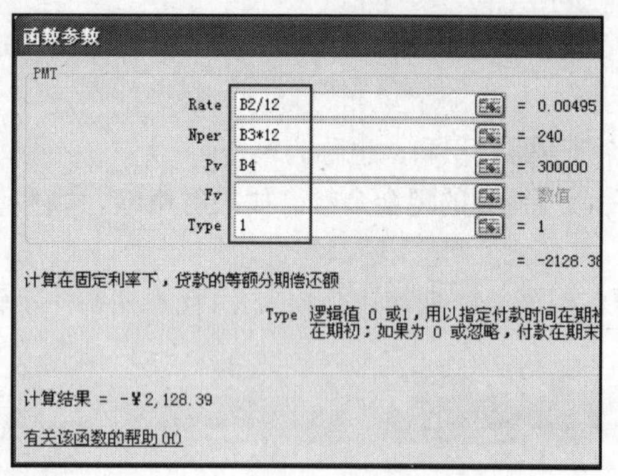

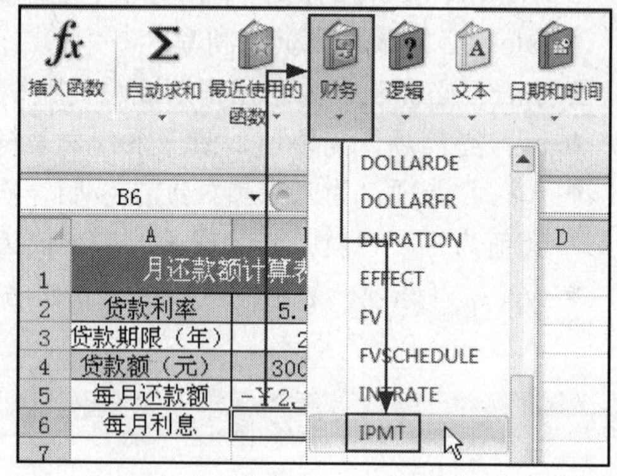

STEP 05 弹出 IPMT 的“函数参数”对话框，将 Rate 参数设置为“B2/12”，即一年内每个月的平均利率；将 Per 参数设置为 120，表示将利息的期次设定为 120 次；将 Pv 参数设置为 B4，即总贷款额为 300000 元，然后单击“确定”按钮，从而完成 IPMT 函数的计算。

STEP 06 经过以上操作后，就完成了本例中对月还款额和每月利息的计算。返回工作表中，即可看到计算后的结果，由于还款额为支出，所以 Excel 2010 自动将其显示为负数效果。

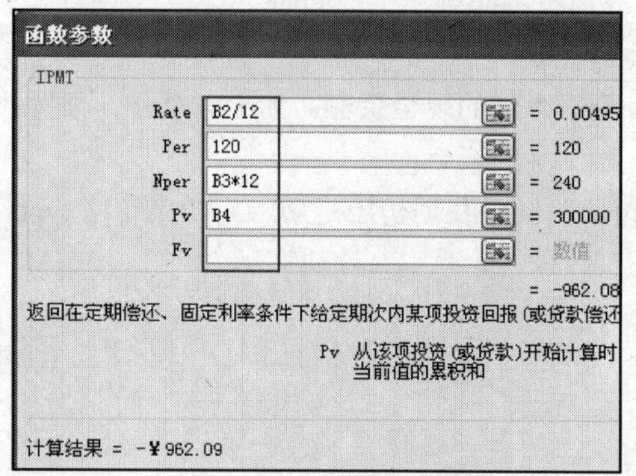

	A	B	C
1	月还款额计算表		
2	贷款利率	5.94%	
3	贷款期限（年）	20	
4	贷款额（元）	300000	
5	每月还款额	-¥2,128.39	
6	每月利息	-¥962.09	
7			
8			
9			
10			

Chapter 20

初步认识宏与VBA

Office 2010 电 脑 办 公 从 入 门 到 精 通

本章重点知识

Study 01 宏的概念

Study 02 宏的创建与执行

Study 03 控件的概念

Study 04 控件的使用

本章视频路径

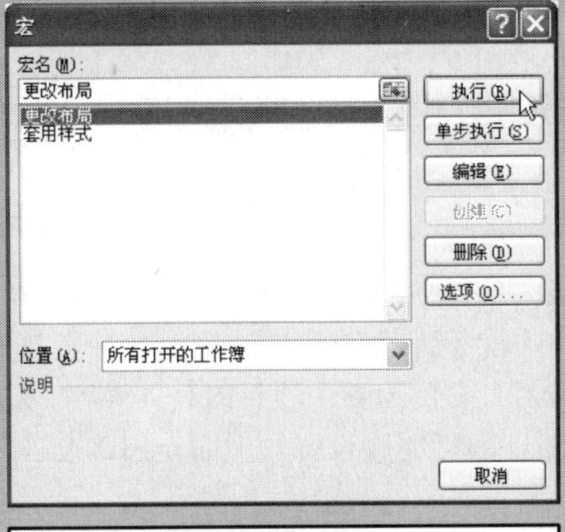

Chapter 20\Study 02\

- Lesson 01 录制图表设置过程.swf
- Lesson 02 自动化设置图表样式.swf

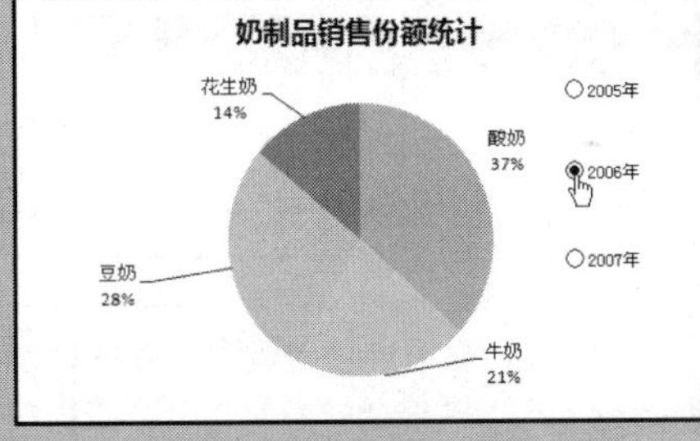

Chapter 20\Study 04\

- Lesson 03 使用控件制作动态图表.swf

Chapter 20 初步认识宏与VBA

在本章中读者需要了解 Excel 2010 的宏与 VBA 的基础知识，包括宏安全性、宏的定义、创建和执行及两种基本的控件：窗体控件与 ActiveX 控件。

Study 01 宏的概念

- Work 1、关于宏
- Work 2、宏的安全性

宏是一系列可重复执行的操作。在处理工作表的过程中，如果要重复执行一系列相同的操作，可以将这些过程录制成宏。以后要执行这些操作时，只需要运行宏，从而大大简化了操作过程。录制宏后，为了优化宏的功能，用户还可以使用 Excel 的 Visual Basic 对录制的宏进行编辑。

Study 01 宏的概念

Work 1 关于宏

Microsoft Office 的组件都可以支持宏（Macro）的操作，而 Office 的宏是指使用 VB Script 指令集（VB 编程语言的子集，可以使用 VB 的常用语句）编写的针对 Office 组件的小程序。利用宏，可以完成很多程序原本并不支持的特殊应用，比如完成某种特殊的数据计算，或者文档的特殊格式排版等。

Study 01 宏的概念

Work 2 宏的安全性

在 Excel 2010 中，为降低启用宏带来的风险，可先通过“信任中心”对宏的安全性进行设置。

打开目标工作簿后，切换到“开发工具”选项卡，单击“代码”组中的“宏安全性”按钮，弹出“信任中心”对话框，在对话框左侧为信任的各个项目，右侧为各个项目的具体内容，对信任的项目进行设置即可。设置完毕后，单击“确定”按钮，即可完成设置。下面介绍“宏设置”选项卡中各个选项的作用。

① 单击“宏安全性”按钮

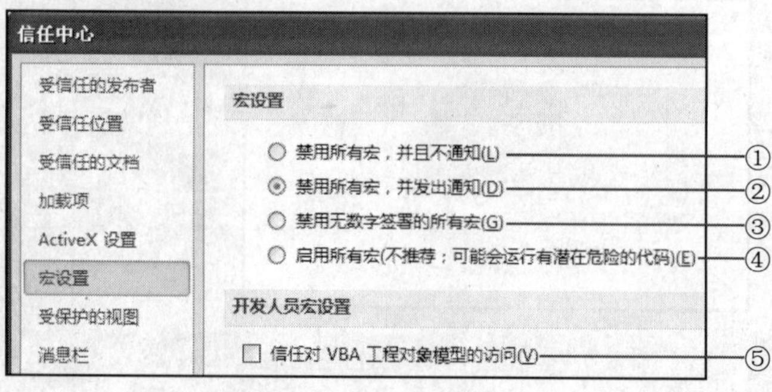

② 信任中心

表 20-1　宏安全性相关操作按钮及作用

编　号	按　钮	作　用
①	禁用所有宏，并且不通知	如果不信任宏，请选中此单选按钮。文档中的所有宏以及有关宏的安全警报都将被禁用。如果文档中存在信任的未签名宏，则可将这些文档放到一个受信任位置，允许不经过信任中心的安全检查而直接运行受信任位置中的文档
②	禁用所有宏，并发出通知	这是默认设置。如果希望禁用宏，但又希望存在宏时收到安全警报，请选中此单选按钮。这样，就可以选择在各种情况下启用这些宏的时间
③	禁用无数字签署的所有宏	除了宏由受信任的发布者进行数字签名的情况，此设置与“禁用所有宏，并发出通知”单选按钮相同。如果信任发布者，宏就可以运行。如果不信任该发布者，就会收到通知。这样，便可以选择启用已签名宏或信任发布者。将禁用所有未签名的宏，并且不发出通知
④	启用所有宏（不推荐；可能会运行有潜在危险的代码）	选中此单选按钮可允许所有宏运行。此设置会使计算机容易受到潜在恶意代码的攻击，因此不推荐使用
⑤	信任对 VBA 工程对象模型的访问	此设置仅适用于开发人员

Tip　显示“开发工具”选项卡

“宏”功能存在于“开发工具”选项卡下。如果用户的 Excel 2010 中“开发工具”选项卡不可用，可单击“文件”按钮，在打开的面板中执行“选项”命令，弹出“Excel 选项”对话框，切换到“自定义功能区”选项卡，在右侧“自定义功能区”的列表框内勾选“开发工具”复选框，然后单击“确定”按钮，即可将“开发工具”选项卡显示出来。

Tip　关于宏设置的更改

在信任中心更改宏设置时，仅是针对当前正在使用的 Excel 程序更改宏设置，而不是针对所有 Excel 程序更改宏设置。

Study 02　宏的创建与执行

- Work 1.　录制宏
- Work 2.　执行宏

宏可以替代人工进行一系列费时而重复的操作，是一个极为灵活的自定义命令。在 Excel 中运用宏有两种途径，一种是录制宏，另一种是采用 Excel 自带的 Visual Basic 编辑器来编辑宏命令。前一种使用较多，操作简练，也易于理解。

Work 1　录制宏

在录制宏时，Excel 会在用户执行一系列命令时存储该过程的每一步信息，然后通过运行宏来重复所录制的过程或“回放”这些命令。如果在录制宏时出错，所做的修改也会被录制下来。Visual Basic 在附属于某工作簿的新模块中存储每个宏。

宏录制完后，可用 Visual Basic 编辑器查看宏代码，以进行调试或更改宏的功能。例如，如果希望用于文本换行的宏还需要将文本变为粗体，则可以再录制另一个将文本变为粗体的宏，然后将其中的指令复制到用于文本换行的宏中。下面以一个实例来介绍录制宏的方法。

Lesson 01 录制图表设置过程

Office 2010 · 电脑办公从入门到精通

宏的应用场合十分广泛，只要用“录制宏”命令就可以快速完成复杂且重复的操作任务，而不需要编程。如果想对所录制的宏再进行编辑，就要有一定的 VBA 知识了。下面的实例中将介绍如何录制宏，并进行宏的简单编辑。

STEP 01 打开光盘\实例文件\第 20 章\原始文件\录制图表设置过程 .xlsx 工作簿。切换到“开发工具”选项卡，单击“代码”组中的“录制宏”按钮。

STEP 02 弹出“录制新宏”对话框，在“宏名”文本框中输入宏的名称“套用样式”，设置保存位置为“当前工作簿”，然后单击“确定”按钮开始录制宏。

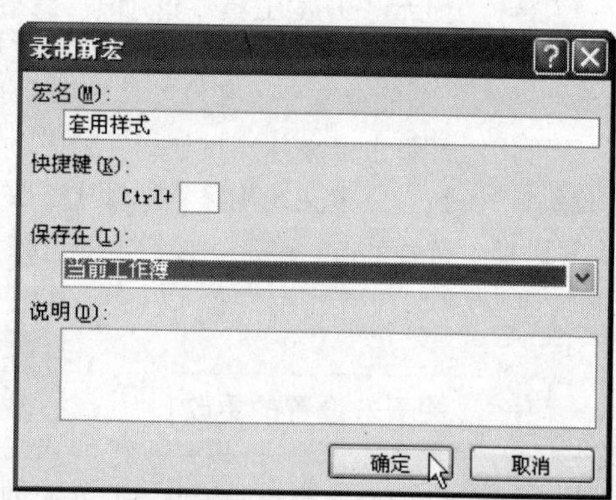

Tip 录制宏时的注意事项

（1）输入宏名

宏名的首字符必须是字母，其他字符可以是字母、数字或下画线；宏名中不允许有空格。可以用下画线作为分词符；宏名不允许与单元格引用重名，否则会出现错误信息，显示宏名无效。

（2）宏快捷键

如果要通过按键盘上的快捷键来运行宏，则在“快捷键”框中输入一个字母。可用 Ctrl+ 字母（小写字母）或 Ctrl+Shift+ 字母（大写字母），其中字母可以是键盘上的任意字母键。快捷键字母不允许是数字或特殊字符（如 @ 或 #）。

（3）个人宏工作簿

用户可以在“录制新宏”对话框中设置宏存放在 Excel 中的地址。在“保存在”下拉列表框中选择要存放宏的地址，如果要使宏在使用 Excel 的任何时候都可用，则选择“个人宏工作簿”选项。

STEP 03 开始录制宏后，单击要套用样式的图表，切换到“图表工具 - 设计”选项下，单击“图表样式”组中的快翻按钮，在展开的图表库中选择要使用的样式“样式 37”。

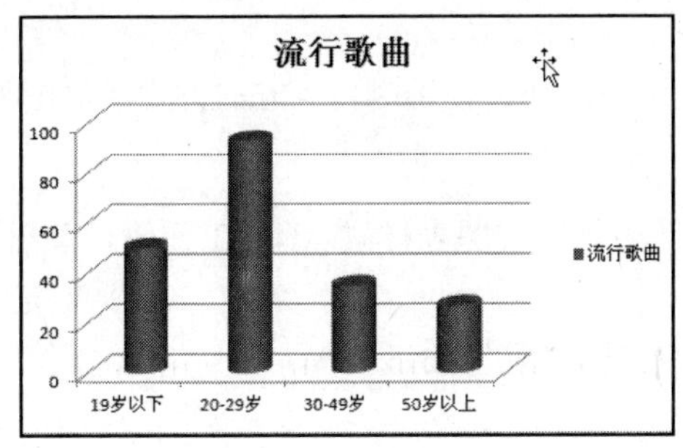

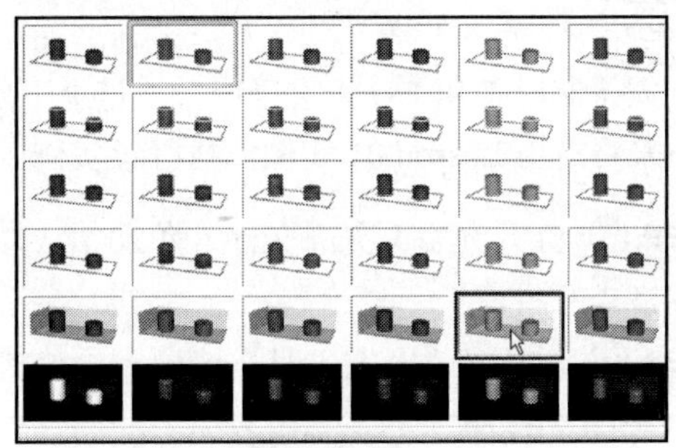

STEP 04 为图表套用了样式后，切换到“开发工具”选项卡，单击“代码”组中的“停止录制”按钮，从而完成宏的录制。录制另一个宏，再次单击“录制宏”按钮，弹出“录制新宏”对话框，设置“宏名”为“更改布局”，保存位置仍然是“当前工作簿”，设置完毕后，单击“确定”按钮。

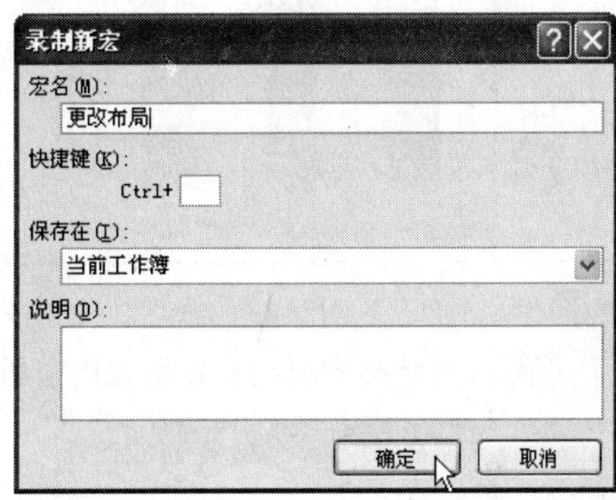

STEP 05 开始录制宏后，切换到“图表工具 - 设计”选项卡，单击“图表布局”组的快翻按钮，在展开的布局库中单击要使用的布局图标“样式 2”图标。

STEP 06 录制完毕后，切换到“开发工具”选项卡，单击“停止录制”按钮，就完成了录制图表设置过程的操作。

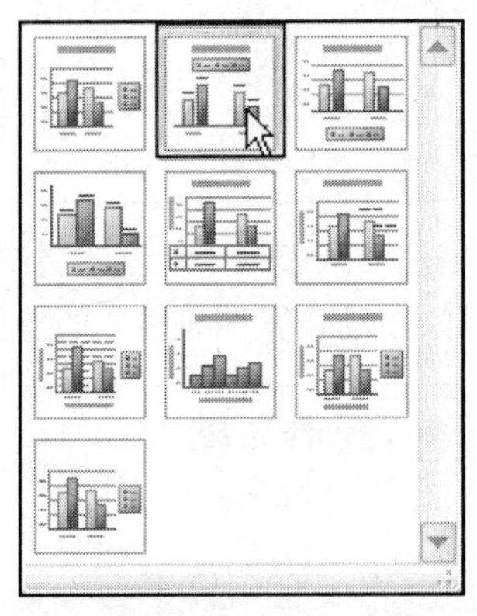

Study 02 宏的创建与执行

Work 2 执行宏

宏录制完毕后，可运行宏来重复录制的过程，为其他单元格快速执行相同的操作。在执行宏时，按 Esc 键或 Ctrl+Break 组合键，该宏停止执行。

Lesson 02

自动化设置图表样式

Office 2010 · 电脑办公从入门到精通

宏录制时使用 Excel 宏记录器，记录下所执行的一连串动作，使用时再以宏的方式播放出来。接下来将沿用 Lesson 01 实例，执行该实例中录制的宏。

STEP 01 打开光盘\实例文件\第 20 章\原始文件\自动化设置图表样式 .xlsm 工作簿，单击要设置格式的图表。

STEP 02 切换到“开发工具”选项卡，单击“代码”组中的“宏”按钮。

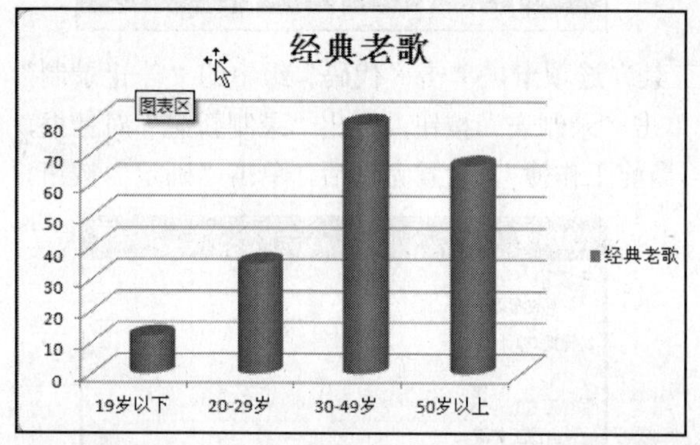

STEP 03 弹出“宏”对话框，在“宏名”列表框中选中要执行的宏名称“套用样式”，然后单击“执行”按钮，所选择的表格会自动应用宏所执行的命令，并产生相应效果。

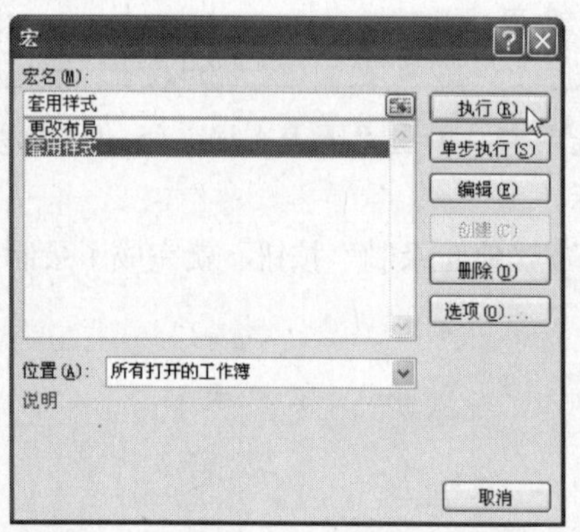

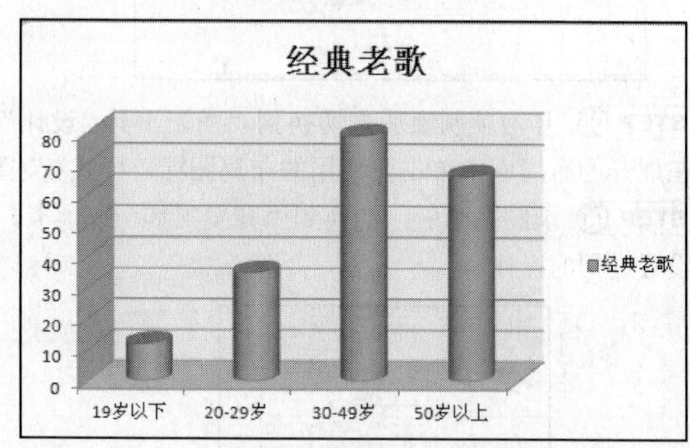

STEP 04 再次单击“宏”按钮，弹出“宏”对话框后，在“宏名”列表框中选中“更改布局”选项，然后单击“执行”按钮。经过以上操作后，就完成了通过宏自动设置图表格式的操作。

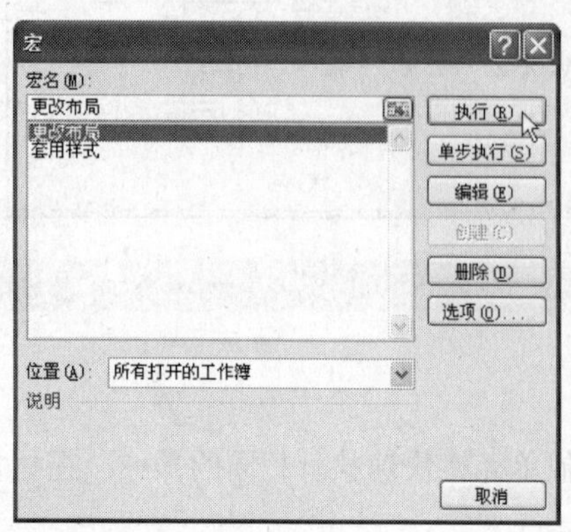

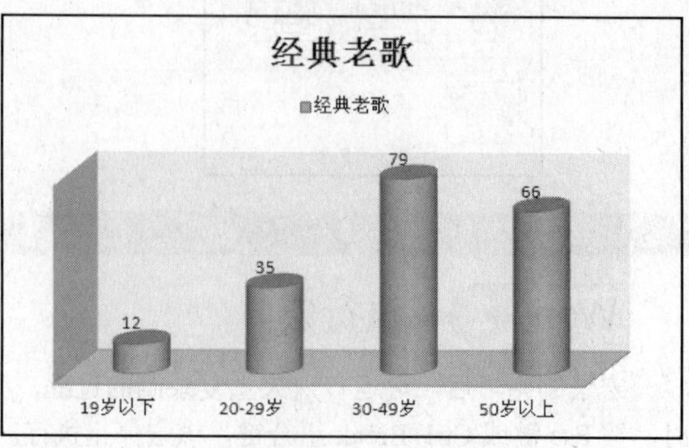

Tip 保存启用宏的工作簿

保存启用了宏的工作簿时，会弹出提示框，要使保存的文件具有宏的功能，必须单击“否”按钮，然后在弹出的对话框中选择“保存类型”为“Excel 启用宏的工作簿”。

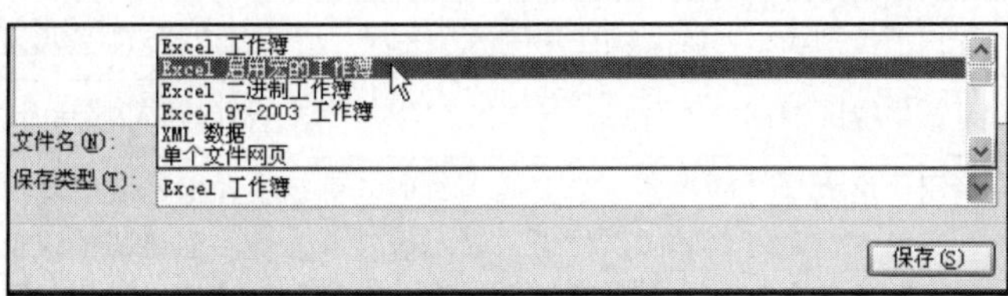

保存启用宏的工作簿

Study 03 控件的概念

- Work 1. 表单控件
- Work 2. ActiveX 控件

控件是放置于窗体上的一些有预设外形的图形对象，可用来显示/输入数据、执行操作或使窗体各部分更易于阅读。这些图形对象包括文本框、列表框、组合框、选项按钮、命令按钮及其他对象。控件提供给用户一些可供选择的选项或是某些按钮，单击后可运行宏程序。

Microsoft Excel 有两种类型的控件：ActiveX 控件和表单控件。ActiveX 控件适用于大多数情况，与 Microsoft Visual Basic for Applications（VBA）宏和 Web 脚本一起工作；表单控件与 Excel 以后的版本都是兼容的，并且能在 XLM 宏工作表中使用。

ActiveX 控件一般为完全可编程的对象，开发者能够使用它们在原应用程序基础上创建自定义的应用程序。

在“开发工具”选项卡的“控件”组中单击“插入”下三角按钮，在展开的下拉列表中就能看到 Excel 两种类型的控件：表单控件（又名窗体控件）和 ActiveX 控件。

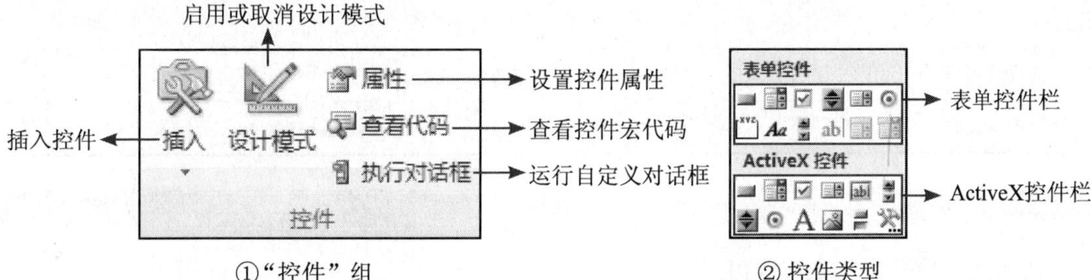

①“控件”组　　② 控件类型

其中，表单控件栏中有 12 个命令按钮，依次为按钮、组合框、复选框、数值调节钮、列表框、选项按钮、分组框、标签、滚动条、文本域、组合列表编辑框和组合下拉编辑框。

ActiveX 控件栏中也有 12 个命令按钮，依次为命令按钮、组合框、复选框、列表框、文本框、滚动条、数值调节钮、选项按钮、标签、图像、切换按钮和其他控件。某些控件看上去与表单控件栏中的控件相同，功能也相似，还有一些控件（例如，切换按钮和图像控件）在表单工具栏中不可用。ActiveX 控件栏中还包含通过其他程序安装的自定义 ActiveX 控件，例如，通过 Microsoft Internet Explorer 安装的 Active Movie 控件。

表单控件栏与ActiveX控件栏中的主要控件如表20-2所示。

表20-2 表单控件栏与ActiveX控件栏的相同控件按钮

控件名称	作 用
按钮	单击后可以运行宏或执行某个操作的按钮
组合框	提供下拉列表框，既可以在其中输入文本，也可以选择其中的选项
复选框	可选中或取消选中的方框。在工作表或一个复选框组中可以同时选中多个复选框
数值调节钮	用于增大或减小数值。若要增大数值，可单击向上箭头；其中当前值表示微调按钮在其允许值范围内的相对位置；最小值表示微调按钮可取的最低值；最大值表示微调按钮可取的最高值；步长表示单击箭头时，微调按钮增大或减小的量。单元格链接中为与控件相链接的单元格，在单元格中返回微调按钮的当前位置
列表框	包含项目列表的方框
选项按钮	在一组选项按钮中，一次只能选中一个选项
标签 Aa A	附加在工作表或图表上用来提供工作表或图表中控件信息的文本
滚动条	可以通过单击滚动箭头或拖动滚动滑块来滚动数据区域。单击滚动箭头与滚动滑块之间的区域可以滚动整页数据

此外，ActiveX控件栏中的其他控件如表20-3所示。

表20-3 ActiveX控件栏中的其他控件按钮

控件名称	作 用
文本框 abl	可以在其中输入文本的矩形框
图像	可以将图片嵌入窗体的控件
切换按钮	此按钮单击后保持单击状态，再次单击将恢复原状态

表单控件栏中的其他控件如表20-4所示。

表20-4 表单控件栏中的其他控件按钮

控件名称	作 用
分组框	带标志的边框，用于将一组相关按钮或复选框组合在一起
组合列表编辑框	在现行版本的Excel中不可用，提供此控件是为了使用Excel 5.0工作表
组合下拉编辑框	在现行版本的Excel中不可用，提供此控件是为了使用Excel 5.0工作表

Study 03 控件的概念

Work 1 表单控件

表单控件与ActiveX控件不一样，它不如ActiveX控件灵活。表单控件不能像ActiveX控件一样用于控件事件。此外，在网页中不可使用表单控件运行Web脚本。但是，对大多数Excel用户来说，这种差异基本上不妨碍对控件的使用。

如果需要在工作表中录制所有的宏并指定给控件，但又不愿在VBA中编写或更改任何宏代码，那么可以使用表单控件。

在“插入”下拉列表中单击要插入的表单控件，然后在工作表中单击即可在工作表中放置控件。在控件上右击鼠标，在弹出的快捷菜单中执行“指定宏”命令可将宏程序指定给控件。

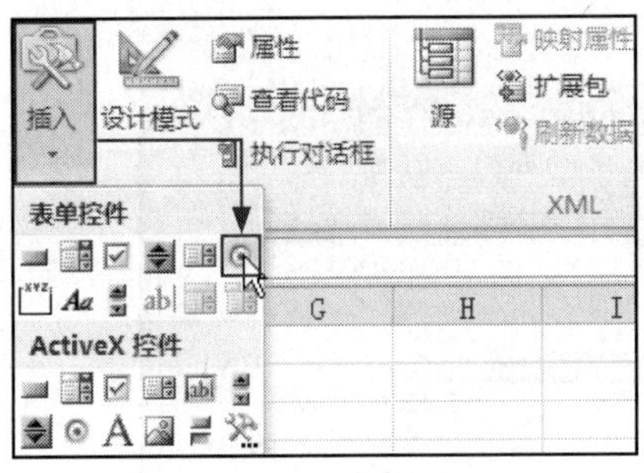

① 选择待插入的控件

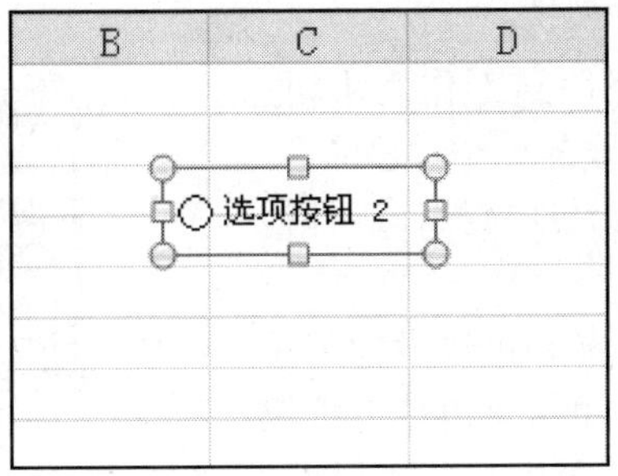

② 插入控件

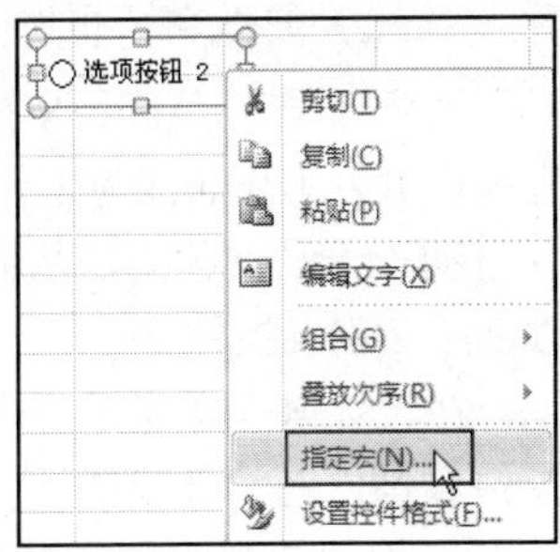

③ 为控件指定宏程序

如果该控件是一个按钮，放置控件在工作表中时会立即弹出“指定宏”对话框。在对话框中用户可以为该按钮控件指定宏，也可以以后为该控件指定宏。在指定宏后，当用户单击该控件时，控件将运行宏。

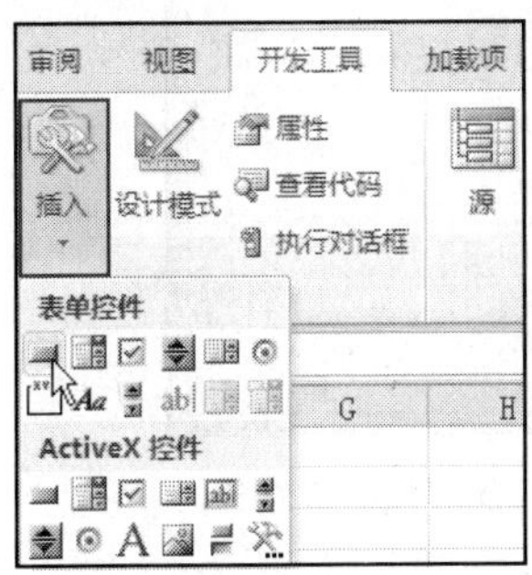

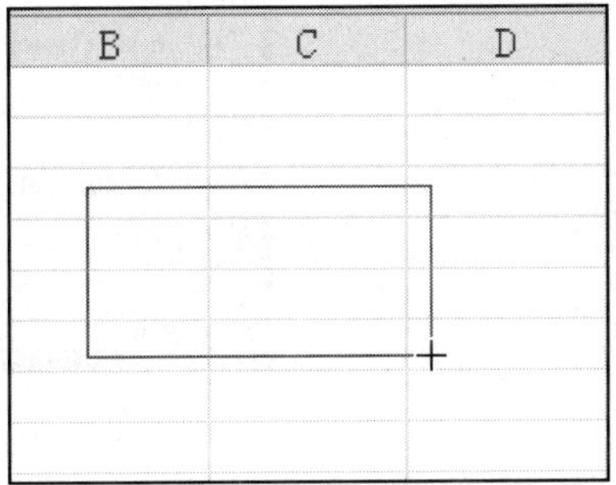

④ 插入按钮并绘制

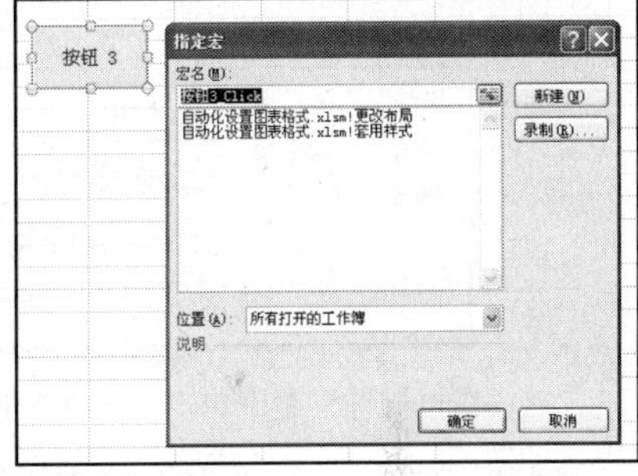

⑤ 释放鼠标后弹出“指定宏”对话框

此外，在控件上单击鼠标右键，在快捷菜单中执行“设置控件格式”命令，可以对控件进行格式设置，但是“标签”控件和“命令按钮”控件的控件格式设置界面中没有“控制”选项卡。

对不同类型的控件，可利用的选项也不同。除了“标签”控件和“命令按钮”控件以外，都能将一个控件与工作表中的一个单元格相链接。这样，当使用该控件时，相关值将会出现在单元格中。就“组合框”控件、“列表框”控件、“滚动条”控件来说，它们的值为数字。

Study 03 控件的概念

Work 2 ActiveX 控件

除各种表单控件之外，计算机还包含许多由 Excel 及其他程序安装的 ActiveX 控件。ActiveX 控件包括用来创建自定义程序、对话框和窗体的滚动条、命令按钮、选项按钮、切换按钮和其他控件等。它们比表单控件更加灵活，是 VBE 中用户表单控件的子集，在 Excel 工作表中和 VBE 编辑器中都可用，尤其在要对使用控件时发生的不同事件进行控制时。能捕获这些控件的事件，是其灵活的主要原因。这些事件可能是单击、双击、变化（例如对组合框控件项目进行新的选择），用户能离开这个控件并转移焦点到另一个控件或返回到 Excel 界面等。

ActiveX 控件有一个长的属性列表，如字体（Font）、标题（Caption）、名称（Name）、单元格链接（Linked Cell）、高度（Height）等。这些属性取决于控件的类型，但所有控件都有诸如名称（Name）属性和一些其他属性。

当添加一个 ActiveX 控件到工作表中时，它被内嵌入工作表成为工作表的一个对象成员，并自动处于设计模式，从而允许对控件进行处理而不会引发控件事件。

在设计时（即宏运行之前）可以设置某些控件属性。在设计模式下，单击"属性"按钮或右击控件在弹出的快捷菜单中执行"属性"命令，会弹出该控件的"属性"窗口。属性的名称显示在该窗口的左边一列中，属性的值显示在右边一列中。在属性名称的右边输入新值可以设置属性的值。

① 在"控件"组中单击"属性"按钮

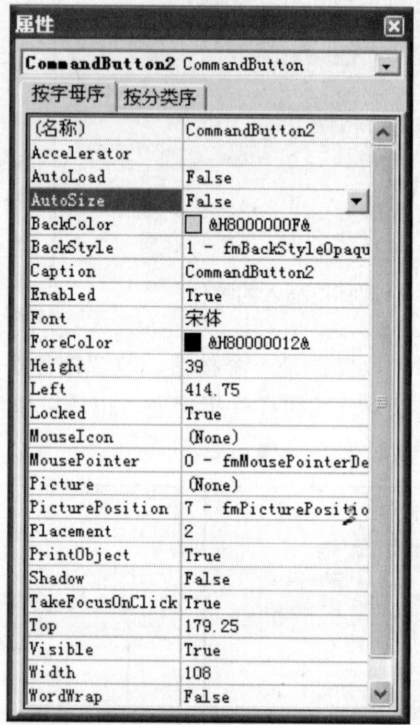

② 命令按钮控件的"属性"窗口

注意：每个 ActiveX 控件具有不同的格式属性，主要属性如表 20-5 所示。

表 20-5　ActiveX 控件的格式属性

如果要指定	请使用此属性	如果要指定	请使用此属性
前景色	ForeColor（表单）	边框的类型（无或单线）	BorderStyle（表单）
背景色	BackColor（表单）	控件是否有阴影	Shadow（Excel）
背景样式（透明或不透明）	BackStyle（表单）	边框的可视外观（平面、凸起、凹陷、蚀刻或凸块）	SpecialEffect（表单）
边框的颜色	BorderColor（表单）	—	—

在使用控件时，如果不使用带有控件事件的 VBA 代码，则很少使用 ActiveX 控件；如果不熟悉 VBA，应该选择使用窗体控件。ActiveX 控件与在 Visual Basic 编程语言中使用的控件相类似，是可以添加到 Visual Basic 编辑器自定义窗体中的控件。将 ActiveX 控件添加到工作表中时，应编写引用控件标识号的宏代码，而不是分配在单击控件时要运行的宏。当窗体的用户使用控件时，将运行用户编写的宏代码来处理发生的任何事件。

为了能捕获控件的任何事件，该事件程序应放置在工作表对象的模块中，能通过在控件上双击或右击查看代码进入代码模块（在处于设计模式时），并显示出该控件的默认过程。为了指定想要的事件过程，也可以在代码模块编辑器右上方的事件过程下拉列表中，选择相应的事件过程。但是，不可在图表工作表或 XLM 宏工作表中使用 ActiveX 控件。对于这种情况，应使用表单控件。如果要从控件直接运行附加的宏，也应使用表单控件。

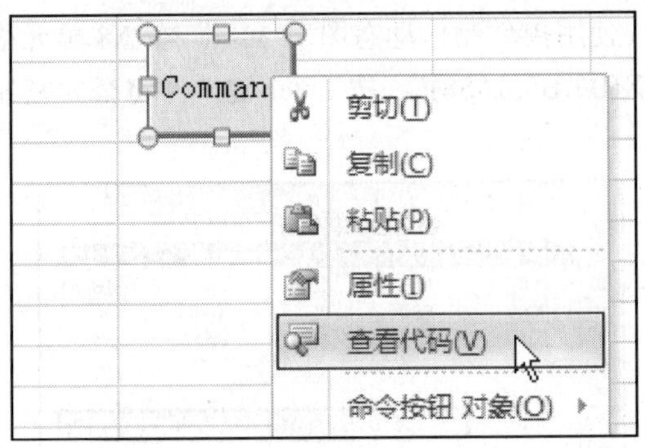

① 查看代码

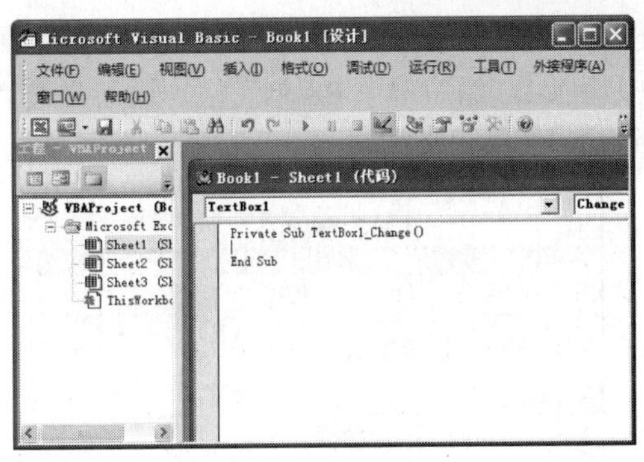

② 进入 Visual Basic 编辑器的代码模块

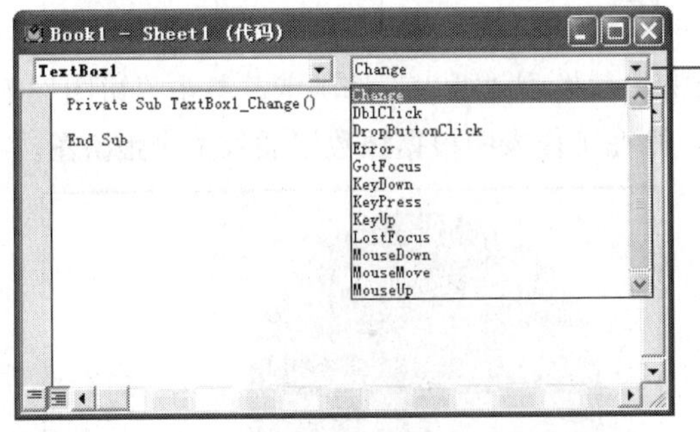

可在代码模块编辑器右上方的事件过程下拉列表中选择相应的事件过程

③ 选择事件

对于要放到网页上的 Excel 窗体和数据，可包含 ActiveX 控件，并可编写在 Web 浏览器中使用控件时要运行的 Web 脚本（而不是宏代码），还可通过使用 Microsoft 脚本编辑器编写 VBScript 或 JavaScript 形式的脚本。

Study 04 控件的使用

在之前的章节中具体介绍了两种类型控件（表单控件与 ActiveX 控件）的添加方法和控件的格式设置。而就表单控件而言，它在图表中还有一项十分有用的功能，即制作动态图表。本节就以一个实例来介绍表单控件在制作动态图表中的应用。

使用表单控件制作动态图表的关键在于，建立好它与单元格之间的链接关系，使其能控制单元格中的数据随控件的变化而变化。

Lesson 03 使用控件制作动态图表

Office 2010 · 电脑办公从入门到精通

本例设置在一张饼图中插入几个选项按钮，通过操纵这几个按钮来观察不同年份不同奶制品的销售份额情况。

STEP 01 打开光盘\第 20 章\实例文件\原始文件\使用控件制作动态图表 .xlsx。在 A8 单元格中输入 1，然后选中 B8 单元格，输入公式“=INDEX(B3:B5,$A$8)”，按 Enter 键，并将公式复制到 C8:E8 单元格区域。

	A	B	C	D	E
1	奶制品销售统计				
2	年份	酸奶	牛奶	豆奶	花生奶
3	2008	550	480	395	326
4	2009	580	330	450	220
5	2010	575	500	482	335
6					
7					
8	1	=INDEX(B3:B5,$A$8)			
9		INDEX(array, **row_num**, [column_num])			
10		INDEX(reference, **row_num**, [column_num],			
11					
12					
13					

	A	B	C	D	E
1	奶制品销售统计				
2	年份	酸奶	牛奶	豆奶	花生奶
3	2008	550	480	395	326
4	2009	580	330	450	220
5	2010	575	500	482	335
6					
7					
8	1	550	480	395	326
9					
10					
11					
12					
13					

STEP 02 按住 Ctrl 键选中单元格区域 B2:E2 与 B8:E8，切换到“插入”选项卡，单击“饼图”下三角按钮，在展开的下拉列表中选择“饼图”图标，则在工作表中根据源数据插入了一张饼图。

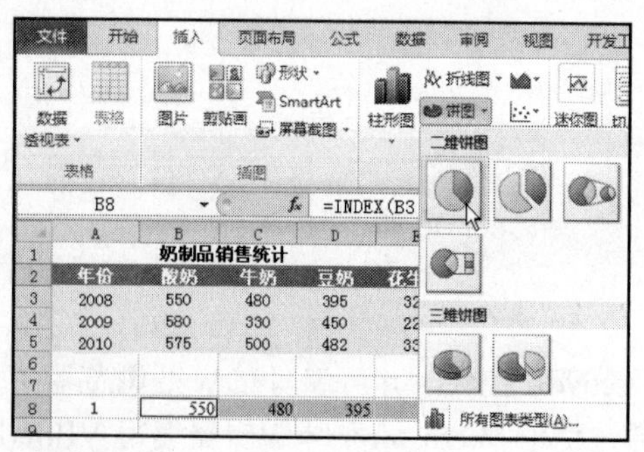

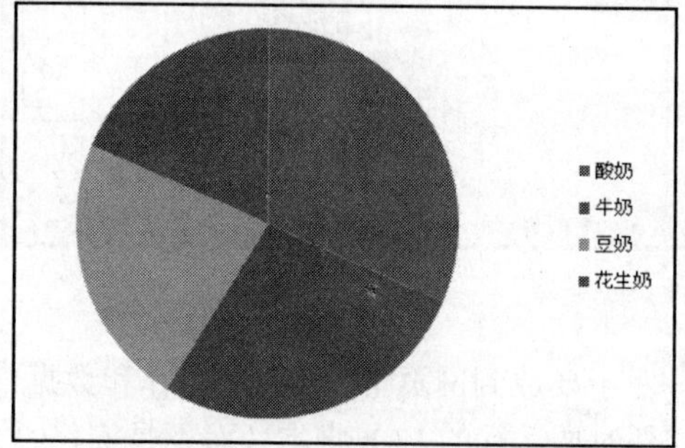

Tip INDEX 函数

INDEX 函数返回数据清单或数组中的元素值，此元素由行序号和列序号的索引值给定。该函数有两种语法形式：数组和引用。数组形式通常返回数值或数值数组，引用形式通常返回引用。当 INDEX 函数的第一个参数为数组常数时，使用数组形式。

数组形式的语法如下：

INDEX(Array,Row_num,Column_num)

其中，Array 为单元格区域或数组常量，如果数组只包含一行或一列，则相对应的参数 Row_num 或 Column_num 为可选；如果数组有多行和多列，但只使用 Row_num 或 Column_num，INDEX 函数返回数组中的整行或整列，且返回值也为数组；Row_num 为数组中某行的行序号，函数从该行返回数值，如果省略 Row_num，则必须有 Column_num；Column_num 为数组中某列的列序号，函数从该列返回数值，如果省略 Column_num，则必须有 Row_num。

引用形式的语法如下：

INDEX(Reference,Row_num,Column_num,Area_num)

其中，Reference 表示对一个或多个单元格区域的引用，如果为引用输入一个不连续的区域，必须用括号括起来；如果引用中的每个区域只包含一行或一列，则相应的参数 Row_num 或 Column_num 分别为可选项；Row_num 为引用中某行的行序号，函数从该行返回一个引用；Column_num 为引用中某列的列序号，函数从该列返回一个引用；Area_num 为引用中的一个区域，并返回该区域中 Row_num 和 Column_num 的交叉区域。选中或输入的第一个区域序号为 1，第二个为 2，依此类推。如果省略 Area_num，INDEX 函数使用区域 1。

STEP 03 根据前面章节介绍的图表设计方法设置图表的格式，然后切换到“开发工具”选项卡，单击“插入”下三角按钮，在展开的下拉列表中选择“表单控件”栏中的“选项按钮”图标。

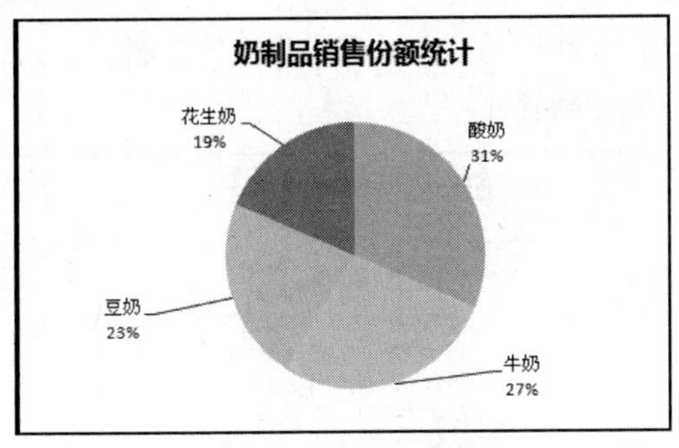

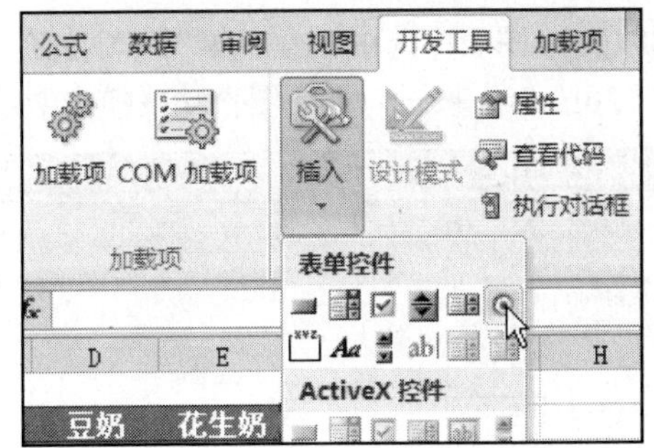

STEP 04 在图表的右侧绘制选项按钮，释放鼠标后，即插入了表单控件“选项按钮 1”。

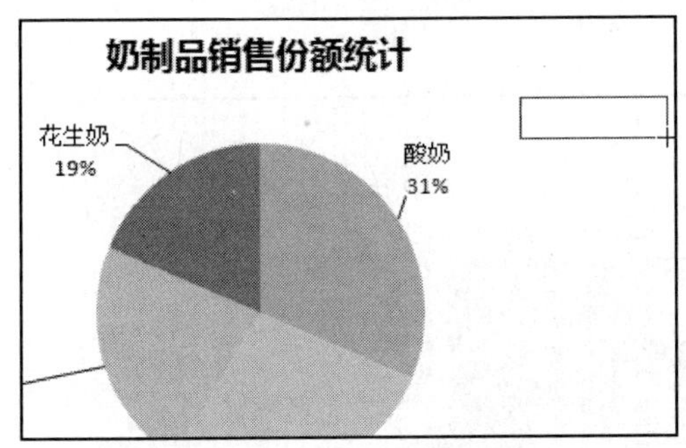

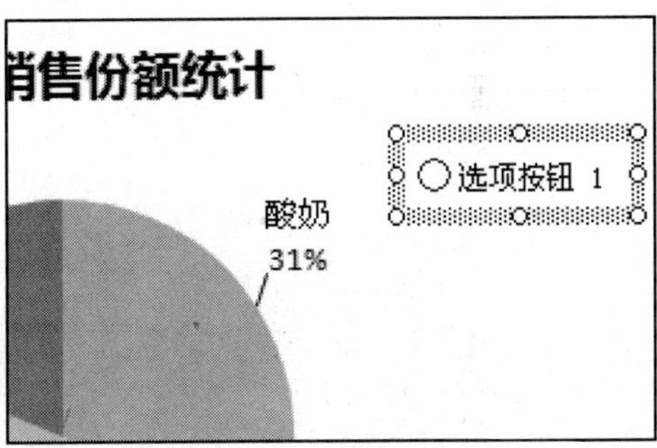

STEP 05 用同样的方法，继续插入“选项按钮 2”与“选项按钮 3”，将它们整齐地排列在图表的右侧。插入完毕后，右击“选项按钮 1”，在弹出的快捷菜单中执行“编辑文字”命令。

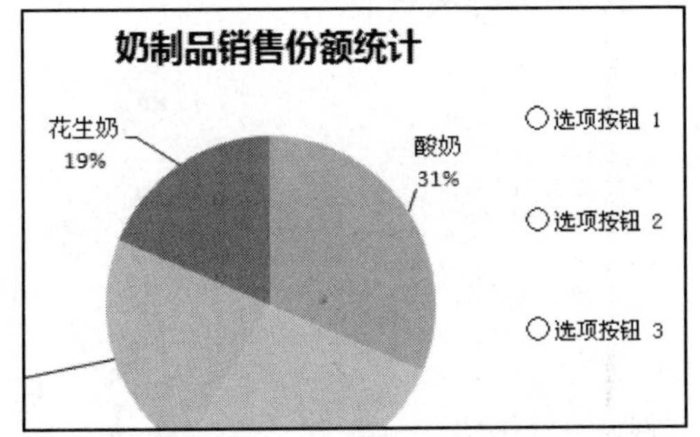

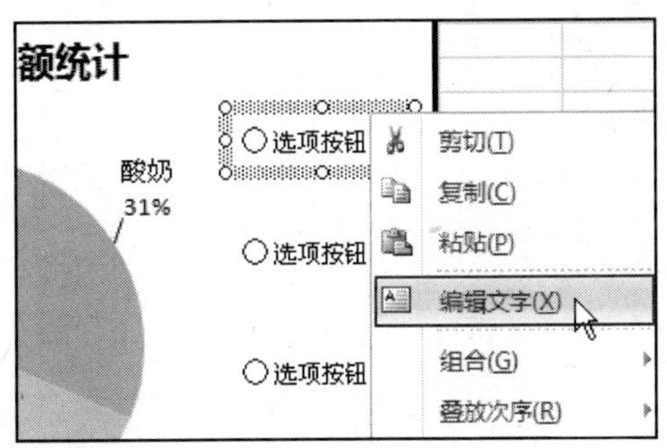

STEP 06 将选项按钮的名称命名为“2008 年”，然后将下面的两个选项按钮依次命名为“2009 年”与“2010 年”。完成后，右击第 1 个控件，在弹出的快捷菜单中执行“设置控件格式”命令。

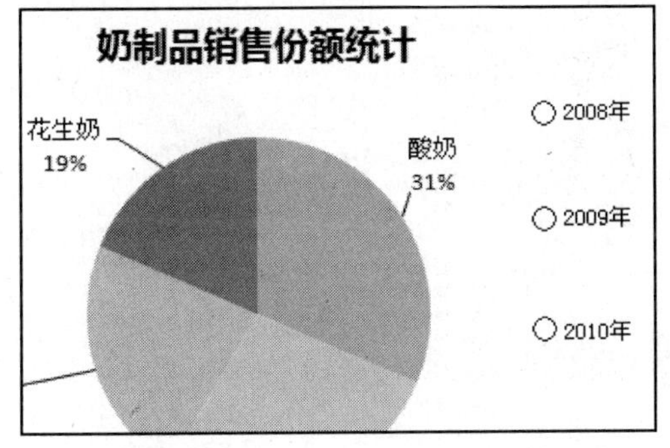

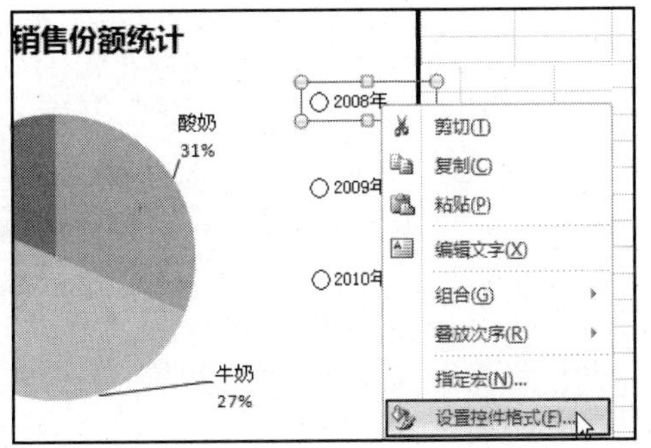

STEP 07 在“设置控件格式”对话框中单击“控制”标签，切换到“控制”选项卡，在“单元格链接”文本框中输入“$A$8:$E$8”，或引用单元格区域 A8:E8，设置完毕后，单击“确定”按钮。

STEP 08 在图表中选中“2009 年”选项按钮，则显示出 2009 年的奶制品销售份额统计图表，如果选中“2010 年”按钮，则饼图自动变换为 2010 年的销售份额统计。

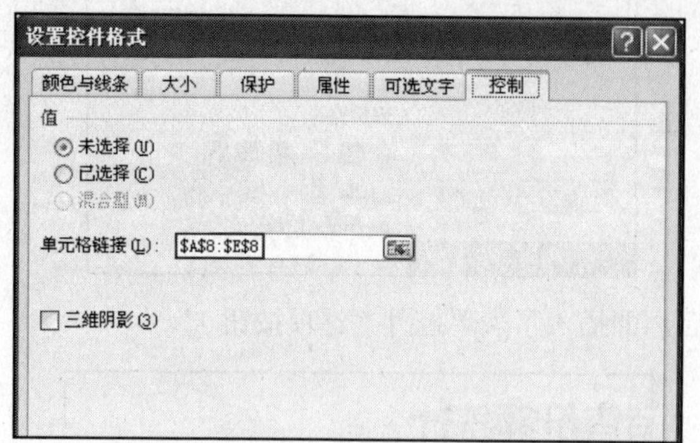

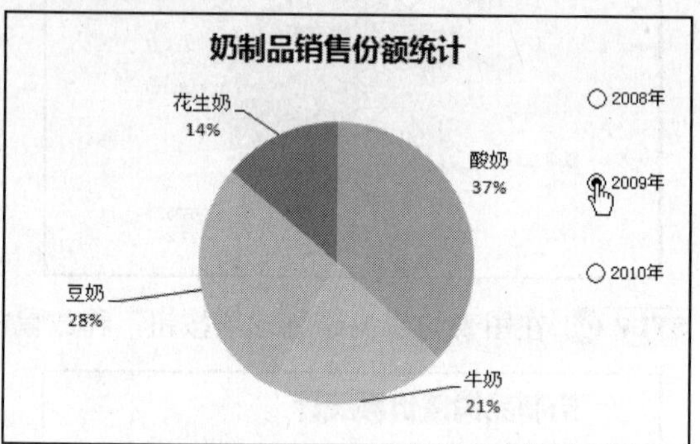

读书笔记

Chapter 21

从基础知识开始 PowerPoint 2010

Office 2010 电脑办公从入门到精通

本章重点知识

Study 01 PowerPoint 2010的五大优势

Study 02 设置组件的自动记忆功能

本章视频路径

CD

Chapter 21 从基础知识开始PowerPoint 2010

在 Office 办公软件中，常用的 3 个组件中最后一个为 PowerPoint。通过 PowerPoint 2010 软件制作的动态演示文稿能够向其中添加声音或视频等文件，因此更容易让读者接受。本章就来介绍认识一下什么是 PowerPoint。

Study 01 PowerPoint 2010的五大优势

- Work 1. 全新图片效果，全新视觉震撼
- Work 2. 自由分享演示文稿
- Work 3. 让幻灯片更有逻辑性
- Work 4. 随心所欲地使用视频
- Work 5. 全新的幻灯片切换效果及动画效果

PowerPoint 简称 PPT，是微软公司出品的办公软件系列的重要组件之一。它是一种演示文稿图形程序，是功能强大的演示文稿制作组件，可协助用户独自或联机创建永恒的视觉效果。下面先来认识 PowerPoint 2010 的五大优势。

Work 1 全新图片效果，全新视觉震撼

PowerPoint 2010 软件中增强了图片的处理效果与功能，用户可以很轻松地制作出具有一定艺术水准的效果、将图片中的背景部分删除、更加精确地裁剪图片，并且可以应用图片效果制作出富有立体、多变、美观的图片。下面来展示几种图片的设置效果。

①套用线条图及玻璃艺术效果

② 删除图片背景

③随意裁剪图片

④应用棱台、三维旋转效果

Study 01 PowerPoint 2010的五大优势

Work 2 自由分享演示文稿

在 PowerPoint 2010 中提供了使用电子邮件发送 / 广播 / 发布幻灯片、创建视频、创建讲义、更改文件类型等多种文稿分享功能，有了这些功能，用户就可以通过更多的渠道来分享文稿，从而使沟通更自由，消息发布更便捷。其中，使用电子邮件发送与更改文件类型中又包括很多种不同的格式，如下图所示。

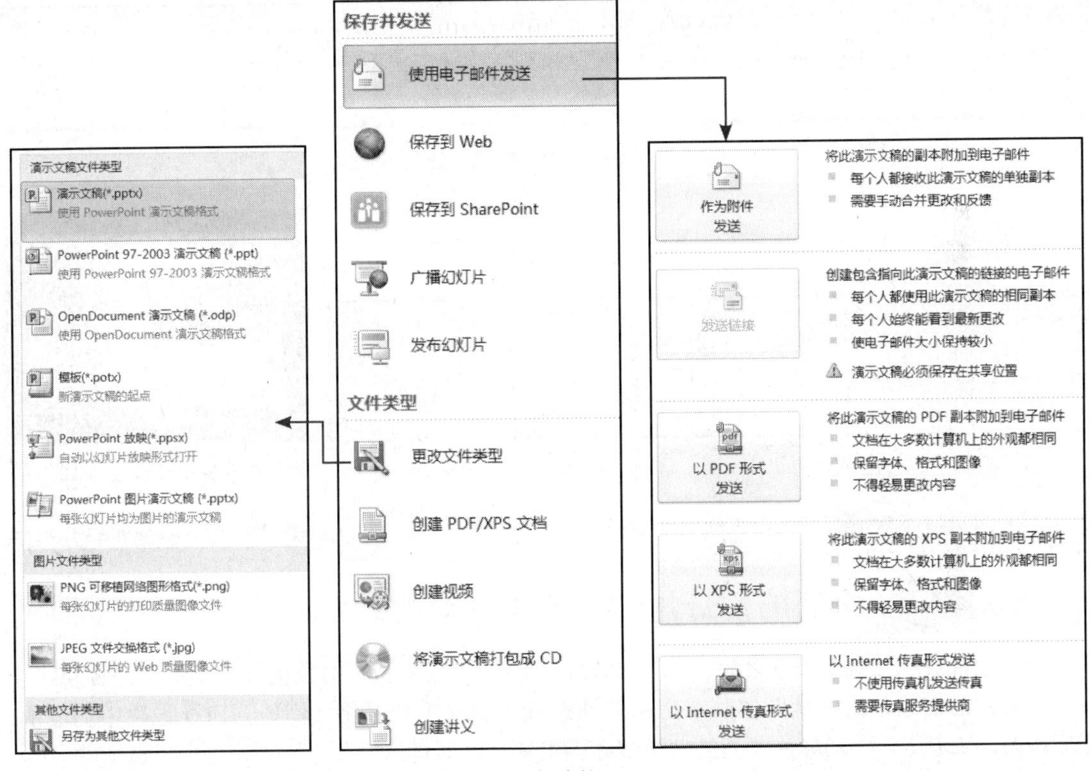

分享功能

Study 01 PowerPoint 2010的五大优势

Work 3 让幻灯片更有逻辑性

在 PowerPoint 2010 中新增加了节功能，通过该功能可以将演示文稿中的幻灯片分组，一组即一节。在幻灯片窗格中，会显示出每节的名称，并可以将节以下的内容折叠起来，从而起到简化其管理和导航的作用。

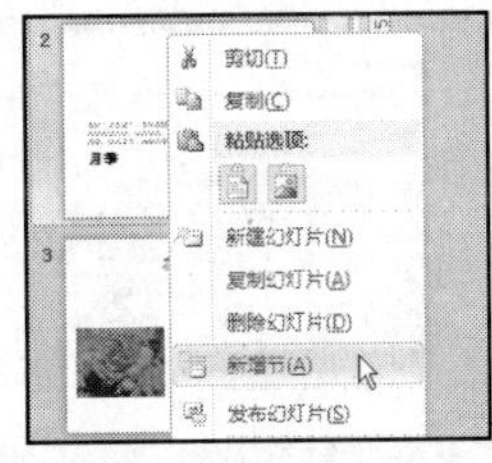

① 创建节

② 通过节管理幻灯片

Work 4 随心所欲地使用视频

PowerPoint 2010 增强了多媒体支持功能，除了可以在幻灯片放映过程中播放音频流或视频流等文件外，还进一步增强了视频文件、音频文件的处理功能，并专门增加了“视频文件工具 - 格式”选项卡以及“视频文件工具 - 播放”选项卡，在其中可对视频文件的外观、内容进行精心的设置。

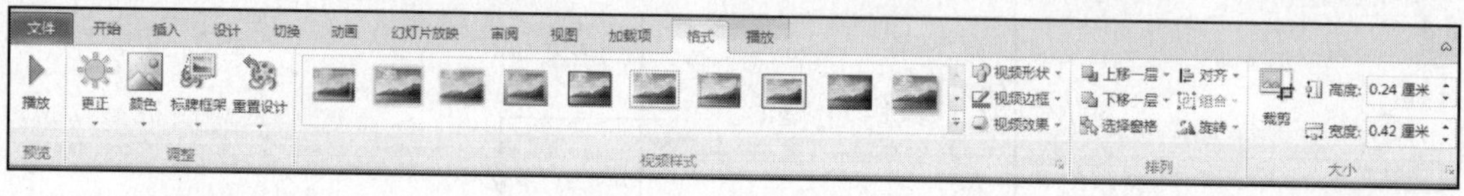

①“视频文件工具 - 格式”选项卡

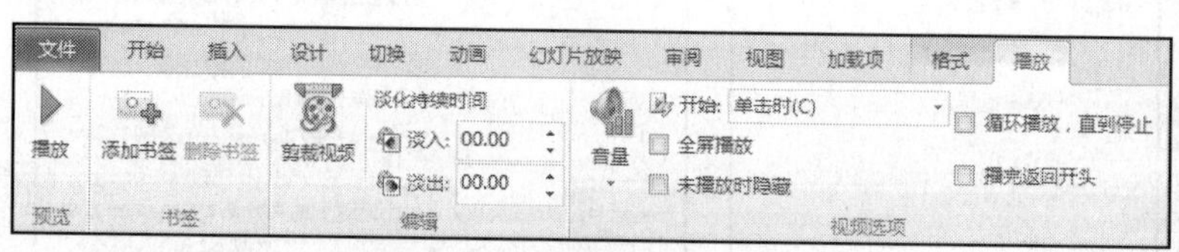

②“视频文件工具 - 播放”选项卡

③设置好的视频文件

Work 5 全新的幻灯片切换效果及动画效果

为了丰富演示文稿的动态效果，PowerPoint 2010 中不但更新了对象的动画效果，还提供了全新的幻灯片的切换效果，从而使演示文稿的动态效果更加千变万化。例如，切换效果中的涟漪、随机线条、轨道等，将幻灯片之间的切换演绎得更加惟妙惟肖。

① 幻灯片切换效果——“涟漪”

② 幻灯片切换效果——“轨道”

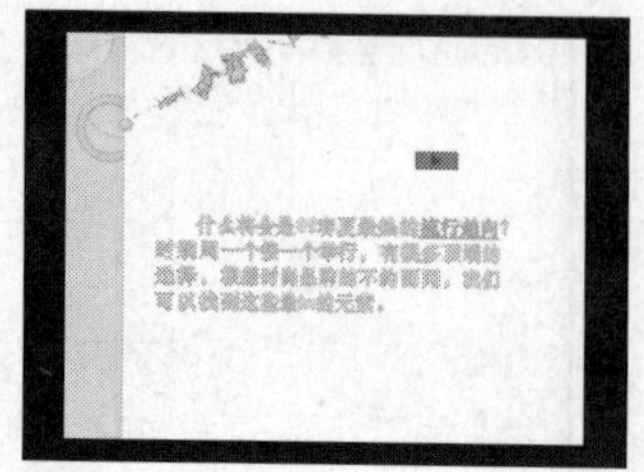

③ 幻灯片进入动画效果——“空翻”

④ 幻灯片强调动画效果——“波浪形”

Study 02

设置组件的自动记忆功能

- Work 1. 设置自动保存和恢复文件
- Work 2. 自定义最近使用的文件列表
- Work 3. 自定义最近访问的位置列表

为了防止在编辑演示文稿的过程中由于断电或操作不慎造成文件丢失，可使用PowerPoint 2010中提供的自动记忆功能对文稿内容进行记忆保存。

Work 1 设置自动保存和恢复文件

Office 2010的3个组件都提供了自动保存功能，在默认的情况下，自动保存的间隔为10分钟，如果用户觉得保存的间隔太长时，可手动进行设置。本节以PowerPoint 2010为例来介绍具体的操作。

打开PowerPoint 2010演示文稿后，单击“文件”按钮，在弹出的下拉菜单中执行“选项”命令，弹出“PowerPoint选项”对话框，单击“保存”标签，对话框中显示出相关内容后，在“保存自动恢复信息时间间隔”文本框内输入要设置的时间，然后单击“确定”按钮，即可完成操作。

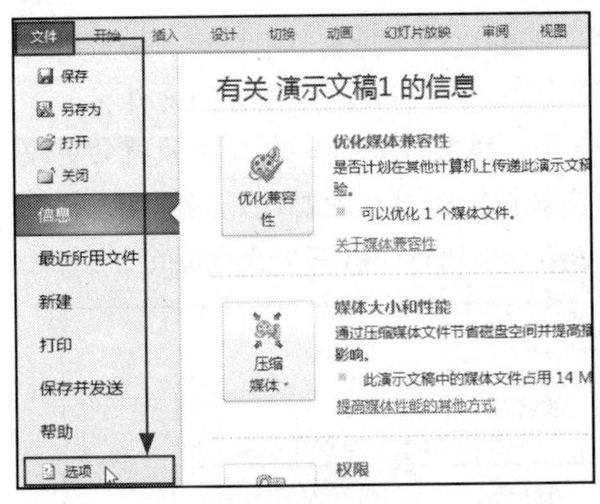

① 执行“选项”命令

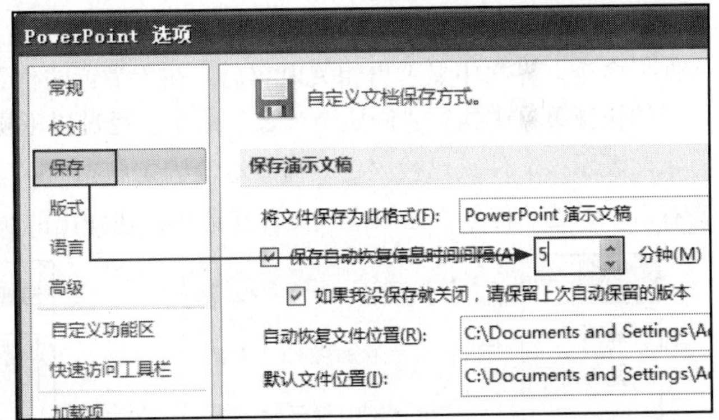

②更改自动保存时间

Work 2 自定义最近使用的文件列表

使用PowerPoint 2010时，在“最近所用文件”菜单下显示出用户最近使用的同类型文稿的情况，如果用户想再次打开刚刚关闭的文稿，只要在该菜单中找到想打开的文稿，直接单击即可。但是如果该菜单下显示出文件数量太多就会增加查找的难度，此时用户可以对最近使用的文件列表进行自定义设置。

打开PowerPoint 2010演示文稿后，单击“文件”按钮，在弹出的下拉菜单中执行“选项”命令，弹出“PowerPoint选项”对话框，单击“高级”标签，对话框中显示出相关内容后，在“显示”选项组中“显示此数目的‘最近使用的文档’”数值框内输入要显示的数量（如5），然后单击“确定”按钮。返回文稿中，单击“文件”按钮，在弹出的下拉菜单中执行“最近所用文件”命令，在弹出的子菜单中即可看到只显示出最近打开的 5 个文稿。

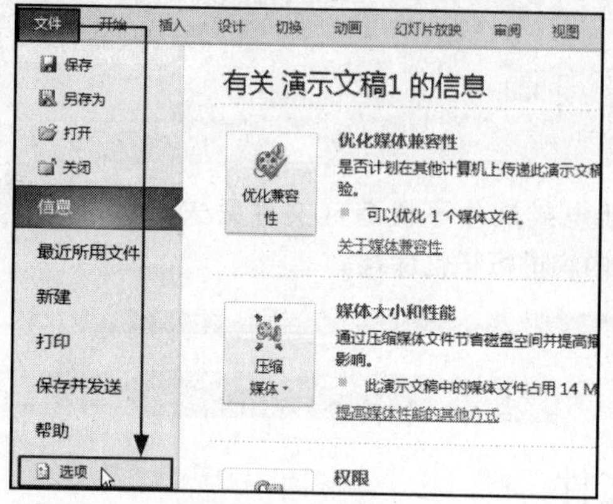

① 执行“选项”命令

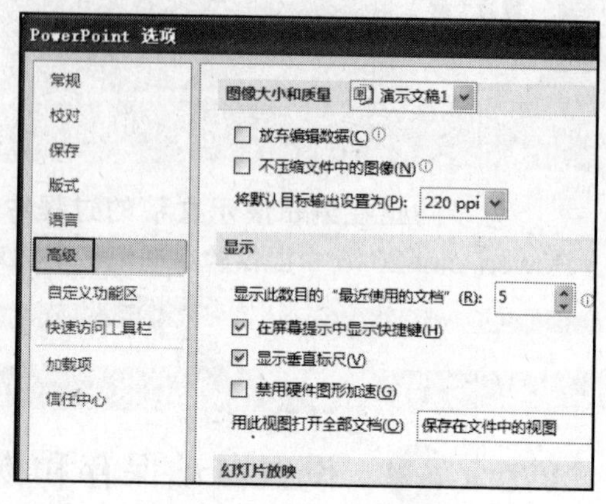

② 最近显示文件的数量

Study 02　设置组件的自动记忆功能

Work 3　自定义最近访问的位置列表

“最近使用的演示文稿”列表框中会显示出最后查看文件，相应的也会对该文件所在文件夹进行显示，但是显示的内容是随着文件的更改而更改的，如果用户经常会使用到某一个文件夹，为了方便使用，可将其进行固定。

打开 PowerPoint 2010 演示文稿后，单击“文件”按钮，在弹出的下拉菜单中执行“最近所用文件”命令，界面中显示出相关内容后，在“最近的位置”区域内右击要固定位置的文件夹，在弹出的快捷菜单中执行“固定至列表”命令。经过以上操作后，该文件夹右侧的按钮就会更改为，表示该文件夹已被固定；需要取消固定状态时，单击按钮即可。需要打开该位置时，只要右击“最近的位置”区域内该文件夹选项，在弹出的快捷菜单中执行“打开”命令即可。

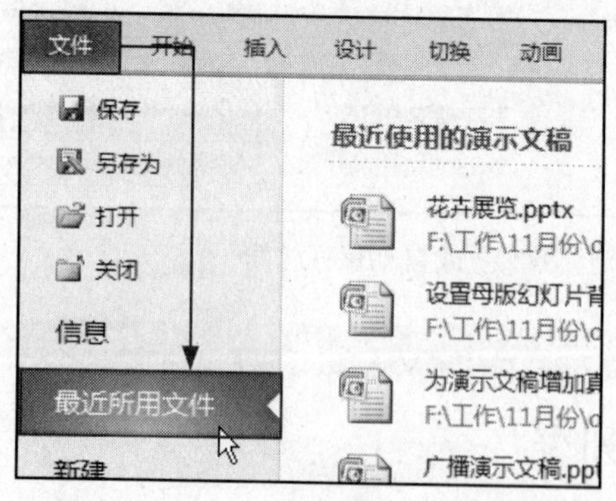

① 执行“最近所用文件”命令

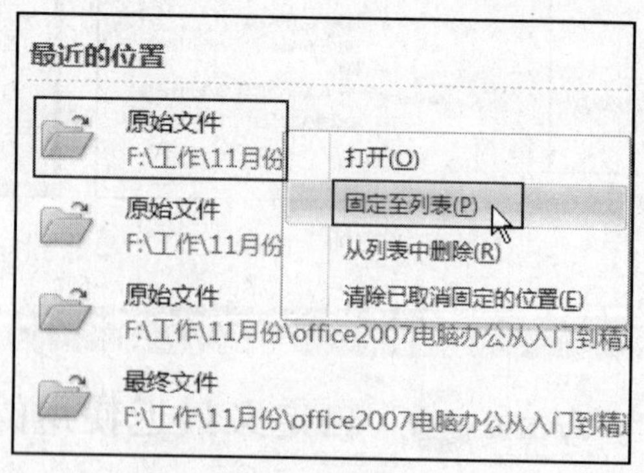

② 执行“固定至列表”命令

③ 固定至列表效果

Chapter 22

从掌握组件的基本架构开始 PowerPoint 2010

Office 2010 电脑办公从入门到精通

本章重点知识

Study 01　PowerPoint 2010 的操作界面

Study 02　掌握“幻灯片/大纲”窗格的使用方法

Study 03　掌握备注栏的使用方法

Study 04　打开网格参考线

Study 05　PowerPoint 2010的视图

本章视频路径

Chapter 22\Study 04\

- Lesson 01　打开网格参考线.swf

Chapter 22\Study 05\

- Lesson 02　将幻灯片切换到灰度视图状态.swf

Chapter 22 从掌握组件的基本架构开始 PowerPoint 2010

在制作 PPT 演示文稿前，还需要对 PowerPoint 2010 的使用方法进行简单的了解，这就需要了解该组件的操作界面和各区域的使用等知识，本章就来对这些知识进行介绍。

PowerPoint 2010 的操作界面

在制作演示文稿前，先来认识 PowerPoint 2010 的一些基础知识。由于 PowerPoint 与 Word 都是 Office 办公软件中的组件，它们的界面有很多相似之处，因此本节只对它与 Word 2010 操作界面的不同之处进行介绍。

下面来认识 PowerPoint 2010 的操作界面，各区域的作用如表 22-1 所示。

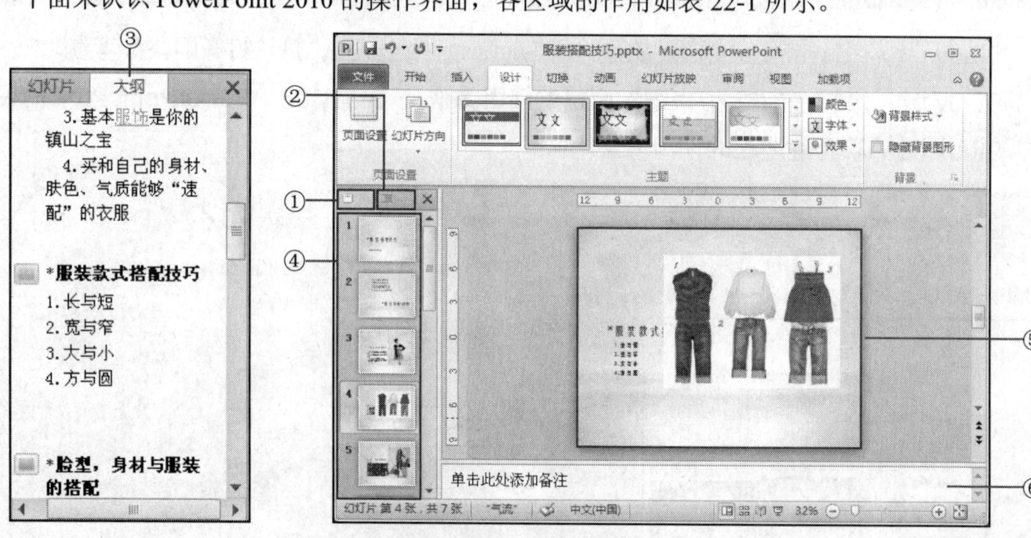

PowerPoint 2010 操作界面

表 22-1　Power Point 2010 窗口区域名称和功能

编　号	名　称	功能及作用
①	预览区标签	用于预览区的索引，单击可进入预览区
②	大纲区标签	用于大纲区的索引，单击可进入大纲区
③	大纲视图界面	用于显示幻灯片中的大纲内容，一般为幻灯片中的文本内容
④	幻灯片预览图	用于显示文稿中所有幻灯片的预览图
⑤	编辑区	用于幻灯片的编辑操作
⑥	备注栏	用于添加备注内容

Study 02 掌握“幻灯片/大纲”窗格的使用方法

- Work 1. “幻灯片”窗格的使用
- Work 2. “大纲”窗格的使用

“幻灯片/大纲”窗格的作用是引导幻灯片文稿。“幻灯片”窗格可以对幻灯片进行引导，而“大纲”窗格则可以对幻灯片中的文本内容进行引导。本节就来介绍这两个窗格的使用方法。

Work 1 “幻灯片”窗格的使用

打开目标文稿后，程序默认切换到“幻灯片”窗格，通过该窗格可以预览到文稿中所有幻灯片的布局等内容。单击要查看的幻灯片缩略图，在编辑区内即可显示所选幻灯片，并可对幻灯片进行编辑。

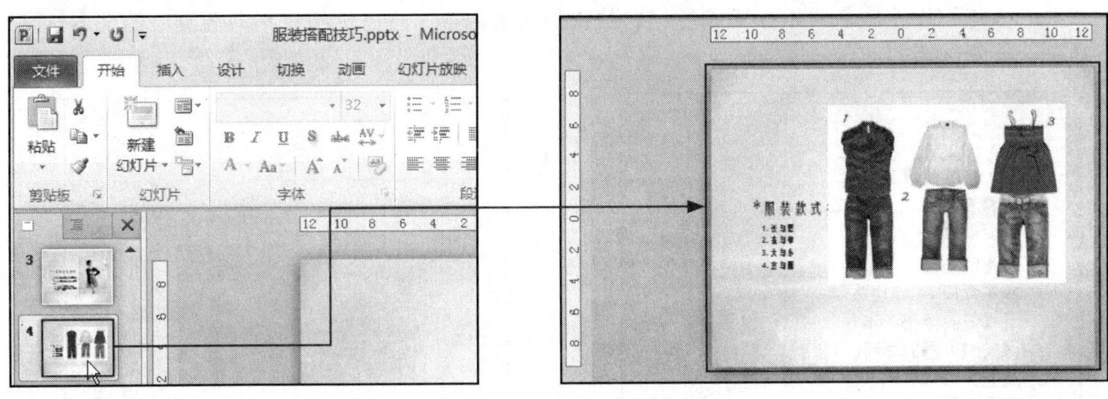

① 切换幻灯片

单击窗格右侧的“关闭”按钮×，即可关闭“幻灯片/大纲”窗格，程序窗口中只显示编辑区。

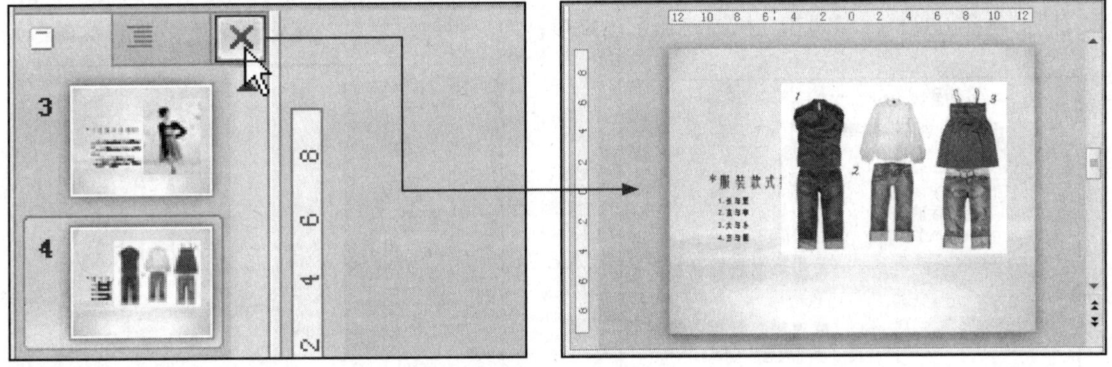

② 关闭“幻灯片/大纲”窗格

Work 2 “大纲”窗格的使用

在关闭了“幻灯片 / 大纲”窗格的情况下切换到“视图”选项卡，单击“演示文稿视图”组中的“普通视图”按钮，即可显示出“幻灯片 / 大纲”窗格，并且默认切换到“幻灯片”选项卡，此时单击“大纲”标签即可切换到“大纲”窗格。

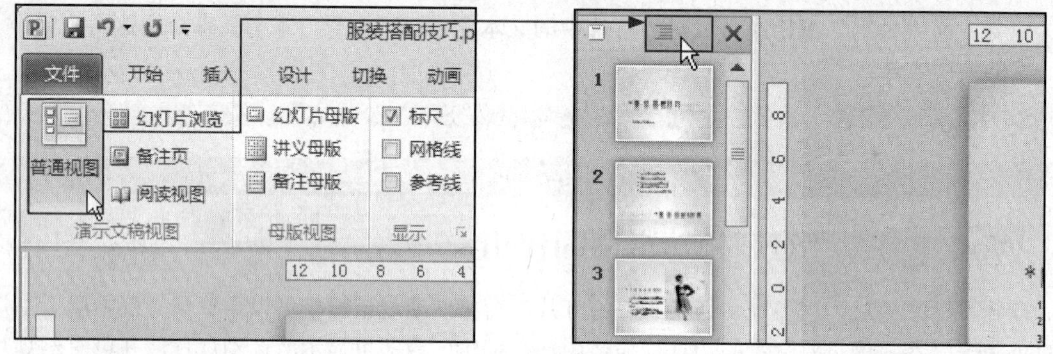

① 打开“幻灯片 / 大纲”窗格　② 切换到“大纲”窗格

在“大纲”窗格中，可以预览到各幻灯片中的文本内容，将鼠标指针指向要查看的文本选项并单击，编辑区内即可显示该幻灯片。

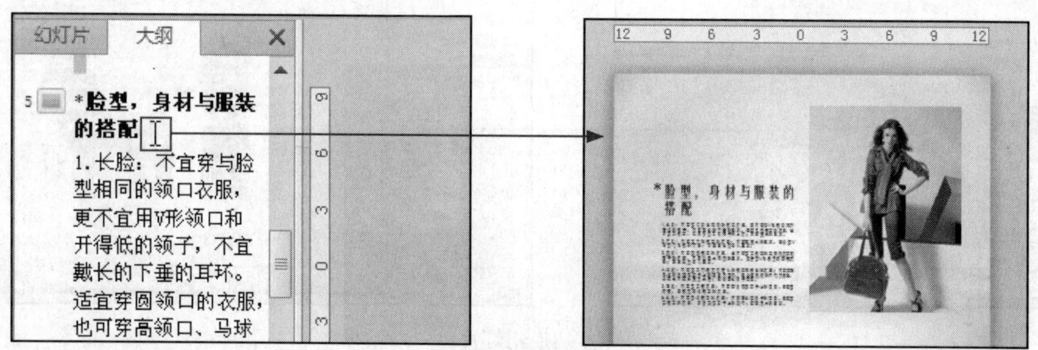

③“大纲”窗格中预览幻灯片中的文本

在默认情况下，选中“大纲”窗格中的文本，在文本的右上角就会显示出浮动工具栏，将鼠标指针指向该工具栏，浮动工具栏彻底显示出来后，用户可通过它对文本进行文本格式的设置。

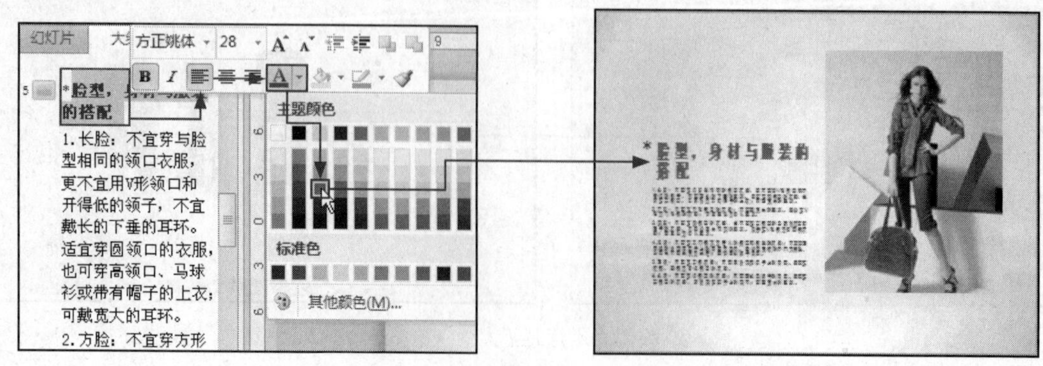

④ 设置文本格式

掌握备注栏的使用方法

备注栏用于输入幻灯片的一些提示性内容，当用户需要对文稿中后面的内容或文稿中当前幻灯片的内容进行提示时，可以将其输入到备注栏。

在普通视图下可以看到备注内容，但是在放映幻灯片时是看不到备注内容的。

打开目标文稿后，将鼠标指针指向备注栏上方的窗格边线处，当鼠标指针变成÷形状时，向上拖动鼠标，可扩大备注栏；向下拖动鼠标，可缩小备注栏。调整到合适大小后，释放鼠标，然后在备注栏中输入需要的文字内容，即可完成文稿备注的添加。

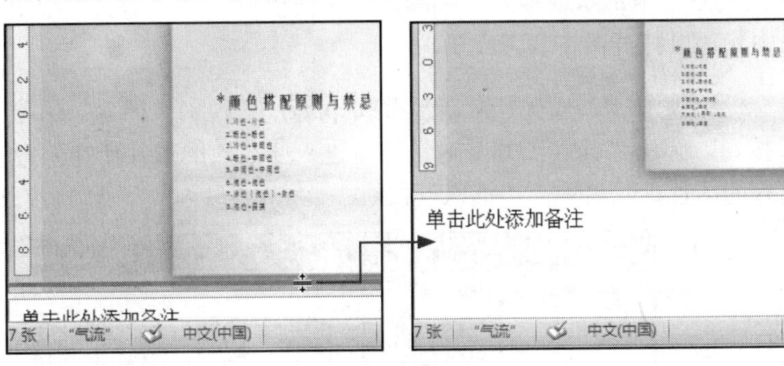

① 调整备注栏大小　　② 输入备注内容

当备注内容过多时，在普通视图方式下查看或编辑备注内容时，都会很不方便，此时可以切换到备注页视图下查看备注内容，操作方法为：切换到“视图”选项卡，单击“演示文稿视图”组中的“备注页”按钮，即可切换到该视图方式下。

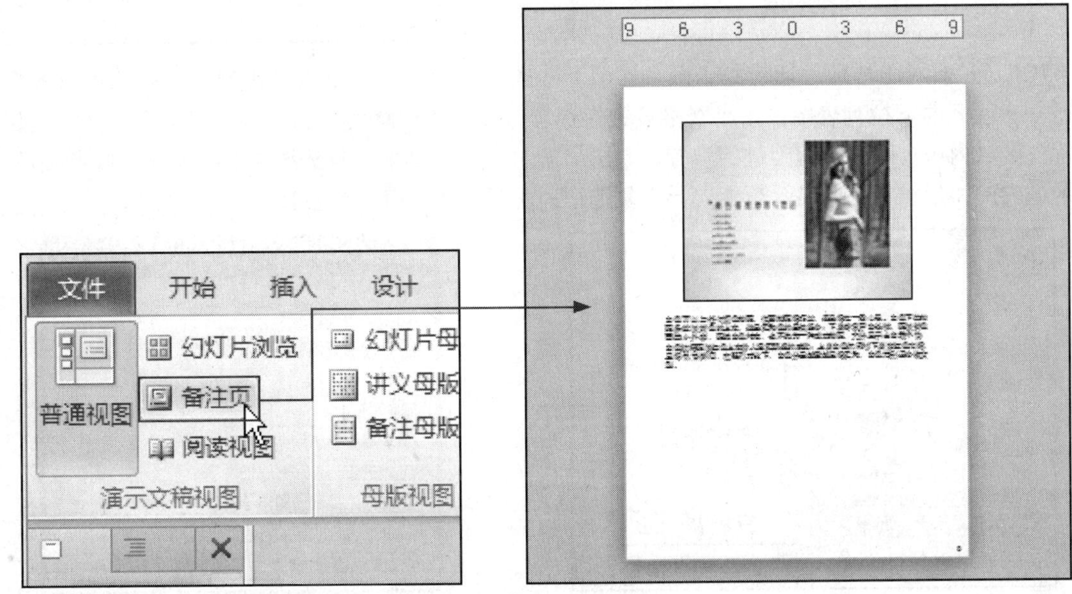

③ 切换到备注页视图下

Study 04

打开网格参考线

在制作幻灯片时，为了准确定位所插入的图形、图片或表格等内容的位置，可以打开网格和参考线作为参考。

Lesson 01

打开网格参考线

Office 2010 · 电脑办公从入门到精通

在打开网格参考线时，需要首先绘制一个形状或插入一幅图片，在文稿窗口内显示出“绘图工具”或“图片工具”选项卡，从中就可以打开网格参考线了。

STEP 01 打开光盘\实例文件\第22章\原始文件\打开网格参考线.pptx，切换到“插入”选项卡，单击“图像”组中的“图片”按钮，弹出“插入图片”对话框。进入要插入的图片所在路径后，按住Ctrl键不放，依次选中插入的图片，然后单击“插入”按钮。

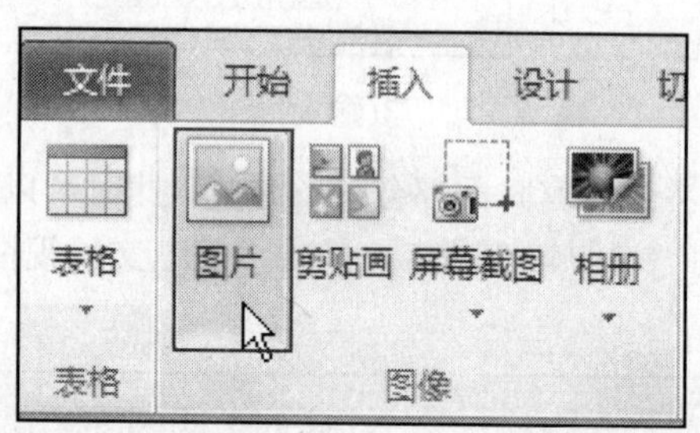

STEP 02 插入图片后，切换到“图片工具-格式”选项卡下，单击“排列”组中的“对齐”按钮，在展开的下拉列表中单击“网格设置”选项，弹出“网格线和参考线”对话框。在“网格设置”区域内可对网格的间距进行设置，勾选“屏幕上显示网格”复选框，取消勾选“参考线设置”区域内的“形状对齐时显示智能向导”复选框，然后单击“确定”按钮。

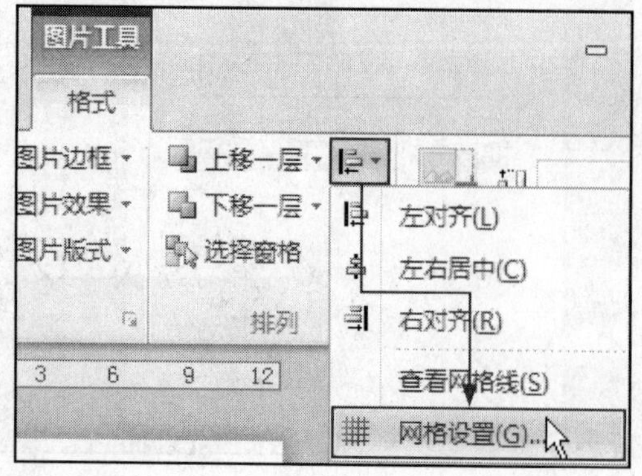

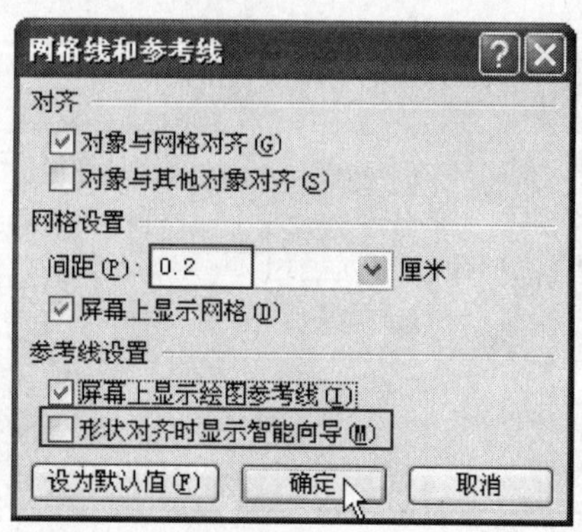

STEP 03 经过以上操作后，返回到文稿窗口中，在编辑区域内即可看到显示的网格线。利用网格线，将插入的图片设置为底部对齐，就完成了本例的制作。

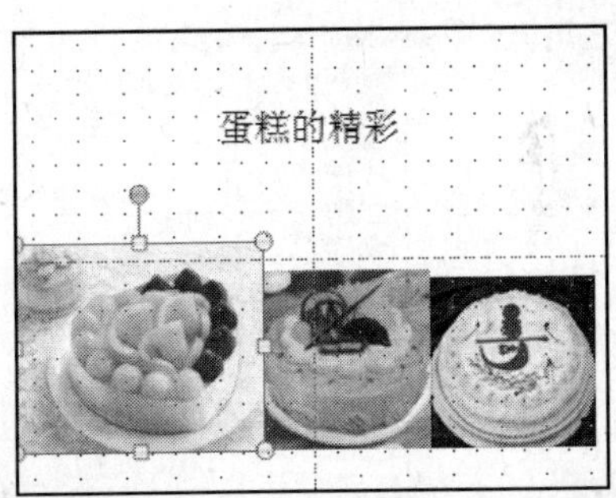

PowerPoint 2010的视图

PowerPoint 2010 的视图方式有普通视图、幻灯片浏览、备注页及阅读视图 4 种，每种视图方式有其各自的特点。本节将简单介绍这几种视图的特点。

在更改幻灯片文稿的视图时，可以通过“视图”选项卡下的“演示文稿视图”组完成切换视图的操作。

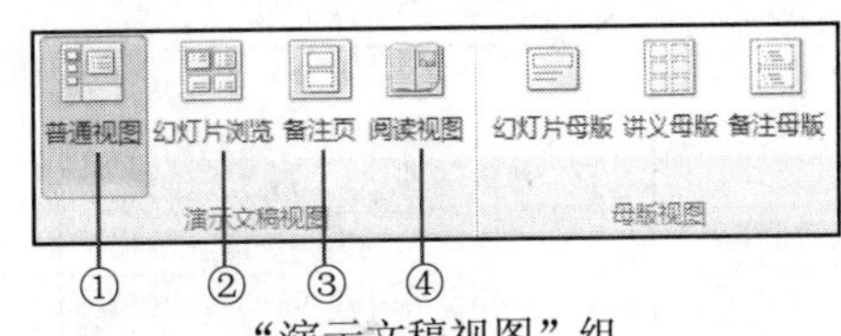

“演示文稿视图”组

表 22-2 所示为 4 种视图的特点说明。下面分别来认识每种视图方式的效果。

表 22-2　PowerPoint 2010 的视图说明

编　　号	名　　称	特　　点
①	普通视图	能够预览幻灯片整体情况，并可以切换到相应幻灯片下对其进行编辑，利于编辑幻灯片时使用
②	幻灯片浏览视图	能够在一个窗口中预览到文稿中的所有幻灯片，有利于准确定位需要的幻灯片
③	备注页视图	有利于对幻灯片中的备注进行编辑
④	阅读视图	可将幻灯片在 PowerPoint 2010 窗口中最大化显示，方便阅读

① 普通视图

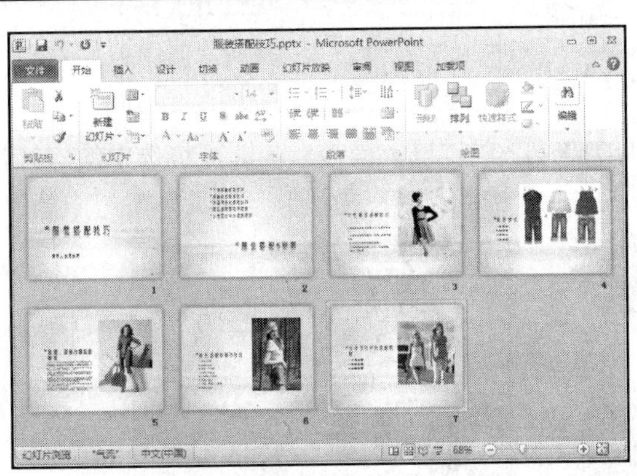

② 幻灯片浏览视图

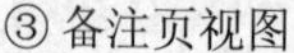

③ 备注页视图

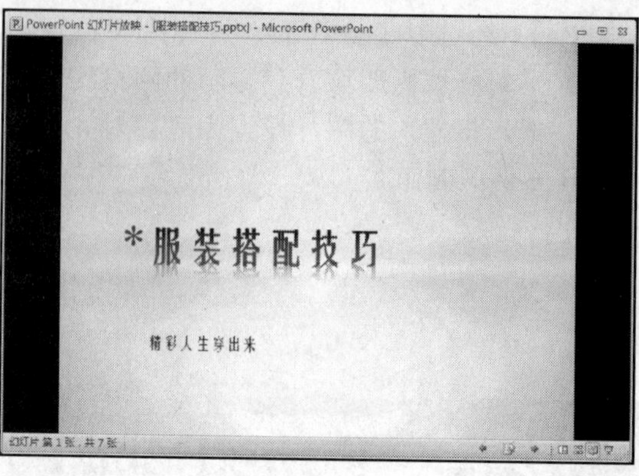

④ 阅读视图

Lesson 02 将幻灯片切换到灰度视图状态

Office 2010 · 电脑办公从入门到精通

在进行幻灯片视图的切换时，也可以将彩色的文稿切换到灰度视图状态下，并且可以进行不同灰度效果的更改，如下图所示。

STEP 01 打开光盘\实例文件\第22章\原始文件\使幻灯片切换到灰度视图状态.pptx，切换到"视图"选项卡下，单击"颜色/灰度"组中的"灰度"按钮，文稿即可切换到灰度视图下，并且显示"灰度"选项卡，在其中单击"更改所选对象"组中的"灰中带白"图标。

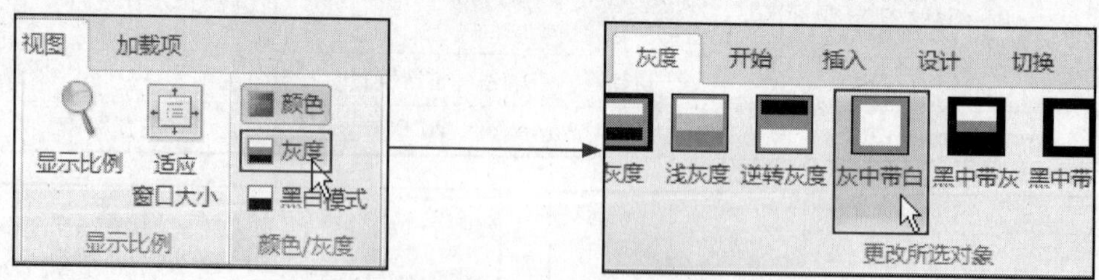

STEP 02 经过以上操作后，即可将选中的幻灯片内容更改为灰中带白效果。需要返回彩色视图状态时，单击"灰度"选项卡下"关闭"组中的"返回颜色视图"按钮即可。

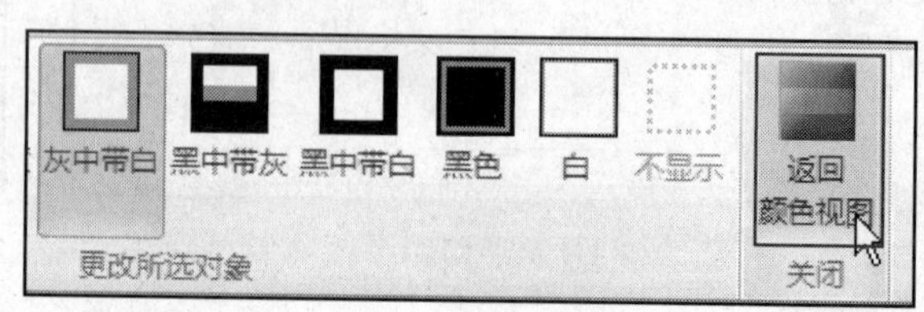

Chapter 23

轻松创建演示文稿

Office 2010 电脑办公从入门到精通

本章重点知识

Study 01 轻松创建幻灯片

Study 02 一应俱全的幻灯片版式

Study 03 幻灯片中对象的添加与设置

Study 04 使用节管理幻灯片

本章视频路径

CD

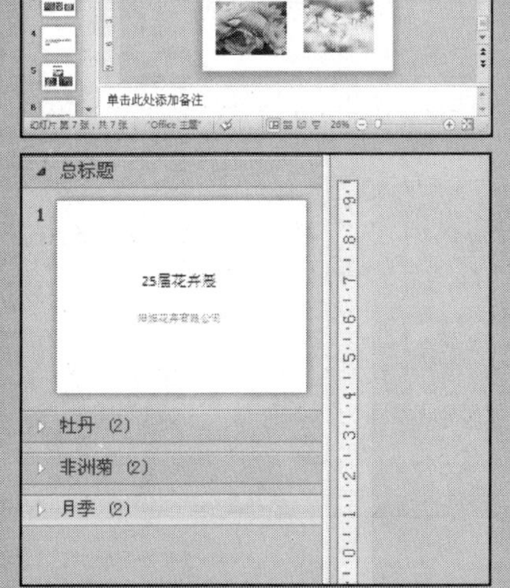

Chapter 23\Study 03\

- Lesson 01 制作简单的演示文稿.swf

Chapter 23\Study 04\

- Lesson 02 按章节交换幻灯片顺序.swf

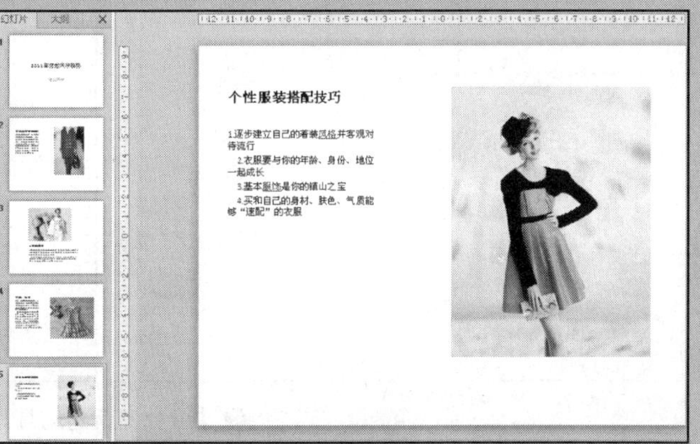

Chapter 23 轻松创建演示文稿

了解了 PowerPoint 2010 的布局及一些基础知识后，若用户对于如何创建幻灯片等知识仍不了解，本章就介绍创建幻灯片及选择幻灯片版式的操作。

Study 01 轻松创建幻灯片

- Work 1. 新建幻灯片
- Work 2. 复制、移动幻灯片
- Work 3. 隐藏幻灯片
- Work 4. 重用幻灯片
- Work 5. 重设幻灯片
- Work 6. 删除幻灯片

在打开 PowerPoint 2010 程序后，界面中只有一张空白的幻灯片，要制作一个完整的幻灯片演示文稿，还需要添加一定数量的幻灯片。在添加幻灯片的过程中，用户可以选择新建幻灯片，也可以使用已有的幻灯片。本节就来介绍创建幻灯片的操作。

Work 1 新建幻灯片

在新建幻灯片时有多种不同的方法，下面分别介绍通过快捷键新建、通过快捷菜单新建及通过选项卡新建幻灯片的方法。

01 通过快捷键新建幻灯片

新建一个演示文稿后，选中“幻灯片”窗格内要新建幻灯片上方的幻灯片，然后按 Ctrl+M 快捷键，PowerPoint 2010 会根据版式库中版式的排列创建一张“标题和内容”版式的幻灯片。

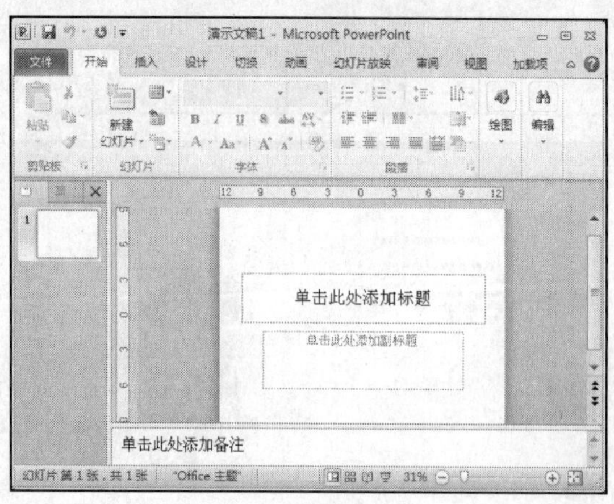

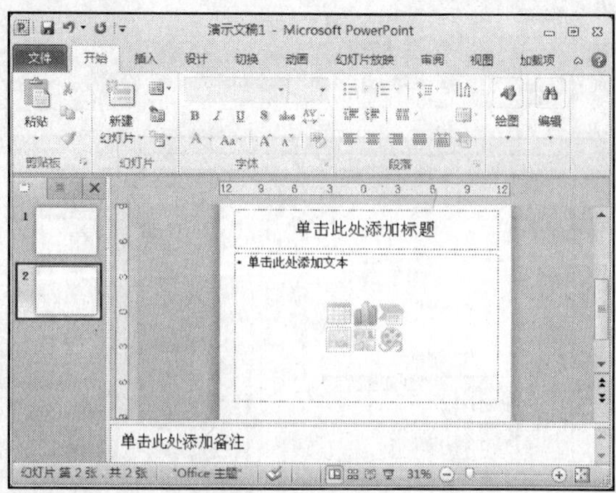

通过组合键新建幻灯片

02 通过快捷菜单新建幻灯片

当用户要新建一张演示文稿中已有的幻灯片时，可在“幻灯片”窗格中右击要新建的幻灯片版式，在弹出的快捷菜单中执行“新建幻灯片”命令，即可新建一张与右击的幻灯片相同版式的幻灯片。

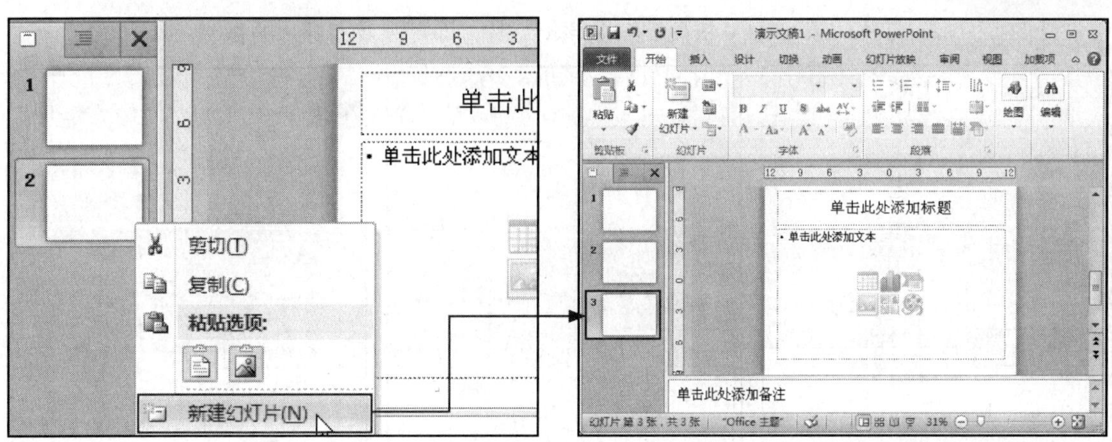

通过快捷菜单新建幻灯片

03 通过选项卡新建幻灯片

当用户要新建的幻灯片已有了版式的限制，可通过选项卡新建幻灯片的方式完成。具体操作：只要选中“幻灯片”窗格内要新建幻灯片上方的幻灯片，然后切换到“开始”选项卡，单击“幻灯片”组中的“新建幻灯片”按钮，在展开的下拉列表中单击需要的幻灯片样式，即可完成新建幻灯片的操作。

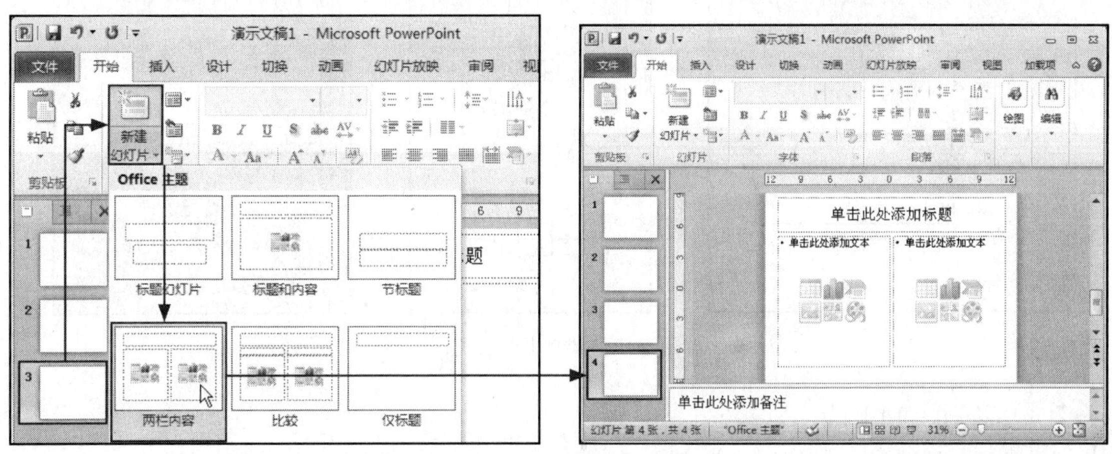

通过选项卡新建幻灯片

Study 01 轻松创建幻灯片

Work 2 复制、移动幻灯片

在复制或移动幻灯片时，同样有很多种方法可以完成操作，下面分别介绍几种常用的复制和移动幻灯片的操作方法。

01 复制幻灯片

复制幻灯片时可以通过快捷键，也可以通过快捷菜单来实现。

（1）方法一：通过快捷键复制

打开目标文稿后，选中要复制的幻灯片，按 Ctrl+C 快捷键执行“复制”命令，然后选中目标位置处的上一张幻灯片，按Ctrl+V快捷键粘贴该幻灯片，即可完成幻灯片的复制。

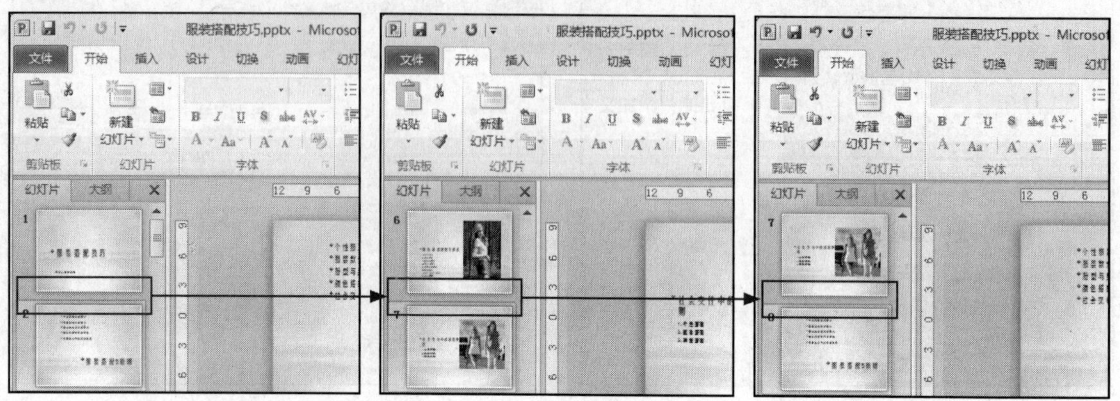

① 通过快捷键复制幻灯片

（2）方法二：通过快捷菜单复制

右击要复制的幻灯片，在弹出的快捷菜单中执行“复制”命令，然后右击幻灯片上要粘贴的目标位置处的上一张幻灯片，在弹出的快捷菜单中单击“粘贴选项”区域内的“使用目标主题”按钮，即可完成幻灯片的复制。如果用户要将幻灯片直接复制到当前幻灯片下方时，打开快捷菜单后，直接执行“复制幻灯片”命令即可。

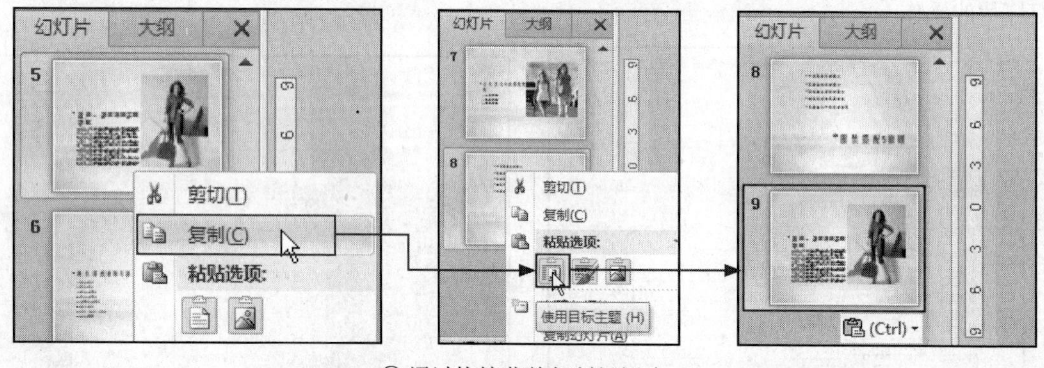

② 通过快捷菜单复制幻灯片

02 移动幻灯片

移动幻灯片时，可使用快捷键，还可以使用快捷菜单实现。除了这两种方法，也可以直接通过鼠标完成幻灯片的移动。具体操作：将鼠标指针指向要移动的幻灯片，拖动鼠标至幻灯片要移动的目标位置后释放鼠标，即可完成移动幻灯片的操作。

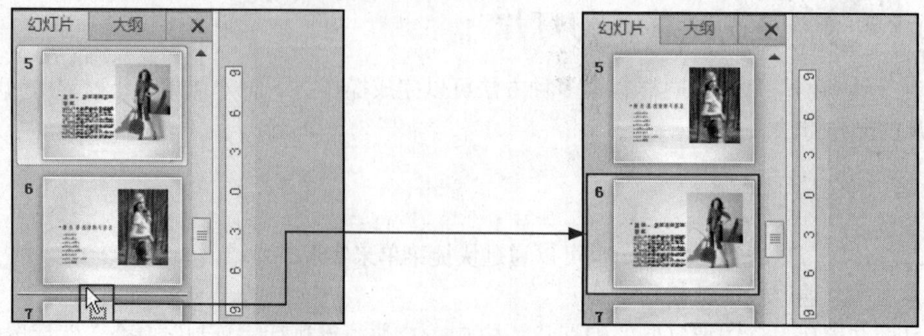

通过鼠标移动幻灯片

Tip 使用快捷键与快捷菜单移动幻灯片

使用快捷键移动幻灯片时，选中要复制的幻灯片，按 Ctrl+X 快捷键剪切该幻灯片，然后选中目标位置处的上一张幻灯片，按 Ctrl+V 快捷键粘贴该幻灯片，即可完成幻灯片的移动操作。

使用快捷菜单移动幻灯片时，选中要移动的幻灯片右击，弹出快捷菜单后执行“剪切”命令，然后选中目标位置处的上一张幻灯片，再次右击，弹出快捷菜单后执行“粘贴”命令，即可完成幻灯片的移动操作。

Work 3 隐藏幻灯片

隐藏幻灯片的目的是在进行幻灯片放映时阻止该幻灯片的放映。

选中要隐藏的幻灯片并右击，弹出快捷菜单后执行“隐藏幻灯片”命令，返回文稿中所选幻灯片的右上角就会出现一个小方框，表示该幻灯片已处于隐藏状态，在放映幻灯片时该幻灯片将不会放映。

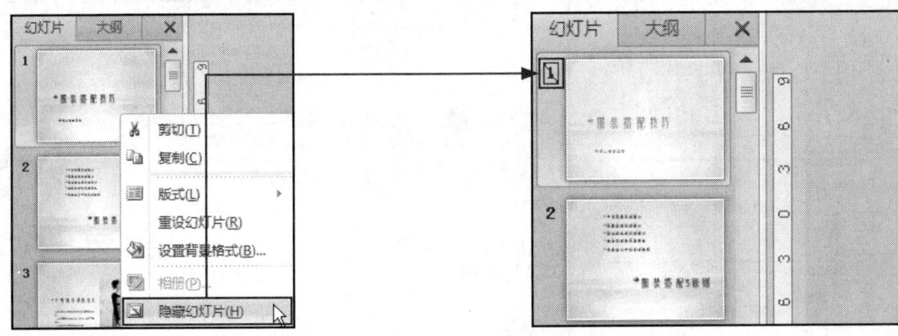

隐藏幻灯片

Work 4 重用幻灯片

重用幻灯片是指将以前所制作的幻灯片文稿在当前文稿中重新使用。

打开目标文稿后，选中放置新幻灯片的上一张幻灯片，在“开始”选项卡下单击“幻灯片”组中的“新建幻灯片”按钮，在展开的下拉列表中选择“重用幻灯片”选项。

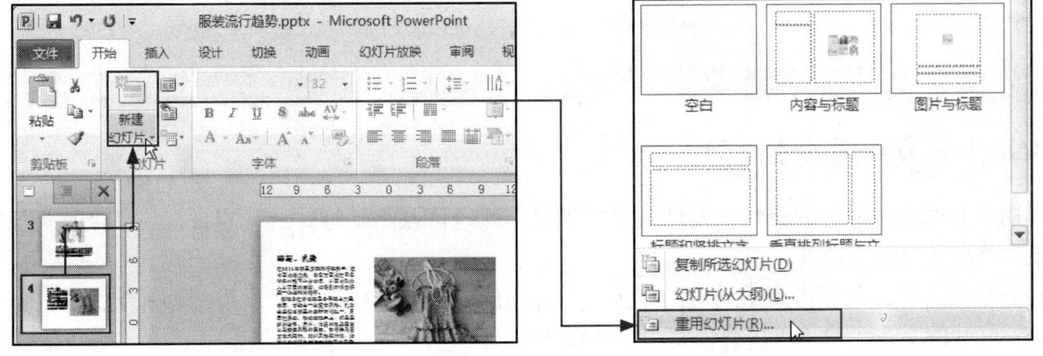

① 单击“新建幻灯片”按钮　　② 选择“重用幻灯片”选项

窗口右侧显示出“重用幻灯片”任务窗格后，单击“浏览”按钮，在展开的下拉列表中选择“浏览文件”选项，弹出“浏览”对话框。进入要引用的幻灯片所在位置，选中需要重用的幻灯片文稿，然后单击“打开”按钮。

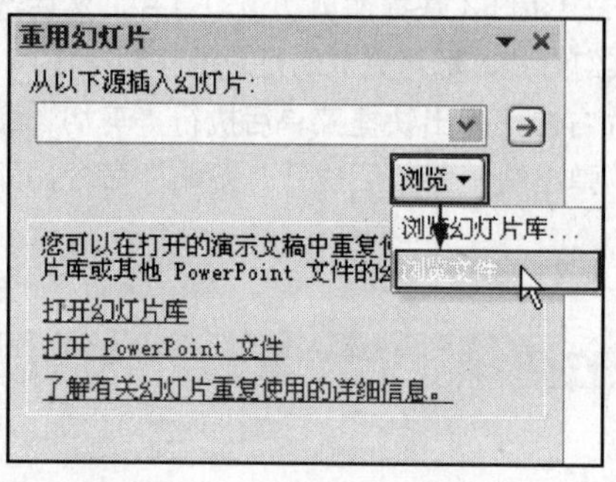

③ 选择“浏览文件”选项

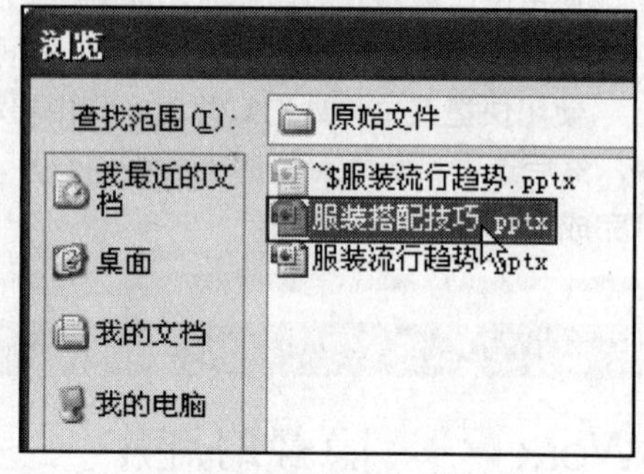

④ 选择要重用的幻灯片文稿

返回文稿中，在“重用幻灯片”窗格的下方就显示出所打开的文稿中的所有幻灯片，单击要重用的幻灯片即可将该幻灯片插入到当前文稿中，从而完成重用幻灯片的操作。不需要使用时，单击任务窗格右上角的“关闭”按钮即可。

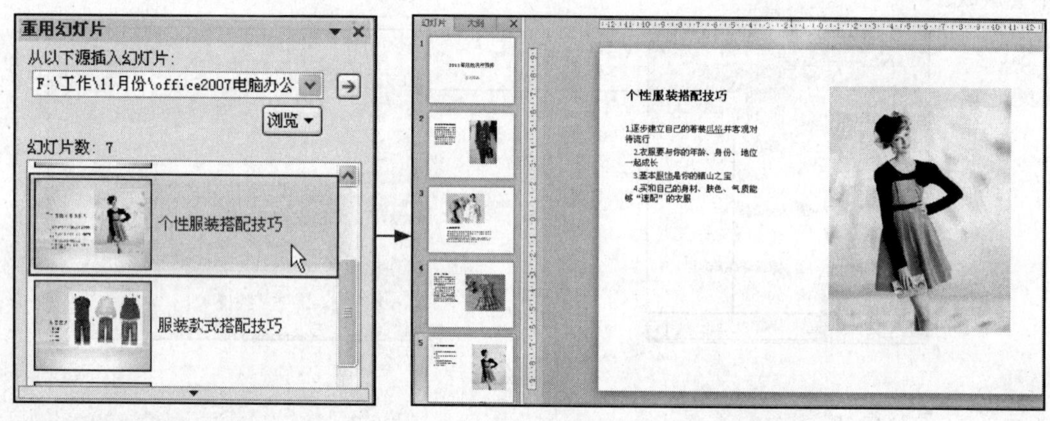

⑤ 选择要重用的幻灯片　　⑥ 重用幻灯片效果

Tip 重用单元格时保留原格式

重用幻灯片时，应用的幻灯片会默认使用当前文稿中的版式，如果用户需要将应用的幻灯片继续使用以前的版式时，可以选择重用幻灯片前在“重用幻灯片”窗格下方勾选“保留原格式”复选框，然后再选择要重用的幻灯片。

Study 01 轻松创建幻灯片

Work 5 重设幻灯片

当用户对幻灯片进行编辑后，发现效果并不好，此时可以将幻灯片进行重设，将其恢复为原始效果，然后重新进行设置。

打开目标文稿后，右击要重设的幻灯片，在弹出的快捷菜单中执行“重设幻灯片”命令，即可将该幻灯片的文本、图片等内容恢复为默认格式。

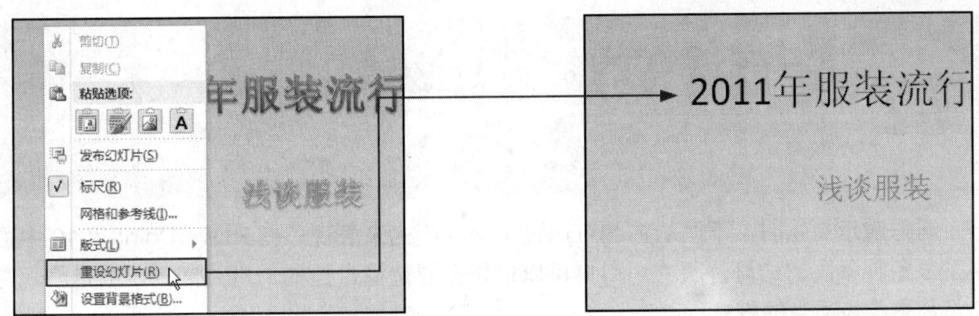

重设幻灯片

Study 01 轻松创建幻灯片

Work 6 删除幻灯片

对于不需要的幻灯片，可以直接将其删除。删除幻灯片时，可通过快捷键，也可以通过快捷菜单完成。

01 通过快捷键删除

打开目标文稿后，选中要删除的幻灯片，直接按键盘中的 Delete 键，即可删除该幻灯片。

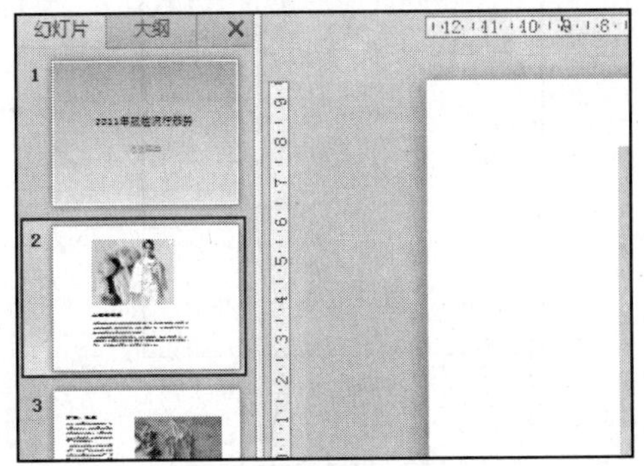

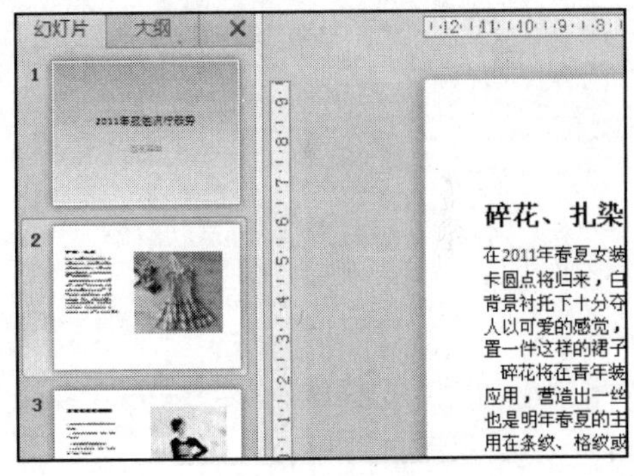

① 通过快捷键删除幻灯片

02 通过快捷菜单删除

打开目标文稿后，右击要删除的幻灯片，在弹出的快捷菜单中选择“删除幻灯片”命令，即可完成删除操作。

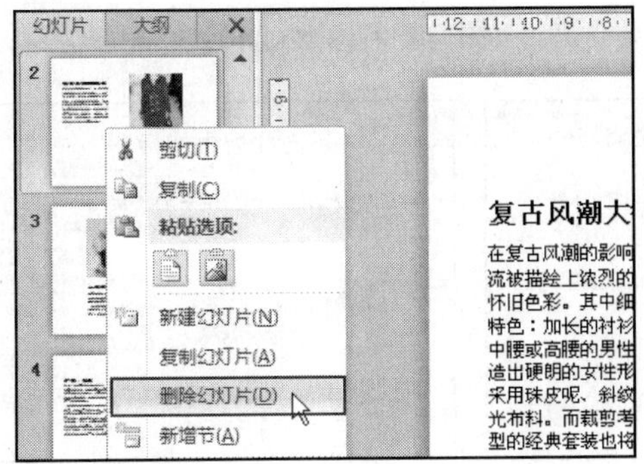

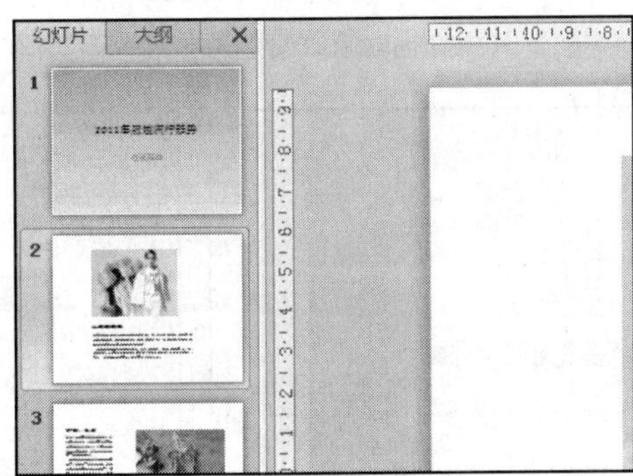

② 通过快捷菜单删除幻灯片

Study

02 一应俱全的幻灯片版式

- Work 1. 幻灯片的版式
- Work 2. 更改幻灯片的版式

制作演示文稿时，不同的内容可通过不同的版式来表现。在PowerPoint 2010中提供了很多种不同的幻灯片版式，用户可以根据需要选择合适的幻灯片版式，或是将现有幻灯片更改为适当的版式。

 幻灯片的版式

在PowerPoint 2010中，根据文本、图片、形状、图表等内容的搭配情况，以及文稿中标题幻灯片和普通幻灯片的不同，有11种预设的幻灯片样式，下面依次来认识每种版式的效果。

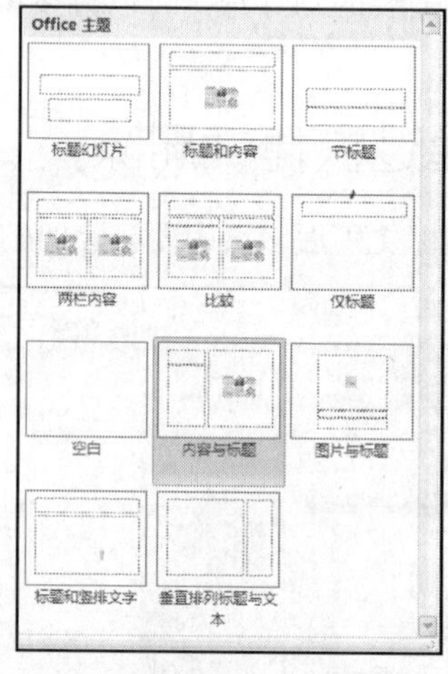

幻灯片版式

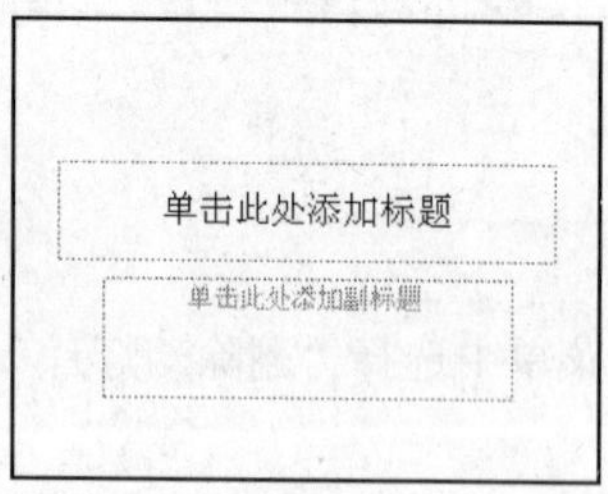

① 标题版式幻灯片

② 标题和内容幻灯片

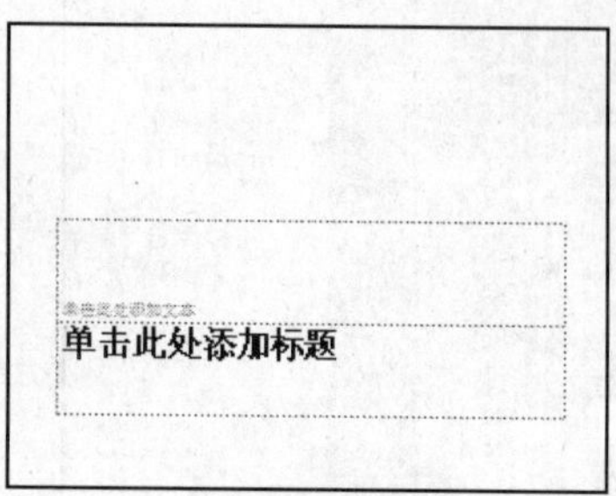

③ 节标题幻灯片

④ 两栏内容幻灯片

⑤ 比较幻灯片

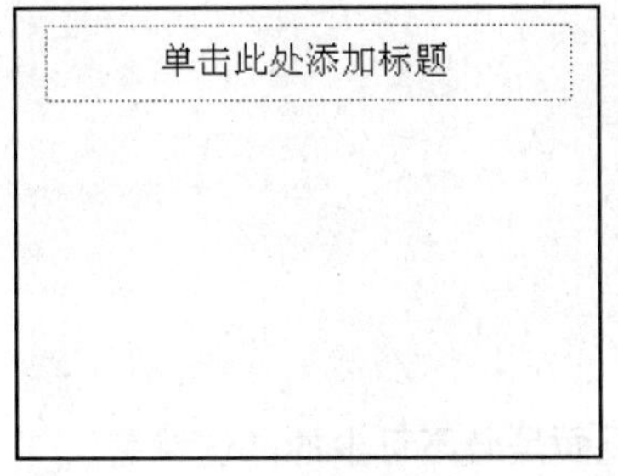

⑥ 仅标题幻灯片

⑦ 空白幻灯片

⑧ 内容与标题幻灯片

⑨ 图片与标题幻灯片

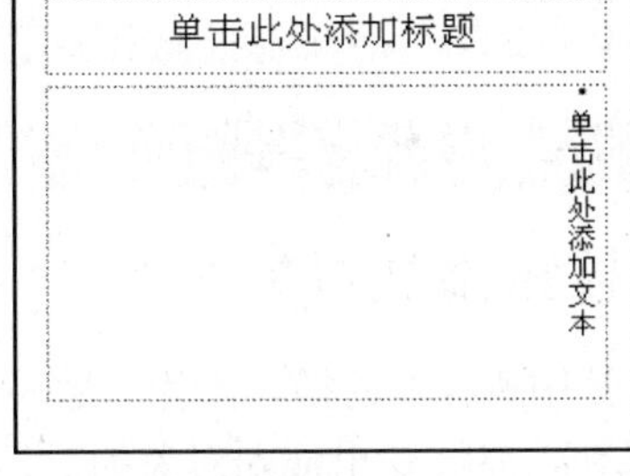

⑩ 标题和竖排文字幻灯片

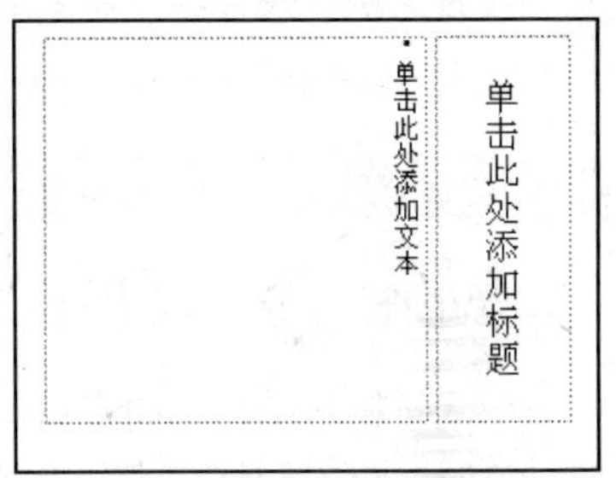

⑪ 垂直排列标题与文本幻灯片

Study 02 一应俱全的幻灯片版式

Work 2 更改幻灯片的版式

对于已创建的幻灯片，如果用户觉得现有版式不能完全将幻灯片的内容表现出来时，可对其版式进行更改。

打开空白文稿后，选中要更改版式的幻灯片，切换到“开始”选项卡，单击“幻灯片”组中的“版式”按钮，弹出下拉列表后，单击需要更改的版式，如下图所示，即可完成更换幻灯片版式的操作。

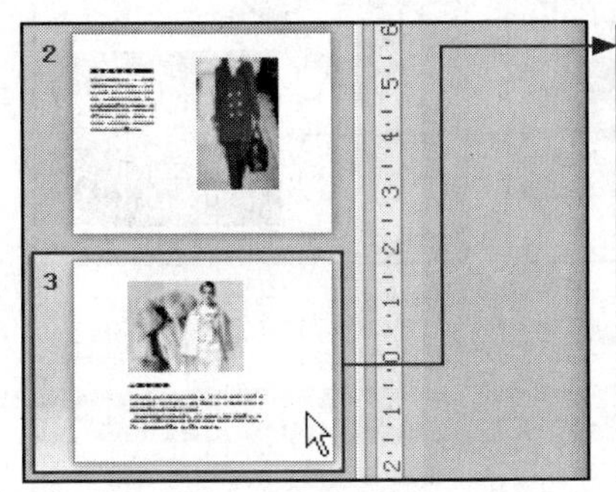

① 选中要更改版式的幻灯片

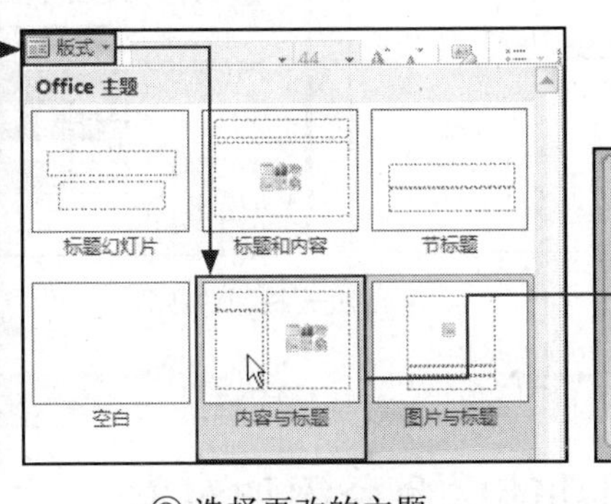

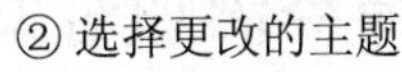

② 选择更改的主题

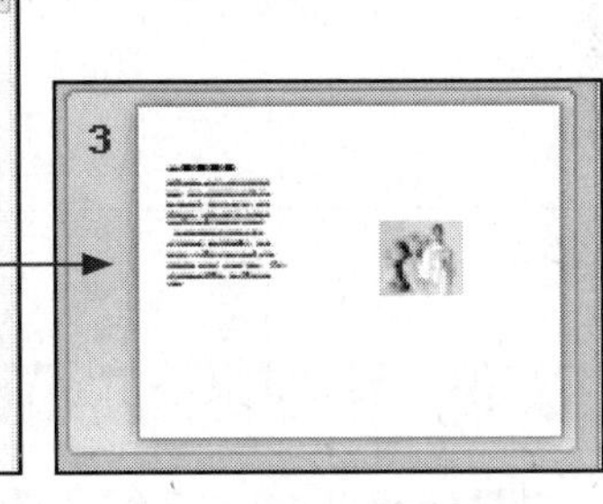

③ 应用主题后的效果

Tip 通过快捷菜单更改版式

更改幻灯片版式时，只要右击目标幻灯片，在弹出的快捷菜单中将鼠标指针指向“版式”命令，在展开的子菜单中单击要更改的版式即可。

Study

幻灯片中对象的添加与设置

- Work 1. 利用版式按钮添加对象
- Work 2. 利用功能区命令添加对象

幻灯片的特点在于美观。要想吸引读者的眼球，漂亮的页面是必不可少的，这就需要在幻灯片中插入一些图片、形状或者剪贴画等对象内容。本节就以形状图形的插入与设置为例，来介绍如何添加和设置对象。

Study 03 幻灯片中对象的添加与设置

Work 1 利用版式按钮添加对象

版式按钮是指插入的空白幻灯片中所存在的插入图片、插入剪切画等按钮，通过版式按钮添加对象时，单击幻灯片中相应的按钮，就会弹出插入对象的对话框，在其中选择目标对象即可。下面以插入图片为例介绍具体的操作。

打开空白文稿，选中要添加对象的幻灯片，单击幻灯片中的“插入图片”按钮，弹出“插入图片”对话框。进入要插入的图片所在位置，选中目标图片，然后单击“插入”按钮，即可完成图片的插入操作。返回文稿中，即可看到插入的图片。

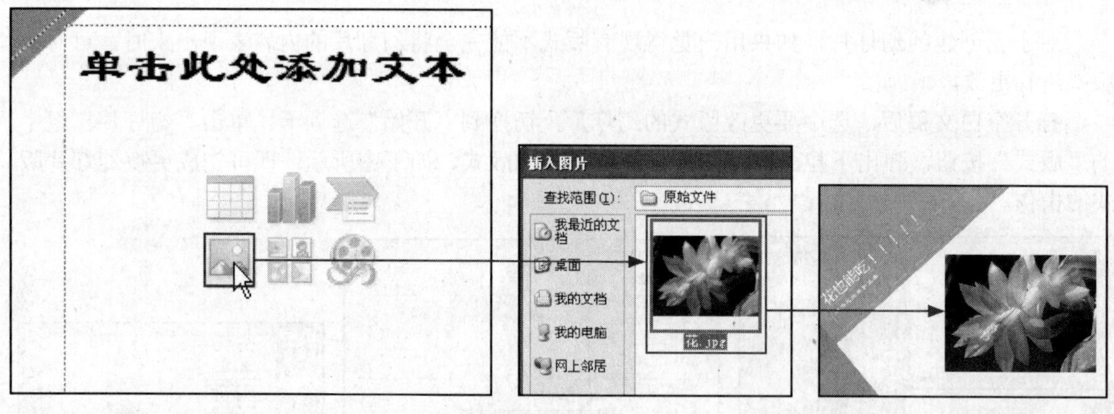

利用版式按钮添加图片

Study 03 幻灯片中对象的添加与设置

Work 2 利用功能区命令添加对象

在 PowerPoint 2010 的“插入”选项卡的功能区中，也设置了插入对象的按钮。要为幻灯片插入对象时，也可以通过这些功能按钮来完成操作。下面以插入形状为例介绍具体的操作。

切换到“插入”选项卡，单击“插图”组中的“形状”按钮，在展开的形状库中单击要插入的形状图标，然后在“幻灯片”窗格中选中要插入形状的幻灯片，将鼠标指针指向幻灯片的编辑区域，拖动鼠标即可绘制需要的形状。至合适大小后，释放鼠标，即可完成形状的添加操作。

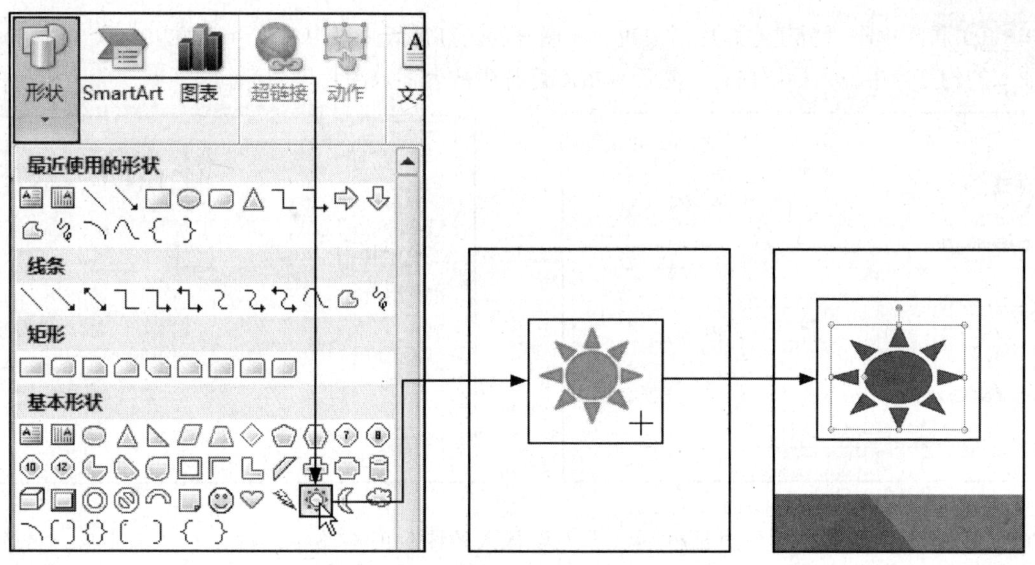

利用功能区命令添加对象

Lesson 01 制作简单的演示文稿

Office 2010 · 电脑办公从入门到精通

通过前面几章对 PowerPoint 2010 的了解，就可以动手制作一些简单的演示文稿了。本节中以花卉展览为例，制作一个简单的演示文稿。

STEP 01 新建一个 PowerPoint 2010 文稿，单击编辑区域内第一张幻灯片的主标题文本框，将光标定位在内，然后输入文稿名称，按照同样的方法输入文稿的副标题。

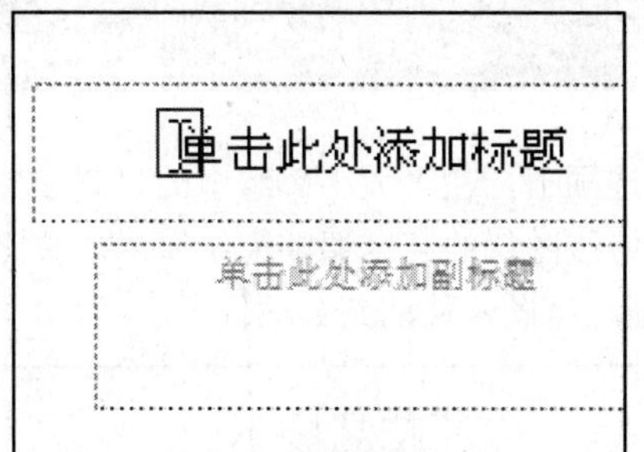

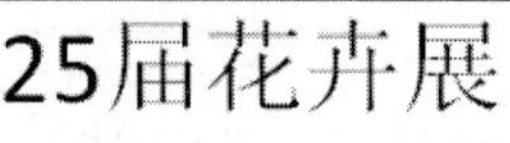

STEP 02 单击“开始”选项卡下“幻灯片”组中的“新建幻灯片”按钮，在展开的幻灯片版式库中单击“节标题”图标，然后在新插入的幻灯片中输入相关内容。

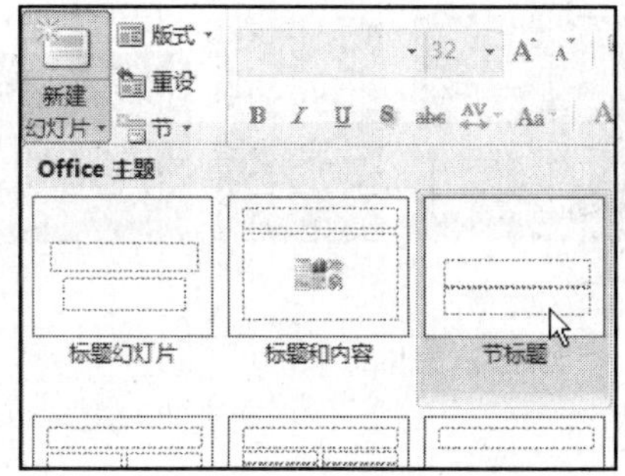

STEP 03 再次单击“新建幻灯片”按钮，在展开的幻灯片版式库中单击“标题和内容”图标，在新插入的幻灯片中输入标题内容，然后单击幻灯片中的“插入图片”图标。

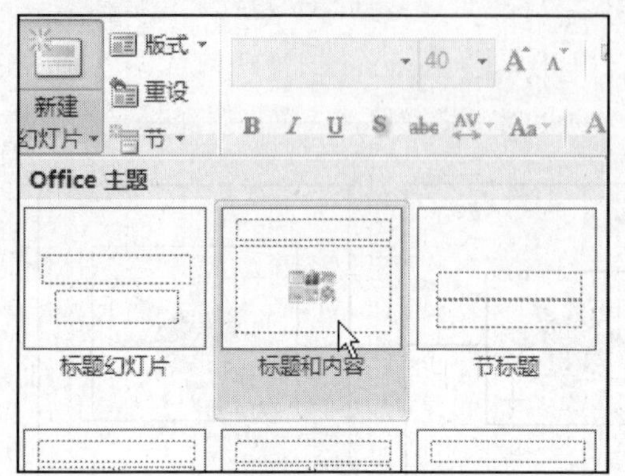

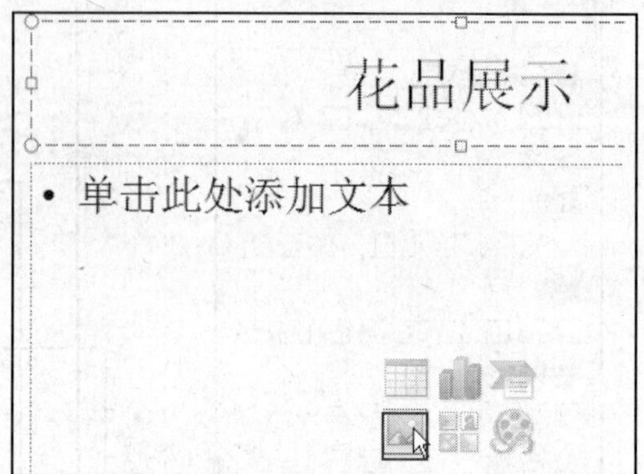

STEP 04 弹出“插入图片”对话框后，进入要插入的图片所在路径，按住 Ctrl 键不放，依次单击要插入的图片，然后单击“插入”按钮。返回到文稿中，取消所有图片的选中状态，然后单击最前面的一张图片。

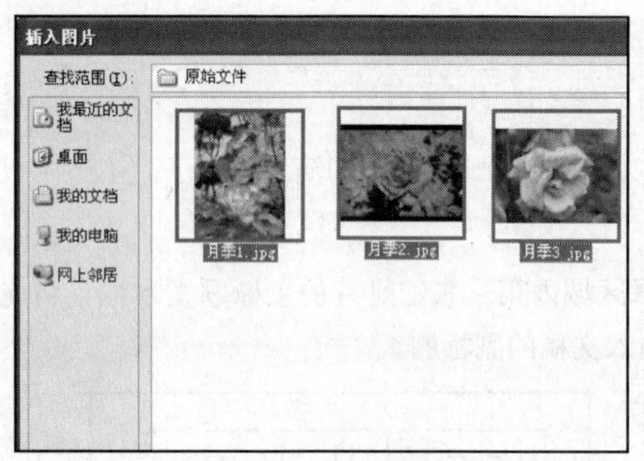

STEP 05 选中目标图片后，切换到“图片工具 - 格式”选项卡，在“大小”组中的“高度”数值框内输入“7 厘米”，然后单击幻灯片中任意位置，即可将该图片的高度调整为 7 厘米。按照同样方法，将另外两张图片也调整到合适大小，并通过鼠标拖动将图片移动到合适位置。

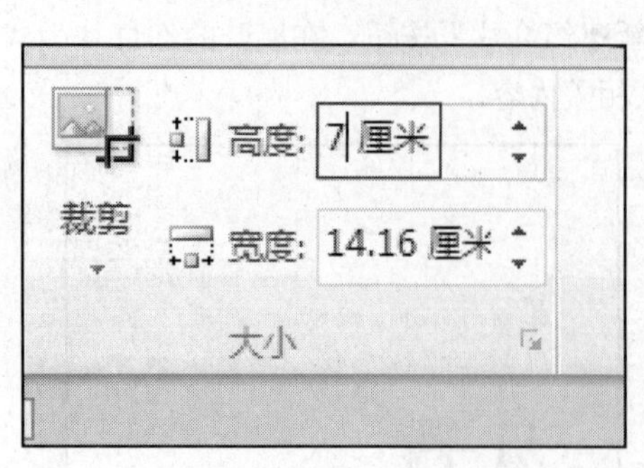

STEP 06 按住 Ctrl 键不放，在“幻灯片”窗格中依次单击第 2 张、第 3 张幻灯片，然后右击，在弹出的快捷菜单中执行“复制幻灯片”命令，将这两张幻灯片进行复制，添加第 4 张、第 5 张幻灯片，单击第 4 张幻灯片，然后在编辑区内将标题与文本内容进行更改。

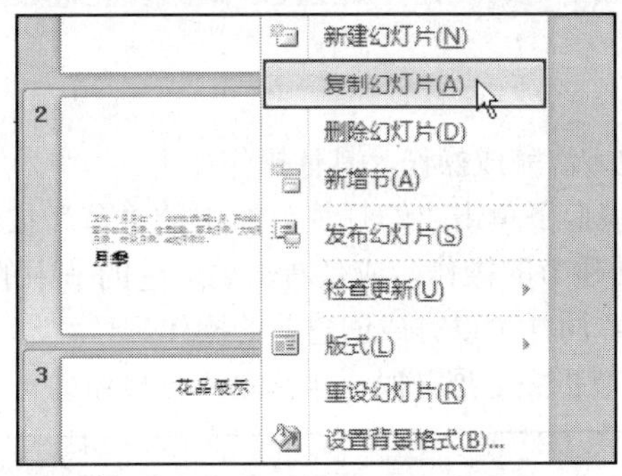

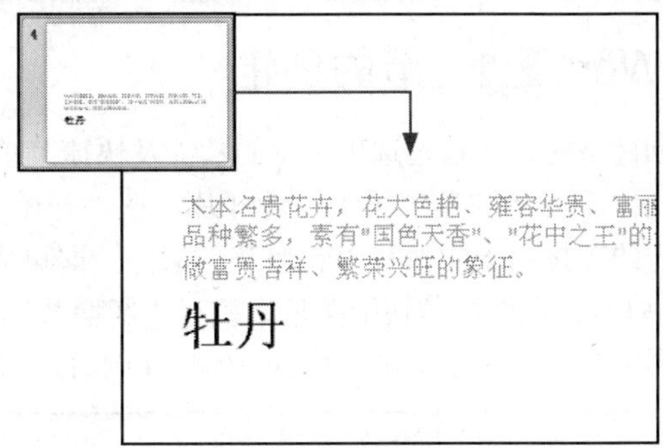

STEP 07 选中第 5 张幻灯片，右击幻灯片中第 1 个图片，在弹出的快捷菜单中执行“更改图片”命令，弹出“插入图片”对话框。进入要更改的图片所在位置，单击目标图片，然后单击“插入”按钮，即可将该图片进行更换。按照同样的方法，将幻灯片中的其他图片也进行更换。参照 STEP 08 的操作，将图片调整到合适大小、合适位置。最后参照 STEP 06 与 STEP 07 的操作，为演示文稿添加其他幻灯片，从而完成实例制作。

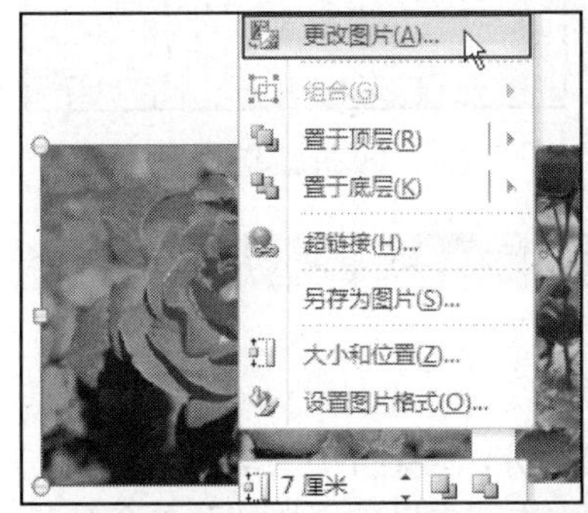

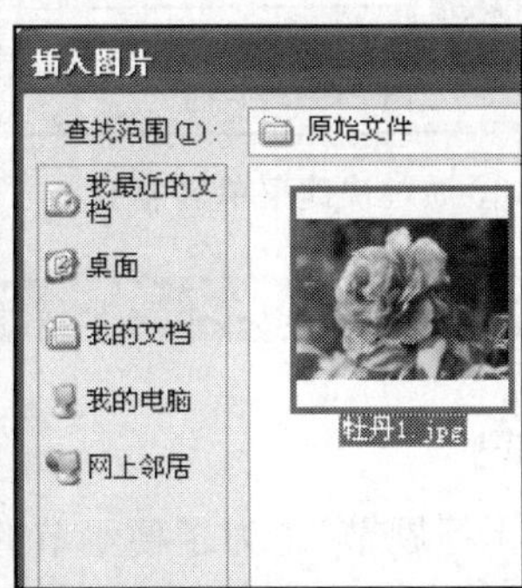

Study 04 使用节管理幻灯片

- Work 1. 节的概念
- Work 2. 节的创建
- Work 3. 对节进行命名

在编辑演示文稿时，如果幻灯片的内容由几个部分组成，可以将幻灯片进行分节处理。分节后，在“幻灯片”窗格中会显示出节的具体内容，以便于幻灯片的统一整理。

Work 1 节的概念

由于 PowerPoint 2010 中没有文档结构图，在查看大型演示文稿时，如果想通过文稿结构进行预览是无法完成的。此时可以通过对幻灯片进行分节处理，将演示文稿的骨架整理出来，以方便查阅。节就像使用文件夹组织文件一样，可以使用命名节跟踪幻灯片组；在编辑演示文稿时，可以将节分配给同事，一起完成。

Study 04 使用节管理幻灯片

Work 2 节的创建

创建节时，可通过选项卡中的功能及快捷菜单两种方法完成操作，具体操作如下。

选中要创建的节中第 1 张幻灯片，在“开始”选项卡下单击“幻灯片”组中的“节”按钮，在展开的下拉列表中执行“新增节”命令，即可完成创建节的操作。或是右击要创建的节中的第 1 张幻灯片，在弹出的快捷菜单中执行“新增节”命令，同样可以完成创建节的操作。

需要折叠节时，单击节标题左侧的◢按钮，即可将节折叠；展开时，再次单击该按钮即可。

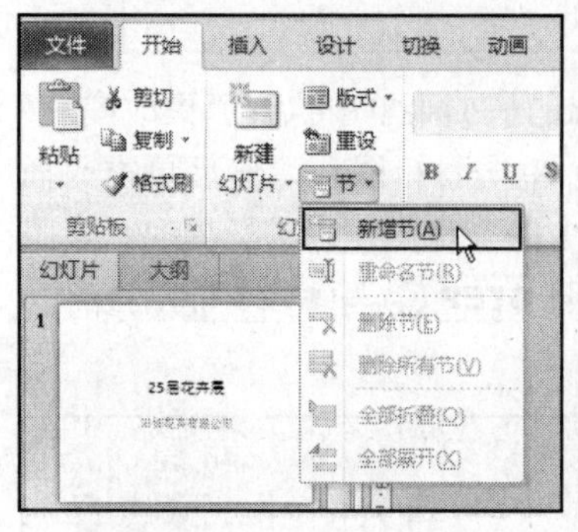

① 通过选项卡中的功能创建节

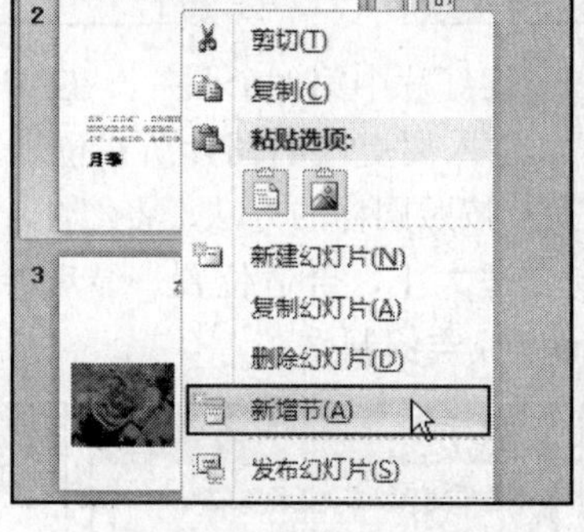

② 通过快捷菜单创建节

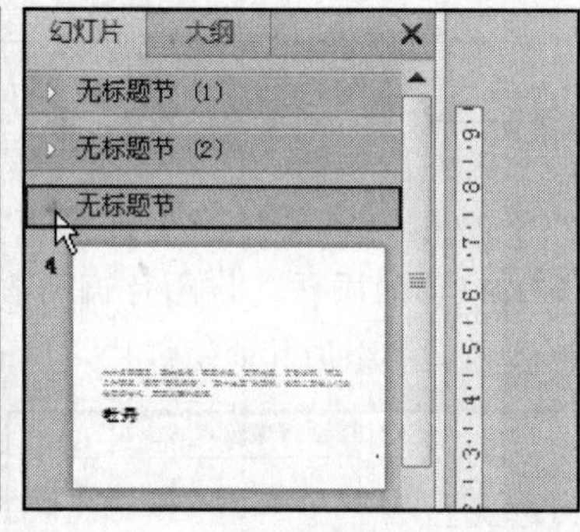

③ 折叠节

Study 04 使用节管理幻灯片

Work 3 对节进行命名

创建了节后，节的名称默认为“无标题节”。为了便于节的区分，可对节的名称进行命名。命名时，可以通过选项卡中的功能及快捷菜单两种方法完成操作。本节中以使用快捷菜单命名节为例，介绍具体的操作。

右击要进行命名的节，在弹出的快捷菜单中执行“重命名节”命令，弹出“重命名节”对话框后，在“节名称”文本框中输入节的名称，然后单击“重命名”按钮，即可完成命名操作。按照同样的方法，对其他的节进行命名。

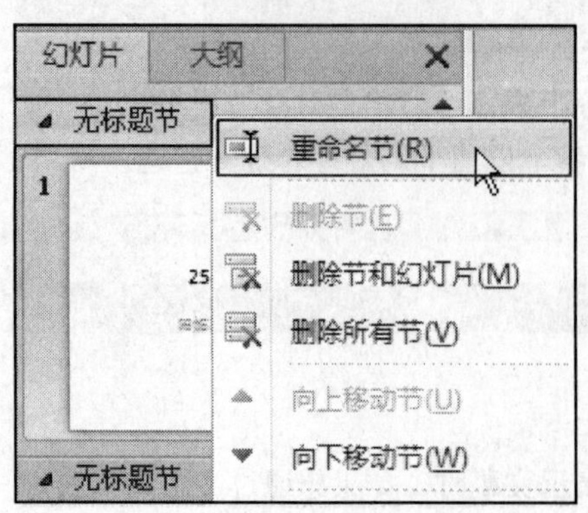

① 执行“重命名”命令

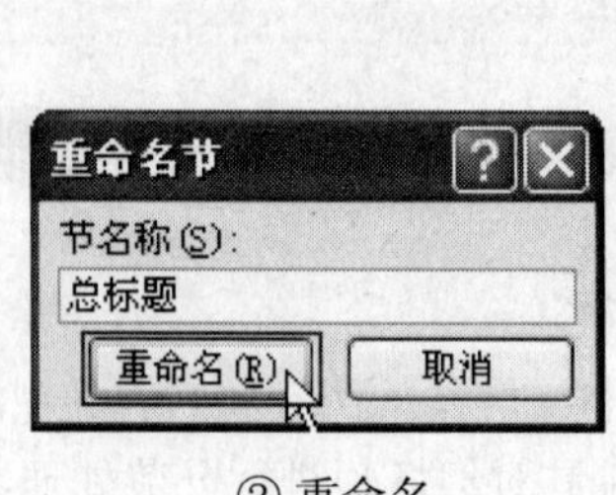

② 重命名

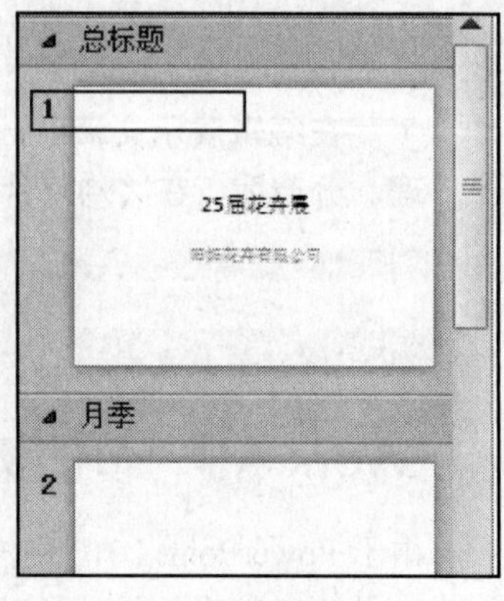

③ 显示命名效果

Lesson 02 按章节交换幻灯片顺序

将幻灯片进行分节处理后，需要移动某部分幻灯片的位置时，只要移动节的位置即可。

打开光盘\实例文件\第 23 章\原始文件\按章节交换幻灯片位置 .pptx，右击要移动位置的节标题，在弹出的快捷菜单中执行“向下移动节”命令，即可将该节向下移动一个位置。需要继续将该向下移动时，再次执行该命令，直到将节移动到目标位置为止。

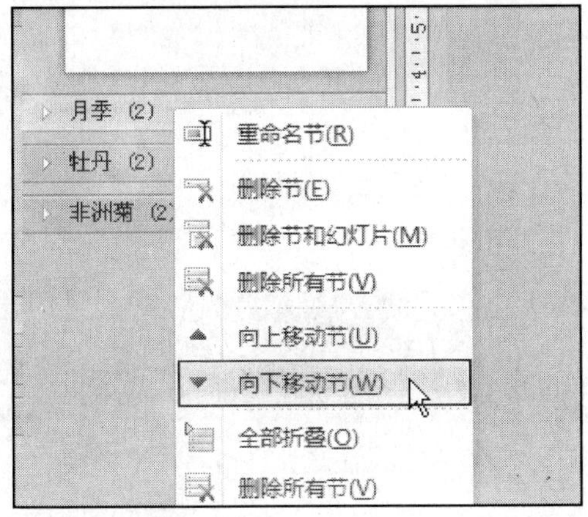

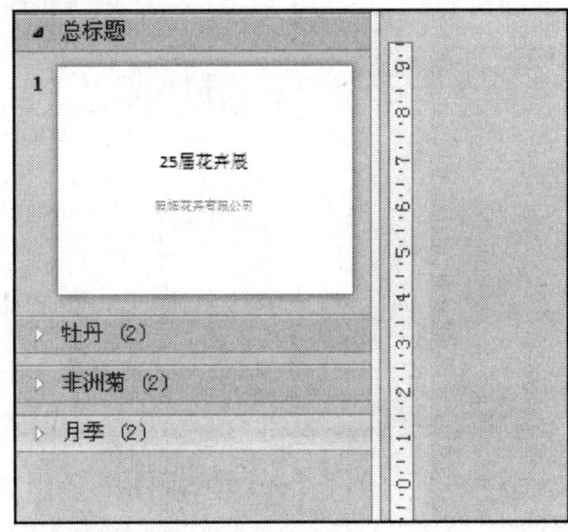

Tip 删除节

需要删除演示文稿的节时，只要右击目标节标题，在弹出的快捷菜单中执行“删除节”或“删除所有节”命令，即可完成节的删除操作。如果用户需要将节中所包括的幻灯片一起删除，可在弹出的快捷菜单中执行“删除节和幻灯片”命令。

Chapter 24

一劳永逸的母版

Office 2010 电脑办公从入门到精通

本章重点知识

Study 01 “幻灯片母版”视图的使用方法

Study 02 讲义母版与备注母版

本章视频路径

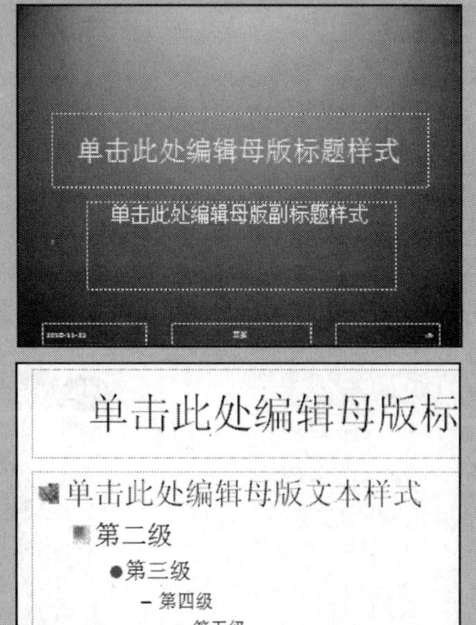

Chapter 24\ Study 01\

- Lesson 01 设置母版幻灯片背景的图案效果.swf
- Lesson 02 应用背景样式.swf
- Lesson 03 占位符的使用.swf
- Lesson 04 插入图片项目符号.swf

Chapter 24 一劳永逸的母版

PowerPoint 的母版用于批量设置幻灯片的文本格式、主题等内容。通过母版，用户可以方便快捷地设置幻灯片的格式等内容。本章就来介绍幻灯片母版、讲义母版及备注母版的使用。

Study 01 "幻灯片母版"视图的使用方法

- Work 1. 打开"幻灯片母版"视图
- Work 2. 主题与背景的设计
- Work 3. 占位符
- Work 4. 更改各标题项目符号

幻灯片母版是模板的一部分，通过母版可以一次性设置文稿中的文本和对象在幻灯片上的放置位置、文本和对象占位符的大小、文本样式、背景、颜色主题、效果和动画等相关内容。本节中就来介绍幻灯片母版的使用方法。

Work 1 打开"幻灯片母版"视图

打开一个光盘\实例文件\第 24 章\原始文件\玉龙雪山 .pptx 后，默认情况都是在普通视图下，需要切换到"幻灯片母版"视图时，首先切换到"视图"选项卡，单击"演示文稿视图"组中的"幻灯片母版"按钮，即可切换到"幻灯片母版"视图下。

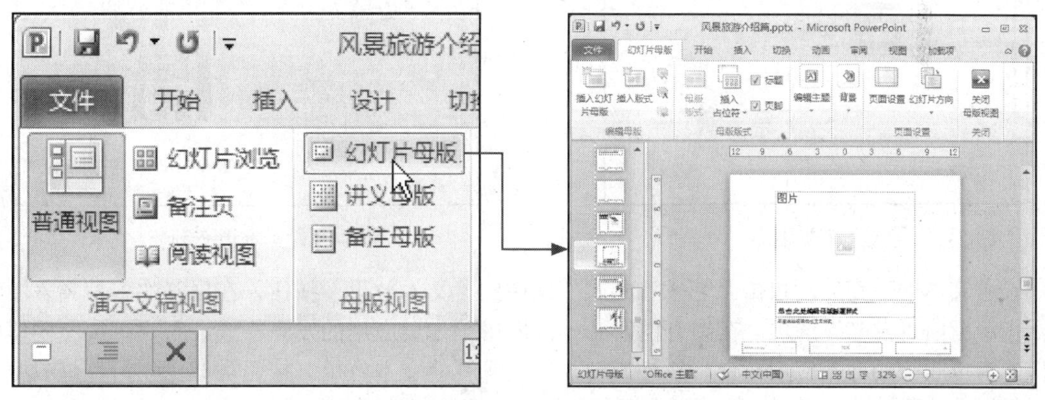

切换到母版视图

Work 2 主题与背景的设计

切换到母版视图后，就可以对文稿的文本、主题等内容进行设置。下面就来介绍文本格式、主题及背景的设计操作。

01 设置文本格式

设置文本格式时，用户可以选择套用艺术字样式，也可以手动对文本的颜色、轮廓、效果进行设置。

（1）方法一：套用艺术字样式

进入幻灯片母版视图后，在第1张幻灯片中选中要设置格式的主标题文本，切换到“绘图工具-格式”选项卡，单击“艺术字样式”组中的列表框右下角的快翻按钮，在展开的样式库中单击需要应用的样式图标，即可完成艺术字样式的套用。

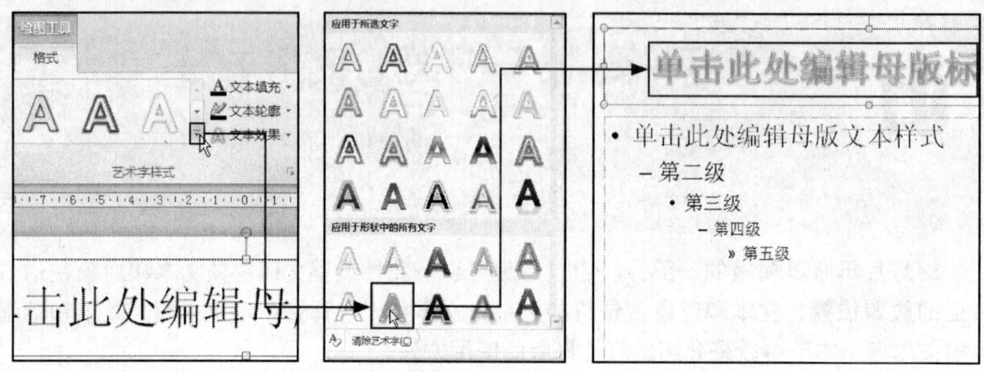

套用艺术字样式

（2）方法二：手动设置

选中要设置格式的副标题文本，切换到“绘图工具-格式”选项卡，单击“艺术字样式”组中的“文本填充”按钮，弹出颜色列表后，选中文本需要填充的颜色。

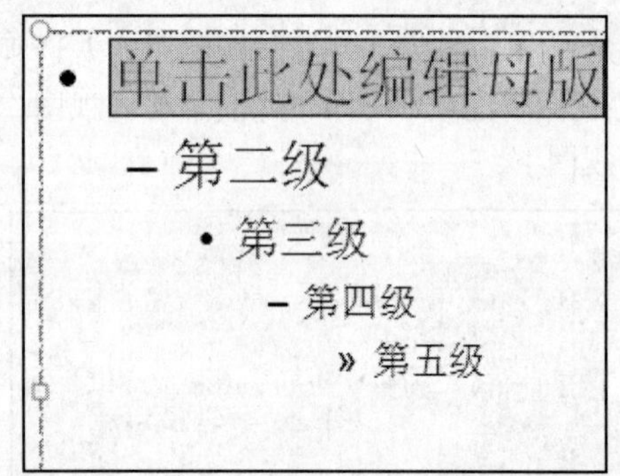

① 选择目标标题

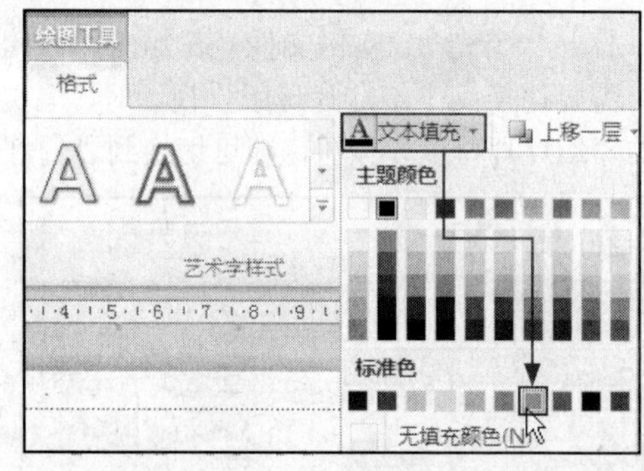

② 设置文本填充颜色

设置文本的填充后，单击“艺术字样式”组中的“文本效果”按钮，在展开的下拉列表中将鼠标指针指向“发光”选项，在展开的发光样式库中单击要应用的发光样式。用户可按照同样的操作，为母版中的文本应用棱台、三维旋转、转换等其他文本效果。按照类似操作，将母版中的第二级标题甚至第三级标题、第四级标题的格式进行适当的设置。

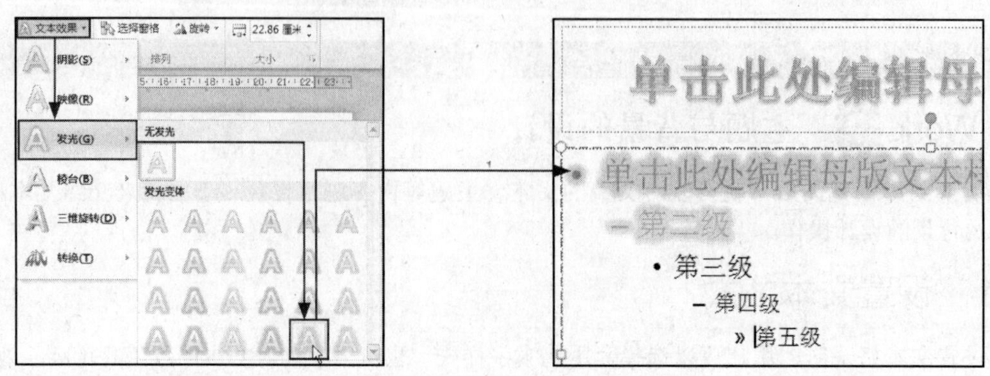

③ 设置文本效果　　　　④ 文本格式设置效果

完成了文本的设置后，切换到“幻灯片母版”选项卡，单击“关闭”组中的“关闭母版视图”按钮，即可返回到普通视图下。此时，可以看到使用该版式的幻灯片中的文本内容都进行了相应的更改。

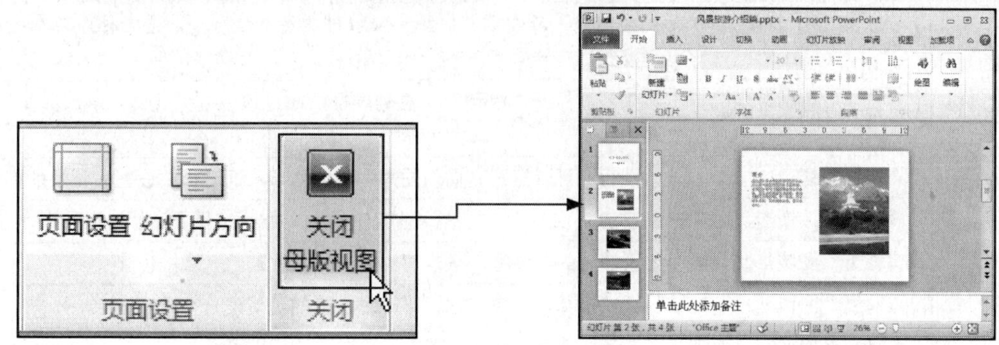

⑤ 应用母版的幻灯片效果

02 主题设置

切换到幻灯片母版视图下，单击“主题”按钮，在展开的“所有主题”列表中选中需要的主题，即可完成主题的设置。

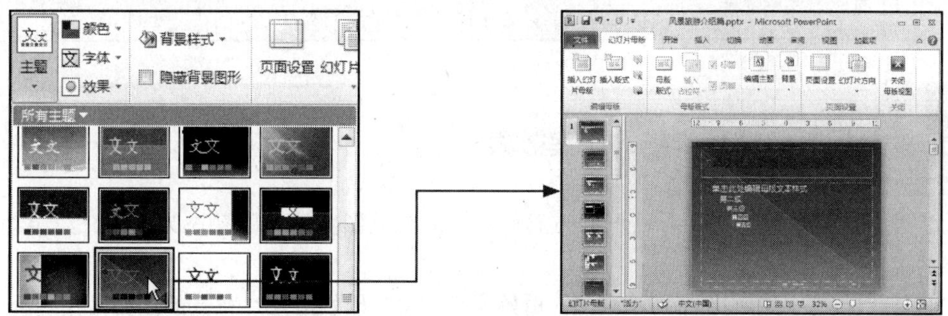

幻灯片主题设置效果

03 背景设置

在进行背景的设置时，可以通过“设置背景格式”对话框手动设置，也可以直接套用程序预设的背景样式。下面来认识“设置背景格式”对话框，并以“图片或纹理填充”填充界面为例介绍该对话框内各区域的作用，如表 24-1 所示。

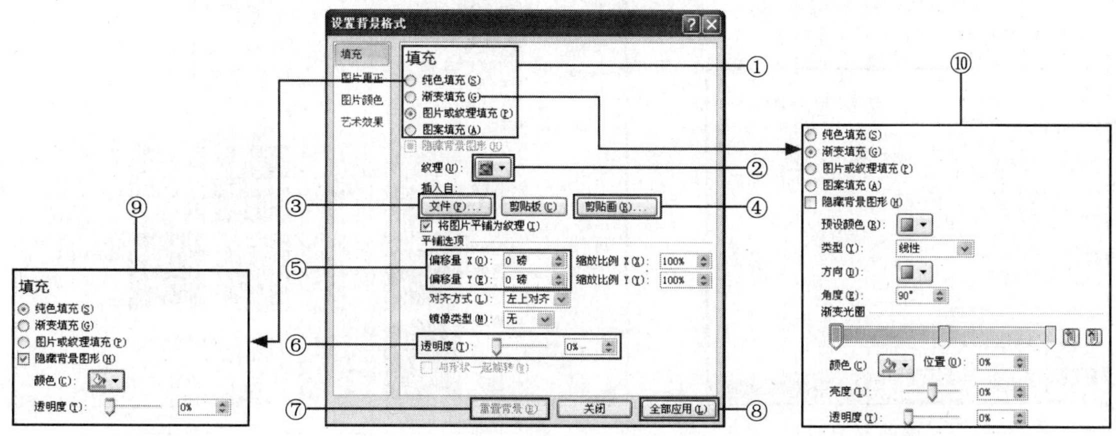

“设置背景格式”对话框

表 24-1 “设置背景格式”对话框的功能及作用

编　号	名　称	功能及作用
①	“填充”区域	包括纯色填充、渐变填充、图片或纹理填充 3 个选项，选中相应单选按钮，即可切换到相应界面下
②	“纹理”按钮	单击该按钮，打开“纹理”下拉列表框，通过该下拉列表框可以选择要应用的纹理图案
③	“文件”按钮	单击该按钮，可以打开“插入图片”对话框，从而选择要设置为背景的图片
④	“剪贴画”按钮	单击该按钮，可以打开“选择图片”对话框，从而选择要设置为背景的剪贴画
⑤	“偏移量”区域	通过该区域内的数值框，可以设置背景对象在幻灯片中的位置
⑥	“透明度”区域	在该区域中有标尺和数值框，可以对背景的透明度进行设置
⑦	“重置背景”按钮	选择了背景后，需要重新设置时，单击该按钮即可
⑧	“全部应用”按钮	默认情况下，选择了背景图案后，只应用于所选幻灯片，单击该按钮，则将文稿中的所有幻灯片都应用此次背景的设置
⑨	“纯色填充”界面	选中“填充”区域内的“纯色填充”单选按钮，即可切换到该界面下。在该界面中只能设置单色的背景填充
⑩	“渐变填充”界面	选中“填充”区域内的“渐变填充”单选按钮，即可切换到该界面下。在该界面中只能设置多种颜色的渐变填充

Lesson 01 设置母版幻灯片背景的图案效果

Office 2010 · 电脑办公从入门到精通

了解了“设置背景格式”对话框的布局后，下面就以图案背景的填充为例，介绍手动设置幻灯片背景的操作。

STEP 01 打开光盘\实例文件\第 24 章\原始文件\设置母版幻灯片背景的图案效果.pptx，切换到幻灯片母版视图下的第 1 张幻灯片，在编辑区内右击该幻灯片的背景区域，在弹出的快捷菜单中执行“设置背景格式”命令，如下左图所示。

STEP 02 弹出“设置背景格式”对话框，选中“图片或纹理填充”执行按钮，然后单击“纹理”按钮，弹出下拉列表，再选中需要的水滴图标，如下右图所示。

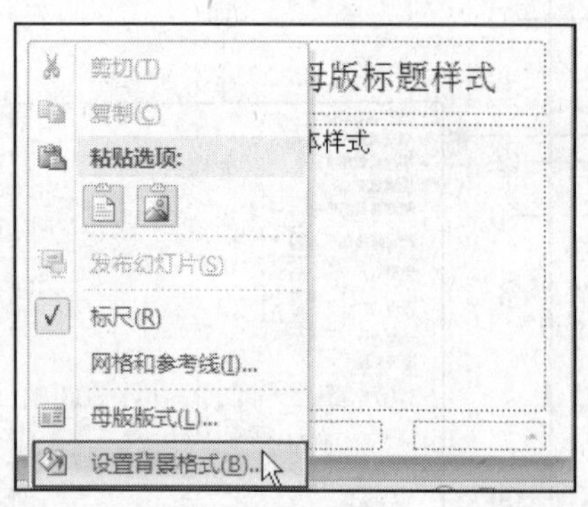

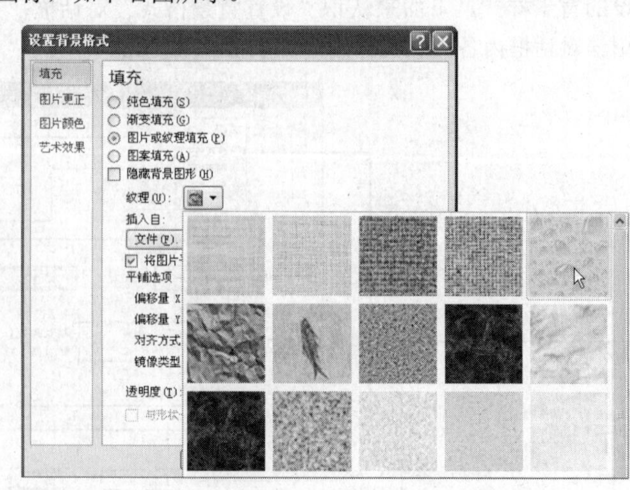

STEP 03 选择了水滴图案后，单击“设置背景格式”对话框中的“关闭”按钮，返回文稿中，就可以看到母版下的所有幻灯片都应用了水滴纹理的填充。

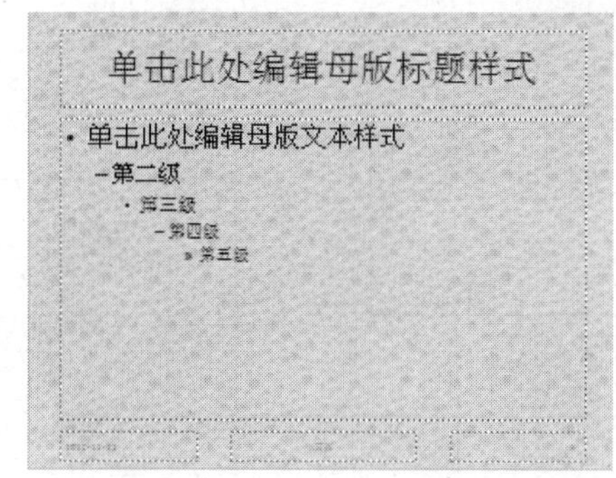

Lesson 02 应用背景样式

Office 2010 · 电脑办公从入门到精通

除了手动设置背景格式外，还可以直接套用程序中的背景样式。下面来介绍套用背景样式的操作方法。

STEP 01 继续上例的操作，在“幻灯片”窗格中选中第2张幻灯片，然后单击“背景”组中的“背景样式”按钮，在展开的样式列表中选中要使用的样式。

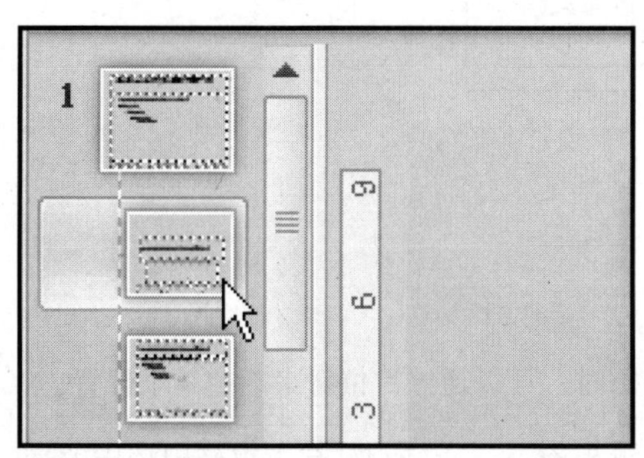

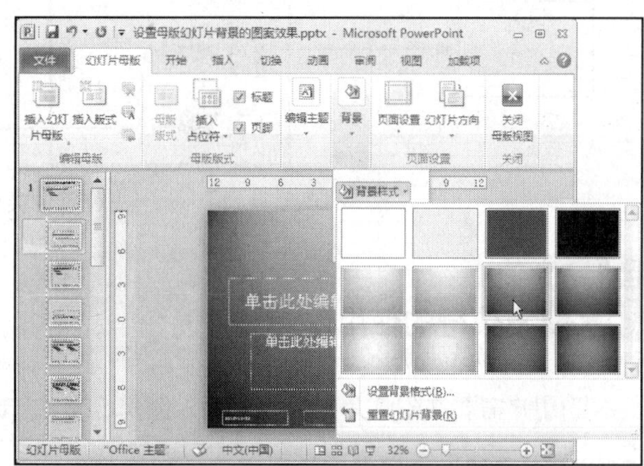

STEP 02 经过以上的操作后，所选择的幻灯片背景就会应用当前所选择的背景样式。

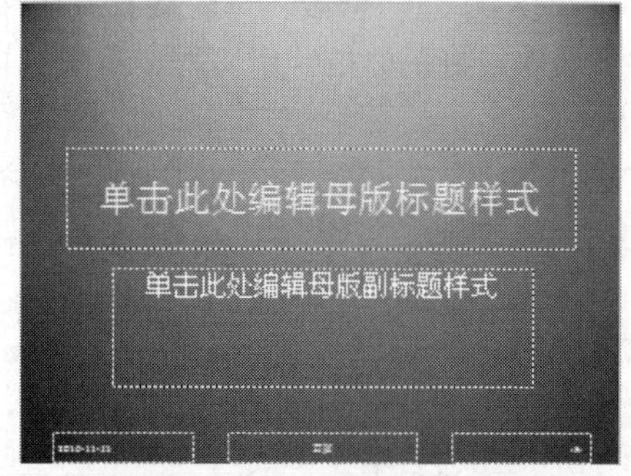

Study 01 “幻灯片母版”视图的使用方法

Work 3 占位符

占位符是一种带有虚线边缘的框，在这些框内可以放置标题、图表或图片等对象，占位符的作用就是为以上对象先确定一个位置。在 PowerPoint 2010 中，占位符有以下几种类型。

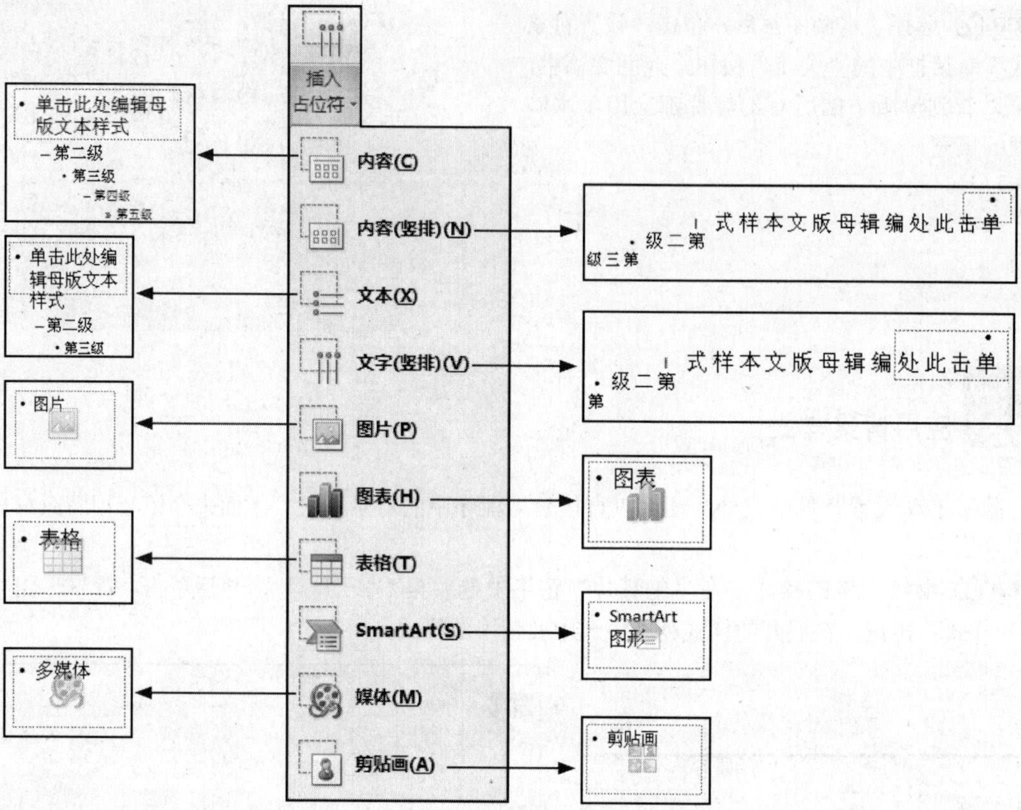

插入
占位符
内容(C)
内容(竖排)(N)
文本(X)
文字(竖排)(V)
图片(P)
图表(H)
表格(T)
SmartArt(S)
媒体(M)
剪贴画(A)

占位符的类型

Lesson 03 占位符的使用

Office 2010 · 电脑办公从入门到精通

当用户需要在幻灯片的母版中插入图形、文本等对象时，可以通过占位符来确定一个位置。

STEP 01 新建一个空白的演示文稿，切换到幻灯片母版视图下，在“幻灯片”窗格中选中要插入占位符的幻灯片，单击“母版版式”组中的“插入占位符”按钮，在展开的下拉列表中选择“图片”选项。将鼠标指针指向程序编辑区内，当鼠标指针变成十字形状时，拖动鼠标绘制需要的形状。

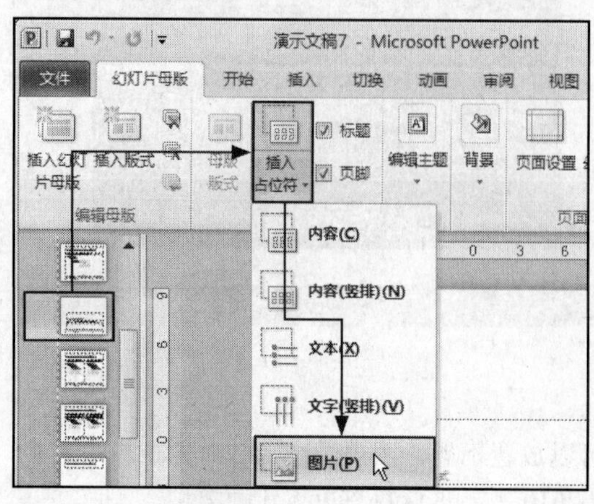

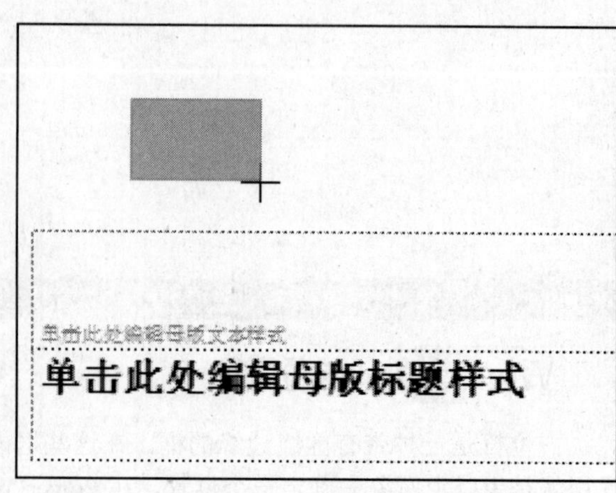

STEP 02 将形状绘制完成后释放鼠标，在编辑区内可看到所插入的占位符，即可完成占位符的插入。恢复为普通视图时，在该版式下的幻灯片中能看到所添加的占位符，使用时单击即可。

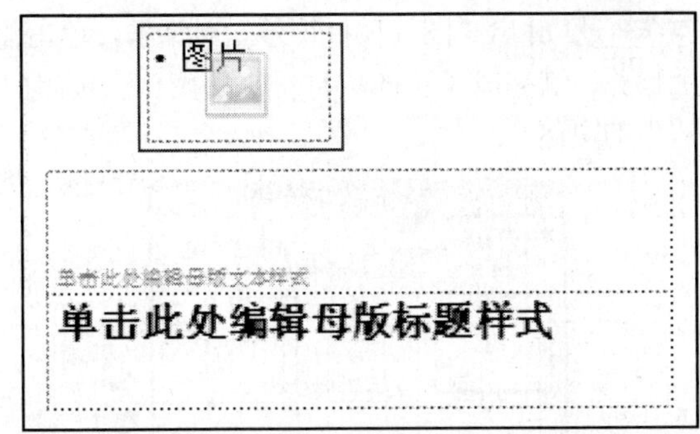

Study 01 "幻灯片母版"视图的使用方法

Work 4 更改各标题项目符号

项目符号可以起到说明标题级别的作用，所以用户可以对不同的标题采用不同的项目符号进行显示。在项目符号列表中预设了几种常用的项目符号，在应用这些项目符号时，选中要设置的段落，切换到"开始"选项卡，单击"段落"组中的"项目符号"按钮，弹出下拉列表，单击需要的项目符号样式即可。

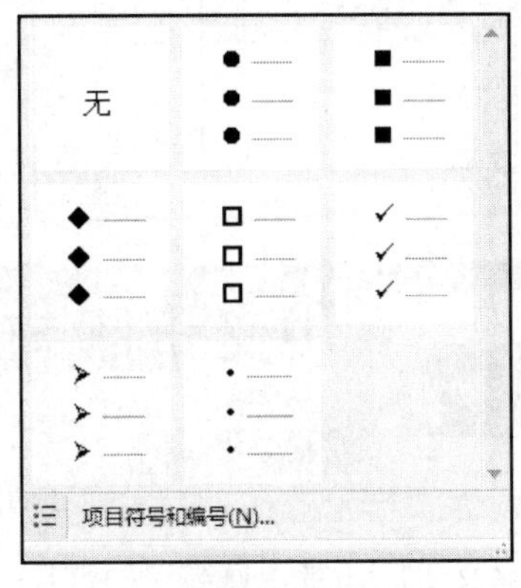

项目符号列表

Lesson 04 插入图片项目符号

Office 2010 · 电脑办公从入门到精通

除了几种常用的项目符号，用户还可以选择一些其他的图片或符号作为项目符号。下面就以图片项目符号为例，介绍自定义项目符号的操作。

STEP 01 新建一个空白的文稿，切换到幻灯片母版视图，在第 1 张幻灯片的编辑区域内右击副标题所对应的项目符号，在弹出的快捷菜单中执行"项目符号"命令，在展开的子菜单中执行"项目符号和编号"命令。

STEP 02 弹出"项目符号和编号"对话框，切换到"项目符号"选项卡，单击对话框右下角的"图片"按钮。弹出"图片项目符号"对话框，单击需要使用的图片，然后单击"确定"按钮。

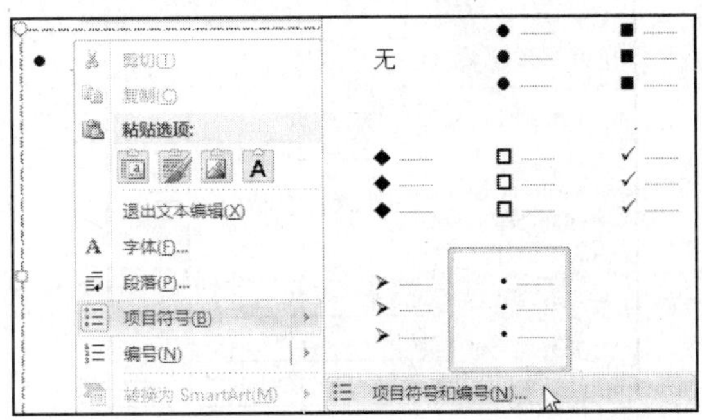

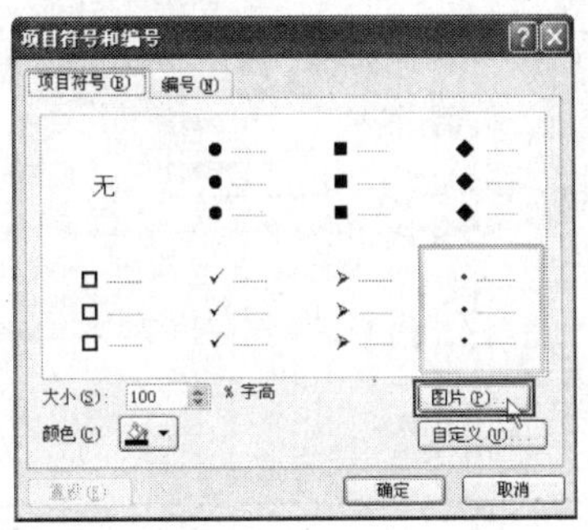

STEP 03 弹出“图片项目符号”对话框，单击需要使用的图片，然后单击“确定”按钮。经过以上操作，就完成了更改项目符号的操作。按照同样的方法，对其他标题所对应的项目符号也进行适当的更改。

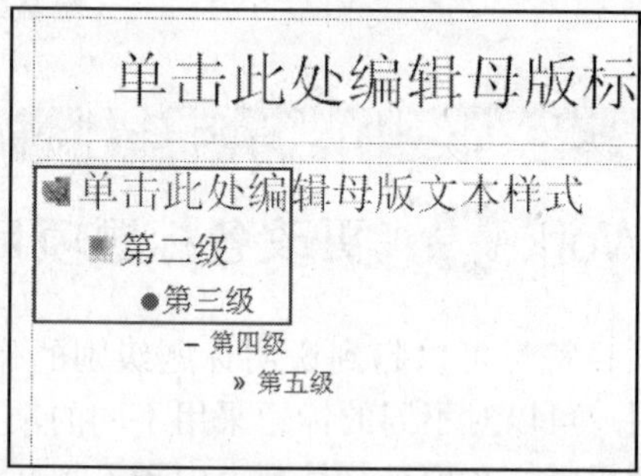

讲义母版与备注母版

- Work 1. 讲义母版
- Work 2. 备注母版

讲义母版与备注母版同幻灯片母版类似，作用同样是对讲义和备注的版式进行设置。本节就分别来介绍讲义母版和备注母版的使用方法。

Study 02 讲义母版与备注母版

Work 1 讲义母版

讲义母版可以移动页眉和页脚的占位符，调整占位符大小和格式，设置页面方向，指定每页要打印的幻灯片数目等内容。

打开目标文稿后，切换到“视图”选项卡，单击“演示文稿视图”组中的“讲义母版”按钮，进入讲义母版状态。切换到“讲义母版”选项卡，单击“页面设置”组中的“每页幻灯片数量”按钮，在展开的下拉列表中选择要使用的数量，本节中以“4 张幻灯片”为例。

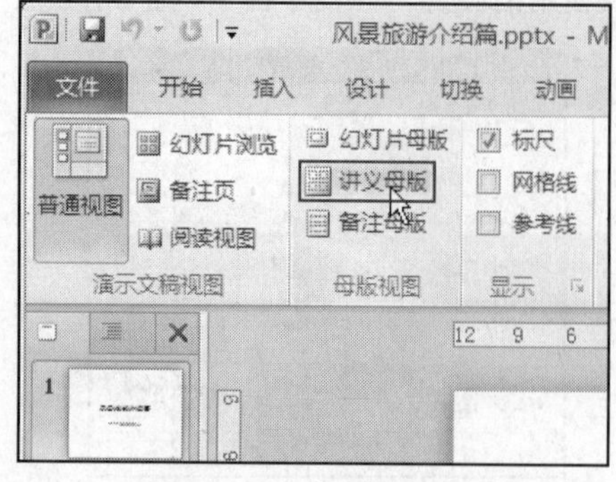

① 切换到“讲义母版”视图下

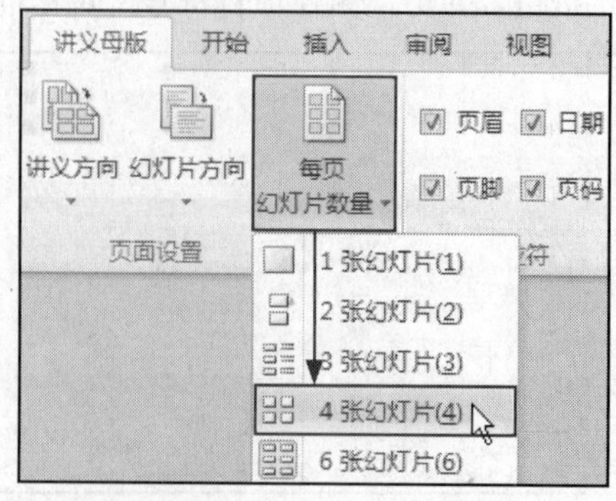

② 设置每页幻灯片数量

单击“幻灯片方向”按钮，在展开的下拉列表中选择要更改的方向，本节中以“纵向”为例；需要更改讲义的方向时，单击“讲义方向”按钮，在展开的下拉列表中选择要设置的方向。

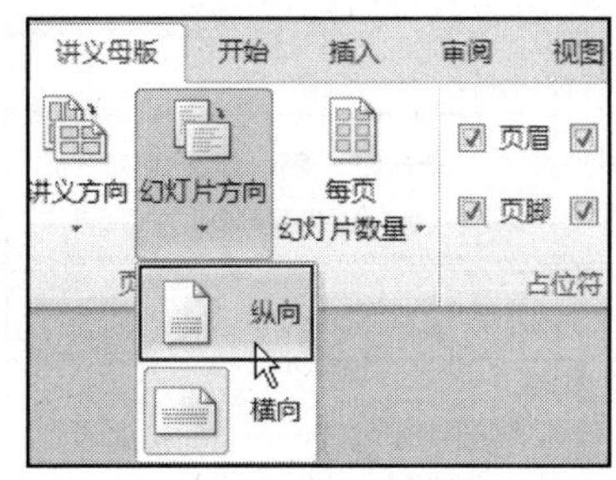

③ 设置幻灯片方向

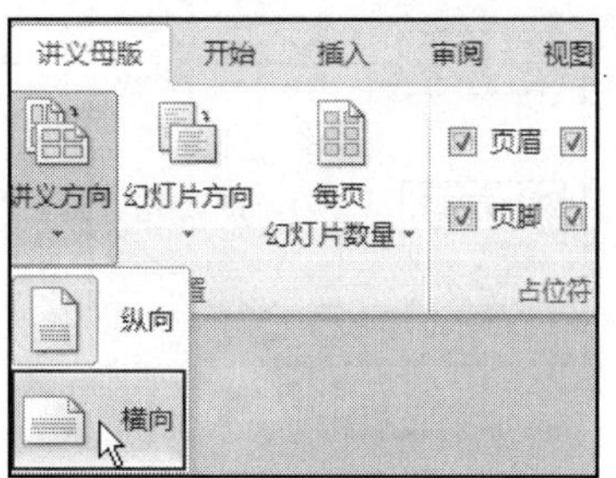

④ 设置讲义方向

单击“页面设置”按钮，打开“页面设置”对话框，用户也可以在该对话框中对文稿进行幻灯片方向、讲义方向及幻灯片大小、宽度、高度等内容的设置，设置完成后单击“确定”按钮。将讲义母版设置完毕后，需要返回普通视图时，单击“讲义母版”选项卡下“关闭”组中的“关闭母版视图”按钮即可。

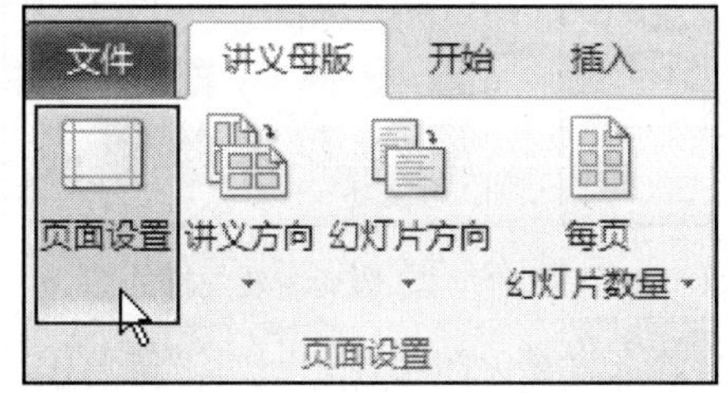

⑤ 单击“页面设置”按钮

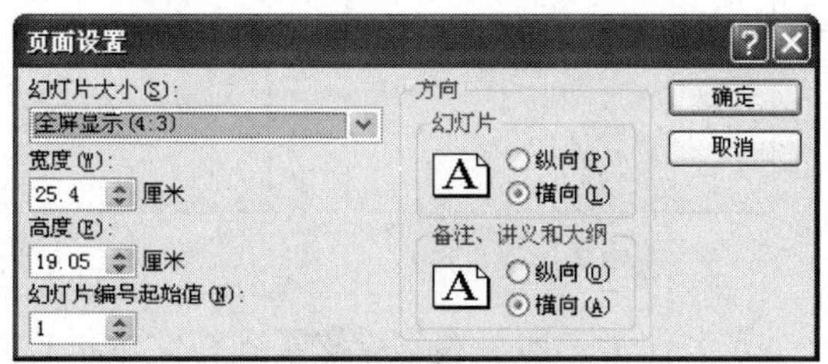

⑥“页面设置”对话框

Study 02 讲义母版与备注母版

Work 2 备注母版

备注母版可以对文稿中备注页的版式进行设置，主要对备注页的方向、占位符对象、备注框格式进行设置。

打开目标文稿后，切换到“视图”选项卡，单击“演示文稿视图”组中的“备注母版”按钮，即可切换到备注母版的视图状态下。

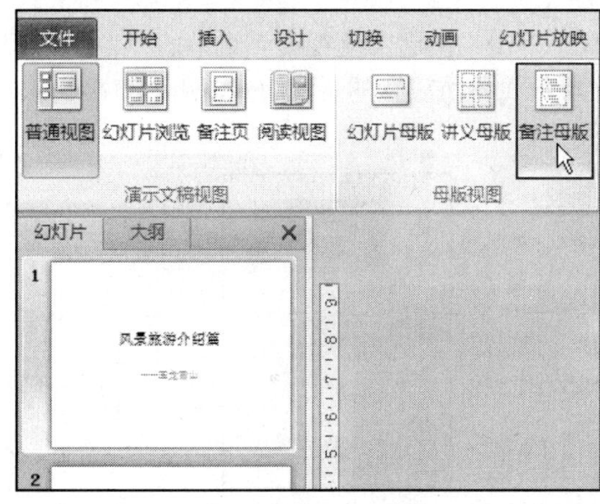

① 单击“备注母版”按钮

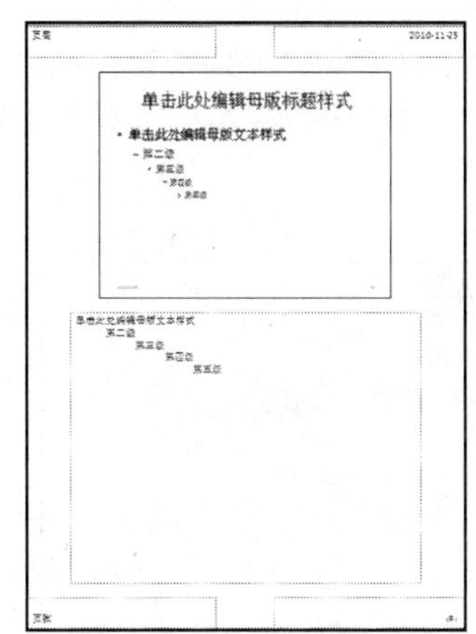

② 进入备注母版效果

切换到“备注母版”选项卡，取消勾选“占位符”组中的“页眉”和“页脚”复选框，即可撤销备注页中页眉和页脚的显示。

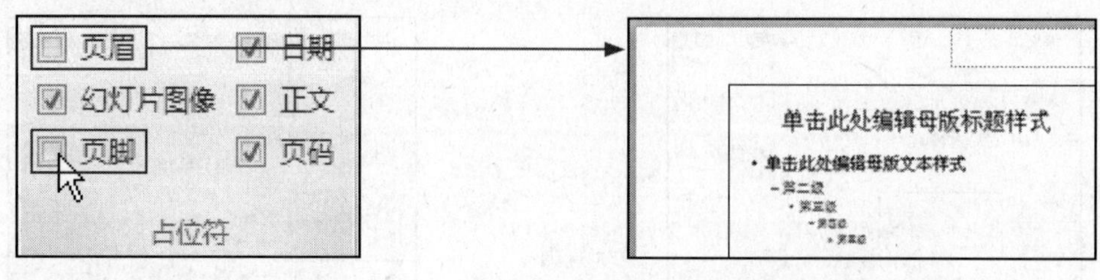

③ 取消页眉和页脚占位符　　④ 取消页眉占位符效果

需要对备注文本框的样式进行设置时，可选中备注框，切换到“绘图工具 - 格式”选项卡，单击“形状样式”组右下角的快翻按钮，在展开的“形状样式”库中单击要使用的样式图标。

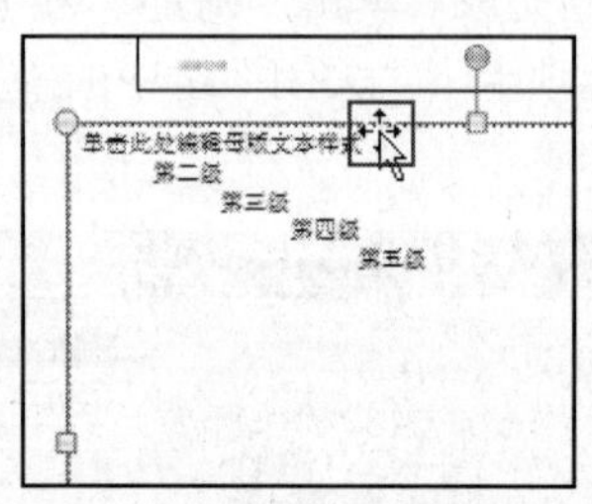

⑤ 选择备注文本框

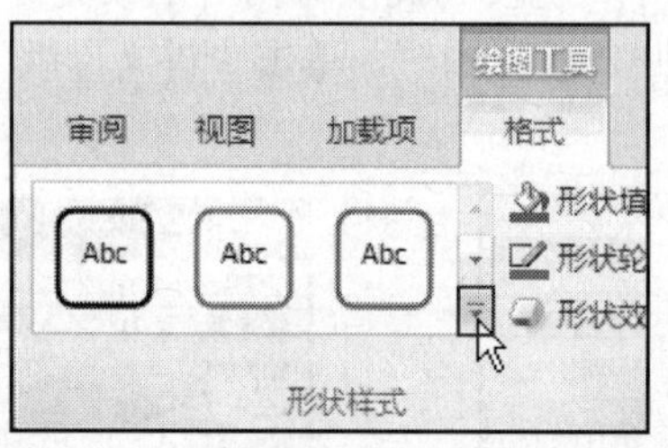

⑥ 单击快翻按钮

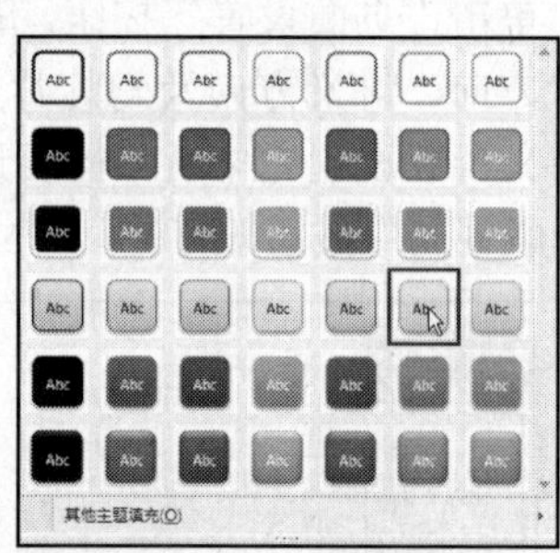

⑦ 选择需要的样式图标

在备注页中即可看到设置了备注文本框样式后的效果。需要关闭备注母版时，可单击“关闭”组中的“关闭母版视图”按钮。

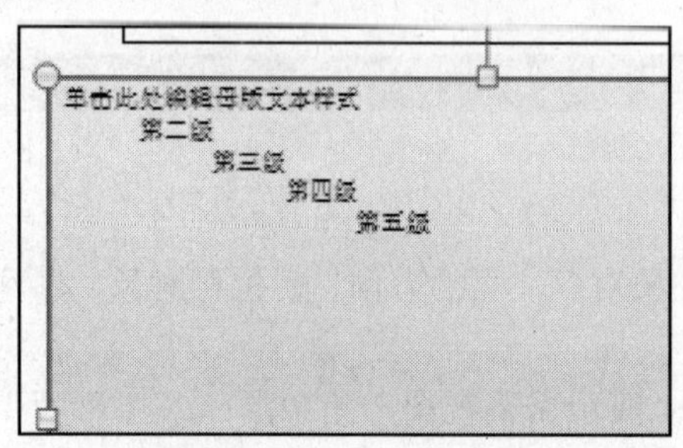

⑧ 显示更改样式的备注框效果

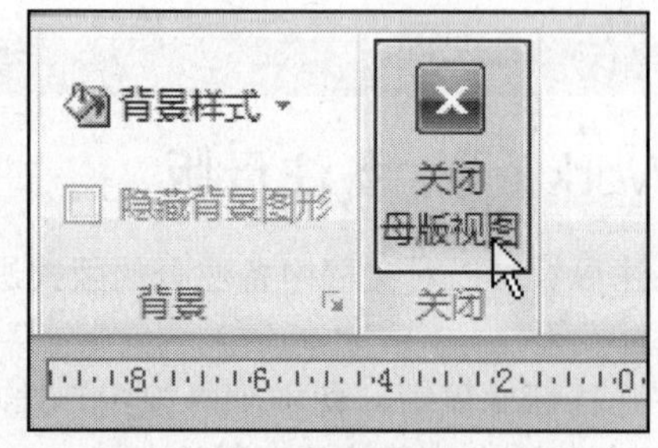

⑨ 单击“关闭母版视图”按钮

返回“普通视图”界面，切换到“视图”选项卡，单击“演示文稿视图”组中的“备注页”按钮，进入“备注页”视图后，就可以应用在“备注母版”中所设置的备注版式，用户直接输入备注内容即可。

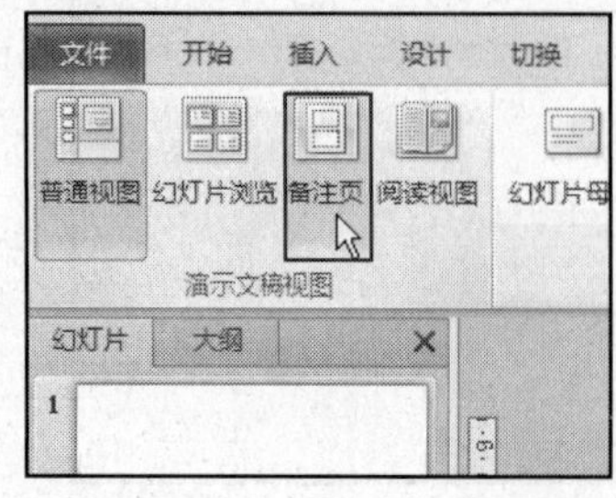

⑩ 单击“备注页”按钮

⑪ 备注页视图效果

Chapter 25

让幻灯片更加生动

Office 2010 电 脑 办 公 从 入 门 到 精 通

本章重点知识

Study 01 在幻灯片之间建立超链接
Study 02 生动的幻灯片切换动画
Study 03 赋予幻灯片动画效果
Study 04 让幻灯片声像俱全

本章视频路径

CD

Chapter 25\Study 01\

- Lesson 01 为文稿插入超链接.swf
- Lesson 02 动作按钮的添加与使用.swf

Chapter 25\Study 02\

- Lesson 03 设置幻灯片的切换效果.swf

Chapter 25\Study 03\

- Lesson 04 多个对象同时动画.swf
- Lesson 05 设置强调动画效果选项.swf
- Lesson 06 设置幻灯片的动画效果.swf

Chapter 25\Study 04\

- Lesson 07 为演示文稿添加真实的影像.swf

Chapter 25 让幻灯片更加生动

为了使幻灯片更加生动，除了对它的格式、文本、图片等内容进行设置外，还需要添加其他内容。本章就来介绍为幻灯片添加动作按钮、动画方式、颜色、影像等对象的设置方法，从而使幻灯片更富有动感。

Study 01 在幻灯片之间建立超链接

- Work 1. 添加超链接
- Work 2. 链接动作设置

超链接经常用于网页中，它是指一个网页指向一个目标的链接关系，这个目标可以是另一个网页，也可以是同一网页上的不同位置，还可以是一幅图片、一个电子邮件地址、一个文件，甚至是一个应用程序。在幻灯片文稿中也可以建立超链接，本节将介绍建立超链接的方法。

Work 1 添加超链接

设置超链接时，链接到的位置包括现有文件或网页、本文档中的位置、新建文档、电子邮件地址 4 种类型，用户可根据需要进行相应选择。下面来认识"插入超链接"对话框，如表 25-1 所示。

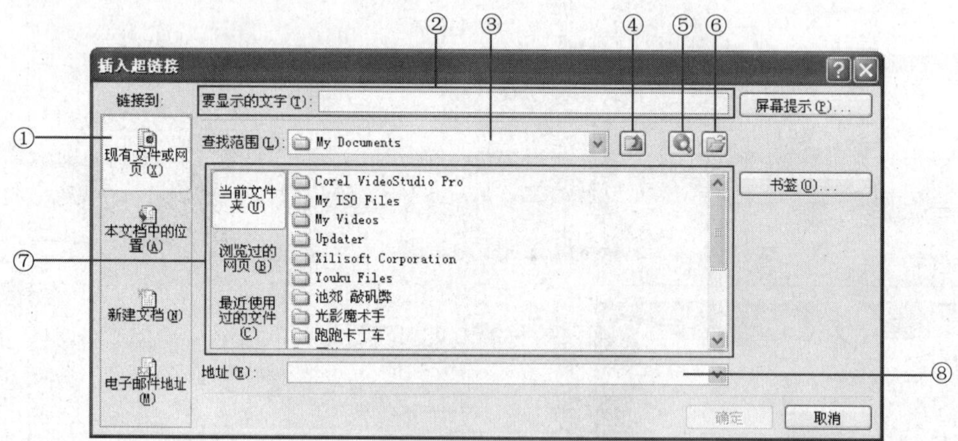

"插入超链接"对话框

表 25-1 "插入超链接"对话框的功能及作用

编　号	名　称	功能及作用
①	"链接到"位置列表	用于选择超链接的类型，包括"现有文件或网页"、"本文档中的位置"、"新建文档"、"电子邮件地址" 4 个选项
②	链接文本显示框	用于显示文稿中要进行超链接的文本
③	"查找范围"下拉列表框	用于显示链接到的文件所在文件夹
④	"向上"按钮	单击该按钮，可以将"查找范围"下拉列表框当前位置向上翻，单击一次上翻一个位置，依此类推

（续表）

编　号	名　称	功能及作用
⑤	“浏览 Web”按钮	单击该按钮，可以打开网络浏览器，对网页进行查看
⑥	“浏览文件”按钮	单击该按钮，可以打开“链接到文件”对话框，打开要链接到的文件，并在“查找范围”下拉列表框内显示出该文件的位置，在“当前文件夹”显示区域内显示出该文件
⑦	文件显示区域	用于显示当前所在文件夹中的文件，包括“当前文件夹”、“浏览过的网页”、“最近使用过的文件”3 个选项
⑧	“地址”下拉列表框	选择要链接到的文档后，在该下拉列表框中就会显示出文件的名称

Lesson 01 为文稿插入超链接

Office 2010 · 电脑办公从入门到精通

认识了“插入超链接”对话框后，下面就以在文稿中插入 Word 文件为例，介绍插入超链接的具体操作。

STEP 01 打开光盘\实例文件\第 25 章\原始文件\为文稿插入超链接.pptx，在第 1 张幻灯片中选中要设置为超链接的标题文本，切换到“插入”选项卡下，单击“链接”组中的“超链接”按钮。弹出“插入超链接”对话框，选择“链接到”区域内的“现有文件或网页”选项，通过“查找范围”下拉列表框打开浏览的文件所在文件夹。

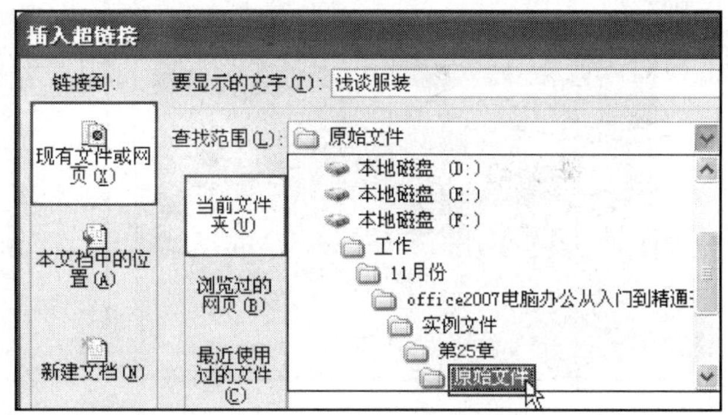

STEP 02 打开链接文件所在文件夹后，在“当前文件夹”列表框内会显示出所打开文件夹内的文件，选中要设置为链接的文件，然后单击“确定”按钮。返回到文稿中，所选文本的下方就会添加一条横线，表示该文本已设置为超链接。在放映幻灯片时，就可以通过单击超链接打开链接文件。

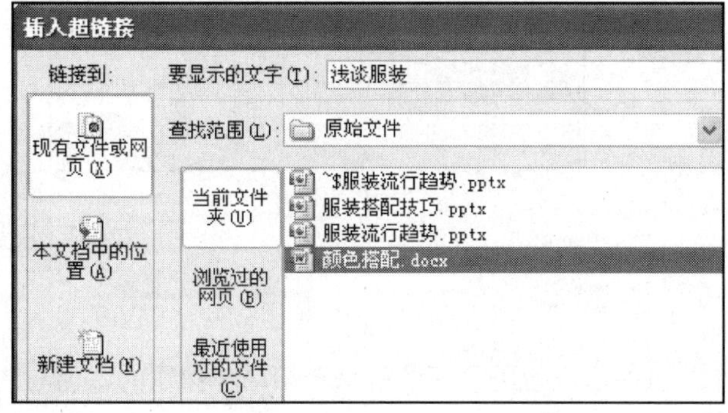

Tip 删除超链接

为幻灯片插入超链接后，选中已设置了链接的对象，右击鼠标从弹出的快捷菜单中执行“编辑超链接”命令，打开“编辑超链接”对话框，单击对话框右下角的“删除链接”按钮，然后单击“确定”按钮，即可完成删除操作。

Study 01 在幻灯片之间建立超链接

Work 2 链接动作设置

在插入超链接时，除了可以插入对象文件外，还可以插入一些简单的动作，并可以通过动作的设置来选择超链接的类型。下面来介绍链接动作的设置操作。

打开目标文稿后，选中要设置为超链接的文本，切换到“插入”选项卡，单击“链接”组中的“动作”按钮，弹出“动作设置”对话框。切换到“单击鼠标”选项卡，选中“超链接到”单选按钮，然后单击其下方的下三角按钮，在展开的下拉列表中选择要设置的动作，本节选择“下一张幻灯片”选项。

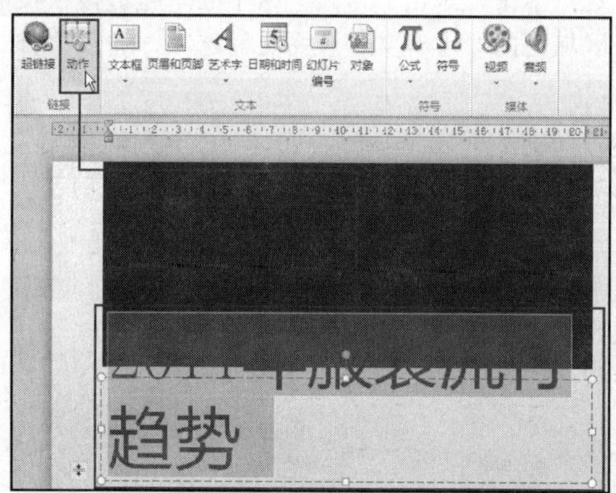

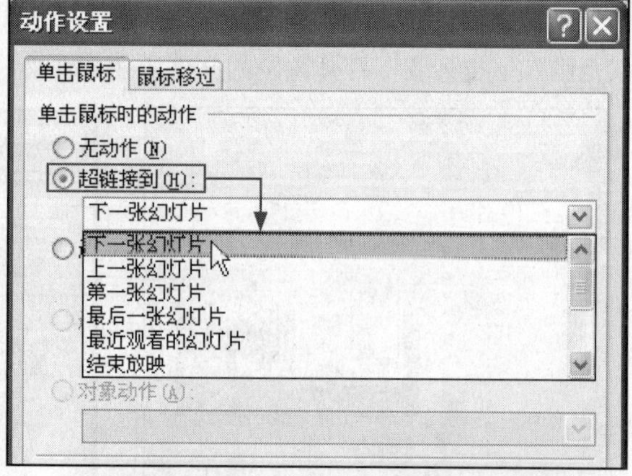

设置完毕后，单击“动作设置”对话框中的“确定”按钮。返回到文档中，即可看到设置链接动作后的效果。

Lesson 02 动作按钮的添加与使用

Office 2010 · 电脑办公从入门到精通

在 PowerPoint 2010 中有很多专门的动作按钮供用户使用，下面就来介绍动作按钮的添加与使用方法。

STEP 01 打开光盘\实例文件\第25章\原始文件\动作按钮的添加与使用.pptx，选中要设置超链接的幻灯片，然后切换到“插入”选项卡，单击“插图”组中的“形状”按钮，在展开的形状库中单击“动作按钮”区域内要使用的按钮图标。返回到文档中，鼠标指针变成十字形状，拖动鼠标绘制动作按钮。

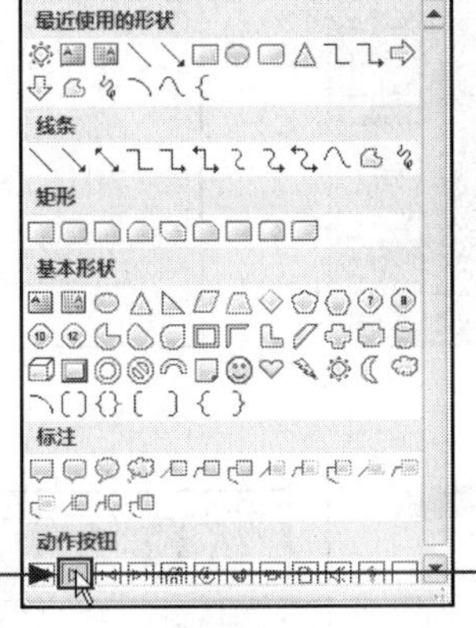

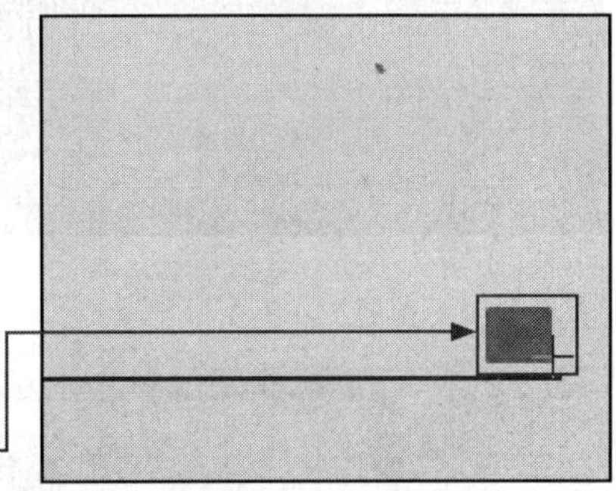

STEP 02 绘制完动作按钮后，将弹出“动作设置”对话框，切换到“单击鼠标”选项卡，选中“超链接到”单选按钮，然后将动作设置为“下一张幻灯片”，最后单击“确定”按钮。

STEP 03 经过以上操作后，返回到文档中，可以看到所添加的动作按钮。在放映幻灯片时，鼠标经过该按钮就可以打开最后一张幻灯片。

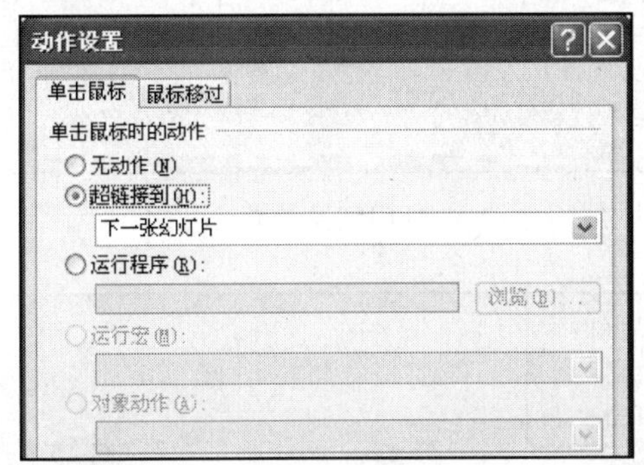

Study 02 生动的幻灯片切换动画

- Work 1. 幻灯片的切换方式
- Work 2. 逼真的切换声音
- Work 3. 自定义切换动画效果

在进行幻灯片的切换时，为了使其动画效果更加生动，需要对幻灯片的切换方式、切换声音及切换速度进行设置。

Work 1 幻灯片的切换方式

在PowerPoint 2010中幻灯片的切换方式包括细微型、华丽型、动态内容3种类型，约30多种样式，下面来认识几种比较常用的幻灯片切换方式，如下图所示。

① 擦除切换效果

② 形状切换效果

③ 涟漪切换效果

④ 门切换效果

⑤ 窗口切换效果

⑥ 轨道切换效果

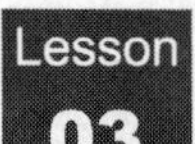

Lesson 03 设置幻灯片的切换效果

Office 2010 · 电脑办公从入门到精通

认识了幻灯片的切换效果后，下面以顺时针回旋的切换效果为例介绍幻灯片切换效果的设置。

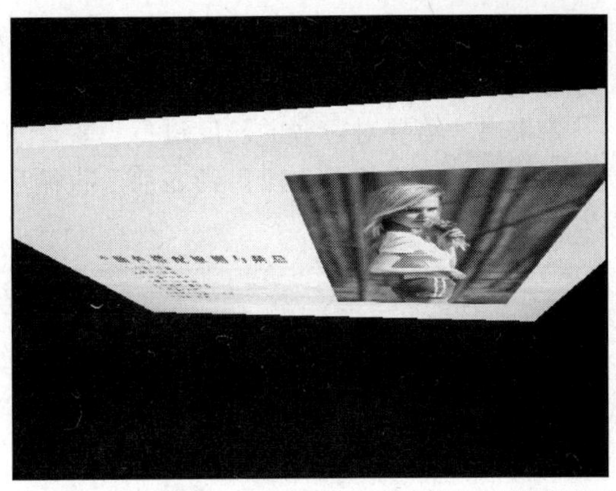

STEP 01 打开光盘\实例文件\第 25 章\原始文件\设置幻灯片的切换效果.pptx，选中要设置切换方式的幻灯片，切换到"切换"选项卡，单击"切换到此幻灯片"组中的快翻按钮。在展开的切换方案库中，单击需要设置的切换效果"翻转"图标。

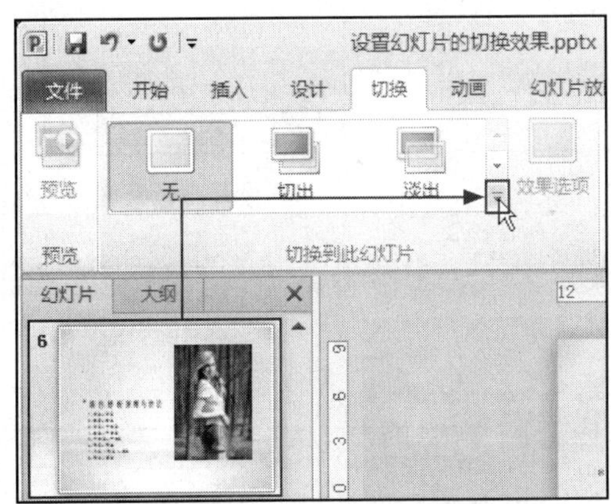

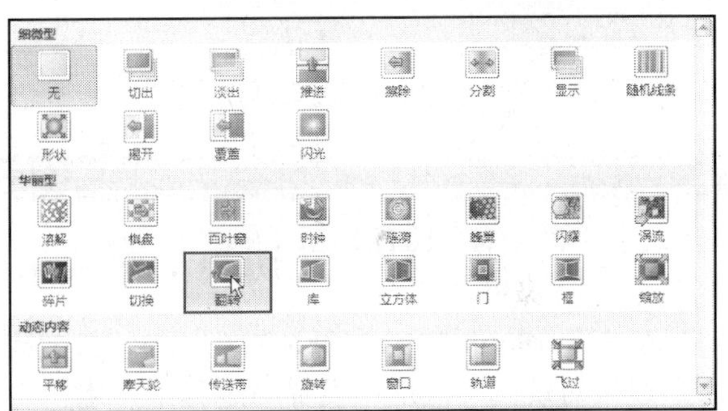

STEP 02 选择了切换效果后，返回到文档中，所选幻灯片将会播放一次设置的切换动画，如果用户需要再次观看，可切换到"切换"选项卡，单击"预览"组中的"预览"按钮。

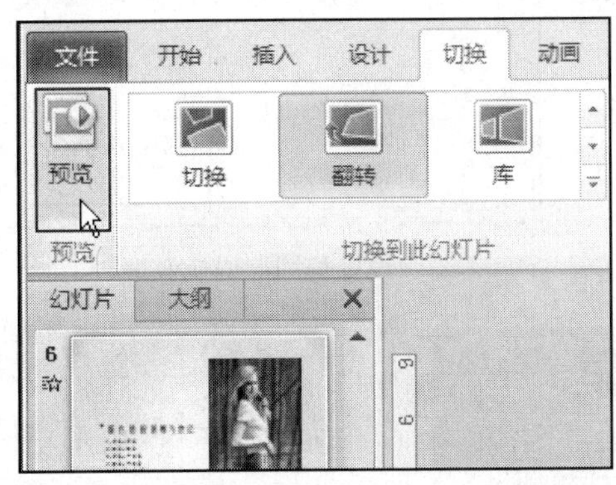

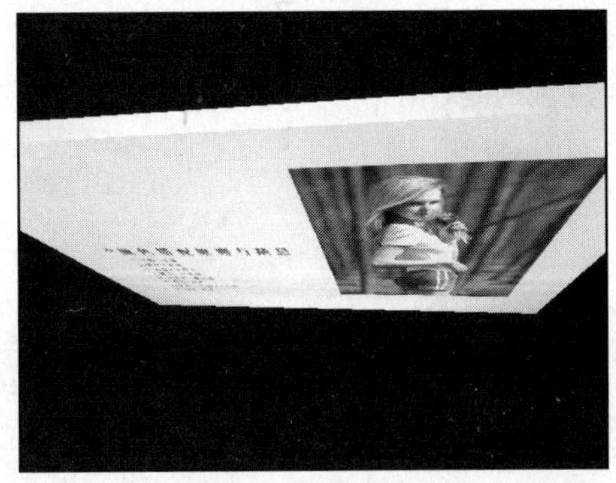

Study 02 生动的幻灯片切换动画

Work 2 逼真的切换声音

在 PowerPoint 2010 中幻灯片的切换声音包括爆炸、抽气、锤打、打字机、单击等 19 种声音方案。在切换幻灯片时，为了使动画效果更加逼真，用户可以为幻灯片应用声音方案。

打开目标文稿后，选中要设置切换声音的幻灯片，切换到"切换"选项卡，单击"切换到此幻灯片”组中的“切换声音”下三角按钮，在展开的下拉列表中选中要使用的声音方案，即可完成为幻灯片设置声音效果的操作。

如果用户需要对声音的长度进行设置，可再次单击“切换声音”下三角按钮，在展开的下拉列表中选择“播放下一段声音之前一直循环”选项，如下图所示，即可将幻灯片切换声音设置为循环播放。

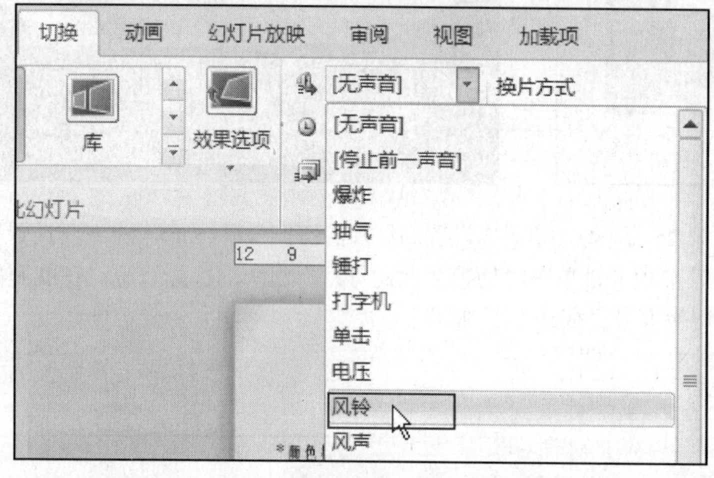

① 选择声音方案

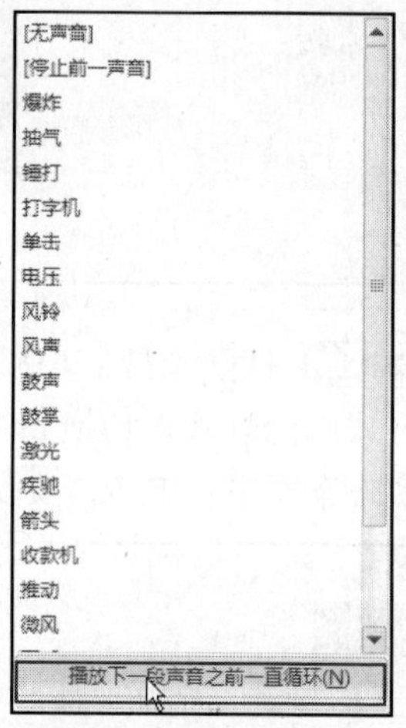

② 设置声音长度

Study 02　生动的幻灯片切换动画

Work 3　自定义切换动画效果

在 PowerPoint 2010 中每种幻灯片的切换效果都应用了默认的设置。但是在设置的过程中，用户可根据需要，对切换效果的效果选项进行设置。

打开目标文档并为幻灯片应用了切换效果后，单击“切换到此幻灯片”组中的“效果选项”按钮，在展开的下拉列表中选择要使用的样式即可完成操作。需要注意的是，不同的切换效果所对应的效果选项也是不同的。

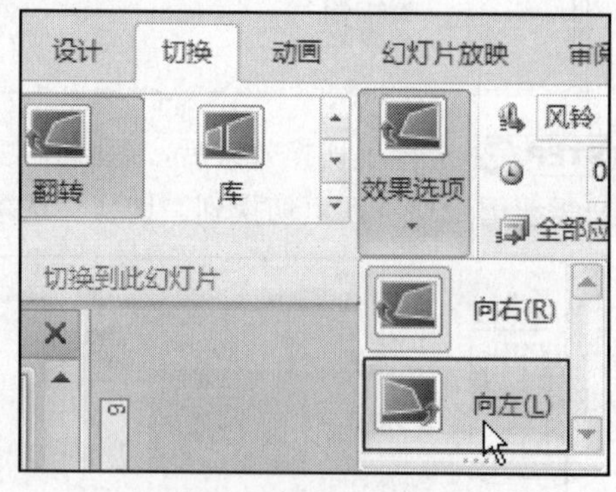

设置幻灯片切换效果

Study 03　赋予幻灯片动画效果

- Work 1.　进入动画效果
- Work 2.　强调动画效果
- Work 3.　退出动画效果
- Work 4.　动作路径

除了幻灯片可以应用动画效果外，幻灯片中的文本、形状、图片等对象都可以应用动画效果。在为幻灯片中的内容设置动画效果时，可以分别对它们的进入、强调、退出及动作路径进行设置。

Study 03 赋予幻灯片动画效果

Work 1 进入动画效果

进入动画效果包括基本型、细微型、温和型及华丽型 4 种，下面来认识几种常用的进入动画的效果。

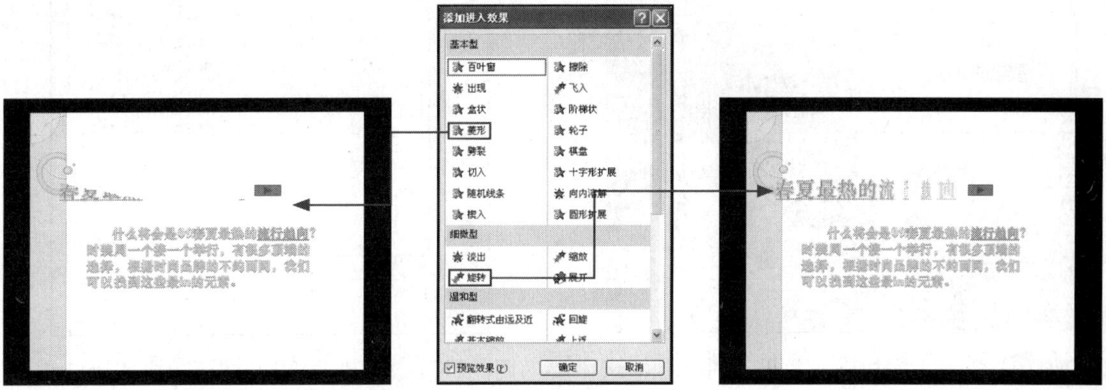

① 菱形进入方式

② 旋转进入方式

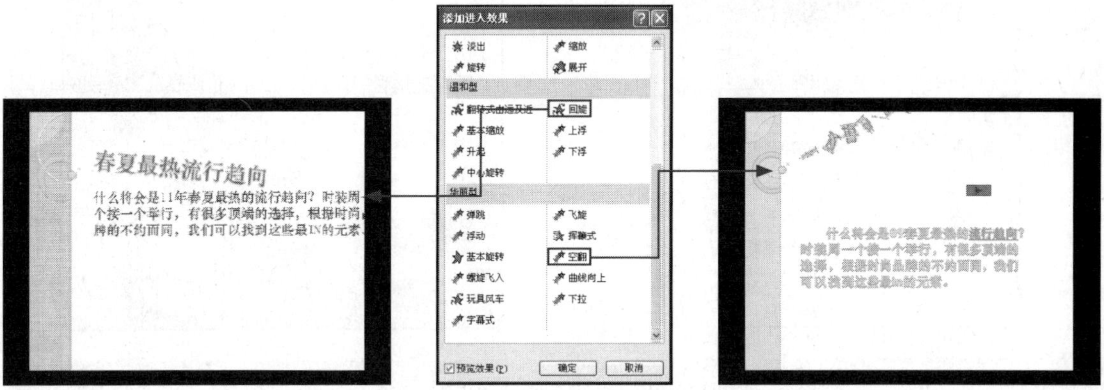

③ 回旋进入效果

④ 空翻进入效果

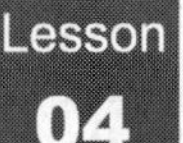

Lesson 04 多个对象同时动画

Office 2010 · 电脑办公从入门到精通

在为对象添加动画效果时，可以为一个对象添加一种动画效果，也可以为多个对象添加同一种效果。

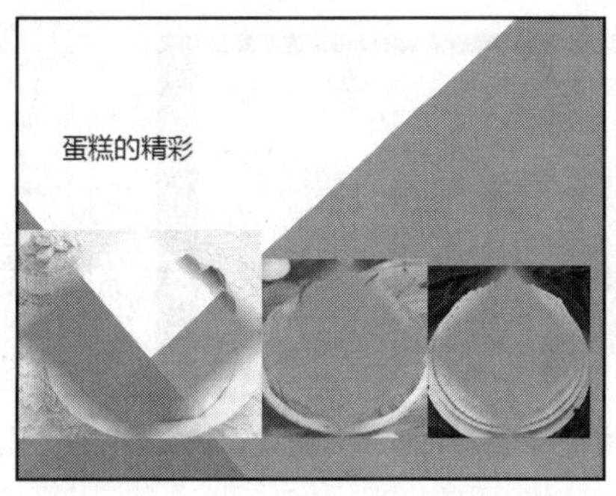

STEP 01 打开光盘\实例文件\第25章\原始文件\多个对象同时动画.pptx，切换到要设置动画的幻灯片，按住Ctrl键不放，依次单击要设置动画效果的对象。切换到“动画”选项卡，单击“高级动画”组中的“添加动画”按钮，在展开的动画库中单击“更多进入效果”选项。

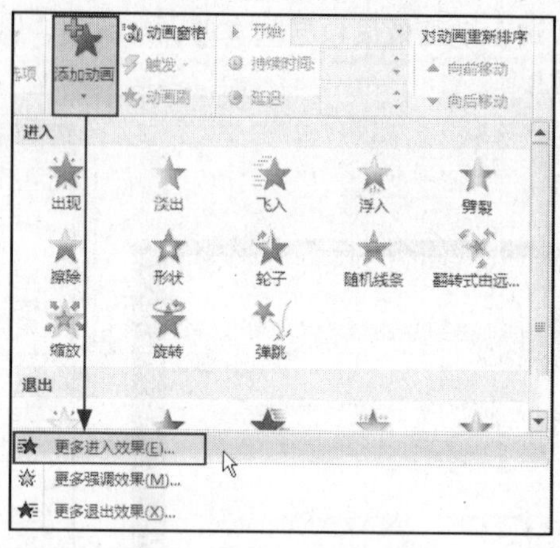

STEP 02 弹出“添加进入效果”对话框，选中要应用的进入效果“菱形”，然后单击“确定”按钮。返回到文稿中，单击任务窗格中的“播放”按钮，即可对所设置的效果进行播放。

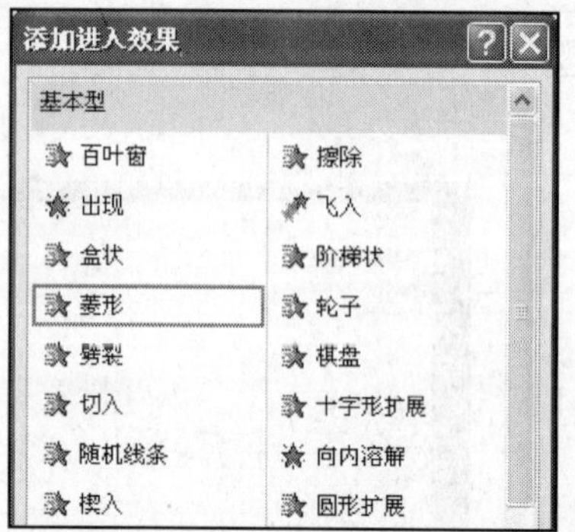

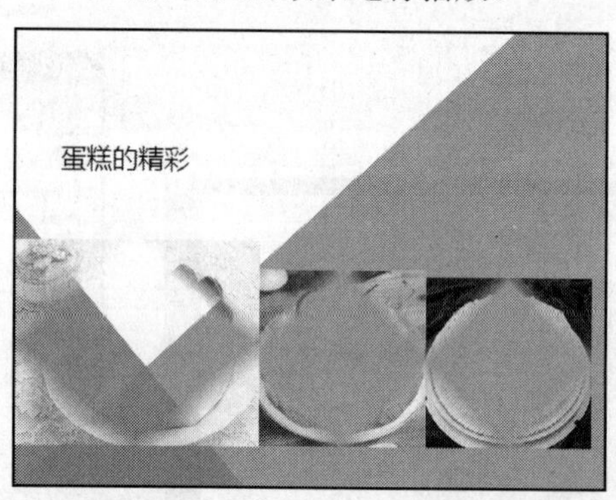

Study 03 赋予幻灯片动画效果

Work 2 强调动画效果

对象进入幻灯片之后，可以使用强调动画效果强调该对象。下面来认识几种常用的强调动画效果。

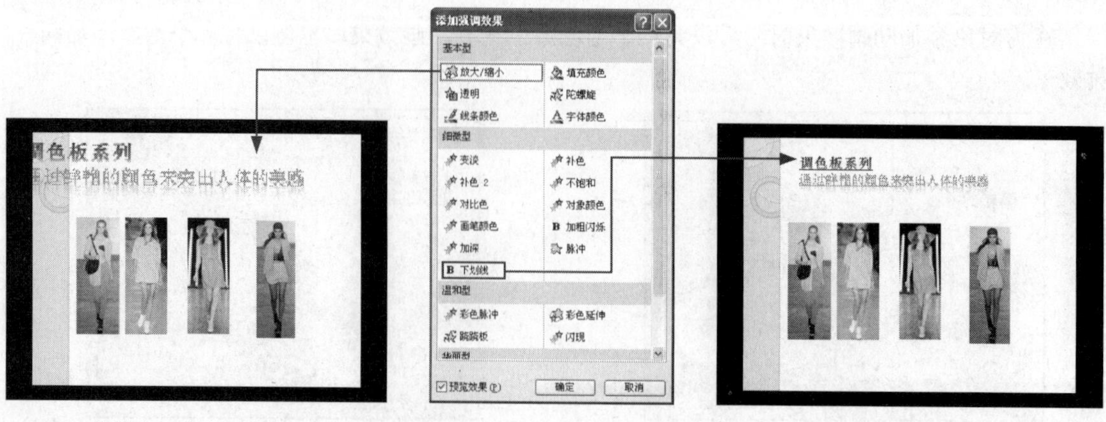

① 放大/缩小强调效果

② 下画线强调效果

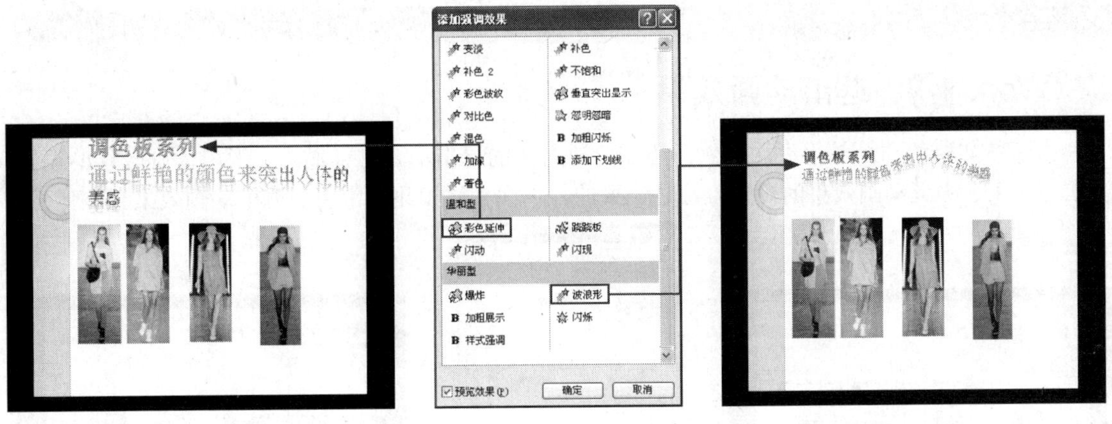

③ 彩色延伸强调效果　　④ 波浪形强调效果

Lesson 05 设置强调动画效果选项

Office 2010 · 电脑办公从入门到精通

为幻灯片对象添加了强调动画效果后，还可以对动画的效果、计时等选项进行设置。

STEP 01 打开光盘 \ 实例文件 \ 第 25 章 \ 原始文件 \ 设置强调动画效果选项 .pptx，切换到“动画”选项卡，单击“高级动画”组中的“动画窗格”按钮，弹出“动画窗格”后，单击第 2 个动画右侧的下三角按钮，在展开的下拉列表中单击“效果选项”选项，弹出“放大 / 缩小”对话框，在“效果”选项卡下单击“声音”右侧的下三角按钮，在展开的下拉列表中单击“鼓掌”选项。

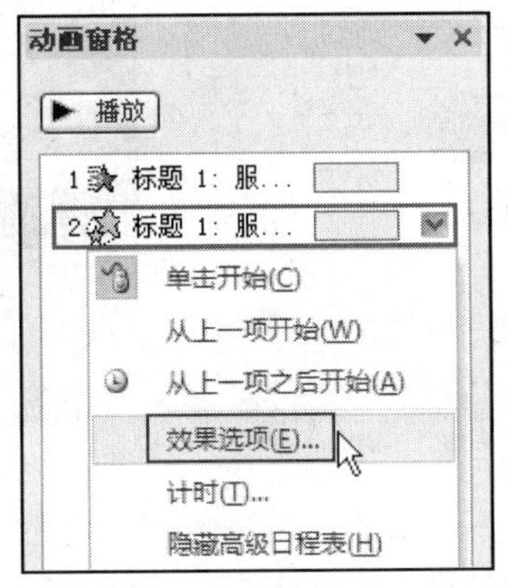

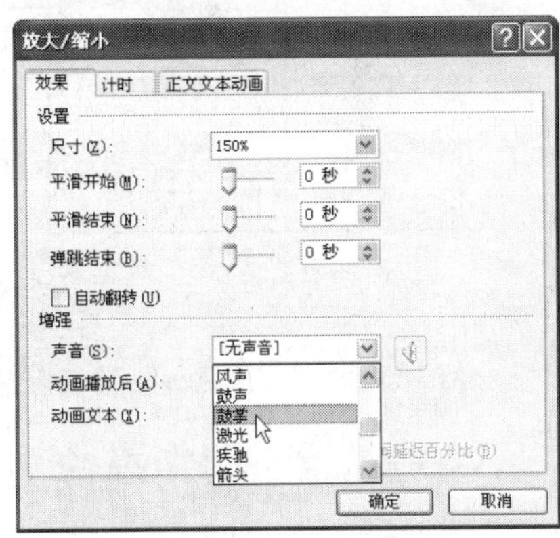

STEP 02 单击“动画播放后”右侧的下三角按钮，在展开的下拉列表中单击“播放动画后隐藏”选项。切换到“计时”选项卡，单击“期间”右侧的下三角按钮，在展开的下拉列表中选中动画效果要设置的速度。设置完毕后，单击“确定”按钮，返回到文档中即可预览到设置后的动画效果。

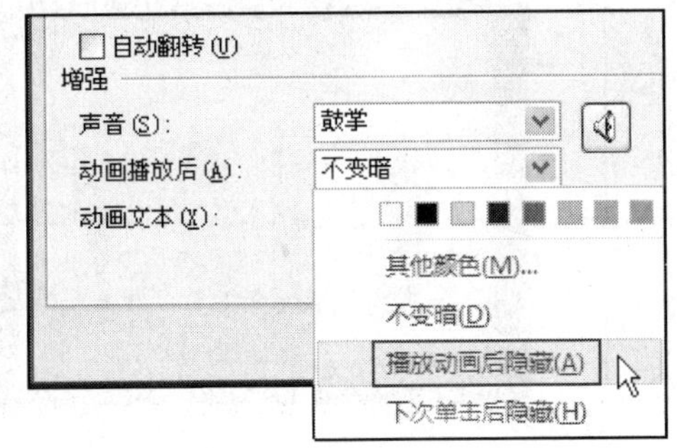

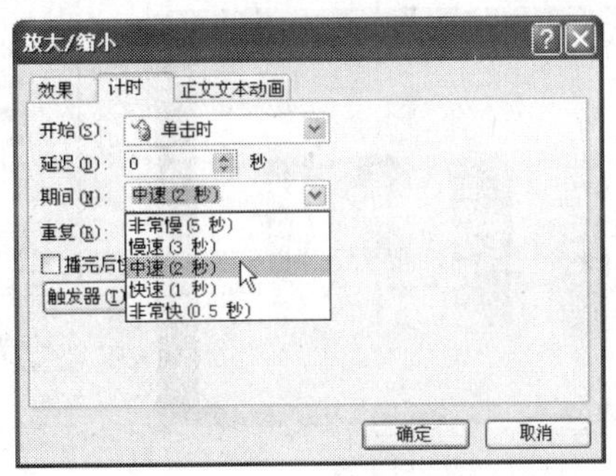

Work 3 退出动画效果

为了使文稿的动画效果更加自然，还需要对对象的退出动画进行设置。退出动画效果的设置方法与进入、强调动画效果的设置方法是一致的，下面来认识几种常用的退出动画效果。

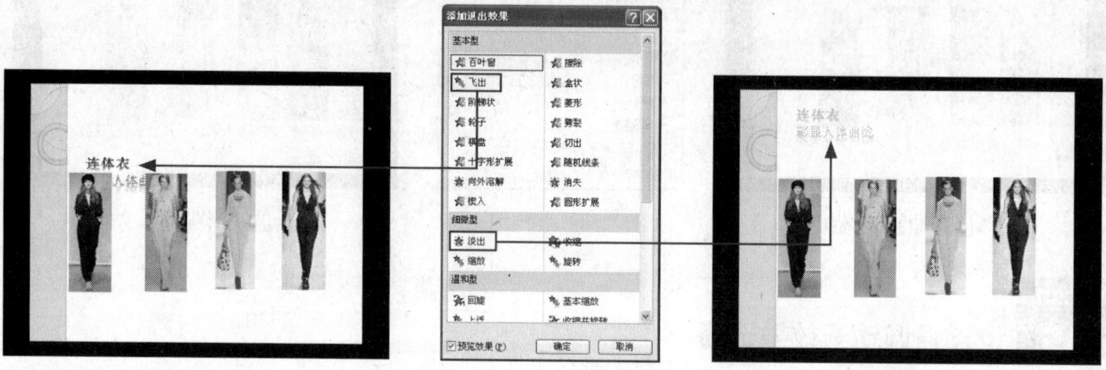

① 飞出退出效果

② 淡出退出效果

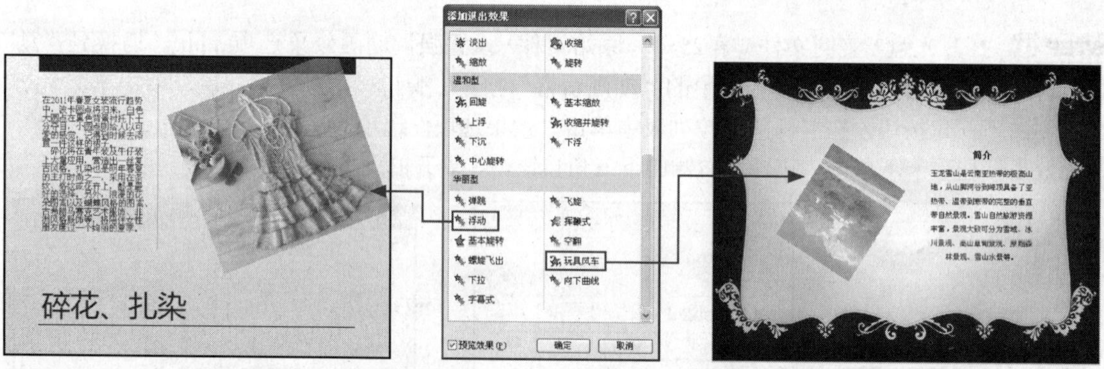

③ 浮动退出效果

④ 玩具风车退出效果

Work 4 动作路径

动作路径是通过设置对象的运动方向来设置对象动作的。PowerPoint 2010 中预设的动作路径包括基本、直线和曲线及特殊 3 个类别，下面来认识几种常用的动作路径效果。

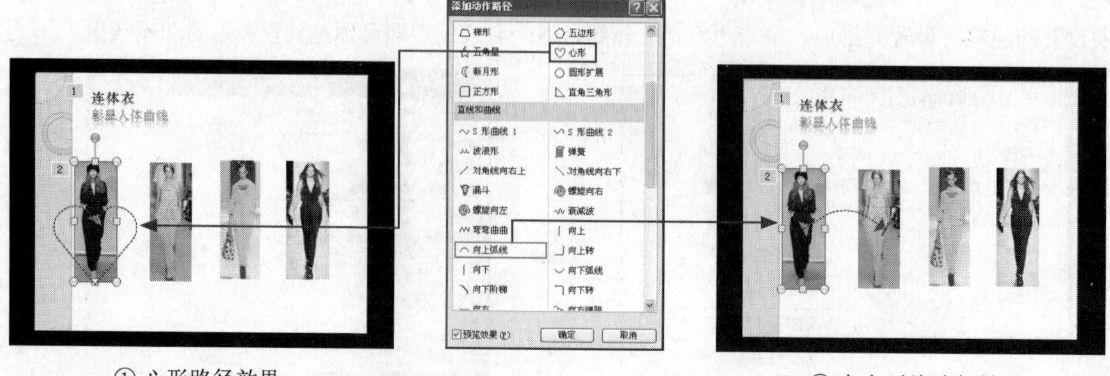

① 心形路径效果

② 向上弧线路径效果

③ 正弦波路径效果　　　　④ 十字形扩展路径效果

Lesson 06

设置幻灯片的动画效果

Office 2010 · 电脑办公从入门到精通

STEP 01 打开光盘\实例文件\第25章\原始文件\设置幻灯片的动画效果.pptx，选中要设置动画效果的幻灯片，切换到“切换”选项卡，单击“切换到此幻灯片”组的快翻按钮，在展开的动画库中单击要使用的切换动画“涟漪”，从而完成切换效果的设置。

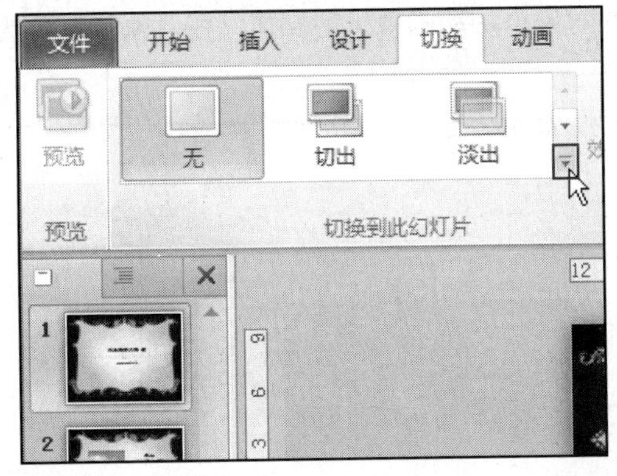

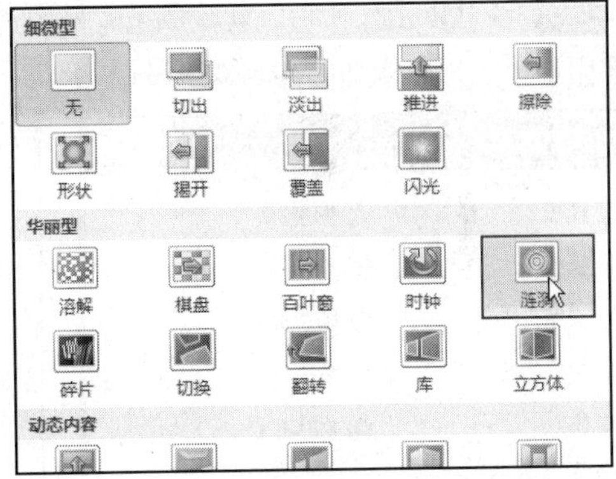

STEP 02 设置了幻灯片的切换效果后，选中幻灯片中的主标题文本框，切换到“动画”选项卡，单击“动画”组的快翻按钮，在展开的动画库中单击“进入”区域内的“翻转式由远及近”图标。

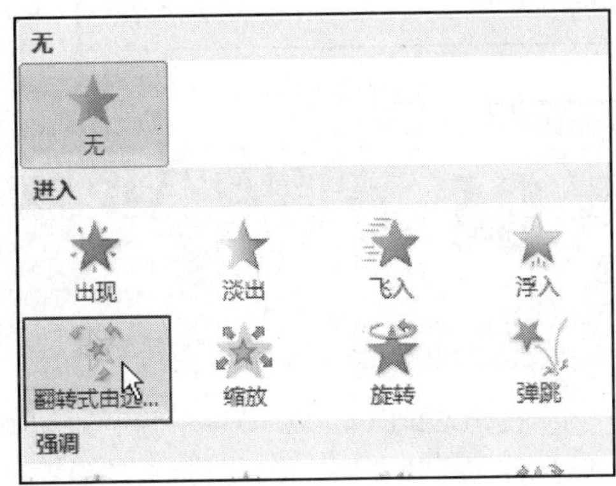

STEP 03 需要为主标题添加其他动画时，单击“高级动画”组中的“添加动画”按钮，在展开的动画库中单击“强调”区域内的“加深”图标。需要添加退出效果时，可再次单击“添加动画”按钮，在展开的动画库中单击“更多退出效果”选项。

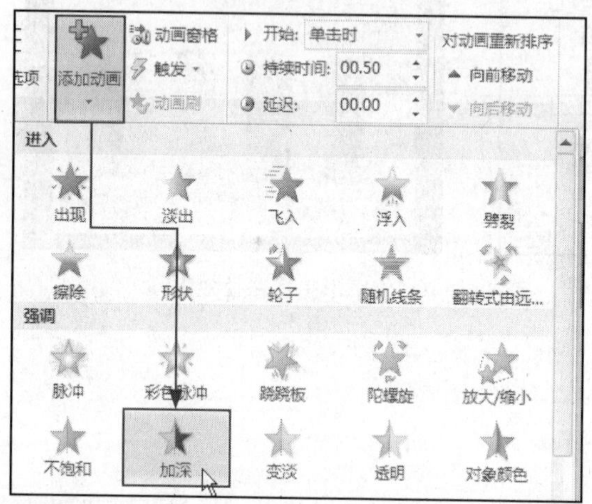

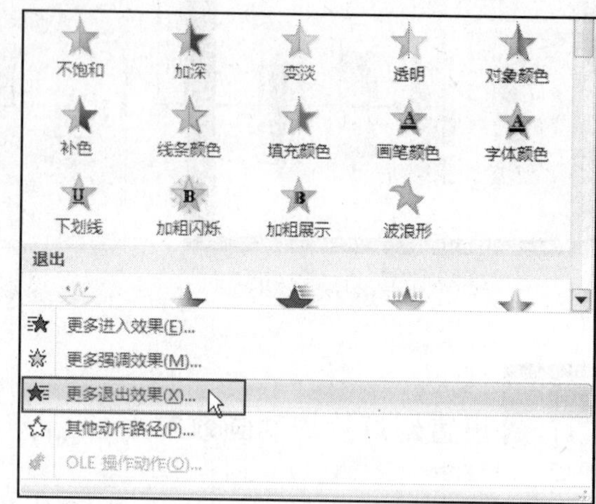

STEP 04 弹出“添加退出效果”对话框，在其中选择要使用的动画，本例中选择“细微型”区域内“淡出”选项，然后单击“确定”按钮。

STEP 05 经过以上操作后，就完成了本例中为幻灯片对象添加动画效果的操作，在对象左上角的位置中即可看到所添加的动画效果号码。

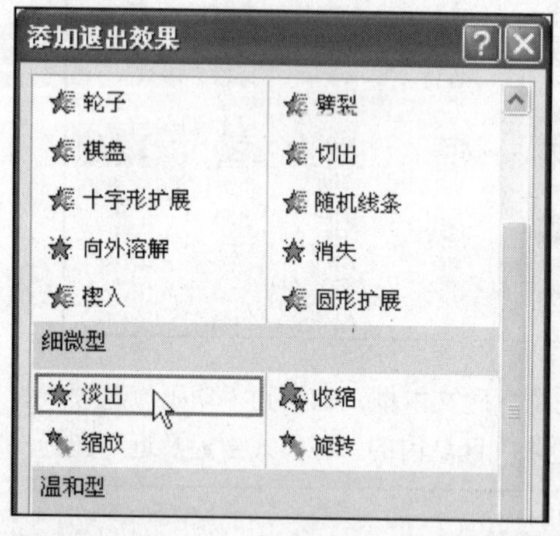

Study 04 让幻灯片声像俱全

- Work 1、添加视频文件
- Work 2、设置视频外观
- Work3、剪裁视频

在 PowerPoint 2010 中，除了对动画效果的设置外，还可以在幻灯片中插入一些音频文件和视频文件，使幻灯片真正做到声像俱全。本节中以视频文件为例，介绍视频文件的插入与设置操作。

Study 04 让幻灯片声像俱全

Work 1 添加视频文件

在编辑演示文稿的过程中，除了为幻灯片添加文本、图片等静态对象外，还可以添加视频文件。在 PowerPoint 2010 中，增强了视频文件的设置功能，从而使视频文件在演示文稿中的表现更加令人满意。下面介绍为幻灯片添加视频文件的操作。

打开目标文稿后，切换到“插入”选项卡，单击“媒体剪辑”组中“视频”下三角按钮，在展开的下拉列表中单击“文件中的视频”选项，弹出“插入视频文件”对话框。进入要插入的视频文件所在位置，单击目标文件，然后单击“确定”按钮。

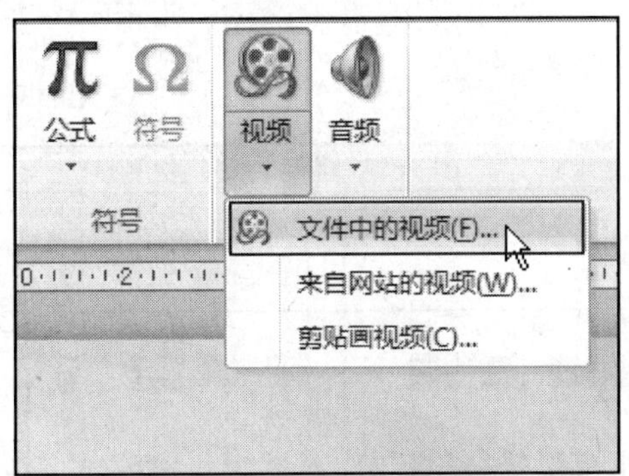

① 执行“文件中的视频”命令

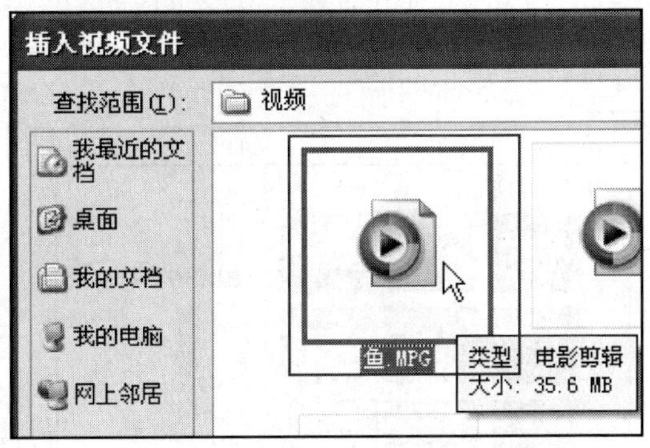

② 选择插入的视频文件

将视频文件插入到幻灯片中后，如果其屏幕大小不符合需要时，可选中该视频文件屏幕，将鼠标指针指向屏幕左上角的控点，当指针变成斜向的双箭头形状时，向外拖动鼠标将屏幕调整到合适大小，就完成了视频文件的插入操作。单击“播放”按钮，视频文件就会进行播放。

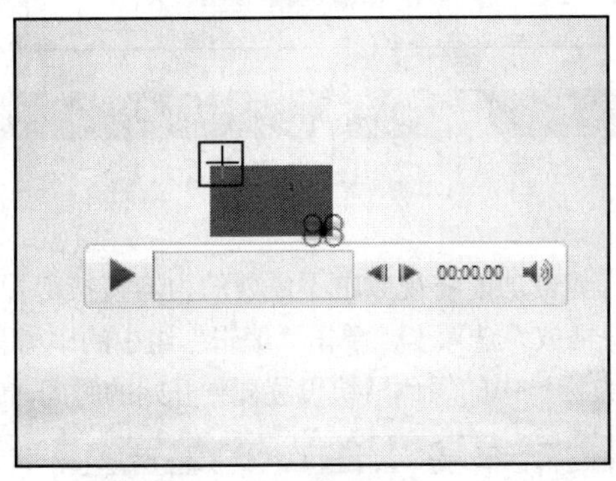

③ 调整视频屏幕大小

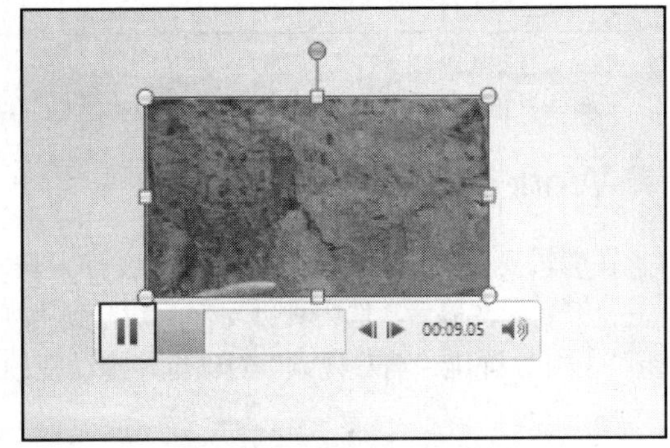

④ 播放视频效果

Study 04 让幻灯片声像俱全

Work 2 设置视频外观

视频文件的外观主要指视频屏幕的亮度、对比度、色彩以及形状、边框、效果等。设置视频文件外观时，需要切换到“格式”选项卡下进行设置。其设置方法与 Word 中图片的设置方法类似，本节中就不多做介绍。将视频文件的外观设置完毕后，需要恢复为默认效果时，可单击“调整”组中的“重置设计”按钮。

Study 04 让幻灯片声像俱全

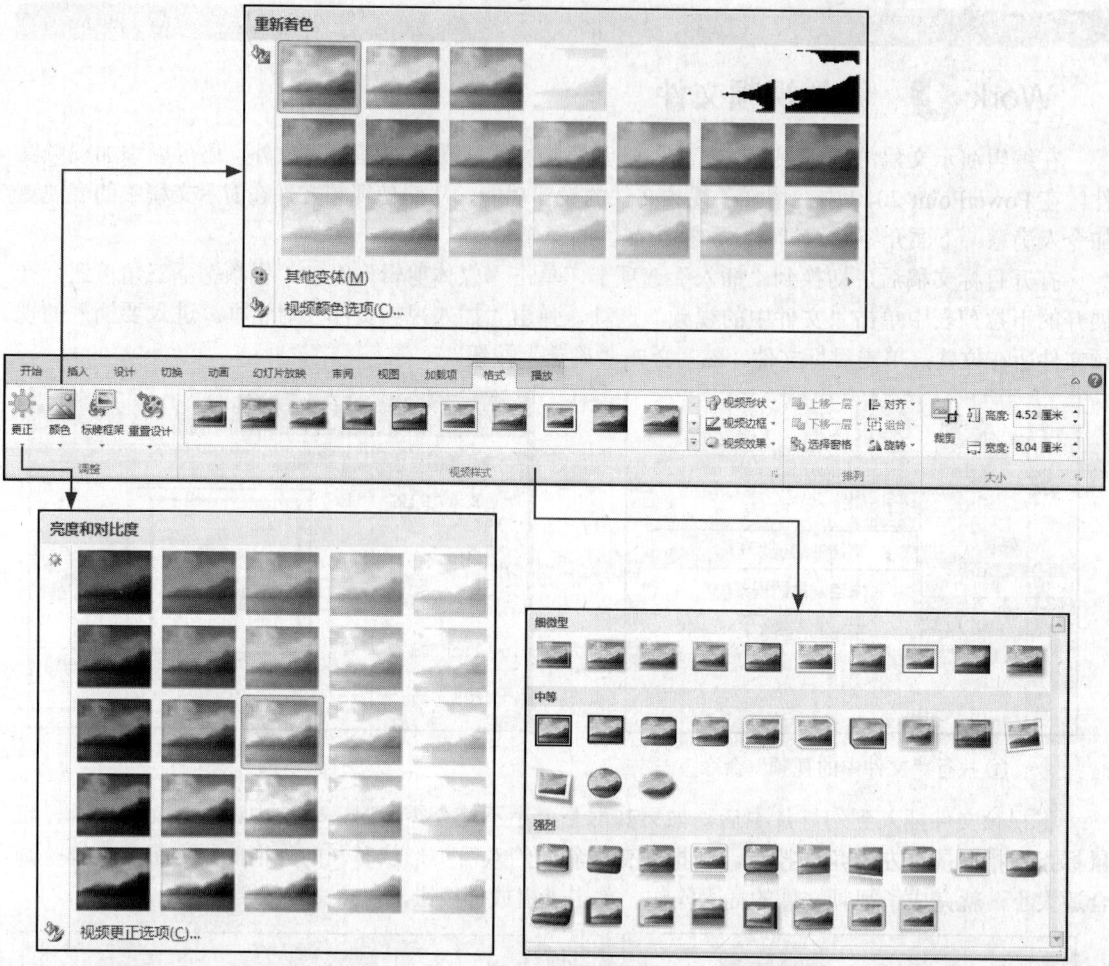

Work 3 剪裁视频

在编辑视频文件时，如果觉得视频文件太长，可通过剪辑功能将视频中不需要的内容直接剪掉。

打开目标文稿后，选中视频文件，切换到“视频文件–播放”选项卡，单击“编辑”组中的“剪裁视频”按钮，弹出“剪裁视频”对话框，拖动视频屏幕下方标尺中的绿色滑块设置视频开始的时间。

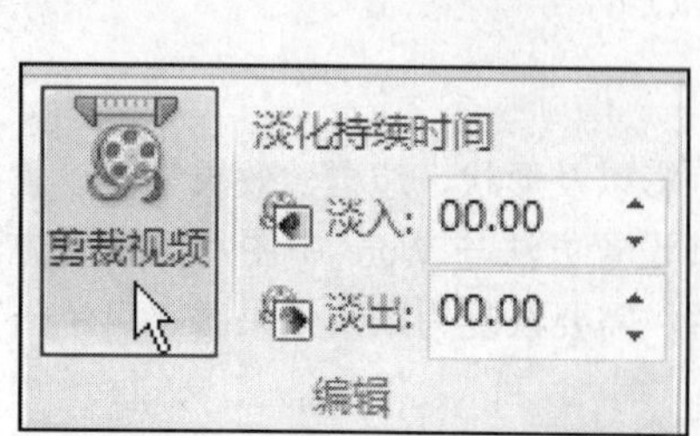

① 单击“剪裁视频”按钮

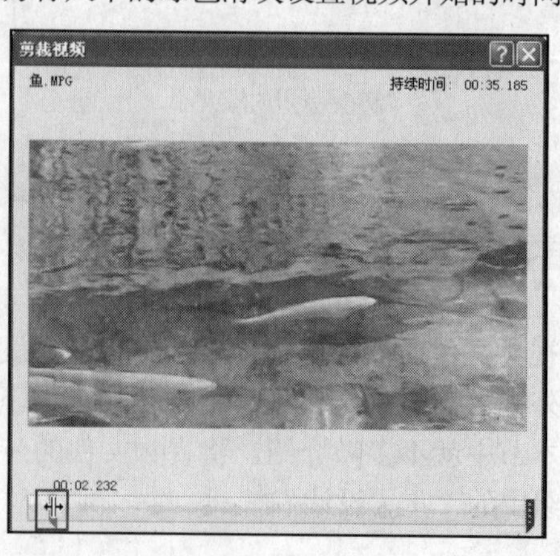

② 拖动绿色滑块

将开始时间设置完毕后，拖动标尺右侧的红色滑块，设置视频文件的结束位置。设置完毕后，单击“确定”按钮，就完成了视频文件的裁剪操作。

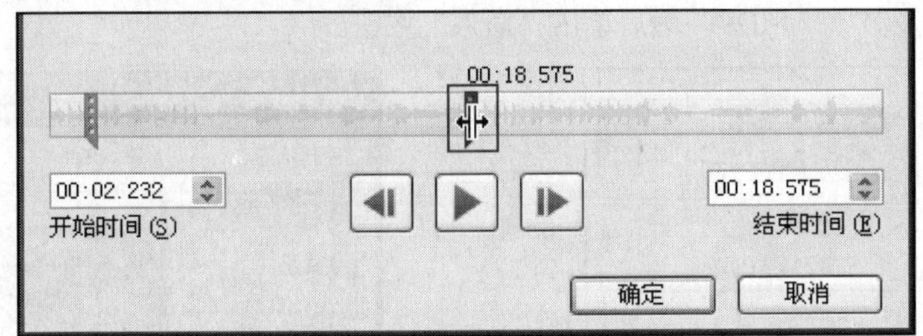

③ 拖动红色滑块

Lesson 07 为演示文稿添加真实的影像

Office 2010 · 电脑办公从入门到精通

STEP 01 打开光盘\实例文件\第 25 章\原始文件\为演示文稿添加真实的影像 .pptx，选中要插入视频文件的幻灯片，切换到“插入”选项卡，单击“媒体”组中“视频”下三角按钮，在展开的下拉列表中单击“文件中的视频”选项。

STEP 02 弹出“插入视频文件”对话框，进入目标文件所在路径，选中目标视频，然后单击“插入”按钮，从而完成视频文件的插入操作。返回到演示文稿后，将视频文件调整到合适大小，并移动到合适位置。

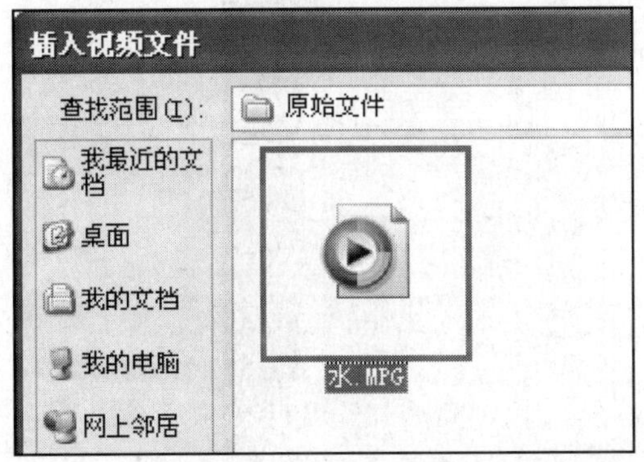

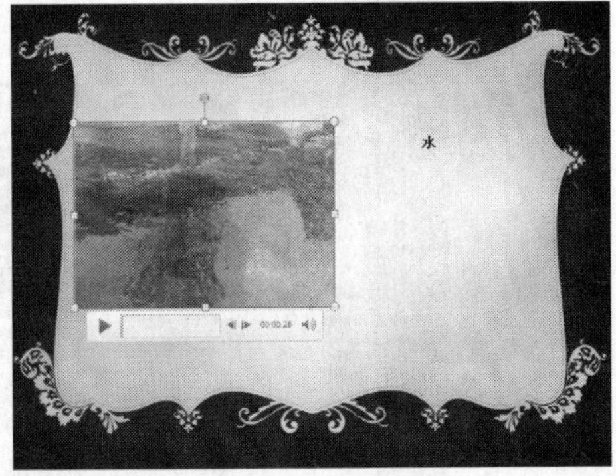

STEP 03 切换到“视频工具-格式”选项卡，单击“调整”组中的“标牌框架”按钮，在展开的下拉列表中单击“文件中的图像”选项，弹出“插入图片”对话框，进入要设置为视频文件封面的图片所在位置，选中目标图片，然后单击“插入”按钮。

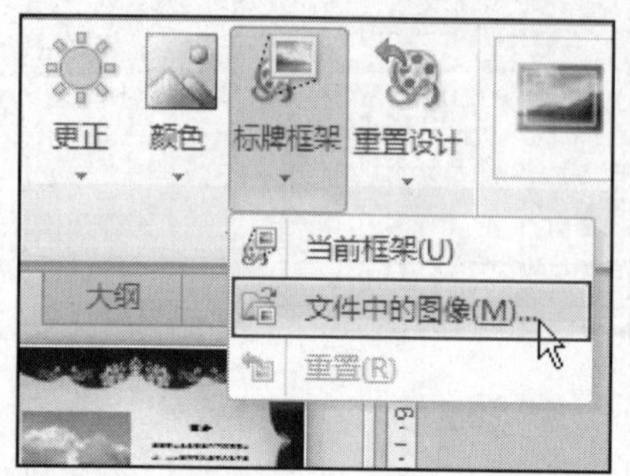

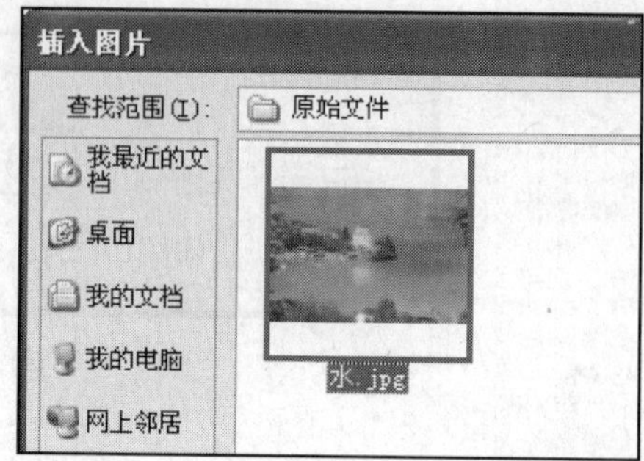

STEP 04 设置好视频文件的封面后，单击“视频样式”组中的“视频形状”按钮，在展开的下拉列表中单击“星与旗帜”组中的“横卷轴”图标。单击“视频边框”按钮，在展开的下拉列表中单击“深蓝”图标。最后单击“视频效果”按钮，在展开的效果库中将鼠标指针指向“映像”选项，展开子效果库后，单击“半映像，4pt 偏移量”图标。

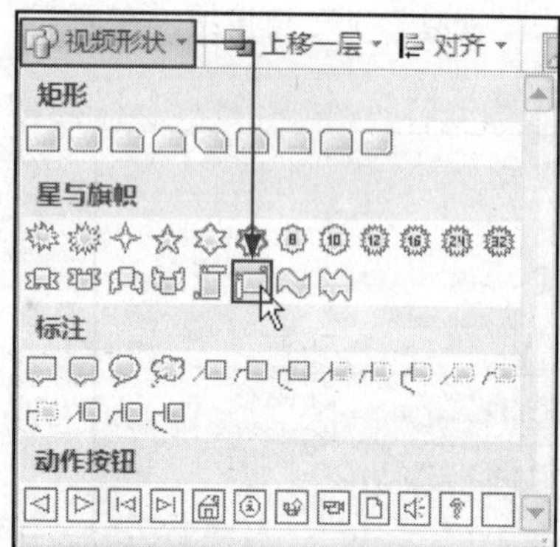

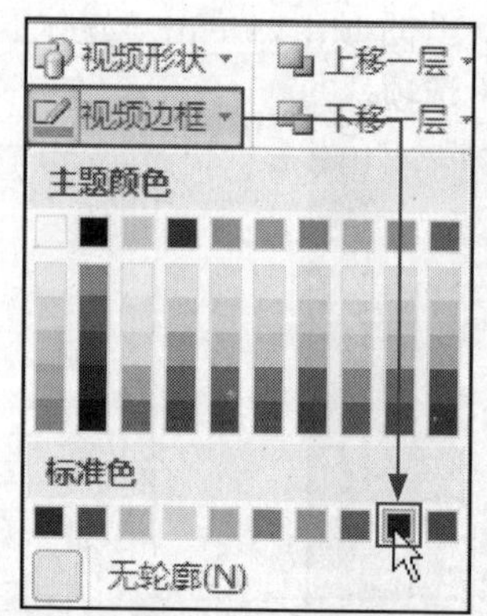

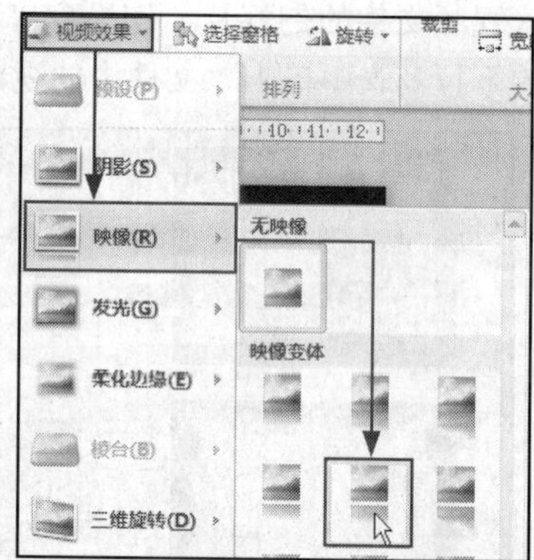

STEP 05 经过以上操作后，就完成本例中对视频文件的插入与设置操作。需要对视频文件进行播放时，只要选中视频文件屏幕后，单击“视频工具-播放”选项卡中的“播放”按钮即可。

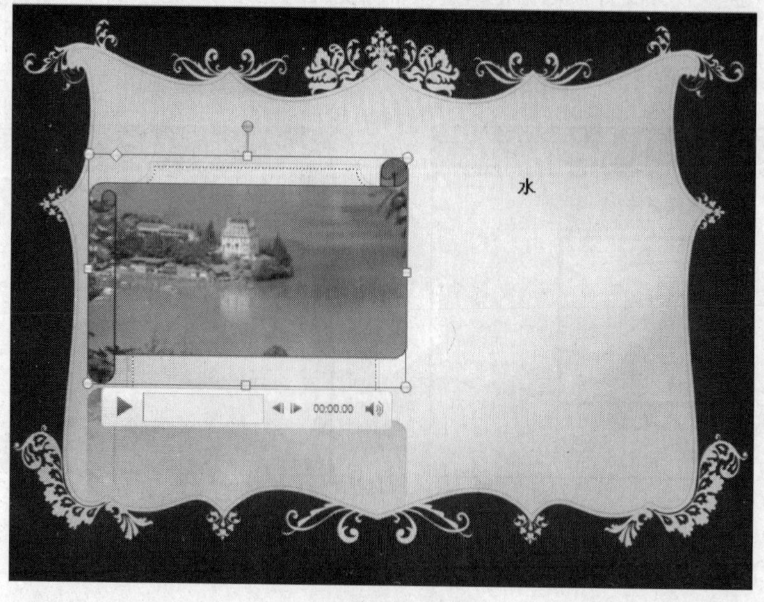

Chapter 26

成果演示与共享

Office 2010 电脑办公从入门到精通

本章重点知识

Study 01　幻灯片放映内容的设置
Study 02　幻灯片放映方式的设置
Study 03　共享演示文稿

本章视频路径

CD

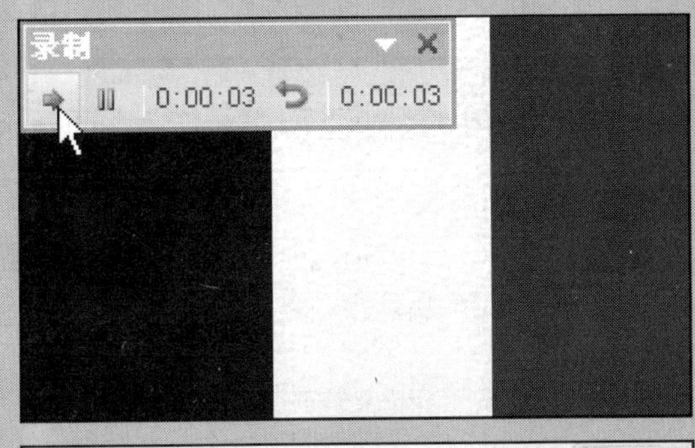

Chapter 26\ Study 01\

- Lesson 01　录制幻灯片演示过程.swf

Chapter 26\ Study 02\

- Lesson 02　自定义幻灯片放映.swf

Chapter 26\ Study 03\

- Lesson 03　将演示文稿转换为视频.swf
- Lesson 04　广播演示文稿.swf

Chapter 26 成果演示与共享

通过前几章的学习，对幻灯片的页面、动画等效果进行设置后，就可以将幻灯片进行播放，以便预览幻灯片的制作效果，有很多效果只有在播放幻灯片时，才能够看到或进行操作（如超链接）。本章将介绍如何播放幻灯片。

Study 01 幻灯片放映内容的设置

- Work 1. 幻灯片放映方式的设置
- Work 2. 录制幻灯片演示

在进行幻灯片的放映前，为了确保幻灯片放映时不出任何差错，用户可以先对幻灯片的放映、旁白等内容进行设置，也可以先对其进行排练计时。放映时，直接使用排练计时自动播放，本节就来介绍幻灯片放映内容的相关设置。

Work 1 幻灯片放映方式的设置

在默认的情况下，放映幻灯片时都是使用 PowerPoint 2010 默认的设置对其进行放映。但是如果用户需要对放映方式进行修改时，可以通过“设置放映方式”对话框来完成设置。下面就来认识该对话框。

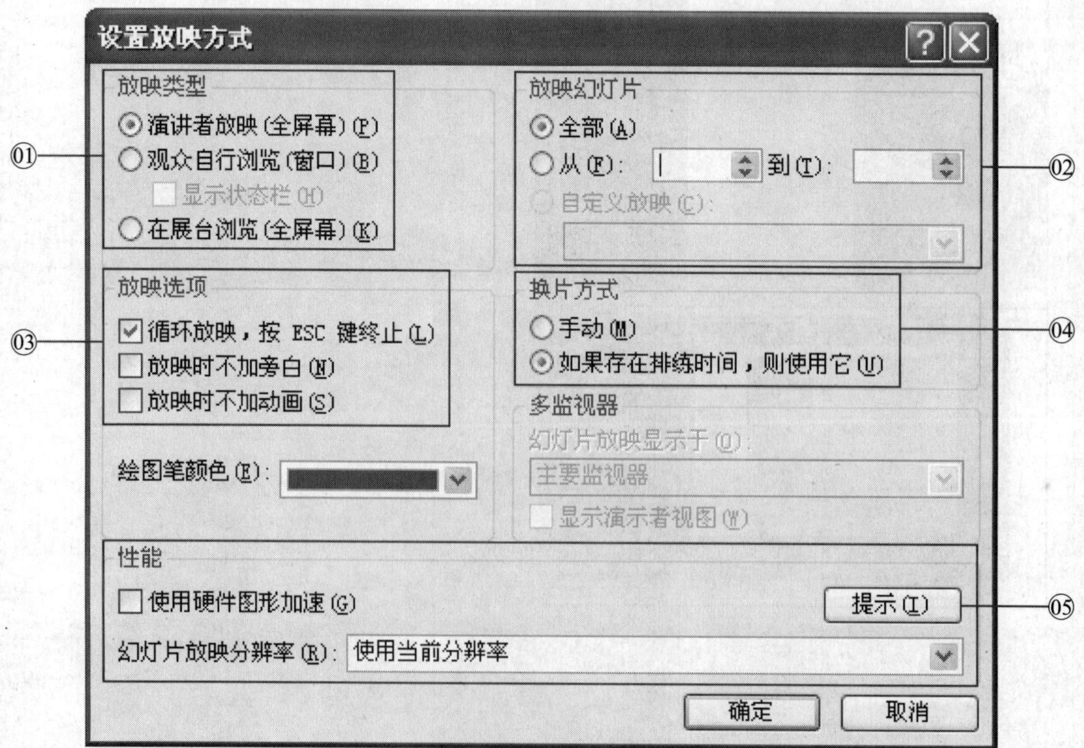

“设置放映方式”对话框

01 放映类型

放映的类型包括“演讲者放映”、“观众自行浏览”及“在展台浏览”3 种类型。用户可根据放映的不同地点选择相应的放映方式。

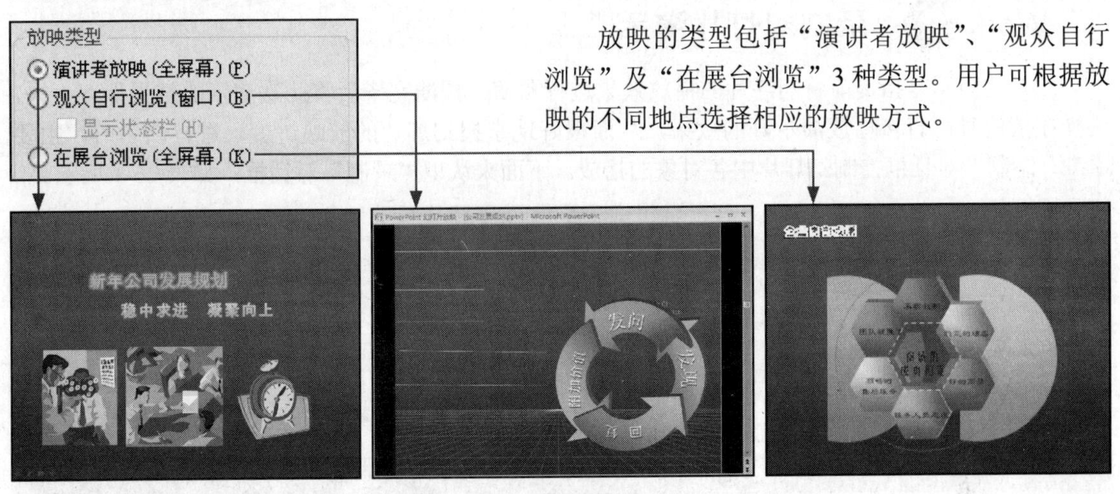

放映类型

02 放映幻灯片

在“放映幻灯片”选项区中可以对幻灯片的放映范围进行选择，可以是全部幻灯片，也可以指定幻灯片。

03 放映选项

在“放映选项”选项区内可以对幻灯片的终止方式、旁白及动画的添加与否进行设置，不使用旁白、动画时勾选相应的复选框；使用时则取消勾选。

04 换片方式

幻灯片的放映方式包括手动和自动两种，在“设置放映方式”对话框中的“换片方式”选项区中，用户还可以选择使用排练时间来进行放映。

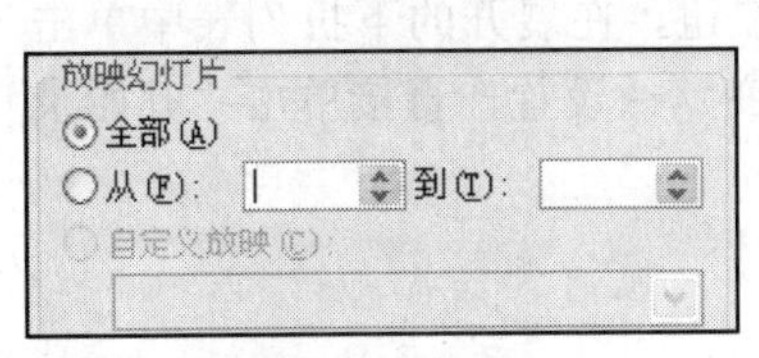

设置放映幻灯片的范围

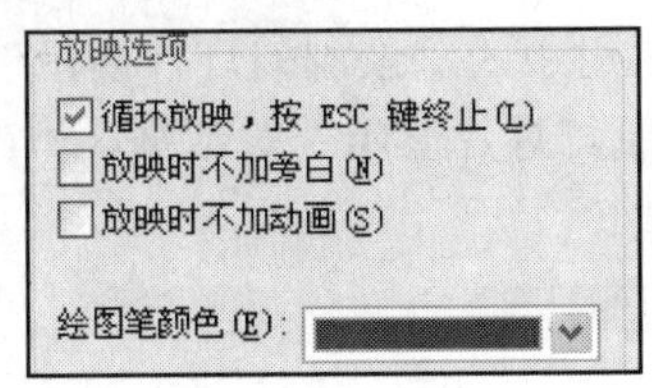

放映选项

换片方式

05 性能

在“性能”选项区内主要是对幻灯片放映分辨率的设置。在默认的情况下，程序会根据电脑系统的分辨率，选择使用当前分辨率。但是用户可根据文稿的需要选择适当的分辨率。

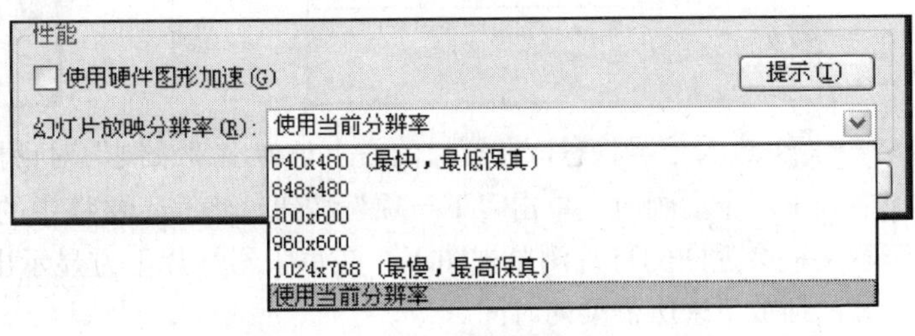

幻灯片性能设置

Work 2 录制幻灯片演示

幻灯片演示是指提前将幻灯片的播放效果进行预演，预演完毕后将此次演示的结果保存下来，这样在播放时可直接播放演示好的效果，从而很好地掌握幻灯片的放映进度。进行演示时，主要通过“录制”对话框控制幻灯片中各对象的播放。下面来认识“录制”对话框，如表 26-1 所示。

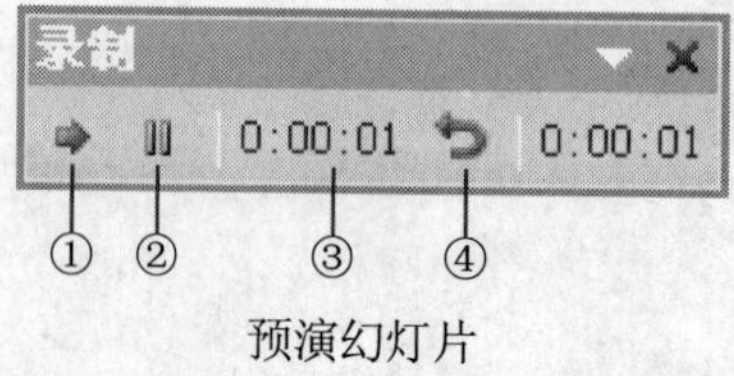

预演幻灯片

表 26-1 “录制”对话框布局表

编 号	名 称	作 用
①	下一项	用于切换到幻灯片中的下一个动画。当程序预设的动画时间还没到时，单击该按钮，可以直接播放下一个动画
②	暂停	用于暂时停止预演。单击该按钮可暂停预演。开始时，再次单击该按钮即可
③	幻灯片放映时间	用于显示幻灯片播放的总时间，以便控制幻灯片播放的时间
④	重复	用于重新预演。用户对当前排练的时间不满意时，单击该按钮，可以将排练的内容归零，重新进行排练

Lesson 01 录制幻灯片演示过程

Office 2010 · 电脑办公从入门到精通

为了控制好幻灯片的播放效果，在正式放映前，可先对幻灯片的演示过程进行录制。下面介绍如何对幻灯片的演示进行录制。

STEP 01 打开光盘 \ 实例文件 \ 第 26 章 \ 原始文件 \ 录制幻灯片演示过程 .pptx，切换到“幻灯片放映”选项卡，单击“设置”组中的“录制幻灯片演示”按钮，在展开的下拉列表中单击“从头开始录制”选项，弹出“录制幻灯片演示”对话框，不改变默认设置，直接单击“开始录制”按钮。

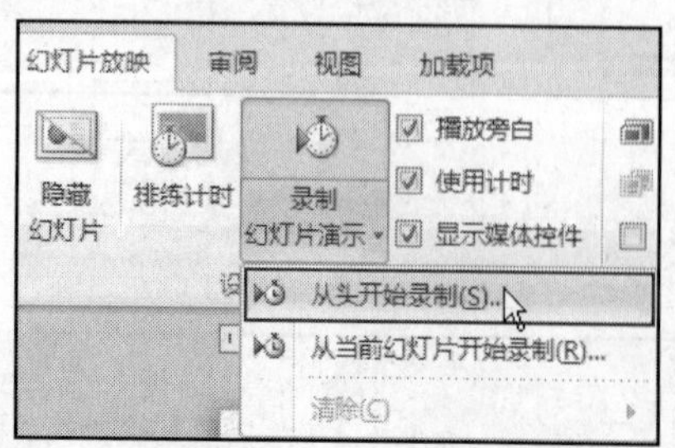

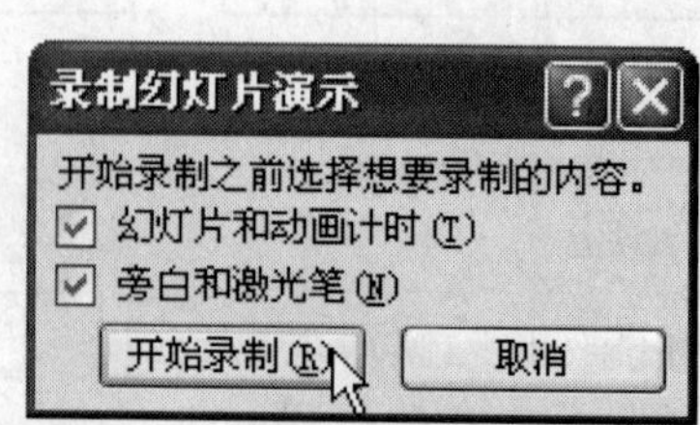

STEP 02 进入全屏状态，在窗口的右上角弹出“录制”对话框，并显示出幻灯片播放时间，需要切换到下一个动画时，单击“下一项”按钮。将演示文稿中的所有对象都播放完毕后，稍等片刻，演示文稿会返回幻灯片浏览视图下，在每张幻灯片下方显示出播放时所用的时间，即可从中得到幻灯片播放下来所需要的时间。

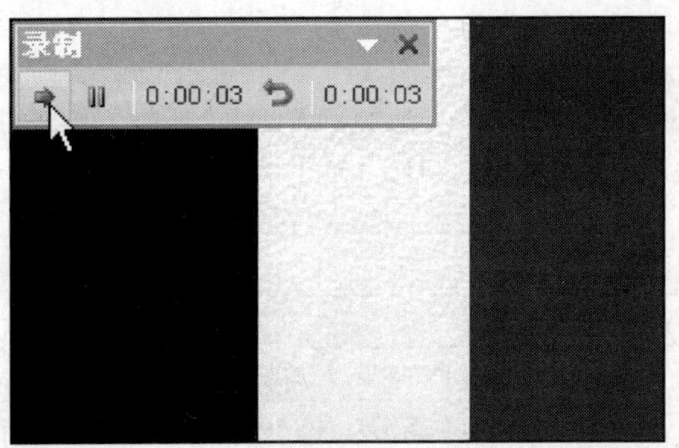

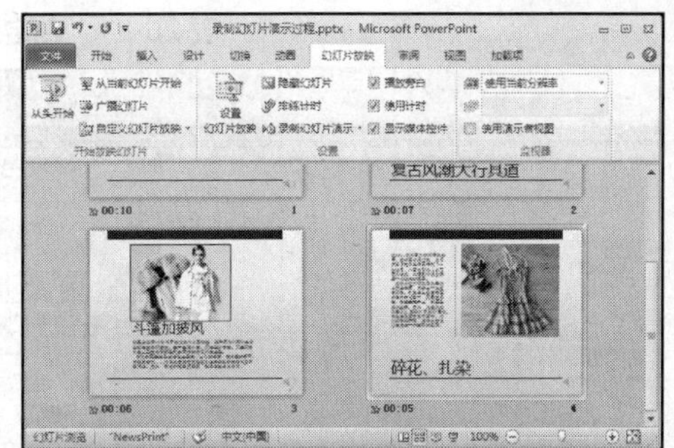

幻灯片放映方式的设置

- Work 1. 开始放映幻灯片
- Work 2. 自定义放映幻灯片
- Work 3. 控制幻灯片的播放
- Work 4. 为幻灯片添加标记

在 PowerPoint 2010 中放映幻灯片时，有不同的放映方法，用户可根据需要选择适当的方法。在放映过程中，可对幻灯片的播放进行控制，并且可对幻灯片进行标记。

Work 1 开始放映幻灯片

开始放映幻灯片时，主要有从头开始与从当前幻灯片开始两种放映方式。

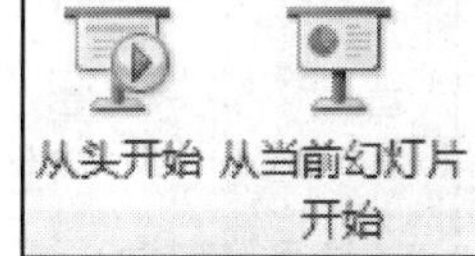

两种放映方式

从头开始放映幻灯片，即不管当前正在浏览哪张幻灯片，只要执行了该操作后，都将从文稿的第 1 张幻灯片开始对幻灯片进行放映。放映时，打开目标文稿后切换到“幻灯片放映”选项卡，单击“从头开始”按钮即可。

从当前幻灯片开始，即打开目标文稿后选中要开始播放的幻灯片，然后单击“从当前幻灯片开始”按钮，即可从目标位置开始播放幻灯片。

Work 2 自定义放映幻灯片

自定义幻灯片可以指定文稿中要播放的幻灯片，并可以任意调整幻灯片的播放顺序。下面来认识“自定义放映”对话框，如表 26-2 所示。

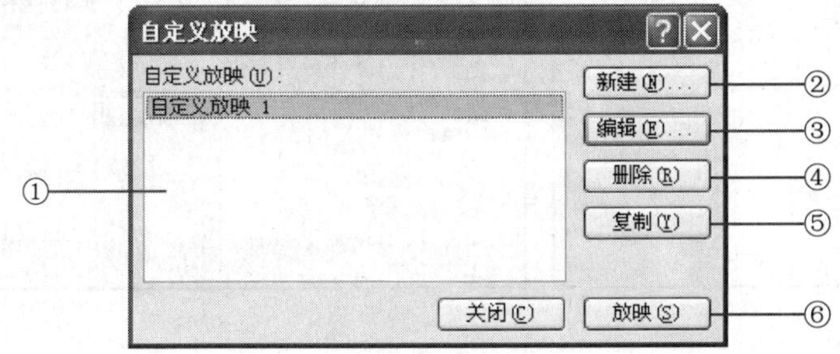

“自定义放映”对话框

表 26-2 “自定义放映”对话框的作用

编　号	名　称	功能及作用
①	“自定义放映”列表	用于放置所有自定义的幻灯片放映名称
②	“新建”按钮	用于创建幻灯片放映，单击该按钮，打开“定义自定义放映”对话框，在该对话框中即可进行创建
③	“编辑”按钮	对于已创建的幻灯片放映进行编辑
④	“删除”按钮	删除“自定义放映”列表框内已创建的幻灯片放映
⑤	“复制”按钮	复制“自定义放映”列表框内已创建的幻灯片放映
⑥	“放映”按钮	创建了自定义幻灯片放映后，返回“自定义放映”对话框内，选中幻灯片放映名称，然后单击“放映”按钮，即可执行幻灯片的放映操作

Lesson 02 自定义幻灯片放映

Office 2010 · 电脑办公从入门到精通

了解了“自定义放映”对话框的作用后，下面来介绍自定义幻灯片放映的步骤。

STEP 01 打开光盘\实例文件\第 26 章\原始文件\自定义幻灯片放映.pptx，切换到“幻灯片放映”选项卡，单击“开始放映幻灯片”组中的“自定义幻灯片放映”按钮，在展开的下拉列表中选择“自定义放映”选项。弹出“自定义放映”对话框，单击“新建”按钮。

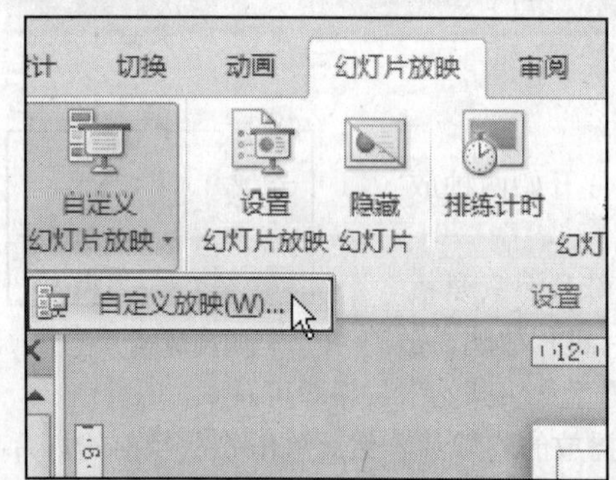

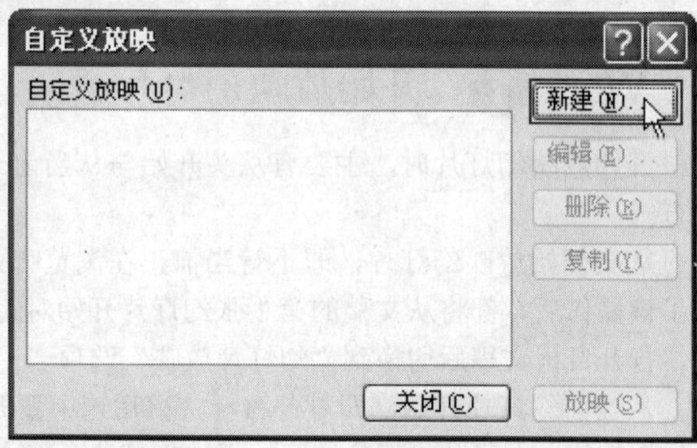

STEP 02 弹出“定义自定义放映”对话框，在“幻灯片放映名称”文本框内输入幻灯片放映的名称。在“在演示文稿中的幻灯片”列表框中选中要添加到幻灯片放映中的幻灯片，然后单击“添加”按钮。

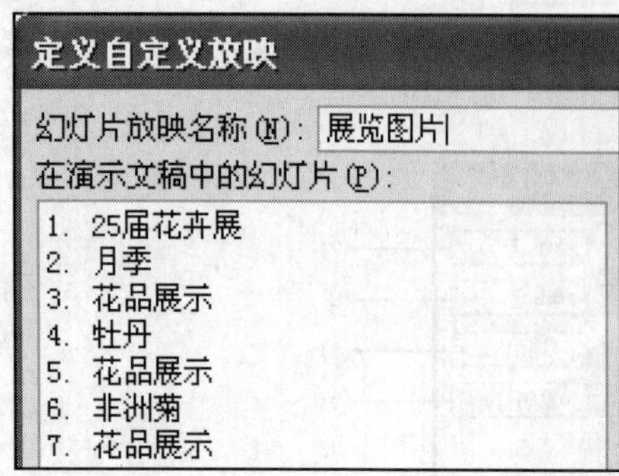

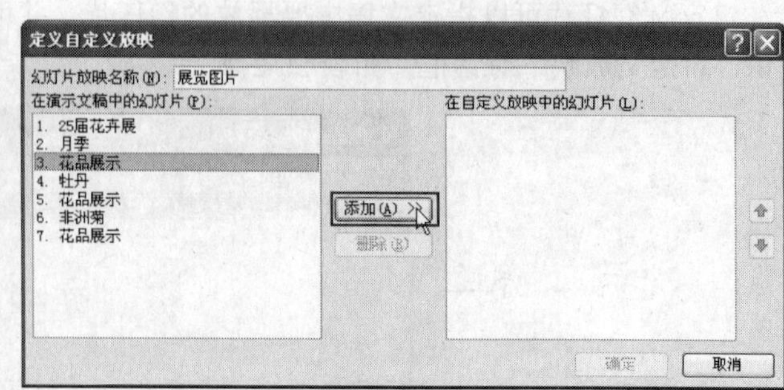

STEP 03 按照同样的方法，将新建的幻灯片放映中需要的幻灯片全部添加完毕后，单击“确定”按钮。返回“自定义放映”对话框中，直接单击“关闭”按钮，就完成了幻灯片放映的创建操作；需要放映时，可单击“放映”按钮。

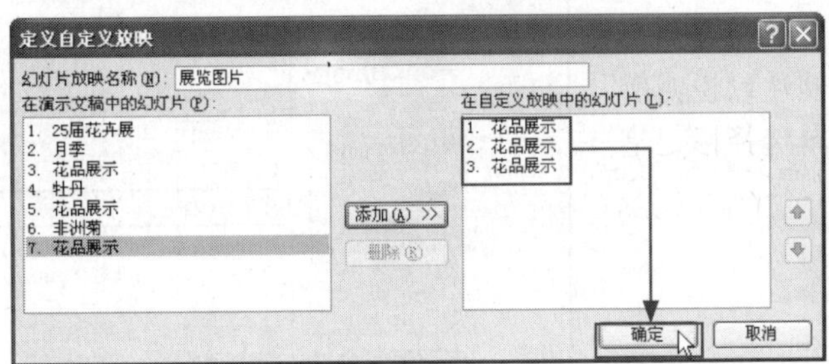
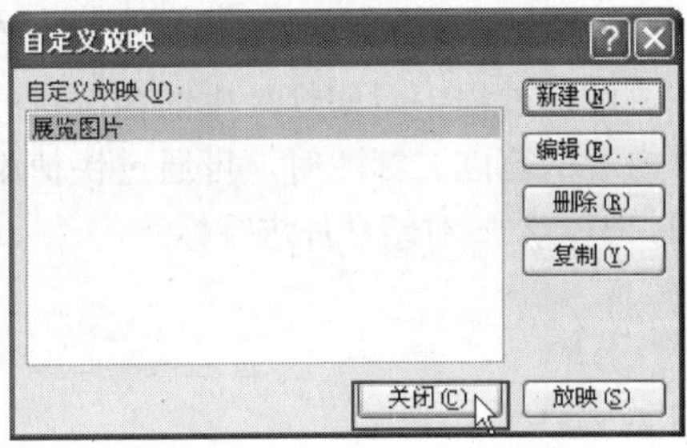

STEP 04 自定义幻灯片创建完毕后，返回程序窗口，切换到“幻灯片放映”选项卡，单击“开始放映幻灯片”组中的“自定义幻灯片放映”按钮，在展开的下拉列表中单击新创建的幻灯片放映名称。经过以上操作后，程序即开始对所创建的自定义幻灯片进行放映。

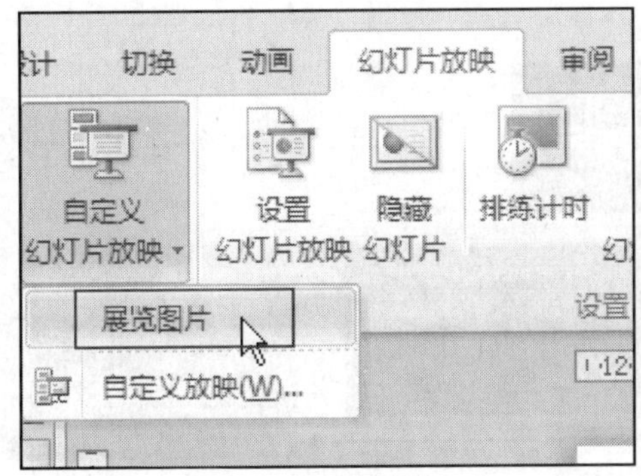

Study 02 幻灯片放映方式的设置

Work 3 控制幻灯片的播放

在放映幻灯片时，如果用户需要随时更换要放映的幻灯片，可通过快捷菜单进行控制。具体操：进入放映状态后，需要切换到上一张或下一张幻灯片时，可右击画面中任意位置，在弹出的快捷菜单中执行“下一张”或“上一张”命令，即可完成相邻幻灯片的切换。需要切换到某张幻灯片时，可右击画面中任意位置，在弹出的快捷菜单中执行“定位至幻灯片”命令，在弹出的子菜单中单击要切换到的幻灯片。需要结束放映时，可直接按Esc键。

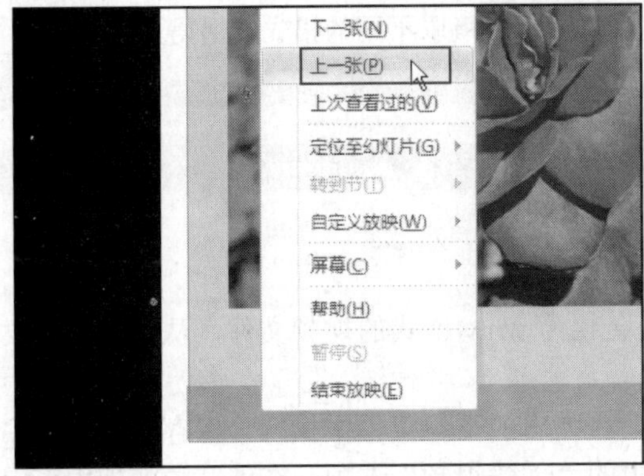

①切换到相邻的幻灯片

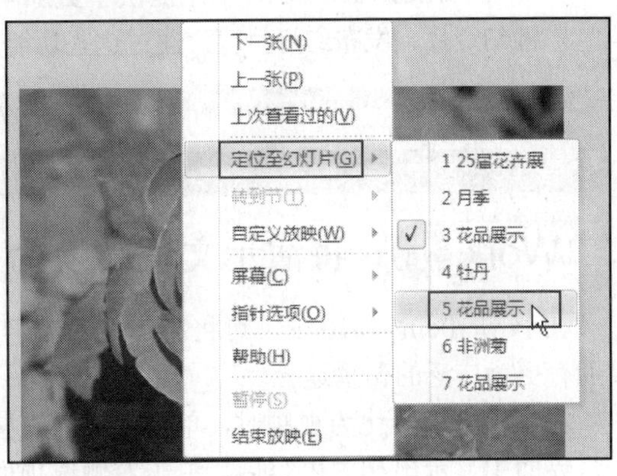

②定位幻灯片

Work 4 为幻灯片添加标记

在放映幻灯片时，如果有讲解者在旁边，难免会在讲解的过程中对幻灯片中的内容进行圈注以说明所讲内容的范围。标注时，可通过快捷菜单选择标记笔的类型，然后对幻灯片进行标注。

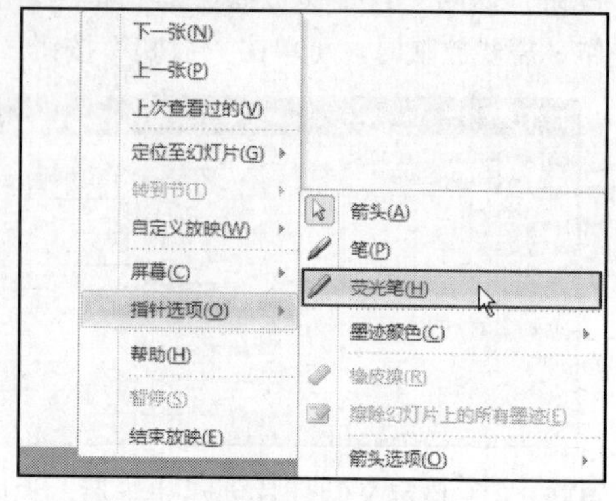

②选择标记笔类型

在为幻灯片标记时，PowerPoint 程序提供了几种不同类型的笔，用户可根据实际情况选择合适的笔。下面来认识这些标记笔的类型。

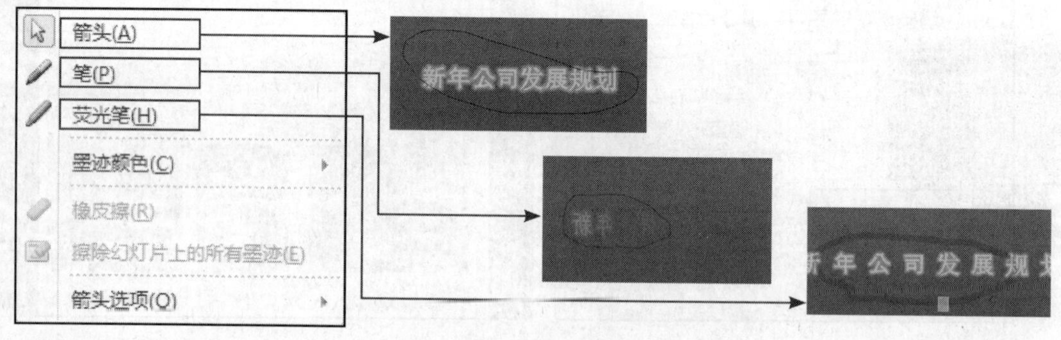

③标记笔的类型

Study 03 共享演示文稿

- Work 1. 将演示文稿转换为视频
- Work 2. 广播演示文稿
- Work 3. 发布幻灯片

在 PowerPoint 2010 中，提供了更加丰富的共享功能，例如将演示文稿转换为视频、广播幻灯片、发布幻灯片等，通过这些功能，可以将演示文稿以不同的格式传播得更广。

Work 1 将演示文稿转换为视频

在 PowerPoint 2010 中，可将制作好的演示文稿转化为 wmv 格式的视频文件，从而使演示文稿拥有更为广泛的传播途径。

将演示文稿转化为视频时，单击“文件”按钮，在弹出的下拉菜单中执行“保存并发送”命令，界面中显示出相关内容后，单击右侧选项面板中的“创建视频”选项，在展开的面板中可对每张幻灯片放映的时间进行设置。设置完毕后，单击“创建视频”按钮，PowerPoint 就会执行创建操作。

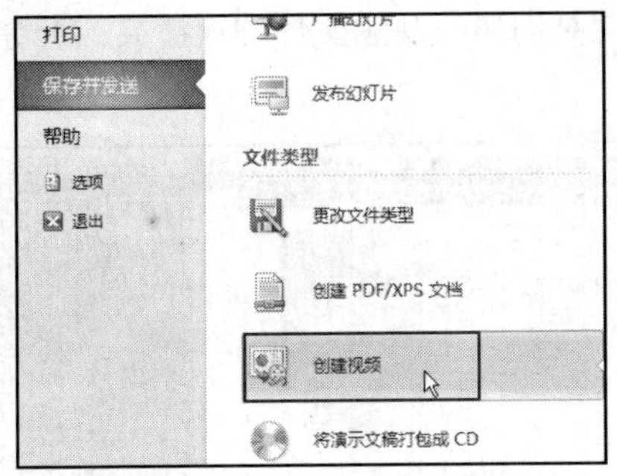

① 执行“创建视频”命令

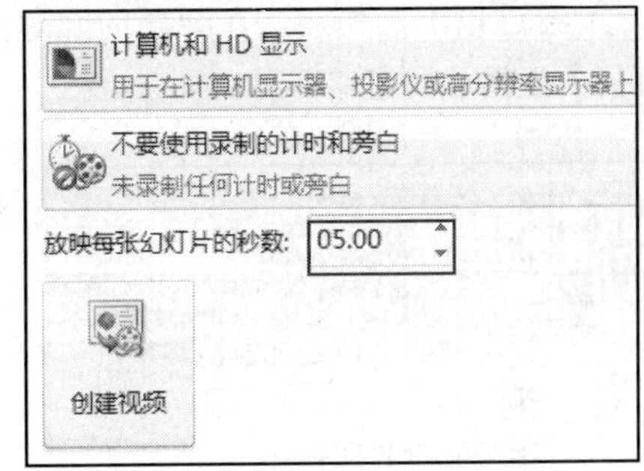

② 设置放映每张幻灯片的秒数

Lesson 03 将演示文稿转换为视频

Office 2010 · 电脑办公从入门到精通

下面来介绍将演示文稿转化为视频的具体操作。

STEP 01 打开光盘 \ 实例文件 \ 第 26 章 \ 原始文件 \ 将演示文稿转换为视频 .pptx，单击“文件”按钮，在弹出的下拉菜单中执行“保存并发送”命令，界面中显示出相关内容后，单击右侧选项面板中的“文件类型”区域内的“创建视频”选项，在展开的子面板中“放映每张幻灯片的秒数”文本框内输入要设置的数值“03.00”，然后单击“创建视频”按钮。

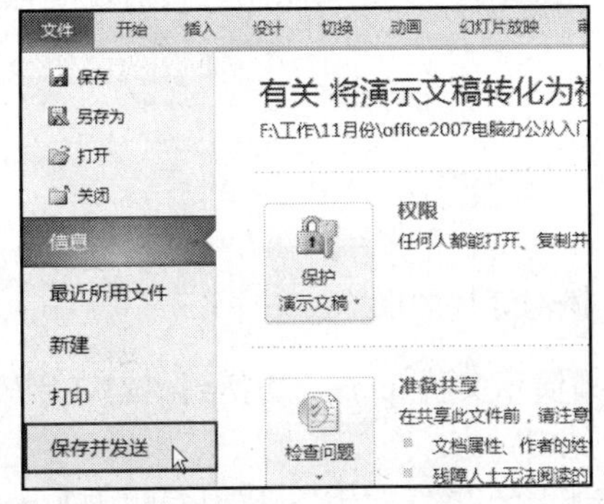

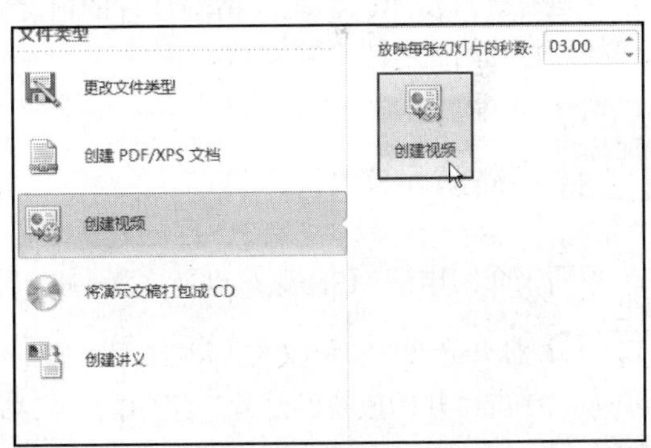

STEP 02 弹出“另存为”对话框，进入视频文件要保存的路径，在“文件名”文本框中输入视频文件的保存名称，然后单击“保存”按钮，PowerPoint 2010 就会执行创建视频的操作。在演示文稿窗口下方任务栏中，可以看到视频文件的创建进度。

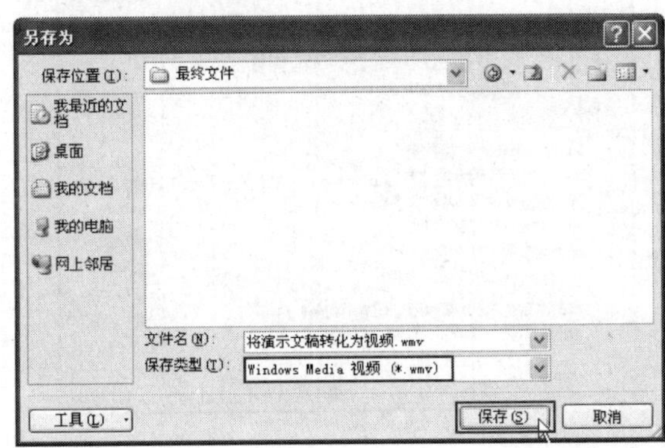

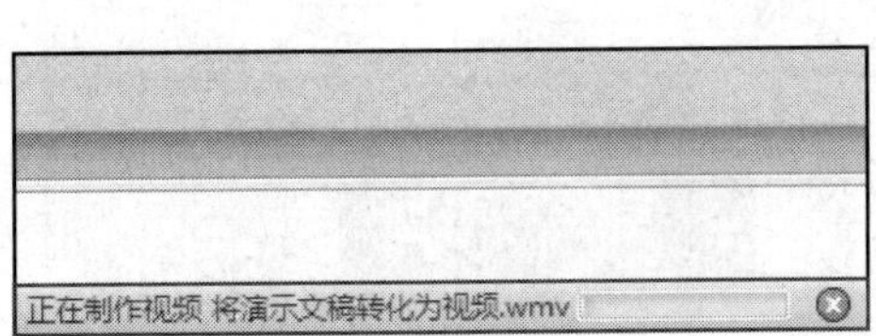

STEP 03 视频文件创建完毕后，任务栏中的进度条会自动消失。通过“我的电脑”窗口进入视频文件的保存路径，需要查看视频文件时，右击视频文件图标，在弹出的快捷菜单中执行“播放”命令。

STEP 04 经过以上操作后，在弹出的媒体播放器中就会对创建的视频文件进行播放。查看完毕后，直接关闭播放器窗口即可。

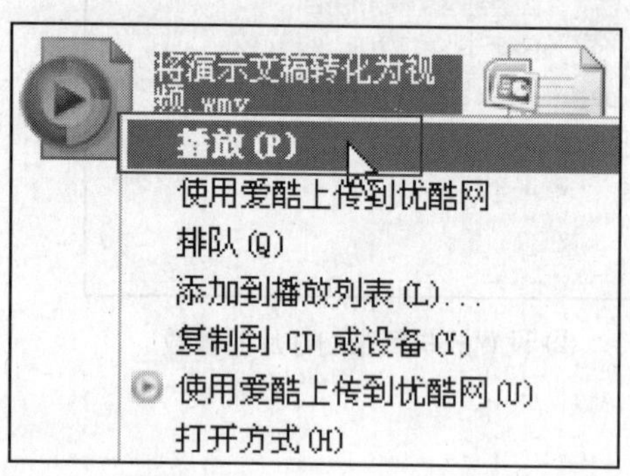

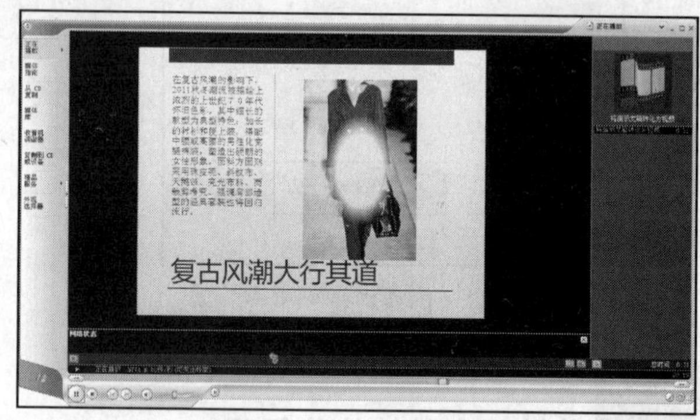

Study 03 共享演示文稿

Work 2 广播演示文稿

广播幻灯片功能可以将 PowerPoint 2010 文稿上传到 Windows Live 服务器中，并且自动生成在线查看链接。其他用户通过链接可以在浏览器中快速查看用户分享的幻灯片文稿。在广播过程中，用户可在本机中对演示文稿进行编辑，编辑的过程将直接同步到广播链接中，因此该功能非常适合进行远程演示。但是广播幻灯片的前提是拥有一个 MSN 账户，如果用户目前还没有，可在广播幻灯片的过程中直接申请。

Lesson 04 广播演示文稿

Office 2010 · 电脑办公从入门到精通

下面来介绍申请 MSN 账户以前广播幻灯片、查看广播幻灯片的操作。

STEP 01 打开光盘\实例文件\第 26 章\原始文件\广播演示文稿 .pptx，切换到“幻灯片放映”选项卡，单击“开始放映幻灯片”组中的“广播幻灯片”按钮。

STEP 02 弹出“广播幻灯片”对话框，对话框中显示出广播服务的内容，直接单击“启动广播”按钮。

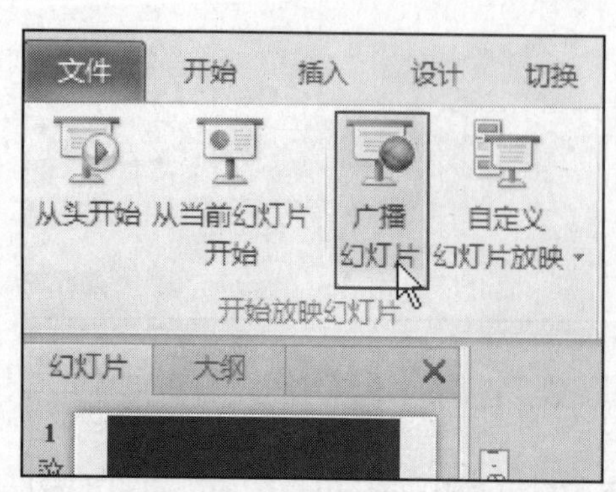

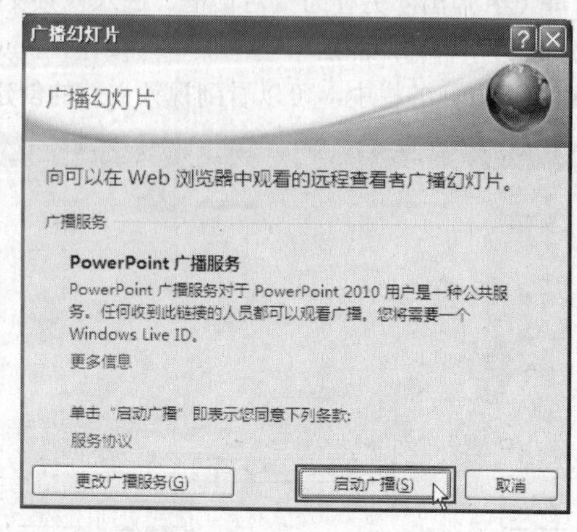

STEP 03 弹出“.NET Passport 向导”对话框，对话框中列出使用 Passport 能够实现的功能，单击“下一步”按钮。

STEP 04 进入“有电子邮件地址吗？”界面，选中“没有，注册一个免费的 MSN Hotmail 电子邮件地址”单选按钮，然后单击“下一步”按钮。

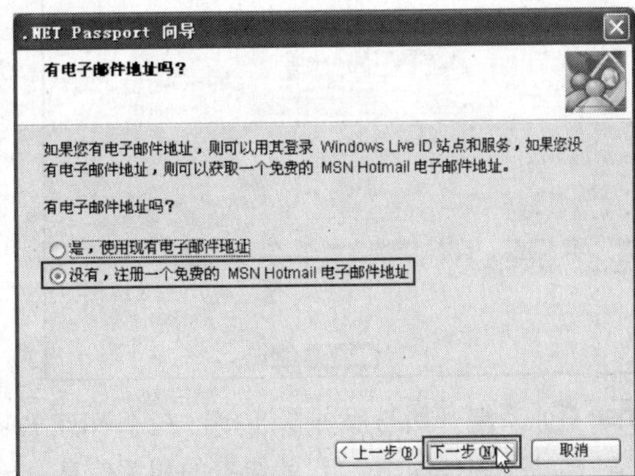

STEP 05 进入注册 Windows Live ID 界面，单击“下一步”按钮。

STEP 06 弹出“注册……”网页，在“创建电子邮件地址”区域内“国家 / 地区”以及“电子邮件地址”文本框中输入用户的注册信息，然后单击“确定账户未被使用”按钮。

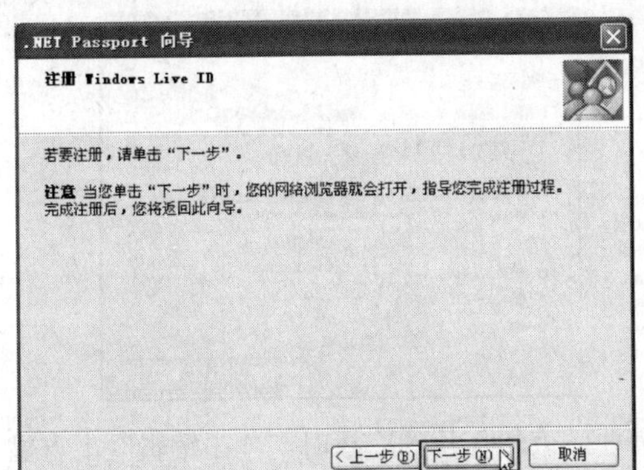

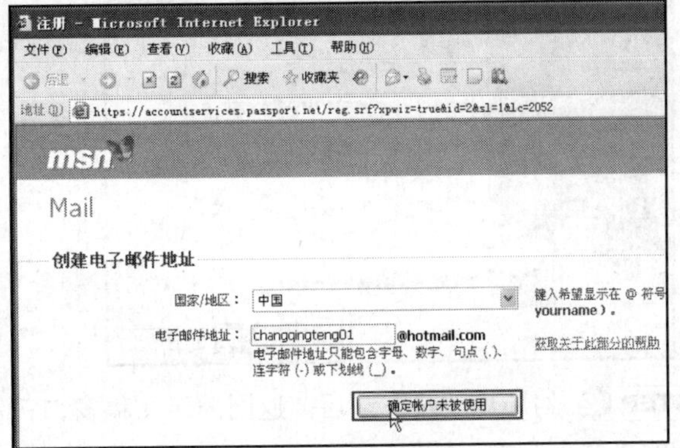

STEP 07 确认输入的账户可用后，在“创建密码”区域以及“创建密码重新设置选项”区域的各文本框中输入相应的内容。在“输入账户信息”区域内输入相关内容，或根据网页中提供的信息，选择适当的内容。

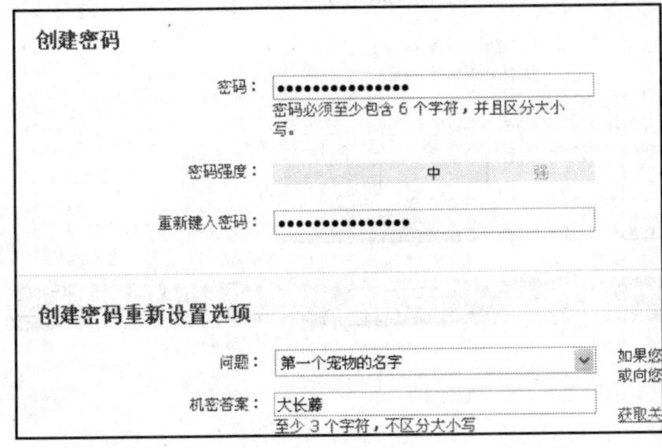

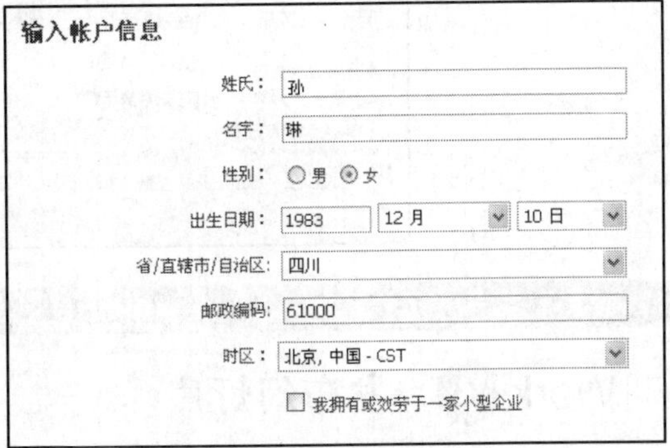

STEP 08 在“验证”区域内的文本框中输入页面中显示的验证码，然后单击“接受”按钮。在网页中将邮箱创建完毕后，进入创建成功界面，单击“继续”按钮。

STEP 09 返回“.NET Passport向导”对话框，单击“下一步”按钮。

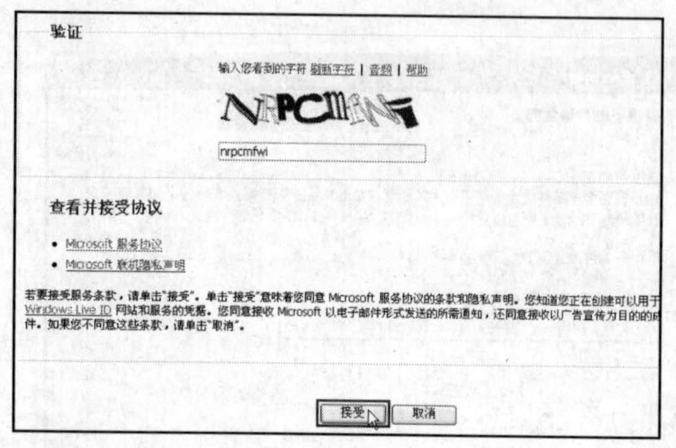

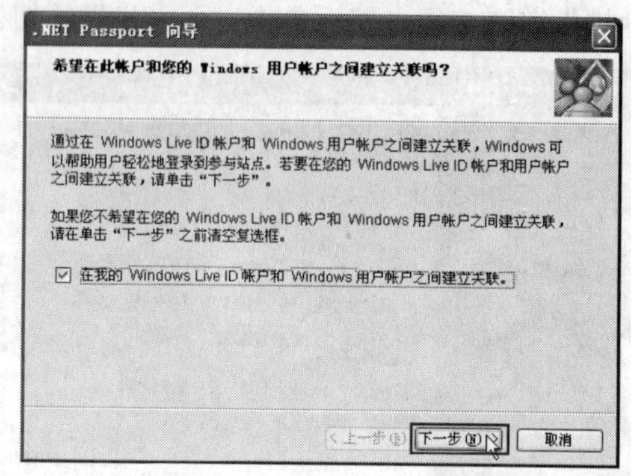

STEP 10 系统开始与服务器连接，在“.NET Passport向导”对话框中显示出连接的进度，连接完毕后，界面中显示出“已就绪”的相关信息，单击“完成”按钮。

STEP 11 弹出“广播幻灯片”对话框，在“与远程查看者共享此链接……”列表框中显示出幻灯片广播的网址，单击“复制链接”按钮，然后将该链接粘贴给需要一起观看幻灯片放映的用户。单击“开始放映幻灯片”按钮，程序就会对幻灯片进行放映。

STEP 12 幻灯片放映完毕后，返回演示文稿窗口，需要结束幻灯片的广播时，单击编辑区上方显示的“结束广播”按钮。弹出Microsoft PowerPoint提示框，提示用户若继续操作，所有远程查看器都将被断开，单击“结束广播”按钮，就完成了结束广播幻灯片的操作。

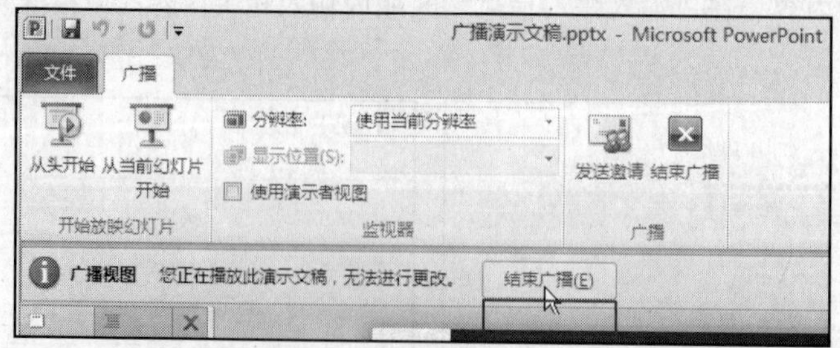

Study 03 共享演示文稿

Work 3 发布幻灯片

发布幻灯片是指将幻灯片发布到幻灯片库或SharePoint网站中，从而将幻灯片存储在共享位置以供其他人使用。

打开要发布的幻灯片后，单击“文件”按钮，在弹出的下拉菜单中执行“保存并发送”命令，在展开的界面中单击“发布幻灯片”选项，在展开的子界面中单击“发布幻灯片”按钮。

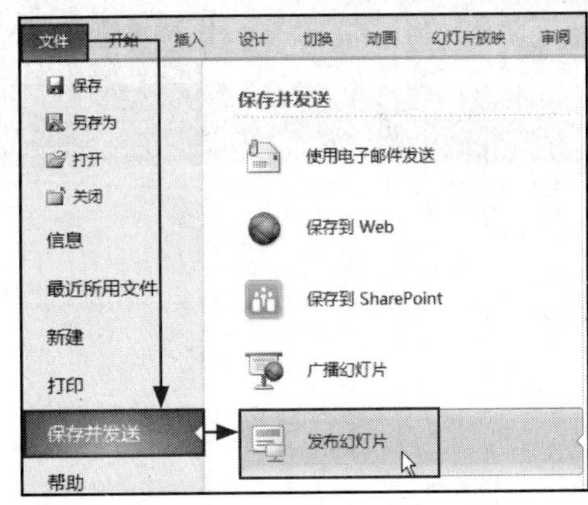

① 执行“发布幻灯片”命令

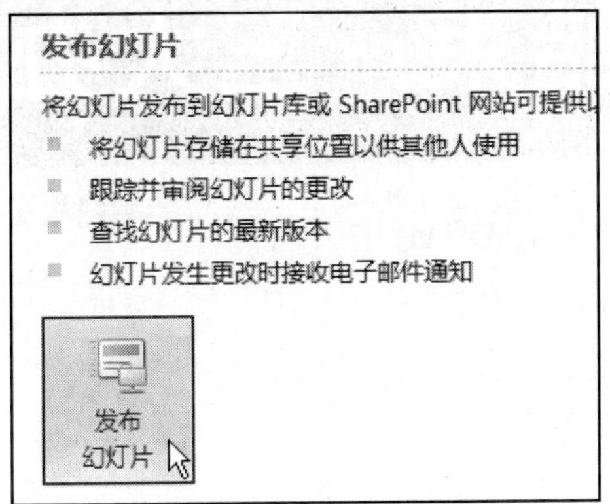

② 单击“发布幻灯片”按钮

弹出“发布幻灯片”对话框，勾选要发布的幻灯片，然后单击“浏览”按钮，弹出“选择幻灯片库”对话框，使用系统默认打开的查找范围，在“文件夹名称”文本框中输入要发布的文件夹名称，然后单击“选择”按钮。

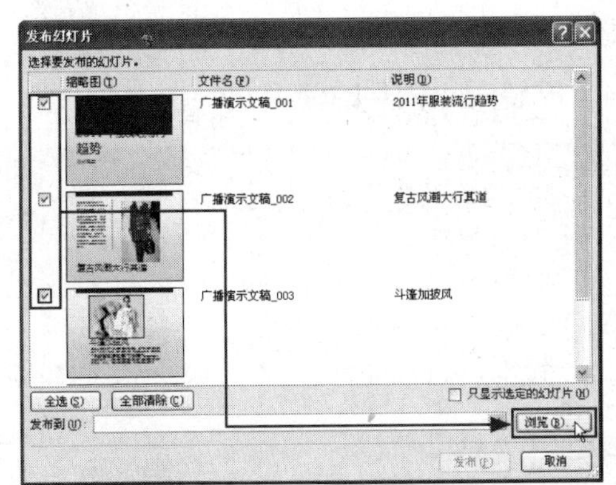

③ 选择发布的幻灯片

选择幻灯片库
查找范围(I): 我的幻灯片库
我的幻灯片库
我最近的文档
桌面
我的文档
文件夹名称(N): 流行趋势
工具(L)
选择(E)
取消

④ 设置幻灯片的发布位置

返回“发布幻灯片”对话框，单击“发布”按钮，PowerPoint 2010 就会执行发布操作。

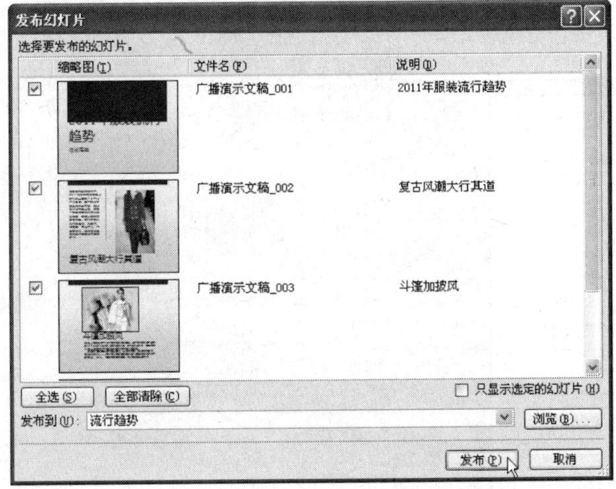

⑤ 单击“发布”按钮

Chapter 27

结束：三大办公软件的打印输出

Office 2010 电脑办公从入门到精通

本章重点知识

- Study 01　Word文档的打印
- Study 02　Excel电子表格的打印
- Study 03　PowerPoint演示文稿的输出与打印
- Study 04　FinePrint软件的使用

本章视频路径

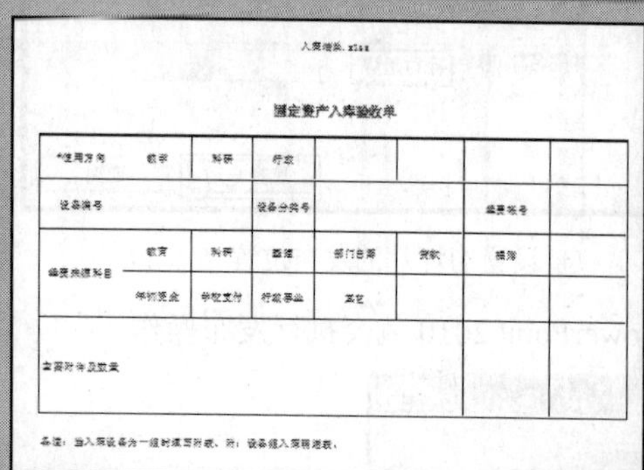
入库验收.xlsx

固定资产入库验收单

Chapter 27\Study 01\

- Lesson 01　调整页边距.swf
- Lesson 02　设置纸张大小.swf
- Lesson 03　打印文档.swf

Chapter 27\Study 02\

- Lesson 04　打印时每一页都有标题行.swf
- Lesson 05　设置打印区域.swf

Chapter 27\Study 03\

- Lesson 06　打印讲义文稿.swf

Chapter 27\Study 04\

- Lesson 07　使用FinePrint打印文档.swf

Chapter 27 结束：三大办公软件的打印输出

利用 Office 的三大组件分别编辑完文档、表格及演示文稿后，为电脑连接并添加打印机就可以将其打印输出。在输出时，用户可以对文档进行预览、设置页面等操作，也可以对文档页数的打印顺序、文稿的打印样式等内容进行设置。

Study 01 Word文档的打印

- Work 1. 关于“页面设置”
- Work 2. 打印文档

在打印输出 Word 2010 文档前，可以进行相应内容的设置，如页面布局、打印份数及纸张大小等。本节将介绍文档页面布局及打印文档的操作。

Work 1 关于“页面设置”

在打印输出前，为了配合打印纸张，还需要在程序中对纸张大小、页面边框等内容进行调整。在进行页面设置时，需要切换到“页面布局”选项卡。

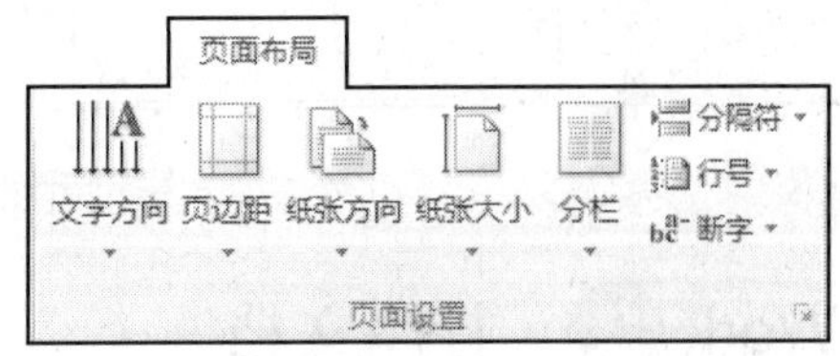

“页面设置”选项

Lesson 01 调整页边距

Office 2010 · 电脑办公从入门到精通

页边距是指文档中的正文距纸张边缘处的距离。在 Word 2010 程序中，预设有 5 种样式，用户也可以自己进行设置。

STEP 01 打开光盘\实例文件\第 27 章\原始文件\调整页边距.docx，切换到“页面布局”选项卡，单击“页面设置”组中的“页边距”按钮，在展开的下拉列表中单击“自定义边距”选项。

STEP 02 弹出“页面设置”对话框，切换到“页边距”选项卡，在“页边距”区域中的“上”、“下”、“左”、“右”数值框内分别输入需要的页边距，输入完毕后，单击“确定”按钮，即可完成页边距的调整操作。

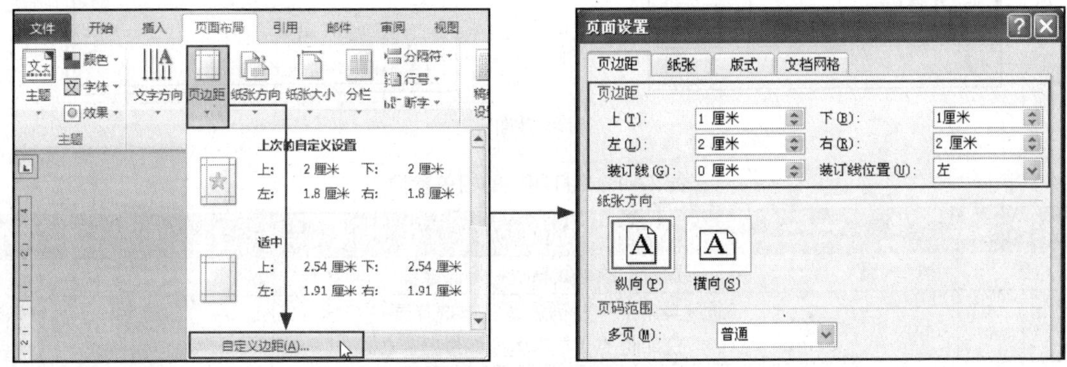

Lesson 02 设置纸张大小

在默认的情况下，Word 程序选择的是 A4 纸张，用户可以根据文档的需要设置纸张的大小。

STEP 01 打开光盘\实例文件\第 27 章\原始文件\设置纸张大小.docx，切换到“页面布局”选项卡下，单击“页面设置”组中的“纸张大小”按钮，在展开的下拉列表中选择“B5(JIS)”选项。

STEP 02 经过以上操作后，返回到文档中，就完成了更改纸张大小的操作。

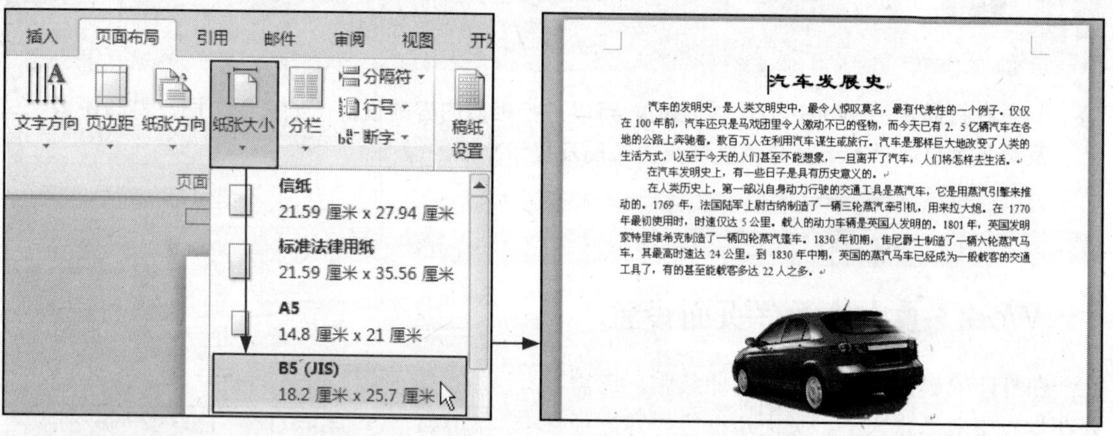

Study 01 Word文档的打印

Work 2 打印文档

在 Word 2010 中打印文档时，需要在“文件”选项面板中执行打印操作，其中也包括打印设置的相关选项。下面先来认识该区域内所包括的功能，如表 27-1 所示。

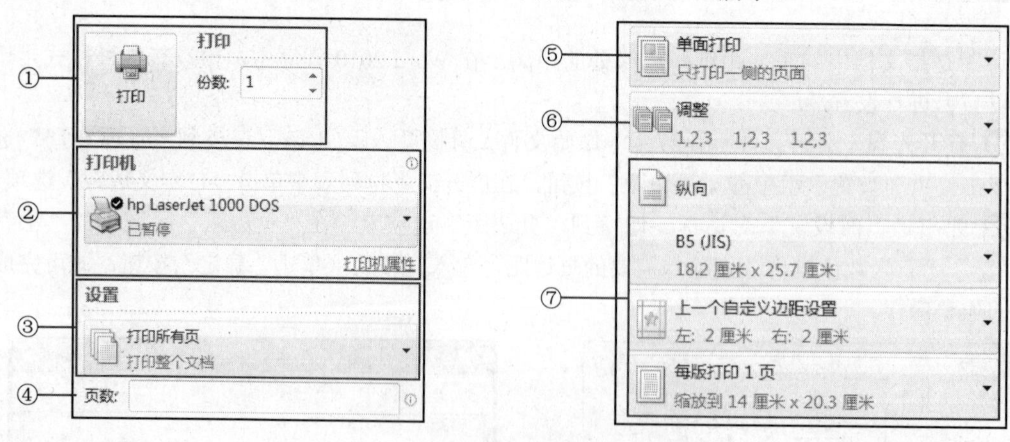

打印界面

表 27-1 “打印”的相关参数

编　号	名　称	作　用
①	打印区域	用于设置打印的份数与执行打印操作
②	“打印机”区域	通过其中的下拉列表框可以选择要使用的打印机，在打印机名称下方显示出当前打印机的状态、类型、位置等参数

（续表）

编　号	名　称	作　用
③	“设置”区域	用于设置文档的打印范围、打印奇数页或是打印偶数页等内容
④	页数	用于设置文档打印的页数范围
⑤	单面打印	用于选择文档是单面打印或是手动双面打印
⑥	调整	用于选择多页文档的打印顺序，包括“1,1,1 2,2,2 3,3,3”和“123”两种方式
⑦	“页面设置”区域	用于在打印前对文档的页面边距、纸张、大小等内容进行设置

Lesson 03 打印文档

Office 2010 · 电脑办公从入门到精通

对文档的文本、页面布局、纸张、方向等内容确认无误后，就可以进行打印。

STEP 01 打开光盘\实例文件\第27章\原始文件\打印文档.docx后，单击“文件”按钮，在打开的面板中执行“打印”命令，在“打印”界面中显示出打印的相关内容，在“打印”区域的“份数”数值框内输入打印的份数，然后单击“打印”按钮。

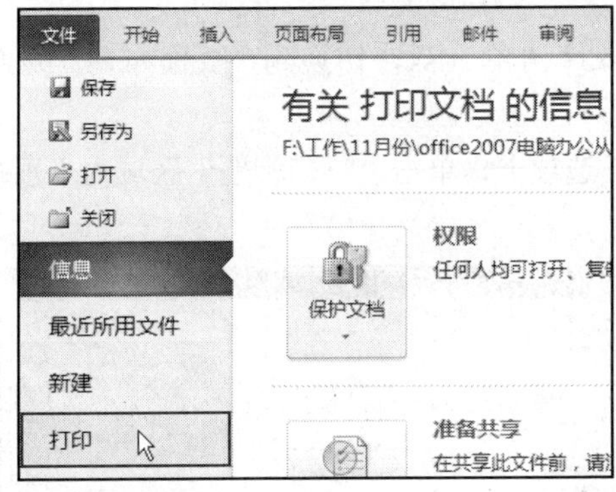

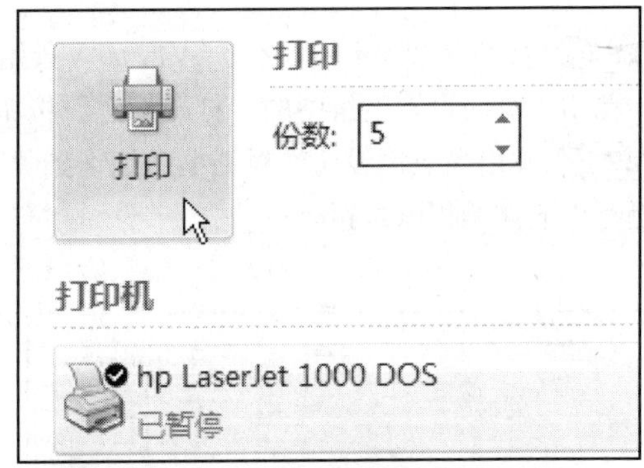

STEP 02 经过以上操作后，系统开始执行打印的操作，在电脑桌面右下角的通知区域中显示出打印机的图标，文档打印完成后，该图标自动消失。

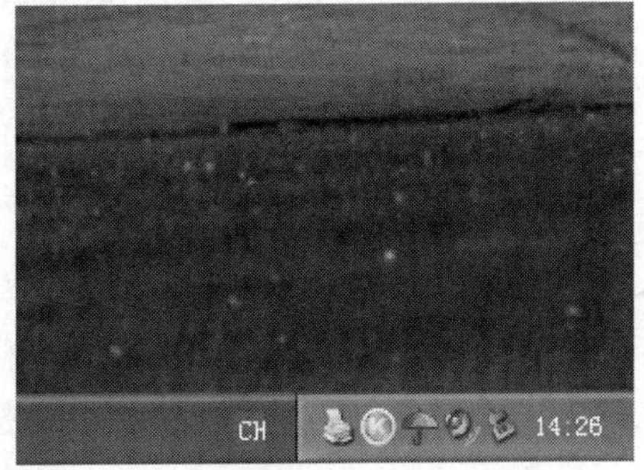

Study 02 Excel电子表格的打印

Excel 2010表格在编辑完成后需要打印时，也可以进行相应的设置，然后将其打印输出。Excel 2010表格中的“打印”界面与Word 2010的“打印”界面类似，本节中就不多做介绍了。

Lesson 04 打印时每一页都有标题行

在默认的情况下，一个 Excel 表格无论有几页，都只有一个标题，但是用户可以将其设置为在表格中每一页都显示标题。如下图所示为设置前后的文档效果。

Before

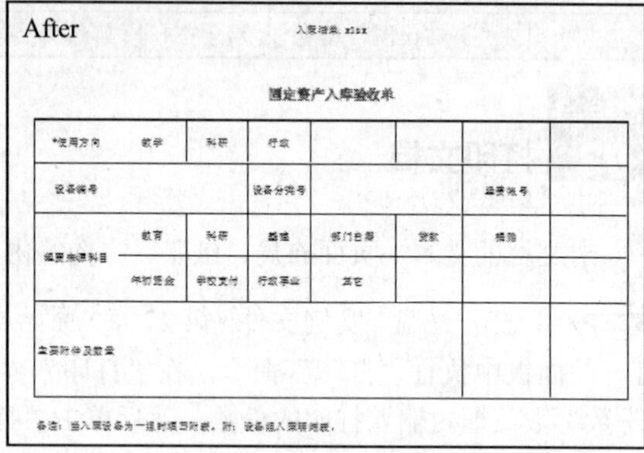

STEP 01 打开光盘\实例文件\第 27 章\原始文件\入库清单 .xlsx，切换到“页面布局”选项卡，单击“页面设置”组中的“打印标题”按钮。

STEP 02 弹出“页面设置”对话框，切换到“工作表”选项卡，单击“打印标题”区域内“顶端标题行”右侧的折叠按钮。

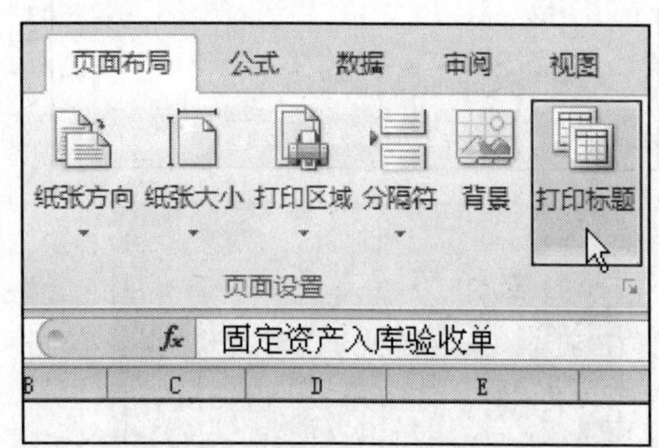

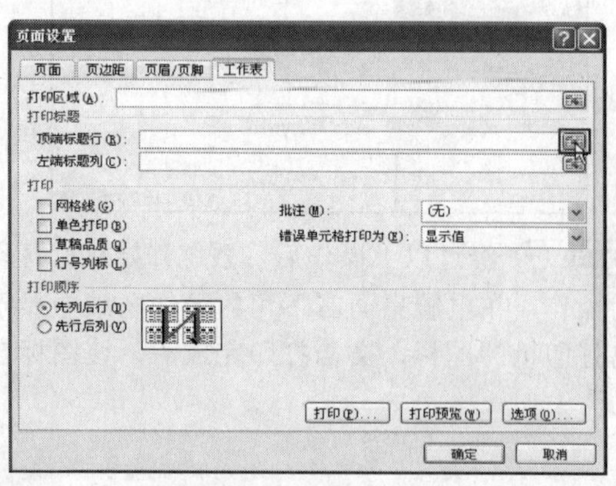

STEP 03 将鼠标指针指向表格窗口，单击表格中的标题行，同时表格的标题显示在“页面设置-顶端标题行”对话框中。再次单击该对话框中折叠按钮，返回到“页面设置”对话框，单击“确定”按钮。

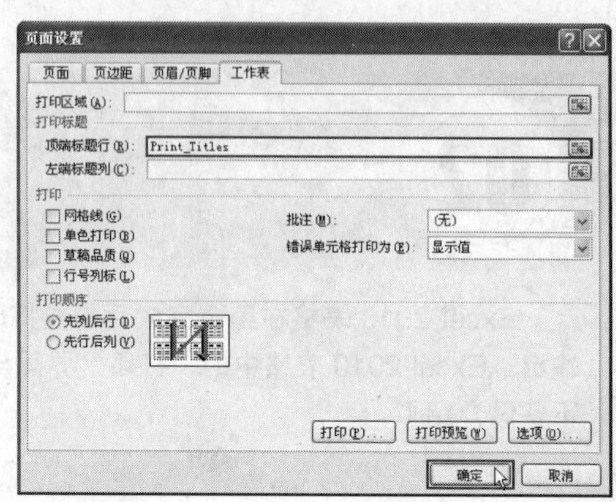

STEP 04 进行了以上操作后，返回到工作簿窗口，单击“文件”按钮，在打开的面板中执行“打印”命令，在界面右侧的预览区域内即可预览到表格打印后的效果，切换到不同页下，可看到在每页表格的上方都会显示当前表格的名称。

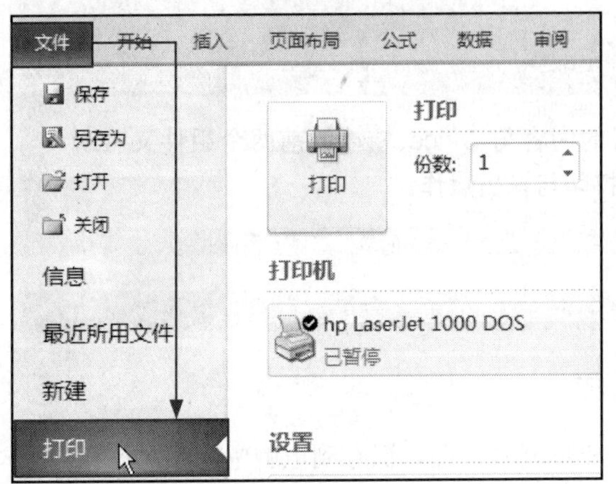

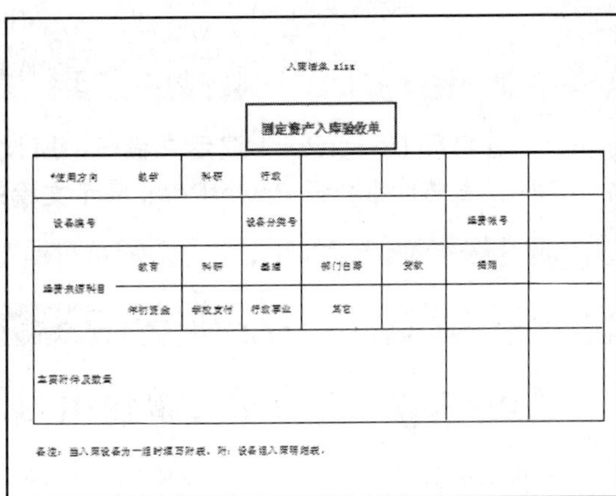

Tip 为工作表添加页眉和页脚

在打印工作表时，如果用户要为工作表添加页眉和页脚，可在打开“页面设置”对话框后，切换到“页眉／页脚”选项卡，在“页眉”和“页脚”区域内进行编辑。

Lesson 05 设置打印区域

Office 2010 · 电脑办公从入门到精通

在打印表格时，如果只需要打印表格中的一部分，可设置要打印的区域。

STEP 01 打开光盘\实例文件\第 27 章\原始文件\入库清单 .xlsx，在工作表中拖动鼠标，选中要打印的区域。

STEP 02 切换到“页面布局”选项卡，单击“页面设置”组中的“打印区域”按钮，在展开的下拉列表中单击“设置打印区域”选项，即可将所选中的区域设置为打印区域，而未选中的区域则不会被打印。需要取消打印区域时，单击“打印区域”按钮，在展开的下拉列表中单击“取消印区域”选项即可。

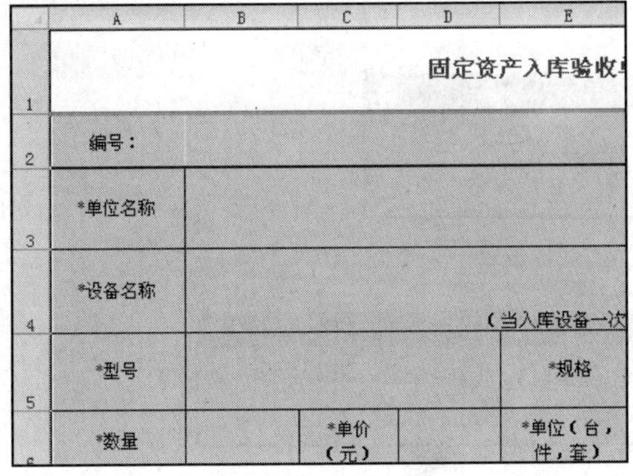

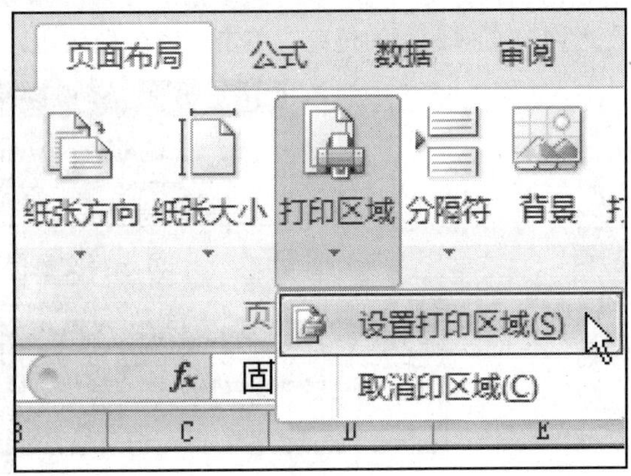

Study 03

Power Point 演示文稿的输出与打印

- Work 1. 将演示文稿输出为图片
- Work 2. 打印文稿

在打印 PowerPoint 演示文稿时，所设置的内容与 Office 软件的前两个组件又有所不同，本节就来介绍 PowerPoint 演示文稿的打印与输出操作。

Study 03 PowerPoint演示文稿的输出与打印

Work 1 将演示文稿输出为图片

在演示文稿的输出过程中可以将幻灯片输出为不同格式的图片保存到电脑中，在此过程中可以通过“另存为”对话框完成操作。

STEP 01 打开光盘\实例文件\第27章\原始文件\花卉展览.pptx，单击“文件”按钮，在打开的面板中执行“保存并发送”命令，界面中显示出相关内容后，执行“更改文件类型”命令，在右侧界面中单击“JPEG文件交换格式”选项，然后单击“另存为”按钮；弹出“另存为”对话框，进入图片文件的保存位置，然后单击“保存”按钮。

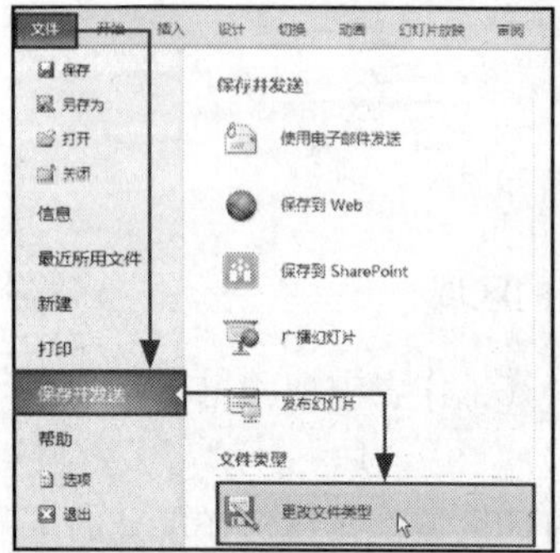

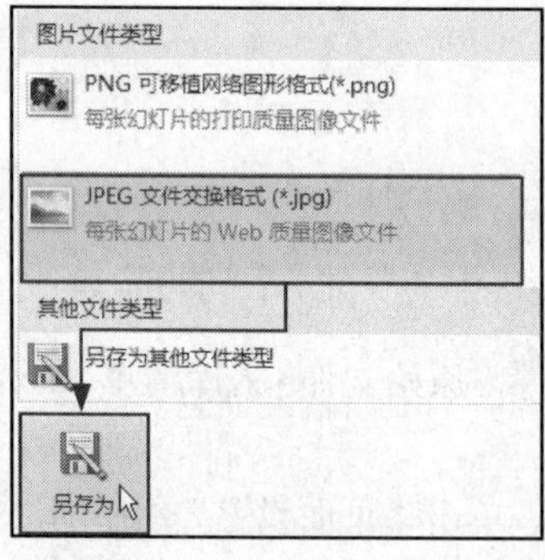

① 另存为其他格式

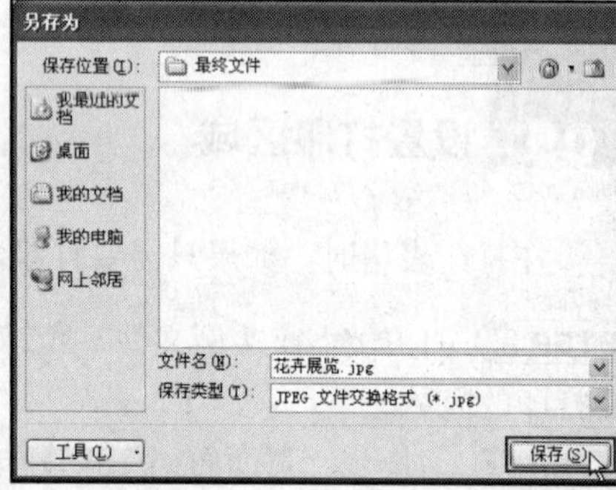

② 选择文件保存类型

STEP 02 弹出 Microsoft PowerPoint 提示框，询问用户“想要导出演示文稿中的所有幻灯片还是只导出当前幻灯片”，单击“每张幻灯片”按钮，再次弹出 Microsoft Office PowerPoint 提示框，告之用户文件保存的位置，单击“确定”按钮。

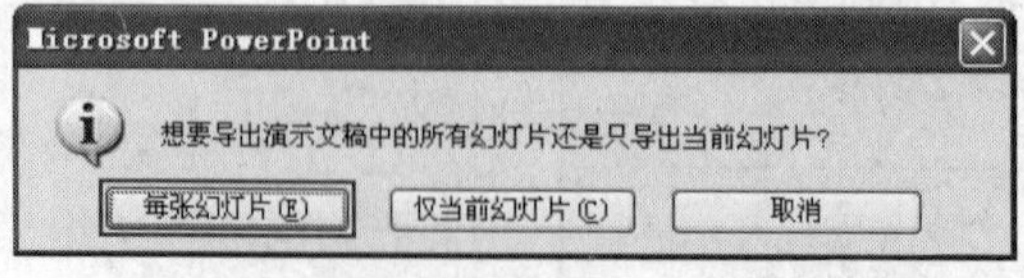

③ 选择文稿保存的幻灯片数量

④ 确认文件的保存路径

STEP 03 经过以上操作后，进入文件的保存路径就可以看到所保存的图片文件，完成将幻灯片输出为图片的操作。

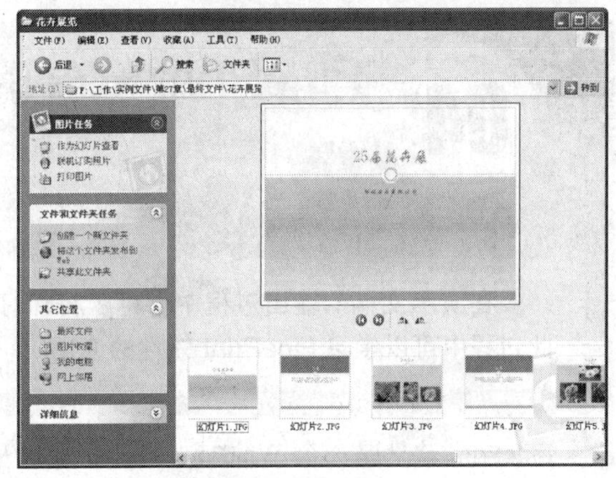

⑤ 显示输出效果

Study 03 PowerPoint演示文稿的输出与打印

Work 2 打印文稿

在打印幻灯片文稿时可以对打印内容进行设置，可以将文稿打印为不同的版式，打印的版式包括幻灯片、讲义、备注页及大纲视图 4 项。下面就以打印文稿的讲义为例来介绍 PowerPoint 2010 幻灯片文稿的打印操作步骤。

Lesson 06 打印讲义文稿

Office 2010 · 电脑办公从入门到精通

将文稿打印成讲义时，可以在一页中打印多张幻灯片，当用户需要将幻灯片文稿打印成讲义时，可以按以下步骤完成操作。

STEP 01 打开光盘 \ 实例文件 \ 第 27 章 \ 原始文件 \ 花卉展览 .pptx，单击“文件”按钮，在打开的面板中执行“打印”命令，进入打印界面后，单击“整页幻灯片”按钮，在展开的下拉列表中单击“讲义”区域内的“3 张幻灯片”图标，在预览区域内即可看到打印出的效果。

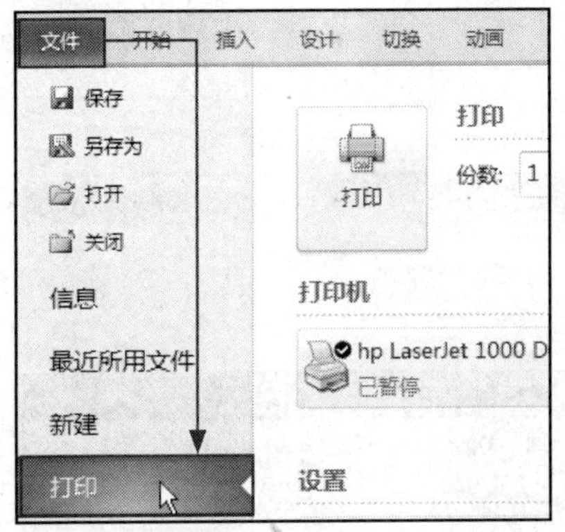

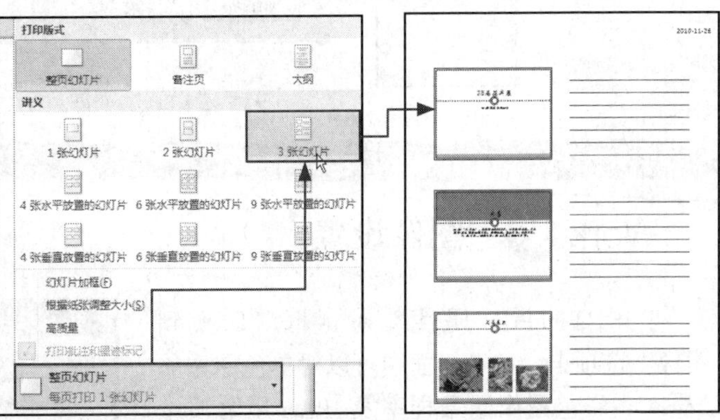

STEP 02 设置好打印的版式后，单击“打印”区域内的“打印”按钮，PowerPoint 2010 就会执行打印操作。

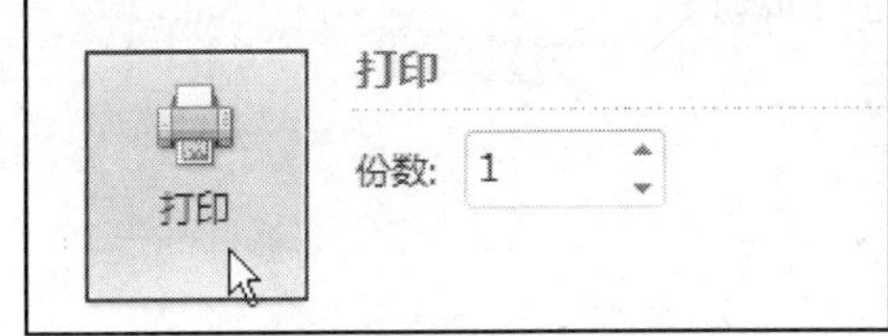

Study 04 FinePrint 软件的使用

- Work 1. 页面大小、方向的设置
- Work 2. 图像设置
- Work 3. 预览设置

在演示文稿的输出过程中，可以将幻灯片输出为不同格式的图片保存到电脑中，在此过程中可以学习 FinePrint 软件的使用。

FinePrint 软件是一个 Windows 打印机驱动程序，通过该软件可以控制和增强打印输出的文档，起到节省墨水、纸张和时间的作用。

Work 1 页面大小、方向的设置

安装了 FinePrint 软件后，可以将其设置为默认效果。在某个程序中执行了打印命令后，弹出"打印"对话框，单击对话框右侧的"属性"命令，即可弹出"FinePrint 属性"对话框。切换到"设置"选项卡下，在该界面中可以对页面大小、方向等内容进行设置。

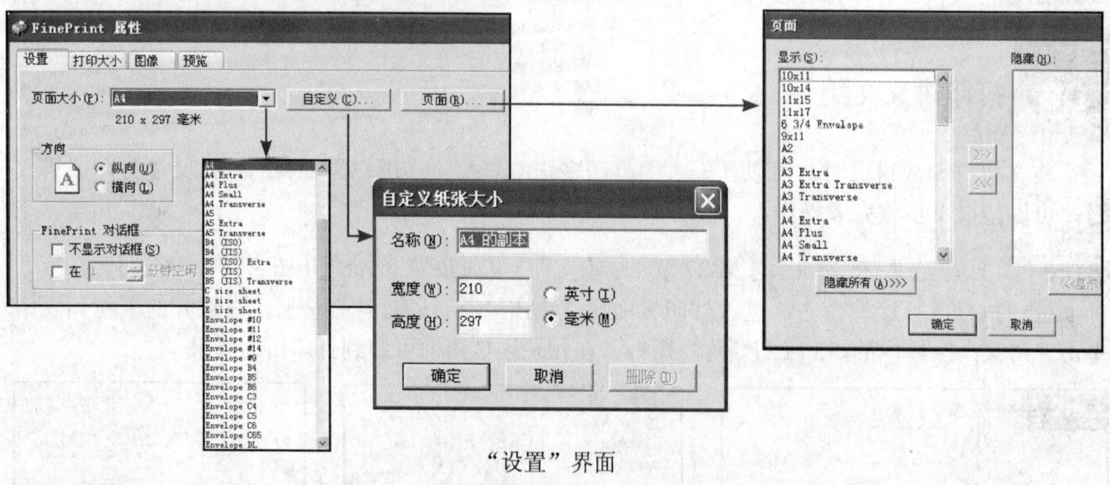

"设置"界面

Work 2 图像设置

打开"FinePrint 属性"对话框，切换到"图像"选项卡，在该界面中可以对单色图像的采样率、彩色图像的采样率及 JPEG 压缩质量进行设置。

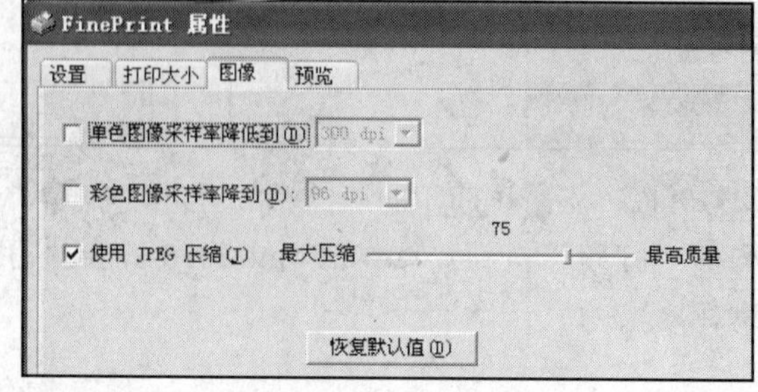

"图像"界面

Study 04 FinePrint软件的使用

Work 3 预览设置

进入“预览”界面后单击“全部显示”按钮，该按钮就变成“显示自定义”，并且界面中又增加了“信笺头”和“标记”选项卡。在“布局”界面中可以对稿纸的页面、边界、边距、装订等选项进行设置；在“标记”界面中可以为文档添加不同的标记，如下图所示。

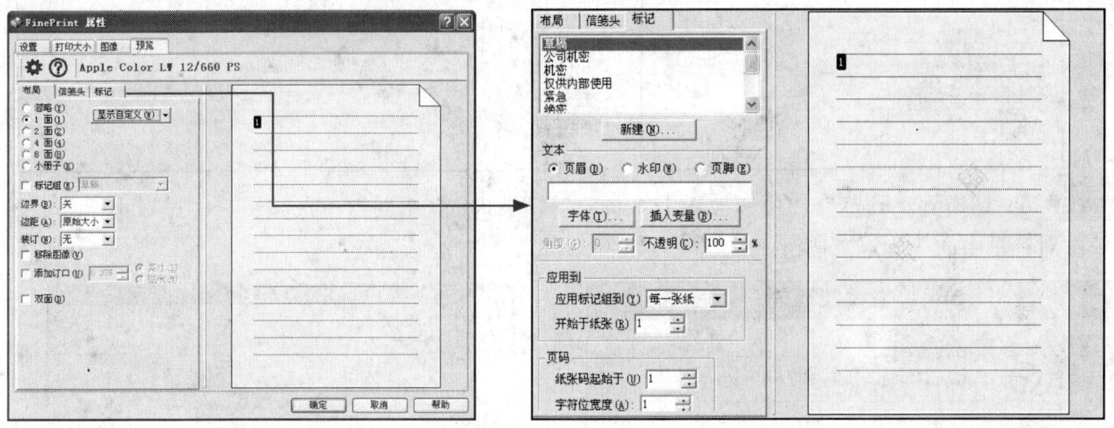

①“预览”界面　　②“标记”界面

Lesson 07 使用 FinePrint 打印文档

Office 2010 · 电脑办公从入门到精通

安装了 FinePrint 软件后，在打印文档时就可以通过该软件进行打印了。下面就以 Word 2010 文档的打印为例来介绍具体的操作步骤。

STEP 01 打开光盘\实例文件\第 27 章\原始文件\打印文档 .docx，单击“文件”按钮，在打开的面板中执行“打印”命令，界面中显示出打印的相关内容后，单击“打印机”区域下的打印机名称，在展开的下拉列表中，选择 FinePrint 选项。

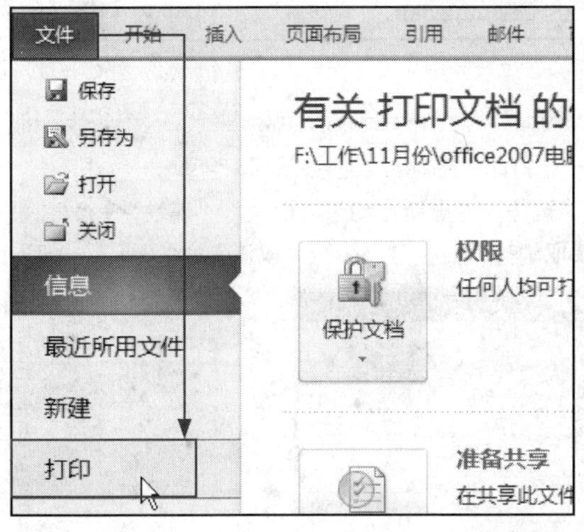

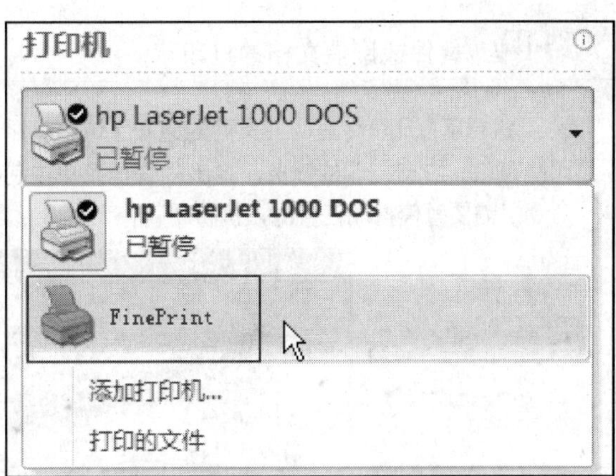

STEP 02 选择打印机名称后单击“打印机属性”文字链接，弹出“FinePrint 属性”对话框，切换到“图像”选项卡，勾选“单色图像采样率降低到”复选框，并在相应下拉列表框内选择需要的选项。

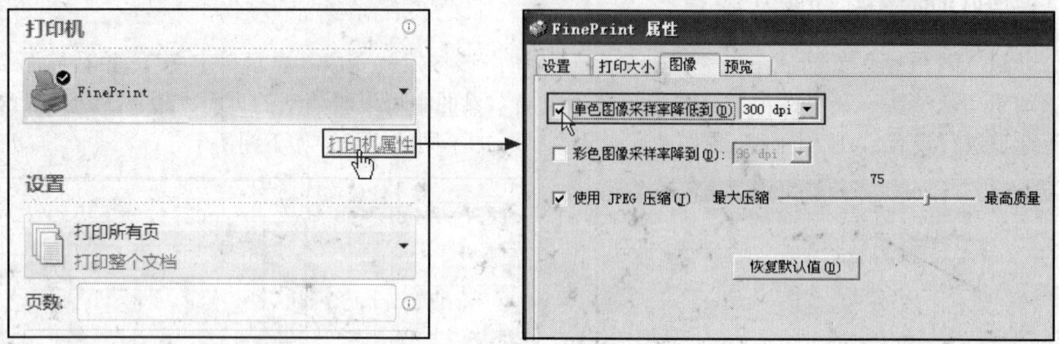

STEP 03 切换到“预览”选项卡，选中“布局”区域内的“2 面”单选按钮。经过以上操作后，单击对话框中的“确定”按钮。

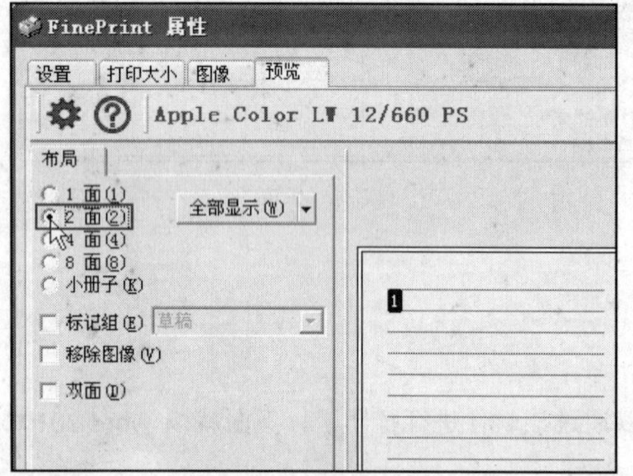

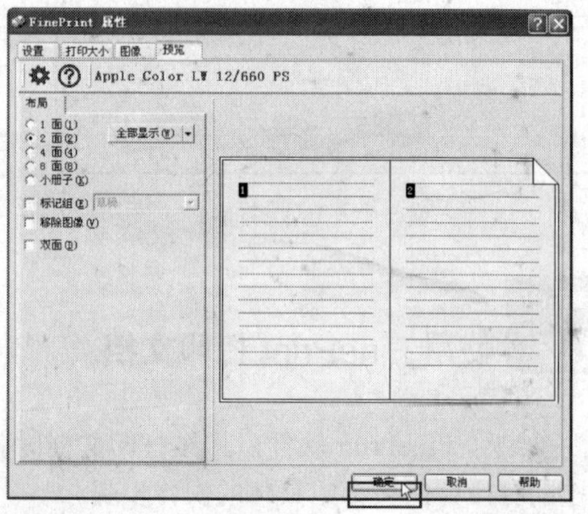

STEP 04 返回到打印界面，单击“打印”按钮，系统将会执行文档的打印操作。

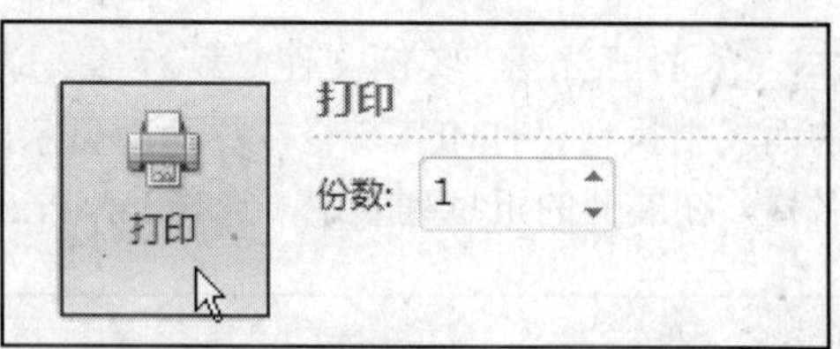

Tip 暂停或取消文档的打印

执行了打印命令后，在桌面的通知区域中将显示一个打印机图标，双击该图标，会弹出一个打印机窗口。右击打印的任务，弹出的快捷菜单中包括“暂停”、“重新启动”、“取消”、“属性”4 个命令；需要暂停打印任务时，执行“暂停”命令；需要取消打印任务时，执行“取消”命令。

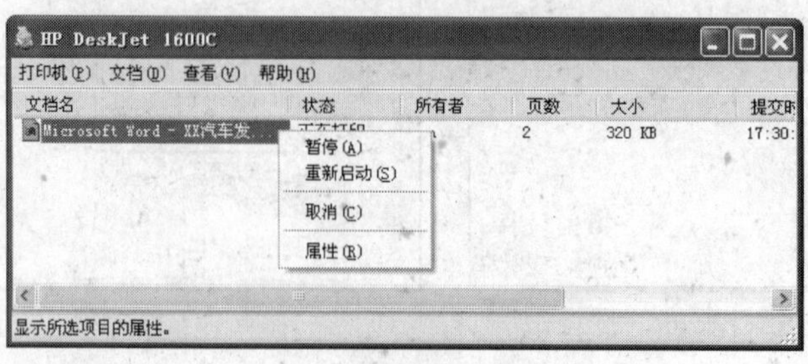

打印机窗口